中国水利教育协会
高等学校水利类专业教学指导委员会　共同组织

全国水利行业“十三五”规划教材（普通高等教育）

水工建筑物（第2版）

主　编　闫　滨　颜宏亮
副主编　胡必武　苏艳平　刘建军

中国水利水电出版社
www.waterpub.com.cn
·北京·

内 容 提 要

“水工建筑物”是研究水流与建筑物矛盾的科学，亦称为“水工建筑学”，是为治河防洪、发电供水、灌溉排涝、航道港口、综合利用、生态水利等工程专业开设的一门主要专业课。全书除绪论外共分三篇（十二章）：第一篇是蓄水枢纽的主要水工建筑物，着重介绍各种坝、溢洪道、隧洞等主要建筑物，还有蓄水枢纽布置；第二篇是取水枢纽的主要水工建筑物，着重介绍水闸等与取水相关的建筑物及枢纽布置；第三篇是渠系中的主要水工建筑物，重点是渠系中常用的渡槽、倒虹吸管及涵洞、跌水和陡坡等建筑物。

本书还兼顾专科和高职的教学需要，编写的构架可以方便地大块跨过某些章节内容，又不缺教学内容的系统性。也可作为水利类其他专业的教材，并解决水利工程技术人员工作之需。

图书在版编目（CIP）数据

水工建筑物 / 闫滨，颜宏亮主编. -- 2版. -- 北京：中国水利水电出版社，2018.8
全国水利行业“十三五”规划教材. 普通高等教育
ISBN 978-7-5170-6876-1

Ⅰ. ①水… Ⅱ. ①闫… ②颜… Ⅲ. ①水工建筑物－高等学校－教材 Ⅳ. ①TV6

中国版本图书馆CIP数据核字(2018)第208723号

书　名	全国水利行业“十三五”规划教材（普通高等教育） **水工建筑物（第2版）** SHUIGONG JIANZHUWU
作　者	主编　闫滨　颜宏亮　　副主编　胡必武　苏艳平　刘建军
出版发行	中国水利水电出版社 （北京市海淀区玉渊潭南路1号D座　100038） 网址：www.waterpub.com.cn E-mail：sales@waterpub.com.cn 电话：(010) 68367658（营销中心）
经　售	北京科水图书销售中心（零售） 电话：(010) 88383994、63202643、68545874 全国各地新华书店和相关出版物销售网点
排　版	中国水利水电出版社微机排版中心
印　刷	天津嘉恒印务有限公司
规　格	184mm×260mm　16开本　31印张　735千字
版　次	2012年3月第1版第1次印刷 2018年8月第2版　2018年8月第1次印刷
印　数	0001—3000册
定　价	**62.00**元

第2版前言

第1版自出版使用已经6年多，得到了广大师生的认可，也得到了良好的反馈和建议。在习近平新时代中国特色社会主义思想作为行动指南的新形势下，新版教材要紧跟中国高等教育的新要求，努力跟上国家发展的新变化。

党的十八大报告着眼于全面建成小康社会、实现社会主义现代化和中华民族伟大复兴，对推进中国特色社会主义事业作出“五位一体”总体布局，把生态文明建设上升到与经济建设、政治建设、文化建设、社会建设“五位一体”的高度。建设生态文明是关系人民福祉、关乎民族未来的大计，是实现中华民族伟大复兴的中国梦的重要内容。2013年11月，习近平总书记在《关于〈中共中央关于全面深化改革若干重大问题的决定〉的说明》中就提出，山水林田湖是一个生命共同体，人的命脉在田，田的命脉在水，水的命脉在山，山的命脉在土，土的命脉在树。习近平总书记指出：“我们既要绿水青山，也要金山银山。而且绿水青山就是金山银山。”要按照绿色发展理念，树立大局观、长远观、整体观，坚持保护优先，坚持节约资源和保护环境的基本国策，把生态文明建设融入经济建设、政治建设、文化建设、社会建设各方面和全过程，建设美丽中国，努力开创社会主义生态文明新时代。2017年10月党的十九大明确把统筹推进“五位一体”总体布局和协调推进“四个全面”战略布局写进《中国共产党章程》的总纲。

2018年3月5日，国务院总理李克强在第十三届全国人大一次会议的政府工作报告中有多处涉及水利的重要内容，中国水利网摘录如下。过去五年工作回顾：1）生态环境状况逐步好转。制定实施大气、水、土壤污染防治三个“十条”并取得扎实成效。单位国内生产总值能耗、水耗均下降20%以上。2）开工重大水利工程122项。3）完善主体功能区制度，建立生态文明绩效考评和责任追究制度，推行河长制、湖长制，开展省级以下环保机构垂直管理制度改革试点。4）树立绿水青山就是金山银山理念，以前所未有的决心和力度加强生态环境保护。推进重大生态保护和修复工程，扩大退耕还林还草还湿，加强荒漠化、石漠化、水土流失综合治理。5）加强地震、特大洪灾等防灾减灾救灾工作，健全分级负责、相互协同的应急机制，最大程度降低了灾害损失。这就是中国水利的方向，水利工作的目标。

2018 年 6 月 21 日“新时代全国高等学校本科教育工作会议”在成都召开，教育部指出，高教大计、本科为本，本科不牢、地动山摇。本科教育在高等教育中是具有战略地位的教育，是纲举目张的教育。高等教育战线要树立“不抓本科教育的高校不是合格的高校”“不重视本科教育的校长不是合格的校长”“不参与本科教育的教授不是合格的教授”的理念，坚持“以本为本”，把本科教育放在人才培养的核心地位、教育教学的基础地位、新时代教育发展的前沿地位。这就是中国教育的方向，教育工作的目标。

本教材是根据新时代全国高等学校本科教育工作会议精神，贯彻落实习近平总书记 2018 年 5 月 2 日在北京大学师生座谈会上重要讲话精神，坚持“以本为本”，推进“四个回归”，加快建设高水平本科教育，全面提高人才培养能力，造就堪当民族复兴大任的时代新人。为培养社会主义建设者和接班人，提升大学生的学业挑战度，激发学生的学习动力和专业志趣，加强本科教育，兼顾专科（高职）的知识衔接，在 1991 年水利电力出版社统编教材《水工建筑物》、2007 年化工出版社“十一五”规划教材《水工建筑物》和 2012 年中国水利水电出版社普通高等教育“十二五”规划教材《水工建筑物》的长期使用、改进、完善并委托在工程部门的学生们日积月累应用反馈的基础上，结合水利技术、规范的更新，又进行了总结、提高和完善。如此小众的专业课，此前 6 年的 8000 册用量，也算从一个方面证明本书突破了本学科教材编写中长期存在的某些瓶颈，提高了科学性，注意了先进性，落实了实用性（具体的说明见第 1 版前言）。此版又特别增加了“附录Ⅳ 水闸作业示例”，从地下轮廓布置到渗透计算再到地基反力计算、不平衡剪力的计算和分配、板条上荷载的计算、边荷载计算、弯矩计算，意在能结合前置的技术基础课进行恰当地运用和过渡。与之配套的“附录Ⅴ水闸作业体会”旨在示例找出要点、抓住重点、掌握难点、联系彼此、区别差异的方法以及分析和解决问题的思路。

本书的前言、绪论、第一章、第二章、第四章、第五章、第六章、第十章、第十一章、第十二章和附录Ⅰ、附录Ⅴ由山东农业大学水利土木工程学院颜宏亮编写；第三章由宁夏大学土木水利工程学院胡必武编写；第七章和附录Ⅱ、附录Ⅲ、附录Ⅳ由沈阳农业大学水利学院闫滨编写；第八章由石河子大学水利与建筑工程学院刘建军编写；第九章由中国农业大学水利与土木工程学院苏艳平编写；全书由颜宏亮统稿。参与本版编撰的还有高级工程师刘洪昌，张朋宇、王春梅、郝荣杰和杨国峰也参与了部分工作。本版教材由主要负责该教材第 1 版应用反馈的高级工程师王莉主审。在此，一并感谢对本书提供支持的所有朋友！

由于时间和能力所限，书中难免存在缺点和不足，敬请读者予以批评和指正。

编　者

2018年7月

第 1 版前言

水是国民经济的命脉，也是人类发展的命脉。水利建设关乎国计民生，水工建设是最重要的基础建设。中华人民共和国成立以来，以已经基本建成的三峡水利枢纽为世界水利建设水平的标志，我国水利工程建设取得了巨大的成就。2010 年 12 月 29 日《中共中央 国务院关于加快水利改革发展的决定》作为 2011 年中央一号文件发布，2011 年 7 月 8～9 日中央水利工作会议在北京举行，这在中华人民共和国历史上都是史无前例的。经济可持续发展与生态环境保护的责任，任重道远；人与社会与自然的和谐共处，需要大家共同努力去创建。

本书是根据 2010 年 6 月关于组织普通高等教育“十二五”精品规划教材（水利水电类）的通知，针对“应用本科”培养的需要，兼顾专科（高职）的知识衔接，在 1991 年水利电力出版社统编教材和 2007 年化工出版社“十一五”规划教材《水工建筑物》长期使用、改进、完善的基础上，又进行总结、提高，较为妥善地突破了本学科教材编写中的几大难题，更加注意了落实实用性；提高科学性；注意先进性。

《水工建筑物》是研究水流与建筑物矛盾的科学，是为治河防洪、发电供水、灌溉排涝、航道港口、水利开发、综合利用、生态水利等工程专业开设的一门主要专业课。

专业课要帮助学生，完成在校应当进行的“三个过渡”（普通基础课向专业基础课的过渡；专业基础课向专业课的过渡；专业课向生产实际的过渡）中的后两个过渡。所以要求：

（1）专业课要教导学生运用基本理论分析专业规律，能够举一反三，灵活运用。

（2）专业课要教导学生应用专业知识列出所有问题，能够成龙配套，减少遗漏。

（3）专业课要教导学生透过现象看清本质抓住关键，能够触类旁通，应用自如。

本书注意了解决好课程知识面问题，也就是编写内容的多少与深浅。“深浅”的程度，务虚地说是“深浅适中”。务实地讲，专业类的本科应该培养具有本专业知识的应用型人才，虽然达不到硕士研究生的研究能力，但比专科生要多打下一定的研究基础，这样既能适应目前国内就业的现实需要，又能具有更大的发展潜力。“多少”的问题，务虚地说是“越宽越好”，但宽是相对的，衡量的标准不仅是了解的越多越好，因为人的精力和课程安排的学时都是有限的，所以应该追求学到知识的精髓。现实的标准应该是适应社会需要，但是，是适应目前需要？还是适应将来需要？还是适应国内需要？还是适应国际需要？笔者认为，根据国际目前就业形势和发展趋势，专业类的本科人才应该是适应近期需要，但太近则容易人才过剩，把高等教育弄成就业培训；而太远则有现实教育资源不足的问题，所以利用继续教育解决将来的需要比较合理。另外，根据国际目前经济形势和发展趋势，专业类的本科人才应该是适应国内需要，适应国际需要的人才应该靠进一步深造来解决。这也是制定专业教学计划的侧重点。

全书除绪论外共分三篇（十二章）：第一篇是蓄水枢纽的主要水工建筑物，着重介绍各种坝、溢洪道、隧洞等建筑物和蓄水枢纽布置，具有大体积结构设计的特点；第二篇是取水枢纽的主要水工建筑物，着重介绍水闸等建筑物和取水枢纽布置，对沉沙池等防沙建筑物仅作简略介绍，过船、过鱼、过木等建筑物作为选学内容；第三篇是渠系中的主要水工建筑物，重点是渠系中常用的渡槽、倒虹吸管及涵洞等建筑物，突出结构设计比较精细的特点。再对陡坡及跌水作侧重水流衔接方面的介绍。至于水工建筑物的管理、养护和检查、观测等内容，由其他课程介绍。

本书还兼顾专科和高职的教学需要，设计的构架可以使教师方便地大块跨过某些章节内容，又不失缺教学内容的系统性。

本书注意了解决好知识结构的问题，也就是编写内容的顺序与构架。“顺序”的先后，务虚地说是“由浅入深”。务实地讲，要运用矛盾论的哲学思想，教学内容上先共性、后个性地安排。“构架”的体系，务虚地说要“顺理成章”。务实地讲，要靠合理的构架减少内容的重复。

水工建筑物功能多样，型式各异，种类繁多。若按种类讲全各种型式及功能，则面面俱到要占用大量篇幅。虽然担负不同任务的、不同材料建造的水工建筑物具有不同的个性，但担负相同任务的水工建筑物又具有许多共性。现行的《水工建筑物》教材体系，一般为先共性后个性和先个性后共性两种类型。为了合理地节约篇幅和课堂理论教学时间，本书主要采用“先个性后共性，个性与共性相得益彰”的编写理念及教材体系。

“先个性”是在各章中分别介绍各种水工建筑物的结构类型和构造形式、

工作特点及设计要求、设计原理和设计标准、设计思路和设计步骤、荷载作用和计算方法、工程布置和尺寸拟定、材料选择和有效利用等许多个性的内容。而且注意各有所重，使每章的重点突出，也有助于分散难点。如重力坝一章中着重介绍作用于水工建筑物的荷载、稳定和应力分析的材料力学法；实用堰溢流的堰面形式、泄流能力及挑流、面流和戽流消能；大体积混凝土和岩基处理。水闸一章中着重介绍宽顶堰孔流的泄流能力及底流消能；地下轮廓布置及有压渗流的计算；底板和闸墩的结构计算；土基的处理与防冲。拱坝一章中着重介绍拱形结构特点及布置；纯拱法、拱梁分载法和拱冠梁法分析坝体应力的原理；坝肩稳定及不良地形、地质情况的处理。土石坝一章中着重介绍散粒体稳定和应力分析方法；无压渗流的计算；砂砾石地基的处理。河岸溢洪道一章中着重介绍防洪标准；防空蚀设计；挡土挡水墙和泄槽底板的型式及构造。水工隧洞一章中着重介绍各组成部分的体型设计；有压和无压的地下结构计算。输水工程中各章着重介绍各种小体积钢筋混凝土构件的尺寸拟定、构造要求；较精细的结构计算方法。

“后共性”是对于各种水工建筑物的共性问题，放在与其关系密切的章节中详细介绍。注意在后篇中讲到与前篇中讲过的担负相同任务的或担负不同任务但型式相同的水工建筑物时，加以联系，再横向相互对比在共性问题（如稳定、强度、刚度、沉陷、渗流、冲刷、温变、老化、地震）的异同，进一步加深认识个性并触类旁通。如大体积建筑物的稳定分析，都是算出危险滑动面的阻滑力与滑动力的比值，与抗滑稳定安全系数比较，重力坝的底面稳定、水闸的浅层和深层稳定、拱坝的坝肩稳定、土坝的坝坡稳定，均是如此验算。建筑物的渗流分析，均是确定渗流压力、渗流坡降、渗流流速三个要素，处理的原则均是上堵下排，前滞后导。每个建筑物都有力学、水力学、构造问题。

“个性与共性相得益彰”是注意在讲个性的内容时也减少赘述，而是根据其在水利枢纽中的常用性归入“篇”中，前篇中详细讲过的内容，后篇中不再赘述，而是做好链接和补充。另外，注意在认识各种水工建筑物个性内容的基础上，在每“篇”讲整体布置和有机结合等问题时，注意分析建筑物个性在枢纽中的扬长避短。

本书编写内容的顺序与构架，能比较好地达到内容的先共性、后个性地安排。注意了系统性、代表性、互通性。充实了立体化教材的建设，能促进配套课件开发。

对所讲的每一种水工建筑物都要明确其要点：工作特点及设计要求；型式及适用性，工程布置、基本尺寸和构造、材料；基本和特殊荷载及其组合；

设计条件的选择；水力、水工计算和建筑物的强度、稳定、配筋等问题。重点是建筑物的工作特点及设计要求、基本型式和工程布置、基本尺寸的拟定、设计的方法步骤。

本书的绪论、第一章、第二章、第四章、第五章、第六章、第十章、第十一章、第十二章由颜宏亮编写；第三章由胡必武编写；第七章由闫滨编写；第八章由刘建军编写；第九章由苏艳平编写。本书由山东农业大学水利土木工程学院颜宏亮、沈阳农业大学水利学院闫滨主编，新疆石河子农业大学水利与建筑工程学院刘建军副主编，中国农业大学水利土木工程学院苏艳平副主编，宁夏大学土木水利工程学院胡必武副主编。山东农业大学水利土木工程学院研究生马静、孟令超、李兴德、李浩宇也参与了其中。由山东大学水利土建工程学院罗建群教授主审。

由于编者的水平有限，书中难免存在缺点和错误，在使用过程中敬请给予批评和指正（E-mail：ss-yhl@163.com）。

编　者

2011年10月

目录

第2版前言

第1版前言

绪论 …… 1

第一节 我国的水利建设 …… 1

第二节 水工建筑物和水利枢纽 …… 3

第三节 水利工程设计的程序 …… 14

第四节 教学任务、课程内容、教学体系、研究方法 …… 18

第一篇 蓄水枢纽的主要水工建筑物

第一章 重力坝 …… 21

第一节 概述 …… 22

第二节 重力坝的荷载及其组合 …… 23

第三节 重力坝的稳定分析 …… 40

第四节 重力坝的应力分析 …… 45

第五节 非溢流重力坝的剖面设计 …… 52

第六节 溢流重力坝 …… 57

第七节 重力坝坝体构造及建材 …… 63

第八节 岩石体地基的处理 …… 70

第九节 宽缝重力坝 …… 77

第二章 拱坝 …… 79

第一节 概述 …… 79

第二节 拱坝的布置 …… 81

第三节 拱坝的应力计算 …… 88

第四节 拱坝的坝肩稳定、重力墩 …… 94

第五节 拱坝的泄流、材料及构造 …… 98

第三章 土石坝 …… 103

第一节 概述 …… 103

第二节 工作特点及设计要求 …… 109

第三节　土石坝的剖面尺寸与构造 …… 111
第四节　筑坝材料的选择 …… 134
第五节　土坝的渗透计算 …… 138
第六节　土坝的稳定计算 …… 148

第四章　河岸溢洪道 …… 164
第一节　概述 …… 164
第二节　开敞式正槽溢洪道 …… 164
第三节　侧槽式溢洪道 …… 178
第四节　非常溢洪道 …… 183

第五章　水工隧洞与坝下涵管 …… 186
第一节　概述 …… 186
第二节　隧洞与涵管的进出口建筑物 …… 188
第三节　隧洞与涵管的线路选择与工程布置 …… 197
第四节　隧洞洞身的型式与构造 …… 199
第五节　涵管的型式与构造 …… 208
第六节　作用在隧洞衬砌和涵管管身上的荷载 …… 210
第七节　隧洞和涵管的结构计算 …… 221

第六章　蓄水枢纽布置 …… 223
第一节　坝址及坝型选择 …… 223
第二节　枢纽的工程布置 …… 226

第二篇　取水枢纽的主要水工建筑物

第七章　水闸 …… 232
第一节　水闸的类型、组成和设计要求 …… 232
第二节　闸址选择和孔口设计 …… 235
第三节　闸室的布置和构造 …… 239
第四节　水闸的消能防冲 …… 244
第五节　水闸的防渗、排水设计 …… 253
第六节　闸室的稳定分析和地基处理 …… 264
第七节　闸室结构计算 …… 273
第八节　水闸与两岸的连接建筑物 …… 282
第九节　闸门及启闭机 …… 286
第十节　其他形式的水闸 …… 292

第八章　取水枢纽布置 …… 297
第一节　概述 …… 297
第二节　无坝取水枢纽的布置 …… 300
第三节　有坝取水枢纽的布置 …… 305

第九章　过坝建筑物…… 333
第一节　通航建筑物 …… 333
第二节　过木建筑物 …… 345
第三节　过鱼建筑物 …… 348

第三篇　渠系中的主要水工建筑物

第十章　渡槽…… 352
第一节　渡槽的组成及类型 …… 353
第二节　梁式渡槽的槽身及支承结构 …… 353
第三节　拱式渡槽的槽身及支承结构 …… 359
第四节　桁架拱式渡槽的槽身及支承结构 …… 375
第五节　斜拉渡槽的槽身及支承结构 …… 377
第六节　渡槽的基础 …… 382
第七节　渡槽的细部构造 …… 385
第八节　渡槽的总体布置与设计步骤 …… 389
第十一章　倒虹吸管及涵洞…… 405
第一节　倒虹吸管…… 405
第二节　涵洞 …… 420
第十二章　跌水和陡坡…… 426
第一节　跌水 …… 426
第二节　陡坡 …… 428
第三节　其他型式的陡坡和跌水 …… 430
附录Ⅰ　《水利技术标准汇编卷目》 …… 433
附录Ⅱ　弹性地基梁弯矩系数表（郭氏表） …… 435
附录Ⅲ　弹性地基梁在边荷载作用下的弯矩系数表…… 444
附录Ⅳ　水闸作业示例…… 451
附录Ⅴ　水闸作业体会…… 465
水工建筑物专业词汇汉英对照表 …… 472
参考文献 …… 482

绪　论

第一节　我国的水利建设

一、水利建设最重要

水是一种以各种形态存在于自然界，为各类物种生存和发展所需要的重要物质。如果没有水，就没有生命。水是生命的源泉，是生态环境中最活跃的基本要素，是人类生存和社会发展中须臾不可或缺的一项极其宝贵的自然资源。“水是生命之源、生产之要、生态之基”（中共中央　国务院2011年一号文件《关于加快水利改革发展的决定》）。

水涝成灾，始终是人类的心腹大患，全球缺水，正导致世界的致命危机，水资源短缺成为社会经济发展的制约因素，并造成生态恶化。各国都很重视水的问题，历朝历代的元首都亲自抓过治水。

2011年中共中央、国务院一号文件《关于加快水利改革发展的决定》，就加快水利改革发展做出一系列决定，其中包括：

（1）新形势下水利的战略地位。水利是现代农业建设不可或缺的首要条件，是经济社会发展不可替代的基础支撑，是生态环境改善不可分割的保障系统，具有很强的公益性、基础性、战略性。加快水利改革发展，不仅事关农业农村发展，而且事关经济社会发展全局；不仅关系到防洪安全、供水安全、粮食安全，而且关系到经济安全、生态安全、国家安全。要把水利工作摆上党和国家事业发展更加突出的位置，着力加快农田水利建设，推动水利实现跨越式发展。

（2）水利改革发展的指导思想、目标任务。指导思想：全面贯彻党的十七大和十七届三中、四中、五中全会精神，以邓小平理论和“三个代表”重要思想为指导，深入贯彻落实科学发展观，把水利作为国家基础设施建设的优先领域，把农田水利作为农村基础设施建设的重点任务，把严格水资源管理作为加快转变经济发展方式的战略举措，注重科学治水、依法治水，突出加强薄弱环节建设，大力发展民生水利，不断深化水利改革，加快建设节水型社会，促进水利可持续发展，努力走出一条中国特色水利现代化道路。目标任务：力争通过5年到10年努力，从根本上扭转水利建设明显滞后的局面。到2020年，基本建成防洪抗旱减灾体系，基本建成水资源合理配置和高效利用体系，基本建成水资源保护和河湖健康保障体系，基本建成有利于水利科学发展的制度体系。

所以说，水利是伟大的事业，是永久的事业，水工建设是最重要的基础建设，水工专业是永远需要的职业。

二、水利工程及任务

由于人口的增长、生产的发展和生活水平的不断提高，人们对水的需求也在日益增长。但因气候等自然因素的影响，水量在地区和年际、年内分布极不均匀，常存在来水与用水之间的矛盾，洪水期会泛滥成灾，枯水时又会出现干旱。虽然洪涝灾害频发，人们依然喜欢靠水而居。为了控制和调节地面及地下水、造福人类，人们发挥聪明才智、想方设法，采取各种措施兴水利除水害，而通过兴建水工建筑物控制水的做法是其中的工程性措施。所以说，水利工程是为兴水利除水害而修建的工程，是对自然界的水采取的各项工程措施的统称。按承担的任务分类：

（1）治河防洪工程——保护农田、工矿和城市等免受洪水危害的工程（拦蓄、分洪、约束、疏导、排水等）。

（2）农业水利工程——为农、林、牧、副、渔提供必需水量的灌溉与排涝等工程（蓄水、引水、提水、输水、排水等）。

（3）水力发电工程——利用水能发电（水库式、闸坝式、引水式）、蓄能的工程。

（4）航道港口工程——为船只的航行和停靠修建的工程（船闸、码头、升船机、疏浚、人工航道等）。

（5）生态水利工程——通过建设有利于促进生态水利工程规划、设计、施工和维护的运作机制，达到水生态系统改善优化、人与自然和谐、水资源可持续利用、社会可持续发展的工程。或者说，根据经济社会可持续发展和生态环境保护对水利的要求，采取的水生态环境合理开发、优化配置、高效利用、有效保护和综合治理等系统工程措施。

（6）供水排水工程——为城乡、企业、生活提供必需水量和处理弃水的工程（引水、机井、提水、输水、排水等）。

（7）综合利用工程——同时担负多种经济任务的水利工程（常为枢纽工程）。

三、水工建设的成就

我国是世界上文明古国之一，早期的历史文献中就记载了公元前2280年大禹治水的事迹。到春秋战国时期，又是古代兴修水利的极盛时期，当时兴建了大量的农田水利工程。如公元前600年左右修建的芍陂，公元前256—前251年修建的四川都江堰，公元前246年修建的郑国渠等灌溉工程。又如从公元前5世纪至1293年，历时600年，到隋朝才基本完成的长1794km的京杭大运河，都是历代劳动人民兴修水利的辉煌业绩。

中华人民共和国成立以来，水利工程建设取得了巨大的成就（2005年搜集的数据）。①治河防洪，20世纪50年代初开始对淮河、黄河等进行全面的规划和治理，以后又陆续对长江、海河等骨干河道，进行了综合整治，修建加固堤防26万km，修建水库8.5万座（总库容4504亿m^3，占年均径流量27115亿m^3的16.6％），我国主要江河已基本形成了以水库、堤防、蓄滞洪区或分洪河道为主体的拦、排、滞、分等措施相结合的防洪工程体系，提高了防洪能力，初步保证了各主要河道中、下游的安全，防洪减灾效果明显；②灌排供水，修建万亩以上灌区6000多处，其中100万亩以上的大型灌区20余处，打机井400万孔，灌溉面积由2.4亿亩增至8亿亩（占全国耕地面积18.37亿亩的43.55％），粮食年产量达到5亿多t；③水力发电，水电装机容量从36万kW增至8300万kW，位居世界第二；建成一大批百万千瓦以上的大型水电站，水电年发电量从12亿kW·h增到

2611 亿 kW·h；抽水蓄能电站 7 座，总装机 552kW，占水电总装机的 8%；在建水电规模 3851 万 kW，水电成为我国电力的重要组成部分；④坝工建设，我国的三峡大坝是世界上最大的混凝土浇筑实体重力坝，坝高 181m，坝长 2335m，混凝土 2715 万 m^3。二滩混凝土拱坝坝高 240m，小湾混凝土拱坝坝高 292m，溪洛渡混凝土拱坝坝高 278m。自 1986 年我国建成第一座碾压混凝土坝，已建 64 座，其中坝高超过 100m 的 13 座；是世界上建设碾压混凝土坝最多的国家，以红水河龙滩坝坝高 192m，为该坝型世界最高。目前已建、在建混凝土面板堆石坝 74 座，其中 100m 坝高以上的有 12 座；已建最高的广西天生桥一级 178m；水布垭坝高 232m，为该坝型世界最高；南水北调西线的通天河引水与大渡河引水方案，需建面板堆石坝，坝高 296～348m，还位于强地震区；⑤调水工程，如南水北调工程，西线可调水量 200 亿 m^3，中线可调水量 145 亿 m^3，东线可调水量 145 亿 m^3，是我国最大的调水工程。

未来，例如“红旗河”西部调水方案，通过沿青藏高原边缘绕行的调水线路，将青藏高原东南部丰沛的水资源，调往干旱的西北地区，全程自流，惠及陕西、宁夏、甘肃、内蒙古、新疆等地区，辐射影响全国 70%以上的国土面积。此项构想最早在 2013 年开始调研、谋划，2016 年初成立课题组进行线路研究及方案制定。“红旗河”对解决北方干旱缺水、荒漠化治理、一带一路、脱贫攻坚等具有重大意义，十分紧迫，是极具创新性和可行性的方案。但“红旗河”西部调水工程系统巨大，涉及领域众多，仍需要更加广泛深入的研究。

第二节　水工建筑物和水利枢纽

一、水工建筑物

水利工程中采用的各种建筑物统称为水工建筑物。其功能多样，型式各异，种类繁多。为了便于研究，合理确定设计标准，要根据水工建筑物的用途及作用、使用期限及重要性进行分类。

1. 按用途及作用分类

水工建筑物按用途可分为多种用途的一般建筑物和专门用途的专门建筑物两大类。

（1）一般建筑物按作用分类有：

1）挡水建筑物。用以拦挡水流，壅高水位、调蓄水量的各种水工建筑物。如各种坝、闸和堤防等。

2）泄水建筑物。用以宣泄水库或河渠的多余水量，以确保工程安全的各种水工建筑物。如各种溢洪道、泄洪隧洞、涵管和泄水闸等。

3）取水建筑物。用以从水库或河流引水、放水、提水的各种水工建筑物。是输水建筑物的首部，如进水闸、抽水站、各类深式取水口等。

4）输水建筑物。用以将水流输送到用水地点的各种水工建筑物。如河渠中的隧洞、涵洞、渡槽、倒虹吸管、管道等。

5）整治建筑物。为改善水流状态，防止水道冲淤破坏的各种水工建筑物。如丁坝、顺坝、导流堤、防浪堤、护岸、护底等。

(2) 专门建筑物按作用分类有：用于供水、输水、排水的专用建筑物、抽水站；用于水力发电的厂房、调压井（塔）；用于航运的船闸、升船机；用于漂木、过鱼用的筏道、鱼道；施工用的导流围堰；进行泥沙处理的沉沙池；进行环境水处理的净化池；专用给水、排水建筑物等。

2. 按使用期限及重要性进行分类

按建筑物的使用期限分类，可分为永久性建筑物和临时性建筑物。

(1) 永久性建筑物，是工程运行期间长期使用的建筑物。依其重要性又分为：

1) 主要建筑物。在工程中起主要作用、失事后将造成严重灾害或严重影响工程效益。如挡水坝（闸）、泄洪建筑物、取水建筑物及电站厂房等。

2) 次要建筑物。在工程中作用相对较小，失事后影响不大的水工建筑物。如挡土墙、分流墩及护岸等。

(2) 临时性建筑物。仅在工程施工和维修期间使用的建筑物，如施工围堰、导流建筑物、临时房屋等。

水工建筑物分类的重要性在于，确定了工程（枢纽）的建筑物组成后，要根据其功能先定工程（枢纽）等别，再定各建筑物级别。级别不同则相应的水利工程设计7个主要方面的安全要求（①洪水标准；②安全超高；③稳定与强度；④防火；⑤抗震；⑥抗冰冻；⑦劳动安全）等均不同。建筑物级别是工程设计的根本依据。

二、水利枢纽

相对集中布置的若干个作用不同、运行中彼此配合的建筑物组成的综合运用体，称为水利枢纽。按作用的分类及其组成：

(1) 蓄水枢纽。为解决来水与用水在时间和水量分配上存在的矛盾，修建的以挡水建筑物为主体的建筑物综合运用体，或称水库枢纽。一般由挡水、泄水、放水及某些专门性建筑物组成。如图0-1所示大伙房水库枢纽。该枢纽可防洪、发电、灌溉，并兼有航运、给水、养鱼、旅游等综合效益。

(2) 取水枢纽。引取来水量满足一定需要的水源的建筑物综合运用体，又称渠首工程。按取水口有无拦河壅水坝（闸），又分为：

1) 有坝取水——需壅高水位才能自流输送情况下，由壅水坝（或拦河闸）、进水闸、冲沙闸和某些专门建筑物等组成的建筑物综合运用体。图0-2所示为陕西渭惠渠渠首有坝取水枢纽平面布置图。

2) 无坝取水——水源原水位满足自流输送情况下，由进水闸、防沙及冲沙设施等组成的建筑物综合运用体。如图8-7所示为2200多年前，秦朝的李冰父子依靠当地人民所建造，并使用至今的四川灌县都江堰取水枢纽（将在第八章中详细介绍）。

3) 泵站取水——将低水高提再自流输送。由泵站和水闸等组成。如山东平阴田山引黄电灌站。

(3) 排水枢纽。排除地区积水的建筑物综合体。以泵站和各种闸为主体的建筑物综合体。如江苏的江都排灌站。

那么，水利工程、水工建筑物、水利枢纽三者之间是什么关系呢？相对集中布

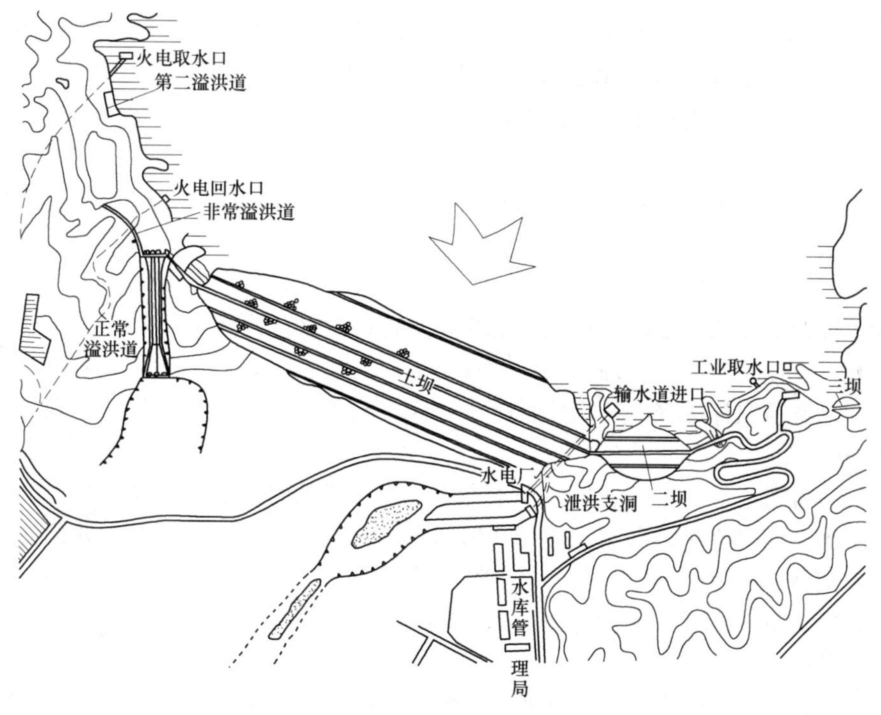

图 0-1　大伙房水库枢纽

置、协调作用的多种水工建筑物组成水利枢纽。水工建筑物、水利枢纽都是水利工程。水利水电工程概预算编制办法中，把水利工程按性质（施工的难易程度）划分为两大类：

（1）枢纽工程（包括水库、水电站、其他大型独立建筑物）。

（2）引水工程和河道工程（包括供水工程、灌溉工程和河湖整治工程及堤防工程）。

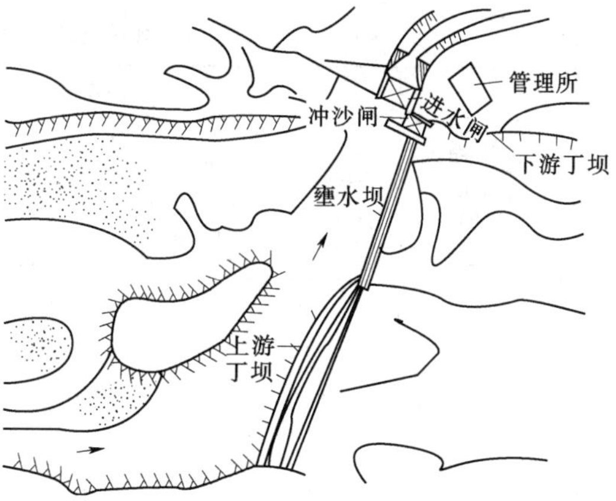

图 0-2　渭惠渠渠首有坝取水枢纽平面布置图

三、水利工程的分等和水工建筑物的分级

进行水利工程的设计，首先要确定其等级。其等级划分及设计标准，关系到工程效益和下游人民生命财产的安全，对工程造价和建设速度等各方面也会产生巨大影响，是建设的依据，也是一项重要的技术标准。所以，要先搞清楚为什么制定？怎样确定各项水利工程标准？

（一）水利工程标准

1. 意义

既安全又经济是工程建设的基本要求。但安全与经济是一对矛盾，过分安全会造成浪费，而过分节省会导致更大浪费。两者既矛盾又互相联系，是矛盾统一体的两个方面。为妥善解决这个矛盾，用水利工程标准把水利工程及其所属的水工建筑物，划分成不同的等级，这样就可以在保证安全可靠、经济合理的前提下，区别对待。进而确定工程的规划设计标准（如洪水标准）；勘测工作的精度、广度；结构设计中应采用的强度、稳定和安全系数及挡水建筑物的安全超高等设计依据。

2. 来源

水利工程标准来源于长期实践：成功的经验；失败的教训；科研的结晶；经济的能力；技术的水平。

3. 内涵

水利工程标准的性质是技术标准。名称要反映：对象（按建筑物的种类或建设阶段）；用途（勘测、设计、施工、管理、经济、技术等）。类别有标准、规范、规程、规定、方法、指南等。有国家标准（GB），行业标准（SL、SDJ、DL），地方标准（DB）等。

4. 现状

水利部国科司组织力量，在广泛征求专家和用户意见的基础上，以现行有效的水利技术标准为主体，同时收录部分与水利行业密切相关的其他行业技术标准，进行整理，汇编出版了《水利技术标准汇编》，按专业门类划分为十卷（名录及定价见书后附录）。2002年1月1日以后每年出版的作为补充，到2017年9月8日，已达849项。

（二）工程等别

根据《水利水电工程等级划分及洪水标准》（SL 252—2017）的规定，水利水电枢纽工程的等别，根据其工程规模、效益和在国民经济中的重要性划分为五等，按表0-1确定。

表0-1　水利水电工程分等指标

<table>
<tr><th rowspan="2">工程等别</th><th rowspan="2">工程规模</th><th rowspan="2">水库总库容/($10^8 m^3$)</th><th colspan="3">防洪</th><th>治涝</th><th>灌溉</th><th colspan="2">供水</th><th>发电</th></tr>
<tr><th>保护人口/(10^4人)</th><th>保护农田面积/(10^4亩)</th><th>保护区当量经济规模/(10^4人)</th><th>治涝面积/(10^4亩)</th><th>灌溉面积/(10^4亩)</th><th>供水对象重要性</th><th>年引水量/($10^8 m^3$)</th><th>发电装机容量/MW</th></tr>
<tr><td>Ⅰ</td><td>大（1）型</td><td>≥10</td><td>≥150</td><td>≥500</td><td>≥300</td><td>≥200</td><td>≥150</td><td>特别重要</td><td>≥10</td><td>≥1200</td></tr>
<tr><td>Ⅱ</td><td>大（2）型</td><td><10，≥1.0</td><td><150，≥50</td><td><500，≥100</td><td><300，≥100</td><td><200，≥60</td><td><150，≥50</td><td>重要</td><td><10，≥3</td><td><1200，≥300</td></tr>
<tr><td>Ⅲ</td><td>中型</td><td><1.0，≥0.10</td><td><50，≥20</td><td><100，≥30</td><td><100，≥40</td><td><60，≥15</td><td><50，≥5</td><td>比较重要</td><td><3，≥1</td><td><300，≥50</td></tr>
<tr><td>Ⅳ</td><td>小（1）型</td><td><0.1，≥0.01</td><td><20，≥5</td><td><30，≥5</td><td><40，≥10</td><td><15，≥3</td><td><5，≥0.5</td><td rowspan="2">一般</td><td><1，≥0.3</td><td><50，≥10</td></tr>
<tr><td>Ⅴ</td><td>小（2）型</td><td><0.01，≥0.001</td><td><5</td><td><5</td><td><10</td><td><3</td><td><0.5</td><td><0.3</td><td><10</td></tr>
</table>

注　1. 水库总库容指水库最高水位以下的静库容；治涝面积指设计治涝面积；灌溉面积指设计灌溉面积；年引水量指供水工程渠首设计年均引（取）水量。

2. 保护区当量经济规模指标仅限于城市保护区；防洪、供水中的多项指标满足1项即可。

3. 按供水对象的重要性确定工程等别时，该工程应为供水对象的主要水源。

4. 当量经济规模等于防洪保护区人均GDP指数与防护区人口数量的乘积时，防洪保护区人均GDP指数为防洪保护区人均GDP与全国人均GDP的比值。

对综合利用的水利水电工程，当按各综合利用项目的分等指标确定的等别不同时，其工程等别应按其中最高等别确定。

（三）水工建筑物级别

水工建筑物按所在工程的等别、作用和其重要性划分级别。

1．一般规定

（1）水利水电工程永久性水工建筑物的级别，应根据工程的等别或永久性水工建筑物的分级指标综合分析确定。

（2）综合利用水利水电工程中承担单一功能的单项建筑物的级别，应按其功能、规模确定；承担多项功能的建筑物级别，应按规模指标较高的确定。

（3）失事后损失巨大或影响十分严重的水利水电工程的2～5级主要永久性水工建筑物，经论证并报主管部门批准，建筑物级别可提高一级；水头低、失事后造成损失不大的水利水电工程的1～4级主要永久性水工建筑物，经论证并报主管部门批准，建筑物级别可降低一级。

（4）对2～5级的高填方渠道、大跨度或高排架渡槽、高水头倒虹吸等永久性水工建筑物，经论证后建筑物级别可提高一级，但洪水标准不予提高。

（5）当永久性水工建筑物采用新型结构或其基础的工程地质条件特别复杂时，对2～5级建筑物可提高一级设计，但洪水标准不予提高。

（6）穿越堤防、渠道的永久性水工建筑物的级别，不应低于相应堤防、渠道的级别。

2．水库及水电站工程永久性水工建筑物级别

（1）水库及水电站工程的永久性水工建筑物级别，应根据其所在工程的等别和永久性水工建筑物的重要性，按表0-2确定。

表0-2　　永久性水工建筑物级别

工程等别	主要建筑物	次要建筑物	工程等别	主要建筑物	次要建筑物
Ⅰ	1	3	Ⅳ	4	5
Ⅱ	2	3	Ⅴ	5	5
Ⅲ	3	4			

（2）水库大坝按第（1）条规定为2级、3级，如坝高超过表0-3规定的指标时，其级别可提高一级，但洪水标准可不提高。

表0-3　　水库大坝提级指标

级别	坝　型	坝高/m	级别	坝　型	坝高/m
2	土石坝	90	3	土石坝	70
	混凝土坝、浆砌石坝	130		混凝土坝、浆砌石坝	100

（3）水库工程中最大高度超过200m的大坝建筑物，其级别应为1级，其设计标准应专门研究论证，并报上级主管部门审查批准。

（4）当水电站厂房永久性水工建筑物与水库工程挡水建筑物共同挡水时，其建筑物级别应与挡水建筑物的级别一致按表0-2确定。当水电站厂房永久性水工建筑物不承担挡

水任务、失事后不影响挡水建筑物安全时，其建筑物级别应根据水电站装机容量按表 0－4 确定。

表 0－4　　水电站厂房永久性水工建筑物级别

发电装机容量/MW	主要建筑物	次要建筑物	发电装机容量/MW	主要建筑物	次要建筑物
≥1200	1	3	<50，≥10	4	5
<1200，≥300	2	3	<10	5	5
<300，≥50	3	4			

3. 拦河闸永久性水工建筑物级别

（1）拦河闸永久性水工建筑物的级别，应根据其所属工程的等别按表 0－2 确定。

（2）拦河闸永久性水工建筑物按表 0－2 规定为 2 级、3 级，其校核洪水过闸流量分别大于 5000m³/s、1000m³/s 时，其建筑物级别可提高一级，但洪水标准可不提高。

4. 防洪工程永久性水工建筑物级别

（1）防洪工程中堤防永久性水工建筑物的级别应根据其保护对象的防洪标准按表 0－5 确定。当经批准的流域、区域防洪规划另有规定时，应按其规定执行。

表 0－5　　堤防永久性水工建筑物级别

防洪标准/[重现期（年）]	≥100	<100，≥50	<50，≥30	<30，≥20	<20，≥10
堤防级别	1	2	3	4	5

（2）涉及保护堤防的河道整治工程永久性水工建筑物级别，应根据堤防级别并考虑损毁后的影响程度综合确定，但不宜高于其所影响的堤防级别。

（3）蓄滞洪区围堤永久性水工建筑物的级别，应根据蓄滞洪区类别、堤防在防洪体系中的地位和堤段的具体情况，按批准的流域防洪规划、区域防洪规划的要求确定。

（4）蓄滞洪区安全区的堤防永久性水工建筑物级别宜为 2 级。对于安置人口大于 10 万人的安全区，经论证后堤防永久性水工建筑物级别可提高为 1 级。

（5）分洪道（渠）、分洪与退洪控制闸永久性水工建筑物级别，应不低于所在堤防永久性水工建筑物级别。

5. 治涝、排水工程永久性水工建筑物级别

（1）治涝、排水工程中的排水渠（沟）永久性水工建筑物级别，应根据设计流量按表 0－6 确定。

表 0－6　　排水渠（沟）永久性水工建筑物级别

设计流量/(m³/s)	主要建筑物	次要建筑物	设计流量/(m³/s)	主要建筑物	次要建筑物
≥500	1	3	<50，≥10	4	5
<500，≥200	2	3	<10	5	5
<200，≥50	3	4			

（2）治涝、排水工程中的水闸、渡槽、倒虹吸、管道、涵洞、隧洞、跌水与陡坡等永久性水工建筑物级别，应根据设计流量，按表0-7确定。

表0-7　　排水渠系永久性水工建筑物级别

设计流量/(m^3/s)	主要建筑物	次要建筑物	设计流量/(m^3/s)	主要建筑物	次要建筑物
≥300	1	3	<20，≥5	4	5
<300，≥100	2	3	<5	5	5
<100，≥20	3	4			

注　设计流量指建筑物所在断面的设计流量。

（3）治涝、排水工程中的泵站永久性水工建筑物级别，应根据设计流量及装机功率按表0-8确定。

表0-8　　泵站永久性水工建筑物级别

设计流量/(m^3/s)	装机功率/MW	主要建筑物	次要建筑物
≥200	≥30	1	3
<200，≥50	<30，≥10	2	3
<50，≥10	<10，≥1	3	4
<10，≥2	<1，≥0.1	4	5
<2	<0.1	5	5

注　1. 设计流量指建筑物所在断面的设计流量。
2. 装机功率指泵站包括备用机组在内的单站装机功率。
3. 当泵站按分级指标分属两个不同级别时，按其中高者确定。
4. 由连续多级泵站串联组成的泵站系统，其级别可按系统总装机功率确定。

6. 灌溉工程永久性水工建筑物级别

（1）灌溉工程中的渠道及渠系永久性水工建筑物级别，应根据设计灌溉流量按表0-9确定。

表0-9　　灌溉工程永久性水工建筑物级别

设计灌溉流量/(m^3/s)	主要建筑物	次要建筑物	设计灌溉流量/(m^3/s)	主要建筑物	次要建筑物
≥300	1	3	<20，≥5	4	5
<300，≥100	2	3	<5	5	5
<100，≥20	3	4			

（2）灌溉工程中的泵站永久性水工建筑物级别，应根据设计流量及装机功率按表0-8确定。

7. 供水工程永久性水工建筑物级别

（1）供水工程永久性水工建筑物级别，应根据设计流量按表0-10确定。供水工程中的泵站永久性水工建筑物级别，应根据设计流量及装机功率按表0-10确定。

（2）承担县级市及以上城市主要供水任务的供水工程永久性水工建筑物级别不宜低于3级；承担建制镇主要供水任务的供水工程永久性水工建筑物级别不宜低于4级。

表 0-10　　供水工程的永久性水工建筑物级别

设计流量/(m^3/s)	装机功率/MW	主要建筑物	次要建筑物
≥50	≥30	1	3
＜50，≥10	＜30，≥10	2	3
＜10，≥3	＜10，≥1	3	4
＜3，≥1	＜1，≥0.1	4	5
＜1	＜0.1	5	5

注　1. 设计流量指建筑物所在断面的设计流量。
2. 装机功率系指泵站包括备用机组在内的单站装机功率。
3. 泵站建筑物按分级指标分属两个不同级别时，按其中高者确定。
4. 由连续多级泵站串联组成的泵站系统，其级别可按系统总装机功率确定。

8. 临时性水工建筑物级别

(1) 水利水电工程施工期使用的临时性挡水、泄水等水工建筑物的级别，应根据保护对象、失事后果、使用年限和临时性挡水建筑物规模，按表 0-11 确定。

表 0-11　　临时性水工建筑物级别

级别	保护对象	失事后果	使用年限/年	临时性挡水建筑物规模	
				围堰高度/m	库容/($10^8 m^3$)
3	有特殊要求的 1 级永久性水工建筑物	淹没重要城镇、工矿企业、交通干线或推迟工程总工期及第一台（批）机组发电，推迟工程发挥效益，造成重大灾害和损失	＞3	＞50	＞1.0
4	1 级、2 级永久性水工建筑物	淹没一般城镇、工矿企业或影响工程总工期和第一台（批）机组发电，推迟工程发挥效益，造成较大经济损失	≤3，≥1.5	≤50，≥15	≤1.0，≥0.1
5	3 级、4 级永久性水工建筑物	淹没基坑，但对总工期及第一台（批）机组发电影响不大，对工程发挥效益影响不大，经济损失较小	＜1.5	＜15	＜0.1

(2) 当临时性水工建筑物根据表 0-11 中指标分属不同级别时，应取其中最高级别。但列为 3 级临时性水工建筑物时，符合该级别规定的指标不得少于两项。

(3) 利用临时性水工建筑物挡水发电、通航时，经技术经济论证，临时性水工建筑物级别可提高一级。

(4) 失事后造成损失不大的 3 级、4 级临时性水工建筑物，其级别经论证后可适当降低。

水利水电工程中常包括通航、过木、桥梁和渔业等建筑物，这些建筑物的级别划分，还应符号国家现行的其他有关标准。

对不同级别的水工建筑物，在抗御洪水能力、结构强度和稳定性、建筑材料和运行可靠性等方面有着不同的要求。即使同一级别的水工建筑物，当采用不同形式时，其要求也有所不同，这些不同要求将在以后各章中分别加以叙述。

四、洪水标准

为维护水工建筑物自身安全所需要防御的洪水大小，一般以某一频率或重现期洪水表示，分为设计洪水标准和校核洪水标准。

1．一般规定

（1）水利水电工程永久性水工建筑物的洪水标准，应按山区、丘陵区和平原、滨海区分别确定。

（2）当山区、丘陵区水库工程永久性挡水建筑物的挡水高度低于15m，且上下游最大水头差小于10m时，其洪水标准宜按平原、滨海区标准确定；当平原、滨海区水库工程永久性挡水建筑物的挡水高度高于15m，且上下游最大水头差大于10m时，其洪水标准宜按山区、丘陵区标准确定，其消能防冲洪水标准不低于平原、滨海区标准。

（3）江河采取梯级开发方式，在确定各梯级水库工程的永久性水工建筑物的设计洪水与校核洪水标准时，还应结合江河治理和开发利用规划，统筹研究，相互协调。在梯级水库中起控制作用的水库，经专题论证并报主管部门批准，其洪水标准可适当提高。

（4）堤防、渠道上的闸、涵、泵站及其他建筑物的洪水标准，不应低于堤防、渠道的防洪标准，并应留有安全裕度。

2．水库及水电站工程永久性水工建筑物洪水标准

（1）山区、丘陵区水库工程的永久性水工建筑物的洪水标准，应按表0－12确定。

（2）平原、滨海区水库工程的永久性水工建筑物洪水标准，应按表0－13确定

（3）挡水建筑物采用土石坝和混凝土坝混合坝型时，其洪水标准应采用土石坝的洪水标准。

表0－12　　山区、丘陵区水库工程永久性水工建筑物洪水标准

项目		永久性水工建筑物级别				
		1	2	3	4	5
设计/[重现期（年）]		1000～500	500～100	100～50	50～30	30～20
校核洪水标准/[重现期（年）]	土石坝	可能最大洪水（PMF）或10000～5000	5000～2000	2000～1000	1000～300	300～200
	混凝土坝、浆砌石坝	5000～2000	2000～1000	1000～500	500～200	200～100

表0－13　　平原、滨海区水库工程永久性水工建筑物洪水标准

项目	永久性水工建筑物级别				
	1	2	3	4	5
设计/[重现期（年）]	300～100	100～50	50～20	20～10	10
校核洪水标准/[重现期（年）]	2000～1000	1000～300	300～100	100～50	50～20

（4）对土石坝，如失事后对下游将造成特别重大灾害时，1级永久性水工建筑物的校核洪水标准，应取可能最大洪水（PMF）或重现期10000年一遇；2～4级永久性水工建

筑物的校核洪水标准，可提高一级。

（5）对混凝土坝、浆砌石坝永久性水工建筑物，如洪水漫顶将造成极严重的损失时，1级永久性水工建筑物的校核洪水标准，经专门论证并报主管部门批准，可取可能最大洪水（PMF）或重现期10000年标准。

（6）山区、丘陵区水库工程的永久性泄水建筑物消能防冲设计的洪水标准，可低于泄水建筑物的洪水标准，根据永久性泄水建筑物的级别，按表0-14确定，并应考虑在低于消能防冲设计洪水标准时可能出现的不利情况。对超过消能防冲设计标准的洪水，允许消能防冲建筑物出现局部破坏，但必须不危及挡水建筑物及其他主要建筑物的安全，且易于修复，不致长期影响工程运行。

表0-14　　山区、丘陵区水库工程的消能防冲建筑物设计洪水标准

永久性泄水建筑物级别	1	2	3	4	5
设计洪水标准/[重现期（年）]	100	50	30	20	10

（7）平原、滨海区水库工程的永久性泄水建筑物消能防冲设计洪水标准，应与相应级别泄水建筑物的洪水标准一致，按表0-13确定。

（8）水电站厂房永久性水工建筑物洪水标准，应根据其级别，按表0-15确定。河床式水电站厂房挡水部分或水电站厂房进水口作为挡水结构组成部分的洪水标准，应与工程挡水前沿永久性水工建筑物的洪水标准一致，按表0-12确定。

表0-15　　水电站厂房永久性水工建筑物洪水标准

水电站厂房级别		1	2	3	4	5
山区、丘陵区/[重现期（年）]	设计	200	200～100	100～50	50～30	30～20
	校核	1000	500	200	100	50
平原、滨海区/[重现期（年）]	设计	300～100	100～50	50～20	20～10	10
	校核	2000～1000	1000～300	300～100	100～50	50～20

（9）当水库大坝施工高程超过临时性挡水建筑物顶部高程时，坝体施工期临时度汛的洪水标准，应根据坝型及坝前拦洪库容，按表0-16确定。根据失事后对下游的影响，其洪水标准可适当提高或降低。

表0-16　　水库大坝施工期洪水标准

坝　型	拦洪库容/(10^8m^3)			
	≥10	<10，≥1.0	<1.0，≥0.1	<0.1
土石坝/[重现期（年）]	≥200	200～100	100～50	50～20
混凝土坝、浆砌石坝/[重现期（年）]	≥100	100～50	50～20	20～10

（10）水库工程导流泄水建筑物封堵期间，进口临时挡水设施的洪水标准应与相应时段的大坝施工期洪水标准一致。水库工程导流泄水建筑物封堵后，如永久泄洪建筑物尚未具备设计泄洪能力，坝体洪水标准应分析坝体施工和运行要求后按表0-17确定。

表 0-17　水库工程导流泄水建筑物封堵后坝体洪水标准

坝型		大坝级别		
		1	2	3
混凝土坝、浆砌石坝/[重现期（年）]	设计	200～100	100～50	50～20
	校核	500～200	200～100	100～50
土石坝/[重现期（年）]	设计	500～200	200～100	100～50
	校核	1000～500	500～200	200～100

（11）水电站副厂房、主变压器场、开关站、进厂交通设施等的洪水标准，应按表 0-15 确定。

3. 拦河闸永久性水工建筑物洪水标准

（1）拦河闸、挡潮闸挡水建筑物及其消能防冲建筑物设计洪（潮）水标准，应根据其建筑物级别按表 0-18 确定。

（2）潮汐河口段和滨海区水利水电工程永久性水工建筑物的潮水标准，应根据其级别按表 0-18 确定。对于 1 级、2 级永久性水工建筑物，若确定的设计潮水位低于当地历史最高潮水位时，应按当地历史最高潮水位校核。

表 0-18　拦河闸、挡潮闸永久性水工建筑物洪（潮）水标准

永久性水工建筑物级别		1	2	3	4	5
洪水标准/[重现期（年）]	设计	100～50	50～30	30～20	20～10	10
	校核	300～200	200～100	100～50	50～30	30～20
潮水标准/[重现期（年）]		≥100	100～50	50～30	30～20	20～10

注　对具有挡潮工况的永久性水工建筑物按表中潮水标准执行。

4. 防洪工程永久性水工建筑物洪水标准

（1）防洪工程中堤防永久性水工建筑物的设计洪水标准，应根据其保护区内保护对象的防洪标准和经批准的流域、区域防洪规划综合研究确定，并应符合下列规定：

1）保护区仅依靠堤防达到其防洪标准时，堤防永久性水工建筑物的洪水标准应根据保护区内防洪标准较高的保护对象的防洪标准确定。

2）保护区依靠包括堤防在内的多项防洪工程组成的防洪体系达到其防洪标准时，堤防永久性水工建筑物的洪水标准应按经批准的流域、区域防洪规划中堤防所承担的防洪任务确定。

（2）防洪工程中河道整治、蓄滞洪区围堤、蓄滞洪区内安全区堤防等永久性水工建筑物洪水标准，应按经批准的流域、区域防洪规划的要求确定。

5. 治涝、排水、灌溉和供水工程永久性水工建筑物洪水标准

（1）治涝、排水、灌溉和供水工程永久性水工建筑物的设计洪水标准，应根据其级别按表 0-19 确定。

（2）治涝、排水、灌溉和供水工程中的渠（沟）道永久性水工建筑物可不设校核洪水标准。治涝、排水、灌溉和供水工程的渠系建筑物的校核洪水标准，可根据其级别按表

0－20 确定，也可视工程具体情况和需要研究确定。

表 0－19　　治涝、排水、灌溉和供水工程永久性水工建筑物设计洪水标准

建筑物级别	1	2	3	4	5
设计/[重现期（年）]	100～50	50～30	30～20	20～10	10

表 0－20　　治涝、排水、灌溉和供水工程永久性水工建筑物校核洪水标准

建筑物级别	1	2	3	4	5
校核/[重现期（年）]	300～200	200～100	100～50	50～30	30～20

（3）治涝、排水、灌溉和供水工程中泵站永久性水工建筑物的洪水标准，应根据其级别按表 0－21 确定。

表 0－21　　治涝、排水、灌溉和供水工程泵站永久性水工建筑物洪水标准

永久性水工建筑物级别		1	2	3	4	5
洪水标准/[重现期（年）]	设计	100	50	30	20	10
	校核	300	200	100	50	20

6. 临时性水工建筑物洪水标准

（1）临时性水工建筑物洪水标准，应根据建筑物的结构类型和级别，按表 0－22 的规定综合分析确定。临时性水工建筑物失事后果严重时，应考虑发生超标准洪水时的应急措施。

表 0－22　　临时性水工建筑物洪水标准

建筑物结构类型	临时性水工建筑物级别		
	3	4	5
土石结构/[重现期（年）]	50～20	20～10	10～5
混凝土、浆砌石结构/[重现期（年）]	20～10	10～5	5～3

（2）临时性水工建筑物用于挡水发电、通航，其级别提高为 2 级时，其洪水标准应综合分析确定。

（3）封堵工程出口临时挡水设施在施工期内的导流设计洪水标准，可根据工程重要性、失事后果等因素，在该时段 5～20 年重现期范围内选定。封堵施工期临近或跨入汛期时应适当提高标准。

第三节　水利工程设计的程序

水利水电工程设计的程序比其他工程要复杂，是因为水利水电工程建设的程序比较复杂，又是因为水工建筑物的特点比较复杂。要讲水利水电工程设计的程序，就要讲水利水电工程建设程序，更要讲水工建筑物的特点。

一、水工建筑物的特点

1. 工作条件复杂

主要由于水的作用所产生的各种作用力，使水工建筑物的工作条件变得复杂。如挡水建筑物，承受着水的巨大推力和风浪压力、地震惯性力、地震动水压力、浮托力、渗透压力、冰压力等，这些力对建筑物的稳定性影响极大。渗入建筑物内部和地基中的渗流，还会产生侵蚀和渗透破坏。泄水建筑物承受水流的动水压力，高速水流还可能产生气蚀、掺气、脉动和振动等影响，同时对河床产生冲刷。由于有些作用力尚难以精确计算，故进行水工建筑物设计时，除根据理论和经验拟定建筑物的轮廓、尺寸和构造外，还须参照已建类似工程和借助模型试验进行验证和修改，并在可能条件下开展原型观测研究，以改进和提高设计水平。

2. 施工任务艰巨

在河流上修建水利枢纽，施工的关键问题之一是导流，要求施工期间既要保证建筑物能在干地施工，又要使原河流顺利下泄并安全度汛。施工期还要保证航运和竹、木浮运等不中断。而且工程量大、工期较短，又受气象、水文等多种自然条件的制约，还常需水下施工。所以与陆地上建筑物相比，具有施工强度大、难度高、技术复杂、相互干扰、条件艰苦等特点，故要求采用先进的施工技术、严密的施工组织和科学的管理机制。

3. 影响范围很大

大型水利枢纽甚至一般水利工程的建设，对于改变流域或区域自然面貌，促进国民经济的发展都会有重大影响。对调节径流、防洪灌溉、开发能源、发电供水、改善航运条件等都能发挥巨大作用。但水库蓄水后会对附近地区会产生淹没和浸没等不良影响，还可能破坏库区原有的生态平衡，尤其工程一旦失事，将会对下游人民的生命财产和国家建设带来巨大的灾难和损失。

二、水利工程建设程序

（一）基本建设

基本建设是国家为了扩大再生产，利用国家、个人的内资和外资，通过新建、扩建和改建而进行的增加固定资产的建设项目；通过购置、建造和安装等活动，将建筑材料、机械设备和其他资源转化成为固定资产的工作。

（二）基本建设的程序

在基本建设活动中，以建筑安装工程为主体的工程建设是实现基本建设的关键。工程建设一般要经过规划、设计、施工等阶段以及试运转和验收等过程，才能正式投入生产。工程建成投产以后，还需要进行观测、维修和改进。整个工程建设过程是由一系列紧密联系的工作环节所组成，由此构成了反映基本建设内在规律并能对其全过程进行有效控制的基本建设程序，简称基建程序。

基建程序是在工程建设实践中逐步形成的。在总结国内外大量工程实践的基础上，逐步形成了我国现行的基建程序，它与基本建设管理体制密切相关。我国目前的基本建设管理体制大体是：对于大中型工程项目，国家通过发展改革部门及各部委主管基本建设的司（局），控制基本建设项目的投资方向；国家通过建设银行管理基本建设投资的拨款和贷款；各部委通过工程项目的建设单位，统筹管理工程的勘测、设计、科研、施工、设备材料订货、验收以及筹备生产运行管理等各项工作；参与基本建设活动的勘测、设计、施工、科研和设备材料供应等单位，按合同协议与建设单位建立联系或相互之间形成合同关系。前面介绍的基建程序，就是在这种管理体制下形成的。随着基本建设管理体制的改革与完善，基建程序也将会有相应的变革。例如，工程咨询（承包）公司的建立，可以将勘测、设计、科研、咨询、工程施工、设备材料订货以及竣工投产等各项工作一起承担下来，统一负责，可以解决现有体制中不同单位分兵把守的矛盾，使基建程序中各个工作环节更加协调，有利于加快建设进程，节约建设资金，提高工程质量。

（三）水利工程建设程序

水利工程建设也要严格遵守国家的基本建设程序。根据水利工程建设的特点，现行水利工程建设程序如下，分为“三个时期，九个阶段”，见图0-3。

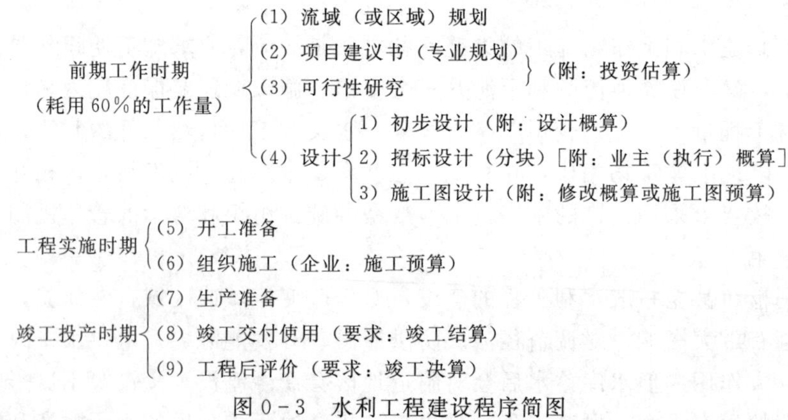

图0-3　水利工程建设程序简图

由建设程序简图可以看出这些阶段既有前后顺序联系，又有平行搭接关系，在每个阶段以及阶段与阶段之间又由一系列紧密相连的工作环节构成了一个有机整体。从中可以建立以下几方面的认识：

(1) 基建程序中的工作环节，多具有环环相扣紧密相连的性质。其中任意一个中间环节的开展，至少要以一个先行环节为条件，即只有当它的先行环节已经结束或已进展到相当程度，才有可能转入这个环节。例如，只有当确定了工程建设项目，有了明确的项目建议书以后，才能通过初步查勘，进行工程建设的可行性研究；只有可行性研究方案经过论证、选定，才能进行详勘和初步设计；只有初步设计经审定核准，才能制定基本建设年度计划，开展施工图设计以及与有关方面签订协议合同。只有当施工准备已具备相当规模，场内外交通已基本解决，主要施工场地已经清理平整，风、水、电供应和其他临建工程已能满足初期施工要求，才能提出开工报告，转入主体工程施工。如果不顾条件，盲目超前，不仅欲速不达，而且常常造成人力物力的浪费损失。

(2) 基建程序中的各个环节，往往涉及多个工作单位，需要各个单位的协调和配合，否则，如果稍有脱节，常会带来牵动全局的影响。例如，施工单位负责工程施工，需要建设单位按时进行工程结算，以获得资金财务上的支持；需要设计单位及时提供图纸；需要材料、设备供应单位按质按量适时供应所需的材料和设备，以保证施工的顺利进行。因此，基建程序中所涉及的不同工作单位，常需分别以合同协议的方式确立相互之间的协作关系，以取得法律上的保障。

(3) 在基建程序中，初步设计和初步设计以前的各项工作，通常称为前期工作。做好基本建设的前期工作，常可收到事半功倍的效果。在前期工作中，深入调查研究，充分占有资料，正确选择建设项目，合理确定建设地点，优选工程布置方案，精心设计，周密安排建设计划，必将减少后续工作的盲目性，使工程施工得以顺利进展。

三、水利工程规划设计的任务

（一）项目建议书

项目建议书是在流域（区域）规划的基础上，对某建设项目的建议性专业规划。主要是拟建项目做出初步说明，供政府选择并决定是否列入国民经济中长期发展计划。其主要内容为：概述项目建设的依据，提出开发目标和任务，对项目所在地区和附近有关地区的建设条件及有关问题进行调查分析和必要的勘测工作，论证工程项目建设的必要性，初步分析项目建设的可行性与合理性，初选建设项目的规模、实施方案和主要建筑物布置，初步估算项目的总投资。区域规划和流域规划中都包括专业规划和综合规划，专业规划服从综合规划；区域规划、流域规划、国民经济发展规划之间的关系，是依次地前者为后者提供建议，但前者最终要服从后者。

（二）可行性研究

可行性研究是在项目建议书的基础上，对拟建工程进行全面技术经济分析论证的设计文件。其主要任务是：按《水电工程可行性研究报告编制规程》（DL/T 5020）的要求，明确拟建工程的任务和主要效益，确定主要水文参数，查清主要地质问题，选定工程场址，确定工程等级，初选工程布置方案，提出主要工程量和工期。初步确定淹没、用地范围和补偿措施，对环境影响进行评价，估算工程投资，进行经济和财务分析评价，在此基础上提出技术上的可行性和经济上的合理性的综合论证及工程项目是否可行的结论性意见。

（三）初步设计

可行性研究报告经审核通过，意味着建设项目已初步确定（把握）。可据以编制设计任务书，落实勘测设计单位，开展相应的勘测、设计和科研工作。初步设计是在可行性研究的基础上，在设计任务书的指导下，通过进一步查勘，按 DL/T 5020 或《小型水电站初步设计报告编制规程》（SL 179）的要求，对工程及其建筑物进行的最基本的设计。其主要任务是：对可行性研究阶段的各种基本资料进行更详细的调查、勘测、试验和补充，确定拟建项目的综合开发目标、工程及主要建筑物等级、总体布置、主要建筑物形式和轮廓尺寸、主要机电设备形式和布置，确定总工程量、施工方法、施工总进度和总概算，进一步论证在指定地点和规定期限内进行建设的可行性和合理性。

（四）招标设计

招标设计是为进行水利工程招标而编制的设计文件，是编制施工招标文件和施工计划的基础。1994 年中国水利部规定，水利工程项目均应在完成初步设计之后进行招标设计。它是在已经批准的初步设计及概算的基础上，对已经确定实行投资包干或招标承包制的大中型水利水电工程建设项目，根据工程管理与投资的支配权限，按照管理单位及分标项目的划分，按投资的切块分配进行的分块设计，以便于对工程投资进行管理与控制，并作为项目投资主管部门与建设单位签订工程总承包（或投资包干）合同的主要依据。同时提交满足业主控制和管理所需要的，按照总量控制、合理调整的原则编制的内部预算——业主预算，也称为执行概算。

（五）施工详图

初步设计经审定核准，可作为国家安排建设项目的依据，并进而制定基本建设年度计划，开展施工图设计以及与有关方面签订协议合同。施工详图是在初步设计和招标设计的基础上，绘制具体施工图的设计，是现场建筑物施工和设备制作安装的依据。其主要内容为：建筑物地基开挖图，地基处理图，建筑物体形图、结构图、钢筋图，金属结构的结构图和大样图，机电设备、埋件、管道、线路的布置安装图，监测设施布置图、细部图等，并说明施工要求、注意事项、选用材料和设备的型号规格、加工工艺等。施工图设计不用报审。施工图设计为施工提供能按图建造的图纸，允许在建设期间陆续分项、分批完成，但必须先于工程施工进度的一个准备时期。

水利工程的规划设计包括以上 5 个阶段。需要说明的是，中国过去对一些特别重要或复杂的水利工程，在初步设计后和施工详图之前还要进行技术设计，或将技术设计与施工详图合并为技施设计，其内容与初步设计基本相同，只是更为深入详尽。但 1995 年颁布的《水利工程建设管理规程》（水利部水建〔1995〕128 号文）规定，技术设计已不作为独立的设计阶段，故目前水利工程的设计阶段中已不再有技术设计阶段。

上述设计阶段，对于规模、重要性较低的工程，可减少、合并一部分设计内容。例如，对小型工程，可将可行性研究与初步设计阶段合并，内容也可以从简。

水工建筑物设计的大类分为：挡水、蓄水类；输水、泄水类；水电站类；安全监测类。

在规划阶段末期或设计阶段初期，主管部门常根据工作需要，组建成立建设（业主）单位，统一筹划各项工作。如设计任务书的编制；通过公开招标或其他方式选择勘测设计单位；通过招标投标活动选择施工单位；编制年度基本建设计划；筹措落实建设资金；与设备材料生产厂商签订供货协议；筹建生产运行机构；进行生产准备等。

第四节　教学任务、课程内容、教学体系、研究方法

一、教学任务

《水工建筑物》是研究水流与建筑物矛盾的科学，是为治河防洪、发电供水、灌溉排涝、航道港口、综合利用、生态水利等工程专业开设的一门主要专业课。

专业课要帮助学生完成在校应当完成的“三个过渡”（普通基础课向专业基础课的过渡；专业基础课向专业课的过渡；专业课向生产实际的过渡）中的后两个过渡。所以除课堂理论教学外，还有前期的认识实习环节（以建立感性认识，引起专业兴趣，树立专业思想）和课堂理论教学末期的课程设计环节，还有毕业前的综合实践环节（毕业实习和毕业设计），并相互有机结合。

专业课要教导学生运用基本理论分析专业规律，能够举一反三，灵活运用。

专业课要教导学生应用专业知识列出所有问题，能够成龙配套，没有遗漏。

专业课要教导学生透过现象看清本质抓住关键，能够触类旁通，应用自如。

《水工建筑物》课程要让学生认识各种水工建筑物的结构类型和构造形式、工作特点及设计要求、设计原理和设计标准、设计思路和设计步骤、荷载作用和计算方法、工程布置和尺寸拟定、材料选择和有效利用、整体布置和有机结合……许多个性的内容。

《水工建筑物》课程要让学生在认识各种水工建筑物个性内容的基础上，注意共性问题（如稳定、强度、刚度、沉陷、渗流、冲刷、温变、老化、地震等），以进一步加深认识个性。

《水工建筑物》是一门综合性很强的专业课，涉及知识面相当广，与一系列普通基础课和专业基础课有关，又与《水利工程施工》《农田水利》《水泵与泵站》等专业课有密切联系。学习过程中，要综合利用基础理论，融会贯通各种专业基础知识，再通过练习题、课程设计、实验、实习和毕业设计等实践性环节，加强理论联系实际，培养分析问题和解决问题的能力。

二、课程内容

全书共分三篇：第一篇是蓄水枢纽的主要水工建筑物，着重介绍坝、溢洪道、隧洞等主要建筑物及枢纽布置；第二篇是取水枢纽的主要水工建筑物，着重介绍水闸等取水建筑物及枢纽布置，对沉沙池等防沙建筑物仅作简略介绍，过船、过鱼、过木等建筑物作为选学内容；第三篇是渠系中的主要水工建筑物，重点是渠系中常用的渡槽、倒虹吸管及涵洞，陡坡及跌水等建筑物仅作简单介绍。至于水工建筑物的管理、养护和检查、观测等内容，由其他课程介绍。

本教材的要点是：建筑物的工作特点及对应的设计要求；型式及适用性和工程布置；基本尺寸和构造、材料；作用于建筑物上的基本和特殊荷载及其组合；设计条件的选择；水力、水工计算和建筑物的强度、稳定、配筋等问题。应重点掌握的是：建筑物的工作特点及设计要求、基本型式和工程布置、基本尺寸的拟定、设计的方法步骤。

三、教学体系

水工建筑物功能多样，型式各异，种类繁多。若按种类讲其各种型式及功能，则面面俱到要占用大量篇幅。虽然担负不同任务、不同材料建造的水工建筑物具有不同的个性，但担负相同任务的水工建筑物又具有许多共性。现行的《水工建筑物》教材体系，一般为先共性后个性和先个性后共性两种类型。为了合理地节约篇幅和课堂理论教学时间，本书采用了“先个性后共性，个性与共性相得益彰”的教学体系。

“先个性”是在各章中介绍各种水工建筑物的结构类型和构造形式、工作特点及设计要求、设计原理和设计标准、设计思路和设计步骤、荷载作用和计算方法、工程布置和尺寸拟定、材料选择和有效利用等许多个性的内容。而且注意各有所重，使每章的重点突出，也有助于分散难点。如重力坝一章中着重介绍作用于水工建筑物的荷载、稳定和应力分析的材料力学法，实用堰溢流的堰面形式、泄流能力及挑流、面流和戽流消能，大体积混凝土和岩基处理。水闸一章中着重介绍宽顶堰孔流的泄流能力及底流消能，地下轮廓布置及有压渗流的计算，底板和闸墩的结构计算，土基的处理与防冲。拱坝一章中着重介绍拱形结构特点及布置，纯拱法、拱冠梁法分析坝体应力原理，坝肩稳定计算及不良地形、地质情况的处理。土石坝一章中着重介绍散粒体稳定和应力分析方法，无压渗流的计算，砂砾石地基的处理。水工隧洞一章中着重介绍各组成部分的体型设计，有压和无压的地下结构计算。输水工程中各章着重介绍各种小体积钢筋混凝土构件的尺寸拟定、构造要求，较精细的结构计算方法。

“后共性”是对于各种水工建筑物的共性问题，放在与其关系密切的章节中详细介绍。注意在后篇中讲到与前篇中讲过的担负相同任务的或担负不同任务但型式相同的水工建筑物时，加以联系，再横向相互对比在共性问题（如稳定、强度、刚度、沉陷、渗流、冲刷、温变、老化、地震）的异同，进一步加深认识个性并触类旁通。如大体积建筑物的稳定分析的共性，都是算出危险滑动面的阻滑力与滑动力的比值，与抗滑稳定安全系数比较，重力坝的底面稳定、水闸的浅层和深层稳定、拱坝的坝肩稳定、土坝的坝坡稳定，均是如此验算。建筑物的渗流分析的共性，均是确定渗流压力、渗流坡降、渗流流速三个要素，处理的原则均是上堵下排，前滞后导。每个建筑物都有土力学、水力学、理论力学、材料力学、结构力学和施工的问题。

“个性与共性相得益彰”是注意在讲个性的内容时减少重复赘述，应根据其在水利枢纽中的常用性归入“篇”中，前篇中详细讲过的内容，后篇中不再赘述，而是做好链接和补充。另外，注意在认识各种水工建筑物个性内容的基础上，在每“篇”讲整体布置和有机结合等问题时，注意分析建筑物个性及其在枢纽中的扬长避短。

四、研究方法

由于水工建筑物型式多样，功能各异，种类繁多，即使教学体系尽量减少了重复叙述，但水工建筑物的复杂性特点和失事后的巨大危害，要求设计做到考虑所有问题，能够成龙配套、没有遗漏，还是显得面面俱到、头绪很多。所以，教学中要注意尽量结合实物、发挥想象，利用多媒体手段，加强理论联系实际。着重掌握基本概念和原始资料的分析。善于应用参考书和资料、手册及规范。对复杂的边界条件和荷载组合，在进行规划设计时，可做一些必要的简化（既符合规范且心中有数），然后运用已有理论去分析解决问题。由于水利工程既有其特殊性和个别性，又有其复杂性，所以在解决规划设计等问题时，还常采用类比法，参照条件相似而且运转良好的已成建筑物的规划、设计等经验，将其转用于新建工程中。方案比较法，是对同一水利工程或水工建筑物，拟定多种不同方案，通过技术经济比较和优化，选定最优方案。目前理论上尚难以解决的问题，还可借助于模型试验和原型观测等手段，去寻求解决问题的合理答案，并借以检验、验证和发展现有的规划设计（来拟定建筑物）的理论和方法。目前多种水工建筑物的计算，已有现成的计算机程序，可参阅有关专著。

第一篇　蓄水枢纽的主要水工建筑物

蓄水枢纽是为解决来水与用水在时间和水量调节上存在的矛盾，以挡水建筑物（如拦河坝、闸或围坝）为主体的建筑物综合运用体，也称水库枢纽，一般由挡水、取（放）水、泄水及某些专门建筑物组成。

挡水建筑物的主要作用是积蓄来水、抬高水位以形成水库，还能滞洪蓄洪、削减洪峰。拦河坝以当地土石料填筑的土石坝（见第三章）居多，混凝土浇筑或浆砌石砌筑的重力坝（见第一章）、拱坝（见第二章）次之。放水建筑物的主要作用是控制供水、发电所需水流，土石坝中多采用坝下涵管（见第五章）；隧洞（见第五章）；混凝土和砌石坝中多采用坝身放水孔（见第一章、第二章）。泄水建筑物的主要作用是调洪保安全，泄水建筑物分河床式与河岸式两类：浆砌石和混凝土坝可以是溢流的，溢流坝便是泄水道位于河床的开敞式河床溢洪道；坝身放水孔便是泄水道位于河床的封闭式河床溢洪道；泄水道位于河床外的有开敞式河岸溢洪道（见第四章）和封闭式的隧洞与涵管（见第五章）。

修建蓄水枢纽是综合开发水利资源的有力措施，所以，除以上的一般建筑物外，还可能有沟通水道的通航、过木、过鱼建筑物（见第九章）和为了发电和蓄能的水电站等专门建筑物。

第一章　重　力　坝

人类修建堰、坝已有数千年历史，重力坝是出现最早的一种坝型。早在公元前 2900 年，埃及便在尼罗河上修建了一座高 15m、顶长 240m 的重力挡水坝。我国秦代 50 年里（公元前 250—前 219 年）建造的三大水利工程：四川灌县都江堰的飞沙堰，陕西郑国渠渠首 30m 高的石笼坝，广西兴安县灵渠的砌石分水堰，都是溢流重力坝（古称“天平”）。其中的灵渠工程运行至今已 2200 多年，是世界上使用历史最久的重力坝。还有刚刚完成的举世瞩目的三峡大坝是当今世界上最大的实体混凝土重力坝，坝高 181m，坝长 2335m，混凝土 2715 万 m^3。1962 年瑞士就建成了 285m 高的大狄克桑斯坝，为地球上重力坝坝高之最。

第一节　概　　述

一、重力坝的工作特点和剖面型式

重力坝的根本特点是，在巨大的水压力（静水压力、扬压力为主）作用下，主要依靠坝体自重产生的抗剪（滑）力来维持稳定（不移动、不倾倒、不浮起）。所以其基本剖面型式是固结于地基的三角形，上游面为铅直或稍有倾斜，具有重心低，底面大，应力小，稳定性最好的特点，见图1-1。

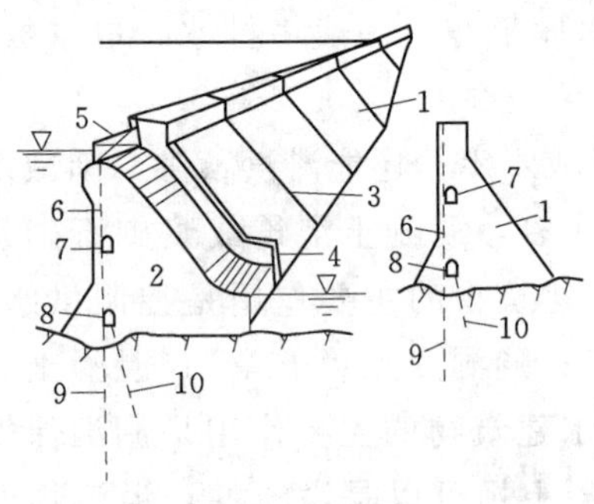

图1-1　重力坝示意图

1—非溢流重力坝；2—溢流重力坝；3—横缝；4—导墙；5—闸门；6—坝体排水管；7—交通、检查和坝体排水廊道；8—坝基灌浆、排水廊道；9—防渗帷幕；10—坝基排水孔幕

重力坝之所以得到广泛采用，是因为它具有以下几方面的优点：

（1）安全可靠。重力坝剖面尺寸大，应力较低，筑坝材料强度高，耐久性好，因而抵抗水的渗漏、洪水漫顶、地震和战争破坏的能力都比较强。据统计，重力坝在各种坝型中失事率是较低的。

（2）对地形、地质条件适应性强。重力坝段类似于固结在地基的短悬臂梁，所以在任何形状的河谷都可以修建。因为坝基承担的压应力不高，所以对地基的要求也较低，当坝的高度不大时甚至可以修建在土基上。

（3）枢纽泄洪问题容易解决。重力坝可以做成溢流的，还可以设置坝身泄水孔（辅助泄洪），一般不用另设河岸式泄水道，枢纽布置紧凑。

（4）便于施工导流。在施工期间可以利用坝体缺口部位导流，从而节省导流通道工程量。

（5）施工方便。大体积混凝土，可以采用现代机械化施工，在放样、立模和混凝土浇筑方面都比较简便。

（6）结构作用明确。重力坝沿坝轴线用横缝分成若干坝段，各坝段独立工作，结构作用明确，应力分析和稳定计算都比较简单（可按平面问题计算）。

重力坝也存在下面一些缺点：

（1）坝体剖面尺寸大，水泥用量多，坝体应力普遍较低，材料强度不能充分发挥。

（2）施工期大体积混凝土的温度应力和收缩应力较大，对温度控制的要求较高。

（3）坝体与地基接触面积大，因而坝底的扬压力较大，对稳定不利。

但现在能以碾压混凝土来改善和解决前两条缺点。

二、重力坝的类型

重力坝通常根据坝的高度、筑坝材料、泄水条件和断面的结构型式进行分类。

（1）按坝的高度分类。重力坝按坝的最大高度（不包括小局部深度）分为低坝、中坝、高坝。坝高小于30m的为低坝，坝高30～70m的为中坝，坝高大于70m的为高坝。

（2）按筑坝材料分类。按坝体的建筑材料，重力坝分为混凝土重力坝和浆砌石重力坝。重要的和较高的重力坝，大都用混凝土建造，有浇筑的（常规的、埋石的）和碾压的之分。

（3）按泄水条件分类。一座重力坝往往是河床中部坝段溢流，其余坝段不溢流。其中溢流部分称为溢流坝段，不溢流部分则称为非溢流坝段。

（4）按坝的结构型式分类。重力坝按结构型式有实体重力坝（图 1-1）、空腹重力坝和宽缝重力坝等之分。实体重力坝构造简单，对地形、地质条件适应性强；空腹和宽缝重力坝，也称非实体重力坝（图 1-2），都是为了有效地减小扬压力，较好地利用材料强度，以节省坝体工程量。

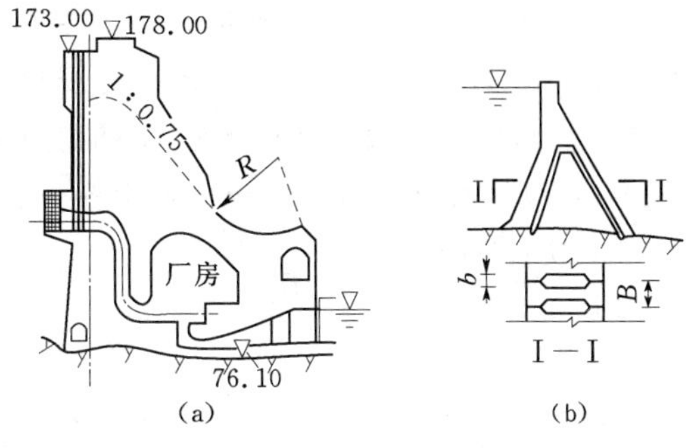

图 1-2　非实体重力坝
(a) 空腹重力坝；(b) 宽缝重力坝

国内一些地方还发展了硬壳坝、填渣坝等坝型。硬壳坝是用干砌石或堆石代替实体重力坝内低应力部分的坝体，外包为浆砌块石或条石或混凝土的硬壳；填渣坝的作用原理与硬壳坝相同，却是在坝内留有空格或宽缝供填渣之用。

第二节　重力坝的荷载及其组合

建筑物的起码要求是稳定和强度的满足。工程设计是“先设后计”“边设边计”，所以，要先拟出其基本剖面（图 1-27），分析所承受的荷载并按“可能最不利”的原则组合成几种控制情况，再按规范要求分别加以核算。“可能”是指会实际发生的荷载，“最不利”是指作为控制的组合情况，所以荷载确定的关键在于：①实际情况的具体分析及合理组合；②会取脱离体，做出计算简图；③判断并作出力学计算用的结构及荷载图形。

一、作用在坝体上的荷载

作用在坝体上的荷载可归纳为两大类，见图 1-3。

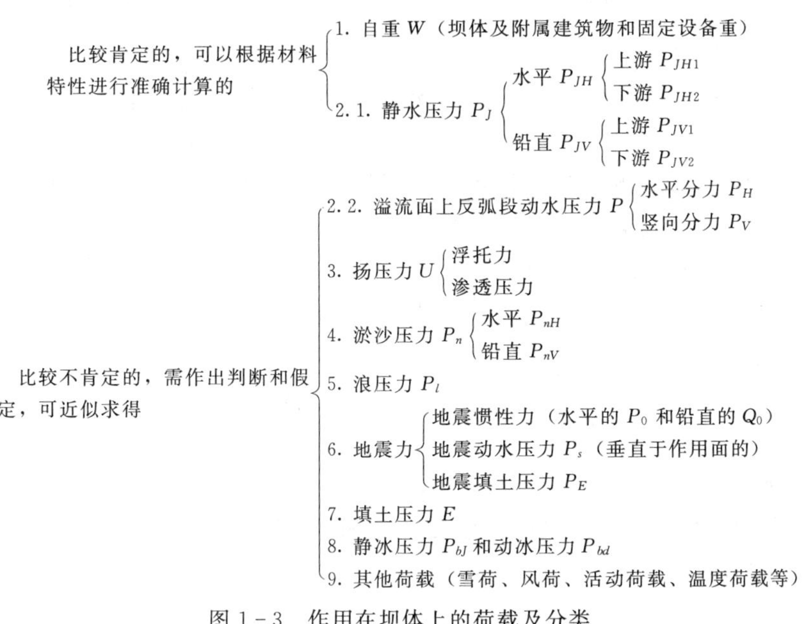

图 1-3　作用在坝体上的荷载及分类

下面分别研究各荷载的确定方法，注意掌握“力的三要素”（大小、方向、作用点）。具体计算时，取单宽米或一个坝段长为脱离体（计算实体重力坝不计横缝两侧的约束，取1延米计算与取一个坝段计算同效），要按平面汇交力系对计算体底面中心（原）点取矩。

（一）坝体及附属建筑物和固定设备的自重

可分块计算。

（1）大小：

$$W_i = V_i \gamma_h \quad (\text{kN}) \tag{1-1}$$

式中　γ_h——材料容重，一般取用混凝土容重为 24kN/m^3，浆砌石容重为 $22\sim24\text{kN/m}^3$；

V_i——计算块体积，m^3。

（2）方向：铅直向下。

（3）作用点：计算块断面形心。

（二）水压力

其方向是垂直于作用面的，但为了按平面汇交力系计算时的方便，可将其对坝体的作用分为水平和垂直两个方向的，均可分块计算。

1. 静水压力 P_J（图1-4、图1-5）

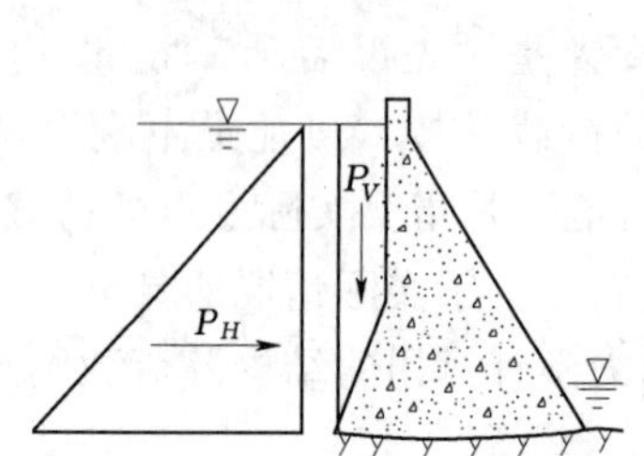

图1-4　坝面静水压力计算图

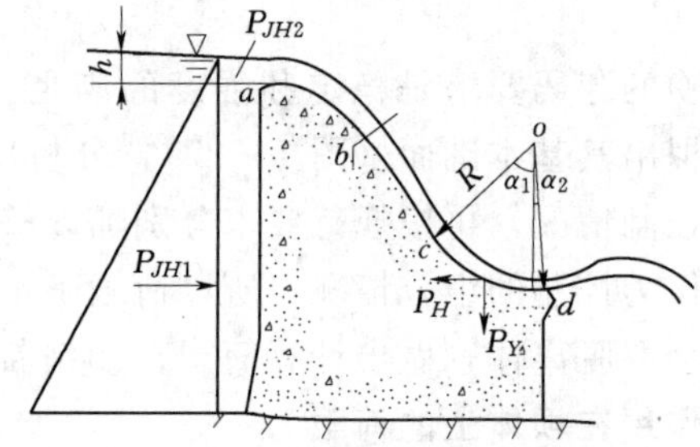

图1-5　坝面动水压力计算图

（1）水平静水压力。

1）大小：按水力学原理，距水面下 y 深度处特征点的点压力强度为

$$p = \gamma y \quad (\text{kN/m}^2) \tag{1-2}$$

将特征点的点压力强度值按比例标出，再将特征点间以直线连接，可作出荷载图形。所以，水平静水压力＝荷载图形面积×水的容重 γ，故有：

非溢流时的水平静水压力（图1-4）

$$P_{JH} = \frac{1}{2}\gamma H_1 H_1 \quad (\text{kN/m}) \tag{1-3}$$

溢流时的水平静水压力（图1-5）

$$P_{JH} = P_{JH1} - P_{JH2} = \frac{1}{2}\gamma H_1^2 - \frac{1}{2}\gamma h^2 = \frac{\gamma}{2}(H_1^2 - h^2) \quad (\text{kN/m}) \tag{1-4}$$

式中　γ——水（或含泥沙水）的容重，kN/m^3；

H_i——作用面的水深，m，上游为 H_1，下游为 H_2；

h——坝顶溢流水深，m。

2）方向：水平向坝。

3）作用点：荷载图形形心在作用面的投影。

（2）铅直静水压力（当坝面倾斜时）。

1）大小：

$$P_{JV}=\gamma A\ (\text{kN/m}) \tag{1-5}$$

式中　γ——水（或含泥沙水）的容重，kN/m^3；

A——荷载图形面积，m^2。

2）方向：铅直向下。

3）作用点：荷载图形形心在作用面的投影。

2. 动水压力 P（图1-5）

溢流坝等泄水建筑物泄水时，过流面上将有动水压力。主要是反弧段上的离心力，离心力合力的水平及垂直分力的代表值可按下式计算。

（1）大小：根据动量方程推导的结果，并忽略某些次要因素，可得反弧段 cd 上的铅直向动水压力 P_V 为

$$P_V=\frac{\gamma q}{g}v(\sin\alpha_2+\sin\alpha_1) \tag{1-6}$$

水平向动水压力 P_H 为

$$P_H=\frac{\gamma q}{g}v(\cos\alpha_2-\cos\alpha_1) \tag{1-7}$$

式中　α_1、α_2——反弧段 cd 最低点两侧的弧段所对的中心角；

q——单宽流量；

v——反弧段上的平均流速，可按水力学公式计算。

（2）方向：水平力以向上游为正，铅直力以向下为正。

（3）作用点：可认为 P_V、P_H 作用在反弧段的中点。

（三）扬压力

1. 发现

由于早期在重力坝力学计算中，出现作用力与模型或实测情况不能一致，美国的皮尔逊经过30年（1860—1890年）的努力探索，并通过瓦丘珊特坝的设计和建造，发现和证明了存在着的重要又隐蔽的荷载——扬压力。它对挡水建筑物的应力和稳定影响较大而又较难于精确确定。扬压力之所以难于精确确定，是因为它的大小在很大程度上与坝的地基性质、施工工艺和坝体或坝基内为减少渗压而采用的防渗和排水措施等很多影响因素有关，而这些因素本身也往往是难以精确确定的。

2. 认知

对于扬压力的产生和作用曾有过不同的认识，争论了近一个世纪，直到20世纪60年代初才渐趋一致。早期的理论认为坝体和坝基不透水，扬压力是由于水渗入坝体和坝基内的裂缝（接触面也被认为是一种裂缝）而形成的，又称裂缝理论。这种理论虽已过时，但由这一理论所建立的扬压力计算方法却仍被一些国家和部门采用着。另一种较新的理论证明坝体和坝基有（93%～95%）的孔隙率，会充满渗透水，认为材料的总应力＝有效应力＋渗透压力，扬压力是由于水在压力的作用下，通过材料的孔隙形成的孔隙水压力，又称

孔隙理论。坝体和坝基是透水材质，静水压力不是作用在材料的表面，而是作用在整个坝体和坝基内，如同重力一样，是一种体积力。按照这一理论，坝体和坝基内扬压力的强度分布可以通过渗流理论解拉普拉斯方程求得，也可以通过绘制流网的方法求得，还可以通过电拟试验得出。有了流网图，即可很方便地确定各点的扬压力强度。

3. 定义

坝挡水以后，在上、下游水位差的作用下，库水将经过坝体和坝基渗向下游，形成渗透水流。渗流在从上游流向下游的过程中，逐渐消耗水头。对渗流场中的某一点而言，相应于该点剩余水头的水压力称为渗透压力。若该点在下游水位以下（下游水位对该点所产生的静水压力称为浮托力），该点所受的渗透总水压力即为该点的渗透压力与浮托力之和。按帕斯卡定律，该点的渗透总水压力是向各个方向的，但作为建筑物的荷载，其方向是与该点处的作用面垂直的，由于为了按平面汇交力系计算时的方便，并考虑其方向向上是对建筑物的稳定和应力的不利方向，这样计入的这种荷载专称为扬压力——是指在水头作用下，全部的孔隙（渗透）压力对建筑物或计算截面的铅直向上的作用力，为铅直向上的渗透压力与浮托力之和。

4. 问题

实际上，坝体特别是坝基不是性质完全均匀的渗流场。而坝体的施工缝，特别是坝基的节理、裂隙、断层等集中渗流的通道，既确实存在又极不规则；加之防渗排水等处理措施，既确实有效又难以准确计算。因此，到目前为止，精确确定扬压力的方法仍是研究课题。目前仍只能参照已建工程的原型观测成果，采用简化了的图形进行计算，在有特殊的坝体结构或坝基地质构造的情况下，适当辅之以理论计算或试验校核。

5. 办法

通常假定扬压力呈直线变化（实际是三次抛物线，与直线接近），图 1-6 为实体重力坝扬压力分布图。为了减小坝底扬压力，改善坝的应力和稳定条件，常在坝踵附近的坝基中灌浆，形成防渗帷幕，阻滞渗水，消耗水头；同时在其下游钻孔，形成排水孔幕减压，将渗过、绕过防渗帷幕的渗水排出，其降低扬压力的效果往往更为显著。

6. 计算

《混凝土重力坝设计规范》(SL 319) 推荐的方法，分坝底面扬压力计算和坝体内部计算截面上的扬压力计算。

（1）坝底面扬压力分布图形：岩基上各类重力坝底面扬压力分布图形按下列三种情况分别确定：

1）当坝基设有防渗帷幕和排水孔时，坝底面上游（坝踵）处的扬压力作用水头为 H_1，排水孔中心线处为 $H_2+\alpha(H_1-H_2)$，下游（坝趾）处为 H_2，其间各段依次以直线连接［图 1-6 (a) ～ (c)］。

2）当坝基设有防渗帷幕和上游主排水孔，并设有下游副排水孔及抽排系统时，坝底面上游处的扬压力作用水头为 H_1，主、副排水孔中心线处分别为 $\alpha_1 H_1$、$\alpha_2 H_2$，下游处为 H_2，其间各段依次以直线连接［图 1-6 (d)］。

3）当坝基未设防渗帷幕和上游排水孔时，坝底面上游处的扬压力作用水头为 H_1，下游处为 H_2，其间以直线连接［图 1-6 (e)］。

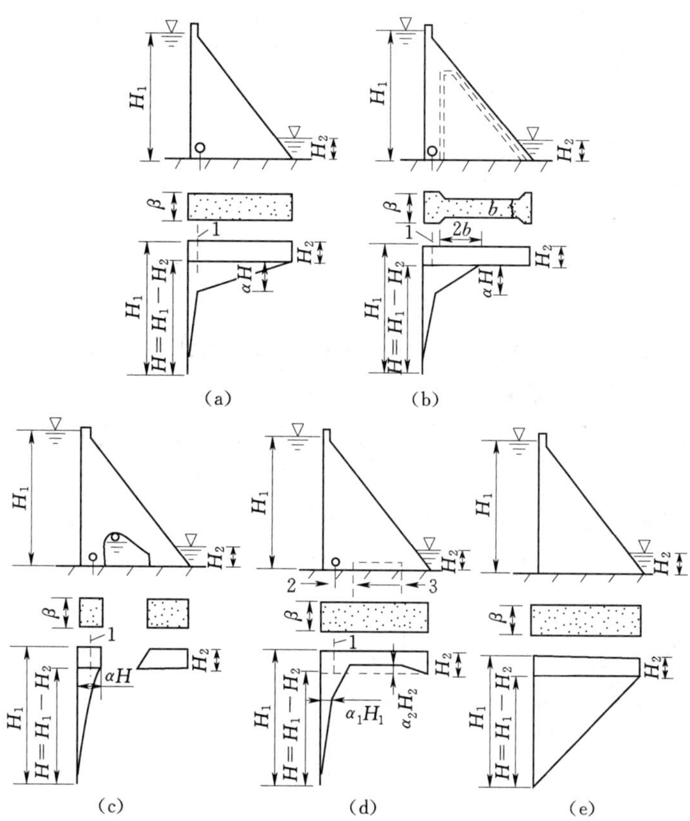

图 1-6　坝底面扬压力分布

(a) 实体重力坝；(b) 宽缝重力坝及大头支墩坝；(c) 空腹重力坝；
(d) 坝基设有抽排系统；(e) 未设帷幕及排水孔
1—排水孔中心线；2—主排水孔；3—副排水孔

上述情况中，渗透压力强度系数 α、扬压力强度系数 α_1 及残余扬压力强度系数 α_2 可按表 1-1 采用。

表 1-1　　坝底面的渗透压力、扬压力强度系数表

坝型及部位		坝基处理情况		
		(A) 设置防渗帷幕及排水孔	(B) 设置防渗帷幕及主、副排水孔并抽排	
部位	坝型	渗透压力强度系数 α	主排水孔前的扬压力强度系数 α_1	残余扬压力强度系数 α_2
河床坝段	实体重力坝	0.25	0.20	0.50
	宽缝重力坝	0.20	0.15	0.50
	大头支墩坝	0.20	0.15	0.50
	空腹重力坝	0.25	—	—
部位	坝型	渗透压力强度系数 α	主排水孔前的扬压力强度系数 α_1	残余扬压力强度系数 α_2

续表

坝型及部位		坝基处理情况		
		(A) 设置防渗帷幕及排水孔	(B) 设置防渗帷幕及主、副排水孔并抽排	
岸坡坝段	实体重力坝	0.35	—	—
	宽缝重力坝	0.30	—	—
	大头支墩坝	0.30	—	—
	空腹重力坝	0.35	—	—

注　当坝基仅设排水孔而未设防渗帷幕时，渗透压力强度系数 α 可按表中（A）项适当提高。

（2）坝体内部计算截面上的扬压力分布图形：当设有坝体排水管时，可按图 1－7 确定。其中排水管处的坝体内部渗透压力强度系数 α_3 可按下列情况采用：实体重力坝及空腹重力坝的实体部位采用 0.2；宽缝重力坝、大头支墩坝的无宽缝部位采用 0.2，有宽缝部位采用 0.15。

当未设坝体排水管时，上游坝面处扬压力作用水头为 H_1，下游坝面处为 H_2，其间以直线连接。

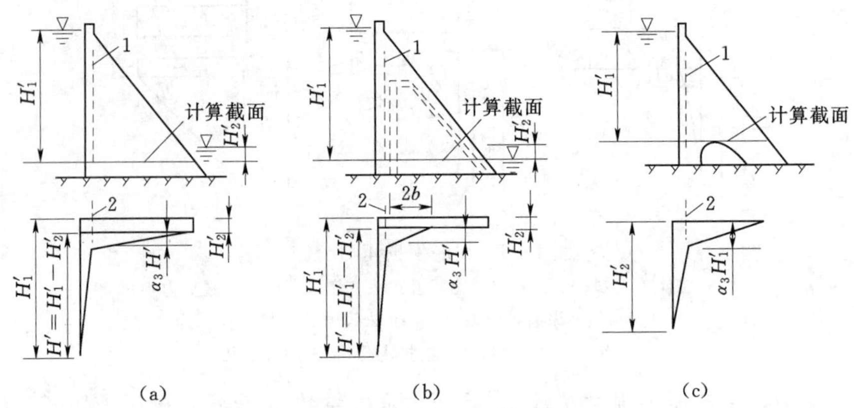

图 1－7　坝体计算截面上扬压力分布

（a）实体重力坝；（b）宽缝重力坝；（c）空腹重力坝

1—坝内排水管；2—排水管中心线

（3）将各强度特征值按比例绘出，相邻值间直线连接，形成扬压力分布图形。

（4）扬压力大小 U(kN)＝扬压力分布图形面积×计算长度（单宽米或坝段长）。与其他荷载的计算一样，将扬压力分布图形分成三角形或矩形块，分别求面积、形心，既方便于荷载计算，又方便于稳定和应力分析，更方便于调整防渗排水布置后的重新计算和分析。

（5）扬压力作用点：扬压力分布（荷载）图形形心在作用面的铅直向上投影。

（四）淤沙压力

在多泥沙河流上筑坝，必须考虑淤积在坝前的泥沙对坝体的压力。坝前淤沙深度 h_n＝淤积高程－坝底高程，泥沙的淤积高程一般根据河流的挟沙量和规定的淤积年限估算，淤积计算年限可取为 50～100 年，一般采用淤积高程等于死水位。

淤沙压力的准确计算是比较困难的，这是因为坝前淤沙不仅逐年淤高，而且也逐年固结，淤沙容重和内摩擦角，既随时间变化又各层不同，一般仍按土力学公式计算淤积泥沙对坝的静止土压力。

1. 大小

按土力学静止土压力计算公式，淤积面下 y 深度处特征点的淤沙点压力强度：

$$p_n=\gamma_n y_n \tan^2\left(45°-\frac{\varphi_n}{2}\right) \tag{1-8}$$

因为淤积面处 $y_n=0$，所以 $p_n=0$；因为坝底面处 $y_n=h_n$，所以 $p_n=\gamma_n h_n \tan^2\left(45°-\frac{\varphi_n}{2}\right)$。

(1) 水平向泥沙压力 P_{nH}。将淤积面处与坝底面处特征点的泥沙点压力强度值 p_n 按比例标出，再将特征点间以直线连接，可作出三角形的荷载图形。水平向泥沙压力=荷载图形面积×γ_n，故有：

水平向淤沙总压力

$$P_{nH}=\frac{1}{2}\gamma_n h_n \tan^2\left(45°-\frac{\varphi_n}{2}\right)h_n \tag{1-9}$$

其中

$$\gamma_n=\gamma_1-(1-n)\gamma$$

式中 γ_n——淤沙浮容重；

γ_1——淤沙干容度，一般为 13～14kN/m^3；

γ——水的容重；

n——淤沙的孔隙率，一般为 0.35～0.5；

φ_n——淤沙的内摩擦角，对粗颗粒砂砾，可取为 18°～20°；对较细的黏土质淤沙，可取为 12°～14°；对极细的黏土或淤泥 $\varphi_n=0$。

缺乏资料时，可按 $P_{nH}=h_n^2/4$ 估算。

(2) 铅直向泥沙压力 P_{nV}。坝面倾斜时，坝面上的淤沙重力即为铅直向泥沙压力。同样，因水重已计入静水压力，要用淤沙浮容重计算。

2. 方向

方向为荷载图形的作用力方向。

3. 作用点

作用点为荷载图形形心在作用面的投影。

(五) 浪压力 P_l

水面在风的作用下产生的波浪对坝面的冲击力称为浪压力。计算浪压力时，首先要计算波浪高度 $2h_l$（波峰与波谷间的高差），波浪长度 $2L_l$（相邻两个波峰间的距离）和波浪中心线超出静水面的高度 h_z 等波浪要素，以作出坝前浪压力分布图，再据以确定浪压力荷载的大小、方向和作用点。

1. 计算波浪要素的基本资料

(1) 年最大风速。系指水面上空 10m 高度处 10min 平均风速的年最大值。对于水面上空测速高度 Z(m) 处的风速，应乘以下表中的风速高度修正系数 K_z 后采用。陆地测站的风速，应参照有关资料进行修正，见表 1-2。

表 1-2　风速高度修正系数表

测速高度 Z/m	2	5	10	15	20
修正系数 K_z	1.25	1.10	1.00	0.96	0.90

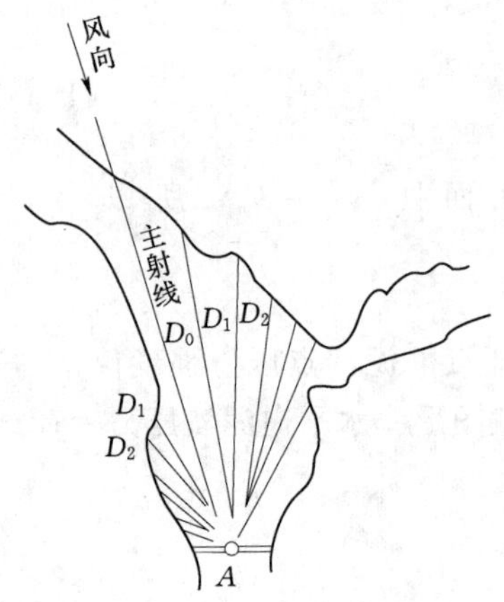

图 1-8　等效风区长度计算示意图

(2) 风区长度（有效吹程）D。按下列情况确定：

1) 当沿风向两侧的水域较宽时，可采用计算点至对岸的直线距离；

2) 当沿风向有局部缩窄且缩窄处的宽度 b 小于 12 倍计算波长时，可采用 5 倍 b 为风区长度，同时不小于计算点至缩窄处的直线距离；

3) 当沿风向两侧的水域较狭窄或水域形状不规则、或有岛屿等障碍物时，可自计算点逆风向做主射线与水域边界相交，然后在主射线两侧每隔 7.5°做一条射线，分别与水域边界相交。如图 1-8 所示，记 D_0 为计算点沿主射线方向至对岸的距离，D_i 为计算点沿第 i 条射线至对岸的距离，α_i 为第 i 条射线与主射线的夹角，$\alpha_i=7.5i$（一般取 $i=\pm1$、±2、±3、±4、±5、±6），同时令 $\alpha_0=0$，则等效风区长度 D 可按下式计算：

$$D=\frac{\sum_i D_i\cos^2\alpha_i}{\sum_i \cos\alpha_i}\ (i=0、\pm1、\pm2、\pm3、\pm4、\pm5、\pm6) \tag{1-10}$$

(3) 风区内的水域平均深度 H_m。一般可通过沿风向作出地形剖面图求得，其计算水位应与相应设计状况下的静水位一致。

2. 波浪要素计算

(1) 宜根据拟建水库的具体条件，按下述三种情况计算波浪要素：

1) 平原、滨海地区水库，宜按莆田试验站公式计算：

$$\frac{gh_m}{v_0^2}=0.13\text{th}\left[0.7\left(\frac{gH_m}{v_0^2}\right)^{0.7}\right]\text{th}\left\{\frac{0.0018(gD/v_0^2)^{0.45}}{0.13\text{th}[0.7(gH_m/v_0^2)^{0.7}]}\right\} \tag{1-11}$$

$$\frac{gT_m}{v_0}=13.9\left(\frac{gh_m}{v_0^2}\right)^{0.5} \tag{1-12}$$

式中　h_m——平均波高，m；

T_m——平均波周期，s；

v_0——计算风速，m/s；当浪压力参与荷载基本组合时，采用重现期为 50 年的年最大风速；当浪压力参与特殊组合时，采用多年平均年最大风速；

D——风区长度，m；

H_m——水域平均水深，m；

g——重力加速度，9.81m/s^2。

2) 丘陵、平原地区水库，宜按鹤地水库公式计算（适用于库水较深、$v_0<26.5$m/s 及 $D<7.5$km)：

$$\frac{gh_{2\%}}{v_0^2}=0.00625v_0^{1/6}\left(\frac{gD}{v_0^2}\right)^{1/3} \tag{1-13}$$

$$\frac{gL_m}{v_0^2}=0.0386\left(\frac{gD}{v_0^2}\right)^{1/2} \tag{1-14}$$

式中　$h_{2\%}$——累积频率为2%的波高，m；

L_m——平均波长，m。

3）内陆峡谷水库，宜按官厅水库公式计算（适用于 $v_0<20\mathrm{m/s}$ 及有效吹程 $D<20\mathrm{km}$）：

$$\frac{gh}{v_0^2}=0.0076v_0^{-1/12}\left(\frac{gD}{v_0^2}\right)^{1/3} \tag{1-15}$$

$$\frac{gL_m}{v_0^2}=0.331v_0^{-1/2.15}\left(\frac{gD}{v_0^2}\right)^{1/3.75} \tag{1-16}$$

式中　h——当 $gD/v_0^2=20\sim250$ 时，为累积频率5%的波高 $h_{5\%}$；当 $gD/v_0^2=250\sim1000$ 时，为累积频率10%的波高 $h_{10\%}$。

（2）累积频率为 $P(\%)$ 的波高 h_p 与平均波高 h_m 的关系可按表1-3进行换算。

表1-3　　累积频率为 $P(\%)$ 的波高与平均波高的比值表

h_m/H_m	$P/\%$									
	0.1	1	2	3	4	5	10	13	20	50
0	2.97	2.42	2.23	2.11	2.02	1.95	1.71	1.61	1.43	0.94
0.1	2.70	2.26	2.09	2.00	1.92	1.87	1.65	1.56	1.41	0.96
0.2	2.46	2.09	1.96	1.88	1.81	1.76	1.59	1.51	1.37	0.98
0.3	2.23	1.93	1.82	1.76	1.70	1.66	1.52	1.45	1.34	1.00
0.4	2.01	1.78	1.68	1.64	1.60	1.56	1.44	1.39	1.30	1.01
0.5	1.80	1.63	1.56	1.52	1.49	1.46	1.37	1.33	1.25	1.01

（3）平均波长 L_m 与平均波周期 T_m 可按下式换算：

$$L_m=\frac{gT_m{}^2}{2\pi}\mathrm{th}\frac{2\pi H}{L_m} \tag{1-17}$$

对于深水波，即当 $H\geqslant0.5L_m$ 时，上式可简化为

$$L_m=\frac{gT_m{}^2}{2\pi} \tag{1-18}$$

（4）波浪中心线至计算水位的高度 h_z。由于波浪在空气中行进受到的阻力比水中小，所以波浪中心线会高出静水面一定高度，其数值 h_z 可按下式计算：

$$h_z=\frac{\pi h_{1\%}^2}{L_m}\mathrm{cth}\frac{2\pi H}{L_m} \tag{1-19}$$

（5）坝面波浪超出静水位的计算高度 $h_{1\%}+h_z$。当坝的迎水面为铅直或接近铅直时，波浪推进到坝前，受到坝面阻挡而使波浪壅高成为驻波。其波高约增大一倍，而波长不变仍为 L_m。规范规定计算浪压力和坝顶超高时采用 $h_{1\%}$，故坝面波浪超出静水位的计算高度为 $h_{1\%}+h_z$（图1-9）。

3. 浪压力计算

作用于铅直迎水面建筑物上的浪压力，应对比建筑物迎水面前对应计算情况的水深

H 与能使波浪破碎的临界水深 H_{cr}［按式（1-20）计算］，判别后再按深水波或浅水波的波态分别计算。

$$H_{cr}=\frac{L_m}{4\pi}\ln\frac{L_m+2\pi h_{1\%}}{L_m-2\pi h_{1\%}} \tag{1-20}$$

（1）深水波。当计算水深 $H\geqslant H_{cr}$ 和 $H<L_m/2$ 时，波浪运动不受库底影响，则距水库静水位深 $L_m/2$ 以下各点的浪压力可以忽略。根据已知条件和以上计算出的特征值，可以按比例方便地绘出浪压力分布图，如图 1-9（a）所示，图中的阴影部分就是浪压力荷载图。单位长度迎水面上的浪压力 P_l（kN/m）按下式计算：

$$P_l=\frac{1}{4}\gamma L_m(h_{1\%}+h_z) \tag{1-21}$$

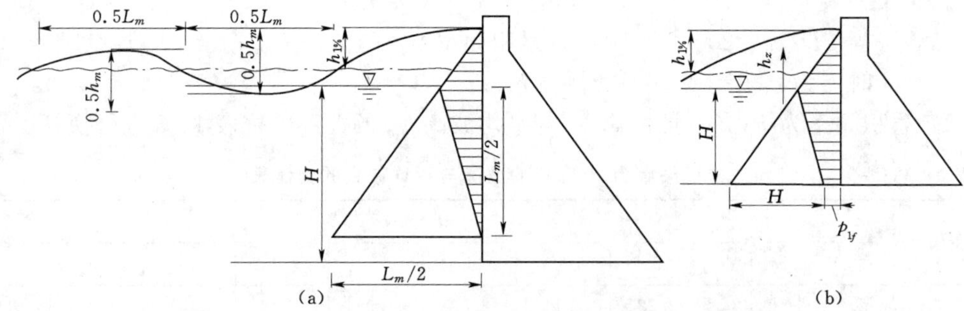

图 1-9　波浪特性及直立迎水面的浪压力分布示意图

(a) 深水波（$H>H_{cr}$ 和 $H>L_m/2$）；(b) 浅水波（$H>H_{cr}$ 和 $H<L_m/2$）

（2）浅水波。当 $H\geqslant H_{cr}$，但 $H<L_m/2$ 时，波浪运动受库底影响，建筑物迎水底面处有浪压力剩余强度 p_{lf}［按式（1-22）计算］：

$$p_{lf}=\gamma h_{1\%}\,\mathrm{sech}\,\frac{2\pi H}{L_m} \tag{1-22}$$

根据已知条件和计算出的特征值，可以按比例方便地绘出浪压力分布图，如图 1-9（b），图中的阴影部分就是浪压力荷载图。单位长度迎水面上的浪压力 P_l（kN/m）按下式计算：

$$P_l=\frac{1}{2}[(h_{1\%}+h_z)(\gamma H+p_{lf})+Hp_{lf}] \tag{1-23}$$

方向：垂直于作用面；作用点：阴影图形形心在作用面的投影。

对于中等高度以上的重力坝，浪压力在全部荷载中所占比重很小（浪压力多数小于静水压力的 5%），甚至可以忽略不计。但对于低坝以及闸墩、胸墙等结构，浪压力所占比重相当大，设计时不可忽略不计。

（六）地震力

在可能地震区筑坝，必须考虑地震影响，保证工程安全，避免垮坝灾害。首先需要了解有关的基本知识。

1. 地震知识

（1）概念。地震是由于地球的构造运动、火山爆发等引起的地层振动，又称地动。①震源——发出振动的地方。②震中——地面上与震源正对的地方。③震源深度——从震中到震源的距离。④震中区——震中附近的那块地方。⑤极震区——受振动和破坏最厉害的区域。⑥地震波——地震所引起的振动从震源向各个方向的传播，包括纵波、横波和面波。纵波的波速 5～10km/s；横波的波速 3～5km/s；面波的波速 0.6～3.5km/s。⑦震级（M）——一次地震规模的大小，反映地震特性。其级别根据释放出的能量（E，尔格）多少而定。我国使用国际通用的震级标准——里氏震级（1935 年里希特定义）：$\log E=11.8+1.5M$，1 级地震的能量 $M_1=2\times10^{13}$（尔格），震级相差一级，能量相差 $\frac{E_{i+1}}{E_i}=1.4^{10}\approx28.9$（倍）。⑧烈度（$I$）——地震对某一地区的地面或建筑物的破坏程度，反映地震影响。目前尚无合适的定量标准，一般都根据宏观现象（如人的感觉，物体的反应，建筑物的破坏程度和自然现象等）制定。世界上地震烈度的划分没有统一，日本采用 0°～7°（8 度制）；少数欧洲国家采用 1°～10°（10 度制）；绝大多数国家（包括中国、美国、俄罗斯）采用 1°～12°（麦加利 12 度制）。

一次地震只有一个震级，但不同地区却有不同的烈度。地震荷载的大小主要取决于建筑物所在地区的地震烈度。地震烈度是进行抗震设计时最关键的指标，抗震设计需要知道基本烈度（指一定周期内一个地区可能普遍遭遇的最大烈度），再根据建筑物的重要性，按照规范作适当调整、确定设计烈度（一般采用经过鉴定的基本烈度，对一级挡水建筑物，按重要性和危害程度可提高一度）。

地震烈度取决于许多因素，但最重要的是震级、震源深度和震中距离。我国地震烈度鉴定标准是 1956 年首次，以历次国内地震调查为基础，以房屋、碑、塔、牌坊等特别建筑物的破坏现象为主要依据，由中科院地球物理研究所制订的《中国地震烈度表》。后来使用 1980 年《中国地震烈度表》（修订），现在使用《中国地震动参数区划图》（GB 18306），可以查得拟建工程区的基本烈度。

（2）地震的危害。①地球上已发生过的最大地震 $M_{max}=8.9$ 级，地震能量相当于 9000 个 2 万 t 的原子弹的能量（$E_{8.9}=4E_{8.5}=22.4E_{8.0}=44.6E_{7.8}=9000E_{6.0}$）。地球上每年平均发生地震统计：严重破坏性的，8.9～8 级的 1 次；8～7 级的 18 次。破坏性的，7～6 级的 120 次；6～5 级的 800 次。有感觉的，5～4 级的 6200 次；4～3 级的 4900 次。

2. 重力坝的抗震计算方法

现拟静力法于普遍使用，动力分析法处于研究中。

（1）拟静力法原理：假定地震对坝体的影响可以用一种等效的静荷载代替，这一静荷载相当于地震加速度 a 所产生的惯性力。在设计中可以将它直接与水压、自重等荷载叠加，进行强度和稳定计算。

所以由牛顿第二定律，有

$$Q_0=ma=\frac{w_i}{g}a=\frac{a}{g}w_i=k_c w_i \tag{1-24}$$

$$k_c=\frac{a}{g}$$

式中 k_c——地震系数，根据烈度大小，变化在 0.05～0.20 之间；

a——地震加速度，$a_{max}=1.962\text{m/s}^2$；

w_i——集中在质点 i 的质量，kN；

g——重力加速度，$g=9.81\text{m/s}^2$。

（2）我国的拟静力法——《水工建筑物抗震设计规范》（SL 203）。

1）制定
- 基础——动力理论
- 来源——原型观测、归纳，分类
- 应用——静力法公式＋荷载分布图形

2）改进：若采用地面最大的地震加速度 $a_{\max}$，会使设计过于保守。所以在动力分析研究的基础上，按地震力作用的规律进行了改进（如 $Q_{0\max}=K_{c\max}W=0.20W$ 就改进成了 $Q_{0\max}=K_{H\max}C_{z\max}F_{\max}W=0.4\times0.25\times1.5W=0.15W$）：

a. 以 K_HC_z 代替 $K_c=\dfrac{a}{g}$，采用：$K_H=\dfrac{a}{g}$为水平向地震系数，见表 1-4；C_z 为综合影响系数，目前取 1/4＝0.25（降了 3/4）。

表 1-4　水平向地震系数 K_H

设计烈度	7	8	9
K_H	0.1	0.2	0.4

b. 引入了地震惯性力系数 F（表 1-5），即

$$F=\frac{\text{动力法求得的 }Q_0}{\text{静力法求得的 }Q_0}=1.1\sim1.5$$

c. 标出作用于质点 i 的地震惯性力 P_i 沿坝高方向位置增高而增大的倍数 Δ_i（表 1-5），在应力（强度）分析时使用。

表 1-5　地震惯性力系数 F 及其分布系数 Δ_i

竖　向	水　平　向		
$H<150$m	$H<30$m	30m$\leqslant H\leqslant$70m	70m$<H\leqslant$150m
$F=1.5$	$F=1.1$	$F=1.3$	$F=1.5$
	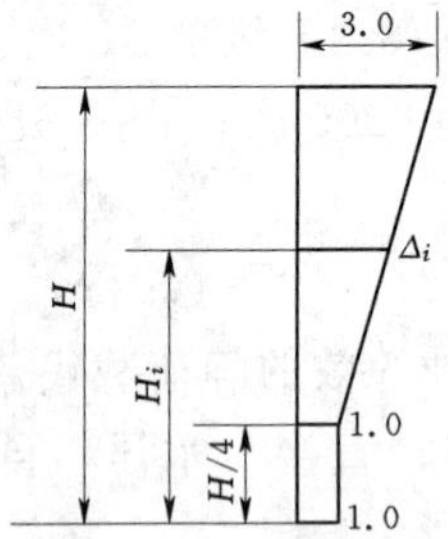 3.0；Δ_i；H；H_i；$H/4$；1.0；1.0	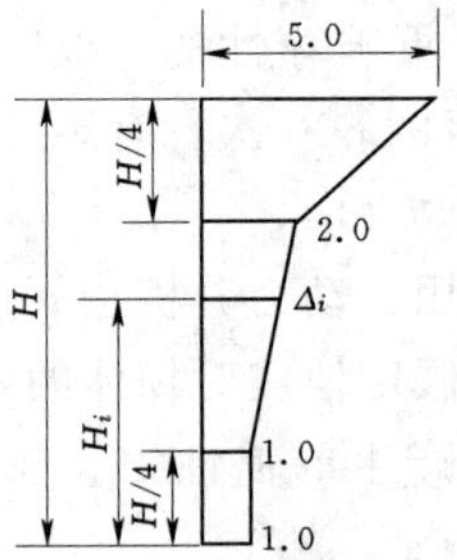 5.0；$H/4$；2.0；Δ_i；H；H_i；$H/4$；1.0；1.0	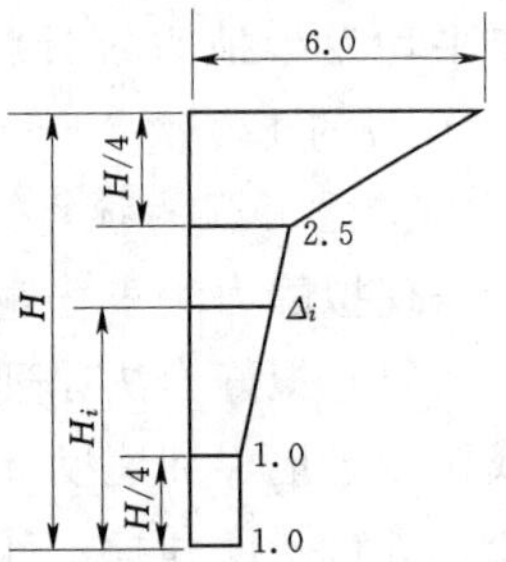 6.0；$H/4$；2.5；Δ_i；H；H_i；$H/4$；1.0；1.0

3. 规范（SL 203）要求

I
- $=7°\sim9°$
  - 1 级、2 级坝——要计算、要措施
  - 4 级、5 级坝——不计算、要措施
- $>9°$——重要的工程，应做专题研究

4. 地震荷载的计算

地震力是建筑物遭遇地震时所承受的附加荷载，所有原来作用在建筑物上的荷载，都会受到地震的影响而改变并作用到建筑物上。包括由于坝体质量、静水压力、填土压力的存在而产生的地震惯性力、地震动水压力、地震填土压力。至于地震对扬压力、坝前淤沙

压力等的影响，通常不予考虑。

根据《水工建筑物抗震设计规范》(SL 203)，地震惯性力和地震动水压力的计算一般可采用拟静力法。对高度超过 150m 的坝，宜进行动力分析。

(1) 地震惯性力（还是按力的三要素叙述。注意，地震力的作用方向与地震波的传播方向相反）。

1）分类及计算情况
- 水平向（横波作用产生）
  - 垂直河流向——将沿坝轴向传至两岸，不致破坏
  - 顺河流向（不利方向）
    - 库满——向下游方向不利
    - 库空——向上游方向不利
- 竖直向（纵波作用产生）——减轻坝体有效重量时对稳定不利，对 $I=8°\sim9°$ 的 1 级、2 级坝才考虑。

重力坝沿坝轴方向的刚度很大，这个方向的地震作用力将传至两岸，因此，重力坝只计算顺河流向的水平地震分量及竖向地震分量的作用。对于顺河流水平向地震惯性力，一般库满时按地震波向上游传播考虑，坝体受到向下游作用的地震惯性力；库空时，则按地震波向下游传播考虑，地震惯性力指向上游。当需要对库空情况进行抗震计算时，其设计烈度可降低 1 度。

2）水平向地震惯性力。

a. 重力坝的水平向总地震惯性力 P_0 按下式计算为

大小：
$$P_0=K_HC_ZFW(\text{kN/m}) \tag{1-25}$$

式中　K_H——水平向地震系数，为地面水平最大加速度的统计平均值与重力加速度的比值，按表 1-4 采用；

C_Z——综合影响系数，一般取$\frac{1}{4}$；

F——地震惯性力系数，按表 1-5 采用；

W——产生地震惯性力的建筑物总重力，kN。

方向：水平向下游（或上游）的不利方向。

作用点：计算块体重心。

b. 沿坝高的强度分布（强度分析时用）。

大小：沿建筑物高度作用于质点 i 的地震惯性力 P_i 为

$$P_i=\frac{W_i\Delta_i}{\sum\limits_{i=1}^{n}(W_i\Delta_i)}P_0 \tag{1-26}$$

式中　Δ_i——地震惯性力分布系数，按表 1-5 采用；

W_i——集中在质点 i 的质量，kN；

n——建筑物的质点总数。

计算溢流坝的地震惯性力分布系数 Δ_i 时，坝高 H 应算到闸墩顶。

方向：水平不利方向。

作用点：计算质点的质心。

3）竖直向地震惯性力 Q_0。

a. 大小：当需要计算竖直向地震惯性力时（对于设计烈度为 8～9 度的 1 级、2 级坝），式（1-25）中的 K_H 应以竖向地震系数 K_V 代替。据统计，竖向地震加速度的最大值约为水平地震加速度的最大值的 2/3，即 $K_V \approx \frac{2}{3}K_H$。

在同时考虑水平向和竖向地震的组合情况下，竖向地震惯性力还应乘以耦合系数 0.5。竖向地震惯性力分布系数也按表 1-5 采用。

需要计入地基的地震惯性力时，按式（1-24）计算的 F 值取为 1.0。

b. 方向：铅直向下（或向上）中的不利方向。

c. 作用点：计算块体重心。

（2）地震动水压力。地震时，坝前、坝后的水也随着震荡，形成作用在坝面上的激荡力。在水平向地震作用下，重力坝直立坝面水深 y 处的地震动水压力强度 $\overline{p}_y$ 按下式计算：

$$\overline{p}_y = K_H C_Z f_y \gamma H_1 \tag{1-27}$$

式中　f_y——水深 y 处的地震动水压力分布系数，按表 1-6 采用；

γ——水的容重；

H_1——坝前水深（包括淤沙深度）。

表 1-6　水深 y 处地震动水压力分布系数

y/H_1	0（水面）	0.1	0.2	0.3	0.4	0.5	0.6	0.7	0.8	0.9	1.0（水底）
f_y	0	0.43	0.58	0.68	0.74	0.76	0.76	0.75	0.71	0.68	0.67

单位宽度的总地震动水压力 P_s（即荷载图图形的面积）为

$$P_s = 0.65 K_H C_Z \gamma H_1^2 \quad (\text{kN/m}) \tag{1-28}$$

其方向垂直于作用面；作用点位置是荷载图图形形心在作用面的投影处（自水面算起在 $0.54H_1$ 处）。水深 y 处以上单位宽度地震动水压力合力 $\overline{P}_y$ 及其作用点位置 h_y 见图 1-10。

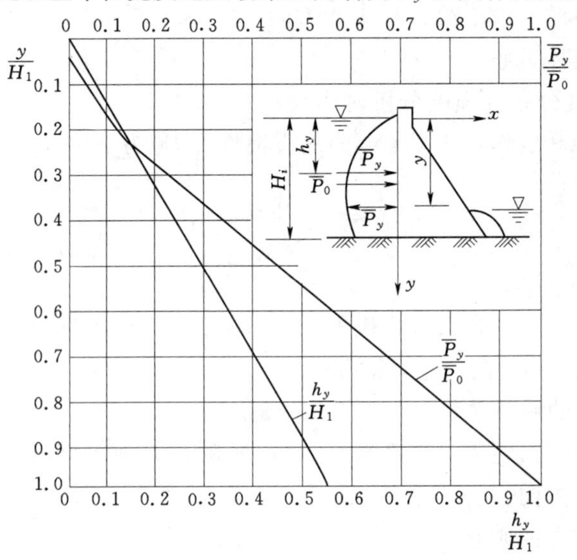

图 1-10　水深 y 处以上地震动水压力合力及其作用点位置

对于倾斜的迎水面，按式（1－27）及式（1－28）计算的动水压力应乘以折减系数 $\varphi/90°$，φ 为建筑物迎水面与水平面的锐夹角。当迎水面有折坡时，若水面以下直立部分的高度等于或大于水深一半，可近似作为直立面计算，否则可取水面点与坝坡脚点的连线坡度作为坝面斜坡进行计算。

对于宽高比 B/H_1 小于 5 的梯形或三角形河谷，按式（1－27）及式（1－28）计算的动水压力可乘以折减系数 C_1：

$$C_1=0.75+0.05B/H_1 \tag{1-29}$$

式中　B——河谷在水面处的宽度。

地震动水压力的作用方向均垂直于坝面，故对倾斜坝面的地震动水压力汇入平面汇交力系时，分为水平和铅直两部分比较方便。

地震对坝体上、下游水体的影响是同步的，所以作用在坝体的上、下游面的地震动水压力的作用方向应一致，并且以向下游方向为最不利。

按高水位时发生地震情况进行设计，会过于保守造成浪费。应仔细研究估计发生地震时可能的运行水位，一般取正常蓄水位为计算水位。

（3）地震填土压力。地震填土压力是地震对原本作用在建筑物的填土压力 E（见后面关于第七种荷载的讲解）产生的附加影响，相当于对原本作用在建筑物的填土压力 E 的增加或减少。水平墙背的总土压力 P_E（包括原本作用在建筑物的填土压力 E 的作用），可按下式计算：

$$P_E=(1\pm K_H C_Z C_e \tan\varphi)E \tag{1-30}$$

式中　C_e——地震动土压力系数，按表 1－7 采用；

φ——土的内摩擦角；

E——原本作用在建筑物的填土压力。

式（1－30）中“＋”或“－”号的选定，视地震荷载组合中确定的地震力作用的方向，使原本作用在建筑物的填土压力 E 是增加还是减少而定。

表 1－7　　地震动土压力系数 C_e

动土压力	填土坡角/(°)	土的内摩擦角 φ				
		21°～25°	26°～30°	31°～35°	36°～40°	41°～45°
主动	0	4.0	3.5	3.0	2.5	2.0
	10	5.0	4.0	3.5	3.0	2.5
	20		5.0	4.0	3.5	3.0
	30				4.0	3.5
被动	0～20	3.0	2.5	2.0	1.5	1.0

（七）填土压力 E

1. 水平填土压力 E_H

水平填土压力是指重力坝坝体插入土石坝内，或坝体一侧填土、填渣时，填土对坝体的作用力。按《土力学》公式计算，当填土对坝体稳定等有利时，应按主动土压力计算；对坝体不利时，可根据具体情况按静止土压力或主动土压力计算。

2. 铅直填土压力 E_V

按填土重力计算。

(八) 冰压力

1. 静冰压力 P_{bJ}

在寒冷地区的冬季，水库表面将结冰，一旦气温回升，冰层膨胀时受到建筑物的限制而产生的反作用力，称为静冰压力。静冰压力的数值与冰厚、开始升温时的气温及温升率等有关。作用在单位长度坝体上的静冰压力可参照表1-8采用。

表1-8 静冰压力

冰层厚度/m	0.4	0.6	0.8	1.0	1.2
静冰压力标准值/(kN/m)	85	180	215	245	280

注 1. 冰层厚度取多年平均年最大值。
2. 对于小型水库，应将表中静冰压力值乘以0.87后采用；对于库面开阔的大型平原水库，应乘以1.25后采用。
3. 表中静冰压力值适用于结冰期内水库水位基本不变的情况；结冰期内水库水位变动情况下的静冰压力应做专门研究。
4. 静冰压力数值可按表列冰厚内插。

2. 动冰压力 P_{bd}

作用于铅直坝面上的动冰压力 P_{bd} 可按下式计算：

$$P_{bd}=0.07vd_i\sqrt{Af_{ic}}\,(\mathrm{MN}) \tag{1-31}$$

式中 v——冰块流速，m/s；宜按实测资料确定，当无实测资料时，对于河（渠）冰可采用水流流速；对于水库冰可采用历年冰块运动期内最大风速的3%，但不宜大于0.6m/s；对于过冰建筑物可采用该建筑物前流冰的行近流速；

A——冰块面积，m^2；可由当地或邻近地点的实测或调查资料确定；

d_i——流冰厚度，可采用当地最大冰厚的0.7～0.8倍，流冰初期取大值；

f_{ic}——冰的抗压强度，MPa；宜由试验确定，当无试验资料时，对于水库可采用0.3MPa；对于河流，流冰初期可采用0.45MPa，后期可采用0.3MPa。

(九) 其他荷载

有时还有风荷载、雪荷载和活动荷载（移动吊车、人行车载、船只撞击）等作用，但它们对重力坝整体稳定的影响很小，也可不考虑。当局部结构设计需要计算时，可查阅相应规范。

另外，由于水化热和气温、水温和太阳辐射的周期性变化影响，温度荷载在坝体的超静定部位明显地作用着，在重力坝内形成了一个非常复杂的温度场，目前还很难在设计时准确计算。所以直到现在，都不直接考虑这种荷载，只要求计算或估算与开裂有关的几种温降情况，在施工中采取温度控制措施。

至于战争性的人为破坏的作用力是实际可能的，却是不易计算的，这方面的防止措施应结合非工程措施，进行专题研究。

二、荷载组合

以上所述的各种荷载，除坝体自重外，多数都有一定的变化范围。例如，在正常运行情况、放空水库情况或当发生设计、校核洪水时，上、下游水位就有所不同。水位变化，水压力、浪压力、扬压力等也跟着变化。此外，上游水位最高时，不一定出现最大风级，更不一定刚好发生强烈地震。因此，在进行坝的设计时，必须按照实际情况，考虑不同的荷载组合，分别进行核算，按其出现的几率，给予不同的安全系数。所以把作用在坝上的荷载，按其性质分为基本荷载和特殊荷载两类。

（一）基本荷载——经常作用在坝体上的荷载

（1）坝体及其上固定设备的自重（永久的设备不一定是固定的）。

（2）正常蓄水位或设计洪水位时大坝上、下游面的静水压力（选取一种控制情况）。

（3）相应于正常蓄水位或设计洪水位时的扬压力［与（2）选取的水位相应］。

（4）淤沙压力。

（5）相应于正常蓄水位或设计洪水位时的浪压力［与（2）选取的水位相应］。

（6）冰压力。

（7）土压力。

（8）相应于设计洪水位时的溢流动水压力。

（9）其他出现机会较多的荷载。

（二）特殊荷载——较少作用在坝体上的荷载

（10）校核洪水位时大坝上、下游面的静水压力。

（11）相应于校核洪水位时的扬压力。

（12）相应于校核洪水位时的浪压力。

（13）相应于校核洪水位时的溢流动水压力。

（14）地震荷载（一般是相应于正常蓄水位的）。

（15）其他出现机会很少的荷载（如施工荷载、排水失效时的扬压力）。

（三）确定荷载组合

荷载组合可分为基本组合和特殊组合两类。基本组合属正常运用情况（俗称设计情况），由同时出现的基本荷载所组成。特殊组合属非常运用情况（俗称校核情况），由同时出现的基本荷载和一种或几种特殊荷载所组成。荷载组合的规定见表 1－9，设计时，应从这两类组合中选择几种最不利的、起控制作用的组合情况进行计算，使之满足规范中规定的要求。荷载组合表并非固定，要根据实际可能性选定最不利的、其他可能的起控制作用的组合情况。要点是，荷载既要“实际存在”，组合必须“可能不利”。

表 1－9　　荷 载 组 合

荷载组合	主要考虑情况	荷载										附注
		自重	静水压力	扬压力	淤沙压力	浪压力	冰压力	地震荷载	动水压力	土压力	其他荷载	
基本组合	（1）正常蓄水位情况	(1)	(2)	(3)	(4)	(5)	—	—	—	(7)	(9)	土压力根据坝体外是否填有土石而定
	（2）设计洪水位情况	(1)	(2)	(3)	(4)	(5)	—	—	(8)	(7)	(9)	静水压力及扬压力按相应冬季库水位计算
	（3）冰冻情况	(1)	(2)	(3)	(4)	—	(6)	—	—	(7)	(9)	

续表

荷载组合	主要考虑情况	荷载										附注
		自重	静水压力	扬压力	淤沙压力	浪压力	冰压力	地震荷载	动水压力	土压力	其他荷载	
特殊组合	(1) 校核洪水情况	(1)	(10)	(11)	(4)	(12)	—	—	(13)	(7)	(15)	
	(2) 地震情况	(1)	(2)	(3)	(4)	(5)	—	(14)	—	(7)	(15)	静水压力、扬压力和浪压力按正常蓄水位计算，有论证时可另作规定

注　1. 应根据各种荷载同时作用的实际可能性，选择计算中最不利的荷载组合。
2. 分期施工的坝应按相应的荷载组合分期进行计算。
3. 施工期的情况应作必要的核算，作为特殊组合。
4. 根据地质和其他条件，如考虑运用时排水设备易于堵塞，须经常维修时，应考虑排水失效的情况，作为特殊组合。
5. 地震情况，如按冬季计及冰压力，则不计浪压力。

第三节　重力坝的稳定分析

在任何可能出现的荷载组合情况下，挡水建筑物都不能失去稳定，重力坝更是如此。稳定分析是重力坝设计的一项最重要内容。

一、重力坝稳定分析的原理

重力坝的稳定分析仍是建立在经典力学基础上。

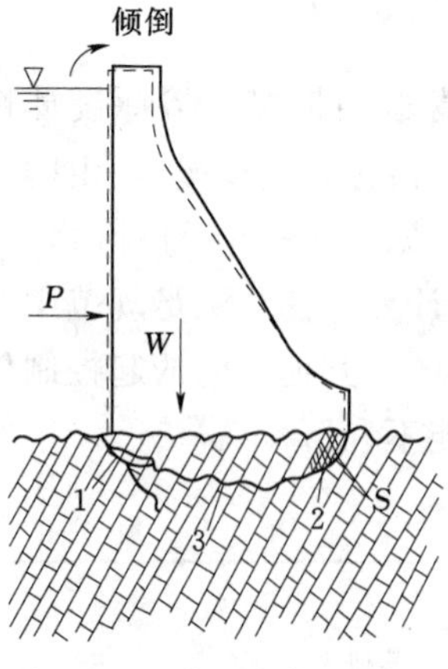

（一）重力坝失稳的可能性

理论上看，重力坝失稳的可能性应该有三种：滑动、倾倒和浮起。但历史上发生的失稳破坏都是滑倾破坏。理论分析、野外和室内试验研究以及原型观测结果表明，岩基上重力坝的失稳破坏一般有以下两种类型：①坝沿抗剪能力不足的层面滑动，包括沿坝与基岩接触面间的表层滑动；沿坝基内方向不利而又连续延伸的软弱面的深层滑动；②如图 1-11 所示，坝伴随着坝踵出现倾斜拉伸裂缝，而在坝趾出现压碎区而倾倒。

图 1-11　倾倒破坏示意图
1—拉伸裂缝；2—压缩区；3—地基破坏线；S—抗压反力

（二）薄弱滑动面分析

1. 坝与基岩的接触面

界面结合较差，抗剪强度较低，水平合力较大，发生滑动的可能性最大，一定要进行抗滑稳定校核。

2. 坝体内薄弱层面

断面突变，应力集中，主要依靠结构措施，并保证坝体施工质量，对某些情况应进行抗滑稳定校核。

3. 坝基软弱层面、岸坡与坝体接触面

主要依靠专门的地基处理措施解决，对某些情况应进行抗滑稳定校核。

所以，重力坝的抗滑稳定分析，主要是核算坝底面的抗滑稳定性。抗滑稳定计算公式建立在依靠重力在滑动面上产生的抗剪（阻滑）力来抵抗滑动力的前提上。下面依据《混凝土重力坝设计规范》(SL 319)，着重介绍重力坝的抗滑稳定分析方法。

二、抗滑稳定计算公式及参数选择

重力坝的抗滑稳定问题，涉及抗剪强度试验方法、计算参数的选择以及稳定计算方法三个方面。现有的抗滑稳定计算公式很多，常用的有以下几类。

（一）抗剪强度计算法

此法把滑动面视为一种接触面，而不是胶结面，在滑动面上的阻滑力只考虑摩擦力，不考虑凝聚力。此法只考虑滑动面上的摩擦力，俗称纯摩公式。当滑动面为水平时(图 1-12)，按抗剪强度计算的抗滑稳定安全系数 K，应满足下式要求

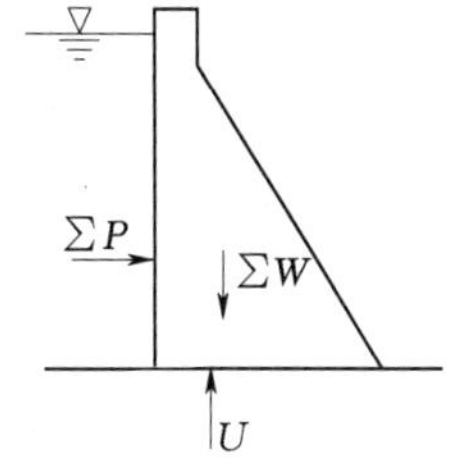

图 1-12　坝基面呈水平面时的稳定计算图

$$K=\frac{\text{阻滑力}}{\text{滑动力}}=\frac{f(\sum W-U)}{\sum P}\geqslant[K] \tag{1-32}$$

式中　$\sum P$——作用于滑动面以上的力对滑动平面的切向分值，kN；

$\sum W$——作用于滑动面以上的力（扬压力除外）对滑动平面的法向分值，kN；

U——作用于滑动面上的扬压力；

f——滑动面的抗剪摩擦系数。

将公式中的扬压力 U 单列，是因为在后续的应力计算中，要分别计算计入扬压力和不计扬压力情况的力和力矩时，比较方便。

抗滑稳定安全系数 K 不应小于表 1-10 规定的允许抗滑稳定安全系数 [K] 数值。当考虑排水失效情况或施工期情况作为一种特殊组合时，其安全系数 [K] 按表中特殊组合(1) 采用；对于 4 级、5 级坝，可参照 3 级坝采用。

表 1-10　　抗滑稳定安全系数 K

荷载组合		坝的级别		
		1	2	3
基本组合		1.10	1.05	1.00
特殊组合	(1)	1.05	1.00	1.00
	(2)	1.00	1.00	1.00

式 (1-32) 从理论上是不严密的，不仅没考虑基岩与混凝土间实际存在的“胶结”作用，甚至还忽略了即使“胶结”被破坏仍然存在着的“咬合”作用。因此，摩擦系数 f 和安全系数 [K] 的选定都较粗糙。但由于公式形式简单，使用方便，在摩擦系数的选择上又积累了丰富的经验，因此，作为一种经验公式，可用于中小型工程，有些国家一直在采用。

国内若干混凝土重力坝的 f 值见表 1-11，国内部分砌石重力坝的 f 值见表 1-12，

对于设计初期有参考价值。

表 1-11　　国内若干混凝土重力坝的 f 值

坝　名	坝　高/m	f 值	基　岩
潘家口	107.5	0.70	片麻岩
三门峡	106	0.75	闪长玢岩
黄龙滩	107	0.65～0.72	新鲜结晶片岩
参窝	50.3	0.60～0.68	石英角闪云母片岩
上犹江	67.5	0.70	石英砂岩
安砂	92	0.55	石英砂岩和砾岩
池潭	78.5	0.70	流纹斑岩
枫树	95.1	0.70～0.75	闪长玢岩

表 1-12　　国内部分砌石重力坝的 f 值

坝　名	坝　高/m	f 值	基　岩
朱庄	95.0	0.55～0.60 0.20～0.30	石英砂岩 砂页岩软弱夹层
青天河	72.0	0.65	白云质灰岩
皎口	66.0	0.60～0.65	凝灰流纹岩
仁河	59.2	0.50	石灰岩、页岩
金家洞	58.0	0.70	燧石
城坪冲	55.0	0.65	石英砂岩
成屏二级	45.8	0.65～0.70	凝灰流纹岩
大坝	79.3	0.70	花岗岩
新王泄	43.2	0.60	凝灰熔岩
大坳	37.1	0.55	泥质板岩
黄土溪	35.5	0.50	砂质岩互层

（二）抗剪断强度计算法

此法认为坝与基岩胶结良好，直接通过胶结面的抗剪断试验来求得抗剪断强度的两个参数 f' 和 C'，总阻滑力为 $f'(\sum W-U)+C'A$。此法考虑了滑动面上的抗剪断力，俗称剪摩公式。当滑动面为水平时（图 1-13），按抗剪断强度计算的抗滑稳定安全系数 K'，应满足下式要求：

$$K'=\frac{f'(\sum W-U)+C'A}{\sum P}\geqslant[K'] \tag{1-33}$$

式中　f'——坝体混凝土与坝基接触面的抗剪断摩擦系数；

C'——坝体混凝土与坝基接触面的抗剪断凝聚力，kPa；

A——坝基接触面截面积，m^2；

其余符号意义同前。

允许的抗滑稳定安全系数 $[K']$ 值不论坝的级别，对应表 1-10 所示，基本组合采用 3.0；特殊组合（1）采用 2.5；特殊组合（2）不小于 2.3。

（三）计算参数的选择

抗滑稳定计算公式中的参数 f'、C'或 f 的选择非常重要，对材料用量、工程量、投资的影响很大。例如位于我国黄山脚下形成千岛湖和水电站的新安江重力坝，取 $f=0.58$。若取 $f=0.57$，则要多浇筑 20 万 m^3 混凝土，若以 300 元/m^3 计算，则要多花 6000 万元。但计算参数如果选择的过大，万一垮坝，损失更是无法估计。所以，认真、实际、科学、慎重地选择计算参数是关键。花再长的时间，做再多的试验，参考再多的工程，也是值得的。

理论上看，式（1-32）比式（1-31）更合理，但生产实践告诉我们，要害不在于哪个公式理论性强，而在于公式中的参数如何选用的合适。因为 f'、C'、f 都是综合性的参数，由于地质条件的复杂性、工程条件的差异性和施工条件的变化性，确实很难准确确定。所以说，抗滑稳定分析至今仍建立在经验的基础上，有待于进一步研究改进。

《混凝土重力坝设计规范》（SL 319）规定，坝体混凝土与坝基接触面之间的抗剪断摩擦系数 f'、凝聚力 C'和抗剪摩擦系数 f 的取值：规划阶段可参考附录选用；可行性研究阶段及以后的设计阶段，应经试验确定；中型工程的中、低坝，若无条件进行野外试验时，宜进行室内试验，并参照附录选用。

（四）坝体抗滑稳定计算要点

坝体抗滑稳定计算主要核算坝基面滑动条件，应按抗剪断强度式（1-33）或抗剪强度式（1-32）计算坝基面的抗滑稳定安全系数。两种公式并列是因为工程实践表明，坝基岩体条件较好时，采用抗剪断强度公式是合适的；当坝基岩体条件较差时，如软岩或存在软弱结构面时，采用抗剪强度公式也是可行的。所以设计时应根据工程地质条件选取适当的计算公式。

当坝基岩体内存在软弱结构面、缓倾角裂隙时，需核算深层抗滑稳定。根据滑动面的分布情况综合分析后，可分为单滑面、双滑面和多滑面的计算模式，以刚体极限平衡法（规范 SL 319 的附录）计算为主，必要时可辅以有限元法、地质力学模型试验等方法分析深层抗滑稳定，并进行综合评定，其成果可作为坝基处理方案选择的依据。

当坝基岩体内无不利的顺流向断层裂隙及横缝设有键槽并灌浆，核算深层抗滑稳定时可计入相邻坝段的阻滑作用。

在坝体抗滑稳定计算中，经论证可考虑位于坝后的水电站厂房或其他大体积建筑物与坝体的联合作用，但应做好相应的结构设计。

（五）特殊情况的抗滑稳定

1. 倾斜面上的抗滑稳定

利用有利地形把坝体布置在向上游倾斜的地基上，或者把坝基开挖成稍向上游倾斜的基面，如图 1-13 所示，对增加坝的稳定性是很有利的。这样，式（1-31）可改写成：

$$K=\frac{f(\sum W\cos\theta-U+\sum P\sin\theta)}{\sum P\cos\theta-\sum W\sin\theta} \tag{1-34}$$

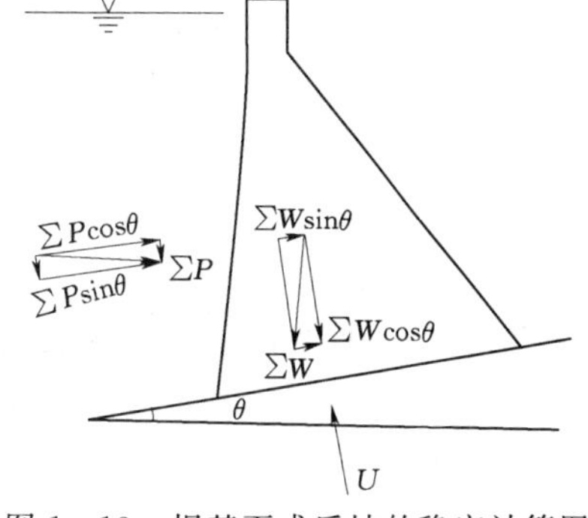

图 1-13 坝基面成反坡的稳定计算图

式中　θ——倾斜面与水平面的夹角，见图1-14。

2. 坝基中具有缓倾角断层或软弱夹层时的抗滑稳定

当靠近坝底的基岩中具有缓倾角断层或软弱夹层时，坝体将沿这种薄弱面滑动破坏。应对这些可能破坏面进行抗滑稳定审查。沿软弱带发生深层滑动，可能有如图1-14所示的四种情况。滑动面可能是单斜滑动面、折线滑动面，计算时的有关参数应采用夹层的数据，并计入下游尾岩的抗滑作用。

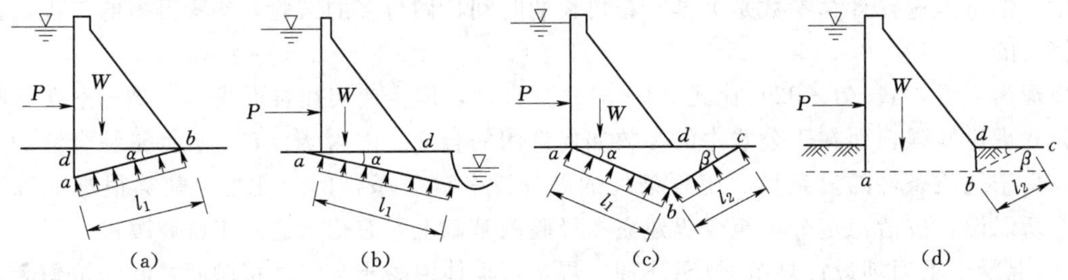

图1-14　四种深层滑动情况

3. 岸坡坝段的抗滑稳定

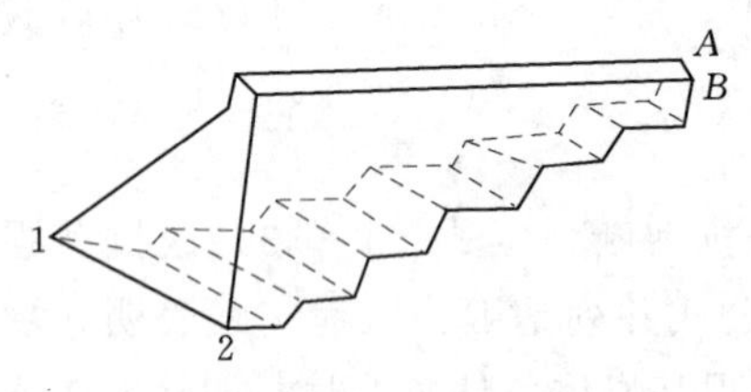

图1-15　岸坡设有平台的示意图

重力坝岸坡段的基面是沿坝轴线方向倾斜的斜面或折面，除了有自重等铅直向下作用和$\sum P$的推力向下游作用外，尚有岸坡段的自重分力向河床方向作用。在三向荷载共同作用下，岸坡坝段的稳定比河床坝段要复杂。国外就有岸坡坝段在施工过程中失稳的情况，可以采取封闭横缝等结构防止措施。在岸坡地形、地质条件允许时，也可以采用在岸坡开挖若干有足够宽度的坡台的办法（图1-15）。

三、保证坝体抗滑稳定性的节省措施

为了满足坝体的抗滑稳定性，单纯加大断面，增加坝重的做法是不科学的。除了认真做好地基处理（开挖、填塞、灌浆）外，还可采取以下措施减少坝基开挖量和坝体工程量：

（1）上游迎水面坝坡稍微倾斜或部分倾斜，以利用斜坡上的水重。

（2）坝基面开挖成向上游倾斜的单坡或多段缓坡（合计总长为坝底宽度的70%～80%），以利用荷载产生的阻滑分力。

（3）采用有效的防渗排水措施，甚至抽水减压，降低渗透压力。

（4）坝踵或坝趾处设抗剪浅齿墙，提高抗剪能力。

此外，还有在坝的上游底部，采用深孔预应力锚栓（或钢缆）压坝（图1-16）。

2003年，本书主编接手泰山某个已盲目开工并陷入进退两难困境的工程，巧妙解决了严重破碎风化岩基开挖深度已相当于坝高的难题，设计并建成了一座15m高的楔型基础重力坝，既不用帷幕灌浆就解决了坝基渗漏问题，又避免了加大上游静水压力，还大大减少了坝基开挖量和坝体工程量，建成后接着经历了丰水情况，至今运用情况良好。

近100年来，人们在重力坝的稳定分析方法、抗剪强度试验方法以及有关参数的选择等方面，做了大量的研究实验，同时在工程建设运行方面也积累了丰富的经验，使稳定分析方法有了不少的改进，取得了不少研究成果，并且在不良地基上建成了181m高的三峡大坝。但由于稳定问题涉及的因素很多，问题比较复杂，目前，虽然可以保证设计的大坝不失稳破坏，但还没有公认的很经济合理的研究成果，仍用一些半经验性质的公式进行计算。特别需要指出的是，几十年来人们更注意滑动破坏方面，而将倾倒破坏简单地理解为坝体（不包括部分地基）绕坝趾旋转破坏，在要求坝踵不出现铅直拉应力的设计准则控制下，认为倾倒破坏肯定不会发生。前些年，俄罗斯莫斯科水工设计院技术科学博士弗什曼（Fishman，Yu·A）论述了倾倒破坏机理，拓宽了稳定问题的研究领域和研究途径，是值得深入探讨的课题。

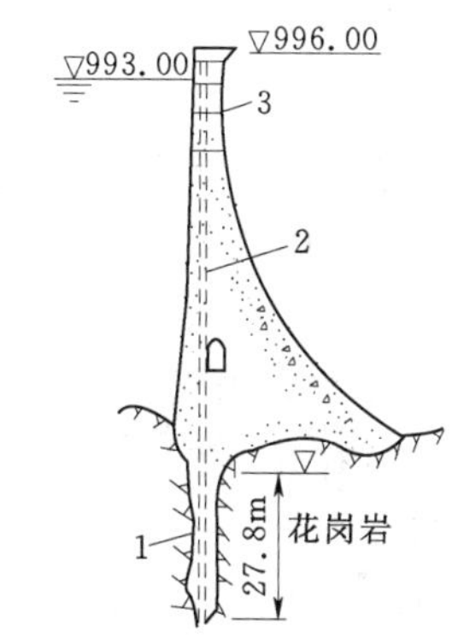

图1-16 用预应力钢缆增加坝的稳定示意图

1—钢缆竖井；2—预应力锚缆；3—顶部锚定钢筋

第四节 重力坝的应力分析

重力坝应力分析的目的，是为了比较在可能不利的几种工作情况下，坝体、坝基各部位的应力状态与坝体、坝基材质的强度能力的符合程度（即是否满足各部强度要求及整体经济合理性），是衡量重力坝安全性、经济性的指标之一。同时也是按坝内应力分布情况，确定坝体材料的标号分区，坝身廊道和孔口设置位置以及其他应力集中部位的配筋等的基本依据。

坝的应力分析主要内容包括：计算分析坝体选定截面上的应力（应根据坝高选定计算截面，包括坝基面、折坡处的截面及其他需要计算的截面）；计算分析坝体削弱部位（如孔洞、泄水管道、电站引水管道部位等）的局部应力；计算分析坝体个别部位的应力（如闸墩、胸墙、导墙、进水口支承结构、宽缝重力坝的头部等）；需要时分析坝基内部的应力。设计时可根据工程规模和坝体结构情况，计算分析上述内容的部分或全部，或另加其他内容。

重力坝应力分析的方法，有理论计算、模型试验和原型观测三大类。理论计算方法有材料力学法、弹性理论和弹塑性理论的数学解析法和数值解法，作用都是用来拟定尺寸。模型试验系用于初步设计后、建造前的检验和修改；原型观测则用于建造中、建造后的验证、总结和提高。

材料力学方法用在重力坝应力分析上，又叫重力法，是20世纪30年代由美国垦务局克恩等人，在经典力学分析方法的基础上发展成的一种完整方法。水平截面上的垂直正应力σ_y简化为直线分布（实际是三次抛物线，接近直线）的基本假定的基础上，引用单元体的平衡方程式，推算出坝内任何一点的应力分量及主应力的完整二维解答。计算经验表明，用重力法求得的应力在坝体上部是比较准确的，但不能反映地基和孔口的影响而在坝体下部不很准确。

对于高坝或坝体轮廓和地质条件甚为复杂时，除需用重力法进行计算外，还应同时用其他较精确的方法计算或进行模型试验。当前比较常用的是弹性理论和弹塑性理论的数值解法，过去常用的是有限差分法。弹性理论和弹塑性理论的数学解析法被称为“精确方法”，但只对边界条件简单的典型结构才有解答。

40 多年来，有限单元法得到了迅速的发展和普遍的应用，理论和实践都已证明其更为方便和有效，可代替模型试验。有限单元法是20世纪50年代中期随着电子计算机的出现而产生的一种计算方法。它是通过力学和数学方法对结构物（也可包括地基）进行“离散化”，即将它的剖面分割成有限个一定形式的单元，设想各单元之间仅以节点相互连接，构成结构物的整体模型。求解多采用“位移法”，具体计算方法，可参考有关文献。

浆砌石坝是由条石或块石用胶结材料砌筑而成，如果胶结材料具有较高的强度，施工时又能保证石块间的空隙为胶结材料填实，则可以近似地把坝体视为具有较大不连续级配的混凝土体，并作为均匀弹性体用混凝土坝的应力分析方法计算。

多年的经验证明，虽然重力法的分析不完全反映坝内真实应力情况，却因其计算简便、适用面广，经过了理论上和模型试验上的反复验证，有大量已建坝的实际考验，有一套比较成熟的应力控制标准，保证坝的强度安全，成为各国规范中普遍采用的方法。普遍认为，对于70m以下的中、低坝，只用重力法计算即可。下面以混凝土实体重力坝为例，介绍材料力学方法计算坝体应力的基本原理、主要控制与具体做法。

一、材料力学方法分析重力坝坝体应力的理论说明

1. 基本假定

（1）坝体为均质、各向同性的连续性材料。

（2）坝基承受荷载后不产生不均匀沉陷。

（3）不考虑两侧坝段的影响（可取单宽，按平面问题考虑）。

（4）截取的任意水平截面上的正应力呈直线分布。

2. 基本原理

由于以上假定，就可以按材料力学中的偏心受压公式来确定垂直正应力 σ_y，然后依次应用平衡条件确定剪应力 τ，水平正应力 σ_x 以及主应力 σ_{z1}、σ_{z2} 和它们的方向。

作用在计算截面上的扬压力，通常呈折线形分布［图1-17］，这个图形可分解为一个在全截面上呈梯形（或三角形）分布的图形［图1-17（b）］和一些在上游部分呈局部三角形或矩形分布的图形，如图1-17（c）～（e）所示。当扬压力沿全截面呈直线分布［图1-17（b）］时，其所产生的应力为

$$\sigma_x=\sigma_y=-p_v,\quad \tau=0$$

p_v 为计算点的扬压力强度，因此，其所产生的应力可以不必专门计算，只需先不考虑扬压力的影响，确定各点上的应力 σ_x、σ_y 及 τ，然后在正应力中扣去扬压力 p_v 即可。对于仅作用在截面局部部分上的扬压力（渗透压力），则必须做专门计算，以确定其所产生的应力。

3. 相关规定

用材料力学方法计算坝体应力时，以压应力为正，拉应力为负；y 为垂直轴，以向下为正；x 为水平轴，以向上游为正；原点取在计算截面与下游坝面的交点上（图 1-18），其余所用符号如下：

T——坝体计算截面沿上、下游方向的长度；

n——上游坝坡，$n=\tan\varphi_s$；

m——下游坝坡，$m=\tan\varphi_{xi}$；

γ_h——混凝土容重；

γ、γ'——上、下游水的容重（γ'在数值上常等于γ）；

p、p'——计算截面在上、下游坝面所受的水压力强度（如有淤沙压力时应计入在内）；

$\overline{p}_y$、$\overline{p}'_y$——计算截面在上、下游坝面所受地震动水压力强度；

λ——地震惯性力总系数，$\lambda=k_H C_z F$，乘以混凝土重量 W，即为地震惯性力，应按《水工建筑物抗震设计规范》计算；

p_v^s、p_v^{xi}——计算截面在上、下游坝面处的扬压力强度；

$\eta\gamma H$——在上游的渗透压力（H 为计算截面以上的上游水深，η 为扬压力系数）；

$\sum W$——计算截面上全部垂直力的总和（包括坝体自重、水重、淤沙重及扬压力等），以向下为正，对于实体重力坝，均以切取单位宽度坝体为准（下同）；

$\sum P$——计算截面上全部水平推力的总和（包括水压力、淤沙压力和地震水压力等），以指向上游为正；

$\sum M$——计算截面上全部垂直力及水平力对于计算截面形心的力矩的总和，以使上游面产生压应力者为正。

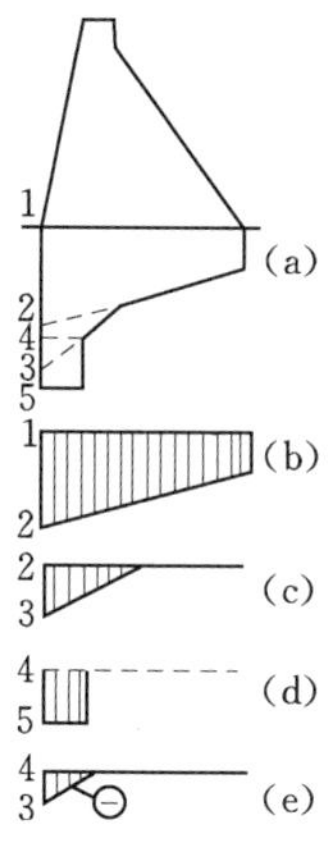

图 1-17　扬压力分解图

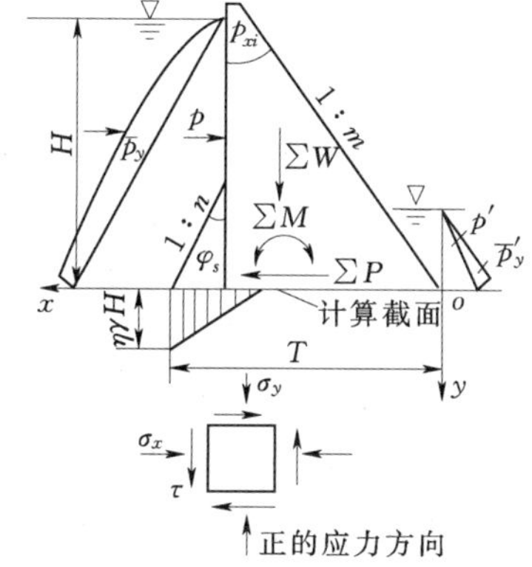

图 1-18　坝体荷载、应力计算图

二、计算实体重力坝应力的基本公式

1. 水平截面上的垂直正应力 σ_y

水平截面上的垂直正应力 σ_y 可以按材料力学偏心受压公式计算。设以 σ_y^s、σ_y^{xi} 分别表示上、下游坝面的 σ_y，则：

上游面垂直正应力 $$\sigma_y^s=\frac{\sum W}{T}+\frac{6\sum M}{T^2} \tag{1-35}$$

下游面垂直正应力 $$\sigma_y^{xi}=\frac{\sum W}{T}-\frac{6\sum M}{T^2} \tag{1-36}$$

2. 坝面剪应力 τ

根据剪应力互等定理 $\tau_{xy}=\tau_{yx}=\tau$，以 τ^s 及 τ^{xi} 分别表示上、下游坝面的 τ 值，并在坝面上取三角形微元体。当不考虑扬压力时，微元体上的作用力如图 1-19 所示。

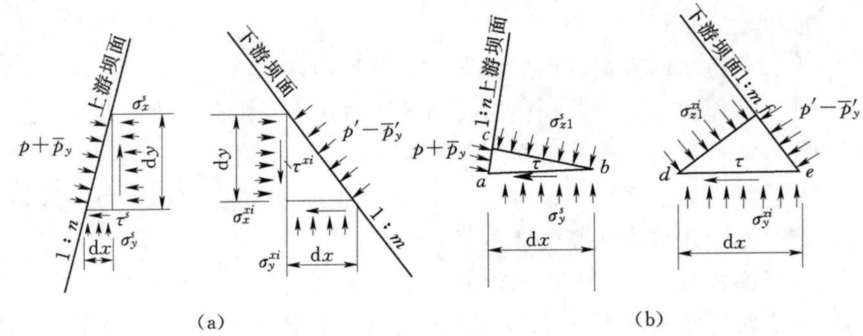

图 1-19　边缘应力计算图

图 1-19（a）中，对于上游坝面的微元体，$\sum F_y=0$，可得

$$p\mathrm{d}x+\overline{p}_y\mathrm{d}x-\sigma_y^s\mathrm{d}x-\tau^s\mathrm{d}y=0$$

经整理后可得

上游面剪应力 $$\tau^s=(p+\overline{p}_y-\sigma_y^s)n \tag{1-37}$$

同样，对于下游坝面的微元体，按平衡条件 $\sum F_y=0$，亦可得出：

下游面剪应力 $$\tau^{xi}=(\sigma_y^{xi}-p'+\overline{p}'_y)m \tag{1-38}$$

3. 垂直截面上的水平正应力 σ_x

以 σ_x^s 及 σ_x^{xi} 分别表示上、下游面的 σ_x 值。取三角形微元体如图 1-19（a）所示。

对于上游坝面的微元体，按平衡条件 $\sum F_x=0$，可得：

上游面水平正应力 $$\sigma_x^s=(p+\overline{p}_y)-(p+\overline{p}_y-\sigma_y^s)n^2 \tag{1-39}$$

同样，对于下游坝面的微元体，按平衡条件 $\sum F_x=0$，亦可得出：

下游面水平正应力 $$\sigma_x^{xi}=(p'-\overline{p}'_y)+(\sigma_y^{xi}-p'+\overline{p}'_y)m^2 \tag{1-40}$$

4. 水平截面边缘主应力 σ_{z1} 及 σ_{z2}

沿坝的上、下游坝面没有剪应力，因此，它们是主应力面，与上、下游坝面相垂直的面上也没有剪应力，所以，也是主应力面。

取如图 1-19（b）所示的三角形微元体。对于上游坝面的微元体，按平衡条件可得：

上游面主应力 $$\sigma_{z1}^s=\sigma_y^s(1+n^2)-n^2(p+\overline{p}_y) \tag{1-41}$$

对于下游坝面的微元体，按照同样的条件亦可得出：

下游面主应力 $$\sigma_{z1}^{xi}=\sigma_y^{xi}(1+m^2)-m^2(p'-\overline{p}'_y) \tag{1-42}$$

显然，坝面上的水压力强度即为主应力，它们是

在上游坝面 $$\sigma_{z2}^s=p+\overline{p}_y \tag{1-43}$$

在下游坝面
$$\sigma_{z2}^{xi}=p'-\overline{p}_y' \tag{1-44}$$

由式（1-42）可见，当上游坝面倾斜时（$n>0$），即使 $\sigma_y^s>0$，只要 $\sigma_y^s<(p+\overline{p}_y)\sin^2\varphi$，主应力 σ_z^s 仍会成为拉应力，故不宜采用过大的上游坡角 φ_s。

5. 计入扬压力作用的坝面应力公式

以上公式适用于不计扬压力作用的情况。当计入扬压力作用时，应分别采用下列公式：

$$\tau^s=(p+\overline{p}_y-p_v^s-\sigma_y^s)n \tag{1-45}$$

$$\tau^{xi}=(\sigma_y^{xi}-p'+\overline{p}_y'+p_v^{xi})m \tag{1-46}$$

$$\sigma_x^s=(p+\overline{p}_y-p_v^s)-(p+\overline{p}_y-p_v^s-\sigma_y^s)n^2 \tag{1-47}$$

$$\sigma_x^{xi}=(p'-\overline{p}_y'-p_v^{xi})+(\sigma_y^{xi}-p'+\overline{p}_y'+p_v^{xi})m^2 \tag{1-48}$$

$$\sigma_{z1}^s=\sigma_y^s(1+n^2)-(p+\overline{p}_y-p_v^s)n^2 \tag{1-49}$$

$$\sigma_{z2}^s=p+\overline{p}_y-p_v^s \tag{1-50}$$

$$\sigma_{z1}^{xi}=\sigma_y^{xi}(1+m^2)-(p'-\overline{p}_y'-p_v^{xi})m^2 \tag{1-51}$$

$$\sigma_{z2}^{xi}=p'-\overline{p}_y'-p_v^{xi} \tag{1-52}$$

计算上、下游面垂直正应力的公式仍为式（1-34）和式（1-35），但要在 $\sum W$ 和 $\sum M$ 中计入扬压力的作用后，再代入公式计算。

说明：为什么必须就计入扬压力或不计入扬压力的情况分别进行强度核算？是因为扬压力是随水头和时间等变化其作用也在变化的荷载。例如，施工质量良好的坝，蓄水后要经过极长的时间，扬压力才发展到稳定值。扬压力的变化会引起坝体应力的变化，到底是计入还是不计入扬压力的情况更不利？应该分别计算、比较。

三、重力坝应力控制标准

（一）重力坝坝基面坝踵、坝趾的垂直应力应符合下列要求

1. 运用期

（1）在各种荷载组合下（地震荷载除外），坝踵垂直应力不应出现拉应力，坝趾垂直应力应小于坝基容许压应力。

（2）在地震荷载作用下，坝踵、坝趾的垂直应力应符合《水工建筑物抗震设计规范》（SL 203）的要求。

2. 施工期

坝趾垂直应力可允许有小于 0.1MPa 的拉应力。

（二）重力坝坝体应力应符合下列要求

1. 运用期

（1）坝体上游面的垂直应力不出现拉应力（计入扬压力）。

（2）坝体最大主压应力，应不大于混凝土的允许压应力。

（3）在地震情况下，坝体上游面的应力控制标准应符合《水工建筑物抗震设计规范》（SL 203）的要求。

（4）关于坝体局部区域拉应力的规定：

1）宽缝重力坝离上游面较远的局部区域，可允许出现拉应力，但不超过混凝土的允许拉应力。

2）当溢流坝堰顶部位出现拉应力时，应配置钢筋。

3）廊道及其他孔洞周边的拉应力区域，宜配置钢筋；有论证时，可少配或不配钢筋。

2. 施工期

（1）坝体任何截面上的主压应力应不大于混凝土的允许压应力。

（2）在坝体的下游面，可允许有不大于 0.2MPa 的主拉应力。

混凝土的允许应力应按混凝土的极限强度除以相应的安全系数确定。坝体混凝土抗压安全系数，基本组合应不小于 4.0；特殊组合（不含地震情况）应不小于 3.5。当局部混凝土有抗拉要求时，抗拉安全系数应不小于 4.0。在地震情况下，坝体的结构安全应符合《水工建筑物抗震设计规范》的要求。混凝土极限强度，指 90d 龄期的 15cm 立方体强度，强度保证率为 80%。

四、实体重力坝实用强度计算的简化

试验及实测表明，在一般情况下，坝体的最小及最大应力均出现在坝面。初步拟定重力坝剖面时，或设计中等高度以下的坝且对其坝身内部应力计算没有要求时（如没有较大的孔洞或不考虑作复杂的材料标号分区等），只需计算坝面上、下游边缘应力。重力法根据应力分布规律总结出一套成熟的设计控制标准，作为设计要点可以使重力坝的强度计算内容十分简单，称为一般实用强度计算。详细讲解如下。

（一）控制标准

（1）坝体的强度控制在水平截面上。

（2）水平截面的应力极限值控制在上、下游坝面的端点。

（3）上游面以垂直正应力 σ_y^s 控制，要求计入扬压力时，$\sigma_y^s>0$（即有效应力不为拉应力）；不计扬压力时，$\sigma_y^s>\alpha\gamma h$（$\gamma h$ 为计算点的静水压强；α 为折减系数，$\alpha=1/4\sim2/5$，当坝面防渗、排水设施效果好时，取小值）。

（4）下游面以平行坝面的主压力 σ_{z1}^{xi} 控制（郎金于 1890 年证明了 $\sigma_{z1}^{xi}>\sigma_y^{xi}$），要求计入或不计扬压力时 $\sigma_{z1}^{xi}<[R_a]=R_a/K$（$R_a$ 为一年龄期的混凝土极限抗压强度；K 为混凝土抗压强度安全系数，基本组合取 $K\geqslant4.0$；地震除外的特殊组合取 $K\geqslant3.5$）。

（5）水平截面上的剪应力最大值 $\tau_{\max}$ 也在下游面，方向近乎水平。根据材料力学原理，$\tau_{\max}=(\sigma_{z1}^{xi}-\sigma_{z2}^{xi})/2$，当下游面无水压力时，由前面公式（1-44）知 $\sigma_{z2}^{xi}=0$，则 $\tau_{\max}=\sigma_{z1}^{xi}/2$。另外，试验得知混凝土的容许剪应力 $[\tau_h]=R_a/(5\sim7)$。若满足强度要求 $\tau_{\max}\leqslant[\tau]$，即应 $\sigma_{z1}^{xi}/2=R_a/(5\sim7)$ 或 $\sigma_{z1}^{xi}=R_a/(2.5\sim3.5)$，故当 $K=2.5\sim3.5$ 时，相当于 $\sigma_{z1}^{xi}\leqslant[R_a]$。所以，在一般强度校核中都不再计算 τ。

（二）上、下游边缘点应力计算

1. 上、下游边缘点垂直正应力

上游面垂直正应力
$$\sigma_y^s=\frac{\sum W}{T}+\frac{6\sum M}{T^2} \tag{1-53}$$

下游面垂直正应力
$$\sigma_y^{xi}=\frac{\sum W}{T}-\frac{6\sum M}{T^2} \tag{1-54}$$

注意，以上两式求出的都是作用在材料骨架内的有效应力 σ。因为根据孔隙理论，某点的总应力 σ_z 等于有效应力 σ 与孔隙水压力 p_v 之和，即 $\sigma_z=\sigma+p_v$，或 $\sigma=\sigma_z-p_v$。如果计算中，计入扬压力（即在$\sum W$和$\sum M$中计入扬压力的作用）$p_v \neq 0$，则求出的$\sigma=\sigma_z-p_v$，σ是有效应力，不是总应力；不计扬压力（即在$\sum W$和$\sum M$中不计扬压力的作用）$p_v=0$，则求出的$\sigma=\sigma_z-p_v=\sigma_z-0=\sigma_z$，$\sigma$既是有效应力，又是总应力。

2. 上、下游边缘点主应力

（1）小主应力σ_{z2}。由于上、下游坝面处的荷载都是垂直作用于坝面的，所以，垂直坝面的方向就是边缘小主应力的作用方向。其计算公式为

上游面小主应力 $$\sigma_{z2}^{s}=p+\overline{p}_y \tag{1-55}$$

下游面小主应力 $$\sigma_{z2}^{xi}=p'-\overline{p}_y' \tag{1-56}$$

细心者会问，这只是不计扬压力作用情况的公式，计入扬压力作用情况的公式呢？

计入扬压力作用时的公式应为

上游面小主应力 $$\sigma_{z2}^{s}=p+\overline{p}_y-p_v^{s} \tag{1-57}$$

下游面小主应力 $$\sigma_{z2}^{xi}=p'-\overline{p}_y'-p_v^{xi} \tag{1-58}$$

此二式的计算结果与前二式是相近的。因为扬压力p_v的作用方向与σ_{z2}的方向近乎垂直，所以对小主应力的影响微乎其微，加之在边缘点对静水压力又基本无影响，故而可直接采用前两式的计算结果。

（2）大主应力σ_{z1}。由力学原理，大主应力σ_{z1}的方向与小主应力σ_{z2}是正交的。所以边缘大主应力σ_{z1}的方向平行于坝面。

1）不计扬压力作用的计算公式为

上游面大主应力 $$\sigma_{z1}^{s}=\sigma_y^{s}(1+n^2)-n^2(p+\overline{p}_y) \tag{1-59}$$

下游面大主应力 $$\sigma_{z1}^{xi}=\sigma_y^{xi}(1+m^2)-m^2(p'-\overline{p}_y') \tag{1-60}$$

2）计入扬压力作用时，规范（SL 319）提供的公式为

上游面大主应力 $$\sigma_{z1}^{s}=\sigma_y^{s}(1+n^2)-(p+\overline{p}_y-p_v^{s})n^2 \tag{1-61}$$

下游面大主应力 $$\sigma_{z1}^{xi}=\sigma_y^{xi}(1+m^2)-(p'-\overline{p}_y'-p_v^{xi})m^2 \tag{1-62}$$

应该可以进一步简化。由孔隙理论，计入扬压力则$p_v\neq 0$，所以在此二式中应代入总垂直应力$\sigma_z=\sigma+p_v$。而前面按式（1-49）和式（1-50）计算时，即使是在$\sum W$和$\sum M$中计入扬压力的作用，求出的σ仍然是有效垂直应力，不能直接代入使用。此时的扬压力强度：

在上游边缘处$p_v^{s}=p+\overline{p}_y$，则

$$\sigma_{yz}^{s}=\sigma_y^{s}+p_v^{s}=\sigma_y^{s}+(p+\overline{p}_y) \tag{1-63}$$

在下游边缘处$p_v^{xi}=p'-\overline{p}_y'$，则

$$\sigma_{yz}^{xi}=\sigma_y^{xi}+p_v^{xi}=\sigma_y^{xi}+(p'-\overline{p}_y') \tag{1-64}$$

将式（1-63）代入式（1-41），得到上游面大主应力的总应力

$$\sigma_{z1z}^{s}=(\sigma_y^{s}+p+\overline{p}_y)(1+n^2)-(p+\overline{p}_y)n^2=\sigma_y^{s}(1+n^2)+(p+\overline{p}_y) \tag{1-65}$$

而设计（应力分析中）需要的是大主应力的有效应力，按孔隙理论有

$$\sigma_{z1z}^{s}=\sigma_{z1}^{s}+p_v^{s}=\sigma_{z1}^{s}+(p+\overline{p}_y) \tag{1-66}$$

令式（1-66）与式（1-65）右边相等，有$\sigma_{z1}^{s}+(p+\overline{p}_y)=\sigma_y^{s}(1+n^2)+(p+\overline{p}_y)$，即得公式

$$\sigma_{z1}^{s}=\sigma_{y}^{s}(1+n^{2}) \tag{1-67}$$

同理，将式（1-64）代入式（1-42），得到下游面大主应力的有效应力公式

$$\sigma_{z1}^{xi}=\sigma_{y}^{xi}(1+m^{2}) \tag{1-68}$$

（三）坝体强度的简便计算

通过以上学习，了解了材料力学方法分析坝体应力的来龙去脉，对坝体应力分布有了全面的了解。经过公式的推导和简化，也掌握了坝体强度控制的关键。总结起来，用重力法进行一般实用强度计算，只需选择核算截面，求出其上、下游两个边缘点的垂直正应力 σ_y^s 和 σ_y^{xi}，并进一步求出下游边缘点的大主应力 σ_{z1}^{xi}，看是否满足各控制指标（表1-13，实体重力坝重力法一般实用强度验算一览表），最终将设计剖面调整到下列状况：①满足挡水及过水的运用要求为前提；②上游面计入扬压力时，$\sigma_y^s>0$；不计扬压力时，$\sigma_y^s>\alpha\gamma h$（$\gamma h$ 为计算点的静水压强；α 为折减系数；$\alpha=1/4\sim2/5$，当坝面防渗、排水设施效果好时，取小值）；③下游面计入或不计扬压力时，$\sigma_{z1}'^{xi}\leqslant[R_a]$ 安全保证；④材料强度尽可能得到利用的经济合理为目标。

大量实践证明，坝高小于30m，地基较好的坝，可仅用抗滑稳定控制。其他的需要强度验算的，核算截面应选择可能危险的、水平的截面，一般在下列较危险的截面中选择验算截面：①应力值最大的坝基面；②断面厚度突变处；③坝面的折坡处；④孔口、廊道削弱处；⑤荷载集中处（如泄水孔口）。

表1-13　　实体重力坝重力法一般实用强度验算一览表

位置	验算项目	不计扬压力作用		计入扬压力作用	
		计算公式	控制要求	计算公式	控制要求
上游面处	垂直正应力	$\sigma_y^s=\dfrac{\sum W}{T}+\dfrac{6\sum M}{T^2}$　(1-69)	$>\alpha\gamma h$ ($\alpha=1/4\sim2/5$) 一般控制	$\sigma_y^s=\dfrac{\sum W}{T}+\dfrac{6\sum M}{T^2}$　(1-73)	>0 主要控制
	大主应力	$\sigma_{z1}^s=\sigma_y^s(1+n^2)-n^2(p+\overline{p}_y)$　(1-70)	$>\alpha\gamma h$ 顺便校核	$\sigma_{z1}^s=\sigma_y^s(1+n^2)$　(1-74)	>0 顺便校核
下游面处	垂直正应力	$\sigma_y^{xi}=\dfrac{\sum W}{T}-\dfrac{6\sum M}{T^2}$　(1-71)	$<[R_a]$ 顺便校核	$\sigma_y^{xi}=\dfrac{\sum W}{T}-\dfrac{6\sum M}{T^2}$　(1-75)	$<[R_a]$ 顺便校核
	大主应力	$\sigma_{z1}^{xi}=\sigma_y^{xi}(1+m^2)-m^2(p'-\overline{p}'_y)$　(1-72)	$<[R_a]$ 主要控制	$\sigma_{z1}^{xi}=\sigma_y^{xi}(1+m^2)$　(1-76)	$<[R_a]$ 主要控制

第五节　非溢流重力坝的剖面设计

设计出的坝体剖面，应该是满足稳定和强度要求、工程量最小的剖面。但是也要考虑建造方便和运行可靠（坝顶交通、宣泄洪水、阻挡风浪以及坝体内孔道布置）等方面的要求。坝体剖面设计的一般步骤是：先考虑坝体主要荷载，按稳定、强度要求拟定出经

济的基本剖面；再根据运用要求修改基本剖面为实用剖面，验算不利荷载组合时的稳定和强度；再通过方案比较，反复修改确定出全面满足安全、经济、运用和施工诸方面的坝体实用剖面。下面逐步讲解各个步骤的做法。

一、基本剖面的拟定

（一）基本剖面的形状

前面讲过，重力坝的根本特点是，在巨大的水压力（静水压力、扬压力为主）作用下，主要依靠坝体自重产生的抗剪（滑）力来维持稳定（不移动、不倾倒、不浮起）。重力坝的主要荷载是自重、静水压力和扬压力。坝体挡水高度越大，需要用来维持稳定的自重应越大；自重越大，需要用来降低应力的剖面宽度应越大；而三角形剖面最符合这个要求。三角形剖面的重心低，剖面宽度随着水深的增加而加大，应力较小，稳定性最好，还具有外形简单、易于施工等优点。所以说重力坝的基本剖面是三角形，因为从坝体承受的荷载以及安全与经济诸方面考虑，三角形剖面是比较合理的。

（二）基本剖面的尺寸

取单位宽度的坝体进行研究，以最高水位齐三角形基本剖面顶尖，下游无水为基本情况，如图 1-20 所示。图中 H 为坝高；T 为坝底宽；n、m 分别为坝上、下游面的边坡系数；ζ 为底宽比例系数；γ、γ_h 为水和混凝土的重度；W 为坝体自重；P、Q 为坝上游面的水平水压力和铅直水压力；U 为坝基面扬压力，按下游无水简化成三角形分布，坝踵处的渗透压强为 $\alpha_1\gamma H$，其中 α_1 为扬压力折减系数。这样，寻求在这些荷载作用下最经济的坝剖面的问题，就归结为寻求剖面底宽与高度的最小比值 $(T/H)_{min}$ 及其条件。下面进行理论分析和公式推导，可以得到一些对设计有指导意义的规律，同时学习关于设计优化的基本思路。

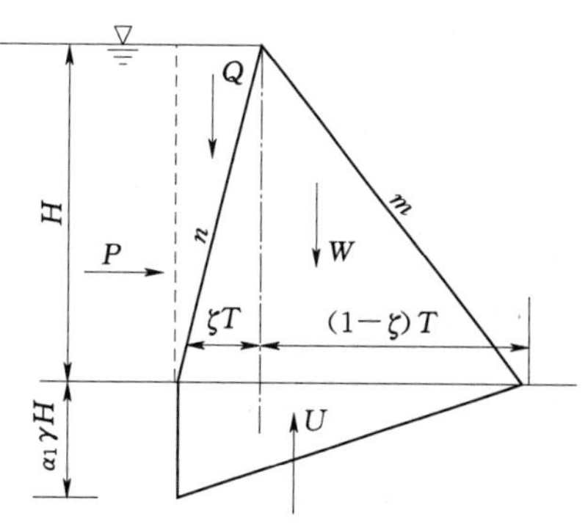

图 1-20　重力坝的基本剖面计算图

1. 按应力控制条件拟定基本剖面尺寸

（1）库满时，见图 1-20，主要荷载有坝体自重 $W=\gamma_h TH/2$、水平水压力 $P=\gamma H^2/2$、铅直水压力 $Q=\zeta T\gamma H/2$、扬压力 $U=\alpha_1\gamma HT/2$，对坝底水平截面的合重和中性轴的弯矩为

$$\sum W=W+Q-U=\frac{TH}{2}(\gamma_h+\zeta\gamma-\alpha_1\gamma) \tag{1-77}$$

$$\sum M=\frac{T^2H}{12}\left(\gamma_h-2\zeta\gamma_h+3\zeta\gamma-2\zeta^2\gamma-2\frac{\gamma H^2}{T^2}-\alpha_1\gamma\right) \tag{1-78}$$

将 $\sum W$、$\sum M$ 的具体内容代入偏心受压式（1-73）和式（1-75），可得坝底水平截面的边缘垂直正应力的代数式：

$$\sigma_y^s=H\left[\gamma_h(1-\zeta)+\zeta\gamma(2-\zeta)-\alpha_1\gamma-\gamma\frac{H^2}{T^2}\right] \tag{1-79}$$

$$\sigma_y^{xi}=\zeta H(\gamma_h-\gamma+\zeta\gamma)+\frac{\gamma H^2}{T^2} \tag{1-80}$$

（2）库空时，没有水的作用，可在以上两式中令 $\gamma=0$，得

$$\left.\begin{aligned}\sigma_y^s&=\gamma_h H(1-\zeta)\\ \sigma_y^{xi}&=\gamma_h H\zeta\end{aligned}\right\}\tag{1-81}$$

（3）要满足不允许坝基面出现拉应力的应力控制条件，分析上列公式可以看出：

1）在库空情况下，必须满足 $\zeta\geqslant0$，即坝的上游边坡必须是正坡，则 $\sigma_y^{xi}\geqslant0$（即下游坝趾处为压应力）。否则，就会在下游坝面出现拉应力。

2）在库满情况下，令 $\sigma_y^s=0$ 是起码的应力控制条件，则式（1－79）可变为

$$\frac{T}{H}=\frac{1}{\sqrt{\frac{\gamma_h}{\gamma}(1-\zeta)+\zeta(2-\zeta)-\alpha_1}}\tag{1-82}$$

为了满足不允许坝基面出现拉应力的应力控制条件的最小底宽 T，可令式（1－82）对 ζ 的微分式为 0，经简化整理后得

$$\left.\begin{aligned}&-\frac{\gamma_h}{\gamma}+2-2\zeta=0\\ &\zeta=1-\frac{\gamma_h}{2\gamma}\end{aligned}\right\}\tag{1-83}$$

上式给出了 T/H 为最小时的 ζ 值。H 一定，若按常规代入 $\gamma_h=24\text{kN/m}^3$，$\gamma=10\text{kN/m}^3$，则得到 $\zeta=-0.2$，即为上游坝面出现倒悬的经济剖面（图 1－21）。这种情况施工不便，而且库空时坝的下游面将出现拉应力。所以，实际上多取 $\zeta=0$，即取上游面为铅直的三角形剖面，如图 1－21 中虚线所示。以 $\zeta=0$ 代入式（1－82）得

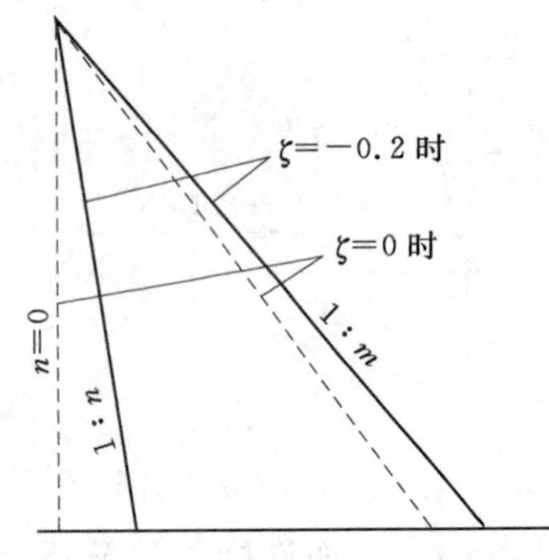

图 1－21　三角形经济剖面

$$\frac{T}{H}=\frac{1}{\sqrt{\frac{\gamma_h}{\gamma}-\alpha_1}}\tag{1-84}$$

若仍取 $\gamma_h=24\text{kN/m}^3$，$\gamma=10\text{kN/m}^3$ 代入上式，当 $\alpha_1=0.5$ 时，得 $m=T/H=0.73$；当 $\alpha_1=0.3$ 时，得 $m=T/H=0.69$，说明降低渗透压力所起的作用是很明显的。α_1 由 0.3 增加到 0.5 时，坝体工程量约增加 10%。

应力计算结果表明：当库满时，若采用上游为铅直的三角形剖面，下游坡率 $m=0.69\sim0.73$。

2. 按稳定条件确定基本剖面

坝基面的抗滑稳定按 $K=\dfrac{f(\sum W-U)}{\sum P}\geqslant[K]$［式(1－32)］来分析，将坝体自重 $W=\gamma_h TH/2$、水平水压力 $P=\gamma H^2/2$、铅直水压力 $Q=\zeta T\gamma H/2$、扬压力 $U=\alpha_1\gamma HT/2$ 代入公式，并加以化简和变换可得

$$\frac{T}{H}\leqslant\frac{[K]}{f\left(\frac{\gamma_h}{\gamma}+\zeta-\alpha_1\right)}\tag{1-85}$$

若取 $\gamma_h=24\text{kN/m}^3$，$[K]=1.0$，$\gamma=10\text{kN/m}^3$，$f=0.75$ 及 0.6，$\alpha_1=0.5$ 及 0.3，组合成若干种不同的计算情况，代入式（1－85）中，计算结果列入表 1－14。

表 1-14 不同情况组合下的 T/H 值

f	ζ	α_1	
		0.5	0.3
		T/H	
0.75	0	0.70	0.63
0.60	0	0.88	0.79
	0.2	0.80	0.72

计算结果表明：①渗透压力影响明显，α_1 由 0.5 减至 0.3 时，坝体工程量可节省 6%左右；②对于铅直的上游坝坡，当 f 较大时，$m=0.63\sim0.70$，都小于按应力条件所需 m 值，剖面为应力条件控制；若 f 较小（如 $f=0.6$），$m=0.79\sim0.88$，坝底较宽，都大于按应力条件所需 m 值，这时主要受稳定条件控制；③f 小时，采用倾斜的上游坝面（如 $\zeta=0.2$）利用上游水重帮助坝体稳定，则坝剖面显著减小，与 $\zeta=0$ 的情况相比，坝体工程量可减少 9%左右。但由于受到应力条件的限制，ζ 值不能随意加大，要想得到同时满足稳定和应力条件的最经济剖面，需由式（1-84）及式（1-85）联立求解 ζ 值，这样求得的剖面才符合最经济条件。

综上所述，如果 f 大，重力坝基本剖面的上游坡可取陡些，f 小则应缓些。在通常的情况下，一般 $n=0\sim0.2$，$m=0.60\sim0.85$，坝底宽约为坝高的 0.7～0.9 倍，这些经验数据方便于拟定坝体剖面时参考。

二、修改为实用剖面

如前所述，在拟定基本剖面时，只是简单地计入了坝体自重与坝顶齐平的水压力和扬压力三项主要荷载，没有考虑对坝在运用上的要求。因此，根据前面几个公式算得的剖面尺寸只能给出重力坝剖面的大致轮廓。

实际上，由于运用和交通的需要，坝顶应有足够的宽度。在无特殊要求时，坝顶宽度可采用坝高的 8%～10%，一般不小于 2m。当有交通要求时，应按交通要求布置。若在坝顶布置移动式起重机，还应满足安置起重机轨道以及其他运用上的要求。

其次，实用剖面必须有安全超高（图 1-22）。坝顶高于水库静水位的高度 Δh 按下式计算：

$$\Delta h=2h_l+h_0+h_e \qquad (1-86)$$

式中 $2h_l$——波浪高度；

h_0——波浪中心线至静水位的距离；

h_e——安全超高，按表 1-15 采用。

表 1-15 安全超高值 单位：m

运用情况	坝的级别		
	1	2	3
设计情况（基本组合）	0.7	0.5	0.4
校核情况（特殊组合）	0.5	0.4	0.3

必须注意，在计算 h_0 及 2 h_l 时，设计和校核情况应采用不同的计算风速。坝顶高程或坝顶上游防浪墙顶高程，按下列两式计算并选用较大值：

$$坝顶高程=设计洪水位+\Delta h_{设}$$

$$坝顶高程=校核洪水位+\Delta h_{校}$$

式中　$\Delta h_{设}$、$\Delta h_{校}$——坝顶（或防浪墙顶）距设计洪水位或校核洪水位的高度。

对于有发生最大洪水可能的，1、2 级坝的坝顶高程不得低于相应静水位，防浪墙顶高程不得低于波浪顶高程（不再加安全超高 h_e）。

典型的坝顶结构如图 1－22（a）所示。由于布置上的要求，有时需将坝顶部分地伸出坝外，见图 1－22（b）。当坝顶要求太宽时，也可做成桥梁的结构型式，见图 1－22（c）。坝顶防浪墙的高度一般不大于 1.2m，采用与坝体连成整体的钢筋混凝土结构。在坝体伸缩缝处，防浪墙亦应设伸缩缝并设置止水。

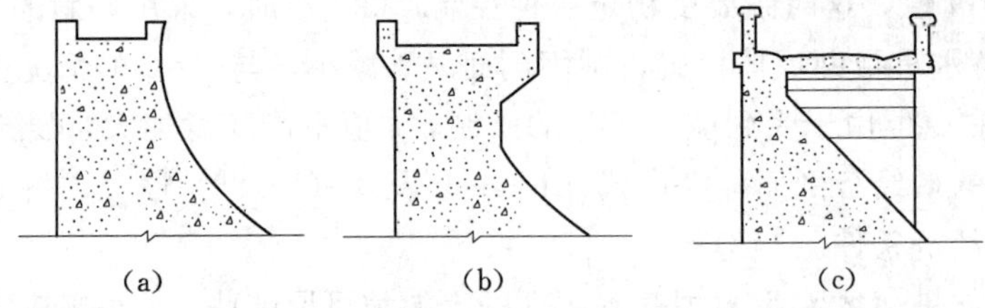

图 1－22　非溢流重力坝的坝顶布置形式

坝顶宽度和高程确定以后，就得到如图 1－23（a）所示的实用剖面。由于在三角形剖面上增加了一块 $DEFG$ 的重量 W_T，使得库空时，在坝的下游边可能出现微小的拉应力，一般稍稍改变上、下游边坡 n、m 即可满足要求。最好将上游坝面的上部改为铅直，下部仍用斜坡，如图 1－23（b）所示。这样可以节约混凝土，便于设置坝身泄水孔或引水管进口的拦污栅、闸门等设备，这种剖面形式被广泛使用。

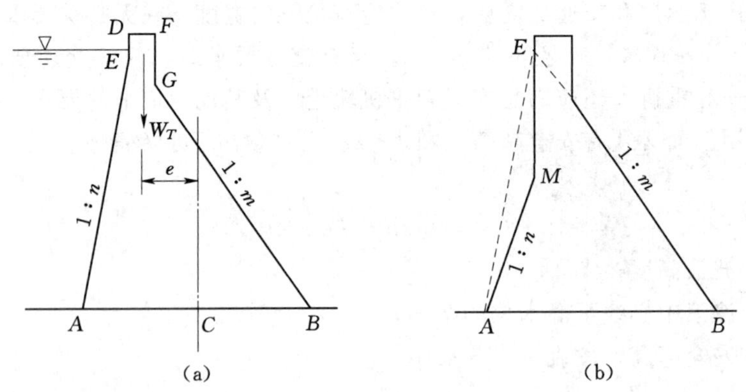

图 1－23　重力坝的实用剖面

设计重力坝的实用剖面时，不仅应注意布置好坝的合理剖面形式和尺寸，还必须根据具体情况设置坝身及坝基的防渗、排水设施，以使坝的稳定和强度要求容易得到满足，使设计出来的剖面安全又经济。

非溢流重力坝实用经济剖面可用计算机进行优化设计，限于篇幅本章不作介绍。

第六节　溢 流 重 力 坝

河道中修建的重力坝，常将其主河床部分做成溢流坝（段），宣泄洪水方便，可节省在岸边修建泄水建筑物的投资。溢流重力坝既是挡水建筑物又是泄水建筑物，它除具有与非溢流重力坝相同的工作条件（稳定强度、抗渗要求）外，还需从坝顶和下游坝面宣泄洪水（安全泄流、抗冲要求）。所以，与挡水有关的问题，如作用荷载、基本剖面、抗滑稳定、坝体应力等，与非溢流重力坝基本相同，本节只介绍与泄水有关的问题（水力条件和下游消能）。

溢流坝的主要组成部分为：溢流孔口、溢流面曲线与下游消能设施的连接以及下游消能设施。

一、溢流孔口的设计

（一）孔口型式及特点

溢流坝的溢流孔口是开敞式的泄水道，坝体的顶部就是泄水道底部的溢流堰。为了提高孔口的过水能力，坝顶剖面形式（堰型）一般采用曲线型非真空实用堰。因为曲线型真空实用剖面堰溢流时坝面产生负压，会引起空蚀且水流不稳定，故采用较少。曲线型实用堰的流量系数、曲线坐标以及孔口过水能力的计算见《水力学》。

大型溢流坝的孔口一般设有闸门，以便利用一部分有效库容参加调洪，达到降低挡水建筑物高度、减小上游淹没损失等目的。设置闸门的堰顶低于正常蓄水位，正常蓄水位减堰顶高程后再加 0.1～0.3m 的闸门超高即为闸门高度。还可在闸门上部设置胸墙，以进一步降低堰顶高程及减小闸门高度，增大水库的防洪作用。但是，设固定式胸墙的孔口，不利于宣泄漂浮物，且泄洪时成为孔口出流，故宣泄特大洪水时的超泄能力受到限制，这时可考虑将胸墙做成活动式的。但设闸门后将增加闸门及启闭设备的投资，运用时期增加了管理费用。所以，小型溢流坝一般不设闸门。不设闸门的坝顶高程即为水库的正常蓄水位。

溢流孔口一般用闸墩分为若干孔（不设闸门的孔口也常因交通要求而设置桥墩），闸（桥）墩顶上要布置交通桥、机架桥（闸门启闭台）、检修桥等上部结构，其型式和布置可参考第七章水闸中的相关内容。每孔净宽应综合考虑：闸门型式及运用条件；闸门定型及宽高比；启闭设备的配套；坝顶布置与坝段分缝（墩缝、堰缝）等条件选定。设闸墩（或桥墩）厚度为 d，若溢流段长度 $B=nb+(n-1)d$，则分孔数目 n 就可以确定。

溢流孔口两端，一般应向下游延伸出导墙，以防止坝面溢流对两侧的冲刷等不利影响。导墙顶面应高出掺气的溢流水面 1.0m 以上，顶厚 0.5～2.0m，每隔 15m 左右设一道伸缩缝，缝中设止水，导墙构造如图 1-24 所示。

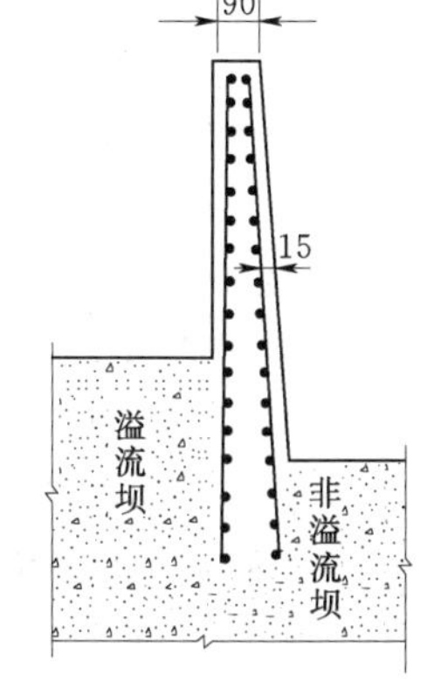

图 1-24　溢流重力坝的导墙（单位：cm）

（二）堰顶高程和溢流段长度 B 的确定

堰顶高程和溢流坝段长度的设计依据及要求是：由建筑物级别

所决定的洪水标准与相应的洪水过程线；洪水预报条件和预报时间；由规划决定的防洪要求，如对上游最高洪水位的限制和下游允许的最大下泄流量 Q_{max}（安全泄量）等；地形、地质条件和根据坝趾地质条件控制的允许单宽流量 $[q]$；整个枢纽工程必须是运用可靠而又安全、经济。

坝趾处控制的允许单宽流量一般不超过 50～70m^3/s；对于裂隙发育的岩基和半岩基不超过 30m^3/s；对于坚固完整的岩基，可以增加到 90～100m^3/s，甚至可达 120m^3/s；如果单宽流量较大时，应进行专门研究。根据下游允许的最大下泄流量 Q_{max} 和允许单宽流量 $[q]$，可初拟孔口净宽 $nb=Q_{max}/[q]$。

确定堰顶高程和溢流坝段长度须通过方案比较，其步骤是：首先，根据上述设计依据和要求，以溢流段长度尽量大和堰顶高程尽量高的原则，拟定出溢流孔口布置型式和各部尺寸的第一个方案，进行调洪演算得出上游最高洪水位，最大下泄流量和相应单宽流量；其次，在分析研究第一方案及其调洪演算的成果的基础上再拟定若干个比较方案，并分别进行调洪演算；第三，对满足防洪等要求的各方案，相应拟定其枢纽各建筑物的布置和主要尺寸并计算工程量；最后，进行技术、经济比较，选出最优方案。有关洪水标准、方案拟订与比较选择等问题，可参考第四章河岸溢洪道。

二、溢流重力坝的剖面设计

溢流重力坝的基本剖面仍然是三角形，上游面垂直或成折坡，堰顶为实用堰，溢流面由堰顶曲线段、斜坡直线段和衔接反弧段组成（图 1-25）。

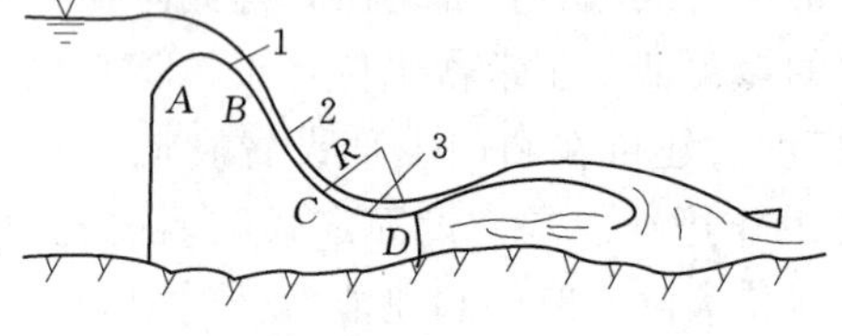

图 1-25　溢流坝形式

1—顶部；2—直线段；3—反弧段

1. 堰顶曲线段

堰顶曲线段的形状对泄流能力和流态有很大影响。根据设计情况下溢流面是否出现真空（负压），可分为非真空实用堰和真空实用堰两种类型。非真空实用堰曲线是稍稍切入相应于薄壁堰的溢流水舌，过设计洪水及以下流量时，坝面不致发生真空。真空实用堰较相应的非真空实用堰瘦，坝面与自由水舌脱开，由于坝面与水舌间隙中的空气被水带走，水舌才贴合坝面，但已形成了负压。负压能加大流量系数，但如负压过大，将引起坝体振动和堰面空蚀。

我国水利水电工程中应用较广泛的为克—奥曲线和幂曲线两种非真空实用堰曲线。对于开敞式堰面的堰顶下游堰面，《混凝土重力坝设计规范》（SL 319）附录 A 推荐采用 WES 幂曲线 $X^n=KH_s^{n-1}y$，以及相应的堰顶上游堰头曲线，推荐了双圆弧曲线、三圆弧曲线和椭圆曲线。

绘制溢流面曲线，确定非真空实用堰形状的方法，是对一定的堰上设计水头 H_d 而言的。以校核洪水流量确定的堰上设计水头 H_d（等于堰上最大水头 $H_{校核}$）做出的堰顶曲线，虽可保证不出现负压，但流量系数减小，剖面偏肥，不经济。按设计洪水流量确定的堰上设计水头 H_d（等于 $H_{设计}$），宣泄校核洪水时，堰面将出现负压，允许其值不得超过 30～60kPa(3～6m 水头)。一般根据溢流洪水出现的几率，取 $H_d=(0.75\sim0.85)H_{校核}$ 作出的堰顶曲线，比较经济、安全。

对于要求闸门在部分开启的条件下泄流或设有胸墙时的堰顶孔口溢流曲线，当堰顶水头 H 与孔口高度 D 的比值 $H/D>1.5$ 时（图 1-26），应按孔口射流曲线设计：

$$y=\frac{x^2}{4\varphi^2 H_d} \tag{1-87}$$

式中 H_d——堰上设计水头，一般取孔口中心至最高库水位的 75%～90%；

φ——孔口收缩断面上的流速系数，一般 $\varphi=0.96$；设有检修门槽时，取 $\varphi=0.95$。

绘制堰顶曲线时，坐标原点设在堰顶最高点。原点的上游段仍采用复合圆弧或椭圆曲线与上游坝面相连接，胸墙的下缘也应采用圆弧或椭圆曲线。若 H/D 在 1.2～1.5 之间时，堰面曲线应通过模型试验决定。

2. 斜坡直线段

溢流面的中部为直线段，上端与堰顶曲线相切，下端与反弧相切（图 1-27），公切线的坡度可取为与非溢流坝下游边坡相同的坡度，当不满足稳定和强度要求时，应作适当修改。对于低坝，堰顶曲线可能直接与下部反弧相切而省去直线段。

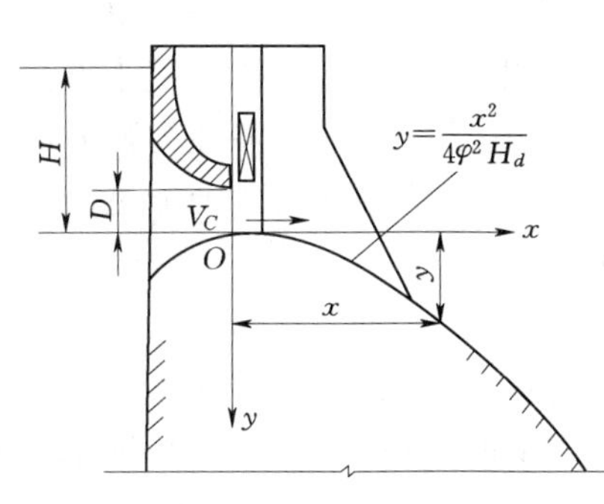

图 1-26 孔口射流曲线

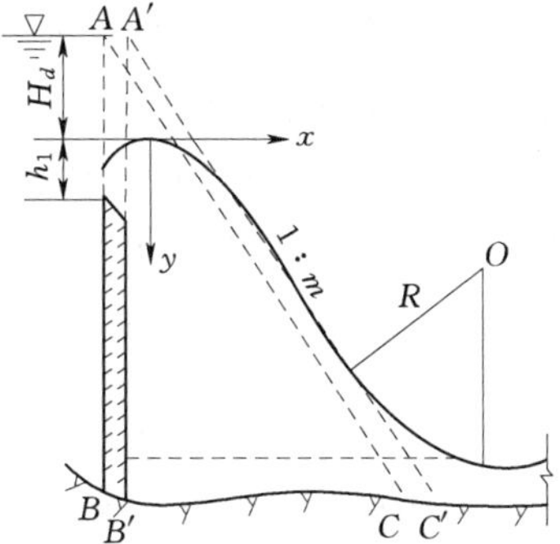

图 1-27 溢流坝剖面的绘制

3. 衔接反弧段

溢流面的下部为反弧段，其作用是使水流平顺地按要求的消能方式与下游水面衔接。反弧段通常采用圆弧曲线，其半径 R 的数值与溢流坝的高度、堰顶水头及消能方式等有关，可在 $(4\sim10)h_c$ 范围内选取（h_c 为校核洪水位闸门全开时反弧处的水深）。反弧处的流速小于 16m/s 时，可取下限；流速大时，水流转向困难，宜采用较大值，以至上限；当采用底流消能，反弧段与护坦相连时，反弧半径宜采用上限值。

在坚固完好的岩基上，满足稳定及强度要求的基本三角形剖面较窄，按上述原则所拟定的溢流坝剖面可能超出基本三角形 ABC 以外，为了节约坝体工程量并满足水流条件，可将基本三角形平移到 $A'B'C'$ 位置（图 1-27），使下游边 $A'B'$ 与溢流面的公切线相重合，上游阴影部分可以省去。为了不影响泄流能力，应保留高度为 h_l 的悬臂突体，且使 $h_l>H_e/2$（H_e 为堰顶最大水头）。

具有挑流鼻坎的溢流重力坝，当鼻坎超出基本三角形剖面以外时（图 1-28），若 $l/h>0.5$，须核算 $B—B'$ 截面处的应力。若拉力较大，可考虑在 $B—B'$ 截面处设置结构缝，把鼻坎和坝体分开，如石泉等工程都采用了这种结构型式。

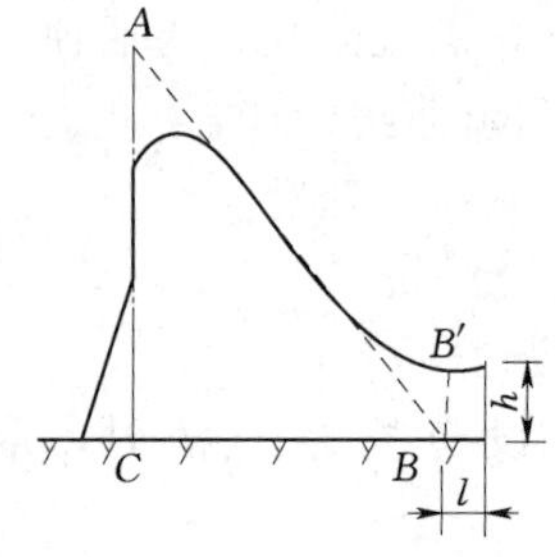

图 1-28 挑流鼻坎的结构处理

三、溢流重力坝的消能设计

(一) 消能防冲原理

通过坝体的下泄水流具有很大的能量。当水流下泄时，巨大的能量主要耗损于两个方面：一是水流内部的作用，如摩擦、冲击、紊动、旋涡等；二是水流与固体边界的作用，如摩擦、冲刷等。冲击下游河床形成冲刷坑，当冲刷坑扩展到坝趾处，会危及坝体安全。国内外坝工实践中，由于坝下消能措施不当遭受严重冲刷的情况很多。例如西班牙的里拜约坝最大冲坑深度达 70m，冲走岩石的总体积达 100 万 m^3，美国威尔逊溢流坝的下泄水流，冲走的岩块有重达 200t 的。由此可见，对于溢流重力坝的下泄水流，必须采取有效的消能措施，以减轻对下游河床的冲刷，确保建筑物的安全。

消能设计的原则是，尽量使下泄水流的能量消耗于水流内部的紊动中，限制下泄水流对河床的冲刷范围，保证不至于危及坝体安全。岩基上溢流重力坝采用的消能方式，主要有鼻坎式的挑流消能、面流消能和戽流消能。也有采用平顺式的底流消能的。

消能型式的选择取决于水利枢纽的具体条件，主要影响因素有：水头、单宽流量、下游水深及其变幅、坝基地质特性、水工建筑物的总体布置等。挑流消能适用于下游河床抗冲能力强的高坝或中坝情况；面流消能适用于下游水深较大，河床抗冲能力强的情况；戽流消能仅用于下游水深小，河床抗冲能力差的情况。以下只介绍挑流式消能工的布置、结构特点和运用条件，其他消能方式在另外的章节中介绍。

(二) 挑流消能设计

挑流消能是利用鼻坎将下泄的高速水流向空中挑射，使水流扩散并掺入大量空气，水流在与空气摩擦的过程中消耗其能量，约可消耗总能量的 20%。然后跃入下游河床水垫中，形成强烈的旋滚区，并冲刷河床形成冲刷坑（图 1-29）。冲坑逐渐扩大，水垫越来越厚，大部分能量消耗在水流的摩擦中，冲刷坑逐渐趋于稳定。因此，如下游有较大的水深，就可以减轻对河床的冲刷。

挑流消能设计的要求是：选择合适的鼻坎型式、反弧半径、鼻坎高程和挑射角度，使挑射水流形成的冲刷坑不致影响坝体安全。

常用的挑流鼻坎型式有连续式和差动式两种。

1. 连续式挑流鼻坎

连续式挑流鼻坎如图 1-29 所示，构造简单，射程远，鼻坎上水流平顺，一般不产生空蚀。

根据我国的工程经验，在一般情况下，鼻坎挑射角取 $\theta=20°\sim25°$ 为好；对于深水河槽，以选用 $\theta=15°\sim20°$ 为宜。如鼻坎挑射角 θ 取值偏大（如 30°～35°或更大），水舌挑距虽然大些，但入水角（水舌与下游水面的交角）加大，水舌入水后扩散较差，会使冲刷坑加深。

鼻坎反弧半径 R 最小为 $(5\sim6)h$，以 $(8\sim10)h$ 为宜，h 为鼻坎上水深。R 太小时，水流转向不够平顺；R 过大时，鼻坎向下游延伸太长，将增加工程量。国外有的工程采用抛物线形反弧，曲率半径由大到小，水流转向比较容易适应。

鼻坎高程一般是定在下游水位附近。

连续式挑流鼻坎的水流射程，可按抛射原理计算。试验和原型观测表明：冲刷坑的最深点大致在水舌外缘的延长线上，挑距计算简图见图 1-29，公式如下：

$$L=\left[v_1^2\sin\theta\cos\theta+v_1\cos\theta\sqrt{v_1^2\sin^2\theta+2g(h_1+h_2)}\right]/g \tag{1-88}$$

式中　L——水舌挑距，m；

g——重力加速度，9.81m/s^2；

v_1——坎顶水面流速，m/s，按鼻坎处平均流速 $v=\Phi(2gs)$ 的 1.1 倍计；s 为上游水位与鼻坎顶之间的高差；Φ 为流速系数；

θ——鼻坎的挑射角，(°)；

h_1——h 在铅直方向的投影，m；$h_1=h\cos\theta$（h 为鼻坎顶平均水深）；

h_2——鼻坎顶至河床面高差，m；如冲刷坑已经形成，计算冲刷坑进一步发展时，可算至冲刷坑底。

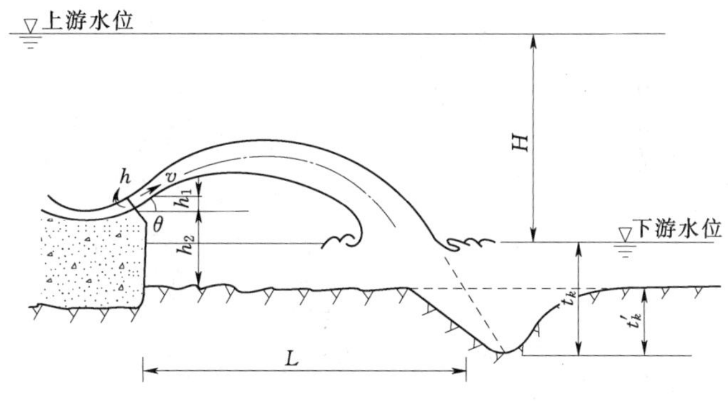

图 1-29　连续式挑流鼻坎

至于冲刷深度的计算，目前还没有比较精确的方法，据统计，在比较接近的几个公式中，计算结果相差可达 30%～50%。工程上常用的估算公式如下（图 1-29）：

$$t_k=\alpha q^{0.5}H^{0.25} \tag{1-89}$$

式中　t_k——水垫厚度，自水面算至冲刷坑底，m；

q——单宽流量，m^3/(s·m)；

H——上、下游水位差，m；

α——冲坑系数，坚硬完整的基岩 $\alpha=0.9$～1.2，坚硬但完整性较差的基岩 $\alpha=1.2$～1.5，软弱破碎、裂隙发育的基岩 $\alpha=1.5$～2.0。

挑射水流所形成的冲刷坑，是否会延伸至坝趾危及坝的安全，取决于最大冲坑深度 t_k'（自河床面算至冲刷坑底，见图 1-29）和挑射距离 L 两个因素，一般用 L/t_k'的比值来判断。岩层倾角较陡的基岩，冲刷坑上游边坡系数一般小于 2.5，岩层倾角较缓的，一般小于 5.0。因此可以认为，对于前者 $L/t_k'>2.5$，对于后者 $L/t_k'>5.0$，才不至于危及坝的安全。很明显，这是一个相当粗略的判别指标。湖南双牌溢流坝，虽然 $L/t_k'=(2.28\sim2.71)<5.0$，没有达到规定的安全指标，但冲刷坑的上游边坡并没有实际延伸至坝趾。可是，由于坝体修建在倾向下游的缓倾角夹层上，冲刷坑构成了坝基软弱夹层的临空面，失

去了岩体支撑，有可能导致坝体及部分基岩沿软弱夹层产生深层滑动，为此而采取了相当复杂的加固措施。因此，在评定挑流消能的安全性时，还要根据河床、河岸基岩层面及节理裂隙发育情况，判断冲刷坑形成是否会引起坝体的深层滑动，以及两岸山坡是否会失去支撑岩体而坍塌。

挑射水流由于大量掺气和扩散，使附近地区产生"雾化"，设计时应充分估计好雾化区的范围，将输电线路、交通道路及居住区布置在雾化区以外，或采取可靠的防护措施，免受雾化的影响。

2. 差动式挑流鼻坎

常用的差动式挑流鼻坎有矩形差动鼻坎和梯形差动鼻坎两种，见图 1-30。

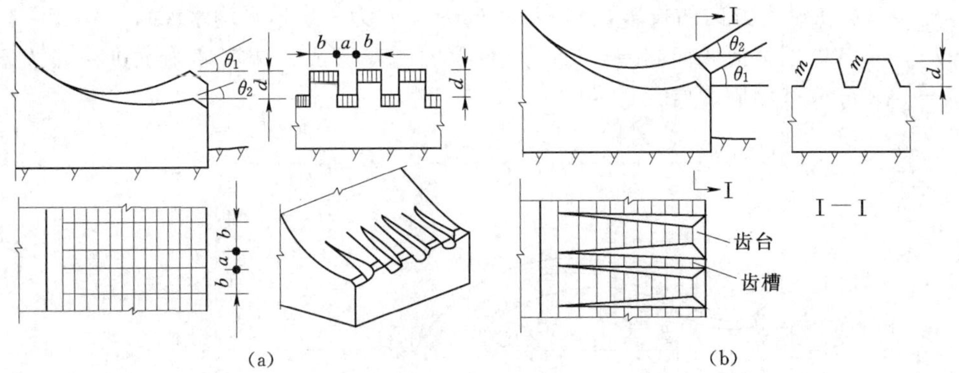

图 1-30　差动式挑流鼻坎

(a) 矩形差动鼻坎；(b) 梯形差动鼻坎

矩形差动鼻坎见图 1-30 (a) 所示，使下泄水流通过高坎（齿）和低坎（槽），分成两股水流射出，在垂直方向有较大的扩散，水舌的厚度（上、下游方向入水的宽度）增加，减小了单位面积上的冲刷能量，两股水流在空中互相撞击，掺气加剧，也消耗了一部分能量。因此，这种鼻坎所形成的冲刷深度较浅。据试验分析，比连续式鼻坎挑流的冲刷坑深度减少约 35%，但冲刷坑最深点距坝趾的距离却缩短了 10%～30%。另外，矩形差动鼻坎的下泄水流所引起的水位波动也较小，与连续式挑流鼻坎相比，在一定程度上改善了航运和电站运行条件。据模型试验研究，一般矩形差动鼻坎的尺寸可取为：高低坎的挑角 θ_1 和 θ_2 的平均值，即 $(\theta_1+\theta_2)/2=20°\sim30°$，角度差 $\Delta\theta=\theta_1-\theta_2=5°\sim10°$；齿和槽的宽度比 $b/a=1.5\sim2.0$，使两股水流大致相等，齿台高度 d 与鼻坎上水深 h 之比 $d/h=0.5\sim1.0$，这样消能效果较好。

矩形差动鼻坎的主要缺点是在高坎侧面极易形成负压区而产生空蚀破坏，这是由于齿坎绕流分离的结果。为了防止空蚀破坏，曾经采取过一些措施，如采用抗侵蚀性强的材料，改进齿坎形状以及在齿坎负压区设置通气孔等。梯形差动鼻坎见图 1-30 (b)，虽有少数工程用过，但也未能完全避免空蚀，还需要进一步研究改进。

四、溢流重力坝的泄水孔

在重力坝坝体上往往设有泄水孔。出口正对着下游主河床，进口一般位于深水之下，故又称深式泄水孔或泄水底孔。

泄水孔有多方面用途，如配合溢流坝泄放洪水；预泄库水以备调洪；放空水库进行大坝检修或满足人防的要求；排泄淤沙以延长水库寿命；保证其他建筑物正常运行；向下游放水，供发电、航运，灌溉、城市供水之用；施工导流等。

泄水孔的类型，按孔内水流状态分为有压泄水孔和无压泄水孔两种类型。发电孔为有压孔，其他用途的泄水孔或放水孔，可以是有压或无压的。有压泄水孔的工作闸门一般都设在出口，孔内始终保持满水有压状态。无压泄水孔的工作闸门和检修闸门都设在进口。

泄水孔设计的关键是进水口体形和泄水道线形能使水流平顺，避免空蚀，运行维修方便。

第七节　重力坝坝体构造及建材

一、重力坝坝体的构成及建材

（一）重力坝坝体的构成

如图 1－1 和图 1－7 所示，重力坝主体通常由溢流坝段及坝顶建筑物、非溢流坝段及坝顶建筑物和坝内各种孔口构成（此处研究构成、构造，更符合由表及里、由浅入深、由粗到细、由整体布置到局部细拟的认知规律和设计思路）。

溢流坝段一般正对原主河床位置，有溢流面及两侧导流墙和尾部消能工；有闸控制的还要设闸墩、闸门、机架桥、启闭机和通行要求的交通桥等坝顶建筑物。

非溢流坝段在溢流坝段两侧，与岸坡连接，有防浪墙等坝顶建筑物。

重力坝的轴线一般是直线，与河流流向近于正交。有时为了坝体坐落在较有利的位置上，坝轴线也可布置成折线或弧线或与河流流向斜交。但折点不宜太多，弯度不宜太大，交角不宜太小。上游坝面整体顺平，下游坝面各坝段顺平。

设在坝内的各种孔口有泄水、引水、放水孔及闸门和控制室，有交通的、检查的、灌浆的、排水的、观测的廊道等。主廊道一般沿坝轴线方向布置。

（二）对地基、建材的要求

重力坝对地基、建材的要求见表 1－16。

表 1－16　　地基、建材的要求

工作条件	不利影响	对地基、建材的要求
自重、水压力、扬压力等作用巨大	产生拉、压、剪应力，滑动力	强度足够，变形小且均匀
渗压力长期作用，渗流影响复杂	产生拉应力，降低稳定性，侵蚀	强度、抗渗性、抗侵蚀性
常年暴露在恶劣的大气环境中	湿胀、干缩、冻融、温变应力	抗风化、抗老化的耐久性
高速水流、泥沙磨损、杂物冲击	冲刷、空蚀、磨损、硬伤	平整光滑性、抗冲耐磨性

（三）常用建筑材料

1. 石料

砌筑坝体常用的石料有乱毛石（片石）、块石和条石（料石）等数种。

乱毛石是料场岩石经爆破采得的形状不规则的石料，仅用于坝体次要部位。块石是由爆破采得的形状大致方正的石料，我国修建的浆砌石坝，多数采用块石砌筑。条石通常是由块石加工而成，一般用来砌筑上、下游坝面及溢流坝面等部位。砌筑坝体的石料，体积愈大愈节省胶结材料，砌体的强度也愈高，但应以运输上坝能力来确定。

2. 胶结材料

我国修建浆砌石坝所采用的胶结材料有水泥砂浆、细石混凝土、混合砂浆和非水泥砂浆等。

3. 混凝土

水工混凝土有浇筑的（常规的、埋石的）和碾压的。按其特性分成各种等级，比如强度等级、抗渗等级、抗冻等级、抗侵蚀性和抗磨性以及低发热量等特性指标。各种标号混凝土的各项指标，使用范围（坝体的部位）和使用条件等，可参考有关书籍和规范。

二、重力坝坝体材料分区与选用

坝体不同部位的工作条件和受力情况不同。工程中常按不同的部位将坝体分区而采用特性不同的材料，以充分利用材料的强度，节省水泥用量和工程投资。

1. 浆砌石坝体的材料分区和砌体强度选择

浆砌石重力坝（图 1-31）的上、下游坝面和溢流面及坝底等较重要的和有特殊要求的部位，用混凝土或条石砌筑，坝体其他部位则用块石砌筑，个别的也有全部用条石砌筑的。坝体各部位砌体的强度和胶结材料的标号，可根据坝体应力情况和防渗要求等选用。较为重要的或工程量较大的浆砌石坝，应通过试验并参考已建工程的经验，选定砌体的强度指标和胶结材料的等级。对于中、小型浆砌石坝，在缺少试验条件的情况下，一般参考已建工程的实测结果和经验来选定。在缺少资料的情况下，也可按一般砖石结构书籍中介绍的砌体强度指标来选定。为保证砌体安全，根据坝体应力选择砌体强度和胶结材料等级时，常需采用较大的安全系数，一些工程单位建议采用的安全系数为 3～4。

2. 混凝土坝体各部位材料的选用

坝体混凝土按不同部位和不同工作条件分区，采用不同等级。一般可以分成下列各区，如图 1-32 所示。各区对混凝土性能的要求列于表 1-17 中。

表 1-17　　坝体各区对混凝土性能的要求

分区	强度	抗渗	抗冻	抗冲刷	抗侵蚀	低热	最大水灰比		选择各区宽度的主要因素
							严寒和寒冷地区	温和地区	
Ⅰ	+	−	++	−	−	+	0.60	0.65	施工和冰冻深度
Ⅱ	+	+	++	−	−	+	0.50	0.55	冰冻深度、抗渗和施工
Ⅲ	++	++	+	−	+	+	0.55	0.60	抗渗、抗裂和施工
Ⅳ	++	+	+	−	+	++	0.55	0.60	抗裂
Ⅴ	++	+	+	−	−	++	0.70	0.70	
Ⅵ	++	−	++	++	++	+	0.50	0.50	抗冲耐磨

注　表中有“++”的项目为选择各区混凝土的主要控制因素，有“+”的项目为需要提出要求的，有“−”的项目为不需要提出要求的。

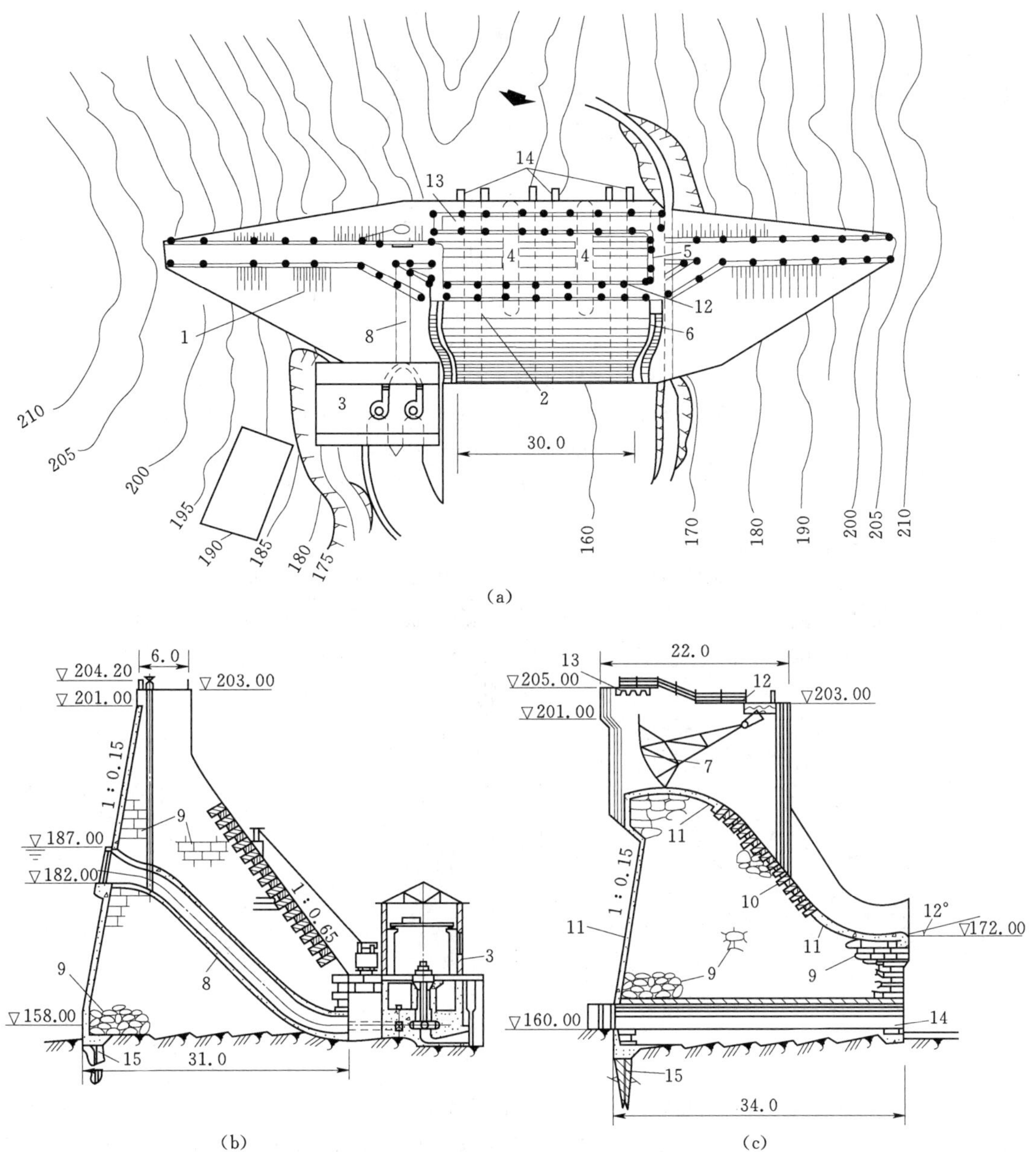

图 1-31　重力坝的布置及重力坝剖面（单位：m）

(a) 平面图；(b) 非溢流坝剖面；(c) 溢流坝剖面

1—非溢流坝段；2—溢流坝段；3—水电站厂房；4—闸墩；5—边墩；6—导墙；7—弧形门；8—输水管；9—浆砌块石；10—浆砌条石；11—混凝土；12—交通桥；13—工作桥；14—导流底孔；15—灌浆帷幕

选定各区混凝土强度等级时，除应满足所在部位的应力要求外，为防止施工期发生温度裂缝，还应尽量减少整个水利枢纽中不同混凝土等级的类别，这样也便于施工。相邻区的强度等级相差不宜超过两级，以免引起应力重分布或产生裂缝。分区的厚度一般不得小于 2～3m。

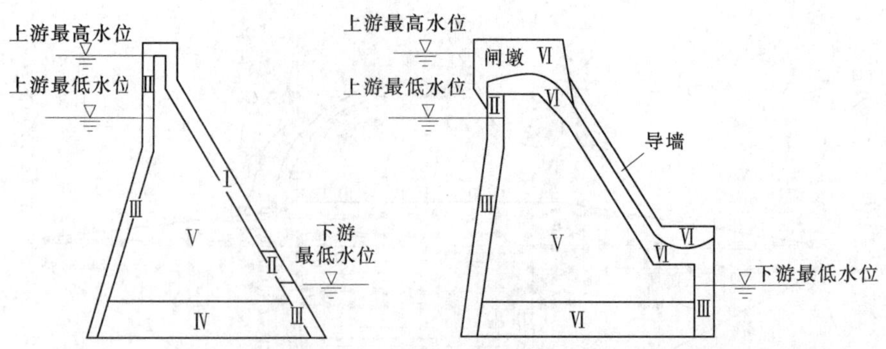

图 1-32　坝体混凝土分区图

Ⅰ区—上、下游水位以上坝体外部表面混凝土；Ⅱ区—上、下游水位变化区的坝体外部表面混凝土；Ⅲ区—上、下游最低水位以下坝体外部表面混凝土；Ⅳ区—基础混凝土；Ⅴ区—坝体内部混凝土；Ⅵ区—抗冲刷部位的混凝土（例如溢流面、泄水孔、导墙和闸墩等）

三、重力坝坝体分缝及止水

为了防止坝体因温度变形和地基不均匀沉陷而产生裂缝，为了适应混凝土浇筑能力和散热要求，在坝体内需要进行分缝。岩基上的混凝土重力坝设置的缝可分为横缝、纵缝和水平施工缝 3 种［图 1-33（a)］。

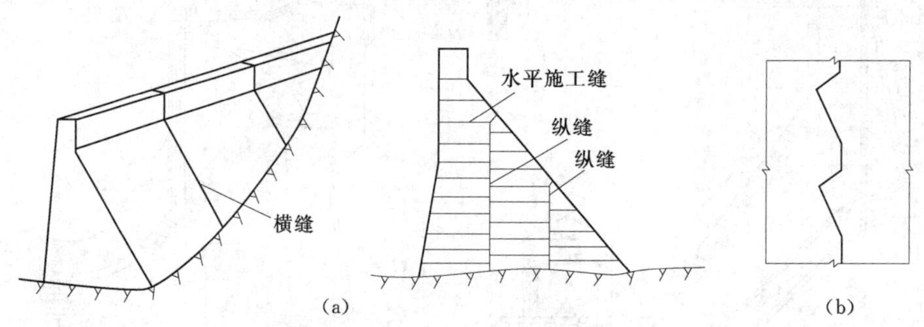

图 1-33　重力坝的分缝及其布置

1. 横缝

横缝垂直于坝轴线间隔分布，贯穿坝体的整个剖面将坝体分割成若干独立的坝段。横缝减少坝的纵向约束，控制裂缝的发生。横缝对坝的结构受力安全并无影响，故一般是永久性的，缝内不灌浆，不设键槽，必须设止水。在特殊情况下，也可将横缝全部或部分设置键槽并灌浆。例如：当位于较陡岸坡上的坝段或坝体承受横向荷载，其侧向稳定和应力不能满足要求，需将相邻坝段联结时；河谷狭窄，为将部分水压力传到两岸以减轻中部较高坝段的负担，并经技术经济比较认为选用整体式重力坝有利时；坝区地震设计烈度为 8 度以上或因有特殊要求需将坝体联成整体时。在横缝的底部灌浆还有利于高水头作用下横缝的止水效果。缝内灌浆的高度根据需要传递力的大小来确定。

横缝的间距主要取决于气候条件、地质与地形特点、坝的高度、施工条件等因素。当坝内设有泄水孔或电站时，还应考虑泄水孔和机组间距；在溢流坝段还要结合溢流孔口的尺寸进行布置。混凝土重力坝横缝间距一般为15～20m。当缝距超过20m或小于12m时，应进行专门论证。

2. 纵缝

纵缝是为适应混凝土的浇注能力和施工期混凝土的散热而设置的临时缝，其布置如图1-33所示。纵缝必须在水库蓄水前，混凝土充分冷却收缩的条件下进行灌浆，使坝成为整体。为了在接缝之间传递剪力和压力，缝内须设置足够数量的键槽。键槽的两个边大致与两个主应力方向正交，见图1-33（b）。纵缝与坝面亦应正交，避免浇筑块有尖角。纵缝的间距一般为15～30m。浇筑块面积不大或碾压混凝土筑坝时，可不设纵缝。

3. 水平施工缝

常态混凝土是分层浇筑的，上下层浇筑块之间形成水平间歇缝又称工作缝。这种缝如处理不好，可能成为抗渗、抗剪的薄弱面，必须认真处理（《水利工程施工》课讲解）。水平层的厚度与施工能力、气候条件等因素有关，应用最多的薄层浇筑法的层厚为1.5～3.0m。碾压混凝土筑坝时可不设施工缝。

4. 横缝的止水

横缝内防止渗漏的止水设备，应能保证长期工作的耐久性，适应横缝张开或闭合的伸缩性以及日后补强的可能性。横缝的缝宽应能保证坝段在气温变化和地基不均匀沉陷时能够自由变形，一般常取1～2cm。施工时为了保证缝的宽度，缝内常用有伸缩性的沥青玛碲脂充填。

重力坝横缝的上游面（含防浪墙）、溢流面、下游面最高尾水位以下及坝内廊道和孔洞穿过分缝处的四周等部位均应布置止水设施。

溢流面上的止水需与闸门底坎金属结构埋件相焊接以形成封闭。防浪墙的止水设置应与坝体止水相连接。

止水设备的布置和构造根据坝的高度和重要性，可以有不同的形式。图1-34是常用的设有两道止水片和防渗沥青井的布置示意图，第一道止水片距上游面约为0.5～2.0m，以后各道止水设备间的距离为0.5～1.0m。

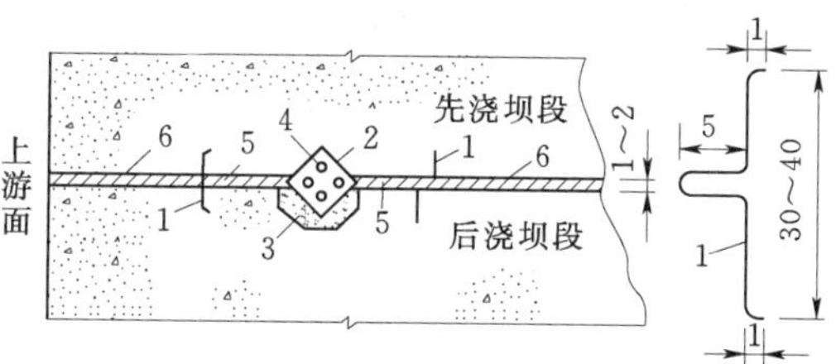

图1-34 止水设备（单位：cm）

1—止水片；2—沥青片；3—预制混凝土块；4—ϕ16加热钢筋；5—沥青玛碲脂填缝；6—沥青油毛毡填缝

高坝上游面附近的横缝止水应采用两道止水片，其间宜设一道排水井或经论证的其他措施。第一道止水片至上游坝面间横缝内可贴沥青油毡，当有特殊需要时，可考虑在横缝的二道止水片与排水井之间进行灌浆作为止水的辅助设施。高坝横缝的两道止水片应采用厚1.0～1.6mm的止水铜片；中坝的第一道止水片应为铜片。铜止水片宜加工成“}”形，每一侧埋入混凝土内的长度不小于20～25cm。

中、低坝的横缝止水可适当简化。塑料止水带、橡胶止水带应视工作水头、气候条件、所在部位和便于施工等因素选用合适的标准型号，一般可应用于较低水头的上游面止水、最高尾水位以下的横缝下游面止水和廊道止水。对塑料止水带及橡胶止水带的安装，应采取措施防止变形。

横缝止水片必须与坝基妥善连接。止水片埋入基岩内的深度可为 30～50cm，必要时止水槽混凝土与基岩之间用锚筋连接。

陡坡段坝体与边坡基础接触面的基础止水可采用以下方法：①沿陡坡基岩设置止水埂或止水槽，埋入止水铜片；②埋设灌浆系统或后期钻孔，待基础混凝土充分收缩以后进行接触灌浆。有条件时，可利用帷幕灌浆孔与固结灌浆孔进行接触灌浆。

沥青井通常用方形，尺寸为 0.2m×0.2m 左右。为便于施工，在后浇筑的坝段一侧用预制混凝土块构成，预制块高 1～1.5m、厚 0.05～0.1m，井内放入沥青和加热设备并加热灌实。沥青井底部伸到地基，上部伸到坝顶并有井盖。

在横缝止水设备的下游，宜设排水井。必要时设置带爬梯的排水检查井，截面为 1.2m×0.8m，井内设休息台，并与检查廊道相通。

横缝切到廊道等孔口的，四周必须设止水。

四、坝体防渗、排水设施与溢流坝面保护

1. 混凝土坝体的防渗、排水设施

在上游坝面，采用一层防渗、抗冻、抗水侵蚀的混凝土，作为坝体的防渗面层，如钢丝网喷浆护面、沥青混凝土层等。在防渗层后设排水管幕，排水管幕距离防渗层约为 1/(20～25) 水头，最小不少于2m。排水管内径为 0.15～0.20m，间距 2～3m。排水管把渗水送至排水廊道内。排水管幕一般做成铅直的，由坝顶向下，直通靠近地基的排水廊道内，以便清洗和检查。排水管可用预制的无砂混凝土管，如图 1-35 所示。管身断面有圆形和六角形之分。

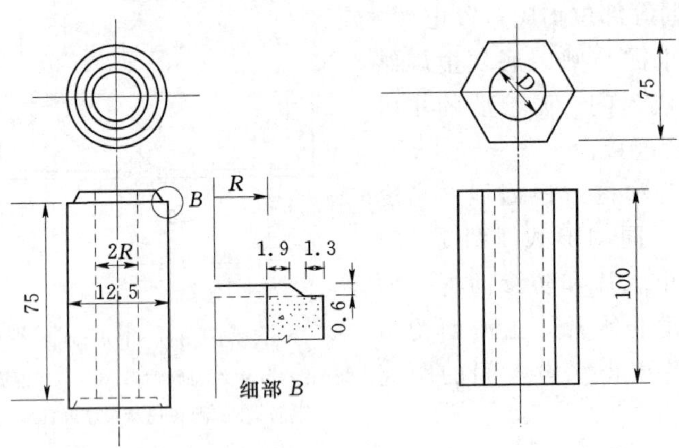

图 1-35　重力坝内排水管（单位：cm）

2. 浆砌石坝体的防渗、排水设施

为了阻止水流渗入坝体，除了注意施工质量使砌体密实，并防止因干缩和振动而使砌体形成裂缝外，工程中还广泛采用下述两种类型防渗设施：①混凝土防渗面板，如图 1-36 和图 1-37 所示；②浆砌石防渗层，如图 1-38 所示。浆砌石重力坝的排水管幕与混凝土重力坝相同。

3. 重力坝溢流面的保护

为使水流顺畅，避免产生空蚀和防止水流的冲刷，溢流坝面应尺寸精确、光滑平整并且有良好的抗冲性能。

混凝土坝的溢流面，可用厚约 1～3m 的高等级混凝土。

浆砌石坝的溢流面，可用混凝土或浆砌条石护砌。单宽流量较大的工程，一般采用混凝土护面（图 1-36～图 1-38）。有的浆砌石坝只在坝顶和反弧段用混凝土护面，而直线段则用条石或方正块石砌筑。溢流量较小的工程，除坝顶用混凝土护面外，其他部位可全用质地良好的条石或方正的块石丁砌护面，如图 1-39 所示。

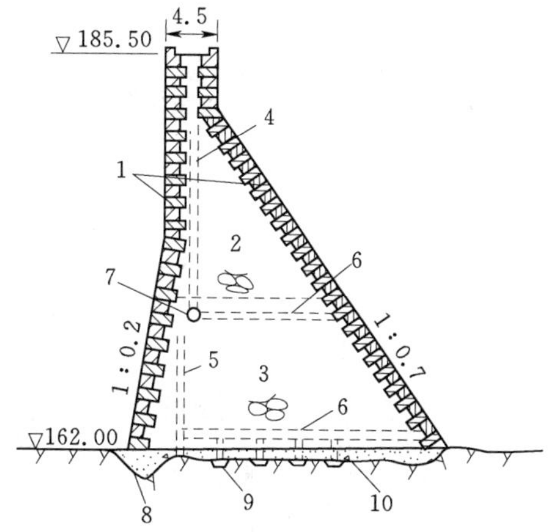

图 1-36 采用浆砌条石防渗层的浆砌石坝（单位：m）

1—M10 水泥砂浆砌条石；2、3—M7.5、M10 水泥砂浆砌块石；4、5—竖向多孔混凝土排水管；6—横向排水沟；7—集水沟；8—混凝土齿墙；9—基面排水沟；10—混凝土垫层

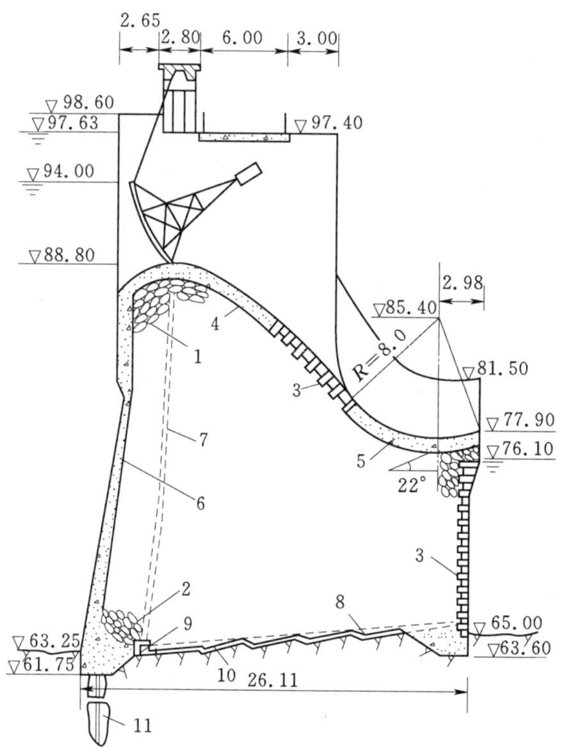

图 1-37 水府庙溢流坝段剖面（单位：m）

1—M5 水泥砂浆砌块石；2—M7.5 水泥砂浆砌块石；3—M10 水泥砂浆砌条石；4、5—C20 混凝土；6—C20 混凝土防渗墙；7—排水管 ϕ15@1.9m；8—排水沟 30cm×30cm；9—集水道 30cm×30cm；10—C15 混凝土垫层；11—帷幕灌浆

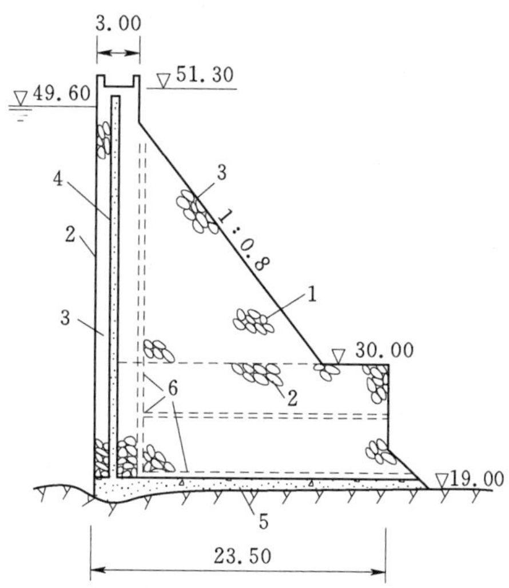

图 1-38 镇头水库非溢流坝段剖面（单位：m）

1—M7.5 水泥砂浆砌块石；2—M10 水泥砂浆砌块石；3—1：2 水泥砂浆勾缝；4—C20 混凝土防渗墙，厚 80cm；5—C20 块石混凝土垫层；6—排水管

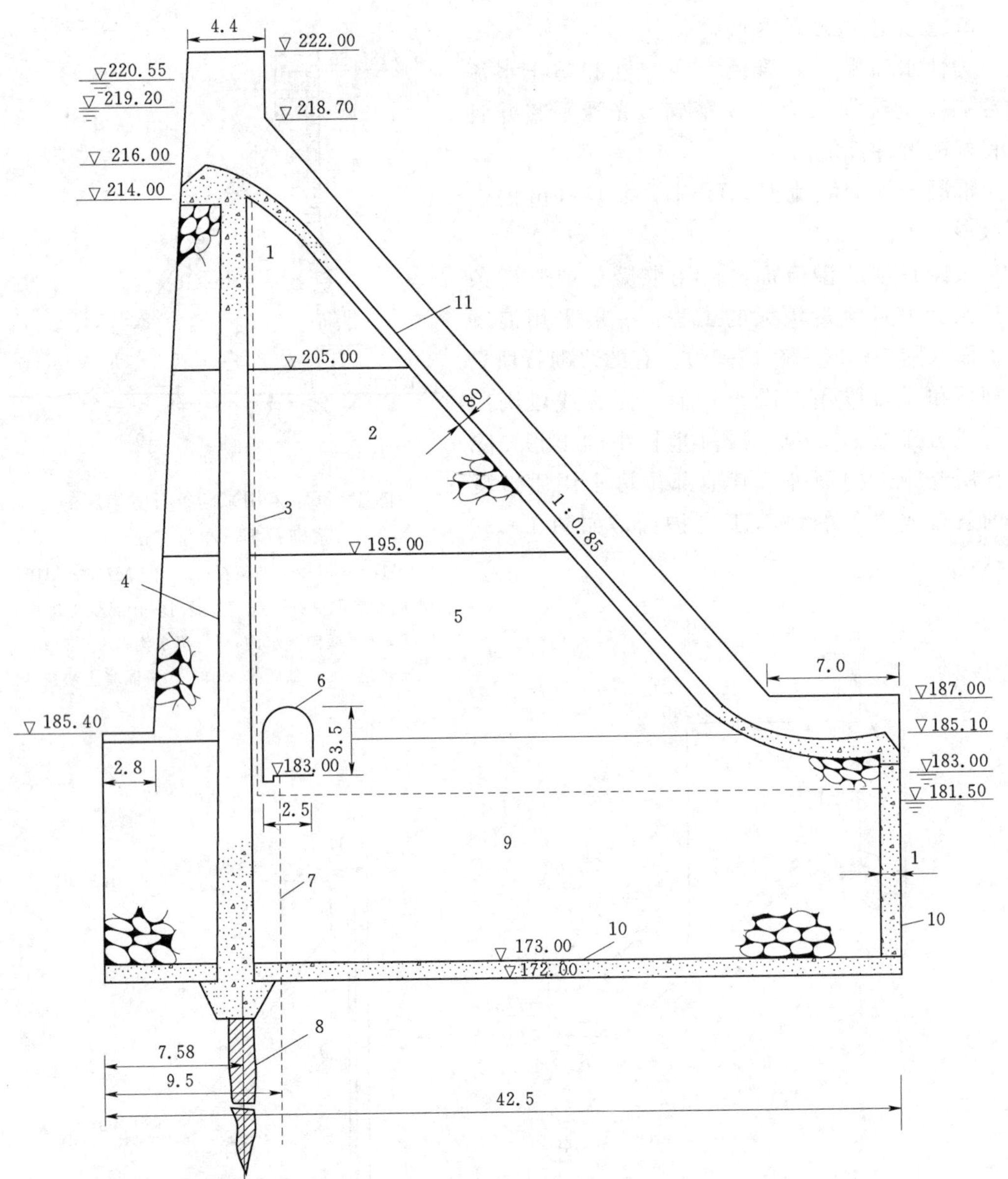

图 1-39　设在靠近迎水面坝体内的混凝土防渗面板（单位：m）

1—M5 水泥砂浆砌块石；2—M7.5 水泥砂浆砌块石；3—坝体排水管；4—C25 混凝土防渗面板；5—M10 细石混凝土砌块石；6—廊道；7—坝基排水管；8—帷幕灌浆；9—C15 细石混凝土砌块石；10—C20 混凝土；11—C25 混凝土

第八节　岩石体地基的处理

承受建筑物荷载的岩土叫做地基。按地质情况分类为覆盖层地基（简称土基）和岩石体地基（简称岩基）。按设计施工情况分类，有天然地基和人工地基之分。不需人工处理并改善原来的物理力学性能，就能满足设计要求的地基称为天然地基，否则属于人工地基。承受所施加荷载的主要部分的地基层称为持力层，下伏的岩土层称为下卧层。持力层顶面称为建基面。

建筑物与岩土直接接触的部分（支承体）称为基础。基础是建筑物的组成部分，其作用是将上部结构荷载扩散，减小应力强度并传给地基。

地基与基础的关系非常密切，建筑物的稳定取决于地基与基础的强度和稳定，不仅仅取决于单方面，关键在于地基与基础对建筑物的适宜性。首先，要根据地基情况选择建筑物及基础的类型，再根据其对地基的具体要求、覆盖层地基和岩基各自的不同特点，合理选择最优的地基处理方案，保证建造的基础和地基满足运用要求。这就需要勘察、设计和施工方面的共同努力。

水工建筑物要求地基具有：①足够的强度、抗压缩和整体均匀性，能承受建筑物的压力，保证抗滑稳定，且不产生过度的位移和沉陷；②足够的抗渗、耐久性，减少扬压力和渗漏量，不在长期侵蚀下恶化。天然地基一般较难满足上述要求，故需进行地基处理。地基处理，就是为提高地基的承载、抗渗能力，防止过量或不均匀沉陷，以及处理地基的缺陷而采取的加固、改进措施。地基处理的方法因具体的地基情况和建筑物对地基的要求而不同，水工建筑物地基处理的目的主要是防渗和加固。

坝基经处理后应符合下列要求：①具有足够的强度，以承受坝体的压力；②具有足够的整体性和均匀性，以满足坝体抗滑稳定和减小不均匀沉陷；③具有足够的抗渗性，以满足渗透稳定，控制渗流量，降低渗透压力；④具有足够的耐久性，以防止坝基性质在水的长期作用下发生恶化。

坝基处理设计应综合考虑坝基与其上部结构之间的相互关系，必要时可采取措施，调整上部结构的型式，使上部结构与其基础工作条件相协调。

坝基处理设计时，应同时论证两岸坝肩部位和上、下游附近地区的边坡稳定、变形和渗流情况，必要时应采取相应的处理措施。

岩溶地区的坝基处理设计，应在认真查明岩溶洞穴、宽大溶隙等在坝基下的分布范围、形态特征、充填物性质及地下水活动状况的基础上，进行专门的处理设计。

一、开挖清基

开挖清基就是用开挖的方式清除不合要求的地层，使建筑物基础放在符合设计要求（或尽可能好）的地基上。首先要挖除透水覆盖层，使建筑物直接做在岩基上。覆盖层的挖除深度可达 10～20m，甚至更深。因此，开挖时基坑排水和施工工期安排的矛盾较大，事先应有充分准备。除挖除覆盖层外，还必须挖除风化层，直到新鲜基岩为止。有时风化层厚度很大，不易完全挖掉，所以，建基面位置应根据大坝稳定、坝基应力、岩体物理力学性质、岩体类别、坝基变形和稳定性、上部结构对坝基的要求、坝基加固处理效果及施工工艺、工期和费用等因素经技术经济比较确定。可考虑通过坝基加固处理和调整上部结构的措施，在满足坝基强度和稳定的基础上，减少开挖量。坝高超过 100m 时，可建在新鲜、微风化至弱风化下部基岩上；坝高 100～50m 时，可建在微风化至弱风化中部基岩上；坝高小于 50m 时，可建在弱风化中部至上部基岩上。两岸地形较高部位的坝段，可适当放宽要求。

重力坝的建基面形态应根据地形地质条件及上部结构的要求确定，坝段的建基面上、下游高差不宜过大，并宜略向上游倾斜。若坝基面高差过大或向下游倾斜时，宜开挖成带钝角的大台阶状。台阶的高差应与混凝土浇筑块的尺寸和分缝的位置相协调，并和坝趾处的坝体混凝土厚度相适应。对基础高差悬殊的部位宜调整坝段的分缝或作必要的处理。

两岸岸坡坝段建基面在坝轴线方向应开挖成有足够宽度的台阶状，或采取其他结构措施，确保坝体侧向稳定。

坝基中存在的表层夹泥裂隙、风化囊、断层破碎带、节理密集带、岩溶充填物及浅埋的软弱夹层等局部工程地质缺陷，均应结合坝基开挖予以挖除，或局部挖除后再进行处理。

为了保持坝基的完整性，避免爆破时震裂，坝基开挖设计中应对爆破方式提出相应的要求，保证坝基岩体不受破坏或产生不良后果。坝基岩石的开挖，应主要采用分层的梯段爆破方法，具有爆破自由面多、爆破药量分散、单位耗药量少、起爆药量便于分段控制等优点。靠近底层用小炮爆破，最后0.2～0.3m用风镐开挖，不要爆破。岩基表面应进行整理，要求起伏度不超过0.3m，无尖角突出。对易风化、泥化的岩体，应采取相应的保护措施。

二、坝基固结灌浆

岩基灌浆是将水泥浆液或化学灌浆材料压入岩层裂隙中，硬化胶结，提高强度、抗渗性、弹性模量，改善整体性的地基处理措施。基岩灌浆处理应在分析研究基岩地质条件、建筑物类型和级别、承受水头、地基应力和变位等因素后选择确定。对于裂隙发育的岩基，应采取固结灌浆方法。固结灌浆是用灌浆加固有裂隙或软弱的地基，以增强其整体性和承载能力的工程措施。

坝基固结灌浆的设计，应根据坝基工程地质条件、坝高和灌浆试验资料确定。宜在坝基上游和下游一定的范围内进行固结灌浆；当坝基岩体裂隙发育时，且具有可灌性时，可在全坝基范围进行固结灌浆，并根据坝基应力及地质条件，向坝基外及宽缝重力坝的宽缝部位适当扩大灌浆范围；防渗帷幕上游的坝基宜进行固结灌浆；断层破碎带及其两侧影响带或其他地质缺陷应加强固结灌浆。坝基中的岩溶洞穴、溶槽等，在清挖回填后其周边应根据岩溶分布情况适当加强固结灌浆。

固结灌浆孔的孔距、排距可采用3～4m，或根据开挖以后的地质条件由灌浆试验确定。固结灌浆深度应根据坝高和开挖以后的地质条件确定，可采用5～8m；局部地区及坝基应力较大的高坝基础，必要时可适当加深，帷幕上游区宜根据帷幕深度采用8～15m。

固结灌浆孔通常布置成梅花形，对于较大的断层和裂隙带应专门布孔。灌浆孔方向应根据主要裂隙产状结合施工条件确定，使其穿过较多的裂隙。

帷幕上游区和地质缺陷部位的坝基固结灌浆宜在有3～4m厚的混凝土盖重情况下施灌，其他部位的固结灌浆可根据地质条件采用有混凝土盖重方式施灌，经论证亦可采用无混凝土盖重或找平混凝土封闭方式施灌。

在不抬动坝基岩体和盖重混凝土的原则下，固结灌浆压力宜尽量提高。有混凝土盖重时视其厚度可采用0.4～0.7MPa。采用找平混凝土封闭灌浆时，其灌浆压力宜通过灌浆试验确定，可采用0.2～0.4MPa。对缓倾角结构面发育的基岩及软岩，其灌浆压力应由灌浆试验确定。

三、坝基防渗和排水

坝基防渗和排水设计，应以坝基的工程地质、水文地质条件和灌浆试验资料为依据，结合水库功能、坝高综合考虑防渗和排水措施的适应性及两者的联合作用，确定相应的措施。水文地质条件复杂的高坝，应进行渗流计算分析。

坝基及两岸的防渗措施，可采用帷幕灌浆；经研究论证坝基也可采用混凝土齿墙、防渗墙或水平防渗铺盖；两岸岸坡也可采用明挖或洞挖后回填混凝土形成的防渗墙。多泥沙河流上，经分析淤积物的渗透系数及上游的淤积厚度能起防渗作用时，设计中可适当考虑其效果，但应确保大坝初期运行的安全。

帷幕灌浆是用灌浆充填地基中的缝隙形成阻水帷幕，以降低作用在建筑物底部的扬压力或减小渗流量的工程措施。处理的方法是利用坝内灌浆廊道在基岩内钻成排的孔，由孔内将高压浆液灌入周围裂隙，充填起来胶结成整体，形成一道连续的地下防渗帷幕(图1-40)。可采用水泥灌浆，亦可采用水泥混合材料灌浆，必要时可采用化学材料灌浆。

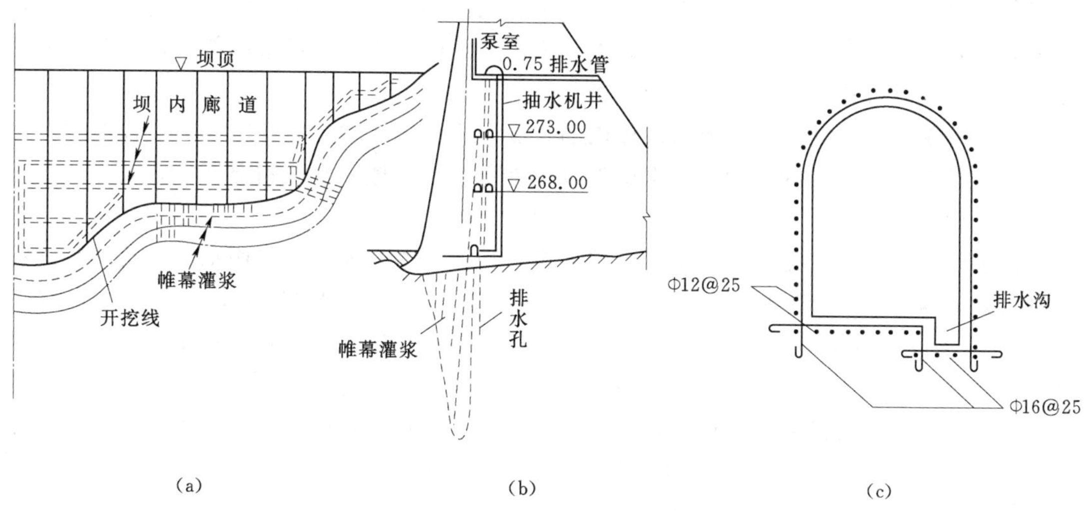

图1-40 坝基处理和廊道及竖井的布置

防渗帷幕应符合下列要求：①减小坝基和绕坝渗漏，防止渗流对坝基及两岸边坡稳定产生不利影响；②防止在坝基软弱结构面、断层破碎带、岩体裂隙充填物以及抗渗性差的岩层中产生渗透破坏；③在帷幕和坝基排水的共同作用下，使坝基扬压力和坝基渗漏量降至允许值以内；④具有连续性和足够的耐久性。

大、中型工程或高坝应事先进行帷幕灌浆试验。在施工过程中可根据钻孔资料修正防渗帷幕设计。主帷幕应在水库蓄水前完成。

帷幕的防渗标准和相对隔水层的透水率根据不同坝高采用下列控制标准：坝高在100m以上，透水率q为1～3Lu；坝高在100～50m之间，透水率q为3～5Lu；坝高在50m以下，透水率q为5Lu。抽水蓄能电站和水源短缺水库坝基帷幕防渗标准和相对隔水层的透水率q值控制标准取小值。

注：岩石地基的防渗标准采用钻孔压水试验成果来表示，压水试验成果又以透水率 q 来表示，单位是吕荣（Lu），定义是：压力 p 为 1MPa 时，每米试段长度 L（m）每分钟注入水量 Q（L/min）为 1L 时，称为 1Lu。计算公式：$q=Q/(pL)$。国内外岩石地基工程防渗标准一般在 1～5Lu，特殊情况高标准可达 0.5Lu，低标准为 10Lu。而地基土的防渗标准多采用渗透系数 K（cm/s）表述，防渗标准一般要求渗透系数降低到 10^{-4}cm/s 量级以下。由于注浆工程多采用钻孔压水试验成果表示，渗透系数与渗透率之间的关系可估算：$K=q\times1.5\times10^{-5}$。

防渗帷幕的设计深度，应遵守下列规定：

（1）封闭式帷幕：当坝基下存在可靠的相对隔水层，并且埋深较浅时，防渗帷幕应伸入到该层内 3～5m，不同坝高的相对隔水层的透水率值控制标准要符合前面提到的要求。

（2）悬挂式帷幕：当坝基下相对隔水层埋藏较深或分布无规律时，帷幕深度应符合前面提到的要求，并参照渗流计算，考虑工程地质条件和坝基扬压力等因素，结合工程经验研究确定，通常在 0.3～0.7 倍水头范围内选择。

当坝肩及两岸帷幕深度较深时，应分层设置灌浆隧洞，灌浆隧洞的布置应根据地形地质条件、钻孔灌浆技术水平、施工通风和排水等因素确定，岩溶地区还应根据岩溶分布高程确定。隧洞层间高差可取 30～60m。上、下层帷幕的搭接型式可采用斜接式、直接式及错列式等，应保证搭接部位连续封闭和密实。

两岸坝头部位，防渗帷幕伸入山体内的长度及帷幕轴线的方向，应根据工程地质、水文地质条件确定，宜延伸到相对隔水层处或正常蓄水位与地下水位相交处，并应与河床部位的帷幕保持连续性。

防渗帷幕的排数、排距及孔距，应根据工程地质、水文地质、作用水头以及灌浆试验资料选定。帷幕排数在考虑帷幕上游区的固结灌浆对加强基础浅层的防渗作用后，坝高 100m 以上的坝可采用两排，坝高 100m 以下的可采用一排。对地质条件较差、岩体裂隙特别发育或可能发生渗透变形的地段或研究认为有必要加强防渗帷幕时，可适当增加帷幕排数。当帷幕由多排灌浆孔组成时，应将其中的一排孔钻灌至设计深度，其余各排孔的孔深可取设计深度的 1/2～2/3。帷幕孔距可为 1.5～3m，排距宜比孔距略小。

钻孔方向宜穿过岩体的主要裂隙和层理，可采用倾向上游 0～10°的斜孔。帷幕灌浆必须在浇筑一定厚度的坝体混凝土作为盖重后施工。灌浆压力应通过试验确定，通常在帷幕孔第 1 段取 1.0～1.5 倍坝前静水头，以下各段可逐渐增加，孔底段可取 2～3 倍坝前静水头，但灌浆时不得抬动坝体混凝土和坝基岩体。

坝基排水与帷幕灌浆相结合，是降低坝基渗透压力的重要措施。重力坝坝基排水通常采用排水孔幕，即在帷幕的下游钻一排主排水孔。排水孔幕在帷幕灌浆完成以后钻成，坝基主排水孔一般设置在基础灌浆廊道内防渗帷幕的下游，在建基面上主排水孔与帷幕孔的距离不宜小于 2m。高坝可设置 2～3 排辅助排水孔，中坝可设置 1～2 排辅助排水孔，必要时可沿横向排水廊道或宽缝设置横向排水孔。当基础中存在相对隔水层和缓倾角岩层时，应根据其分布情况合理布置排水孔。

尾水位较高的坝，采取抽排措施时，应在主排水下游坝基设置纵、横向辅助排水孔。当高尾水位历时较长或岩体透水性较大时，宜在坝趾增设封闭防渗帷幕。

坝高较低，基岩条件较好且为弱透水层（渗透系数小于 0.1m/d）时，也可不设帷幕而只设排水，以降低坝基渗透压力，但应在坝基面的上游部位进行固结灌浆。

主排水孔的孔距可为 2～3m，辅助排水孔的孔距可为 3～5m。

排水孔孔深应根据帷幕和固结灌浆的深度及基础的工程地质、水文地质条件确定。主排水孔深为帷幕深的 0.4～0.6 倍；高、中坝的坝基主排水孔深，应不小于 10m；当坝基内存在裂隙承压水层、深层透水区时，除加强防渗措施外，主排水孔宜深入此部位。辅助排水孔深可为 6～12m。

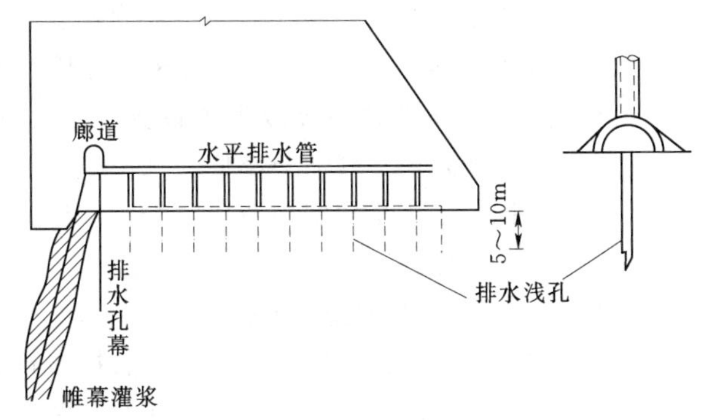

图 1-41 坝基浅孔排水

对于重要工程，当基岩内裂隙发育，单靠排水孔幕尚不足以减少坝基渗透压力时，可做基面排水或浅孔排水（图 1-41）。

在岸坡坝段的坝基可设置专门的排水设施，必要时可在岸坡山体内设置排水隧洞，并布设排水孔。

当排水孔的孔壁有塌落危险或排水孔穿过软弱结构面、夹泥裂隙时，应采取相应的保护措施。

四、断层破碎带和软弱结构面处理

坝基中常有断层破碎带、软弱夹层及软弱矿物富集带（统称软弱带）存在，坝基范围内的断层破碎带或软弱结构面，应根据其所在部位、埋藏深度、产状、宽度、组成物性质以及有关试验资料，研究其对上部结构的影响，进行专门处理。在地震设计烈度为 8 度以上的区域，其处理要求应适当提高。低坝的断层破碎带处理要求，可适当降低。

一般采用挖填法挖除部分软弱带，再回填混凝土，这就是通常所指的混凝土塞或混凝土拱的处理方法（图 1-42）。具体处理方式，视软弱带倾角的陡缓及与大坝的相对位置及对稳定和防渗的影响程度而定。

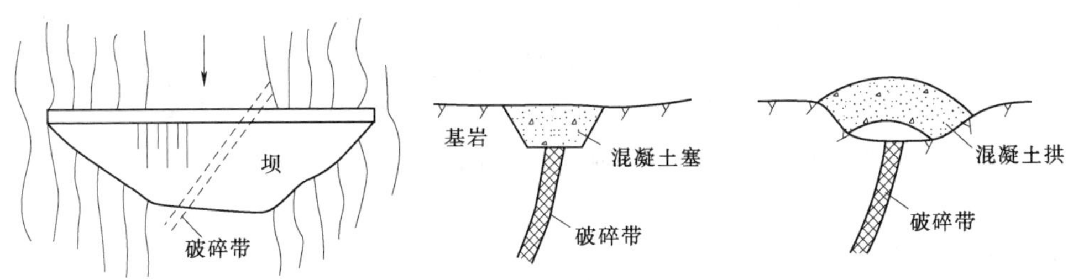

图 1-42 断层破碎带处理示意图

陡倾角软弱带常具有质地松软、强度低、压缩变形大、渗透性强等特点。如果其走向大致垂直于河流向，主要是坝基强度问题，可采用水平混凝土塞（拱），其挖填尺寸见水工结构设计手册。如果其走向大致顺河流向，除了坝基局部强度问题，可采用水平混凝土塞（拱）；还易出现集中渗漏，应在阻水帷幕处沿软弱带开挖斜井，回填混凝土并在其周围加强灌浆。

倾角较陡的断层破碎带，可用下述方法处理：坝基范围内单独出露的断层破碎带，其组成物质主要为坚硬构造岩，对基础的强度和压缩变形影响不大时，可将断层破碎带及其两侧影响带岩体适当挖除；断层破碎带规模不大，但其组成物质以软弱的构造岩为主，且对基础的强度和压缩变形有一定影响时，可用混凝土塞加固，混凝土塞的深度可采用1.0～1.5倍断层破碎带的宽度或根据计算确定。贯穿坝基上、下游的纵向断层破碎带的处理，宜向上、下游坝基外适当延伸。规模较大的断层破碎带或断层交会带，影响范围较广，且其组成物质主要是软弱构造岩，并对基础的强度和压缩变形有较大的影响时，必须进行专门的处理设计。

提高坝基深层抗滑稳定性处理原则有：①提高软弱结构面抗剪能力；②增加尾岩抗力；③提高软弱结构面抗剪能力与增加尾岩抗力相结合。

应根据软弱结构面产状、埋深、特性及其对坝体影响程度，结合工程规模、施工条件和工程进度，进行综合分析比较后选定。

根据软弱结构面埋深不同可分别采用混凝土置换、混凝土深齿墙、混凝土洞塞等措施，提高软弱结构面抗剪能力；必要时也可采用抗滑桩、预应力锚索、化学灌浆等措施。

缓倾角软弱带同时存在强度、渗漏和滑动问题，处理起来更为复杂困难。上部可采用水平混凝土塞（拱）并加强固结灌浆，下部开挖斜井和平洞回填混凝土，并在其周围加强灌浆。综合各种措施，形成框格形支承系统，兼备防渗、抗滑和提高承载力、防止过大沉陷的作用。当采用规模较大的混凝土塞、大齿墙或混凝土洞塞，进行缓倾角软弱结构面的处理时，应制定相应的温度控制等措施，并进行接触灌浆。

伸入水库区内的断层破碎带或软弱结构面，有可能造成渗漏通道并使地质条件恶化时，应进行专门的防渗处理。

断层破碎带或软弱结构面部位基础排水设施的设置，应根据地质条件确定，当排水孔的孔壁有塌落危险或排水孔穿过软弱结构面、夹泥裂隙时，应采取相应的保护措施。

五、岩溶的防渗处理

岩溶的防渗处理方式有防渗帷幕灌浆、防渗墙等，应根据岩溶的规模、发育规律、充填物性质及透水性等条件选定。对存在岩溶洞穴或具有强透水性的溶蚀裂隙，可采取追索开挖回填混凝土或设置阻浆洞（井）等措施后，再进行高压灌浆处理。

当坝基存在连通上、下游的溶洞，埋藏不深或施工条件许可时，应采用开挖回填混凝土处理；埋藏较深不宜明挖时，可采取洞挖回填混凝土处理，也可采用抽槽开挖回填混凝土处理。

两岸防渗帷幕线路应根据两岸地形地质条件和岩溶分布特征选定，可采用直线式、折线式、前翼式及后翼式等布置方式，地质条件复杂的坝基防渗线路需经多方案技术经济比较，必要时结合坝轴线比较选定。帷幕线路应尽量选择岩溶发育较弱地带通过，如必须通过岩溶暗河或岩溶通道时，宜与其垂直。

岩溶地区灌浆帷幕深度应根据相对隔水层的埋深、坝高、坝基及两岸允许的渗漏量及幕后扬压力等因素，在保证大坝安全的前提下，通过技术经济比较选定。

帷幕排数、孔距、排距和灌浆压力应根据地质构造和岩溶水文地质条件，通过帷幕灌浆试验选定，灌浆试验时应研究不同类型的溶洞及充填物灌浆所形成幕体的允许渗透水力比降及耐久性。

灌浆材料可根据岩溶洞穴和溶蚀裂隙规模及充填情况选用纯水泥浆、水泥砂浆、水泥黏土浆、水泥粉煤灰浆等，必要时可钻大口径钻孔灌注高流态细骨料混凝土。

六、两岸的处理

重力坝坝端河岸边坡要稳定，如果有顺坡剪切裂隙，要校核岸坡沿裂隙是否稳定。必要时把岸坡开挖平缓，以求稳定。如果坝端河岸是一个山脊，则应校核水库蓄水时，坝头河岸的稳定性，必要时开挖河岸，使坝端嵌入河岸内，或在山脊下游做混凝土支撑。

如果河岸坡度平缓，则重力坝与河岸连接很简单，只是把重力坝自河床延伸到河岸上。如坡度较陡，则接头应很好地设计，校核其顺坡向的稳定性，保证施工时坝柱或坝段能够稳定，不会沿山坡滑下，见图 1-43（a）。如果核算结果不稳定，则应把岸坡削平缓。如果开挖量太大，可开挖成小梯级。不应挖成大梯级，大梯级容易使坝体裂缝，见图 1-43（b）。为了增加稳定性，可在岸坡加锚系钢筋，见图 1-43（c）、（d）。

如果河岸十分陡峭，以致坝段一部分在河床，另一部分在河岸，见图 1-43（d），这样，坝段混凝土在凝固后可能脱离岸壁产生裂缝。此时，可先在岸壁做钢筋混凝土层，锚系在岸壁上，在钢筋混凝土层和坝段之间做成正规的临时性温度横缝，设键槽及灌浆设施，或者把混凝土直接与河岸相接，加用许多锚系钢筋，承受温度应力。

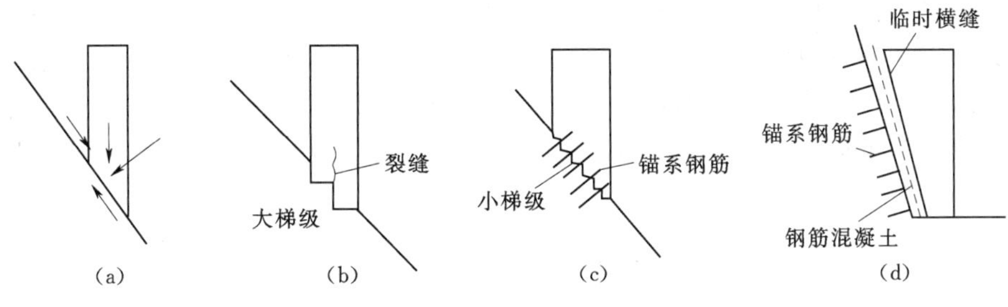

图 1-43 重力坝与河岸的连接

第九节 宽缝重力坝

实体重力坝的主要缺点是坝体断面大，材料的强度得不到充分的利用。为了改善这个缺点，发展了一些改进重力坝的坝型，如宽缝重力坝和空腹重力坝等。

一、宽缝重力坝的特点

实体重力坝坝段间中部的横缝扩宽为空腔，即成为宽缝重力坝。坝体设置宽缝以后，坝基中的渗透水流可以从宽缝中排出，作用于坝底的渗透压力显著降低，扬压力的作用面积也大为减少。因此，坝身体积比实体重力坝可减少 10%以上。此外，宽缝增加了坝体散热面，为温度控制提供了有利条件；坝内有了宽缝，可以方便地进行观测和检查；坝段内部的厚度减薄，材料的强度能得到充分的利用。它还保留了实体坝的一些优点，如坝顶可以溢流，可以布置泄水孔和输水、放水管等。但它也存在一些缺点，如耗用模板多，浇筑施工比实体坝复杂，以及在不利的气候条件下比较容易产生表面裂缝等。所以，重力坝还是实体的多。

二、坝体剖面尺寸

宽缝重力坝的剖面，见图1-2（b），其坝段宽度（横缝间距）一般根据施工条件、泄水孔布置和坝后厂房机组间距等确定，据国内外一些工程的经验统计为15～25m之间。

宽缝重力坝的宽缝宽度2δ，一般为坝段宽度的20%～40%。如有泄水孔、引水管和导流孔等大孔洞横穿坝体的，该部分坝体结构及宽缝布置应经过论证确定。

宽缝重力坝的上、下游坡度的选择与实体重力坝一样，要求在满足稳定和强度的条件下，获得最经济的剖面。由于有了宽缝，上游坡应比实体坝略缓，一般在0.15～0.35之间，也有做成铅直的，下游坡常在0.5～0.7之间。

宽缝处上游面的最小厚度，一般约为坝面作用水头的0.07～0.01倍，但不得小于3m，寒冷地区还应适当加厚；下游面应有足够的厚度以改善应力条件，并应考虑施工条件和其他特殊要求，其最小厚度一般不小于2m，寒冷地区也应适当加厚。

宽缝的上、下游及顶部与实体部分的连接处，均应有足够长的渐变段，以减小断面变化处的应力集中。渐变段的长度，上游一般为（1.5～2.0）s，下游一般为（1.0～1.5）s，顶部一般为（1/2～2/3）s，s是宽缝宽度的1/2。

三、稳定和应力计算特点

宽缝重力坝的稳定计算方法与公式均与实体重力坝相同，但应以单个坝段进行分析。由于宽缝的存在，扬压力计算略有不同（详见本章第二节）。

宽缝重力坝的应力分析，仍与实体重力坝一样可用材料力学法计算。由于它的实际截面比较复杂，计算时把实际截面折化为工字形截面，据此求出的应力为沿坝宽度的平均应力。宽缝重力坝坝面应力计算公式，除正应力σ_y用下式计算外，其余与实体重力坝相同。即

$$\left.\begin{aligned}\sigma_y^s&=\frac{\sum W}{A}+\frac{\sum MT_s}{I}\\\sigma_y^{xi}&=\frac{\sum W}{A}-\frac{\sum MT_{xi}}{I}\end{aligned}\right\}\tag{1-90}$$

式中　T_s、T_{xi}——坝段水平截面形心到上、下游边缘的距离；

I——坝段水平截面对其形心的惯性矩。

宽缝重力坝的坝面应力确定以后，内部各点应力也可用内插法进行估算。

宽缝重力坝头部的局部应力集中问题，应采用有限单元法、有限差分法或模型试验研究确定。

第二章　拱　　坝

第一节　概　　述

一、拱坝的工作特点

拱坝是一个空间的壳体挡水结构物，平面上呈拱形拱向上游（图 2-1）。在水和淤积泥沙等水平为主的荷载作用下，大部分荷载将通过拱的作用传递到两岸基岩上，少部分荷载将通过垂直梁的作用传给坝底基岩。所以，主要依靠两岸拱端的反力作用维持其稳定性是拱坝的工作特点。

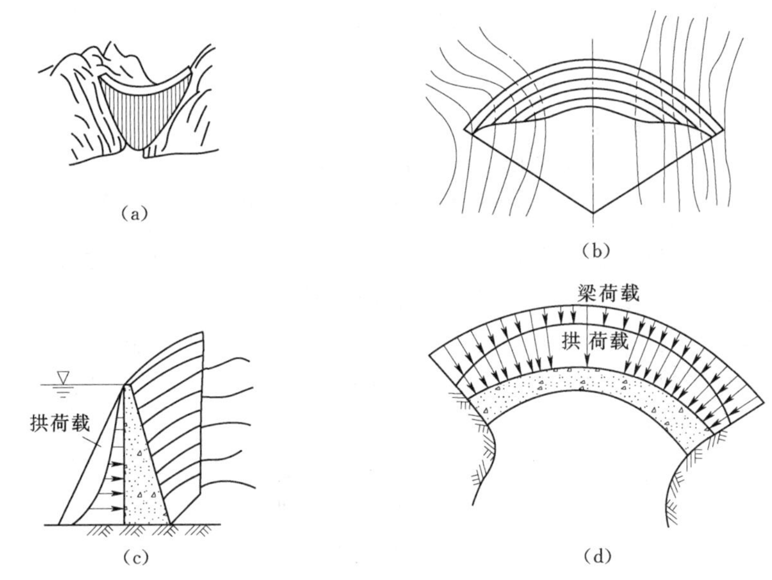

图 2-1　拱坝结构图

(a) 拱坝壳体结构；(b) 拱坝平面布置图；(c) 垂直剖面（悬臂梁）；(d) 水平截面（拱）

由于设计上可以追求拱坝在外荷载作用下主要产生轴向压力（使设计拱轴线接近荷载压力线），则拱圈断面上偏心距产生的弯矩将很小，断面应力分布也较均匀，从而可充分利用混凝土或浆砌石料的抗压强度，使坝体厚度较薄，节省筑坝材料。所以与同高度重力坝相比，其工程量可节省 1/3～2/3。拱坝的抗震能力也较高。

拱坝是周边固支的高次超静定空间壳体结构，当外荷载增大或某部位产生局部开裂时，坝体中梁和拱的作用将会自行调整。拱坝的抗震能力也较高。根据模型试验成果，拱坝的超载能力可以达到设计荷载的 5～11 倍。

另一方面，由于拱坝是嵌固于基岩上的整体结构，坝体一般不设永久伸缩缝，所以地基变形和温度变化对坝体内力的影响较大。故设计时，地基变形与温度荷载也列为主要荷载，对坝肩地质条件和处理措施更应特别重视。由于坝体较薄，形状复杂，故对施工质量、材料强度和防渗要求等方面也都比较严格。

早在罗马帝国时代就修筑有圆筒形圬工拱坝。20 世纪以来，随着施工技术、计算理论和试验手段的不断改进，拱坝发展很快。

二、拱坝坝址选择

1. 地形条件

地形条件是选择拱坝结构型式、枢纽布置以及经济性的主要影响因素，可从河谷剖面形状、坝址地形变化等方面进行分析。理想的地形条件应是两岸对称，岸坡平顺，平面上向下游收缩的峡谷地段，且拱端下游有足够厚的岩体支承，以利稳定，见图 2-1。

一般将可能建拱坝的河谷形状大致分为 V 形、梯形和 U 形三种典型剖面，见图2-2。

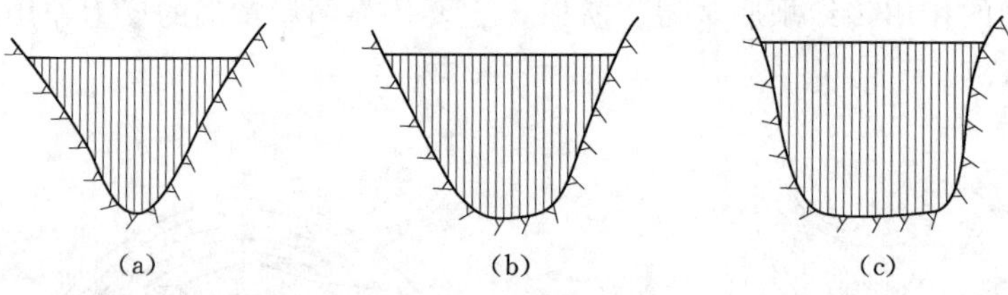

图 2-2　河谷剖面形状

(a) V 形河谷；(b) 梯形河谷；(c) U 形河谷

从承受水平压力及拱厚变化等条件分析，以 V 形剖面最为有利，适宜于修建薄拱坝。

河谷形状特征，常用坝顶处基岩间的河谷宽度 L' 与坝高 H' 的比值 L'/H' 表示，称为宽高比。拱坝的相对厚度常以坝底厚度 T 和坝高 H' 的比值 T/H' 表示，称为厚高比。通常认为：$T/H'<0.2$ 为薄拱坝；$T/H'>0.2\sim0.35$ 为中厚拱坝（一般拱坝）；$T/H'>0.35$ 为厚拱坝（重力拱坝）。

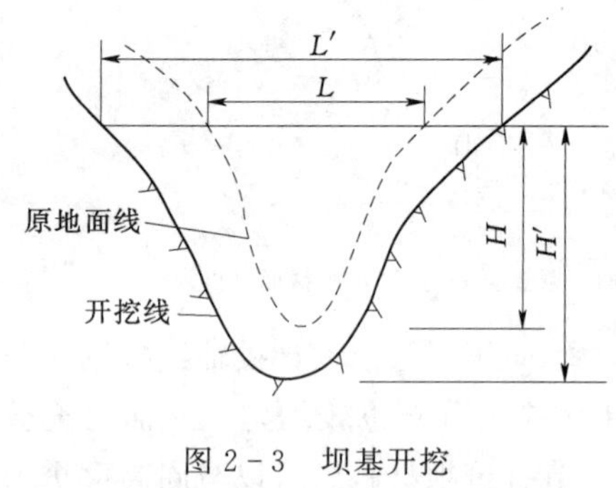

图 2-3　坝基开挖

根据工程设计经验，对 $L'/H'<1.5$ 的深窄河谷宜修建薄拱坝；$L'/H'=1.5\sim3.0$ 的较宽河谷宜修建一般拱坝；$L'/H'=3.0\sim4.0$ 的宽河谷多修建重力拱坝；对 $L'/H'>4.5$ 的宽浅河谷，拱的作用已很小，主要由梁系来承荷、传力，宜采用重力坝等其他坝型。以上指标是反映地形因素的一个侧面，国内外一些工程实践已突破上述界限。还须指出，河谷剖面形状是指开挖以后的基础岩面（图 2-3）。有些坝址，开挖前较窄；开挖后可能较宽，勘测、设计中必须注意。

从水压荷载分布的情况分析，对称 V 形河谷最适于发挥拱的特点。近坝底部分虽然水的压强较大但拱跨较短，所需底拱厚度可以相对较薄；而 U 形河谷近坝底部分拱的作用很小，大部分荷载由梁来承担，所以厚度较大（图 2-4）。

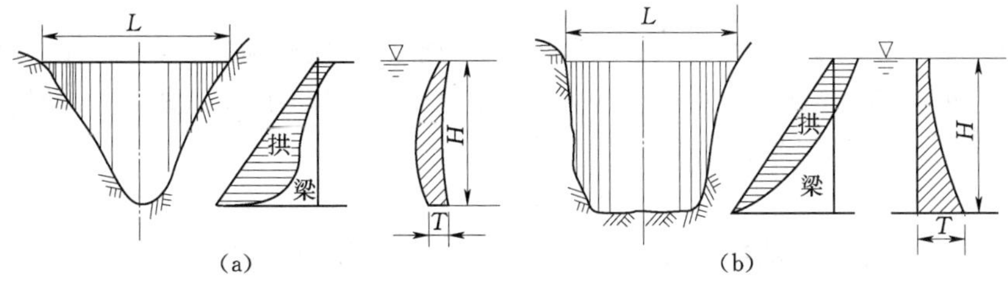

图 2-4　河谷形状对荷载分配和坝体剖面的影响
(a) V 形河谷；(b) U 形河谷

2. 地质条件

地质条件的好坏是修建拱坝的一个关键问题。拱坝要求河谷两岸的基岩应能承受拱端传来的巨大推力，任何情况下都应保持稳定，而不致危及坝体安全。良好的地质条件应是基岩均匀、完整、无断层破碎带、无严重节理裂隙、有足够的强度、透水性小、抗风化能力强等。实际上完美无缺的坝址是没有的，节理、裂隙、局部的断层、破碎带总是存在的，所以对地基应进行妥善的处理。对穿过坝肩的断层、破碎带应特别注意，采取必要的工程措施。有可能时，上下移动坝址，以避开破碎地带。图 2-5 中 $A—A$ 坝址虽工程量较少，但有断层Ⅰ穿越坝肩，岩体有局部滑动的可能，故宜将坝址移至 $B—B$ 线。

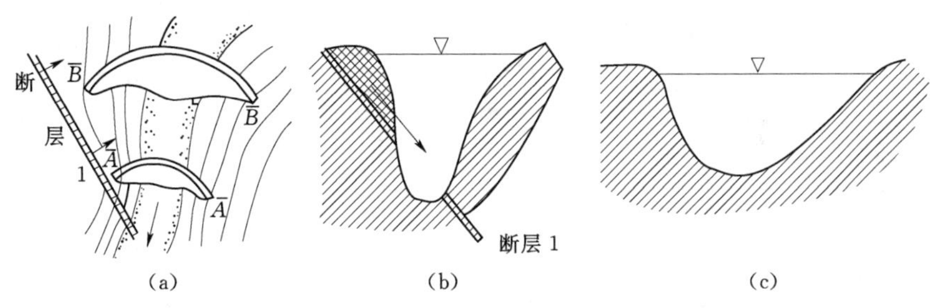

图 2-5　坝址选择的地质条件
(a) 平面；(b) $A—A$ 剖面；(c) $B—B$ 剖面

选择坝址时，一般还需进行综合分析和多种方案的技术经济比较。如考虑枢纽的整体布置、施工方案、建材供应情况、管理单位要求、今后发展综合经营的可能等。

第二节　拱坝的布置

拱坝的布置是拱坝设计的重要程序。具体内容包括：结合坝址的地形、地质、水文、枢纽运用要求和施工条件等选择合理坝型，拟定坝体基本尺寸（初选拱冠梁剖面，选定各高程拱圈的圆心位置、中心角、半径和厚度等参数），进行平面布置；然后按拟定尺寸作应力及稳定分析，再根据分析成果修正坝体布置，使最终达到安全经济合理的目的。

一、拱坝的类型

为达到安全、经济、合理的目的，适应具体的地形、地质和运用条件，随着技术的进展，拱坝有多种类型（结构型式）。常见的有单曲拱坝、双曲拱坝、斜拱坝、周边缝拱坝、双拱坝、空腹拱坝、预应力拱坝等。

1. 单曲拱坝

修建在U形河谷中的拱坝，常采用定圆心、等外半径的布置型式，见图2-6。这样，各层拱圈，尤其是靠下部的拱圈，仍能采用较大中心角，充分发挥拱的作用，减小坝体厚度。对V形或梯形河谷，为改善坝体应力状态，减薄坝体厚度，可采取变圆心、变半径的布置型式，沿坝高随河谷跨度的减小，变动各层拱圈的圆心位置，减小半径，使各层拱圈都能有较大的中心角，加强拱的作用（图2-7），但应注意控制“倒悬”现象。

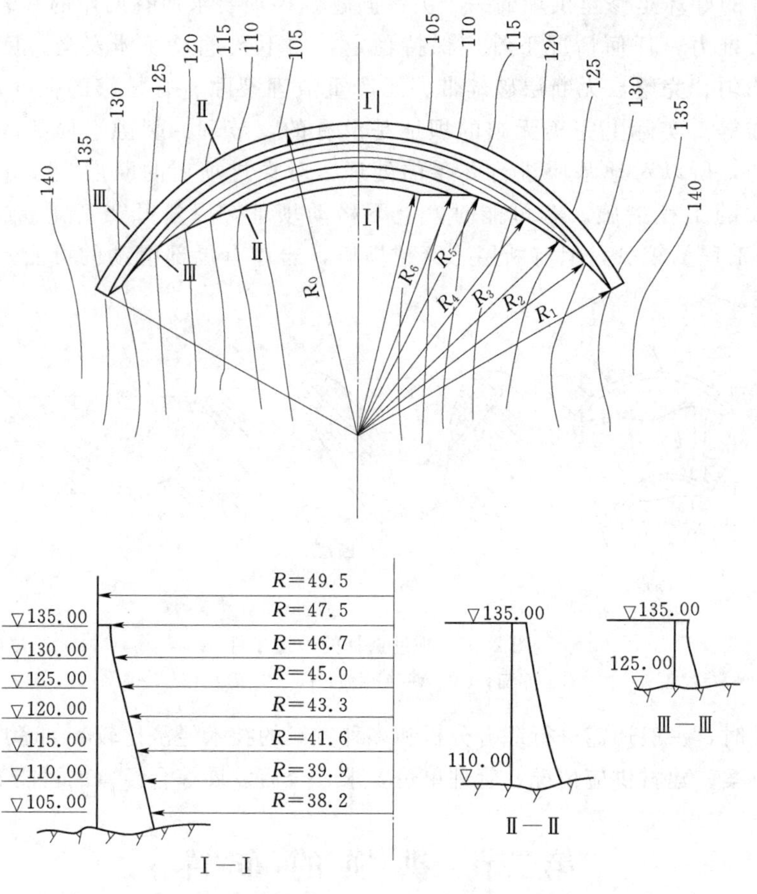

图2-6　定圆心、等外半径单曲拱坝（单位：m）

2. 双曲拱坝

双曲拱坝是20多年来采用较多的一种坝型，它同时具有平面和竖直拱的作用，能充分发挥拱、梁结构的受力特性和材料强度，改善坝体应力状态、增加强度的安全度，见图2-8。这类拱坝也常采用变圆心、变半径的布置形式，使各层拱圈都具有较理想的中心角。当坝顶溢流时，可使坝身向下游倒悬，以使水舌挑射远离坝脚。

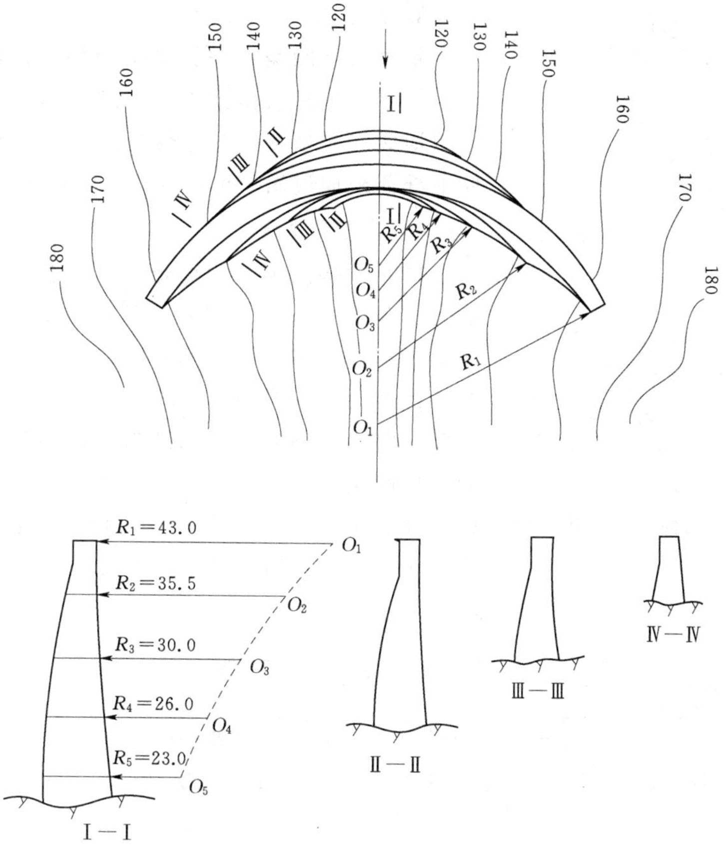

图 2-7　变圆心、变半径单曲拱坝（单位：m）

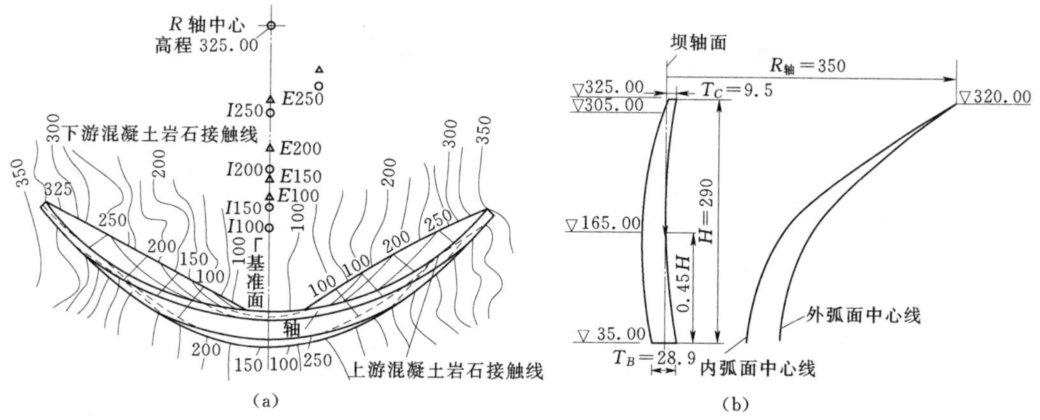

图 2-8　双曲拱坝断面初设及布置（单位：ft❶）

（a）平面图；（b）拱冠梁断面及内外弧中心线

▵ E250—高程 250ft 处的外弧面圆心；○ I250—高程 250ft 处的内弧面圆心

❶　1ft=304.8mm。

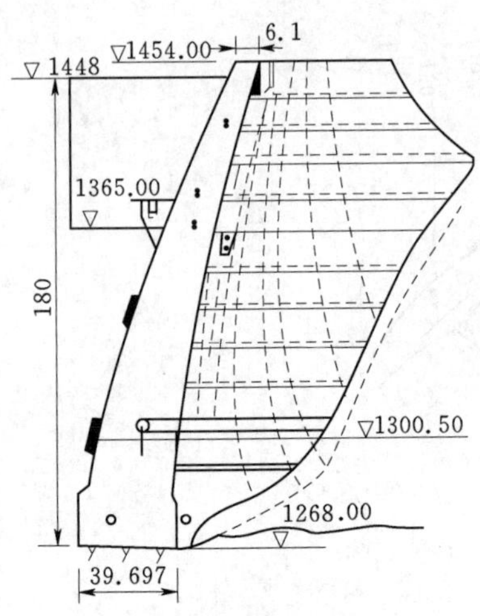

图 2-9 斜拱坝断面图（单位：m）

3. 斜拱坝

斜拱坝有两类：一类是拱坝坝身倒向下游，利用斜拱作用，把荷载传给坝底基岩；另一类是对于上部岸坡地质较差情况，通过设缝把上部坝体布置成斜拱，使上部荷载通过斜拱传给坝底基岩，见图 2-9。

4. 周边缝拱坝

也叫铰接拱坝，特点是坝体与基岩铰接，如安徽黄山寨西拱坝（图 2-10）。其优点是周边缝能松弛坝体周边弯曲应力；缝与基岩间的座垫可传递和扩散荷载，使应力、变形的变化均匀；且座垫的形状尺寸可机动调整，以适应不同的地形、地质条件；有座垫也便于提前进行地基处理。其主要缺点是施工较复杂，整体性和刚度较差，容易渗漏等。周边缝的作用和应力分析方法等还有待进一步探讨。

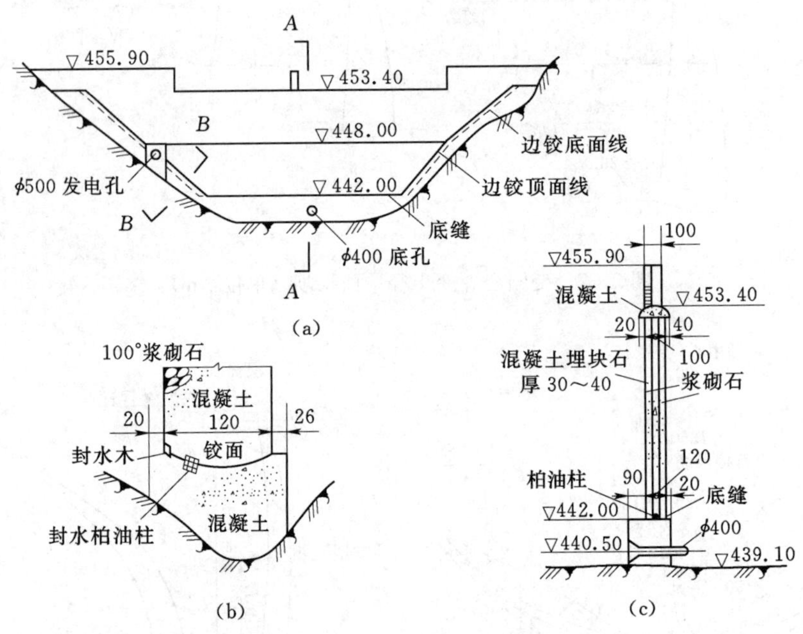

图 2-10 寨西周边缝拱坝（单位：高程，m；尺寸，cm）
(a) 立面图；(b) B—B 剖面；(c) A—A 剖面

5. 双拱坝

如贵州猫跳河窄巷口拱坝，河床砂砾石覆盖层很深。为避免大量开挖，横跨河床修建一座基础拱桥，在拱桥上又修建一座双曲混凝土拱坝，见图 2-11。

6. 空腹拱坝

如湖南凤滩混凝土空腹重力拱坝。这种坝型可减少坝体工程量，降低扬压力，也有利于坝体散热和解决泄洪问题，空腹内还可布置厂房，见图 2-12。

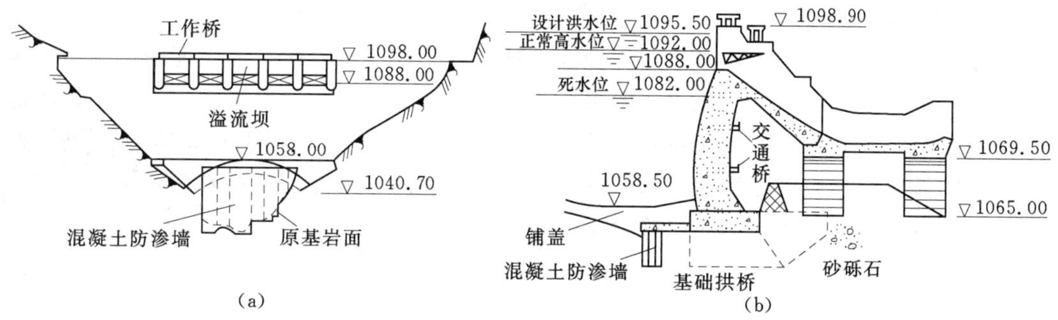

图 2-11 贵州猫跳河窄巷口双拱坝（单位：m）

(a) 上游立面图；(b) 横剖面图

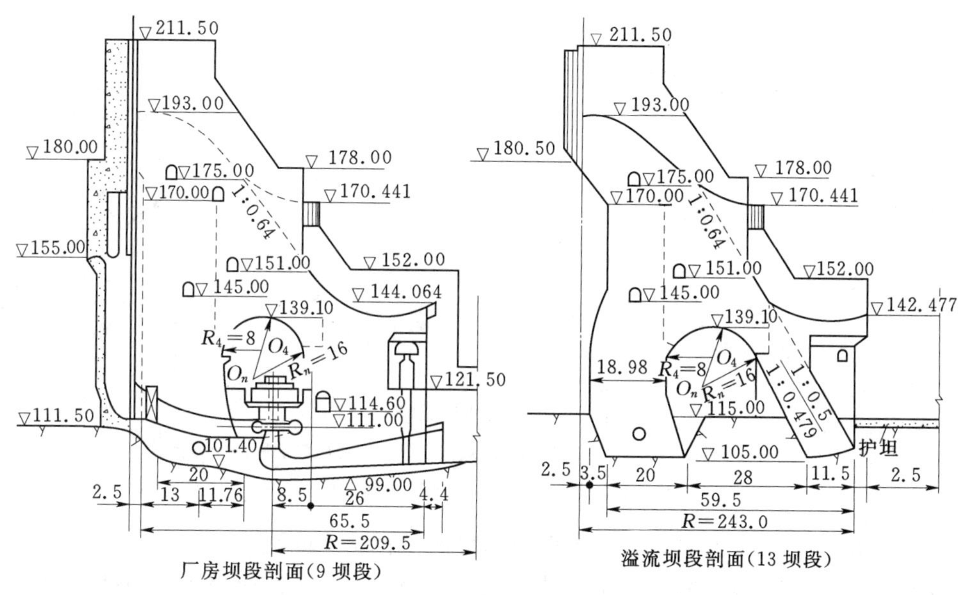

图 2-12 湖南凤滩重力拱坝剖面图（单位：m）

7. 预应力拱坝

在坝体内埋设预应力锚索，可利用对坝体预先施加的压应力抵消其他荷载产生的拉应力，如瑞士的杜尔德马叶拱坝。

拱坝按过水条件还可分为溢流与非溢流的。

拱坝按建筑材料又分为混凝土（常态振捣的、干硬碾压的、堆石自密实的）和浆砌石的。

混凝土拱坝按其坝高分为低坝（小于 30m）、中坝（30～70m）和高坝（大于 70m）。

二、剖面尺寸的选择

一般可根据地形、地质、坝高、允许应力、施工等条件，初选拱坝断面和基本尺寸。内容包括：拱圈平面型式和各层拱圈轴线的半径与中心角，拱冠梁的上、下游面型式及各高程的厚度等。

1. 拱圈型式

拱坝的水平拱圈常用圆弧拱，这种型式设计和施工都比较方便，但合理的拱圈型式应使拱轴线接近于荷载压力线。从主要的水压力在拱梁系统的分配情况来看，拱所承担的荷载并非沿拱圈均匀分布，而是从拱冠向拱端逐渐减小，见图 2-1。所以最合理的拱圈型式并非为圆弧曲线，应该是变曲率的拱圈。为适应不同河谷条件，近年来在拱圈设计中采用了三圆心拱、椭圆拱及抛物线拱等，见图 2-13。

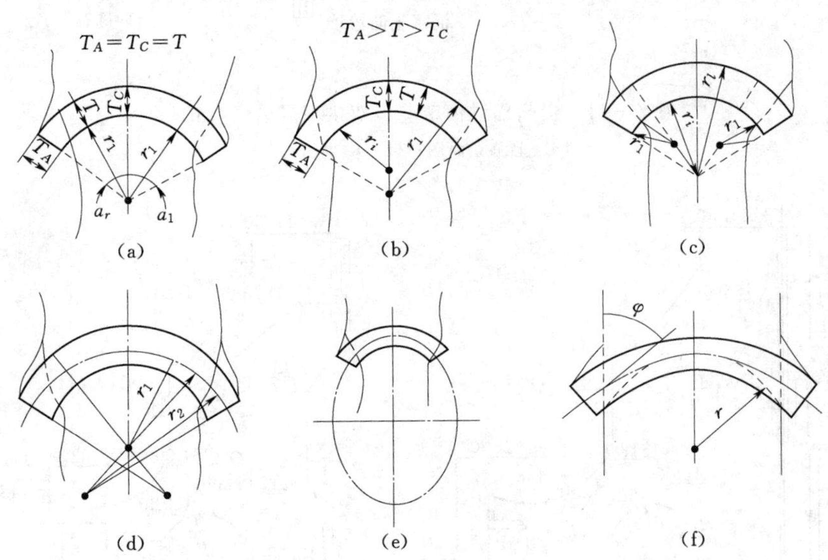

图 2-13　拱圈形状图

(a) 等厚度圆弧拱；(b) 拱端渐厚的圆弧拱；(c) 拱端局部加厚的圆弧拱；(d) 三圆心变厚度拱；(e) 椭圆拱；(f) 抛物线拱

三圆心拱圈由三段圆弧组成，一般两侧弧段的半径比中间大，见图 2-13 (d)。这样可增大中间弧段的中心角，减小弯矩，使压力分布较均匀。既能改善拱端与两岸的连接条件，也有利于坝肩稳定。

椭圆拱类似于三圆心拱，如瑞士的康特拉双曲拱坝。

抛物线拱，近拱端曲率较小，有利于坝肩稳定，如日本的集览式拱坝。

当河谷地形不对称时，可用人工措施使坝体尽可能对称。若一岸较平缓，可设置重力墩，见图 2-14；若河谷底部有深槽，可在下部做垫座，在其上布置拱坝，见图 2-15。

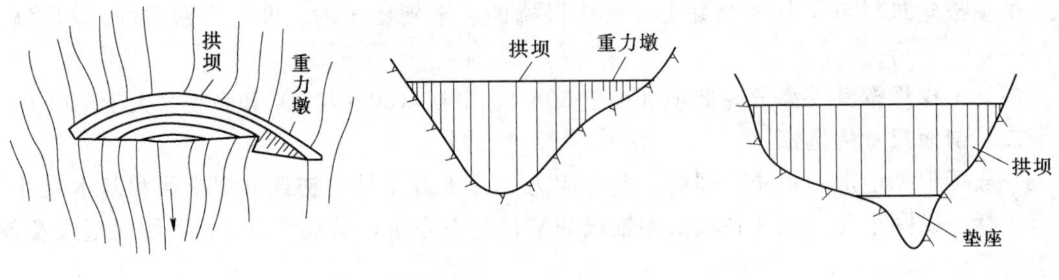

图 2-14　设置重力墩的拱坝

图 2-15　设有垫座的拱坝

2. 坝顶厚度 T_C

多根据经验或统计公式估算，如：

当 $0.01(H+2b_1) > T_{min}$ 时：

$$T_C=0.01(H+2b_1)$$

当 $0.01(H+2b_1) < T_{min}$ 时：

$$T_C=T_{min} \tag{2-1}$$

式中　H——坝高；

b_1——坝顶处河谷宽度；

T_{min}——最小坝顶厚度，根据工程规模及运用要求而定，一般取 3～5m。

还有另外一些经验或统计公式。对于浆砌石拱坝，可参阅《浆砌石坝设计规范》(SL 25)。

3. 坝底厚度 T_B

水科院朱伯芳在《双曲拱坝的最优化设计》中，建议混凝土拱坝坝底厚度按下式拟定：

$$T_B=K(b_1+b_R)H/[\sigma_a] \tag{2-2}$$

式中　K——经验系数，一般取 $K=0.35\sim0.36$；

b_1、b_R——第一层、倒数第二层拱圈处的河谷宽度，m；

$[\sigma_a]$——材料的允许压应力，tf/m^2（法定计量单位为 Pa，$1tf/m^2=10^4Pa$）；

H——坝高，m。

对于浆砌石拱坝，可参阅《浆砌石坝设计规范》(SL 25)。

4. 剖面的上游面曲线

一般双曲拱坝，近似拟定上游面曲线时，常给出下列条件（图 2-16）：当 $y=\beta_1 H$ 时，$\frac{dx}{dy}=0$；当 $y=H$ 时，坝底处 $z=-\beta_2 T_B$。

令 $z=-x_1(y/H)+x_2(y/H)^2$，根据上述条件可得

$$x_1=2\beta_1 x_2$$

$$x_2=\frac{\beta_2 T_B}{2\beta_1-1} \tag{2-3}$$

式中　β_1、β_2——经验系数，一般取 $\beta_1=0.6\sim0.65$，$\beta_2=0.3\sim0.6$。

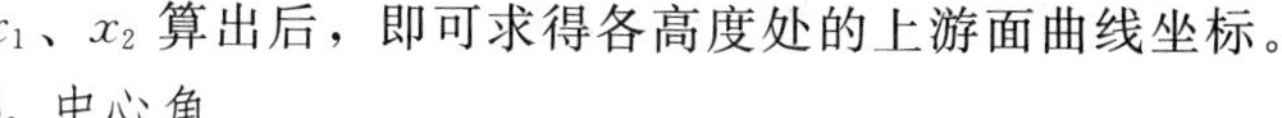

x_1、x_2 算出后，即可求得各高度处的上游面曲线坐标。

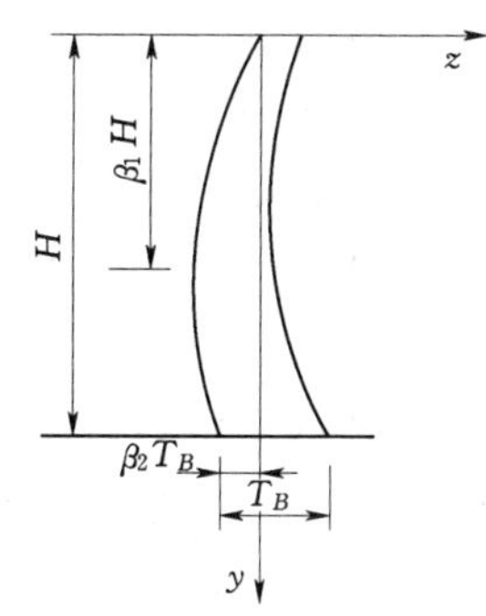

图 2-16　双曲拱坝上游面曲线

5. 中心角

中心角是设计拱坝的主要参数之一，关系到坝体应力和坝头稳定、坝体轮廓和运用条件以及工程量等，可按河谷形状、地形、地质特征、应力及稳定要求、运用及施工条件等进行初选。一般先选择顶拱中心角，它起控制作用，其值应尽可能选大一些，以利于坝体的应力分布（据统计，多数拱坝顶拱最大实用中心角约 90°～110°）。继续沿坝高向下取 5～8 个层面，依据其相应高程处的河谷宽、地形特征等，布置其拱圈的圆心及中心角（一般小于顶拱值，但不宜小于 70°）。拟定各层拱轴线时，应有利于坝肩稳定，通常要求拱端推力线与利用的基岩面的交角大于 30°。布置各层拱圈时，还需考虑整个坝面的连续

和顺滑，各层拱圈的圆心位于一条光滑的曲线上，其相对应的拱圈半径也应呈均匀变化。为方便施工，还应控制上游面的倒悬度和坝肩的开挖深度。实际设计时，应根据上述各项要求，通过试画、修改等步骤最终确定。

三、拱坝布置的步骤

（1）由地形、地质资料拟定开挖深度，绘出建基面的等高线图，初选各层拱圈的圆心对称中心线。

（2）由地形、地质、水文、施工、运用、管理等条件，综合分析后选择合宜的坝类型。

（3）由所选坝型及工程规模，沿坝高不同高程选取 5～10 个拱圈层面进行布置，并初拟拱冠梁断面。

（4）进行各层拱圈布置时，要求各层拱弧应基本对称于初选的对称中心线（此线可按以后平面布置的情况进行修改，使更为合理）。

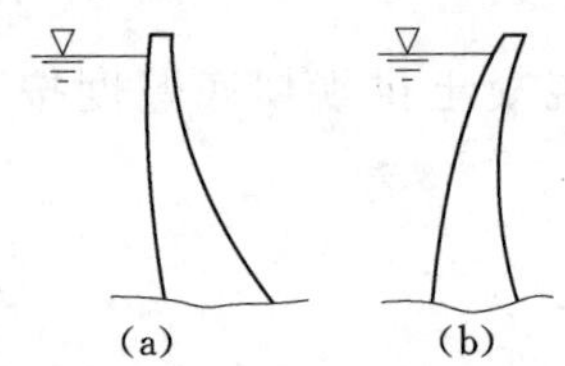

图 2-17　双曲拱坝倒悬示意图
（a）向上游倒悬；
（b）向下游倒悬

（5）初选各层拱圈的中心角及半径时，可按前述范围及考虑因素进行选择。通常先选定坝顶拱圈，再定坝底拱圈（底部嵌入基岩较深或地形有突变，则可改选倒数第二层）。初选圆心轨迹线后，再从上向下完成布置，然后可截取几个竖向的悬臂梁剖面，检查梁外缘轮廓是否光滑，倒悬度是否过大（图 2-17）。单曲拱坝圆心轨迹线，一般沿坝高应是光滑连续的曲线，如图 2-7 所示。双曲拱坝在顶、底拱圈确定后，需按地形特征拟定连续、适宜的圆心轨迹线，以确定其他层的拱圈半径。当局部拱圈外部地形特殊时，可适当调整原圆心轨迹线。图 2-8 为双曲拱坝拟定拱冠梁断面及内外拱弧中心轨迹线的实例，其河谷剖面接近对称。

（6）根据上述拟定的拱圈及悬臂梁尺寸，进行坝体应力分析和稳定及工程量计算。再由计算成果，优化修改各部分尺寸并重复上述计算，直到满意为止。

布置的同时还应保持坝面连续。具体连续要求，一是指悬臂梁轮廓、各层拱圈的圆心对称中心线、中心角及半径变化、基岩轮廓线等都基本光滑平顺，无突出齿坎或其他突然变化的部位；二是在岩性（如弹性模量）方面最好也能均匀或连续变化。当实际地形变化不对称和不连续时，可按前述措施进行处理。

第三节　拱坝的应力计算

一、拱坝的荷载及其组合

作用于拱坝的设计荷载与重力坝类似，包括有：上下游的静水压力、溢流坝段的动水压力、淤沙压力、浪压力、冰压力、自重、扬压力、温度荷载、地基变形影响及地震荷载等，计算方法也类同，具体参见《混凝土拱坝设计规范》（SL 282）。

拱坝的尺寸和坝型不同，受上述荷载的影响也不相同。水平水压力及淤沙压力是拱坝的主要荷载，温度荷载和地基变形影响也很大。自重和扬压力对拱坝的影响比对重力坝要小，中小型拱坝的坝体应力计算一般可不考虑扬压力，但在坝肩岩体稳定计算中不容忽视。用纯拱法计算拱坝可不计自重的影响。

现将与重力坝有所不同的拱坝的自重、地震荷载、温度荷载等计算分述如下。

1. 自重

常态混凝土拱坝因其施工时常分段浇筑，最后才封拱灌浆形成整体，所以自重应力在施工过程中已形成，由竖向的悬臂梁承担。因拱坝各坝块的水平截面都呈扇形，如图 2-18 所示，截面 A_1 与 A_2 间的坝块自重 W 可用辛普森公式计算。

$$W=\frac{1}{6}\gamma_h\Delta z(A_1+4A_m+A_2) \tag{2-4}$$

或简化为

$$W=\frac{1}{2}\gamma_h\Delta z(A_1+A_2)$$

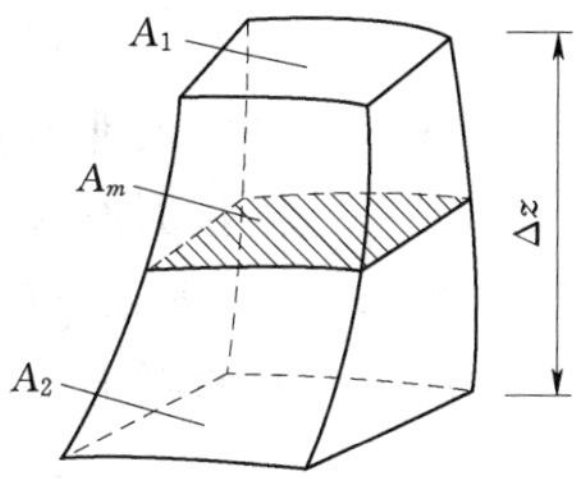

式中 γ_h——混凝土容重；

Δz——计算坝块的垂直高度；

A_1、A_2、A_m——上、下两端和中间截面的面积。

图 2-18 坝块自重计算

大型双曲拱坝的自重计算，要考虑坝块稳定及施工程序影响等问题，可参考有关专题文献。

2. 地震荷载

拱坝的地震荷载，主要包括由于地震引起的坝体的惯性力、动水压力。淤沙压力的增值对拱坝影响较小，一般可不计。按《水工建筑物抗震设计规范》(SL 203)，拱坝应分别对顺河流向和垂直河流向的水平地震惯性力进行计算；对设计地震烈度为 8 度、9 度的 1 级、2 级双曲拱坝，还应计算竖向地震惯性力。

(1) 水平地震惯性力。根据 SL 203 规范，拱坝水平地震惯性力均按径向作用，对非圆弧拱圈可近似认为沿拱轴线的法向作用。总的水平地震惯性力 Q_0 为

$$Q_0=K_HC_ZFW \tag{2-5}$$

式中，K_H、C_Z、W 意义见第一章对式 (1-25) 的说明；F 值按表 2-1 采用。

表 2-1 地震惯性力系数 F 及顶拱地震惯性力分布系数 Δ_i

地震方向	m_0	F	θ_i/θ_{0i}										
			0	0.1	0.2	0.3	0.4	0.5	0.6	0.7	0.8	0.9	1.0
			Δ_i										
顺河流方向地震 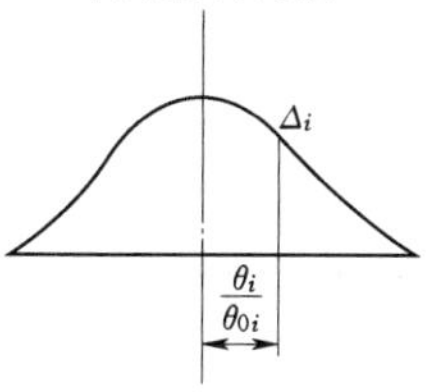 (Δ_i, $\frac{\theta_i}{\theta_{0i}}$)	0	$H>100$m 1.0 $H\leqslant 100$m 1.2	1.0	0.98	0.90	0.79	0.66	0.50	0.35	0.21	0.10	0.03	0
垂直河流方向地震 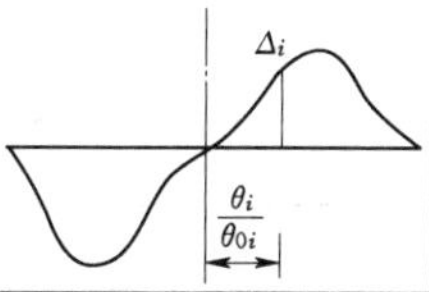 (Δ_i, $\frac{\theta_i}{\theta_{0i}}$)	1	$H>100$m 1.0 $H\leqslant 100$m 1.2	0	0.31	0.56	0.72	0.77	0.71	0.56	0.73	0.18	0.05	0

沿拱坝高度，径向作用于各分块形心点 i 的水平径向地震惯性力 P_i，可按下式计算：

$$P_i = \frac{W_i\Delta_i}{\sum_{i=1}^{n}(W_i\Delta_i)}Q_0 \tag{2-6}$$

$$\Delta_i = \frac{1}{2}\left[\cos\frac{m_0\pi}{2}\left(1-\frac{\theta_i}{\theta_{0i}}\right)-\cos\frac{(m_0+2)\pi}{2}\left(1-\frac{\theta_i}{\theta_{0i}}\right)\right]\left(\frac{H_i}{H}\right)^2 \tag{2-7}$$

式中　Δ_i——地震惯性力分布系数；

θ_i——沿拱圈所取剖面与拱圈中心线的夹角；

θ_{0i}——i 高程处拱圈半中心角；

H_i——计算截面高度（自坝底算起）；

H——坝高；

m_0——参数，顺河流向地震的 $m_0=0$；垂直河流向地震的 $m_0=1.0$，见图 2-19；

W_i、n 意义见第一章对式（1-26）的说明。

坝顶的 Δ_i 可由式（2-7）计算或查表 2-1。

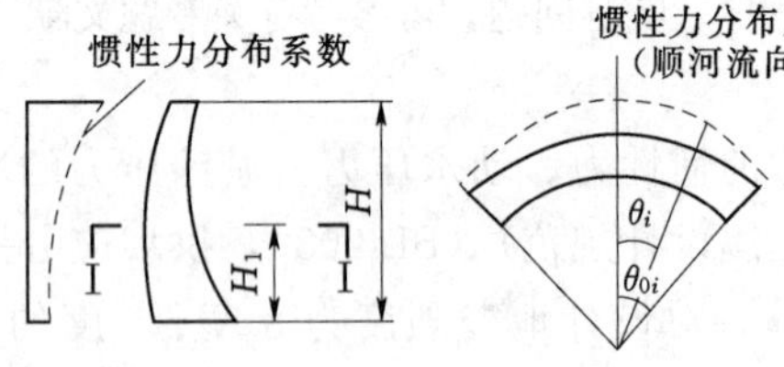

图 2-19　地震惯性力在拱、梁上的分布

形状基本对称的河谷，可取半拱计算。顺河流向地震荷载，左、右半拱的惯性力是对称的；垂直于河流向的地震荷载，左、右半拱的惯性力互为反向，成反对称分布，式（2-6）中的 Δ_i 值在分母中取其绝对值，在分子中则左、右半拱互相反号。一般不对称河谷的拱坝可近似用上述地震惯性力计算公式，左、右半坝体分别计算。明显不对称河谷的拱坝，应进行专门研究和试验。

（2）地震动水压力。在地震作用下，水深 y 处的水平地震动水压力可按下式计算为

$$\overline{P}_y = K_H C_Z f_y C_2 \gamma_0 H_0 \tag{2-8}$$

式中　f_y——拱冠梁（顺河流向地震）和 $\theta_i/\theta_{0i}=0.5$ 剖面（垂直河流向地震）水深 y 处地震动水压力分布系数，见表 2-2；

C_2——地震动水压力沿拱圈的分布系数，对顺河流向，$C_2=1.0$；对垂直河流向，C_2 值按表 2-3 采用，左、右半坝体 C_2 值取反号，作用方向与惯性力相同；

γ_0——水的容重；

H_0——坝前水深；

K_H、C_Z——见式（2-5）的说明。

表 2-2　　水深 y 处地震动水压力分布系数

y/H_0	0	0.1	0.2	0.3	0.4	0.5	0.6	0.7	0.8	0.9	1.0
f_y	0	0.43	0.56	0.60	0.58	0.54	0.50	0.47	0.45	0.43	0.42

表 2-3　　地震动水压力沿拱圈的分布系 C_2

θ_i/θ_{0i}	0	0.1	0.2	0.3	0.4	0.5	0.6	0.7	0.8	0.9	1.0
C_2	0	0.35	0.68	0.90	1.00	1.00	0.95	0.85	0.75	0.60	0.50

3. 温度荷载

温度荷载是拱坝设计中的一项重要荷载，在靠近坝顶部分，温度变化影响更为显著。拱坝建成后，经长期运用，坝体温度不再随时间改变时，相应坝体温度场称为稳定温度场。但即使坝内已无内热源，边界温度仍是时间的周期函数，严格说，没有稳定温度场。一般，通常把内热源及初始条件影响消失后的温度场称为准稳定温度场。施工时常态混凝土拱坝都分块浇筑，需进行封拱。封拱前拱坝的温度应力变化情况与重力坝类似，封拱后由于边界约束条件、外界温度影响及结构型式的不同，拱坝的温度应力场与重力坝不同。

拱坝的封拱，一般选在运行期坝体年平均气温或略低时进行。封拱时的温度即作为坝体温升和温降的计算基准。以后坝体温度随外界温度作周期性变化，产生相对于上述封拱温度的温度改变值。由于拱座嵌固在基岩中，限制坝体随温度变化的自由伸缩，于是就在坝体内产生了温度应力。上述温度改变值，即所谓温度荷载。

坝体温度沿坝厚方向呈曲线分布，见图 2-20。图 2-20（a）表示拱圈某一截面上温度的变化情况：o—o 线表示年平均温度；ab 曲线表示某一时间的实际温度变化。阴影线部分，即温度变化值，即温度荷载。对混凝土等线弹性体材料，可应用叠加原理，将图 2-20（a）中的温度荷载分解为三部分：

（1）均匀温度变化 T_m，见图 2-20（d）。它受外界温度的变幅、周期、封拱温度、坝体厚度及材料的热学特性等因素控制，是温度荷载的主要部分。

（2）等效线性温差 T_d，见图 2-20（c）。拱坝蓄水后，库水温变幅小于下游气温变幅，沿坝厚作用有温度梯度$\frac{T_d}{T}$。T_d 对薄拱坝影响较大，对中小型工程一般可不考虑。

（3）非线性温差，见图 2-20（b）。它是指温度荷载图 2-20（a）中，扣除图2-20（c）、（d）两部分后剩余的曲线部分。这项温度仅限于坝体表层附近的部分，只产生局部表面应力，不影响整体变形，拱坝设计时一般可不计。

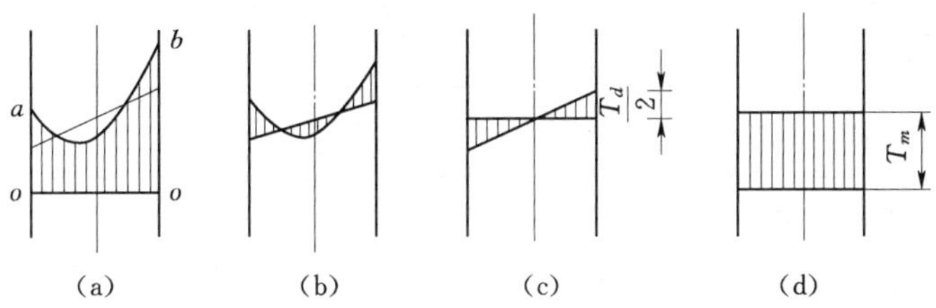

图 2-20　拱顶温度荷载示意图

（a）实际温度荷载分布；（b）非线性温差；（c）等效线性温差；（d）均匀温度变化

关于均匀温度变化 T_m 和等效线性温差 T_d 的计算，已有理论及数值解法。中小型工程一般只算 T_m，T_d 可忽略。T_m 值常采用下述经验公式估算为

$$T_m=\frac{57.51}{T+2.44}\quad (℃) \tag{2-9}$$

式中　T——坝厚，m。

上述经验公式是美国垦务局根据已建成的混凝土拱坝的观测资料统计分析得出的，通过我国 40 多年的应用，修改为

$$T_m=\frac{47}{T+3.39}\quad (℃) \tag{2-10}$$

由于上述经验公式忽略了许多影响因素，致使计算结果在坝顶部位偏小，在中下部又偏大，故只是近似计算，且对气温变化较大的大陆性气候带不宜套用。再者，混凝土的徐变对温度应力有很有利的影响，甚至可使温度应力减少50%左右。

4. 荷载组合

作用在拱坝上的荷载组合，可分为基本组合和特殊组合。为便于列表，将各项荷载编号如下：

1）水压力（包括相应水位下的扬压力）：（1a）正常蓄水位时的上、下游静水压力；（1b）校核洪水位时的上、下游静水压力和动水压力；（1c）水库死水位或运行最低水位时的上、下游静水压力；（1d）施工期遭遇洪水时的静水压力。

2）自重（包括铅直方向的水重）。

3）泥沙压力及浪压力。

4）温度荷载：（4a）设计正常温降；（4b）设计正常温升；（4c）接缝灌浆部分坝体设计正常温降；（4d）接缝灌浆部分坝体设计正常温升。

5）地震力。

拱坝的荷载组合可参考表2-4。组合时应根据各种荷载同时作用的实际可能性，选取最不利组合条件，作为分析坝体应力和坝肩岩体稳定的依据。

表2-4　　拱坝计算荷载组合表

荷载组合	组 合 情 况	水压力	自重	泥沙及浪压力	温度荷载	地震力
基本组合	Ⅰ. 正常蓄水位	（1a）	2）	3）	（4a）	
	Ⅱ. 运行最低水位	（1c）	2）	3）	（4b）	
	Ⅲ. 其他常遇的不利组合					
特殊组合	Ⅳ. 非常泄洪	（1b）	2）	3）	（4b）	
	Ⅴ. 设防地震	（1a）	2）	3）	（4a）	
	Ⅵ. 施工期接缝未灌浆	（1d）	2）			5）
	Ⅶ. 施工期分期灌浆	（1d）	2）		（4c）或（4d）	
	Ⅷ. 其他稀遇的不利组合	2）	2）		（4d）	

二、拱坝设计的应力指标

应力控制指标与筑坝材料强度的极限值，与有关安全系数的取值以及计算方法等有关。目前一般按拱梁法取值，根据《混凝土拱坝设计规范》（SL 282）的规定，用拱梁分载法计算时，坝体内的主压应力和主拉应力应符合下述应力控制指标的要求。

1. 容许压应力

混凝土的容许压应力等于其极限抗压强度❶除以安全系数。对于基本荷载组合，1级、

❶　混凝土极限抗压强度，指90d龄期15cm立方体的强度，保证率为80%。坝体局部结构的设计和计算，应符合《水工混凝土结构设计规范》（SL/T 191）的规定。

2 级拱坝的安全系数采用 4.0，3 级拱坝的安全系数采用 3.5；对于非地震情况特殊荷载组合，1 级、2 级拱坝的安全系数采用 3.5，3 级拱坝的安全系数采用 3.0。

2. 容许拉应力

在保持拱座稳定条件下，通过调整坝的体形来减小坝体拉应力的作用范围和数值。对于基本荷载组合，拉应力不得大于 1.2MPa（12kg/cm²）；对于非地震情况特殊荷载组合，拉应力不得大于 1.5MPa。

浆砌石拱坝的应力控制指标，还要符合《浆砌石坝设计规范》（SL 25）的规定。

三、拱坝应力分析方法

（一）拱坝应力分析的方法

拱坝应力分析比较复杂，在搞清荷载及其组合，明确应力控制指标的前提下，有现成的计算程序可以应用。拱坝应力分析的方法主要可归纳为 4 类。

1. 圆筒法（属于材料力学法）

圆筒法适用于小型等截面圆弧拱坝和初步估算的拱坝。

2. 结构力学法

（1）纯拱法。假定拱坝由一系列拱圈所组成，不考虑各拱圈之间力的传递。计算时把各层拱圈当作弹性无铰拱，两端嵌固于基岩中，先求算各横断面的内力（轴力、弯矩、剪力），再求算相应的应力，计算简图见图 2-21。

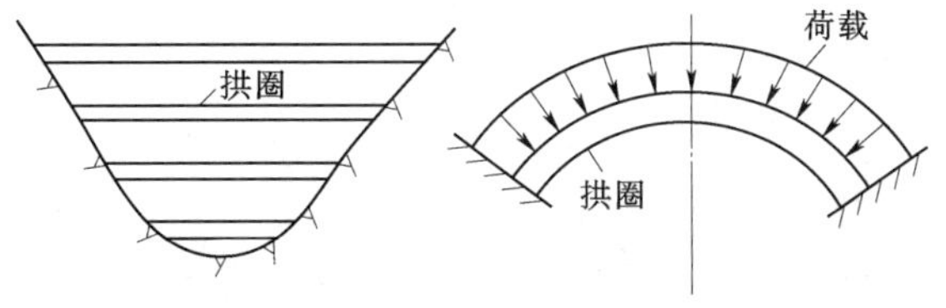

图 2-21　纯拱法计算简图

计算中应注意拱坝的主要荷载，有水平向的水压力和温度荷载以及基础变位的影响等。拱坝所承受的轴向压力和剪力都很大，并对变形有较大影响。同时，还应考虑拱厚的影响。

（2）拱梁分载法。把拱坝看成是由许多拱圈和悬臂梁共同分担荷载的两个系统所组成，如图 2-22 所示。根据拱和梁相交点变位相等的条件，列出多个变位方程。常采用试载法求解拱和梁的荷载分配，然后求算拱、梁在其分配荷载作用下的应力，即为拱坝各方向的应力分量。

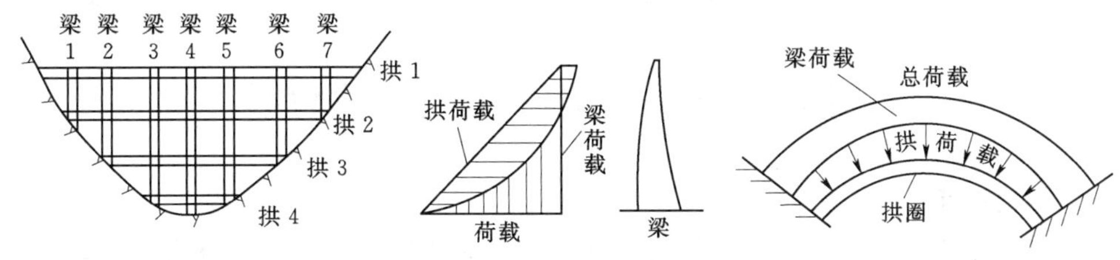

图 2-22　拱梁分载法计算简图

（3）拱冠梁法。由于拱梁分载法计算工作量很大，对中小型拱坝的设计，可仅考虑最主要的一个径向变位，直接解联立方程即可求得拱、梁荷载分配，此法称为拱冠梁法，是最简单的一种拱梁分载法。如图 2-23 所示的计算简图，在拱冠截取一个铅直的单宽悬臂梁，再沿拱坝自上而下分为高度相等的若干层（5～7 层），在各层交界高程上截取高度为 1.0m 的水平拱圈。不考虑扭转时，可仅按拱梁交点径向变位一致的条件列出变位方程组，进而求得拱冠处的拱梁荷载分配值，并以交点的拱荷载作为全拱的均布荷载强度。有了拱梁荷载分配值，即可用纯拱法计算拱圈内力和校核强度。悬臂梁的应力可用一般力学方法计算。用拱冠梁法算得的应力，通常小于纯拱法所求的值。

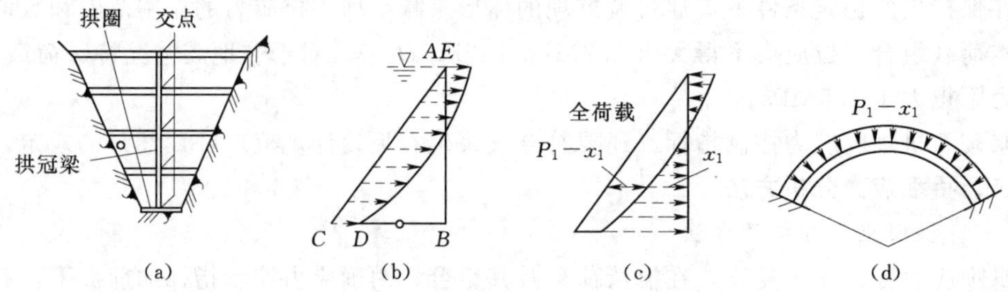

图 2-23　拱冠梁法计算简图

(a) 拱冠梁布置；(b) 拱所分荷载；(c) 梁所分荷载；(d) 拱圈荷载

在实际工程中现已有采用考虑扭转的拱冠梁法，即多考虑了拱梁转角相容条件进行拱梁荷载分配，可提高计算精度。目前拱梁分载法、拱冠梁法和考虑扭转的拱冠梁法都有电算程序可供选用。

3. 弹性力学法

把拱坝视为弹性壳体结构，用差分法或有限元法寻求弹性力学基本微分方程的数值解。

4. 结构模型试验法

如脆性材料结构模型试验、偏光弹性、激光仪模型试验法等。

(二) 规范要求

《混凝土拱坝设计规范》(SL 282) 的有关规定如下。

拱坝应力分析一般以拱梁分载法计算成果作为衡量强度安全的主要标准。采用拱梁分载法计算时，拱梁布置宜力求均匀，拱梁数目的选用应达到设计精度的要求。

对于1级、2级工程，或比较复杂的拱坝，如拱坝内设有大的孔洞、基础条件复杂等情况，当用拱梁分载法计算不能取得可靠的应力成果时，应进行有限元法计算或结构模型试验加以验证。必要时，两者应同时进行，相互验证。

第四节　拱坝的坝肩稳定、重力墩

一、坝肩稳定

拱坝对两岸山岩作用着巨大的推力和剪力，当岩体中存在断层、裂隙、软弱夹层、破碎带等，或支撑岩体过于单薄，或布置欠妥，都可能使坝肩失稳；还可能导致整个坝体的破坏，造成严重事故。如1959年法国马尔巴赛拱坝，因左坝肩失稳而导致大坝破坏。所以，在拱坝设计中除验算坝体应力外，还应根据地形、地质等资料，校核坝肩抗滑稳定性，确保大坝安全。

校核拱坝坝肩抗滑稳定时，可先进行局部稳定分析，选取不同高程的单位厚度拱圈进行计算，求出各层拱端推力，再由地形、地质条件，对每层的坝肩选定几组可能的滑裂面，分层对各种可能滑动进行稳定验算，以便求得最小抗滑稳定安全系数，此系数必须满足规范的抗滑要求。

拱坝坝肩稳定属于空间受力状态，主要取决于两岸的地形、地质条件，分析可能的滑裂面是问题的关键。进行局部分层验算时，假定上下层互不联系，计算结果偏于安全。若各层都满足稳定要求，坝体整体稳定也应是安全的；若某些层不满足要求，不意味着一定会发生整体破坏，还要进行整体稳定验算。只要整体稳定满足要求，局部不稳定的，可采取必要的工程措施。

我国验算拱坝坝肩稳定的方法主要有下述几种：

（1）最常用的是刚体极限平衡分析法，即把可能滑动的岩体作为刚体进行平衡分析。

（2）有限元法，考虑坝肩破坏面上每一点处的应力、变形和屈服条件，把应力、变形和稳定统一起来进行计算，大都采用平面有限元，对大型和地质复杂的坝肩岩体可用此法做辅助论证。

（3）结构模型试验法，是用地质力学模型试验研究坝肩岩体稳定的方法，试验工作量大，成本高，是一种还有待探索但很有发展前途的研究方法。

下面介绍简单的用刚体极限平衡理论验算坝肩局部和整体稳定的计算方法，较精确和复杂情况的计算，可参考有关文献。

1. 局部稳定分析

如图 2-24 所示，取高度为 1m 的水平拱圈及相应岩体，作用在被切割岩体上的力包括：单位高度水平拱圈的轴向推力 H_a，径向剪力 V_a；相应悬臂梁的垂直力 $G=G'\mathrm{tg}\varphi$，剪力 $V_b=V_b'$（此处 G'、V_b'为拱端悬臂梁单位宽的垂直力与剪力，φ 为岸坡与铅直线的夹角）；岩体重 W 以及滑裂面上的反力 R_1、R_2，扬压力 U_1、U_2（底滑裂面的扬压力应为上、下水平层面上的扬压力之差）。

如图 2-24 所示，底部为水平滑裂面，侧滑裂面与水平线夹角为 δ（$\delta>60°$），并假设沿 ab 方向滑动，该方向与 H_a 方向的夹角为 α。

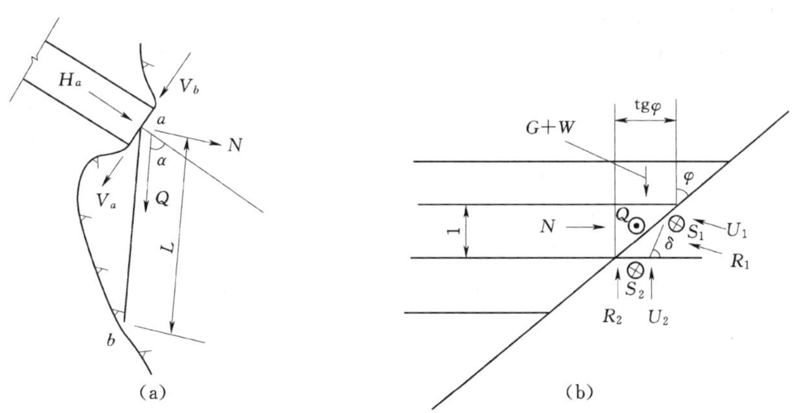

图 2-24　局部稳定分析简图

将拱端力系分解为垂直于 ab 的力 N 及平行于 ab 的力 Q：

$$N=H_a\sin\alpha-(V_a+V_b)\cos\alpha \tag{2-11}$$

$$Q=H_a\cos\alpha-(V_a+V_b)\sin\alpha \tag{2-12}$$

再根据静力平衡条件求解图 2-24 中的反力 R_1 及 R_2：

取$\sum x=0$　　$(R_1+U_1)\sin\delta-N=0$

解得

$$R_1=\frac{N}{\sin\delta}-U_1 \tag{2-13}$$

取$\sum y=0$　　$R_2+U_2+(R_1+U_1)\cos\delta-(G+W)=0$

解得

$$R_2=(G+W)-N\cot\delta-U_2 \tag{2-14}$$

侧滑裂面上的滑动力　　$S_1=\frac{f_1}{K_c}R_1+\frac{c_1}{K_c}\cdot\frac{L}{\sin\delta}$

底滑裂面上的滑动力　　$S_2=\frac{f_2}{K_c}R_2+\frac{c_2}{K_c}(\tan\varphi-\cot\delta)L$

由极限平衡条件应有 $Q=S_1+S_2$，算得抗滑安全系数 K_c 为

$$K_c=\frac{f_1R_1+f_2R_2+\frac{c_1L}{\sin\delta}+c_2L(\tan\varphi-\tan\delta)}{Q} \tag{2-15}$$

若由式（2-13）算得的 $R_1<0$ 时，可认为基岩不会受拉而破裂，取 $S_1=0$。

应选不同 α 值和取不同高程的拱圈作多种方案计算，以寻求最小安全系数。为减少工作量，黏聚力 c 和下游岩体重量 W 可暂不考虑，当不满足稳定要求时，再计入 c 和 W 值计算。

2. 整体稳定分析

若有些层的局部稳定分析不满足要求，或坝肩基岩被断层、节理裂隙等构造面切割为可能滑移的大块体，则有必要作整体稳定分析。所谓整体，一般指从坝顶到坝底（甚至低于坝底基岩），还可根据基岩被切割情况，选取从坝顶到中间某一破裂面以上的范围。切割面的倾角和走向不同，计算式也不同，以简单情况为例说明如下。

如图 2-25 所示，坝肩基岩被一斜的侧向构造面 F_1 和一水平底部构造面 F_2 切割为一滑移体。稳定计算时，可从 F_2 平面以上，取若干层有代表性的水平拱圈，按局部稳定分析的方法，求出每层拱圈的 N、Q、G、W 等值，并按高程绘成曲线，则曲线与高程线所围的面积即为各力的总和$\sum N$、$\sum Q$、$\sum G$、$\sum W$ 等。其作用于滑移体上的情况如图 2-25（b）所示。其中 R_1、R_2 分别为 F_1、F_2 面上的法向反力；因一般滑移体多沿 F_1 与 F_2 的交线①—①方向滑动，故 F_1、F_2 面上的抗滑力 S_1、S_2 都平行于①—①线；U_1、U_2 为 F_1、F_2 面上的扬压力。同理于局部稳定分析可得

$$R_1=\frac{\sum N}{\sin\delta}-U_1$$

$$R_2=\sum W+\sum G-\sum N\cot\delta-U_2$$

$$S_1=\frac{f_1}{K_c}R_1+\frac{c_1}{K_c}A_1$$

$$S_2=\frac{f_2}{K_c}R_2+\frac{c_2}{K_c}A_2$$

同样，由极限平衡条件应有$\sum Q=S_1+S_2$，算得抗滑稳定安全系数 K_c 为

$$K_c=\frac{f_1R_1+c_1A_1+f_2R_2+c_2A_2}{\sum Q} \tag{2-16}$$

式中　f_1、f_2——F_1、F_2 面上的摩擦系数；

c_1、c_2——F_1、F_2 面上的黏着力；

A_1、A_2——F_1、F_2 面积。

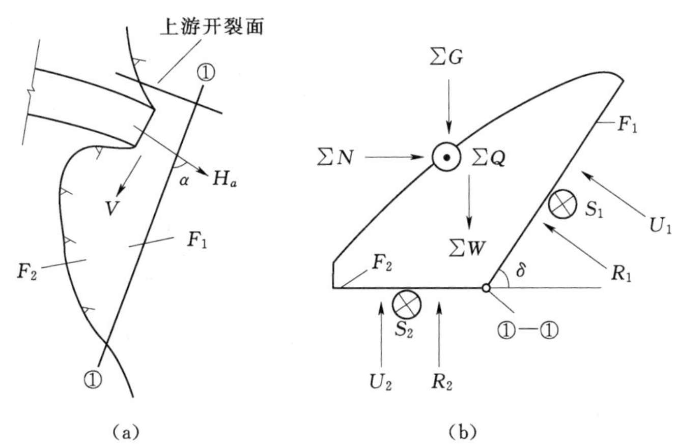

图 2-25　整体稳定分析简图

3. 改善坝肩岩体稳定的措施

经稳定分析后，如不能满足要求，则可采取下述的改善措施：

(1) 对不利的节理、裂隙、破碎带等，采取开挖、回填和固结灌浆等措施，以提高其抗剪强度。

(2) 为减小坝肩的渗透压力，可加强岸坡的灌浆和排水措施。

(3) 增强坝肩稳定的有效措施之一，是将拱端深挖嵌入岸壁，扩大下游的抗滑岩体，见图 2-26 (a)。

(4) 为使拱端推力尽可能正交于岸壁，扩大下游的支撑体，可采用椭圆、抛物线等拱轴线型式，以改善拱圈设计，见图 2-13。

(5) 当基岩承载能力不足，可局部扩大拱端见图 2-26 (b) 或采用下述重力墩结构。

二、拱坝的重力墩（推力墩）

当坝头基岩承载力不足或河谷不对称或近坝顶两岸存在缓坡时，则可在坝肩强度不足的一岸或低凹的一岸或两岸修筑重力墩，支承拱坝坝肩。作用在重力墩上的荷载，有拱端传来的力和上游的水压力。重力墩的设计主要是解决其不沿底面向下游滑动而失去稳定的问题，因其断面较大，所以应力不起控制作用。依据图 2-27 建立的重力墩稳定计算公式如下：

$$K=\frac{f(N_a\cos\varphi+W\sin\varphi-P_u)}{V_a+P} \tag{2-17}$$

式中　N_a——拱圈传给重力墩的轴力；

V_a——拱圈传给重力墩的剪力；

W——重力墩自重；

P——上游水压力；

P_u——渗透压力；

φ——基岩面与铅垂线的交角。

实际上重力墩受力变形会对坝体产生一定的影响，所以合理的计算方法应把重力墩和拱坝作为弹性整体进行计算（参见有关拱坝专著）。

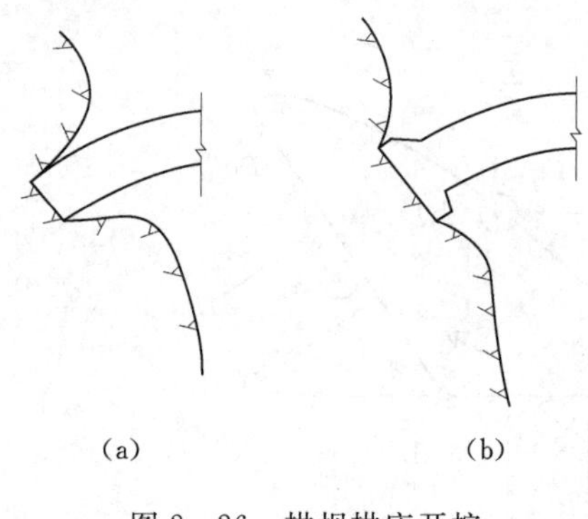

图 2-26　拱坝拱座开挖

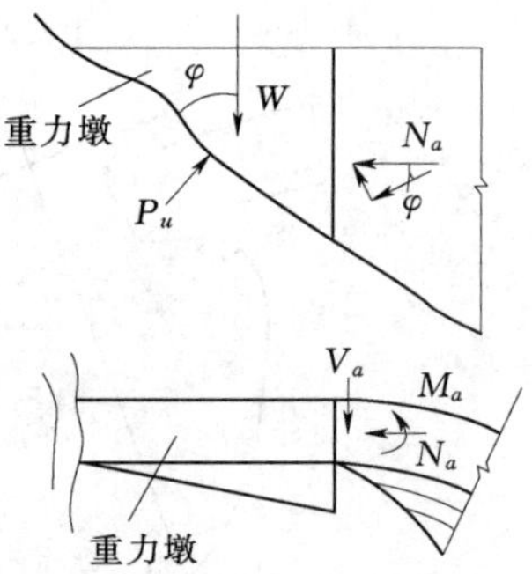

图 2-27　拱座重力墩稳定计算

第五节　拱坝的泄流、材料及构造

一、拱坝的泄流

由于拱坝坝身比较单薄，在较高水头和较大单宽流量的情况下泄流，易引起坝体振动，使坝身应力恶化。且坝轴线为弧形，泄流会产生向心集中，使消能困难。这些问题通过工程实践已逐步得到改善和解决。如陕西石门拱坝，溢流水头达 23.5m，单宽流量 $100m^3/(s \cdot m)$，说明只要对消能和坝身振动做妥善处理，拱坝安全泄流是完全可能的。

拱坝的泄水方式，主要有坝顶溢流和坝身孔口泄流两类。坝顶溢流一般分为自由跌落式、鼻坎挑流式、滑雪道式等。采用坝身泄水方式也日益普遍，坝身泄水孔可分为中孔与深孔等型式。

1. 自由跌落式溢流拱坝

这种型式结构简单，溢流段常设在坝中河床部分（图 2-28）。水流自坝顶自由跌落到下游，落点距坝脚较近，对河床冲刷力大，所以常适用于单宽流量较小，下游河床有坚

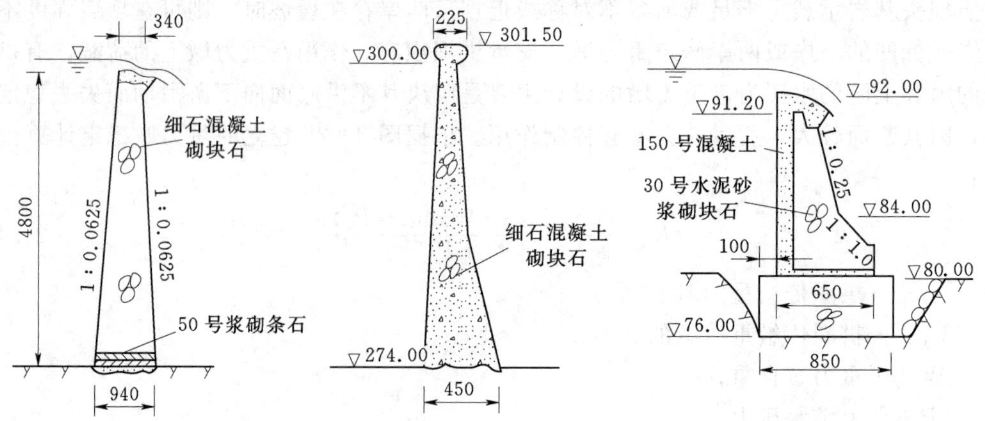

图 2-28　自由跌落式溢流拱坝（单位：高程，m；尺寸，cm）

实岩基、有较深水垫的情况。否则，为减轻下游的冲刷，除减小单宽流量外，可在下游修建护坦防冲；为抬高下游水位，也可筑低的壅水坝，如湖南半江拱坝（图 2-29），俄罗斯的英古里拱坝（坝高 272m）和厚高比最小的托拉拱坝（坝高 88m，底厚 2.43m，$T/H=0.027$）都采用这种溢流型式。

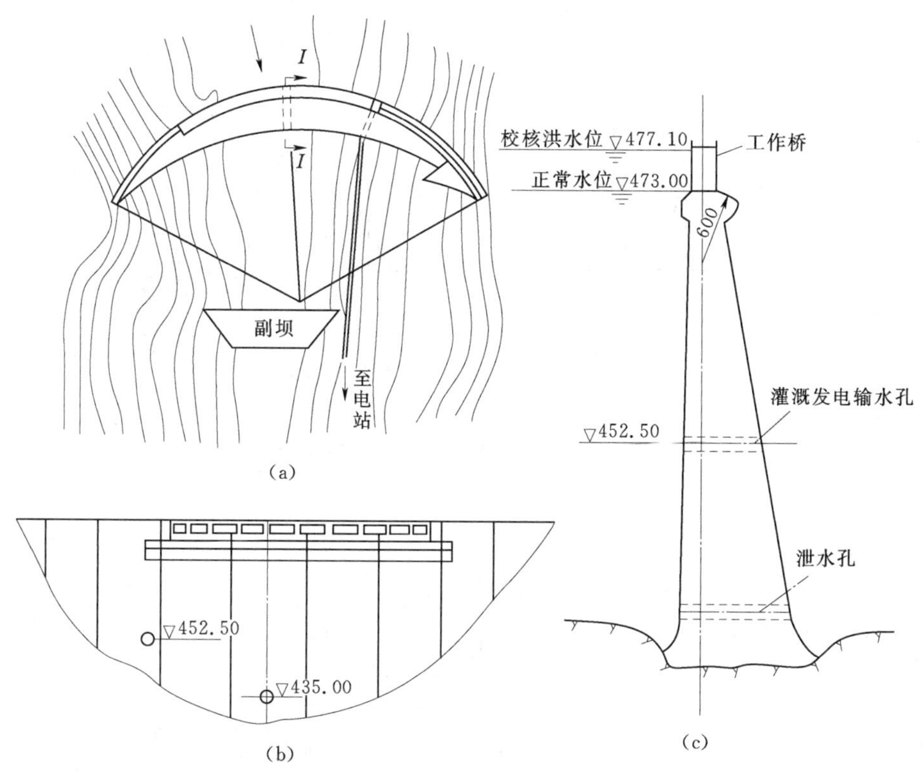

图 2-29　湖南半江拱坝（单位：高程，m；尺寸，cm）
（a）平面图；（b）上游立面图；（c）Ⅰ—Ⅰ剖面图

2. 挑流鼻坎式溢流拱坝

在拱坝顶部适当加厚做成挑流鼻坎，使水流挑射远离坝脚，既可减轻坝下冲刷，又能减小溢流时坝体的振动，适用于单宽流量和落差都较大的情况（图 2-30）。

3. 滑雪道式溢洪道

这类溢洪道常布置在拱坝两侧或中央河床段，坝体下游可做成实体式或溢流面板式，如图 2-31 所示。滑雪道末端设挑流坎，两侧溢流的型式可将两股挑射水流相互撞击，能消除 60%～70%的动能。此类溢洪道，水流平顺，可避免坝身振动。由于挑坎高程低，起挑流速大，所以挑流消能效果很好。在下游滑雪道式面板下，还可布置水电站厂房，既节省投资又比较安全。

4. 坝身泄水孔口

泄水孔口分中孔及深孔，其特点是水头高、流速大、射程远，但超泄能力低。为减小坝体内拉应力和便于闸门的设计制造，孔口尺寸不宜过大。工作水头在 20～30m 时，尺寸约为 10m×10m，为改善坝体应力，孔口型式宜采用圆形或椭圆形，如图 2-32 所示。

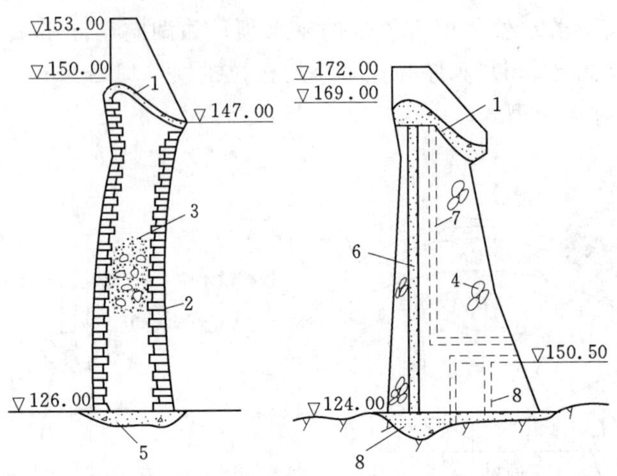

图 2-30　挑流鼻坎式溢流拱坝（单位：m）

1—混凝土护面；2—浆砌条石；3—混凝土砌块石；4—浆砌块石；5—混凝土垫层；6—混凝土防渗墙；7—坝身排水管；8—坝基排水管

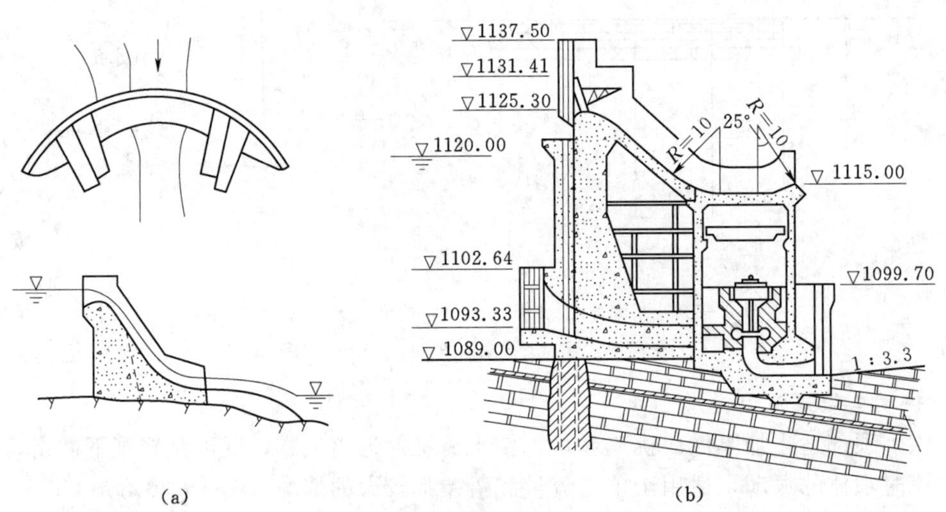

图 2-31　滑雪道式溢洪道（单位：m）

(a) 实体式；(b) 面板式

由于拱坝多建于深山峡谷地段，泄水宽度若过大，会影响两岸安全和坝体应力，同时对水电站厂房布置也有干扰。为解决上述矛盾，可采用河岸式溢洪道或泄洪隧洞，也可考虑采用地下厂房或厂顶溢流等型式。

为改善拱坝泄流的向心集中现象，可加大溢流拱坝顶拱半径或适当调整边墩、导墙及分流墩等的方位，同时必须考虑防止岸坡冲刷问题。为此，应力求溢流坝段的对称轴与河道中心线一致，将边墩适当内缩或将边墩、导墙向上游适当延长，以改善下泄水流流态；或在边墩下游末端加设导流贴角，这对收缩水舌宽度减轻两岸冲刷有显著作用，如图 2-

33 所示，具体体型需通过水工模型试验确定。

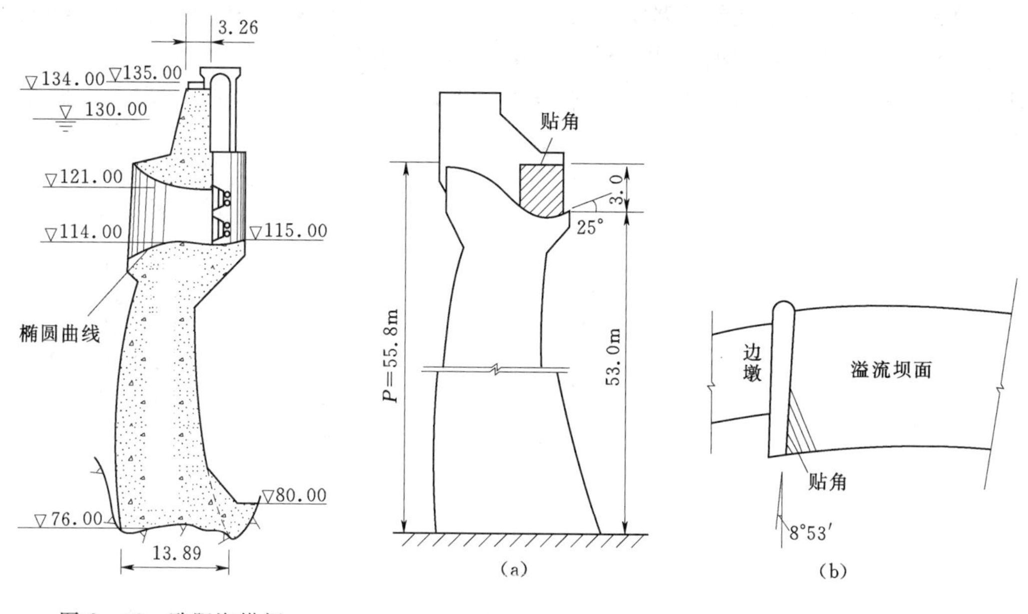

图 2-32　欧阳海拱坝
（单位：m）

图 2-33　边墩下游末端加设导流挑角示意图
(a) 剖面；(b) 平面

二、拱坝的材料和构造

常用修筑拱坝的材料有混凝土及钢筋混凝土、浆砌块石等，近年来发展了碾压混凝土。高的拱坝多采用常态混凝土，双曲或较薄的拱坝则多采用钢筋混凝土，中、小型拱坝多采用碾压混凝土和浆砌石。拱坝对混凝土要求较高，如坝体内部混凝土 90d 龄期不低于 C20，除强度指标外，还有抗渗和耐久性、低热等要求。拱坝体内的混凝土或浆砌块石，为节省材料也可进行分区，分区原则与重力坝相同。

为控制施工期温度应力，常态混凝土应分缝、分块浇筑。拱坝多为整体结构，除周边缝拱坝的缝为永久性的以外，其他拱坝分缝均为临时缝，都需封堵。温度应力为拱坝主要荷载之一，为减小其影响，应在坝体混凝土冷却到稳定温度以后，再进行封拱灌浆，灌浆布置见图 2-34。拱坝的分块留缝也分窄缝与宽缝，混凝土拱坝多为窄缝，必须用灌浆方法封堵。浆砌石拱坝一般多不分缝，当砌体水泥用量大或必须在高温季节施工时，则要考虑分缝。分缝时多留临时宽缝，缝宽一般 0.7～1.2m。

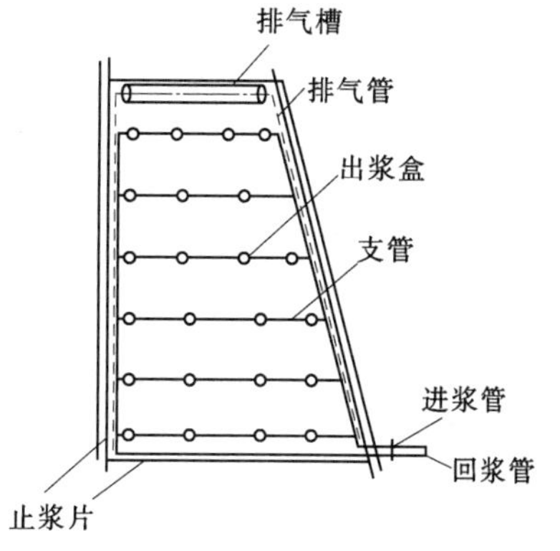

图 2-34　窄缝灌浆

拱坝的坝顶超高、坝内廊道和竖井的构造等，均与重力坝类同。当交通道路宽度大于拱坝坝顶厚度时，坝顶两侧可做成悬臂式结构。

拱坝上游面常采用防渗混凝土面板或钢丝网喷浆防渗护面（多用于薄拱坝），以加强防渗。厚拱坝在混凝土面板下游，还可设排水管幕，以减小悬臂梁上游面的拉应力，配合排水孔幕，还需设检修廊道。因拱坝主要依靠两岸基岩支撑而维持稳定，故拱坝的地基处理要求严格。一般应开挖至新鲜坚实岩层，并应使拱端深嵌入两岸基岩内。为减小渗漏和坝底、坝头处渗透压力，拱坝底部和两岸也须进行帷幕灌浆，帷幕深度可达 0.5～1.0 倍设计水头。其下游可设排水孔幕，将渗水排出，以减小渗压。特殊地质情况，应做专门研究。

第三章　土　石　坝

土石坝是一种极为古老的坝型，也是历史最为悠久的一种坝型。地球上现有的挡水坝中，多数为土石坝。目前世界上两座最高的坝均为土石坝，都建在塔吉克斯坦，一座为罗贡斜心墙坝，坝高 325m；另一座为努列克坝，坝高 317m。据统计，至 20 世纪末，我国坝高 15m 以上的大坝有 18000 多座，其中 85％以上为土石坝。

第一节　概　述

一、土石坝发展概况

土石坝是指由散状土、石等当地材料填筑而成的挡水坝，其自然的剖面形状为梯形。根据土石坝的发展进程，可将其大致分为三类，即古代土石坝（19 世纪中期以前）、近代土石坝（19 世纪中期至 20 世纪初期）和现代土石坝（20 世纪初期以后）。

（一）古代土石坝

早在 5000 年前古埃及就曾建造土坝，用来灌溉，防洪。我国也记载自公元前 600 年就开始填筑土堤、防御洪水，并创造了多种不同形式的土石坝，如堰、埭、陂、圩、埝等。

受技术条件的限制，古代土石坝多凭经验建造，在坝体断面形状、筑坝材料以及坝体构造等方面都存在很大的任意性，往往都是各地根据当地材料来源及筑坝经验而定。坝坡一般为 1∶6～1∶7，有的甚至更缓；坝顶也较宽。在筑坝材料和坝体构造方面，往往都是各地根据当地材料来源及筑坝经验而定。主要原因是土料的开采和运输全靠人力，土料的压实也靠人力或畜力，建坝方法极为原始。

（二）近代土石坝

近代土石坝发展阶段，土石坝的设计理论一直落后于其他坝型。在总结建坝经验和失事教训的基础上，积累了一些应遵守的施工规则和合理的断面尺寸，同时土石坝在高度方面发展速度加快。

从坝体断面形状来看，近代土石坝的上下游坝坡有所变陡，但基本上还是凭借经验而定，仍带有一定任意性。如 1850 年法国工程师科林曾提出，应该在土料强度试验成果的基础上确定土坝边坡和一种很类似于现在使用的稳定分析方法，但并未引起当时人们的重视和应用。在坝体构造方面，1820 年苏格兰的土木工程师特尔福德提出了用夯实黏土作土石坝的防渗心墙。继黏土心墙之后，又出现了砌石心墙土石坝，到 20 世纪初这种砌石心墙坝被混凝土心墙取代。此后，便逐渐形成了土石坝的三大基本坝型——均质坝、心墙坝和斜墙坝。

（三）现代土石坝

1925年太沙基的《土力学》专著问世，使得“土力学”成为一门独立的学科，并逐渐被应用于近代土石坝阶段已提出的某些土石坝基本理论的深入研究。之后，随着岩土力学、动力分析、施工技术和计算机的发展，土石坝技术出现了较快的发展。特别是应用土石坝有限元分析方法，对坝体的应力、变形、稳定等问题的分析都逐步深入，并取得了满意的结果。从现代土石坝的发展情况来看，有以下几个主要特点。

1. 在高坝中所占比例逐渐增大

自20世纪30年代美国建成高度100m以上的盐泉坝之后，高土石坝便不断被设计采用。资料统计表明，地球上100m以上的高坝中，土石坝所占的比重随年代的增长在逐步增大，20世纪50年代以前为31%，60年代为38%，70年代为56%，80年代为65%。出现这一趋势，首先是由于土石坝能充分利用当地材料，降低工程造价；另外，由于坝工技术的发展，使建造高土石坝更加安全可靠；再因，土石坝对地质条件要求相对较低，而具有良好地质条件的高坝址逐渐减少，建造土石坝就显得更加合理。

2. 对筑坝材料的要求有所放宽

由于设计和施工技术的发展，现在几乎所有的土料（包括砾石料、风化料等），只要不含大量的有机物和水溶性盐类，都可用于填筑坝的支撑体。在防渗料方面，以往各国多用黏土筑心墙，现在除了用细粒料做防渗体外，不少工程还采用粗粒料做防渗体（如砾石土）。在缺乏天然砾石料的地区，还有用人工掺和的砾石料，如20世纪60年代初期我国援建的阿尔巴尼亚菲尔泽心墙堆石坝，心墙用的就是砂砾石与红黏土的掺和料。

3. 设计、施工技术不断地发展

土石坝发展过程中，人们进行了大量的改革实践，有成功的经验，也有失败的教训。

（1）改革筑坝技术，试图变传统碾压为非碾压式。20世纪30年代，南美一些地区曾一度盛行水力冲填坝，40年代前苏联在平原河道筑坝也盛行这种坝。到50年代后，由于大型运输车辆和碾压设备的出现，使得碾压式土石坝单价降低，加上水力冲填坝筑坝速度慢、施工期易发生滑坡等原因，因而除填筑尾矿坝外，水力冲填技术已不再采用。但是我国西北地区首创并推广到其他地区的水坠坝，却为我国5000多座中小水库的建成和运行发挥了巨大效益。

苏联在20世纪40年代已开始采用爆破技术修筑定向爆破堆石坝，但一般坝高不大。我国也积累了丰富的修筑定向爆破堆石坝的经验。但早期坝高较大的抛投式面板堆石坝，因堆石体变形量大，混凝土面板常发生裂缝漏水，所以40年代起，美国停止修建面板堆石坝，而改用土心墙作为防渗体。

近代的土石坝筑坝技术自20世纪50年代以后得到较快发展，并促成了一批高坝的建设。到60年代，将重型振动碾应用于堆石和砂卵石的压实，有效地减小了堆石体变形，解决了混凝土面板开裂漏水问题，而且坝体填筑单价明显降低，于是混凝土面板堆石坝又得到迅速发展。随着化学工业的发展，土工薄膜的物理力学性质和抗老化性能得到提高，开始被应用于低坝防渗，目前应用土工膜防渗的土石坝坝高已达百米级。

（2）设法坝顶溢流，试图省却河岸溢洪道。我国前些年就建成了不少的溢流过水土石坝，但大都是低坝。

近几年，以大流量、高流速的泄洪洞和溢洪道与之配合的现代土石坝，还有施工期堆石坝坝面过水新技术等的采用，既能有效解决枢纽布置和施工导流问题，同时还可大量节省泄洪建筑物和导、截流工程的造价，都充分体现了现代土石坝的优越性。

目前，土石坝是世界坝工建设中应用最为广泛和发展最快的一种坝型。

二、土石坝的优缺点

土石坝得以广泛应用和发展的主要原因（优点）是：

（1）可以就地取材、就近取材、节省大量水泥、木材和钢材，减少工地外的运输量。由于设计和施工技术的发展，放宽了对筑坝材料的要求，几乎任何土石料均可筑坝。

（2）能适应各种不同的地形、地质和气候条件。任何不良的坝址地基，经处理后均可筑坝。特别是在气候恶劣、工程地质条件复杂和高烈度地震区的情况下，土石坝实际上是唯一可取的坝型。

（3）结构简单，施工工序少，施工技术容易掌握，既可用简单机械施工，也可高度机械化施工。

（4）运用管理方便，寿命长，加高、扩建、维修较容易。

（5）大容量、多功能、高效率施工机械的发展，提高了土石坝施工质量，加快了进度，降低了造价，促进了高土石坝建设的发展。

（6）由于土石坝设计理论、试验手段、计算技术和施工技术的综合发展，提高了大坝分析计算的水平，加快了设计进度，进一步保障了大坝设计的安全可靠性。对加速土石坝的建设和推广也起了重要的促进作用。

土石坝的主要缺点是：土石坝由散状材料填筑而成，抗剪强度低、体积大、工程量大；为了确保安全，以土石坝为挡水建筑物的水库，一般不允许坝顶溢流（低水头溢流土石坝除外），必须在河岸上另开溢洪道或其他泄水建筑物；在河谷狭窄、洪水流量很大的河道上施工时，导流比较困难；黏性土料的施工受天气的影响较大。

三、土石坝的类型

（一）按坝高分

按土石坝的坝体最大剖面高度，分为高坝、中坝和低坝。坝高在70m以上者为高坝；高度在30～70m之间者为中坝；低于30m者为低坝。

（二）按施工方法分

1. 碾压式土石坝

碾压式土石坝是由土石料分层填筑碾压而成的坝。一般的土料、砂卵石料及风化石渣等均可用于这种坝型，故碾压式土石坝是目前采用最多的一种坝型。

2. 水力冲填坝

水力冲填坝是用水力机械或水力方法完成土石料的开采、运输和填筑全部工序而修成的土石坝。典型的水力冲填坝是用高压水枪在料场将土体冲击成泥浆，然后自流和用泥浆泵将泥浆送上坝面，分层淤填而成。我国西北地区的一种水坠坝实际上也是一种冲填坝，它是选择比坝顶高的土场，用水枪冲击、用爆破松土配合人工挖土，进行土料开采，泥浆经沟渠自流到坝面。用这种方法筑坝，不需土料运输机械及碾压机械，施工方法简单，工效较高，一般成本较低。要求料场位置合适，并有足够的水和电力。但是坝体的干容重较小，抗剪强度较低，剖面尺寸比碾压式土石坝大。

3．水中填土坝

这种坝是在填筑范围内用土埂围成畦格，在畦格内灌水填土，逐层填筑，利用上层土重、运输工具重和排水固结而成。固结过程中能适应较大变形，无需机械碾压。只要有充足的水源，有浸水易崩解、有一定透水性、易脱水固结的黏性土、砂质或砾质黏壤土等，均可采用此法施工。因为施工期土料的抗剪强度较低，应控制施工速度和加强排水措施以防滑坡。

4．定向爆破坝

当坝址两岸地势较高、河谷狭窄及岩石结构较为紧密时，可以利用定向爆破方法，将岸坡土石料抛填到建坝位置再整理成土石坝。定向爆破筑坝只需在山体内开挖洞室，安放炸药，一次爆破即可形成坝体的大部甚至绝大部分。这种方法筑坝，节省人力、物力和工期。缺点是对山体破坏作用大，恶化隧洞、溢洪道等建筑物的地质条件，两岸岩体裂隙增大，成为绕坝渗流的通道。坝体建成后的沉陷过大容易造成防渗结构破坏。

（三）按坝体材料分

根据坝体所用的主要材料，土石坝可分为土坝、堆石坝及土石混合坝。土和砂砾占50%以上填筑的为土坝；土和砂砾占50%以下，其他由各种石料填筑的为土石混合坝；只有防渗体是土料或沥青混凝土或钢筋混凝土，其他都由各种石料填筑的为堆石坝。

总之，它们的材料比例不同，使它们的工作条件，施工方法也不完全相同。但是，对它们的结构型式、稳定、渗流控制的要求基本相同。本章着重讲述一般的碾压式土坝，对堆石坝及土石混合坝只作简单介绍，其具体的技术要求可参阅有关规范和专著。

四、碾压式土石坝的类型

碾压式土石坝虽然需用较多的碾压机具，但适用的土料范围广，且可以控制含水量使抗剪强度较高，工程量相对较小，所以仍是当前广泛应用的坝型。根据碾压式土石坝的土料组合和防渗设施的位置不同，可分为以下几种类型。

1．均质坝

如图3-1（a）、（b）所示，整个坝体基本上由一种透水性较弱的土料（如壤土、砂壤土）填筑而成，坝体既是防渗体又是支承体。由于黏性土含水量高时的抗剪强度较低且施工碾压较困难，故多用于低坝。

2．心墙坝

如图3-1（c）～（e）所示，坝体的中央用透水性较弱的土料或其他材料（钢筋混凝土或沥青混凝土或土工膜等人工材料）做成坝体的中央防渗心墙，两侧用透水性较大的土石料做成坝壳（支承体）。

3．斜墙坝

如图3-1（f）～（h）所示，上游侧用透水性弱的土料或其他材料（钢筋混凝土、沥青混凝土或土工膜等人工材料）做成防渗斜墙，其下游侧用透水性较大的土石料做成支承体。

4．多种土质坝

由多种透水性大小不同的土石料筑成，土石料的排列方式有两种：

(1) 如图 3-1 (i) 所示，土石料的透水性自上游向下游逐渐增大，原理如斜墙坝。

(2) 如图 3-1 (j) 所示，土石料的透水性自中央向两侧逐渐增大，原理如心墙坝。

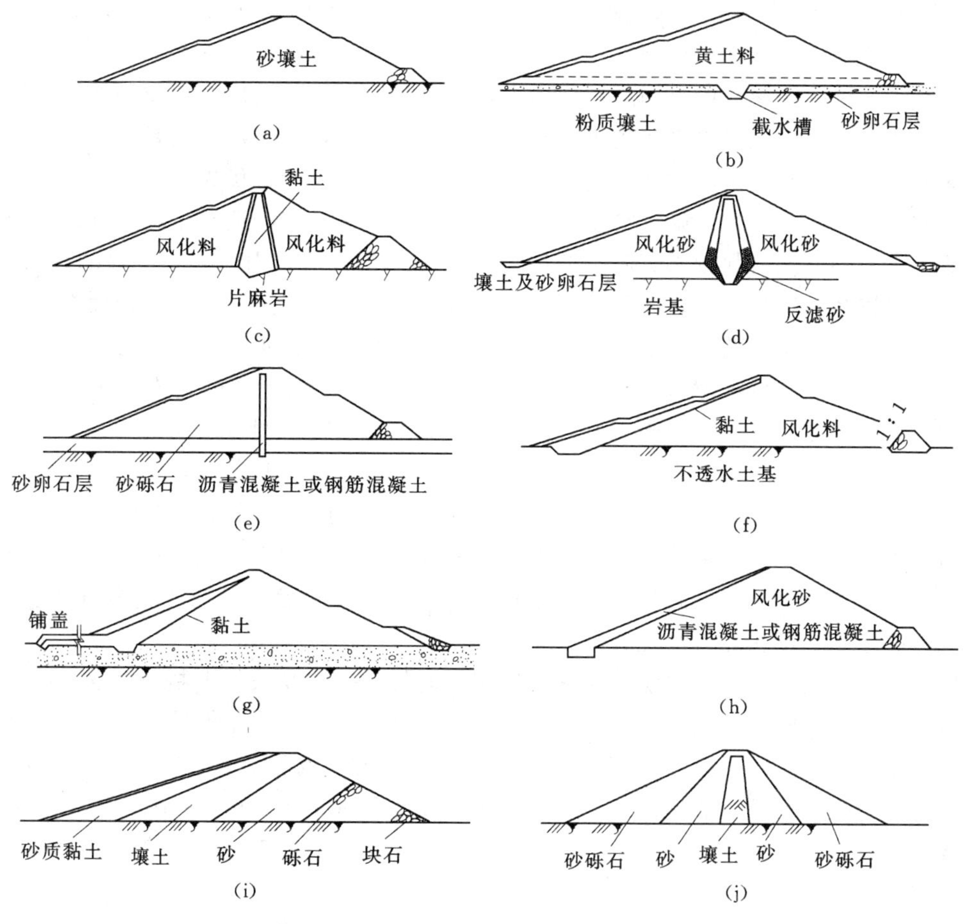

图 3-1　碾压式土坝的类型

上述 4 种坝型除均质坝外，都是将弱透水性材料布置在上游或中央，以达防渗目的；将透水性强的材料布置在下游或两侧，以维持坝坡的稳定。强透水性材料布置在下游侧还起到有利于排水以降低浸润线的作用。尽管土石坝剖面的型式在不断地变化和发展，但这种布置材料的原则不变。

五、坝型选择

坝型选择是土石坝设计中需要首先解决的一个重要问题，因为它关系到整个枢纽的工程量、投资和工期。

影响土石坝坝型选择的主要因素有：坝高、地形地质、筑坝土料（种类、性质、数量、分布、开采运输条件等）、水文气象、施工条件（导流、度汛、施工队伍的技术水平、施工机具、进度要求、运输条件等）、枢纽布置、运行条件等。这些因素又是相互联系相互制约的，对某一具体工程说，各因素对坝型选择影响主从程度也不同，因此要在深入调查研究的基础上综合考虑上述因素作出科学分析后判定。必要时可作出几种方案（包括利用导流围堰作为部分坝体的可能性），经技术经济比较后选定最优坝型。

一般来说，低坝多采用均质坝，高坝多采用分区坝（包括心墙坝、斜墙坝、多种土质坝），我国已建成的土坝中，均质坝最多，心墙坝次之，斜墙坝又次之。而人工材料防渗的面板坝和心墙坝正处在由低坝向高坝发展阶段。

均质坝、土质防渗体的心墙坝和斜墙坝，可以适应任意的地形、地质条件；对筑坝土料的要求逐渐放宽；既可以来用先进的施工机械进行建造，在条件不具备时．也可以采用比较简单的施工机械修筑，因而对我国大量的中小型工程是值得优先考虑的坝型。

均质坝坝体材料单一，施工方便，当坝址附近有数量足够的适宜土料时可以选用。这种坝所用土料的渗透系数较小，施工期坝体内会产生孔隙水压力，影响土料的抗剪强度，所以，坝坡较缓，工程量大。一般适用于中、低高度的坝，特别是在具有较大内摩擦角的含黏性的砂质和砾质土的情况下，由于在坝的中部设置竖向和水平排水，可以大大降低坝体内的浸润线，并减少孔隙水压力。20 世纪 60 年代后在巴西等地已建成许多高 60～80m 的均质坝，委内瑞拉古里坝的土坝段，坝高 100m，也是采用的均质坝。

土质的心墙和斜墙，便于与坝基内的垂直和水平防渗体系相连接，可以在深厚的覆盖层上修建，不仅适宜于建低坝，也适宜于建高坝。心墙在施工时必须和两侧坝壳平起上升，施工干扰大，受气候条件的影响也大，这是其缺点。高的心墙坝和斜墙坝多作成分区坝或多种土质坝、从防渗体到坝壳料，颗粒由细到粗逐步过渡，这对于充分利用土石料，增加坝的稳定性和抗震能力都是有利的。

斜墙坝的坝壳可以超前于防渗体进行填筑，而且不受气候条件限制，也不依赖于地基灌浆施工的进度，施工干扰小。但由于抗剪强度较低的防渗体位于上游面，故上游坝坡较缓，坝的工程量相对较大。斜墙对坝体的沉降变形也较为敏感，与陡峻河岸的连接较困难，故高坝中斜墙坝所占的比例较心墙坝为小。高度超过 100m 的斜墙坝，绝大多数采用内斜墙，即斜墙坡度变陡，斜墙上游还填筑一部分坝壳。例如巴基斯坦高 148m 的塔贝拉坝等，实际上已是逐步向斜心墙坝过渡。

心墙坝的防渗体位于坝体中央，适应变形的条件较好，特别是当两岸坝肩很陡时，较斜墙坝优越。目前世界上已建的高 200～300m 级的土石坝几乎都是心墙坝。碾压技术的进步和采用砾石土作为防渗体为建造高心墙坝创造了条件。心墙的坡度缓于 1：0.5，会影响坝坡的稳定，需将坝坡放缓。近年的发展趋势是采用薄心墙，这样有利于降低孔隙水压力。但心墙土料的压缩性较坝壳料高，易产生拱效应，对防止水力劈裂不利，对坝的安全有影响，为此，很多高坝都采用斜心墙。

斜心墙坝是近几十年来发展起来的一种新坝型，斜心墙是位置介于心墙与斜墙之间的防渗心墙，其上游坡设计成 1：0.5～1：0.6，以利于克服拱效应和改善心墙的受力条件。它既保持了斜墙的某些优点又保持了心墙坝较陡的上游坡，斜心墙坝的抗震性能要比斜墙坝好，而下游坝坡的稳定性比心墙坝高。这种坝型用于高土石坝较多。

土质斜墙坝与土质心墙坝相比较，土质斜墙坝的上游坝坡较缓，防渗体的黏土用量和坝体总工程量一般要比土质心墙坝大些，其抗震性能和不均匀沉陷的适应性也不如心墙坝。但斜墙与坝壳在施工时相对干扰较小，斜墙坝下游坝坡的稳定性也比心墙坝有利。

防渗体由沥青混凝土、钢筋混凝土或土工膜等其他人工材料做成的非土质防渗体坝，坝体用土石料填筑。其防渗体设在上游面的称为面板坝［图 3-1 (h)］，防渗面板坝的下游支承体，一般由石料或砂砾料分层填筑经充分压实而成。由于大功率振动碾的出现，可使堆石体碾压的更密实，防渗面板不致沉陷开裂。面板坝坝体较瘦，运用安全，施工维修也较方便，在地质条件较好、又有适宜石料的情况下，防渗面板坝是一种经济安全的坝型。

近年来发展的混凝土面板堆石坝具有很多突出的优点：工程量较小，施工方便，拦洪度汛简单，在具备大型振动碾等设备的条件下，是很有竞争力的坝型。坝壳材料既可用堆石，也可用砂砾石料。在建的混凝土面板坝的坝高接近 300m。应用沥青混凝土作防渗体的土石坝，采用土工薄膜防渗的土石坝以及定向爆破堆石坝等，在各种具体条件下，都有一定的应用和发展前景。

结合地区和土料特点的水坠坝、水中填土坝以及水力冲填坝等也都可在适当的情况下应用。在一定的条件下，土石坝也可建成为溢流形式的，以节省溢洪道的工程量。

我国幅员辽阔。各地自然条件、土料特性等千差万别，需要根据具体情况，发展和选择适宜形式的土石坝。筑坝技术在不断进步，新的施工机械也在不断出现，以前看来似乎没有什么前途的面板堆石坝，由于应用大功率振动碾提高压实效果，今日已发展成为具有强大生命力的坝型。所以，在坝型选择中，不应拘泥于现存的观点。目前，土石坝设计中的许多问题。不少是偏经验性的，在很大程度上需要依靠分析和判断。所以，在坝型选择中，不应拘泥于现存的观点。只有这样，才有可能选择合适的坝型。

第二节　工作特点及设计要求

土石坝主要是由散状的土石料填筑而成的挡水建筑物。由于土石料颗粒间黏聚力较低，水力、自重及其他外力对散粒结构的稳定性影响很大，所以土石坝剖面构造形式的设计要求不同于其他坝型。在渗流、冲刷、沉降、冰冻、地震等因素的作用和影响下，表现出相应的工作特点，从而决定了土石坝设计时应考虑下述几方面的问题。

一、稳定方面

1. 结构特点

土石坝依靠无胶结的土石颗粒间的薄弱连接维持稳定，连接强度低，抗剪能力小，坝坡缓，剖面为梯形，体积庞大，所以不会发生沿坝基面的整体滑动。

2. 失稳形式

其失稳的主要形式是由于坝坡过陡，坝体抗剪强度不足，产生坝坡滑动；或坝基抗剪强度不足，致使坝坡连同部分坝基一起滑动的剪切破坏；以及松散（粒径均匀、级配不连续的）饱和的颗粒，在振动作用下的液化失稳；还有坝体或坝基中的软黏土，在荷载作用下被挤出的塑性流动。都会严重影响土石坝的正常工作，进一步的发展会导致工程失事。

3. 设计要求

土石坝的边坡和坝基稳定是大坝安全的基本保证。国内外土石坝的失事，约有 1/4 是由滑坡造成的，保持坝坡稳定是首要的。为了保证土石坝在各种工作条件下能保持稳定，应根据土石料的性质、荷载的条件，采取有效的防渗排水设施，减少渗透压力影响；合理选择填筑材料及填筑标准，提高抗剪强度；合理设计坝坡（施工期、稳定渗流期、水位骤降期还有地震时，作用在坝坡上的荷载和土石料的抗剪强度指标都将发生变化，应分别进行核算）；认真做好坝基处理，并将软黏土挖除，以保持坝坡和坝基的稳定。

二、渗流方面

1. 特点

土石坝的坝体、坝基都是比较透水的，在上下游水位差的作用下，水库里的水将通过坝体、坝基及两岸向下游渗透，在坝体和坝基的结合面和坝与其他建筑物的结合面，更是渗流易于通过而产生集中渗流的地方。

2. 危害

一是蓄水量减少；二是降低了坝的稳定性；三是可能产生渗透变形。

渗流在坝体剖面内的自由水面称为浸润面，浸润面以上有一毛细管水区，浸润面以下的土体为饱和水区，如图 3-2 所示。饱和水区的土体受到水的浮力作用而减轻了填筑材料的有效重力，并使其抗剪强度（内摩擦角和黏聚力）降低；下游水位以下土体受到浮力作用而减轻了土体的有效重量。毛管水区以上为自然含水区，雨后的渗水使毛细管内水面抬高（相当于抬高了浸润线）；在重力（产生渗透压力）作用下渗流；同时渗流对土体还作用有动水压力，如果渗透流速和渗流坡降超过一定的界限，会使坝体和坝基以及各结合面附近的土体产生渗透变形。这些都增加了坝坡滑动的可能性，严重时会引起土石坝的失事。

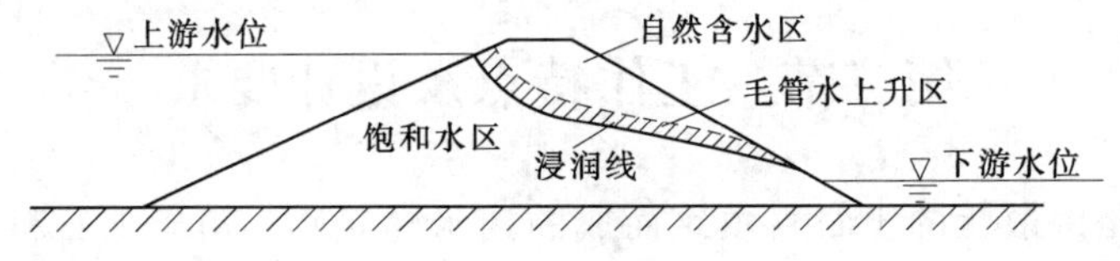

图 3-2　土坝坝体渗流示意图

3. 设计要求

为了消除或减轻上述渗流的不利影响，必须采用有效的防渗排水设施，以降低浸润线，减少渗漏，保证稳定。防渗设施与坝基、岸坡和其他建筑物连接应稳妥可靠，以防止产生集中渗流。

三、冲刷方面

1. 特点、危害

由于松散料的抗冲能力很低，降落在坝上的雨水，会沿坝坡下流而冲刷坝面；库面波浪对坝面有强烈的冲击作用，很容易使坝面淘刷破坏，甚至产生塌坡事故；风浪或洪水漫过坝顶溢流会很快造成决口；下游的尾水有时也会冲刷坝脚，造成下游滑坡。

2. 设计要求

坝顶应高出最高库水位，有一定的超高并要有保护结构，而且还应设有足够泄洪能力的坝外泄水建筑物，以保证洪水不漫溢坝顶。为了防止雨水和风浪对坝面的冲刷破坏，上、下游坝坡均需设置有效的保护措施（护坡）及坝面排水措施，以避免风浪、雨水的破坏。

四、沉陷方面

1. 特点、危害

由于填筑颗粒间存在空气和水且很容易产生相对移动，因此在坝体自重和水压力等荷载的作用下，坝体和坝基都会由于压缩而产生沉降。沉降过大会造成坝顶高程不足而影响土石坝的正常工作。过大的不均匀沉降会引起坝体开裂，甚至造成漏水的通道而威胁坝的安全。

2. 设计要求

为了减少沉降，要合理设计坝体剖面及细部构造，正确选择坝体填筑料及分区，施工时填筑料的压实要符合设计标准，质量要均匀一致。沉降要经过相当长的时间才能完成，沉降量的大小与土料性质、荷载大小（坝高）及施工压实质量等有关。根据观测统计资料，完工时的沉降量一般可达总沉降量的70%～80%，为了防止由于沉降而引起坝高不足，在施工中要加上沉降值。完工后的沉降量大小与施工质量关系很大，施工质量一般的中小高度土坝，坝基无压缩性很大的土层时，坝顶高程可按坝高的1%～2%预留沉降值；对于重要的土坝或高坝应由沉降量计算确定。

五、其他方面

1. 冰冻影响

严寒地区，库面处冬季结冰形成的冰盖层与坝坡冻结在一起，冰盖层膨胀时对坝坡产生很大的静冰压力，会导致护坡的破坏。水位以上土壤冻胀再融化时，抗剪强度指标大为降低而滑塌；黏性土冻融后会产生孔穴或裂缝。应结合防止冲刷破坏等措施，做好坝面保护。

2. 高温干旱

高温季节坝面会因大量失水而干缩开裂，雨水进入裂缝引起集中渗流并进一步发展。应结合防止冲刷等破坏，做好坝面保护措施。

3. 地震破坏

地震力作用，会增加坝坡坍塌的可能性，坝体或坝基中的饱和砂土在振动作用下易产生液化破坏。为了防止这些不利现象的发生，应结合稳定方面的设计，采取有效措施。

4. 生物破坏

老鼠、白蚁、黄鼠狼等动物做穴，会使“千里之堤，毁于蚁穴”，应结合防止冲刷等破坏，做好坝面保护措施。

从上述工作特点可以看出，造成土石坝破坏的原因是多方面的。根据一些国家对土石坝失事的统计，由于水流漫顶失事的占30%；由于坝坡坍塌失事的占25%；由于坝基渗漏失事的占25%；坝下涵管出问题的占13%，其他占7%。但是，只要针对土石坝的工作特点，在设计中采取相应的有效措施，精心施工保证质量，加强运行管理维护，就能够保证土石坝的安全运行。

第三节　土石坝的剖面尺寸与构造

土石坝体的设计，首先是根据坝址附近可用于筑坝土石料的分布情况及坝高和坝的等级、地形地质条件，选定合适的坝型及坝体材料分区。其次根据施工、运行条件等，参照现有工程的实践经验初步拟定坝的基本尺寸，包括坝顶高程、坝坡、坝顶宽度以及防渗体及排水设备、护坡等的尺寸，使之满足土石坝的工作要求。然后通过渗流计算和稳定分析，进一步修正原拟定的尺寸与构造，最终确定合理的剖面尺寸，使之达到既安全又经济的目的。

一、坝顶高程

为了保证库水不漫过坝顶，坝顶高程应在水库正常运用和非常运用的静水位以上，并有足够的坝顶超高。规范规定，坝顶高程等于水库静水位与坝顶超高等数值之和，应按以下运用条件计算，取其最大值：①设计洪水位加正常运用条件的坝顶超高；②正常蓄水位加正常运用条件的坝顶超高；③校核洪水位加非常运用条件的坝顶超高；④正常蓄水位加非常运用条件的坝顶超高，再按《水工建筑物抗震设计规范》（SL 203）的规定加地震安全加高（0.5～1.5m）。

坝顶超高值　　$$d = R + e + A$$

式中　d——坝顶超出水库静水位的高度，m，如图 3-3 所示；

R——最大对应的波浪在坝坡上的频率爬高，m，计算方法见后；

e——最大对应的风壅水面高度，m，计算方法见后；

A——安全加高，m，根据坝的级别按表 3-1 选取。

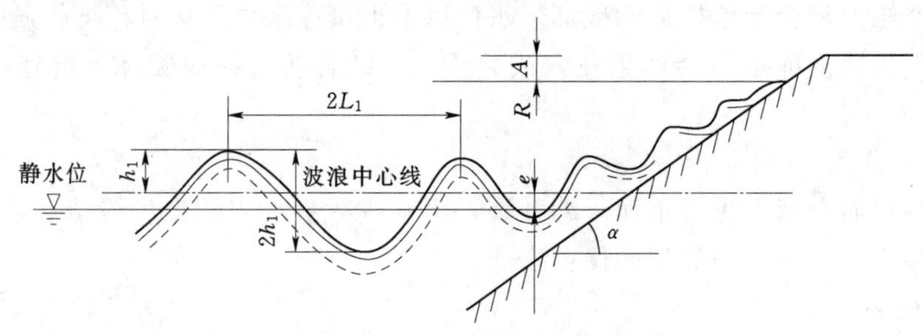

图 3-3　坝顶超高示意图

表 3-1　　**坝顶安全加高 A 值**　　单位：m

坝的级别		1	2	3	4、5
设计		1.50	1.00	0.70	0.50
校核	山区、丘陵区	0.70	0.50	0.40	0.30
	平原、滨海区	1.00	0.70	0.50	0.30

当坝顶上游侧设有稳定、坚固和不透水且与坝的防渗体紧密接合的防渗墙时，则超高 d 值是指静水位到防浪墙顶的高差，并规定在正常运用条件下，坝顶应高出静水位 0.5m；非常运用条件下，坝顶应不低于相应的静水位。

1. 风壅水面高度 e（波浪中心线超出其静水位的高度）

$$e=\frac{KW^2 D}{2gH_m}\cos\beta \qquad (3-1)$$

式中　K——综合摩阻系数，取 3.6×10^{-6}；

D——风区长度，取值方法见第一章中“吹程”，m；

β——计算风向与坝轴线的法线间的夹角，(°)；

H_m——风区内水域平均深度，m，应沿风向作出地形剖面图求得，计算水位要与相应计算情况的静水位一致；

W——计算风速，m/s：①正常运用的 1 级、2 级坝，采用多年平均年最大风速的 1.5～2.0 倍；②正常运用的 3 级、4 级、5 级坝，采用多年平均年最大风速的 1.5 倍；③非常运用的各级坝，采用多年平均年最大风速（水面上空 10m 高度处 10min 的平均风速）。

2. 波浪爬高 R 的计算

波浪爬高系指波浪沿坝面爬升的铅直高度。波浪爬高与坝前波浪高度、波浪长度、坝面坡度、坡面糙率渗透性、迎水面形式、坝前水深及风速等有关，设计波浪爬高 R_P 可通过平均波浪爬高 R_m 求得。《碾压式土石坝设计规范》（SL 274）中规定，平均波浪爬高按不规则波法计算，即把波浪及其爬高看成是大小不等的随机系列，并符合一定的统计分布规律，根据爬高的分布可确定各统计特征值之间的关系。在下列波高和波长的计算公式中选择合适的公式，计算出与运用条件对应的平均波高和平均波长，再求出平均波浪爬高及与大坝等级对应的累计频率的设计波浪爬高，再按运用条件分别计算坝顶超高值，取其最大值为坝顶高程。

（1）波浪要素（波高和波长）的计算。SL 274 附录中有三套计算公式供选用：

1）莆田试验站公式。波浪的平均波高 h_m（单位 m）和平均波周期 T_m（单位 s），宜按式（3-2）、式（3-3）计算求得：

$$\frac{gh_m}{W^2}=0.13\tanh\left[0.7\left(\frac{gH_m}{W^2}\right)^{0.7}\right]\tanh\left\{\frac{0.0018\left(\frac{gD}{W^2}\right)^{0.45}}{0.13\text{th}\left[0.7\left(\frac{gH_m}{W^2}\right)^{0.7}\right]}\right\} \tag{3-2}$$

$$T_m=4.438h_m^{0.5} \tag{3-3}$$

式中　g——重力加速度，取 9.81m/s^2；

其余符号意义同前。

波浪的平均波长 L_m（单位 m）可按式（3-4）计算求得：

$$L_m=\frac{gT_m^2}{2\pi}\tanh\left(\frac{2\pi H}{L_m}\right) \tag{3-4}$$

对于深水波，即当坝迎水面前水深 $H\geqslant0.5L_m$，时，式（3-4）可简化为

$$L_m=\frac{gT_m^2}{2\pi} \tag{3-5}$$

不同累积频率 P（%）下的波高 h_p，可由平均波高 h_m 与平均水深 H_m（风区内水域平均深度）的比值和相应的累积频率按表 3-2 中规定的系数计算求得。

表 3-2　　不同累积频率下的波高与平均波高比值 (h_p/h_m)

h_m/H_m	P/%										
	0.01	0.1	1	2	4	5	10	14	20	50	90
<0.1	3.42	2.97	2.42	2.23	2.02	1.95	1.71	1.60	1.43	0.94	0.37
0.1～0.2	3.25	2.82	2.30	2.13	1.93	1.87	1.64	1.54	1.38	0.95	0.43

2）鹤地水库公式。对于丘陵、平原地区水库，当计算风速 $W<26.5$m/s、$D<7500$m 时，波浪的波高和平均波长可采用鹤地水库公式，按式（3-6）、式（3-7）计算：

$$\frac{gh_{2\%}}{W^2}=0.00625W^{\frac{1}{6}}\left(\frac{gD}{W^2}\right)^{\frac{1}{3}} \tag{3-6}$$

$$\frac{gL_m}{W^2}=0.0386\left(\frac{gD}{W^2}\right)^{\frac{1}{2}} \tag{3-7}$$

式中　$h_{2\%}$——累积频率为 2%的波高，m。

3）官厅水库公式。对于内陆峡谷水库，当 $W<20$m/s、$D<20000$m 时，波浪的波高和波长可采用官厅水库公式，按式（3-8）、式（3-9）计算：

$$\frac{gh}{W^2}=0.0076W^{-\frac{1}{12}}\left(\frac{gD}{W^2}\right)^{\frac{1}{3}} \tag{3-8}$$

$$\frac{gL_m}{W^2}=0.331W^{-\frac{1}{2.15}}\left(\frac{gD}{W^2}\right)^{\frac{1}{3.75}} \tag{3-9}$$

式中　h——当 $gD/W^2=20\sim250$ 时，为累积频率 5%的波高 $h_{5\%}$，m；当 $gD/W^2=250\sim1000$ 时，为累积频率 10%的波高 $h_{10\%}$，m。

（2）平均波浪爬高 R_m 的计算。莆田试验站通过大量现场观测资料，总结出不规则波的计算公式：

1）当坝坡系数 $m=1.5\sim5.0$ 时，正向来波在单坡上的平均爬高 R_m 可按下式确定：

$$R_m=\frac{K_\Delta K_w}{\sqrt{1+m^2}}\sqrt{h_mL_m} \tag{3-10}$$

式中　R_m——平均波浪爬高，m；

m——单坡的坡度系数，若坡角为 α，即 $m=\cot\alpha$；

K_Δ——斜坡的糙率及渗透性系数，根据护面类型由表 3-3 查得；

K_w——经验系数，按表 3-4 查得；

h_m——平均波高，m；

L_m——平均波长，m。

表 3-3　　斜坡的糙率及渗透性系数 K_Δ

护面类型	K_Δ	护面类型	K_Δ
光滑不透水护面（沥青混凝土）	1.00	砌石	0.75～0.80
混凝土或混凝土板	0.9	抛填两层块石（不透水基础）	0.60～0.65
草皮	0.85～0.90	抛填两层块石（透水基础）	0.50～0.55

表 3-4 经验系数 K_w

$\frac{W}{\sqrt{gH}}$	≤1	1.5	2	2.5	3	3.5	4	≥5
K_w	1.00	1.02	1.08	1.16	1.22	1.25	1.28	1.30

注 W 为计算风速；H 为迎水坝面前水深。

2）当坝坡系数 $m \leqslant 1.25$ 时，正向来波在单坡上的平均爬高 R_m 可按下式确定：

$$R_m = K_\Delta K_w R_0 h_m \tag{3-11}$$

式中 R_0——无风情况下，平均波高 $h_m = 1.0$m 时，波浪在光滑不透水护面（$K_\Delta = 1$）上的爬高值，由表 3-5 查得。

表 3-5 R_0 值

m	0	0.5	1.0	1.25
R_0	1.24	1.45	2.20	2.50

3）当坝坡系数 $1.25 < m < 1.5$ 时，正向来波在单坡上的平均爬高 R_m，可由 $m = 1.25$ 和 $m = 1.5$ 的计算值按内插法确定。

4）马道对设计波浪爬高 R_p 的影响。若土石坝为复坡断面，一般可降低波浪爬高。正向来波在带有马道的复坡上的平均波浪爬高按下列规定计算：

马道上、下部的坡度一致，且马道位于静水位上、下 $0.5h_{1\%}$ 范围内，其宽度为 $(0.5 \sim 2.0)h_{1\%}$ 时，波浪爬高应为按单一坡计算值的 0.9～0.8 倍；当马道位于静水位上、下 $0.5h_{1\%}$ 以外，其宽度小于 $(0.5 \sim 2.0)h_{1\%}$ 时，可不考虑其影响。

马道上、下部的坡度不一致，且位于静水位上、下 $0.5h_{1\%}$ 范围内时，可先按式（3-12）确定该坝坡的折算单坡坡度系数，再根据单坡式（3-10）、式（3-11）等计算。

$$\frac{1}{m_e} = \frac{1}{2}\left(\frac{1}{m_{上}} + \frac{1}{m_{下}}\right) \tag{3-12}$$

式中 m_e——折算成单坡的坡度系数；

$m_{上}$——马道以上的坡度系数，$m_{上} \geqslant 1.5$；

$m_{下}$——马道以下的坡度系数，$m_{下} \geqslant 1.5$。

（3）设计波浪爬高 R_p 的计算。设计波浪爬高值根据工程等级，按规定的累积频率选取相应的爬高值确定。对 1 级、2 级、3 级坝，取累积频率 1%的爬高值 $h_{1\%}$；对 4 级、5 级坝，取累积频率 5%的爬高值 $h_{5\%}$。在按式（3-2）求得平均波浪爬高 R_m 之后，不同累积频率下的波浪爬高 R_p，可由平均波高 h_m 与坝迎水面前水深 H 的比值和相应的累积频率P（%），按表 3-6 规定的系数计算求得。

表 3-6 不同累积频率下的爬高与平均爬高比值（R_p/R_m）

h_m/H	P/%									
	0.1	1	2	4	5	10	14	20	30	50
<0.1	2.66	2.23	2.07	1.90	1.84	1.64	1.53	1.39	1.22	0.96
0.1～0.3	2.44	2.08	1.94	1.80	1.75	1.57	1.48	1.36	1.21	0.97
>0.3	2.13	1.86	1.76	1.65	1.61	1.48	1.39	1.31	1.19	0.99

(4) 风向对设计爬高 R_p 的影响。当来波波向线与坝轴线的法线成夹角 β 时，波浪爬高等于按正向来波计算爬高值乘以折减系数 K_β，K_β 按表 3-7 确定。

表 3-7　　斜向波折减系数 K_β

β/(°)	0	10	20	30	40	50	60
K_β	1.00	0.98	0.96	0.92	0.87	0.82	0.76

二、坝顶构造

（一）坝顶宽度

坝顶宽度应根据运行、施工、构造、交通和人防等方面的要求综合确定。我国土石坝设计规范要求，高坝的最小顶宽为10～15m，中低坝为5～10m。《小型水利水电工程碾压式土石坝设计导则》(SL 189) 建议：坝高30m以下的4级、5级坝，其坝顶宽度可取3～6m。

一般情况下，坝高小于100m时，其坝顶最小宽度可采取坝高的1/10，坝高大于100m时，其坝顶最小宽度可按下式计算：

$$b_{\min}=H^{1/2} \tag{3-13}$$

坝顶宽度必须考虑心墙或斜墙等防渗体顶部厚度及反滤层布置的构造需要。在寒冷地区，坝顶还须有足够的厚度以保护黏性土料防渗体免受冻害。

（二）坝顶构造（图 3-4）

坝顶结构与布置应经济实用，建筑艺术处理应美观大方，并与周围环境相协调。

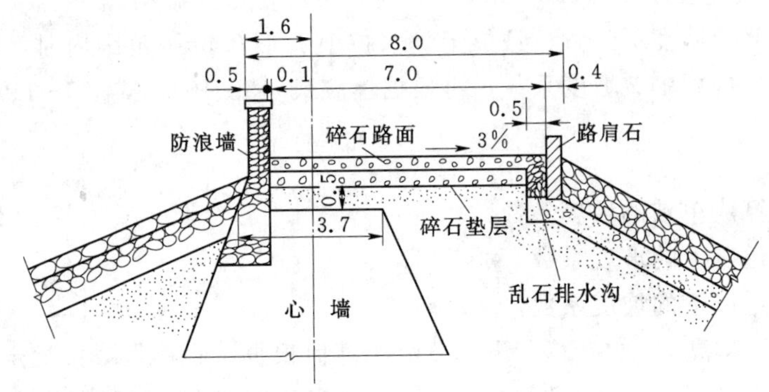

图 3-4　坝顶构造（单位：m）

坝顶盖面材料应根据当地材料情况及坝顶用途确定，一般采用密实的砂砾石、碎石、单层砌石或沥青混凝土等柔性材料。如有交通要求，应根据交通部门的有关规定设计。

坝顶面应向下游侧倾斜，横向坡度宜根据降雨强度，在2%～3%之间选择，并应做好向下游的排水系统。

坝顶上游侧宜设防浪墙，墙顶一般高出坝顶1.00～1.20m。防浪墙应坚固不透水，用浆砌石或混凝土建造，其基础应牢固地埋入坝内，并与坝的防渗体紧密连接。其结构尺寸应根据稳定、强度计算确定，并应设置伸缩缝，做好止水。位于地震区的土石坝应核算防浪墙的动力稳定性。对于高坝，坝顶下游侧和不设防浪墙的上游侧，根据运用条件（允许公共通行的）可设栏杆、路肩石、警示牌等安全防护措施。

工程运行要求坝顶设照明设施时，应按有关（市政公共通行的）规定执行。

三、坝坡构造

（一）坝坡坡度

坝坡坡度对坝体稳定以及工程量的大小都有着重要影响。土石坝坝坡的坡度取决于坝型、坝高、筑坝土料的性质、地质条件及地震情况等因素。通常是根据选定的坝型参照已建工程初步选定坝坡，通过稳定计算分析，逐步修正后确定合理的坝坡。一般遵循以下规律：

（1）上游坝坡长期处于饱和状态，水库水位也可能快速降落，为了保持坝坡稳定，上游坝坡常比下游坝坡为缓。但堆石料上、下游坝坡坡度的差别要比砂土料为小。

（2）土质防渗体斜墙坝上游坝坡的稳定受斜墙土料特性的控制，所以斜墙坝的上游坝坡一般较心墙坝为缓。而心墙坝，特别是厚心墙坝的下游坝坡，因其稳定性受心墙土料特性的影响，一般较斜墙坝为缓。

（3）黏性土料的稳定坝坡应为曲面，上部坡陡，下部坡缓，所以用黏性土料做成的坝坡，常沿高度分成数段，每段10～30m，从上而下逐段放缓，相邻坡率差值取0.25或0.5。砂土和堆石的稳定坝坡为一平面，可采用均一坡度。由于地震荷载一般沿坝高呈非均匀分布，所以，砂土和石料坝坡有时也作成变坡形式。上部坡陡于下部坡。

（4）由粉土、砂、轻壤土修建的均质坝，透水性较大，为了保持渗流稳定，一般要求适当放缓下游坝坡。

（5）当坝基或坝体土料沿坝轴线分布不一致时，应分段采用不同坡度，在各段间设过渡区，使坝坡缓慢变化。

初步拟定坝坡时，坡比可大致参考表3－8中的数据，砂性土可采用较陡值，黏性土采用较缓值。中、低高度的均质坝，其平均坡度约为1∶3。

表3－8　　土坝坝坡比参考值

坝高/m	上游坝坡	下游坝坡	坝高/m	上游坝坡	下游坝坡
<10	1∶2.00～1∶2.50	1∶1.50～1∶2.00	20～30	1∶2.50～1∶3.00	1∶2.25～1∶2.75
10～20	1∶2.25～1∶2.75	1∶2.00～1∶2.25	>30	1∶3.00～1∶3.50	1∶2.50～1∶3.00

土石坝下游坝坡常沿高程每隔10～30m设置一条马道，其宽度不小于1.5～2.0m，用以拦截雨水，防止冲刷坝面，同时也兼作交通、检修、观测之用，马道一般结合坡度变化设置。土石坝上游坝坡视情况亦可增设马道，马道还有利于坝坡稳定。

（二）护坡构造（图3－5）

土石坝上游坡面要经受波浪淘刷、顺坡水流冲刷、冰层和漂浮物等的危害作用；下游坡面要遭受雨水、大风、尾水部位的风浪、冰层和水流的作用以及动物、冻胀、干裂等因素的破坏作用。因此，上下游坝面必须设置护坡，只有石质下游坡可以例外。

护坡的材料及型式，应坚固耐久能抵抗上述各种因素的破坏作用。为了经济，应尽可能就地取材、施工简便、维修方便。上游护坡的常用形式为砌石或堆石，石块的大小、级配和厚度应根据浪压力大小及波浪要素参照规范建议的公式计算确定。为了防止雨水集中冲刷下游坝坡，下游坝坡上应设置纵、横连通的坝面排水沟系统。若下游为堆石、干砌石护坡，其下有垫层时可不设排水沟系统。纵向（坝轴向）排水沟常设置于马道的内侧，横向排水沟间距约 50～100m，排水沟横剖面为梯形或矩形，剖面尺寸可根据土坝级别和每小时暴雨量统计概率 1%～10%的集流量计算，一般也可按图 3-5 进行尺寸设计。下面介绍几种常用的护坡型式及其构造。

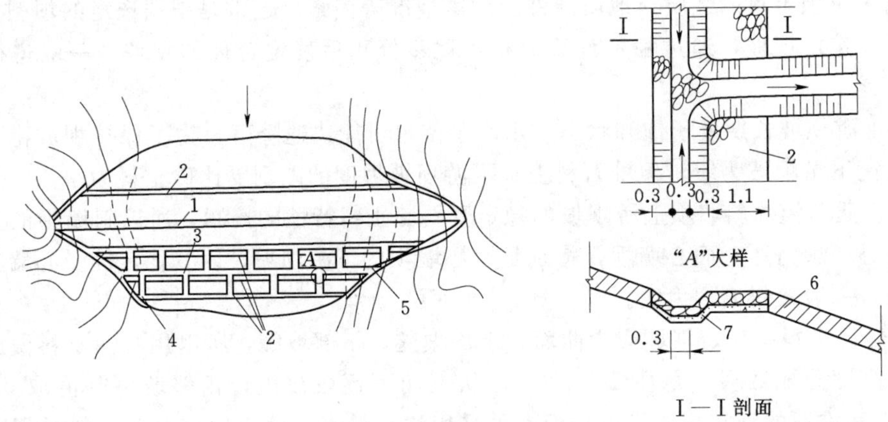

图 3-5　排水沟布置及构造（单位：m）

1—坝顶；2—马道；3—纵向排水沟；4—横向排水沟；5—岸坡排水沟；6—草皮护坡；7—浆砌石排水沟

1. 砌石护坡

人工砌筑于碎石垫层上的块石护坡。块石要坚硬、不易风化（一般其抗压强度不低于 $3\times10^4\sim5\times10^4$kPa），砌筑要紧密嵌实。通常用的单层砌石的石块直径不宜小于 0.20～0.35m，下面垫 0.15～0.25m 厚的碎石或砾石垫层；双层干砌石的上层用大于 0.25～0.35m 直径的块石，下层用 0.15～0.25m 直径的块石，砌石下垫 0.15～0.25m 厚的碎石或砾石垫层。适用于浪高小于 2m 的情况。浪高较大时可用水泥砂浆或细粒混凝土填塞砌缝（应留排水缝隙）。马道内侧处应设置阻滑基脚，如仍有滑动可能时可在坡中部设置阻滑齿墙，如图 3-6 所示。

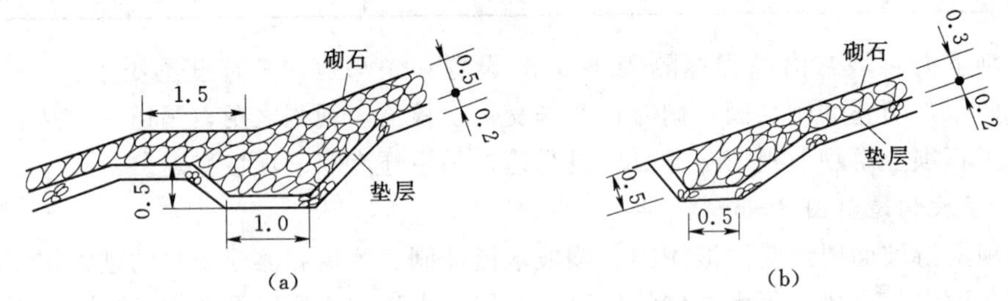

图 3-6　砌石护坡构造（单位：m）

(a) 马道；(b) 护坡坡脚

2. 混凝土或钢筋混凝土板护坡

当地缺乏石料时，可在上游采用混凝土（图 3-7）及钢筋混凝土板护坡。混凝土板厚 0.3～0.5m；钢筋混凝土板厚 0.15～0.25m。矩形板平面尺寸，现场浇筑时一般为 5m×5m～10m×10m；预制板可小些，一般为 1.5m×1.5m～3m×3m。六角形板一般小于 $1m^2$。现在大多采用带锁扣的预制板，尺寸更小些。板的拼缝宽 0.5～1cm，缝中用木板或沥青构成伸缩缝，但拼缝要保证透水性，所以拼缝很小时可不填料。垫层厚0.15～0.25m，是否设计成反滤层应根据坝坡土料性质决定。

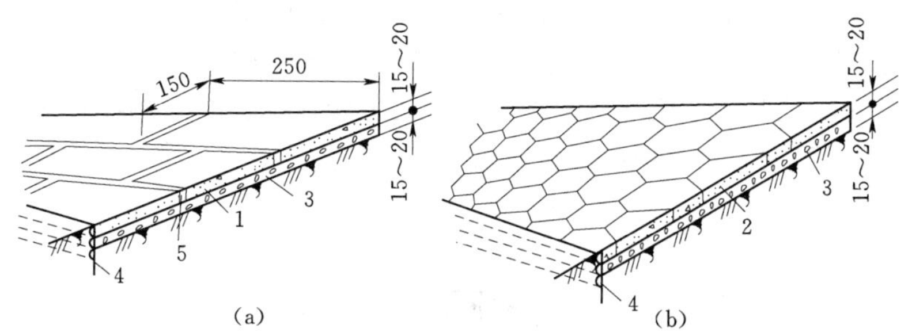

图 3-7 混凝土板护坡（单位：cm）
(a) 矩形板；(b) 六角形板
1—矩形混凝土板；2—六角形混凝土板；3—碎石或砾石；4—木挡板；5—结合缝

3. 草皮护坡

在坝坡上种草或移植 0.1～0.2m 厚的草皮，草在土中生根，草蔓延于坝坡面，能起到较好的保土作用。若坝坡为砂性土，需在草皮下先铺一层厚 0.2～0.3m 的腐殖土，然后再铺草皮。草皮护坡施工简单、造价低，是我国的中小型土坝下游护坡的基本型式。

一般根据施工人员情况、材料、对护坡的要求等，选择在技术、经济上合理的护坡型式。适用于上游护坡的型式有砌石护坡、混凝土或钢筋混凝土板护坡，还有其他的型式，如抛石、沥青或油渣混凝土、水泥土、土质缓坡等。有丰富的石料可利用时，尽量采用抛石或堆石护坡。下游护坡较简单，通常采用干砌石、碎石或砾石护坡，厚约 0.3m。对气候适宜地区的黏性土均质坝也可以采用草皮护坡。另外，还有堆石（或卵石）、框格填石等护坡型式。

上游护坡应由坝顶护至最低库水位以下 2m 左右，如有放空库容的要求时应护至坝底。下游应由坝顶护至排水体（无排水体时应护至坝脚）。为了防止两岸山坡上的雨水冲刷护坡，在坝体与岸坡连接处、也应设岸坡排水沟。

位于严寒地区的黏性土坝坡，为防止因冻胀而变形，护坡厚度不得小于当地的冻结深度。各种护坡在马道、坝脚及护坡末端，均需设置基脚。

四、坝体防渗设施

透水和不透水是相对的概念，所谓防渗体，是指这部分比其他部分更不透水，它的作用是降低坝体内浸润线的位置，并保持渗流稳定。

（一）土质防渗体

在土石坝中，土质防渗体是应用最为广泛的防渗结构，可用作防渗体的土料范围很广。除均质土坝因坝体土料透水性较小（一般渗透系数 $K<1\times10^{-4}$ cm/s）可直接起防渗作用外，其他坝型均应设置专门的坝体防渗设施。防渗体的主要结构型式为心墙和斜墙

(图 3-1)。

1. 黏土心墙（图 3-8）

心墙位于坝体中央或稍偏上游，由透水性很小的黏性土筑成。心墙顶部在静水位以上的超高，在正常运用情况下不小于 0.3～0.6m，非常运用情况不得低于非常运用的静水位。当防渗体顶部设有稳定、坚固、不透水且与防渗体紧密结合的防浪墙时，可将防渗体顶部高程放宽至正常运用的静水位以上即可。心墙顶部厚度按构造和施工要求不得小于 1.0～3.0m；底部厚度根据防渗要求及土料的允许渗透坡降决定，一般不宜小于水头的 1/4 且不得小于 3.0m。心墙自顶到底逐渐加厚。边坡过陡，容易由于心墙的沉降被坝壳钳制而使心墙产生水平裂缝，为了使心墙和两侧坝壳的结合紧密，心墙边坡可适当放缓，边坡通常采用 1∶0.15～1∶0.25。

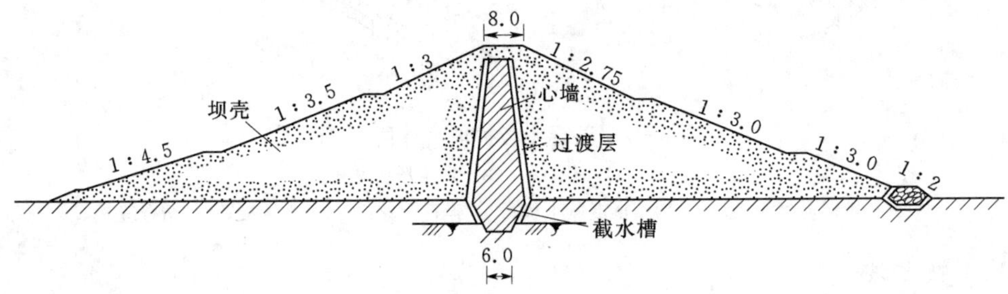

图 3-8　土质心墙坝（单位：m）

为了防冻、防裂，心墙顶部应设砂性土保护层，厚度应大于冰冻和干裂深度，通常不小 1.0m。心墙与上、下游坝体之间，应设过渡层，以起过渡、反滤及排水作用。过渡层应按反滤原则设计。

施工时，心墙的上升高度一般略高于坝壳，为了保证心墙断面符合设计要求，在铺筑时，心墙上、下游应留有余量，待两侧削坡之后再填筑过渡层及坝壳。

2. 黏土斜墙（图 3-9）

斜墙位于坝体上游面。对土料的要求及斜墙尺寸确定的原则与心墙相同。斜墙厚度是指垂直于斜墙上游面的厚度。斜墙底部厚度一般不宜小于水头的 1/5。斜墙顶部高程应高于正常运用情况的静水位 0.6～0.8m，且不得低于非常运用情况下的静水位。

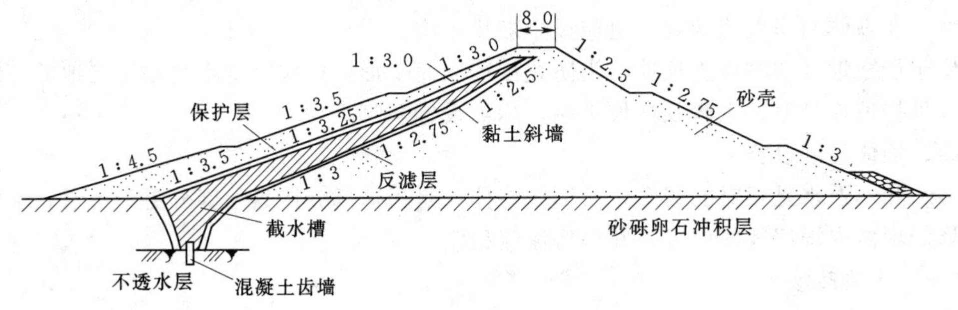

图 3-9　土质斜墙坝（单位：m）

斜墙上游应设保护层，以防止冰冻和干裂，其厚度应大于冻结和干裂深度，一般均大于 1.0m。斜墙下游与坝体之间按反滤层原则设置垫层。保护层及斜墙上游坡度应根据稳定计算确定。斜墙内坡视坝体材料及施工情况而定，若坝体为砂砾石，内坡一般不陡于 1∶2，以维持斜墙填筑前的坝体稳定。填筑斜墙时，应先将坝体上游面修坡。

与黏土心墙比较，采用黏土斜墙作为坝体防渗设施的主要优点是：坝体施工不受斜墙的限制，可先行施工，上升速度快。而黏土心墙会由于心墙土料因冬季、雨季不宜施工或因心墙下的地基处理而影响整个坝体的施工速度。斜墙土石坝的缺点是：上游坝坡较缓，防渗体和坝体工程量均较大；斜墙对坝体沉降较敏感，容易产生纵向裂缝，斜墙的抗震性能不如心墙坝。

近代高土石坝多将心墙作成顶部略倾向上游的斜心墙，向上游倾斜的坡度为 1∶0.25～1∶0.75。这样可兼取心墙坝上游坝坡可较陡节省工程量，以及斜墙坝可减小防渗体的拱效应，有利于防止裂缝，同时下游坝坡可较陡的优点。

（二）沥青混凝土防渗体

沥青混凝土具有较好的塑性和柔性，渗透系数约为 10^{-10}～10^{-7}cm/s，所以防渗和适应变形的能力均较好。产生裂缝时，有一定的自行愈合的功能，而且施工受气候的影响也小，故适合作土石坝的防渗体材料。20 世纪 60 年代以来，应用沥青混凝土作防渗体的土石坝发展较快，世界各国已建 200 多座。奥地利的欧申立克沥青混凝土斜墙堰石坝，坝高 106m。我国近 20 年来已建成 20 多座，其中，陕西石砭峪沥青混凝土斜墙定向爆破堆石坝，坝高 82.5m。

沥青混凝土防渗体可作成斜墙或心墙［图 3-1（h）、（e）］。早期的沥青混凝土斜墙常做成双层的形式，即在两层密实的沥青混凝土防渗层之间夹一层由疏松沥青混凝土铺成的排水层，其作用是排除透过防渗层的渗水，但许多工程运用的实践表明，其效果并不明显。所以近年来倾向于不设排水层。斜墙应铺筑在垫层上，垫层的作用是调节坝体变形。垫层一般为厚约 1～3m 的碎石或砾石，其上铺有 3～4cm 厚的沥青碎石层作为斜墙的基垫。斜墙本身由密实的沥青混凝土防渗层组成，厚 20cm 左右，分层铺压，每一铺层厚 3～6cm 左右。在防渗层的迎水面涂一层沥青玛琋脂保护层，可减缓沥青混凝土的老化，增强防渗效果。由于保护层表面光滑，尚可减轻结冰引起的冻害。斜墙与地基防渗结构连接的周边要作成能适应变形和错动的柔性结构。按铺筑施工的要求，沥青混凝土斜墙的上游坝坡不应陡于 1∶1.6～1∶1.7。沥青混凝土心墙可作成竖直的或倾斜的。对于中低坝，其底部厚度可采用坝高的 1/60～1/40，但不小于 40cm，顶部厚度不小于 30cm。如采用埋块石的沥青混凝土心墙。其最小厚度不宜小于 50cm。心墙两侧各设一定厚度的过渡层。心墙与基岩连接处设观测廊道，用以观测心墙的渗水情况。心墙与地基防渗结构的连接部分也应做成柔性结构。

用作防渗体的沥青混凝土，要求具有良好的密度、热稳定性、水稳定性、防渗性、可挠性和易性和足够的强度。

五、坝基防渗设施

岩基中的防渗帷幕见重力坝章节有关的讲述；黏土地基渗透性较小，可不做坝基防渗设施。这里重点介绍砂或砂砾坝基中常用的防渗设施。

1. 截水槽

截水槽是坝体防渗体向透水地基中的延伸，如图 3－8 和图 3－9 所示。先沿坝轴向在地基中开挖一道连续的梯形断面槽，槽底达不透水层（或相对不透水层），然后在槽内回填黏性土并分层压实与坝身防渗体连成整体。均质坝下的截水槽位置，选在距上游坝脚 1/3～1/2 坝底宽度处。此型式适用于透水层深度小于 10～15m 的情况，过深则挖方量过大、施工排水困难而不经济。截水槽是构造简单、防渗有效、稳妥可靠的坝基防渗设施。槽底宽度应根据回填土料的容许渗透比降、与基岩接触面抗渗流冲刷的容许比降以及施工条件确定。槽的边坡一般不陡于 1∶1～1∶1.5 并由其边坡稳定性决定。槽两侧设置反滤层或过渡层。槽底与不透水层的结合型式如图 3－10 所示。不透水层为岩基时，可在结合面上做混凝土或钢筋混凝土齿墙，如图 3－10（a）所示。齿墙一般的尺寸如图 3－11 所示，应嵌入基岩至少 0.2～0.5m（若基岩较破碎，可在齿墙以下进行帷幕灌浆）。齿墙插入黏性土截水槽内的尺寸，应使接合面有足够的长度以使其平均渗透坡降不超过下列范围：黏土 5，壤土 3 左右。齿墙侧面的坡度不陡于 1∶0.1，以利于与土质防渗体紧密结合。齿墙每 15～20m 长应设伸缩沉陷缝，缝中设止水。齿墙适用于大型土坝，对于中小型土坝可在槽底基岩内再挖一条齿槽以延长接合面的渗径，如图 3－10（b）所示。若不透水层为土层时，截水槽可直接嵌入不透水土层 0.5～1.0m，如图 3－10（c）所示。

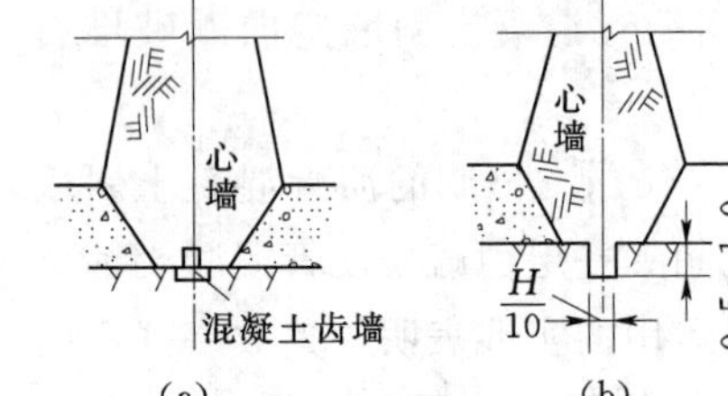

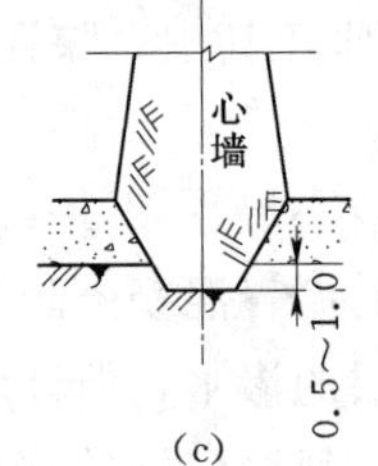

图 3－10　截水槽与不透水层的结合（单位：m）

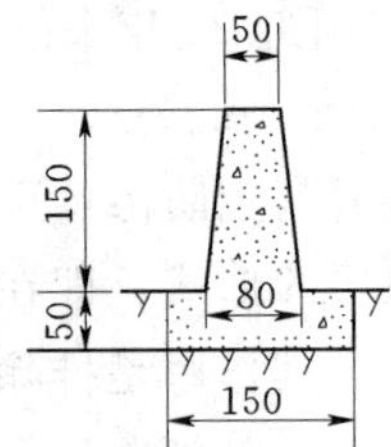

图 3－11　混凝土齿墙（单位：cm）

2. 铺盖

铺盖是均质坝体或心墙或斜墙向上游水平的延伸（图 3－12）。铺盖不能截断坝基透水层中的渗流，主要是延长坝基渗流的渗径，以控制渗透坡降和渗流量在允许的范围内。铺盖面积大而厚度薄，地质不均匀时易断裂而使防渗效果不理想。对于中低坝坝基砂砾级配良好且渗透系数不很大时，只要施工质量良好，坝下游做好排水减压设施，是能够达到防渗要求的，所以多用于中、低坝做截水槽（墙）有困难或坝上游有天然的不透水层可利用的情况。坝基为透水性很大的砂砾层或渗透稳定性很差的粉细砂时，则不宜采用铺盖；高坝由于水头大，铺盖的防渗效果也不显著。

铺盖土料的渗透系数应小于 10^{-5}cm/s，且至少要小于坝基透水层的渗透系数的 1/100。铺盖向上游延伸的长度应根据防渗要求计算确定，一般最长不超过 6～8 倍水头，因为再增长而防渗效果增加很少。铺盖的厚度，上游端按构造要求不小于 0.5m。向下游逐渐加厚使某断面处在顶、底水头差作用下其渗透比降在允许范围内（允许比降值与心墙底部厚度的要求相同），在与坝体防渗体连接处要适当加厚以防断裂。

铺盖上应设保护层，以防止蓄水前干裂、冻蚀和运用期的风浪或水流冲刷，铺盖底应

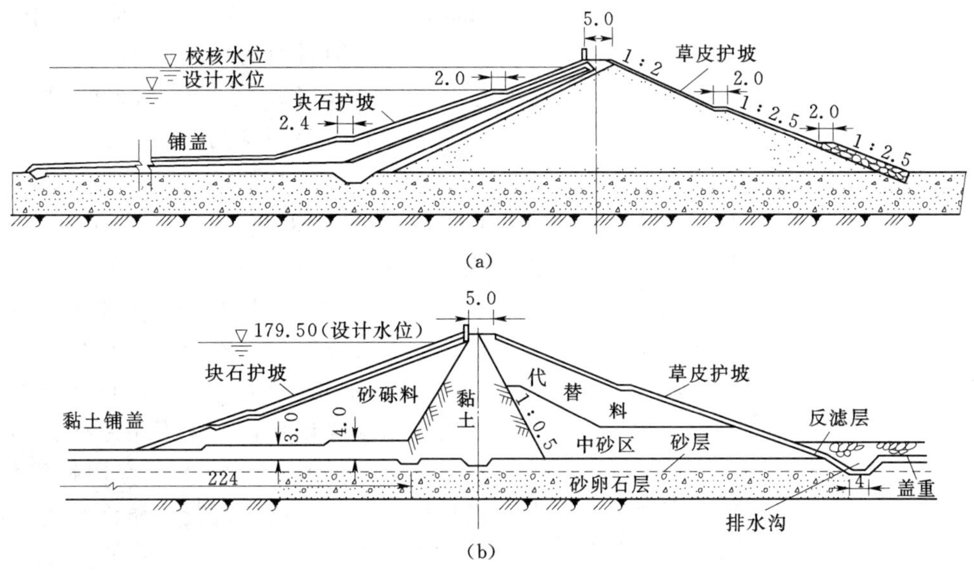

图 3-12　具有铺盖的土坝（单位：m）

(a) 带铺盖的斜墙坝；(b) 带铺盖的心墙坝

设置反滤层保护铺盖土料不流失。

3. 混凝土防渗墙

混凝土防渗墙见图 3-13。在坝体防渗体下的透水层中用钻机打孔成槽，用黏土浆固壁，在槽中浇注水下混凝土，沿坝轴方向分段施工，最终使槽中混凝土连成整体地下混凝土墙，以阻截坝基中渗流。我国目前常用冲击钻打孔、成槽，其施工步骤如图 3-14 所示。

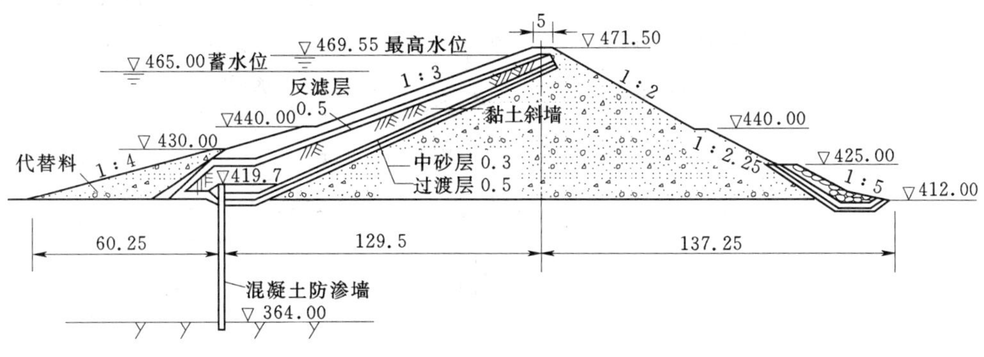

图 3-13　具有混凝土防渗墙的土坝（单位：m）

间隔一个槽孔长度钻第一期槽孔，成孔后用导管在固壁泥浆保护下连续浇注混凝土，混凝土逐渐升高直至排走槽孔中全部泥浆；约一个星期后再钻第二期槽孔并浇注第二期槽孔中混凝土，钻第二期槽孔时将第一期槽孔中混凝土墙两端切削掉一个钻头直径的长度以保证两期槽孔接头处的混凝土墙厚度。钻某槽孔时先钻主孔然后钻主孔之间的部分（副孔），钻副孔时在两侧主孔中置接砂斗防止主孔填塞，随着钻进不断地注入黏土浆液，槽

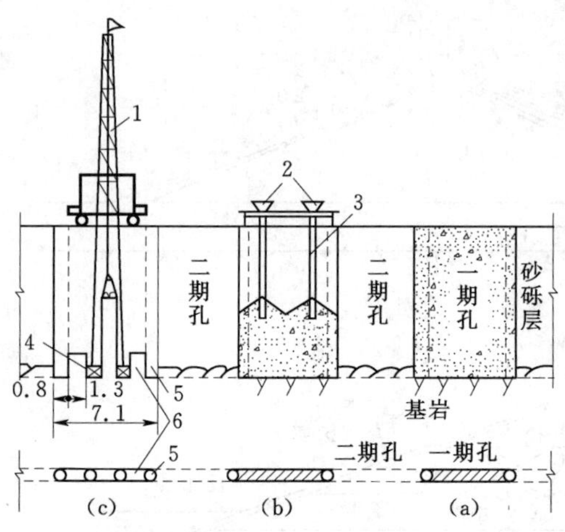

图 3-14　混凝土防渗墙施工过程图（单位：m）
（a）一期孔混凝土浇筑完毕；（b）一期孔浇筑混凝土；（c）一期孔在钻进
1—冲击钻机；2—漏斗；3—导管；4—接砂斗；5—主孔；6—副孔

孔完成而泥浆也充满槽孔以保证孔壁不坍塌。

根据我国目前的钻机情况，墙厚一般限于 0.6～0.8m（最大可达 1.3m），墙的深度为 60～80m，每个槽孔的长度一般为 7～11m，墙底端嵌入弱风化基岩不小于 0.5～1.0m，墙顶端做成光滑的楔形插入坝身防渗体内，插入高度应大于 1/10 坝高且不少于 2m，以保证坝沉陷时仍能与墙紧密结合。墙的混凝土抗渗标号一般采用 $S_4 \sim S_6$，其允许渗透比降为 80～100。墙是埋在地下的，其内力难以准确计算，但强度稍差些尚不致断裂破坏。水头高、墙深大时宜用钢筋增强，以防出现较大裂缝。混凝土防渗墙上为心墙时，坝沉陷时防渗墙顶两侧的土心墙可能出现裂缝，所以防渗墙顶附近的心墙应采用较高塑性的黏土。因为防渗墙位于坝下不能检修，所以对于其混凝土的“碳化”和防渗性溶蚀的预防等耐久性问题，要给予足够的重视。

混凝土防渗墙的防渗效果好，所需人力少，施工速度较快。但需设备多，施工技术性高，质量较难控制。国外有采用自凝水泥黏土的，凝固前用于施工成槽固壁，凝固后即成为地下防渗墙，较能适应地基变形而不开裂。

4. 灌浆帷幕

在坝的防渗体下钻孔，孔中置灌浆管，用压力将水泥浆或黏土浆灌压入砂砾的孔隙中，胶凝土粒而成防渗帷幕，如图 3-15 所示。

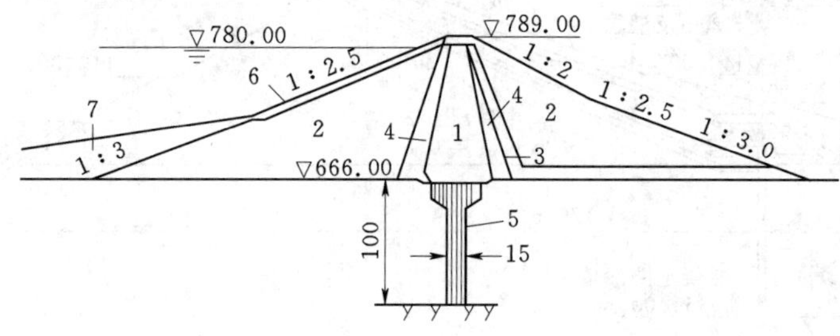

图 3-15　法国谢尔邦松坝（单位：m）
1—心墙；2—透水坝壳；3—下游排水设施；4—过渡段；5—灌浆帷幕；6—护坡；7—上游护脚

在砂或砂砾坝基中灌浆，可用可灌比 M 来评价坝基的可灌性：

$$M = D_{15} / d_{85} \tag{3-14}$$

式中　D_{15}——地基砂砾石层的颗粒级配曲线上含量为 15%处的粒径，mm；

d_{85}——灌浆材料的颗粒级配曲线上含量为 85%处的粒径，mm。

M 大则可灌性好，一般 $M>10$ 时可灌注水泥黏土浆，$M>15$ 时可灌注水泥浆。另外，受灌层土质的级配、渗透系数、渗透流速、小于 0.1mm 颗粒含量都可能影响灌浆材料的使用及灌浆效果，所以可灌性宜通过室内及现场试验来确定。当粒状灌浆材料在粉、细砂中难以灌进时，可采用化学浆材。

帷幕厚度 T 可按 $T=H/J$ 估算，H 是最大作用水头，J 是帷幕的允许渗透比降（可采用 3～4），帷幕深度较大时也可沿深度采用不同的厚度。孔距、排距可初选 2～3m，梅花形布置。灌浆压力可选 200～500kPa，逐渐加大，一般是孔越深灌浆压力越大，可近似按灌浆层以上的土层厚度的 3～6 倍相当的水头初选。孔、排距及灌浆压力都应通过现场试验来确定。

为了保证防渗效果，水泥黏土浆的水泥含量应为水泥和黏土总重量的 20%～50%。灌浆结束后应将墙顶未胶结好部分挖除，再将坝的防渗体筑在完整的帷幕上（帷幕的 28 天强度应达到 400～500kPa）。必要时可设置混凝土齿墙等，以利于坝的防渗体与帷幕接合良好。

六、坝体与坝基、岸坡、非土质建筑物的接合及其防渗要求

1. 坝体与坝基的接合

坝基范围内的杂草、树根、垃圾废料、乱石等都应清除掉。工程性质不良的土（如低强度、高压缩性的腐殖土、软土、淤泥、粉细砂等），也应清除掉或进行处理。

均质坝与土基接合时常用接合槽，如图 3－16（a）所示。槽深至少 0.5m，槽宽 2～3 m，槽数应使接触渗径长度大于坝底宽度的 1.05～1.10 倍。与岩基接合时可用接合槽或几道混凝土齿墙，如图 3－16（b）所示，槽或齿布置于坝底中部或稍偏向上游。

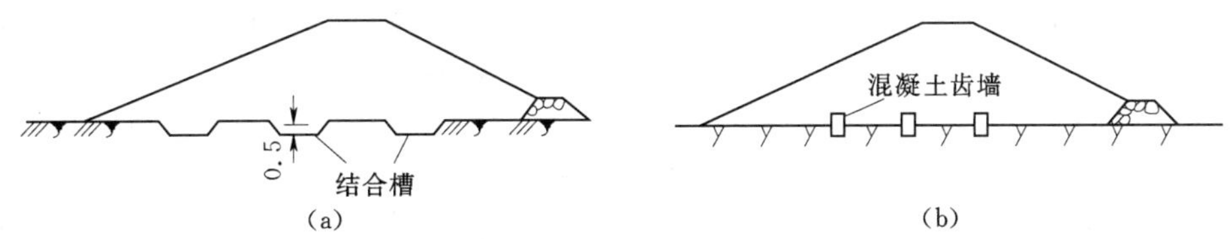

图 3－16　均质坝与坝基的接合（单位：m）
（a）接合槽；（b）混凝土齿墙

心墙、斜墙与坝基的接合与均质坝相同。基岩应开挖至新鲜岩面或弱风化层面，用砂浆封堵节理、裂隙和断层，用混凝土将心、斜墙与基岩分隔开以防止土料由裂隙中流失。易风化基岩在开挖时应预留保护层。

2. 坝体与岸坡的接合

岸坡上的坝高变化较大，要防止坝不均匀沉陷产生裂缝。岸坡应清理成斜坡或折坡，如图 3－17 所示。

若土坡不陡于 1∶1.5，岩坡不陡于 1∶0.75，则不会产生向河谷中滑动的趋势，不允许台阶式岸坡更不允许有反坡。与防渗体接合的岩坡应开挖至裂隙较少，透水性较小的层面，且在中等强度时不会发生冲蚀或溶滤。坡面上浇注或喷射混凝土盖面后，再填筑防渗体，以防止裂隙中的冲蚀或溶滤。心墙、斜墙与岸坡接合处，心墙、斜墙应扩大断面，心墙扩大 1/3～1/2，斜墙扩大一倍以上，以加大接触渗径。岸坡上有透水性大的覆盖层或

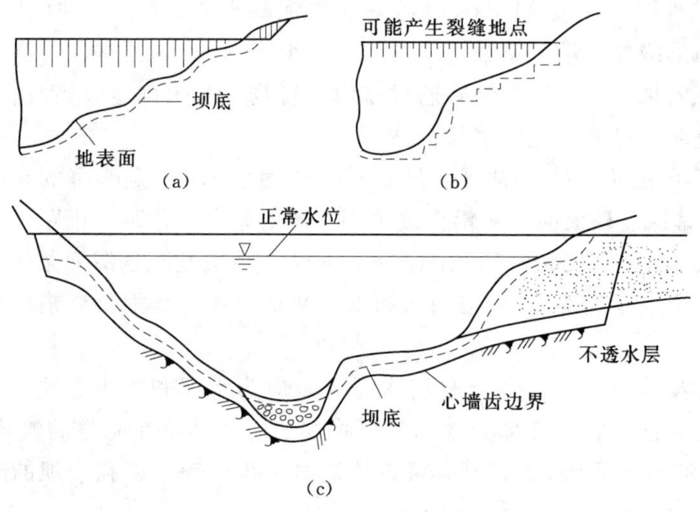

图 3-17　土坝与岸坡的连接

强风化岩层时，可用截水槽与防渗体连接以截断绕流。

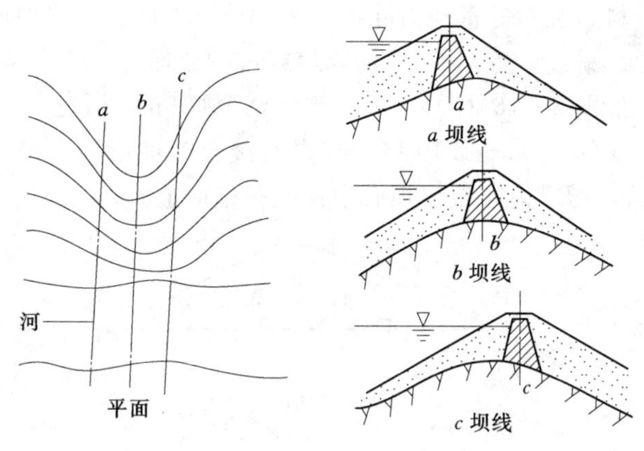

图 3-18　山脊上土心墙位置选择

心墙与脊背形山梁岸坡接合时，为有利于稳定，心墙应坐落在山梁的上游侧，如图 3-18 所示中的 a 坝线；或整平山梁，使心墙底面能压紧。此种情况下，由于斜墙上的水压力自然地指向坝基，故而情况要好些。

3. 坝体与非土质建筑物的连接

土坝枢纽布置时，常采用坝下输水管道；在坝端岸坡上布置坝头溢洪道；有时混凝土重力坝两岸的高河滩处建为土坝；这些非土质建筑物与土坝连接的好坏直接影响着土坝的安全。其连接处的处理，原则上要求：①加长接触渗径以降低渗透比降；②接合面应紧密且能适应不均匀沉陷，以免产生断裂而发生集中渗流；③接触渗流的出口处应做好排水、反滤设施。其连接常采用下述形式：

(1) 插入式连接。是土坝与混凝土坝的连接形式，即把混凝土坝插入土坝中，插入长度应不小于该坝段设计情况时上下游水位差的 0.5 倍，如图 3-19 所示。插入土坝中的混凝土坝不应建在土坝的填方土体上，为了减小混凝土坝插入部分的断面可计入上下游侧的土压力。土心墙与混凝土坝连接时，可在混凝土坝末端伸出一个刺墙插入土心墙中，如图 3-20 所示，该段心墙宜采用黏性较大的土料。刚性心墙时可与混凝土坝直接连接，但必须有不透水的伸缩缝及止水，缝的下游侧最好设置观测井以检查运用期的变形和渗漏情况以便监护运用。

(2) 重力楔形墩式连接。是土坝与重力坝连接的一种形式，将重力坝端做成楔形墩，

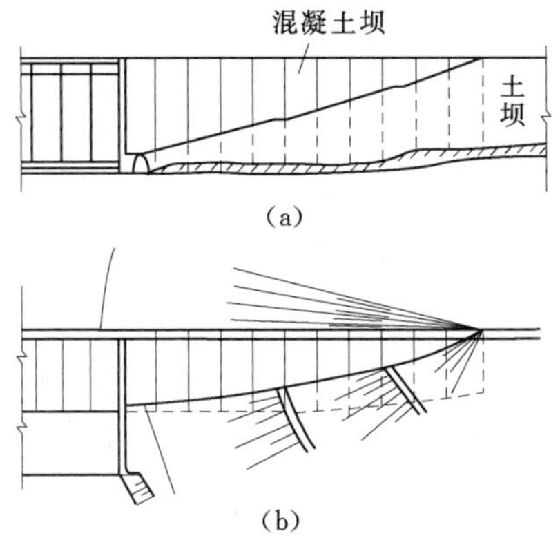

图 3-19　插入式接合剖面图
(a) 立面图；(b) 平面图

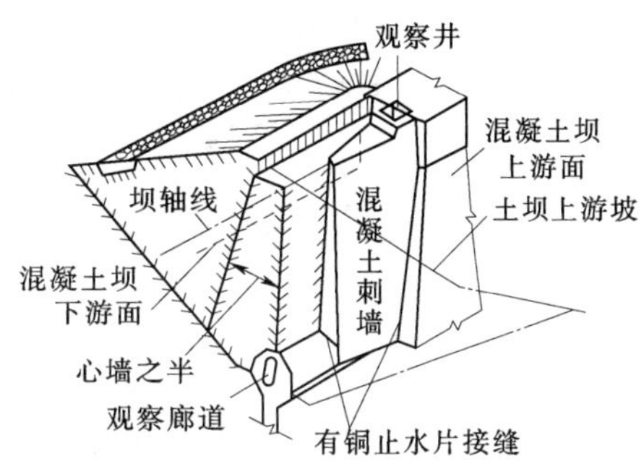

图 3-20　土心墙与混凝土坝的插入式连接

墩顶面有楔槽且沿坝轴向呈 1∶0.5～1∶0.85 的斜坡，楔形墩插入土坝心墙的下部像土坝的天然岸坡一样。楔形槽面与心墙结合紧密且渗径较长，抗震性也较好，日本的一些坝中已采用这种连接，并较成功地抗御过 8 度地震。图 3-21 是辽宁碧流河工程采用的重力楔形墩。

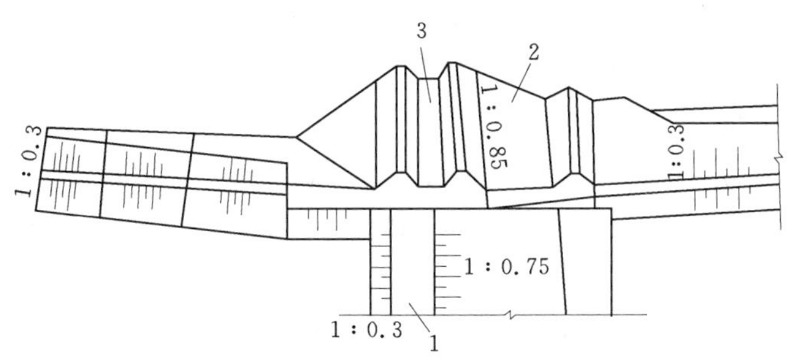

图 3-21　辽宁碧流河工程的重力楔形墩
1—重力坝；2—重力楔形墩；3—防渗槽

(3) 翼墙式连接。即土坝与混凝土建筑物之间用翼墙（或侧墙）相连接的形式，常用于土坝与水闸、溢洪道的连接。翼墙可以是斜降式见图 3-22 (a)，可以是反翼墙式见图 3-22 (b)，也可以是上游为反翼墙式下游为斜降式，反翼墙可插入土坝内。为增长土坝侧的接触渗径可在翼墙背后设置一至几道刺墙，刺墙厚度至少 0.6m 且最好与上游翼墙整体连接。与土坝相接的翼墙背面坡度应不陡于 10∶1，以能够紧密接合，该处坝料应人工仔细夯实。土心墙、斜墙与翼墙连接时，翼墙背面坡度应不陡于 1∶0.5～1∶0.7（该处坝高大于 20m 时）或不陡于 1∶0.25～1∶0.5（该处坝高小于 20m 时）。均质坝、心墙、斜墙坝与翼墙连接段，均应适当加大断面以延长渗径。刚性心墙、斜墙可与翼墙直接连接，其接缝中应设置可靠的止水。

(4) 土坝与坝下埋管的连接。坝下输水管处的土坝防渗体应适当扩大断面以增长接触渗径，在管道上设置不少于三道的截流环，如图 3-22 (c) 所示。管道接头、管道与截流环均宜采用柔性连接。输水管应保证不漏水不断裂，布置及构造见第五章。

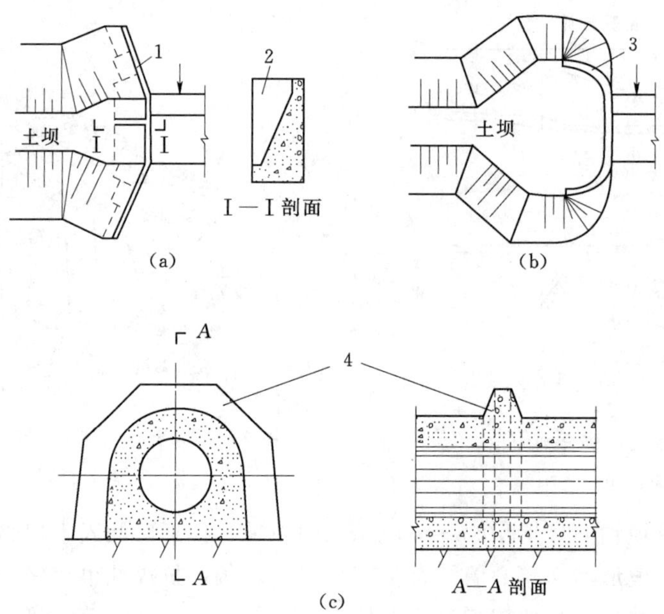

图 3-22 土坝与混凝土建筑物的连接

(a) 翼墙；(b) 反翼墙；(c) 截流环

1—斜降式翼墙；2—刺墙；3—反翼墙；4—截流环

七、土坝排水设施

土坝防渗体能有效地减少渗流，但不能完全截断渗流。土石坝渗流控制的基本原则是阻滞与疏导相结合，排水和反滤是疏导的基本设施。所以，土坝一般还应设置排水设施，作用是控制和引导渗流，进一步降低浸润线位置，加速孔隙水压力消散，减小渗流逸出比降，减小逸出区渗透破坏的可能性，提高下游坝坡的稳定性，并降低下游坝坡含水量以免遭冬季冻胀破坏。排水设施材料，常用块石、碎石、排水管做成，为防止渗流带走坝体、坝基中土粒，土坝的排水设施构造，由排水体和反滤层两部分构成。

（一）坝体排水

坝体排水有以下几种常用的形式。

1. 堆石棱体排水［图 3-23（a）］

它是在下游坝脚处用块石堆成的棱体。棱体顶宽不小于 1.0m，顶面超出下游最高水位的高度，对 1 级、2 级坝不小于 1.0m，对 3 级、4 级坝不小于 0.5m，而且还应保证浸润线位于下游坝坡面的冻层以下。棱体内坡根据施工条件决定，一般为 1：1.0～1：1.5，外坡取为 1：1.5～1：2.0。棱体与坝体以及土质地基之间均应设置反滤层，在棱体上游坡脚处应尽量避免出现锐角。

棱体排水是一种可靠的、被广泛采用的排水设施。它可以降低浸润线，防止坝坡冻胀，保护下游坝脚不受尾水淘刷，还有支持坝体增加稳定性的作用。但石料用量大，费用较高，与坝体施工有干扰，检修也较困难。

2. 贴坡式排水

贴坡式排水，又称表面排水［图 3-23（b）］。它是用 1～2 层堆石或砌石加反滤层直

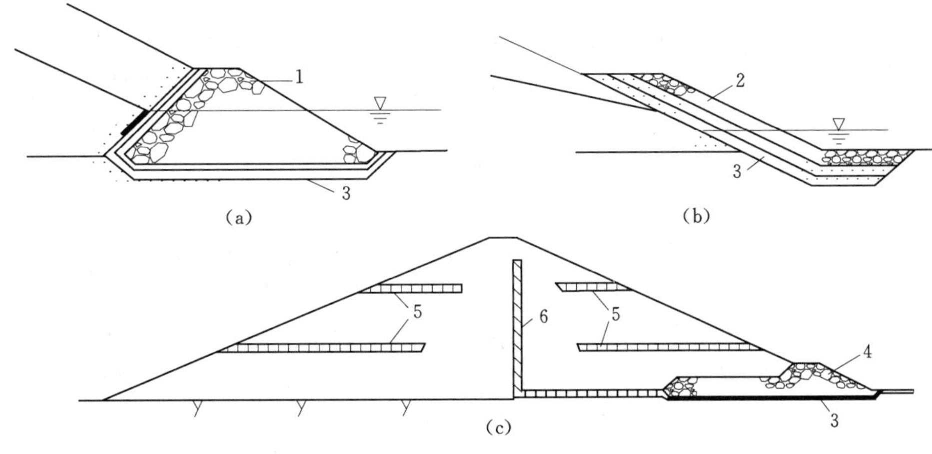

图 3-23　坝体排水

(a) 棱体排水；(b) 贴坡排水；(c) 坝内排水

1—堆石；2—干砌石；3—反滤层；4—褥垫排水；5—水平排水；6—竖向排水

接铺设在下游坝坡表面，不伸入坝体的排水设施。排水顶部需高出浸润线逸出点并高于下游最高水位，对 1 级、2 级坝不小于 2.0m，对 3 级、4 级、5 级坝不小于 1.5m。贴坡排水的厚度应大于当地的冰冻深度。排水底脚应伸入坝基，起到稳定支承作用，还应设置排水沟或排水体，并具有足够的深度，以便在水面结冰后，使冰盖以下有足够的排水过水断面。

这种形式的排水构造简单，用料节省，施工方便，易于检修，能防止坝坡冻胀、风浪淘刷。但不能降低浸润线，且易因冰冻而失效。常用于中小型工程下游无水的均质坝或是浸润线位置较低的中等高度坝。

3. 坝内排水

坝内排水包括褥垫排水层、水平排水层、竖向排水体等。

褥垫排水 [图 3-23 (c) 中的 4] 是沿坝基面平铺的由块石组成的水平排水层、外包反滤层。其伸入坝内的深度一般不超过坝底宽的 1/4～1/3，块石层厚约 0.4～0.5m，应通过渗流计算确定。排水体倾向下游的纵坡取 0.005～0.1。当下游无水时，它比堆石棱体更能有效地降低浸润线，有助于坝基排水，加速软黏土地基的固结，而加大下游坝坡稳定性。所以多用于坝体土料渗透系数较小的土坝（如均质土坝），下游无水或水位很低的情况。主要缺点是建造时往往影响坝体施工，用石料较多；对不均匀沉降的适应性差，易断裂；埋入坝下的部分很难检修；当下游水位高过排水设备时，降低浸润线的效果将显著降低。

对于黏性土等弱透水材料填筑的均质坝或分区坝，为了加速坝壳内孔隙水压力的消散，改变渗流方向，防止渗流沿坝体的某些层面渗出坝外，以增加坝的稳定，可在坝内不同高程处设置网状排水带或排水管，构成水平排水层 [图 3-23 (c) 中的 5]，其位置、层数和厚度可根据计算确定，但其厚度不宜小于 30cm。伸入坝体内的长度一般不超过各层坝宽的 1/3。在运用期须将上游侧的水平排水层用灌浆堵塞。还可在坝体防渗体的下游竖向设置网状排水带或排水管，构成竖向排水层 [图 3-23 (c) 中的 6]，效果更明显。

4. 综合式排水

在实际工程中常根据具体情况，把几种不同形式的排水组合在一起，成为综合式排水，以兼取各种形式的优点。例如：当下游高水位持续时间不长时，为了节省石料，可考虑在正常水位以上用贴坡排水以下用棱体排水；在其他情况，还可采用褥垫排水与棱体排水组合或贴坡、棱体与褥垫排水组合的形式等。

排水设施应具有充分的排水能力，以保证自由地向下游排出全部渗水；同时，能有效地控制渗流，避免坝体和坝基发生渗流破坏。此外，还要便于观测和检修。

（二）坝基排水

坝基排水是在土坝下游坝脚附近布置的排水设施。透水坝基中虽已设置防渗设施，但有些不能截断渗流（如铺盖），有些本身就具有相当大的透水性（如砂砾坝基中的灌浆帷幕），坝基中仍有一定的渗流量。冲积层地基，往往是多层次且透水性大小不一的地层，当表层为透水性小的土层时，渗流主要是沿透水性大的下卧层流向下游，至坝脚时仍保留相当大的压力水头（称为剩余水头）；也可能是单层结构的坝基，因其沉积成因，水平渗透系数远大于垂直渗透系数，也会在坝趾附近存在较大的剩余水头。剩余水头大时会顶穿表层产生渗透破坏，危及坝趾安全并使坝下游附近沼泽化，也会抬高坝内浸润线，对下游坝坡稳定不利。因此，当可能发生上述危害时，必须设置坝基排水减压设施，与坝体、坝基防渗设施共同组成一套完整的土坝防渗系统。坝趾附近的排水减压设施的任务，是把穿过坝基的渗流安全顺利地导出排走。图 3-24 是黄壁庄水库土坝下游的排水减压设施布置剖面图。

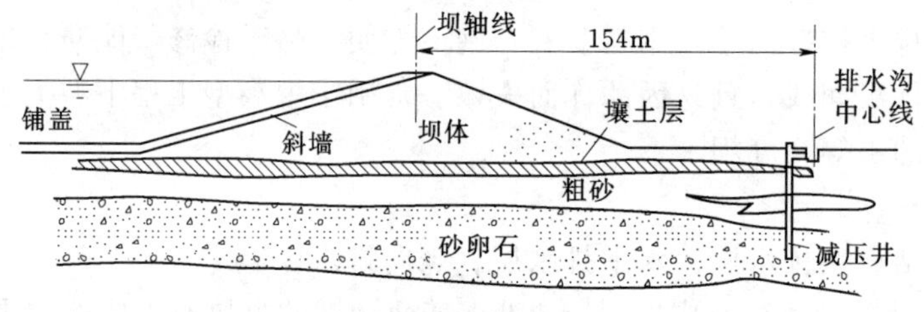

图 3-24 减压井布置图

常用的排水减压设施有：反滤排水沟，排水减压井，反滤排水沟与排水减压井相结合的型式及其他型式。

（1）反滤排水沟，见图 3-25。沿坝轴向在坝趾附近挖一条渠沟，挖穿不透水表层使

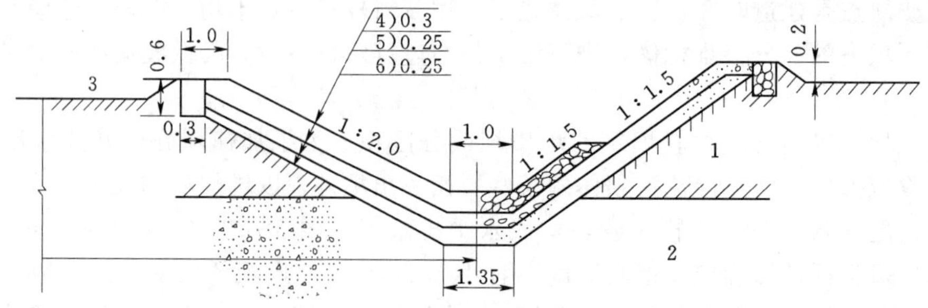

图 3-25 反滤排水沟（单位：m）

1—粉质壤土；2—砂砾层；3—原地面；4—干砌石；5—碎石；6—粗砂

沟底坐落于透水层上。沟的周边设置反滤层，使透水层中的有压渗流通过反滤层进入渠中，再沿与渠沟正交的横沟流入下游河道，图 3-25 即是这种明渠形式。可与贴坡排水体相结合，适用于不透水表层不厚且剩余水头不很大的情况。若剩余水头较大时，可在渠中填入块石，其上部再设置反滤加盖重层即成为暗渠的形式，并能阻止排水渠被淤。渠沟的位置在不影响坝坡稳定的条件下尽可能靠近坝趾。

(2) 排水减压井，见图 3-26。当不透水表层较厚，使排水沟不能坐落于下卧透水层上，或需排水沟断面过大而不经济时可采用排水减压井，或者下卧层很厚且剩余水头大，采用排水沟不能完全消除剩余水头，仍可能危害下游表土层安全时，也应采用减压井或井、沟相结合的型式。

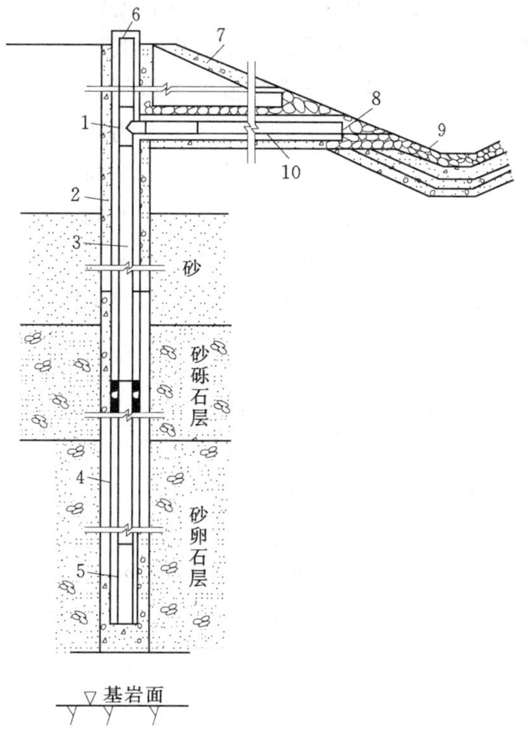

图 3-26　减压井构造

1—混凝土三通；2—回填土；3—升水管；4—滤水管；5—沉淀管；6—混凝土井帽；7—碎石护坡；8—出水口；9—反滤排水沟；10—混凝土出水管

承压水由滤水管进入井内，经升水管、出水管导排进入反滤排水沟，然后由横沟引入下游河道。一排减压井设置在距坝趾不远处，在不使坝基中渗透比降超过允许值的情况下应尽量靠近坝趾。若为了避免坝趾处沼泽化也可设置在距坝趾远一些。井距一般约 15～30m。井深取决于地质条件，下卧透水层不厚时井可穿越透水层，若下卧透水层很厚而打深井有困难时，井管至少应伸入透水层深度的 50%～70%，多层结构地质时井深越大效果越好。钻孔孔径约为 60～75cm，井管内径一般为 15～30cm，井管直径小则出水量小，但超过 30cm 时减压效果增加不大。设置减压井后一般坝基渗流量会增大，其渗透比降、流速也将增大，设计时应充分估计到这一情况，其设计可参考坝工丛书《土坝设计》。在排水沟、减压井的建造和运用过程中应加强管理，防止淤塞失效是十分重要的。

八、反滤层和过渡层

反滤层是防止管涌的有效方法，广泛应用于水工建筑物中。如果设计、施工得正确能起到很好的排水、滤土作用，在渗透比降 $J=\Delta H/L$ 很大（达 7～20）的情况下也不会产生管涌。对下游侧具有承压水的土层，还可起压重作用。按《碾压式土石坝设计规范》(SL 274) 规定：土质防渗体（心墙、斜墙、铺盖、截水槽等）与坝壳或坝基透水层之间以及渗流逸出处都必须设置反滤层。在分区坝坝壳内各土层之间、坝壳与透水坝基的接触部位均应尽量满足反滤原则。坝壳及坝基为砂性土，其层间关系满足反滤要求时，应经过论证才可不设置专门的反滤层。反滤层一般由 1～3 层不同粒径的砂、砾石等组成，层面大致与渗流方向正交，各层的粒径沿流向由细到粗，如图 3-27 所示。

过渡层的作用是避免在刚度相差较大的两种土料之间产生急剧变化的变形和应力。反滤层可以起到过渡层的作用，而过渡层却不一定能满足反滤要求。在分区坝的防渗体与坝壳之间，根据需要与土料情况可以只设置反滤层，也可兼顾设置反滤层和过渡层。

反滤层按其工作条件可以划分为两种类型如图 3-28、图 3-29 所示：①Ⅰ型反滤，反滤层位于被保护土的下部，渗流方向主要由上向下，如斜墙后的反滤层；②Ⅱ型反滤，反滤层位于被保护土的上部，渗流方向主要由下向上，如位于地基渗流逸出处的反滤层。渗流方向水平而反滤层成垂直向的形式，属过渡型，可归为Ⅰ型。如减压井、竖式排水等的反滤层。Ⅰ型反滤要承受自重和渗流压力的双重作用，其防止渗流变形的条件更为不利。

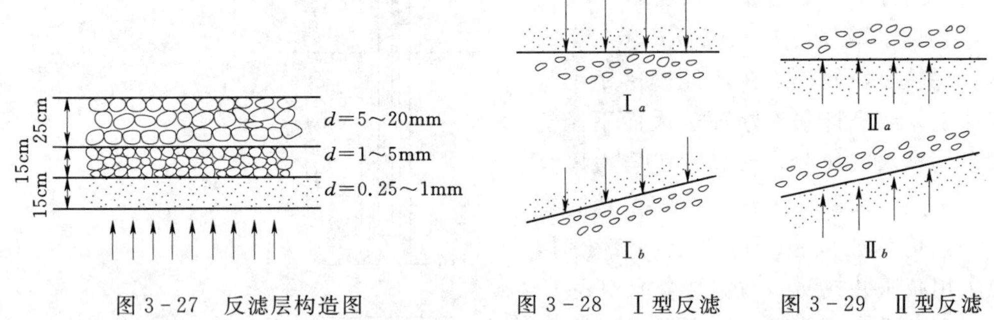

图 3-27　反滤层构造图　　图 3-28　Ⅰ型反滤　　图 3-29　Ⅱ型反滤

反滤层必须满足下列条件：①反滤层的透水性应大于被保护土的透水性，能畅通地排除渗水；②反滤层每一层自身不发生渗透变形，粒径较小的一层颗粒不应穿过粒径较大一层颗粒间的孔隙；③被保护土的颗粒不应穿过反滤层而被渗流带走；④特小颗粒允许通过反滤层的孔隙，但不得堵塞反滤层，也不破坏原土料的结构。如果在防渗体下游铺反滤层，则还应满足在防渗体出现裂缝的情况下，土颗粒不会被带出反滤层，能使裂缝自行愈合。如果反滤层的每一层都采用专门筛选过的人工砂砾料，是很容易满足上述要求的，但造价较高。实际工程中，应尽可能找到可直接应用的天然砂砾料作反滤料。

（一）保护非黏性土料的反滤层指标（主要是防止管涌）

当被保护土的不均匀系数 $C_u \leqslant 5 \sim 8$ 时，《碾压式土石坝设计规范》（SL 274）建议用下列公式确定被保护土的第一层反滤料的级配，即

$$D_{15}/d_{85} \leqslant 4 \sim 5 \tag{3-15}$$

$$D_{15}/d_{15} \geqslant 5 \tag{3-16}$$

式中　D_{15}——反滤料的粒径，小于该粒径的土重占总土重的 15%；

d_{85}——被保护土的粒径，小于该粒径的土重占总土重的 85%；

d_{15}——被保护土的粒径，小于该粒径的土重占总土重的 15%。

选择第二、第三层反滤料时，可仍然按此法确定，但选择第二层反滤料时滤料为被保护土；选择第三层反滤料时，以第二层为被保护土。

当被保护土的不均匀系数 $C_u > 8$ 时，宜取 $C_u \leqslant 5 \sim 8$ 的细粒部分的 d_{85}、d_{15} 作为计算粒径。如果选作反滤料第一层的砂砾料的不均匀系数 $C_u > 5 \sim 8$ 时，应选用 5mm 以下的细粒部分的 D_{15} 作计算粒径，并要求大于 5mm 的颗粒砾石含量应不超过 60%。

注意所谓特小颗粒，对砂土、砂砾石及碎石，分别是指粒径小于 0.1mm、0.15mm 及 0.5mm 的颗粒，它们的含量应不超过相应各层土料的 5%。

（二）保护黏性土料的反滤层指标（兼防流土和管涌）

黏性土的抗渗能力与其结构的强度和稳定性密切相关。例如，具有稳定团粒结构的南方红土，其抗冲蚀能力极强，而分散性黏性土的抗冲蚀能力则很小，稍有渗水就可扩大成洞穴和沟槽。一般冲积黏土则介于两者之间。因此，应先对被保护土的黏性分散性进行鉴定，根据其抗渗强度的不同选用反滤料。对分散性黏土、黏性较小的砂壤土要求细些，对非分散性黏土可以粗些。

当被保护土为黏性土时，SL 274 建议其第一层反滤层的级配应按下列方法确定。

1. 滤土要求（防止流土）

根据被保护土小于 0.075mm 颗粒含量的百分数不同，而采用不同的方法。

当被保护土含有大于 5mm 颗粒时，应按小于 5mm 颗粒级配确定小于 0.075mm 颗粒含量百分数，及按小于 5mm 颗粒级配的 d_{85} 作为计算粒径。当被保护土不含大于 5mm 颗粒时，应按全料确定小于 0.075mm 颗粒含量的百分数，及按全料的 d_{85} 作为计算粒径。

(1) 对于小于 0.075mm 颗粒含量大于 85%的土，其反滤层可按式（3-17）确定：

$$D_{15} \leqslant 9d_{85} \tag{3-17}$$

当 $9d_{85} < 0.2\text{mm}$ 时，取 D_{15} 等于 0.2mm。

(2) 对于小于 0.075mm 颗粒含量为 40%～85%的土，其反滤层可按式（3-18）确定：

$$D_{15} \leqslant 0.7\text{mm} \tag{3-18}$$

(3) 对于小于 0.075mm 颗粒含量为 15%～39%的土，其反滤层可按式（3-19）确定：

$$D_{15} \leqslant 0.7\text{mm} + (40 - A)(4d_{85} - 0.7\text{mm})/25 \tag{3-19}$$

式中 A——小于 0.075mm 颗粒含量，%。

若式（3-19）中 $4d_{85} < 0.7\text{mm}$，应取 0.7mm。

2. 排水要求（防止管涌）

以上三类土还应同时符合式（3-20）要求：

$$D_{15} \geqslant 4d_{15} \tag{3-20}$$

式（3-20）中 d_{15} 应为全料的 d_{15}，当 $4d_{15} < 0.1\text{mm}$ 时，应取 $D_{15} \geqslant 0.1\text{mm}$。

反滤层每层厚度应根据材料的级配、层位、重要性及施工条件等因素而定。水平反滤层的最小厚度可采用 30cm；垂直或倾斜的，可采用 50cm。若用机械化施工，一般不小于 3.0m。

九、土工合成材料在土石坝防渗和排水反滤中的应用

土工合成材料是以人工合成的聚合物（包括：各种塑料、合成纤维、合成橡胶）为原料制成的土工织物和土工膜等产品。土工合成材料具有重量轻、整体性好、产品规格化、强度高、耐腐蚀性强、储运方便、施工简易等优点。应用于土石坝工程可收到节省工程投资，缩短工期的效果。土工合成材料具有防渗、排水、反滤、加筋、隔离、防护等多种功能，是一种很有发展前景的新型坝工建筑材料。随着其日益广泛的应用，产品品种在增

加，质量性能不断提高。

（一）土工膜

土工膜产品按其所用原材料分为：高分子聚合物土工膜、沥青土工膜以及由沥青和聚合物复合制成的土工膜。聚合物薄膜所用的聚合物有合成橡胶和塑料两类。合成橡胶薄膜可用尼龙丝布加筋，其抗老化及各种力学性能都较好，但价格比塑料薄膜贵。水利工程上常用的塑料薄膜主要是聚氯乙烯和聚乙烯制品，此外，还有各种组合型土工膜，如：聚氯乙烯薄膜两侧用丙纶编织布覆盖，以提高其强度；或是两侧用土工织物覆盖以提高其与垫层的摩擦系数。土工膜的渗透系数一般都在 10^{-8}cm/s 以下。土工膜早期用于渠道防渗，20 世纪 60 年代后应用于土石坝，在前苏联和法国等欧洲国家应用较多。20 世纪 80 年代以后，我国开始将土工膜应用于一些中、小型工程，并取得了一定的经验。

应用土工膜作土石坝防渗体时，可以铺设在上游面（类似斜墙），并以土、砂或砂砾料作垫层，再在其上加盖重和护坡。坝坡坡度受垫层和土工膜间的摩擦系数所控制，一般比较平缓，用料较多，但铺设和检修更新则比较方便。也可将土工膜直立铺设于坝体中部类似心墙，此时坝坡坡度可不受其影响，薄膜也不易损坏，但以后的维修更新不便。土工膜多用于斜墙坝。在土工膜防渗体设计施工中，要注意许多细部构造问题，以保证其防渗效果。如：尽量采用组合式土工膜，膜厚不宜小于 0.5mm 以防止破漏；做好底部和周边与不透水地基或岸坡的结合，一般采用锚固槽的连接方式；铺设时应保持松弛状态，以避免高应力造成的破坏；注意薄膜的粘接或焊接工艺，以保证连接防漏；做好垫层设计，可采用土、砂、砂砾石、沥青混凝土、无砂混凝土等作为垫层材料；整个结构设计应相互协调，以取得更好的经济效果。

我国土石坝设计规范规定：采用土工膜作为防渗体材料时，应按照《土工合成材料应用技术规范》（GB 50290）的规定执行。

（二）土工织物

土工织物的原料以丙纶及涤纶为最多，其次是锦纶及其合成纤维。按加工工艺的不同，可分为编织物、有纺织物（机织布）和无纺织物等三种。其中，用途最广的是无纺织物，它的纤维呈不规则或随意排列，用化学黏合、热力黏合、机械黏合等方法制成。其最大优点是强度没有明显的方向性，不像有纺织物沿经线、纬线的强度高，与经线、纬线斜交的方向强度低。土工织物已较普遍地应用于排水反滤系统与护坡垫层。土工织物的渗透系数一般为 10^{-2}～10^{-1}cm/s。

我国土石坝设计规范规定：对 3 级及其以下的低坝，经论证可采用土工织物作为反滤层材料，选用土工织物作反滤层，宜用在易修补的部位，并应按《土工合成材料应用技术规范》（GB 50290）设计。

第四节　筑坝材料的选择

一、土石料选择的一般原则

按《碾压式土石坝设计规范》（SL 274）规定，除沼泽土、高岭土、地表土以及含有未完全分解的有机质的土料外，原则上一般土石料均可作为碾压式土石坝的筑坝材料。但必须将不同的土石料配置在坝体内适宜部位，填筑坝体的土石料必须具备与其使用目的相适应的性质。具体选择时，应按下列要求进行技术经济比较后选定：就地就近取材，特别是优先考虑从坝基以及其他建筑物所挖出来的土石料；开采运输方便；压实经济合理；总造价最低。

二、坝体不同部位对土石料的要求

由于不同坝型及坝体中不同部位（坝壳、防渗体、排水设施等）的土石料所起作用不同，所以对土石料性质的要求也不一样，现分述如下。

（一）均质坝对土料的要求

均质坝的坝体既是防渗体，又是支承体，因此要求土料应具有一定的抗渗性和强度，同时易于压实和压缩性小等。具体讲，黏粒含量为10%～30%，塑性指数为8～10（不超过17）的壤土为宜，土料的渗透系数 K 不宜大于 10^{-4}cm/s，有机质含量按重量计不超过5%；水溶盐含量不超过3%。还应具有一定的抗剪强度。

（二）防渗体对土料的要求

作为填筑心墙、斜墙和铺盖等专设防渗体的土料，首先要求具有一定的抗渗性，其渗透系数最好应不超过坝壳渗透系数的1/1000，且不宜大于 10^{-5}cm/s，以便有效地降低坝体浸润线，提高防渗效果。防渗体土料应具有足够的塑性，能适应坝体和坝基的变形而不易产生裂缝，因此黏粒含量为15% ～30%或塑性指数为10～17的中壤土、重壤土以及黏粒含量为30%～40%或塑性指数为17～20的黏土均较适宜。黏粒含量大于40%或塑性指数大于20的黏土难于压实，不宜采用。膨胀土、开挖、压实困难的干硬黏土、冻土、分散性黏土，也不宜作为坝的防渗体填筑料，必须采用时，应根据其特性采取相应的措施。防渗体土料还应具有一定的抗剪强度。有机质含量不大于2%，水溶盐含量小于3%。

近年来国内外有些工程采用砾质黏土或人工加砾黏土作防渗体取得良好的效果。如我国云南鲁布革水电站黏土心墙坝（坝高101m），采用一层砂砾间一层黏土碾压后再翻起，拌匀后填筑到心墙上，使粗粒孔隙全部被细粒所填充，具有了足够的抗渗性和抗渗稳定性。由于含有粗粒，压缩性小，与坝壳变形也比较协调。这种土料用于高坝心墙的下部较合适。但其组成常是不均匀的，施工时要注意粗粒不能集中，以免形成渗漏通道。

我国南方地区的棕、黄或红色残积、坡积高塑性黏土，具有稳定的团粒结构，虽然天然容重低，天然含水量高，压缩性较差，但在这种天然状态下填筑仍具有较高的强度和相对较小的渗透性，仍可用于填筑较低的均质坝或多种土质坝的防渗体。西北、华北地区的湿陷性黄土，也可用作较低均质坝和防渗体材料，但需注意控制填筑含水量及压实度。

（三）坝壳对土石料的要求

心墙的上下游坝壳或斜墙后的坝体主要起支承作用，以保持坝体稳定。因此要求填筑坝壳部位的土石料应具有排水性能好、抗剪强度高、易于压实、抗渗透稳定和抗震稳定性好，以及具有一定的抗风化能力。凡粒径级配好的中砂、粗砂、砾石、卵石、石渣及其混合料，均可用来填筑坝体。但粒度均匀的砂或石不易压实，达不到所要求的紧密度；均匀的中细砂或粉砂在振动作用下容易发生液化，在地震区或有动力荷载作用的地方应尽量避免采用。

用于填筑坝壳的土石料，有机质含量不应超过5%，水溶盐含量不应超过8%。

关于土料的级配，一般认为，不均匀系数 $C_u = d_{60}/d_{10} > 30 \sim 100$ 是级配良好的土料，其压实性能好，可以得到较大的干容重、较大的抗剪强度；$C_u < 5 \sim 10$，级配不好，不易压实。砾质土和砾质砂的不均匀系数较大，压实性能也好，都可用来填筑坝壳，但需注意防止渗透破坏的可能性。

充分利用风化岩石、风化砾石、风化砂土及枢纽建筑时坝基开挖的风化石碴等作为筑坝材料，可以取得较好的经济效果。但对于软化系数较低、渗透稳定性差、浸水后抗剪强度有可能降低、湿陷性较大的风化料，一般只能用于浸润线以上的干燥区。云母含量过多的风化砂，不易压实，在长期荷载作用下压缩量大，浸水后还会产生显著的膨胀现象，不宜用作筑坝材料。

(四) 排水设施、护坡对石料的要求

排水设施和砌石护坡所用的石料，应有足够的抗水性（即在水中不软化、溶蚀）、抗冻性和抗风化能力。石料的抗压强度不低于 40～50MPa，软化系数不小于 0.75～0.85。岩石的孔隙率不大于 3%，吸水率（按孔隙体积比计算）不大于 0.8，容重应大于 22kN/m³。形状比较方正的新鲜花岗岩、片麻岩、石英岩、硅质砂岩以及坚硬致密的石灰岩等块石，均可作排水设备和护坡的石料。此外，碎石和卵石也可采用，但风化岩石不宜采用。

三、土石料填筑标准的确定

为提高填土的密实性、均匀性，使填土具有足够的抗剪强度，减小填土的压缩性，不产生过大的不均匀变形，并满足渗流控制要求，需要较高的填筑压实标准。但土石坝坝高、坝型及坝的部位不同，对土石料的填筑标准要求不同；土石料的压实特性、可采用的压实机具及其有效的压实程度、填土干容重、含水量与其力学性质的关系，特别是压缩性、渗透性、抗剪强度及孔隙压力的关系以及坝体设计对土石料力学性质提出的要求、天然干容重与天然含水量状况、施工现场对天然含水量进行处理的能力、筑坝地区的气候条件、设计地震烈度及其他动荷载作用情况、坝基土的压缩性和强度、不同填筑标准对造价和施工带来的影响等，都将影响填筑标准的确定。

土料填筑标准的确定是土石坝设计的重要内容，它直接影响到施工过程和造价的大小。对黏性土，主要是确定填筑干容重及含水量；对非黏性土，主要是确定孔隙比和相对密度。

1. 黏性土填筑的干容重及含水量

黏性土的填筑标准是以压实干容重为设计指标，并按压实度确定。

黏性土的压实度 P 系指设计干容重 γ_d 与标准击实试验的最大干容重 $\gamma_{d\max}$ 之比，即

$$P = \gamma_d / \gamma_{d\max} \tag{3-21}$$

对 1 级、2 级坝和各等级的高坝，其压实度不得低于 0.98～1.00；3 级、4 级、5 级坝压实度不得低于 0.96～0.98；设计地震烈度为 8 度、9 度的地区，宜取上述规定的大值。

在一定的压实功能下，只有在某一含水量时，才能获得最大干容重。所以，填筑干容重与填筑时土料的含水量和压实功能有着密切的关系。对应最大干容重的含水量，称为最优含水量。当压实功能不同，同一种土的最大干容重和相应的最优含水量也不同。

黏性土的填筑含水量一般控制在最优含水量附近，其上下限不得偏离最优含水量

土（2%～3%）。其上限值，取决于不影响压实和运输机械的正常运行，施工期坝内不产生过大的孔隙压力和剪切破坏；其下限值，取决于填土浸水后不产生过大的附加沉陷，不产生干松土层或影响压实。在冬季负气温下填筑时，为了防止填土冻结，黏性土的填筑含水量宜略低于塑限。初选时，填筑含水量可按下式确定：

$$\omega = \omega_p + \beta I_p \tag{3-22}$$

式中　ω——填筑含水量；

ω_p——填土的塑限含水量；

I_p——填土的塑性指数；

β——稠度系数，对高坝 $\beta=-0.1\sim0.1$；低坝 $\beta=0.1\sim0.2$。

根据工程实践，黏性土填筑含水量约为 $\omega=16\%\sim20\%$。

黏性土的填筑设计干容重 γ_d 可按下式计算：

$$\gamma_d = m\frac{\gamma_s(1-v_a)}{1-0.01\omega\gamma_s} \tag{3-23}$$

式中　m——施工条件系数，对高坝取 0.97～0.99，中、低坝取 0.95～0.97；

γ_s——土粒干容重；

v_a——单位压实土体的含气率，一般黏土取 0.05，壤土取 0.04、砂壤土取 0.03。

中小型土坝黏性土的设计干容重的取值范围，一般为 1.55～1.65t/m³，其中含砾黏土可达 2.0t/m³。

当设计干容重 γ_d 及标准击实试验的最大干容重值 $\gamma_{d\max}$ 确定后，即可算出黏性土的压实度。按上式确定的 ω、γ_d 值，对 1 级、2 级坝和各级高坝，均应通过专门的现场碾压试验进行校核，并确定碾压参数。对 3 级、4 级、5 级坝，可在施工初期，结合施工质量控制进行校核。

2. 非黏性土填筑的孔隙比和相对密度

非黏性土是坝体或坝壳的主要材料，其压实标准按相对密度确定。由于非黏性土的压实程度与其含水量关系不大，而与其粒径级配和压实功能有着密切的关系，故一般用相对密度 D_r 表示：

$$D_r = \frac{e_{\max}-e}{e_{\max}-e_{\min}} \tag{3-24}$$

式中　$e_{\max}$——非黏性土的最大孔隙比；

$e_{\min}$——非黏性土的最小孔隙比；

e——非黏性土的设计孔隙比。

设计非黏性土的相对密度时，对砂土，要求 $D_r \geqslant 0.70$；对砂砾土，要求 $D_r \geqslant 0.75$；反滤料宜为 0.70。砂砾石中粗粒料含量小于 50%时，应保证细料（小于 5mm 的颗粒）的相对密度也符合上述要求。

地震区的相对密度设计标准应符合《水工建筑物抗震设计规范》（SL 203）的规定，要求浸润线以下坝体填筑的相对密度不低于 0.75～0.85。

为了施工质量控制，常将相对密度 D_r 换算成干容重 γ_s 来表示。

将 $e=\frac{\gamma_s}{\gamma_d}-1$；$e_{\max}=\frac{\gamma_s}{\gamma_{d\max}}-1$；$e_{\min}=\frac{\gamma_s}{\gamma_{d\min}}-1$ 代入式（3-24）得

$$\gamma_d=\frac{\gamma_{d\max}\gamma_{d\min}}{(1-D_r)\gamma_{d\max}+D_r\gamma_{d\min}} \tag{3-25}$$

式中 $\gamma_{d\max}$——砂土的最大干容重；

$\gamma_{d\min}$——砂土的最小干容重。

对砂砾料，应按其含砾量的不同，确定其设计填筑干容重 γ'_d：

$$\gamma'_d=\frac{\gamma_d\gamma'_s}{\gamma_d P+\gamma'_s(1-P)}-A \tag{3-26}$$

式中 γ'_d——砂砾料填筑干容重；

γ'_s——大于5mm的粗颗粒干容重；

γ_d——小于5mm的细料控制干容重；

P——大于5mm的砾石含量，以%数计；

A——干容重降低值，当 $P<30\%$ 时，$A=0$；$P>30\%$ 时，A 值随 P 增加而增加，可参照已建类似工程经验或通过试验确定。

3. 块石填筑的孔隙率

块石的填筑标准，一般控制其孔隙率在25%～30%以内。

上述各种填筑标准，1级、2级坝或高坝应在工地专门进行碾压试验校核；其他级别的坝，可结合施工质量检验进行校核。无试验资料的中、小型土坝可参考表3-9和表3-10的经验值，并结合本工程实际分析选择设计标准。

表3-9　　砂砾料设计干容重参考值

大于5mm的含砾量	10～20	21～30	31～40	41～50	51～60	61～70
设计干容重 γ_d/(10kN/m^3)	1.70	1.75	1.85	1.90	1.95	2.00

表3-10　　内摩擦角 φ 及黏聚力 c 参考值

土　名	轻粉质壤土				中粉质壤土				重粉质壤土				黏　土			
压实干容重 γ_d/(10kN/m^3)	1.60	1.65	1.70	1.75	1.60	1.65	1.70	1.75	1.60	1.65	1.70	1.75	1.60	1.65	1.70	1.75
黏聚力 c/kPa	8	12	10	25	10	15	21	27	12	18	25	30	21	29	38	47
内摩擦 φ/(°)	23.2	25.6	27.2	28.0	21.0	22.6	23.8	24.7	19.2	21.0	22.6	23.4	16.4	19.2	21.0	22.0

第五节 土坝的渗透计算

初步拟定坝的剖面尺寸后必须进行渗透计算，算出坝体和坝基渗流区内的渗流水力要素。其目的是确定浸润线位置及逸出点，为坝的稳定计算提供数据；计算渗水流量以估计水库的水量损失和核算排水设施尺寸；计算渗流各部位的渗流比降，以核算渗透变形及防止渗透变形的措施；确定库水位降落后的坝内自由水面位置，以估计其附加孔隙水压力，为上游坝坡稳定计算提供（控制不利情况的）数据。总之，渗流计算是为了弄清渗流对坝体和坝基的作用情况，以便更合理地设计坝的各部分尺寸。

渗透计算方法有流体力学法和水力学法。流体力学法的精度高，但计算较繁；若有试验设备时常用图解法（即流网法）；水力学法的计算简单，还能满足工程精度要求，所以目前仍广泛应用。本节重点讲述水力学法，对于流网法只作简要介绍。

水力学法是在一些简化前提下的近似解法，其基本假定有：渗流为二元稳定流，属层流运动，符合达西定律；渗流是渐变流，任一过水断面上各点的水力比降和流速认为是常数；渗流区域内某一种土料的渗透系数为常数。

一、不透水地基上的土坝渗透计算

当地基的渗透系数为坝体的渗透系数的 1/100 以下时，可近似认为是不透水地基，视为平面问题处理，取单位坝长计算。

（一）均质土坝的渗透计算

1. 下游无排水设施或只有贴坡式排水的均质土坝，见图 3-30、图 3-31

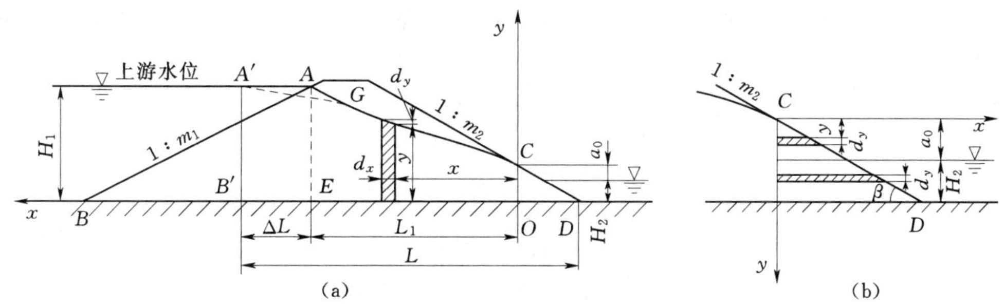

图 3-30　不透水地基无排水均质土坝渗透计算简图

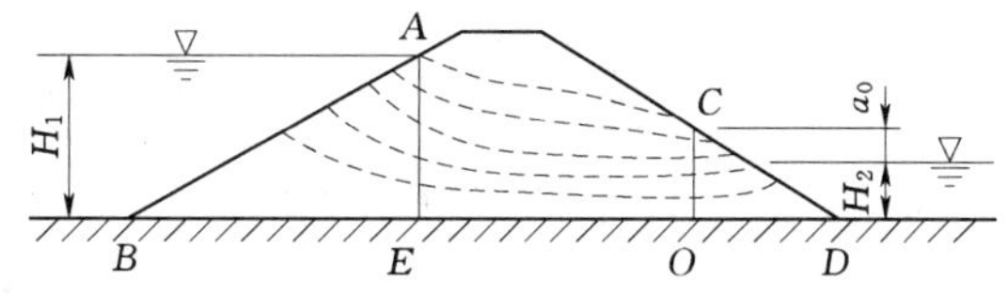

图 3-31　均质坝渗透计算分段图

用 AE 和 CO 两铅垂线将渗流区分成三段，ABE 三角形区内流线弯曲较大，不宜假定为水平的，常用等效矩形 $AEB'A'$ 代替实际渗流的三角形 ABE，将坝的计算断面简化为上游面 $A'B'$，为铅垂的 $A'B'EOC$ 段和三角形 COD 段。两段内的流线假定为平行的，等效矩形的宽度 ΔL 根据电拟试验成果，可近似用下式计算：

$$\Delta L=\frac{m_1}{1+2m_1}H_1 \tag{3-27}$$

式中　m_1——变坡时可取其平均值。

浸润线 AGC 与下游坝坡的交点 C 称为逸出点，C 点至下游水面的高度 a_0 称为逸出高度，坐标原点 O 是过 C 点的 y 轴与水平地面的交点，其他见图 3-30。

由渐变流定理和达西定律，y 轴上游段 x 范围内的渗流量（即任一铅垂过水断面通过的单宽流量）$q=VA=KJA$；而此 x 段渗透坡降 $J=[y-(a_0+H_2)]/x$；平均过渗断面 $A=[y+(a_0+H_2)]/2$，由此得

$$\frac{q}{K}=\frac{y^2-(a_0+H_2)^2}{2x} \tag{3-28}$$

当 $x=L-m_2(a_0+H_2)$（$A'B'$断面处）时，将 $y=H_1$ 代入上式得

$$\frac{q}{K}=\frac{H_1{}^2-(a_0+H_2)^2}{2[L-m_2(a_0+H_2)]} \tag{3-29}$$

坝脚水上部分见图 3-33（b），y 轴下游段 a_0 高度内的坝体（对达西流量公式求导），d_y 流带内的流量为 $dq_1=K\dfrac{y}{m_2 y}dy$，该式对 a_0 高度积分得

$$\frac{q_1}{K}=\frac{a_0}{m_2} \tag{3-30}$$

坝脚水下部分 y 轴下游段 H_2 高度内坝体（对达西流量公式求导），dy 流带内的流量为 $dq_2=K\dfrac{a_0}{m_2 y}dy$，该式对 H_2 高度积分得

$$\frac{q_2}{K}=\frac{a_0}{m_2}\ln\frac{a_0+H_2}{a_0} \tag{3-31}$$

y 轴下游三角形 COD 内，任一铅垂面通过的流量为 $q=q_1+q_2$，由式（3-30）和式（3-31）得

$$\frac{q}{K}=\frac{a_0}{m_2}(1+\ln\frac{a_0+H_2}{a_0}) \tag{3-32}$$

当 $H_2=0$（下游无水）时，式（3-29）、式（3-32）为

$$\frac{q}{K}=\frac{{H_1}^2-a_o^2}{2(L-m_2 a_0)} \tag{3-29$'$}$$

$$\frac{q}{K}=\frac{a_0}{m_2} \tag{3-32$'$}$$

由式（3-29）$'$和式（3-32）$'$右侧相等的条件，可得到

$$a_0=\frac{L}{m_2}-\sqrt{\left(\frac{L}{m_2}\right)-{H_1}^2} \tag{3-33}$$

将式（3-33）代入式（3-32）$'$得

$$\frac{q}{K}=\frac{1}{{m_2}^2}(L-\sqrt{L^2-{m_2}^2{H_1}^2}) \tag{3-34}$$

利用上述公式计算的步骤：①下游无水时（$H_2=0$）：由式（3-33）求出 a_0，式(3-34）求出$\dfrac{q}{K}$，利用式（3-28）绘出浸润线 CGA'（图 3-30），以 AG 曲线代替 $A'G$ 段来修正浸润线；AG 曲线应与坝坡正交于 A 且与 $A'GC$ 相切于 G，AGC 曲线即为所求的浸润线；②下游有水时（$H_2\neq 0$）：由式（3-29）、式（3-32）右端相等条件试算出 a_0 后，回代算出$\dfrac{q}{K}$值，用式（3-28）绘制浸润线。

2. 下游有堆石排水的均质土坝（图 3-32）

（1）下游无水时，见图 3-32（a）。实验得知，因排水体的渗透系数远大于坝身的渗透系数，故浸润线将要进入排水体时，下降加快，进入排水体后则骤降。由式（3-28）知坝体内浸润线为一抛物线，所以这里近似假定（模拟）排水体内坡脚与基面交点 O 为抛物线的焦点，浸润线进入排水体后骤降与基面的交点为抛物线的顶点，并选 O 点作为原点的坐标系。原点处抛物线的 y 坐标值为 h_0，焦点 O 至顶点的水平距 L_g 由抛物线性质知 $L_g=h_0/2$。抛物线的标准方程为 $y^2=2px+c$，根据已知条件 $x=0$ 时，$y=h_0$；$x=-h_0/2$时，$y=0$，可求得待定常数 $p=h_0$ 和 $c=h_0^2$，故抛物线方程（浸润线方程）为

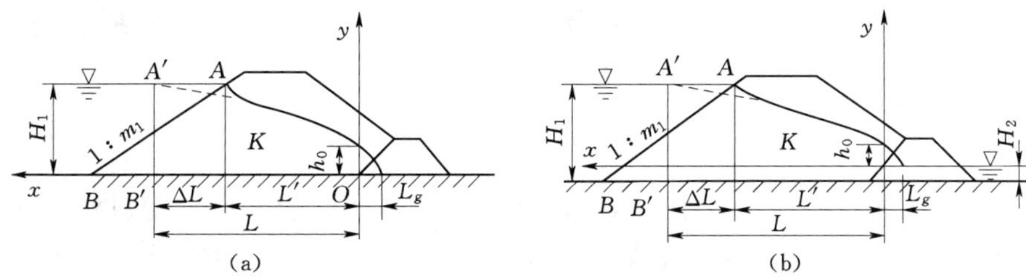

图 3-32 有排水的均质土坝渗透计算简图

(a) 下游无水；(b) 下游有水

$$y^2 = 2h_0 x + h_0^2 \tag{3-35}$$

此式需满足边界条件，$x=L$ 时 $y=H_1$，代入得到浸润线在排水体内趾上方的高度：

$$h_0 = \sqrt{H_1^{\ 2} + L^2} - L \tag{3-36}$$

参照式（3-28）的推导，可知通过 x 处断面的流量为$\dfrac{q}{K} = \dfrac{y^2 - h_0^{\ 2}}{2x}$，即

$$y^2 = 2\frac{q}{K}x + h_0^2 \tag{3-37}$$

与式（3-35）对比可知

$$\frac{q}{K} = h_0 \tag{3-38}$$

由式（3-36）算 h_0、式（3-38）算 q，再用式（3-35）绘制浸润线。

（2）下游有水时，见图 3-32（b）。近似把 H_2 高度内的坝体当做不透水，即可参照式（3-36）求出 h_0 值（式中 H_1 换为 H_1-H_2），即

$$h_0 = \sqrt{L^2 + (H_1 - H_2)^2} - L \tag{3-39}$$

参照式（3-28）的思路推导得出计算渗流量的公式：

$$\frac{q}{K} = \frac{H_1^{\ 2} - (H_2 + h_0)^2}{2L} \tag{3-40}$$

用式（3-35）绘制浸润线（注意：x 轴要与下游水面一致）。

因假定 H_2 高度内坝体不透水与实际情况不符，式（3-39）算出的 h_0 偏大，引起式（3-35）算出的浸润线偏高（尤其在 H_2 较大时）。用于计算坝的稳定时则是偏于安全的，而 q 算的比实际偏小。

（二）心墙土坝的渗透计算（图 3-33）

由于心墙的渗透系数 K_e 为坝壳的渗透系数 K 的 1/100 以下时，可不计上游坝壳的阻渗作用，心墙上游坝壳内的水位即为库水位。为了简化常将心墙按平均厚度计算，平均厚度 $\delta = \dfrac{1}{2}(\delta_1 + \delta_2)$ 如图 3-33 所示，由达西定律 $q = vA =$

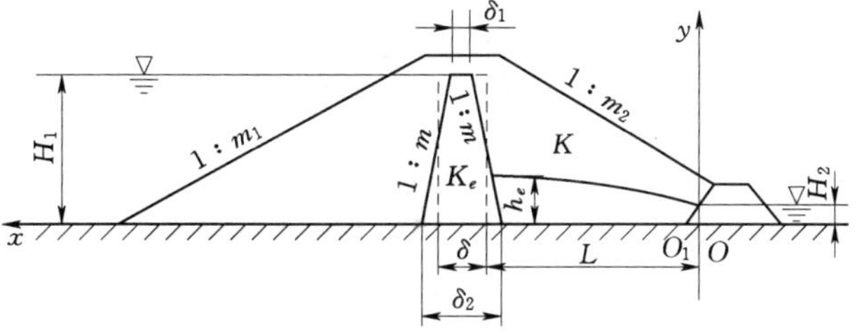

图 3-33 不透水地基心墙坝渗透计算简图

KJA；此段渗透坡降 $J=(H_1-h_e)/\delta$；过渗断面 $A=(H_1+h_e)/2$；$K=K_e$；则通过心墙的 q 为

$$q = K_e \frac{H_1{}^2 - h_e{}^2}{2\delta} \tag{3-41}$$

因 K_e 远小于 K，h_e 常常较小，故下游坝壳内的浸润线是较平缓的抛物线，可以认为浸润线与下游水面交于排水体内坡线上（即按 h_0 为零计）。令 y 轴过该点，由达西定律 $q=vA=KJA$；此段渗透坡降 $J=(h_e-H_2)/L$；过渗断面 $A=(h_e+H_2)/2$；则通过下游坝壳的 q 为

$$q = K\frac{h_e^2-H_2^2}{2L} \tag{3-42}$$

由式（3-41）、式（3-42）相等条件求出 h_e 及 q 值，坝壳内的浸润线按下式绘制：

$$\frac{q}{K} = \frac{y^2 - H_2^2}{2x} \tag{3-43}$$

下游无水时（$H_2=0$），坐标原点置于排水设施起点 O_1 处，通过坝壳的 q 为

$$q = K\frac{h_e^2-h_0^2}{2L'} \tag{3-44}$$

式中　h_0——焦点 O_1 处 y 坐标值，参照式（3-36）得 $h_0=\sqrt{h_e{}^2+L'^2}-L'$；

L'——心墙下游面至 O_1 的水平距离。

用式（3-41）、式（3-44）相等条件求 h_e、q，将式（3-43）中 H_2 换为 h_0 即可绘制浸润线。

上述心墙坝的计算适用于 $K/K_e>100$ 以上，否则应计入上游坝壳的阻渗作用。当心墙较厚（$m>0.5$）时，不宜按平均厚度计算，应按实际的梯形剖面计算，心墙内的浸润线仍按抛物线原则绘制且修正，若心墙较薄（$m<0.5$）时，h_e 又很小，浸润线可近似按直线绘制。

（三）斜墙土坝的渗透计算

斜墙土坝的渗透计算，见图 3-34。

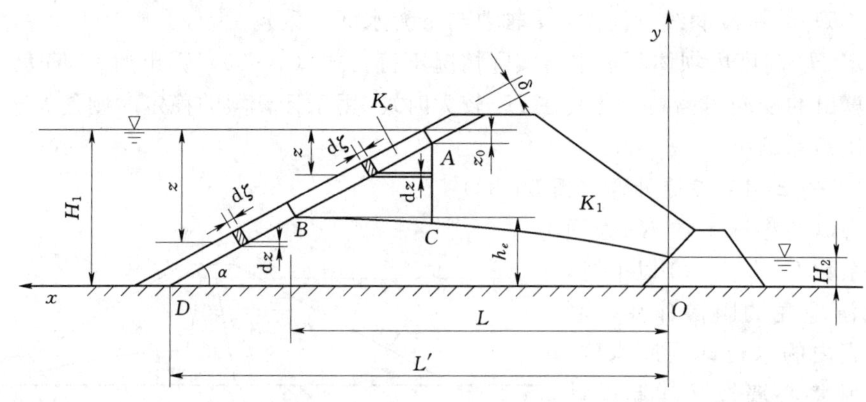

图 3-34　不透水地基斜墙坝渗透计算简图

常不计斜墙上游保护层的阻渗作用，分斜墙和下游坝壳两部分建立渗流方程联立求解

得出 h_e 值。斜墙的上游面为一等势线，故假定通过斜墙的流线为与上游面正交的平行线簇。为了简化，常按斜墙的平均厚度 δ 计算，渗流的过水断面为 AD 断面。AB 段的渗流作用水头损失值由 z_0 逐渐加大至 H_1-h_e，BD 段的渗流作用水头值为常数 H_1-h_e。故通过 AB 段和 BD 段的流量分别为

$$q_1=K_e\overline{J}_1\omega_1=K_e\frac{H_1-h_e+z_0}{2\delta}\times\frac{H_1-h_e-z_0}{\sin\alpha}=\frac{(H_1-h_e)^2-z_0^2}{2\delta\sin\alpha}K_e \tag{3-45}$$

$$q_2=K_e\overline{J}_2\omega_2=K_e\frac{H_1-h_e}{\delta}\times\frac{h_e}{\sin\alpha}=K_e\frac{h_e(H_1-h_e)}{\delta\sin\alpha} \tag{3-46}$$

通过斜墙的总流量 $q=q_1+q_2$，即

$$q=K_e\frac{H_1^2-h_e^2-z_0^2}{2\delta\sin\alpha} \tag{3-47}$$

其中

$$z_0=\delta\cos a$$
$$\omega_1=\overline{AB}$$
$$\omega_2=\overline{BD}$$

式中　$\overline{J_1}$——该段平均渗透比降；

其他符号意义见图 3-34。

若 K_1 远大于 K_e，通过 AB 段斜墙的渗流进入 K_1 区内后，靠重力不连续地铅垂下落，故 ABC 区内的渗流称为“滴漏”区。坝壳 BC 段因“滴漏”而为沿程变量流（由 q_2 渐增为 q）。为了简化计算，常假定 BC 段仍为等量流且不计 BD 段的阻渗作用，则通过下游坝壳的流量仍可用式（3-42）表示（式中符号意义如图 3-34 所示）。

由式（3-42）、式（3-47）相等条件即可求出 h_e 和 q 值，坝壳内的浸润线与心墙土坝下游坝壳同理绘制。

二、有限深透水地基土坝的渗透计算

土坝与透水地基是统一的流场，为简化计算常把二者分别计算。计算坝体渗流时认为地基不透水；计算坝基渗流时认为坝体是不透水的有压渗流；即忽略两部分渗流的相互影响，其计算成果的浸润线偏高而渗流量 q 偏小。

（一）均质土坝

有限深度透水地基均质土坝渗透计算简图见图 3-35。先按前述不透水地基土坝计算通过坝体的渗流量 q_1 及浸润线。再按坝体不透水计算坝基内的有压渗流量 q_2：

$$q_2=K_T\frac{H_1T}{L_0+0.88T} \tag{3-48}$$

式中　T、K_T——坝基透水层深度及其渗透系数；

L_0——坝底宽度（不包括透水料部分）。

坝体和坝基总的渗流量为 $q=q_1+q_2$。当 $K_T>100K$ 时，可近似认为 $q_1=0$，坝内的浸润线就是坝基内有压渗流的测压管水头线。双层结构坝基，两层渗透系数相差在 3～5 倍以内时，可合为一层计算，其渗透系数采用加权平均值；下卧层的渗透系数小于上覆层的 100 倍以上时可认为下卧层为不透水层。

（二）带截水槽的心墙土坝（图 3-36）

忽略上游坝壳和坝基的阻渗作用，心墙和截水槽按同一的加权平均厚度 d 计算，通过心墙和截水槽的渗流量为

$$q=K_e\frac{(H_1+T)^2-(h_e+T)^2}{2\delta} \tag{3-49}$$

通过下游坝壳和地基的渗流量为

$$q=K\frac{h_e^2}{2L}+K_T\frac{Th_e}{L+0.44T}=q_1+q_2 \tag{3-50}$$

式（3-49）、式（3-50）联立解可得 h_1、q，下游坝壳内的浸润线可按 $\frac{q_1}{K}=\frac{h_e^2}{2L}=\frac{y^2}{2x}$ 绘制，其坐标位置见图 3-36。

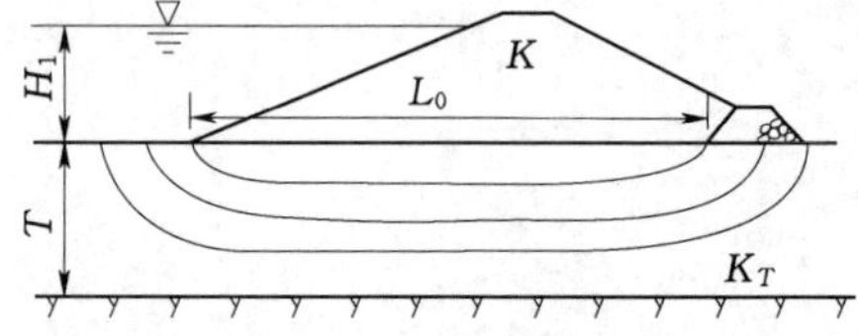

图 3-35　有限深度透水地基均质土坝渗透计算简图

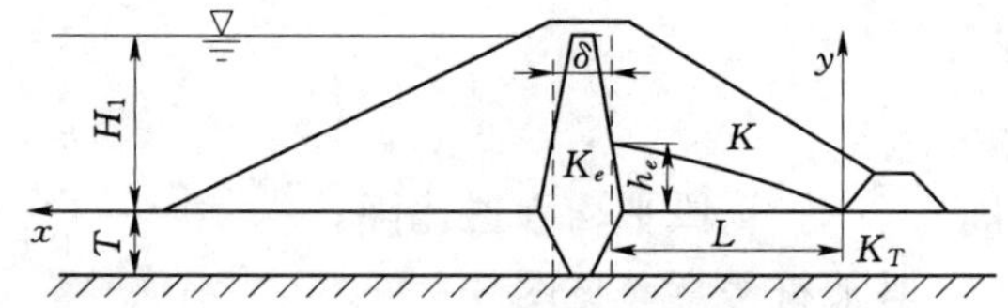

图 3-36　有限深透水地基上心墙坝渗透计算简图

（三）带截水墙的斜墙土坝（图 3-37）

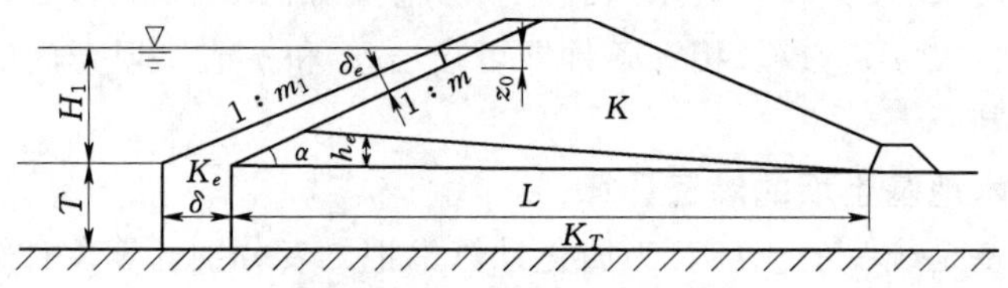

图 3-37　有限深透水基上斜墙坝渗透计算简图

忽略斜墙保护层及上游坝基的阻渗作用，斜墙及截水槽各按其平均厚度 δ_e 及 δ 计算。通过斜墙，截水槽以及通过下游坝壳、坝基的渗流量分别为

$$q=K_e\frac{H_1^2-h_e^2-z_0^2}{2\delta_e\sin\alpha}+K_e\frac{H_1-h_e}{\delta}T \tag{3-51}$$

$$q=K\frac{h_e^2}{2(L-mh_e)}+K_T\frac{h_eT}{(L-mh_e)+0.44T} \tag{3-52}$$

联立式（3-51）、式（3-52）解得 h_e、q，坝壳内浸润线很平缓，可近似以直线表示，如图 3-37 所示。

（四）有铺盖和斜墙的土坝（图 3-38）

为了有效防渗，要求铺盖和斜墙的 K_e 小于坝基的 K_T 的 1/100 倍以下，可认为铺盖和斜墙为不透水体。将坝基和下游坝壳分为以 AB 为界线的两部分计算。通过上游坝基部分的有压渗流量及通过下游坝基、坝壳的无压渗流量分别为

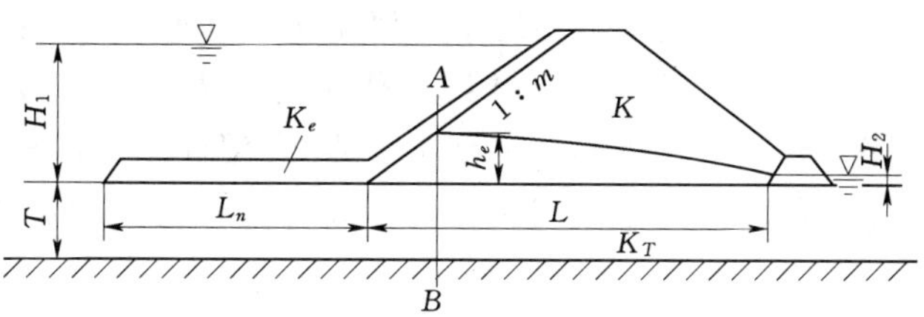

图 3-38 有铺盖的斜墙土坝渗透计算简图

$$q=K_T\frac{(H_1-h_e)T}{(L_n-mh_e)+0.44T} \tag{3-53}$$

$$q=K_T\frac{(h_e-H_2)T}{(L-mh_e)+0.44T}+K\frac{h_e^2-H_2^2}{2(L-mh_e)} \tag{3-54}$$

联立解式（3-53）、式（3-54）得 h_e、q 值。h_e 较小时坝壳内浸润线近似按直线绘制。

由于土坝型式太多，渗流计算公式不能全都讲。只要学会适当地简化其边界条件，就可灵活运用达西定律，建立其渗流方程式，进行渗流计算。水力学法一般适用于 3～5 级土坝，1 级、2 级或高坝的初步设计也可采用。土坝渗流计算的情况要与稳定分析的情况相结合，一般有：①上游正常水位与相应的下游水位；②上游设计洪水位与相应的下游最高水位；③上游校核洪水位与相应的下游最高水位；④上游水位骤降期。

三、土坝总渗流量计算及渗透计算情况

根据坝高、地质（主要是 K_T 值），透水层厚度 T 的变化，将坝沿轴向分为若干段，分别计算分界面处的单宽流量 q_1，q_2，…，q_n，丈量分界面的间距 l_1，l_2，…，l_n，l_{n+1}，如图 3-39 所示。按下式计算总的渗流量 Q 为

$$Q=\frac{1}{2}[q_1l_1+(q_1+q_2)l_2+\cdots+(q_{n-1}+q_n)l_n+q_nl_{n+1}]$$

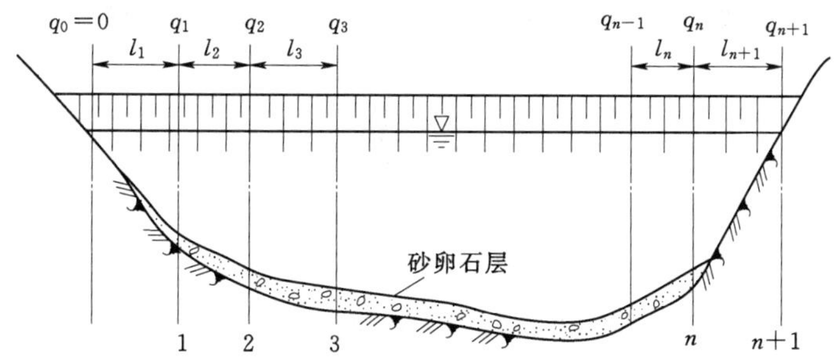

图 3-39 土坝总渗流量计算图

四、用流网法分析土坝渗流问题

水力学法不能求出渗流场中任一点的渗流要素，有时需要用流网图来求得某局部的渗透比降或孔隙水压力，以判断该处产生渗透变形的可能性及受力情况，并能核算水力学法的成果。

渗流运动的情况可用渗流场中的流网图表示，流网由流线和等势线两簇相互正交的曲

线构成，如图 3－40 所示。浸润线是最高的第一根流线，不透水层表面线是最下边的最后一根流线，上游坝坡线是上游的第一条等势线（代表的渗透水头为 ΔH），下游水下的坝坡线是下游的最后一条等势线（代表的渗透水头为零），浸润线逸出点至下游水位间的坝坡线既不是流线也不是等势线。绘制流网时，常使相邻两等势线的势差为常数 Δh，网格为方形或扭曲方形。

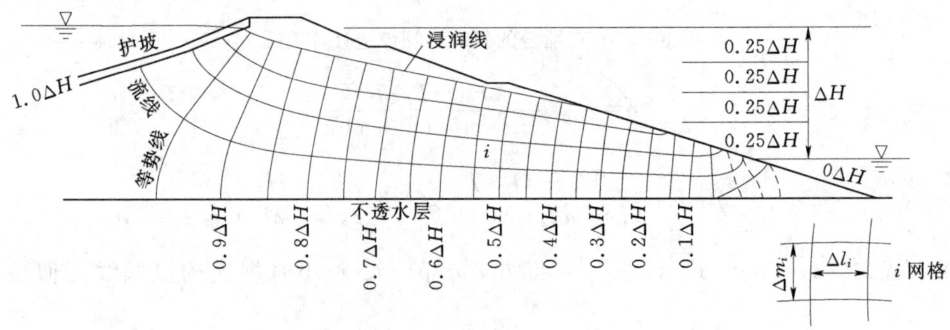

图 3－40　渗流场中的流网图

由达西定律，通过任一网格的渗流量 Δq 为

$$\Delta q = K\frac{\Delta h}{\Delta l_i}\Delta m_i = K\Delta h = K\frac{\Delta H}{n} \tag{3-55}$$

式中　ΔH——总渗透水头（即上下游水位差）；

n——等势带条数，等于等势线根数减 1。

由流网的连续定律可知相邻两流线间的流量为常数，则总渗流量为

$$q = K\frac{\Delta H}{n}m \tag{3-56}$$

式中　m——流带条数，等于流线根数减 1。

某网格内的平均流速 v_i，平均渗透压强 p_i，其方向为网格的两根流线的平均切线方向（即和流向一致），其值为

$$v_i = K\frac{\Delta h}{\Delta l_i} \tag{3-57}$$

$$p_i = \gamma_0\frac{\Delta h}{\Delta l_i} \tag{3-58}$$

某条等势线上任一点的渗透水压强（静水压强）p_n 为

$$p_n = \gamma_0\Delta H_i \tag{3-59}$$

式中　γ_0——水的重度；

ΔH_i——某一等势线代表的渗透水头。

流线、等势线穿越渗透系数不同的土壤接触面时都会发生转折，如图 3－41 所示。

如图 3－41（b）所示流带的流量 Δq 为

$$\Delta q = K_1\frac{\Delta h}{\Delta l_1}\Delta s_1 = K_2\frac{\Delta h}{\Delta l_2}\Delta s_2 \text{ 即 } K_1\tan\alpha_1 = K_2\tan\alpha_2 \tag{3-60}$$

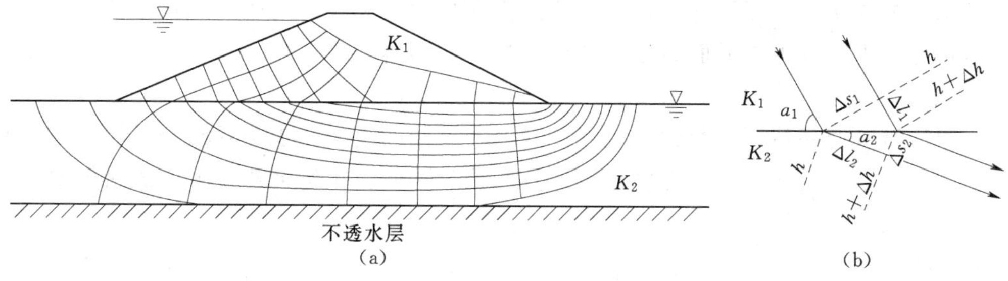

图 3－41　穿越渗透系数不同的土壤接触面的流网图

当$\frac{\Delta l_1}{\Delta s_1}=1$时$\frac{\Delta l_2}{\Delta s_2}=\frac{K_2}{K_1}$，两种土壤分界面为公共边，则

$$\frac{\Delta s_1}{\Delta s_2}=\frac{\sin\alpha_1}{\sin\alpha_2},\quad \frac{\Delta l_1}{\Delta l_2}=\frac{\cos\alpha_1}{\cos\alpha_2}$$

若土壤分界面一侧的网格已知，则可按上述关系式可确定另一侧的网格，$\alpha_1=90°$时不转折。

流网图应由试验得出，对于小型工程在没有试验设备时，往往需用手描绘流网图。现将其方法步骤简述如下：①以水力学法计算的浸润线位置作为其假定位置；②在已知边界条件范围内，按渗流的大致方向绘出 2～4 根流线；③把渗透总水头 ΔH 分成若干等分 Δh，以等分线与浸润线的交点作为等势线的起点，按正交原则绘出与流线正交的等势线，即得到初步的流网图；④按网格为扭曲方格的原则对初绘流网逐渐修正，直至大多数方格都满意为止。手绘流网图需有一定的经验和技巧，但对于简单的坝剖面，地基单一的工程，手绘流网图还是不困难的；对于多种土质坝或多层结构坝基，手绘流网图的准确性较差且困难，还是以试验法为宜。

五、土坝的渗透变形及其防止措施

（一）土坝的渗透变形形式

坝体和坝基内土体颗粒在渗透水流作用下引起连续移动，或土体的同时浮动、流失、表面隆起、断裂和剥落现象称为渗透变形。破坏性的渗透变形可导致水工建筑物的破坏、失事。土体的渗透变形形式与土体的性质、颗粒组成、渗流特性和渗流出口的保护条件等因素有关，其主要形式有管涌、流土、接触冲刷和接触流失四种。

1. 管涌

坝体或坝基中的土壤颗粒被渗流带走形成渗流通道的现象，称为管涌。当土体内的渗透坡降大到某一数值时，土体内的细小颗粒开始被渗流带动流失，随着土颗粒的流失，在土体内逐渐形成连续的集中的渗流通道，即管涌。使土颗粒在土体孔隙内开始移动的水力坡降称为管涌的临界坡降。使大量土颗粒在土体孔隙中开始流动，形成渗流通道，并在土体表面产生较大范围渗流破坏的水力坡降称为管涌的破坏坡降。管涌常发生在无凝聚力的无黏性土中。由于黏性土颗粒之间存在着凝聚力，渗流难于把单个颗粒带走，故一般在黏性土内不会发生管涌。

2. 流土

在渗流作用下，成块土体在渗流逸出处被掀起流失的现象，称为流土。发生流土时的渗透坡降称为流土的破坏坡降。流土主要发生在黏性土及较均匀的非黏性土体的渗流逸出处。对于黏性土，则土体表面将出现隆起、断裂和剥落现象。

3. 接触冲刷

当渗流沿着两种不同材料的接触面，如两种不同的土层、土与建筑物、填土与地基等接触面流动时，沿层面带走细颗粒的现象称为接触冲刷。接触冲刷可使邻近接触面的不同土层混合起来。

4. 接触流失

包括接触流土和接触管涌。当渗流垂直于渗透系数相差较大的两相邻土层的接触面流动时，如通过黏土心墙或斜墙与坝壳砂砾料之间、坝体或坝基与排水设备之间、坝体或坝基内不同土层之间界面的垂直渗流，可能把其中一层的细颗粒带到另一层粗颗粒中去的现象，称为接触管涌。当其中一层为黏性土，由于含水量增加，土内黏聚力降低，在垂直渗流作用下而成块移动，甚至形成剥蚀区的现象，称为接触流失。

（二）防止渗透变形的工程措施

土体产生渗透变形主要与渗透坡降、土的颗粒组成及孔隙率、土层及土与建筑物交接界面情况等因素有关。防止渗透变形的工程措施，主要是降低渗透坡降、增强抵抗产生渗透变形的能力。

（1）在坝体和坝基内设置防渗体，如防渗心墙、斜墙、截水墙和铺盖等，以加长渗径、降低渗透坡降或截阻渗流。

（2）设置反滤减压井或反滤排水沟，降低渗流出口处的渗透压力，可以有效排除坝基渗水。

（3）在坝的下游可能产生流土的地段加设盖重（同时注意反滤排水），防止渗流逸出处表层土体被掀起或浮动。

（4）在防渗体与坝壳或两种土体颗粒粒径相差较大时，应设置过渡层或反滤过渡层，以填补土料颗粒粒径的不连续性，避免防渗体等部位发生裂缝或控制裂缝的开展，防止两种土料界面产生接触管涌或接触流土。

（5）在土质防渗体与坝支承体，或与坝基透水层联结处，以及渗流逸出处，都必须设置反滤层。其作用是滤土排水，防止在水工建筑物渗流逸出处产生渗透变形。

第六节　土坝的稳定计算

土坝失稳的形式，主要是坝坡或坝坡连同部分坝基沿某一剪切破坏面的滑动。稳定计算之目的是核算初拟的坝剖面尺寸在各种运用情况下坝坡是否安全、经济。工程实践表明，剪切破坏时的滑动面形状比较复杂。一般在黏性土中近似于圆弧形，非黏性土中近似于直线或折线形，斜墙坝还可能是沿斜墙底面或顶面的折线形。所以稳定计算时应首先根据土料及坝型选择出滑动面的形状，然后选取合适的方法及公式核算该滑动面的稳定性，下面分述不同形状滑动面的稳定计算方法。

一、土石坝滑动面的形式

工程实践表明，剪切破坏时的滑动面形状比较复杂。滑动面的形状与坝体结构、筑坝材料性质、坝基和坝体的工作条件等密切相关，大致可归纳为以下三种。

1. 曲线滑动面

如图 3-42（a）、（b）所示。此类滑动多发生在黏性土坡中，滑动面呈上陡下缓的曲面，近似圆弧。当坝基为岩基或坚硬土层时，滑弧多从坝脚处滑出；当坝基与坝体土质相近或遇软弱地基时，滑动面可能深入坝基从坝脚以外滑出。

2. 直线或折线滑动面

如图 3-42（c）、（d）所示，此类滑动多发生在非黏性土坡中。当砂土坡处于完全干燥或全部浸水情况，可能发生沿一个平面的直线滑动；当砂土坡处于部分浸水时，将产生折线滑动；斜墙坝失稳时，常沿斜墙与坝体交界面呈折线滑裂面滑动。

3. 复合滑动面

如图 3-42（e）、（f）所示，当滑裂面通过多种土质组成的坝体或滑裂面下切至软弱夹层时，可能产生复合滑动面。图 3-42（e）即为通过黏土心墙的圆弧面与通过砂砾土坝壳的直线滑裂面构成的复合滑动面；而图 3-42（f）则表示通过坝体和坝基的两段圆弧与通过软弱夹层的直线构成的复合滑动面。

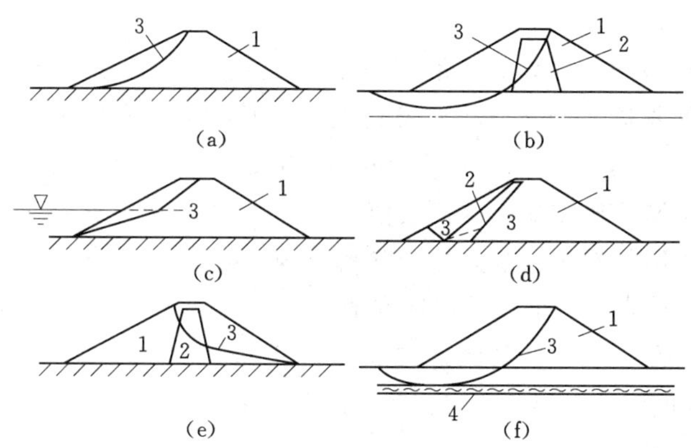

图 3-42　剪切破坏的滑动面形状

1—支承体；2—防渗体；3—滑动面；4—软弱层

二、荷载及其组合

（一）荷载

土石坝稳定计算考虑的荷载主要有自重、渗透力、孔隙水压力和地震惯性力等。

1. 自重

对于土石体自重，可以分条块计算。一般（不考虑渗透力 F_i 作用时）在浸润线以上的土体按湿重度计算；浸润线以下、下游水位以上按饱和重度计算；下游水位以下按浮重度计算。

2. 渗透力

渗透力是渗透水流通过坝体时作用于土体的体积力，其方向为各点的渗流方向。单位土体所受到的渗透力大小为 γJ，γ 为水的重度，J 为该处的渗透坡降。

3. 孔隙水压力

根据孔隙理论，黏性土在外荷载作用下产生压缩时，由于孔隙内空气和水不能及时排出，外荷载便由土粒、孔隙中的水和空气共同承担。若土体饱和，外荷载将全部由水承担。随着孔隙水因受压而逐渐排出，所加的外荷载逐渐向土料骨架上转移。土料骨架承担的应力称为有效应力，它在土体滑动时能产生摩擦力抵抗滑动；孔隙水承担的应力称为孔隙应力（或称孔隙水压力），它不能产生摩擦力；土体中的有效应力与孔隙水压力之和称为总应力。

孔隙压力的存在使土的抗剪强度降低，也使坝坡稳定性降低。对于黏性土体或坝基，在施工期和水库水位降落期必须计算相应的孔隙水压力对稳定性的影响，必要时还要考虑施工末期孔隙压力的消散情况。

孔隙压力的大小一般难以准确计算，它不仅与土料的性质、填土含水量、填筑速度、坝内各点荷载和排水条件等因素有密切关系，而且还随时间而变化。目前孔隙水压力常按两种方法考虑，一种是总应力法，即采用不排水剪的总强度指标 Φ_u、C_u 来确定土体的抗剪强度：$\tau_u = C_u + \sigma\tan\Phi_u$；另一种是有效应力法，即先计算孔隙压力，再把它当做一组作用在滑弧上的外力来考虑，此时采用与有效应力相应的排水剪或固结快剪试验的有效强度指标 Φ'、C'。

4. 地震荷载

地震惯性力可按拟静力法计算。沿坝高作用于质点 i 处的水平向地震惯性力代表值 F_i 应按下式计算（对散粒体，稳定分析对象是土条，所以不求地震惯性力总力）：

$$F_i = \alpha_h \zeta G_{Ei} \alpha_i / g \tag{3-61}$$

式中　α_h——水平向设计地震加速度代表值；

ζ——地震作用的效应折减系数，除另有规定外，取 0.25；

G_{Ei}——集中在质点 i 的重力作用标准值；

α_i——质点 i 的动态分布系数，按表 3-11 采用（表中 α_m 在设计烈度为 7 度、8 度、9 度时，分别取 3.0、2.5 和 2.0）；

g——重力加速度。

表 3-11　　土石坝坝体动态分布系数 α_i

坝高 $H \leqslant 40$m	坝高 $H > 40$m

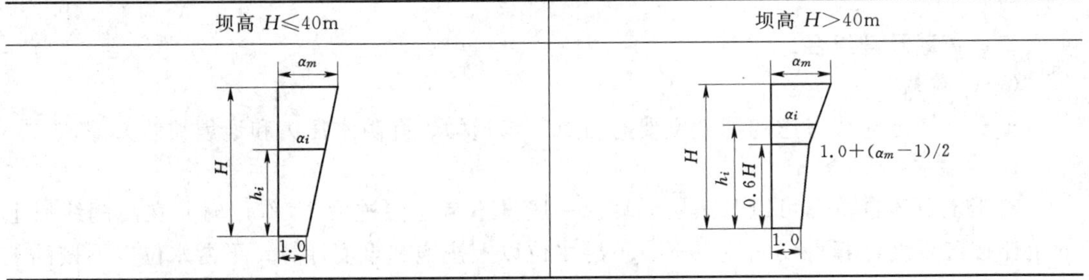

对设计烈度为 8 度、9 度的 1 级、2 级坝，应同时考虑水平向和竖向地震惯性力作用，并取水平向地震和竖直向地震的质点动态分布系数 α_i 相同。

（二）荷载组合

1. 正常运用条件

正常运用条件包括以下几种情况：

（1）水库蓄满水（正常高水位或设计洪水位）时，下游坝坡的稳定计算。

（2）上游库水位最不利时，上游坝坡的稳定计算。这种不利水位大致在坝底以上 1/3 坝高处。当坝体剖面比较复杂时，应通过试算来确定。

（3）库水位正常降落，上游坝坡内产生渗透力时，上游坝坡的稳定计算。

2. 非常运用条件Ⅰ

非常运用条件Ⅰ包括以下几种情况：

（1）库水位骤降时（一般当土体渗透系数 $k<1\times10^{-3}$cm/s，水库水位下降速度 $v>$ 3m/天时属于骤降），上游坝坡的稳定计算。

（2）施工期到竣工期，坝坡连同黏性土基一起的稳定计算。特别是对于高坝厚心墙的情况，必须考虑孔隙水压力的作用。

（3）校核水位时，下游坝坡的稳定计算。

3. 非常运用条件Ⅱ

正常（运用）情况加地震作用时，上、下游坝坡的稳定计算。

（三）要求的抗滑稳定安全系数（一定要与计算方法对应）

采用计入条块间作用力的计算方法时，坝坡抗滑稳定的安全系数，应不小于表 3-12 规定的数值。

表 3-12　　坝坡抗滑稳定最小安全系数

运用条件	工程等级			
	1	2	3	4，5
正常运用条件	1.50	1.35	1.30	1.25
非常运用条件Ⅰ	1.30	1.25	1.20	1.15
非常运用条件Ⅱ	1.20	1.15	1.15	1.10

采用不计条块间作用力的瑞典圆弧法计算坝坡抗滑稳定安全系数时，对 1 级坝正常运用条件最小安全系数应不小于 1.30，其他情况应比表 3-12 规定的数值减小 8%。

采用滑楔法进行稳定计算时，若假定滑楔之间作用力平行于坡面和滑坡底斜面的平均坡度，安全系数应符合本规范表 3-12 的规定；若假定滑楔之间作用力为水平方向，则取与不计条块间作用力的瑞典圆弧法相同的安全系数。

三、土体抗剪强度指标及分析方法的选用

在土石坝稳定分析中，合理选用土体的抗剪强度指标及分析方法，关系到坝体剖面尺寸的大小和安全度。计算时，应根据坝体和坝基土体所处的实际状况，选用相应的计算指标。如施工期，对黏性土而言，由于固结缓慢，应采用不固结不排水试验的总强度指标（Q）；在稳定渗流期和水库水位降落期，由于土料已固结，并形成稳定渗流，此时，可采用饱和固结不排水试验的总强度指标（R）或排水试验的有效强度指标（S）。《碾压式土石坝设计规范》（SL 274）规定：土石坝各种计算工况，土体的抗剪强度均应采用有效应力法分析；黏性土施工期和黏性土库水位降落期，应同时采用总应力法分析，并以其中较小的安全系数作为依据。在稳定分析计算中，可按表 3-13 选用抗剪强度指标。

表 3-13　　抗剪强度指标的测定和应用

<table>
<tr><th>稳定控制期</th><th>强度计算方法</th><th colspan="2">土　类</th><th>使用仪器</th><th>试验方法与代号</th><th>强度指标</th></tr>
<tr><td rowspan="8">施工期</td><td rowspan="6">有效应力法</td><td colspan="2" rowspan="2">无黏性土</td><td>直剪仪</td><td>慢剪（S）</td><td rowspan="6">C'，φ'</td></tr>
<tr><td>三轴仪</td><td>固结排水剪（CD）</td></tr>
<tr><td rowspan="4">黏性土</td><td rowspan="2">饱和度小于 80%</td><td>直剪仪</td><td>慢剪（S）</td></tr>
<tr><td>三轴仪</td><td>不排水剪测定孔隙压力（UU）</td></tr>
<tr><td rowspan="2">饱和度大于 80%</td><td>直剪仪</td><td>慢剪（S）</td></tr>
<tr><td>三轴仪</td><td>固结不排水剪测定孔隙压力（CU）</td></tr>
<tr><td rowspan="2">总应力法</td><td rowspan="2">黏性土</td><td>渗透系数小于 10^{-7}cm/s</td><td>直剪仪</td><td>快剪（Q）</td><td rowspan="2">C_u，φ_u</td></tr>
<tr><td>任何渗透系数</td><td>三轴仪</td><td>不排水剪（UU）</td></tr>
<tr><td rowspan="4">稳定渗流期和水库水位降落期</td><td rowspan="4">有效应力法</td><td colspan="2" rowspan="2">无黏性土</td><td>直剪仪</td><td>慢剪（S）</td><td rowspan="4">C'，φ'</td></tr>
<tr><td>三轴仪</td><td>固结排水剪（CD）</td></tr>
<tr><td colspan="2" rowspan="2">黏性土</td><td>直剪仪</td><td>慢剪（S）</td></tr>
<tr><td>三轴仪</td><td>固结不排水剪测孔隙压力（CU）
或固结排水剪（CD）</td></tr>
<tr><td rowspan="2">水库水位降落期</td><td rowspan="2">总应力法</td><td rowspan="2">黏性土</td><td>渗透系数小于 10^{-7}cm/s</td><td>直剪仪</td><td>固结快剪（R）</td><td rowspan="2">C_{cu}，φ_{cu}</td></tr>
<tr><td>任何渗透系数</td><td>三轴仪</td><td>固结不排水剪（CU）</td></tr>
</table>

土体抗剪强度指标应采用三轴仪测定（可同时获得有效强度指标及总强度指标）。对 3 级以下的中低坝，也可用直接慢剪试验测定有效强度指标。仅对渗透系数小于 10^{-7}cm/s 或压缩系数小于 0.02MPa^{-1}的土，才允许用直接快剪试验测定 3 级以下的中、低坝的总强度指标。

地震荷载作用下的抗剪强度指标，原则上应通过动力试验测定。无动力试验设备时，可参照以下建议用静力抗剪强度指标：对于压实黏性土，采用三轴饱和固结不排水剪测定强度，并根据总应力强度（R）和有效应力强度（S），按下列原则确定强度指标：当 $R<S$ 时，取（$R+S$）/2；当 $R>S$ 时，取为 S。如用直剪仪测强度，采用饱和固结快剪强度指标，乘以 0.70～0.80。

四、土石坝的稳定分析方法

目前，土石坝的稳定分析仍基于极限平衡理论，采用假定滑动面的方法。依据滑弧的不同形式，可分为圆弧滑动法、折线滑动法和复合滑动法。

《碾压式土石坝设计规范》（SL 274）规定：对于均质坝、厚斜墙坝和厚心墙坝，宜采用计及条块间作用力的简化毕肖普（Simplified Bishop）法；对于有软弱夹层、薄斜墙、薄心墙坝的坝坡稳定分析及任何坝型，可采用满足力和力矩平衡的摩根斯顿-普赖斯（Morgenstern-Price）等方法；也可采用满足力平衡的滑楔法。

非均质坝体和坝基稳定安全系数的计算，应考虑安全系数的多极值特性。滑动破坏面应在不同的土层进行分析比较，直到求得最小稳定安全系数。

混凝土面板堆石坝，用非线性抗剪强度指标计算坝坡稳定的安全系数，可参照表 3-10 的规定取值。

由土工膜做成的斜墙土石坝，除应沿有关的部位进行坝坡和坝基稳定分析外，还应沿土工膜和土的接触带进行稳定分析。

抗震稳定计算，应按《水工建筑物抗震设计规范》（SL 203）有关规定执行。如不按可靠度方法又采用拟静力法计算时，其稳定安全系数可按《碾压式土石坝设计规范》（SL 274）的规定确定。

（一）瑞典圆弧滑动法

对于均质坝、厚斜墙坝和厚心墙坝来说，滑动面往往接近于圆弧，故采用圆弧滑动法进行坝坡稳定分析。为了简化计算和得到较为准确的结果，实践中常采用条分法。规范采用的圆弧滑动静力计算公式有两种：一是不考虑条块间作用力的瑞典圆弧法；二是考虑条块间作用力的毕肖普法。由于瑞典圆弧法不考虑相邻土条间的作用力，因而计算结果偏于保守。若计算时假定相邻土条界面上切向力为零，即只考虑条块间的水平作用力，就是简化毕肖普法。下面以瑞典圆弧法为例介绍圆弧滑动法的基本原理，再过渡到增加考虑条块间的水平作用力的简化毕肖普法。

1. 计算原理

如图 3-43 所示，假定滑动面为圆柱面，将滑动面内土体视为刚体，边坡失稳时该土体绕滑弧圆心 O 作转动。分析计算时常沿坝轴线取单宽坝体按平面问题，采用条分法，将滑动土体按一定的宽度分为若干个铅直土条，不计相邻土条间的作用力，分别计算出各土条对圆心 O 的抗滑力矩 M_r 和滑动力矩 M_s，再分别求其总和。当土体绕 O 点的抗滑力矩 M_r 大于滑动力矩 M_s，坝坡保持稳定；反之，坝坡丧失稳定。

2. 计算步骤

将滑弧内土体用铅直线分成 m 个条块，为方便计算，取各土条宽度 $b=R/m$ 相等。一般取为 $m=10\sim20$。对各土条进行编号，以圆心正下方的一条编号 $i=0$，并依次向上游为 $i=1$，2，3，…，向下游为 $i=-1$，-2，-3，…，见图 3-43。

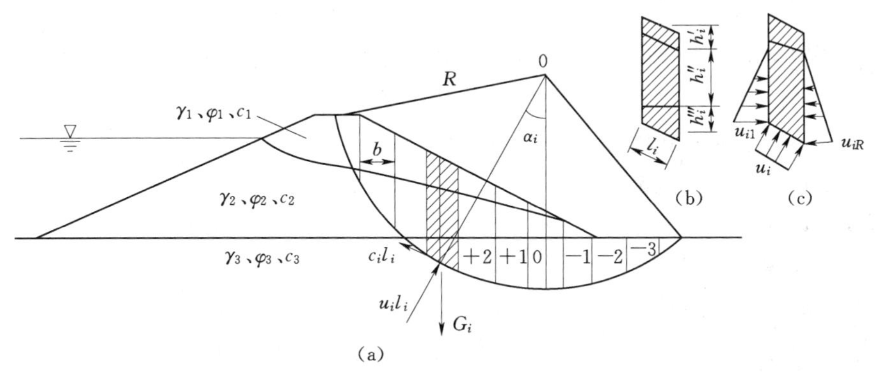

图 3-43 圆弧滑动法计算简图

不计相邻条块间的作用力，任取第 i 条为例进行分析，作用在该条块上的作用力有：

(1) 土条自重 G_i；方向铅直向下。其值为 $G_i=(\gamma_1 h_i'+\gamma_2 h''_i+\gamma_3 h'''_i)\,b$，其中 γ_1、

γ_2、γ_3 分别表示该土条中对应土层的重度；h'、h''、h'''表示相应的土层高度；b 为土条宽度。可以将 G_i 沿滑弧面的法向和切向进行分解，得法向分力 $N_i'=G_i\cos\alpha_i$，切向分力 $T_i'=G_i\sin\alpha_i$。

(2) 作用于该土条底面上的法向反力 N_i 与 N' 大小相等、方向相反。

(3) 作用于土条底面上的抗剪力 T_{fi}，其可能发挥的最大值等于土条底面上土体的抗剪强度与滑弧长度的乘积，方向与滑动方向相反。

根据以上作用力，可求得滑弧内土体的稳定安全系数为

$$K_c=\frac{M_r}{M_s}=\frac{\sum G_i\cos\alpha_i\tan\varphi_i+\sum c_i l_i}{\sum G_i\sin\alpha_i} \tag{3-62}$$

式中　l_i——i 土条底面的弧长，$l_i=b\sec\alpha_i$；

其余符号意义同前。

若考虑渗透力 F_i 作用时，可按 $F_i=\gamma_0 J_i A_i$ 计入渗透力，其中 J_i 为该土条渗流区的平均渗透坡降，A_i 为该土条渗流区的面积。由于平均渗透坡降计算较复杂，实际计算时常采用重度替代法，对浸润线以下与下游水位以上的土料重度 γ_2，在计入滑动力矩时用饱和重度，在计入抗滑力矩时用浮重度；下游水位以下的土料重度 γ_3 仍按浮重度计。

若计算时考虑孔隙水压力作用，应同时采用总应力法和有效应力法。总应力法计算抗滑力时采用快剪或三轴不排水剪强度指标 c_u、φ_u；有效应力法计算滑动面的抗滑力时，采用有效应力指标 φ'和 c'，此时坝坡稳定安全系数为：

$$K_c=\frac{\sum(G_i\cos\alpha_i-u_i l_i)\tan\varphi_i'+\sum c_i' l_i}{\sum G_i\sin\alpha_i} \tag{3-63}$$

式中　u_i——作用于 i 土条底面的孔隙压力；

其余符号意义同前。

用式 (3-63) 计算坝坡抗滑稳定安全系数时，若考虑地震作用，可采用拟静力法。进行受力分析时，假定每一土条重心处受到一水平地震惯性力 Q_i。对于设计烈度为 8 度、9 度的 1 级、2 级坝，同时还需计入竖向地震惯性力 V_i，此时的稳定安全系数为：

$$K_c=\frac{\sum[(G_i\pm V_i)\cos\alpha_i-Q_i\sin\alpha_i-u_i l_i]\tan\varphi_i'+\sum c_i' l_i}{\sum[(G_i\pm V_i)\sin\alpha_i+M_c/R]} \tag{3-64}$$

式中　Q_i、V_i——水平向、竖直向地震惯性力代表值，可按公式 (3-61) 计算，V_i 取不利于稳定的铅直方向，Q_i 方向取滑动趋向的水平向；

M_c——水平向地震惯性力 Q_i 对圆心的力矩；

c_i'、φ_i'——土体在地震作用下的凝聚力和摩擦角；

其余符号意义同前。

(二) 简化的毕肖普法

由于瑞典圆弧滑动法是不考虑土条间相互作用力影响的简单条分法，不完全满足每一土条力的平衡条件，一般会使计算出的安全系数偏低（工程偏于安全但浪费），个别情况可达 60%。毕肖普法在这方面作了改进，近似考虑了土条间相互作用力的影响，其计算简图如图 3-44 所示。图中 E_i 和 X_i 分别表示土条间的法向和切向力；G_i 为土条自重，在浸润线上、下分别按湿容重和饱和容重计算；Q_i 为水平向地震惯性力；V_i 为垂直向地震惯性力；N_i 和 T_i 分别为土条底部的总法向力和总切向力，其余符号如图 3-44 所示。

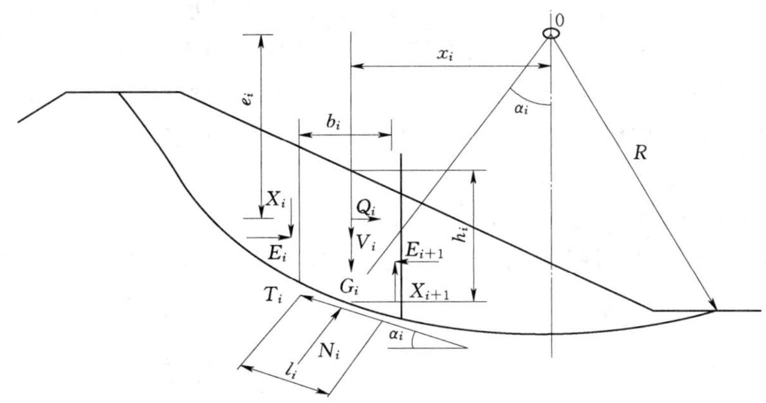

图 3-44 简化的毕肖普法

为使问题可解，毕肖普假设可略去土条间的切向力 X_i，故称简化的毕肖普法。

若暂不考虑垂直向地震惯性力 V_i 的作用，根据摩尔—库伦条件（对 i 土条的底面列出抗滑稳定系数公式 K_c=抗滑力/滑动力），应有

$$T_i=\frac{1}{K_C}[C_i'l_i+(N_i-u_il_i)\tan\varphi_i'] \tag{3-65}$$

由每一土条竖向力的平衡（$\sum Y=0$）得

$$N_i\cos\alpha_i=G_i-T_i\sin\alpha_i \tag{3-66}$$

将式（3-65）代入式（3-66），得

$$N_i=\frac{1}{m_{\alpha i}}\left[G_i-\frac{1}{K_c}(c_i'l_i\sin\alpha_i-u_il_i\tan\varphi_i'\sin\alpha_i)\right] \tag{3-67}$$

式中 $$m_{\alpha i}=\cos\alpha_i(1+\tan\alpha_i\tan\varphi_i'/K_c)$$

按滑动体对圆心的力矩平衡（$\sum M=0$），得

$$\sum G_Ix_i-\sum T_iR+\sum Q_ie_i=0$$

则有

$$K_C=\frac{\sum[c_i'l_i+(N_i-u_il_i)\tan\varphi_i']}{\sum[G_i\sin\alpha_i+M_C/R]} \tag{3-68}$$

式中，$M_c=Q_ie_i$，右边之 N_i 按式（3-67）计算。由于式（3-68）两边均含 K_c，故需迭代求解，一般收敛较快。当选择好一定的旋转中心时，此法也可推广应用于非圆弧滑动面的土体。

若考虑垂直向地震惯性力 V_i 的作用，式（3-68）仍然适用，只需将式（3-67）、式（3-68）中的 G_i 用（$G_i\pm V_i$）代替即可（V_i 取不利于稳定的方向）。也可通过变换写成下列式（3-69）为

$$K_C=\frac{\sum\{[(G_i\pm V_i)\sec\alpha_i-u_ib_i\sec\alpha_i]\tan\varphi'+c'b_i\sec\alpha_i\}[1/(1+\tan\alpha_i\tan\varphi'/K_C)]}{\sum[(G_i\pm V_i)\sin\alpha_i+M_c/R]} \tag{3-69}$$

（三）折线滑动法（滑楔法）

非黏性土坝坡，如心墙坝的上下游坝坡，斜墙坝的下游坝坡、上游防渗斜墙及保护层，

当产生滑动时，常呈折线滑动面，故可采用折线滑动静力计算方法或滑楔法进行计算。

滑楔法是一种仅考虑符合静力平衡的稳定分析方法，当滑楔间作用力假定的不合理时，计算出的稳定安全系数与正确的值相差较大。但考虑到滑楔法计算比较简单，能迅速估计出结果，而且使用此法已经有一定经验，因此，在坝坡稳定计算中仍然是一种常用方法。

1. 心墙坝上游坝坡部分浸水时的稳定计算

如图 3-45 所示，以心墙坝上游坝坡为例，说明折线滑动法按极限平衡理论进行计算的方法和步骤。

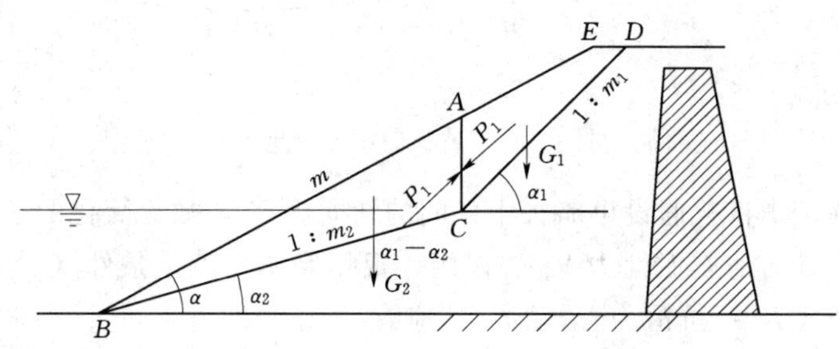

图 3-45　折线滑动法计算简图

(1) 画出计算剖面，拟取一上游水位（危险水位一般在 1/3～1/2 坝高附近），由于部分浸水，折坡点 C 与拟取的上游水位齐平。

(2) 拟取滑楔的底坡 m_2 及相应的 m_1，得拟取滑动面 BCD，过 C 点引铅垂线 CA，将滑动土体分为上下两块，其重量分别为 G_1、G_2，抗剪强度指标分别为 φ_1、φ_2，假定条块之间的作用力为 P_1，其方向平行于 CD 面。

(3) 令水上 f_1、水下 f_2 为维持滑动土体稳定所需要的摩擦系数，$f_1=\tan\varphi_1/K_c$，$f_2=\tan\varphi_2/K_c$，取滑楔土体上块 $ACDE$ 为脱离体，其沿 DC 面的平衡式为

$$P_1-G_1\sin\alpha_1+f_1G_1\cos\alpha_1=0 \tag{3-70}$$

同样取滑楔土体下块 ABC 为脱离体，其沿 CB 面的平衡式为

$$f_2G_2\cos\alpha_2+f_1P_1\sin(\alpha_1-\alpha_2)-G_2\sin\alpha_2-P_1\cos(\alpha_1-\alpha_2)=0 \tag{3-71}$$

联立式 (3-70) 和式 (3-71)，即可求得滑楔的安全系数 K_c 值：当 $K_c<1.0$ 时，土体 $ABCDE$ 已失稳；当 $K_c=1.0$ 时，土体 $ABCDE$ 处于极限平衡状态；当 $K_c>1.0$ 时，土体 $ABCDE$ 处于稳定状态。

由于计算水位和折线滑动面是任拟的，所以 K_c 值应通过大量试算，寻求最小值。

当上下滑动土体抗剪强度指标相同时，即 $\varphi_1=\varphi_2=\varphi$，则滑动土体维持平衡所需的摩擦系数 $f=\tan\varphi/K_c=f_1=f_2$，故式 (3-70) 和式 (3-71) 可改写为

$$Af^2-Bf+C=0 \tag{3-72}$$

其中
$$A=G_1\cos\alpha_1\sin(\alpha_1-\alpha_2)$$
$$B=G_1\cos\alpha_1\cos(\alpha_1-\alpha_2)+G_2\cos\alpha_2+G_1\sin\alpha_1\sin(\alpha_1-\alpha_2)$$
$$C=G_2\sin\alpha_2+G_1\sin\alpha_1\cos(\alpha_1-\alpha_2)$$

利用一元二次方程的求根公式，解式 (3-72) 得

$$f=\frac{B-\sqrt{B^2-4AC}}{2A} \tag{3-73}$$

故抗滑稳定安全系数：

$$K_c=\tan\varphi/f\quad（满水的上游坡或全干的下游坡）$$

若为平行坝坡的直线滑动时，则 $\alpha_1=\alpha_2=\theta$，得系数 $A=G\cos\theta$；$B=G_2\cos\theta+G_1\sin\theta$；$C=G_2\sin\theta$，代入式（3-73）得

$$f=\tan\theta=\frac{1}{m},\quad K_c=m\tan\varphi \tag{3-74}$$

即应以 $m=K_c/\tan\varphi=K_c c\tan\varphi$，拟定坝坡。

（4）寻求最小安全系数和最危险滑裂面，需通过试算确定。一般应至少试算三个水位（在危险水位范围内），对每一计算水位，至少应任选三个 α_2，对每一个 α_2 应至少任选三个 α_1。因此，要求出相应于每一计算水位的最小安全系数 $K_{i\min}$，至少需要计算 9 个滑动面，故试算三个水位，至少需计算 27 个滑动面，才能算出上游坝坡的最小安全系数。

2. 斜墙及其保护层的稳定计算

斜墙与保护层和斜墙与坝体的接触面，是两种抗剪强度不同的土体之间的接触，可用直剪仪测得接触面上抗剪强度 τ 和法向压应力 σ 的关系曲线，如图 3-46 所示。从图中可以看出：直线 1、2 交点 A 的法向压应力称为临界压应力 σ_c。当接触面上实际法向压应力小于临界压应力时，则表明非黏性土的抗剪强度小于黏性土，滑动面出现在非黏土中；反之，则出现在黏性土中。稳定计算时，应根据上述判别采用相应的 c、φ 值。当非黏性土的抗剪强度 $\tau_s=\sigma_c\tan\varphi_s$ 等于黏性土的抗剪强度 $\tau_c=\sigma_c\tan\varphi_c+c_c$ 时，可求出临界压应力为

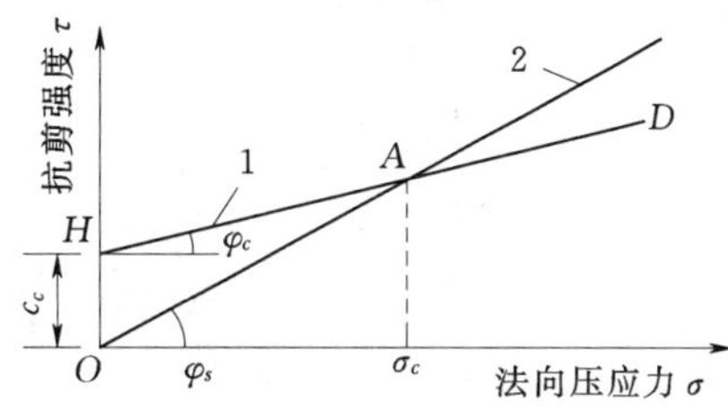

图 3-46　$\tau-\sigma$ 的关系曲线

$$\sigma_c=\frac{c_c}{\tan\varphi_s-\tan\varphi_c} \tag{3-75}$$

式中　φ_s——非黏性土内摩擦角；

φ_c——黏性土的内摩擦角；

c_c——黏性土的黏聚力。

斜墙与保护层稳定计算方法，有图解法和数解法。

如图 3-47 所示为图解分析法，该法假定滑动面为折线 $cdfb$，在折点处作铅直线，把滑动土体分为 3 个滑块，滑块之间的作用力 P_i 的方向与坝坡平行，则各滑块的抗滑稳定安全系数为

$$K_{ci}=\frac{N_i\tan\varphi_i+c_il_i}{T_i} \tag{3-76}$$

式中　N_i——各滑块底面的法向力；

φ_i——各滑块底面的内摩擦角；

c_i——各滑块底面的黏聚力；

l_i——各滑块底面的长度；

T_i——各滑块的剪力。

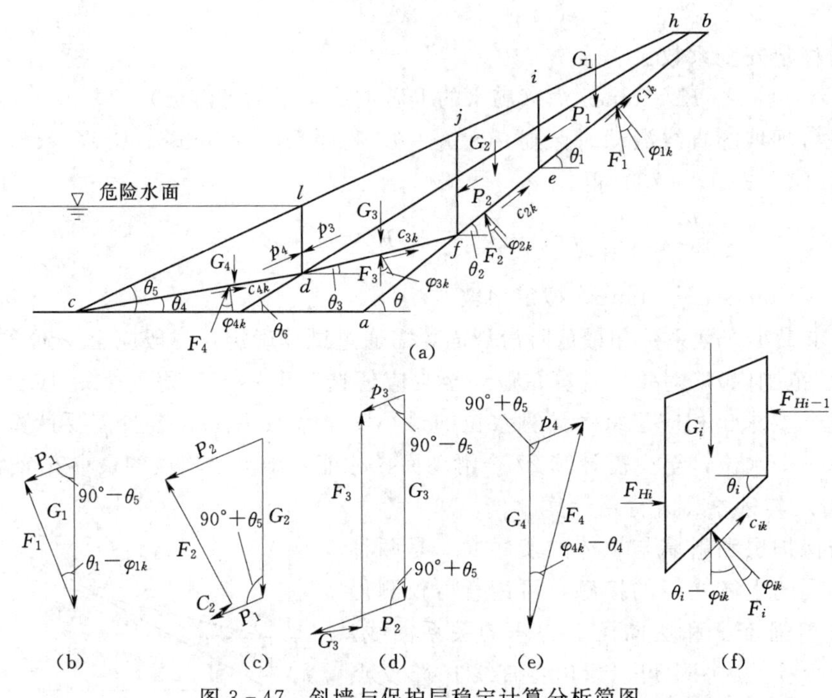

图 3-47　斜墙与保护层稳定计算分析简图

由于各滑块的 K_{ci} 均不同。因此，需要通过试算求出整个滑动面 $cdfb$ 的稳定安全系数，其步骤如下：

(1) 绘出计算剖面，选定计算水位和折点位置。通过折点作铅直线 dl、fi，将滑动土体分为三块，在块体 $hbfj$ 上定出 e 点，使该点的法向压应力 p_c 等于临界压应力 σ_c，其值可按下式计算

$$p_c=\gamma_e h_e \cos^2\theta_1 \tag{3-77}$$

式中　γ_e——e 点土柱的容重；

h_e——e 点处的土柱高。由于 σ_c、γ_c、θ_1 已知，即可求出 h_e，找出 e 点位置。自 e 点作铅直线 ei，将土体 $hbfj$ 分成上下两个滑动体，则块体 hbe_i 底部的法向应力显然小于 σ_c，故滑动面出现在非黏性土内，计算时，应分别采用相应的抗剪强度指标。

(2) 取 $hbei$ 土体为脱离体，作用于该土体上的力有：重力 G_1、底部反力 F_1、两者合力为 P_1 并传给下一块体。反力 F_1 与 eb 面的法线夹角 $\varphi_{ik}=\arctan(\tan\varphi_s/K_c)$。$\varphi_s$ 为砂土的内摩擦角，K_c 为试算时给定的安全系数。由于已知 P_1 与坝坡面平行和 G_1 的大小与方向，通过作力的多边形，如图 3-47 (b) 所示，即可求得 P_1 的大小。

(3) 取 $iefj$ 为脱离体，作用在该土体上的力有 G_2、P_1、C_{2k}、F_2，其合力 P_2 平行于坝坡面 ij，F_2 与 fe 的法线夹角 $\varphi_{2k}=\arctan\left(\dfrac{\tan\varphi_c}{K_c}\right)$，$\varphi_c$ 为黏土的内摩擦角；$c_{2k}=\dfrac{l_2c_2}{K_c}$，其方向平行于 fe，通过作力多边形，即可求得 P_2 的大小，并传给下一土体 $jfdl$。

(4) 取脱离体 $jfdl$，用上述方法，可求得 P_3，并传给下一土体 ldc。

(5) 取 ldc 为脱离体，因该土体处于上游水位以下，其容重应按浮容重计算。由于滑动面穿过保护层，其 φ_{4k} 为保护层的内摩擦角。用上述方法，可求出 P_4 的大小，其方向平行于坝坡面 lc。

(6) 比较 P_3 与 P_4，因其作用在同一条直线上，若 $P_3=P_4$，则试算土体处于极限平衡状态，K_c 值即为所求的滑动面 $cdfb$ 的稳定安全系数。若 $P_3 \neq P_4$，则应调整 K_c 值，重新进行试算，直至 $P_3=P_4$ 为止。

由于滑动面是任意选取的，故必须选取不同的水位和 θ_4、θ_3，求出最小安全系数 K_{cmin} 和确定最危险滑裂面，K_{cmin} 值必须满足规范要求，否则应修改边坡重新计算。

有时为了简化计算，还可假定各滑块之间的作用力只有水平力 F_{Hi}［图 3-47 (f)］，用数解法计算。根据上述假定分别取各滑块为脱离体进行分析。现取滑块 1 至滑块 3 中任一滑块［图 3-47 (f)］，根据平衡条件 $\sum F_y=0$，得

$$G_i=c_{ik}\sin\theta_i+F_i\cos(\theta_i-\varphi_{ik})$$

$$F_i=\frac{G_i-c_{ik}\sin\theta}{\cos(\theta_i-\varphi_{ik})} \tag{3-78}$$

根据平衡条件 $\sum F_x=0$，得

$$F_{Hi}=F_{Hi-1}+F_i\sin(\theta_i-\varphi_{ik})-c_{ik}\cos\theta_i \tag{3-79}$$

将式 (3-78) 的 F_i 代入上式，并经整理得

$$F_{Hi}=F_{Hi-1}+G_i\frac{K_c\tan\theta_i-\tan\varphi_i}{K_c+\tan\theta_i\tan\varphi_i}-\frac{l_ic_i}{K_c}\left(\frac{K_c\tan\theta_i-\tan\varphi_i}{K_c+\tan\theta_i\tan\varphi_i}\sin\theta_i+\cos\theta_i\right) \tag{3-80}$$

将上式分别代入 1、2、3 各滑块，经整理后得

$$F_{H3}=\sum_{i=1}^{3}\left[G_i\frac{K_c\tan\theta_i-\tan\varphi_i}{K_c+\tan\theta_i\tan\varphi_i}-\frac{l_ic_i}{K_c}\left(\frac{K_c\tan\theta_i-\tan\varphi_i}{K_c+\tan\theta_i\tan\varphi_i}\sin\theta_i+\cos\theta_i\right)\right] \tag{3-81}$$

对第 4 块，由平衡条件 $\sum F_x=0$，$\sum F_y=0$ 可得

$$F_{H3}=G_4\frac{\tan\varphi_4-K_c\tan\theta_4}{K_c+\tan\varphi_4\tan\theta_4} \tag{3-82}$$

由式 (3-81) 及式 (3-82) 得式 (3-83)：

$$G_4\frac{\tan\varphi_4-K_c\tan\theta_4}{K_4+\tan\varphi_4\tan\theta_4}=\sum_{i=1}^{3}\left[G_i\frac{K_c\tan\theta_i-\tan\varphi_i}{K_c+\tan\theta_i\tan\varphi_i}-\frac{l_ic_i}{K_c}\left(\frac{K_c\tan\theta_i-\tan\varphi_i}{K_c+\tan\theta_i\tan\varphi_i}\sin\theta_i+\cos\theta_i\right)\right] \tag{3-83}$$

解上式，即可求得斜墙和保护层沿滑动面 $cdfb$ 的抗滑稳定安全系数 K_c 值。由于滑动面是任意拟定的，因此还必须再拟定其他不同的滑动面（如变动 d 点、f 点的位置），找出最小的 K_c，其值应满足表 3-12 所规定的要求。

计算经验表明，通过 d 点作铅直线与坝坡交于 l 点，而通过 l 点的库水位，往往是滑动体沿滑动面 $cdfb$ 失稳的最危险情况［图 3-47 (a)］。

（四）复合滑动面法

当滑动面通过不同的土料时，滑动面的形状为直线与圆弧线的组合，通过砂性土为直线，通过黏性土为圆弧。如图 3-48 所示。

当坝基内不深处有软弱夹层时，滑动面可能通过地基的软弱夹层，形成如图 3-51 所示的 $abcd$ 滑动曲面，其中 ab、cd 为圆弧，bc 为沿软弱夹层的直线段。上述滑裂面称复合

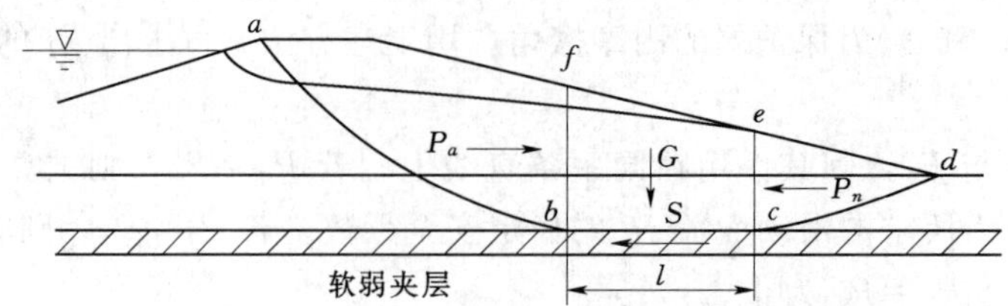

图 3-48　坝基有软弱夹层的稳定计算简图

滑动面。计算时，将滑动土体分为三块，土体 abf 的滑动力为 P_a，土体 cde 的抗滑力为 P_n，分别作用于 fb 及 ec 面上，由土体 $bcef$ 产生的抗滑力 S 作用于 bc 面上，则稳定安全系数用式（3-84）计算，即

$$K_c=\frac{s}{P_a-P_n}=\frac{G\tan\varphi+cl}{P_a-P_n} \tag{3-84}$$

式中　G——土体 $bcef$ 所受的重力；

φ、c——软弱夹层的内摩擦角和黏聚力。

求 P_a 及 P_n 时，可将圆弧段土体 abf 及 cde 分成若干竖向土条，按水平方向作用，并用刚体极限平衡法计算。先假定 K_c 值，然后按前述折线法的原理求出各条块对下一条块的推力，土体 abf 从左边条块开始推算，土体 cde 则从右边条块开始推算，分别推算至最后一条块时，可得 P_a 及 P_n，代入式（3-84）算出 K_c 值，若与原先假定的 K_c 值相等，则 K_c 即为沿 $abcd$ 面的抗滑稳定安全系数，否则应重新假定 K_c 值，直至相等为止。为了简化计算，P_a 及 P_n 也可近似地按主动土压力和被动土压力公式计。另外，还必须变动 ab 弧及 cd 弧的位置，经过多次试算，才能求得最危险滑动面的安全系数。

（五）土工膜防渗土石坝的抗滑稳定分析

近年来，随着土工合成材料在水利工程中逐步推广应用，用土工膜防渗的土石坝相继增多。由于土工膜或外层的土工织物与土、砂、卵石间的摩擦系数小于土石料内的摩擦系数，所以，对这类土石坝，需首先按圆弧滑动面或折线滑动面进行土体抗滑稳定分析，然后还要计算斜铺的土工膜与其邻接土石料接触面的抗滑稳定，即土工膜与上面保护层、土工膜与下面垫层之间的平面滑动稳定性。

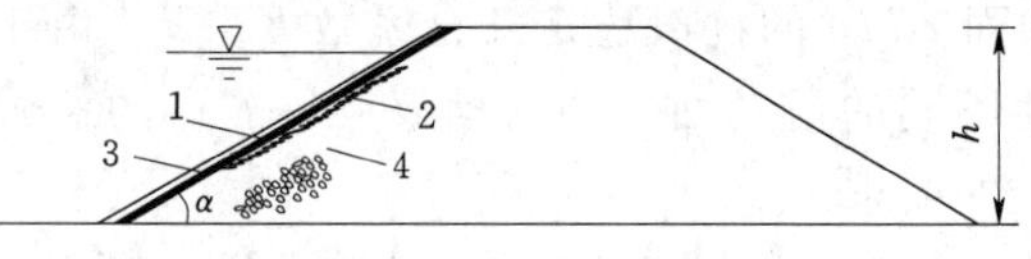

图 3-49　堆石坝上游面土工膜防渗示意图

1—复合土工膜；2—垫层；3—护坡及保护层；4—堆石

1. 堆石坝坝坡土工膜抗滑稳定分析

图 3-49 为堆石坝上游面土工膜防渗示意图，上游坝坡为 1：m，坡角为 α，护坡为干砌块石，保护层为小碎石，两者干重度均为 γ_d，饱和重度为 γ_m，孔隙率为 n，护坡和保护层的面积为 A，土工织物与保护层间的摩擦系数为 f，防渗膜与土工织物热压或粘贴在一起。

(1) 保护层与复合式土工膜之间的抗滑稳定。若护坡块石和保护层透水性良好，水库水位降落时，浸润面与库水位同步下降，则块石和保护层处于潮湿状态，其重度为湿重度 γ_w（kN/m^2），则复合式土工膜与保护层接触面的抗滑稳定安全系数为

$$K_c=\frac{\gamma_w A\cos\alpha f}{\gamma_w A\sin\alpha}=\frac{f}{\tan\alpha} \tag{3-85}$$

若护坡块石和保护层透水性不良，当水库水位降落时，浸润面不下降，则块石和保护层处于饱和状态，其重度为饱和重度 γ_m，故滑动力用饱和重度计算。此时孔隙中的水与土工膜间没有摩擦力，对抗滑不起作用，故抗滑力以湿重度计算。复合式土工膜与保护层接触面的抗滑稳定安全系数为

$$K_c=\frac{\gamma_w A\cos\alpha f}{\gamma_m A\sin\alpha}=\frac{\gamma_w f}{\gamma_m\tan\alpha} \tag{3-86}$$

（2）复合式土工膜与垫层之间的抗滑稳定。

1）若护坡块石和保护层透水性良好，水库水位降落时，浸润面与水库水位同步下降，则块石护坡和保护层以湿重度计。若堆石坝和垫层透水性好，在复合土工膜与垫层间没有滞留水，则抗滑稳定安全系数为

$$K_c=\frac{(\gamma_w A+\gamma_g A_g)\cos\alpha f}{(\gamma_w A+\gamma_g A_g)\sin\alpha}=\frac{f}{\tan\alpha} \tag{3-87}$$

式中　γ_g、A_g——复合式土工膜的重度、断面面积；

其余符号意义同前。

2）如果护坡块石和保护层透水性不良，水库水位降落时，浸润面不下降，除块石和保护层的重量加复合式上工膜的重量的法向分量作用于垫层外，保护层孔隙中的水压力作用于土工膜也传递给垫层。此种水压力 $P=\frac{1}{2}\times\gamma h\times h/\sin\alpha\times m_0$ 其中，h 为水库水位降落深度，如按极端情况，水位可取降落到库底，如图 3-49 所示；m_0 是考虑有些保护层碎石与土工膜紧密接触不产生水压力，使得总水压力减小的系数。复合式土工膜与垫层间抗滑稳定安全系数为

$$K_c=\frac{\left[(\gamma_w A+\gamma_g A_g)\cos\alpha+\frac{1}{2}\gamma h^2 m_0/\sin\alpha\right]f}{(\gamma_m A+\gamma_g A_g)\sin\alpha} \tag{3-88}$$

式中符号意义同前。

2. 土坝坝坡铺土工膜抗滑稳定分析

在黏性土坝坡铺设土工膜防渗，如果土工膜与土体接触面未设置排水，则由于降雨入渗或两岸山体地下水渗入或土工膜接头渗水等原因，可能在接触面存在滞留水。当库水位降落时，滞留水会反压土工膜，使土工膜发生隆起和滑动。因而，在土工膜下游与黏土接触面必须设置排水，土工膜上游面不能用黏土做保护层。

（1）土工膜铺在土坡上，接触面不设排水情况下的抗滑稳定分析。如图 3-50 所示，水库水位由设计水位降落到某水位，水位差 h，土工膜边缘处浸润线高程降落 h_1，块石护坡和保护层的断面积（坝顶至降后水位之间）为 A，土工膜的断面积（坝顶至降后水位之间）为 A_g，重度

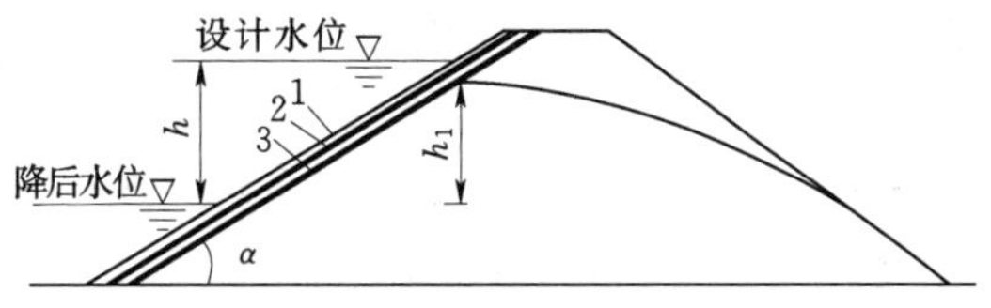

图 3-50　土坝上游土工膜下无排水稳定计算示意图

1—护坡；2—保护层；3—土工膜

为 γ_g。

1）若护坡块石和保护层透水性良好，当水库水位降落时，块石和保护层内水位与库水位同步下降。则块石和保护层处于潮湿状态，其重度为湿重度 γ_w，此时抗滑稳定安全系数为

$$K_c=\frac{\left[(\gamma_w A+\gamma_g A_g)\cos\alpha-\frac{1}{2}\gamma h_1^2/\sin\alpha\right]f}{(\gamma_m A+\gamma_g A_g)\sin\alpha} \tag{3-89}$$

式中　f——土工膜与土的摩擦系数；

其余符号意义同前。

2）若护坡块石和保护层透水性不良，当水库水位降落时，护坡块石和保护层内水位不下降，此时抗滑稳定安全系数为

$$K_c=\frac{\left[(\gamma_w A+\gamma_g A_g)\cos\alpha+\frac{1}{2}\gamma(h^2 m_0-h_1^2)/\sin\alpha\right]f}{(\gamma_m A+\gamma_g A_g)\sin\alpha} \tag{3-90}$$

式中符号意义同前。

由式（3-90）可见，如果 h_1 与 h 值相接近，则分子第 2 项将是负值，因此安全系数很小，要维持稳定，所需的坝坡很平缓。

（2）土工膜铺在土坡上，接触面设土工织物排水情况的抗滑稳定分析。在土工膜与下游黏土间设置排水层以后，接触面的滞留水被排出，不存在滞留水反压土工膜现象。这种情况下，抗滑稳定分析方法与堆石坝的复合土工膜与垫层之间的抗滑稳定分析方法相同。

若土工膜上游面块石护坡和保护层透水性良好，则抗滑稳定安全系数用式（3-87）计算；若上游面护坡和保护层透水性不良，则抗滑稳定安全系数用式（3-88）计算。

由于土工织物与土之间的摩擦系数远小于其与碎石保护层或无砂混凝土保护层之间的摩擦系数，所以采用复合式土工膜防渗的土坝，复合式土工膜与土坡之间的接触面是抗滑稳定分析的控制滑裂面，这与堆石坝不同。因此，采用铺设土工膜防渗的土坝常常需要较平缓的坝坡。为了采用较陡的坝坡以节省工程造价，可将土工膜折成直角铺设或曲折铺设。

五、提高土石坝坝坡稳定性措施

土石坝产生滑坡的原因往往是由于坝体抗剪强度太小，坝坡偏陡，滑动上体的滑动力超过抗滑力，或由于坝基土的抗剪强度不足因而会连同坝体一起发生滑动。滑动力大小主要与坝坡的陡缓有关，坝坡越陡，滑动力越大。抗滑力大小主要与填土性质、压实程度以及渗透压力有关。因此，在拟定坝体断面时，如稳定复核安全性不能满足设计要求，可考虑从以下几个方面来提高坝坡抗滑稳定安全系数。

1. 提高填土的填筑标准

较高的填筑标准可以提高填筑料的密实性，使之具有较高的抗剪强度。因此，在压实功能允许的条件下，提高填土的填筑标准可提高坝体的稳定性。

2. 坝脚加压重或放缓边坡

坝脚设置压重，既可增加滑动体的重量，同时也可增加原滑动面上作用的抗滑力，因而有利于提高坝坡稳定性。

3. 加强防渗、排水措施

通过采取合理的防渗、排水措施可进一步降低坝体浸润线和坝基渗透压力，从而降低滑动力，增加其抗滑稳定性。

4. 加固地基

对于由地基引起的稳定问题，可对地基采取加固措施，以增加地基的稳定，从而达到增加坝体稳定的目的。

第四章　河 岸 溢 洪 道

第一节　概　　述

一般水库的调洪库容都小于设计洪水标准的总水量，多余的洪水需由泄水建筑物排泄到下游河道中，然后排泄调洪库容以便调节下一次洪峰。混凝土（或浆砌石）坝可通过设置溢流坝段及坝身泄水孔，一般都可满足泄洪需要。而土石坝一般不允许洪水漫顶溢流，若设置坝下大型泄洪涵洞又在设计、施工等方面存在一定困难，常在坝外的两岸或适宜部位开辟泄洪建筑物，因其位于坝身以外的库岸上，常称为河岸溢洪道。河岸溢洪道的型式有开敞式（敞露于地表）和封闭式（如隧洞、竖井等）两种。封闭式由于造价大、对地质条件要求高、运用可靠程度较低，多用于流量较小的小型溢洪道；泄洪流量较大时，常利用坝两岸的有利地形修建开敞式河岸溢洪道，以满足泄洪要求保证大坝安全。所以，开敞式河岸溢洪道是土石坝枢纽中应用最广泛的泄洪建筑物。开敞式河岸溢洪道又分为正槽式和侧槽式两种，正槽式的过堰水流与堰后泄槽中水流方向一致；侧槽式的水流过堰后在侧槽中转约90°方向，再进入泄槽。本章主要介绍开敞式河岸溢洪道，对于可能最大洪水或校核洪水时的保坝措施（即非常溢洪道）只作简要叙述。

第二节　开敞式正槽溢洪道

如图4-1所示，开敞式正槽溢洪道一般由进水渠、控制段、泄水槽、消能防冲设施及出水渠组成。进水渠是控制堰与水库之间的连接部分，要把库水平稳地引向控制堰；控制堰是下泄洪水的口门，起着控制溢洪道泄洪能力的主要作用；泄水槽为将过堰后水流尽快送向下游，常是流速大、急流的陡坡明槽；泄水槽尾端应有消能防冲设施消除其大量动能并防止余能冲刷破坏；出水渠应能导引消能后的水流平顺地进入下游河道。

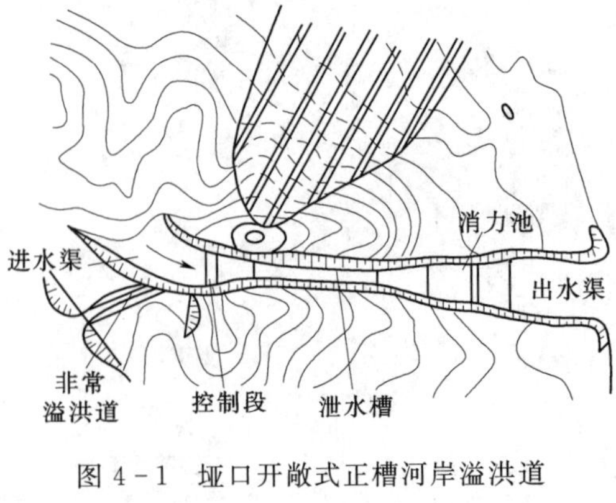

图4-1　垭口开敞式正槽河岸溢洪道

一、位置选择

溢洪道是保证洪水不漫溢坝顶的泄水建筑物，除本身应安全运行外，进出口水流不应冲刷坝脚和坝肩岸坡。开挖建造过程中，也不应有危害大坝的因素出现。所以它应与土坝保持一定的距离，并应有可靠的安全措施，同时不能影响其他建筑物的正常运行。设计溢洪道时，应充分掌握和认真分析气象、水文、泥沙、地形、地质、地震、建筑材料、生态环境和坝址上下游河流规划要求等基本资料，特别是工程地质和水文地质资料，并应认真考虑施工条件和运用条件。首先，要在枢纽中各种建筑物相互协调的前提下，根据地形、地质条件选择安全、经济、运用方便的溢洪道位置。

（一）地形条件

理想的地形是坝两岸附近有高程合适的马鞍形垭口，垭口后有天然的山沟通向下游河道。在垭口处布置控制堰，在天然山沟里布置泄水槽，可大量减少挖方。控制堰接近水库，消能设施接近下游河道，从而可取消或缩短进水渠和出水渠，大大地降低溢洪道造价，减小与其他建筑物的施工干扰，如图 4-1 所示。即使溢洪道距大坝很远，运行管理不善，但若采取增设通信、交通设施加以改善或克服，仍不失为供比较的方案之一。

无适宜的垭口时，可在坝肩附近选择山坡较缓处作为溢洪道位置，如图 4-2 所示。因邻近大坝，对大坝的安全会有一定的影响，应采取可靠的安全措施。

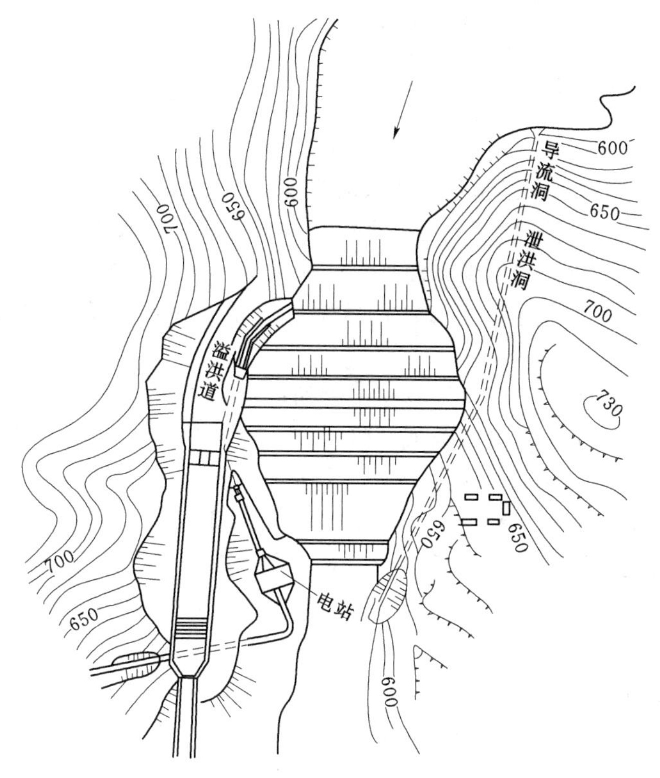

图 4-2　坝头开敞式正槽河岸溢洪道

若坝两岸山坡陡峭又无适当垭口时，溢洪道进口需劈开山梁才行，土石方开挖量巨大。为了减少开挖量可沿等高线方向开挖溢洪道进口，布置成侧槽式溢洪道（图 4-17）。

（二）地质条件

溢洪道两岸山体应稳定可靠，避免崩塌堵塞溢洪道和危及坝肩安全。溢洪道地基的好坏，直接关系着结构的尺寸和地基处理费用，与溢洪道的造价、工程难易程度有密切关系，应尽可能选在地质条件良好处。

（三）其他条件

施工时堆渣场位置及出渣线路长短，挖方在枢纽中的可利用性及施工干扰，占用耕地、拆迁房屋、景观美化等都关系着工程造价。选择位置时应综合考虑，必要时应设计多个可行方案，进行经济技术比较。

二、消能防冲设施的洪水标准

溢洪道位置选定后，按照《水利水电工程等级划分及洪水标准》(SL 252)，根据大坝类型和级别等规定确定水库和溢洪道的防洪标准（表 4-1）。

表 4-1　　山区、丘陵区水利水电工程永久性水工建筑物的洪水标准

项目		水工建筑物级别				
		1	2	3	4	5
		洪水重现期/年				
设计情况		1000～500	500～100	100～50	50～30	30～20
校核情况	土石坝	可能最大洪水(PMF)或10000～5000	5000～2000	2000～1000	1000～300	300～200
	混凝土坝、浆砌石坝	5000～2000	2000～1000	1000～500	500～200	200～100

1. 山区、丘陵区挡水和泄水建筑物的防洪标准

土石坝一旦失事将对下游造成特别重大的灾害时，1 级建筑物的校核防洪标准，应采用可能最大洪水（PMF）或 10000 年一遇洪水；2～4 级建筑物的校核防洪标准，可提高一级。

混凝土坝和浆砌石坝，如果洪水漫顶可能造成极其严重的损失时，1 级建筑物的校核防洪标准，经过专门论证，并报主管部门批准，可采用可能最大洪水（PMF）或 10000 年一遇洪水。

低水头或失事后损失不大的水库枢纽工程的挡水和泄水建筑物，经过专门论证，并报主管部门批准，其校核防洪标准可降低一级。

2. 永久泄水建筑物的消能防冲设施的防洪标准

山区、丘陵区水利水电工程的永久泄水建筑物的消能防冲设施的设计洪水标准可低于永久泄水建筑物的泄洪标准，以降低造价。对于 1 级建筑物，可按 100 年一遇洪水设计；对于 2 级建筑物，可按 50 年一遇洪水设计；对于 3 级建筑物，可按 30 年一遇洪水设计；对于 4 级、5 级建筑物，可分别按 20 年、10 年一遇洪水设计。上述设计均应考虑在小于设计洪水时可能出现的不利情况。

3. 平原、滨海区挡水和泄水建筑物的防洪标准

平原、滨海水利水电工程永久性水工建筑物的洪水标准比上述山区、丘陵区低，具体规定详见《水利水电工程等级划分及洪水标准》(SL 252) 或本书绪论中的相关内容。

4. 设计步骤

水库和溢洪道的防洪标准确定后，再由洪水等资料计算确定与洪水标准相应的洪水过程线、库容曲线、兴利库容（或正常库水位）、水库汛前限制水位、水库最高淹没线、下游河道安全泄流量等。根据这些资料拟定溢洪道的控制堰型、闸门高度等的不同方案，经过调洪演算求出各方案的溢洪道最大流量及相应水库洪水位（与坝顶高程有关）和溢流堰前沿长度，从中选择枢纽的技术经济最优方案。然后在选定的溢洪道位置地形图上，具体

布置其各部分位置及设计结构尺寸。

三、正槽式溢洪道各组成部分的布置和构造（图4-3）

溢洪道的布置和构造应根据地形、地质、工程特点、枢纽布置、坝型、施工及运用条件、经济指标等综合因素进行全面考虑。

（一）进水渠的布置和构造

要求进水渠能把库水平顺、均匀地引向控制堰，以保证和发挥控制堰的泄洪能力，所以又叫引水渠。进水渠的设计要点如下。

1. 进水渠的布置原则

（1）选择有利的地形、地质条件，以节省工程量。

（2）在选择轴线方向时，应使进水顺畅。

（3）进水渠长度较长时，宜在控制段之前设置渐变段，其长度视流速等条件确定，不宜小于2倍堰前水深。

（4）渠道需转弯时，轴线的转弯半径不宜小于4倍渠底宽度，弯道至控制堰（闸）之间宜有长度不小于2倍堰上水头的直线段。

（5）尽量降低渠内流速，减小水头损失，例如采用反坡。

2. 进水渠进口布置

应因地制宜，使水流平顺入渠，体型宜简单。当进口布置在坝肩时，靠坝一侧应设置顺应水流的曲面导水墙，靠山一侧可开挖或衬护成规则曲面。当进口布置在垭口面临水库时，宜布置成对称或基本对称的喇叭口形式。

3. 进水渠底宽

顺水流方向收缩时，进水渠首、末端底宽之比宜在1.5～3之间，在与控制段连接处应与溢流前缘等宽。底板宜为平底或不大的反坡。因为过流量已定则引渠底宽与渠中流速有关，而流速的大小又决定了渠内的水头损失大小，且影响溢流堰前沿长度。所以常假定几个流速计算渠底宽及堰长，选最经济的方案。一般为了渠道水头损失不过大，渠中流速一般不大于2～3m/s。

4. 进水渠衬护

当水头损失较大或不满足不冲流速要求时，是否衬护，应通过经济比较确定。基岩上的进水渠渠底可不衬护。当岩性差（如暴露后易风化、岩面不易开挖整齐）时，应进行衬护。衬护断面多为梯形，边坡率由其稳定性确定，一般可采用：新鲜岩石0.1～0.3，风化岩石0.5～1.0，土坡1.5～2.5。堰前收缩段应采用混凝土或浆砌石衬护，此外的引渠一般不需要衬护。但渠面应平整以减小糙率，尤其岩面应开挖整齐。若引渠很长或渠中流速较大时，为了减小水头损失或防冲刷也可用混凝土、浆砌或干砌石衬护，厚约0.2～0.4m。

5. 进水渠的导墙

直立式导墙的平面弧线曲率半径不宜小于2倍渠道底宽。导墙顺水流方向的长度宜大于堰前水深的2倍。紧靠土石坝坝体的进水渠，其导墙长度以挡住大坝坡脚为下限。距控制段2倍堰前水深距离以内的导墙，其墙顶应高出泄洪时最高库水位；2倍堰前水深长度以远的导墙，可设置为下潜式，其墙顶应超出坝面适当高度。

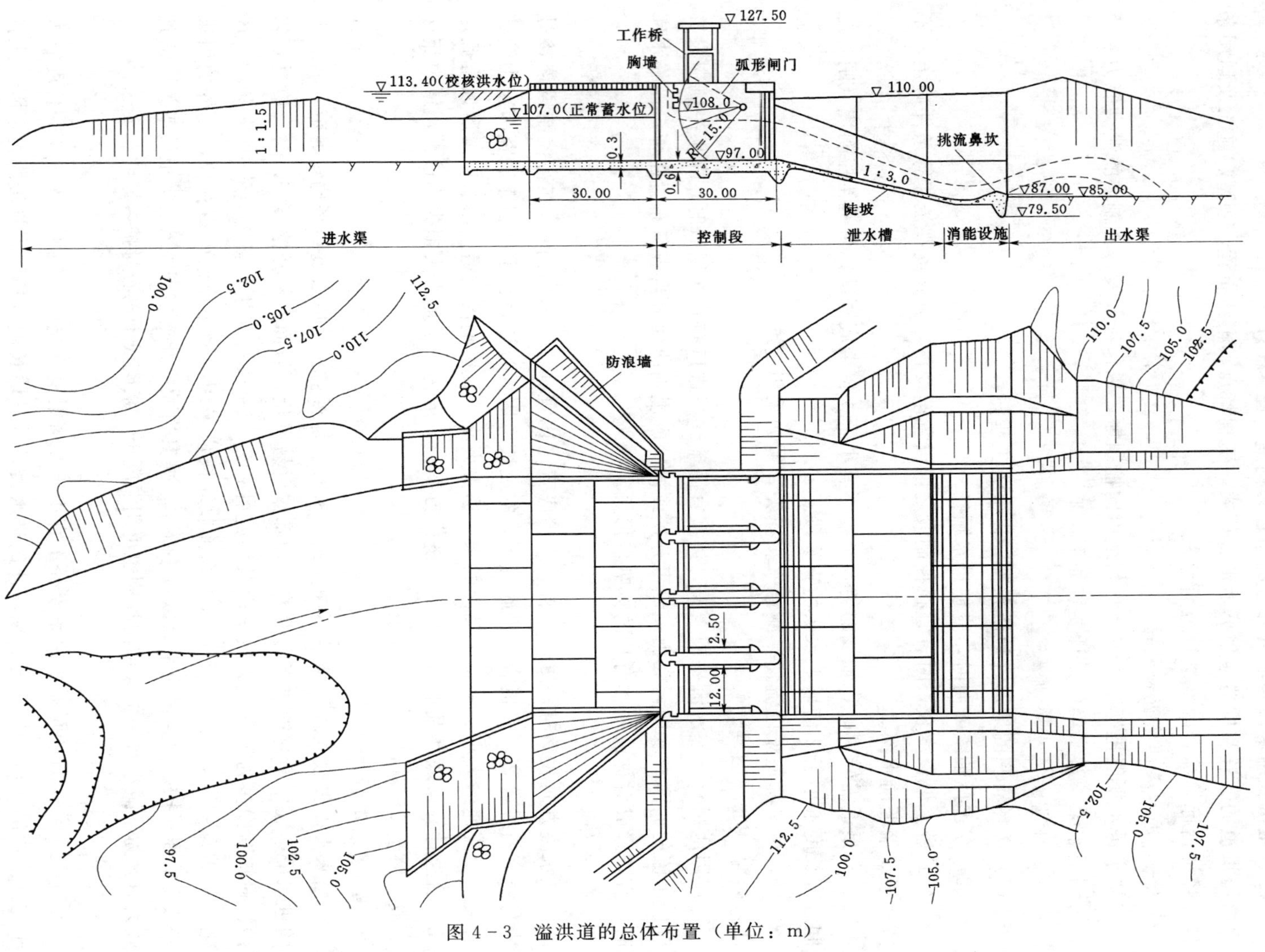

图 4-3　溢洪道的总体布置（单位：m）

6. 进水渠末端的上游堰高 P_1

为保证流速系数的稳定，上游堰高 P_1 一般需一定的值，调洪演算时已确定控制堰的顶面高程及堰顶水头 H，所以进水渠末端的底高程为堰顶高程减去 P_1。对于宽顶堰，P_1/H 大则流量系数小，常采用 $P_1<0.2H$ 或 $P_1=0$ 的平底；对于曲线实用低堰，P_1/H 小则流量系数小，常用 $P_1\geqslant 0.3H_d$（H_d 为堰面曲线设计水头）；对于驼峰堰，P_1/H 小可能流量系数小，堰高 P_1 应由模型试验确定。

（二）控制段的布置和构造

控制段设计应包括控制泄量的堰（闸）及两侧连接建筑物。控制段的设计要点如下。

1. 控制堰（闸）轴线的选定

应满足下列要求：

（1）统筹考虑进水渠、泄槽、消能防冲设施及出水渠的总体布置要求。

（2）建筑物对地基的强度、稳定性、抗渗性及耐久性的要求。

（3）便于对外交通和两侧建筑物的布置。

（4）当控制堰（闸）靠近坝肩时，应与大坝布置协调一致，构造上便于连接。

（5）便于防渗系统的布置，堰（闸）与两岸（或大坝）的止水、防渗排水系统应形成整体。

2. 控制堰的型式

应根据地形、地质条件、水力条件、运用要求，通过技术经济综合比较选定。堰型可选用开敞式或带胸墙孔口式的实用堰、宽顶堰、驼峰堰等型式。开敞式溢流堰有较大的超泄能力，宜优先选用，一般采用宽顶堰或实用堰，且通常都属于低堰（$P_1/H<3$），如图 4-4 所示。宽顶堰构造简单、流速系数 m 较小，在中小型工程中采用最多。实用堰构造复杂，当垭口高程较低时宜采用，以免在填方上建宽顶堰。当堰顶水深 H 很大时闸门高度大，采用实用堰可减小闸门高度，比采用有胸墙的孔口型式安全经济。

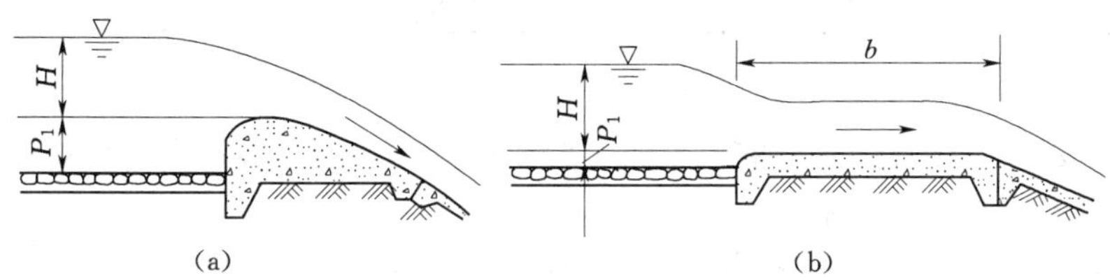

图 4-4 溢流堰的型式

(a) 实用堰；(b) 宽顶堰（$2.5H<b<10H$）

开敞式溢流堰的流量公式为 $Q=\sigma_s\varepsilon mB\sqrt{2g}H_0^{3/2}$。为了提高过流能力一般都设计成自由出流，即淹没系数 $\sigma_s=1$。为了保证自由出流状态，对于宽顶堰应使堰后泄槽的坡降大于临界坡降 i_k。对于实用堰，应使下游堰高大于 $0.5H_d$ 且与堰面曲线下端相切的直线坡度陡于 1∶1.4。H 为堰顶水深，与 Q 成 1.5 次方关系，对堰的泄洪能力影响很大，所以应计算引水渠的水头损失以便正确确定 H 值。侧收缩系数 ε、流量系数 m 可参阅水力学教材。

3. 控制堰控制

分为无闸门控制和有闸门控制。无闸门控制时堰顶高程与正常库水位齐平，溢流前沿长度应由调洪演算的方案比较后选定。有闸门控制时堰顶高程常低于正常库水位，堰顶高程、溢流前沿长度也由调洪演算方案比较决定。堰顶是否设置闸门，应从工程安全、洪水调度、水库运行、工程投资等方面论证确定。需要用闸墩分成闸孔时，应考虑闸门的产品系列尺寸及闸门、启闭机的制造安装能力来选择孔口尺寸。若闸门高度太大（堰顶水深大），可采用胸墙挡水的孔口型式，但达到孔口（闸孔）出流情况后，过水能力提高的速度很慢且带来许多问题，使运行可靠程度降低，所以除少数大型工程采用外，一般很少采用有胸墙的孔口型式。控制堰的孔口均为矩形。有闸门控制的闸室布置及结构设计见水闸一章中所述。

闸墩的型式和尺寸应满足闸门（包括门槽）、交通桥和工作桥的布置、水流条件、结构及运行检修等要求。

4. 控制堰（闸）的工作桥、交通桥布置

应根据闸门启闭设备、运行、观测、检修和交通等要求确定。当有防洪抢险要求时，交通桥与工作桥必须分开设置，桥下净空应满足泄洪、排凌及排漂浮物的要求。

5. 控制段的闸墩、胸墙或岸墙的顶部高程

在宣泄校核洪水时不应低于校核洪水位加安全超高值；挡水时应不低于设计洪水位或正常蓄水位加波浪的计算高度和安全超高值。波浪的计算高度取平均波高 h_m 加上波浪中心线与设计水位的高差 h_z，h_m 按《溢洪道设计规范》（SL 253）附录 C.4.1 的公式计算，h_z 按 SL 253 附录 C.4.2 的公式计算（与重力坝章节中有关的内容相同）。安全超高下限值见表 4-2。按较大者确定其顶部高程。当溢洪道紧靠坝肩时，控制段的顶部高程应与大坝坝顶高程协调一致。

表 4-2　　安全超高下限值

运用情况	控制段建筑物级别			运用情况	控制段建筑物级别		
	1	2	3		1	2	3
挡水	0.7	0.5	0.4	泄洪	0.5	0.4	0.3

（三）泄水槽的布置和构造

泄槽段落差大，多为陡坡，槽中流速大，所以其布置及结构均应适应高速水流的特点和要求。泄槽段的设计要点如下：

(1) 在选择泄槽轴线时，宜采用直线。当必须设置弯道时，弯道宜设置在流速较小、水流比较平稳、底坡较缓且无变化的部位。

(2) 泄槽的纵坡、平面及横断面布置，应根据地形、地质条件及水力条件等进行经济技术比较确定。

1) 泄槽纵坡 i 宜大于水流的临界坡 i_k，以保证控制堰泄流为自由出流。该段陡坡还应有一定的长度，以免与下一级缓坡连接处产生水跃而影响堰的自由出流。所以泄槽不太长时，最好采用大于 i_k 的均一纵坡。当条件限制需要变坡时，纵坡变化不宜过多，且宜先缓后陡。变坡处应以平滑曲线连接，以减小高速水流的危害。由缓变陡处用抛物线连接，如图 4-5 (a)、(d) 所示。其坐标方程为

$$y=x\tan\theta+\frac{x^2}{6H_0\cos^2\theta} \tag{4-1}$$

施工时可稍大于抛物面以免水流脱离底坡而产生负压影响衬底稳定。由陡变缓处用反

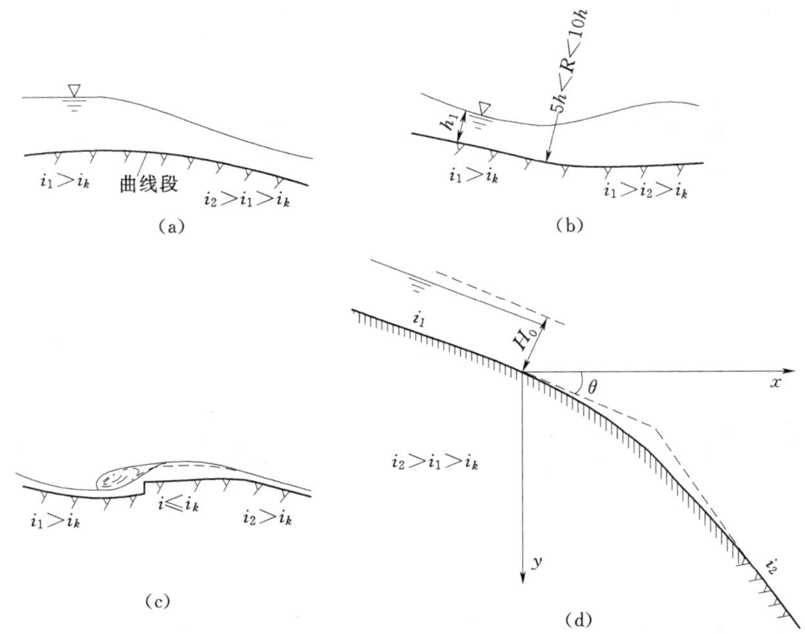

图 4-5 泄水槽纵坡布置

弧连接，如图 4-5（b）所示，两坡度相差大则选用的反弧半径大。若坡陡且总落差很大时，为减小下一级泄槽中的流速可在变坡处设置消力池，如图 4-5（c）所示。i 常用 1∶100～1∶20，更陡时应根据地质、流速等情况，采取加强衬砌稳定性的防滑措施。

2）平面布置尽可能采用直线、等宽度、对称布置，使水流平顺，结构简单，施工方便。泄槽沿轴线宜为等宽，当需要变化泄槽宽度时，变化角度宜收不宜扩，可按《溢洪道设计规范》（SL 253）附录 A.3.3 确定。比如为了缩窄泄槽减小工程量，常在泄槽首端设置收缩渐变段，在其尾端为有利于消能设置扩散渐变段。渐缩段不宜过短，一般使侧墙的偏转角 $\theta\leqslant 11.25°$，也不宜过长而不经济，一般使首尾端处水深之比为 1/2～1/3；渐扩段应使水流不脱离侧壁，一般侧墙的转折角 θ 可按首端断面处的弗劳德数 Fr 估算：

$$\tan\theta\leqslant\frac{1}{3Fr} \tag{4-2}$$

宽浅式陡坡泄槽中还可能产生不连续的滚动波。横波大小不一，向下游运动的速度也不同，会大波叠小波形成更大的波，对出口处产生不稳定地冲击，增加消能的困难，所以采用窄深断面，这也是设置渐变段的原因之一。

3）泄槽横断面宜采用矩形断面。当结合岩石开挖采用梯形断面时，边坡不宜缓于 1∶1.5，并应注意由此引起的流速不均匀问题。

（3）对于受地形、地质变化的影响而不得不设置弯道，离心力使槽外侧水面抬高、内侧降低，水面的倾斜角 φ 为 $\tan\varphi=v^2/gR$，v 为径向剖面内的平均流速；g 为重力加速度。同时槽的侧壁弯曲而迫使水流转向将产生冲击波，波在弯道内往返折射使内外侧水面沿程高低变换，致使弯道内流态复杂。可采取以下措施：

1）为使径向剖面上流量分布均匀些，为降低边墙高度和调整水流，宜在弯道及缓和过渡段渠底设置横向坡。外侧底面抬高 Δz 而内侧底面降低 Δz，中心底面高程不变，如图

4-6 所示。

$$\Delta z=\frac{b}{2}\tan\varphi \tag{4-3}$$

2）为使横断面内流速分布均匀，大型工程可设置导水墙（板），分散横向水深差距而减小侧墙高度，使流量均匀分布，如图 4-7 所示。

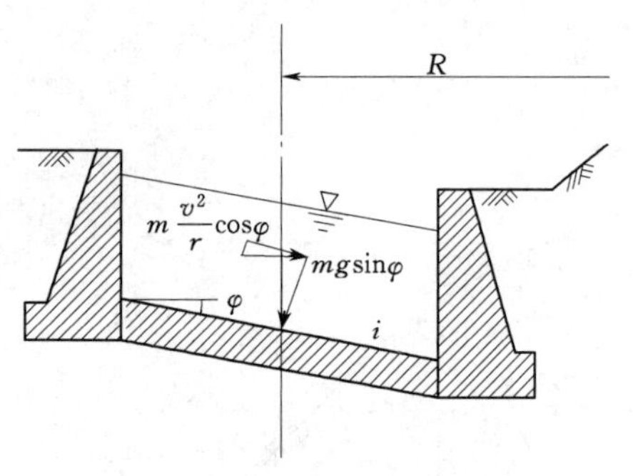

图 4-6　弯段上的水流

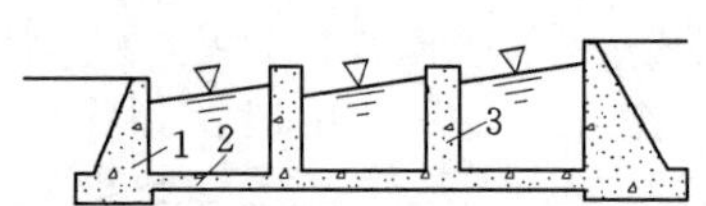

图 4-7　设置导水墙的泄水槽

1—边墙；2—槽底板；3—导水墙

3）弯道常用圆弧曲线，矩形断面弯道中线的半径宜采用 6～10 倍泄槽宽度。在直线段和弯段之间，可设置缓和过渡段复曲线，减小冲击波对水流的扰动影响。

总之，布置时若不得已而采用弯道、槽宽改变，必须充分注意高流速的特点，泄量大、流速高的泄槽，弯道参数宜通过水工模型试验确定。

（4）泄槽的构造。

1）槽底衬砌。泄槽底一般都应衬砌，如同溢流坝面，以避免高速水流冲蚀破坏。土基上一般采用现浇混凝土衬砌，厚 0.3～0.5m（单宽流量较大时可做到 0.7～1.0m）。岩基上，重要工程一般采用混凝土衬砌，厚 0.2～0.3m；不太重要的工程也可采用水泥砂浆砌石（流速小于 15m/s）和石灰浆砌石水泥砂浆勾缝（流速小于 10m/s），厚 0.3～0.6m；也有采用 0.3m 厚砌石垫层上浇筑 0.1～0.2m 厚混凝土。混凝土衬砌表面应配置大于 ϕ10 的双向温度钢筋，每米不宜少于 3～4 根。

为防止温度变形或不均匀沉陷裂缝，衬砌必须分缝。缝宽 1～2cm，缝距：土基一般 15m 左右；岩基约束力大一般 6～10m。顺水流向的为纵缝，垂直流向的为横缝。

横缝比纵缝要求高，土基上的缝比岩基上的缝要求高。衬砌接缝的型式一般如图 4-8 所示，有四种：平接缝适用于特好岩基上的纵缝；键槽缝适用于一般岩基或土基上的纵缝；搭接缝用于岩基上的横缝，齿槽缝用于土基上的横缝。横缝下游侧衬砌底板边缘应做成深 1.3cm 长大于 15cm 的斜坡，以减轻空蚀，如图 4-8（f）、（d）所示。后块的底板前板端不允许凸出，以防止顶冲处高速水流掀起衬底或产生负压破坏。总之要力求衬砌顶面平整光滑，防止空蚀，有必要时可削磨平整或设置掺气设施。纵、横缝中均应设置可靠的止水并严格控制施工质量，以防止高速水流进入缝内或衬砌下面产生大的扬压力。

从水库或两侧山体中来的渗流，将在衬砌下产生较大的渗透压力，甚至顶起衬砌，所以衬砌下必须设置排水系统以消除渗压力，保证衬砌的稳定性。对于岩基，衬砌下设置纵横排水沟，沟内放置排水暗管及反滤层，如图 4-9 所示。纵横排水沟互通，横沟中排水

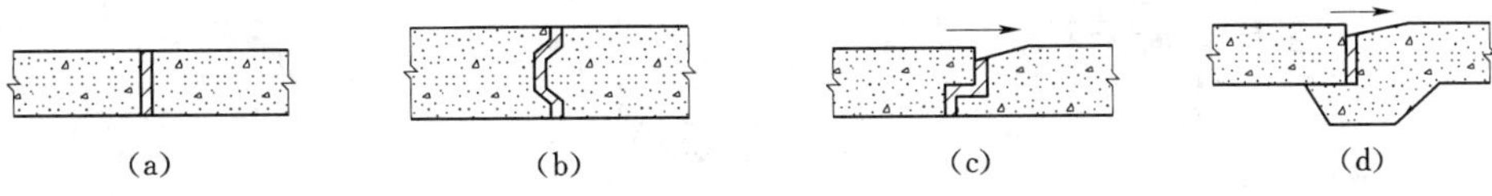

图 4-8　衬砌接缝的形式

(a) 平接缝；(b) 键槽缝；(c) 搭接缝；(d) 齿槽缝

管内的集水流入纵沟的排水管，纵沟一直通往下游，穿越消能设施把集水排入下游。若渗水量大或排水管径小时，会加大下部衬底的扬压力，为此，可使纵沟分为上下段不通的若干分段，每段尾部的横沟伸向泄槽侧墙外的集水井中，利用墙外集水井排除渗水。纵横排水沟置于衬砌的分缝下部，若缝距太大时可在缝间增设排水沟，横沟置于横缝下游侧约15cm 处，以排除横缝的漏水，见图 4-10 (a)。衬砌下有齿墙时，横沟置于齿墙上游侧，即图 4-8 (d) 齿槽缝的上游侧。对于黏性土基还应设置平铺式透水垫层，横向排水管置于齿墙上游侧并以反滤层包围，见图 4-10 (b)。

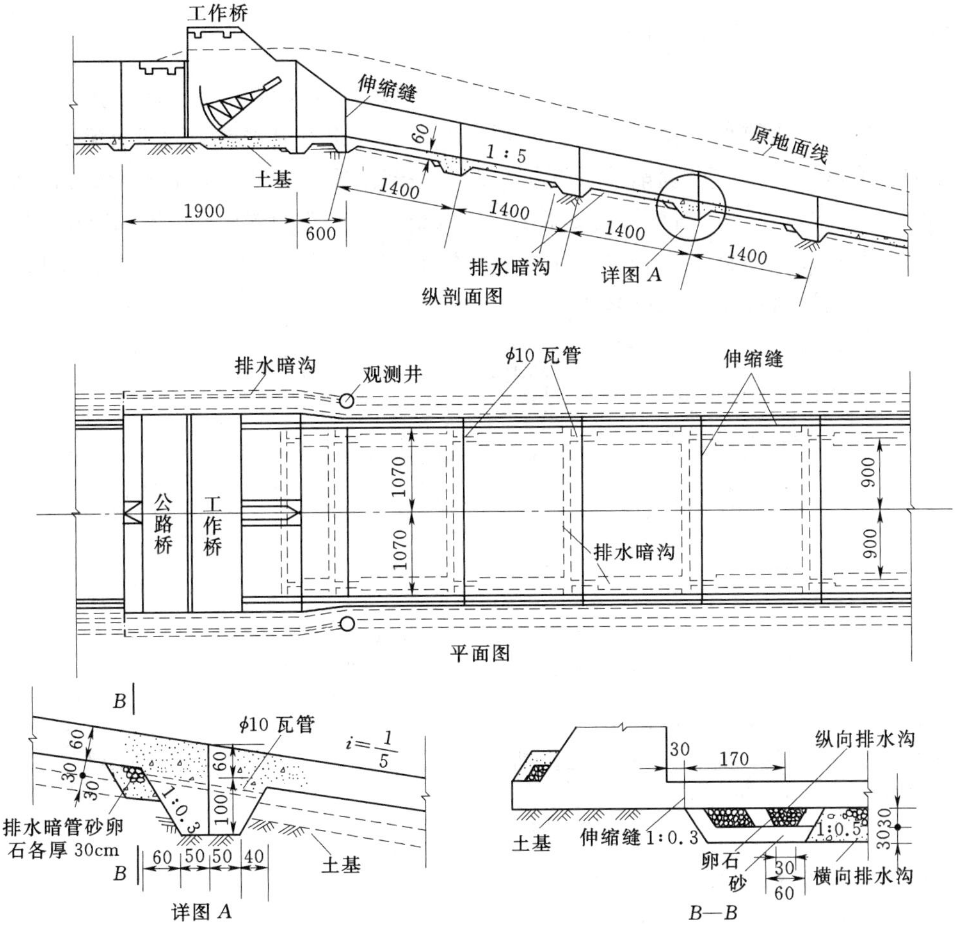

图 4-9　溢洪道排水布置图（单位：cm）

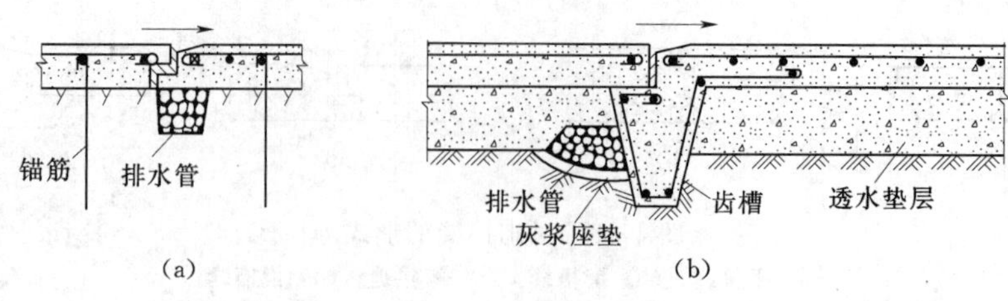

图 4-10　接缝与排水的构造

(a) 岩基；(b) 土基

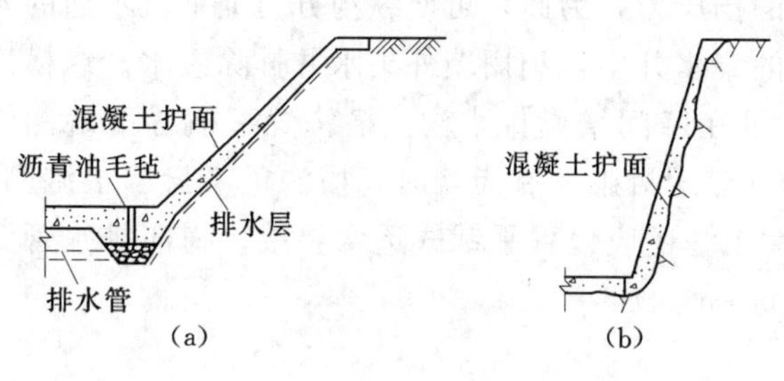

图 4-11　护面形式

(a) 土基；(b) 岩基

2) 泄槽的侧墙。泄槽的横剖面一般为矩形或梯形，应置于挖方中。岩基上多采用边坡陡于 1∶0.75 的梯形或矩形，一般采用混凝土护面保护坡面，见图 4-11 (b)；土基上多采用梯形，混凝土或浆砌石护面，见图 4-11 (a)，边坡约 1∶1.5～1∶2.0；也可采用矩形，边墙为挡土墙，形式见图 4-12。侧墙断面尺寸由稳定条件确定。

泄槽底宽可与溢流堰同宽，或根据地形、地质的变化按泄水能力要求计算确定。不同底宽或剖面形状改变处，设置渐缩、渐扩、渐变等连接段。侧墙应设置温度、沉陷缝，缝宽 1～2cm，缝中设止水，斜护面的缝距约 4～10m，挡土墙的缝距约 10～20m。墙中设排水孔，或墙背后设纵向排水沟，见图 4-11、图 4-12，以减小墙后水压力。墙顶山坡脚处设纵向截水沟以排除山坡上的来水。

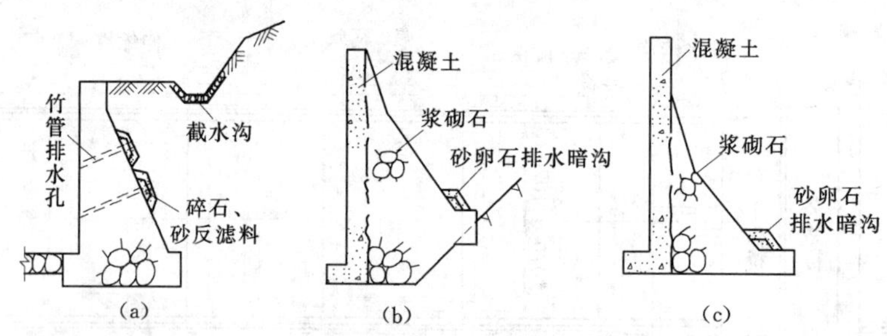

图 4-12　挡土墙形式

(a) 重力式；(b) 衡重式；(c) 折线式

侧墙高度由水面线计算后初设。墙高 $h=h_l+\Delta h$，安全超高 $\Delta h=0.5\sim1.5$m，直墙或直槽段可取小值，斜护面、变断面处及弯道可取大些；h_1 为掺气、波动影响后的水深，可按下式估算：

$$h_1=h'(1+0.01\zeta v) \tag{4-4}$$

式中　h'——无掺气、波动影响的水深，m；

v——断面平均流速，m/s；

ζ——修正系数，一般为 1.0～1.4，$v>20$m/s 时及边界改变方向处波动较大应采用大值，即按 v 大小和边界情况选用。

(四) 消能防冲设施及出水渠的布置和构造

1. 溢洪道消能防冲建筑物的设计洪水标准

1级永久泄水建筑物下的消能防冲建筑物按100年一遇洪水设计；2级永久泄水建筑物下的消能防冲建筑物按50年一遇洪水设计；3级永久泄水建筑物下的消能防冲建筑物按30年一遇洪水设计；4级永久泄水建筑物下的消能防冲建筑物按20年一遇洪水设计；5级永久泄水建筑物下的消能防冲建筑物按10年一遇洪水设计。同时，还应考虑宣泄低于消能防冲设计洪水标准的洪水时可能出现的不利情况。对超过消能防冲设计标准的洪水，允许消能防冲建筑物出现部分破坏，但不应危及大坝及其他主要建筑物的安全，且易于修复，不得长期影响枢纽运行。消能防冲建筑物的校核洪水标准可低于溢洪道的校核洪水标准，应根据枢纽布置及泄洪对枢纽安全的影响程度具体选定。但消能防冲建筑物的局部破坏会危及大坝等挡水建筑物的安全时，应采用与大坝及挡水建筑物相同的校核洪水标准进行校核。

2. 消能防冲设施的型式

可采用挑流消能或底流消能，亦可采用面流、戽流或其他消能型式，应根据地形、地质条件、泄流条件、运行方式、下游水深及河床抗冲能力、消能防冲要求、下游水流衔接及对其他建筑物影响等因素，通过技术经济比较选定。选定的消能设施，应保证在宣泄消能防冲设计洪水流量及以下各级流量，尤其是在宣泄常遇洪水时消能效果良好，结构可靠，并能防空蚀、抗磨损和抗冻害，必要时可采用相应措施。淹没于水下的消能工宜考虑检修条件。

挑流消能可用于岩石地基的高、中水头枢纽。溢洪道挑流消能设施的平面形式可采用等宽式、扩散式、收缩式。挑流鼻坎可选用连续式、差动式和各种异型鼻坎等。当采用挑流消能时，应慎重考虑挑射水流的雾化和多泥沙河流的泥雾对枢纽其他建筑物及岸坡的安全和正常运行的影响。当采用挑流消能遇有下列情况时，必须采取妥善措施处理：

(1) 地基中存在延伸至下游的缓倾角软弱结构面及断层破碎带，有可能被冲坑切断，危及建筑物的安全。

(2) 岸坡有可能被冲塌，危及坝肩稳定，堵塞出水渠或下游河道。

(3) 下游涌浪及回流危及大坝与其他建筑物的安全和正常运行。

底流消能可用于各种地基，或设有船闸、渔道等对流态有严格要求的枢纽。底流消能设施可采用平底式、斜坡式、扩散式、收缩式等消力池及各种型式的辅助消能工，必要时可设多级消力池，并应注意泥沙磨蚀问题。

面流消能可用于下游尾水大于跃后水深且水位变幅不大，河床及两岸在一定范围内有较高的抗冲能力，或有排冰要求的枢纽。

消力戽或戽式消能工可用于下游水深大于跃后水深、下游河床及两岸有一定抗冲能力的枢纽，有排泄漂浮物要求时不宜采用。消力戽下游宜设置导墙。

3. 挑流式消能防冲设施的构造

溢洪道的挑流消能由连接面板(包括挑流坎)和齿墙两部分组成。连接面板就是泄槽末端的一块衬砌底板；齿墙有重力式和衬护式两种，如图4-13所示。重力式的混凝土量大，但施工简单，多用在风化严重的岩基或非岩基上；坚固完整的岩基上可采用衬护式，用锚筋牢固的连接在基岩上。齿墙应嵌入底部岩面以下0.5～1.0m或根据冲坑深度决定；齿墙应插入两岸岩石内，以保护泄槽尾部基岩不被冲刷或风化。为消除齿墙后的水压力，应设置排水孔并与泄槽的纵向排水管连通。若水舌下部仅靠两侧补气不足时，应设置通气孔补气以减轻对水舌挑距的影响。齿墙下游宜设混凝土裙板，以防小流量水舌冲刷齿墙基脚。冲坑两侧岸坡高且陡时，应估计冲坑的可能发展，以便采取措施防止两岸坍塌影响齿墙或尾渠首的安全。最后，对齿墙的稳定性、强度，也应作验算（同挡土墙计算原理）。

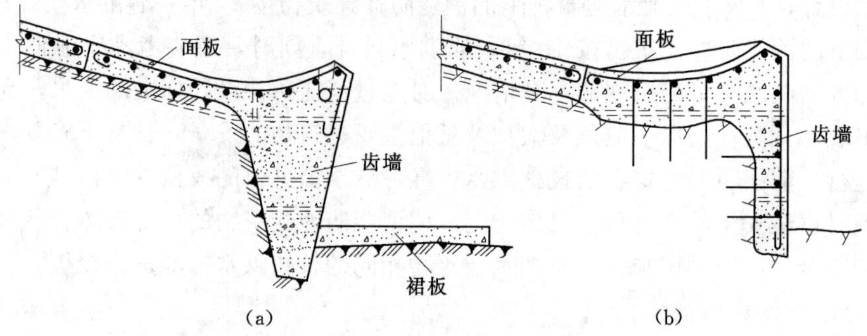

图 4-13　挑流鼻坎的构造

(a) 重力式；(b) 衬护式

山西省有一种土基上的挑流消能，即泄槽尾接挑流梁板。梁板由井柱支撑，使冲坑仅在梁板下面而不危及泄槽地基，如图 4-14 所示。

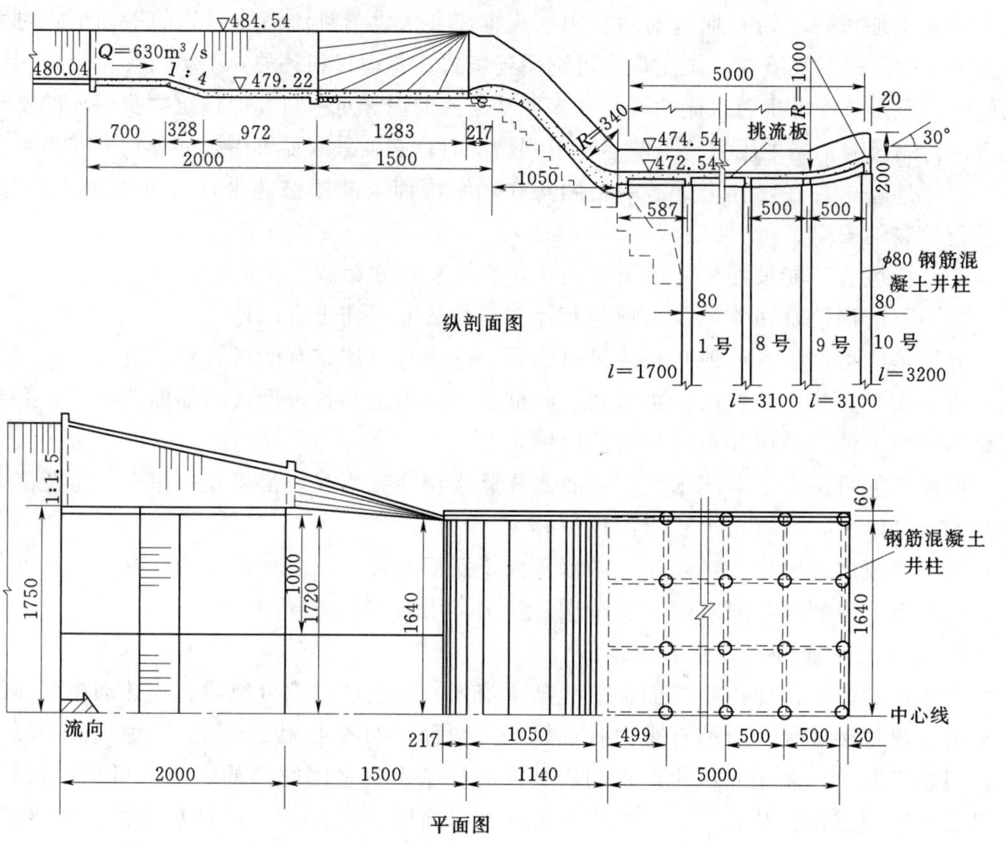

图 4-14　山西省某水库溢洪道挑流建筑物（单位：高程，m；尺寸，cm）

4. 出水渠布置

若消能设施距下游河道较近，泄流可平顺归河，可不设出水渠。当溢洪道下泄水流经消能后不能直接泄入河道而造成危害时，应设置出水渠。选择出水渠线路应经济合理，其轴线方向应顺应下游河势。尽可能利用天然山冲或河沟，注意保护农田、村舍等。出水渠宽度应使水流不过分集中，并应防止折冲水流对河岸有危害性的冲刷。

四、防空蚀设计（所有泄水建筑物都应该考虑的问题）

《溢洪道设计规范》（SL 253）特别要求，应重视溢洪道下列部位和区域的防空蚀设计。

（一）容易发生空蚀的部位和区域

（1）闸墩、门槽、溢流面、平面收缩（扩散）段、平面弯曲段、陡坡变坡处、反弧段及其下游段、水流边界突变处。

（2）异型鼻坎、分流墩、消力墩及趾墩处。

（3）水流空化数较小的部位。

（二）空蚀发生与否的判别标准

溢洪道各部位的水流空化数 σ 应大于该处体型的初生空化数 σ_{io} 水流空化数的计算按《溢洪道设计规范》（SL 253）附录式（A.6.1）进行。若干体型的初生空化数及空蚀发生与否的判别标准，见附录 A.6.2 和附录 A.6.3。

（三）防空蚀措施

（1）选择合理的体型，使过水边界壁面贴和水流流线形态。

（2）控制水流边界壁面的局部不平整度，包括混凝土施工中留下的接缝错台、模板印痕、钢筋头、混凝土表面的凹凸不平及其他突体、跌坎等。其标准可按《溢洪道设计规范》（SL 253）附录 A.6.4 执行。

（3）当流速超过 35m/s 时应设置掺气减蚀设施，其布置要求及水力设计，按《溢洪道设计规范》（SL 253）附录 A.6.5～附录 A.6.8 执行。

（4）选用合理的运行方式。

（5）采用抗蚀性能好的材料。

（四）防泥沙要求

在多泥沙河流上，应同时考虑挟沙水流对边壁的磨损与空蚀的联合作用，选用抗蚀耐磨性能好的材料。当采用掺气减蚀设施时，应论证泥沙磨损及淤堵问题。

五、泄槽底板的稳定分析及增加稳定性的工程措施

堰、护面、挡土墙等的稳定分析，分别见水闸和土坝两章中的有关内容，以下对泄槽底板的稳定分析作简要介绍。

取泄槽底板中的一块分析，如图 4-15 所示。从理论上说，作用在底板上的力有：板和板上水重 G，扬压力 u，脉动力 ΔP（与 u 方向一致为不利情况），水流拖曳力 T，板面凸出部位的水冲力（动水压力）。

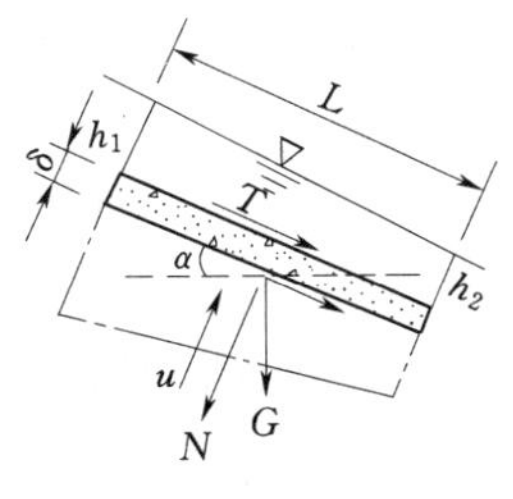

图 4-15　泄槽底板的稳定分析

u、ΔP、T 都很难准确计算，一般用下述公式估计：

$$\left.\begin{aligned}u&=\left[\gamma_0 LB(h_2+\delta)+\frac{1}{2}\gamma_0 LB(h_1-h_2)\right]\times 40\%\\ \Delta P&=\gamma_0 LB(0.05\sim0.10)\frac{v^2}{2g}\\ T&=\gamma_0 LBRJ\end{aligned}\right\}\qquad(4-5)$$

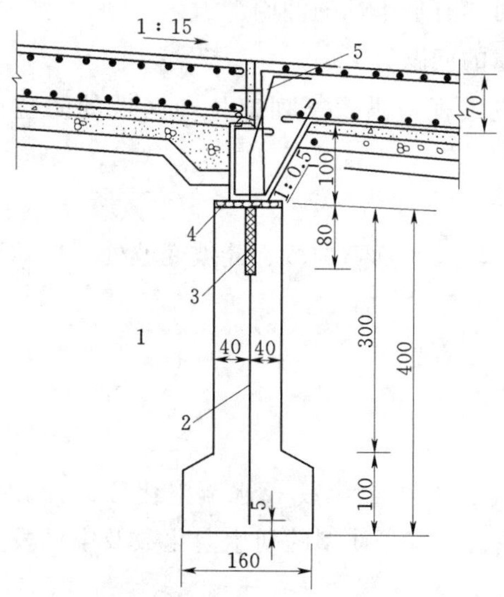

图 4-16　锚筋桩布置（单位：cm）
1—第三纪砂层；2—2～15kg/m 钢轨；3—涂沥青厚 2cm 包油毡一层；4—沥青油毡厚 1cm；5—ϕ32 螺纹钢筋 3 根

式中　γ_0、g——水重度、重力加速度；

L、B、δ——块板的长、宽、厚度；

v、R、J——块板上的流速，水力半径，水力比降平均值；

h_1、h_2——板上始末端水深。

若板与基面的摩擦系数为 f，则板沿基面滑动的安全系数 K 为

$$K=\frac{f(G\cos\alpha-\Delta P-u)}{G\sin\alpha+T}\qquad(4-6)$$

由于动水压力更难估计，分母中未计入，即认为板面平整且运行中不产生变形和沉陷。所以 K 值相当不准确，只能作为定性分析的参考，不能作为定量的依据。坡度较陡或 K 较小时，应采用锚筋加强底板与基岩的连接。一般采用 ϕ20～25 锚筋以水泥砂浆锚固于基岩中的钻孔内，孔壁应清洗以使砂浆与孔壁牢固结合，锚筋埋入基岩的深度为40～60 倍钢筋直径并与底板中钢筋连接浇筑于底板中，锚筋间距一般为 1.5～3.0m，可视 K 值而定。土基上的底板可采用锚筋桩，并利用桩上土重来加大底板的稳定性，岳城水库溢洪道的锚桩情况如图 4-16 所示。

第三节　侧 槽 式 溢 洪 道

如果没有合适的垭口地形，要采用正槽式溢洪道则需劈开又高又厚的山坡。而采用侧槽式溢洪道（图 4-17）则只需部分开挖山坡，大大减少劈山工程量。

侧槽式可布置在坝肩附近的山坡上，控制堰和侧槽的轴线大致与等高线平行，向山体内开辟出较平坦的一段，将控制堰和侧槽建在其上。控制堰进口直接面临水库，洪水过堰后进入侧槽并在侧槽中大约转 90°方向，调整水流平稳后进入泄槽；泄槽轴线与等高线斜交布置，在山坡上劈挖成陡坡泄水槽。因距大坝较近，对大坝安全影响较大，所以一般应建在完整、坚固的岩基上并需要良好的衬砌保护。侧槽式比正槽式多出个侧槽及调整段，但控制堰溢流前缘长度 B 易于拓宽。其控制段、泄槽、消能防冲设施、出水渠的布置和构造都与正槽式相同。侧槽式溢洪道的侧堰可采用实用堰，堰顶可不设闸门。侧槽断面宜采用窄深式梯形断面，靠山一侧边坡可根据基岩特性确定，靠堰一侧边坡可取 1：0.5～1：0.9。本节只着重介绍侧槽及调整段与控制堰、与泄槽的水力连接关系等问题。

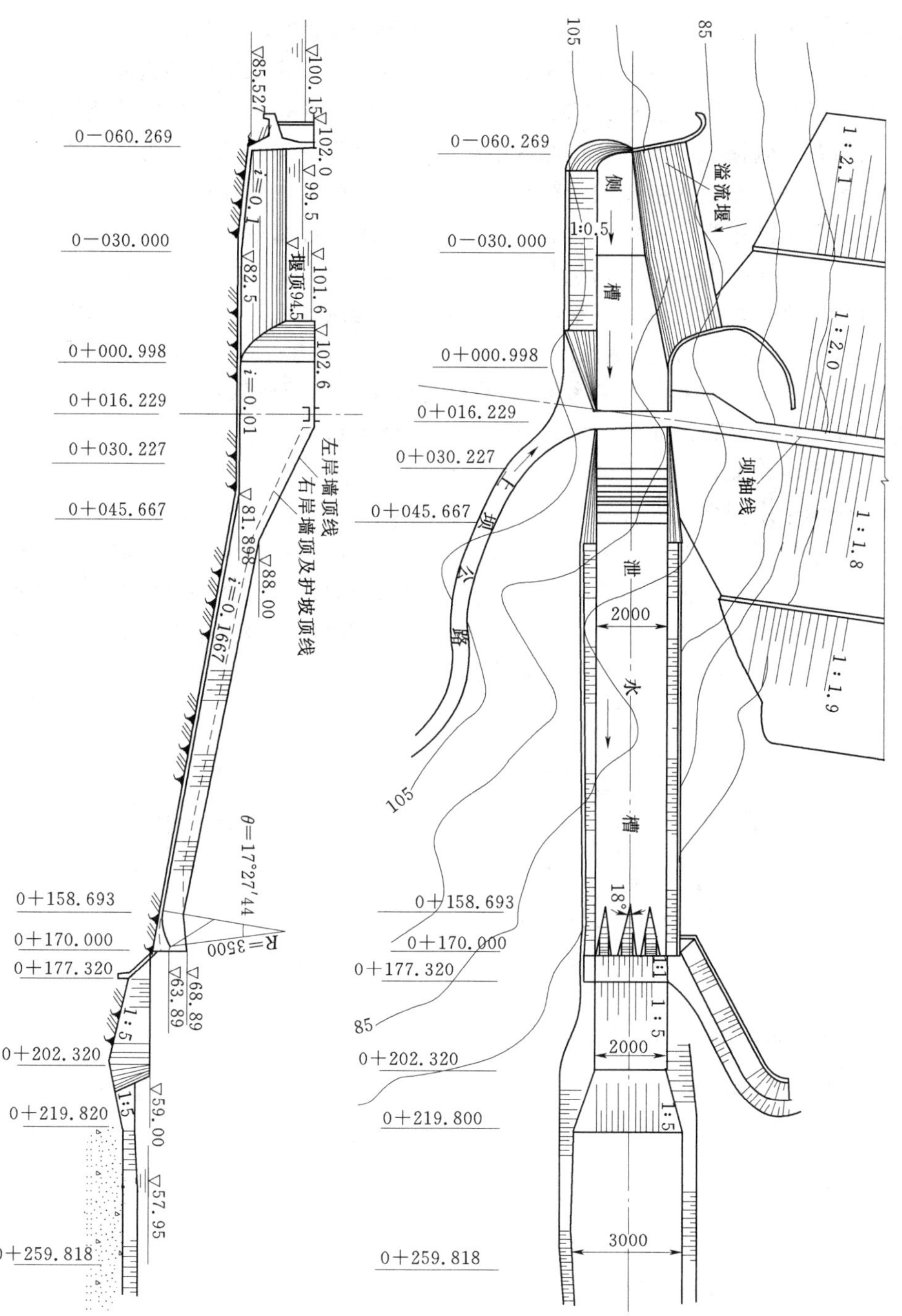

图 4-17 侧槽式溢洪道（单位：高程，m；尺寸，cm）

一、侧槽中的水流形态及对侧槽水力设计的要求

水流过堰后即跌入侧槽，冲向对岸侧槽壁并向上翻滚，在强烈的旋滚、翻腾、掺混扰动和相互撞击中消杀动能，同时以重力流动方式沿侧槽轴线向泄槽流去。所以，侧槽中的水流是在旋滚翻腾中螺旋状向前流动，流态十分复杂。若过堰水流为自由出流，堰长范围

内的过堰单宽流量为一常数 q，则侧槽中流量沿程均匀增加，为沿程变量流。侧槽内水流是复杂的空间流，是上接控制堰下连泄槽的水流过渡段。为保证溢洪道泄洪畅顺，必须对侧槽的水力设计提出以下要求：①沿侧槽轴向的流动必须是缓流，并保持侧槽内有较大的水深，以便跌入侧槽内的水流能在充分地掺混撞碰过程中消除动能，为复杂流态逐渐调整成正常流态、平稳地进入泄槽创造较有利的条件；②侧槽内要保持较大的水深，但侧槽内的水面高程又不能过高，以保证过堰水流为自由出流，过水能力最大，并使过堰单宽流量为一常数 q，可使侧槽内水面线的计算简化；③侧槽出口处的水流仍有横向流余能，故侧槽出口与泄槽进口之间应设置调整段，使侧槽出口为淹没流态（即出口处水深大于临界水深），以进一步控制侧槽内为缓流流态。若泄槽设计成大于 i_k 的陡坡，则泄槽进口处即是临界水深 h_k，就直接为推求水面线提供了初始水深。侧槽应依据上述三方面的要求并结合地形、地质等实际情况布置，以达到合理、经济的目的。

二、侧槽中水面曲线计算的方程式

目前侧槽中水面曲线的计算（图 4－18、图 4－19）多采用差分法。差分方程式是在下述假定下推导的：①侧槽中的轴向流动为重力流，即不计横向流的影响；②侧槽中某横断面的轴向流速按平均流速计算，动水压力按静水压力计算；③侧槽始端水面高程只要不影响堰的流量系数（即淹没系数 $\sigma_s=1$），则堰长范围内均为自由出流的堰流，即侧槽轴向流量均匀增加 q 而侧槽内轴向水面为降水曲线。

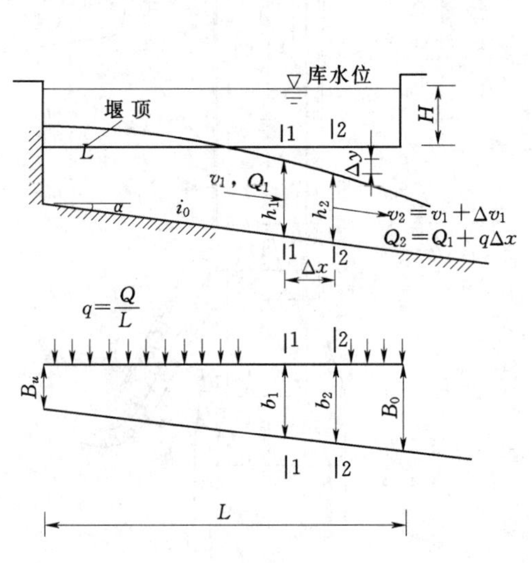

图 4－18　侧槽水面曲线计算图

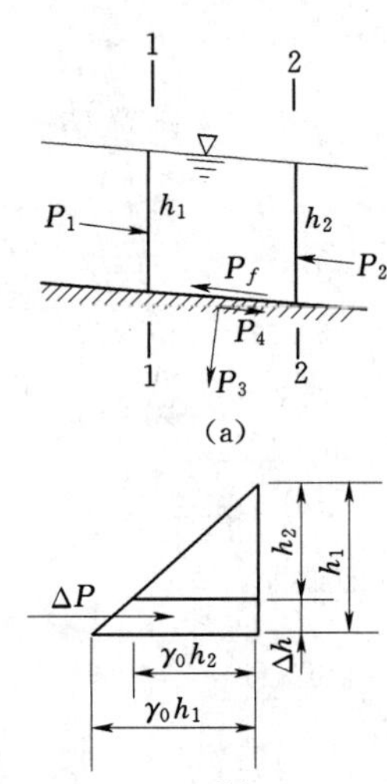

图 4－19　计算简图

取 Δx 长水体为脱离体分析，沿流向作用在脱离体上的总压力为 F_i，即

$$F_i=\Delta P+P_4-P_f=\gamma_0\,\overline{\omega}(\Delta h+i\Delta x-s_f\Delta x) \qquad [4-7\ (a)]$$

其中

$$\Delta P=P_1-P_2=\frac{1}{2}\gamma_0(h_1+h_2)\Delta h\,\overline{b}=\gamma_0\,\overline{\omega}\Delta h$$

$$s_f=\frac{n^2\,\overline{v}^2}{R^{4/3}}$$

$$\overline{v}=\frac{v_1+v_2}{2}$$

式中　ΔP——动力压力（按静水压力计算）；

P_4——水体重力在流向的分力，$P_4=\gamma_0\,\overline{\omega}\Delta l\sin\alpha=\gamma_0\,\overline{\omega}i_0\Delta x$；

P_f——水体周边摩阻力，$P_f=\gamma_0\,\dfrac{n^2\,\overline{v}^2}{\overline{R}^{4/3}}\overline{b}\,\overline{h}\cos\alpha\Delta l=\gamma_0\,\overline{\omega}s_f\Delta x$；

γ_0、$\overline{\omega}$——水重度、Δx 段平均过水断面面积（$\overline{\omega}=\overline{b}\,\overline{h}$）；

n——侧槽壁的糙率；

$\overline{v}$——Δx 段的平均流速；

$\overline{R}$——Δx 段的平均水力半径；

Δl——Δx 对应的侧槽底的斜长；

其他符号意义见图 4-18 及图 4-19。

可由动量方程求得 Δx 段水体沿流向的动量力 F_v：

$$F_v=\frac{\gamma_0}{g}(Q_2v_2-Q_1v_1)=\frac{\gamma_0}{g}Q_1\left[(v_2-v_1)+\frac{v_2(Q_2-Q_1)}{Q_1}\right] \qquad [4-7\ (b)]$$

式中　g——重力加速度；

其他符号意义见图 4-18。

由式［4-7（a）］等于式［4-7（b）］，即 $F_i=F_v$，得

$$\Delta h=h_1-h_2=\frac{Q_1(v_2+v_1)}{g(Q_2+Q_1)}\left[(v_2-v_1)+\frac{v_2(Q_2-Q_1)}{Q_1}\right]-i_0\Delta x+s_f\Delta x \qquad (4-8)$$

其中

$$\frac{v_1+v_2}{Q_1+Q_2}=\frac{1}{\overline{\omega}}$$

由图 4-18 中的几何关系知

$$\Delta y=h_1-h_2+i_0\Delta x=\Delta h+i_0\Delta x \qquad (4-9)$$

将式（4-8）的 Δh 代入式（4-9）中得

$$\Delta y=\frac{Q_1(v_2+v_1)}{g(Q_2+Q_1)}\left[(v_2-v_1)+\frac{v_2(Q_2-Q_1)}{Q_1}\right]+s_f\Delta x \qquad (4-10)$$

用式（4-10）计算的成果与模型试验成果基本相符。一般 $s_f\Delta x$ 项值较小，可不计，但 $v>5\text{m/s}$ 及 $n>0.014$ 时不宜忽略。已知初始断面的 Q_2、h_2、b_2 时，即可用式（4-9）试算上一级断面的 h_1 值后绘出水面曲线。计算精度取决于选 Δx 值的大小。

三、侧槽的布置

（一）侧槽的横断面形式

由侧槽内应有足够的水深、始端最高水面不影响堰的自由出流要求来看，窄深式剖面优于宽浅式。从经济方面考虑，窄深式的劈山量小于宽浅式，如图 4-20 所示。若 $\omega_1=\omega_2$，则可少挖所示的 ω_3 部分。

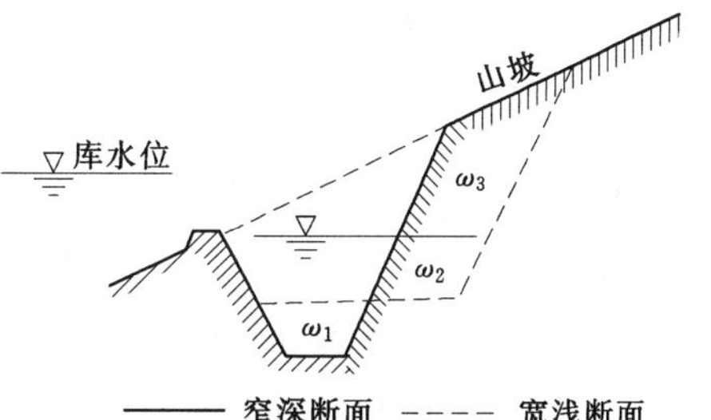

图 4-20　侧槽挖方量比较图

采用窄深式剖面，堰型可为梯形或曲线形实用堰。堰的坡度一般采用 1∶0.5，因槽中水深较大，故堰底部不会产生负压区。堰对岸山坡的开挖坡度由稳定条件决定，岩石山坡一般采用 1∶0.2～1∶0.5。

（二）侧槽底宽的拟定

侧槽内轴向流量是均匀增加的，故底宽宜以直线变化均匀加宽，始、末端底宽 B_u、B_0 的比值一般以$\frac{B_u}{B_0}=\frac{1}{1.2}\sim\frac{1}{4}$为宜。根据地质允许单宽流量选定泄槽底宽后，先选 B_0 大于或等于泄槽底宽，再按上述比值定 B_u，B_u 的最小值应满足施工机具要求。流量和 i_0 已定时，B_0 大则劈山量大而槽中水深小；B_0 小则劈山量小而槽中水深大。所以应从水力条件和经济条件两方面考虑，选择合理的 B_0 值。

（三）侧槽底坡降 i_0 的拟定

要求槽中为缓流，所以侧槽底坡降 i_0 应小些。若底宽和流量一定，i_0 小侧槽中水深大，有利于消能也利于与泄槽的水力衔接，劈山量一般也小，但始端水面应不影响堰为自由出流。一般选用 $i_0=2/100\sim5/100$。

（四）侧槽与泄槽之间的调整段

调整段布置的基本型式有两种：①采用平面上收缩的渐变段，如图 4-21（a）所示；②采用在泄槽进口设置凸坎壅水，如图 4-21（b）所示。若两种型式同时采用，调整流态的效果更好。调整段底坡 $i=0$，故称为水平调整段，其长度一般采用 $(2\sim4)h_k$。若不设置调整段，如图 4-21（f）所示，临界水深 h_k 可能发生于侧槽内或其出口附近，这取决于 Q、q、L_0、B_0、n、i_0 等因素。此时槽内水深较小，水力条件也不佳，一般应避免采用。

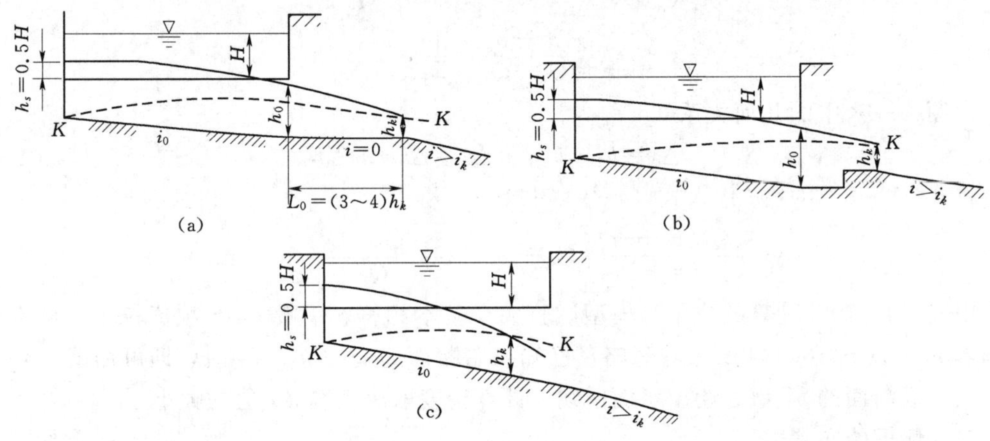

图 4-21　侧槽与泄槽的连接形式

（a）h_k 产生在水平段末端；（b）h_k 产生在凸坎处；（c）h_k 产生在槽内

（五）侧槽底高程的设计

根据模型试验，侧槽内始端水面高出堰顶的高度 h_s（图 4-21 所示）与堰顶水深 H 的比值$\frac{h_s}{H}=\sigma_k\leqslant0.5$时，全堰为自由出流，槽中水面为降水曲线，则始端底高程∇_u为

$$\nabla_u=\nabla_0+\sigma_k H-h_u \tag{4-11}$$

式中　∇_0——控制堰堰顶高程；

h_u——侧槽始端水深。

若 $i_0<\frac{2}{100}$时，堰为自由出流的临界值 σ_k 随 i_0 的减小而减小，所以选择 i_0 时应注意

此项试验成果。若 $i_0 \geqslant \frac{2}{100}$ 时，σ_k 可选用0.5。

由式（4-11）可知，确定 ∇_u 必须先知道 h_u，故需先计算水面曲线求出 h_u。计算步骤为：

（1）先设计泄槽的纵坡降（大于 i_k）及断面尺寸，并选定侧槽的 i_0、B_0、B_u 及收缩式调整段长 L_0。则 L_0 尾端为临界水深 h_k 可计算出。

（2）计算 L_0 段的水面曲线。此段为等量流，可用普通方法（如水力学中的分段求和法）计算。由于地形等原因需缩短 L_0 时，可仍按不缩短 L_0 的求水面曲线，以缩短了的 L_0 尾端处的水深减去 h_k 作为凸坎高度在缩短了的 L_0 尾端建立凸坎，保持凸坎顶水深为 h_k。

（3）以调整段首端水深（即侧槽尾端水深）为初始水深，用式（4-10）试算侧槽内水面曲线得 h_u。

（4）用（4-11）式计算 ∇_u，并按 i_0 计算侧槽尾端高程。

（六）侧槽底最大横向流速的计算

过堰水流跌入侧槽后，底部横向流速最大，如图4-22所示。

v_g 的最大值出现在侧槽尾端，可按下面经验公式计算：

$$v_g = \varphi \sqrt{2g(P_0 + H)} \tag{4-12}$$

式中 g——重力加速度；

φ——系数，$\varphi \approx 0.6 \sim 0.7$。

P_0 及 H 如图4-22所示。

对于大、中型侧槽或侧槽处山坡较陡峭情况，常需选几个 B_0 与 i_0 的组合，用上述方法布置、作方案比较后，选择经济、安全的方案。泄洪流量不太大的工程，坝两岸山坡陡峭，布置泄槽的工程艰险，应尽可能选用封闭式溢洪道，如图4-23所示的隧洞式侧槽溢洪道。

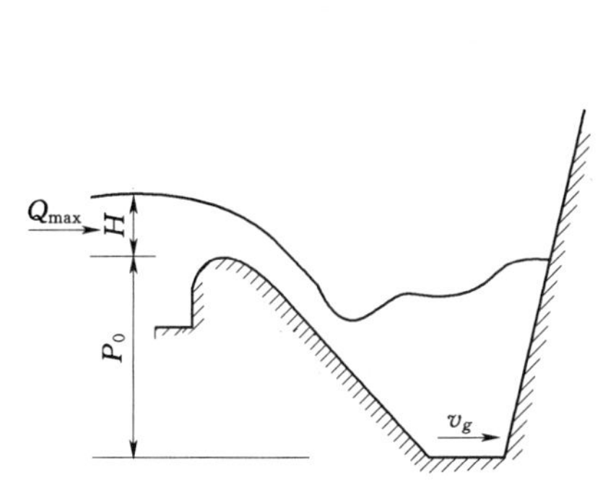

图4-22 侧槽最大底流速计算图

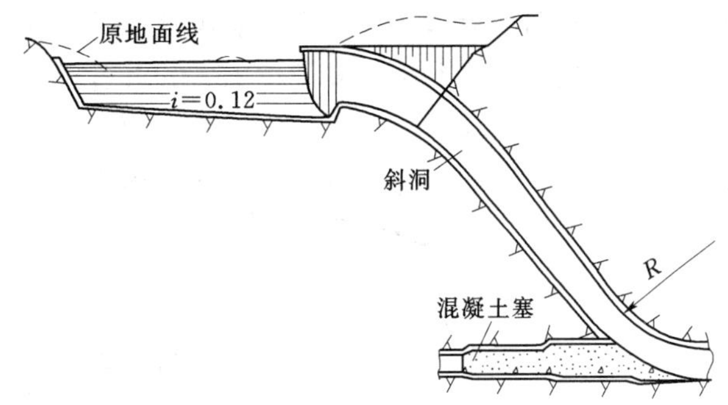

图4-23 隧洞式侧槽溢洪道

第四节 非常溢洪道

前两节所述的溢洪道称为正常溢洪道，一般以设计洪水标准进行设计。正常溢洪道在布置和运用上可分为主、副溢洪道，应根据地形、地质条件、枢纽布置、坝型、洪水特性及对下游的影响等因素研究确定。主溢洪道宜按宣泄常遇洪水泄量设计，副溢洪道宜按宣泄设计洪水泄量与主溢洪道泄量之差设计。副溢洪道控制段以下部分的结构可根据实际条件适当简化。

水库还有按校核洪水标准设计的要求。由于校核洪水标准的洪峰流量及洪水总量，都比设计洪水标准的大很多，相应的溢洪道工程量巨大且运用概率极小。所以水库常以设计洪水标准设计正常溢洪道，另外利用适宜的地形修建非常溢洪道，遇校核标准洪水时，与正常溢洪道共同泄洪。《溢洪道设计规范》（SL 253）规定，“当设有正常、非常溢洪道时，正常溢洪道的泄洪能力，不应小于设计洪水标准下所要求的泄量。非常溢洪道宜泄超过正常溢洪道泄流能力的洪水。溢洪道启用时，水库最大总下泄量不应超过坝址同频率的天然洪水。”因此，非常溢洪道应设计得既能保坝又简单经济。如选择高程适宜的山垭口处，修建较低的自溃式或引溃式土石坝而不建泄洪槽，平时可正常挡水，启用时使土石坝渐溃而形成泄洪通道；也可把副坝的一段用隔墙分隔建为“溃坝”。

非常溢洪道应满足以下的要求：①最好是岩基，否则应衬砌保护，因为溃坝泄洪水时龙口会越冲越深，使下泄流量过大而无法控制下切，下游仍会遭到洪水灾害；②正常情况时能正常挡水，非常情况下启用时能按照设计的速度破溃泄洪；③洪水归河问题易解决，又能进行事先安排，能减小归河沿途的灾害；④坝底、坝顶高程按启用洪水标准决定，非常溢洪道的启用标准应根据工程等级、枢纽布置、坝型、洪水特性及标准、库容特性及对下游的影响等因素确定；⑤非常溢洪道控制段下游各部分结构，可结合地形、地质条件适当简化。

溃坝的型式一般有漫顶自溃式、引冲自溃式、爆破引溃式。

一、漫顶自溃式

库水位超过坝顶时即开始漫坝冲溃，至全部溃决。溃决速度快，泄洪流量增加急骤造成下游护防困难。可将溃坝用隔墙分隔成几段，各段坝顶高程逐渐放低，间隔一定的时间逐段溃决，以减小泄洪流量的骤增。图 4-24（a）为安徽滁县城西水库非常溢洪道的漫顶自溃坝（即副坝段），长 150m，泄洪流量可达 $1800m^3/s$，无分隔段。图 4-24（b）为国外某自溃坝，共分九段，每段长 15.2m，各段顶高程也不同。

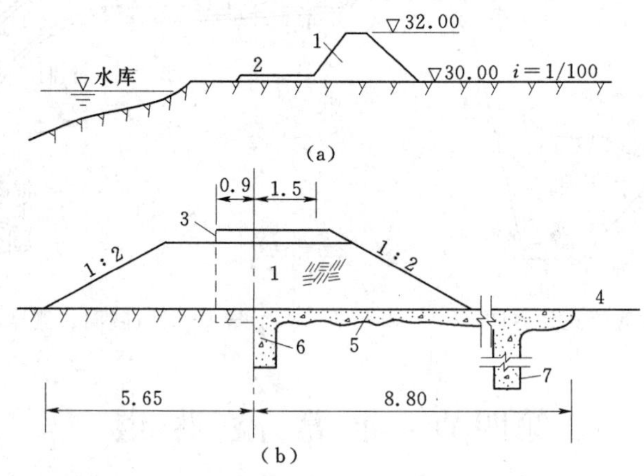

图 4-24　漫顶自溃式非常溢洪道进口断面图（单位：m）

（a）安徽城西水库非常溢洪道示意图；（b）国外某漫顶自溃坝断面图

1—土坝；2—公路；3—自溃堤各段隔墙；4—草皮护面的非常溢洪道；5—0.3m 厚混凝土护面；6—0.6m 厚、1.5m 深混凝土截水墙；7—0.6m 厚、3.0m 深混凝土截水墙

二、引冲自溃式

在溃坝顶留有引冲作用的水槽，洪水先由引水槽中下泄以助坝的冲溃，直至全部溃决。也可采用分段的方法减小泄洪流量的增大速度，如图 4-25 所示。引冲槽一般不衬砌，若想延长引溃时间也有用砖、混凝土衬砌的，有利于下游防护。适应的坝高范围较大，故采用较广泛。

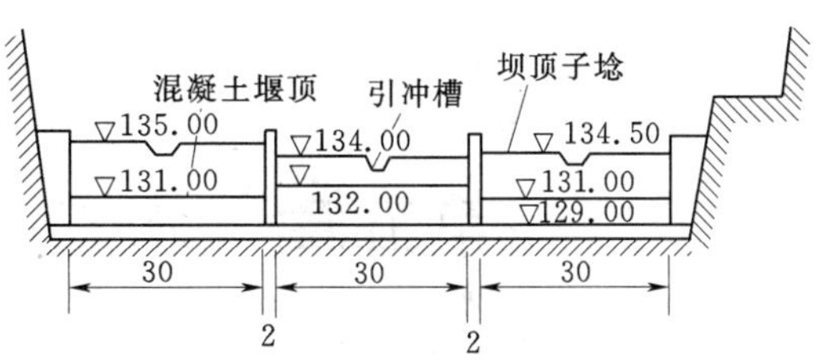

图 4-25　浙江南山水库引冲式溢洪道布置图（单位：m）

三、爆破引溃式

用爆破的方法把坝顶一定尺寸范围内的坝体炸松，并使坝顶出现缺口，起到引水槽引冲、溃坝的作用。爆破设计的任务，是选择存放炸药的导洞和药室的合理位置及合理的炸药量。导洞和药室位置应不影响自溃坝的正常挡水运用，启用时进行爆破能形成要求的爆破口断面尺寸，如图 4-26 所示。

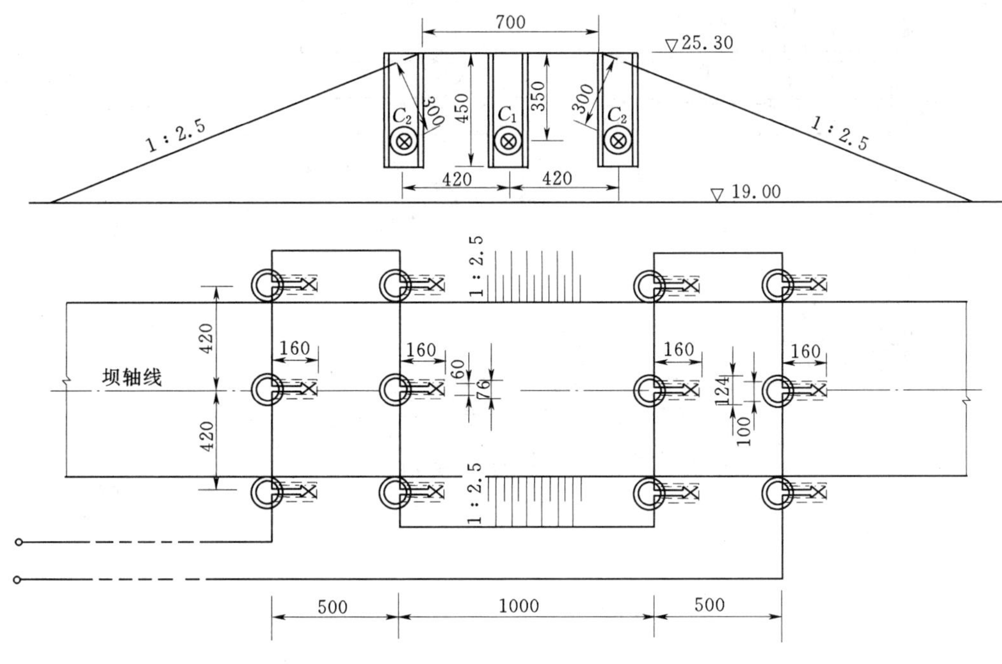

图 4-26　沙河水库副坝药室及导洞布置图（单位：高程，m；尺寸，cm）

爆破引溃式的优点是保坝准备工作在平时进行，可安全从容地准备，当突然发生特大洪水时可迅速破坝泄洪，溃坝保证率高。但比其他型式的溃坝造价高，大中型土坝枢纽宜采取这种方式。

非常溢洪道的堰顶高程（即溃坝的底高程），应不低于正常溢洪道的堰顶高程或汛前限制水位，以利于洪水过后的修复工作，使水库较快地恢复正常运用。

第五章　水工隧洞与坝下涵管

第一节　概　　述

隧洞是开凿穿过地下的过水洞（图 5-1）。涵管是埋设穿过地下的过水管（图 5-2）。

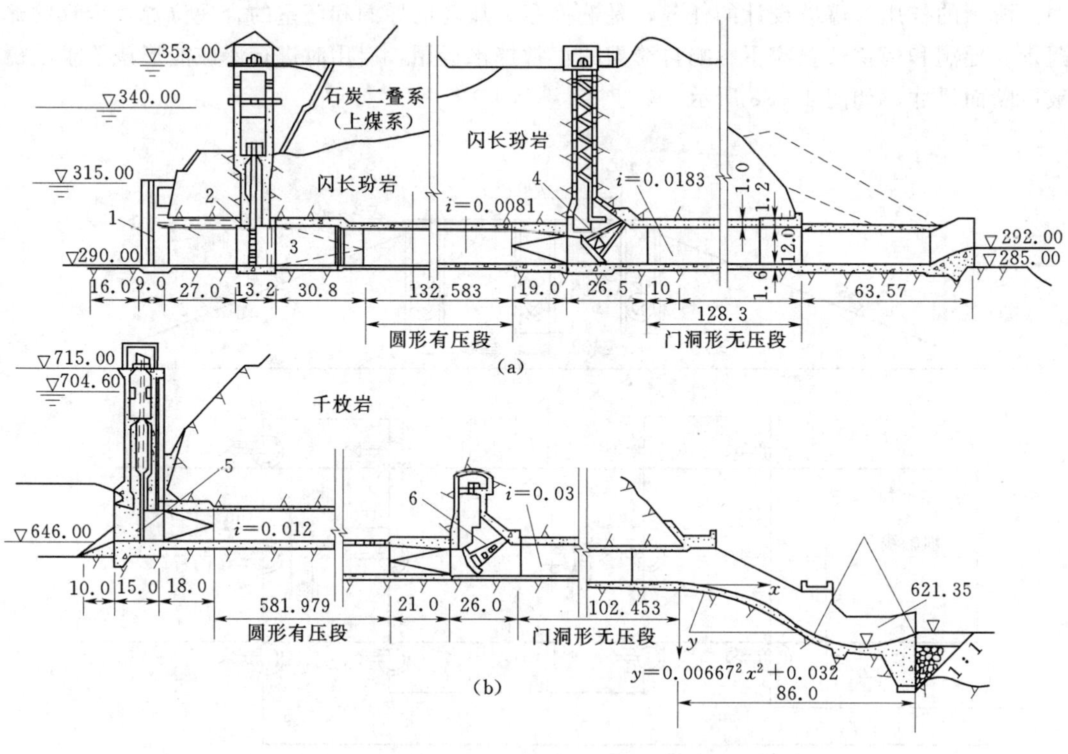

图 5-1　泄水隧洞纵剖面及闸门布置图（单位：m）

(a) 三门峡 1 号泄洪排沙洞；(b) 碧口泄洪洞

1—叠梁门槽；2—3.5m×11m 事故检修门；3—平压管；4—8m×8m 弧形工作门；

5—9m×11m-55 事故检修门；6—9m×8m-70 弧形门

隧洞与涵管从外观上看有很大区别，但同属于输水、泄水建筑物，设计上有许多共同点。为节省篇幅、结合对比，放在一章中讲解。本章重点讲述水库枢纽中的隧洞和涵管，先要了解隧洞与涵管的类型和工作特点（共性）。

一、类型及布置原则

水工隧洞与坝下涵管，按所担负任务的不同可分为输水隧洞和涵管、泄水隧洞和涵管两类；按流态的不同又可分为有压与无压两类。

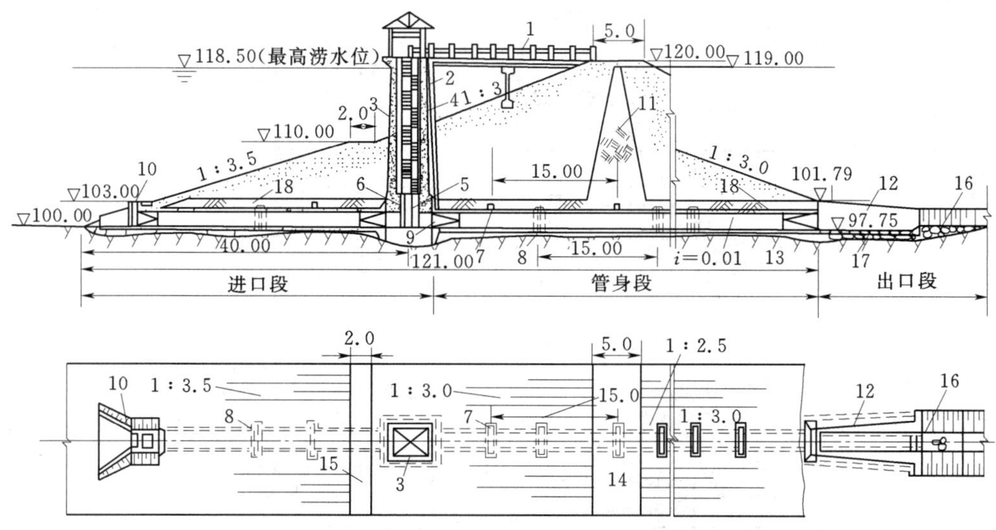

图 5-2　涵管布置图（单位：m）

1—工作桥；2—通气孔；3—控制塔；4—爬梯；5—主闸门槽；6—检修门槽；7—截水环；8—伸缩缝；9—渐变段；10—拦污栅；11—黏土心墙；12—消力池；13—岩基；14—坝顶；15—马道；16—干砌石；17—浆砌石；18—黏土

输水隧洞和涵管，用以从水库放出用于灌溉、发电和给水等所需的水量，流态可为有压或无压。发电机前的输水洞、管，一般要控制流量，常是有压的；渠系中的输水洞、管，一般不控制流量，有的可通航，多为无压流。

泄水隧洞和涵管，可用以泄放洪水、导流、宣泄水电站尾水、放空水库和排沙等，其流态也分为有压或无压。导流洞、管常是无压；发电机后尾水段多为无压。有压的泄水能力大于无压的。

枢纽中的深式泄、输水建筑物型式是采用隧洞或是涵管，应根据地形、地质、施工、运用、水头大小、枢纽整体布置等条件，进行综合分析比较后选定。在水头高、流量大、基础差的情况下，坝下涵管不如隧洞安全，它只适宜采用在中小型土石坝枢纽中。河岸中的隧洞，施工干扰少，常兼用以导流等多用途，但洞线较长，工期长、造价高。较危险，故多用于大中型枢纽中。

选择隧洞和涵管的布置方案时，应根据应用条件尽可能考虑满足多种用途的需要。如导流、放空、泄洪、排沙、灌溉等；也可按具体情况组合运用，如发电和灌溉或灌溉和泄洪等“二洞（管）合一”的布置形式，即一个进口，在出口段分成两支（图 5-3），以满足不同要求。这样简化了枢纽布置，既节省造价又便于管理。但应注意，当发电与泄洪洞结合布置时，首先要保证发电洞（管）的压力状态和最小发电水头，以免出流不稳，降低出力而影响发电，一般对大中型工程不宜采用。当灌区高程较高，而施工导流、放空水库等要求高程较低时，为解决这一矛盾，常需分别设置高程不同的隧洞或涵管。其他布置原则可参见蓄水枢纽布置一章。

对土石坝下埋设的涵管，因其埋设位置、运用状态等会直接影响坝体的安全，所以应慎重对待，确保安全。

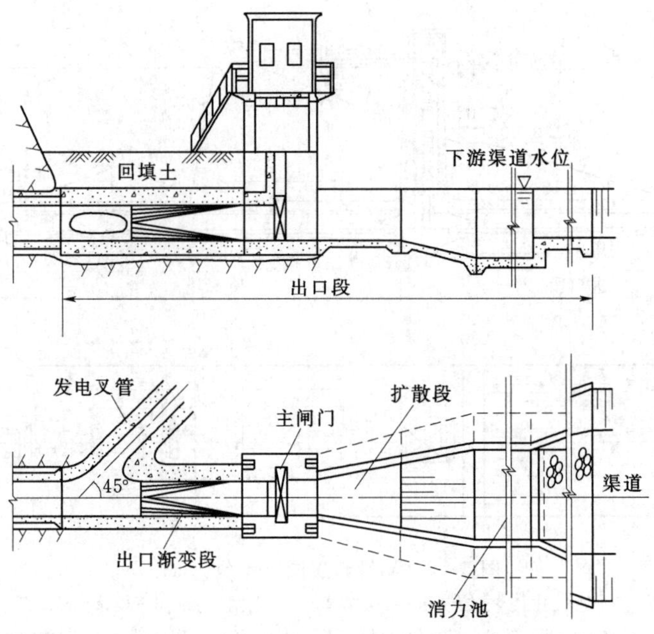

图 5-3　灌溉与发电相结合的隧洞布置图

二、工作特点及设计要求

(1) 水库中的隧洞和涵管，是深式泄水或输水建筑物，工作水头和调节流量都较大，并在高速流态下过流。当体型及结构布置不当或边壁不平整度过大时，将会产生较大负压，引起空蚀和振动，导致洞壁结构破坏，所以应予以重视并采取相应的防蚀措施。

(2) 水库枢纽中泄水的隧洞和涵管，泄流时出口流速高，单宽流量大，会对下游造成冲刷，所以必须采取消能防冲措施。

(3) 在岩层中开挖隧洞，会破坏岩体的自然平衡状态，导致岩体产生变形和崩塌，因此需设置衬砌和临时支撑以承受山岩压力等荷载。这些衬砌和支撑都是地下结构，如建成以后运用中发现问题，再加固或扩大断面将是困难的，故设计时应适当留有余地，并须确保施工质量。

(4) 为控制流量和便于检修，蓄水枢纽中的隧洞、涵管应设置控制建筑物，以便安装工作和检修闸门及启闭设备。位于深水下的工作闸门，属高压闸门，运用中除考虑空蚀和振动外，要求闸门运用灵活，安全可靠，应设检修闸门和事故闸门。

水工隧洞或涵管一般由进口建筑物（段）、洞身（管身）段、出口建筑物（段）三大部分组成。

第二节　隧洞与涵管的进出口建筑物

一、进口建筑物

1. 型式

常用的涵管的进口建筑物型式有斜卧管式和塔式等；常用的隧洞的进口建筑物型式有

塔式、竖井式、岸塔式和斜坡式等。

(1) 斜卧管式。这种型式在小型土坝水库中应用广泛，适用于引水流量小，水头在30m以下的情况。优点是便于引取水库中温度较高的表层水，见图5-4。卧管一般铺设在坝前坚实的原状土或石质地基上，坡度1：2～1：3为宜。通常为台阶式，每阶（或隔阶）有进水口，孔径10～50cm，用木塞或平板门控制放水。全管的上端应高出最高蓄水位；常设有通气孔；下端与消力池或消能井相连，使水流充分消能后平稳出流，再经坝下涵管流入下游渠道。此型式结构简单，施工方便；但易漏水，木塞闸门运用管理不善，多沙河流不宜采用。

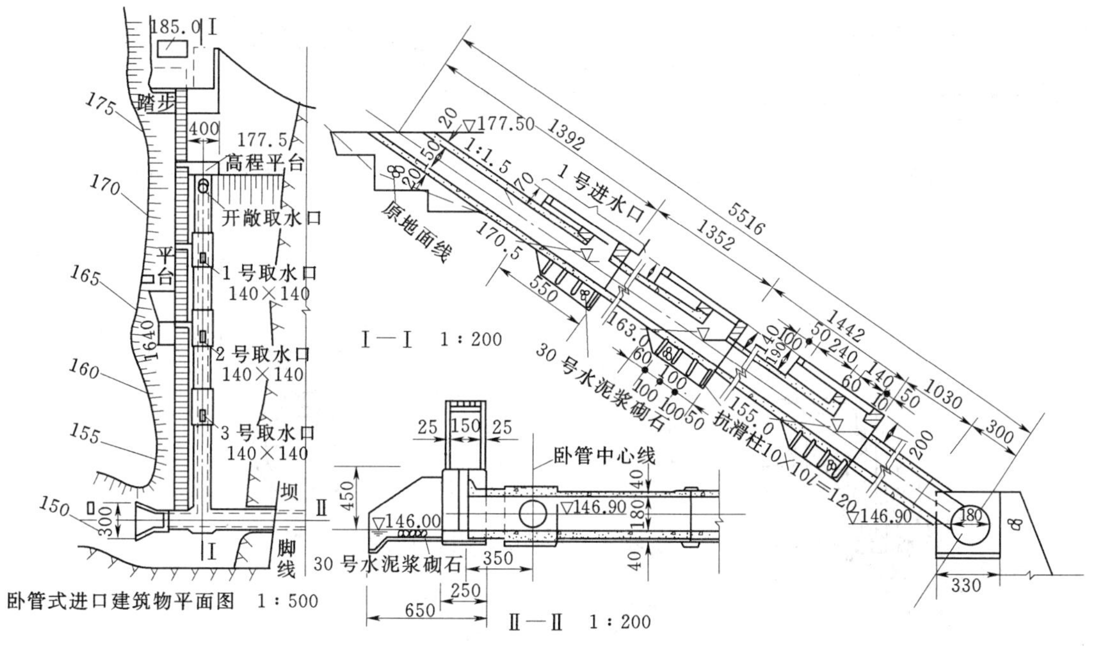

图5-4　斜卧管式进口建筑物（单位：高程，m；尺寸，cm）

(2) 斜拉闸门式。闸门倾斜安置在进水口上，常用的闸门及启闭机有两种型式：一种为插槽推拉式闸门，启闭机安装在坝顶或山坡的平台上，沿闸门拉杆方向设置若干支柱以固定拉杆位置，见图5-5。另一种为杠杆转动式闸门，它由底座板、圆盘闸门、杠杆及拉链组成，见图5-6。这种型式，多用于中小型涵管，造价低，结构简单，优缺点类似于隧洞斜坡式进水口。

(3) 塔式。当洞（管）进口处岸坡覆盖层较厚或岩石破碎，不宜开凿竖井；且进口位置较高，门前淤积不严重时，可采用塔式进水口。塔的型式有封闭式（图5-7和图5-2）和框架式（图5-8）。封闭式塔一般为矩形或圆形断面的钢筋混凝土结构，见图5-7(b)。中小型工程也可采用混凝土或浆砌石修筑，塔壁厚一般为0.3～0.6m。封闭式塔可在不同高程设进水口，以便在灌溉时引取接近气温的表层水，也可引取与气温不同的中层及底层水，见图5-9。这种封闭式的优点是施工、引水和启闭闸门方便；缺点是塔身受风浪、冰冻及地震的影响较大，稳定性较差，且需设工作桥与岸边、坝顶相连。框架式结构比封闭式经济，但检修不便，且泄水时闸门槽顶部进水使洞内水流流态紊乱，易引起空

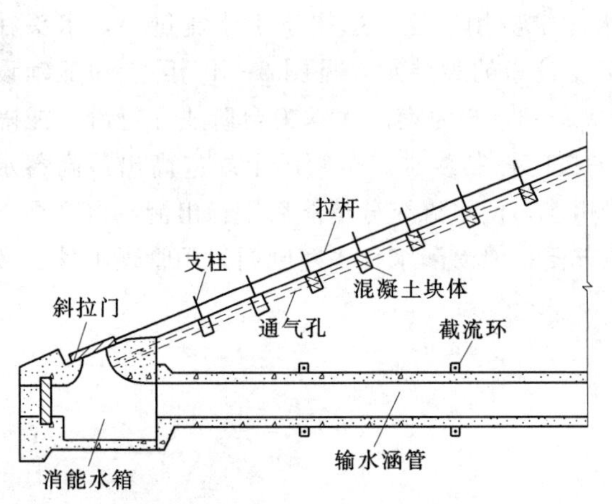

图5-5　斜拉闸门式进口建筑物

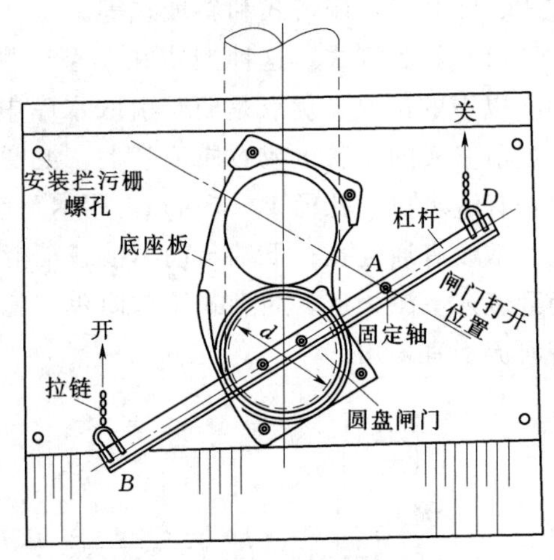

图5-6　杠杆转动式闸门

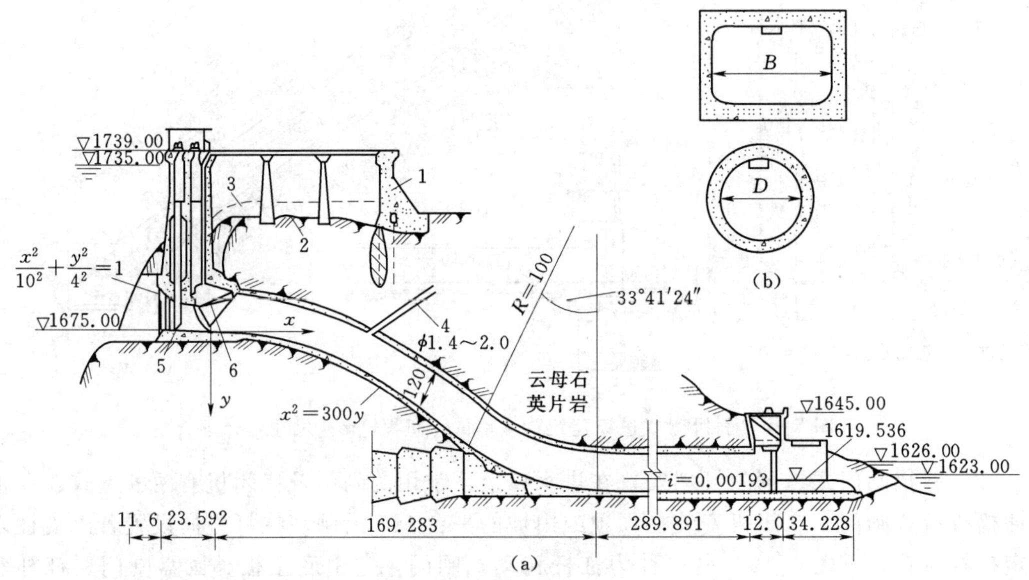

图5-7　封闭式塔式进水口

(a) 塔式进水口；(b) 进水塔水平剖面形式

蚀，故多用于中、小型工程。

涵管的进水塔布置见图5-2。

对分层取水式进口，日本广泛采用的有溢流型、浮子式、复式等新型取水结构。

斜卧管式进口，也有采用塔式建筑的。

(4) 岸塔式，如图5-9所示。进水塔靠在开挖后洞脸的岩坡上，其稳定性比塔式好，并对岸坡有一定的支撑作用。根据岸坡的稳定条件，岸塔一般倾斜布置（也有直立的）。这种型式施工、安装均较方便，不需要工作桥，适用于岸坡较陡，岩石较坚硬的情况。

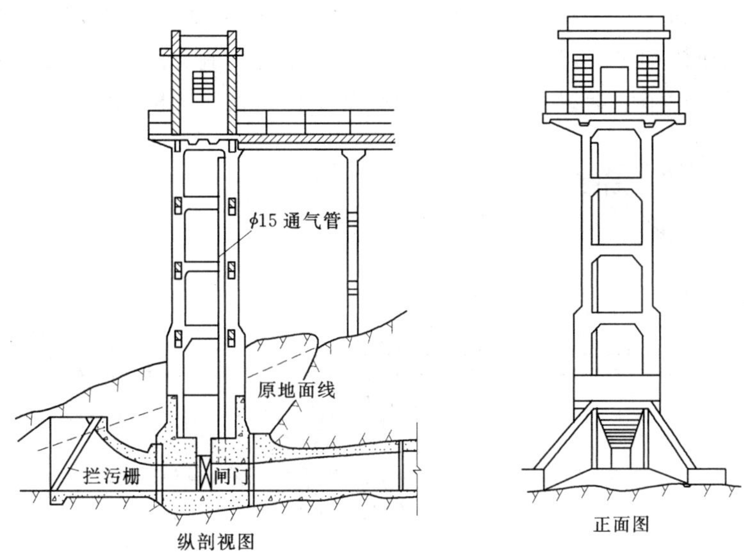

图 5-8　框架式进口建筑物

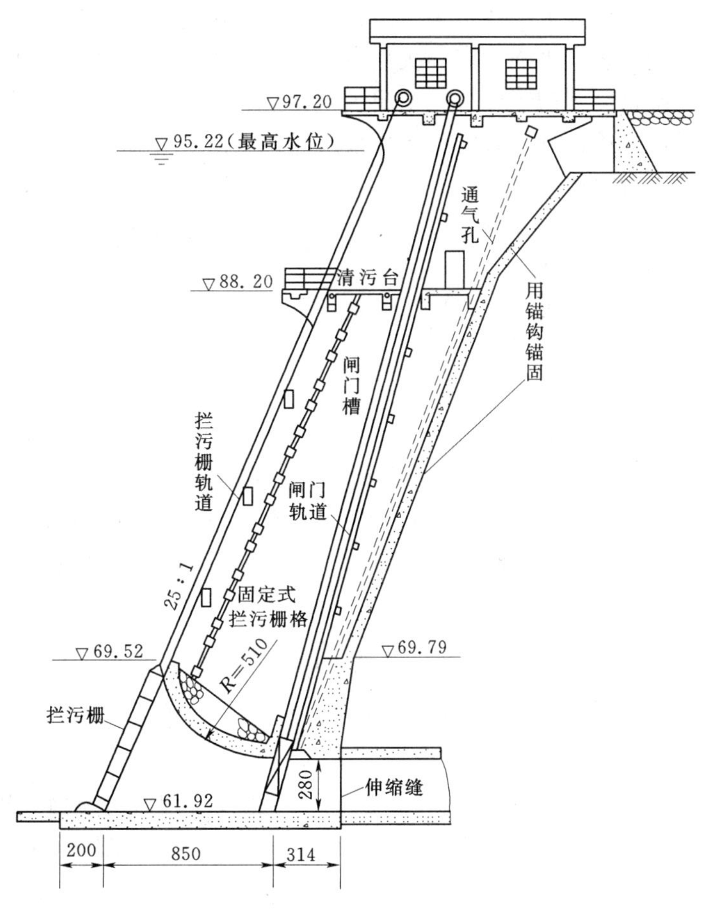

图 5-9　岸塔式进口建筑物（单位：高程，m；尺寸，cm）

(5) 斜坡式，如图 5-10 所示。其闸门与拦污栅轨道直接安装在经过整平和衬砌的岩坡上，省去了工作桥和岸塔，所以结构简单、施工方便、造价低。缺点是闸门不易靠自重下降，发生故障时检修困难，一般适用于中小型工程或仅安装检修闸门的进口。

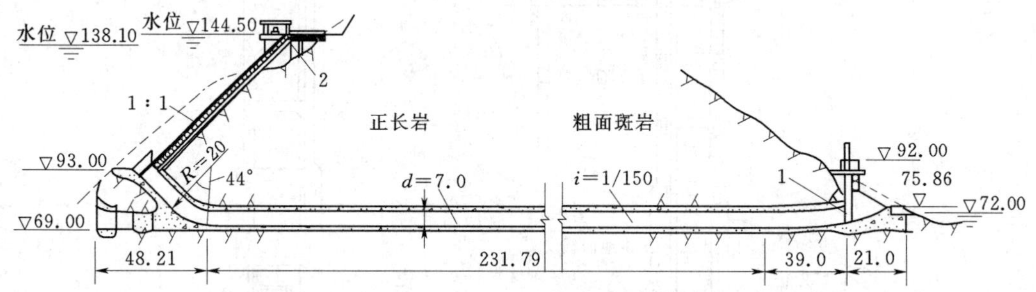

图 5-10　泄水隧洞纵剖面及闸门布置图（单位：m）

1—3m×7m 工作门；2—通气孔进口

(6) 竖井式。在隧洞进口附近山坡的岩体中开挖竖井，井下设闸门，井上有启闭机室，如图 5-11 所示。井壁一般用钢筋混凝土衬砌，在竖井前的进口处设置弧形闸门或前止水平面闸门，井后一般为无压流。关门时井内无水，称为“干井”，也需经常排除渗水；若在井下游出口设置后止水平面闸门，关门后井内仍充满水，称为“湿井”，湿井检修不便。竖井式进口建筑物，不需工作桥，不受风浪影响，抗震性较好，结构比较简单可靠，造价较低，当地形，地质条件适宜时可考虑采用。缺点是竖井开挖比较困难，闸门前段的隧洞只能在枯水期进行检修。

在实际工程中根据地形、地质、施工、运用等条件，还可采用各种组合式进水口。

2. 各组成部分的作用和构造

洞（管）的进口建筑物包括拦污栅、进水喇叭口、闸门室、通气孔、平压管和渐变段等几个部分。

(1) 进水喇叭口和拦污栅。

1) 进水喇叭口是洞（管）的首部，其体形应与孔口水流状态相适应，以避免在高速水流时产生不利的负压和空蚀破坏。同时，还应尽量减少局部水头损失，以提高过流能力。对有压隧洞，进口一般为矩形断面。顺水流方向做成收缩的喇叭口形，流速较高时，顶部轮廓常采用椭圆曲线，如图 5-12 (b) 所示。其长轴顺水流方向布置，方程式为

$$\frac{x^2}{a^2}+\frac{y^2}{b^2}=1 \tag{5-1}$$

式中　a——椭圆长半轴，洞顶曲线可取 a 为闸门处孔口的高度；边墙曲线可取 a 为闸门处孔口的宽度；

b——椭圆短半轴，洞顶曲线可取 b 为 1/3 的孔口高度；边墙曲线则可取 b 为闸门孔宽的 1/3～1/5，面积收缩比不大于 0.5～0.55，实际设计中，常取得较短。

流速较低时，进口轮廓曲线可采用圆弧，见图 5-12 (a)。圆弧半径 $R>2D$（D 为洞径或孔高）。

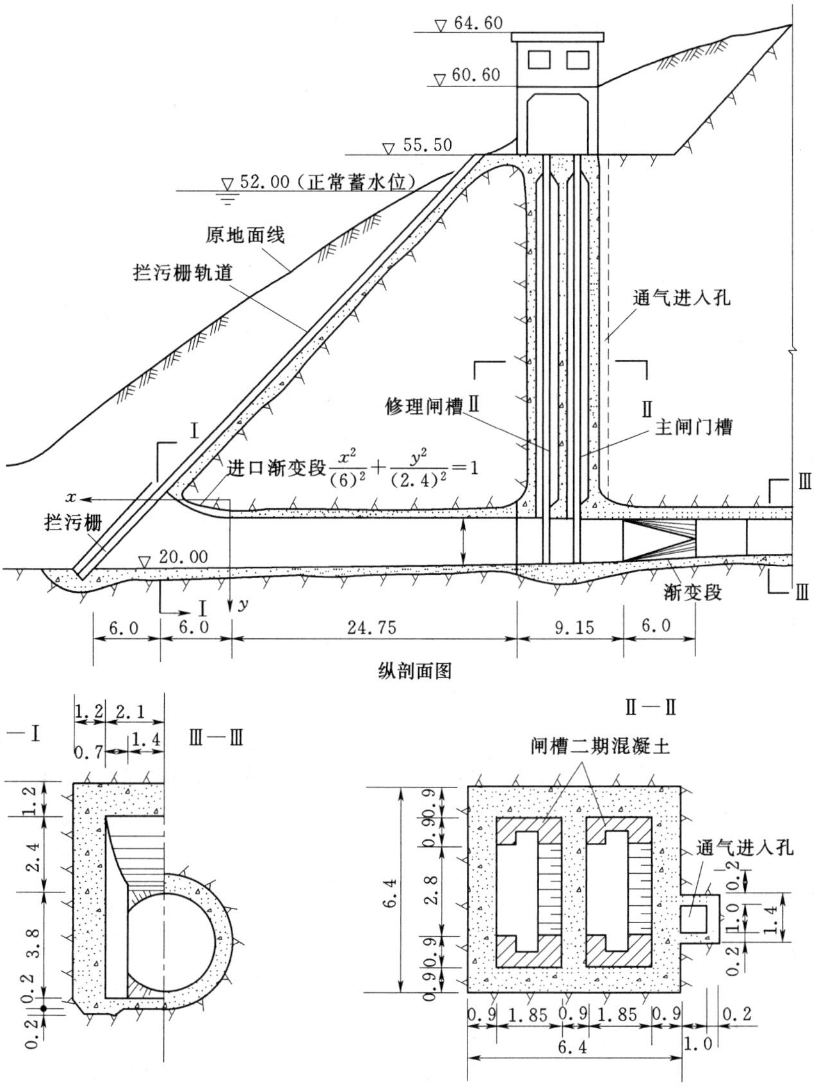

图 5-11　竖井式进口建筑物（单位：m）

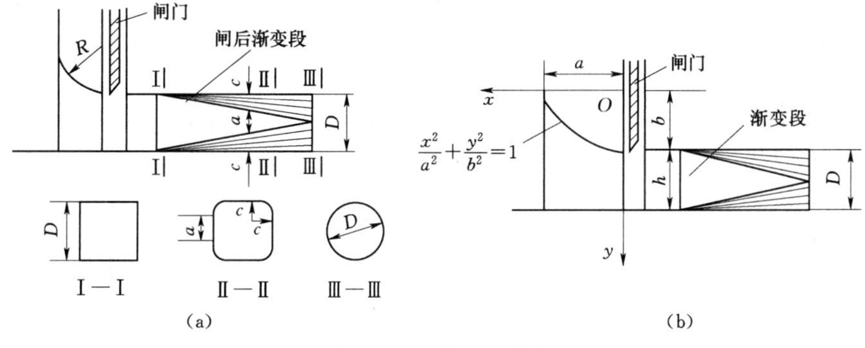

图 5-12　喇叭口形状

(a) 圆弧曲线；(b) 椭圆曲线

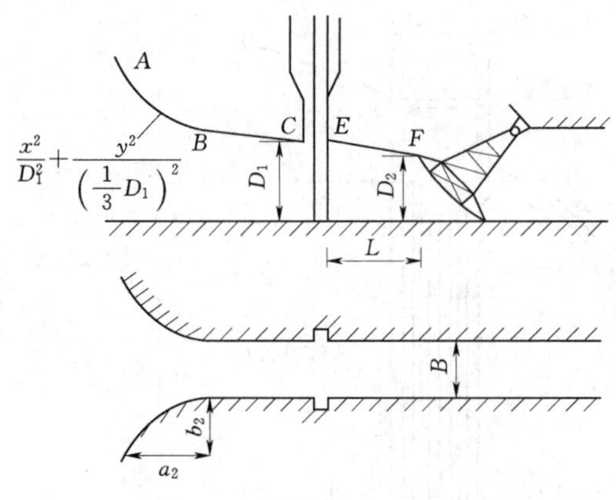

图 5-13　压板式压力进口段布置

重要的工程，应由水工模型试验来确定喇叭口的形状。喇叭口常以检修闸门槽为其末端。对无压隧洞，检修闸门与工作闸门之间的洞顶，应以 1∶4～1∶6 的坡度向下游压缩，以增加进口处的压力，防止发生空蚀，见图 5-13。

2）拦污栅。它是设在进口最前端的一种格栅，用以防止较大的飘浮物进入洞（管）。水电站引水洞（管）的进口格栅间隙应较小，以防污物阻塞和破坏阀门及水轮机叶片。泄水洞（管）则视需要设置，要求可较低，格栅间隙也可较大，见图 5-9、图 5-11。

（2）闸室段。通常设两道闸门，后一道是工作闸门，前一道是检修闸门或事故闸门。洞径较大时，可分为两孔，中间设隔墙，以减小闸门尺寸和启门力。常采用的闸门有平面门和弧形门（图 5-1）。目前多采用平面钢闸门，对无压隧洞或孔口尺寸和作用水头较大的可采用弧形闸门。此时，应注意选择合理的止水结构。采用平面闸门时，应注意选择合适的门槽边界型式，防止高速水流在门槽处产生空蚀。门槽的几何形状参数、型式和适用范围，见《水利水电工程钢闸门设计规范》（SL 74）。

（3）渐变段，见图 5-12。它是由闸门井处的矩形断面，变化到洞（管）身的圆形（或其他形状）断面的过渡段，其长度一般不小于洞径 D（或洞宽）的 2～3 倍，以使水流平顺过渡。

（4）平压管、通气孔。

1）平压管。当洞（管）设有两道闸门时，设在主闸门前的检修闸门可用平压管调压。即当工作闸门检修完毕，放下工作闸门，通过平压管向两个闸门之间的空隙充水，使检修门前后的水压力相等，能在静水中启闭。这样，可有效地减少检修闸门的启门力和闸门造价，见图 5-14。平压管的管径可根据灌满两闸门之间的空间所需时间确定，一般不超过 8h。设计时，还应计入闸门的漏水量。

2）通气孔。通气孔是向工作闸门后通气的一种孔道（图 5-15），是保证洞（管）正常运行的非常重要的设施。因为开启闸门时，高速水流会带走门后的空气而产生负压，引起门槽或门后的洞壁和洞顶发生空蚀，还有闸门震动。设置通气孔后，可避免此种破坏。

通气孔的布置如图 5-9、图 5-11 所示。它的顶部出口必须通至洪水位以上，底部出口通至门后负压区。其断面多为圆形，埋设于混凝土内。断面大小，取决于所要求的通气量和允许风速。通气量与泄水流量及下游洞内的流态有关，通常按正常泄流情况用经验公式计算。一般认为，通气量 Q_A 受水流速度 v_ω 影响，可用下式确定通气孔的面积 a：

$$a \geqslant 0.09\frac{v_\omega A}{[v_a]}=\frac{Q_A}{[v_a]}(\mathrm{m}^2) \tag{5-2}$$

式中　$[v_a]$——通气孔的允许风速，一般为 40～50m/s；

$[v_\omega]$——闸门孔口处的水流流速，m/s；

A——闸门后，洞（管）断面的全面积，m^2；

$0.09v_\omega A$——相当于所要求的通气量，m^3/s。

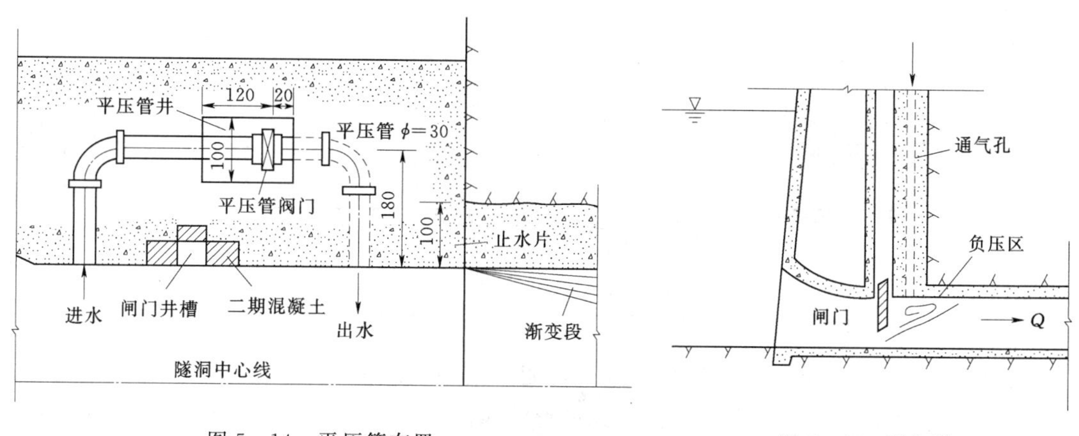

图 5-14　平压管布置

图 5-15　通气孔

经验表明，无压洞（管）闸门全开时所需通气量为最大；而有压洞（管）则在闸门开度为 80%时所需通气量为最大。

另外，工作闸门检修完毕，若用平压管充水，检修闸门后也应考虑排气问题。

二、出口建筑物的型式和布置

出口建筑物的型式及其与下游水面的衔接方式，与隧洞和涵管的功用、流态和出口附近的地形、地质等条件有关。当泄水洞（管）有全程为有压流的要求时，出口常设置工作闸门及启闭室，门前有渐变段，出口后为消能设备，见图 5-3、图 5-16。

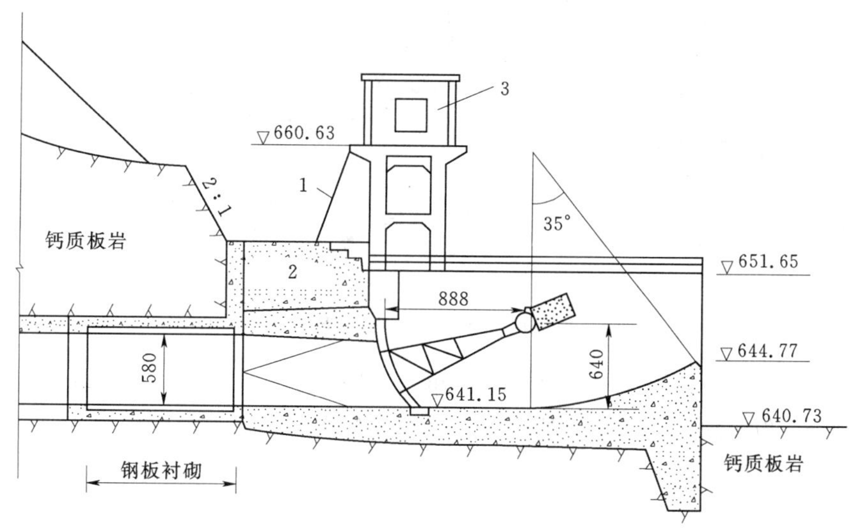

图 5-16　有压隧洞的出口结构（单位：高程，m；尺寸，cm）

1—钢梯；2—混凝土块压重；3—启闭机操纵室

对无压洞（管）的出口，常在洞顶上设一道门框，以防洞脸及其上的岩土坍塌；其后与扩散消能段的两侧边墙衔接，见图 5-17。

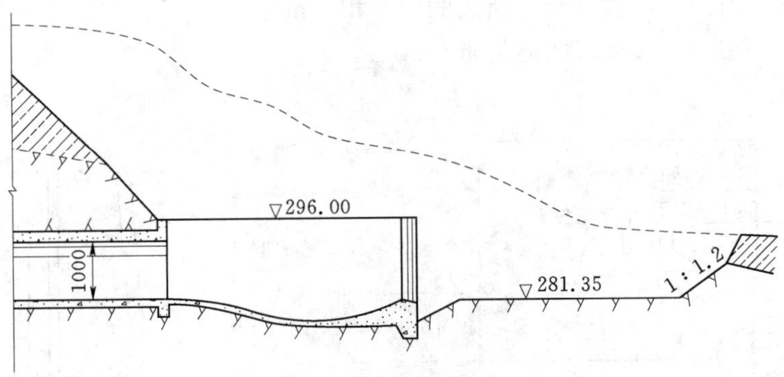

图 5－17　无压隧洞的出口布置（单位：高程，m；尺寸，cm）

隧洞与涵管出口断面小，单宽流量大，能量集中，故常在出口外布置扩散段，扩散水流、减小单宽流量，其后再以适宜方式进行消能。

洞（管）出口常用的消能方式有挑流和底流式。当出口高程高于或接近下游水位，且下游水深和地质条件适宜时，应优先选用挑流消能。因其结构简单、施工方便、消能效果较好，见图 5－17。

底流式消能具有工作可靠，对下游水面波动影响范围小的优点，所以应用也较广泛。如图 5－18 所示为一有压隧洞底流消能的典型布置，水流出洞后经平台横向扩散，再经曲线衔接段和陡坡段继续扩散，最后进入消力池。

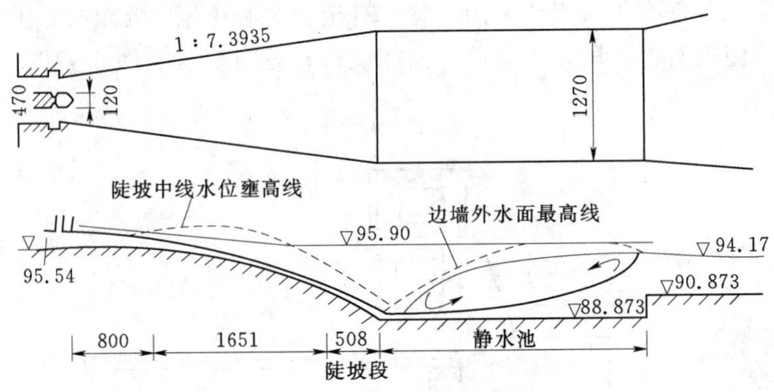

图 5－18　平台扩散水跃消能布置图（单位：cm）

平台扩散段的扩散角可用公式计算，也可由试验确定。曲线衔接段应使水流均匀平顺地进入消力池。为避免产生负压，曲线形状可按平台末端水流质点的抛物线轨迹设计，并选取一定的安全系数。曲线方程为

$$y=\frac{1}{2}\frac{g}{K}\left(\frac{x}{v}\right)^2$$

$$x=0.45v\sqrt{Ky} \tag{5-3}$$

式中　K——安全系数，一般用 1.0，当 $v>30\text{m/s}$ 时，可采用 1.1～1.2；

v——平台扩散段末端断面的平均流速。

曲线段下端可以接陡坡段；对于小型工程也可采用不陡于 1∶3 的陡坡型式，而不设曲线段以简化施工。其后消力池的宽度、深度、长度，可根据水流情况及经济条件，用水力学方法进行设计计算。

第三节　隧洞与涵管的线路选择与工程布置

一、进、出口布置

1. 隧洞的进、出口布置

隧洞的进、出口布置，一般可根据整体布置、地形、地质、施工、运用管理等条件考虑。布置原则是进流匀称、过流顺畅、出流平稳、下泄安全、上下游水位衔接良好，并有利于防淤、防沙、防冰、防木、防污、防冲及防渗等。以满足过流及设置闸门、布置消能等要求。

隧洞进、出口位置选择是隧洞设计中的关键问题，一般应通过方案比较选定。进、出口应选在地质构造简单，岩体坚硬完整，风化层浅，节理、裂隙少的地方。应避开构造破碎、严重顺坡节理的山崩、危崖、滑坡段等山体不稳定地方。在冲沟中布置进出口时，可先根据地质、地形条件，选择合宜的位置。洞口地质条件要好，洞顶以上要有足够的岩层厚度。对进、出口山坡的稳定问题要特别注意，宜尽量避免高山坡的开挖，避免破坏岩体致使山坡失稳。若确需开挖高边坡时，必须认真分析岩体的稳定性，对洞脸及两侧边坡采取加固措施，以确保安全。

枢纽中的泄水隧洞，其进口可为深孔或表层孔口。对低坝水利枢纽多采用开敞式进水口。为防止进口前水流产生漩涡和回流，要求进口轮廓应光滑平顺。

隧洞进、出口高程，应满足过水能力和选定流态等多项要求。如发电引水隧洞进口顶部高程，宜在最低工作水位以下 0.5～1.0m，应大于无漩涡临界深度，避免引水时在水面形成漩涡，带进空气，增加进口处的水头损失。关于无漩涡临界深度的计算，可参考隧洞设计规范。洞底应至少高出水库淤沙高程 1.0m，以防带入泥沙而磨损洞壁和水轮机。洞内经济流速一般控制为 3～4m/s。灌溉隧洞应保证上游为最低工作水位时，能引入设计流量。泄洪和降低水库水位的隧洞，进口高程不必置于水库底部，可布置在库中某一高程上，既可达到上述目的，又能缩短洞身长度，减小洞内的水压力和进口建筑物的尺寸，以满足经济合理的要求。

多用途的隧洞，其进出口高程应照顾到各方面的需要。如放空、导流相结合的隧洞，可采用同样高程的进口；若进口高程不统一，也可采用不同高程的进口。对泄水和导流相结合的隧洞，一般导流洞高程较低，两者进口高程不统一，可在导流洞上方另设进口，布置成“龙抬头”的型式，如图 5-7（a）所示。采用这种布置的高流速泄洪洞，实践中发现易在反弧段及其下游产生空蚀破坏，故设计时应注意选好体型和采取必要的减蚀措施。

为保持隧洞洞壁有较大的正压，有压隧洞出口处断面面积应小于洞身断面面积，一般出口面积约为洞身面积的 80%～85%。对泄洪、发电结合的隧洞，将泄洪洞出口收缩，是提高洞内压力，防止岔尖处空蚀的有效措施。

2. 涵管进、出口布置

涵管进、出口布置，可根据涵管的用途选定。进出口高程的要求与隧洞相同。

二、轴线选择

1. 隧洞轴线选择

隧洞轴线选择的好坏，将影响到工程造价、进度、施工难易程度和运用的可靠性等，也是设计的关键问题之一。

隧洞轴线选择时，一般应考虑的因素有地质、地形、水文、施工、枢纽布置等，地质、地形条件往往起主导作用。而上述各因素又是互有牵连的，具体到每一工程又各有其主要矛盾，应视具体情况进行分析。以下介绍选线时应注意的一般原则和要求。

隧洞的线路应尽量避开不利的岩层和地下水丰富地段，以减小作用于衬砌上的山岩压力和外水压力，有利于施工。当隧洞轴线与岩层层面、断层破碎带及主要节理裂隙相交时，应使轴线与它们的走向形成较大夹角。隧洞的进出口在开挖时易于塌方，在运用中也容易遭地震破坏，所以进出口应选在覆盖或风化层浅、岩石比较坚实稳定的地段，应避开有严重的顺坡卸荷裂隙、危岩和滑坡地带。如前述，还应注意水库蓄水后隧洞进口附近边坡的稳定问题，对隐患早做处理，以免运用中发生塌滑、堵塞事故。

隧洞线路应尽量短而直，以减少工程费用和水头损失，也便于施工，并具有良好的水流条件。如需在平面上转弯，应接以曲线，偏转角不宜大于60°，转弯半径必须大于5倍洞宽。流速较大时，上述数值还应加大，并应由水工模型试验确定。选择洞线时，应使洞周岩层有足够厚度以便利用围岩的弹性抗力。而且进出口顶部的岩层厚度也应大于1～3倍洞径，以保证施工安全。

高速泄流的隧洞，除前述要求，还应使进流平顺、出口便于与下游河道衔接，并远离土石坝坡脚，以防回流冲刷；在泄水时也不应影响到其他建筑物的运用。

长隧洞施工应多设几个开凿口，以便增加开挖面，加快施工进度，也有利于通风、出渣及衬砌时的进料。可根据地质、地形条件，每隔一段距离开挖平洞、斜井或竖井，如图5-19所示。

2. 涵管轴线选择

应根据枢纽布置、地形、地质、水力、运用等条件，综合考虑涵管的线路选择，进行方案比较后择优选定。具体应考虑的问题如下：

（1）从地形、地质、水力等条件着眼，为了使管身较短、水流通畅，管轴线应尽可能与坝轴线垂直。当受地形、地质条件限制，必需布置弯道时，其曲率半径一般应大于管径的5倍。选择轴线时，还应考虑涵管不同任务的要求。如灌溉涵管，宜在坝两端，靠灌区一侧，要距溢洪道有一定距离；泄洪排沙涵管宜放在主河槽部位，顺河槽主流向布置；导流涵管，应根据施工要求布置。

（2）为防止不均匀沉陷等影响，涵管轴线应避开软基，布置在坚实岩基或均质土基上。切忌放在不同强度地基上或从坝体填方中穿过，最好在坚实地基中开槽埋管，必要时管下可铺设座垫。

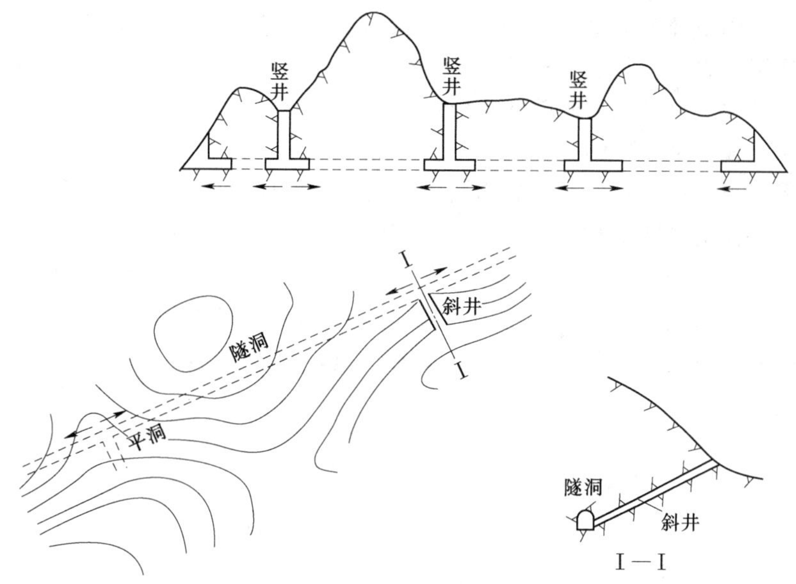

图 5-19　竖井、平洞及斜井的布置

第四节　隧洞洞身的型式与构造

一、隧洞洞身型式

进行隧洞洞身横断面型式和尺寸的选择时，主要与过水要求，工程地质、施工、运用、受力特性等条件有关。应做不同方案比较，使之达到技术上先进、经济上合理、便于施工等方面的要求。

1. 无压隧洞洞身的横断面型式及尺寸

(1) 圆拱直墙式，如图 5-20 (a)、(b) 所示。当铅直山岩压力较小，侧向山岩压力

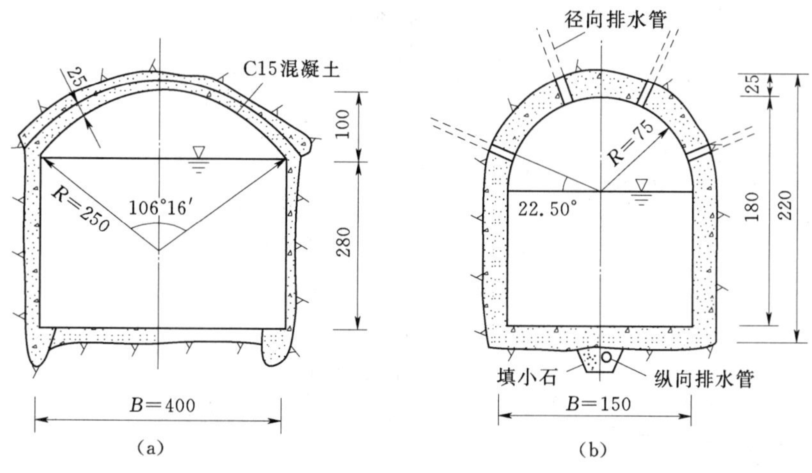

图 5-20　无压隧洞洞身的横断面型式（单位：cm）
(a) 平拱；(b) 平圆拱

也较小时，可采用顶部为平拱或半圆拱的直墙式断面。常用圆拱中心角为 90°～180°，这种型式一般适用于岩石较坚硬完整的情况。优点是施工较方便，两端便于与渠道连接；缺点是圆拱受力条件不够好，拱圈截面可能出现较大弯矩。为改善受力状态，顶拱中心线可采用与荷载压力线基本接近的三心拱。

(2) 蛋形。当垂直和侧向的山岩压力都较大，还有底部向上的山岩压力作用时，为改善受力条件，使衬砌各断面以受压为主，达到不配筋或少配筋的目的，则宜选用蛋形断面，见图 5-21 (a)。当垂直山岩压力很大，而侧向山岩压力较小，且内水位变幅较大，或为渠系中隧洞有通航要求时，可选用升顶式蛋形断面，见图 5-21 (b)。

蛋形断面的优点是受力条件较好，可节省钢材，便于预制装配；缺点是开挖量较大，施工放样较复杂。

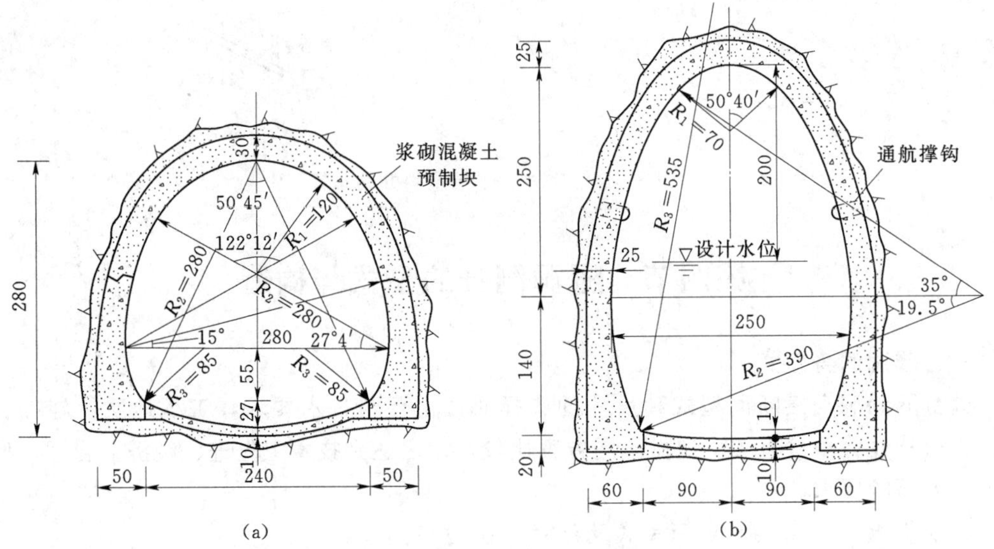

图 5-21 隧洞的蛋形断面（单位：cm）

(a) 蛋形；(b) 蛋形升顶式

(3) 马蹄形，见图 5-22。当隧洞穿过软弱岩层，垂直和侧向山岩压力均较大，洞顶及洞壁都有崩塌的危险，洞底还有向上的压力时，可选用受力条件较好的马蹄形断面。

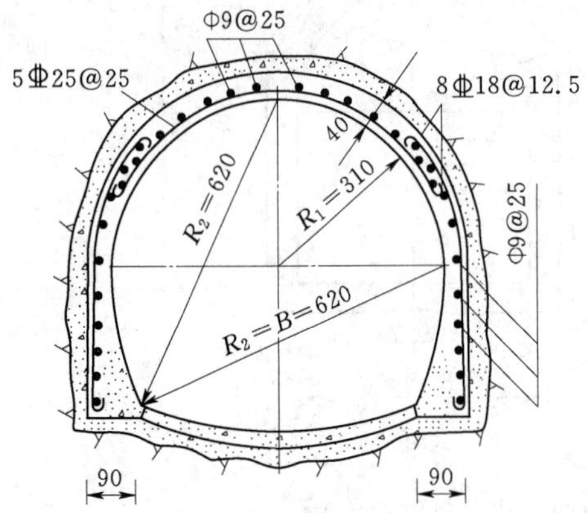

图 5-22 隧洞马蹄形断面（单位：cm）

一般圆形断面在无压隧洞中使用很少，除非围岩较差又有较大的地下水压力时可选用。

无压隧洞的高宽比 H/B，一般在 1.0～1.5 以内，水位变化较大时，可采用较大比值。根据施工条件，隧洞的最小断面尺寸不小于 1.5m×(1.8～2.0)m。为保证洞内为无压明流状态，应使水面至洞顶有一定净空，净空面积不小于断面面积的 15%，净空高度不小于 40cm。

除满足上述要求外，无压隧洞的断面尺寸

还需满足过水能力要求。

2. 有压隧洞的断面型式及尺寸

有压隧洞断面型式多采用圆形。因其主要荷载为内水压力，以圆形断面受力条件最好，过水能力又大，施工也较方便。

二、洞室支护及衬砌的作用及类型

（一）洞室围岩的稳定性与支护和衬砌

1. 洞室围岩的稳定性

地下洞室开挖以前，岩石保持平衡状态，岩体开挖后，这种平衡被破坏，在洞室围岩形成二次应力场，对于圆形隧道如图 5-23 所示。

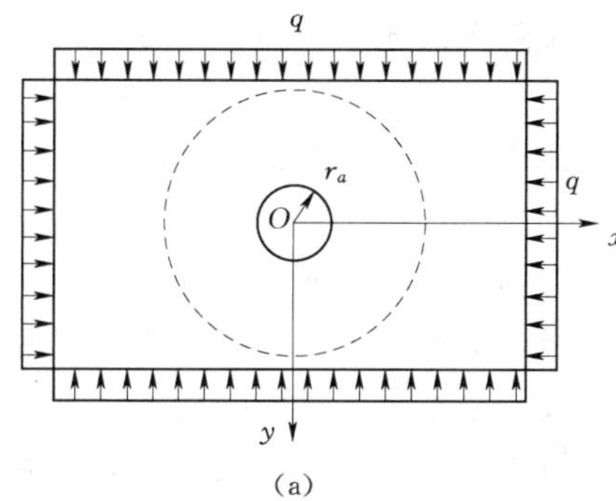

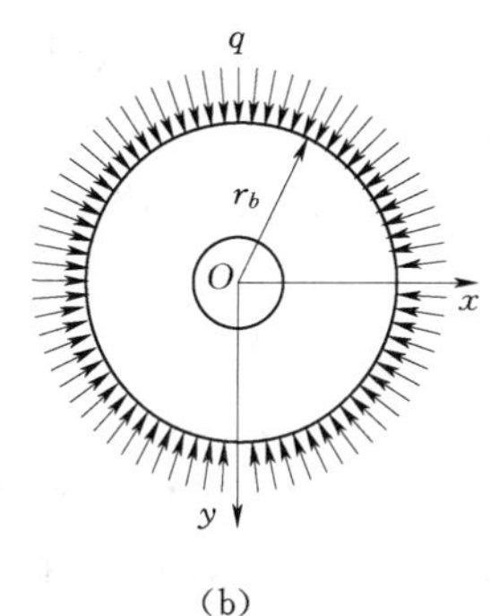

图 5-23　围岩应力分析图

用弹性力学理论，按弹性介质内无限大平板的圆孔问题来讨论，其应力解析解为

径向应力　$\sigma_r=-\left(1-\frac{r_a{}^2}{r}\right)p$

切向应力　$\sigma_\theta=-\left(1+\frac{r_a{}^2}{r^2}\right)p$

剪应力　$\tau_{r\theta}=\tau_{\theta r}=0$

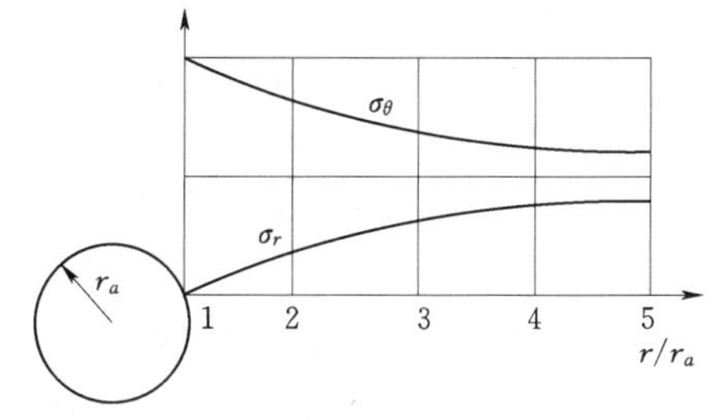

图 5-24　围岩应力分布图

围岩应力分布如图 5-24 所示。从图中可以看出，切向应力在孔边最大，孔边应力集中系数为 2，沿 x 轴方向急剧减小，当 $r=4r_a$ 时，切向应力接近初始应力；径向应力在孔边为 0，沿 x 轴方向急剧增加，当 $r=4r_a$ 时，径向应力接近初始应力。如果围岩具有足够的强度或初始应力较低，则围岩可以保持稳定，不需支护；如果围岩强度较低或初始应力较大，开挖后不支护，则围岩会产生过大变形而破坏。因此，必须适时支护，维持围岩稳定。

2. 支护及衬砌

支护分为临时支护和永久支护。临时支护的目的是加固围岩，提高围岩自身的承载能力，保证施工期围岩稳定。永久支护（衬砌）还要承受各种荷载，防止隧洞渗漏，在水流、空气、温度和干湿变化等作用下，保护围岩；免遭冲蚀、侵蚀，改善流态，减小洞壁糙率和水头损失等。

若围岩坚硬完整，透水性小，抗冲蚀、抗风化能力强，即使有些渗漏也不致影响枢纽中其他建筑物或岩体稳定时，也可采用无衬砌隧洞，如无压导流隧洞。但无衬砌隧洞糙率大，为输送同样流量需增大过水断面面积或底坡，因而导致开挖量和水头损失增大；对农水工程会减少灌溉面积，在高速水流作用下还易引起空蚀。所以，应根据具体情况进行分析，以确定是否需要衬砌。

新奥法是新式奥地利隧道工程法的简称，是20世纪60年代奥地利拉布希维兹(L. V. Rabcewicz）等人在奥地利隧道施工中采用喷锚支护的实践经验基础上总结出来的。该法以岩石力学弹塑性理论为基础，依靠现场测试指导设计和施工，通过及时喷锚支护来发挥围岩自身的承载能力。这种将围岩作为与衬砌结构联合工作的承载体理念，是地下洞室设计理论的质的飞跃，从根本上改变了过去用衬砌多余地承担围岩所发生的塑性变形。

3. 喷锚支护原理

喷锚支护是充分利用围岩的自承能力和具有弹塑变形的特点，有效控制和维护围岩稳定的新型支护。

喷锚支护把岩体视为具有黏性、弹性、塑性等物理性质的连续介质，同时利用岩体中开挖洞室后产生变形→过大变形→松动破坏的时间效应这一动态特性，适时采用既有一定刚度又有一定柔性的支护结构与围岩紧密地粘结成一个整体，以期既能对围岩变形起到某种抑制作用，又可与围岩“同步变形”来加固和保护围岩，使围岩成为支护的主体，充分发挥围岩自身承载能力，从而增加了围岩的稳定性。

为保证围岩不发生过大变形而导致松动破坏，必须适时支护。所谓适时支护，就是支护的时机要合适。过早了，支护结构要承担围岩向着洞室临空面变形而产生的变形压力，此时的变形压力很大，支护结构难以支撑，必须增加支护结构的尺寸和密度，那将是不经济的；过迟了，围岩会因为过度松弛而使其强度大幅度下降，甚至导致洞室破坏，那将是不安全的。正确的做法是：让围岩产生一定变形，但又受到一定限制，不使它发展到有害的程度。

当支护结构与围岩紧密粘结为一体时，在围岩产生变形过程中，不仅支护受到围岩的作用，围岩也同样受到支护对它的反作用，即支护与围岩相互作用。要确定合理的支护时机和支护反力，就必须研究支护与围岩相互作用关系。

喷锚支护原理和传统的现浇混凝土衬砌的松动围岩压力理论有显著不同。前者是利用柔性支护结构与围岩紧密结合起来加固和保护围岩，形成复合岩体，使围岩成为支护的主体，从而调动天然围岩的自身承载能力，提高围岩稳定性。后者假定衬砌或支护结构完全承担松动岩体荷载，是被动受力，且认为围岩的松塌是不可避免的，只不过是范围大小不同而已，因此采用的支护结构是刚性大、比较厚实的圬工衬砌。

（二）支护和衬砌的类型

1. 喷锚支护

喷锚支护是喷混凝土支护、锚杆支护、喷混凝土锚杆支护、喷混凝土锚杆钢筋网支护和喷混凝土锚杆钢拱架支护等不同支护型式的统称。它是地下工程支护的一种新型式，是新奥地利隧道工程法（新奥法）的主要支护措施。这种支护适用于不同地层条件、不同断面大小、不同用途的地下洞室。它可用作临时性支承结构也可用作永久性支护结构。

我国河南陆浑水库等工程在 20 世纪 50 年代末就开始采用锚杆作为临时支护，效果良好。到 20 世纪 70 年代初，利用喷锚作为永久性支护得到广泛应用。尽管喷锚支护的工作原理和设计方法还不很成熟，有待进一步探索和发展，但通过大量的工程实践和科研证明，它是一种行之有效、很有发展前途的支护型式。20 世纪 90 年代，我国河南的小浪底水利枢纽广泛采用喷锚支护技术，取得了巨大的成功。

（1）喷锚支护的型式（图 5－25）。

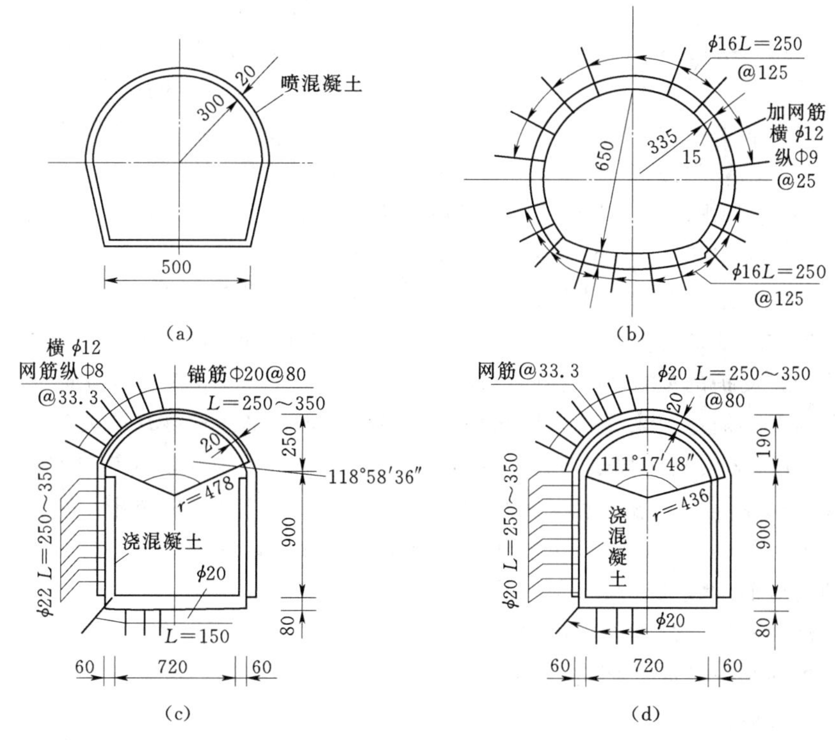

图 5－25　喷锚支护的型式

（a）喷混凝土支护；（b）锚杆支护；（c）喷混凝土与锚杆支护；（d）喷锚加钢筋网支护

1）喷混凝土支护。多用于坚固的围岩。随着隧洞的掘进，喷射混凝土于围岩表面进行支护，见图 5－25（a）。它的作用是能粘紧岩面，填平凹陷，焊牢缝隙，兜住围岩，改善局部应力集中，隔绝围岩与大气的接触，堵塞渗水通道，给围岩自身稳定创造了有利条件。

2）锚杆支护。单独使用时可作临时或永久支护。其对围岩的作用可归纳为悬吊、组合和加固三方面。对块状围岩，锚杆能将可能崩落的岩块悬吊在稳定岩体上；对层状围岩，锚杆起组合作用，形成组合梁或组合拱，增强其抗弯、抗剪性能；对软弱围岩，锚杆可使其形成整体，起加固作用。锚杆有多种特定形式，其长度应穿过松弛区锚入稳定岩层，见图 5－25（b）、图 5－26。

3）喷混凝土与锚杆支护。是将喷混凝土支护与锚杆支护兼而用之。对一般块状和层

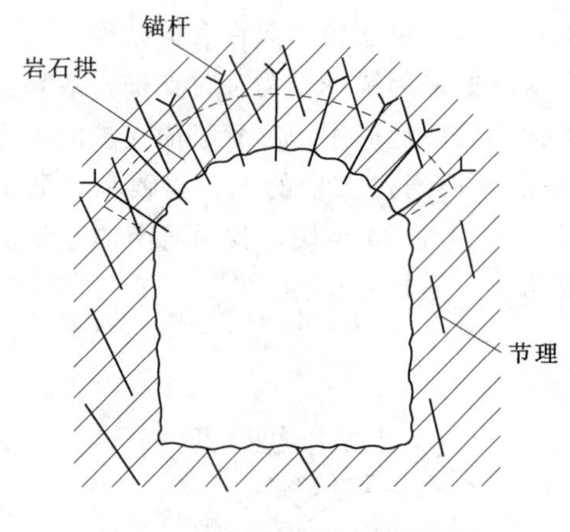

图 5-26　锚固围岩形成岩石拱

状围岩起到稳定、加固的作用，见图 5-25(c)。

4）喷锚加钢筋网支护。对于较软弱的不良岩层，在喷锚支护中，可加设钢筋网以提高喷混凝土的强度和减少温度裂缝，见图 5-25(d)。

(2) 喷锚支护的施工特点。喷锚支护的施工特点是在洞室开挖以后，紧随开挖面，适时喷上一层 3～5cm 厚混凝土，必要时加设锚杆以稳定围岩，作为施工时的临时支撑，以后可再在其上加喷混凝土至设计厚度作为永久支护。它与沿用至今的现浇混凝土衬砌相比，混凝土量减少 50%以上，用于支撑及模板的木材可全部节省，出渣量减少 15%～25%，劳动力节省 50%左右，造价降低 50%左右，施工速度加快一倍以上。因此除特殊地段，如大面积淋水地段、冻胀地层和松散土质地层外，应优先采用喷锚支护的要求。

(3) 围岩的破坏形态及喷锚支护型式的选择。支护的目的是维护围岩的稳定。围岩的破坏形式不同，支护的型式也不相同，即根据破坏形式选择支护型式。实际工程中，围岩的破坏形态很多，但总起来看，可以归纳为局部性破坏和整体性破坏两大类。

1）局部性破坏。只在局部范围内发生破坏称为局部性破坏，其表现形式包括开裂、错动、滑移、崩塌等，一般多发生在受到地质结构面切割的坚硬岩体中。这种破坏，有时是非扩展性的，即到一定限度不再发展；有时是扩展性的，即个别岩块首先塌落，然后由此引起连锁反应而导致邻近较大范围甚至是整个断面的破坏。

对于局部性破坏，只要在可能出现破坏的部位对围岩进行有效的加固就可维持洞体的稳定。锚杆加固是一种简易而有效的手段（图 5-26）。有时，根据需要加做喷混凝土支护。这时，喷混凝土层的作用主要是填平凹凸不平的壁面，以避免过大的局部应力集中；封闭岩面，防止岩体的风化和堵塞沿结构面的渗水通道；胶结已经松动的岩块，提高岩层的整体性。同时，也提供一定的抗剪力。

2）整体性破坏。整体性破坏也称强度破坏，是大范围内岩体应力超过极限强度所引起的一种破坏现象。常见的形式为压剪破坏（三轴应力状态下，即使围压较小，岩石破坏一般表现为压剪破坏），多发生在围岩应力大于岩体强度的场合，表现为大范围塌落、边墙挤出、底部鼓起、断面大幅度缩小等破坏形式。出现应力超限后，再任围岩变形自由发展，将导致岩体强度大幅度下降。在这种情况下应该采取整体性加固措施，对隧洞整个断面进行支护，而且某些部位的加固还要达到稳定一定厚度的岩层的要求。常采用喷混凝土锚杆支护、喷混凝土锚杆钢筋网支护和喷混凝土锚杆钢拱架支护等不同的支护型式。

目前对于喷锚支护的理论研究还不透彻，缺乏统一的定量计算方法。现有的计算方法与实际有较大出入。所以，对喷锚支护型式的选择和支护参数的选择，多采用工程类比和现场测试相结合的方法。

2. 单层衬砌

老式的衬砌型式比较保守，但是工程经验丰富，一般采用混凝土及浆砌石等材料，也可采用钢筋混凝土衬砌。便于设计控制，易于群众施工，中小型工程仍广泛采用。

对有压隧洞多采用单层混凝土衬砌，如图 5-27（a）所示。其抗拉性能差，适用于坚实岩层中水头较低（60m 及以下）及直径较小（2.5～3.0m）的情况。隧洞内水压力较大时，为提高衬砌抗拉能力，可采用单层或双层钢筋混凝土衬砌，见图 5-27（b）、（f）。单层钢筋混凝土衬砌适用于中高水头（大于 60m）的情况；双层钢筋混凝土衬砌适用于山岩及内水压力及洞径均较大时。因布置了环向受力钢筋，所以衬砌的抗拉能力可大为提高。

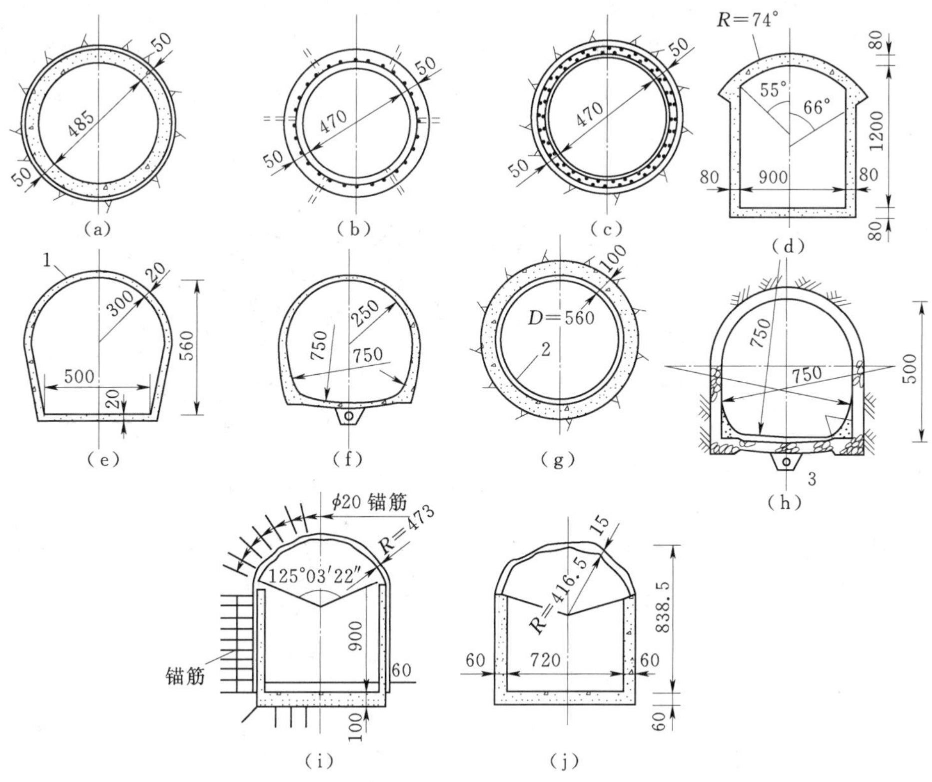

图 5-27　断面形式及衬砌类型（单位：cm）

（a）～（f）单层衬砌；（g）～（j）组合衬砌

1—喷混凝土；2—钢板；3—排水管

城门洞形无压隧洞的顶拱，当山岩压力不大时，可用混凝土受力衬砌，其边墙和底板可只作抹平处理。如山岩压力很大，无压隧洞可采用钢筋混凝土衬砌的马蹄形断面。由于主要荷载山岩压力的作用，顶拱内侧和边墙外侧均受拉，故在此两部位应配置受力钢筋（图 5-22）。

确定混凝土及钢筋混凝土衬砌厚度（不包括围岩超挖部分），应根据计算和构造要求，一般不小于 30cm。

3. 组合衬砌

可根据不同部位衬砌的受力特点，沿开挖断面周长，采用不同的衬砌材料。如图 5-27（h）所示，顶拱为混凝土，边墙为浆砌石；又如图 5-27（i）所示，顶拱用喷锚，边墙和底板为混凝土或钢筋混凝土等。

为提高衬砌强度，降低糙率和改善防冲、防渗措施等，对高水头有压隧洞，还可采用整体式双层衬砌。外层可用混凝土或钢筋混凝土，内层可衬以钢板或钢丝网喷浆等材料，见图 5-27（g）。对于按抗裂要求设计的衬砌结构，也有采用预应力混凝土衬砌的。

三、衬砌的构造和灌浆

1. 衬砌的分缝及止水

混凝土及钢筋混凝土衬砌是分段分块浇筑的（图 5-28），所以衬砌中必然有横向及纵向工作缝。横向工作缝间距可按浇筑能力确定，一般 4～10m；纵向工作缝位置可设在顶拱、边墙及底板分界处或内力较小的部位。工作缝应进行凿毛处理或埋插筋以加强整体性，缝内可设键槽，根据需要也可设置止水。

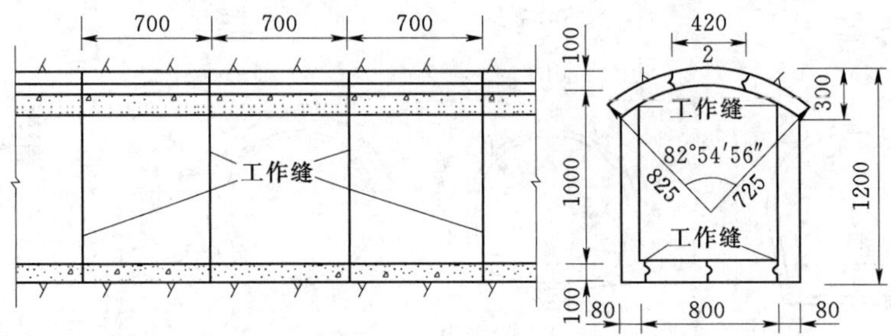

图 5-28　无压泄洪洞衬砌分缝、分块示例（单位：cm）

为防止因温度应力和干缩而使混凝土产生裂缝，沿洞轴线还需设横向伸缩缝。根据工程实践经验，缝的间距约在 6～18m 之间，缝内设止水，见图 5-29。

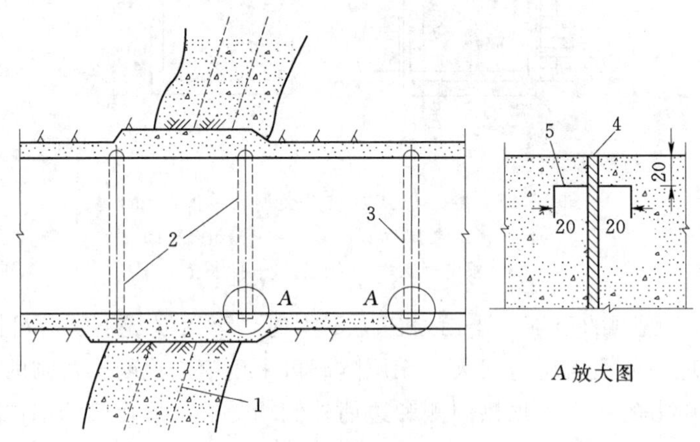

图 5-29　伸缩、沉陷缝（单位：cm）

1—断层破碎带；2—伸缩沉陷缝；3—伸缩缝；4—柔性填缝材料；5—止水带

隧洞穿过断层破碎带或软弱带时，需将衬砌加厚。当破碎带较宽，为防止因不均匀沉陷而开裂，可在衬砌厚度突变处，设沉陷缝。在洞身和进口渐变段等接头处和可能产生较大位移的地段，也需设置横向沉陷缝，缝内设止水。

实际工程中，常将上述两种横向缝结合，做成伸缩（温度）沉陷缝。如图5-29所示，2就是洞身适应所穿过断层破碎带而设置的伸缩沉陷缝。

2. 灌浆

隧洞灌浆有回填灌浆和固结灌浆两类。

回填灌浆的目的在于填充衬砌与围岩间的空隙，使之能紧密结合，共同工作，改善传力条件和减少渗漏。当衬砌施工时可在顶拱部分预留灌浆管，待衬砌做好后，通过预埋管进行灌浆（图5-30）。回填灌浆范围，一般在顶拱中心角90°～120°以内，孔距和排距一般为2～6m，灌浆压力为0.2～0.5MPa（2～5kgf/cm^2）。无压和临时导流隧洞，不必进行回填灌浆。

固结灌浆是为了加固围岩，增强其整体性和承载力，减小渗漏及地下水对衬砌的压力。一般应在衬砌完工后进行，其孔深可根据对围岩加固和防渗的要求选定，至少应深入岩层2～5m，通常为隧洞半径的0.5～1.0倍。孔眼布成梅花形，相邻断面错开排列，用逐步加密法灌浆，一般排距2～4m，每排不宜少于6孔，对称布置。灌浆压力为1.5～2.0倍的内水压力，灌浆时应加强观测，防止洞壁产生变形或破坏。

3. 防渗和排水

应根据沿洞线围岩的工程地质和水文地质条件，合理选定防渗和排水设施，以改进衬砌和围岩的受力条件。

对有压隧洞，应加强围岩的固结灌浆，以减小外水压力对衬砌的影响。必要时，可在隧洞底部衬砌下面设置纵向排水管（图5-27）。

对有压隧洞进出口或地质条件复杂的洞段，以及洞顶以上岩层覆盖厚度小于1倍洞径、和傍山隧洞岸边一侧的围岩厚度小于1.5倍内水压力水头处，必要时应加强防渗措施，如增厚衬砌、固结灌浆等。

无压隧洞，可在洞内水面线以上穿过衬砌设置排水孔，将地下水直接引入洞内（图5-31）。孔的间距和排距一般为2～4m，深入岩层2～4m。需要注意的是，钻排水孔应在灌浆之后进行，否则排水孔将被浆液堵塞。

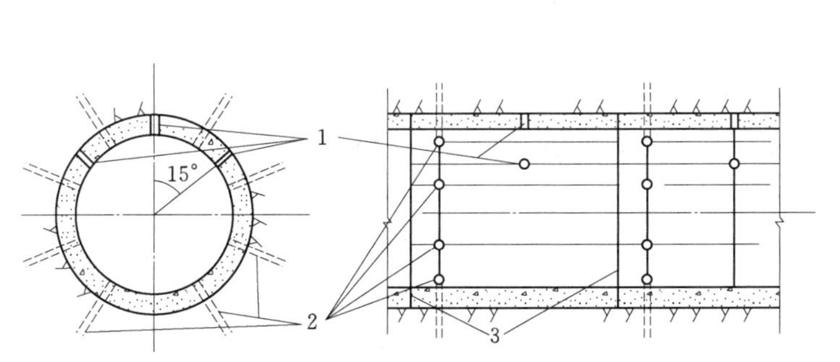

图5-30　灌浆孔布置图

1—回填灌浆孔；2—固结灌浆孔；3—伸缩缝

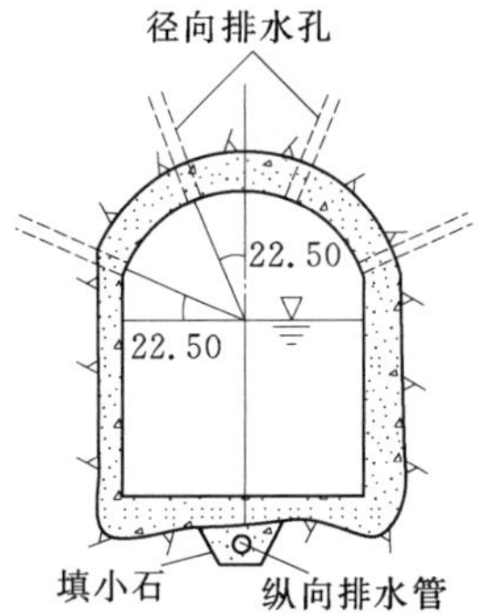

图5-31　无压隧洞排水布置图

第五节　涵管的型式与构造

一、涵管的型式及材料

涵管一般也由进口建筑物（段）、管身（段）、出口建筑物（段）三大部分组成。进口、出口的建筑物型式、布置、构造见前述，以下着重讲述管身的布置和构造。

进口建筑物后的过水管道称为管身，其水力状态也分有压和无压两类。管身断面型式和材料可按水力条件，受力条件及建筑材料供应情况等确定。

有压涵管的主要荷载为内水压力，管壁受拉为主，故多采用预制或就地浇注的钢筋混凝土圆管。

无压涵管的主要荷载是填土压力和外水压力。小型水库的无压涵管，管壁受压为主。为节省钢材、水泥，充分利用圬工材料的抗压特性，可采用浆砌石做成圆拱直墙式断面。为简化施工，也有对较小涵管采用以浆砌石为侧墙，上盖以现浇或预制的钢筋混凝土盖板的矩形断面（图 5－32）。因浆砌石防渗性较差，为避免严重渗漏危及大坝安全，重要工程则不宜使用浆砌块石结构。

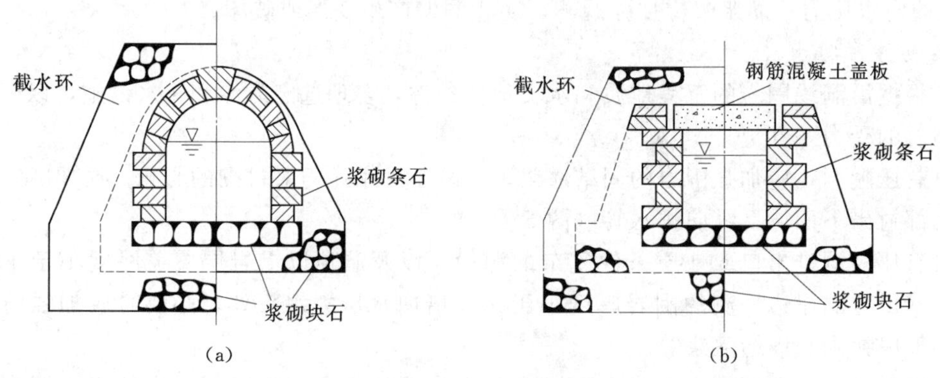

图 5－32　无压管身断面形式

(a) 城门洞形；(b) 矩形

大型无压涵管，可选用钢筋混凝土圆形或矩形断面的管道；当过水断面较大，还可选用双箱或多箱式断面（图 5－33）。选定涵管尺寸时，还应考虑进人检修的需要。

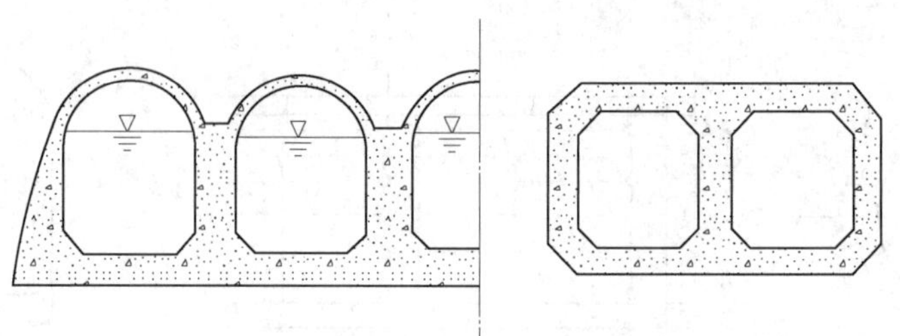

图 5－33　钢筋混凝土无压管身断面形式

二、涵管的铺设方式与构造

圆形涵管管身，其铺设方式有下述几种：管径小、土质好，宜用平基铺管，见图 5－

34 (a)；管径不大，管外填土不高，竖向荷载较小时，宜用弧形土基，见图 5 - 34 (b)；也可将涵管直接铺设在天然地基的半圆形基槽内或置于用三合土或分层夯实的碎石座垫上，见图 5 - 34 (f)；对于管径及竖向荷载均较大的涵管，需采用浆砌石或混凝土刚性座垫，见图 5 - 34 (d)，包角 $2\alpha_\varphi$ 可采用 90°～135°，竖向荷载很大时，包角可用 180°，座垫厚度一般为 30～50cm，在管壁与座垫接触面上可涂抹沥青或设柏油油毛毡垫层，以适应变形和减小垫层对管身的约束，压力可通过座垫传给地基，座垫可改善管身受力条件和减小对地基的压应力。在同样受力和管径条件下，上述各型式中，以平基铺管管身内力最大，刚性座垫内力最小，弧形土基介于两者之间。刚性座垫厚度 t_1，还与管壁厚度 δ 有关，一般约 $(1.5\sim2.0)\delta$，但不小于 30cm；座垫肩宽 t_2 可用 $(1.0\sim1.5)\delta$。

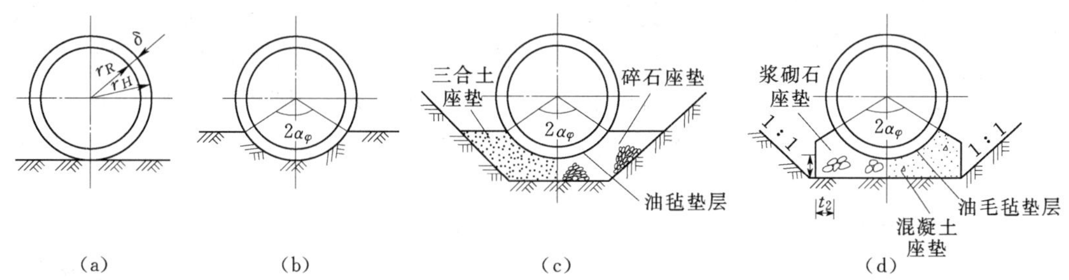

图 5 - 34　圆形断面管身的安装方式

(a) 平整土基；(b) 弧形土基；(c) 三合土或碎石座垫；(d) 圬工刚性座垫

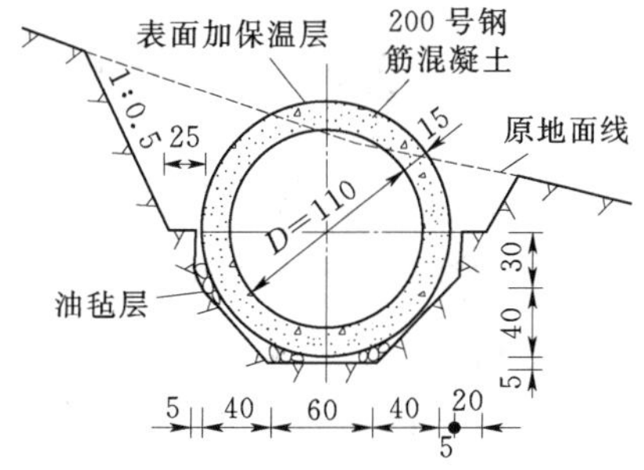

图 5 - 35　岩基中的涵管

矩形断面涵管底部可铺一层厚 6～8cm 的素混凝土，或 20～30cm 厚的三合土。软弱地基上也可采用夯实的碎石或碎砖垫层。为节省材料和造价，对良好岩石地基上的圆形管可不设座垫，而在岩石中开槽。槽中浇注半圆形混凝土管垫，其上铺油毛毡垫层，然后浇筑管身（图 5 - 35)。对填土压力较大的无压涵管，如基岩坚硬完整，可在石基中开挖矩形槽。槽壁浇筑薄层混凝土，其上则浇筑混凝土拱以承受填土压力，形成圆拱直墙式断面，见图 5 - 20。

涵管沿其轴线方向填土高度不同（图 5 - 35)，因不均匀沉陷以及温度变化和混凝土冷却收缩等，都可能导致管身开裂或破坏。为此，每隔 10～15m 需设温度伸缩缝，缝中应设止水。若管壁较薄。在接缝处可适当加厚。现浇钢筋混凝土管的变形缝构造，见图 5 - 36 (a)，聚乙烯闭孔泡沫板是一种新型的弹性、成缝、适应变形的材料，有不同的厚度规格。预制钢筋混凝土管，同样要求有可靠的地基和垫座，因每节预制管长只有 1.0～3.0m，故对接头处应特别注意保证不漏水。可采用套管接头，在接缝处填以止水材料，见图 5 - 36 (b)。

在管道外壁与填土接合处，一般易产生集中渗流。故在管外可加截水环如图 5 - 37 所示，用以增长渗径，减小渗透坡降，消除集中渗流的破坏作用。截水环间距为 10～20m，凸出管径高度为 0.5～1.0m，厚 0.3～0.6m。为防止截水环对管道产生约束作用，使管道

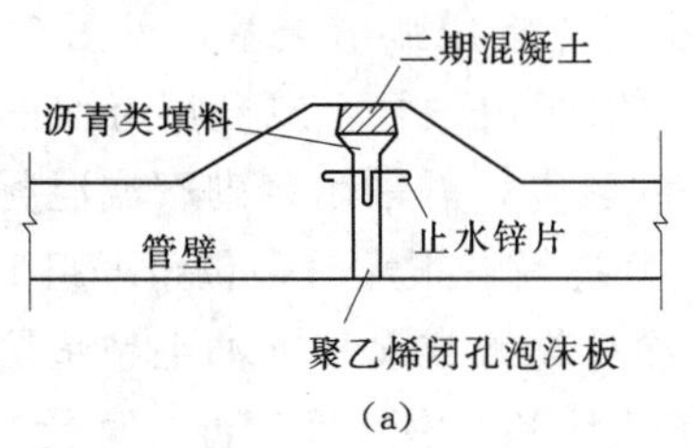

(a)

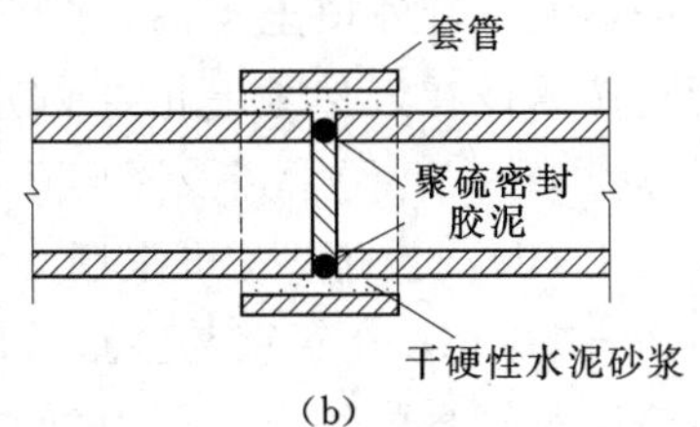

(b)

图 5-36　涵管接头

(a) 现浇管预留伸缩缝；(b) 预制管接头伸缩缝

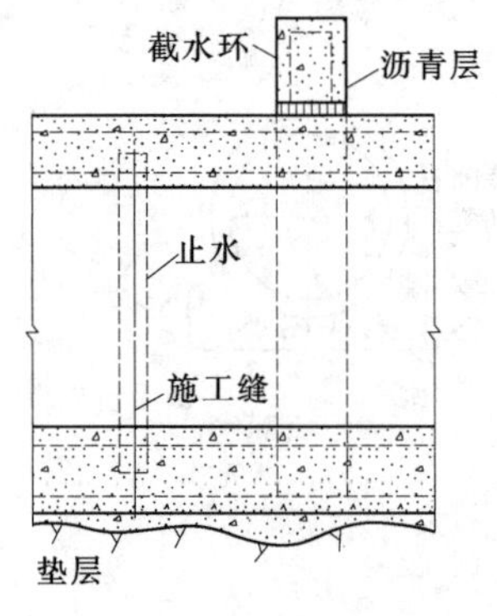

图 5-37　涵管外壁截水环

能自由伸缩，可将截水环与管道用缝分开，缝中填以沥青止水，如图 5-37 所示。不设截水环时，则可利用接缝处加厚凸缘起截水环作用。对黏土心墙坝，只需在穿过心墙处的管身段设置 2～3 道截水环。为更有效地防止集中渗流，还可在整个涵管周围铺筑一层厚1～2m 的黏性土料，作为防渗层。防渗层应分层填土，人工仔细夯实，但不得损伤管道。小水库中的无压涵管，为防止接缝漏水，使坝体填土产生管涌和流土，当管身采用预制混凝土管或陶瓦管时，可在管外接缝处先铺砂浆做底模，然后再包以黏土、三合土等材料。

第六节　作用在隧洞衬砌和涵管管身上的荷载

进行隧洞衬砌和涵管管身结构计算以前，应先确定作用在隧洞衬砌和涵管管身上的荷载，再根据荷载特性和不同工作情况分别计算出它们相应的内力。本节及下节介绍的作用于涵管的荷载及其计算方法，也适用于渠系中的涵洞和倒虹吸管。

一、作用在隧洞衬砌上的荷载及其组合

作用在衬砌（或刚性支护）上的荷载，按其作用状况分为基本荷载和特殊荷载两类，两类荷载定义及其内容应符合下列规定：

（1）基本荷载：长期或经常作用在衬砌上的荷载。基本荷载包括衬砌自重、围岩压力、预应力、设计条件下的内水压力（包括动水压力）以及稳定渗流情况下的地下水压力等。

（2）特殊荷载：出现机遇较少的不经常作用在衬砌上的荷载。特殊荷载包括地震作用、校核水位时的内水压力（包括动水压力）和相应的地下水压力、施工荷载、灌浆压力以及温度作用等。

荷载组合（计算荷载）应根据基本荷载和特殊荷载同时存在的可能性，分别组合为基本荷载组合和特殊荷载组合两类。在衬砌结构计算中应采用各自的最不利组合情况。

上述荷载中，内水压力和衬砌自重比较明确，外水压力、地基反力、灌浆压力、温度荷载和地震力等，只能在某些简化和假定的前提下进行近似计算；而山岩压力和弹性抗力等，则因影响因素较复杂，尚不能精确计算。

1. 衬砌自重

衬砌自重均匀作用在同种材料衬砌厚度的平均线上，如图 5-38 所示。一般沿衬砌轴线取 1m 长衬砌，进行单位重量的计算。所取厚度应包括平均超挖回填部分，其数值一般按 0.1～0.3m 计。

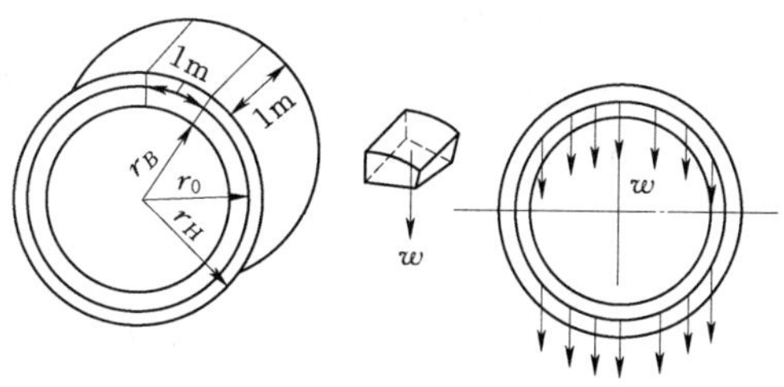

图 5-38　衬砌自重计算图

单位面积上作用的衬砌自重 ω 为

$$\omega=\gamma_c\delta \quad (kN/m^2) \qquad (5-4)$$

式中　γ_c——衬砌材料的容重，混凝土 $\gamma_c=24kN/m^3$，钢筋混凝土 $\gamma_c=25kN/m^3$；

δ——包括超挖尺寸在内的衬砌厚度，m。

2. 内水压力

内水压力是有压隧洞的主要控制荷载，其值可由水力计算确定。隧洞的内水压力应根据隧洞进、出口特征水位，结合隧洞各种运行工况，按可能出现的最大内水压力（包括动水压力）确定。对基本组合的内水压力值，特征水位取设计洪水位及其组合；对特殊组合的内水压力值，特征水位取校核洪水位及其组合。对有压发电引水隧洞，内水压力的控制值是作用在衬砌上的全水头与水击引起的压力增值的和；对无压隧洞，求出洞内的水头压力线即可确定内水压力。

有压隧洞衬砌计算时，常将内水压力分为均匀内水压力和无水头洞内满水压力两部分。均匀内水压力是由洞顶内壁以上的水头所产生的；无水头洞内满水压力是指洞内充满水，洞顶压力为零，洞底压力等于 $2\gamma r_B$，如图 5-39 所示。两部分之和即为内水压力。

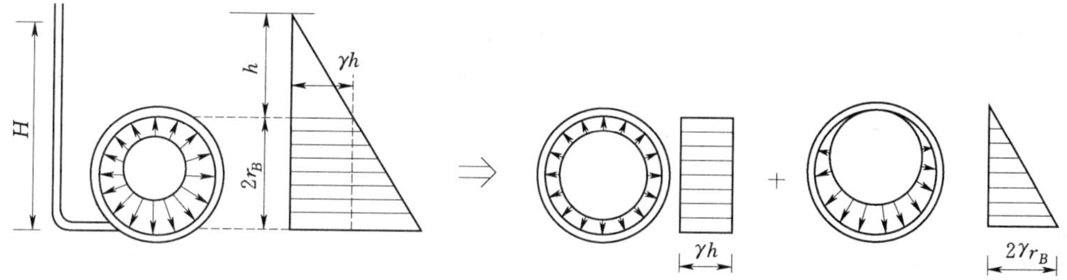

图 5-39　内水压力分布、计算图

均匀内水压力强度计算式为

$$p_0=\gamma h \qquad (5-5)$$

非均匀内水压力强度计算式为

$$q_2=\gamma r_B(1-\cos\theta) \qquad (5-6)$$

式中　p_0——均匀内水压力强度，kPa；

γ——水的容重，kN/m^3；

h——高出衬砌内壁顶点的测压管水柱高度，m；

q_2——非均匀内水压力强度，kPa；

r_B——衬砌内半径。m；

θ——自铅直直径的上端算起到 q_2 的计算位置之间的夹角。

非均匀内水压力的合力，方向向下，其值等于单位洞长内的水重，以 G_2 表示：

$$G_2=\pi r_B^2\gamma \tag{5-7}$$

3. 外水压力

外水压力是水工隧洞的基本荷载之一。无压隧洞可采用排水的方法消除外水压力。而对有压隧洞来说，外水压力对内水压力有抵消作用，故对隧洞设计有很重要的意义。概念是比较合理的，但理论上还不够成熟，有待进一步研究。在这里的衬砌计算中，仍对老习惯的方法（分为内、外水压力）进行介绍。所以，确定外水压力时，不仅应选择计算方法，更应对地下水位进行详细的分析研究，力求符合实际。

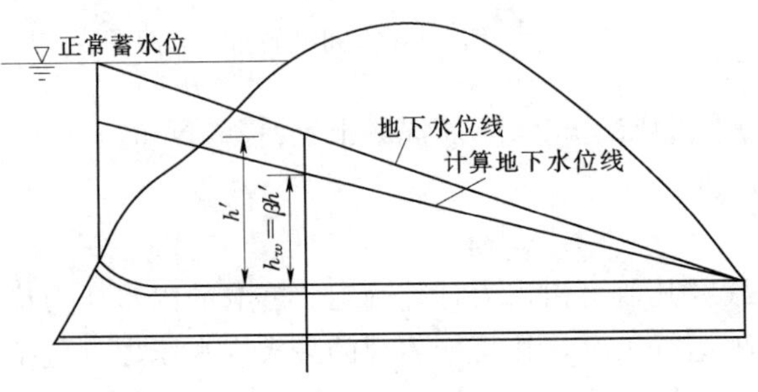

图 5-40　地下水位线分布、计算图

当外水压力作为边界力计算时，也分为均匀外水压力和非均匀外水压力两部分进行计算（外水压力的计算图形见图 5-40）。作用在混凝土、钢筋混凝土和预应力混凝土衬砌结构上的外水压力，可按下式估算：

（1）均匀外水压力强度。

$$p_0'=\gamma h_w \tag{5-8}$$

$$h_w=\beta h' \tag{5-9}$$

式中　β——外水压力折减系数，可按表 5-1 确定；

h'——地下水位线至衬砌中心的作用水头，m，内水外渗时取内水压力；

γ——水的容重，kN/m³，一般采用 9.81kN/m³。

表 5-1　　外水压力折减系数 β 值

级别	地下水活动状态	地下水对围岩稳定的影响值	β值
1	洞壁干燥或潮湿	无影响	0～0.20
2	沿结构面有渗水或滴水	风化结构面充填物质，地下水降低结构面的抗剪强度，对软弱岩体有软化作用	0.10～0.40
3	沿裂隙或软弱结构面有大量滴水线状流水或喷水	泥化软弱结构面充填物质，地下水降低结构面的抗剪强度，对中硬岩体有软化作用	0.25～0.60
4	严重滴水沿软弱结构面有小量涌水	地下水冲刷结构面中充填物质，加速岩体风化，对断层等软弱带软化泥化，并使其膨胀崩解，以及产生机械管涌。有渗透压力，能鼓开较薄的软弱层	0.40～0.80
5	严重股状流水，断层等软弱带有大量涌水	地下水冲刷携带结构面充填物质，分离岩体，有渗透压力，能鼓开一定厚度的断层等软弱带，能导致围岩塌方	0.65～1.00

注　当有内水组合时，β 应取较小值。无内水组合时，β 应取较大值。

（2）非均匀外水压力强度。

$$q'=\gamma r_H(1-\cos\theta) \tag{5-10}$$

式中　r_H——衬砌的外半径；

θ——自铅直直径上端算起的极角。

（3）非均匀外水压力的合力，方向向上，计算公式为

$$G_2'=\pi r_H^2\gamma \tag{5-11}$$

对设有排水设施的水工隧洞，可根据排水效果和排水设施的可靠性，对作用在衬砌结构上的外水压力作适当折减，其折减值可通过工程类比或渗流计算分析确定。

对工程地质、水文地质条件复杂及外水压力较大的隧洞，应进行专门研究。

4. 山（围）岩压力

岩体中开挖隧洞后，由于围岩变形、滑移或塌落而施加于支护或衬砌上的压力称为山岩压力，它是隧洞中起决定性作用的荷载之一。影响围岩压力的因素众多，如岩体的地质结构、力学性质、初始应力、地下水位、隧洞在地层中的埋置深度、洞室的几何形状和施工方法、支护或衬砌方案及时间等。情况错综复杂，因此，围岩压力很难准确计算。

围岩作用在衬砌上的荷载，应根据围岩条件、横断面形状和尺寸、施工方法以及支护效果确定。围岩压力的计取应符合《水工隧洞设计规范》（SL 279）下列规定。

（1）自稳条件好，开挖后变形很快稳定的围岩，可不计围岩压力。

（2）薄层状及碎裂散体结构的围岩，作用在衬砌上的围岩压力可按式（5－12）、式（5－13）计算：

铅直方向

$$q_v=(0.2\sim0.3)\gamma_r B \tag{5-12}$$

水平方向

$$q_h=(0.05\sim0.10)\gamma_r H \tag{5-13}$$

式中　q_v——铅直均布围岩压力，kN/m^2；

q_h——水平均布围岩压力，kN/m^2；

γ_r——岩体容重，kN/m^3；

B——隧洞开挖宽度，m；

H——隧洞开挖高度，m。

（3）不能形成稳定拱的浅埋隧洞，宜按洞室顶拱的上覆岩体重力作用计算围岩压力，再根据施工所采取的支护措施予以修正。

（4）块状、中厚层至厚层状结构的围岩，可根据围岩中不稳定块体的作用力来确定围岩压力。

（5）采取了支护或加固措施的围岩，根据其稳定状况，可不计或少计围岩压力。

（6）采用掘进机开挖的围岩，可适当少计围岩压力。

（7）具有流变或膨胀等特殊性质的围岩，可能对衬砌结构产生变形压力时，应对这种作用进行专门研究，并宜采取措施减小其对衬砌的不利作用。

（8）地应力在衬砌上产生的作用应进行专门研究。

围岩压力的计算理论很多，以下介绍几种曾经常用的方法：

（1）普氏理论法（自然平衡拱法）。苏联学者普罗托基亚柯诺夫把整个岩体看成是散粒体，属于松散介质理论范畴，并用一个“似摩擦系数”或叫“坚固系数”，来代替岩石

组成颗粒间的真实摩擦系数。其值 f_k 可按下式计算：

$$f_k=\frac{\tau}{\sigma}=\tan\varphi+\frac{c}{\sigma} \tag{5-14}$$

式中　τ——岩石的抗剪强度；

σ——正应力；

φ——岩石的内摩擦角；

c——黏聚力。

上式表明，坚固系数 f_k 不仅与摩擦系数 $\tan\varphi$ 有关，也与黏聚力 c 有关。普氏根据现场观测和有关试验资料，编制了各类岩石坚固系数分类表，见表 5-1。

由于普氏理论设想岩石的“似摩擦系数”仅与其强度有关（$f_k=R/100$，式中 R 为岩石立方试体的极限抗压强度），而并未考虑整个岩体的地质结构和前述与山岩压力有关的其他要素，因而理论上不够完备，实践也证明不够准确。目前只适用于小型工程，特别在岩体质量较差的工程中，可用此法进行初步设计。

(2) 1966 年《水工隧洞暂行规范》建议的方法。该规范根据国内一些工程设计所采用的山岩压力值及有关文献资料，经过汇总整理后，提出计算山岩压力的下述经验公式，称作经验估算法。

$$q=S_y\gamma_1 B \tag{5-15}$$

$$e=S_x\gamma_1 H \tag{5-16}$$

式中　q——均布的铅直山岩压力强度，kPa；

e——均布的水平山岩压力强度，kPa；

B、H——隧洞开挖断面的宽度和高度，m；

S_x、S_y——水平山岩压力系数和铅直山岩压力系数（各种岩石的压力系数列成表方便查用）；

γ_1——岩石的重度，kN/m^3。

1966 年规范所提出的按“山岩压力系数”确定山岩压力的方法，比普氏法有所改进，但所采用的山岩压力系数，并非实测成果，没有克服普氏压力拱理论的根本弱点。

(3)《水工隧洞设计规范》(SD 134) 建议按围岩类型估算法求算围岩压力，具体方法见其附录。

(4) 弹塑性理论。应用弹塑性理论，可以对开挖后围岩的弹塑性状态进行分析计算，从而求得山岩压力。但只适用于经过大量简化的实体，还不足以用来定量地解决实际问题。但是新奥法以岩石力学弹塑性理论为基础，能依靠现场测试指导设计和施工，有关喷锚支护的设计参见《水工隧洞设计规范》(SD 134) 附录。

5. 灌浆压力

衬砌在施工时，其顶部与围岩之间常有填不满的空隙，需进行回填灌浆。回填灌浆压力一般为 0.2～0.3MPa，分布在顶部中心角为 90°～120°的范围内。进行内力计算时，常假定灌浆压力均匀径向分布于顶部中心角 90°的范围内。灌浆压力使衬砌顶内部产生拉应力。但它属于施工情况的临时荷载，设计中一般可不计算。

固结灌浆对衬砌的作用相当于外水压力使衬砌受压，但灌浆多在充水前进行，不宜计入用来抵消内水压力。当压力很大时，还应验算衬砌强度。

6. 温度荷载

施工期由于混凝土的水化热和干缩以及运行期的水温或气温变化，产生的温度应力对混凝土及钢筋混凝土衬砌有较大的影响，一般是通过施工措施予以解决。如选择适宜的水泥、控制水灰比、加强养护、缩短浇筑段长度及配置适量的温度钢筋等，设计中可不计算。但对完建后温度变化较大时所引起的衬砌中的温度应力，则应进行专门的研究。

7. 地震力

设计烈度为 9 度的水工隧洞，设计烈度为 8 度的一级水工隧洞，均应验算建筑物（进、出口及洞身）和围岩的抗震强度和稳定性；设计烈度大于 7 度（包括 7 度）的水工隧洞，当进、出口部位岩体破碎和节理裂隙发育时，应验算进、出口部位岩体的抗震稳定性。

抗震强度和稳定性验算应按《水工建筑物抗震设计规范》（SL 203）规定执行。

地震对埋置在地下深处与围岩紧密结合的洞身衬砌的影响很小，可不考虑地震影响。在设计烈度为 8、9 度的地区，不宜在风化和裂隙发育的傍山岩体中修建大孔径的隧洞。隧洞的进出口建筑物，应按《水工建筑物抗震设计规范》（SL 203）中的有关规定进行设计。洞口段有较大地震影响的地区，应采用混凝土或钢筋混凝土的衬砌加固。

二、作用在涵管管身上的荷载及其组合

涵管上作用的荷载包括：管身自重、内水压力、外水压力、填土压力和地基反力等。内水压力的计算与隧洞相同；外水压力一般是由坝（堤）内的渗流形成的，则以堤坝内的浸润面作为计算水位面，近似以管外壁顶点到浸润面之间的水柱高作为计算水头值，参照前述方法分别计算均匀和非均匀外水压力。

1. 管身自重

可参照已建类似工程，拟定管身结构尺寸。一般按均匀内水压力 p_0 拟定圆形有压管管壁厚度 δ，设管内半径为 r_B，控制混凝土即将开裂时，环向钢筋达到的拉应力为 2×10^4kPa，环向钢筋含筋率为 μ（先根据规范要求初选），混凝土的极限抗拉强度为 R_l，抗裂安全系数为 K_f。为满足抗裂要求，按材料力学轴心受拉公式，拟定管壁厚度 δ：

$$\delta=\frac{K_f p_0 r_B}{R_l+20000\mu} \tag{5-17}$$

用上式计算拉应力时，认为沿管厚的拉应力为均匀分布，即 $\sigma=\dfrac{R_l}{K_l}$ 为常数（K_l 为抗拉安全系数）。因而一般仅适用于 $\dfrac{\delta}{r_B}\leqslant\dfrac{1}{8}$ 时的薄壁管。但对于 $\dfrac{\delta}{r_B}>\dfrac{1}{8}$ 的厚壁管，其拉应力沿厚度明显是不均匀分布的，用式（5－17）计算误差较大，故改用弹性力学法推导应力计算公式。

通常内边缘应力 σ_B 最大，所以常以 σ_B 作为估算管厚 δ 的应力，可得

$$\sigma_B=\frac{r_H^2+r_B^2}{r_H^2-r_B^2}p_0 \tag{5-18}$$

以管的外半径 $r_H=r_B+\delta$、$\sigma_B=\dfrac{R_l}{K_f}$ 代入上式可得

$$\delta = r_B\left(\sqrt{\frac{R_l+K_f p_0}{R_l-K_f p_0}}-1\right) \tag{5-19}$$

管身沿管壁中心线单位长度的重量为

$$q_1=\gamma_h\delta \tag{5-20}$$

管身纵向单位长度重量为

$$G_1=\pi D_{cp}\delta\gamma_h \tag{5-21}$$

式中　γ_h——管身材料重度，kN/m^3；

D_{cp}——管身断面平均直径，m；

δ——管壁厚度，m。

2. 填土压力

填土下埋设的管道所受土压力的大小，主要与填土性质和埋置深度等有关，也与埋设方式、管底基础型式及管身刚度等有关。

埋设方式一般有两种：①上埋式，直接把管道埋设在地面或浅沟中，然后在其上填土（图 5-41），如一般土坝下涵管；②沟埋式，是在已挖好的较深沟槽中埋设管道（图 5-42），沟槽两壁为天然坚实土层，管道上部及两侧则为回填土。

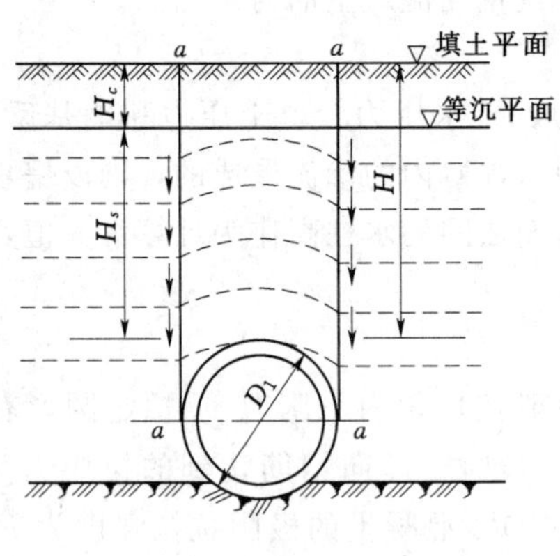

图 5-41　上埋式管

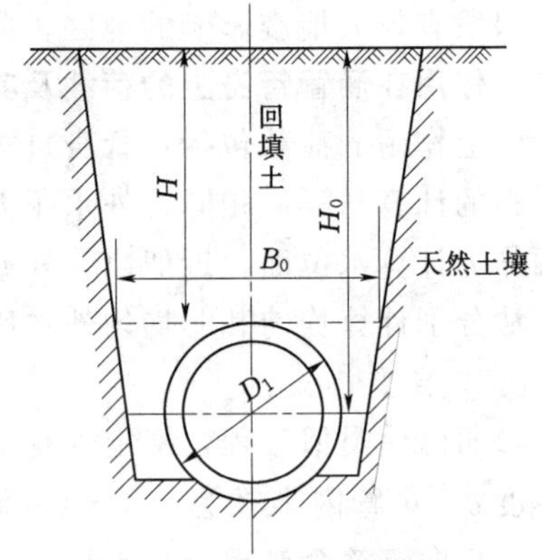

图 5-42　沟埋式管

不同的管道基础布置方式（图 5-34，有平基铺管、弧形土基及刚性座垫等），不同的管道刚度，对管道底部地基反力的分布和管道周围土压力的大小以及管道的沉陷会产生不同程度的影响，管道所承受的填土压力也不相同。

按刚度的大小，管道可分为：①刚性管，其刚度较大，计算时可忽略管道本身的变形影响，如砖石、混凝土及小孔径钢筋混凝土管等；②柔性管，变形较大，其数值会影响到土压力的大小，故计算时不能忽略，如钢管、大孔径钢筋混凝土管等。

钢筋混凝土管的刚度可按下式判别：当 $\lambda=\left(\frac{E_h}{E_t}\right)\left(\frac{\delta}{r_c}\right)^3>1$ 时为刚性管，$\lambda<1$ 时为柔性管。式中 E_h 为混凝土的弹性模量；E_t 为回填土的变形模量；δ 为管壁厚度；r_c 为管的平均半径。

（1）上埋式管土压力的计算。

1）铅直土压力。填方下埋设的管道，两侧填土的可压缩性大大超过管身，管两侧填土厚度也大于管顶填土厚度，故导致涵管以上部分填土的沉陷量小于两侧填土，并在平行涵管纵轴的各垂直剖面上（$a—a$ 剖面上）将产生方向向下的摩擦力（图 5－41）。所以作用于涵管顶上的铅直土压力除涵管顶部全部土柱重量外，还有靠近垂直 $a—a$ 剖面以外的部分土重通过摩擦力传到涵管顶上的附加压力。当管顶填土高度很大时，这一摩擦力并不是在全部填土高度上都存在的，而仅影响到 H_s 高度的范围。超出该高度水平面以上的土，则呈均匀沉陷，即该处已不存在摩擦力，该水平面称为等沉平面。实际上在等沉平面以下所有沉陷面均为曲面，以管顶处曲度最大。从上述分析可知，涵管所受的附加压力的大小，将随着管道刚度及地基土密实性的增加而增加，随着埋入地基内管身部分的增加而减小，当管身全部埋入地基中时，则附加压力为零。

影响附加压力大小的因素很多，难于精确计算，为安全计，对一般土质多采用简化的公式进行计算。即将管上填土土柱重量乘以大于 1 的反映沉陷规律的系数，由此求得上埋式刚性管每米长度上铅直土压力值 G_B 为

$$G_B = K\gamma_s H D_1 \tag{5-22}$$

式中　H——管顶以上填土高度；

γ_s——填土容重；

D_1——管外径；

K——系数，对刚性管见表 5－2（$H/D_1=3.0$ 时最大为 1.50；埋得越浅铅直土压力越小，但温变、机械影响越大）；对柔性管，在任何情况下均取 $K=1.0$。

表 5－2　　系　数　K

H/D_1	0.1	0.5	1.0	2.0	3.0	4.0	5.0	6.0	7.0	8.0	9.0	>10
K	1.04	1.20	1.40	1.45	1.50	1.45	1.40	1.35	1.30	1.25	1.20	1.15

注　表中 D_1 对圆管系指外径；对于矩形管系指外形宽度（m）。

2）水平土压力。埋管同时承受有铅直和水平荷载。一般铅直荷载大于水平荷载，所以埋管将产生横向变形，而其位移方向与水平土压力方向相反。故水平土压力若按主动土压力计算，数值将偏小，但又达不到被动土压力的程度。所以，目前均按静止土压力计算，计算截面处水平土压力强度 e 为

$$e = \varepsilon\gamma_s H_1 \tag{5-23}$$

式中　H_1——填土平面到计算截面的高度；

ε——侧压力系数，一般砂性和较干的黏性土，可采用 0.35～0.45；当填土夯实密度较大、含水量较高时，ε 值可提高到 0.5～0.55。

由上式求得的水平土压力一般呈梯形分布。对曲线形管壁的圆形管，实际作用的水平土压力不完全符合上述分布规律。在管的上半部略大于计算值；下半部略小于计算值。简化计算时，可近似采用矩形分布（图 5－43），其压力强度可按管中心处的强度 e_t 计算：

$$e_t = \varepsilon\gamma_s H_0 \tag{5-24}$$

式中　H_0——填土平面至管中心的高度。

每米管长上的总侧向土压力

$$G_t = e_t D' = \varepsilon\gamma_S H_0 D' \tag{5-25}$$

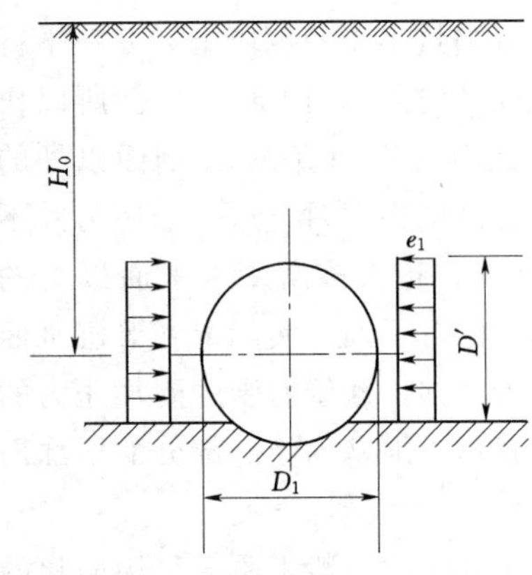

图 5-43　水平土压力分布

式中　D'——管道凸出地基面的高度（图 5-43）。

土压力的上述计算公式，仅适用于填土面为水平或接近水平面的情况。坝下涵管的填土压力目前只能作近似计算。

(2) 沟埋式管土压力的计算。

1) 铅直土压力。开挖沟槽中的埋管，中间填土的密实度较差，而两侧沟壁的天然土壤则较坚实，可认为它无沉陷变形，并能限制回填土的沉陷，产生阻止回填土下沉的向上摩擦力。这样，回填土的一部分重量将被该摩擦力所抵消，而另一部分则传向管道和沟底，见图 5-44 (a)。故管上作用的铅直土压力将小于沟内回填土柱的重量。管道承受土压力的大小，还与填土性质、填土的夯实情况等有关。

a) 沟内未夯实的填土，管道每米长度承受的铅直土压力为

$$G_B = K_T \gamma_s BH \tag{5-26}$$

式中　B——沟槽宽度（宜控制为能够施工的最小宽度）；

H——自管顶算起的填土高度；

K_T——沟埋式管回填土铅直土压力集中系数，为管道承受的总铅直土压力与管顶上部、沟内回填土全部重量之比[$K_T=(0.16\sim1.0)\leqslant1$]。

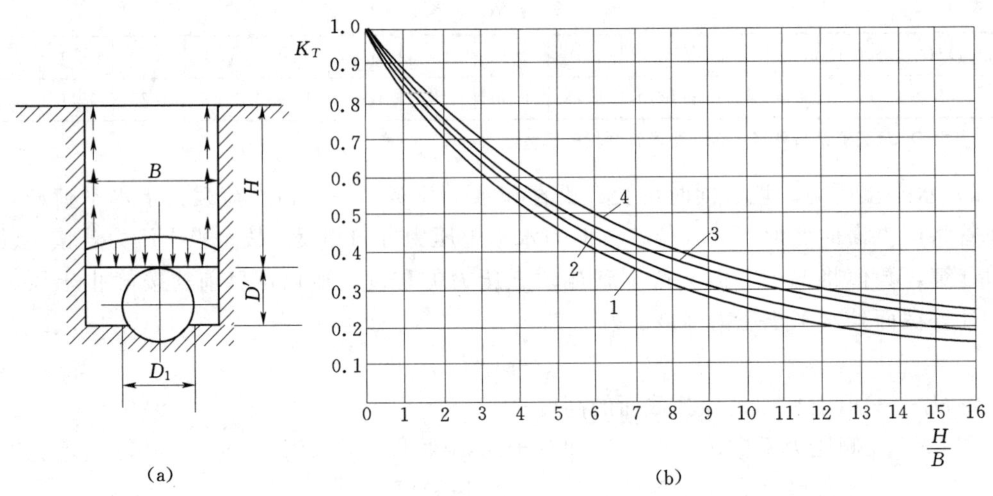

图 5-44　沟埋式管铅直土压力集中系数关系曲线

K_T 值与$\frac{H}{B}$、侧向土压力系数 ε、回填土内摩擦角 φ_1 及铅直土压力不均匀分布系数等有关。不同土质的 ε 及 $\tan\varphi_1$ 值的变化幅度是较大的，但根据统计，$\varepsilon\tan\varphi_1$ 的乘积都相差不多。故可根据填土的这些性质，在实际工程中制定出计算图表。先由表 5-3 选定 K_T 的代表曲线，再按此编号及比值$\frac{H}{B}$在图 5-44 (b) 中查出 K_T 值。对未包含在表 5-3 中

的土，可按与其相近的土去选定所采用的曲线。

表 5-3　　　　各种土 K_T 曲线编号

填　土　各　类	曲线编号	填　土　各　类	曲线编号
干砂土及干的植物土	1	塑性黏土	3
湿的及含水饱和的砂土及植物土；硬性黏土	2	流性黏土	4

b）对夯实良好的沟内填土，由图 5-48 可认为在 A 点和沟壁之间形成两个土拱。铅直土压力的一部分将通过土拱传向沟壁，所以用式（5-26）求得的 G_B 应乘上一个小于 1 的修正系数。通常认为作用于管道与沟壁之间的填土压力有一半传给管道，还假定铅直土压力沿沟宽均匀分布（即将图 5-45 中实际分布曲线 1 简化为直线 2）。于是可得

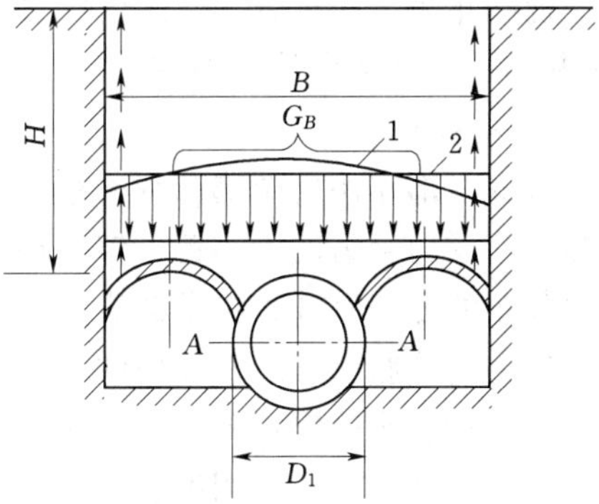

$$G_B = K_T \gamma_s H \left(\frac{B + D_1}{2} \right) \tag{5-27}$$

图 5-45　填土夯实的沟埋式管土压力分布

1—铅直土压力实际分布曲线；2—简化曲线

对直径大于 1m 而埋深又小于 1m 的管道，除用式（5-27）计算管顶以上的土压力外，还需计算管顶水平线至管腹间回填土的重量，即图 5-46（b）中阴影部分的填土重量，以 G_n 表示。可得

$$G_n = 0.1075 \gamma_s D_1^2 \tag{5-28}$$

为避免施工坍方，实际工程中，当沟槽开挖较深或土质较差时，常把沟壁做成斜坡或阶梯形，见图 5-46（a）、（c）。此时铅直土压力仍可用公式（5-23）计算，但式中 B 值应取管顶处沟槽宽度 B_0；用图 5-44 决定 K_T 值所用的沟槽宽度，则应取 $H/2$ 深度处的宽度 B_c，即以 H/B_c 值查图 5-44（b）的曲线。

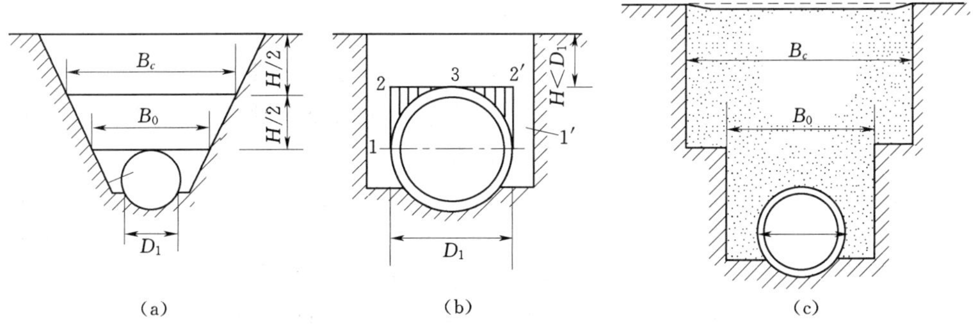

图 5-46　沟埋式管的土压力计算示意图

2）水平土压力。其数值大小主要与填土深度、土的性质有关，还与管壁到沟壁间的距离及填土夯实程度等有关。当 $\frac{B_0 - D_1}{2} > 1\text{m}$ 时，管道水平向受力性质与上埋式相同，

可按式（5-24）、式（5-25）计算；当$\frac{B_0-D_1}{2}<1\text{m}$时，回填土不易压实，水平向土压力较小，按式（5-24）、式（5-25）计算水平土压力时，可乘以局部作用系数K_n。

$$K_n=\frac{B_0-D_1}{2} \tag{5-29}$$

上述沟埋式管填土压力的计算方法，适用于管顶填土面与沟侧地面齐平的情况，并适用于圆形管，对非圆形管可参考使用。

近些年来，用顶管法施工的涵管日益增多，应属于隧洞式埋管，具体计算方法可参阅《涵洞和水管结构设计》等专著。

3. 地基反力

管身上部作用的全部荷载的总和应与管身的地基反力的合力相等。为求算管身内力，仅知地基反力合力的大小还不够，还需知道地基反力的分布情况。国内常用确定圆管地基反力分布的方法有3种：①假定地基反力集中作用于管底（平基铺管）；②根据经验假定地基反力的分布（直线形或曲线形）；③采用文克尔假定，把地基视为半无限弹性体，按地基变形情况来确定地基反力分布曲线。实践认为第③种计算方法较符合实际。对小型工程，为简化计算，常采用第②种方法。以下简略介绍第③种计算方法。

忽略切向位移分量的影响，由文克尔假定，可导出弧形土基反力计算的公式为

$$P_{\theta_1}=\frac{3Q_B(\cos\theta_1-\cos\alpha_\varphi)\cos\theta_1}{r_H(3\sin\alpha_\varphi+\sin^3\alpha_\varphi-3\alpha_\varphi\cos\alpha_\varphi)} \tag{5-30}$$

以不同的θ_1值代入上式，即可求得如图5-47所示的反力分布曲线。

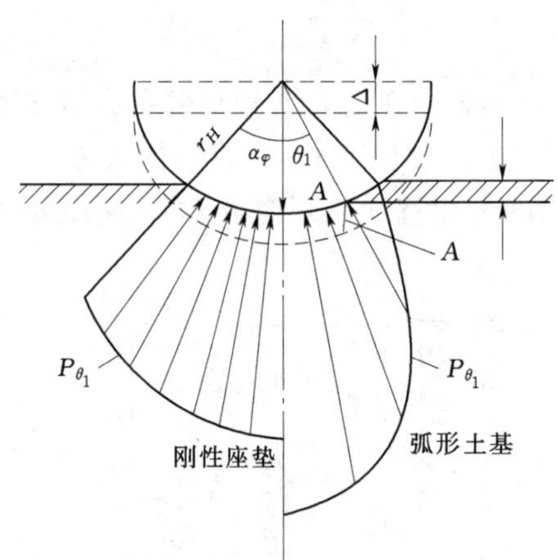

图5-47　支承接触面的地基反力分布

对于刚性座垫下地基反力的分布，同样可忽略切向位移，并设地基系数K_0为常数，根据弹性理论也可求得其地基反力的算式为

$$P_{\theta_1}=\frac{2Q_B\cos\theta_1}{r_H(\sin2\alpha_\varphi+2\alpha_\varphi)} \tag{5-31}$$

式中　Q_B——在$2\alpha_\varphi$的范围内，P_{θ_1}的全部铅直分力的合力；

其余符号意义见图5-47。

式中忽略了管壁和座垫间的摩擦力，所以求得的值偏大。

由式（5-30）、式（5-31）可知，外荷载不变，支承角$2\alpha_\varphi$越大，则在同一位置上的支点反力将越小，反力分布也越均匀。当外荷载及支承角均不变时，刚性座垫的最大支点反力小于弧形土基上相应的支点反力，而且分布比较均匀，所以刚性座垫上管道的静力工作条件优于弧形土基。对较小直径的管道，我国常用开挖弧形基槽或铺设砂垫层的方法；而对大直径的管道则常设置支承角大于90°的刚性座垫。

4. 荷载组合

作用在涵管上的荷载组合，也可分为基本组合和特殊组合，具体计算时不同情况的荷

载组合，可参阅《水工隧洞设计规范》(SL 279)，并可参考渠系建筑物中倒虹吸管的荷载组合。

第七节 隧洞和涵管的结构计算

确定荷载及其组合后，即可进行隧洞和涵管的结构计算。计算步骤是：先初选断面的型式、尺寸和材料；然后按不同荷载选取计算简图，求算内力；再按不同荷载组合将各内力叠加，最后核算初选断面的强度，需要时再进行配筋等计算。

一、圆形有压隧洞衬砌（涵管）的结构计算

1. 圆形有压隧洞衬砌的结构计算

隧洞衬砌计算时，因作用于衬砌上的山岩压力、外水压力、围岩的弹性抗力等尚难于准确计算，结果是近似的，故一般多选用简化的计算方法。目前常采用的计算方法是将围岩与衬砌分开考虑，然后在外荷载和弹性抗力等作用下，求算衬砌内力；另一种是将围岩与衬砌作为整体考虑求算应力，如有限单元法等，但还有待进一步研究和发展。

初选衬砌厚度可采用洞径的 1/8～1/12，也可用公式或图表估算，或采用工程类比法。

圆形有压隧洞的主要荷载为内水压力，对坚实的围岩可考虑弹性抗力。在均匀内水压力作用下，可直接用弹性理论方法求算衬砌的应力，在其他荷载作用下，一般可用简化的结构力学法求算衬砌内力。以下列出单层衬砌的计算步骤，具体计算方法见《水工隧洞设计规范》(SL 279) 附录“圆形有压隧洞衬砌结构计算（弹性力学法）”。

(1) 受均匀内水压力作用的衬砌计算。

1) 混凝土衬砌计算。

2) 钢筋混凝土衬砌计算。

(2) 山岩压力及其他荷载作用下的衬砌计算。

1) 考虑弹性抗力时衬砌的内力计算。①弹性抗力的分布；②铅直山岩压力作用下的内力计算；③衬砌自重作用下的内力计算；④无水头洞内满水压力作用下的内力计算；⑤外水压力作用下的内力计算；⑥灌浆压力作用下的内力计算。

2) 不考虑弹性抗力时衬砌的内力计算。

(3) 强度校核及配筋计算。求得作用于衬砌上的各项荷载及其内力后，可按荷载组合对衬砌强度进行校核。

1) 混凝土衬砌的应力校核。

2) 钢筋混凝土衬砌的配筋计算与抗裂校核。①钢筋混凝土衬砌的配筋计算；②钢筋混凝土衬砌的抗裂校核。

2. 圆形有压涵管的结构计算

按前法求出荷载和地基反力后，对圆形有压涵管的结构计算，与圆形有压隧洞的计算类似。

先求各荷载单独作用下的内力，再按荷载组合进行叠加即可。根据所求内力判别其受力状态是偏心受压还是受拉，然后选用相应公式进行强度校核及配筋计算，并按抗裂设计

法进行校核。

二、无压隧洞（涵管）衬砌的结构计算

1. 无压隧洞衬砌的结构计算

为进行无压隧洞衬砌的结构计算，应先拟定轮廓尺寸及构造，可采用经验公式或工程类比法。

无压隧洞衬砌结构计算的方法很多，计算成果是否正确，关键取决于3个方面：①荷载，计算的精确度；②根据围岩特性对弹性抗力分布的假定是否合理；③结构计算简图是否选择正确。

计算简图除与衬砌的结构型式、工作条件、围岩坚实程度等有关外，还与施工方法有关，如现浇的整体式与预制装配式就不同。具体计算见《水工隧洞设计规范》(SL 279)。

2. 无压涵管的结构计算

(1) 圆拱直墙式涵管的结构计算。如图5-32左图所示小型圆拱直墙式涵管，可用简化法求算内力。求解顶拱内力时可忽略拱脚变位影响，求出顶拱传递给侧墙的水平推力、铅直力及力矩；并假定底板下的地基反力为均布，于是可用一般结构力学的方法算出侧墙和底板的内力。

对大中型圆拱直墙式坝下涵管，多为钢筋混凝土整体结构，具体计算方法可参照圆拱直墙式无压隧洞的衬砌计算。

(2) 矩形涵管的结构计算。如图5-32右图所示无压矩形涵管，顶部盖板一般按简支梁计算，侧墙和底板作为整体结构。计算侧墙和底板内力时，对小型工程，可假定底板下地基反力为均布，不计顶板对侧墙顶部的水平约束作用，只计算顶板传来的铅直荷载，可按静定结构求算内力。对较高侧墙和墙后填土压力较大时，则应考虑顶板对侧墙顶的约束作用，认为侧墙与顶板的连接为铰接，也假定底板下地基反力为均布，则可按一次超静定结构求算侧墙和底板的内力。

对多孔连拱框架和矩形箱涵（图5-32，实例在河北省岳城水库）的结构计算方法，可参阅结构力学。

第六章 蓄水枢纽布置

蓄水枢纽是为解决来水与用水在时间和水量分配上存在的矛盾，修建的以挡水建筑物为主体的建筑物综合运用体，又称水库枢纽，一般由挡水、泄水、放水及某些专门性建筑物组成。将这些既相关又起不同作用的建筑物相对集中布置，并保证它们在运行中良好配合的工作，就是枢纽布置。

蓄水枢纽布置应根据国家水利建设的方针，依据流（区）域规划，从长远着眼，结合近期的发展需要，对各种可能的蓄水枢纽布置方案进行综合分析、比较，选定最优方案，然后严格按照水利枢纽的基建程序，分阶段有计划地进行规划设计。

蓄水枢纽布置的主要工作内容有坝址、坝型选择和枢纽工程布置等。

第一节 坝址及坝型选择

坝址及坝型选择的工作贯穿于各设计阶段之中，并且是逐步优化的。

在可行性研究阶段，一般是根据开发任务的要求，分析地形、地质及施工等条件，初选几个可能筑坝的地段（坝段）和若干条有代表性的坝轴线，通过枢纽布置进行综合比较，选择其中最有利的坝段和相对较好的坝轴线，进而提出推荐坝址。并在推荐坝址上进行枢纽布置，再通过方案比较，初步选定基本坝型和枢纽布置方式。

在初步设计阶段，要进一步进行枢纽工程布置，通过技术经济比较，选定最合理的坝轴线，确定坝型及其他建筑物的型式和主要尺寸，并进行具体的枢纽工程布置。

在施工详图阶段，随着地质资料和试验资料的进一步深入和详细，对已确定的坝轴线、坝型和枢纽布置做最后的修改和定案，并且做出能够依据施工的详图。

坝轴线及坝型选择是蓄水枢纽设计中的一项很主要的工作，具有重大的技术经济意义，两者是相互关联的，影响因素也是多方面的，不仅要研究坝址及其周围的自然条件，还需考虑枢纽的施工、运用条件、发展远景和投资指标等。进行全面论证和综合比较后，才能做出正确的判断和选择合理的方案。

一、坝址选择

选择坝址时，应综合考虑下述条件。

1. 地质条件

地质条件是建库建坝的基本条件，是衡量坝址优劣的重要条件之一，在某种程度上决定着兴建枢纽工程的难易。工程地质和水文地质条件是影响坝址、坝型选择的重要因素，且往往起决定性作用。

选择坝址，首先要清楚有关区域的地质情况。坚硬完整、无构造缺陷的岩基是最理想的坝基。但如此理想的地质条件很少见，天然地基总会存在这样或那样的地质缺陷，要看能否通过合宜的地基处理措施使其达到筑坝的要求。在该方面必须注意的是：不能疏漏重大地质问题，对重大地质问题要有正确的定性判断，以便决定坝址的取舍或定出防护处理的措施，或在坝型选择和枢纽布置上设法适应坝址的地质条件。对存在破碎带、断层、裂隙、喀斯特溶洞、软弱夹层等坝基条件较差的，还有地震地区，应作充分的论证和可靠的技术措施。坝址选择还必须对区域地质稳定性和地质构造复杂性以及水库区的渗漏、库岸塌滑、岸坡及山体稳定等地质条件做出评价和论证。

各种坝型及坝高对地质条件有不同的要求。如拱坝对两岸坝基的要求很高，支墩坝对地基要求也高，次之为重力坝，土石坝要求最低。一般较高的混凝土坝多要求建在岩基上。

2. 地形条件

坝址地形条件必须满足开发任务对枢纽组成建筑物的布置要求。通常，河谷两岸有适宜的高度和必需的挡水前缘宽度时，则对枢纽布置有利。一般说，坝址河谷狭窄，坝轴线就短，坝体工程量较小，但河谷太窄则不利于泄水建筑物、发电建筑物、施工导流及施工场地的布置，有时反不如河谷稍宽处有利。除考虑坝轴线较短外，对坝址选择还应结合泄水建筑物、施工场地的布置和施工导流方案等综合考虑。枢纽上游最好有开阔的河谷，使在淹没损失尽量小的情况下，能获得较大的库容。

坝址地形条件还必须与坝型相互适应，拱坝要求河谷窄狭；土石坝适应河谷宽阔、岸坡平缓、坝址附近或库区内有高程合适的天然垭口，并且方便归河，以便布置河岸式溢洪道。岸坡过陡，会使坝体与岸坡接合处削坡量过大。对于通航河道，还应注意通航建筑的布置、上河及下河的条件是否有利。对有暗礁、浅滩或陡坡、急流的通航河流，坝轴线宜选在浅滩稍下游或急流终点处，以改善通航条件。有瀑布的不通航河流，坝轴线宜选在瀑布稍上游处以节省大坝工程量。对于多泥沙河流及有漂木要求的河道，应注意坝址位段对取水防沙及漂木是否有利。

3. 建筑材料

在选择坝址、坝型时，当地材料的种类、数量及分布往往起决定性影响。对土石坝，坝址附近应有数量足够、质量能符合要求的土石料场；如为混凝土坝，则要求坝址附近有良好级配的砂石骨料。料场应便于开采、运输，且施工期间料场不会因淹没而影响施工。所以对建筑材料的开采条件、经济成本等，应认真进行的调查和分析。

4. 施工条件

从施工角度来看，坝址下游应有较开阔的滩地，以便布置施工场地、场内交通和进行导流。应对外交通方便，附近有廉价的电力供应，以满足照明及动力的需要。从长远利益来看，施工的安排，应考虑今后运用、管理的方便。

5. 综合效益

坝址选择要综合考虑防洪、灌溉、发电、通航、过木、城市和工业用水、渔业以及旅游等各部门的经济效益，还应考虑上游淹没损失以及蓄水枢纽对上、下游生态环境的各方面的影响（社会效益）。兴建蓄水枢纽将形成水库，使大片原来的陆相地表和河流型水域变为湖泊型水域，改变了地区自然景观，对自然生态和社会经济产生多方面的环境影响。

其有利影响是发展了水电、灌溉、供水、养殖、旅游等水利事业和解除洪水灾害、改善气候条件等。但是，也会给人类带来诸如淹没损失、浸没损失、土壤盐碱化或沼泽化、水库淤积、库区塌岸或滑坡、诱发地震、使水温、水质及卫生条件恶化、生态平衡受到破坏以及造成下游冲刷、河床演变等不利影响。虽然水库对环境的不利影响与水库带给人类的社会经济效益相比，一般来说居次要地位，但处理不当也能造成严重的危害，故在进行水利规划和坝址选择时，必须对生态环境影响问题进行认真研究，并作为方案比较的因素之一加以考虑。不同的坝址、坝型；对防洪、灌溉、发电、给水、航运等要求也不相同。至于是否经济，要根据枢纽总造价来衡量。

归纳上述条件，优良的坝址应是：地质条件好、地形有利、位置适宜、方便施工、总造价低、综合效益好。所以应全面考虑、综合分析，进行多种方案比较，合理解决矛盾，选取最优成果。

二、坝型选择

常见的坝型有土石坝、重力坝及拱坝等。坝型选择仍取决于地质、地形、建材及施工、运用等条件。

1. 土石坝

在筑坝地区，若交通不便或缺乏三材，而当地有充足合用的土石料，地质方面无大缺陷，又有合宜的布置河岸溢洪道的垭口地形，则可就地取材，选用土石坝。随着设计理论、施工技术和施工机械方面的发展，近年来土石坝修建的数量已有明显增长，而且其施工期较短，造价远低于混凝土坝。我国在中小型工程中，土石坝占有很大的比重。目前，土石坝是世界坝工建设中应用最为广泛和发展最快的一种坝型。目前已建、在建混凝土面板堆石坝 74 座，其中坝高在 100m 以上的有 12 座；已建最高的广西天生桥一级 178m；在建的水布垭坝高 232m，为该坝型世界最高；完成设计待建的坝高 100m 以上的还有 19 座；南水北调西线的通天河引水与大渡河引水方案，需建面板堆石坝，坝高方案为 296～348m，还位于强地震区。

2. 重力坝

有较好的地质条件，当地有大量的砂石骨料，交通又比较方便，可考虑修筑混凝土重力坝。可直接由坝顶溢洪，而不需另建河岸溢洪道，抗震性也较好。我国目前已建成的三峡大坝是世界上最大的混凝土浇筑实体重力坝。近年来碾压混凝土筑坝技术发展很快，自 1986 年我国建成第一座碾压混凝土坝到现在，已建、在建的有 43 座，其中超过 100m 的 5 座；设计待建的 21 座，其中超过 100m 的 8 座；是世界上建设碾压混凝土坝最多的国家，以红水河龙滩坝坝高 192m，为该坝型世界最高。

3. 拱坝

当坝址地形为 V 形或 U 形狭窄河谷，且两岸坝肩岩基良好时，则可考虑选用拱坝。它工程量小，比重力坝节省混凝土量 1/2～2/3，造价较低，工期短，也可从坝顶或坝体内开孔泄洪，因而也是近年来发展较快的一种坝型。已建成的二滩混凝土拱坝高 240m，在建的小湾混凝土拱坝坝高 292m，待建的溪洛渡混凝土拱坝坝高 278m。另外我国西南地区还修建了大量的浆砌石拱坝。

第二节　枢纽的工程布置

拦河筑坝以形成水库是蓄水枢纽的主要特征。其组成建筑物除拦河坝和泄水建筑物外，根据枢纽任务还可能包括输水建筑物、水电站建筑物和过坝建筑物等。枢纽布置主要是研究和确定枢纽中各个水工建筑物的相互位置。该项工作涉及泄洪、发电、通航、导流等各项任务，并与坝址、坝型密切相关，需统筹兼顾，全面安排，认真分析，全面论证，最后通过综合比较，从若干个比较方案中选出最优的枢纽布置方案。

一、枢纽布置的原则

进行枢纽布置时，一般可遵循下述原则：

（1）为使枢纽能发挥最大的经济效益，进行枢纽布置时，应综合考虑防洪、灌溉、发电、航运、渔业、林业、交通、生态及环境等各方面的要求。应确保枢纽中各主要建筑物，在任何工作条件下都能协调地、无干扰地进行正常工作。枢纽中各类建筑物对布置的要求详见各有关章节。

（2）为方便施工、缩短工期和能使工程提前发挥效益，枢纽布置应同时考虑合理选择施工导流的方式、程序和标准，合理选择主要建筑物的施工方法，与施工进度计划等进行综合分析研究。工程实践证明，统筹得当不仅能方便施工，还能使部分建筑物提前发挥效益。

（3）枢纽布置应做到在满足安全和运用管理要求的前提下，尽量降低枢纽总造价和年运行费用；如有可能，应考虑使一个建筑物能发挥多种作用。例如，使一条隧洞做到灌溉和发电相结合；施工导流与泄洪、排沙、放空水库相结合等。

（4）在不过多增加工程投资的前提下，枢纽布置应与周围自然环境相协调，应注意建筑艺术、力求造型美观，加强绿化环保，因地制宜地将人工环境和自然环境有机地结合起来，创造出一个完美的、多功能的宜人环境。

二、枢纽布置方案的选定

水利枢纽设计需通过论证比较，从若干个枢纽布置方案中选出一个最优方案。最优方案应该是技术上先进和可能、经济上合理、施工期短、运行可靠以及管理维修方便的方案。需论证比较的内容如下：

（1）主要工程量。如土石方、混凝土和钢筋混凝土、砌石、金属结构、机电安装、帷幕和固结灌浆等工程量。

（2）主要建筑材料数量。如木材、水泥、钢筋、钢材、砂石和炸药等用量。

（3）施工条件。如施工工期、发电日期、施工难易程度、所需劳动力和施工机械化水平等。

（4）运行管理条件。如泄洪、发电、通航是否相互干扰、建筑物及设备的运用操作和检修是否方便，对外交通是否便利等。

（5）经济指标。指总投资、总造价、年运行费用、电站单位千瓦投资、发电成本、单位灌溉面积投资、通航能力、防洪以及供水等综合利用效益等。

（6）其他。根据枢纽具体情况，需专门进行比较的项目。如在多泥沙河流上兴建水利枢纽时，应注重泄水和取水建筑物的布置对水库淤积、水电站引水防沙和对下游河床冲刷的影响等。

上述项目有些可以定量计算，有些则难以定量计算，这就给枢纽布置方案的选定增加了复杂性。因而，必须以国家研究制定的技术政策为指导，在充分掌握基本资料的基础上，以科学的态度，实事求是的全面论证，通过综合分析和技术经济比较选出最优方案。

以小浪底水利枢纽的设计为例，任务就是根据既定的开发目标、设计标准、相应的工程规模和运用要求，妥善处理和协调解决水文、泥沙、地形、地质、人文、环境等方面的矛盾，优选出技术可行、运行上安全可靠、经济上合理的枢纽建筑物设计方案。面对着工程泥沙、高速水流、洞室群围岩稳定、深覆盖层的防渗处理等挑战性的难题，黄河水利委员会设计院先后进行了300余项科学试验研究，其中包括：现场70m深的混凝土防渗墙造墙现场试验；直径15m的大洞室现场开挖试验；室内1∶1排沙洞后张法预应力混凝土张拉试验；排沙洞进口泥沙浑水模型及孔板泄流抗磨试验；抗磨水轮机机型的试验研究等。大量的科学试验研究为设计提供了坚实的基础。此外，通过各种方式广泛吸取了国内外的工程实践经验。在10年内除了通过专题论证会、研讨会和调研等广泛听取国内各有关方面专家的意见外，还请法国科因贝利埃咨询公司及挪威、加拿大等国的专家进行过咨询；联合美国柏克德公司进行了小浪底工程轮廓性设计；1989年，由水利部系统最有经验的专家组成了小浪底咨询专家组；1990年7月通过国际竞争性招标，选择了加拿大国际工程管理集团黄河联营体（CYJV）作为工程招标设计的咨询伙伴；聘请世界上一流的专家组成了特别咨询专家组；派人赴加拿大、瑞士、意大利和美国进行专题技术考察。通过上述深入而细致的工作，才最终完成小浪底水利枢纽的设计。

三、蓄水枢纽布置实例

（一）中、低水头（闸坝）水利枢纽

修建在河流中、下游的丘陵、盆地或平原地区的水利枢纽一般是位于河床坡度平缓、河谷宽阔的河段上，枢纽中的主要建筑物是较低的拦河闸（坝），由于壅水不高，可称作中、低水头水利枢纽。其库容较小，调节能力不大，电站多为径流式。挡水建筑物可建在岩基或土基上。由于地形开阔，这类枢纽比较容易布置。通常的布置形式是过坝建筑物、泄水建筑物和电站厂房一字摆开。枢纽布置的关键问题是选好过坝建筑物的位置，妥善处理好泄洪消能及防淤排沙问题。

图6-1为长江葛洲坝水利枢纽布置图。它位于三峡出口南津关下游2.3km处，距下游的宜昌市约6km。枢纽主要任务是对在建的三峡电站进行反调节，解决三峡电站日调节不稳定流对下游航道及宜昌港的不利影响，还要发电。主体建筑物有泄水闸、船闸、电站厂房、冲沙闸及挡水建筑物等。枢纽总库容15.8亿m^3。最大闸坝高47m，大坝全长2595m，电站总装机容量271.5万kW。1号、2号大型船闸可通过万吨级货驳船及客轮，是国内已建第二大的船闸，也是世界最大船闸之一。

葛洲坝工程坝址处河宽2200m，江中有葛洲坝和西坝两座小岛自右向左将长江分为大江、二江和三江。大江是主河槽，二江、三江枯水期断流。其坝址地形和水文条件的主要问题是，长江出南津关后自东转向南流，南津关以上峡谷河宽约300m，到坝址处急剧展宽至2200m，水流流速减缓，向下至宜昌市江面又缩至800m。坝址又位于河流弯道，泥

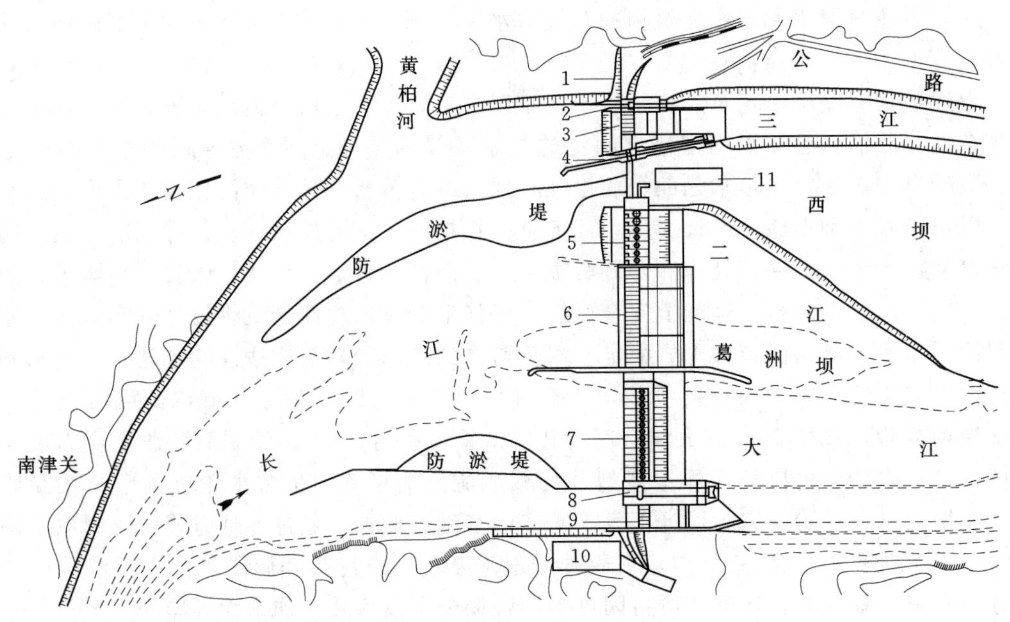

图 6-1　葛洲坝水利枢纽平面布置

1—左岸土石坝；2—3 号船闸；3—三江冲沙闸；4—2 号船闸；5—二江电站；6—二江泄水闸
7—大江电站；8—1 号船闸；9—大江冲沙闸；10—500kV 开关站；11—200kV 开关站

沙较多，如枢纽布置不当，将淤塞航道和影响发电。因而，在枢纽布置时，应先适应长江河势，妥善安排好主流位置，以利于通航、发电、排沙和泄洪。经过多种方案比较和水工、泥沙模型试验，最后确定枢纽布置如下：挖掉江中葛洲坝，将枢纽中的关键建筑物——共 27 孔的二江泄水闸，居中布置在正对主流的深槽位置，以利于泄洪、排沙和满足河势要求。在上游，左右各设一道防淤堤，既可束窄主流河道，有利于拉沙、稳定主槽和消除回流淤积，又能在两侧形成与主流分开的三江和大江两条独立的人工航道（大江下游并设导航墙）。在大江航道中设有 1 号大型船闸；三江航道中设有 2 号和 3 号大、中型船闸各一座。为防止上游航道淤积，在大江航道 1 号船闸右侧布置 9 孔泄洪冲沙闸一座；在三江航道 2 号、3 号船闸之间布置 6 孔泄洪冲沙闸一座，在需要时可开闸拉沙、冲沙。为提前发挥发电效益，将枢纽电站分设在大江、二江两处，二江电站装机容量 2×17 万 kW+5×12.5 万 kW，大江电站装机 14 ×12.5 万 kW。第一期工程建二江电站，使提前投产。为防止厂前泥沙淤积和减少粗砂通过水轮机，在两座厂房进水口上游均布置了导沙坎，进水口下部设置排沙底孔。在西坝和大江右岸，分别布置 220kV 和 500kV 开关站。

虽然葛洲坝工程坝址的地形、水文和地质条件比较复杂，并有重大地质缺陷，但用了相应的优化设计方案去适应，最后取得了枢纽布置设计的成功。

（二）高水头水利枢纽

高水头水利枢纽一般修建在河流上游的高山峡谷之中，坝基多为岩基，地形陡峻，施工场地布置困难。当枢纽兼有防洪、发电和通航等多项综合任务时，尤其是洪峰高、装机规模大和过船设施吨位大的情况，枢纽布置设计必须妥善处理好泄洪、发电、导流和通航等建筑物之间的相互关系，以免互相干扰。高水头水利枢纽布置的关键问题是坝址河谷地形的选择。河谷两岸应有适宜的高度和必需的挡水前缘宽度，以满足开发任务对枢纽布置的要求，同时要与坝型选择相适应。泄洪和发电建筑物的布置，通常有两者分散布置和两者重叠布置两大类。一般说，分散布置可能更有利于施工和运行，但重叠布置使枢纽布置紧凑并可能节省投资。要在峡谷高边坡下修建地面厂房，需持慎重态度，因为高边坡稳定处理的任务往往十分艰巨。

如图 6-2 所示为湖南欧阳海拱坝枢纽，是灌溉、发电、过木等综合利用的蓄水枢纽。拱坝河床部分的中部，布置了 5 个泄洪大孔口，下游布置了二道坝。泄洪时，从挑流式大孔口泄出的挑射水流，跌落到由二道坝形成的水池中进行消能，以保证工程的正常运行，较理想地布置了挡水和泄水建筑物。施工导流与发电相结合的隧洞，布置于弯道的凸岸，洞直而短，进、出口条件也较好。筏道布置在弯道的凹岸，顺地势设置，进、出口均顺畅。灌溉取水建筑物布置在凹岸，取水底孔后接管道再接渠道，于小冲沟处从筏道下面通过，以处理二者的交叉。另外，泄洪水流越过二道坝后已比较平稳，距电站与筏道已有较大一段距离，故下泄水流对电站尾水及筏道出口的影响不大。

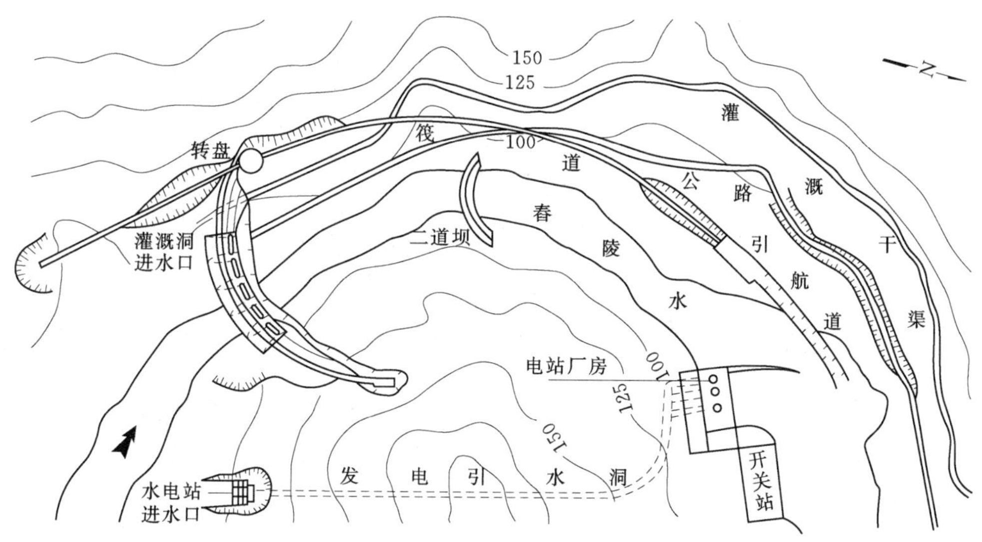

图 6-2　欧阳海水库拱坝枢纽平面布置

上述布置方式在我国南方河水含沙量较小的条件下是可行的。但在多泥沙河流上，在非灌溉期，灌溉取水口有可能被水库泥沙淤堵，给重新开启闸门带来麻烦。小浪底水利枢纽泄水建筑物在总体布置时就要考虑解决七大难题：①各建筑物进水口不被泥沙淤堵和保证各进水口进流顺畅；②高流速高含沙水流对流道的磨损；③减少粗颗粒泥沙进入发电洞；④排污和排漂；⑤如何处理建筑物与断层的关系；⑥利用施工洞作为永久泄洪洞；⑦安排 9 条泄洪排沙洞和溢洪道的消能，以及消能与大坝和发电尾水的相互关系。其中最主要的问题是进水口泥沙淤堵问题，这一问题若解决不好，就会影响泄水和输水建筑物的正常运转，甚至给大坝安全带来威胁。解决这一问题的关键是合理地安排进水塔的布置。

16 条洞有 16 个（或组）进水口，它们在汛期不可能都同时过水。9 条泄洪排沙洞的泄流规模是根据低水位时水库排沙要求确定的，即非常死水位 220m 时，要求流量

7000m^3/s。当高水位时，由于正常溢洪道参与泄洪，同时，根据高水位用高洞、低水位用低洞，以减轻泥沙对低位泄洪排沙洞的磨损的运用原则，势必有部分泄洪排沙洞在汛期不一定过水或不一定全汛期过水。6条发电洞在洪水期也不一定都过水，灌溉洞也如此。根据黄河泥沙特点，这些隧洞的进水口若无有效的冲沙措施，会很快被淤堵。据此情况，必须将所有进水口集中布置，互相保护，防止泥沙淤堵，这是小浪底工程的重要特点。右岸地形地质条件不适宜于布置隧洞。因此，16条隧洞只能集中布置在左岸，进水塔布置在风雨沟内。但风雨沟东侧有F_{28}大断层，为了避免F_{28}断层对进水塔的影响和尽量减少开挖量，需将16个进水口合理组合和排列，使进水塔群总宽度减到最小，塔基尽量不受F_{28}断层的影响。在进行组合和排列时遇到的矛盾很多，进水塔的布置过程实质上就是矛盾统一的过程。经过布置，修改，再修改，逐步达到统一和完善，最终确定的方案平面布置如图6-3所示。

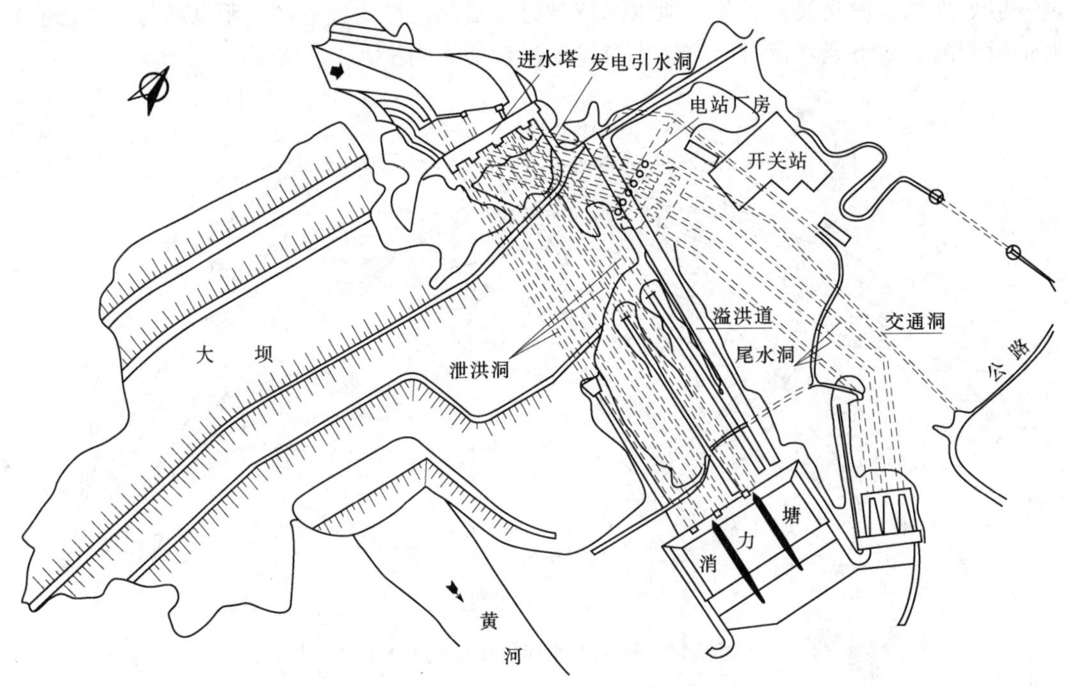

图6-3 小浪底水利枢纽平面布置

16个进水口组成10座进水塔呈一字形排列，如图6-4所示。其中3条明流洞设3个单独的进水塔，分别编号为1号、2号、3号明流塔，进水口高程分别为195m、209m、225m。3条由导流洞改建而成的龙抬头式的孔板泄洪洞，设3个单独的进水塔，分别为1号、2号、3号孔板塔，进水口高程均为175m。3条排沙排污洞和6条发电洞组成3座进水塔：1号、2号发电洞和1号排沙排污洞的进水口组成1号发电塔；3号、4号发电洞和2号排沙排污洞的进水口组成2号发电塔；5、6号发电洞和3号排沙排污洞的进水口组成3号发电塔。排沙洞的进水口高程为175m；1～4号发电洞的进水口高程为195m；5号、6号发电洞进水口高程，考虑初期发电的需要，定为190m。灌溉洞设单独的进水塔，进水口高程为233m，塔群总宽度为267. 9m，基本上避开了F_{28}大断层的影响。

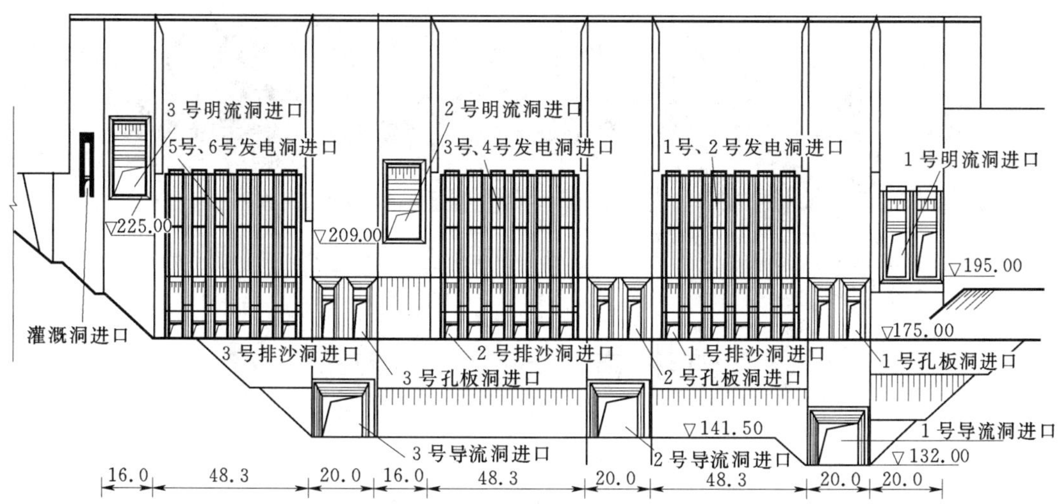

图 6-4 小浪底水利枢纽进水塔上游立视图（单位：m）

1 号明流塔布置在南端，避免了 1 号明流洞与发电洞交叉。3 号明流洞主要担负排漂任务，所以其进水塔布置在北边，排漂效果最好。根据各泄洪排沙建筑物进入 3 个消力塘的挑流流量应尽量分配均匀和保证 2 号、3 号明流洞有足够大的间距的原则，2 号明流塔布置在 2 号发电塔与 3 号孔板塔之间。为了方便大坝截流，1 号导流洞位置应尽可能靠近河边，所以 1 号孔板塔布置在紧靠 1 号明流塔的左侧。灌溉塔的位置，根据灌溉洞洞线布置，同时考虑避免与 3 号明流洞交叉，所以将灌溉塔布置在北端。

采用上述泄水建筑物总布置方案后，成功地实现了总布置的基本要求。其主要优点如下：

（1）进水口的高程分成 4 层，同时，在平面布置上采取紧密排列，能起到相互保护作用，较满意地解决了各进水口的泥沙淤堵问题。

（2）10 座进水塔采取一字形排列，有利于进水塔的横向抗震稳定。

（3）在常遇库水位 240～250m（出现频率为 90%以上），作为主要泄洪排沙建筑物的明流泄洪洞和孔板泄洪洞的洞内流速控制在 15～30m/s，属通常范围。

（4）各进水口在立面上布置合理，形成了低位洞排沙、高位洞排漂、中位洞引水发电的布局，可以减少过机沙量，为汛期发电创造有利条件。此外，6 条发电洞的进口“两两相联”形成通仓式布置，可互相补充水量，增加了进水的可靠性。

（5）泄洪排沙洞与溢洪道的相对位置合理，从而使得注入消力塘的水流相对均匀。尾水归河衔接比较平稳，既不影响大坝也不影响发电尾水。

通过以上三个枢纽建筑物布置实例也应认识到，水利枢纽的平面布置受地形、地质、水文、气象等条件的制约和人类对自然规律认识水平的限制，有许多水力现象是不能预见和计算的，因此水工的物理模型和数学模型试验经常是必须的。

第二篇　取水枢纽的主要水工建筑物

第七章　水　　闸

第一节　水闸的类型、组成和设计要求

一、水闸的功能与分类

水闸是一种利用闸门挡水和泄水的低水头水工建筑物。关闭闸门，可以拦洪、挡潮、抬高水位以满足上游引水和通航的需要；开启闸门，可以泄洪、排涝、冲沙或根据下游用水需要调节流量。水闸在各种工程中的应用十分广泛。

我国修建水闸的历史可追溯到公元前 6 世纪的春秋时代，据《水经注》记载，在位于今安徽寿县城南的芍陂灌区中即设有进水和供水用的 5 个水门。1988 年建成的长江葛洲坝水利枢纽，其中的二江泄洪闸，共 27 孔，闸高 33m，最大泄量达 83900m^3/s，位居全国之首，运行情况良好。现代的水闸建设，正在向形式多样化、结构轻型化、施工装配化、操作自动化和遥控化方向发展。目前世界上最高和规模最大的荷兰东斯海尔德挡潮闸，共 63 孔，闸高 53m，闸身净长 3000m，连同两端的海堤，全长 4425m，被誉为海上长城。

水闸按其承担任务不同，主要有六种类型，如图 7－1 所示。

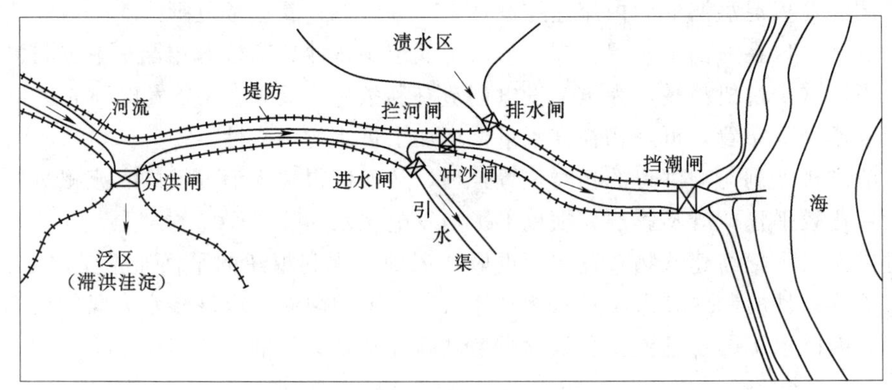

图 7－1　水闸分类示意图

(1) 节制闸。拦河或在渠道上建造，枯水期用于拦截河道，抬高水位，以满足上游引

水或航运的需要；洪水期则提闸泄洪，控制下泄流量和上游水位，保证下游河道安全或根据下游用水需要调节放水流量。位于河道上的节制闸也称拦河闸。

（2）进水闸。建在河道、水库或湖泊的岸边，用来控制引水流量，以满足灌溉、发电或供水的需要。位于干渠首部的进水闸又称渠首闸，位于支渠首部的进水闸通常称为分水闸，位于斗渠首部的进水闸通常称为斗门。

（3）分洪闸。常建于河道的一侧，用来将超过下游河道安全泄量的洪水泄入湖泊和洼地（分洪区或滞洪区），以削减洪峰，保证下游河道的安全。其特点是泄水能力很大，而经常没有水的作用。

（4）排水闸。常建于江河沿岸，用以排除内河或低洼地区对农作物有害的渍水。当外河水位上涨时，关闸防止外水倒灌。当洼地有蓄水、灌溉要求时，也可关门蓄水或从江河引水，具有双向挡水，有时还有双向过流的特点。

（5）挡潮闸。建在入海河口附近，涨潮时关闸，防止海水倒灌；退潮时开闸泄水。其特点是双向挡水，且闸门启闭频繁。

（6）冲沙闸（排沙闸）。建在多泥沙河流上，用于排除进水闸、节制闸前或渠系中沉积的泥沙，减少引水水流的含沙量，防止渠道和闸前河道淤积。冲沙闸常建在进水闸一侧的河道上与节制闸并排布置或设在引水渠内的进水闸旁。

此外还有为排除冰块、漂浮物等而设置的排冰闸、排污闸等。

水闸按闸室结构型式可分为开敞式、胸墙式、涵洞式及双层式等，见图 7-2。

对有泄洪、过木、排冰或其他漂浮物要求的水闸，如：节制闸、分洪闸大都采用开敞式。胸墙式一般用于上游水位变幅较大、水闸净宽又为低水位过闸流量所控制、在高水位时尚需用闸门控制流量的水闸，如：进水闸、排水闸、挡潮闸多用这种形式。涵洞式多用于穿堤取水或排水。对于既要求具有面层溢流能力，又要求具有底层泄流能力的水闸，可采用双层式，将闸室分为上、下两层，分别装设闸门。如拦河节制闸、进水闸、分水闸以及软弱地基上的水闸，均可采用此种形式。

二、水闸的组成部分及功能

水闸一般由闸室控制段、上游连接段和下游连接段三部分组成，如图 7-3 所示。

闸室是水闸的主体，包括：闸门、闸墩、边墩（岸墙）、底板、胸墙、工作桥、交通桥、启闭机等。闸门用来挡水和控制过闸流量。闸墩用以分隔闸孔和支承闸门、胸墙、工作桥、交通桥。底板是闸室的基础，用以将闸室上部结构的重量及荷载传至地基，还可利用底板与地基之间的抗滑力来维持闸室的稳定；同时兼有防渗和防冲的作用。工作桥和交通桥用来安装启闭设备、操作闸门和联系两岸交通。

上游连接段，包括：两岸的翼墙和护坡以及河床部分的铺盖，有时为保护河床免受冲刷加做防冲槽和护底。用以引导水流平顺地进入闸室，保护两岸及河床免遭冲刷，并与闸室等共同构成防渗地下轮廓，确保在渗透水流作用下两岸和闸基的抗渗稳定性。

下游连接段，包括：护坦、海漫、防冲槽以及两岸的翼墙和护坡等。用以消除过闸水流的剩余能量，引导出闸水流均匀扩散，调整流速分布和减缓流速，防止水流出闸后对下游的冲刷。

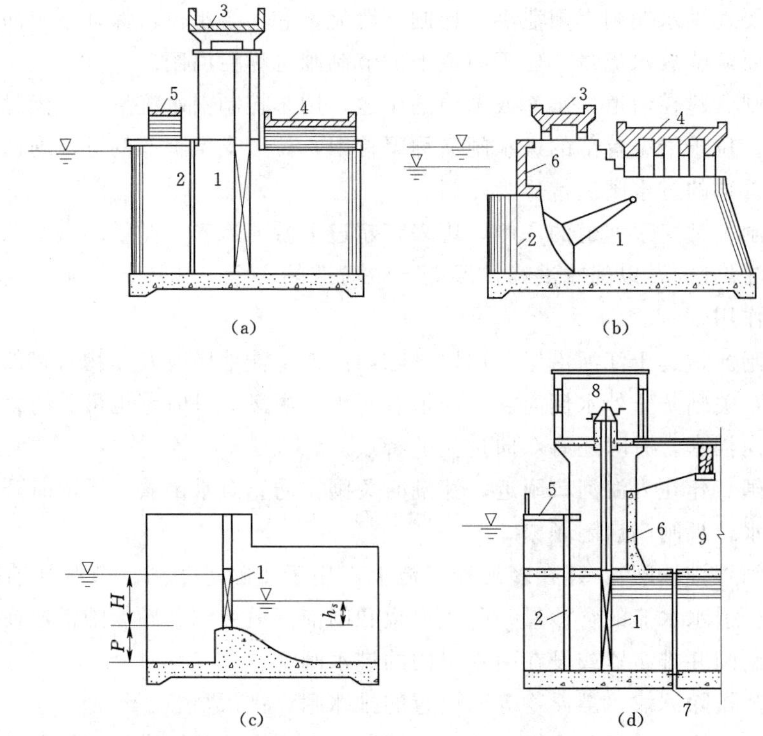

图 7-2　闸室结构型式

(a)、(c) 开敞式；(b) 胸墙式；(d) 涵洞式

1—闸门；2—检修门槽；3—工作桥；4—交通桥；5—便桥；6—胸墙；7—沉降缝；8—启闭机室；9—回填土

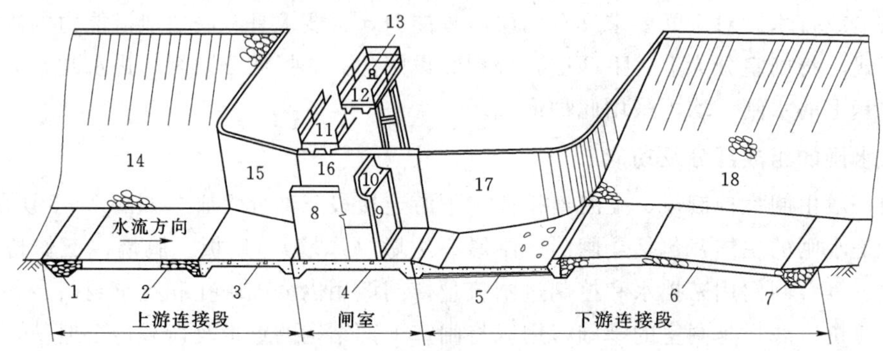

图 7-3　水闸的组成部分

1—上游防冲槽；2—上游护底；3—铺盖；4—底板；5—护坦（消力池）；6—海漫；7—下游防冲槽；8—闸墩；9—闸门；10—胸墙；11—交通桥；12—工作桥；13—启闭机；14—上游护坡；15—上游翼墙；16—边墩；17—下游翼墙；18—下游护坡

三、水闸的工作特点和设计要求

建在软土地基上的水闸具有以下一些工作特点：

(1) 土基上水闸的渗透稳定和抗滑稳定并重。水闸挡水时，上下游水位差较大，使闸室承受较大的水平水压力，可能推动水闸向下游滑动。因此，闸室要有足够的重力来维持自身稳定。在上述水位差的作用下，水从上游经过地基及绕过两岸渗向下游。这种渗透水流对闸室底部产生渗透压力，减轻了水闸的有效重量，对闸室稳定不利；两岸绕渗对翼墙的侧向稳定不利。另外，土基在渗透水流作用下，容易产生渗透变形，特别是粉、细砂地基，在闸后易出现翻砂冒水现象，严重时闸基和两岸会被掏空，引起水闸沉降、倾斜、断裂甚至倒塌。

（2）始流冲刷、波状水跃和折冲水流的消能困难。水闸过水时，在上下游水位差的作用下，初始过闸水流往往具有较大的动能，以致流速较大，而土基的抗冲能力较低，可能引起水闸下游的冲刷。此外，水闸下游常出现的波状水跃（图 7-13）和折冲水流（图 7-14），将会进一步加剧对河床和两岸的淘刷。同时，由于闸下游水位变幅大，闸下出流可能形成远驱水跃、临界水跃直至淹没度较大的水跃。因此，消能防冲设施要在各种运用情况时都能适应运用所提出的设计要求。

（3）液化、塑性流动和沉降破坏危险突出。软土地基的压缩性大，承载能力低，细砂容易液化，抗冲能力差。在闸室自重及外荷作用下，地基可能产生较大的沉降或沉降差，造成闸室倾斜，止水破坏，闸底板断裂，甚至发生塑性破坏，引起水闸失事。

基于上述特点，水闸设计中需要解决好以下几个问题：

（1）选择适宜的闸址。

（2）选择与地基条件相适应的闸室结构型式，保证闸室及地基的稳定。必要时还要对软土地基进行处理。

（3）做好防渗设计，特别是上游两岸连接建筑及其与铺盖的连接部分，要形成在立体的防渗整体。

（4）做好消能、防冲设计，避免出现危害性的冲刷。

第二节 闸址选择和孔口设计

一、闸址选择

水闸的建设会对河道演变产生很大影响，所以闸址选择关系到工程建设的成败和经济效益的发挥，是水闸设计中的一项重要内容。应当根据水闸承担的任务，综合考虑地形、地质条件和水文、施工等因素，通过技术经济比较，选定最佳方案。

闸址宜优先选用地质条件良好的天然地基。土质地基中，以地质年代较久的黏土、重壤土地基为最好；中壤土、轻壤土、中砂、粗砂和砂砾石也可以作为水闸的地基。要尽量避开淤泥质土和粉、细砂地基，必要时，应采取妥善的处理措施。

建闸后，过闸水流的形态是选择闸址时需要考虑的重要因素。要求做到：过闸水流平顺，流速分布均匀，不出现偏流和危害性冲刷或淤积。拦河闸宜选在河床稳定、水流顺直的河段上，闸的上、下游应有一定长度的平直段。在以拦河闸为主，兼有取水和通航要求的水利枢纽中，拦河闸可选在稳定的弯曲河段上，将进水闸和船闸分别设在凹岸和凸岸。无坝取水枢纽的进水闸应选在弯曲河段的凹岸顶点或稍偏下游，引水方向与河道主流方向间的夹角，最好在 30°以内。分洪闸一般设在弯曲河段的凹岸或顺直河道的深槽一侧。排水闸宜选择在地势低洼、出水通畅处，且将闸址设在靠近主要涝区和容泄区的江河老堤的堤线上。冲沙闸大多布置在拦河闸与进水闸之间、紧靠拦河闸河槽最深的部位，有时也建在引水渠内的进水闸旁。还有挡潮闸，肯定在入海口，注意不要被淤死。

在河道上建造拦河闸，为解决施工导流问题，常将闸址选在弯曲河段的凸岸，利用原河道导流，裁弯取直，新开上、下游引水和泄水渠。新开渠道既要尽量缩短其长度，又要使其进、出口与原河道平顺衔接。

二、孔口设计

闸孔设计的任务是确定闸孔的形式、尺寸和闸槛高程。闸孔形式是指闸底板的形式（堰型）和是否设置胸墙。闸孔尺寸包括孔口的净宽、孔数和孔高。不设胸墙的孔高是指闸门高度；设置胸墙的孔高为胸墙底缘到闸底板顶面（闸槛）的高度。

（一）设计条件

设计孔口时，首先要分析水闸在进流期间可能出现的最不利情况，以此作为设计条件，该设计条件因水闸类型不同而异。

进水闸上游设计水位的确定方法，与取水方式有关。对于无坝取水的进水闸，闸外的河道水位是经常变化的，为了使取水流量得到必要的保证，可从历年的灌溉临界期（河道来水条件与灌溉用水要求矛盾特别尖锐的时期）平均水位的系列中，选取相应于灌溉或供水保证率的水位，作为闸外河道的设计水位。如果河道来水流量大、取水流量较小、取水后又对河道流量及水位的影响都不大时，可直接取闸外河道的设计水位作为闸上游设计水位。如取水流量的比例较大时，则须考虑因取水而产生的水位降低影响。如图 7-4 所示，考虑到取水时部分位能转化为动能，取水口前的水位要比下游水位降低 z_2 值，该 z_2 可按式（7-1）计算，即

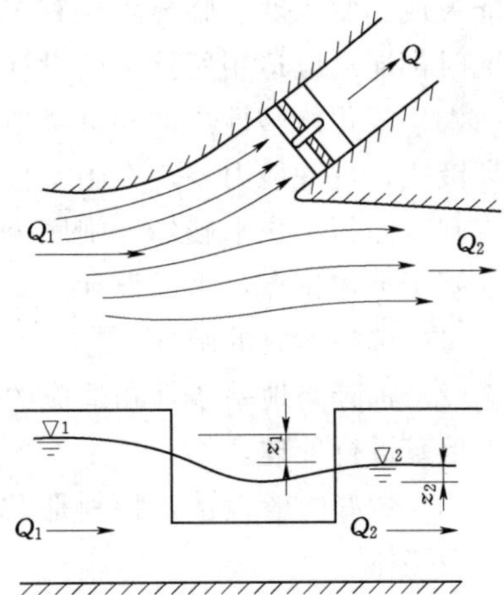

图 7-4　取水口前水位计算

$$z_2=\frac{3}{2}\frac{k}{1-k}\frac{v_2^2}{2g} \tag{7-1}$$

式中　k——取水流量 Q 与河道来水流量 Q_1 的比值，即 $k=Q/Q_1$；

v_2——相应于取水口下游河道流量 Q_2 的平均流速。

根据上述方法可以计算取水口前的水位为∇_2-z_2，若该水位小于进水闸下游河道的临界水位∇_k(此时流量为 Q_2)，则取∇_k为取水口前的水位，即为闸上游设计水位。

如果进水闸前的进水渠长度 $L>20H_1$ 时（H_1 为进水闸底板以上的上游水深），还应计及进水渠的进口及沿程的水头损失。

无坝取水进水闸的设计取水流量，可选取历年的灌溉临界期最大取水流量系列中相应于灌溉保证率的流量。

有坝取水的进水闸，上游设计水位即为闸后渠道设计水位再加过闸的水头损失（一般为 0.1～0.3m）。当引水渠较长时，同样应计入进口及沿程的水头损失。

对于拦河闸，闸前设计水位主要受上游淹没问题控制，要考虑建闸后上游水位的壅高值 ΔH（即上下游水位差）。应尽量减小上游淹没损失或防洪工程的投资。例如，江苏省

的一些河道，纵坡较缓，水深较大，一般取 $\Delta H=0.1\text{m}$；浙江省的一些河道，回水影响距离较短，常取 $\Delta H=0.2\text{m}$。下游水位可从闸后原河道的水位流量关系曲线查得，但还要考虑建闸后河床可能发生的冲刷或淤积，因为这会使水位相应地降低或抬高。

（二）孔口形式

闸孔形式一般有宽顶堰孔口［图 7-2（a）、（b）］和低实用堰孔口［图 7-2（c）］以及胸墙孔口［图 7-2（b）］等三种。一般情况下采用不设胸墙的孔口，其优点是结构简单，施工方便，又利于排泄冰块等漂浮物。当上游水位变化较大而又须限制过闸单宽流量时，可采用胸墙孔口。

宽顶堰是水闸中最常采用的一种形式。它有利于泄洪、冲沙、排污、排冰、通航，且泄流能力比较稳定，结构简单，施工方便；但自由泄流时流量系数较小，容易产生波状水跃。

低实用堰有梯形的、曲线形的和驼峰形的。实用堰自由泄流时流量系数较大，水流条件较好，选用适宜的堰面曲线可以消除波状水跃；但泄流能力受尾水位变化的影响较为明显，当 $h_s>0.6H$ 以后，泄流能力将急剧降低，不如宽顶堰泄流时稳定，同时施工也较宽顶堰复杂。当上游水位较高，为限制过闸单宽流量，需要抬高闸槛高程时，常选用这种形式。

（三）确定闸槛高程

如何确定闸槛高程（即堰顶高程），是孔口设计的关键。若将闸槛高程定得低些，则可加大过闸水深，从而加大过闸单宽流量，闸室总宽度可以减小，但是，水闸高度有所增加；如将闸槛高程定得高些，则情况正好相反。因此，应进行综合比较，以求经济合理。对于小型水闸，由于闸室宽度相对较小，两岸连接建筑的工程量在整个水闸中所占比重较大。如闸槛高程定得高些，虽然闸室宽度增大，但闸室和两岸连接建筑物的高度却减小了，因而总的工程造价可能是经济的。在大、中型水闸中，由于闸室工程量所占比重较大，因而适当降低闸槛高程，常常是有利的。

除考虑上述因素外，还首先要考虑选定的过闸单宽流量 q 是否合适。因为过闸单宽流量将直接影响消能防冲的工程量和工程造价。为此，需要结合河床或渠道的土质情况、上下游水位差、下游水深、河道宽度与闸室宽度的比值等因素，选用适宜的最大过闸单宽流量。根据我国的经验，对粉砂、细砂、粉土和淤泥地基河槽，可选取 $5\sim10\text{m}^3/(\text{s}\cdot\text{m})$；砂壤土地基河槽，取 $10\sim15\text{m}^3/(\text{s}\cdot\text{m})$；壤土地基河槽，取 $15\sim20\text{m}^3/(\text{s}\cdot\text{m})$；黏土地基，取 $15\sim25\text{m}^3/(\text{s}\cdot\text{m})$。

一般情况下，拦河闸和冲沙闸的闸槛高程宜与河底齐平；进水闸的闸槛高程在满足引用设计流量的条件下，应尽可能高一些，以防止推移质泥沙进入渠道；分洪闸的闸槛高程也应较河床稍高；排水闸则应尽量定得低些，以保证将涝水迅速排走，但要避免排水出口被泥沙淤塞；挡潮闸兼有排水闸作用时，其闸槛高程也应尽量定低一些。

（四）计算闸孔总净宽

根据给定的设计流量、上下游水位和初拟的孔口形式及闸槛高程，便可按下列公式确定闸孔总净宽。

1. 水流呈堰流

$$B_0=\frac{Q}{\sigma\varepsilon m\sqrt{2g}H_0^{3/2}} \tag{7-2}$$

式中 Q——过闸流量，m^3/s；

B_0——闸孔总净宽，m；

H_0——计入行近流速水头的堰上水深，m；

σ、ε——堰流淹没系数、侧收缩系数，可由《水闸设计规范》（SL 265）的附表中查得；

m——堰流流量系数，可采用 0.385；

g——重力加速度，可采用 $9.81m/s^2$。

当堰流处于高淹没度（$h_s/H_0 \geqslant 0.9$）时，闸孔总净宽按下式计算：

$$B_0=\frac{Q}{\mu_0 h_s\sqrt{2g(H_0-h_s)}} \tag{7-3}$$

$$\mu_0=0.877+\left(\frac{h_s}{H_0}-0.65\right)^2 \tag{7-4}$$

式中 μ_0——淹没堰流的综合流量系数；

h_s——由堰顶算起的下游水深，m。

2. 水流呈孔流

$$B_0=\frac{Q}{\sigma'\mu h_e\sqrt{2gH_0}} \tag{7-5}$$

式中 h_e——闸门开度或胸墙下孔口高度，m；

σ'——孔流淹没系数，可由 SL 265 的附表中查得；

μ——孔流流量系数，可由 SL 265 的附表中查得。

下面以堰流为例说明闸孔尺寸的确定方法。应用式（7-2）时，由于孔径是未知数，故侧收缩系数 ε 不能直接查表或按有关公式计算，可先假定 $\varepsilon=1$；由于闸孔总宽也是未知数，因此，流量公式中的 H_0 可暂用堰前水深代替。

利用式（7-2）算出闸孔总净宽 B_0 后，即可进行分孔。每孔的净宽 b_0（孔径），应根据闸门形式、地基条件、启闭设备条件、闸孔的运用要求（如泄洪、排冰或漂浮物、过船等）和工程造价，并参照闸门系列综合比较选定。大、中型水闸的孔径一般为 8～12m，小型水闸的孔径一般为 1～3m。选定孔径后便可确定所需要的孔数 n，即 $n\approx B_0/b_0$，n 应取略大于计算要求值的整数。当 n 值较小（少于 8 孔）时，闸孔数目宜采用单数，以便于控制过闸水流均匀。闸室总宽度 $L_1=nb_0+(n-1)d$，其中，d 为闸墩厚度。

按上述方法拟定孔径时，由于 ε 和 H_0 均为假定值，故在拟定孔径后还需对过闸流量进行验算。即按拟定的孔径、中墩及边墩的形状、尺寸等有关资料计算 ε，并在上游护底附近计算 H_0（也可直接引用上游防冲槽附近的渠道平均流速计算 H_0），然后代入式（7-2）验算过闸流量。如不符合要求，则需调整孔径和闸槛高程。

从过水能力和消能防冲两方面考虑，闸室总宽度应与上下游河（渠）道宽度相适应。根据治理海河工程的经验，当河（渠）道宽 $B=50$～100m 时，两者的比值 $\eta=B_0/B$ 应不小于 0.6～0.75；当河（渠）道宽 $B=100$～200m 时，两者的比值 η 应不小于 0.75～0.85；当 $B>200$m 时，η 应不小于 0.85。

第三节　闸室的布置和构造

一、底板

闸室底板有平底板、低堰底板和折线底板等形式，其中平底板用得较多。当上游水位较高，而过闸单宽流量又受到限制时，或因地基表层松软需要降低闸底建基高程，或在多泥沙河流上有拦沙要求时，可将闸槛抬高，做成低堰底板。在坚实或中等坚实的地基上，当闸室高度不大，但上、下游河（渠）底高差较大时，可采用折线底板，其后部可作为消力池的一部分。

对多孔水闸，为适应地基不均匀沉降和减小底板内的温度应力，需要沿水流方向用横缝（温度沉降缝）将闸室分成若干段，每个闸段可为单孔、两孔或三孔，见图 7-5（a）。

对软弱地基上或地震区的水闸，宜将横缝设在闸墩中间，闸墩与底板连在一起，称为整体式底板。整体式底板闸孔两侧闸墩之间不会出现过大的不均匀沉降，对闸门启闭有利，且抗震性能好，用得较多。整体式底板常用实心结构；当地基承载力较差，如只有30～40kPa 左右时，则需考虑采用刚度大、重量轻的箱式底板。

在坚硬、紧密或中等坚硬、紧密的地基上，单孔底板上设双缝，将底板与闸墩分开的，称为分离式底板，见图 7-5（b）。分离式底板闸室上部结构的重量将直接由闸墩或连同部分底板传给地基。底板厚度根据自身稳定的需要确定，可用混凝土或浆砌块石建造。当采用浆砌块石时，应在块石表面再浇一层厚约 15cm 的 C15 混凝土或加筋混凝土，以使底板表面平整并具有良好的防冲性能。施工时，先建闸墩及浆砌块石底板，进行地基的预压法处理，待沉降接近完成时，再浇表层混凝土。

如地基较好，相邻闸墩之间不致出现不均匀沉降的情况下，还可将横缝设在闸孔底板中间，见图 7-5（c）（过去曾经归类于整体式底板，应该单列为墩底板）。

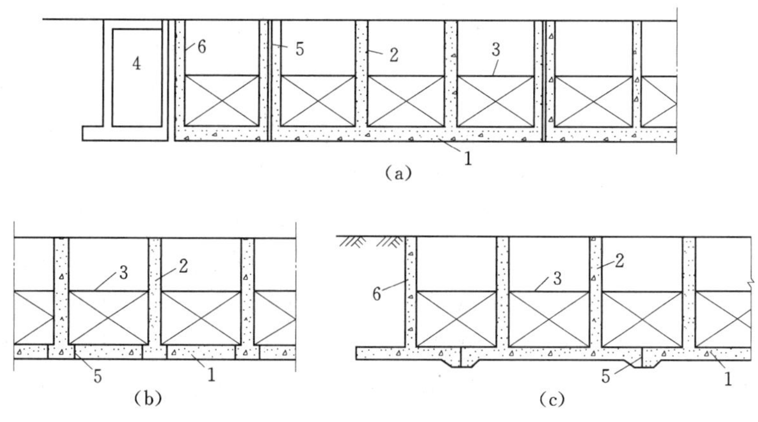

图 7-5　水平底板

1—底板；2—闸墩；3—闸门；4—空箱式岸墙；5—温度沉降缝；6—边墩

底板顺水流方向的长度，取决于上部结构布置并满足结构强度和抗滑稳定、渗透稳定的要求。底板长度可根据（满足渗透稳定的）经验拟定：对卵砾石、碎石土地基，可取

(1.5～2.5)H（H为上、下游最大水位差）；砂土和砂壤土地基，取(2.0～3.5)H；黏壤土地基，取（2.0～4.0)H；黏土地基，取(2.5～4.5)H。底板厚度必须满足强度和刚度的要求，大、中型水闸可取(1/6～1/8)b_0(b_0为闸孔净宽)，一般为1.0～2.0m，最薄不小于0.7m，但小型水闸也有用到0.3m的。底板内布置钢筋较多，但最大含钢率不得超过0.3%。底板混凝土应满足强度、抗渗、抗冲等要求，常用C15或C20。

二、闸墩

闸墩的作用主要是分隔闸门，同时也支承闸门、胸墙、工作桥及交通桥等上部结构。闸墩长度应满足上部结构布置的要求，该值一般等于底板长度，也可以小于底板长度。

闸墩分中墩和边墩两种。通常将闸室胸墙或闸门挡水线上游闸墩和岸墙的顶部高程称为闸顶高程。水闸闸顶高程应根据挡水和泄水两种运用情况确定。挡水时，闸顶高程不应低于水闸正常蓄水位（或最高挡水位）加波浪计算高度与相应安全超高值之和；泄水时，闸顶高程不应低于设计洪水位（或校核洪水位）与相应安全超高值之和。水闸安全超高下限值见表7-1。为了不致使上游来水（特别是洪水）漫过闸顶，危及闸室结构安全，上述挡水和泄水两种情况下的安全保证条件应该同时得到满足。上述规定中，泄水时之所以未考虑波浪高度是由于此时流速较大，水面不会形成较高的波浪，仅能出现很小的浪高值，这已包括在安全超高内。无论是正常蓄水位或最高挡水位条件下的关门挡水，由于风力作用，闸前均会出现波浪（立波或破碎波波形），因而，此时必须考虑波浪高度对闸顶高程的影响。中墩下游部分的顶部高程可以适当降低。

表7-1　　水闸安全超高下限值

运用情况		水闸级别			
		1	2	3	4、5
挡水时	正常蓄水位	0.7	0.5	0.4	0.3
	最高挡水位	0.5	0.4	0.3	0.2
泄水时	设计洪水位	1.5	1.0	0.7	0.5
	校核洪水位	1.0	0.7	0.5	0.4

选择闸墩外部形状时主要考虑水流平顺的基本条件，以减小侧收缩的影响，提高闸孔过水能力，但也要考虑到施工简便、不易损坏等因素。闸墩头部一般做成半圆形；尾部宜做成流线形；如沉降缝设在闸墩中间形成缝墩时，则缝墩两端多为半圆形；小型水闸多为矩形或尖角形。闸墩材料多用混凝土及少筋混凝土。浆砌块石常用在小型水闸中。

闸墩厚度必须满足稳定和强度的要求，混凝土和少筋混凝土闸墩厚约0.9～1.4m，浆砌石闸墩厚约0.8～1.5m。闸墩在门槽处厚度不宜小于0.4m。如采用油压启闭，闸墩门槽处厚度应根据油压管布置的需要加以确定，有时为了布置油缸，可以不增加墩厚而将闸墩两侧门槽前后错开布置［图7-6(a)］。

平面闸门的门槽尺寸应根据闸门尺寸及支承方式而定。门槽深度一般为0.2～0.3m，门槽宽度约为0.5～1.0m。检修门槽深度约为0.15～0.20m，宽度约为0.15～0.30m。检修门槽与工作门槽之间净距不得小于1.5m，以便检修［图7-6(b)］。

如水闸地基较好或采用桩基处理时，则除采用上述闸墩形式外，还可考虑采用框架式闸墩（图 7－7）。

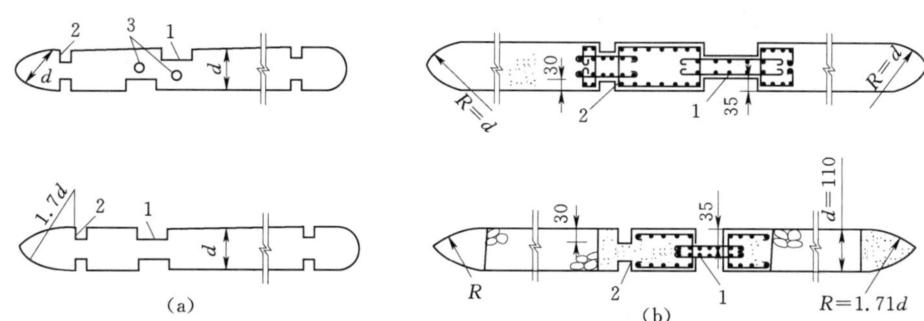

图 7－6　闸墩布置（单位：cm）

1—工作门槽；2—检修门槽；3—油缸

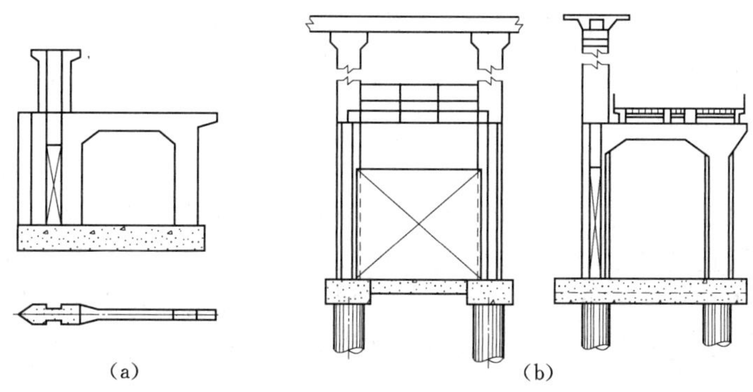

图 7－7　框架式闸墩

三、闸门

闸门形式的选择，应根据运用要求、闸孔跨度、启闭机容量、工程造价等条件比较确定（详见本章第九节）。

闸门在闸室中的位置与闸室稳定、闸墩和地基应力以及上部结构的布置有关。平面闸门一般设在靠上游侧，有时为了充分利用水重，也可移向下游侧。弧形闸门为不使闸墩过长，需要靠上游侧布置。

露顶式闸门顶部应在可能出现的最高挡水位以上有 0.3～0.5m 的超高。对胸墙式水闸，闸门高度根据构造要求稍高于孔口并且能够有效止水即可。

闸门不承受冰压力，为此，应采用压缩空气、开凿冰沟或漂浮芦柴捆等方法，将闸门与冰层隔开。

四、胸墙

当水闸挡水高度较大时，可设置胸墙代替一部分闸门高度。胸墙顶部高程与边墩顶部高程相同，其底部高程应不影响闸孔过水。底部迎水面应做成圆弧形，以使水流平顺进入闸孔。对于受风浪冲击力较大的水闸，胸墙上应留有足够的排气孔。

胸墙位置取决于闸门形式及其位置，对于弧形闸门，胸墙设在闸门上游；对于平面闸门，胸墙可以设在闸门下游，也可设在上游。如胸墙设在平面闸门上游，则止水放在闸门前面，这种前止水结构较复杂，且易磨损。但钢丝绳或螺杆可以不浸泡在水中，不易锈蚀，这对闸门运行条件有利。如胸墙设在平面闸门下游，则止水放在闸门后面，这种后止水可以利用水压力把闸门压紧在胸墙上，止水效果较好。但由于钢丝绳或螺杆长期处在水中，易于锈蚀，因此在工程中使用不多。

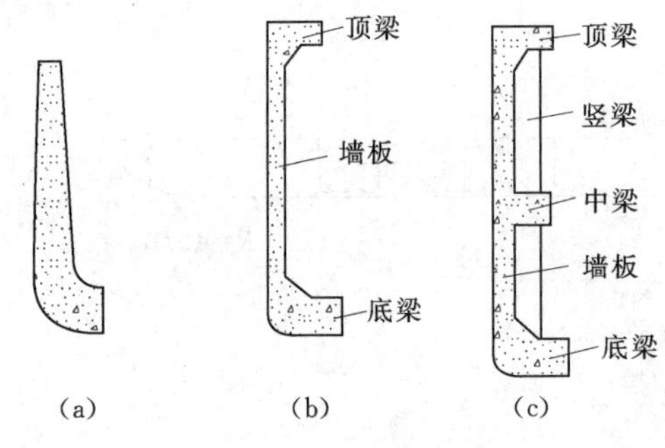

图 7-8　胸墙形式

胸墙一般用钢筋混凝土做成板式或梁板式的，见图 7-8。板式胸墙适用于跨度小于 6.0m 的水闸，墙板可做成上薄下厚的楔形板[图 7-8 (a)]。跨度大于 6.0m 的水闸可采用梁板式，由墙板、顶梁和底梁组成[图 7-8 (b)]。当胸墙高度大于 5.0m，且跨度较大时，可增设中梁及竖梁构成肋形结构[图 7-8 (c)]。

板式胸墙顶部厚度一般不小于 20cm。梁板式的板厚一般不小于 12cm；顶梁梁高约为胸墙跨度的 1/12～1/15，梁宽常取 40～80cm；底梁由于与闸门顶接触，要求有较大的刚度，梁高约为胸墙跨度的 1/8～1/9，梁宽为 60～120cm。

胸墙的支承形式分为简支式和固接式两种，见图 7-9。简支胸墙与闸墩分开浇筑，缝间涂沥青，并设置油毛毡；也可将预制墙体插入闸墩预留槽内，做成活动胸墙。简支胸墙可避免在闸墩附近迎水面出现裂缝，但截面尺寸较大。固接式胸墙与闸墩同期浇筑，胸墙钢筋伸入闸墩内，形成刚性连接，截面尺寸较小，可以增强闸室的整体性，但受温度变化和闸墩变位影响，容易在胸墙支点附近的迎水面产生裂缝。整体式底板的闸室可用固接式胸墙，分离式底板的闸室多用简支式胸墙。

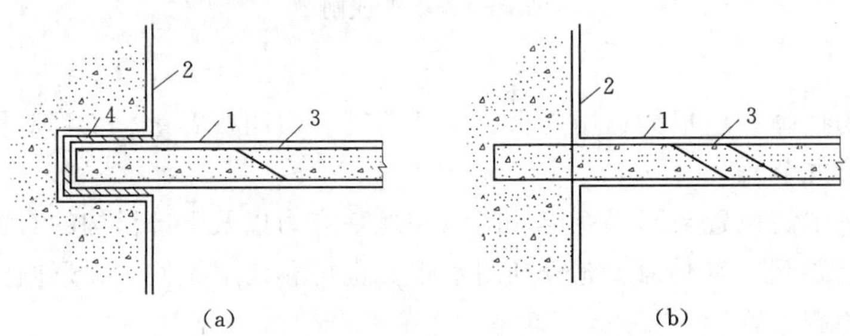

图 7-9　胸墙的支承形式

(a) 简支式；(b) 固接式

1—胸墙；2—闸墩；3—钢筋；4—涂沥青

五、交通桥及工作桥

当公路通过水闸时，需设公路桥。即使无公路通过，闸上也应建有供行人及拖拉机通行的交通桥。交通桥一般设在水闸下游一侧，可采用板式、梁板式或拱形结构。采用拱桥时要考虑荷载在拱脚产生的推力对闸墩和底板的影响。跨度小于 3～6m 的水闸常采用板式结构；跨度在 6～20m 的常采用 *T* 型梁结构，也可采用 *I* 字梁微弯板或空心板结构；跨度大于 20m 的则应采用预应力钢筋混凝土结构。交通桥多数采用单跨简支，其设计应符合交通部门制定的规范要求。

为了安装闸门启闭机和便于操作管理，需要在闸墩上设置工作桥。小型水闸的工作桥一般采用板式结构；大、中型水闸多采用装配式梁板结构。

工作桥高度视闸门和启闭设备的型式及闸门高度而定。一般应使闸门开启后，门底高于最高洪水位 0.5m 以上，以免阻碍过闸水流。采用固定式启闭机的平面闸门闸墩，由于闸门开启后悬挂的需要，桥高应为门高的两倍再加 1.0～1.5m 的富裕高度；若采用活动式启闭机，桥高则可适当降低。若采用升卧式平面闸门，由于闸门全开后接近平卧位置，因而工作桥可以做得较低。

工作桥除应满足启闭设备所需的宽度外，还应在桥的两侧各留 0.6～1.2m 以上的富裕宽度，以供工作人员操作及设置栏杆之用，桥面总宽度约为 3～5m。

六、分缝方式及止水设备

（一）分缝方式

多孔水闸沿轴线每隔一定距离设置横向永久缝，以防止由于地基不均匀沉降、温度变化和混凝土干缩引起底板断裂和裂缝。建在岩基上的水闸永久缝的间距不宜大于 20m；建在土基上的不宜大于 35m，缝宽一般为 2～3cm。

土基上整体式底板的温度沉降纵向缝一般设在闸墩中间，一孔、二孔或三孔成为一个独立单元。靠近岸边，为了减轻岸墙（或边墩）及墙后填土对闸室的不利影响，特别是当地质条件较差时，最好采用单孔，而后再接二孔或三孔的闸室，如图 7-5（a）所示。若地基条件较好，也可将缝设在底板中间（墩底板）或在单孔底板上设双缝（成为分离式底板），见图 7-5（b）、（c）。闸墩上不设缝，不仅可以减少工程量，而且还可以减小底板的跨中弯矩，但必须确保闸室能正常运行。

此外，凡是相邻结构荷重相差悬殊或结构尺寸较长，面积较大的地方，也要设缝分开，如：铺盖与底板、消力池与底板以及铺盖、消力池与翼墙等连接处都要分别设缝；翼墙较长时需要设变形缝；混凝土铺盖及消力池的护坦面积较大时也需设变形缝分段、分块，见图 7-10。

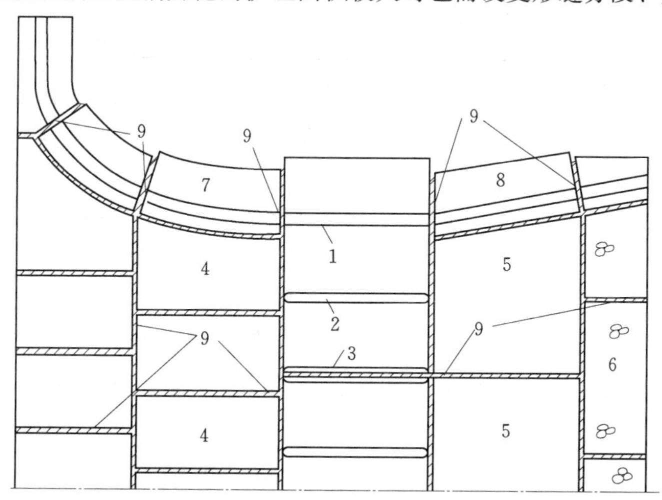

图 7-10　分缝的平面位置示意图

1—边墩；2—中墩；3—缝墩；4—钢筋混凝土铺盖；5—消力池；6—浆砌石海漫；7—上游翼墙；8—下游翼墙；9—温度沉降缝

（二）止水设备

水闸设缝后，凡是具有防渗要求的缝都须设止水设备。止水分铅直止水及水平止水两种。前者设在闸墩中间，边墩与翼墙间以及上游翼墙本身；后者设在铺盖、消力池与底板和翼墙、底板与闸墩间以及混凝土铺盖及消力池本身的温度沉降缝内。

图 7－11 为水闸上常用的铅直止水构造图，其中，图 7－11（a）和图 7－11（c）的紫铜片、橡皮或塑料止水片浇在混凝土内，这种止水形式施工简便、可靠，采用较广；图 7－11（b）为沥青井型，井内设有加热管，供熔化沥青用，井的上、下游端设有角钢，以防沥青熔化后流失。这种止水形式能适应较大的不均匀沉降，但施工较为复杂；图 7－11（d）为沥青或柏油油毛毡井，适用于边墩与翼墙间的铅直止水。

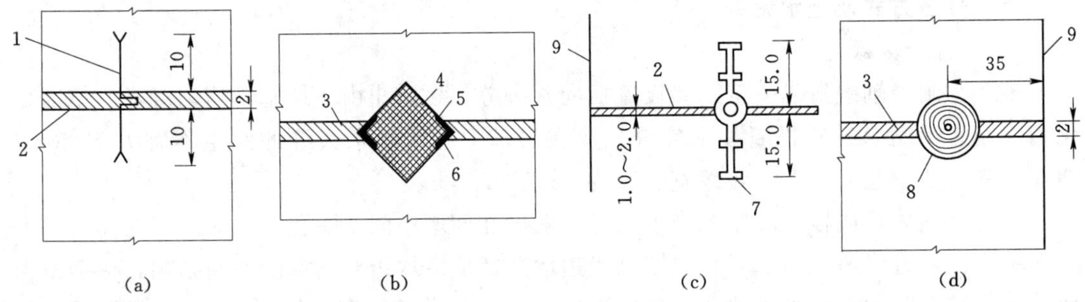

图 7－11　铅直止水构造（单位：cm）

1—紫铜片；2—沥青油毛毡；3—沥青油毛毡及沥青杉板；4—沥青填料；5—加热设备；6—角钢；7—橡皮或塑料止水；8—沥青油毛毡；9—迎水面

图 7－12 为常用的几种水平止水构造图。其中，图 7－12（a）缝内设有紫铜片、橡皮或塑料止水，用得较多；图 7－12（b）多用于闸孔底板中的温度沉降缝；图 7－12（c）不设止水片或止水带，只铺沥青麻布封底止水，适用于地基沉降较小或防渗要求较低的情况。

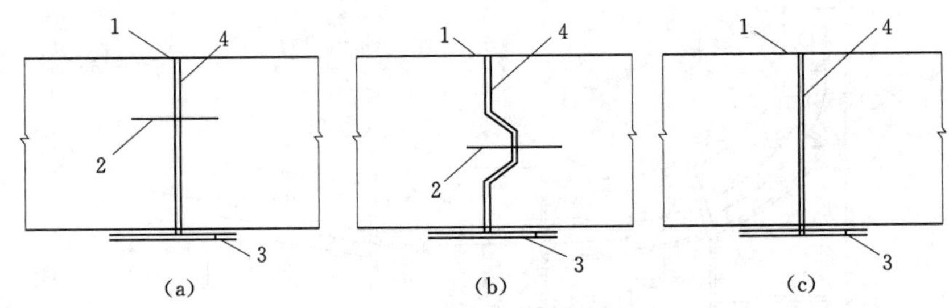

图 7－12　水平止水构造

1—温度沉降缝；2—止水片或止水带；3—沥青麻布封底止水；4—沥青油毛毡

必须妥善处理好两个止水交叉处的连接，这样才能形成一个完整的止水体系。

第四节　水闸的消能防冲

水闸启门泄水初期水流具有较大的动能，而土质河床的抗冲能力低，必将对下游河床产生不同程度的冲刷。不危害建筑物安全的冲刷，一般说来是允许的，但对于有害的冲刷，则必须采取妥善的防范措施，以保证水闸的安全使用。

一、过闸水流的特点

初始泄流时，闸下水深较浅，随着闸门开度的增大水深逐渐增加，闸下出流由孔流到堰流，由自由出流到淹没出流都会发生，水流形态比较复杂。

1. 闸下易形成波状水跃

由于水闸上、下游水位差较小，相应的弗劳德数 Fr 较低（$Fr=v_c/\sqrt{gh_c}$，h_c为第一共轭水深，v_c为 h_c处的断面平均流速）。试验表明，当下游河床与闸槛高程齐平时，若 $1.0<Fr<1.7$，就会出现波状水跃。此时无强烈的水跃旋滚，水面呈波动状前进，消能效果差，具有较大的冲刷能力；另外，水流处于急流流态，不易向两侧扩散，致使两侧产生回流，缩小了过流的有效宽度，使局部单宽流量增大，加剧对河床及岸坡的冲刷，见图 7－13。为此，要采取相应的措施，如在闸室末端设置一道小槛，使水流越过小槛，跌入消力池内，促使其形成底流水跃，见图 7－14（a）。

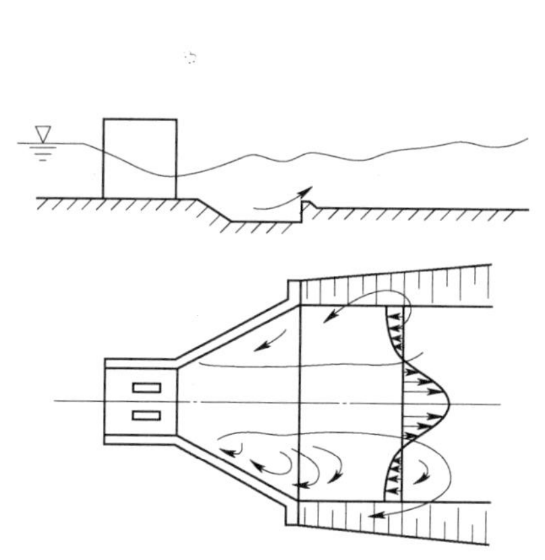

图 7－13　波状水跃示意图

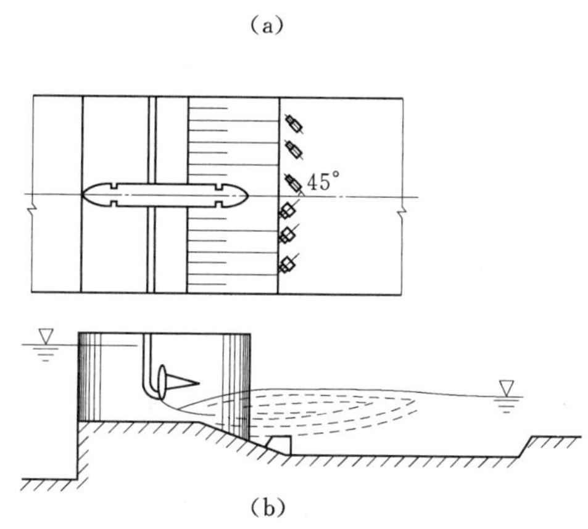

图 7－14　小槛及散流墩布置示意图

2. 闸下容易出现折冲水流

拦河闸的宽度通常只占河床宽的一部分，过闸水流先行收缩，出闸后再行扩散，如果布置或操作运行不当，出闸水流不能均匀扩散，即容易形成折冲水流。此时水流集中，左冲右撞，蜿蜒蛇行，淘刷河床及岸坡，并影响枢纽的正常运行，见图 7－15。

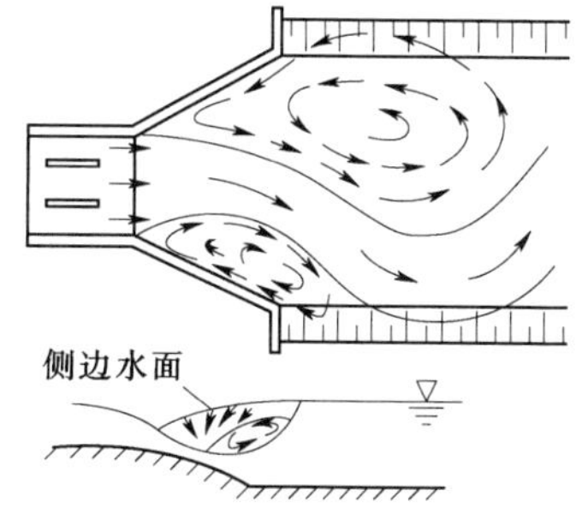

图 7－15　闸下折冲水流

造成折冲水流的原因很多，如下游翼墙扩散角太大，水流不能很快地扩散，以致在两侧翼墙附近产生回流，此时主流受到回流的挤压更加集中，进而便形成折冲水流；又如工程布置不当，闸前来水不平顺以及消能设施不当，或者运用管理不善，闸门开启不对称以及单孔开闸等，都是产生折冲水流的原因。为此，应做好水闸总体布置，使上游引水渠顺直，并控制下游翼墙扩散角，同时应制定合理的闸门启闭程序。有的工程在消力池前端设置散流墩以防止出现折冲水流，见图 7-14 (b)。

二、消能防冲设施

为了保证水闸的正常运用，防止河床冲刷，一方面尽可能消除水流的动能，消除波状水跃，并促使水流横向扩散，防止产生折冲水流；另一方面要保护河床及河岸，防止剩余动能引起的冲刷。这两方面的措施，首先是消能，其次是防冲。所以在消能防冲设计中，一定要抓住消能这个主要环节。水闸消能方式有底流式、面流式和挑流式等三种，而底流式是应用比较广泛的基本消能方式。这种消能形式由消力池、海漫和防冲槽等三个部分组成。消力池紧接闸室布置，在池中利用水跃进行消能。海漫紧接消力池，其作用是继续消除水流的剩余动能，使水流扩散并调整流速分布，以减小底部流速，从而保护河床免受冲刷。海漫末端常设防冲槽。

(一) 消力池

1. 消力池的布置

设计消力池时先根据上下游水位、过闸流量和地形地质等条件，假定池底高程，然后进行水跃计算，求出跃前水深 h_c 及跃后水深 h''_c，从而确定池深以及池底高程，也可直接查图求得。若计算的池深为零或负值，从理论上讲，不必设置消力池，可是在实际工程中，通常仍把池底高程降低 0.5～1.0m 形成消力池，这对稳定水跃位置，充分消能及调整消力池后的流速分布等方面都有利。

消力池长度的基本要求是保证水跃发生在池内。由于消力池末端的陡壁对水流有反作用力，池中水跃长度小于自由水跃长度 L_j，根据经验，约小 20%～30%，所以消力池水平段长度为 $(0.7\sim0.8)L_j$。水跃长度的计算公式很多，《水闸设计规范》(SL 265—2001) 推荐使用欧勒佛托斯基公式，即

$$L_j=6.9(h''_c-h_c)$$

消力池与闸室底板之间常用不陡于 1∶4 的斜坡连接，工程中常用 1∶4～1∶5。这样，消力池的长度 L_{sj} 应为斜坡段水平投影长度与水平段长度之和。即：

$$L_{sj}=(4\sim5)z+(0.7\sim0.8)L_j(\text{m}) \tag{7-6}$$

式中 z——闸底板与池底之间的高差。

计算消力池深度及长度时要考虑最不利的运用情况，可用设计范围内不同的 q 及相应的上下游水位，分别计算上述两个数值，从中选取最大值作为设计值。

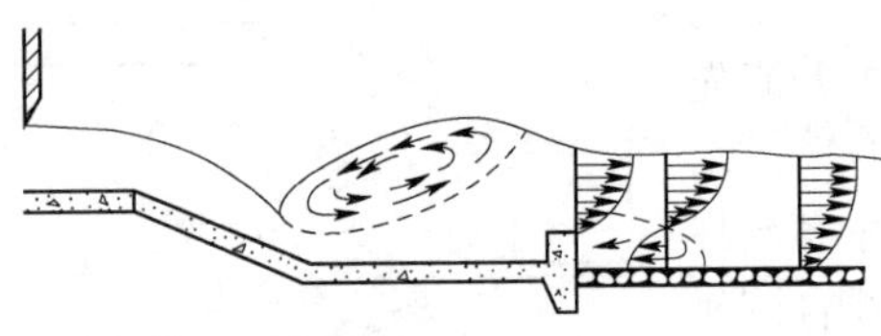

图 7-16 消力池尾槛后的流速分布

消力池末端一般设有尾槛，高约 50cm，用以稳定水跃，调整铅直断面上的流速分布，减小出池水流的底部流速，且可在槛后产生小横轴旋滚，防止在尾槛后发生冲刷，并有利于平面扩散和消减下游边侧回流，见图 7-16。

以上介绍的是开挖而成的消力池。如果地基开挖困难，或因冬季要求放空池中积水以防止冰冻时，则可以不开挖而直接在护坦末端修建消力墙，以抬高池内水位。如因墙身太高，工作条件复杂而消力墙后又需进一步消能时，可采用较浅的开挖深度和较低的消力墙相结合的消力池，这种消力池在闸门开启度较小时，消能效果亦较好。

2. 护坦构造

消力池（闸后消能段）的底板又称护坦，其作用不仅是促使出闸水流在护坦范围内产生水跃，而且保护河床免受冲刷。闸后水流非常紊乱，护坦不仅受有自重、水重、扬压力、脉动压力，而且还有水流的冲击力，其受力条件较为复杂，一旦破坏就会影响到整个水闸的安全，设计时应慎重对待（可参考第四章中河岸溢洪道泄槽底板的稳定分析）。

整个护坦一般是等厚的，也有采用变厚的。靠近闸室的一端较厚，向下游逐渐减薄。确定护坦厚度时要从抗冲和抗浮两方面考虑。根据抗冲要求，护坦始端的厚度可采用下面的经验公式确定，即

$$t=k_1\sqrt{q\sqrt{\Delta H'}} \tag{7-7}$$

式中 $\Delta H'$——闸孔泄水时的上、下游水位差，m；

k_1——消力池底板计算系数，可采用0.15～0.20；

q——护坦上的单宽流量，$m^3/(s\cdot m)$；

t——护坦始端厚度，m。

护坦末端厚度可采用 $t/2$，但不宜小于0.5m。

根据抗浮要求，护坦始端厚度 t 可按式（7-8）计算，即

$$t=k_2\frac{U-W\pm P_m}{r_b} \tag{7-8}$$

式中 U——作用在消力池底板底面的扬压力，kN/m^2；

W——作用在消力池底板顶面的水重，kN/m^2；

P_m——作用在消力池底板上的脉动压力，kN/m^2，其值可取跃前收缩断面流速水头值的5%；通常计算消力池底板前半部的脉动压力时取"+"号，计算消力池底板后半部的脉动压力时取"-"号；

k_2——消力池底板安全系数，可采用1.1～1.3；

r_b——消力池底板的饱和重度，kN/m^3。

按上两式计算护坦厚度后，应取其中的大值。这里要说明的是：式（7-8）仅适用于在护坦上未设排水孔和反滤层的情况。一般地，大中型水闸的护坦厚度为1.0m左右，不宜小于0.5m；小型水闸可减薄到0.3～0.5m。

护坦材料必须具有良好的抗冲耐磨性，一般采用等级C15或C20的混凝土浇筑，并配置 ϕ10～12@25～30cm的温度构造钢筋。在小型水闸中有的也采用浆砌块石。为增强护坦板的抗滑稳定性，常在消力池的末端设置齿墙，墙深一般为0.8～1.5m，墙厚为0.6～0.8m。为了降低护坦底部的扬压力，可在水平段的后半部设置平铺式排水，并在该部位的底面铺设反滤层或在每根排水管的进口设置土工布反滤砂包，以防地基土壤被渗水带走。排水孔孔径一般为5～25cm，间距1.0～3.0m，呈梅花状排列。排水孔内充填碎石或无砂混凝土，以防泥沙堵塞。但在多泥沙河道上，排水孔易被堵塞，不宜采用。

护坦与闸室，翼墙之间用沉陷缝分开，护坦在顺水流方向也应以沉陷缝（即横缝）分成若干段。横缝的间距，土基较好时，为15～20m，土基较差时为8～12m，并尽可能与闸室分缝对齐。有防渗要求时，缝中应设止水、键槽，不必加厚。一般护坦在垂直水流向不分缝（即纵缝），以提高整体性和稳定性。当护坦较长而又地基软弱时，顺水流方向护

坦可分成前后两段，采用不同厚度，并增设横向沉陷缝。

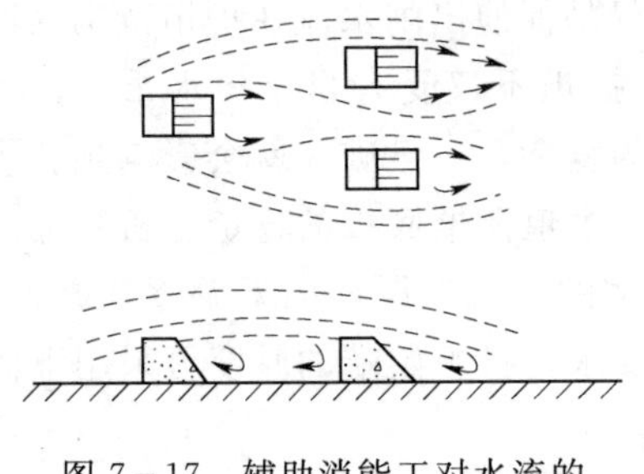

图 7-17　辅助消能工对水流的紊动作用

3. 辅助消能工

在消力池中除尾槛外，有时还设有消力墩等辅助消能工，用以使水流受阻，给水流以反力，在墩后形成涡流，加强水跃中的紊流扩散，从而达到稳定水跃，减小和缩短消力池深度和长度的目的，见图7-17。

消力墩可设在消力池的前部或后部。设在前部的消力墩，对急流的反力大，辅助消能作用强，缩短消力池长度的作用明显，但易发生空蚀，且需承受较大的水流冲击力。设在后部的消力墩，消能作用较小，主要用于改善水流流态。消力墩可做成矩形或梯形，设两排或三排交错排列，墩顶应有足够的淹没水深，墩高约为跃后水深 h''的 1/5～1/3。在出闸水流流速较高的情况下，宜采用设在后部的消力墩。

（二）海漫

水流经过消力池，虽已消除了大部分多余能量，但仍留有一定的剩余动能，特别是流速分布不均，脉动仍较剧烈，具有一定的冲刷能力。因此，护坦后仍需设置海漫等防冲加固设施，以使水流均匀扩散，并将流速分布逐步调整到接近天然河道的水流形态（图 7-18）。

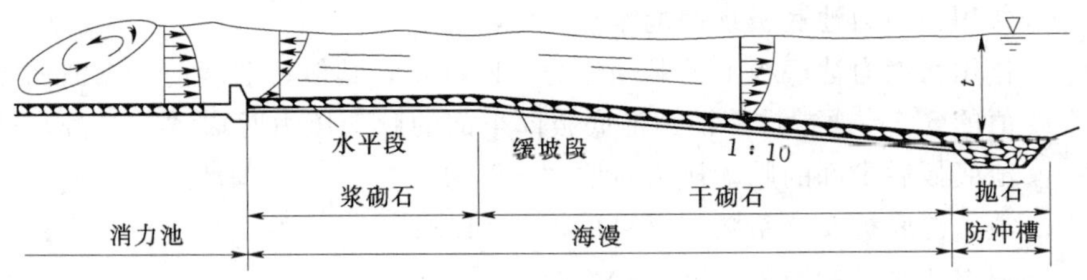

图 7-18　海漫布置及其流速分布示意图

1. 海漫的布置和构造

一般在海漫起始段做 5～10m 长的水平段，其顶面高程可与护坦齐平或在消力池尾槛顶以下 0.5m 左右，水平段后做成不陡于 1：10 的斜坡，以使水流均匀扩散，调整流速分布，保护河床不受冲刷，见图 7-18。

对海漫的要求有：①表面有一定的粗糙度，以利进一步消除余能；②具有一定的透水性，以便使渗水自由排出，降低扬压力；③具有一定的柔性，以适应下游河床可能的冲刷变形。常用的海漫结构有以下几种。

(1) 干砌石海漫。一般由块径大于 30cm 的块石砌成，厚度为 30～50cm，下面铺设碎石、粗砂垫层，厚 10～15cm [图 7-19 (a)]。干砌石海漫的抗冲流速为 2.5～4.0m/s。为了加大其抗冲能力，可每隔 6～10m 设一浆砌石埂。干砌石常用在海漫后段，约占海漫全长的 2/3。

(2) 浆砌石海漫。厚度与干砌石海漫相同，抗冲流速可达 3～6m/s，但柔性和透水性较差，常设置在海漫前部，约占海漫全长的 1/3。浆砌石内设排水孔，下面铺设反滤层或

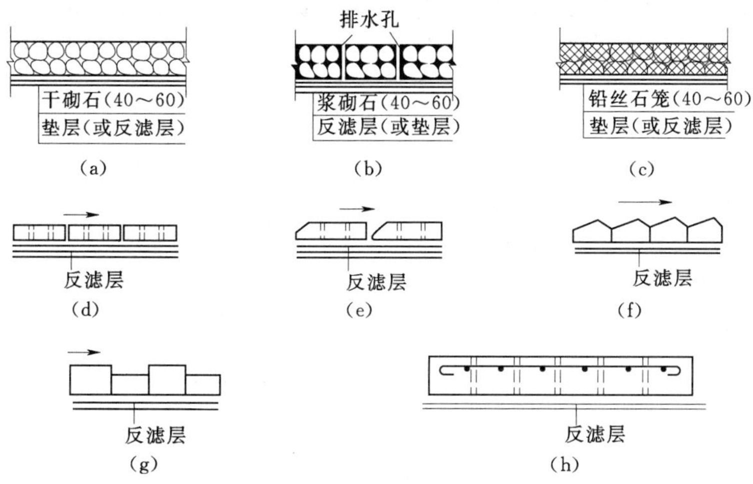

图 7-19 海漫构造示意图（单位：cm）

垫层［图 7-19(b)］。

(3) 混凝土板海漫。整个海漫由板块拼铺而成，每块板的边长 2～5m，厚度为 10～30m，板中有排水孔，下面铺设反滤层或垫层［图 7-19(d)、(e)］。混凝土板海漫的抗冲流速可达 6～10m/s，但造价较高。有时为增加表面糙率，可采用斜面式或城垛式混凝土块体［图 7-19(f)、(g)］。铺设时应注意顺水流流向不宜有通缝。

(4) 钢筋混凝土板海漫。当出池水流的剩余能量较大时，可在尾槛下游 5～10m 范围内采用钢筋混凝土板海漫，板中有排水孔，下面铺设反滤层或垫层［图 7-19(h)］。

(5) 其他形式海漫。如镀锌铁丝网或格宾网石笼海漫［图 7-19(c)］等。

2. 海漫长度

海漫长度 L_P 取决于水流剩余动能、消力池出口的单宽流量、水流扩散情况、上下游水位差、河床土质抗冲能力、尾水深度以及海漫表面粗糙程度等因素。根据水闸运用经验，海漫与护坦的总长度约为上下游最大水位差的 6～12 倍。《水闸设计规范》(SL 265) 建议用式 (7-9) 进行估算。

$$L_P = K_s\sqrt{q_s\sqrt{\Delta H'}} \quad (\mathrm{m}) \tag{7-9}$$

式中 q_s——消力池末端的单宽流量，$m^3/(s \cdot m)$；

$\Delta H'$——上、下游水位差，m；

K_s——海漫长度计算系数，当河床为粉砂、细砂时，取 14～13，中砂、粗砂及粉质壤土，取 12～11，粉质黏土，取 10～9，坚硬黏土，取 8～7。

式 (7-9) 适用于 $\sqrt{q_s\sqrt{\Delta H'}}=1\sim9$ 且消能扩散良好的情况。

(三) 防冲槽

水流经过海漫后，能量得到进一步消除，流速分布接近河床水流的正常状态，但在海漫末端仍有冲刷现象。若要完全消除冲刷，海漫必须做得很长，这样既不经济也没有必要。因此，常常在海漫末端挖槽堆石，从而形成防冲槽，见图 7-20。当河床受到冲刷后，槽内石块即自动坍塌在冲刷坑上游坡面，以防止冲刷坑向上游延伸而破坏海漫；由于过水断面增大，流速减小，就可防止水流对下游河床的进一步破坏。防冲槽的尺寸可根据河床冲刷深度 d_m 确定，其计算公式为

$$d_m = 1.1\frac{q_m}{[v_0]} - h_m \tag{7-10}$$

式中　d_m——海漫末端河床冲刷深度，m；

q_m——海漫末端的单宽流量，$m^3/(s \cdot m)$；

$[v_0]$——河床土质允许不冲流速，m/s；

h_m——海漫末端河床水深，m。

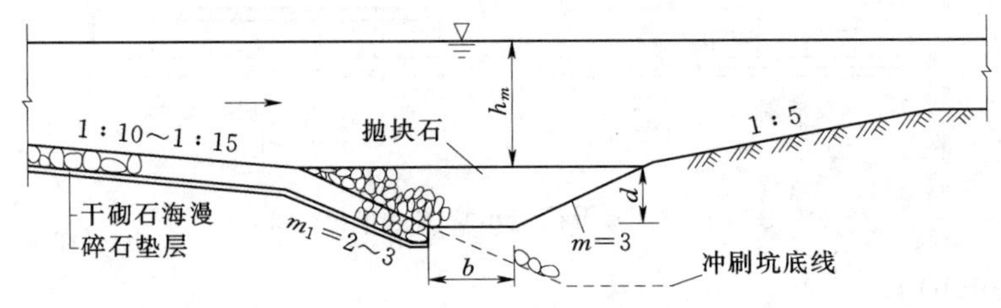

图 7-20　防冲槽

根据上式计算的 d_m 值有时很大，如按此值作为防冲槽深度，既不经济，施工又很困难。一般取防冲槽深度 d=1.5～2.5m，此时槽顶高程与海漫末端齐平，防冲槽底宽 b 约为 (1～2)d，上游坡率 m_1=2～3，下游坡率 m 则视施工开挖情况而定。

对于冲刷深度较小的水闸，可用 1～3m 深的防冲齿墙来代替防冲槽。

在黏土河床中往往会出现计算的 d_m 值小于零的情况，从理论上讲，此时不需要设置防冲槽等防冲设备，但是在实际工程中，为了安全起见，也常设置齿墙，深约 1m。

（四）上游河床防护

在渠道上建闸时，闸室宽度小于引渠宽度，上游过水断面向闸室方向逐渐减小，流速逐渐增大，水流将冲刷上游河床，进而危及闸室的安全。因此，在闸室上游除有铺盖保护外，还需设置护底（图 7-3）。护底长度一般为 3～5 倍堰顶水头（指自由出流），在中型水闸中，约为 10m。护底材料常用浆砌块石或干砌块石。护底起端受到底部水流旋滚的淘刷，也会引起河床冲刷，为了防止冲刷坑危及护底，在起端需设置防冲槽或齿墙，该防冲槽的尺寸一般比下游防冲槽小些。

如水闸具有双向过水要求，则上下游两侧均应根据具体情况设置消能防冲设施。

（五）上、下游河岸的防护

为了使上、下游保护段的两岸不受水流冲刷的危害，需要进行河岸防护。护岸的长度应大于河床底部防护的范围，护坡顶部应在最高水位以上。靠近闸室的一段距离内，由于流速较大，护岸材料一般都采用浆砌块石，其他部分则用干砌块石。河岸护坡厚度约为 0.3～0.5m，每隔 8～10m 常设有混凝土埂或浆砌块石埂一道，其断面尺寸约为 30cm×60cm。在护坡与河床交接处，以及护坡与上游进水渠交接处均应做混凝土齿墙（或浆砌石齿墙）嵌入土中，以增加坡脚稳定及防止两岸遭受回流淘刷。护坡下面一般都铺设卵石及砂垫层，厚度均为 10cm。

（六）其他消能防冲设施

1. 沉井防冲墙（或称防冲锁墙）

沉井防冲墙是水闸建在平原地区土基上时的又一种消能防冲设施。图 7-21 是广东省吴川县塘尾分洪闸，该闸建在砂质黏土地基上，闸室底板与下游最低潮位齐平，采用面流消能方式。沉井防冲墙的最大特点是省掉全部的消力池、海漫和防冲槽，在条件适宜时，这是一种较好的防冲消能设施。

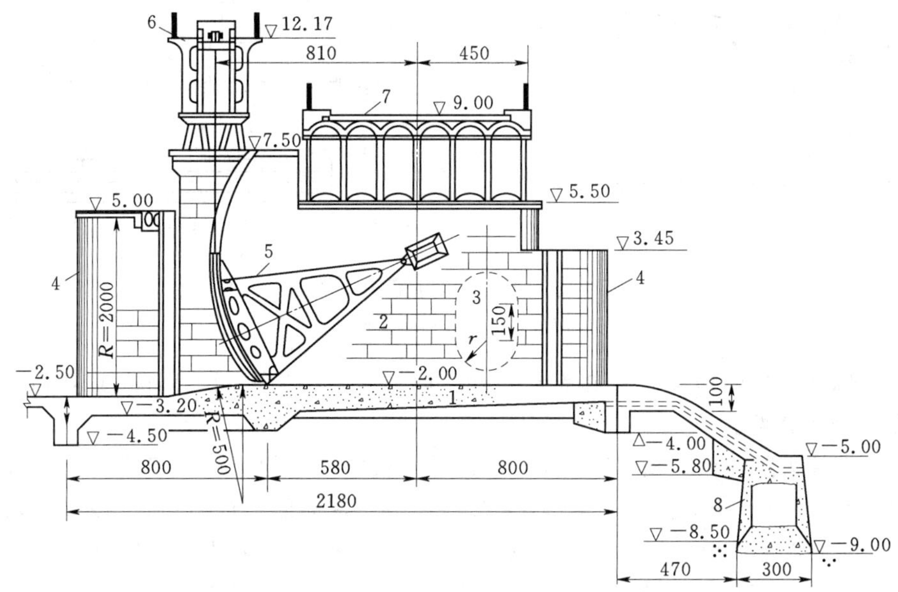

图 7-21 塘尾分洪闸（单位：高程，m；尺寸，cm）

1—底板；2—箱壳构件；3—挖空部分（虚线内）；4—鱼嘴构件；5—闸门；6—工作桥；7—交通桥；8—沉井防冲墙

2. 防冲板消能工

消力池和海漫，虽是常用的消能防冲设施，可是在山区河道上，不但不经济，而且效果甚差，消力池常被砂石淤塞，降低消能作用；或因河床冲刷很严重，下游水位随之下降，不能满足在消力池内产生水跃的条件，致使消力池失去作用。为了解决这些问题，新疆早在 1958 年就开始采用防冲板和防冲墙相结合的消能方式，即防冲板消能工（图 7-22）。这种消能工采用面流消能的布置方式，在下游护坦末端设置防冲墙，墙后布置防冲板，当速度很高的水流通过防冲板表面时，在其首部与护坦之间的空隙处形成低压区，产生向上的吸力，因而在防冲板下面形成旋滚，把下游冲坑内的砂石推移到防冲墙前，并淤积在防冲板下面，这对防冲墙起到保护作用。另外，防冲板微向上倾，把水流挑起，使冲刷坑离防冲墙较远，这也有利于水闸安全。这种消能结构在新疆应用最广，甘肃及山西等省也有采用。在已建的防冲板消能工中，进入防冲板的流速一般为 10m/s 左右，过闸单宽流量在 $20m^3/(s \cdot m)$ 以下。

防冲板的形式有以下三种：

(1) 无梳齿防冲板［图 7-22(a)］。这种防冲板由连续的板块组成。防冲板长度约为

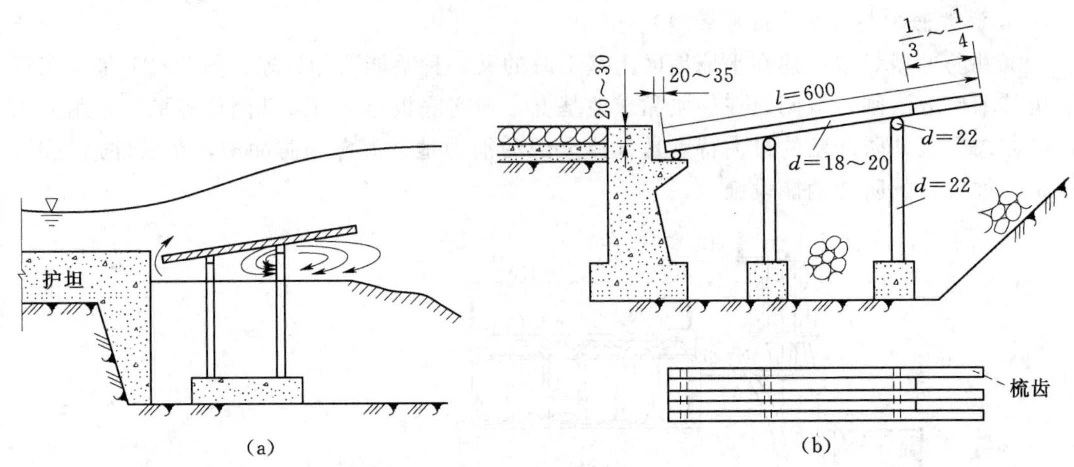

图 7-22 防冲板消能工示意图（单位：cm）

(a) 无梳齿防冲板；(b) 一端梳齿防冲板

3m，其首部低于护坦 10cm，末端高出 10cm，防冲板与护坦之间的间隙为 10cm。该形式结构简单，效果较好。

(2) 一端梳齿防冲板［图 7-22(b)］。这是由长短交错的板块所组成的，梳齿设在末端。板长 l 约为 6m，末端齿缝长度为 $(1/3\sim1/4)l$。首部低于护坦 20～30cm，末端高出 5～10cm，防冲板与护坦之间的间隙为 20～35cm。这种形式防冲板的优点在于水流通过末端梳齿的分散程度好，并使末端底部的旋滚强度增大，砂石更易推至上游，以加强消能防冲作用，在流量较小时保护冲刷坑的上游坡的作用尤其显著。

新疆和甘肃均采用上述两种形式，只是防冲板的长度和细部尺寸有些差异。这两种形式的防冲板，其仰角多为 6°（即坡度为 1∶10）。

(3) 两端梳齿防冲板。这种防冲板的两端均设有梳齿，起端梳齿的作用是形成低压状态，末端梳齿的作用与一端梳齿防冲板相同。防冲板的长度约为 8m，起端低于护坦挑流鼻坎 80cm，仰角为 2°～4°。这种形式的防冲板在山西省使用，效果较好。

以上三种形式，各有优缺点，其布置尺寸主要根据具体工程的水力条件等因素确定，设计时可参考已建工程，最好进行模型试验。一般说来，如果防冲板长些，则下游冲坑较远，防冲墙的高度可以低些。

3. 斜坡护坦消能工

在山区河道上建闸，除采用防冲板消能工以外，有的地区（如四川、新疆等）还采用斜坡护坦消能方式，即在闸室后面紧接很缓的斜坡护坦（如 1∶20 的缓坡），并在其末端设置截水墙，然后与下游河道直接连接。斜坡护坦表面要粗糙、耐磨，且易维修，常用的材料为坚硬的条石。

三、消能防冲的设计条件

根据水闸的运用要求，其上下游水位，过闸流量，以及泄流方式（如闸门的开启程序、开启孔数和开启高度）等常常是复杂多变的，因此，水闸闸下消能防冲设施必须在各种可能出现的水力条件下，都能满足消散动能与均匀扩散水流的要求，且应与下游河道有良好的衔接。

不同类型的水闸，其泄流特点各不相同，因而控制消能设计的水力条件也不尽相同。如拦河节制闸宜以在保持闸上最高蓄水位的情况下，排泄上游多余来水量为控制消能设计的水力条件；当闸的下游河道已渠化时，应考虑下一级的蓄水位对闸下水位的影响。分洪闸宜以闸门全开，通过最大分洪流量为控制消能设计的水力条件。排水闸（排涝闸）宜以冬、春季蓄水期通过排涝流量为控制消能设计的水力条件。挡潮闸宜以蓄水期排泄上游多余来水量时，有时需用闸门控制泄水，上下游可能出现较大的水位差为控制消能设计的水力条件。

闸门的运用管理，对消能防冲设计的影响也很大。例如，当闸孔迅速地全部开启时，下游水位尚未升高，水深较小，单宽流量很大，远驱水跃会使闸下会产生严重的始流冲刷。在多孔水闸中，如单独开启一孔或少数几孔时，则折冲水流影响更大。因此，必须对闸门开启方式作出一定的限制，即将闸门均匀提升。每次开启时必须等待下游水位升高后再逐步开启，严禁一次开到顶。一般规定闸门分二次或三次开启，初始开启度为 0.5～1.0m。闸门如受到具体条件限制（如没有足够的电源保证）而不能均匀开启时，则应分阶段开启，每次开启 0.5～1.0m，依此对称地增加每个闸门的开启度。如先将中孔开启 0.5m 或更小，待下游水位升高后再开启两侧闸孔，以此类推，直至闸门全部开启。关闭闸门时与上述顺序正好相反。

另外，闸门开度应避免处于不利位置。当水位差大而开度小（$e/H=0.1$ 左右，e 为闸门开启高度，H 为从闸底坎起算的水头）时闸门最容易振动；当水位差小（如 2～5m）而开度 $e=0.1\sim0.6$m 时也最易发生振动。闸门在大开度时则又易发生摇动。总之，从安全观点出发，闸门运行的关键部位是避开振动和摇动的不利位置。

第五节 水闸的防渗、排水设计

水闸建成后，在上、下游水位差作用下，在闸基及边墩和翼墙的背水一侧将产生渗流。渗流会带来一系列的危害，主要表现为：①降低了闸室的抗滑稳定及两岸翼墙和边墩的侧向稳定性；②可能引起地基的渗透变形，严重的渗透变形会使地基受到破坏，甚至失事；③损失水量；④使地基内的可溶物质加速溶解。因此，必须拟定合理的地下轮廓线并做好防渗排水设计，有效地控制渗流。

一、水闸的防渗长度及地下轮廓的布置

（一）防渗长度拟定

图 7-23 为水闸的防渗布置示意图，其中，上游铺盖、板桩及底板都是相对不透水的，护坦上因设有排水孔，所以不阻水，在水头 H 作用下，闸基内的渗流，将从护坦上的排水孔等处逸出。不透水的铺盖、板桩及底板与地基的接触线，即是闸基渗流的第一根流线，称为地下轮廓线，其长度即为水闸的防渗长度。

过去我国一直沿用勃莱法或莱因法初拟闸基防渗长度，这两种方法精度均较差。因此，《水闸设计规范》（SL 265）提出，在工程规划和可行性研究阶段，闸基防渗长度初拟

值可按下式确定，即渗径系数法

$$L=C\Delta H \tag{7-11}$$

式中　L——闸基防渗长度，即闸基轮廓线水平段和垂直段长度的总和，m；

ΔH——上下游水位差，m；

C——允许渗径系数 $1/[J]$ 值，见表 7-2。当闸基设板桩时，可采用表列规定值的小值。

上述防渗长度仅系初拟值，在工程初步设计或施工图设计阶段，还必须采用改进阻力系数法校验。

表 7-2 中除了壤土和黏土以外的各类地基，只列出了有反滤层时的允许渗径系数值，因为在这些地基上建闸，不允许不设反滤层。

表 7-2　　　　允许渗径系数值

排水条件	地基类别									
	粉砂	细砂	中砂	粗砂	中砾细砾	粗砾夹卵石	轻粉质砂壤土	轻砂壤土	壤土	黏土
有反滤层	13～9	9～7	7～5	5～4	4～3	3～2.5	11～7	9～5	5～3	3～2
无反滤层	—	—	—	—	—	—	—	—	7～4	4～3

（二）地下轮廓布置

当水闸防渗长度初步拟定后，即可依地基情况并参照条件相近的已建工程的实践经验进行水闸地下轮廓的布置。总的布置原则是防渗与导渗（即排水）相结合，即在上游侧采用水平防渗，如铺盖；或垂直防渗，如齿墙、板桩、混凝土防渗墙、灌浆帷幕、土工膜垂直防渗结构等。延长渗径以减小作用在底板上的渗透压力，降低闸基平均渗透坡降，这叫防渗；在下游侧设置排水反滤设施，如面层排水、排水孔、减压井与下游连通，使渗透水流尽快排出，防止在渗流出口附近发生渗透变形，称为导渗。

不同土质的地基，其地下轮廓线的布置有很大的差异。

黏性土地基的土壤颗粒之间具有黏聚力，不易发生管涌。但底板与基土间的摩擦系数较小，不利于闸室稳定，所以，在地下轮廓布置时主要考虑的是如何降低作用在底板上的渗透压力，以提高闸室的抗滑稳定性。为此，可在闸室上游设置水平防渗铺盖，而将排水设施布置在闸底板下游段或消力池底板下。由于打桩可能破坏黏土的天然结构，在板桩与地基间造成集中渗流通道，所以对黏性土地基一般不用板桩，见图 7-23（a）。

对于砂性土地基，因其与底板间的摩擦系数较大，而抵抗渗透变形的能力较差，渗透系数也较大，因此，在布置地下轮廓时应以防止渗透变形和减小渗漏为主。对砂层很厚的地基，如为粗砂或砂砾，可采用铺盖与悬挂式板桩相结合，而将排水设施布置在消力池下面，见图 7-23（b）；如为细砂，可在铺盖上游端增设短板桩，以增加渗径，减小渗透坡降。当砂层较薄，且下面有不透水层时，最好采用齿墙或截流板桩切断砂层，板桩深入不透水层 0.5～1.0m，并在消力池下设排水，见图 7-23（c）。对于粉砂地基，为了防止液化，大多采用封闭式布置，将闸基四周用板桩封闭起来，见图 7-23（d）。

当弱透水地基内有承压水或透水层时，为了消减承压水对闸室稳定的不利影响，可在

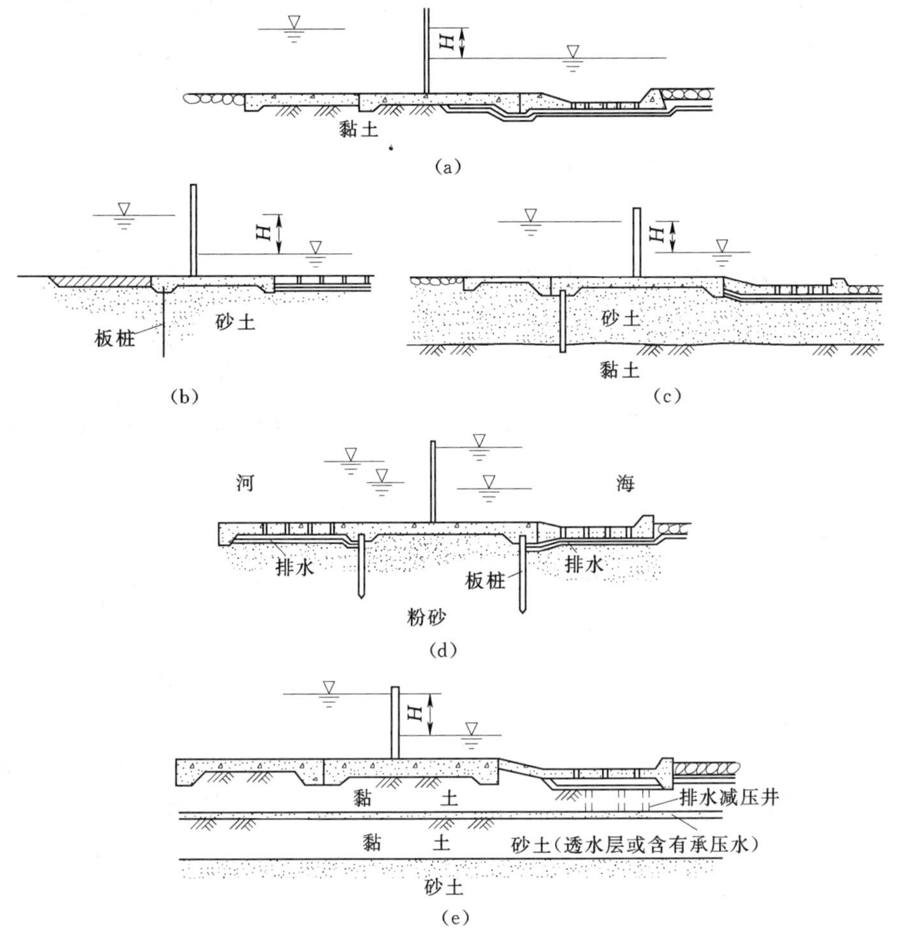

图 7-23 水闸的防渗布置

消力池底面设置深入该承压水或透水层的排水减压井，见图 7-23（e）。

二、渗流计算

在初步拟定地下轮廓布置后，即可进行渗流计算，从而求得渗流区域内的渗透压力、渗透坡降、渗透流速及渗流量（通常渗流量可以不计）等各项渗流要素。

闸基渗流为有压渗流，一般作为平面问题考虑，假定地基均匀、各向同性，渗水不可压缩，并符合达西定律。在此情况下，闸基渗流运动可用拉普拉斯（Laplace）方程式表示

$$\frac{\partial^2 h}{\partial x^2}+\frac{\partial^2 h}{\partial y^2}=0 \tag{7-12}$$

式中 h——渗透水流在计算点的水头值，称为水头函数，它仅是坐标的函数。

理论上，只要渗透区域的边界条件已知，根据上式就可解出渗流区域内任一点的 h，进而求得各项渗流要素。然而，实际的边界条件及防渗布置十分复杂，很难求得解析解，因此在实际工程中常采用一些近似而实用的方法。

在《水闸设计规范》（SL 265）及其编制说明中，对于闸基渗流计算方法的选择问题，

提出以下几点建议：①推荐采用改进阻力系数法和流网法作为基本方法；②对于复杂土质地基上重要的水闸应采用数值计算法求解；③对于闸基防渗布置比较简单，地基又不复杂的中、小型工程，也可考虑采用加权直线法；④直线比例法精度较差，不宜采用。

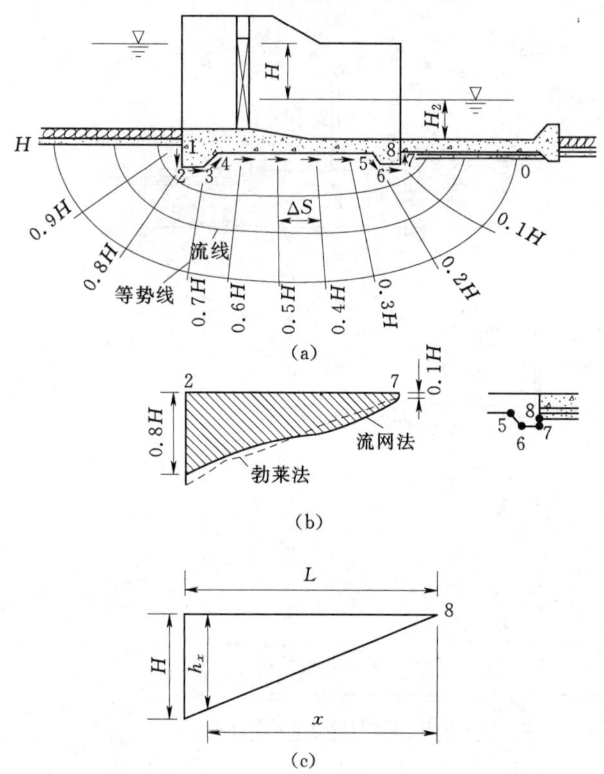

图 7-24　闸基流网及渗透压力分布图

下面分别对上述几种方法加以介绍。

1. 流网法

流网的绘制可以通过手绘或实验来完成。绘制流网时必须满足：①流线与等势线正交；②除第一根流线外，流线和等势线都是连续的光滑曲线（在土层变化处曲线不连续）；③流线和等势线组成近似正方形的网格。

绘制流网时，按下述方法确定流网的边界：地下轮廓线上游和下游地基表面是两条边界等势线；地下轮廓线和不透水的地基表面是两条边界流线。对深透水地基，采用半径等于1～1.5倍地下轮廓水平投影总长的半圆形作为最后一根流线。

流网绘成后，便可算出渗流区内任一点的渗透压力、渗透坡降和渗透流量。图7-24是某水闸的流网图和根据流网绘制的闸底渗透压力分布图。

设渗流区共分为 n 个等压带，流网中方格边长 $\Delta S=\Delta L$，则渗透坡降 J 为

$$J=\frac{\Delta H}{\Delta L}=\frac{H/n}{\Delta S}=\frac{H}{n\Delta S} \tag{7-13}$$

渗透流速 V 为

$$V=KJ=\frac{KH}{n\Delta S} \tag{7-14}$$

若渗流区共有 m 个流线层，则单位宽度的渗流量 q 为

$$q=\frac{m}{n}KH \tag{7-15}$$

对于任何复杂的地下轮廓和边界条件，均可绘出比较精确的流网，使误差控制在5%以内。该方法计算精度很高，可用于大中型工程中。

2. 改进阻力系数法

(1) 基本原理。这是一种以流体力学解为基础的近似方法。对于比较复杂的地下轮廓，可从板桩与底板或铺盖相交处和桩尖画等势线，将整个渗流区域分成几个典型流段，

如图 7－25（a）所示，由 2、3、4、5、6、7 等点引出的等势线，将渗流区域划分成 7 个典型流段。

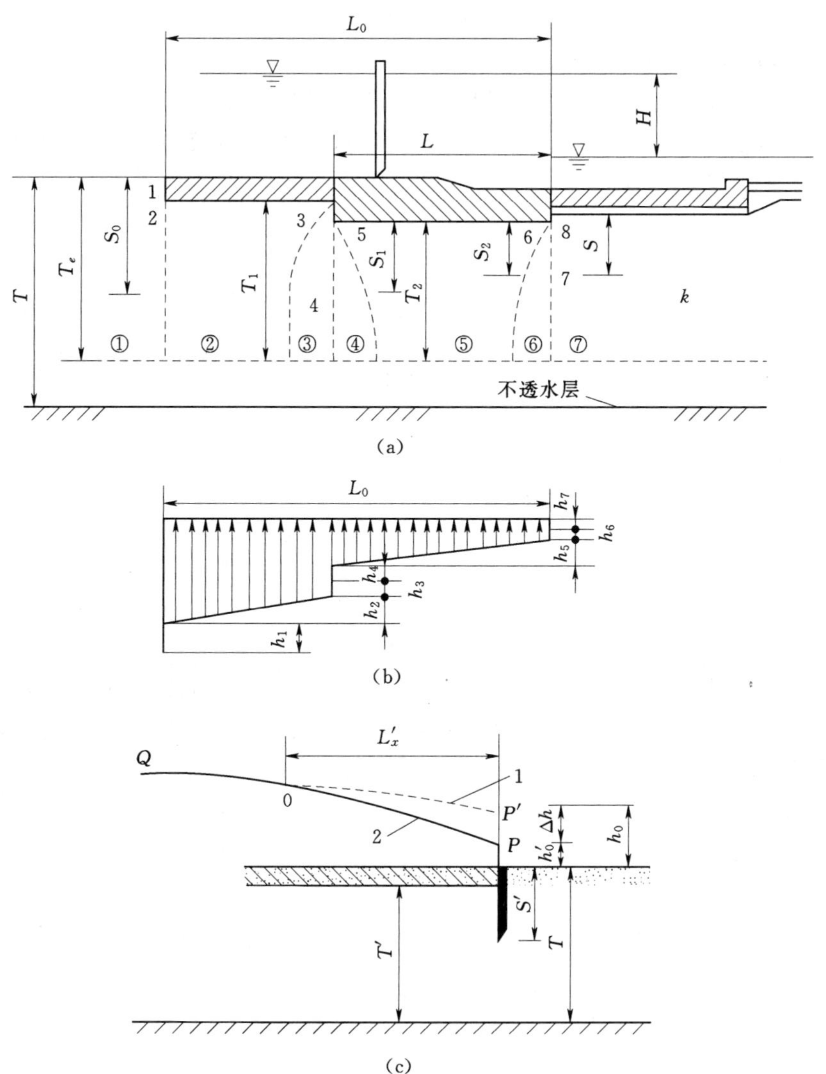

图 7－25　改进阻力系数法计算简图

1—修正前的水力坡降线；2—修正后的水力坡降线

根据达西定律，任一流段的单宽渗流量 q 为

$$q=k\frac{h_i}{l_i}T \quad \text{或} \quad h_i=\frac{l_i}{T}\frac{q}{k}$$

令 $\frac{l_i}{T}=\xi_i$，则得

$$h_i=\xi_i\frac{q}{k} \tag{7-16}$$

式中　q——单宽渗流量，$m^3/(s\cdot m)$；

k——地基土的渗透系数，m/s；

T——透水层深度，m；

l_i——渗流段内流线的平均长度，m；

h_i——渗流段的水头损失值，m；

ξ_i——渗流段的阻力系数，只与渗流段的几何形状有关。

根据水流连续条件，各段的单宽渗流量 q 相同，而总水头 H 应为各段水头损失之和，于是有

$$H = \sum_{i=1}^{n} h_i = \sum_{i=1}^{n} \xi_i \frac{q}{k} = \frac{q}{k} \sum_{i=1}^{n} \xi_i$$

或

$$q = \frac{kH}{\sum_{i=1}^{n} \xi_i} \tag{7-17}$$

式中　$\sum_{i=1}^{n} \xi_i$——各渗流段阻力系数的总和；

n——典型渗流段的段数。

将式（7-17）代入式（7-16），可得各分段的水头损失为

$$h_i = \xi_i \frac{H}{\sum_{i=1}^{n} \xi_i} \tag{7-18}$$

这样，只要已知各个典型流段的阻力系数，即可算出任一流段的水头损失。将各段的水头损失由出口向上游依次叠加，即可求得各段分界线处的渗透压力以及其他渗流要素。

（2）渗透压力的确定。水闸的地下轮廓可归纳为三种典型流段，即：

1）进口段和出口段，相当于图 7-25（a）中的①、⑦段。

2）内部垂直段，相当于图 7-25（a）中的③、④、⑥段。

3）内部水平段，相当于图 7-25（a）中的②、⑤段。

每一种典型流段的阻力系数 ξ，可按表 7-3 中的计算公式确定。

表 7-3　　典型流段的阻力系数

区段名称	典型流段型式	阻力系数 ξ 的计算公式
进口段和出口段	S, T	$\xi_0 = 1.5\left(\frac{S}{T}\right)^{3/2} + 0.44$
内部垂直段	S, T	$\xi_y = \frac{2}{\pi}\ln\mathrm{ctg}\frac{\pi}{4}\left(1 - \frac{S}{T}\right)$
内部水平段	S_1, S_2, T, L_x	$\xi_x = \frac{L_x - 0.7(S_1 + S_2)}{T}$

当地基不透水层埋藏较深时，需用一个有效计算深度 T_e 来代替实际深度 T，T_e 可按式(7-19)确定。

$$\left.\begin{aligned}&\text{当 } L_0/S_0 \geqslant 5 \text{ 时} \quad && T_e = 0.5L_0 \\ &\text{当 } L_0/S_0 < 5 \text{ 时} \quad && T_e = \frac{5L_0}{1.6L_0/S_0 + 2}\end{aligned}\right\} \tag{7-19}$$

式中　L_0、S_0——地下轮廓的水平投影长度和垂直投影长度，m。

若算出的 T_e 值小于地基的实际透水层深度，应以 T_e 代替 T；如 T_e 值大于地基的实际透水层深度，则应按地基实际透水层深度计算。

各分段的阻力系数确定后，可按式（7-18）计算各段的水头损失。假设各分段的水头损失按直线变化，依次叠加，即可绘出闸基渗透压力分布图［图 7-25（b）］。

进、出口水力坡降呈急变曲线形式，由式（7-18）算得的进、出口水头损失与实际情况相比，误差较大，必须加以修正，见图 7-25（c）。修正后的水头损失 h'_0 为

$$h'_0 = \beta' h_0 \tag{7-20}$$

其中

$$\beta' = 1.21 - \frac{1}{\left[12\left(\frac{T'}{T}\right)^2 + 2\right]\left(\frac{S'}{T} + 0.059\right)}$$

式中　h_0——按式（7-18）计算出的进出口段水头损失值，m；

h'_0——修正后的水头损失值，m；

β'——阻力修正系数；

S'——底板埋深与板桩入土深度之和，m；

T'——板桩另一侧地基透水层深度，m；

T——板桩进口（或出口）侧地基的透水层深度，m。

当 $\beta' \geqslant 1.0$ 时，取 $\beta' = 1.0$，说明不需要修正，即前面画出的渗压水头分布图或渗流坡降线，就是求得的正确解。当 $\beta' < 1.0$ 时，则应修正。修正后进、出口段水头损失将减小 Δh

$$\Delta h = h_0 - h'_0 = (1 - \beta')h_0$$

渗流坡降线呈急变段的长度 L'_x 按式（7-21）计算。即

$$L'_x = \frac{\Delta h}{\Delta H} T \sum_{i=1}^{n} \xi_i \tag{7-21}$$

图 7-25（c）中的 QP' 为修正前的水力坡降线，根据 Δh 及 L'_x 值，可分别定出 P 点及 O 点，QOP 的连线即为修正后的水力坡降线。

进、出口水头损失减小值 Δh 可按以下方法调整到相邻的分段中去。调整以后的各分段水头损失之和将与总水头损失值相等，这也是改进阻力系数法的优点之一。

1）如果 $h_x \geqslant \Delta h$，则该段水头损失应修正为

$$h'_x = h_x + \Delta h \tag{7-22}$$

式中　h_x——修正前水平段的水头损失值，m；

h'_x——修正后水平段的水头损失值，m。

2）如果 $h_x < \Delta h$，可按下列两种情况分别进行修正［图 7-26(a)、(b)］：

①当 $h_x + h_y \geqslant \Delta h$ 时，可按下列二式修正

$$h'_x = 2h_x \tag{7-23}$$

$$h'_y = h_y + \Delta h - h_x \tag{7-24}$$

式中　h_y——修正前内部垂直段的水头损失值，m；

h'_y——修正后内部垂直段的水头损失值，m。

②当 $h_x + h_y < \Delta h$ 时，可按下列三式修正

$$h'_x = 2h_x$$

$$h'_y = 2h_y \tag{7-25}$$

$$h'_{CD} = h_{CD} + \Delta h - (h_x + h_y) \tag{7-26}$$

式中　h_{CD}、h'_{CD}——CD 段原来的和修正后的水头损失值，m。

渗流坡降线（渗压水头分布图）按修正后的各分段水头损失值累加后，重新用直线连接。

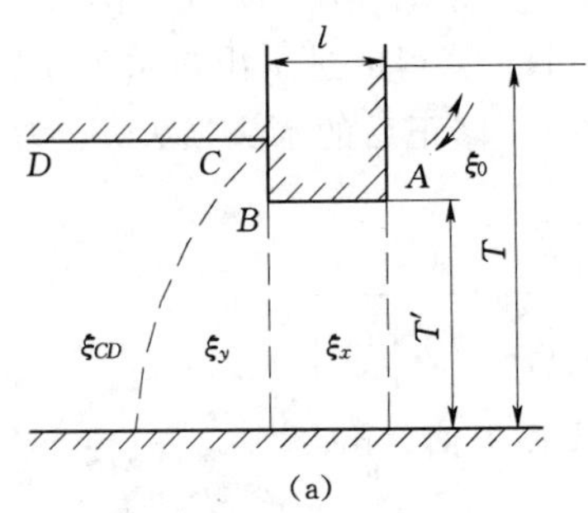

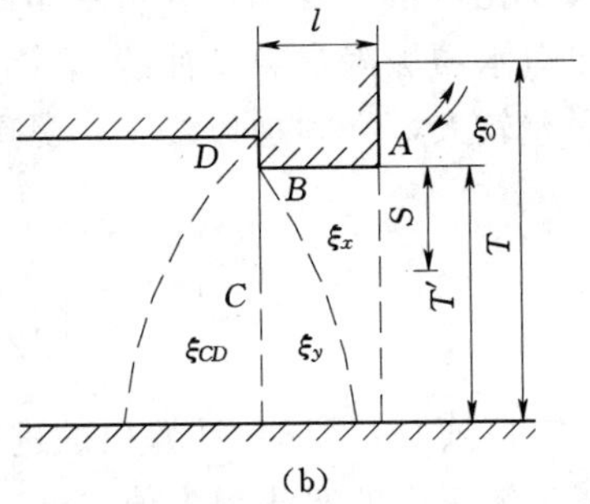

图 7-26　进出口水头损失修正示意图

（3）逸出坡降的计算。为保证闸基的抗渗稳定性，黏性土地基主要应防止流土破坏，要求水平段和出口段的渗流坡降必须小于各自规定的允许值，见表 7-4。出口处的渗流坡降 J 为

$$J = \frac{h'_0}{S'} \tag{7-27}$$

式中　S'——地下轮廓不透水部分渗流出口段的垂直长度，m；

h'_0——出口段水头损失，m；出口段不需作修正时，$h'_0 = h_0$。

表 7-4　　水平段和出口段允许渗流坡降值

地基类别		粉砂	细砂	中砂	粗砂	中砾细砾	粗砾夹卵石	砂壤土	壤土	软（黏）土	坚硬黏土	极坚硬黏土
允许渗流坡降值	出口段	0.25～0.30	0.30～0.35	0.35～0.40	0.40～0.45	0.45～0.50	0.50～0.55	0.40～0.50	0.50～0.60	0.60～0.70	0.70～0.80	0.80～0.90
	水平段	0.05～0.07	0.07～0.10	0.10～0.13	0.13～0.17	0.17～0.22	0.22～0.28	0.15～0.25	0.25～0.35	0.30～0.40	0.40～0.50	0.50～0.60

注　当渗流出口处有反滤层时，表列数值可加大 30%。

对于非黏性土地基，既要验算流土破坏，也要验算管涌破坏。例如：对于砂砾石地基，可按 $4P_f(1-n)>1.0$ 和 $4P_f(1-n)<1.0$ 作为判别破坏形式的标准，前者为流土破坏，后者为管涌破坏。防止流土破坏的出口段允许渗流坡降值［J］应满足表 7-4 的规定。防止管涌破坏的允许渗流坡降值［J］，可按式（7-28）计算。

$$[J] = \frac{7d_5}{Kd_f}[4P_f(1-n)]^2 \tag{7-28}$$

式中　d_f——闸基土的粗细颗粒分界粒径，mm，$d_f=1.3\sqrt{d_{15}d_{85}}$；

P_f——小于 d_f 的土粒百分数含量；

n——闸基土的孔隙率，%；

d_5、d_{15}、d_{85}——闸基土颗粒级配曲线上小于含量5%、15%和85%的粒径，mm；

K——防止管涌破坏的安全系数，可采用1.5～2.0。

3. 直线比例法

该法包括勃莱法和莱因法两种。

勃莱法认为沿地下轮廓各点的渗透坡降相同，即水头损失呈直线变化。若已知水头 H 及防渗长度 L，就可按直线比例关系求出地下轮廓各点的渗透压强。如图7-24所示，任一点的渗压水头 h_x 为

$$h_x=\frac{H}{L}x \tag{7-29}$$

式中　x——计算点与出逸点之间的渗径。

莱因法与勃莱法的不同之处是将水平渗径（包括倾角小于和等于45°的渗径）乘以1/3，再与垂直渗径（倾角大于45°的渗径）相加，即得折算后的防渗长度。计算渗压时仍可应用式（7-29），但应将式中的 L 及 x 中的水平渗径乘以1/3。

直线比例法计算精度很差，特别是对于渗流进、出口段，因而，《水闸设计规范》（SL 265）不推荐使用。

4. 加权直线法

加权直线法是在直线比例法基础上发展起来的。上述直线比例法常用的是勃莱法，由于该法缺乏理论根据，所以计算精度差。加权直线法是将渗流理论法加以简化，该法仅对地下轮廓上下游两端的铅直渗径进行加权处理，即把两端的铅直渗径乘以加权系数即得水平渗径，加权系数 n 为水平渗径与铅直渗径的比值。该法的要求为：①在地下轮廓两端，如遇长板桩，加权系数 $n=2$；如遇短板桩，$n=4$；②地下轮廓的其他部位，不论板桩长短，一律采用 $n=1$；③同时满足 $S/T<0.1$ 和 $S/L<0.1$ 这两个条件的（图7-27），即视为短板桩，否则视为长板桩，对于齿墙则作为有厚度的板桩看待；④由以上三点算出地下轮廓的折算渗径长度后，即按直线比例法计算地下轮廓各点的渗透压强。

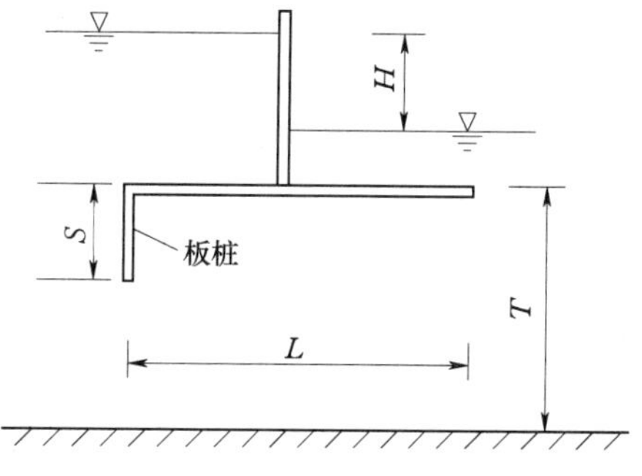

图7-27　加权直线法计算图

三、防渗及排水设施

防渗设施是指构成地下轮廓的、起阻渗作用的铺盖、板桩及齿墙，而排水设施则是指铺设在护坦、浆砌石海漫底部或闸底板下游段起导渗作用的砂砾石层。排水常与反滤层结合使用。

（一）铺盖

铺盖布置在闸室上游一侧，主要用来延长渗径，应具有相对的不透水性；为适应地基变形，也要有一定的柔性。铺盖常用黏土、黏壤土或沥青混凝土做成，有时也用钢筋混凝土、土工膜作为铺盖材料。

1. 黏土和黏壤土铺盖

铺盖的渗透系数应比地基土的渗透系数小100倍以上，最好达1000倍。铺盖的长度可根据闸基防渗需要确定，一般采用上下游最大水位差的3～5倍。铺盖的厚度应根据铺盖土料的允许水力坡降值计算确定，其前端最小厚度不宜小于0.6m，向闸室方向逐渐加厚，靠近闸室处的厚度不小于1.0～1.5m。铺盖与底板连接处为一薄弱部位，在该处需将铺盖加厚；常将底板前端做成倾斜面，使黏土能借自重及上部荷重与底板紧贴；在连接处铺设油毛毡等止水材料，一端用螺栓固定在斜面上；另一端埋入黏土中，见图7-28。为了防止铺盖在施工期遭受破坏和运行期间被水流冲刷，应在其表面铺砂层，然后在砂层上再铺设单层或双层块石护面。

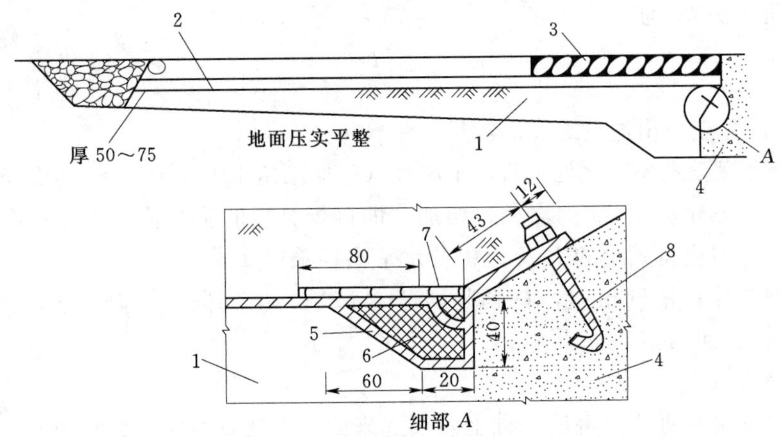

图7-28　黏土铺盖的细部构造（单位：cm）

1—黏土铺盖；2—垫层；3—浆砌块石保护层（或混凝土板）；4—闸室底板；5—沥青麻袋；6—沥青填料；7—木盖板；8—斜面上螺栓

2. 沥青混凝土铺盖

在缺少黏性土料的地区，可采用沥青混凝土铺盖。沥青混凝土的渗透系数较小，约为$k=10^{-8}\sim10^{-9}$cm/s，防渗性能好；且有一定的柔性，可适应地基的变形；造价也较低。沥青混凝土铺盖的厚度一般为5～10cm，在与闸室底板连接处应适当加厚，接缝多为搭接形式。为提高铺盖与底板间的黏结力，可在底板混凝土面先涂一层稀释的沥青乳胶，再涂一层较厚的纯沥青。沥青混凝土铺盖可以不分缝，但要分层浇筑和压实，各层的浇筑缝要错开。

3. 钢筋混凝土铺盖

当缺少适宜的黏性土料或需要铺盖兼作阻滑板时，常采用钢筋混凝土铺盖。钢筋混凝土铺盖的厚度不宜小于0.4m，在与底板连接处应加厚至0.8～1.0m，并用沉降缝分开，缝中设止水，见图7-29（a）。在顺水流和垂直水流流向均应设沉降缝，缝距8～20m，在接缝处局部加厚，并设止水。

钢筋混凝土铺盖内需双向配置构造钢筋ϕ10mm@25～30cm。如利用铺盖兼作阻滑板，还须配置轴向受拉钢筋。受拉钢筋与闸室在接缝处应采用铰接的构造形式，见图7-29（b）。接缝中的钢筋断面面积要适当加大，以防锈蚀。用作阻滑板的钢筋混凝土铺盖，在垂直水流流向仅有施工缝，不设沉降缝。

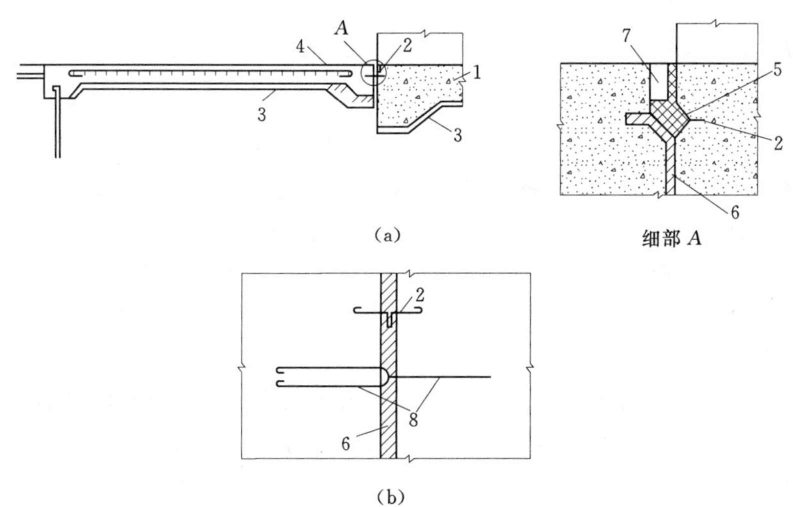

图 7-29　钢筋混凝土铺盖

1—闸底板；2—止水片；3—混凝土垫层；4—钢筋混凝土铺盖；5—沥青玛琋脂；6—油毛毡两层；7—水泥砂浆；8—铰接钢筋

4. 土工膜防渗铺盖

土工膜防渗铺盖的厚度应根据作用水头、膜下土体可能产生裂隙宽度、膜的应变和强度等因素确定，但不宜小于 0.5mm。防渗土工膜下部应设垫层，上部应设保护层。

（二）板桩

板桩一般设在闸室底板高水位一侧或设在铺盖起端。板桩长度视地基透水层的厚度而定。当透水层较薄时，可用板桩截断，并插入不透水层至少 1.0m；若不透水层埋藏很深，则板桩深度一般采用 0.8～1.0 倍上下游最大水位差。用作板桩的材料有木材、钢筋混凝土及钢材三种。木板桩厚约 8～12cm，宽约 20～30cm，一般长 3～5m，最长 8m，可用于砂土地基，但现在用得不多。钢筋混凝土板桩使用较多，一般在现场预制，厚度不宜小于 20cm，宽度不宜小于 40cm，入土深度可达 15～20m，两桩之间设榫槽，以增加不透水性。可用于各种地基，包括砂砾石地基。钢板桩在我国较少采用。

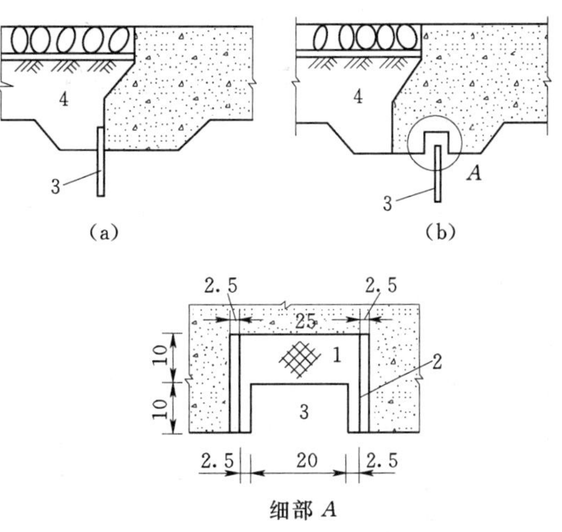

图 7-30　板桩与底板的连接（单位：cm）

1—沥青；2—预制挡板；3—板桩；4—铺盖

板桩与闸室底板的连接形式有两种，一种是把板桩紧靠底板前缘，顶部嵌入黏土铺盖一定深度，见图 7-30（a）；另一种是把板桩顶部嵌入底板底面特设的凹槽内，桩顶填塞可塑性较大的不透水材料，见图 7-30（b）。前者适用于闸室沉降量较大，而板桩尖已插入坚实土层的情况；后者则适用于闸室沉降量小，而板桩桩尖未达到坚实土层的情况。

（三）齿墙

齿墙有浅齿墙和深齿墙两种。浅齿墙常设在闸室底板上下游两端及铺盖起始处。底板两端的浅齿墙均用混凝土或钢筋混凝土做成，深度一般为 0.5～1.5m。这种齿墙既能延长渗径，又能增加闸室抗滑稳定性。深齿墙常用于如下情况：①当水闸在闸室底板后面紧接斜坡段，并与原河道连接时，在与斜坡段连接处的底板下游侧采用深齿墙（墙深大于 1.5m），其作用主要是防止斜坡段冲坏后危及闸室安全；②当闸基透水层较浅时，可用深齿墙截断透水层，此时，齿墙可用混凝土、钢筋混凝土或黏性土等材料，齿墙底部需插入不透水层 0.5～1.0m；③在小型水闸中，有时为了增加渗径和抗滑稳定性，也使用深齿墙。

（四）其他防渗设施

近年来，垂直防渗设施在我国有较大进展，就地浇筑混凝土防渗墙、灌注式水泥砂浆帷幕、高压旋喷法构筑防渗墙以及土工膜垂直防渗等方法已成功地用于水闸建设，详细内容可参阅有关文献。

（五）排水反滤设施

为了减小渗透压力，增加闸室的抗滑稳定性，需要在闸室下游侧设置排水设施，如排水孔、减压井、反滤层和垫层等。排水设施要有良好的透水性，并与下游畅通；同时能够有效地防止地基土产生渗透变形。

通常在地基表面铺设反滤层或垫层，并在消力池底部设排水孔（图 7-23），让渗透水流畅通至下游。设置反滤层是防止地基土产生渗透变形的关键性措施，其末端的渗透坡降必须小于地基土在无反滤层保护时的允许坡降，应以此原则来确定反滤层铺设长度。

反滤层常由 2～3 层不同粒径的石料（砂、砾石、卵石或碎石）组成，层面大致与渗流方向正交，其粒径则顺着渗流方向由细到粗排列。在黏土地基中易出现橡皮土，由于黏土颗粒有较大的黏聚力，不易产生管涌，因而对反滤层级配的要求可以低些，常铺设 1～2 层。

第六节　闸室的稳定分析和地基处理

闸室在施工、检修、运用期都应该是稳定的。水闸竣工时（完建期），地基所受的压力最大，沉降也较大。过大的沉降，特别是不均匀沉降，会使闸室倾斜，影响水闸的正常运行。当地基承受的荷载过大，超过其容许承载力时，将使地基整体发生破坏。水闸在运用期间，受水平推力的作用，有可能沿地基面或深层滑动。因此，必须分别验算水闸在刚建成、运行、检修以及施工期等不同工作情况下的稳定性。

一、荷载及其组合

水闸承受的荷载主要有：自重、水重、水平水压力、扬压力、浪压力、泥沙压力、土压力及地震力等，基本计算方法与重力坝中讲授的相同。对其中有所区别的介绍如下：

1. 水平水压力

指胸墙、闸门、闸墩、底板等侧面受到的水平水压力。当有钢筋混凝土铺盖时（图 7-31），止水片以上的水平水压力按静水压力分布考虑，止水片以下缝内的水平水压力按下述方法计算：由于渗流区内任一点的水压力强度等于该点的静水压强（相对于下游水位的高差）与渗透压强（由闸基渗流计算得到）之和，在止水片以下缝内的水流状态可以认为是静止的，所以，缝内渗透压强处处相等，其数值即为缝内这一点（即图 7-30 中的第 7 点）的渗透压强，而缝内静水压强按一般方法进行计算。

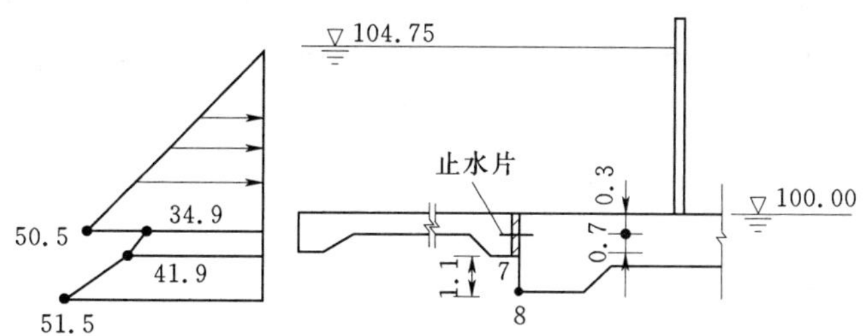

图 7-31 闸室上游水平水压力计算图（单位：高程，m；压强，kPa）

如图 7-31 所示，已知第 7 点渗透压强为 31.9kPa，第 8 点渗透压强为 30.5kPa，通过上述计算即可获得该图所示的闸室上游面各点水平水压强度及其分布情况。其中，第 7 点缝内各点压强计算为：止水片上面处的按静水压力为 $(104.75-100+0.3)\times10=50.5$ (kPa)；止水片下面处为渗透压强＋静水压强 $=31.9+0.3\times10=34.9$ (kPa)；7 点处为渗透压强＋静水压强 $=31.9+(0.3+0.7)\times10=41.9$ (kPa)；8 点处为渗透压强＋静水压强 $=30.5+(0.3+0.7+1.1)\times10=51.5$ (kPa)。

对于黏土铺盖（图 7-32），从偏于安全角度考虑，在 a 点的静水压强与 b 点的扬压力强度（不能遗漏静水压强）之间，用直线相连，即得黏土填料与闸室接触面上的水平水压力分布图。

闸室底板上下游浅齿墙的内侧斜面上也有水平水压力，两者方向相反且数值相差较小，可略而不计。

2. 浪压力

计算浪压力之前，首先要计算波浪要素，即波高和波长。过去我国多使用史蒂文生、安得烈雅诺夫及鹤地水库的公式，但计算结果偏差较大，且适用范围有一定的局限性。《水闸设计规范》(SL 267) 推荐使用莆田试验站公式，该公式系南京水利科学研究院以浅水港湾 6 年的实测波浪资料为依据，经过统计回归分析提出的，对深水水域和浅水水域均适用，对我国东南沿海和内陆平原地区浅水水域尤为适用。该公式考虑因素全面，计算精度较高。

对于大中型水闸，考虑到风浪的随机性，引入波列累计频率的概念。若连续观测 100 个波高，进行由大到小排列，则第 5 个波高的累积频率即为 $P_l=5\%$。设计时应按水闸级别的不同，按表 7-5 确定应采用的波列累计频率。

计算波浪要素时，首先要按式 (7-30)、式 (7-31) 计算平均波高 h_m 和平均波周期 T_m，即

$$\frac{gh_m}{v_0^2}=0.13\tanh\left[0.7\left(\frac{gH_m}{v_0^2}\right)^{0.7}\right]\tanh\left\{\frac{0.0018\left(\frac{gD}{v_0^2}\right)^{0.45}}{0.13\tanh\left[0.7\left(\frac{gH_m}{v_0^2}\right)^{0.7}\right]}\right\} \tag{7-30}$$

$$\frac{gT_m}{v_0}=13.9\left(\frac{gh_m}{v_0^2}\right)^{0.5} \tag{7-31}$$

式中　h_m——平均波高，m；

v_0——计算风速，当浪压力参与荷载的基本组合时，可采用当地气象台站提供的重现期为50年的年最大风速；当浪压力参与荷载的特殊组合时，可采用当地气象台站提供的多年平均年最大风速，m/s；

D——风区长度，即吹程，m；

H_m——风区内的平均水深，m；

T_m——平均波周期，s。

表7-5　p　值

水闸级别	1	2	3	4	5
p/%	1	2	5	10	20

然后，根据平均波高 h_m 由表7-6换算出相应的波列累积频率的波高 h_p。

最后，按式（7-32）计算相应的波长：

$$L_m=\frac{gT_m{}^2}{2\pi}\tanh\frac{2\pi H}{L_m} \tag{7-32}$$

式中　H——闸前水深，m；

L_m——平均波长，m。

需要注意的是，式（7-32）两边均有 L_m，需要用试算法求解。

表7-6　h_p/H_m　值

$\frac{h_m}{H_m}$	p/%				
	1	2	5	10	20
0.0	2.42	2.23	1.95	1.71	1.43
0.1	2.26	2.09	1.87	1.65	1.41
0.1	2.09	1.96	1.76	1.59	1.37
0.3	1.93	1.82	1.66	1.52	1.34
0.4	1.78	1.68	1.56	1.44	1.30
0.5	1.63	1.56	1.46	1.37	1.25

波浪要素（波高、波长和周期）确定后，即可按重力坝章节中的有关公式计算浪压力。

3. 地震力

根据《水工建筑物抗震设计规范》（SL 203），地震力按拟静力法计算。

沿水闸高度作用于质点 i 的水平地震惯性力 P_i 可按式（7-33）计算。

$$P_i=K_HC_z\alpha_iW_i \quad (\text{kN}) \tag{7-33}$$

式中　K_H——水平地震系数，当设计烈度分别为7度、8度、9度时，其相应值分别为0.1、0.2、0.4；

C_z——作用效应折减系数，取 1/4；

α_i——沿闸墩及闸顶机架高度的动力放大系数，见表 7-7；

W_i——集中在质点 i 的重量，kN。

其他荷载的计算可参阅第二章第二节。

表 7-7　　水闸的动力放大系数 α_i

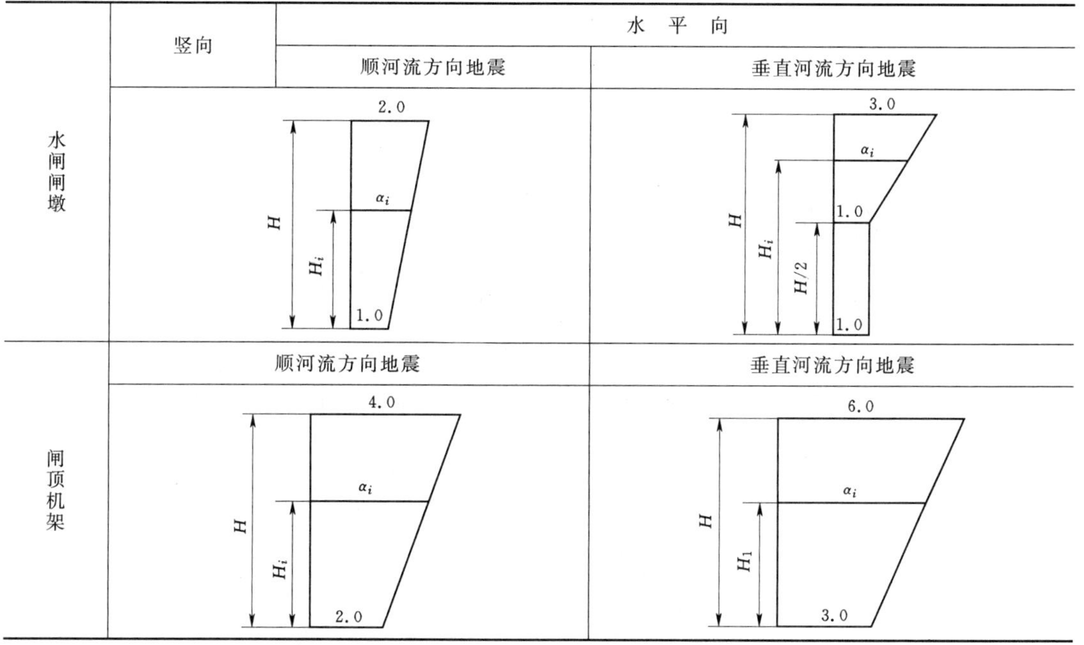

荷载组合分为基本组合和特殊组合。基本组合由同时出现的基本荷载组成。特殊组合由同时出现的基本荷载再加一种或几种特殊荷载组成。基本组合包括：正常蓄水位情况，设计洪水位情况，冰冻情况和完建情况等。特殊组合包括：校核洪水位情况，地震情况，施工情况和检修情况等。

水闸在运行情况下所受的荷载，如图 7-32 所示。

二、表层抗滑稳定验算

闸室稳定计算应选取相邻沉降缝之间的闸室段作为计算单元，对于未分缝的小型水闸，可取整个闸室（包括边墩）作为验算单元。

（一）抗滑稳定计算公式

在水闸运用期，当闸室作用于地基的铅直力较小而水平力达到某一限值时，闸室就有可能沿地基表层发生滑动。此时，如果抗滑力（主要指底板与地基接触面上的摩擦力和凝聚力）大于滑动力，闸室就能保持稳定，反之，就会产生滑动。

土基上水闸沿闸室基底面的抗滑稳定安全系数，应按式（7-34）、式（7-35）之一进行计算。

$$K_c=\frac{f\sum G}{\sum H}\geqslant[K_C] \tag{7-34}$$

$$K_c=\frac{\tan\varphi_0\sum G+c_0A}{\sum H}\geqslant[K_C] \tag{7-35}$$

式中　$[K_C]$——土基上抗滑稳定安全系数的允许值，见表 7-8；

$\sum H$——作用在闸室上的水平荷载的总和，kN；

$\sum G$——作用在闸室上的竖向荷载之和（包括扬压力在内），kN；

f——闸室基底面与地基之间的摩擦系数，见表 7-9；

φ_0——闸室基础底面与土质地基之间的摩擦角，(°)；

c_0——闸室基础底面与土质地基之间的黏聚力，kPa；

A——闸室基底面的面积，m^2。

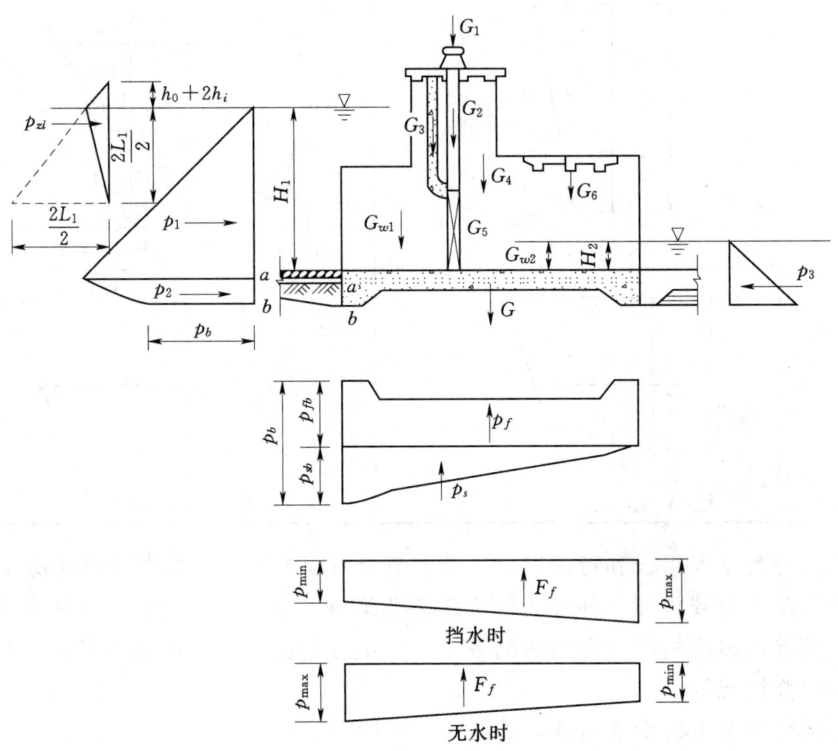

图 7-32　闸室的荷载

p_1、p_2、p_3—水平水压力；p_{zl}—波浪压力；G—底板重；G_1—启闭机重；G_2—工作桥及桥墩重；G_3—胸墙重；G_4—闸墩重；G_5—闸门重；G_6—交通桥重；G_{w1}、G_{w2}—铅直水压力；p_f—浮托力；p_{sb}—渗透压力；F_f—地基反力；$2h_i$—波浪高度；$2L_1$—波浪长度

表 7-8　　K_c 的容许值

荷载组合		水闸级别			
		1	2	3	4、5
基本组合		1.35	1.30	1.25	1.20
特殊组合	Ⅰ	1.20	1.15	1.10	1.05
	Ⅱ	1.10	1.05	1.05	1.00

注　1. 特殊组合 Ⅰ，适用于施工、检修及校核洪水位情况。

2. 特殊组合 Ⅱ，适用于地震情况。

表 7-9 **摩擦系数 f 值**

地基类别		f	地基类别	f
黏土	软弱	0.20～0.25	细砂、极细砂	0.40～0.45
	中等坚硬	0.25～0.35	中砂、粗砂	0.45～0.50
	坚硬	0.35～0.45	砂砾石	0.40～0.50
壤土、粉质壤土		0.25～0.40	砾石、卵石	0.50～0.55
砂壤土、粉砂土		0.35～0.40	碎石土	0.40～0.50

对于黏性土地基上的大型水闸，宜用式（7-35）计算。该式中 φ_0 和 C_0 的取值随地基条件不同而异。在黏性土地基上，φ_0 可取室内饱和固结快剪试验内摩擦角 φ 值的 90%，C_0 取室内饱和固结快剪试验黏聚力 c 值的 20%～30%，如果折算的综合摩擦系数 $f_0=(\tan\varphi_0\sum G+C_0A)/\sum G$ 值大于 0.45，采用时应有论证。对于砂性土地基，φ_0 可取 φ 值的 85%～90%，不计 C_0；如 f_0 值大于 0.50，采用时也应有论证。

当闸室受双向水平力作用时，应验算其在合力方向的抗滑稳定性。对于土基上采用钻孔灌注桩基础的水闸，若验算沿闸室底板底面的抗滑稳定性，应计入桩体材料的抗剪断能力。

（二）提高闸室抗滑稳定性的措施

当闸室沿基底面的抗滑稳定安全系数小于表 7-8 中的容许值时，可采取以下抗滑措施：

（1）增加铺盖长度，或在不影响抗渗稳定的前提下，将排水设施向水闸底板靠近，以减小作用在底板上的渗透压力。

（2）利用上游钢筋混凝土铺盖作为阻滑板，但闸室本身的抗滑稳定安全系数仍应大于 1.0。计算由阻滑板增加的抗滑力时，考虑到地基变形及钢筋拉长对阻滑板阻滑效果的影响，阻滑板效果应采用 0.8 的折减系数，即

$$S\approx 0.8f(W_1+W_2-U) \tag{7-36}$$

式中 S——阻滑板的抗滑力，kN；

W_1——阻滑板上的水重，kN；

W_2——阻滑板的自重，kN；

U——阻滑板底面的扬压力，kN；

f——阻滑板与地基土间的摩擦系数。

（3）将闸门位置移向低水位一侧，或将水闸底板向高水位一侧加长，以便多利用一部分水重。

（4）增加闸室底板的齿墙深度（万一齿墙被剪断，其抗滑能力也大于所取代的土体的，但不得不考虑底板下渗压力变大的不利）。

（5）适当增大闸室结构尺寸（对抗滑稳定有利，但对土基的基底应力不利）。

（6）增设钢筋混凝土抗滑桩或预应力锚固结构（前提是能保证锚得住）。

三、基底应力和闸室沉降的验算

1. 基底应力

作用在闸室上的各种荷载，通过底板传给地基，在地基表面产生应力较大，即为基底

应力。基底应力的分布与底板的刚度、尺寸、埋置深度及地基性质等因素有关，呈曲线分布。考虑到闸墩和底板在顺水流方向的刚度很大，闸室基底应力可近似地认为呈直线分布，按式（7-37）计算，即

$$P_{\substack{max\\min}}=\frac{\sum G}{A}\pm\frac{\sum M}{W}\quad (kPa) \tag{7-37}$$

式中　$P_{\substack{max\\min}}$——闸室基底应力的最大值或最小值，kPa；

$\sum G$——作用在闸室上的竖向荷载之和（包括扬压力在内），kN；

A——闸室基底面的面积，m^2；

$\sum M$——作用在闸室上的全部竖向和水平向荷载对于基础底面垂直水流方向的形心轴的力矩，kN·m；

W——闸室基底面对于该底面垂直水流方向的形心轴的截面距，m^3。

需要指出的是，式（7-37）只适用于结构布置及受力情况对称的闸孔，如：多孔水闸的中间孔或左右对称的单闸孔。对于结构布置及受力情况不对称的闸孔，如：多孔闸的边闸孔或左右不对称的单闸孔，应按双向偏心受压公式计算闸室基底应力。

在各种计算情况下，要求闸室平均基底应力（即 P_{max} 与 P_{min} 的算术平均值）不大于地基的容许承载力，基底应力的最大值与最小值之比 $\eta=P_{max}/P_{min}$ 不大于规定的允许值。η 值反映了闸室基底应力分布的不均匀程度，η 值越大，表明闸室两端基底应力相差越大，沉降差越大，闸室的倾斜度也越大。设计中 η 应小于规定的允许值，见表 7-10。

表 7-10　　η 的允许值

地基土质	荷载组合		备注
	基本	特殊	
松软	1.5	2.0	1. 对于特别重要的大型水闸，采用值可按表列数值适当减小； 2. 对于地震区的水闸，采用值可按表列数值适当增大； 3. 对于地基特别坚实或可压缩土层甚薄的水闸，可不受本表规定的限制，但要求闸室基底不出现拉应力
中等坚实	2.0	2.5	
坚实	2.5	3.0	

2. 闸室沉降

土基上建闸，往往容易产生较大的沉降和沉降差。而过大的沉降差，将引起闸室倾斜、裂缝、止水破坏，甚至使建筑物顶部高程不足，影响建筑物的正常运行。为此，除须采取措施以减小沉降外，还应在施工时根据预计沉降量 S（见《土力学》的沉降计算），将原设计高程增加 S 值。根据建闸经验，天然土基上闸室最大沉降量不宜超过 15cm，相邻部位的最大沉降差不宜超过 5cm。

为了减小过大的沉降及沉降差，可以采取下列几种措施：①使用轻型结构，加大底板长度，以减小基底应力；②调整闸室布置，尽量使基底应力均匀分布，最大值与最小值之比不超过规定的允许值；③减小相邻建筑物之间的重量差，安排重量大的建筑物先行施工，使它提前沉降；④进行地基处理，以提高地基承载力。

四、地基处理

水闸设计中应尽可能利用天然地基，如遇有淤泥质土、高压缩性黏土和松砂等软弱地基，即使选择轻型的水闸结构型式，也很难满足地基沉降量及稳定要求，此时需要进行地基处理。常用的地基处理方法有以下几种。

（一）换土垫层

换土垫层是工程上广为采用的一种地基处理方法，适用于软弱黏性土，包括淤泥质土。当软土层位于基面附近，且厚度较薄时，可全部挖除；如软土层较厚不宜全部挖除，可采用换土垫层法处理，将基础下的表层软土挖除，换以紧密的垫层材料，并分层夯实或振密，使水闸建在新换的地基上，见图 7－33。

换土垫层的主要作用是使闸室传至垫层底部的应力，通过垫层的扩散作用而减小，从而提高地基的稳定性，并有效地减小地基沉降量。此外，铺设在软黏土上的砂层，具有良好的排水作用，有利于软土地基加速固结。

垫层厚度应由垫层底面的平均压力不大于地基容许承载力的原则确定，一般垫层厚度为 1.5～3.0m。垫层的宽度，通常选用建筑物基底压力扩散至垫层底面的宽度再加 2～3m。换土垫层材料以采用黏粒含量为 10%～20% 的壤土最为适宜；含砾黏土也是较好的垫层材料；级配良好的中砂和粗砂，易于振动密实，用作垫层材料，也是适宜的；至于粉砂、细砂和轻砂壤土，因其容易“液化”，不宜作为垫层材料。近年来，有些水闸工程采用土工合成材料加筋垫层，效果较好，可以推广使用。

（二）桩基础

当闸室结构重量较大，软土层较厚而地基承载力又不够时，可考虑采用桩基础。桩基础有支承桩和摩擦桩两种形式，见图 7－34。支承桩穿过软土层支承在坚硬岩石或密实土层上，支承桩的承载能力高于摩擦桩，但桩上荷载全部由岩石或密实土层承担。摩擦桩则主要依靠桩周的摩阻力承担上部荷载。在水闸工程中，一般采用摩擦桩，用以保证闸室防渗安全。如果采用支承桩，当桩尖以上的地基土压缩时，底板与地基土的接触面上有可能“脱空”，从而引起地下渗流的接触冲刷而危及闸室安全。

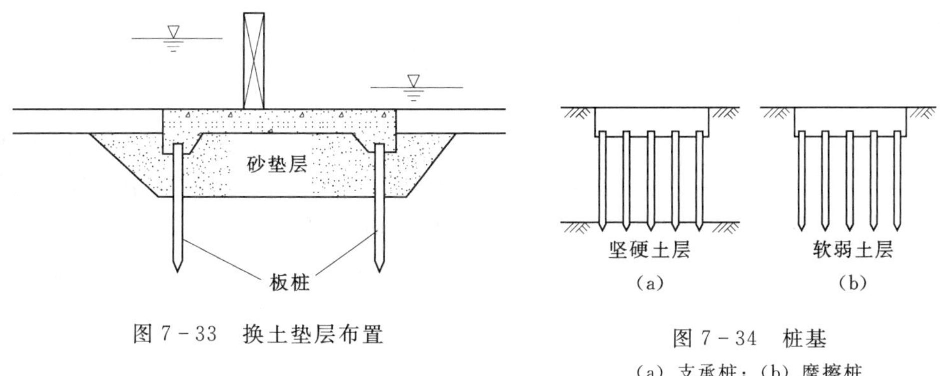

图 7－33　换土垫层布置

图 7－34　桩基
（a）支承桩；（b）摩擦桩

（三）沉井基础

沉井基础与桩基础同属深基础（埋深大于 5m），也是工程上广为采用的一种地基处理方法。沉井可作为闸墩或岸墙的基础，用以解决地基承载力不足和沉降或沉降差过大；也可与防冲加固结合考虑，在闸室下或消力池末端设置较浅的沉井，以减少其后防冲设施的工程量，如图7－35所示。

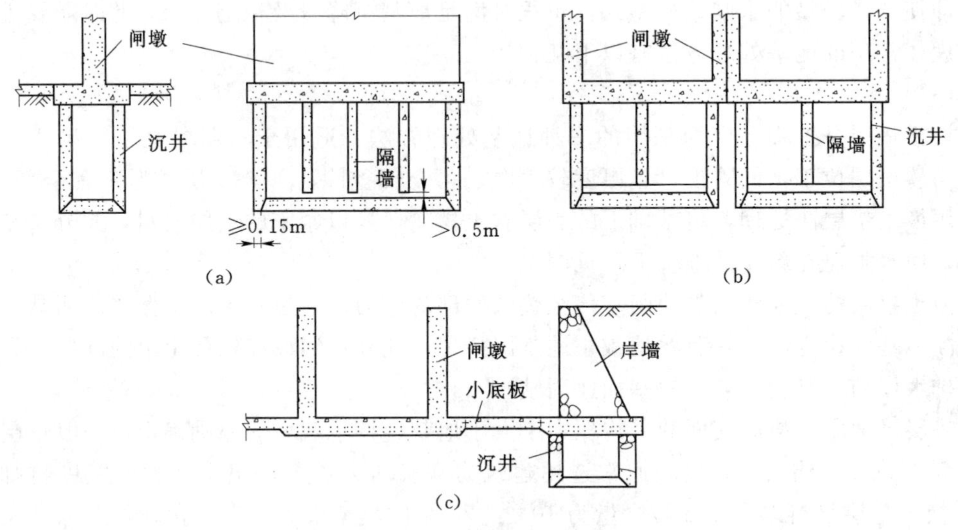

图7－35　沉井布置

过去，沉井都用钢筋混凝土。近来，也有采用少筋混凝土或浆砌石建造的。在平面上多呈矩形，长边不宜大于30m，长宽比不宜大于3，以便于均匀下沉。沉井分节浇筑高度，应根据地基条件、控制下沉速度及沉井的强度要求等因素确定。沉井深度取决于地基下卧坚实土层的埋置深度和相邻闸孔或岸墙的沉降计算；如兼作防冲设施还需考虑闸下可能的冲坑深度。为了保证沉井顺利下沉到设计标高，需要验算自重是否满足下沉要求，其下沉系数（沉井自重与井壁摩阻力之比）可采用1.15～1.25。沉井是否需要封底，取决于沉井下卧土层的容许承载力。若容许承载力能满足要求，应尽量采用不封底沉井，因为沉井开挖较深，地下水影响较大，施工比较困难。不封底沉井内的回填土，应选用与井底土层渗透系数相近的土料，并且必须分层夯实，以防止渗透变形和过大的沉降，使闸底与回填土脱开。

当地基内存在承压水层且影响地基抗渗稳定性时，不宜采用沉井基础。

（四）振冲砂石桩

这是近期发展起来的一种较好的地基处理方法。它是利用一个直径为0.3～0.8m，长约2m，下端设有喷水口的振冲器，先在土基内造孔，下管，然后向上移动，边振动，边沿管向下填注砂石料形成砂石桩。桩径一般为0.6～0.8m，间距1.5～2.5m，呈梅花形或正方形布置。桩的深度根据设计要求和施工条件确定，一般为8～10m。振冲桩的砂石料宜有良好的级配，碎石最大粒径不宜大于5cm。振冲砂石桩对砂土或砂壤土地基尤为适用。

（五）强夯法

它是由重锤夯实法发展起来的。用100～250kN重锤从10～20m高处自由落下，撞击土层，2次/min或3次/min。该法适用于松软的、透水性好的碎石土或砂土地基。在透水性差的黏性土地基中易出现橡皮土，如设置砂井，也可收到较好的效果。

常用的地基处理方法除上述的以外，还有预压加固、爆炸法、高速旋喷法及深层搅拌法等，这些方法经论证后也可采用。

第七节 闸 室 结 构 计 算

闸室为一空间结构，它不仅要承受自重和各种外荷载，还要考虑闸室两侧的边荷载对闸室结构的影响，受力情况比较复杂，可用有限元法对两道沉降缝之间的一段闸室进行整体分析。但为简化计算，一般都将其分解为胸墙、闸墩、底板、工作桥及交通桥等若干部件分别进行结构计算，同时又考虑它们之间的相互作用。下面分别介绍底板、闸墩和胸墙的结构计算。

一、底板的结构计算

底板支承在地基上，因其平面尺寸远大于厚度，可视为地基上的一块板结构。按照不同的地基情况可以采用不同的计算方法：对相对紧密度 $D_r>0.5$ 的非黏性土地基或黏性土地基，可采用弹性地基梁法。对于相对紧密度 $D_r\leqslant 0.5$ 的非黏性土地基，因地基松软，底板刚度相对较大，变形容易得到调整，可以采用地基反力沿水流流向呈直线分布、垂直水流流向为均匀分布的反力直线分布法。对小型水闸，则常采用倒置梁法。

1. 弹性地基梁法

弹性地基梁法在大中型水闸设计中应用甚广。该法认为梁和地基都是弹性体，共同受力与变形。梁在外荷作用下发生弯曲变形，地基受压而沉降，根据变形协调条件和静力平衡条件，确定地基反力和梁的内力，同时还计及底板范围以外的荷载对梁的影响。

底板连同闸墩在顺水流方向的刚度很大，可以忽略底板沿该方向的弯曲变形，假定地基反力呈直线变化（即梯形分布）如图 7-36 左下角图示，在垂直水流方向按曲线型（如图 7-26 右下角图示即弹性分布）。在垂直水流流向截取单宽板条及墩条作为脱离体（地基梁），按弹性地基梁计算地基反力和底板内力。其计算步骤如下：

（1）用偏心受压公式［式（7-37）］计算闸底纵向（顺水流流向）的地基反力。

（2）计算板条及墩条上的不平衡剪力。以闸门为界，将底板分为上、下两段，分别在两段的中央截取单宽板条及墩条进行分析，如图 7-36（a）所示。作用在板条及墩条上的力有：底板自重（q_1）、水重（q_2）、中墩重（G_1/b_i）及缝墩重（G_2/b_i），中墩及缝墩重中包括其上部结构及设备自重在内，在底板的底面有扬压力（q_3）及地基反力（q_4），见图 7-36（b）。

由于底板上的荷载在顺水流流向是有突变的，而地基反力是连续变化的，所以，作用在单宽板条及墩条上的力是不平衡的，即在板条及墩条的两侧必然作用有剪力 Q_1 及 Q_2，并由 Q_1 及 Q_2 的差值来维持板条及墩条上力的平衡，差值 $\Delta Q=Q_1-Q_2$，称为不平衡剪力。以下游段为例，根据板条及墩条上力的平衡条件，取 $\sum F_y=0$，则

$$\frac{G_1}{b_2}+2\frac{G_2}{b_2}+\Delta Q+(q_1+q'_2-q_3-q_4)L=0 \tag{7-38}$$

由式（7-38）可求出 ΔQ。式中假定 ΔQ 的方向向下，如算得结果为负值，则 ΔQ 的实际作用方向应向上，其中 $q'_2=q_2(L-2d_2-d_1)/L$ 为均摊于计算单元上的水重。

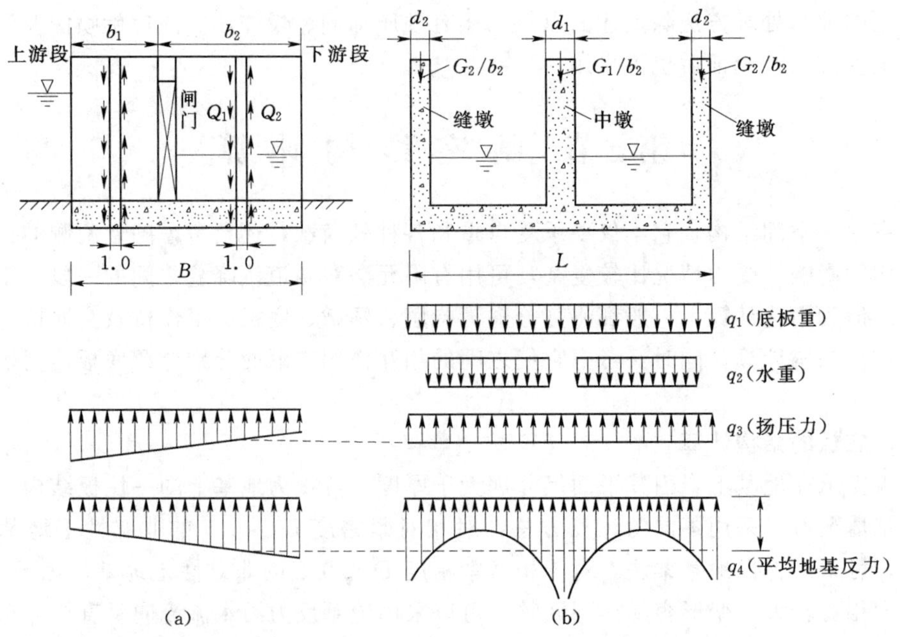

图 7-36　作用在单宽板条及墩条上的荷载及地基反力示意图

(3) 确定不平衡剪力在闸墩和底板上的分配。不平衡剪力 ΔQ 应由闸墩及底板共同承担，各自承担的数值，可根据剪应力分布图（图 7-37）的面积按比例确定，也可直接应用积分法求得。假定闸室在顺水流方向为一受弯构件，闸墩和底板形成组合梁，按受弯构件的公式来确定截面上的剪应力 τ_y，即：

$$\tau_y=\frac{\Delta Q}{bJ}S \quad (\text{kPa}) \qquad \text{或} \quad b\tau_y=\frac{\Delta Q}{J}S$$

式中　ΔQ——不平衡剪力，kN；

J——截面惯性矩，m^4；

S——计算截面以下的面积对全截面形心轴的面积矩，m^3；

b——截面在 y 处的宽度，底板部分 $b=L$，闸墩部分 $b=d_1+2d_2$，m。

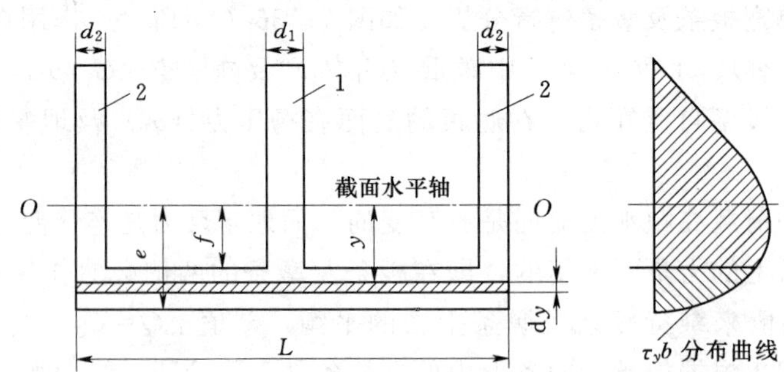

图 7-37　不平衡剪力 ΔQ 分配计算简图

1—中墩；2—缝墩

显然，底板截面上的不平衡剪力 $\Delta Q_{板}$ 应为

$$\Delta Q_{板}=\int_f^e \tau_y L\mathrm{d}y=\int_f^e \frac{\Delta QS}{JL}L\mathrm{d}y=\frac{\Delta Q}{J}\int_f^e S\mathrm{d}y$$

$$=\frac{\Delta Q}{J}\int_f^e (e-y)L\left(y+\frac{e-y}{2}\right)\mathrm{d}y$$

$$=\frac{\Delta QL}{2J}\left[\frac{2}{3}e^3-e^2f+\frac{1}{3}f^3\right] \tag{7-39}$$

$$\Delta Q_{墩}=\Delta Q-\Delta Q_{板}$$

一般情况，不平衡剪力的分配比例是：底板约占 10%～15%，闸墩约占 85%～90%。

（4）计算地基梁上的荷载。

1）将分配给闸墩上的不平衡剪力与闸墩及其上部结构的重量作为单宽底板梁的集中力。

$$\left.\begin{aligned} &\text{中墩集中力} \quad P_1=\frac{G_1}{b_2}+\Delta Q_{墩}\left(\frac{d_1}{d_1+2d_2}\right)\\ &\text{缝墩集中力} \quad P_2=\frac{G_2}{b_2}+\Delta Q_{墩}\left(\frac{d_2}{d_1+2d_2}\right)\end{aligned}\right\} \tag{7-40}$$

2）将分配给底板的不平衡剪力化为均布荷载，并与水重及扬压力等合并，作为梁的均布荷载，即

$$q=q_1+q'_2-q_3+\frac{\Delta Q_{板}}{L} \tag{7-41}$$

《水闸设计规范》(SL 265) 指出：当采用弹性地基梁法时，可不计闸室底板自重，即取 $q_1=0$；但当作用在基底面上的均布荷载为负值时，则仍应计及底板自重的影响，计及的百分数则以使作用在基底面上的均布荷载值 q 等于零为限度确定。

（5）考虑边荷载的影响。边荷载是指计算闸段底板两侧的闸室或边墩背后回填土及岸墙等作用于计算闸段上的荷载。如图 7-38 所示，计算闸段左侧的边荷载 4 为其相邻闸孔的闸基压应力，计算时将其简化为均匀分布，以便直接利用现成表格。右侧的边荷载为回填土的重力 $q_土$（梯形分布）以及侧向土压力所产生的弯矩。

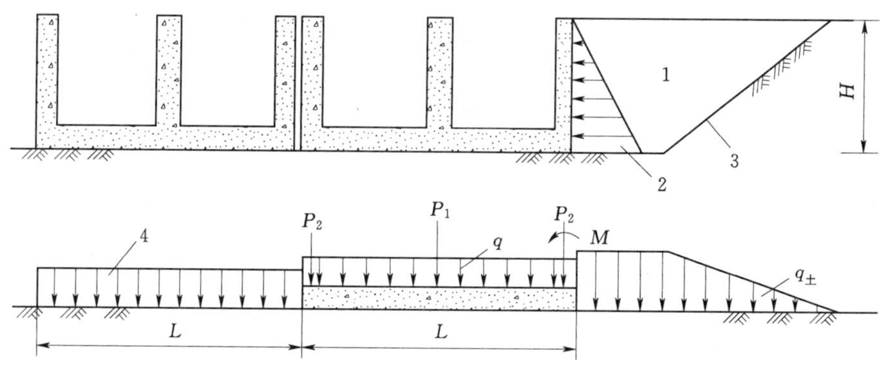

图 7-38 边荷载示意图

1—回填土；2—侧向土压力；3—开挖线；4—相邻闸孔的闸基压应力

边荷载对底板内力的影响，与地基土质、边荷载大小及作用位置、地基可压缩土层厚度和施工程序等有关。一般可按下述原则考虑：由于边荷载使底板内力增加时，必须考虑 100% 的影响。如果由于边荷载作用使底板内力减小，在砂性土地基中只考虑 50%的影

响；在黏性土地基中则不计其影响。

计算采用的边荷载作用范围可根据基坑开挖及墙后土料回填的实际情况确定，通常可采用弹性地基梁长度的 1 倍或可压缩土层厚度的 1.2 倍。

（6）计算地基反力及梁的内力。用弹性地基梁法分析闸室底板应力时，首先要根据可压缩土层厚度 T 与弹性地基梁半长 $L/2$ 的比值来判别所需采用的计算方法。当比值 $2T/L<0.25$ 时，可按基床系数法（文克尔假定）计算；当 $2T/L>2.0$ 时，可按半无限深的弹性地基梁法计算；当 $2T/L=0.25\sim2.0$ 时，可按有限深的弹性地基梁法计算。然后利用相应的已编制好的数表计算地基反力和梁的内力，最后验算强度并进行配筋。

这里简要介绍半无限深弹性地基梁的计算方法。工程设计中，为了简化计算工作，通常借助于郭尔布诺夫——波萨多夫表（简称郭氏表，见附录Ⅱ）以及华东水利学院编制的集中边荷载的计算用表（附录Ⅲ），计算弹性地基反力以及梁的内力。

使用郭氏表计算梁的内力的步骤如下：

1）计算梁的柔性指数。柔性指数是反映梁与地基之间相对刚度的一种指标，可近似地用下式推算：

$$t=10\frac{E_0}{E_h}\left(\frac{l}{h}\right)^3 \tag{7-42}$$

式中　E_0——地基土的变形模量，可参照表 7-11 选用，kN/m²；

E_h——混凝土的弹性模量，按表 7-12 选用，kN/m²；

l——地基梁的一半长度，m；

h——梁的高度，这里指底板厚度，m。

表 7-11　　**土的变形模量 E_0**　　单位：kN/m²

土的种类	E_0	
砾石与卵石	65000～54000	
碎石	65000～29000	
砂砾	42000～14000	
粗砂及砾砂	密实的	中实的
	48000	36000
中砂	42000	31000
干的细砂	36000	25000
湿的和饱和的细砂	31000	19000
干的粉砂	21000	17500
湿的粉砂	17500	14000
饱和的粉砂	14000	9000
干的砂壤土	16000	12500
湿的砂壤土	12500	9000
饱和砂壤土	9000	5000
黏土	坚硬状态	塑性状态
	59000～16000	16000～4000
砂质黏土	39000～16000	16000～4000

注　当液性指数 $I_L\leqslant0$ 时的黏性土属坚硬状态，$0<I_L<1$ 时属塑性状态，$I_L>1$ 时属流动状态。

表 7-12　　混凝土的弹性模量 E_h　　单位：kN/m²

混凝土标号	C10	C15	C20	C25	C30
弹性模量	1.75×10^7	2.20×10^7	2.55×10^7	2.80×10^7	3.00×10^7

由式（7-42）可知，E_0/E_h 比值越小，表示梁越刚硬；而梁越长（即 l 越大）越薄（即 h 越小），表示梁越柔软。根据不同的 t 值，可查用相应的表格（附录）。当算出的 t 值有小数值（如 2.4）时，可查用相近 t 值（如 $t=2$）的表。

当 $t<1$ 时，可将梁视作绝对刚性的梁；当 $1\leqslant t\leqslant 50$（均布荷载）或 $1\leqslant t\leqslant 10$（集中荷载）时，视为短梁；当 $t>50$（均布荷载）或 $t>10$（集中荷载）时，视为长梁。软土地基上的水闸底板一般为短梁。

2）查郭氏表求内力。根据柔性指数和各种梁上荷载（集中荷载、均布荷载和力矩）可分别查附录Ⅱ各表求出梁上各有关截面的弯矩系数，求出各截面相应的内力值；再根据附录Ⅲ计算弹性地基梁在边荷载作用下的弯矩系数，进而求得边荷载引起的内力值。附录Ⅲ边荷载计算表只有集中力的边荷载值，但实际工程中常遇到分布荷载，故在计算时须先将分布荷载化为几个集中荷载，然后查边荷载计算表。

2. 倒置梁法

倒置梁法是将垂直水流方向截取的单位宽度板条，视为倒置于闸墩上的连续（或悬臂）梁，即把闸墩当做底板的支座[图 7-39（b）]。作用在梁上的荷载有底板自重 q_1、水重 q_2、扬压力 q_3 及地基反力 q_4。同样，假定顺水流流向地基反力呈直线变化（梯形分布），垂直水流流向均匀变化（矩形分布）。因此，倒置梁上的均布荷载 $q=q_3+q_4-q_1-q_2$。最后，按连续梁计算底板内力并配筋。

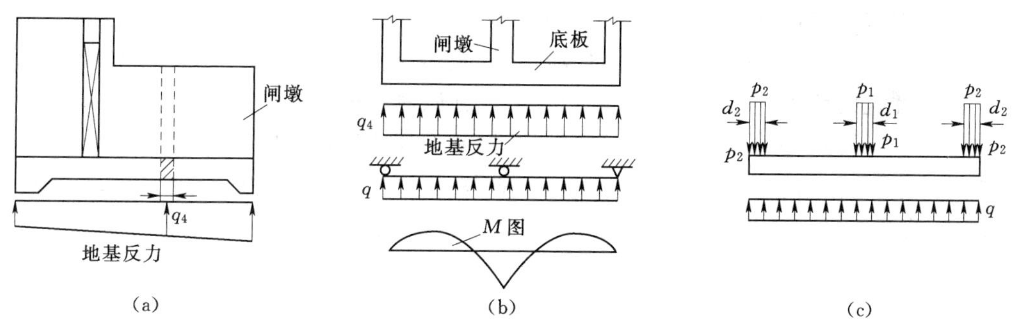

图 7-39　倒置梁法及反力直线分布法计算简图

（a）、（b）倒置梁法；（c）反力直线分布法

倒置梁法计算简便，但是：①没有考虑底板与地基间的变形相容条件；②假设底板在横向的地基反力为均匀分布与实际情况不符；③闸墩处的支座反力与实际的铅直荷载也不相等。因而，倒置梁法计算误差较大，仅在小型水闸中使用。

3. 反力直线分布法（荷载组合法、截面法）

反力直线分布法仍假定地基反力在顺水流方向按梯形分布，垂直水流方向按矩形分布。在垂直水流方向截取单位宽度的板条作为脱离体，但不把闸墩当做底板的支座，而认为闸墩是作用在底板上的荷载，按截面法进行内力计算。

其计算步骤是：

(1) 用偏心受压公式计算闸底纵向地基反力。

(2) 确定单宽板条及墩条上的不平衡剪力[类似于式 (7-38)]。

(3) 将不平衡剪力在闸墩和底板上进行分配 (图 7-37 中的方法)，通常闸墩分配到的不平衡剪力约占 90%，底板的约为 10%。

(4) 计算作用在底板梁上的荷载：将由式 (7-40) 计算确定的中墩集中力 P_1 和缝墩集中力 P_2 化为局部均布荷载 [图 7-39(c)]，其强度分别为 $p_1=P_1/d_1$、$p_2=P_2/d_2$，同时将底板承担的不平衡剪力化为均布荷载，则作用在底板底面的均布荷载 q 为

$$q=q_3+q_4-q_1-q'_2-\frac{\Delta Q_{板}}{L} \tag{7-43}$$

(5) 按静定结构计算底板内力。

反力直线分布法计算很简单，可在大中型水闸设计中使用，在小型水闸设计中，能替代倒置梁法，且保持较好的精度。

二、闸墩的结构计算

闸墩主要承受结构自重 (包括上部结构与设备重) 和水压力等荷载，在地震区，还需计入地震力。

闸墩结构计算的内容主要包括闸墩应力计算及平面闸门门槽 (或弧形闸门支座) 的应力计算。

(一) 平面闸门闸墩

1. 闸墩应力计算

闸墩应力包括纵向 (顺水流方向) 应力和横向 (垂直水流方向) 应力。各个高程处的闸墩应力都不相同，最危险的断面是闸墩与底板的接合面，因此，应以此接合面作为必须计算截面，并把闸墩视为固接于底板的悬臂梁，近似地用偏心受压公式计算应力。

在水闸运行期，当闸门关闭时，纵向计算的最不利条件是闸墩承受最大的上下游水位差所产生的水压力 (设计水位或校核水位)、闸墩自重及其上部结构自重等荷载 (图 7-40)。在此情况下，可用式 (7-44) 验算闸墩底部上下游处的铅直正应力 σ：

$$\sigma_{下}^{上}=\frac{\sum G}{A}\mp\frac{\sum M_x}{I_x}\times\frac{L}{2}\quad(\text{kPa}) \tag{7-44}$$

式中　$\sum G$——铅直方向作用力的总和，kN；

A——闸墩底截面面积，m^2；

$\sum M_x$——全部荷载对墩底截面形心轴 $x—x$ 的力矩总和，kN·m；

I_x——闸墩底截面对 $x—x$ 轴的惯性矩，m^4，I_x 值可近似地取为 $I_x=d(0.98L)^3/12$；d 为闸墩厚度，m；

L——闸墩长度，m。

在水闸检修期，当一孔检修，而相邻闸孔运行时，闸墩承受侧向水压力、闸墩自重及其上部结构自重等荷载 (图 7-40)，这是横向计算最不利的情况。此时，闸墩底部两侧铅直正应力 σ'，可按式 (7-45) 计算，即

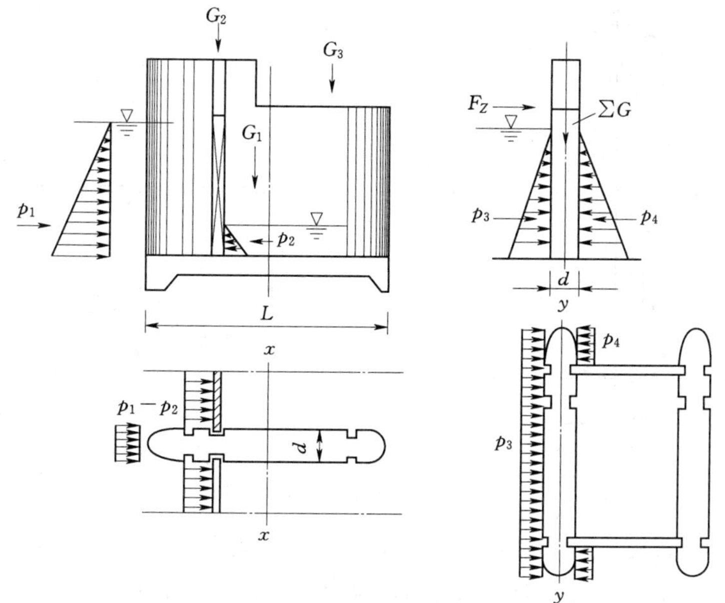

图 7－40 闸墩结构计算简图

p_1、p_2—上下游水平水压力；p_3、p_4—闸墩两侧水平水压力；F_Z—交通桥上车辆刹车制动力；G_1—闸墩自重；G_2—工作桥重及闸门重；G_3—交通桥重

$$\sigma'=\frac{\sum G}{A}\pm\frac{\sum M_y}{I_y}\times\frac{d}{2}\quad(\text{kPa})\tag{7-45}$$

式中 $\sum M_y$——全部荷载对闸墩底截面形心轴 $y—y$ 的力矩总和，kN·m；

I_y——闸墩底截面对 $y—y$ 轴的惯性矩，m^4。

2. 门槽应力计算

门槽承受闸门传来的水压力后将产生拉应力，故需对门槽颈部进行应力分析。如图 7－41 所示，取 1m 高闸墩作为计算单元。由左、右侧闸门传来的水压力为 P，在单元上、下水平截面上将产生剪力 $Q_上$ 和 $Q_下$，剪力差 $Q_下-Q_上$ 应等于 P。假设剪力 $Q_上$ 和 $Q_下$ 呈均匀分布，并取门槽前的闸墩作为脱离体，由力的平衡条件可求得此 1m 高门槽颈部（亦即门上游墩体）所受的拉力 P_1 为

$$P_1=(Q_下-Q_上)\frac{A_1}{A}=P\frac{A_1}{A}\quad(\text{kN})\tag{7-46}$$

式中 A_1——门槽颈部以前闸墩的水平截面积，m^2；

A——闸墩的水平总截面积，m^2。

从式（7－46）可以看出，门槽颈部所受拉力 P_1 与门槽的位置有关，门槽越靠下游，P_1 越大。

1m 高闸墩在门槽颈部所产生的拉应力 σ 为

$$\sigma=\frac{P_1}{b}\quad(\text{kPa})\tag{7-47}$$

式中 b——门槽颈部厚度，m。

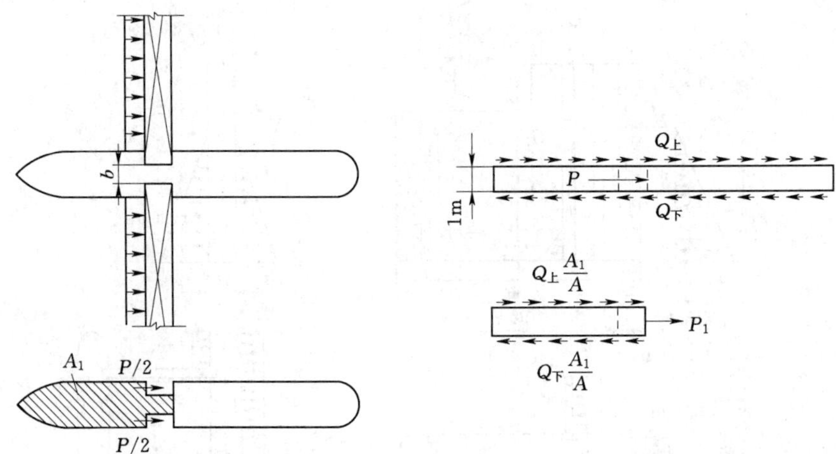

图 7-41 门槽应力计算简图

当拉应力小于混凝土的容许拉应力时，可按构造配筋；否则，应按实际受力情况配筋。由于水压力是沿高度变化的，故应沿高度分段计算钢筋用量。

由于门槽承受的荷载是由滚轮或滑块传来的集中力，因而还应验算混凝土的局部承压强度或配以一定数量的构造钢筋。

对于实体闸墩，除闸墩底部及门槽外，一般不会超过闸墩材料的容许应力，只需配置构造钢筋，图 7-42 是闸墩及门槽的配筋图。

（二）弧形闸门闸墩

对弧形闸门的闸墩，除计算底部应力外，还应验算支承铰（牛腿）及其附近的应力。

弧形闸门的支承铰有两种布置形式：一种是在闸墩上直接布置铰座；一种是将铰座布置在伸出于闸墩体外的牛腿上。后者，结构简单，制造、安装方便，应用较多。

牛腿轴线呈斜向布置，与闸门关闭时的门轴作用力方向接近，一般为 1∶2.5～1∶3.5，宽度 b 不小于 50～70cm，高度 h 不小于 80～100cm，端部做成 1∶1 的斜坡，见图 7-43。牛腿承受弯矩、剪力和扭矩作用，可按短悬臂梁计算内力并据以配置钢筋和验算牛腿与闸墩的接触面积。

作用在弧形闸门上的水压力通过牛腿传递给闸墩，远离牛腿部位的闸墩应力仍可用前述方法进行计算，但牛腿附近的应力集中现象则需采用弹性理论进行分析。三向偏光弹性试验结果表明：仅在牛腿前约 2 倍牛腿宽，1.5～2.5 倍牛腿高范围内（图 7-43 中虚线所示）的主拉应力大于混凝土的容许应力，需要配置受力钢筋，其余部位的拉应力较小，可按构造配筋。上述成果，只能作为中、小型弧形门闸墩牛腿附近的配筋依据，对于大型闸墩的配筋需要进行深入研究。

三、胸墙的结构计算

胸墙承受的荷载，主要为静水压力和浪压力。计算简图应根据其结构型式和边界支承情况而定。

（一）板式胸墙

分段选取 1m 高的板条，板条上承受均布荷载 q（板条中心的静水压力及浪压力强

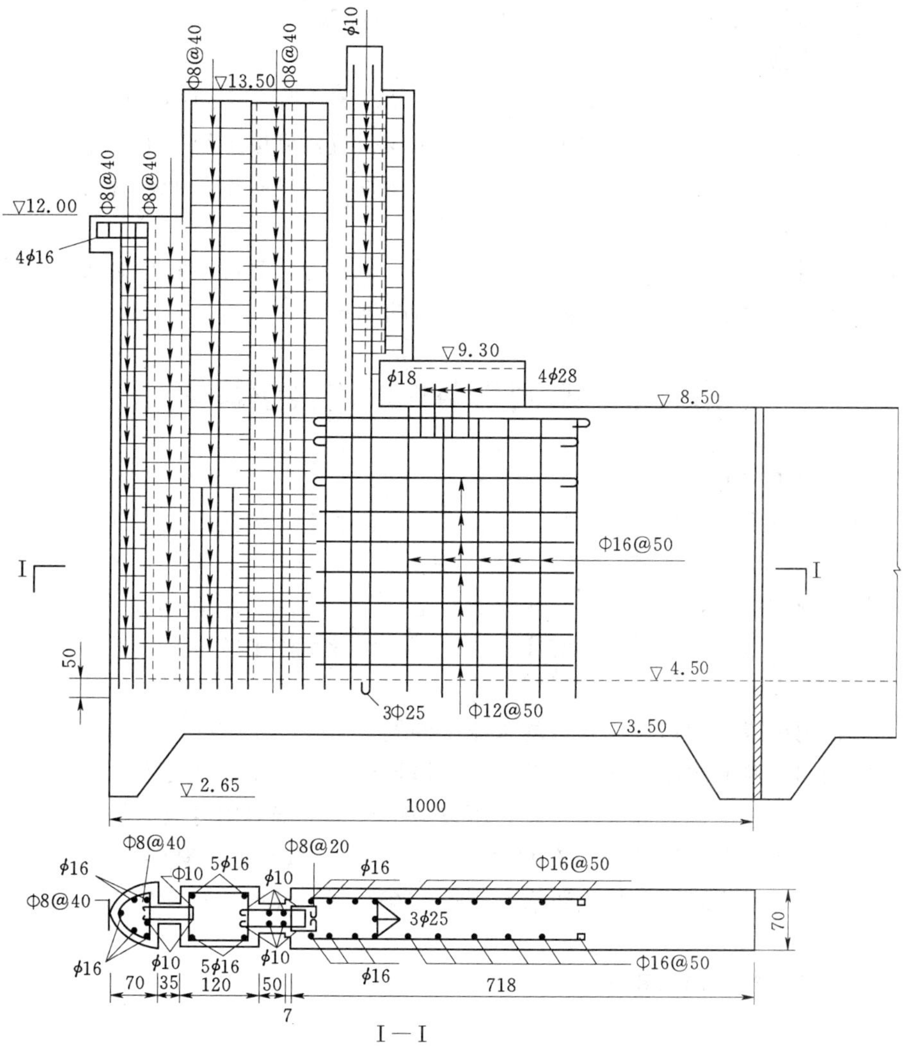

图 7-42　闸墩及门槽的配筋图（单位：高程，m；尺寸，cm）

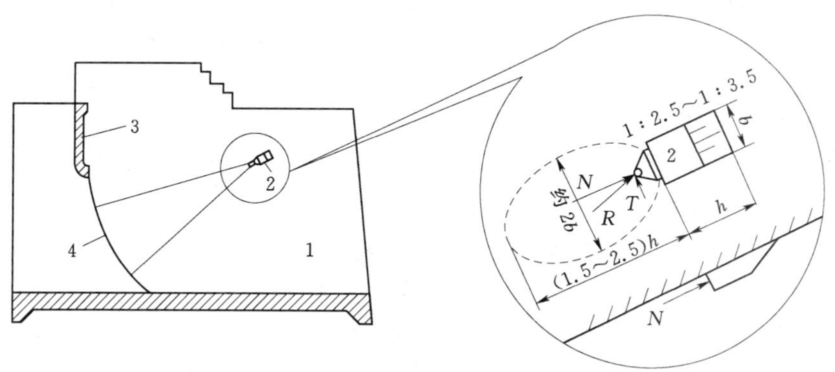

图 7-43　弧形门牛腿布置及其附近的应力集中区

1—闸墩；2—牛腿；3—胸墙；4—弧形门

度)，按简支或固端梁计算内力，并沿高度分段进行配筋计算。

（二）梁板式胸墙

梁板式胸墙一般为双梁式结构，板的上、下端支承在梁上，两侧支承在闸墩上。

当板的长边与短边之比小于或等于2时，为双向板，可按承受三角形荷载的四边支承板计算内力并配筋。当板的长边与短边之比大于2时，为单向板，可以沿长边方向截取宽为1m的板条，进行内力计算与配筋。

顶梁与底梁可视为简支或固接在闸墩上的梁，其内力计算可参阅有关结构力学教程。

胸墙经常处于水下，必须严格限制裂缝开展的宽度。

第八节　水闸与两岸的连接建筑物

一、连接建筑物的作用

水闸与两岸或土坝等建筑物相接，必须设置连接建筑，包括上、下游翼墙和边墩（或边墩和岸墙)，有时还设有防渗刺墙，其作用是：

（1）挡住两侧填土，保证土坝及两岸的稳定。

（2）当水闸泄水或引水时，上游翼墙主要用于引导水流平顺进闸，下游翼墙使出闸水流均匀扩散，减少冲刷。

（3）保护两岸或土坝边坡不受过闸水流的冲刷。

（4）控制闸室侧向绕流，防止与其相连的岸坡或土坝产生渗透变形。

（5）在软弱地基上设有独立岸墙时，可以减少地基沉降对闸身应力的影响。

在水闸工程中，两岸连接建筑在整个工程中所占比重较大，有的可达工程总造价的15%～40%，闸孔越少，所占比重越大。因此，在水闸设计中，对连接建筑的形式选择和布置，应予以足够的重视。

二、连接建筑物的形式和布置

（一）边墩和岸墙

建在较为坚实地基上、高度不大的水闸，可用边墩直接与两岸或土坝连接。此时，边墩即是挡土墙，承受迎水面的水压力、背水面的土压力和渗透压力，以及自重、扬压力等荷载。边墩与闸底板的连接，可以是整体式或分离式的，视地基条件而定。边墩可做成重力式、悬臂式或扶壁式、空箱式等，见图7-44（a）～（d)。重力式墙可用浆砌石或混凝土建造。这种形式的优点是：结构简单，施工方便；缺点是耗用材料较多。重力式墙适用于墙高不超过6m的水闸。悬臂式墙一般为钢筋混凝土结构，适用高度为6～10m。扶壁式墙通常采用钢筋混凝土建造，适用于墙高在10m以上的水闸。

在闸身较高且地基软弱的条件下，如仍用边墩直接挡土，则由于边墩与闸身地基所受的荷载相差悬殊，可能产生较大的不均匀沉降，影响闸门启闭，在底板内引起较大的应力，甚至产生裂缝。此时，可在边墩背面设置岸墙。边墩与岸墙之间用缝分开，边墩只起支承闸门及上部结构的作用，而土压力则全部由岸墙承担。岸墙可做成悬臂式、扶壁式、空箱式或连拱式，见图7-44（e）～（h)。这种连接形式可使作用在地基上的荷载从闸室向两岸过渡，从而减小边墩和底板的应力及不均匀沉降。

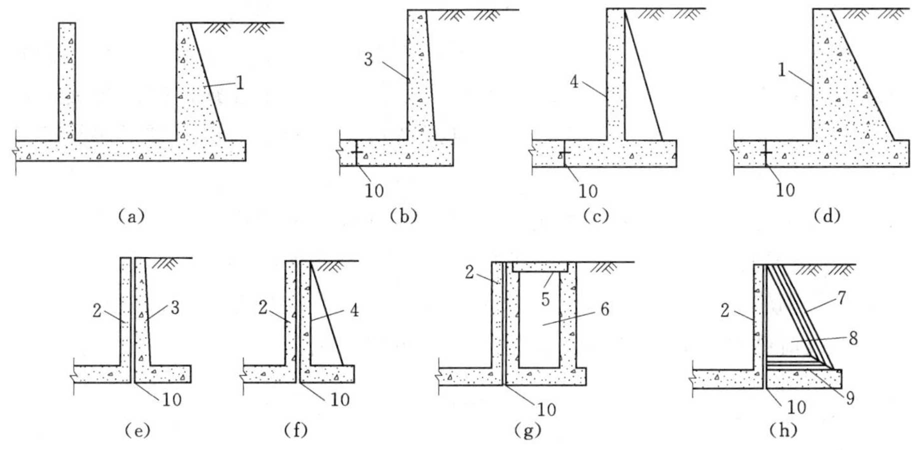

图 7-44 水闸闸室与河岸或土坝的连接形式

1—重力式边墩；2—边墩；3—悬臂式边墩或岸墙；4—扶壁式边墩或岸墙；5—顶板；6—空箱式岸墙；7—连拱板；8—连拱式空箱支墩；9—连拱底板；10—沉降缝

如地基承载力过低，还可采用保持河岸的原有坡度或将土坝修整成稳定边坡，用钢筋混凝土挡水墙连接边墩与河岸或土坝，边墩不挡土的形式。

（二）翼墙

上游翼墙除挡土外，最主要的作用是将上游来水平顺地导入闸室，其次是配合铺盖起防渗作用，因此，其平面布置要与上游进水条件和防渗设施相协调。顺水流流向的长度应满足水流条件的要求，上端插入岸坡，墙顶要超出最高水位至少 0.5～1.0m。当泄洪过闸落差很小，流速不大时，为减小翼墙工程量，墙顶也可淹没在水下。如铺盖前端设有板桩，还应将板桩顺翼墙底延伸到翼墙的上端。

下游翼墙除挡土外，其主要作用是导引出闸水流沿翼墙均匀扩散，避免在墙前出现回流漩涡等不利流态。翼墙的平均扩散角每侧宜采用 7°～12°，其顺水流流向的投影长应大于或等于消力池长度，下端部插入岸坡。墙顶一般要高出下游最高泄洪水位。当泄洪落差小，且闸室总宽度与下游水面宽度相差不大时，也可低于泄洪水位。为降低作用于边墩和岸墙上的渗透压力，可在墙上设排水孔，或在墙后底部设排水暗沟，将渗水导向下游。

根据地基条件，翼墙可做成重力式、悬臂式、扶臂式或空箱式等形式。在松软地基上，为减小边荷载对闸室底板的影响，在靠近边墩的一段，宜用空箱式。

常用的翼墙布置有以下几种形式：

（1）曲线式。翼墙从边墩开始，向上、下游用圆弧或 1/4 椭圆弧的铅直面与岸边连接，或从边墩开始，向上、下游延伸一定距离后，转弯 90°，插入岸坡，墙面铅直（又称弧线反翼墙），见图 7-45（a）。图 7-45（b）为折线反翼墙。这种布置的优点是：水流条件和防渗效果好，但工程量大。适用于上下游水位差及单宽流量较大的大、中型水闸。

（2）扭曲面式。翼墙的迎水面，从边墩端部的铅直面，向上、下游延伸渐变为与其相连的河岸（或渠道）坡度为止，成为扭曲面，见图 7-45（c）。其优点是：进、出闸水流平顺，工程量较省，但施工复杂。这种布置在渠系工程中应用最广。

（3）斜降式。翼墙在平面上呈“八”字形，高度随其向上、下游延伸而逐渐降低，至末端与河底齐平，见图 7-45（d）。这种布置的优点是：工程量省，施工简便，但水流在闸孔附近容易产生立轴漩滚、冲刷岸坡，而且岸墙后渗径较短，有时需要另设刺墙，只能用于小型水闸。

（4）斜坡式。对边墩不挡土的水闸，也可不设翼墙，采用引桥与两岸连接，在岸坡与引桥桥墩间设固定的挡水墙，见图 7-45（e）。在靠近闸室附近的上、下游采用钢筋混凝土、混凝土或浆砌块石护坡，再向上、下接以块石护坡。这种布置的优点是：省去了岸墙和翼墙，减小边荷载对闸孔的影响，适用于中、小型水闸。

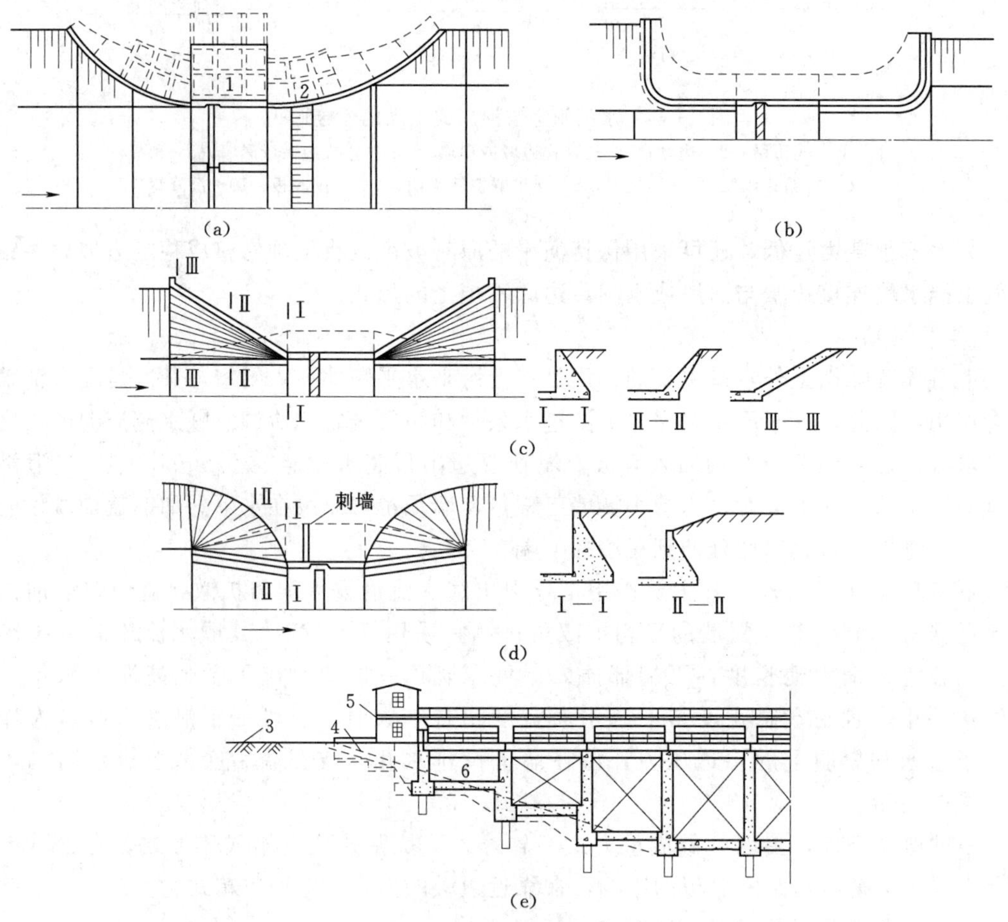

图 7-45　翼墙形式

1—空箱岸墙；2—空箱翼墙；3—回填土面；4—浆砌石墙；5—启闭机操纵室；6—钢筋混凝土挡土墙

（三）刺墙

当侧向防渗长度难以满足要求时，可在边墩后设置插入岸坡的防渗刺墙。有时为防止在填土与边墩、翼墙接触面间产生集中渗流，也可做一些短的刺墙。

刺墙应嵌入岸坡一定深度，伸入的长度可通过绕渗计算确定。墙顶应高出由绕流计算求得的浸润面。刺墙一般用混凝土或浆砌石筑成，其厚度应满足强度要求。刺墙对防渗虽有一定的作用，但造价较高，是否采用，应与其他方案进行比较后确定。

三、侧向绕渗及防渗、排水设施

（一）侧向绕渗计算

水闸与两岸或土坝连接部分的渗流称为绕渗，见图 7-46。绕渗不利于翼墙、边墩或岸墙的结构强度和稳定，有可能使填土发生危害性的渗透变形，增加渗漏损失。

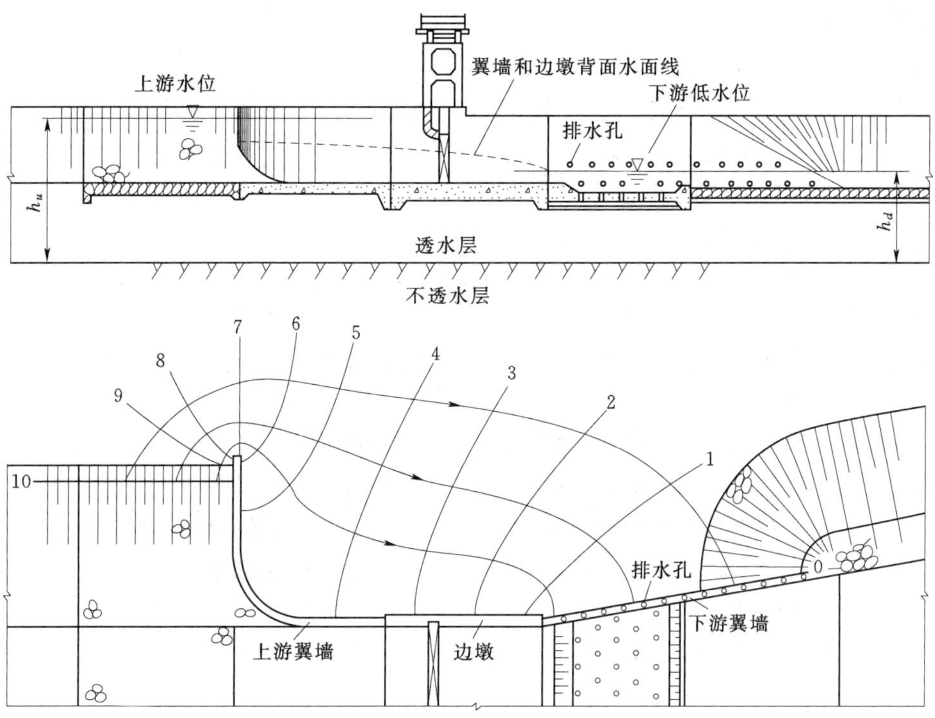

图 7-46　绕过连接建筑的渗流

绕渗是一个三维的无压渗流问题，可以用电比拟实验求得解答。当岸坡土质均一，透水层下有水平不透水层时，可将三维问题简化为二维问题，用解析法求得解答。此时，渗流运动的基本方程为

$$\frac{\partial^2 h^2}{\partial x^2}+\frac{\partial^2 h^2}{\partial y^2}=0 \tag{7-48}$$

可见，具有不透水层无压渗流的运动规律和闸基有压渗流一样，也可用拉普拉斯方程来表达，所不同的只是以水深平方函数 h^2 代替水深函数 h 而已，因而可以利用解决底板下有压渗流的方法来解决绕渗问题。

边墩及上游顺水流流向的翼墙相当于闸室的底板和铺盖，反翼墙及刺墙相当于板桩和齿墙，连接建筑的背面轮廓即为第一根流线，上、下游水边线为第一条和最后一条等势线。首先，按闸基有压渗流分析方法（流网法、阻力系数法等）求出渗透轮廓上任意点的化引水头 h_r 和化引流量 q_r（当渗透系数 $k=1$ 和上、下游水位差 $H=1$ 时所确定的数值），然后，根据绕流渗透势函数的特点，用式（7-49）、式（7-50）算出相应任意点在

不透水层基面以上的水深 h 和渗流量

$$h=\sqrt{(h_u^2-h_d^2)h_r+h_d^2} \tag{7-49}$$

$$q=kq_r\left(\frac{h_u^2}{2}-\frac{h_d^2}{2}\right) \tag{7-50}$$

式中　h_u、h_d——不透水层以上的上、下游水深，m。

再后，即可依照求得的边墩及翼墙背水面的渗流水面线，估算作用在墩及墙上的渗透压力和渗流坡降。

上游翼墙及反翼墙正如闸底板上游的铺盖与板桩一样，在消减水头方面起着主要作用，而下游反翼墙和下游板桩一样会造成壅水，使边墩上的渗压加大，但可减小下游出口处的逸出坡降。为了避免填土与边墩、翼墙接触面间产生集中渗流，可将边墩与翼墙的背水面做成斜面，以便填土借自重紧压在墙背上。

（二）防渗、排水设施

两岸防渗布置必须与闸底地下轮廓线的布置相协调，如图 7-3 所示。要求上游翼墙与铺盖以及翼墙插入岸坡部分的防渗布置，在空间上连成一体。若铺盖长于翼墙，在岸坡上也应设铺盖，或在伸出翼墙范围的铺盖侧部加设垂直防渗设施，以保证铺盖的有效防渗长度，防止在空间上形成防渗漏洞。

在下游翼墙的墙身上设置排水设施，可以有效地降低边墩及翼墙后的渗透压力。排水设施多种多样，可根据墙后回填土的性质选用不同的形式，如：

（1）排水孔。在稍高于地面的下游翼墙上，每隔 2～4m 留一个直径 5～10cm 的排水孔，以排除墙后的渗水。这种布置适用于透水性较强的砂性回填土，见图 7-47（a）。

（2）连续排水垫层。在墙背上覆盖一层用透水材料做成的排水垫层，使渗水经排水孔排向下游，见图 7-47（b）。这种布置适用于透水性很差的黏性回填土。连续排水垫层也可沿开挖边坡铺设，见图 7-47（c）。

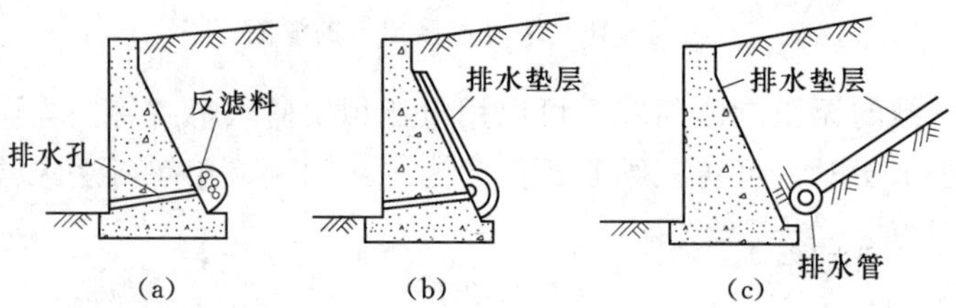

图 7-47　下游翼墙后的排水设施

第九节　闸门及启闭机

一、闸门的组成和分类

闸门是水闸中不可缺少的一个组成部分，用来控制流量和调节上、下游水位，宣泄洪水和排放泥沙等。闸门设计除需满足安全、经济条件外，还应具有操作灵活可靠、止水效果良好及过水平顺等性能。应尽量避免产生空蚀和震动。此外，还应便于制作、运输、安装以及检修和养护。

闸门由活动部分、埋固构件和悬吊设备三部分组成。其中，活动部分是门体结构，埋固构件是预埋在闸墩和胸墙等结构内的固定构件，悬吊设备系指连接闸门和启闭设备的拉杆或牵引索。

闸门的形式很多（图 7-48），通常按门体结构型式分为平面闸门、弧形闸门及自动翻倒闸门等几种，有的水闸还采用水力自动弧形闸门、钢丝网水泥壳体闸门和立拱闸门。按闸门工作条件又可分为：①工作闸门（或称主闸门），用以控制孔口，调节流量和水位；②检修闸门，用以临时挡水，以便检修工作闸门、门槽或门坎等。

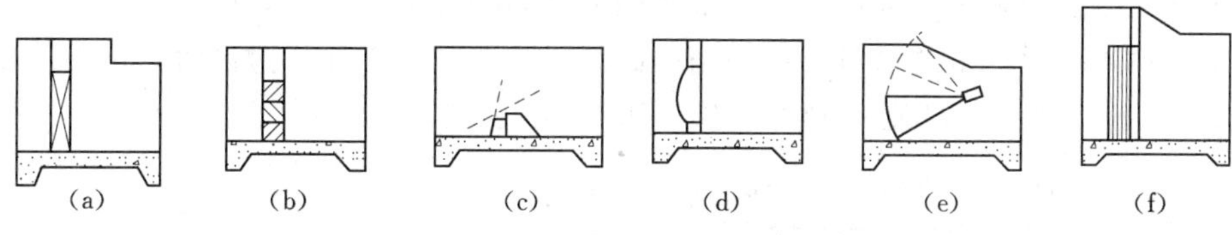

图 7-48 闸门形式

(a) 平面闸门；(b) 叠梁闸门；(c) 翻倒闸门；(d) 双曲扁壳闸门；(e) 弧形闸门；(f) 立拱闸门

按闸门所处的位置不同，又可将闸门分为露顶闸门和潜孔闸门。当闸门关闭时，露顶闸门的门顶高于上游最高蓄水位，而潜孔闸门的门顶则低于最高蓄水位，设置胸墙时的闸门就属于这种情况。

闸门材料有钢、木、钢筋混凝土、钢丝网水泥及预应力混凝土等，也可综合使用上述几种材料。

二、平面钢闸门

平面钢闸门的形式，一般分为直升式和升卧式两种。

直升式平面闸门是最常用的形式，门体结构简单，可吊出孔口进行检修，所需闸墩长度较小，也便于使用移动式启闭机。其缺点是：启闭力较大，工作桥较高，门槽处也易磨损。

升卧式平面闸门是在直升式闸门的基础上发展起来的。如图 7-49 所示，闸门在关闭状态直立挡水，启门时首先直立上升，然后边上升边转动（向上游或向下游），全开时闸门平卧在闸

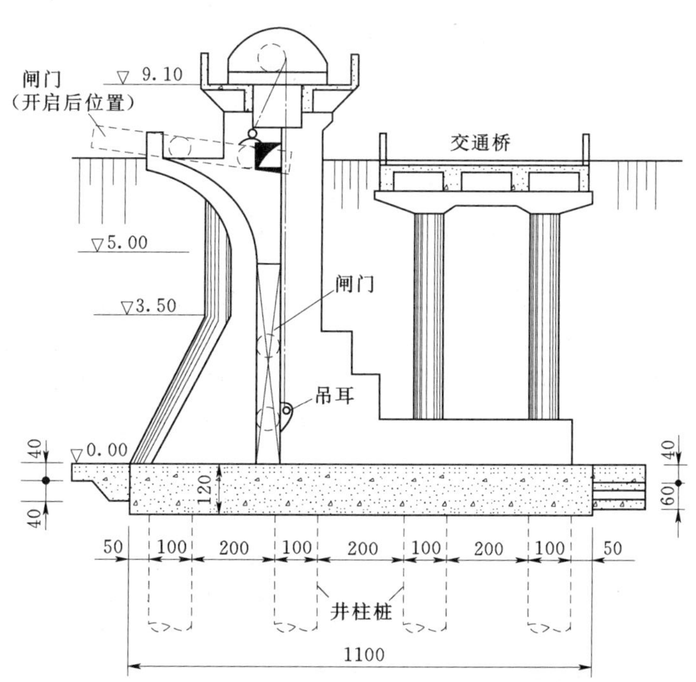

图 7-49 升卧式平面闸门（单位：高程，m；尺寸，cm）

墩顶部。这种闸门最大的特点是工作桥高度小，从而可以降低造价，提高抗震能力。闸门的吊点一般设在闸门底部的上游一侧，这样，启吊钢丝绳将长期浸入水中，易于锈蚀，为此，可将吊点位置放在下游一侧（图 7-49）。另外，升卧式平面闸门在除锈涂漆方面也比较困难。

平面钢闸门的活动部分由承重结构、支承移动装置（或称行走支承）、封水装置及吊耳等组成。其中承重结构包括面板、梁格、竖向（横向）联结系、门背（纵向）联结系和支承边梁等（图 7-50）。支承移动装置有轮式支承和滑块支承两种，常用的是轮式支承。

平面钢闸门通常采用单扉门。如要求水闸能准确调节上游水位，以及要求在排泄漂浮物或冰凌时不致损耗过多的水量，或因闸门高度过大，以致工作桥过高时，可采用双扉门（图 7-51），该门的上扉高度一般为 0.25～0.40 倍孔口高度。

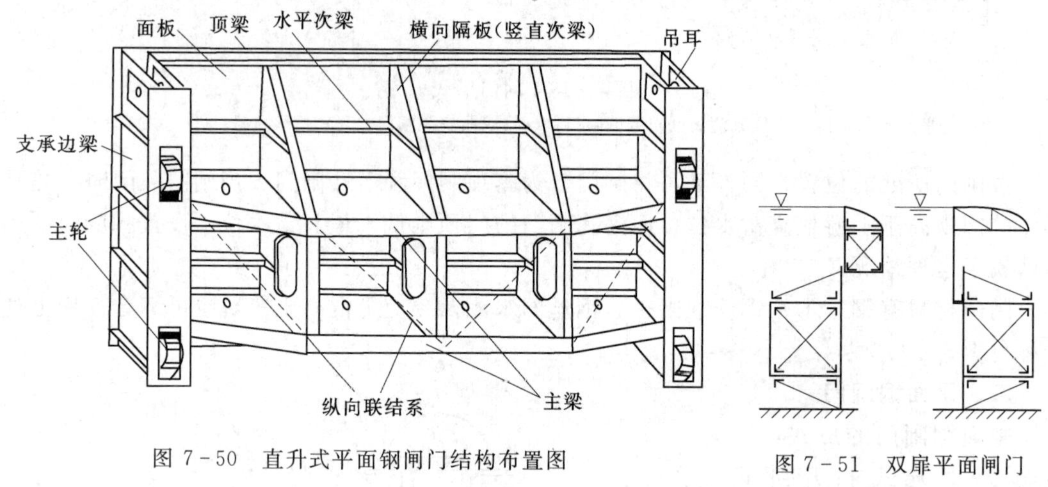

图 7-50　直升式平面钢闸门结构布置图

图 7-51　双扉平面闸门示意图

露顶闸门顶部可以允许波浪翻过，但是，顶部高程至少应比可能出现的最高挡水位高 0.3m。

三、弧形钢闸门

弧形钢闸门也是常用的门形。这种闸门的挡水面为一圆弧面，支承铰位于圆心，启闭时闸门绕支承铰转动。作用在闸门上的水压力通过转动中心，在闸门启闭时不产生阻力矩，故启门力小。弧形闸门的闸墩不设门槽，故不影响孔口水流状态，同时所需闸墩厚度也较小。但是，弧形闸门的支臂较长，因而使闸墩长度较大，有的弧形闸门还使闸墩受到侧向推力作用。

弧形闸门的活动部分由弧形面板、主梁、次梁、竖向联结系（或隔板）、起重桁架、支臂和支铰等所组成（图 7-52）。

弧形闸门的支铰一般布置在闸墩侧面的牛腿上，支铰高程一般应高出下游校核水位 0.5m 左右，对于露顶闸门，可布置在 $2h/3$～h 附近（h 为门高），以免受到水流或漂浮物的冲击，或因过于靠近水面而使支铰冻结或被泥沙阻塞。对于潜孔闸门，支铰高程应布置在 1.1 倍门高以上。至于弧形闸门的弧面半径 R，对于露顶闸门，通常采用 R=(1.1～

1.5)h；对于潜孔闸门，$R=(1.2\sim2.2)h$，门高 h 越大，半径 R 取值越小。

当采用卷扬式启闭机时，闸门吊点一般布置在闸门下主梁的面板上游面（图 7-52），使钢丝绳拉力保持较大的力臂。当采用油压启闭机时，吊点设在闸门下游面，活塞杆和油缸可分别铰接在门体和闸墩侧面（图 7-53），这种布置可降低工作桥的造价，甚至可以省掉工作桥。

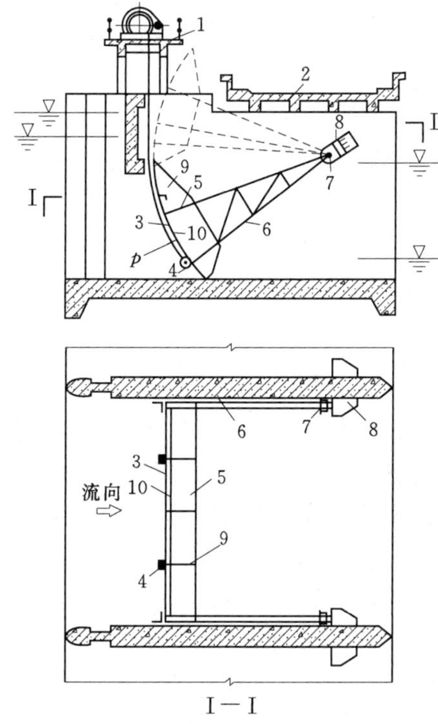

图 7-52 弧形闸门布置（采用卷扬启闭机）

1—工作桥；2—公路桥；3—面板；4—吊耳；5—主梁；6—支臂；7—支铰；8—牛腿；9—竖隔板；10—水平次梁

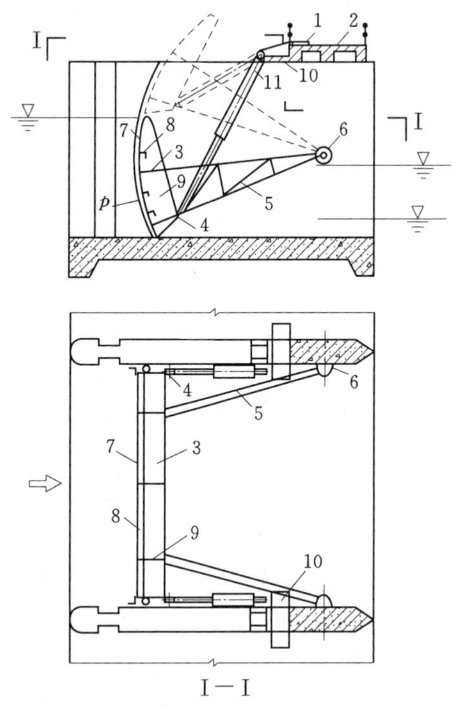

图 7-53 弧形闸门布置（采用油压启闭机）

1—油管；2—工作桥；3—主梁；4—吊耳；5—支臂；6—支铰；7—面板；8—水平次梁；9—竖隔板；10—检修平台；11—油缸

四、水力自动翻倒闸门

水力自动翻倒闸门的主要特点是不用启闭机械，而用水力原理自行启闭（图 7-54）。当上游水位升高到闸门顶部以上一定高度（如 0.4～0.5m），即闸门所受水压力的合力作用点高于门铰中心（简称轴心），且开门力矩超过抵抗开门的阻力矩时，闸门便自动翻倒，宣泄洪水。待上游水位降落到一定程度（一般为门高的 1/2 左右），即水压力的合力作用点低于轴心，且关门力矩大于抵抗关门的阻力矩时，闸门就自动关闭，拦蓄水量。这种闸门管理方便、结构简单、施工简易、造价较低，不仅适用于一般河渠上的水闸，还特别适用于坡度陡、来水急和流量大的山区河道上的水闸。由于这种闸门不能有效地控制水位和流量，其反向也不能过水，因此，在节制闸和挡潮闸中不宜采用。又由于对漂浮物冲击的抵抗能力很弱，因此，也不能用在漂浮物多的河道上。适用于高度为 2～4m 的小型水闸，其工作特点是：①由于门的高度较低，可以采用较大的跨度，从而简化闸室结构，降低造价；②运行中，闸门淹没在水下，不利于排放漂浮物；

③不设检修门，检修不便；④难于控制水位和流量，且在某一开度下，闸门会随水流而振动。

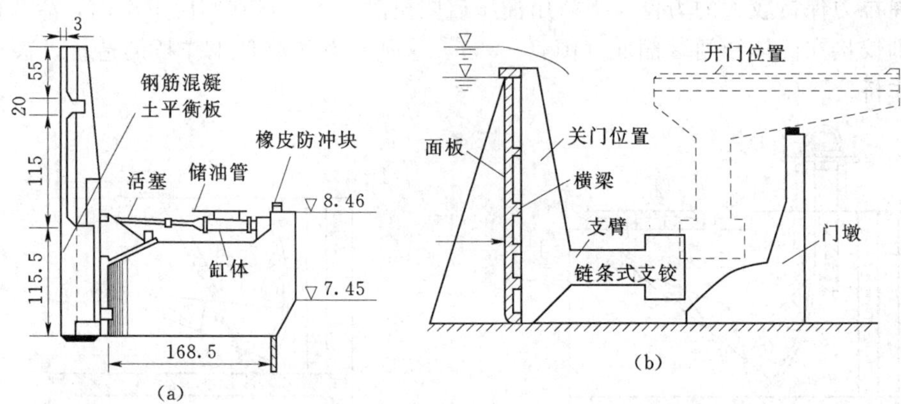

图 7-54　自动翻倒闸门（单位：高程，m；尺寸，cm）
(a) 减震器式；(b) 多铰式

自动翻倒闸门现多用钢筋混凝土框架结构。闸门下部为钢筋混凝土平衡板，可使闸门在蓄水时稳定性能好些；其上部为钢筋混凝土面板或钢丝网水泥面板。这种闸门在启闭过程中最大的问题是闸门对闸墩撞击力大，常使门墩上的橡皮防冲块被撞坏，以致使闸门断裂。为此，可在闸门后面设置减震器［图 7-54(a)］。减震器是由活塞、储油管、缸体和防冲块组成，这样就控制了闸门启闭速度，从而较好地防止了闸门震动，有效地解决了撞击问题。解决撞击问题的另一种形式是多铰式［图 7-54(b)］，闸门可逐级绕各铰转动且能启闭成不同开度。这种形式的闸门既能较好地消除撞击现象，又能调节流量，工程运用情况良好。但是，还存在一些问题，如闸门在运行过程中，由于闸门底部水流状态不稳定，以及水面受到波浪影响，以致使得闸门产生周期性的拍打门墩的现象。这个问题可以由改进门体结构和调整铰的位置等措施加以解决，可参考灌区水工建筑物丛书《闸门与启闭机》等有关专著。

五、水力自动弧形闸门

水力自动弧形闸门也是一种借助于水力和自重作用自动启闭的闸门。它与自动翻倒闸门的不同处除了闸门形状以外，重要的是：在保持上（下）游一定水位时，随着来水流量的变化，能有效地自动调节闸门开启高度。这种闸门结构简单，运行可靠，维修方便，成本较低，已在许多国家中广泛使用，我国湖北省大悟县界牌水库灌溉渠道上的一座泄水闸（1983 年兴建）也使用了这种形式的闸门。

目前在灌溉渠系中主要有以下三种水力自动弧形闸门。

1. 上游常水位水力自动弧形闸门

这种闸门是在弧形闸门的面板上设置浮箱，在闸门臂杆上设有配重箱［图 7-55(a)］，借用水的浮力和闸门自重（包括配重箱和箱内填料）进行自动控制。闸门运行时如闸前来水流量增加，则上游水位升高，作用于浮箱底面上的浮力加大，相应地也增大开门力矩，促使闸门开度加大，即增大下泄流量；当泄水流量等于来水流量时，上游水位也随之降落到原设计水位，闸门又处于新的平衡状态。反之，情况相同。这种闸门已用于灌溉渠道上的节制闸、泄水闸等工程中。

在灌溉渠道上，如分段设置上游常水位闸门时，则每个闸门前的水位即可基本保持不变，如图 7－55（b）所示。闸门的间距应根据渠道的纵坡、分水口的位置以及要求控制的水位等因素来确定，一般按等距离布置。这种系统存在的主要问题是：闸门只能按某一预定的计划输配水量，不能自动适应用水需求的变化，当用水需求与计划配水量发生矛盾时，易导致水量的浪费或供水不足。

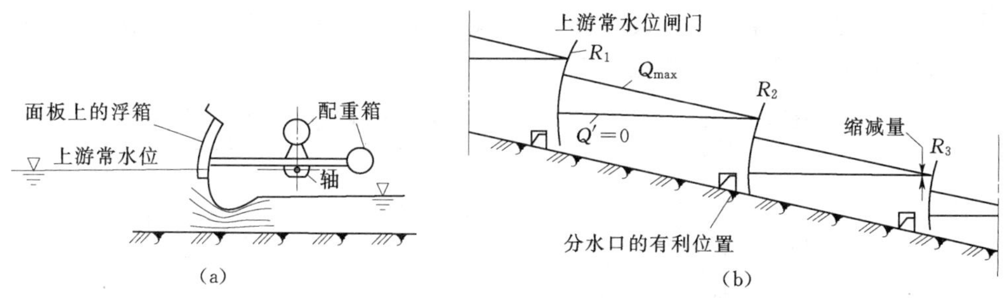

图 7－55　上游常水位控制示意图

2. 下游常水位水力自动弧形闸门

这种闸门的特点是：在闸后为某一设计水位条件下，当下游需水量改变时，利用水力能使闸门自动启闭，以满足闸后需水量要求。而且无论闸上游水位、闸门开启度以及下游需水量等条件如何变化，这种闸门均可使下游水位基本保持不变。该闸门主要用于灌溉渠道上的进水闸、节制闸及分水闸上。

值得注意的问题是：当渠道某一区段由于暴雨等原因而产生洪水时，可能由于闸门关闭致使渠道漫溢；当水源不足、下游需水量很大时，可能引起上游闸门大幅度开启，以使渠道放空。

3. 混合式闸门

这是一种受上游水位条件控制下的下游常水位闸门。其特点是：当闸上游水位在所限定的上、下限之间时，闸门受下游水位控制，即闸门按下游常水位运行。当闸上游水位在上、下限之外时，则闸门受上游水位控制；当上游来水量较大，上游水位越过上限时，闸门即自动开启向下游泄水，防止渠堤漫顶；当上游水位低于下限时，闸门即自动关闭，防止渠道放空。这种闸门一般仅用于灌溉渠道上的节制闸中。

六、启闭机

闸门启闭机的种类很多，一般分为螺杆式、卷扬式和液压式三种。同时又可分为固定式和移动式两种。一台固定式启闭机，一般可以开启一孔闸门，也可同时开启数孔闸门。移动式启闭机是数孔闸门共用的，一机控制四孔以上闸门时才可能获得经济的效果。

启闭机型式的选择应根据闸门形式、尺寸、孔口数量及运行条件等因素综合分析。选用启闭机的启闭力应等于或大于计算启闭力，也允许略小于计算启闭力，但不超过 5%。

第十节　其他形式的水闸

一、灌注桩水闸

灌注桩水闸是用钻机造孔，泥浆固壁，水下灌注混凝土做成的一种桩基形式的水闸，见图 7-56。其特点是：①底板以上的主要荷载借灌注桩传至地基深层，闸基不受表层地基承载能力的限制，可大大减小闸身的沉降量；②由于灌注桩嵌固于土体内，具有一定的水平承载力，抗滑稳定性和抗震性能好；③可采用较大跨度的闸孔，以利于泄放大块冰凌、漂浮物和改善消能条件；④设备简单，减轻了地基处理的工作量。一般说来，灌注桩水闸可比普通底板水闸的造价降低 1/3 以上，可用于各种地基。

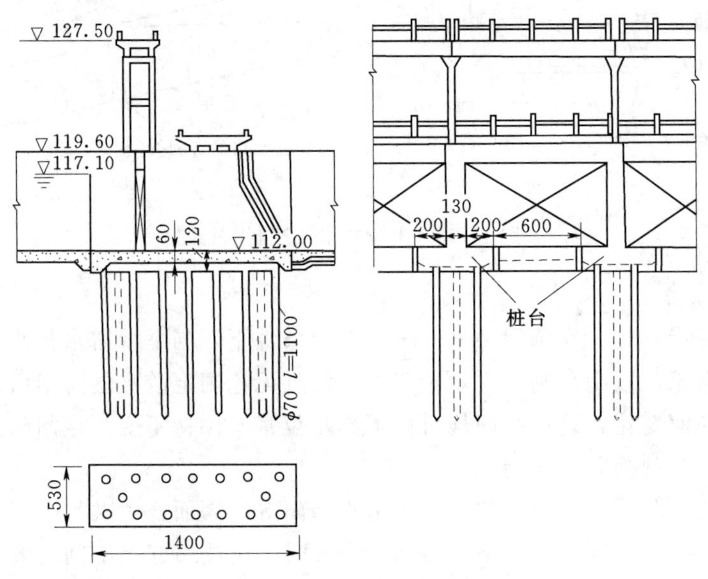

图 7-56　灌注桩水闸（单位：cm）

闸底板采用分离式结构，由灌注桩承台及中间底板两部分组成。承台厚度一般采用 1～1.5m 左右，长度、宽度随上部结构布置和灌注桩根数而定。桩与承台边的最小净距一般为 0.3～1.0m。中间底板的主要作用是保护基土不受水流冲刷和构成地下防渗轮廓的一部分，其厚度主要取决于渗透压力。底板与承台间应分缝并设止水。闸孔净跨一般为 10～12m。当跨度较大时，可将底板分成数块。闸身上部结构只需满足强度要求。闸墩断面尺寸可以尽量减小，有时还可做成框架式结构，见图 7-7。

两岸连接部分，应尽可能减少边墩背水面的填土高度，因为过高的填土，将引起边墩两侧的沉降差，对灌注桩可能产生“负摩擦”，降低桩的承载能力；其次，地基沉降可能使承台底面与基土脱空，形成集中渗流通道，引起渗流破坏；最后，将增大边孔灌注桩的水平荷载，使桩内应力加大或增加桩的工程量。为此，可考虑采用刺墙或斜坡式无翼墙连接。

常用的灌注桩直径为 0.6～1.2m。桩的布置取决于各种荷载组合下的地基反力图形。当采用一排桩时，可沿水流流向等距布置，中心距不小于桩径的 2.5 倍；如闸孔宽度较大，可设置两排或三排，每排桩数不宜少于 4 根，在平面上呈梅花形、矩形或正方形排列。群桩的重心应尽量与地基反力的合力作用点相重合或偏向底板中心的下游，以使各桩受力接近相等，充分发挥每根桩的作用。

单桩的容许铅直承载力可根据桩尖支承面的容许承载力及桩周的容许摩擦力确定。灌注桩长度除需根据铅直荷载确定外，尚需满足嵌固条件，即桩长要大于 12 倍桩径。

对大型水闸，单桩容许铅直承载力，应有现场试验验证。

二、装配式水闸

装配式水闸除底板采用现浇外，其他部分可分成若干不同形式的预制构件进行装配。其优点是：①施工进度快，可缩短工期；②节省大量木材和劳动力，一般可节约木材 60%～80%、节省劳力 20%；③便于施工管理，提高工程质量，构件可在施工条件较好的工厂中预制，不受季节、气候影响，可常年施工，且构件在预制过程中，质量易于控制，造型准确、美观。

装配式水闸和现场浇筑的水闸，在设计方法上无甚差别，只是对构件的运输、吊装、接缝、整体性及防渗等方面需要进行专门设计。设计要求：①构件力求定型化、规格化、简单化，事先绘制构件安装大样图，保证施工快速而准确；②根据运输及吊装设备能力，确定单元构件的尺寸和重量；③构件在安装时要满足结合紧密、牢固、简单、美观的要求；④充分利用材料强度，尽可能减轻自重；⑤混凝土标号，一般构件可采用 C15，门槽及桥梁等构件采用 C20～C25。

三、浮运水闸

浮运水闸是装配式水闸在施工方法上的又一发展，适用于修建沿海地区的挡潮闸。浮运水闸的施工程序是：先在适宜的场地预制并装配成整体闸室单元，用封口板将上、下游封闭，形成空箱。与此同时，清理闸基表层松软的砂层，基面用砾石保护，夯实、整平，以防潮流冲刷，并做好反滤设施，防止挡潮闸在运行中发生渗流破坏。然后，在涨潮期将空箱自动浮起，用拖船拖运至建闸地点，定位、向箱内填砂、沉放就位、填塞闸室单元间的横缝，最后，完建护坦、护坡和工作桥、交通桥等上部结构。浮运水闸的优点是：①可节约土方开挖和劳力；②不要求断流施工；③现场施工时间短，不受季节限制，可以常年施工；④对地基承载力的要求较低。设计浮运水闸需要考虑预制、浮运、沉放和竣工运用 4 个阶段的工作情况。各部件的结构尺寸和配筋，应按各阶段最不利的受力情况确定。单元长度一般为 15～25m。浮运水闸主要靠闸底板长度来满足防渗要求，而防渗设计的主要目的则是防止砂基的渗流破坏，故闸室与护坦的分缝可不设止水。护坦可采用预制混凝土箱格构件，内填卵石或块石，海漫采用抛石结构。

采用浮运水闸需要注意解决好以下几个方面的问题：①由于清基需在水下进行，基面平整度难以控制；②底板与护坦间没有连接，整体抗滑稳定和防渗性能较差；③水上作业多，需要有一定容量的拖船和其他水下施工设备。

四、橡胶坝闸

橡胶坝闸是以高强度合成纤维做胎（布）层，用合成橡胶粘合成袋，锚固在闸底板上，用水或气充胀挡水的水闸，见图 7－57。橡胶坝闸是 20 世纪 50 年代末，随着高分子合成材料的发展而出现的一种新型水工建筑物，并于 1957 年建成了世界上第一座橡胶坝闸。实践表明：橡胶坝闸具有结构简单、抗震性能好、可用于大跨度、施工期短、操作灵活、工程造价低等优点。因此，橡胶坝闸很快在许多国家得到了应用和发展，特别是日本，从1965—2012年已建成2500多座，我国从1966—2012年也建成了360余座。已建成的橡胶坝闸高度一般为0.5～3.0m，少数为4～7m，在我国，最高的已达5.0m。橡胶坝闸的缺点是：橡胶材料易老化、要经常维修、易磨损、不宜在多泥沙河道上修建。

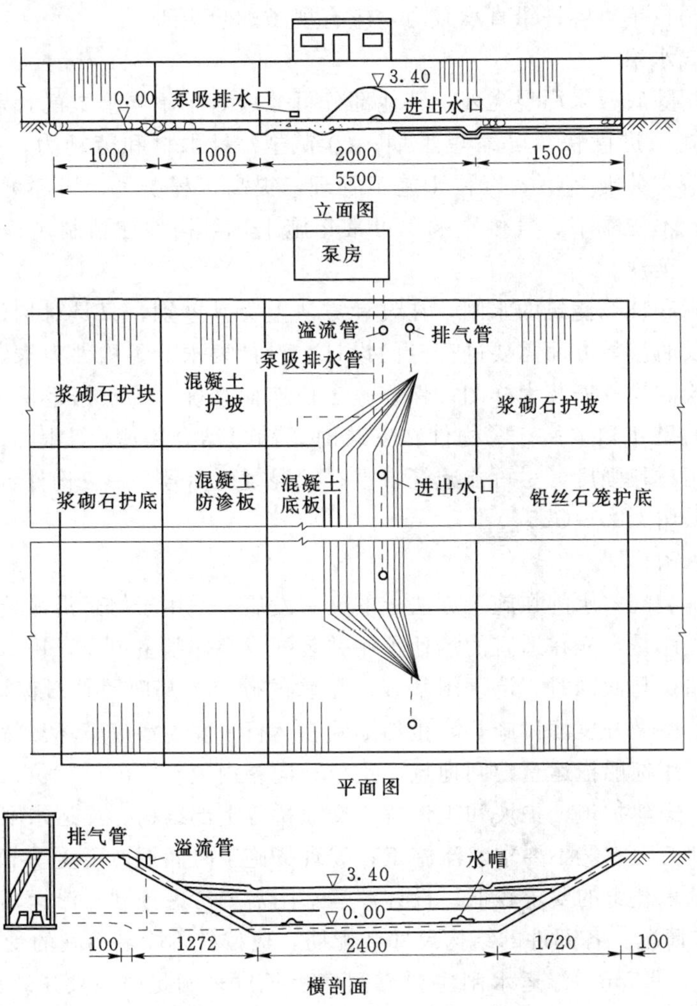

图7-57 橡胶坝闸布置图（单位：cm）

橡胶坝闸由三部分组成：①土建部分，包括：底板、两岸连接建筑（岸墙）及护坡、上游防渗铺盖或截水墙、下游消力池、海漫等；②闸体（即橡胶坝袋）；③控制及观测系统，包括：充胀闸体的充排设备、安全及观测装置。

橡胶坝闸有单袋、多袋、单锚固和双锚固等形式，如图7-58所示。坝袋可用水或气充胀，前者用于经常溢流的闸袋，为防止充水冰冻也可以充气。

坝袋设计主要是：根据给定的挡水高度和挡水长度，拟定闸袋充水（气）所需的内水（气）压力，进而计算闸袋周长、充胀容积和袋壁拉力，并据以选定橡胶帆布的型号。计

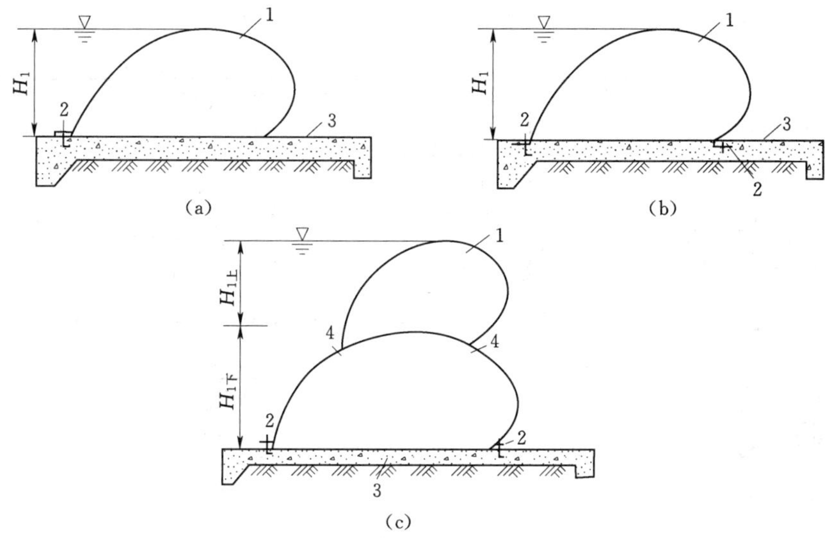

图 7-58　橡胶坝袋的形式

(a) 单袋单锚固；(b) 单袋双锚固；(c) 双袋双锚固

1—闸袋；2—锚固点；3—混凝土底板；4—锚接点

算方法可采用壳体理论或有限元法。

橡胶坝闸工程设计应符合《橡胶坝工程技术规范》(GB/T 50979—2014) 和《橡胶坝技术规范》(SL 227) 的要求。

随着高分子合成工业的发展，橡胶水闸有着广阔的发展前途，据推测，其挡水高度可达 10m。

五、液压启闭翻板闸

内蒙古乌兰哈达引水枢纽的拦河闸，共 6 孔，采用液压启闭翻板钢闸门、梳齿板消能，为防止水流淘刷，底板下游侧齿墙深 2.5m，并在齿墙下浇筑 1.5m 厚的水下混凝土，见图 7-59。翻板闸采用液压启闭后，闸门可较平稳地停留在任意角度，克服了难于控制水位和闸门振动的弱点，枢纽运行正常，收到了较好的经济效果。

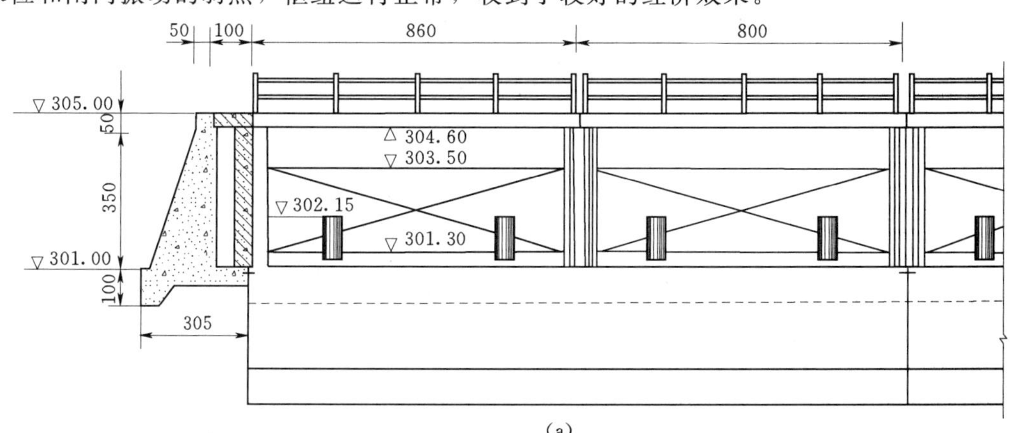

图 7-59 (一)　水力自控翻板闸 (单位：高程，m；尺寸，cm)

(a) 垂直水流方向剖面

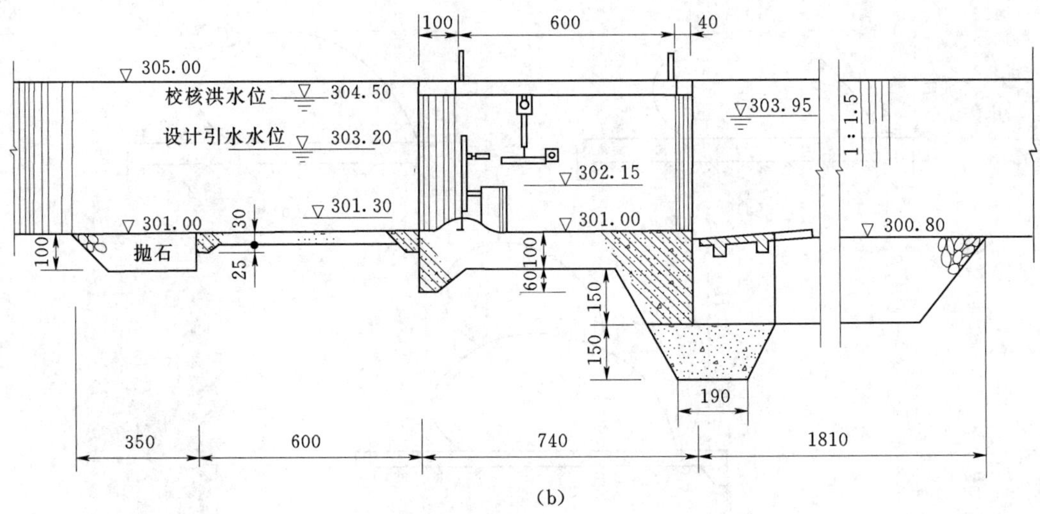

(b)

图 7-59（二）　水力自控翻板闸（单位：高程，m；尺寸，cm）
(b) 顺水流方向剖面

第八章　取水枢纽布置

第一节　概　　述

一、取水枢纽的作用和类型

取水枢纽的作用是将河流或水库中的水引入渠道，以满足农田灌溉、水力发电、工业及生活用水等的需要；并要求防止粗颗粒泥沙进入渠道，以免引起渠道的淤积和对水轮机或水泵叶片的磨损，保证渠道及水电站正常运行。因为取水枢纽位于渠道的首部，所以又叫渠首工程。

取水枢纽的类型，按照河道水位和流量的变化情况，一般可分为水库放水、泵站提水和自流引水三大类。

水库放水：就是修建水库对河流水量进行调节后再放入渠道供下游使用的一种取水方式。这种枢纽在蓄水枢纽一章中已有介绍。

泵站提水：河道水量可满足引水要求，但水位很低，不能满足自流引水条件时，可在灌区附近修建抽水站提水灌溉，这种取水枢纽称为提水引水枢纽。这种取水枢纽将在“泵与泵站”课程中学习。本章主要介绍自流引水枢纽。

自流引水：自流引水枢纽根据其是否具有拦河建筑物，又可分为无坝取水枢纽和有坝取水枢纽。

1. 无坝取水枢纽

当河道枯水时期的水位和流量都能满足引水要求时，不必在河床上修建拦河建筑物，只需在河流的适当地点开渠，并修建必要的建筑物自流引水，这种取水枢纽称为无坝取水枢纽。其优点是工程简单、投资少、施工比较容易、工期短、收效快、并且对河床演变的影响较小。缺点是不能控制河道水位和流量，枯水期引水保证率低。在多泥沙河流上引水时，如果布置不合理还可能引入大量泥沙，造成渠道淤积，不能正常工作。

2. 有坝取水枢纽

当河道枯水时期的流量能满足引水要求，但河道水位较低不能自流引水时，需修建拦河建筑物以抬高水位，以满足自流引水的要求。这种取水枢纽称为有坝取水枢纽。不过在有些情况下，虽然水位和流量均可满足引水要求，但为了达到某种目的，也要采用有坝取水的方式。比如：采用无坝取水方式需开挖很长的引水渠，工程量大，造价高时；在通航河道上由于引水量大而影响正常航运时；河道含沙量大，要求有一定的水头冲洗取水口前淤积的泥沙时。有坝取水枢纽的优点是工作可靠，引水保证率高，便于引水防沙和综合利用，故应用较广。但相对无坝取水枢纽来说，工程复杂，投资较多，拦河建筑物破坏了天然河道的自然状态，改变了水流、泥沙的运动规律，尤其是在多泥沙河流上，如果布置不合理时，会引起渠首附近上下游河道的变形，影响渠首的正常运行。

二、取水枢纽的工作特点

1. 弯道环流原理

由实际观察可知，在天然河道上，一般直段长度占河道全长度的10%～20%，而弯道部分占80%～90%。所以，河道基本上是弯曲的。河流在直线河段上的水深、流速和含沙量的分布是比较均匀的。而在弯道上则相反，因离心力的作用，使凹岸水面壅高，凸岸水面降低，形成横向比降，如图8-1所示。因离心力的大小为$\frac{mv^2}{R}$，与水流纵向流速的二次方成正比。而河流的流速分布是表层大，底层小，故离心力的分布也是表层大底层小。由于水面差而产生的侧压力沿水深为一常数，其方向和离心力相反。这两种作用力合力的方向，就是水流运动的方向。这样弯道表层水流由凸岸流向凹岸，底层水流则由凹岸流向凸岸，从而形成横向环流。和纵向流动叠加后，整个水流则呈螺旋状前进。在凹岸，水流从上向下，且流速较大，含沙量较少，常常引起凹岸及河底的冲刷，形成水深流急的深槽，而在凸岸水流由下向上且流速小，因受重力的作用，底流中的泥沙便淤积在凸岸，形成水浅流缓的浅滩。如果凹岸不坚固，还会出现弯道不断向下游移动的现象。

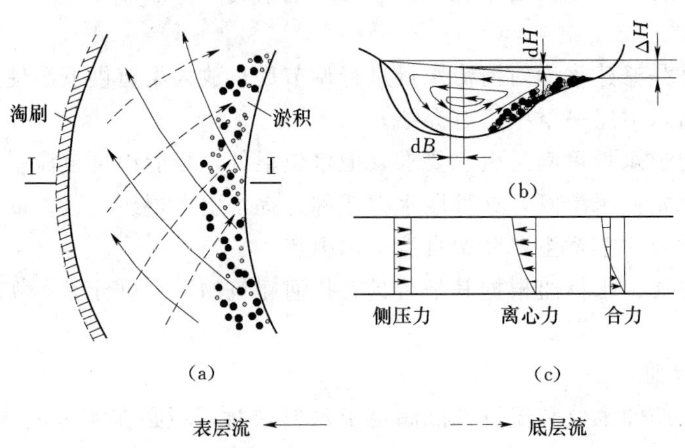

图8-1　弯道环流示意图

(a) 平面图；(b) Ⅰ—Ⅰ剖面图；(c) dB水柱上的作用力

根据弯道环流的水沙分流原理，若将取水口布置在凹岸适宜的位置，则可引取表层较清的水流，而含有大量推移质的底流则远离取水口，流向凸岸，使入渠泥沙大大减少。这对于防止泥沙入渠是十分有利的。相反，若取水口设在凸岸，则将引进大量泥沙。

2. 无坝取水枢纽的工作特点

(1) 受河道水位涨落的影响较大。因无坝取水枢纽没有拦河建筑物，不能控制河道的水位和流量。在枯水期，由于天然河道中水位低，可能引不进所需的流量。引水保证率较低。而在汛期，河道中水位高，含沙量也大。因此，渠首的布置不仅要能适应河水涨落的变化，而且必须采取有效的防沙措施。

(2) 河床变迁的影响较大。若取水口处的河床不稳定，就会引起主流摆动。一旦主流远离取水口就会导致取水口淤积，使引水不畅。甚至取水口被泥沙淤塞而报废。如黄河人民胜利渠渠首，由于河床变迁，进水闸前出现大片沙滩，引水十分困难。还有郑州东风渠首也因黄河河床变迁，取水口被淤塞而报废。所以，在不稳定河流上引水时，取水口应选在靠近主流的地方。并随时观察河势变化，必要时，加以整治，防止河床变迁。

(3) 水流转弯的影响。从河道直段的侧面引水时，由于水流转弯，宛如一个弯道。形成的环流，会使进入渠中的表层水流宽度远小于底层水流宽度，从而使大量的推移质泥沙随底层水流进入渠道。当引水比（引水流量与河道流量的比值）增大时，进入渠道的泥沙也随之增大。当引水比达50%时，河道的底沙几乎全部进入渠道。因此，国外有的规范规定，引水量不应超过天然河道流量的1/3～1/4。在直线段设置取水口时还应采取必要的防沙措施，以减少推移质入渠。

(4) 渠首运行管理的好坏，对防止泥沙入渠也有很大关系。河流的泥沙高峰在洪水期，如果这时能关闸不引水，或少引水，避开泥沙高峰，就能有效地防止泥沙进入渠道造成淤积。

3. 有坝渠首的工作特点

(1) 对上游河床的影响。当有坝渠首投入运行后，河道上游水位抬高，水深加大，流速减小，挟沙能力降低，河流中的泥沙便淤积在上游，使河床逐渐被抬高。这种沉积发展很快。在1～2年内，甚至一次洪水即可将坝前淤平。一般在山区河流中，由于水中带的泥沙为砾石及大块石，因此坝前淤积往往高出坝顶，如陕西（石头河）的梅惠渠，坝前淤积高出坝顶2.0m，壅水坝淤平后，即失去对水流的控制作用，进水闸处于无坝取水状态，当河道主流摆动后，上游河床常形成一些汊道，使取水口前不能保持稳定的深槽，以致饮水困难。

(2) 对下游河床的影响。在渠首运行初期，由于壅水坝抬高了水位，大量泥沙淤积在上游，下泄水流含沙量小，具有很强的冲刷能力，使下游河床发生冲刷。当坝前淤平后，坝顶溢流的含沙量增大。加之渠首引走了部分水量，下泄的流量减少，水流的夹沙能力降低。下游河床又逐渐被淤积。如果河床较缓，河床便会淤高。严重时，甚至可将坝埋起来。

三、取水枢纽布置的一般要求

取水枢纽是整个渠系的咽喉，它的布置是否合理，对发挥工程效益影响极大。除了枢纽的各建筑物应满足一般的水工建筑物的要求外，取水枢纽的布置还应满足以下要求：

(1) 在任何时期，都应根据引水要求不间断地供水。

(2) 在多泥沙河流上，应采取有效的防沙措施，防止泥沙入渠。

(3) 对于综合利用的渠首，应保证各建筑物正常工作互不干扰。

(4) 应采取措施防止冰凌等漂浮物进入渠道。

(5) 对枢纽附近的河道应进行必要的整治，使主流靠近取水口，以保证引取所需流量。

(6) 枢纽布置应便于管理，易于采用现代化管理设施。

四、渠首位置选择的一般原则

(1) 高程满足引水要求，便于布置各建筑物。

(2) 渠首应选择河床稳定坚固的河段。

(3) 在弯曲河段上进水口应选凹岸，在直段应建在主流靠近河岸的地方。

(4) 渠首应选在河流出山口处或出山口以上，不宜选在渗漏量大、来沙量较多的冲积扇上。

(5) 渠首应使干渠较短，且经过的地方没有陡坡、深谷及可能发生塌方的地段，以减少土方工程量。(或者说应使干渠的工程量最小，这要通过整个灌区规划的方案比较来确定)。

(6) 不宜布置在有支流或山洪汇入处，以免受支流泥沙的影响。

(7) 渠首所在地应有一定的场地，便于施工，并且交通方便。

第二节　无坝取水枢纽的布置

一、无坝取水枢纽位置选择

无坝取水是比较简单的取水方式。因为没有拦河建筑物，不能控制河道的水位和流量。所以，渠首位置的选择，对于提高引水保证率，减少泥沙入渠，起着决定性的作用。在选择位置时，除满足渠首位置选择的一般原则外，还必须详细了解河岸的地形、地质情况，河道洪水特性，含沙量及河床演变规律等，并根据以下原则，确定合理的位置。

(1) 根据河流弯道的水流特性，无坝渠首应设在河岸坚固、河流弯道的凹岸，以引取表层较清水流，防止泥沙入渠。显然，取水口不应设在弯道的上半部，因为在该处的横向环流还没有充分形成，河流中的泥沙还来不及带到凸岸。所以，取水口应设在弯道顶点以下水深最深、单宽流量最大、环流作用最强的地方。这个地点距弯道起点的距离 L 可按下式初步确定，如图 8-2 所示。

$$L=mB\sqrt{4\frac{R}{B}+1} \tag{8-1}$$

式中　m——系数；

B——河道水面宽；

R——弯道中心线半径。

根据试验，可取 $m=0.6\sim1.0$，当 $m=0.8$ 时，入渠含沙量最少，如图 8-2 所示(K_s 为进沙比，以百分数表示)。这时，取水口处水深最深、单宽流量最大、环流作用最强，是引水防沙最有利的位置。这是目前设计中最常采用的公式。

需要注意的是，取水口最优位置的确定，影响因素很多。不仅仅与弯道半径和河道宽度有关，而且还牵涉到环流理论、推移质运动规律及侧面分水理论等。因此，一般大、中型工程，按照上述公式初步确定后，尚应通过水工模型试验最后确定。

(2) 在有分汊的河段上，一般不宜将取水口布置在汊道上。因为分汊河段上主流不稳定，常常发生交替变化，导致汊道淤塞而引水困难。若由于具体位置的限制，取水口只能设在汊道上时，则应选择比较稳定的汊道，并对河道进行整治，将主流控制在该汊道上。

(3) 无坝渠首也不宜设在河流的直段上。因从河道直段的侧面引水，河道主流在取水口处流向下游，只有岸边的水流进入取水口，所以进水量较小且不均匀。此外，由于水流转弯，引起横向环流，使河道的推移质大量地进入渠道。

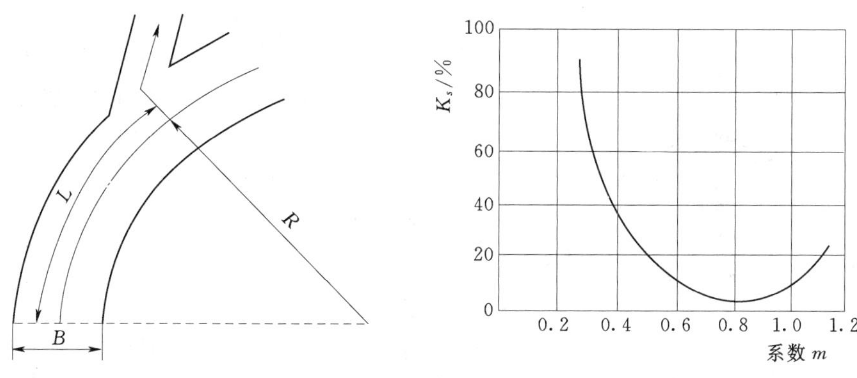

图 8-2 取水口位置确定图

二、无坝取水枢纽的布置形式

无坝取水枢纽按取水口的多少，可分为一首制渠首及多首制渠首两种类型。每种类型的布置型式，根据河床及河岸的稳定情况、河流的水沙特性及引水量多少而不同。现分述如下。

（一）一首制渠首

一首制渠首适用于河岸稳定、引水位置好的情况。根据情况不同有三种布置型式，即位于弯道凹岸的渠首、引水渠式渠首和导流堤式渠首。

1. 位于弯道凹岸的渠首

当河床稳定，河岸土质坚硬时，可将渠首进水闸建在河流弯道的凹岸，利用弯道环流原理，引取表层较清水流，排走底沙。这种渠首一般由进水闸、拦沙坎及沉沙池等建筑物组成。进水闸的作用主要是控制入渠流量。拦沙坎和沉沙池的作用都是防沙。但拦沙坎是用来加强天然河道环流，阻挡河道底部泥沙入渠并使河道底沙顺利排走。沉沙池是用来沉淀进入渠道的推移质及悬移质中颗粒较粗的泥沙的。

进水闸一般布置在取水口处，在保证工程安全的前提下，应尽量减少引水渠的长度，这样既可减少水头损失，又可减轻引水渠的清淤工作。取水口两侧的土堤，一般用平缓的弧线与河堤相连，使取水口成为喇叭口的形状。尤其是取水口的上唇应做成平缓的曲线，以使入渠水流平顺，减少水头损失；并能减轻对取水口附近水流的扰动，对防止推移质泥沙随水流进入取水口很有益处。

进水闸的中心线与河道水流所成的夹角，叫引水角。一般应为锐角。关于引水角对入渠泥沙量的影响问题，目前还存在着不同的看法，一种认为引水角影响入渠泥沙量；另一种意见则认为引水角在30°～90°范围内变化时，对入渠泥沙量的影响很小，最大相差不超过5%～15%，可以忽略不计。通常为了使水流平顺，增大引水量，以及减轻对取水口下唇的冲刷，一般引水角应尽量减小，通常采用30°～45°。小于30°的引水角一般不宜采用，因为引水角太小，会使渠首结构和布置变得非常复杂。太大的引水角也不宜采用，因为引水角过大，渠首进流不平顺，水头损失加大。因此，只有当引水比相当小的情况下，才能采用接近90°的引水角。对于重要工程最好通过水工模型试验进行验证。

进水闸底板高程与闸后渠底高程相同或稍高，并高出河底高程1.0～1.5m，以减少泥沙入渠。

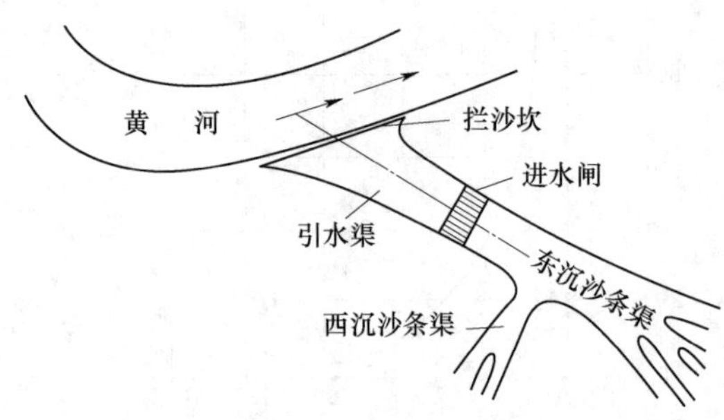

图 8－3　山东打渔张渠首布置示意图

拦沙坎布置在取水口的前缘。坎的形状通常采用“Γ”形。坎顶高出渠底的高度约为 1.0～1.5m，根据试验研究，取水口的前缘设置拦沙坎后，可使进入取水口的底层水流宽度减少 14%，表层水流宽度增加 8%，从而减少入渠泥沙。如山东打渔张灌区渠首（图8－3）设拦沙坎后，坎顶水流含沙量较坎前临河处水流含沙量减少 12%，而且泥沙平均粒径较小，说明拦沙坎具有一定的拦沙作用。但在含沙量大且沿水深分布比较均匀的情况下，拦沙坎的作用较小。尤其是在河床冲淤变幅大、速度快的河段，常由于泥沙淤积而失去作用。如黄河人民胜利渠首，虽设有高 1.0m 的拦沙坎，但很快就被泥沙淤平而失去作用。黑龙江嫩江渠首工程在建筑拦沙坎时，考虑到泥沙淤积后，拦沙坎需要加高，因而采用了活动式，坎的高度设计为 1.5m（先做 1.0m）。该拦沙坎采用立柱插板式，便于以后加高。柱的间距为 3.0m，立柱入土深 6m（图 8－4）。

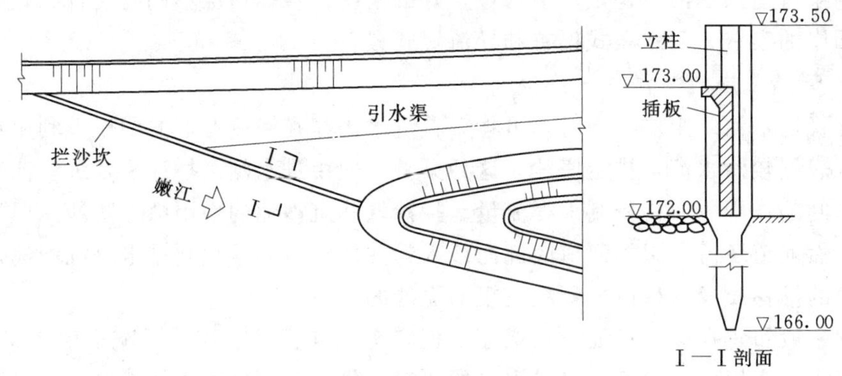

图 8－4　嫩江渠拦沙坎布置图

2. 引水渠式渠首

当河岸不够坚固，易被水流冲刷变形时，可将进水闸设在距河岸有一定距离的地方，使其不受河岸变形的影响（图 8－5）。

取水口处设简易的拦沙设施，以防止泥沙入渠。在取水口和进水闸之间用引渠相连。引渠兼做沉沙渠，并在沉沙渠的末端，按正面引水，侧面排沙的原则布置进水闸和冲沙闸。冲沙闸用来冲洗沉沙渠内的泥沙，使泥沙重归河道。一般冲沙闸与引水渠水流方向的夹角为 30°～60°。冲沙闸底板高程比进水闸低 0.5～1.0m。在进水闸前也要设一道拦沙坎，以利导沙。

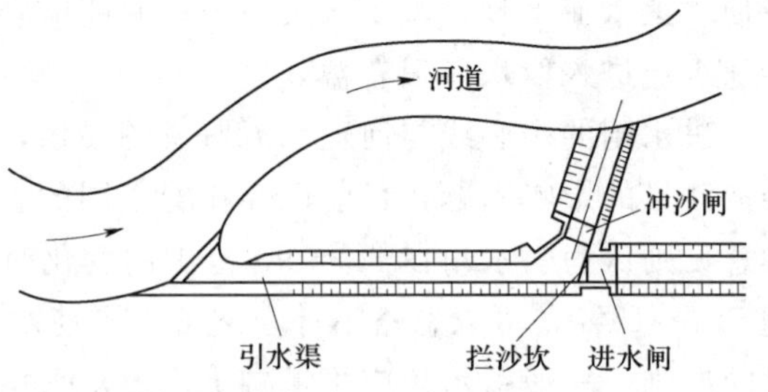

图 8－5　闸前设长渠的取水工程

为了冲洗引渠中沉淀的泥沙，一般要求引水渠的长度加上冲沙闸后泄水渠的长度应小于河道从取水口到泄水渠出口处的长度，以便利用水力冲洗淤积在引水渠中的泥沙。必要时，也可辅以人力或机械清淤。

这种渠首的主要缺点是引水渠沉积泥沙后，冲沙效率不高。为保证引水，常常需要用人工或机械辅助清淤。为了减轻引水渠的淤积，一般应在引水渠的入口处修建简单的拦沙设施。

3. 导流堤式渠首

在不稳定的河流上及在山区河流坡度较陡、引水量较大的情况下，为了控制河道流量，保证引水防沙，一般采用导流堤式渠首。这种渠首由导流堤、进水闸及泄水冲沙闸等建筑物组成。导流堤的作用是束窄水流，抬高水位，使河道水流平顺的流入进水闸。进水闸的作用是控制入渠流量。泄水冲沙闸除了宣泄部分洪水外，平时也可用来排沙。

进水闸与泄水闸的位置，一般按正面引水，侧面排沙的原则布置。进水闸与河道主流（引水段）方向一致，泄水冲沙闸与水流方向一般做成接近 90°的夹角，以加强环流，有利于排沙［图 8-6（a）］。

当河水流量大，渠首引水量较小时，也可采用正面排沙，侧面引水的布置型式。这时，泄水冲沙闸的方向和主流方向一致，进水闸的中心线与主流方向成锐角，一般以 30°～40°为宜。这样布置，可减轻洪水对进水闸的冲击，而冲沙闸又能有效地排除取水口前的泥沙［图 8-6（b）］。

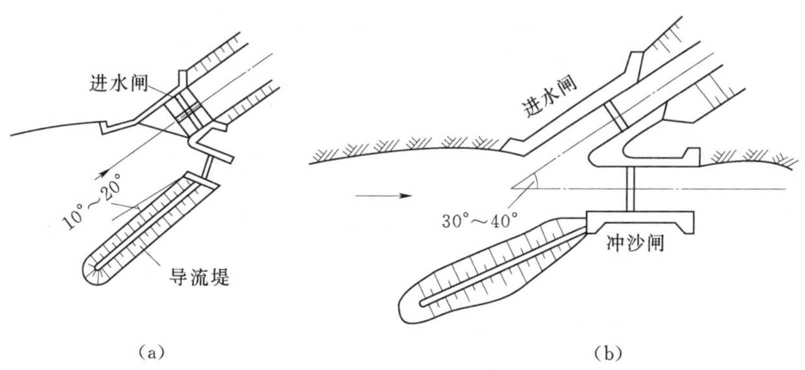

图 8-6 导流堤式取水工程

（a）正面取水、侧面排沙布置；（b）正面排沙、侧面取水布置

为了拦截泥沙，进水闸底板高程应高出引水段河床高程 0.5～1.0m。泄水冲沙闸底板与该处河底齐平或略低，但比河道主槽要高，有利于泄水排沙。

导流堤的布置一般是从泄水闸向河流上游方向延伸，使其接近河道主流。导流堤与主流方向的夹角 α 不宜过大，以免被洪水冲毁。但也不能过小，否则将使导流堤长度增加而增大工程量。通常 $\alpha=10°\sim20°$。导流堤长度决定于引水量的多少，堤越长引水量越多。有时在枯水期，为了引取河道全部流量，甚至可使导流堤拦断全部河床，但在洪水来临前，必须拆除一部分，让出河床，以利泄洪。

如图 8-7 所示，是我国古代著名的水利工程都江堰取水枢纽的布置示意图。它建于两千三百年前，也属于导流堤式渠首。整个渠首位置选择在岷江天然弯道上。它由百丈

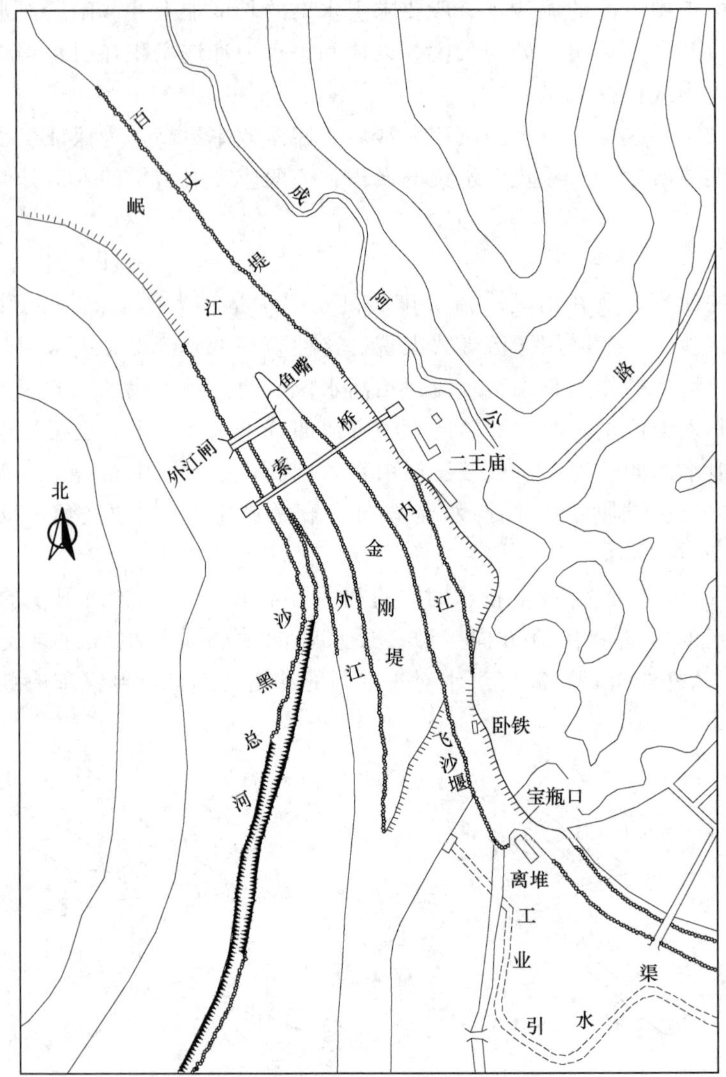

图 8-7　都江堰取水枢纽平面布置图

堤、导流堤、飞沙堰、泄水槽及进水口等建筑物组成。金刚堤（导流堤）位于进水口前，建在江中卵石沉积的天然滩脊上，根据当时的施工条件和材料，堤身是用当地材料竹笼内装卵石及木桩加固而成。类似于现代的铅丝笼装卵石导流堤。金刚堤的最前端是分水鱼嘴。金刚堤的作用主要是分水和导流。它把岷江分为内江和外江。在洪水时期，内江和外江水量的分配比例大约为 4 ∶ 6，大部分洪水，从外江流走以保证灌区的安全；在枯水时期，内外江的分水比例恰好相反，大部分江水进入内江，保证了灌区用水。进水口，系由人工凿开玉垒山而成。由于岩石坚硬，能抵抗水流的冲击，并可以控制引取所需的水量。飞沙堰及泄水槽建在进水口前的导流堤上，用以宣泄进入内江的多余水量，排走泥沙，并保持取水口所需要的水位。百丈堤位于导流堤上游，除引导江水外，还保护河岸免受冲刷。因整个工程布置合理，各建筑物能互相紧密配合，相互调节，起到了分水、泄洪、引水和防沙的作用，使成都平原农田可以自流灌溉，成为旱涝保收的富饶地区。这座工程的建造，充分体现了我国古代劳动人民具有无穷的智慧和高度的科学技术水平。

（二）多首制渠首

在不稳定多泥沙河流上，尤其是山麓性的河流，采用一个取水口时，常常由于泥沙淤积而不能引取所需的水量，严重时甚至不能引水，在这种情况下可采用多首制渠首。这种渠首，我国劳动人民很早就在黄河河套地区建造了。

多首制渠首一般有2～3条引水渠，各渠相距1～2km，甚至3～4km。洪水时仅从一个取水口引水，其他取水口临时堵塞，以免引水过多和渠道淤积。枯水期，由于河道水位较低，可由几个引水口同时引水，以保证引取所需的水量。

多首制渠首的最大优点是当一个引水口淤塞后，仍可由其他引水口进水，保证灌区不致停水。此外，引水渠淤积后，还可轮流清淤，互不干扰。它的缺点是引水渠容易淤积，清淤工作量大，每年的维修费用较高。

多首制渠首的布置有很多型式。如图8-8所示的布置型式为由两个引水渠与进水闸相连。洪水时由一个引水渠供水，枯水时由两个引水渠供水。引水渠中沉淀的泥沙，利用引水渠水位与河道水位差来冲洗，并经泄水渠排入河道。

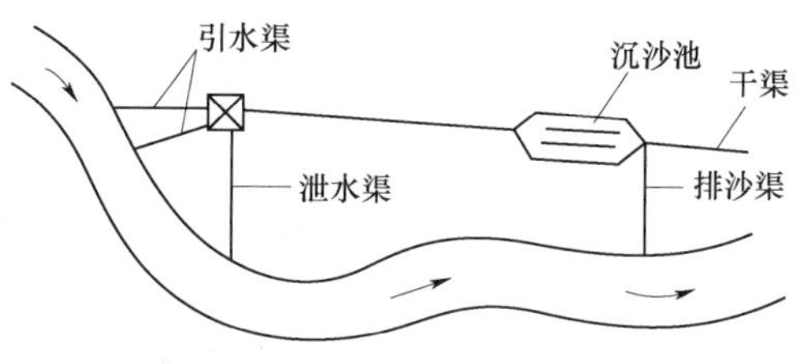

图8-8　多首制取水工程示意图

在进水闸后干渠上适当位置设置沉沙池，沉沙池与渠首的距离如果布置恰当，则可利用水力将沉沙池中沉淀的泥沙冲洗到河道中，这种布置对于保证灌区用水及防止干渠淤积是非常有效的。

第三节　有坝取水枢纽的布置

当河道枯水时期的流量能满足引水要求，但河道水位较低，不能自流引水时，需修建拦河建筑物以抬高水位，满足自流引水的要求。这种取水枢纽称为有坝取水枢纽。不过在有些情况下，虽然水位和流量可满足引水要求，但为了达到某种目的，也要采用有坝取水的方式。比如：采用无坝取水方式需开挖很长的引水渠，工程量大，造价高时；在通航河道上由于引水量大而影响正常航运时；河道含沙量大，要求有一定的水头冲洗取水口前淤积的泥沙。

有坝取水枢纽一般由拦河壅水建筑物（壅水坝或拦河闸）、进水闸、冲沙闸、防排沙设施及上下游河道整治措施等建筑物组成。拦河壅水建筑物的作用是抬高水位和宣泄河道多余的水量和汛期洪水；进水闸的作用是控制入渠流量；防排沙设施的作用是防止河流泥沙进入渠道。常用的防排沙设施有沉沙槽、冲沙闸、冲沙廊道、冲沙底孔及沉沙池等。

由于河道的水流特性、地形、地质条件千差万别，这些因素对枢纽工程的型式选择和布置起着决定性的作用。一般情况下是先根据基础资料拟定几个不同的布置方案，进行技术经济比较后确定。下面将介绍常用的几种有坝取水枢纽的布置。

一、沉沙槽渠首

（一）直线式沉沙槽

这种渠首采用正面排沙、侧面引水的布置形式，由壅水坝、冲沙闸、沉沙槽、导水墙及进水闸等部分组成，如图8-9所示。因最先建于印度，又称印度式渠首。

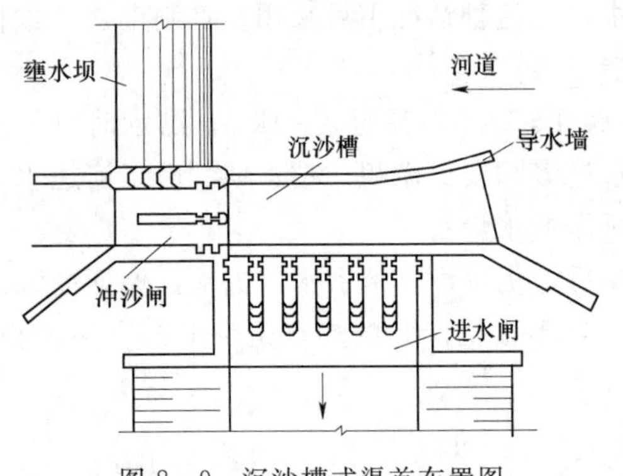

图8-9　沉沙槽式渠首布置图

（1）各建筑物的典型布置

1）壅水坝，作用是抬高水位，以满足引水的要求并宣泄河道多余的水和汛期洪水。一般布置在河床内，使上游进流平顺，增大泄量。下游出口最好和原河道一致，以减轻水流对河床及河岸的冲刷。当河床较宽时，可建非溢流土坝与壅水坝相接。

2）进水闸，位于坝端河岸上，其作用是控制入渠流量。为防止推移质泥沙进入渠道，增大沉沙槽容积，闸底板应高出沉沙槽底1.0～2.0m。原印度式渠首和我国早期所建的这种渠首，进水闸与河道的水流方向垂直，实践证明，这种布置的防沙效果较差，一般适用于清水河道。目前新建工程进水闸的引水角一般采用锐角。

3）冲沙闸，作用是冲洗沉沙槽中的泥沙及宣泄部分洪水，并使河道主流趋向进水闸，保证引水。位于坝的一端并与进水闸相邻。冲沙闸孔口尺寸的拟定主要是确定底板高程及选择设计流量。冲沙闸的设计流量目前还没有统一的标准，一般应选择在每年汛期出现次数较多的流量，以满足冲沙及稳定主槽的要求。在工程实践中，有的采用50%～80%频率的洪水流量，而有的采用相当于2.5%～3.0%的多年日平均流量，悬殊较大。根据统计，运用良好的冲沙闸总宽约为取水工程总宽的1/3～1/10。

4）导水墙，位于冲沙闸与拦河坝连接处，与进水闸翼墙共同组成沉沙槽。导水墙的长度约为进水口总宽的2～3倍，上游长度应超出进水闸宽度以上一定距离，前端通常做成弧形，以使来水平顺。顶部高度与坝前正常水位齐平或略高，避免水流从侧面翻入槽内。同时还可拦阻坝前淤积的泥沙不致经沉沙槽流进渠道。其下游长度可达壅水坝护坦的末端，以使水流顺畅。并便于集中水流进行冲沙，避免泥沙直接淤积在冲沙闸下游。

5）沉沙槽，作用是当冲沙闸关闭时，沉淀水中的推移质泥沙，起沉沙池的作用；当冲沙闸开启时沉沙槽成为冲沙道，使水流集中，用以冲洗槽中的泥沙。槽内流速应大于推移质启动流速，一般不小于2～4m/s。沉沙槽与冲沙闸同宽，其进口段做成喇叭口形。槽底高度与坝的上游护底同高，上游槽底可是水平的或倾斜的，但下游槽底必须大于临界坡度，以利排沙。

（2）这种渠首的优点是布置和构造简单，施工容易，造价经济。一般适用于稳定河道。对于多泥沙河流，如果采取适当的防沙措施（如分水墙、导沙坎等）和河道整治措施，仍能有效地工作。因此，在我国的华北、西北等地区应用很广泛。但是新疆的河流一般坡度较陡，泥沙含量高且粒径很大，采用这种渠首效果就不好。

（3）通过实际工程运用的考验，这种渠首布置形式主要存在以下问题：

1）由于进水闸与河流垂直，水流流入进水闸时，需转 90°的急弯，在进水口处产生强烈的横向环流，将部分推移质卷入渠道造成渠道淤积，不能正常输水。

2）冲沙闸冲沙时，槽内推移质发生跃移运动，为防止被搅起的泥沙入渠，必须关闭进水闸，停止引水。此外，早期所建冲沙闸宽度偏小，不能保证河道主槽靠近进水闸。

3）在不稳定河流上，当坝前淤平后壅水坝失去对河流的控制作用，进水闸处于无坝引水状态。当主流摆动后，引水得不到保证。

(4) 针对上述缺点，国内外一些科研单位及高等院校，在试验研究的基础上提出了许多改进措施，使防沙效果有一定的增强。主要改进办法如下：

1）扩大冲沙闸，增大泄洪能力，使之起到稳定主槽和冲沙的作用。

2）在沉沙槽内布置了潜没式分水墙和斜向导沙坝，改变水流的内部结构，将底部高含沙的底流导离进水口，而使表层清水进入进水闸。沉沙池内分水墙的长度和导水墙同长，间距和冲沙闸闸孔宽度一致，高度等于闸前设计水位的 1/2～2/3。导沙坎布置在槽的入口处，一般为 1～2 道，与水流方向成 30°～40°夹角。导沙坎的断面是梯形，迎水面为垂直的，背水面为 1：1.5～1：2 的斜坡。坎的高度比分水墙要低，约为槽内水深的 1/4。

以上两点改进用于渭惠渠的扩建工程取得了良好的效果（图 8-10）。这种改进措施仅适用于枢纽上下游水头差较小，推移质泥沙颗粒较细，要求沉沙槽内冲沙流速不大的平原河道。若推移质颗粒较大时，采用这种措施，会在槽内发生淤积现象。

3）为了进一步提高沉沙槽式渠首的引水防沙效果，可将进水角度由 90°改为锐角，一般为 30°～40°，使进水闸和河道水流斜交，以减弱横向环流的作用，从而减少推移质泥沙入渠，如图 8-11 所示。

沉沙槽式渠首除上述的直线沉沙槽外，还有一些其他的变化形式，如果布置得当也能取得良好的引水防沙效果。我国目前采用的主要有以下几种布置型式：

（二）弧形沉沙槽

为了提高渠首的防沙效果，应用环流原理，将沉沙槽的平面形状改为弧形，并在槽内设分水墙及导沙坎，可将泥沙导向下游，待溢流坝泄洪时，把泥沙冲走。进水闸的引水角一般为锐角。在陕西、甘肃、青海的一些渠首中采用，取得了良好的效果（图 8-12）。

（三）引水渠式（或隧洞式）沉沙槽

当取水枢纽工程建在峡谷出口或山区时，由于河道狭窄，河岸陡峻，修建溢流坝后，无法布置进水闸和冲沙闸，这时可采用在河床上修建导流堤，使其与河岸形成导流槽，兼作沉沙槽。在导流堤的末端布置进水闸和冲沙闸，使进水口始终保持良好的进水条件（图 8-13）。对于建在峡谷出口处的取水工程，可在山坡内开凿隧洞引水，在隧洞出口处修建沉沙槽，并在槽的末端按正面引水，侧面排沙的原则布置进水闸和冲沙闸（图 8-14）。

根据地形条件也可沿山边开挖引水渠，在渠的末端布置进水闸和冲沙闸，如图 8-15 所示。

（四）拦河闸式沉沙槽

在多泥沙河流上修建壅水坝后，对原河道的形态有较大的改变，由于泥沙的淤积，使

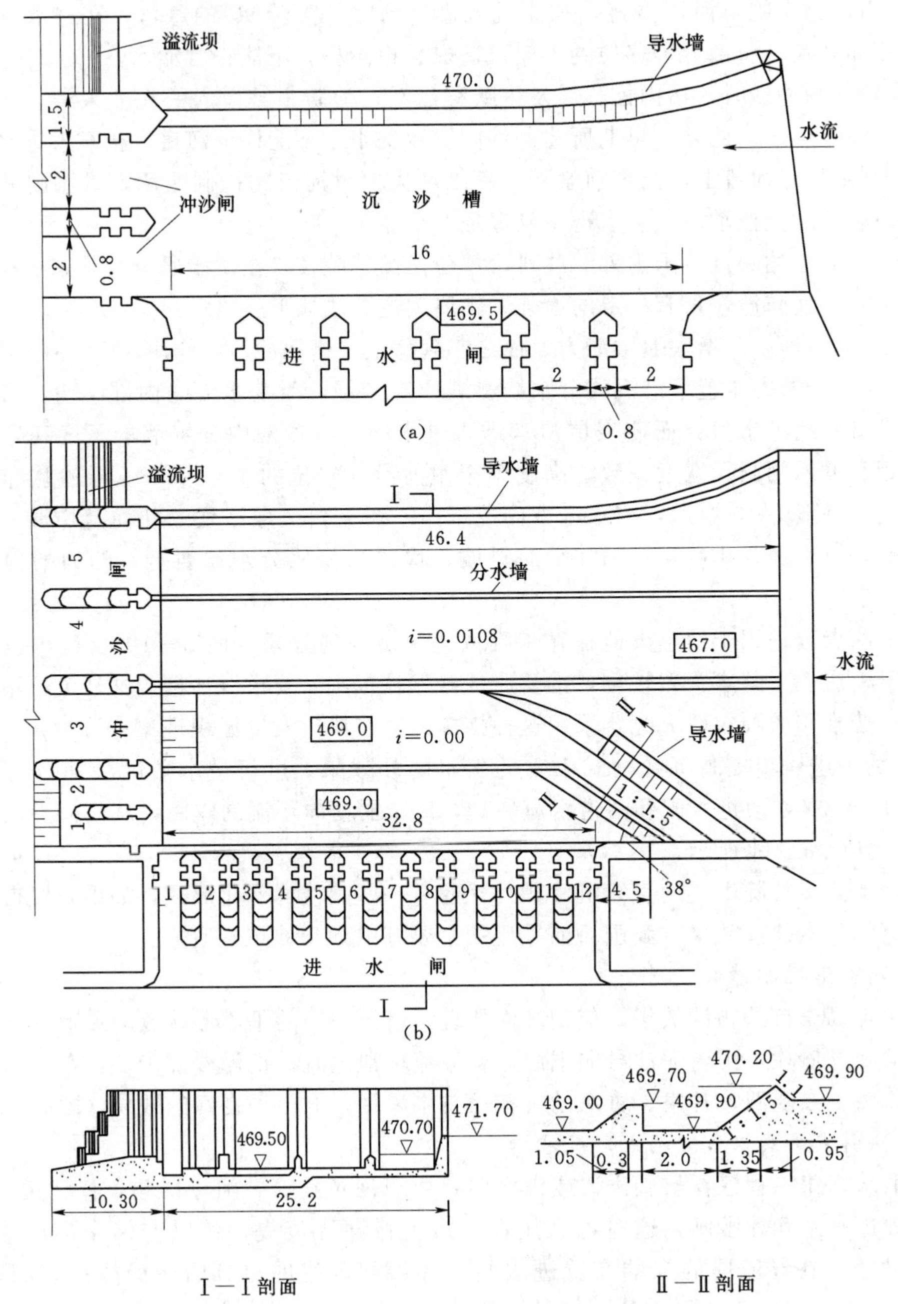

图 8-10　渭惠渠沉沙槽式渠首布置图（单位：m）

(a) 原来的沉沙槽布置图；(b) 改进后沉沙槽布置图

坝很快丧失其对河流的控制作用，引水得不到保证。如果用拦河闸代替壅水坝，基本不改变枢纽上下游河道的形态，既可壅水沉沙，又可以开闸泄水冲沙，与壅水坝相比，除能排除上游壅水段淤积的泥沙外，还能灵活地调节水位和流量，借闸门的启闭来调整上游河道的主流方向，使取水口始终保持良好的水流条件。既适用于上游河道为砂卵石河床的情

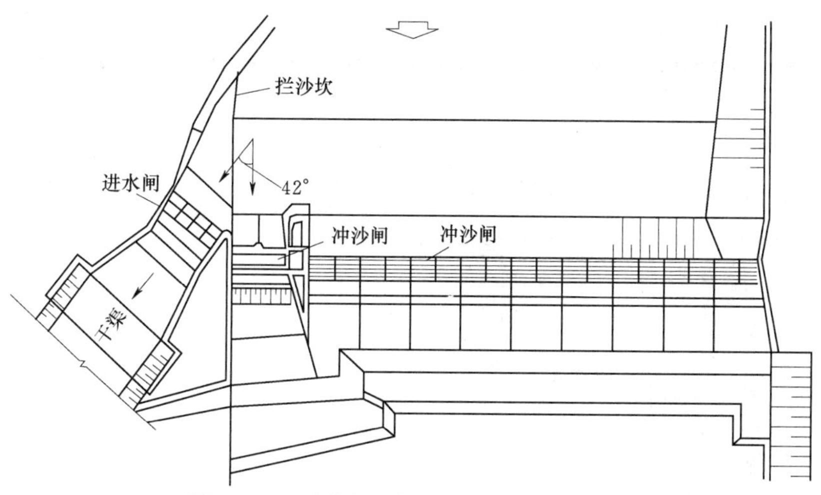

图 8-11 进水闸为锐角的取水枢纽布置图

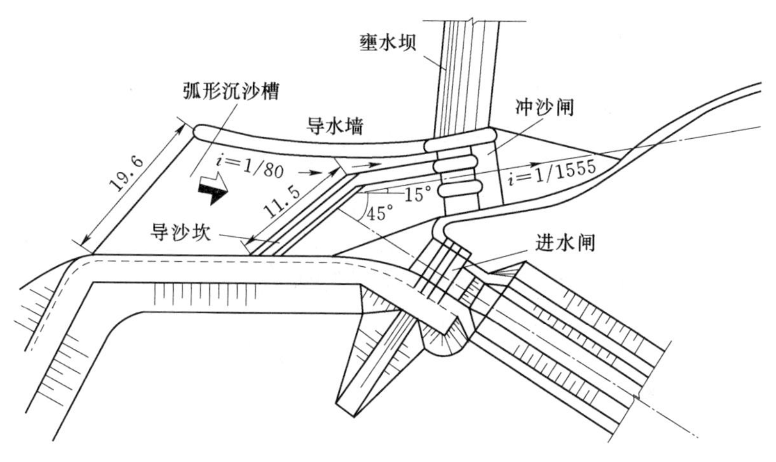

图 8-12 具有弧形沉沙槽的取水枢纽布置图

况，也适用于中游沙砾河床，尤其适用于下游沙质河床。目前，在四川、新疆、辽宁、山东及江苏等省（自治区）应用较多。由于拦河闸使用钢材较多，和壅水坝相比造价较高。现在有许多中小型枢纽多采用自动翻倒闸或橡胶坝，不仅造价低，而且便于管理。这种取水枢纽工程一般由拦河闸、进水闸、冲沙闸、沉沙槽、导沙坎及上下游河道整治工程等建筑物组成（图 8-16）。

二、人工弯道式渠首

人工弯道式渠首是应用环流原理，在不稳定的河流上，用导流堤将原河床缩窄成一定宽度的弯曲河道，造成人工环流，并在弯道末端，按正面引水，侧面排沙的原则布置进水闸和冲沙闸引

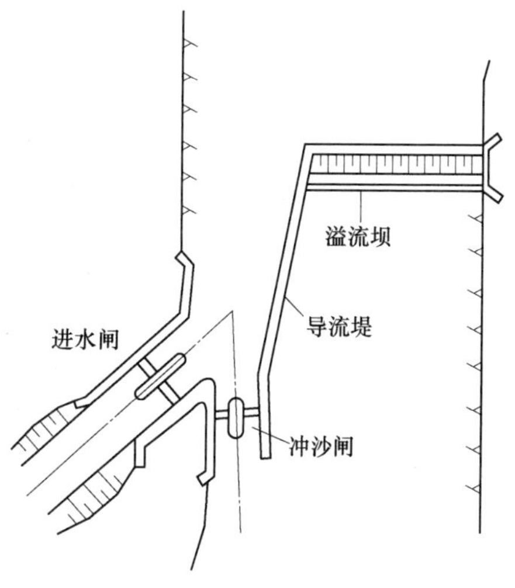

图 8-13 引水渠式取水枢纽布置示意图

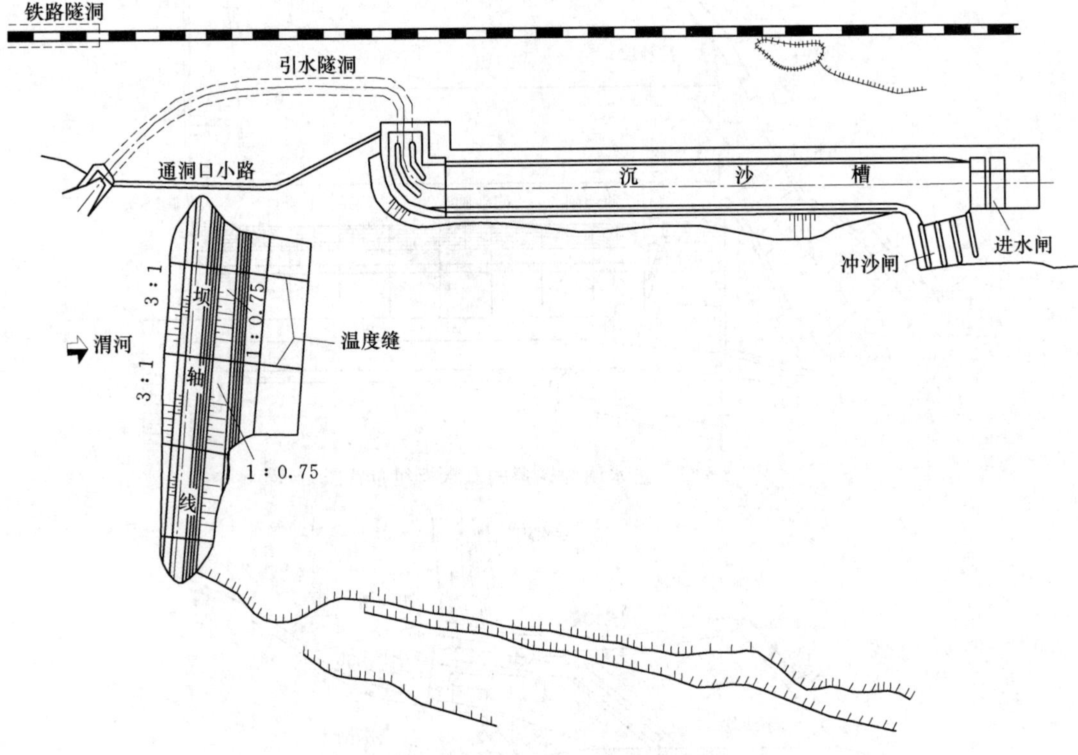

图 8-14　具有引水隧洞的取水枢纽布置示意图

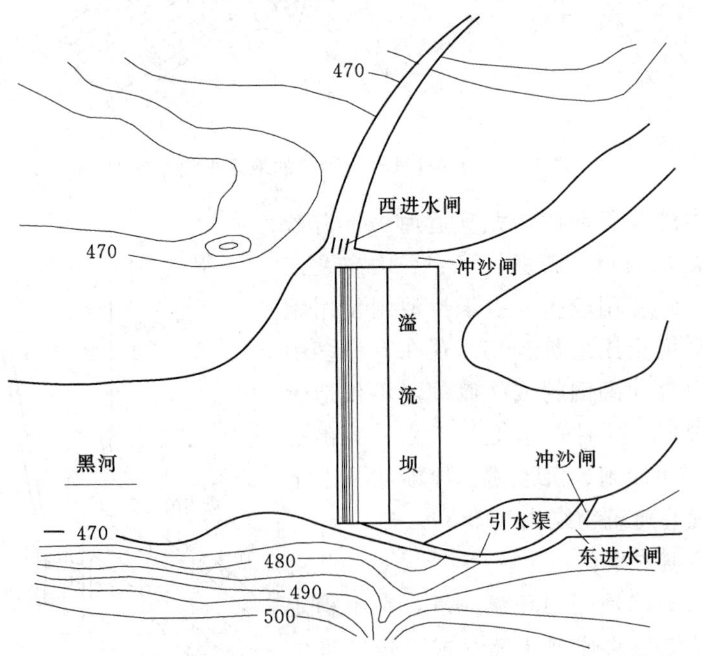

图 8-15　沿山边开挖引水渠的取水枢纽布置图

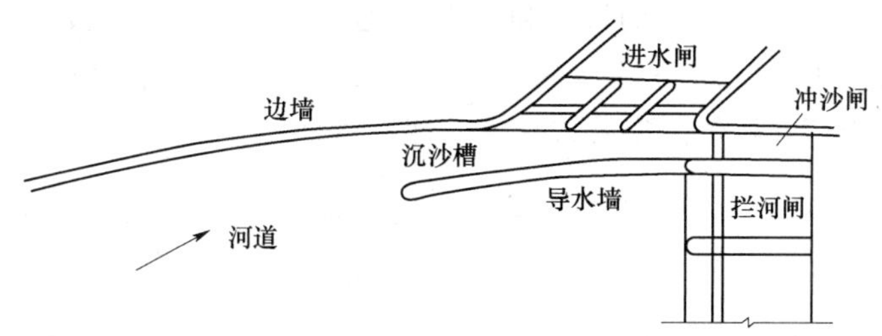

图 8-16 拦河闸式取水枢纽布置示意图

取表层清水，排走底沙。以达到引水防沙的目的。

人工弯道式渠首最先建于前苏联中亚西亚的费尔干地区，故又称费尔干式渠首。从1958年引入我国新疆，到20世纪60年代末已建成这种渠首30余座。现已成为该地区主要的取水形式之一。由于这种渠首当时设计时未能结合我国河流的水文泥沙特性，在实际运用中出现了不少问题。如弯道的设计流量过大，宽度过宽，以至水流常年不能满槽，环流作用微弱，造成淤积，导致粗沙及卵石进入渠道；弯道纵坡较大，致使冲沙闸下游排沙比降不足，流速偏小，形成闸下淤积，甚至冲沙闸底板被淤埋；渠首位置选择不适宜，渠首建筑物高程确定不当等。针对这些问题，新疆的水利工作者及水利科研部门在分析研究的基础上，提出了改进措施，如在渠首中增加了泄洪闸；改进了弯道设计流量和各建筑物的布局等，使之成为一种新型的人工弯道式渠首。

该渠首适应性强，防沙效果好，适用于山丘地区推移质泥沙较多、粒径较大的河流上。尤其适用于北方干旱地区，而且引水比比较高，一般可达70%～80%以上。缺点是河道整治工程量大，工程造价较高。在平原地区的多泥沙河流上，由于泥沙颗粒较细，含沙量沿水深分布比较均匀，单靠横向环流来减少泥沙效果不大，而不宜采用这种型式。

人工弯道式引水枢纽一般由进水闸、冲沙闸、泄洪闸、溢流堰和下游排沙道等部分组成。具体介绍如下。

（一）上游引水弯道

其作用是造成弯曲河段，使水流在弯道内形成横向环流，以利引水排沙。应尽可能利用天然稳定的河弯，加以整治作为引水弯道。因为天然河湾的曲率半径、河道比降及流速等均符合该河的自然特性，比人工布置的弯道引水防沙性能优越。从已建工程看，凡与天然河弯结合得好，其运用效果就好。反之则差。在布置时，应避免把人工弯道与天然河道布置成S形，以免主流冲向引水弯道凸岸，而不按凹岸运行。从而不能在弯道内形成良好的横向环流，不利于引水排沙。

在引水弯道的进口处，一般修建导流堤，并向上游延伸与河道两岸平缓地连接，以便束水导流，使河水平顺地流入引水弯道。导流堤的形状，可以布置成直线形或曲线形，主要根据地形条件、主流方向以及枢纽的布置形式而定。引水弯道的环流强度对防沙效果的影响最大，而环流强度的大小决定于弯道的尺寸。因此，引水弯道尺寸的确定就显得非常重要了。目前引水弯道尺寸的确定方法主要有两种，下面分别予以介绍。

1. 实践经验确定引水弯道尺寸

（1）引水弯道宽度的确定。引水弯道宽度、长度和曲率半径是决定水流在闸前产生稳定环流的主要因素。而稳定弯道的长度和曲率半径都可以用直线河段的水面宽度来表示。因此，引水弯道宽度的确定就是最基本的因素。我国20世纪50年代引进这一渠首形式时，均采用前苏联C.T.阿尔图宁公式计算。即

$$B=A\frac{Q^{0.5}}{J^{0.2}} \tag{8-2}$$

式中　B——河道的水面宽度，m；

A——稳定河道系数，一般选用0.7～1.2，对于砂卵石河床可采用0.9～1.1；

J——河道纵向水面比降；

Q——造床流量，按3%～10%频率洪水流量计算，结合我国的情况，误差较大，建议按50%～100%的频率洪水流量计算，m^3/s。

按上式计算的宽度B为河道直线段水面宽度，而弯曲段的水面宽度由于水流挤向凹岸而缩窄，为使水流满槽，缩窄后的宽度，一般约为直段水面宽度的0.5～0.75倍。

新疆初期设计和建造的人工弯道式渠首，基本上都是采用频率为3%～10%的洪水流量作为造床流量。经过多年实际运行证明，按此造床流量设计的弯道宽度过宽，是造成弯道淤积的主要原因之一。总结经验认为，引水弯道的宽度以按50%～100%的频率洪水流量设计为宜，且不应小于灌溉所需流量和冲沙流量之和。一般冲沙闸排沙流量为进水闸设计流量的1～1.2倍。这样引水弯道宽度设计流量约为进水闸设计流量的2～2.2倍。这一设计流量应在7～8月含沙量大的洪水季节经常出现，使弯道内产生较强的横向环流作用，以利排沙。根据实践经验，一般在水流丰富的河道上，引水比不应超过50%，弯道的设计流量在一年内的历时不小于20～30天。在水量小而引水比超过70%～80%的河道上，由于引水和冲沙矛盾大，引水弯道的设计流量，以每年出现2～5天为宜。引水弯道的断面为梯形，边坡为1∶1～1∶1.5，其顶部高程应等于设计（校核）洪水位加上一定超高。

（2）弯道的半径，长度及比降的确定。引水弯道的半径是环流产生的主要条件之一，取决于整个枢纽的平面布置，一般不小于$3.5B$。应尽可能利用天然河湾，加以整治作为引水弯道，因天然河湾其曲率半径完全符合该河段的自然特性。比任意布置的引水弯道防沙性能好。引水弯道比降应等于或略缓于天然河道的纵向比降。

根据新疆已建工程的经验，引水弯道的底宽、曲率半径和长度，可采用下列经验公式计算：

$$\left.\begin{aligned}R_{中}&=(5\sim6)B\\L_{中}&=(5\sim8)B\\L_{中}&=(1.2\sim1.4)R_{中}\end{aligned}\right\} \tag{8-3}$$

式中　$R_{中}$——弯道中心线曲率半径；

B——弯道底宽；

$L_{中}$——弯道中心线长度。

（3）弯道环流强度的判别。引水弯道主要是利用横向环流将推移质泥沙推向凸岸，故枢纽运用条件的好坏，主要取决于环流的强弱程度，如能采用定量的方法对环流强度进行判别，则在引水弯道的尺寸确定后，即可校核引水弯道在设计情况下环流的强弱。一些学者和院校对此做过大量的研究，但目前对环流强度的判别尚无比较成熟的方法。下面介绍

的两种方法可供参考。

1）新疆石河子大学张开泉教授认为横向环流是离心力引起的横向水流与纵向水流的综合结果，建议用水面横向水力比降 J_r 和纵向水力比降 J 的比值作为判别环流强弱的判别数，并用 C_r 表示。即

$$C_r=\frac{J_r}{J}$$

横向水力坡降 $J_r=\frac{v^2}{gR}$，纵向水力坡降 J 按谢才公式计算，$J=\frac{v^2}{C^2R}$，所以

$$C_r=\frac{v^2/gR_0}{v^2/C^2R}=\frac{C^2R}{gR_0}$$

若用满宁公式计算谢才系数 C，则上式为

$$C_r==\frac{R^{4/3}}{n^2gR_0} \tag{8-4}$$

式中　v——断面平均流速，m/s；

g——重力加速度，m/s²；

R_0——引水弯道轴线曲率半径，m；

n——引水弯道糙率系数；

R——水力半径，m。

根据实际工程运用情况统计，当 $C_r\geqslant1.0$ 时，说明设计的引水弯道排沙条件较好；当 $C_r<1$ 时，枢纽可能发生淤积，故要求设计的 $C_r\geqslant1.0$。同时，还要求在设计 R 值时，用弯道未壅水时的水力半径。

2）原武汉水利电力大学水利系研究认为，用弯道水流横向流速 u_r 与泥沙启动流速横向分量 u_{or} 之比作为弯道环流输沙强度的判别数是符合实际的。其表达式为

$$M_r=\frac{u_r}{u_{or}} \tag{8-5}$$

$$u_r=\frac{5.4h\,\overline{u}\lambda}{R_0} \tag{8-6}$$

$$u_{or}=\xi u_0=\xi\eta_c\sqrt{\frac{\gamma_s-\gamma}{\gamma_0}gd} \tag{8-7}$$

式中　M_r——弯道环流输沙强度判别数；

u_r——弯道水流横向流速；

u_{or}——弯道内泥沙启动流速的横向分量；

h、$\overline{u}$——弯道段计算断面平均水深和平均流速；

R_0——弯道中心曲率半径；

λ——横向断面比例系数；

ξ——启动流速横向分量的比例系数。

将 u_r 和 u_{or} 代入式（14-5），得

$$M_r=\frac{5.4h\,\overline{u}\lambda}{\xi\eta_c\left(\sqrt{\frac{\gamma_s-\gamma}{\gamma}gdR_0}\right)} \tag{8-8}$$

η_c 是泥沙实际启动流速系数，一般没有实测资料，长江科学院用实测资料反求出 $\eta_c=1.16$ 代入上式得

$$M_r=\frac{4.655h\,\overline{u}\lambda}{\xi\eta_c\left(\sqrt{\frac{\gamma_s-\gamma}{\gamma}gdR_0}\right)} \tag{8-9}$$

在上式中 λ 和 ξ 值是未知的，且在弯道段内不同断面上均不相同。但根据室内模型试验资料统计，对不同断面的流量和不同的 B/R_0（B 为弯道宽度），不同弯道的各断面 λ/ξ 的平均值为一常数 2.95，将 λ/ξ 值及 $\overline{u}=\frac{Q}{Bh}$ 代入得最终表达式为

$$M_r=\frac{13.73Q}{R_0B\sqrt{\frac{\gamma_s-\gamma}{\gamma}gd}} \tag{8-10}$$

若用天然泥沙 $\gamma_s=2650\text{kN/m}^2$ 代入式（8-10）得

$$M_r=\frac{3.42Q}{R_0B\sqrt{d}} \tag{8-11}$$

式中　Q——弯道设计流量，m^3/s；

B——弯道宽度，m；

R_0——弯道中心曲率半径，m；

d——泥沙粒径，m；

g——重力加速度，m/s^2；

γ_s——泥沙容重，kN/m^3；

γ——水容重，kN/m^3。

在弯道设计中，要求 $M_r\geqslant1$，设计流量选用频率为 100% 的流量。应用上式对新疆的几座人工弯道式渠首进行验证，所作出的判别结果是符合实际的。

2. 半理论方法确定引水弯道尺寸

（1）西北水科所公式。引水弯道的平面尺寸一般按上述实践经验确定，西北水科所从山区河道的河相关系、卵石推移质输沙率及水流运动方程和水流连续方程出发，解得引水弯道断面的宽度、水深、流速和比降等关系式，以此即可确定引水弯道的断面尺寸。

河相关系仍采用阿尔图宁公式（8-2）计算，即

$$B=A\frac{Q^{0.5}}{J^{0.2}}$$

卵石推移质输沙率 G_s 是选用成都科技大学陈远信提出的公式。由于引水弯道已经渠化，故将该式中推移质输沙带宽度 b 作为引水弯道宽度 B。即

$$G_s=2.48\times10^{-3}v^{5.41}B^{1.94}\left(\frac{D_{cp}}{h}\right)^{0.78} \tag{8-12}$$

水流的运动方程和连续性方程分别为

$$\left.\begin{aligned}v&=\frac{1}{n}h^{2/3}J^{1/2}\\Q&=vhB\end{aligned}\right\} \tag{8-13}$$

联解式（8-2）、式（8-12）和式（8-13），则得引水弯道断面尺寸计算公式为

$$B=\frac{0.52A^{1.05}Q^{0.71}D_{cp}^{0.085}}{n^{0.41}G_s^{0.11}} \tag{8-14}$$

$$h=\frac{0.55n^{0.23}Q^{0.0481}D_{cp}^{0.076}}{A^{0.57}G_s^{0.1}} \tag{8-15}$$

$$v=\frac{n^{0.18}G_s^{0.21}}{0.286A^{0.48}Q^{0.19}D_{cp}^{0.16}} \tag{8-16}$$

$$J=\frac{n^{2.05}G_s^{0.55}}{0.037A^{0.25}Q^{1.05}D_{cp}^{0.45}} \tag{8-17}$$

式中　D_{cp}——推移质平均粒径，m；

h——断面平均水深，m；

v——断面平均流速，m/s；

G_s——断面推移质输沙率，kg/s；

n——河床糙率；

A——经验系数，一般选用 0.7～1.3；对于我国砾石卵石河床 A 值可选用 0.7～1.0 之间；

Q——河流流量，建议用 100%频率流量。

（2）武汉水利电力大学水利系经研究提出，人工弯道设计应满足以下要求。

1）满足横向输沙要求的环流强度。

2）满足纵向推移质输沙率的要求，避免和减少弯道淤积。

3）能使推移质从凹岸输移至凸岸。

根据这三个要求，导出人工弯道设计的计算公式，即

$$R_0=\frac{14.06Q^{0.22}{G_b}^{0.195}}{{d_{cp}}^{0.256}\xi^{0.83}} \tag{8-18}$$

$$B_k=\frac{0.2433Q^{0.78}\xi^{0.83}}{{d_{cp}}^{0.244}G_b^{0.195}} \tag{8-19}$$

$$L_k=1.14B_k\sqrt{\frac{0.576Q^2\xi^{2.33}}{d_{cp}^{0.67}B_k^{3.17}}-0.66g} \tag{8-20}$$

式中　ξ——宽深比，对山麓地区稳定的蜿蜒性河段，取值范围在 0.2～2.5 之间；

G_b——断面推移质输沙率，kg/s；

d_{cp}——推移质平均粒径，m；

L_k——人工弯道弧长，m；

B_k——人工弯道宽度，m；

R_0——人工弯道中心半径，m。

用式（8-18）～式（8-20）对新疆的十几座人工弯道式渠首资料的验证，凡原设计值与计算值接近的，渠首运行良好，无泥沙淤积或少量泥沙淤积。由此说明，上述公式对工程设计有一定的实用价值。

（二）泄洪闸

新疆早期修建的人工弯道式渠首，大都没有设置专门的泄洪建筑物，设计洪水通过冲沙闸下泄。这样有两个害处：①如此设计出的弯道断面较大，在流量小时环流现象较弱，不能

利用环流原理进行引水排沙。②使用过程中由于引水弯道淤积，河床逐年抬高，造成防洪紧张，甚至发生工程事故。因此，近期修建的渠首一般都在引水弯道进口附近设置泄洪闸，不仅可泄洪还可使河道主流稳定在进水口一侧。保证引水弯道的良好进水条件。在常年洪水季节，也可局部开启泄水排沙，以减少弯道的进沙量。平时可关闸壅水，保证引水。在寒冷地区，对冰凌的处理也可一并考虑。对于有漂浮物、树木等的河道，也可由泄洪闸排到下游。

泄洪闸在平面布置上，应使其中心线与引水弯道中心线成40°～45°夹角。泄洪闸的设计流量以取每年汛期都能出现的洪水流量为宜。如洪水流量较大可在泄洪闸旁再布置溢流坝，用以宣泄超过泄洪闸和冲沙闸所能宣泄的洪水。因此，在经常性洪水出现时溢流坝是不溢流的。溢流坝在平面上与主河道斜交，除排泄洪水外，平时还起导流堤的作用，使主流稳定在取水口一侧。

（三）进水闸与冲沙闸

进水闸与冲沙闸设在引水弯道的末端，按正面引水、侧面排沙的原则布置。进水闸设在凹岸，其中心线与闸前水流方向一致，并沿引水弯道半径方向布置，冲沙闸位于弯道凸岸一侧。在此特定条件下，为了不使它和进水闸的总宽度在流向法线上的投影长度超过引水弯道宽度，可以布置成与引水弯道半径成25°～30°，而进水闸与冲沙闸的中心线夹角要求不大于30°～35°，否则冲沙闸各孔就不能均匀排沙。而且靠河岸的几孔易于堵塞。

进水闸底板高程应高出冲沙闸底板1.0～1.5m以上，这样可减少泥沙入渠，并可增大闸前泥沙淤积库容，有利于定期冲沙。进水闸前一般设置曲线悬臂式拦沙坎，以增强横向环流作用，将泥沙导向冲沙闸，并可阻挡泥沙进入进水闸。其高度一般与进水闸底板同高，或稍高于闸底板高程。曲线导沙坎悬臂板末端逐渐加宽，一直到冲沙闸的第一孔，这样有利于引水防沙。其迎水面边缘，应做成流线型，以免扰动水流。

冲沙闸设计流量宜稍大于弯道设计流量，以便集中冲沙，并可利用洪水冲洗人工弯道，还可排除意外的洪水。例如当泄洪闸操作不及时，或当进水闸因事故停止引水时，将过多的水量引入弯道，这时可通过冲沙闸下泄，以保证枢纽安全。

冲沙闸底板高程对保证枢纽正常引水、防止泥沙淤积影响很大。冲沙闸底板高程定得过高，虽然可增大闸下冲沙水头，有利于排沙，但却减缓了引水弯道比降，造成弯道淤积。反之，则引水弯道比降加大，虽可增大输沙能力，但闸下冲沙水头减小，引起输沙不畅。因此，冲沙闸底板高程应根据当地河道比降及发展趋势而定。若枢纽处的河床处于下切状态，则基岩暴露，纵坡及水流夹沙能力较大，这时冲沙闸底板高程应与河床枯水平均高程同高或略高；若枢纽建在河流的山前区，河流经过山区到达山前区后，河床开始扩宽，并由下切转向淤积或冲淤平衡。这时，可适当抬高冲沙闸底板高程，以增大排沙水头，排除枢纽上下游淤积的泥沙。根据经验，其抬高值一般为1.0～1.5m。并使冲沙闸下游排沙道的纵坡调整到0.015～0.02。

（四）下游排沙道

下游排沙道是泄洪闸、冲沙闸等建筑物的下泄水流与下游河段的衔接段。在人工弯道式枢纽下游，一般都在泄洪闸和冲沙闸下游修建导流堤缩窄河道，形成排沙道，使水流流速加大。以便用少量的水，把泄洪闸和冲沙闸排泄的泥沙输送到下游很远的地方，以免闸下淤积，影响枢纽正常工作。这也就是常说的“束水攻沙”。

导流堤长度一般不小于下游稳定河槽宽度的两倍，河道输沙量大时，常增长到4～5倍。如果长度不足，可采取逐渐加长的方式，避免一次建造很长，引起上下游整治段的剧烈冲刷。排沙道应有一定的纵坡，以使其流速控制在4～5m/s范围内为宜。必须指出，由于河道纵坡和水文泥沙特性不同，枢纽下游河道不一定都要进行整治和缩窄。如新疆喀什河渠首，因河道纵坡大，在枢纽下游未修排沙道，也运行良好。

（五）曲线沉沙池

人工弯道渠首虽然有良好的引水排沙条件，但在河流含沙量很大及引水比很高的情况下，特别是中小洪水期，灌区用水紧张，引水比往往达100%。因而泥沙进渠现象很难避免。因此，还必须在进水闸后适当距离设置沉沙池，以配合枢纽共同工作，对进入干渠的泥沙作进一步的处理，使水质满足用水要求。所以在新疆所建的这种枢纽，一般都设有曲线沉沙池，对泥沙进行第二次处理。

（六）布置实例

如图8-17所示，新疆喀什河渠首是建于1967年的新型人工弯道式渠首之一，可灌溉农田120万亩。枢纽位于喀什河出山口附近天然河湾处，该处河流分左右两支，中间滩地首端有天然基岩矗立，起鱼嘴分水作用，对于布置弯道式取水枢纽十分有利。该处河流年径流量39.7亿m^3，其中7—9月多年平均径流量29.7亿m^3。悬移质含沙量为0.46kg/m^3，推移质为0.067kg/ m^3，约200万kg，占悬移质含沙量的15%。

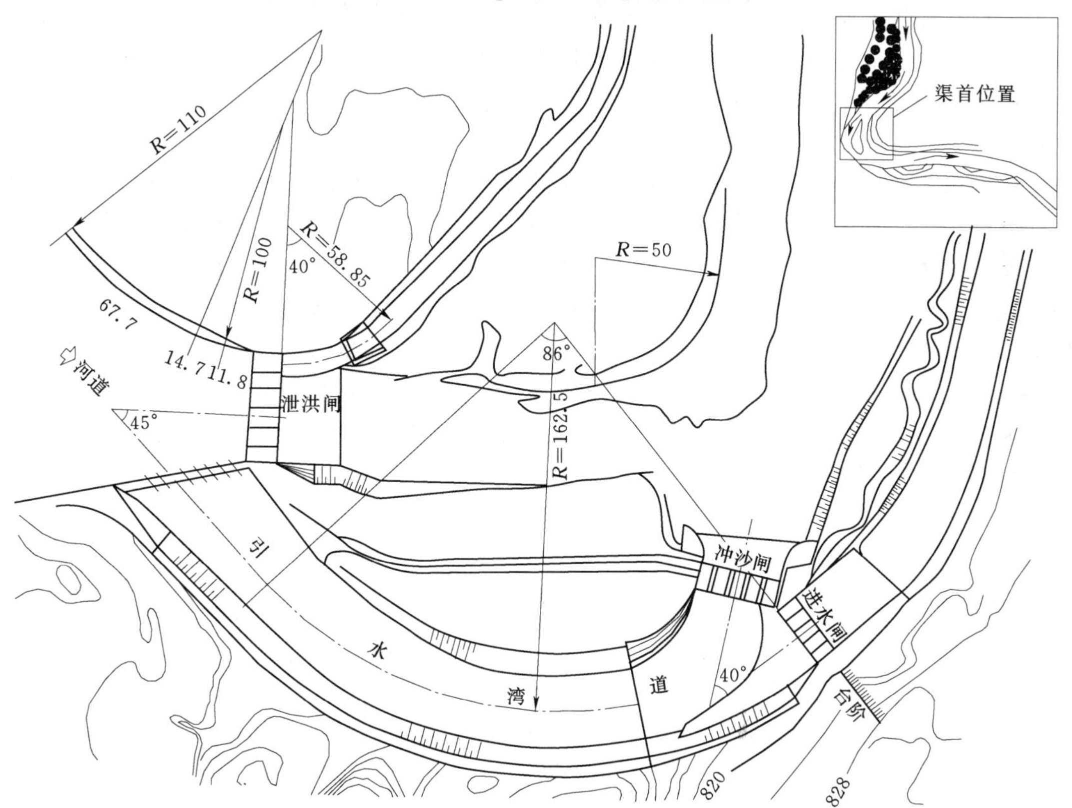

图8-17 新疆喀什河人工弯道式取水枢纽布置图（单位：m）

该枢纽由泄洪闸、拦污栅、引水弯道、进水闸及冲沙闸等部分组成。泄洪闸位于喀什河的左支河床上，其中心线与河道水流方向成40°夹角。闸身净宽35m，最大过闸流量$800m^3/s$，闸底板高程较弯道进口高程低1.2m，以利侧向排沙。引水弯道建在喀什河支流上，是利用天然河湾加以整治而成。弯道采用单一曲率半径，按频率100%的洪水流量$300m^3/s$设计，$500m^3/s$校核。为了防止漂浮物进入弯道，在弯道进口处，布置拦污栅一道。进水闸位于弯道末端，按正面引水并沿半径方向布置，设计流量为$100m^3/s$，闸底板高出冲沙闸底板1.5m，在闸前设有悬臂拦沙坎，并延伸至冲沙闸，封闭其第1孔，以避免该处泥沙入渠，东岸进水闸引水量为$17m^3/s$，冲沙闸位于靠凸岸一侧，闸底板与河床同高，最大泄洪量为$500m^3/s$。

该工程建成以来，由于枢纽位置选择适当，建筑物组成和布置比较合理。因此，应用情况良好。每年停水检查均未发现泥沙淤积现象。

三、底栏栅式渠首

在山溪河道上，河床坡度较陡，水流中带有大量的卵石、砾石及粗沙，为防止大量泥沙入渠，常采用底栏栅式渠首。底栏栅式渠首一般由底栏栅坝、泄洪排沙闸、溢流堰、导沙坎及导流堤等部分组成。由于河流水文泥沙条件及引水比的不同，各枢纽除必须设底栏栅坝外，可能还包括一种或几种其他组成建筑物。底栏栅坝内设有廊道，顶部装有金属栏栅，防止推移质进入廊道。这种渠首的工作特点是，当河水从坝顶溢流时，部分或全部水流经栏栅孔隙进入廊道，然后由廊道一端流入渠道。河流中的推移质，除细颗粒随水流进入廊道外，其余的砾石及卵石则随水流由栏栅顶冲向下游，而进入廊道的细沙则由设在干渠上的排沙道或沉沙池排入原河道。在廊道与渠道的连接处，设有闸门，以控制入渠流量。

这种渠首的优点是布置容易、结构简单、施工便利、造价低廉及管理方便等。缺点是栏栅孔隙易被粗沙或漂浮物堵塞，廊道内的泥沙不易清除。寒冷地区冬季流量小、水浅时，廊道易为冰屑堵塞或结冰。这种渠首引水流量多在$6\sim10m^3/s$，最大可达$35m^3/s$。由于这种渠首在山区河流有突出优点，国内外应用广泛。我国从1958年在新疆修建第一座底栏栅渠首以来，在西北地区及南方山区的农田灌溉及小水电建设中得到迅速推广。据不完全统计，现在全国已修建底栏栅式渠首70余座，其中新疆近50座。

底栏栅渠首适用于坡陡（1/20～1/50），河床为卵石的山溪性河流。一般要求推移质中的细颗粒泥沙不要过多。根据经验，当引水比小于60%时，含6mm以下的细推移质不超过总量的20%～30%；引水比大于60%时，则不超过总量的15%～20%。

（一）枢纽的布置形式

底栏栅取水枢纽在我国应用较广，因河流水文、泥沙特性、河道地形和地质条件的不同，而有不同的布置形式。下面分别介绍常用的几种布置形式。

1. 底栏栅坝横贯全河床的取水枢纽

这种布置的特点是，底栏栅坝横贯全河床，枯水期引水，洪水期宣泄洪水。这是一种最简单而又经济的取水枢纽。一般用于河道狭窄、洪水流量较小、含沙量不大、泥沙颗粒较粗的小溪或小河。当河床较宽，洪量较大而引水比较小时，可在底栏栅坝端布置溢流段，以增加泄洪宽度如图8-18所示。这种渠首一般由底栏栅坝、溢流坝段及沉沙池组成。底栏栅坝位于河床中，溢流坝段布置在它的一端或两侧，沉沙池设在引水干渠上。这是我国南方山区河流常用的一种布置形式。

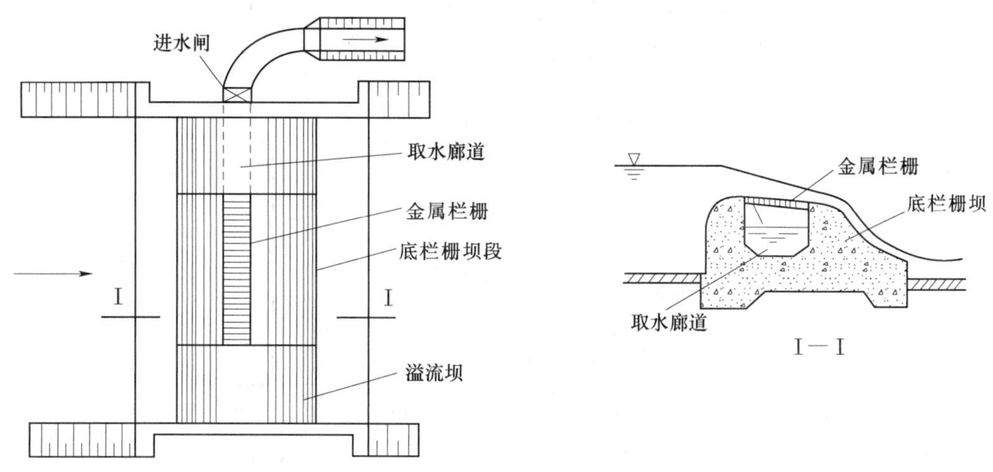

图 8-18　底栏栅坝贯穿河床的取水枢纽布置示意图

2. 设有泄洪冲沙闸的取水枢纽

当河流水量大，含沙量较高，引水比较大时，为了提高防沙效果，可在枢纽中设置泄洪冲沙闸。根据底栏栅坝和冲沙闸相对位置的不同，有两种布置形式：

(1) 正引正排式。即坝与闸布置在同一轴线上，并和流向垂直，使水流平顺而均匀地流入引水廊道。冲沙闸布置在底栏栅坝靠河心的一侧，以便泄洪排沙。由于泄水时，主流折向冲沙闸，在底栏栅坝前易形成死角，沙砾无法排除，造成淤积，使廊道的进沙量增多。为此，一般在底栏栅坝前修建斜向导沙坎，将水沙导向冲沙闸，从而减少泥沙入渠，如图 8-19 所示。当枢纽为两岸引水时，冲沙闸设在河槽中心，两边各修一个底栏栅坝，分别向两岸引水，同时在上游两岸修建导流堤，并在底栏栅坝的上游设曲线导沙坎，将泥沙导向冲沙闸，以减少泥沙进入底栏栅，如图 8-20 所示。

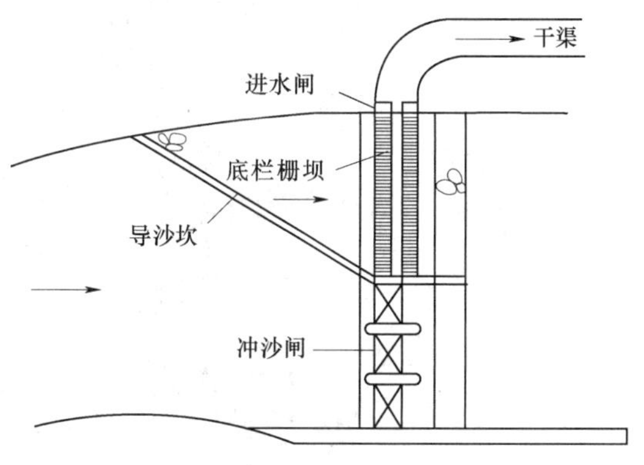

图 8-19　正引正排的底栏栅式取水枢纽布置示意图

(2) 正引侧排式。这种枢纽应用弯道环流原理，按正面引水，侧面排沙的原则，将底栏栅坝布置在河流的凹岸，并与水流垂直，以引取表层清水；冲沙闸布置在靠凸岸的一侧，与水流方向成 35°～40°的夹角。新疆头屯河枢纽（图 8-21）及甘肃的马营河夹山子枢纽（图 8-22）都是采用这种布置形式，引水防沙效果显著。

在底栏栅的前沿，一般都建有曲线导沙坎，作为导流导沙措施，可将底沙导向冲沙闸，导沙坎具有梯形断面，其三角平台与栏栅坝相连时应有一定的坡度，以免平台上淤积。目前有不少枢纽都在导沙坎顶设置竖向栏石栅，不仅可以减少入栅的泥沙，而且还可

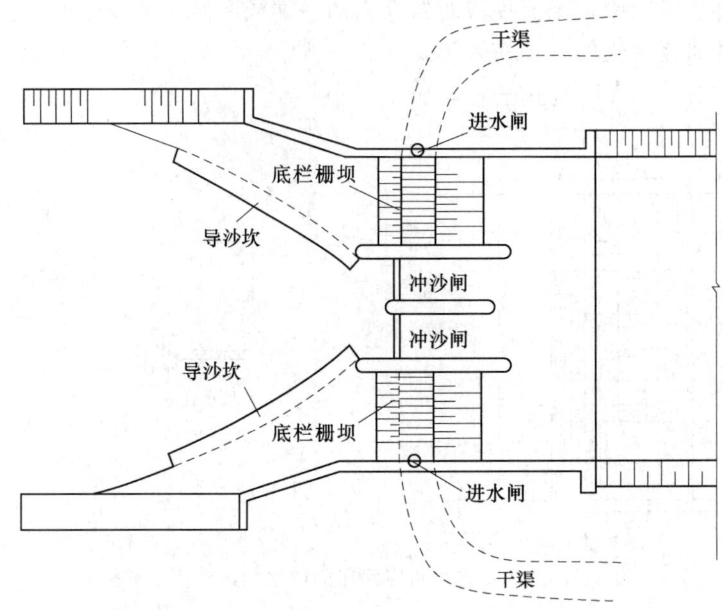

图 8-20　两岸取水的底栏栅式取水枢纽布置示意图

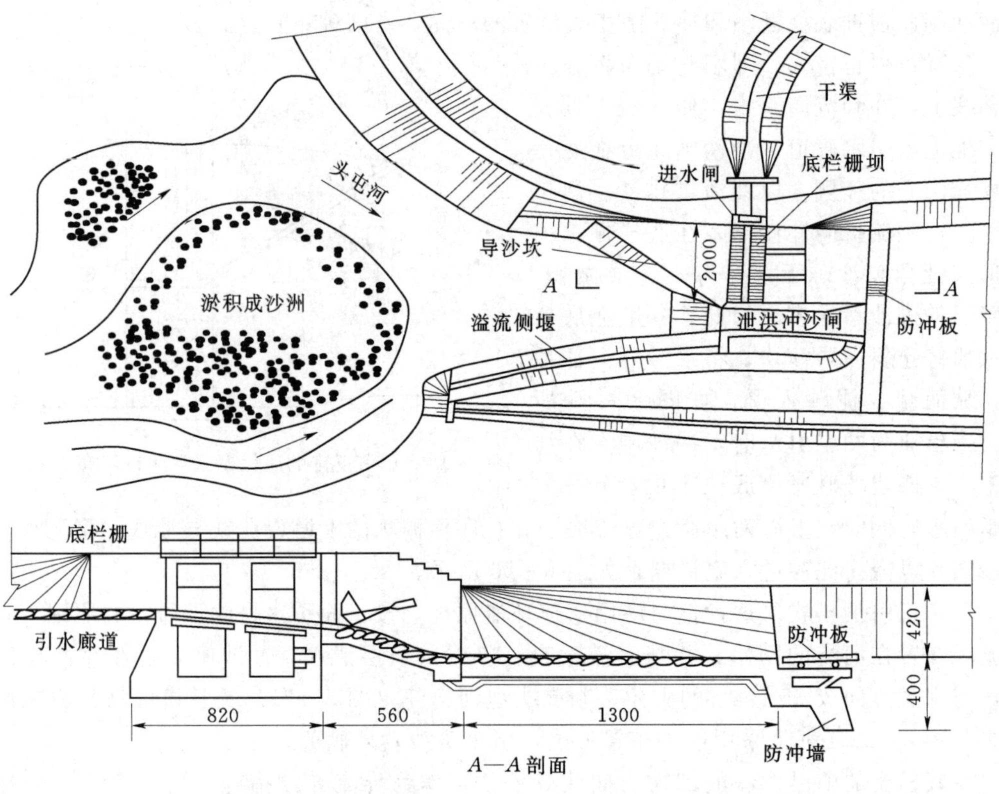

图 8-21　新疆头屯河取水枢纽布置示意图（单位：cm）

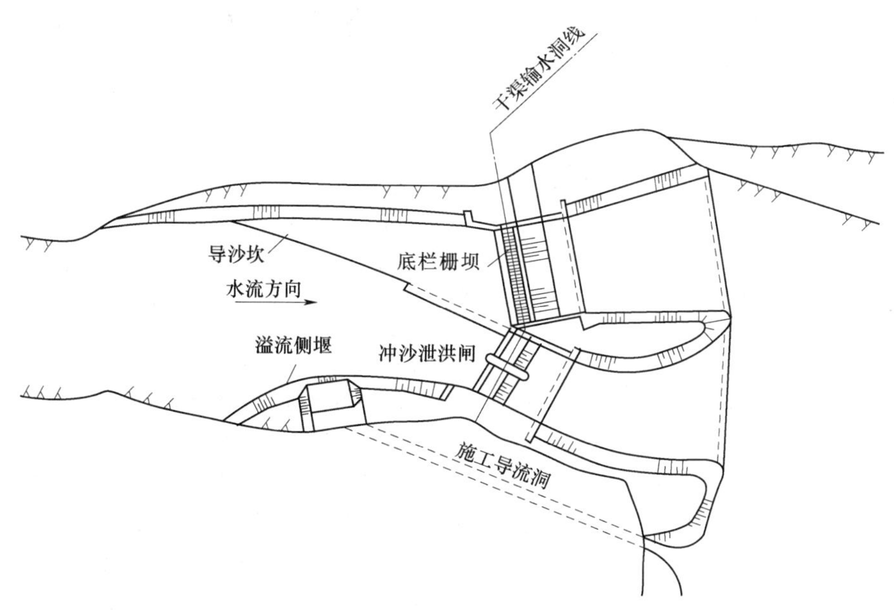

图 8-22 甘肃马营河夹子山取水枢纽布置示意图

以拦截漂浮物，不使其堵塞栏栅。

（二）冲沙闸

新疆近期建造和改建的底栏栅式枢纽，一般都设有冲沙闸，在一岸引水时冲沙闸位于靠河心的一侧；两岸引水时，冲沙闸布置在两侧底栏栅坝的中间。冲沙闸底板高程一般与枯水位平均河床同高，考虑到枢纽在运用中，可能出现下游河床淤高，闸底板被埋没的情况，故闸底板高程宜高出河床 0.5～1.5m。

冲沙闸在汛期用来泄洪排沙，稳定主河槽位置，平时则关闸壅水，使河道上游形成天然沉沙池，以便沉沙，待淤满后，开闸冲沙。当河道流量大于引水流量时，冲沙闸局部开启，进行连续冲沙；当河道流量小于引水流量时，则可定期集中冲沙。根据甘肃酒泉地区的经验，底栏栅枢纽每冲 $1m^3$ 沙石，需用水 120～$125m^3$，而利用天然河湾布置的枢纽，每冲 $1m^3$ 沙石，用水量可减少至 $70m^3$，根据新疆头屯河引水枢纽粗略估计约 $20m^3$。说明利用天然河湾或人工弯道的底栏栅式渠首，可以减少冲沙水量。

当河道汛期流量很大时，可增设溢流堰宣泄部分洪水，以缩窄冲沙闸的宽度，提高下泄水流的夹沙能力。溢流堰一般布置在导流堤上，也可以与冲沙闸并列。根据河道比降，溢流堰顶可设计成具有一定的比降，以使均匀泄流。当溢流堰布置在导流堤上时，其末端堰顶应高于底栏栅坝 0.5～1.0m，以保证底栏栅坝引取最大流量时，溢流堰不溢流。

（三）上下游河段整治

在较宽的河床上建造底栏栅枢纽时，上、下游需采取整治措施。上游整治工程是在坝的两侧修建导流堤与河岸连接，以保证主流稳定，集中冲沙。下游导流堤的主要作用是保证水流具有一定的输沙能力，以便将推移质尽可能输送到较远的地方，防止闸下淤积。导流堤的布置形式取决于河道的地形及主流方向。新疆的底栏栅枢纽常用直线型和曲线型两种形式。整治范围较长，与原河道主流平顺，一般上游导流堤长度可采用 2～3 倍稳定河宽。下游导流堤长度可采用1～1.5倍稳定河宽。初期时，下游导流堤不宜过长，以后根据情况逐步延伸，避免冲刷。

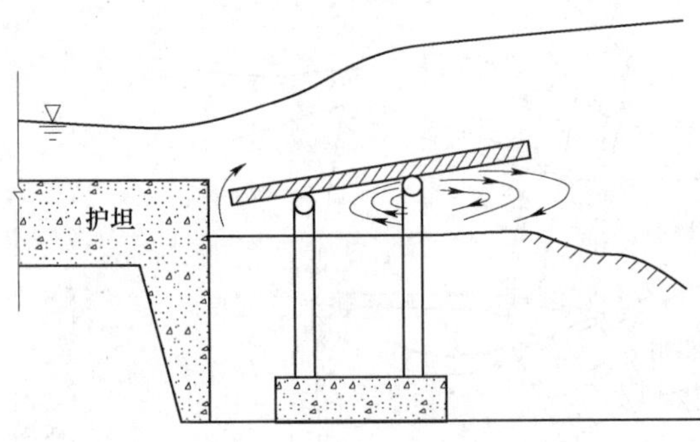

图8-23　防冲板式消能工示意图

（四）下游消能防冲措施

在山区河流上，河床坡陡流急，水流携带大量泥沙与砾石，尤其在洪水期间，大量的漂石与直径较大的巨石随流而下。消力池经常被沙石淤塞而失效，有时甚至被巨石撞毁。因此，下游消能不宜采用消力池。新疆地区多采用防冲板（裙板）和防冲墙相结合的形式，消能防冲效果较好。其布置是，在底栏栅坝护坦的末端设置防冲墙，墙的底部高程应置于冲刷深度以下1.5～1.0m。防冲墙后设一略向上倾斜的防冲板，当高速水流经过防冲板表面时，在其与护坦接缝空隙处形成低压区，产生向上的吸力，因而在防冲板下形成漩流，使泥沙堆积在防冲墙前，对防冲墙起保护作用。防冲板略向上游倾斜，可使射出的水流形成的冲刷坑距防冲墙较远，有利于闸的安全，如图8-23所示。目前这种消能结构已经推广到甘肃、山东等地。其不足之处是，由于防冲板是用圆木制作，易被大卵石破坏，需要经常更换，消耗木材较多。除上述形式外，也有采用浆砌石隔墙做成的倾斜护坦形式。

（五）底栏栅坝、引水廊道和栏栅

底栏栅坝顶比枯水河床高1.5～3.0m，引水廊道设在底栏栅坝体内，根据引水量的多少一般布置1～2排。每排廊道宽1.5～2.0m，过宽则影响栅条的纵向刚度。廊道的断面为矩形，为了改善廊道上游边墙的进流条件和增加栏栅的进水面积，可将上游边墙顶部做成60°～70°的斜面，如图8-24所示。为抵抗泥沙的磨损，廊道内部一般要用耐磨性较好的花岗岩料石砌面，或用高标号混凝土衬砌。廊道内的水流应为无压流，栏栅底距水面至少留0.3m的超高。廊道内的水流是变量流，从廊道开始至末端流量是逐渐增加的，水流流态复杂。廊道底部的纵坡，在廊道开始处较大，然后逐渐变缓，为施工方便，可将纵坡简化为2～4段折线。廊道内流速不应小于3m/s，以防止泥沙淤积。

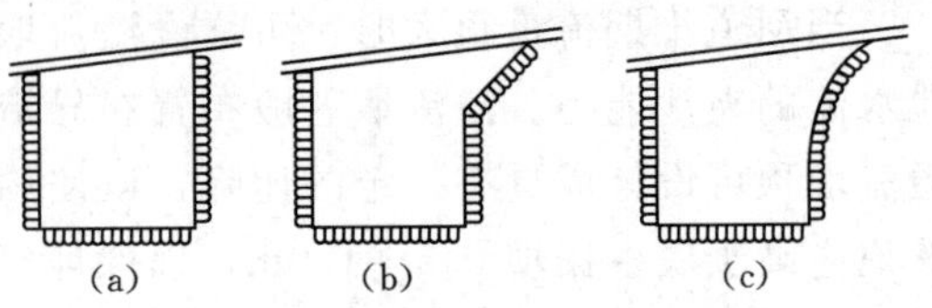

图8-24　廊道断面形式示意图

（a）矩形；（b）矩形切角；（b）矩形切弧

廊道顶安装的栅条有圆钢、矩形钢和梯形钢三种。圆钢纵横刚度较差，弯曲变形大，并易于卡石，现已很少采用。矩形钢横向刚度差，易卡石，且不易清除，目前也较少采用。梯形钢刚度及防沙效果较好，不易卡石，堵塞物容易清除，目前采用较多。

栅条顺水流方向布置，栅面向下游倾斜，坡度为0.1～0.2。栅隙（栅条净距）直接决定进栅泥沙的粒径及进沙量，选用时可根据河道沙砾的组成确定，一般为1～1.5cm，为了便于检修和清理，可将栅条做成活动的或分块的，使其可以更换。每根栅条或每个分块的两端用铁件加以固定，各部件的连接处采用螺栓固定，以便安装拆卸和检修。

四、分层取水式渠首

分层取水式渠首是根据水流泥沙沿深度分层的特点，将水流垂直地划分为表层及底层两个部分，进水闸引取表层较清水流，而含沙量较高的底层水流则经过冲沙廊道或泄洪排沙闸排到下游。

由于廊道冲沙所需水量较少，常用于缺少冲沙流量的河流。当冲沙廊道用于宣泄部分洪水时，则需水量较多。这种枢纽要求坝前水位能形成较大的水头，使水流在廊道内产生4～6m/s的冲沙流速。根据印度的经验，冲沙廊道式渠首对于排除粗颗粒泥沙非常有效。但当河道有大粒径卵石或树木时，极易造成廊道堵塞。这种渠首主要由拦河闸坝、冲沙闸、进水闸及冲沙廊道几部分组成。其中拦河坝（闸）的布置原则同前。按照进水闸布置位置的不同，有以下几种布置形式。

1. 侧面分层取水渠首

侧面分层取水渠首，进水闸与水流方向垂直或成一锐角。冲沙廊道可布置在岸边进水闸坎下，也可布置在河道内，如图8-25所示。

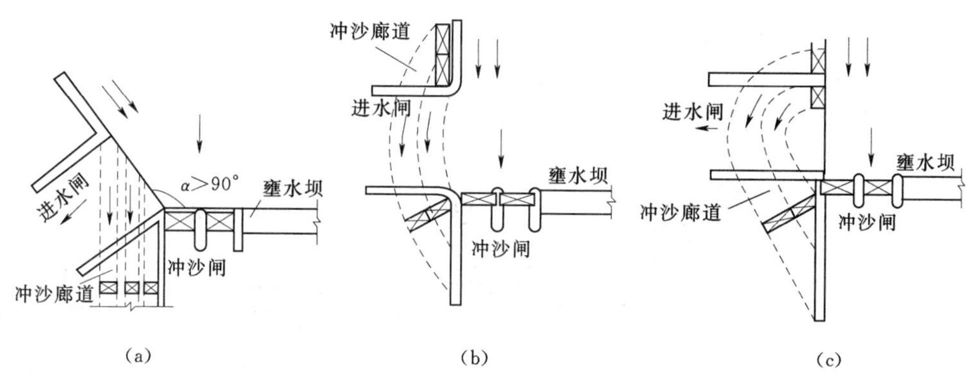

图8-25 侧面引水的冲沙廊道布置示意图

图8-26为新疆和田地区皮山县桑株河取水枢纽布置示意图。该河属前山地带多泥沙河流。河道纵坡较陡，一般在1/20～1/60之间，流速为3～5m/s。河道平均流量为8.06m³/s，最大流量为192m³/s。河流平均含沙量为1.09kg/m³，最大为215.0kg/m³。汛期集中在6—8月三个月，河道洪峰流量占全年总流量的78%左右。

该渠首由引水悬板、进水闸、冲沙闸及冲沙廊道、溢流坝及上下游整治段组成。进水闸位于右岸，引水流量25m³/s。根据水流中泥沙分层原理，闸前设有引水悬板，表层水流经悬板转90°流入进水闸，然后进入干渠。闸前淤积的泥沙可定期（或连续）从冲沙闸和引水悬板下的冲沙廊道排走。悬板的平面形状为梯形，由3m宽逐渐扩大到6.5m宽，悬板的前缘为凸起的皮卡洛夫堰，以增加防沙效果，悬板的下游建3.2m高的挡水胸墙。

该枢纽自投入运用以来，引水含沙量大为减少。冲沙廊道可将闸前50m范围内沙石冲洗干净，冲沙效果显著。这种取水枢纽布置适用于前山区河流的特性。

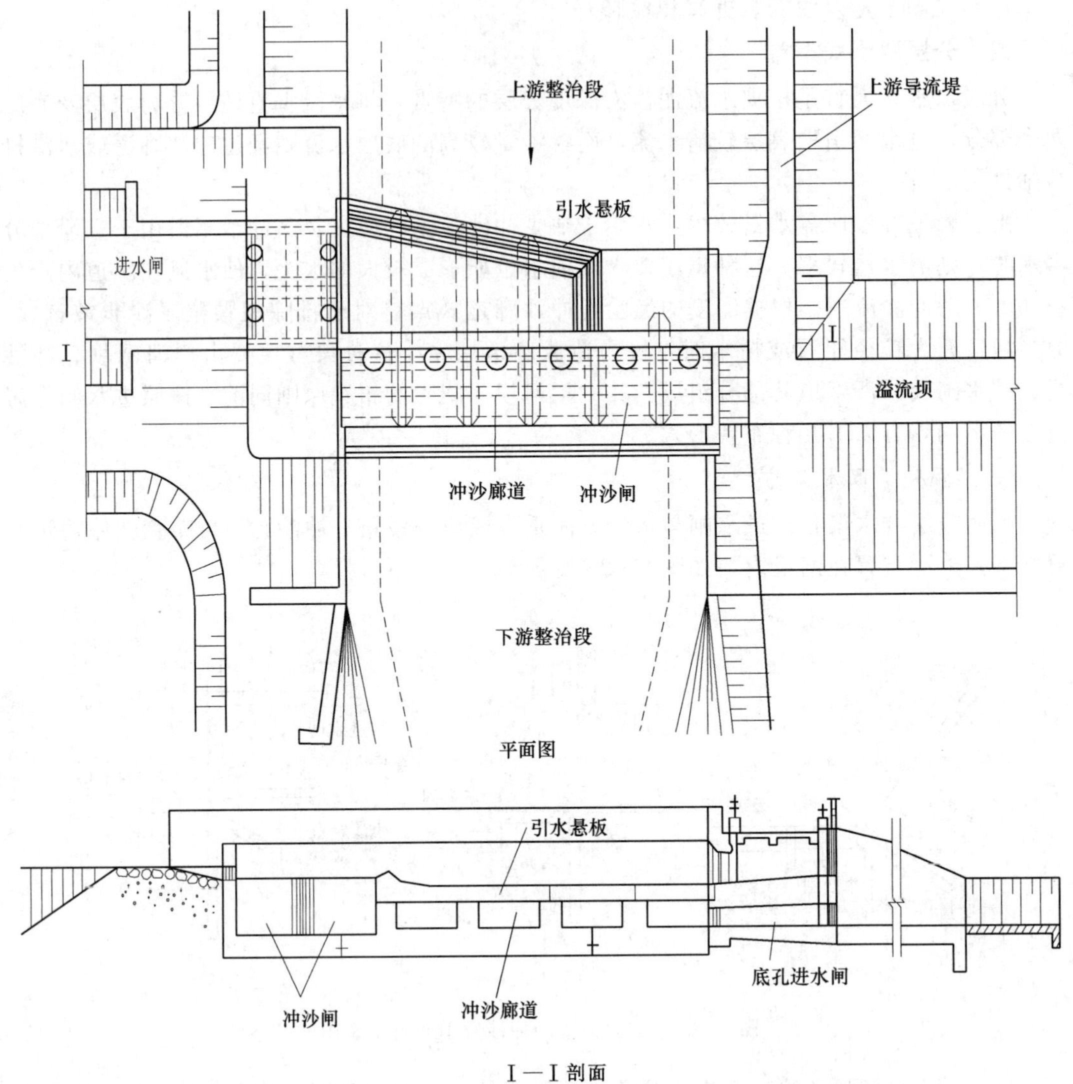

图 8-26　新疆和田地区冲沙廊道式取水枢纽布置

2. 正面分层取水渠首

如前所述，当从河道侧面引水时，若引水比大于河道流量 50%时，即使采取一些防沙措施，仍会引进大量泥沙，在这种情况下，采用正面引水和正面排沙的布置形式则是合理的。根据土耳其所做的侧面引水和正面引水在同样条件下的对比试验结果（图 8-27），可以看出，当引水比为 75%时，侧面取水入渠的泥沙量为河道输沙量的 80%，而正面取水只有 22%，说明正面引水是优越的。

这种渠首由进水闸、溢流坝及冲沙廊道组成。进水闸一般布置在河床内，与溢流坝位于同一轴线上，并与水流方向垂直，因此，进水口水流无弯曲现象（图 8-28）。河道上层水流流进闸孔后，经过一段弯道进入干渠。冲沙廊道设在闸底板下面，除了冲洗闸前的泥沙外，还能宣泄部分洪水。这种渠首的优点是可以减少泥沙入渠，引水和排沙可同时进行，互不干扰。缺点是冲沙流量较大，建筑物结构复杂。

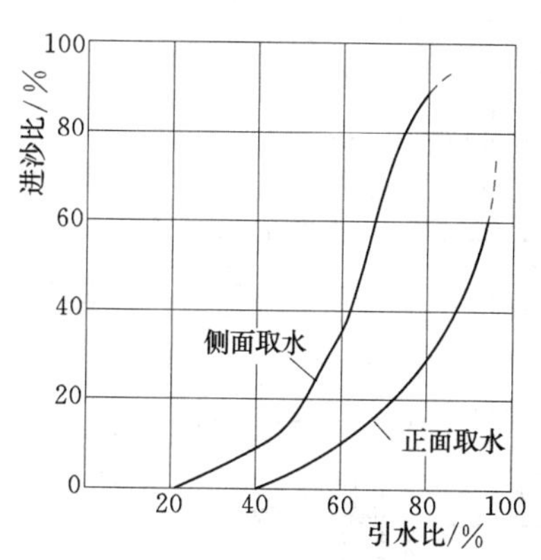

图 8-27　取水口引水比与进沙比关系曲线

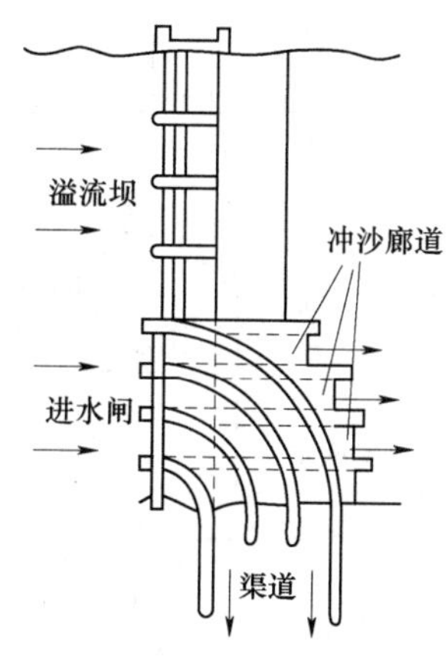

图 8-28　正面引水冲沙廊道布置图

3. 竖井式取水渠首

这种枢纽也是利用水流含沙量沿垂线分布不均匀的特性，采用正面引水，正面排沙的布置形式，利用竖井引取表层清水，粗沙和推移质则经泄洪冲沙闸排到下游。枢纽建筑物包括引水竖井、廊道、泄洪冲沙闸、溢流侧堰、枯水进水闸及上、下游整治段等。图 8-29 为新疆和田地区的努尔河取水枢纽，即采用了这种形式。

引水竖井是利用泄洪闸两个伸长的中墩和两侧边墙开孔引水的。当泄洪冲沙闸前水位超过竖井高度后，水由竖井引入，并经廊道输送到渠道。为了预留一定的空间沉积泥沙，竖井高度定为 1.5m，除保证引水外，为了造成一个狭窄的冲沙道，以便束水攻沙，竖井还向上游延伸 6.0m。

泄洪冲沙闸共三孔，拦河建造，用以冲洗闸前淤积的泥沙，以免进入廊道。闸底板一般比原河床高 0.5～0.7m，以免造成闸下淤积，并影响到上游整治。实践证明，这种布置冲沙效果显著，一般冲沙流量约为引水流量的 3～4 倍。上游冲沙流速大约控制在 2.5～2.8m/s，闸下最大流速控制在 3.0～3.5m/s。泄洪冲沙闸闸门开启后，能将闸前泥沙冲到下游 800m 以外。

溢流侧堰布置在河道的右侧，靠近闸室。侧堰高 2.5m，长 75m。考虑到在闸上游淤积后，水平的堰顶不能保证竖井的进水，故堰顶的坡度应与上游整治段的坡度一致。上下游整治段的宽度应按造床流量设计，过去按 3%～10%频率的流量设计，宽度偏大，从而造成上游河道淤积。实践证明，采用河道常年洪水来确定整治段的宽度，对束水攻沙和防止上游淤积均有利。

该渠首布置合理紧凑，结构美观，引水效果显著，为山区河流引水防沙主要形式之一。其缺点是竖井前沉沙容量小，易淤平。如果管理中不及时冲沙，将导致泥沙入渠。此外，廊道开挖工程量和混凝土工程量均较大。

五、两岸引水式渠首

以上介绍的枢纽布置大都是用于一岸引水情况。当两岸均有用水要求时，宜采用两岸引水式枢纽。两岸引水式枢纽大多是由前述的各种枢纽演变组合而成的。在我国工程实践

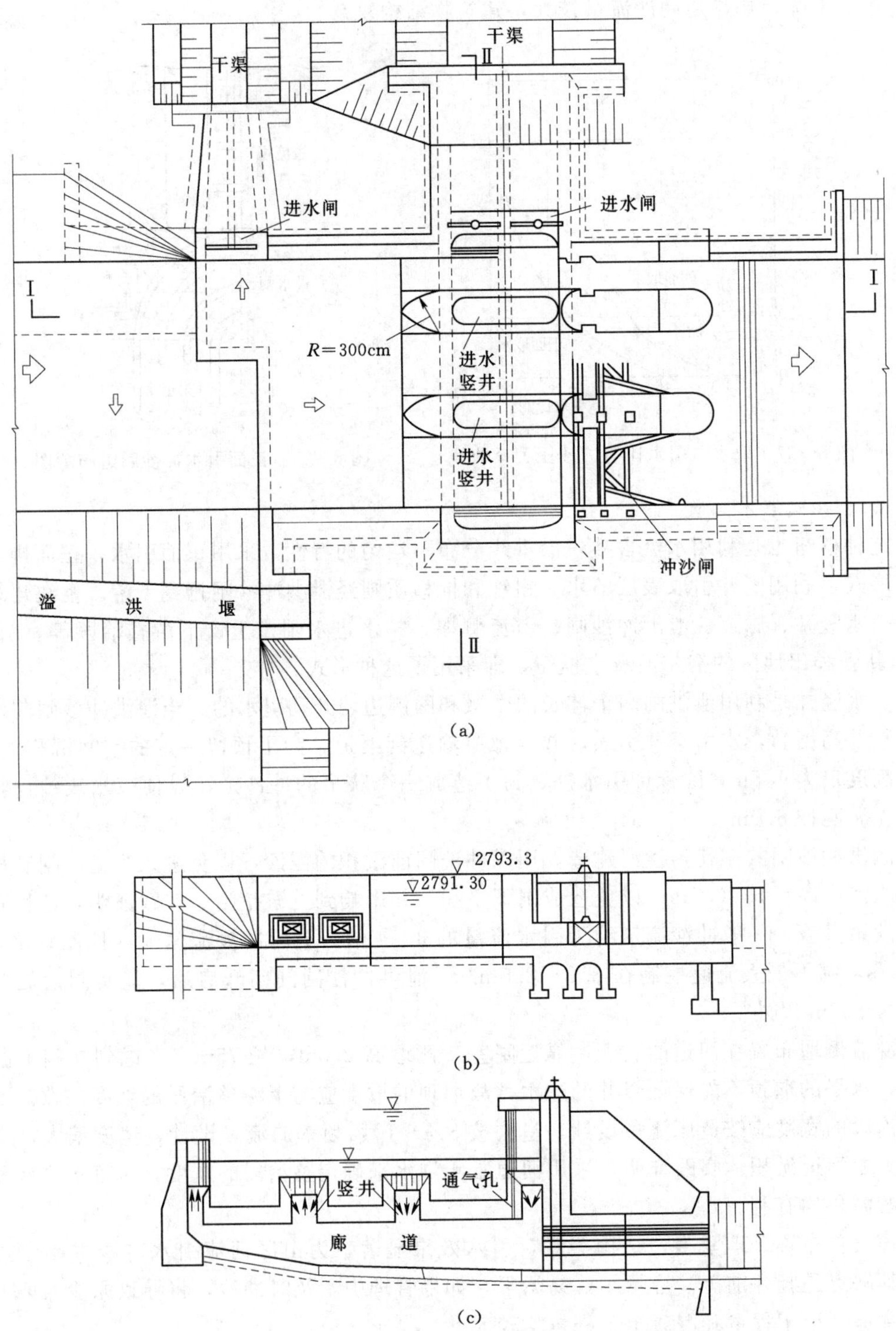

图 8－29　新疆和田地区努尔枢纽竖井布置图

(a) 进水竖井平面图；(b) Ⅰ—Ⅰ剖面；(c) Ⅱ—Ⅱ剖面

中，有以下几种布置形式。

（一）溢流坝两端建有沉沙槽式枢纽

根据两岸用水要求，分别在溢流坝两端建造沉沙槽，如图 8-30 所示为其典型布置。这种枢纽布置简单，造价较低。在我国西北、华北地区，陕西及山西等省采用较多。但实践证明，在多泥沙河流上，由于主流摆动，经常有一岸引水条件恶化，常为泥沙淤塞，以至引水不畅，有时为保证正常引水不得不用人力清淤。所以，这种布置一般适用于稳定的河道或河床较窄、河水满槽的情况，或河道水量丰富，有足够的冲沙流量，使两岸取水口前的河床均能借冲沙闸形成深槽，能保证引水畅通的情况。

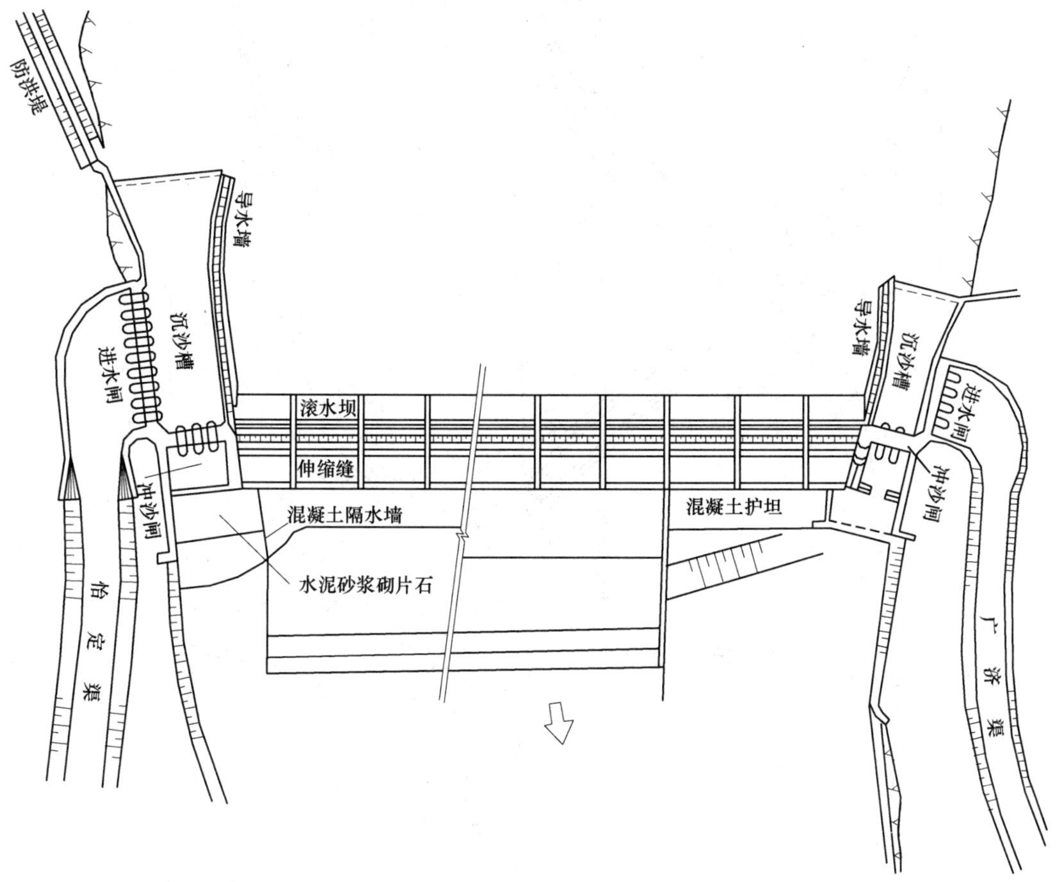

图 8-30　溢流坝两端建有沉沙槽的取水枢纽布置图

为了解决多泥沙河流存在的上述问题，使两岸用水得到保证，也可先从一岸集中引水，然后在下游适当的位置用交叉建筑物（如渡槽、倒虹吸管、涵洞等）将水输送到对岸。这种方式虽然多了交叉建筑物，但运用情况良好。不但引水得到了保证，而且有利于水量调配，也便于管理。

（二）拦河闸式两岸引水枢纽

在两岸引水枢纽中，若将溢流坝改为拦河闸，则关闸可以壅高水位引水，开闸可泄水冲沙，使上游河道保持稳定，有利于两岸引水。如图 8-31 所示为新疆塔里木河拦河闸

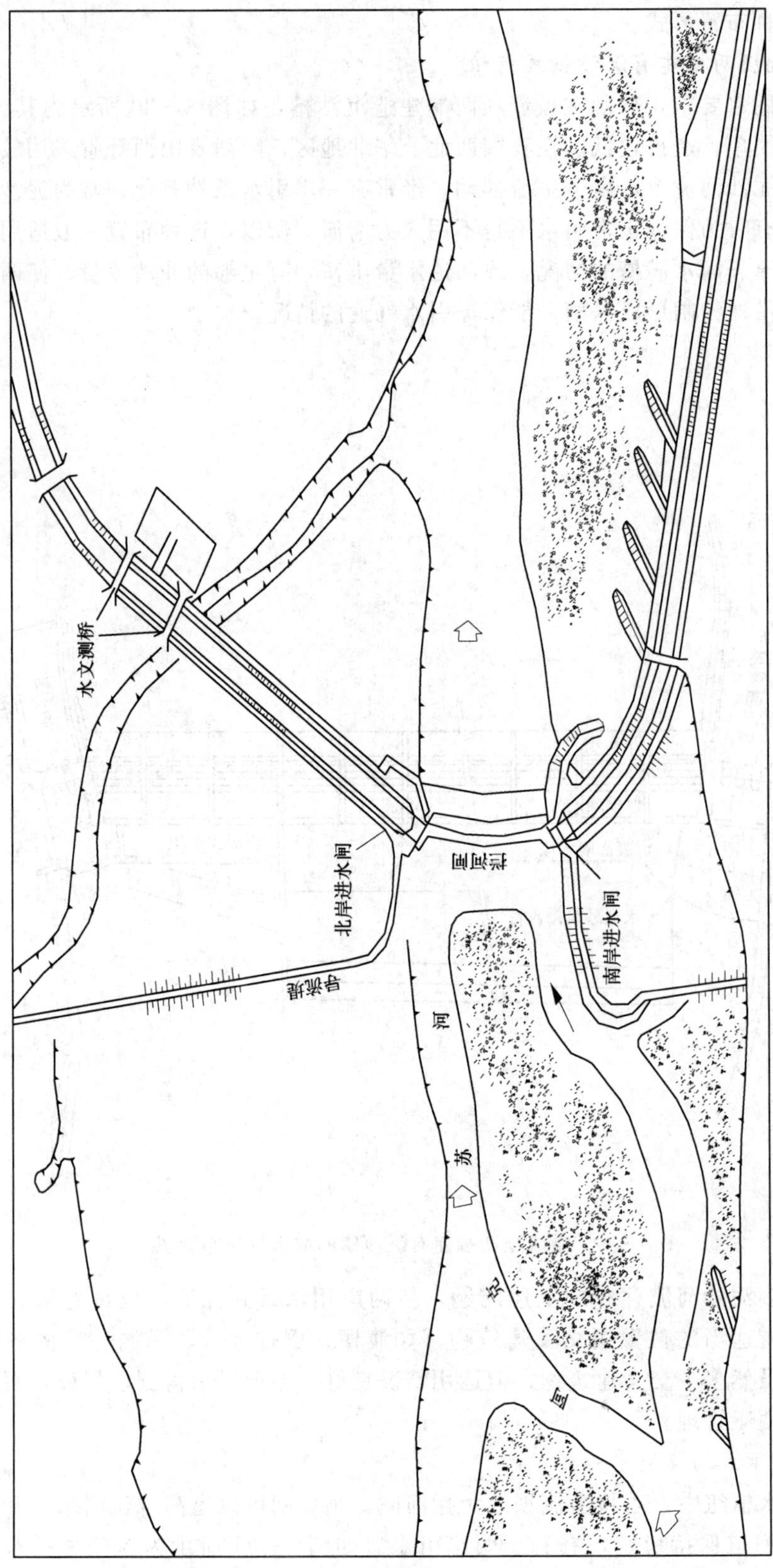

图 8-31　新疆塔里木拦河闸式两岸取水的枢纽布置示意图

式两岸引水枢纽平面布置图。该枢纽由拦河闸、南北进水闸及上下游导流工程组成。为了减少拦河闸前中部淤积沙洲的面积，以利两侧引水及冲沙，并使过闸水流向河槽中部适当集中，以减轻对下游岸边的冲刷，同时也为了便于布置，拦河闸在平面上呈弧形布置在主河槽内，闸底板高程为中、枯水期河床平均高程。该闸共 32 孔，每孔净宽 6.0m，全长 223m，其中两侧各 5 孔为冲沙闸，中间 22 孔为泄洪闸，按 100 年一遇洪水流量 1330m^3/s 设计，1000 年一遇洪水流量 1690m^3/s 校核。南北进水闸各为 7 孔，每孔净宽 3.0m，闸底板比拦河闸底板高 0.5m，设计引水流量各为 60m^3/s，加大流量为 80m^3/s，近期可灌溉农田 151 万亩。

该枢纽布置紧凑，管理运行方便，南北水调节灵活，建成后基本达到了设计要求。

（三）斜坝式两岸引水枢纽

这种枢纽是结合河流的弯曲形式将溢流坝倾斜布置，除了溢流外，还起导流作用，使河道形成 S 形河弯。两岸进水闸分别布置在上、下弯的凹岸，冲沙闸布置在斜坝的两端，水流借河道整治建筑物先流至上取水口，再流往下取水口。这种布置即能防沙入渠，又可保证两个进水闸具有相同的取水条件，引水防沙效果良好。一般适用于河道具有稳定 S 形河势的情况。

如图 8－32 所示为新疆卡群两岸引水枢纽布置示意图。该枢纽采用了斜坝布置形式，使河道形成 S 形河弯，将取水口布置在上、下弯道的凹弯，以引取表层清水。河道泥沙通过泄洪闸和冲沙闸排到下游。该枢纽由溢流堰、进水闸、泄洪闸、冲沙闸、人工弯道及整治建筑物等组成。其中，东岸引水系统采用从天然河弯引水的无坝取水方式，进水闸布置在上弯道的凹岸，在闸前设有拦沙坎，减少泥沙入渠。在取水口下游 2300m 处结合电站引水，布置进水闸河冲沙闸，利用人工弯道引水和排沙。西岸引水系统采用有坝取水方式，在西岸取水口右侧主河道上建泄洪闸，设置人工弯道，以利于引水排沙，在弯道末端建有进水闸和冲沙闸。进水闸前设拦沙坎以防泥沙入渠。河道整治工程包括挑流潜坝、导流堤和护岸工程，前两者的作用是使河道断面缩窄，水流集中。即使水流趋向东岸进水闸，又使上游水位普遍升高，从而使东岸进水闸引水得到保证。

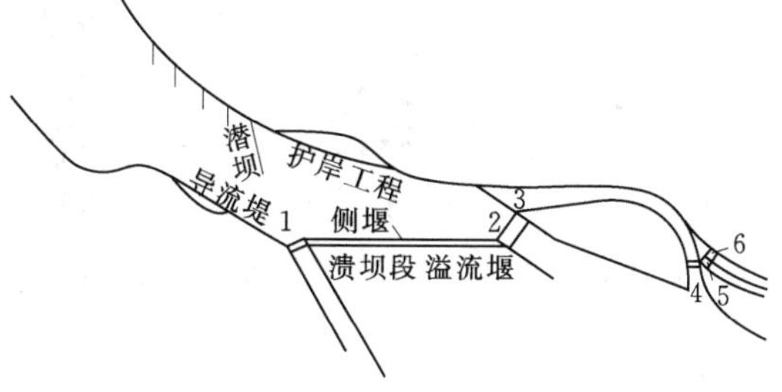

图 8－32 新疆卡群两岸取水的枢纽布置示意图
1—东岸进水闸；2—泄洪闸；3—悬臂式导沙坎；
4—冲沙闸；5—灌溉进水闸；6—电站进水闸

该工程目前是新疆最大的引水枢纽，设计引水流量为 340m^3/s，总灌溉面积为 500 万亩。该工程建成十余年来，工作情况良好，社会效益、经济效益十分显著。

六、少泥沙河流上综合利用枢纽的布置

在我国南方山区及平原地区河道上，多修建综合利用的取水枢纽工程，以满足灌溉、航运、筏运、发电和渔业的要求。因此，这类枢纽建筑物的组成，除进水闸和溢流坝外，根据用途的不同，还要修建一种或几种专门的水工建筑物。如船闸、筏道、电站和鱼道等，以满足各个部门的需要（图 8－33）。

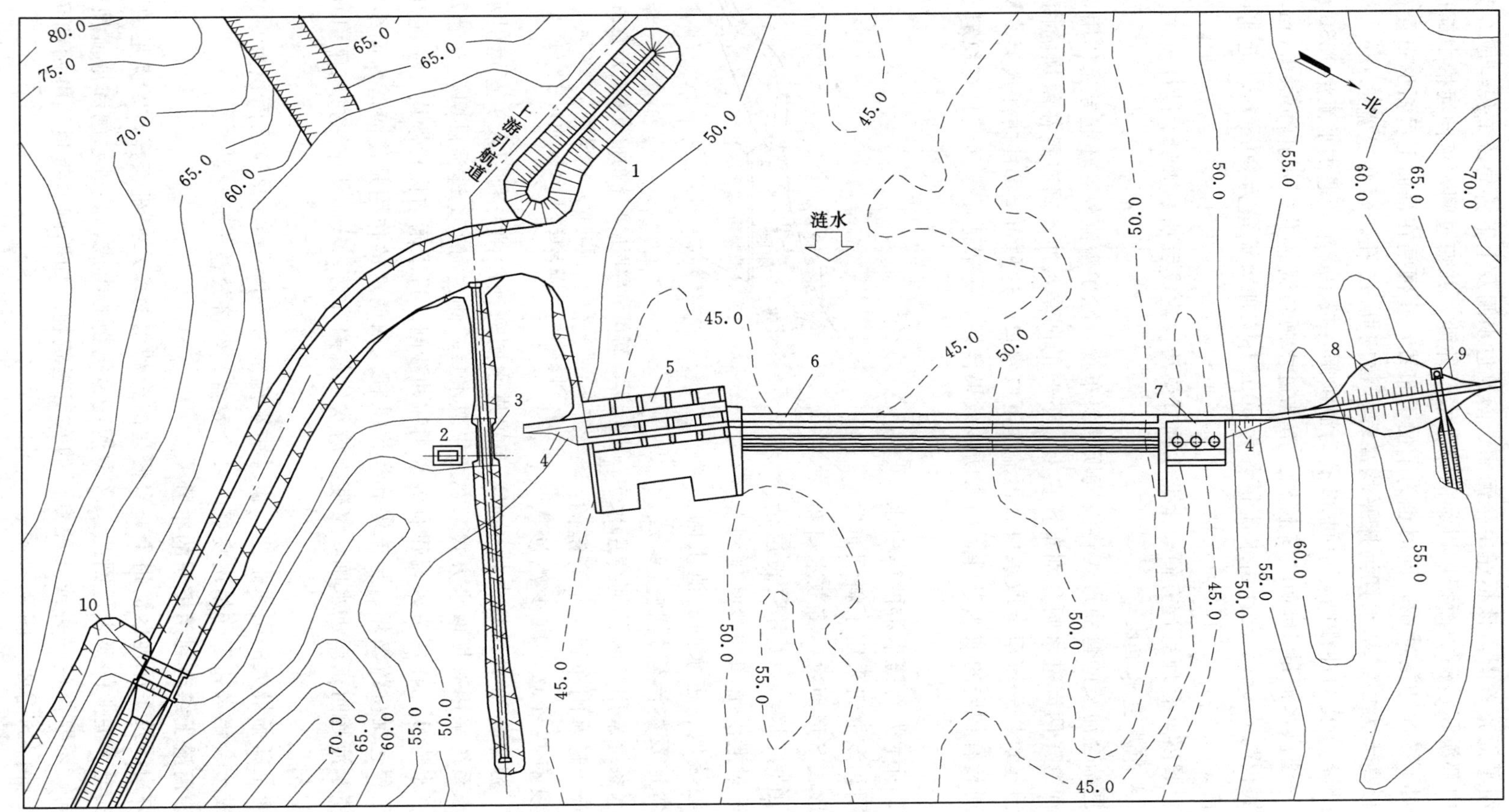

图 8-33　韶山灌区取水枢纽总体布置图

1—导航堤；2—机器房；3—斜面升船机；4—重力坝；5—泄洪闸；6—壅水坝；7—电站；8—土坝；9—支渠进水管；10—进水闸

由于枢纽的建筑物较多，每个建筑物的布置是否合理，直接影响到枢纽的造价、施工及运行管理等各个方面，所以，研究它们的相互位置及布置是枢纽设计的一项重要内容。因其影响因素多，涉及面广，故需从设计、施工、运用管理、技术经济等方面进行全面论证，综合比较，最后通过方案比较，选择最好的布置方案。必要时还应通过模型试验验证。现仅根据运用方面的要求介绍灌溉进水闸、船闸、电站、筏道及鱼道等建筑物的布置原则。

1. 灌溉进水闸

进水闸位于灌区一岸，以方便引水。它可与其他水工建筑物布置在同一轴线上，也可单独布置，或与其他专门的水工建筑物布置在一起。在运用上发生干扰时，可把进水闸布置在坝轴线的上游。进水闸与船闸应分别布置在两岸，避免进水闸引水时影响船只进出船闸，但当总干渠有通航要求时，进水闸和船闸必须位于同一河岸。这时，船闸应靠岸布置，以利交通和便于装卸货物。如果地形允许，也可将船闸布置在河岸内，另辟航道与灌溉干渠相连。

2. 船闸

船闸应靠岸布置以便运用管理，船闸的上游应避开横向水流。船闸与码头应位于距溢流坝较远的地方，以免船被吸向溢流坝，造成事故。否则，应做好防护堤，保证船只能安全进入船闸。船闸的下游引航道应有足够的航行水深，并与下游河道主槽平顺地连接，其交角限制在15°～20°以内，并保证船只不受溢流坝泄水的影响。船闸与电站应分别设于不同的河岸上以免在运行时相互干扰。若因条件限制而必须位于同一河岸时，则电站应位于靠河的一侧，船闸则靠岸或切入岸内。这样布置，既能保证电站取水要求，又可避免船闸工作人员来往经过电站，发生意外。

3. 电站

电站的位置必须保证能引取所需的水量，上游引水平顺，水头损失最小；下游水流通畅，避免溢流坝下泄水流在电站尾水附近形成回流。一般电站与闸、坝应布置在同一轴线上。

电站最好位于主要用户一侧，对外交通便利，以利器材的运输。电站附近还应有足够的场地，以便设置变电所。此外，电站的位置应选在地基较好，并便于提前施工的地方，以便提早投入运行。

4. 筏道

当枢纽上游有浮运木材要求时，则应考虑建筑筏道。筏道的平面布置应选在上游有绑扎木筏的停泊区；下游应有直而深的河段，使木材能平稳地浮运。一般筏道均设在岸边，并与电站分别布置在两岸，避免影响电站的安全运用。

对于通航河道，一般可利用船闸来放流木筏，不需另建筏道，只有当航运量过大或木材浮运量很大时，才专设筏道，以免影响航运。

5. 鱼道

鱼道的位置应保证鱼类在洄游时能自下游顺利地上溯到枢纽的上游。鱼道的进口应经常有新鲜水流下泄，而且流速适宜，附近没有漩流，使鱼类易于聚集在进口处。鱼道的上游出口应离闸、坝远些，避免进入上游的鱼类，再被冲到下游。鱼道一般应靠岸边布置。

以上仅根据运用的要求提出了各建筑物布置的原则，但在少泥沙河流上仍应考虑泥沙淤积对枢纽各个建筑物的影响，在确定枢纽中各个建筑物位置时不仅要满足运用的要求，还应考虑防止泥沙淤积的问题，并和施工导流、施工方法和施工组织密切联系起来考虑，应力求做到以最小的工程投资、较短的时间，顺利建成枢纽并投入使用。

第九章 过坝建筑物

第一节 通航建筑物

通航建筑物有船闸和升船机两大类。船闸是通过调节闸室中水位升降，使船舶浮运过坝，一次通航能力较大，安全可靠，应用最广。升船机主要利用机械力将船舶提升过坝，具有耗水量少，一次提升高度大，过坝时间短等优点；但是由于它的结构复杂，工程技术要求高，钢材用量多，所以不如船闸应用广泛，通常只有在高、中水头枢纽且建造升船机较之建造多级（或井式）船闸更经济合理的情况下采用。

一、船闸

（一）船闸的组成

船闸主要由闸首、闸室、输水系统、引航道、导航和靠船建筑物等部分及其相应的设备组成（图 9-1）。这些部分相互关联，组成一个过船建筑物综合体，缺一不可。现以单级船闸为例加以说明。

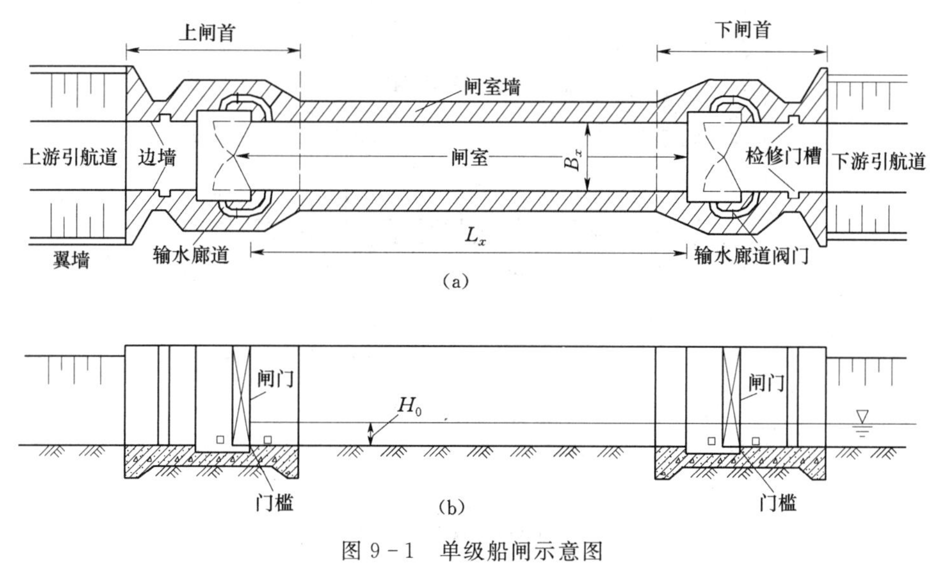

图 9-1 单级船闸示意图

（a）平面图；（b）纵剖面图

1. 闸首

闸首是将闸室与上、下游引航道隔开的挡水建筑物，由两侧边墩、底板和闸门构成，位于上游的称上闸首，位于下游的称下闸首。在闸首内设有工作闸门、检修闸门、输水系统、阀门、启闭机械、交通桥以及信号、通信等设备。闸首由钢筋混凝土、混凝土或浆砌

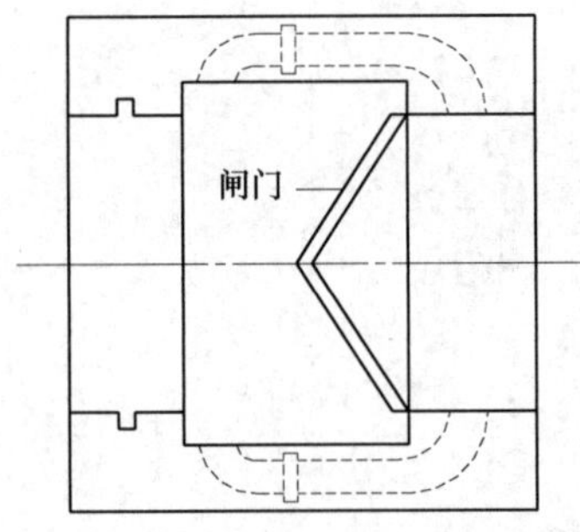

图 9-2　人字门闸首平面布置

石做成，边墩和底板通常做成整体式结构。闸门可采用人字门、直升平面门、横拉平面门、下降式弧形门和三角门等，其中常用的是人字门（图 9-2），我国三峡双线五级船闸闸首人字门单扇门高 38.5m，宽 20.2m，厚 3m，重量达 850t，号称“天下第一门”。

2. 闸室

闸室是由上、下游闸首内的闸门与两侧闸墙、底板围成的厢形空间，供过闸船舶临时停泊的场所。当船闸灌水或泄水时，闸室内水位就随之升高或降落，船舶在闸室中亦随水位而升降。为了保证闸室灌、泄水时船舶的稳定和安全，在两侧闸墙上常设有系船柱和系船环等辅助设备。

3. 输水系统

供闸室灌水或泄水的设备称为船闸的输水系统，包括进水口、阀门段、输水廊道、出水口、消能工、镇静段等。输水系统设计，应力求缩短闸室内灌、泄水时间，保持闸室内水流平稳，避免船舶遭受剧烈震荡。

船闸输水系统有集中的闸首输水和分散的闸室输水两种类型。前者是把所有灌水和泄水设备都布置在闸首内（图 9-3）。后者是把输水廊道布置在闸室的闸墙内或底板中，并通过闸墙或底板上的许多出水孔进行灌水和泄水（图 9-4）。闸室分散输水的优点是灌水时水流较平稳；缺点是结构复杂，造价较高，施工麻烦，适用于高水头大中型船闸。

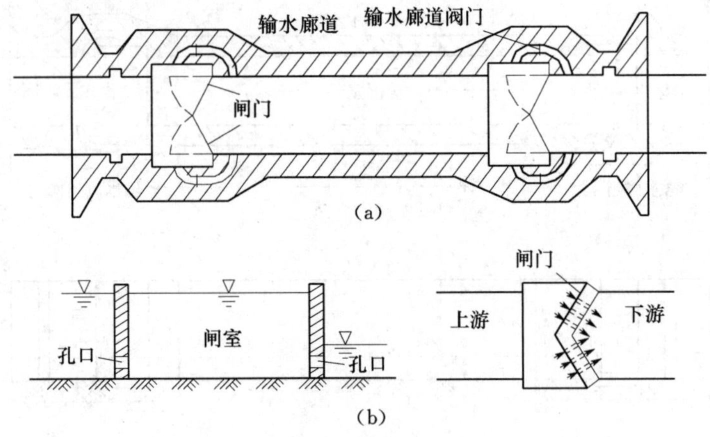

图 9-3　闸首集中输水系统示意图

(a) 短廊道输水；(b) 闸门上孔口输水

闸首输水系统常见的有短廊道输水和闸门上孔口输水两种。前者利用设在闸首两侧边墩内并绕过工作闸门的廊道输水，适用于水头和闸室均较大的情况。后者利用在闸门上开设孔口并安装阀门进行输水，结构简单，造价便宜；但水流集中，影响船舶平稳停泊，闸室有效长度也相应增加，一般仅适用于低水头的小型船闸［图 9-3 (b)］。

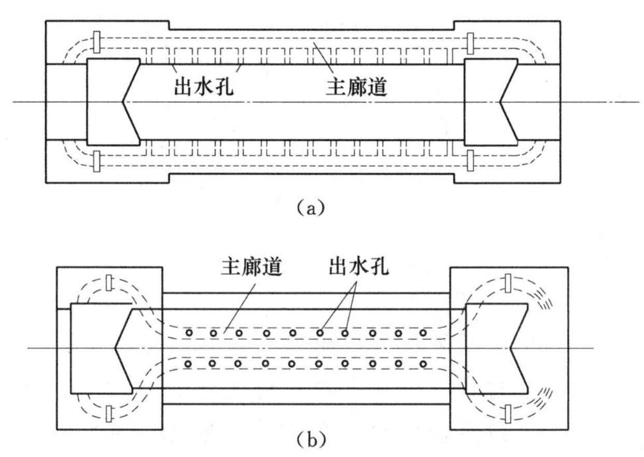

图 9－4　分散式长廊道输水系统示意图

(a) 侧向长廊道输水系统；(b) 底部长廊道输水系统

4. 引航道

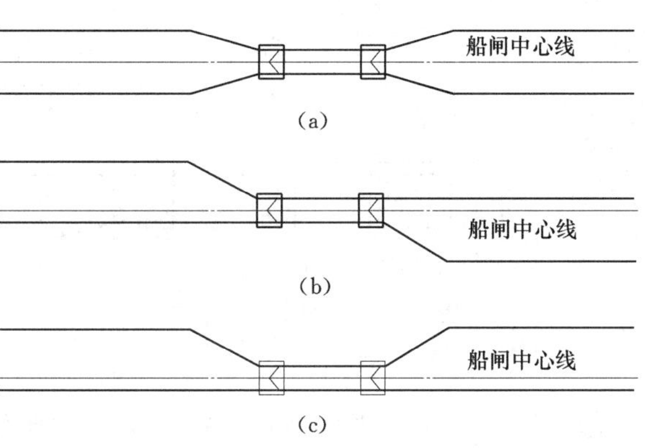

图 9－5　单线船闸引航道平面布置型式示意图

(a) 对称式；(b) 反对称式；(c) 不对称式

上、下游引航道是连接闸首与主航道的一段静水航道，供船舶停泊、系靠、调顺、会让和安全通畅进出闸室之用。引航道内设有导航建筑物和靠船建筑物，前者与闸首相连接，其作用是引导船舶顺利地进出闸室；后者与导航建筑物相连接，供等待过闸船舶停靠使用。引航道在平面上的布置有对称式［图 9－5(a)］和非对称式［图 9－5(b)、(c)］两类。前者引航道轴线与闸室轴线相重合，单向过闸时，船队都沿着引航道轴线行驶；当双向过闸时，为船舶交错避让，船舶进出闸都必须曲线行驶，过闸时间加长，对提高船闸通航能力不利，多用于小型船闸。后者引航道轴线与闸室轴线不重合，多采用引航道向不同岸侧扩大的布置型式，双向过闸时，船舶沿直线进闸而曲线出闸，可提高船舶进闸速度，从而提高船闸的通航能力。

在多沙河道上，引航道可能被泥沙淤积，因此，在引航道靠河一侧要修建防淤堤，进出口的位置要选在不淤积处，葛洲坝枢纽和三峡枢纽上下游引航道都设有防淤堤。此外，还有锚地、前港等设施，供船舶编队、靠泊和避风等之用。

（二）船闸的工作原理

船闸的工作原理简述如下。如图 9－6 所示，上下游闸首的闸门都是关闭的，当船舶从上游下行过闸时，打开上游输水阀门并向闸室灌水至与上游水位齐平；开启上闸门，船舶驶入闸室；关闭上闸门及上游输水阀门，打开下游输水阀门并向下游泄水至与下游水位齐平；打开下闸门，船舶即驶出闸室而进入下游引航道。这样就完成了一次船舶从上游到下游的单向过闸程序。当船舶从下游驶向上游时，其过闸程序与此相反。

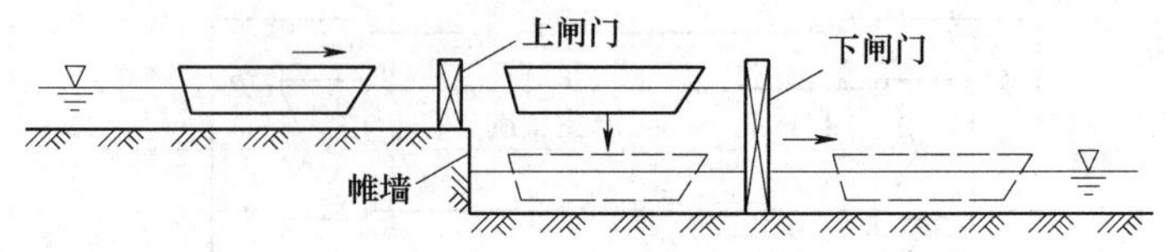

图 9-6 船舶过闸示意图

（三）船闸的类型

1. 按船闸的级数分类

按纵向排列闸室数分为单级船闸和多级船闸。

单级船闸是沿船闸纵向只建有一级闸室的船闸（图 9-1）。船舶通过这种船闸只需经过一次灌、泄水就可克服上下游水位的全部落差。一般地，水头小于或等于 30m 的采用单级船闸；水头在 30～40m 之间的可采用单级或两级船闸。哈萨克斯坦额尔齐斯河上的石山咀船闸，单级升降高度达 42m，是目前世界上单级水头最高的船闸。

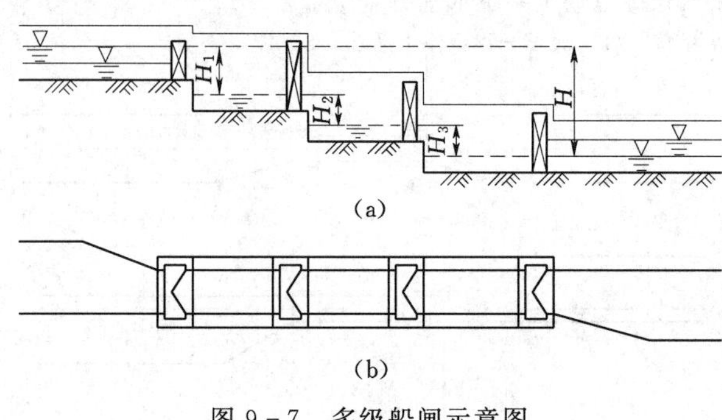

图 9-7 多级船闸示意图
(a) 纵断面图；(b) 平面图

多级船闸是沿船闸纵向建有两级或两级以上闸室的船闸（图 9-7）。船舶通过多级船闸时，需进行多次闸门启闭和灌、泄水过程才能调节上下游水位的全部落差，一般水头大于 40m 时，采用多级船闸。我国已建成的三峡双线五级船闸，水头达 113m，为世界之最。世界上级数最多的船闸是俄罗斯的卡马船闸，共 6 级，但水头仅有 22m。

2. 按船闸的线数分类

按并列排列船闸数分为单线和多线船闸。

单线船闸是在一个枢纽中只建有一条通航线路的船闸。多线船闸即在一个枢纽中建有两条或两条以上通航线路的船闸。

船闸线数的确定，取决于船只通行量与船闸的通航能力，当通过枢纽的货运量巨大，单线船闸的通航能力不能满足需求时，需要修建多线船闸。如葛洲坝水利枢纽采用三线船闸（图 9-13）。

3. 按闸室的型式分类

根据闸室型式不同，还可分为广室船闸、井式船闸和具有中间闸首的单级船闸等。

广室船闸的闸首口门宽度小于闸室宽度 [图 9-8(a)]，闸门尺寸减小，启闭设备较为简单，适用于以小型船舶为主的小型船闸。井式船闸在下闸首修建高度较大的胸墙，胸墙下留有闸孔 [图 9-8 (b)]，其孔高应能满足船舶进出时的净空要求，适用于较高的水头，但过闸耗水量大，且一般只能在岩基上修建，故很少采用。具有中间闸首的船闸 [图 9-8 (c)] 适用于过闸船舶数量不等、大小不均的情况，当过闸船舶较小或数量较少时，可利用上、中闸首的工作，而将下闸室作为引航道之用，以节省船舶过闸的用水量和过闸时间。

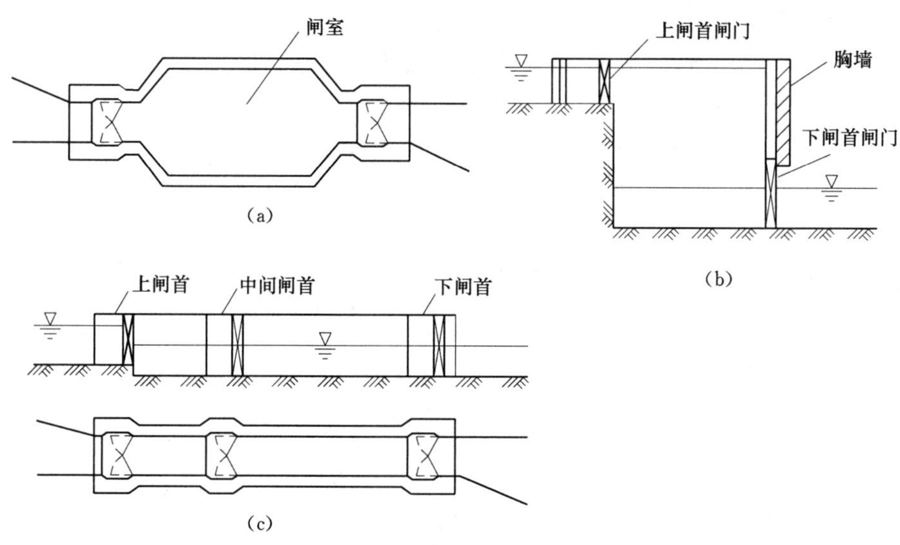

图 9-8　几种特殊形式的船闸示意图

(a) 广室船闸；(b) 井式船闸；(c) 有中间闸首的船闸

（四）船闸的基本尺度

船闸的基本尺度包括：闸室的有效长度和宽度、门槛最小水深、引航道的长度和宽度等。船闸的基本尺度应根据最大设计过闸船舶或船队的尺寸及其编队形式来确定。

1. 闸室的有效长度 L_x

闸室有效长度是指船队（舶）过闸时，闸室内可供船队（舶）安全停泊的长度（图 9-9）。闸室有效长度的上游边界取下列最下游界面：帷墙的下游面；上闸首门龛的下游边缘；采用头部输水时镇静段的末端；其他伸向下游构件占用闸室长度的下游边缘。闸室有效长度的下游边界应取下列最上游界面：下闸首门龛的上游边缘；双向水头采用头部输水时镇静段长的一端；防撞装置的上游面；其他伸向上游构件占用闸室长度的上游边缘。L_x 不应小于按下式计算的长度，并取整数。

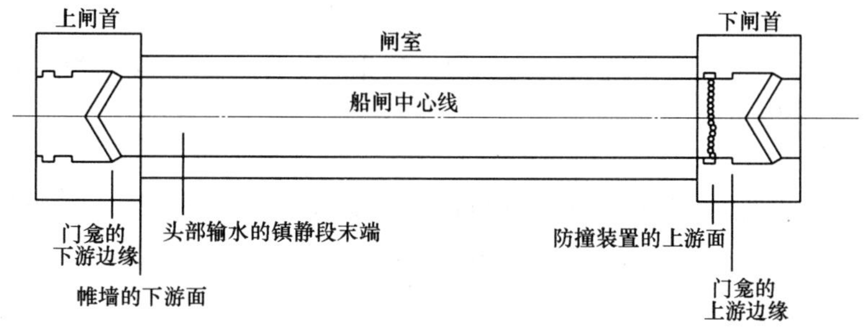

图 9-9　船闸有效长度示意图

$$L_x = l_c + l_f \tag{9-1}$$

式中　L_x——闸室有效长度，m；

l_c——设计船队（舶）计算长度，m；当一闸次只有一个船队（舶）单列过闸时，为设计最大船队（舶）的长度；当一闸次有两个或两个以上船队（舶）纵向排列过闸时，则为各设计最大船队（舶）长度之和加上各船队（舶）间的停泊间隔长度；

l_f——富裕长度，m；顶推船队 $l_f \geqslant 2+0.06l_c$；拖带船队 $l_f \geqslant 2+0.03l_c$；机动驳和其他船舶 $l_f \geqslant 4+0.05l_c$。

2. 闸室的有效宽度 B_x

闸室的有效宽度是指闸室两侧墙表面之间的最小净宽度，不应小于按式（9-2）和式（9-3）计算的宽度，并宜采用现行国家标准《内河通航标准》（GBJ 139）中规定的8m、12m、16m、23m、34m的宽度。

$$B_x = \sum b_c + b_f \tag{9-2}$$

$$b_f = \Delta b + 0.025(n-1)b_c \tag{9-3}$$

式中 B_x——闸室的有效宽度，m；

$\sum b_c$——同一闸次过闸船队（舶）并列停泊于闸室的最大总宽度，m。当只有一个船队（舶）单列过闸时，则为设计最大船队（舶）的宽度 b_c；

b_f——富裕宽度，m；

Δb——富裕宽度附加值，当 $b_c \leqslant 7$m 时，$\Delta b \geqslant 1$m；当 $b_c > 7$m 时，$\Delta b \geqslant 1.2$m；

n——过闸停泊在闸室的船舶的列数。

3. 门槛最小水深 H_0

船闸门槛最小水深是指设计最低通航水位至门槛最顶部的最小水深，并应满足设计船队（舶）满载时的最大吃水加富裕深度的要求，可按下式计算

$$\frac{H_0}{T} \geqslant 1.6 \tag{9-4}$$

式中 H_0——门槛最小水深，m；

T——设计船队（舶）满载时的最大吃水深度，m。

4. 引航道的长度和宽度

按船队（舶）过闸的需要，引航道一般由导航段、调顺段、停泊段和过渡段（制动段）等组成，见图9-10。

（1）引航道长度。

1）直线段总长度 L。引航道直线段的轴线应平行于船闸轴线，直线段长度由导航段长度 l_1、调顺段长度 l_2 和停泊段长度 l_3 组成，即

$$L = l_1 + l_2 + l_3 \tag{9-5}$$

$$l_1 \geqslant L_c \tag{9-6}$$

$$l_2 \geqslant (1.5 \sim 2.0)L_c \tag{9-7}$$

$$l_3 \geqslant L_c \tag{9-8}$$

式中 L_c——顶推船队为设计最大船队长，拖带船队或单船为其中的最大船长，m。

2）过渡段长度 l_4。当引航道直线段宽度与航道宽度不一致时，两者之间可用渐变的

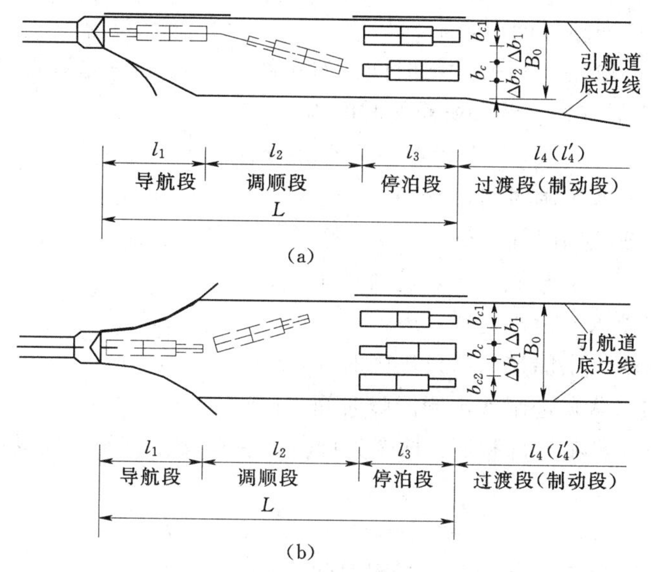

图 9-10　单线船闸引航道平面示意图

(a) 反对称型；(b) 对称型

过渡段连接。其长度可按下式估算：

$$l_4 \geqslant 10\Delta B \tag{9-9}$$

式中　ΔB——引航道直线段宽度与航道宽度之差，m。

3) 制动段长度 l_4'。从引航道口门到停泊段前沿的长度为制动段，应能满足船队（舶）制动需要，其长度应根据口门区流速大小、设计最大船队的长度和性能确定，并可与过渡段重合使用。

(2) 引航道宽度。引航道的宽度应满足在一个船队（舶）停靠码头的前提下，另两个相遇的船队（舶）能够顺利通过。对于单线船闸，引航道的宽度应根据下列型式确定：

1) 反对称型和不对称型引航道宽度为

$$B_0 \geqslant b_c + b_{c1} + \Delta b_1 + \Delta b_2 \tag{9-10}$$

式中　B_0——设计最低通航水位时，设计最大船队（舶）满载吃水船底处的引航道宽度，m；

b_c——设计最大船队（舶）的宽度，m；

b_{c1}——一侧等候过闸船队（舶）的总宽度，m；

Δb_1——船队（舶）之间的富裕宽度，取 $\Delta b_1 = b_c$；

Δb_2——船队（舶）与岸之间的富裕宽度，取 $\Delta b_2 = 0.5b_c$。

2) 对称型引航道宽度为

$$B_0 \geqslant b_c + b_{c1} + 2\Delta b_1 + b_{c2} \tag{9-11}$$

式中　b_{c2}——另一侧等候过闸船队（舶）的总宽度，m。

（五）船闸的通过能力和耗水量

1. 船闸的通过能力

船闸通过能力的计算应包括设计水平年内各期的过闸船舶总载重吨位、过闸货运量两项指标，并应以年单向通过能力表示。

船闸的通过能力取决于船舶过闸时间。对单级船闸，每一过闸船舶（队）单向过闸（从上游到下游或从下游到上游）所需的时间为

$$T_1=4t_1+t_2+2t_3+t_4+2t_5 \tag{9-12}$$

式中　T_1——单向一次过闸时间，min；

t_1——开门或关门时间，min；

t_2——单向第一个船舶（队）进闸时间，min；

t_3——闸室灌水或泄水时间，min；

t_4——单向第一个船舶（队）出闸时间，min；

t_5——船舶（队）进闸或出闸间隔时间，min。

一次双向过闸（船舶上行和下行两个方向依次轮换交错过闸）完成各项作业所需要的总时间 T_2 为

$$T_2=4t_1+2t'_2+2t_3+2t'_4+4t_5 \tag{9-13}$$

式中　T_2——上、下行各一次的双向过闸时间，min；

t'_2——双向第一个船舶（队）进闸时间，min；

t'_4——双向第一个船舶（队）出闸时间，min。

双向过闸在 T_2 时间内完成了两个船队交错过闸任务，因此，每一船队占用时间为 $T_2/2$。

在实际运行中，船队单向过闸与双向过闸两种情况都会遇到，因此一次过闸时间常采用单向与双向过闸所需时间的平均值。即

$$T=\frac{1}{2}\left(T_1+\frac{T_2}{2}\right) \tag{9-14}$$

对于单级船闸，全年的理论通过能力可按式（9-15）计算，即

$$P_1=\frac{n}{2}NG \tag{9-15}$$

$$n=\frac{\tau\times 60}{T} \tag{9-16}$$

式中　P_1——单向年过闸船舶总载重吨位，t；

n——日平均过闸次数；

N——年通航天数，d；

G——一次过闸平均载重吨位，t；

τ——日工作小时，h；一般采用20～22h。

由于：①过闸船舶除货船外，还有其他非载货船舶，如客船、工程船、服务船等；②过闸船队不可能完全满载；③货流受季节性货源及运输组织方面因素的影响，每月每日货运量并非均匀；④设备检修、养护或气候影响船闸可能暂时停航等原因，船闸的实际通过能力总是小于理论通过能力，可按下式计算：

$$P_2=\frac{1}{2}(n-n_0)\frac{NG\alpha}{\beta} \tag{9-17}$$

式中　P_2——单向年过闸客、货运量，t；

n_0——日非运客、货船过闸次数；

α——船舶装载系数，与货物种类、流向和批量有关，可根据各河流统计或规划资料选用。无资料时，可采用0.5～0.8；

β——运量不均衡系数，其值为年最大月货运量与年平均月货运量之比。无资料时，可取1.3～1.5。

2. 船闸的耗水量

船闸耗水量包括：船舶（队）过闸用水和闸门、阀门漏水两部分。船闸一天内平均耗水量可按下式计算：

$$\overline{Q}=\frac{nV}{86400}+q \tag{9-18}$$

$$q=eu \tag{9-19}$$

式中 $\overline{Q}$——一天内平均耗水量，m^3/s；

V——一次过闸用水量，m^3。必要时应考虑上、下行船舶（队）排水量差额；

q——闸门、阀门的漏水损失，m^3/s；

e——止水线每米上的渗漏损失，$m^3/(s \cdot m)$。当水头小于10m时取0.0015～0.0020$m^3/(s \cdot m)$，当水头大于10m时取0.002 ～ 0.003$m^3/(s \cdot m)$；

u——闸门、阀门止水线总长度，m。

（六）船闸在水利枢纽中的布置

1. 基本原则和要求

在综合利用枢纽中，船闸往往只是其中的组成建筑物之一。因此，船闸在枢纽中的布置除应保证船舶航行的安全和方便外，还要考虑整个水利枢纽的运用和施工条件，使枢纽布置经济合理。

在进行船闸总体布置时应遵循下述原则和要求：

（1）在水利枢纽闸址选择时，应根据船闸级别、枢纽规模和自然条件等进行全面分析，综合考虑选定。

（2）船闸的总体布置应使船闸有良好的通航条件，必须保证船舶（队）在通航期内安全通畅过闸，并有利于运行管理和检修。为此，船闸要尽量布置在顺直稳定的河段，当船闸布置在弯曲河段或河道外的引渠内时，其引航道口门及口门区均应处在河床稳定部位，并能与原主航道平顺连接。

（3）船闸宜临岸布置，与溢流坝、泄水闸、电站等建筑物之间，必须有足够长度隔流堤或隔流墙。枢纽泄水时，应满足船闸引航道口门区和连接段的通航水流条件。船闸不应布置在紧邻的溢流坝、泄水闸、电站等两过水建筑物之间。

（4）闸室宜布置在挡水建筑物下游，这样对闸室的受力条件较为有利。

（5）尽量避免船闸与枢纽中其他建筑物之间在运行和施工等方面的干扰。桥梁不宜从引航道、口门区、连接段跨过；架空电力线路不应在闸首、闸室和引航道跨越。

（6）船闸不应用作泄洪。在特殊情况下，经过技术经济论证，需要泄洪时，应采取保护措施确保船闸在泄洪时的安全。

2. 船闸布置形式

船闸在水利枢纽中的位置主要有以下两种：①船闸位于河床内（图9-11）；②船闸

位于河道以外的引河上（图 9－12）。

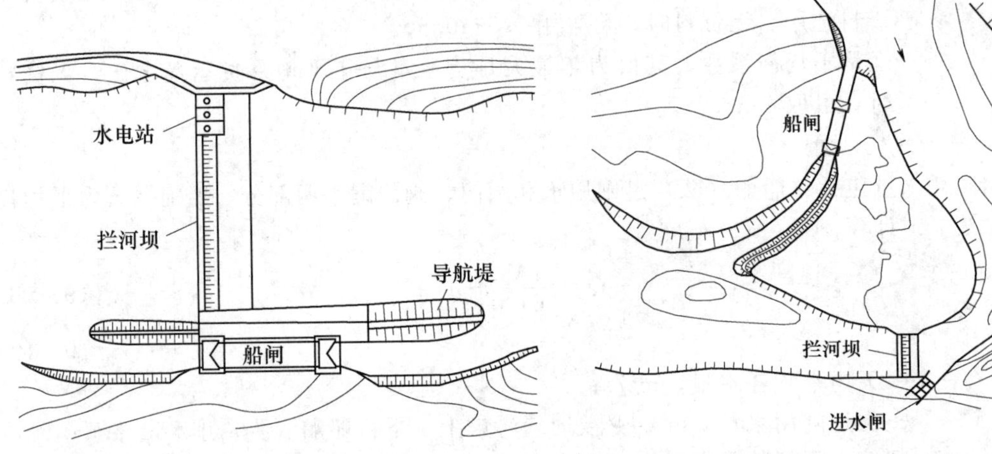

图 9－11　在河床内的船闸布置示意图

图 9－12　在引河上的船闸布置

当河道的宽度足够布置溢流坝和水电站时，一般可将船闸布置在河床内，如葛洲坝枢纽船闸的布置（图 9－13）。当有条件时，最好将船闸布置在水深较大和地质条件较好的一岸；当枢纽处于微弯河段，大都将船闸布置在凹岸。这种布置方式不仅可使船闸及引航

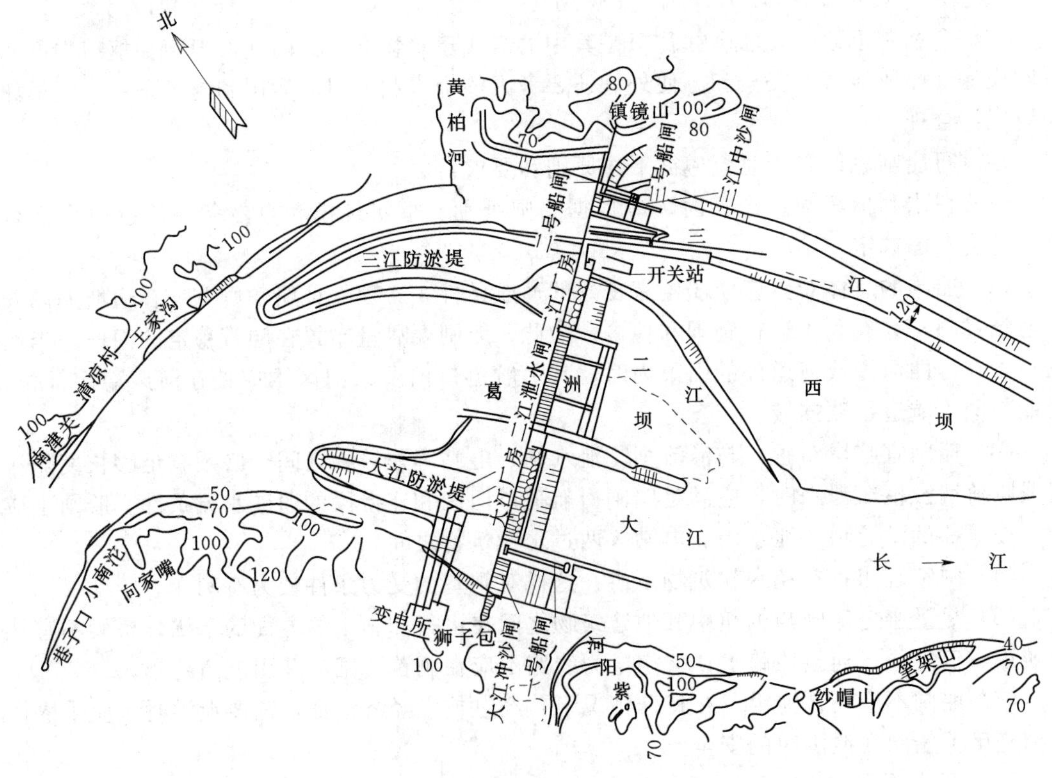

图 9－13　葛洲坝水利枢纽布置图

道挖方量减少，而且下游引航道进出口的通航水深也容易保证。但船闸需在围堰内施工，并需要引航道靠河中一侧建筑较长的导堤，以保证船舶安全航行。

当地形和地质条件合适时，如图 9-12 所示的弯曲河段，将船闸布置在凸岸开挖的引河内是一种较好的方案，如三峡枢纽船闸的布置（图 9-14）。船闸远离泄水建筑物，船舶进出引航道比较安全。船闸和引航道的开挖量虽较大，但施工条件大为简化，可以不作围堰且可先期施工，不影响原河道的通航，拦河坝施工时，又可利用船闸导流。采用这种布置方式时，为保证船舶航行方便，引河长度不应小于 4 倍闸室长度，引航道轴线与河道水流方向的夹角应尽量减小，以防行船受横向流速的影响。

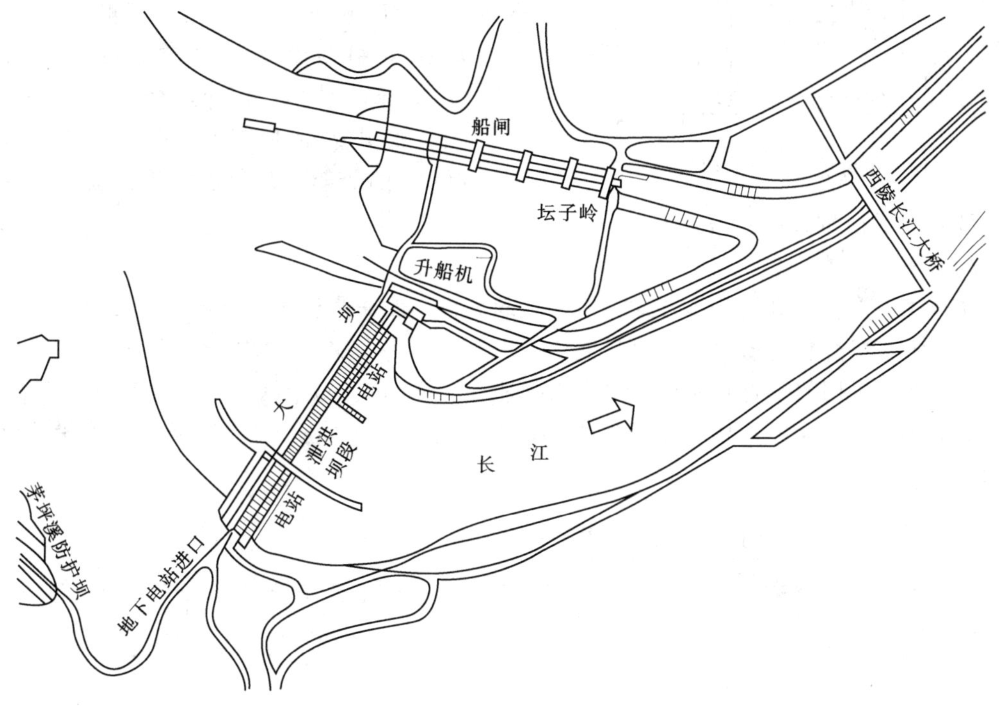

图 9-14 三峡水利枢纽布置图

二、升船机

升船机的工作原理是将船只开进有水或无水的承船厢内，利用水力或机械力使承船厢沿着垂直方向或斜面升降，运送船只过坝。按承船厢的运行路线，升船机可分垂直升船机和斜面升船机两大类。

（一）垂直升船机

垂直升船机按升降设备可分为平衡重式、提升式和浮筒式等类型。

1. 平衡重式垂直升船机

利用平衡重来平衡承船厢的重量以节省提升动力的垂直升船机（图 9-15）。在千船机支承导向结构的垂直排架顶部装设绕以钢丝绳的定滑轮，钢丝绳的一端连接承船厢，另一端悬挂着与承船厢重量近于相等的平衡重。在承船厢上装驱动机械，驱动承船厢沿着排架上的垂直轨道上下移动。为避免承船厢升降过程中滑轮两侧钢丝绳长度不等

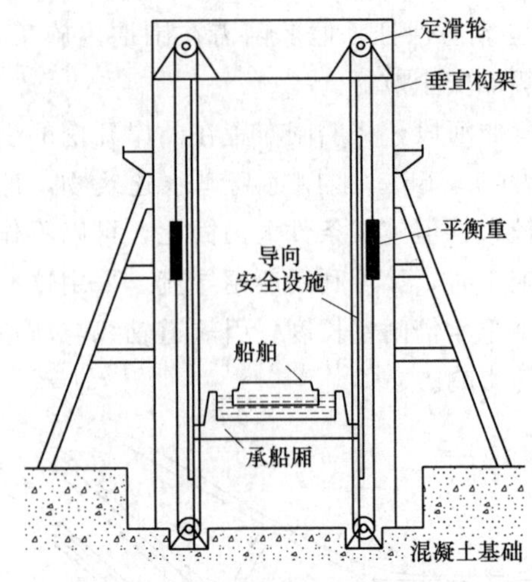

图 9-15 平衡重式垂直升船机示意图

破坏平衡状态，采用若干相当于钢丝绳总重量的平衡链，绕过排架底部的辊轮，分别与承船厢和平衡重相连，以形成一个在任何位置承船厢与平衡重都能相互平衡的完全平衡系统。电动机械提升力仅用来克服不平衡重及运动系统的阻力和惯性力。其优点是过坝历时短、通过能力大、运行安全可靠、耗电量较少；缺点是工程技术复杂，钢材用量多。适用于高水头水利枢纽、地形陡峻的情况。我国三峡水利枢纽中的升船机采用的就是这种类型，承船厢长120m，宽 18m，水深 3.5m，最大提升高度113m，最大提升重量 11800t（承船厢加水重），可通过 3000t 的船舶，是目前世界上提升高度和规模最大的平衡重式垂直升船机。

2. 提升式垂直升船机

提升式垂直升船机的工作方式类似桥式起重机，船舶开进承船厢后，用起重机提升过坝。由于垂直提升所需动力大，故只能用于提升中、小型船舶。如图 9-16 所示为我国丹江口水利枢纽采用的垂直升船机，主要由承船厢、移动式提升机、承重塔柱、行车梁及供电设备组成。其最大提升高度近期为 45m，远期为 58m，承船厢可湿运 150t 级船舶或干运 300t 级船舶。

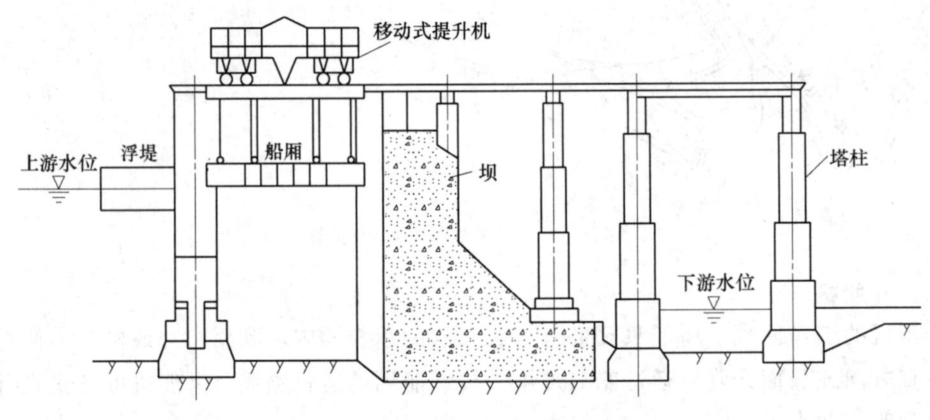

图 9-16 丹江口水利枢纽垂直升船机

3. 浮筒式垂直升船机

承船厢通过专门的支架支承在其下部的浮筒上，浮筒安设在地面以下充满水的浮筒井中，承船厢随着浮筒在浮筒井中上升和下降（图 9-17）。用浮筒的浮力来平衡升船机活动部分的重量，包括承船厢、浮筒支架和浮筒的重量，电动机械提升力仅用来克服运动系统的阻力和惯性力。承船厢的升降通过在浮筒井中灌水和泄水来实现。为了控制承船厢升降时的方向，需要在地面上设置导向的排架，排架上设有导承，防止承船厢左右前后摆动。承船厢设有驱动装置，驱使承船厢上下移动。这种布置方式优点是工作可靠，支承平衡系统简单，但因受竖井深度的限制，只适用于船舶吨位不大，提升高度不大的情况。1962 年建成的德国亨利兴堡升船机，可通过 1350t 的船只，是世界上最大的浮筒式垂直升船机，提升高度仅有 14.5m。

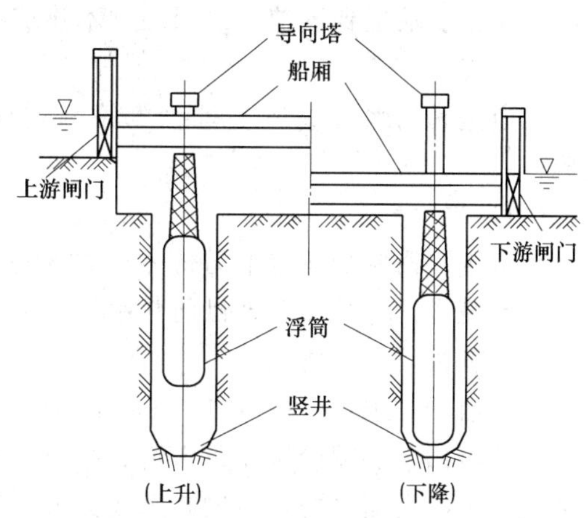

图 9-17 浮筒式垂直升船机

（二）斜面升船机

斜面升船机是利用机械动力运载船舶沿着斜坡轨道行驶过坝的设备，如图 9-18 所示，主要由承船厢（或承船车）、斜坡轨道、驱动装置及跨越坝顶的连接设施等部分组成。

斜面升船机按载船方式划分，可分为干运和湿运两种。船舶搁置在无水承船厢内的弹性承台上运送，称作干运；船舶浮于有水的承船厢内运送，称作湿运。

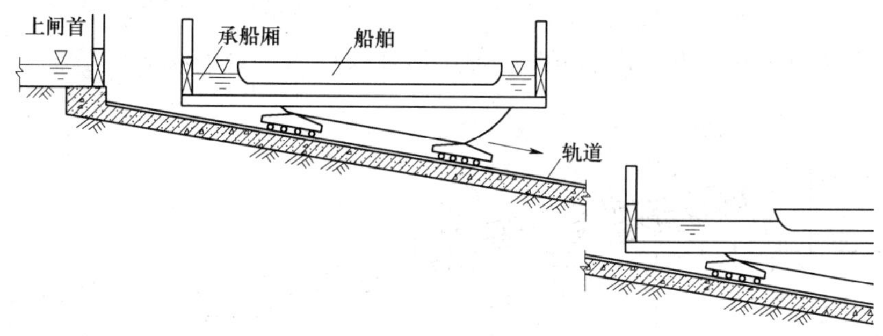

图 9-18 斜面升船机示意图

按驱动方式不同，可分为牵引式和自行式两种。前者常用卷扬机带动钢丝绳牵引承船厢沿轨道升降，后者采用密封可靠的水下电机或液压马达驱动承船厢自行爬升。当斜坡道很长而所需钢丝绳长度过大，卷扬机牵引方式已不适用时，就需考虑自行式的驱动装置。

按运行方向划分，可分为纵向斜面升船机和横向斜面升船机两种。前者船舶在升船机内的方向与升船机运行的方向一致，承船厢沿斜坡的方向较长，适用于较平坦的斜坡上，坡度约为 1：10～1：20，根据地质、地形条件和船舶的大小来定。后者船舶在升船机内的方向与升船机运行的方向垂直，承船厢沿斜坡方向的长度较短，斜面坡度可较陡，一般可达 1：4～1：6。牵引式纵向行驶应用最广。

目前已建斜面升船机中提升高度最大的为俄罗斯的克拉斯诺亚尔斯克纵向斜面升船机，其提升高度达 118m，运载船舶 2000t。我国已建成的提升高度最大的斜面升船机为湖南柘溪水电站的斜面升船机，最大提升高度 80.0m，载船吨位 50t。

第二节 过木建筑物

在有木材浮运需要的河流上兴建水利枢纽时，应同时修建过木建筑物以使河流上游的木材顺利过坝输送到下游。常用的过木建筑物有筏道、漂木道、过木机等。

一、筏道

筏道是利用水力输运木排（木筏）过坝的陡槽，主要由进口段、槽身段和出口段组成。

（一）进口段

筏道进口段应能适应上游库水位的变化，准确调节筏道流量，以节省水量和安全过筏，这是筏道设计的关键。目前常用的筏道进口型式有活动式和固定式两种。后者适用于上游水位变幅较小的情况。

（1）活动式进口。如图9-19（a）所示，活动式进口由活动渡槽和弧形叠梁闸门组成。转动渡槽下游端铰接在过木道底板上，上游端吊在启闭机上，渡槽可以上下转动。上游端叠梁闸门是挡水的，门槽布置成弧形，其半径与转动渡槽长度相适应，以便使转动渡槽的上游头部与弧形叠梁闸门紧密接触。

（2）固定式进口。如图9-19（b）所示，在进口段设有两道闸门，在上下游两道闸门之间形成一个筏闸室，木筏进入闸室后，关闭上游闸门，再缓慢开启下游闸门放空闸室内的水，使木筏落在闸底斜坡上，最后再将上游闸门稍许开启，放水输送木筏进入下游河道。这种筏道结构比较简单，耗水量少，但不能连续过木，运送效率低。

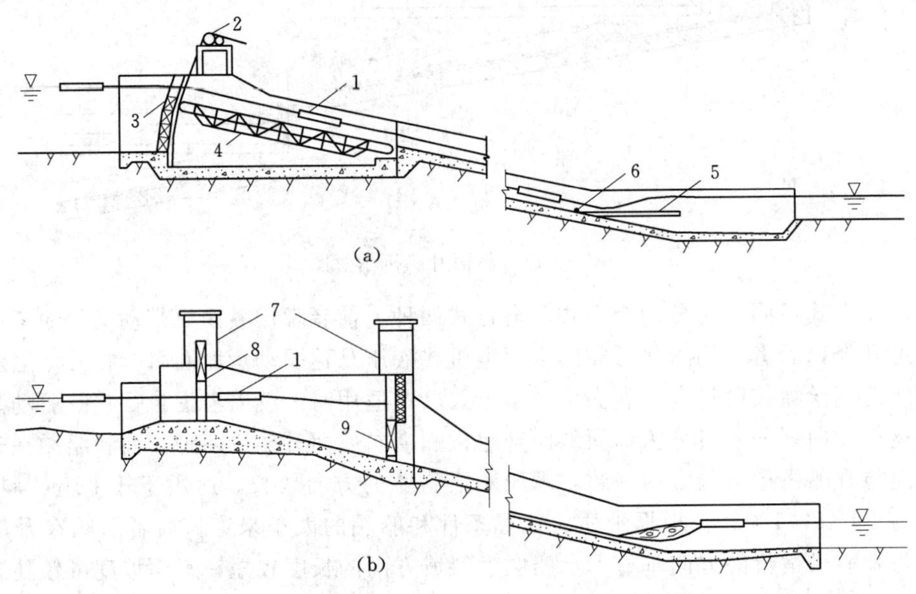

图9-19　筏道形式图

（a）弧形门活动式进口；（b）设有闸室的进口段

1—木筏；2—卷扬机；3—叠梁闸门；4—活动筏槽；5—消能栅；6—糙齿；7—启闭机室；8—上闸门（开）；9—下闸门（关）

（二）槽身段

筏道槽身是一个宽浅的矩形断面陡槽，用混凝土或钢筋混凝土做成，为了降低造价，缩短长度，坡度造得较大，流速也大。为了减小流速，筏道底要加糙。

槽宽不宜过大，一般为排筏的对角线宽度再加 0.5～1.0m 的富裕，常采用 4～8m。槽中水深宜选用 2/3 木排厚度再加 0.1～0.3m 的富裕水深。木排厚度与设计排型有关，一般约为 0.5～1.0m。根据筏道上下游水位落差和地形、地质条件，陡槽可采用等坡或变坡。槽底纵坡一般用 3%～6%，人工加糙的筏道纵坡可达 8%～14%。如采用变坡筏道，宜做成上陡下缓，但相邻两段的底坡变化应不小于 1.5°，以免木排在变坡处下方撞击槽底。木排在槽中处于悬浮状态，排速约为断面平均流速的 1.5～3.0 倍。

（三）出口段

出口段应能保证在下游水位变化的范围内顺利流放木排，不搁浅并尽量减少木排钻水现象。为此，出口段与下游衔接最好能形成扩散的自由面流或波状水跃（即弗劳德数 $Fr \leqslant 2.5$），即使不可避免地形成底流水跃衔接，也应采用必要的消能工以减小水跃高度。对下游水位变幅较大的筏道，可采用分段跌坎或活动式出口等相应措施。

筏道适用于中、低水头且上游水位变幅不大（水位差 10m 以内）的水利枢纽。具有通过能力大、使用方便、建筑技术要求低、运费便宜等优点，故使用较为广泛，但需消耗一定的水量。

湖南涔天河水电站的筏道宽 6.5m，上、下游最大落差 34.3m，采用活动式进口，底部加糙，是我国已建规模最大的筏道之一，每年可运送木材 30 万～50 万 m^3，从 1971 年投入运行后，情况良好。

二、漂木道

漂木道是利用水槽将大批散漂的原木浮运过坝，多用于中、低水头且上游水位变幅不大的水利枢纽。与筏道类似，漂木道由进口段、槽身段和出口段组成。

进口段在平面上呈喇叭形，设有导漂设施，有时还可安装加速装置，提高通过能力，以防原木滞塞。但进口处的流速不宜大于 1m/s。在水库水位变幅较大的情况下，常用活动式进口，安装扇形门、下沉式弧形门或下降式平板门等，见图 9-20。槽身是一个顺直

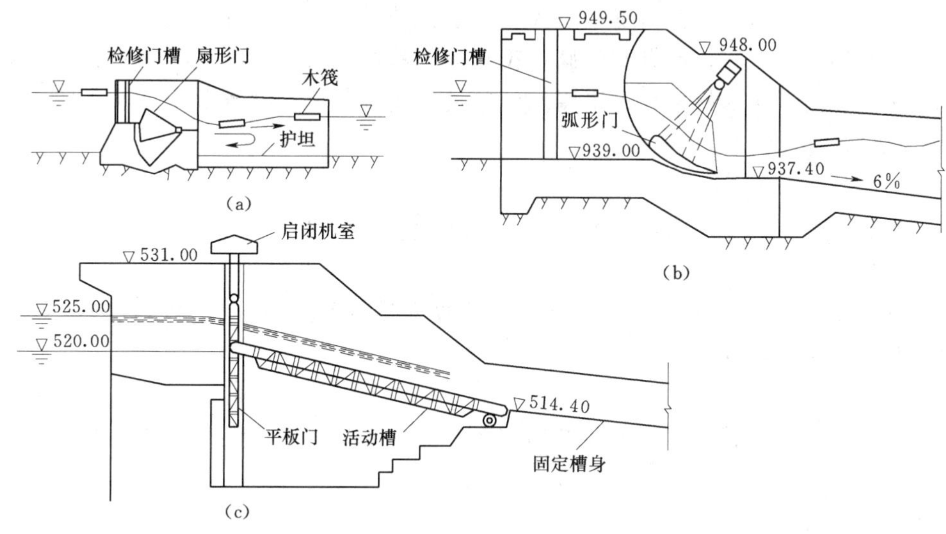

图 9-20　漂木道进口形式

（a）扇形门漂木道；（b）下沉式弧形门漂木道；（c）下降式平板门漂木道

的陡槽，槽宽略大于最大的原木长度。按原木的方式可分为全浮式、半浮式和湿润式，三者的主要差别是过木时用水量不同，全浮式是原木浮在水中随水流漂向下游，基本避免原木与槽底的摩擦、碰撞，但耗水量较多。半浮式和湿润式虽有省水的优点，但原木通过时与槽底有摩擦、碰撞，损耗较大。槽内水深稍大于原木直径的0.75倍。纵坡多在10%以下，如槽底加糙，还可适当加大。下游出口应做到水流顺畅，以利木材下漂。图9-20（b）为四川映秀湾水电站漂木道，采用门宽为12m的下沉式弧形门。图9-20（c）为四川大渡河龚嘴水利枢纽的漂木道，由进口的下降式平板门、活动槽身和出口段组成，上下游最大水位差50m，平均坡度13%。

三、过木机

通过高坝修建筏道及漂木道有困难或不经济时，可以采用机械设备输送木材过坝。我国的一些水利枢纽采用的过木机有链式传送机、垂直和斜面卷扬提升式过木机、桅杆式和塔式起重机、架空索道传送机等。

链式过木机由链条、传动装置、支承结构等主要部分组成。既可用于原木过坝也可用于木排过坝。通常沿土石坝上下游坡面或斜栈桥布置成直线，按木材传送方式不同可分为纵向传送（木材长度方向与传送方向一致）和横向传送（木材长度方向与传送方向垂直）两种。前者较多用于原木过坝，如甘肃碧口水电站采用三台并列的纵向原木过坝链条机，链条带动单根原木连续送过坝，每台链条机的台班过木能力为930m^3。横向链式过木机通常是采用三条平行的传送链，并设有阻滑装置，江西省洪门水库就是采用这种过木机传送单根原木和木排过坝，效率较高。

架空索道是把木材提离水面，用封闭环形运动的空中索道将其传送过坝，适用于运送距离较长的枢纽。它具有不耗水、与大坝施工及电站运行干扰少、投资省的优点，但运送能力低。浙江湖南镇水电站采用这种方式传送木材过坝，其索道牵引速度为2m/s，年过木量$18\times10^4m^3$。

除了上述过木设施外，在航运量不大、水量充沛的水利枢纽中，也可利用船闸过筏。对于过木量特别大的枢纽，也有专门修建筏闸输运木材过坝，如四川铜街子水电站采用四个闸室的多级筏闸运送木材过坝。采用面流消能的溢流坝（或溢洪道、水闸），也可在泄水时漂木过坝。

第三节 过鱼建筑物

在闸坝枢纽中，如有过鱼要求，则需修建为鱼类洄游服务的专用建筑物，主要有鱼道、鱼闸和升鱼机等，其中鱼道应用最广。

一、鱼道

鱼道由进口、槽身、出口及诱鱼补给水系统等几部分组成。鱼道按其结构型式可分为以下几类。

（一）水池式鱼道

如图9-21所示，由一连串连接上下游的水池组成，各水池间用短渠或低堰连接，一般是绕岸开挖而成。这种鱼道较接近天然河道情况，利于鱼类通过，但抬高水头不大，一般为 3～10m，且要有合适的地形，否则开挖量很大。

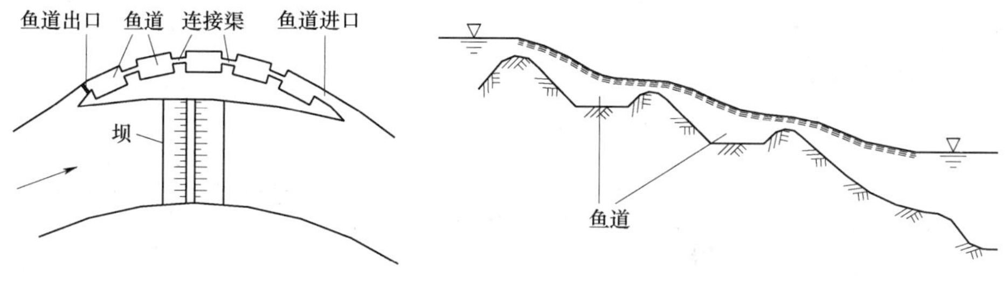

图 9-21 水池式鱼道示意图

（二）槽式鱼道

槽式鱼道为一矩形断面的倾斜水槽。按其是否有消能设施分为简单槽式和丹尼尔式两种。

简单槽式鱼道是一条不设任何消能设施的水槽，仅靠延长水流途径和槽壁自然糙率来降低流速，因此槽底坡度很缓，只能用于水头小且通过的鱼类逆水游动能力强的情况。

丹尼尔式鱼道为比利时工程师丹尼尔（Denil）首创。如图 9-22 所示是一条加糙的水槽，在槽壁和槽底设有间距很密的阻板和底坎，水流通过时，形成反向水柱冲击主流，消减能量，降低流速。其优点是宽度小（2m 以下）、坡度陡（可达 1∶4～1∶6）、长度短；缺点是流量大、流态较差，水流掺气、紊动剧烈。一般适用于水位差不大（2m 以下）和鱼类活力强劲的情况。

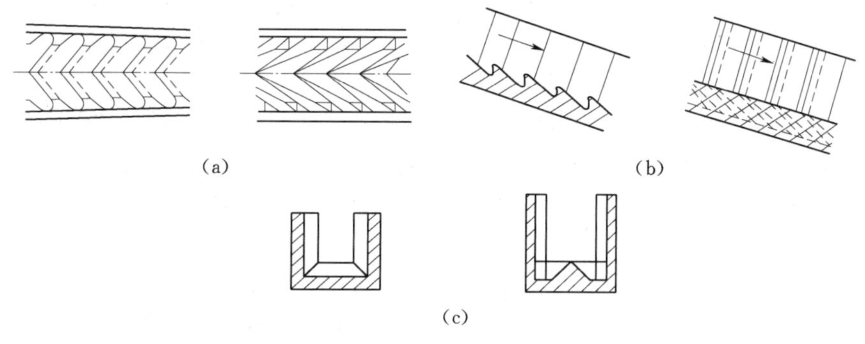

图 9-22 丹尼尔槽式鱼道
(a) 平面图；(b) 纵剖面图；(c) 横剖面图

（三）横隔板式鱼道

横隔板式鱼道是利用横隔板将鱼道上下游总水头差分成若干级，形成一系列梯级水池，故又称梯级鱼道（图 9-23）。为了过鱼，在隔板上设游入孔，有的在隔板顶一侧，有的可在隔板底部一侧。按过鱼孔的形状和位置不同，隔板式鱼道可分为溢流堰式、淹没孔口式、竖缝式和组合式四种。

(1) 溢流堰式的过鱼孔设在隔板的顶部，水流呈堰流状态，主要依靠各级水垫来消能，适应于喜欢在表层回游和有跳跃习性的鱼类，但由于消能不够充分，且不能适应较大的水位变化，因此很少单独使用。

(2) 淹没孔口式的隔板过鱼孔是淹没在水下的孔洞，孔口流态是淹没孔流，主要靠孔

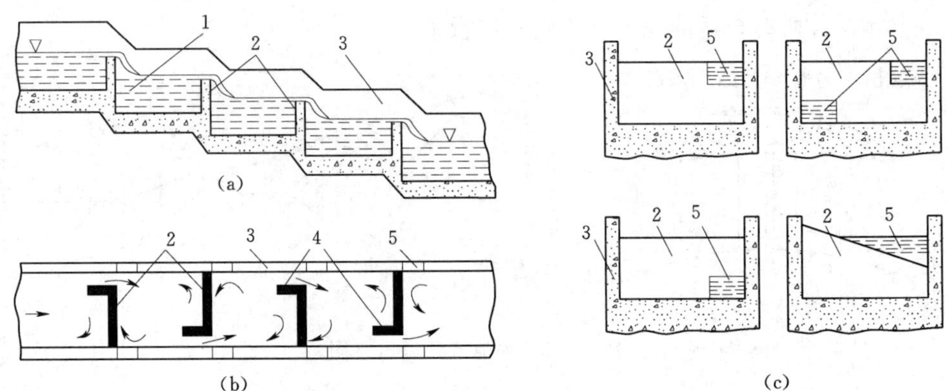

图 9-23　隔板式鱼道示意图

(a) 纵剖面；(b) 平面图；(c) 游入孔位置

1—水池；2—横隔板；3—纵向墙；4—防护门；5—游入孔

后水流扩散来消能，孔口形状有矩形孔、圆管、管嘴式、栅笼式等。这种鱼道能适应较大的水位变化，特别适用于具有在底层洄游习性的鱼类。

(3) 竖缝式隔板鱼道的过鱼孔是高而窄的竖缝，既可单侧布置，也可双侧布置。这种鱼道能适应水位变化，消能充分，并能适应各种不同习性鱼类的回游要求，结构简单，维修方便，故在我国应用较广。江苏斗龙港闸、利民河闸、安徽裕溪闸、浙江富春江水电站等都采用这种鱼道。如图 9-24 所示为斗龙港双侧竖缝式鱼道平面布置，该鱼道全长 50m，净宽 2m；设计上下游水位差 1.5m，槽内水深 1m，最大流速 0.8～1.0m/s；槽内共布置 36 块隔板，间距 1.17m。1967 年建成后运行情况良好。

(4) 组合式隔板有堰与孔、竖缝与孔或竖缝与堰相互组合等形式。此型隔板能较好地发挥各种型式孔口的水力特性，也能灵活地控制所需要的池室流态和流速分布，故为现代鱼道所常用。图 9-25 为江苏太平闸鱼道，不仅采用竖缝与堰组合的隔板，而且采用梯形

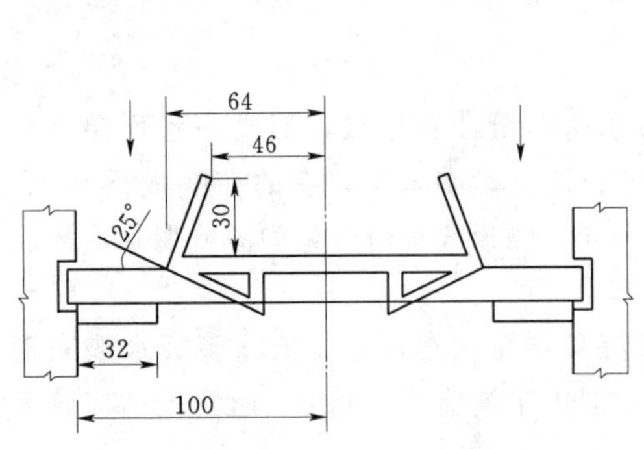

图 9-24　斗龙港双侧竖缝式鱼道平面布置图（单位：cm）

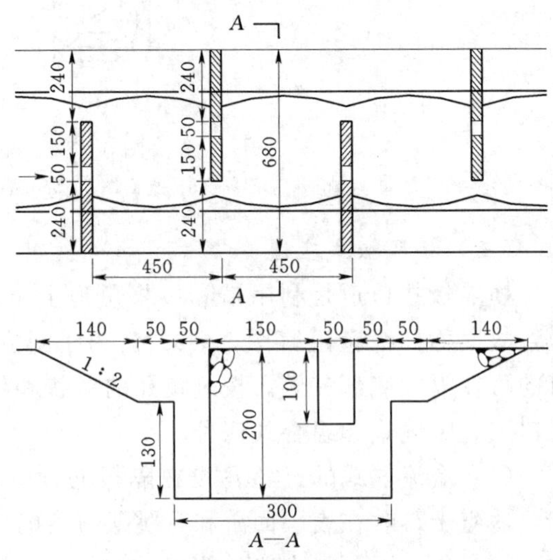

图 9-25　江苏太平闸鱼道隔板示意图（单位：cm）

与矩形组合的复式断面。这种鱼道的特点是在边坡处存在一个范围较大的低流速区，该区内流速仅为0.3～0.5m/s，而在其他过鱼孔处的流速为0.5～1.0m/s，这就在一个鱼道中能较好地适应不同回游能力的鱼蟹游动过闸。

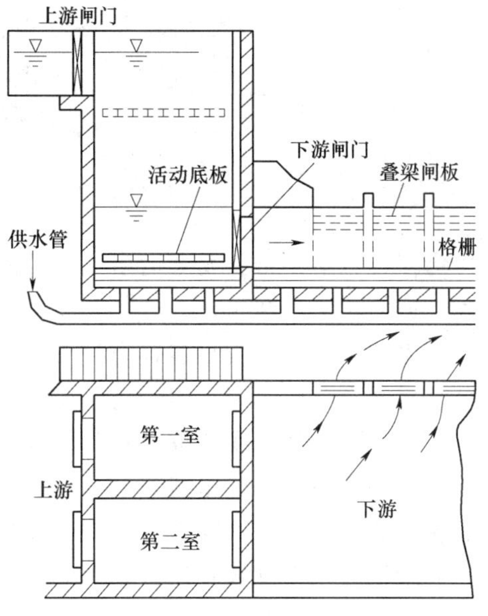

图9-26　竖井式鱼闸示意图

二、过鱼闸

鱼闸的工作原理类似于船闸，采用控制水位升降的方法来输送鱼类通过拦河闸坝，主要有竖井式和斜井式两种类型。

如图9-26所示为竖井式鱼闸，其组成部分有下游进鱼槽、升鱼室、上游出鱼槽。从下游送鱼向上游的过程是：先把升鱼室上游闸门关闭，开启下游闸门，水轮机组泄水，吸引鱼进入下游进鱼槽；用驱鱼栅把鱼送入升鱼室；关闭下游闸门，升鱼室中水位上升，用水平驱鱼栅把鱼送到升鱼室顶部。然后开启上游闸门，用垂直驱鱼栅把鱼经出鱼槽送入上游。

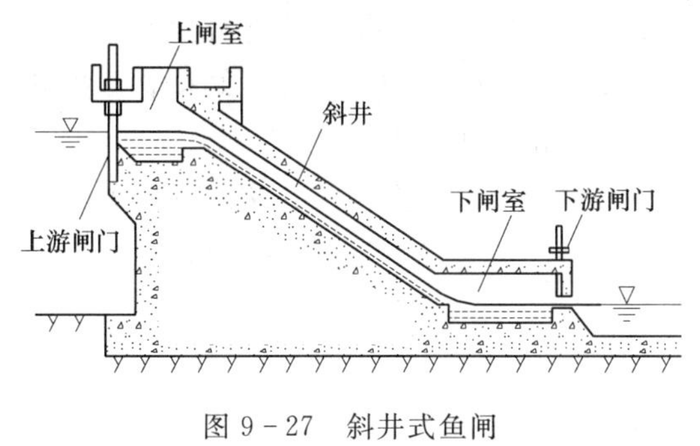

图9-27　斜井式鱼闸

如图9-27所示为斜井式鱼闸，其工作方式与竖井式基本相同，过鱼时先打开下游闸门，并利用上游闸门顶溢流供水，使水流从上游经斜井和下游闸室流到下游，就可诱鱼进入下游闸室；待鱼类诱集一定数量后，关闭下游闸门，使上游水流充满斜井及上游闸室，当水位与库水位齐平时，开启上游闸门，就可将鱼送入上游水库。鱼闸的优点是能适用于各种水头的水利枢纽和不同鱼类；与相同水头的鱼道相比，造价较省，占地也少，便于在枢纽中布置。缺点是过鱼不连续，仅适用于过鱼量不多的枢纽；需较多的机电设备，维修费用较高。

三、升鱼机

升鱼机是利用机械设施将鱼输送过坝，可做成鱼电梯和过鱼索道。

此种过鱼方式的优点是适于高坝过鱼，又能适应库水位的较大变幅，便于长途运转，常用于施工期过鱼。缺点是机械设备易发生故障，可能耽误亲鱼过坝，不便于大量过鱼。

一些国家的实践表明，尽管过鱼建筑物是保护和发展江河鱼类资源的重要措施之一，但它仅较适用于低、中水头的水利枢纽，且对不同鱼类的效果也不一样。在建有高坝或梯级开发的河流上，由于生态环境变迁较大，依靠过鱼建筑物还难以十分有效地解决鱼类洄游及其资源的增殖问题。近年来国内外有些工程采用鱼类人工繁殖、放养方案，也能有效地保护和发展鱼类资源，如我国长江的葛洲坝水利枢纽就是采用人工繁殖放养的方法解决了中华鲟鱼过坝的问题。

第三篇　渠系中的主要水工建筑物

为保证渠道正常并安全运用，在渠道上修建的各种建筑物，统称为渠道系统的水工建筑物，或简称渠系建筑物。

渠系建筑物的种类很多，一般按其作用分类，主要有：①控制水位的节制闸和调节流量的分水闸、斗门等配水建筑物；②测定流量的量水堰、量水喷嘴、量水槽或其他形式的量水建筑物；③保证渠道安全的泄水闸、泄洪涵洞、泄洪渡槽和沉积、排除泥沙的沉沙池、排沙闸等防洪保安全建筑物；④开凿穿过山岗的穿山建筑物——隧洞；⑤渠道与河流、溪谷、道路交叉或渠道与渠道交叉时所建的渡槽、桥梁、倒虹吸管和涵洞等交叉建筑物；⑥渠道通过坡度较陡或有集中落差的地段而修建的陡坡、跌水等落差建筑物；⑦为船只通航的船闸，利用集中落差发电的水电站和水力加工站等专门建筑物；⑧便民利民的行人桥、踏步、码头、船坞等便民建筑物。

各种渠系建筑物的作用虽各有不同，但具有较多的共同点：①单个工程的规模一般都不很大，但数量多，总的工程量往往是渠首工程的若干倍；②建筑物位置分散在整个渠道沿线，同类建筑物的工程条件常相近。因此，宜采用定型化结构和装配式结构，以简化设计，加快施工进度，缩短工期，降低造价，节省劳力和保证工程质量。

渠系建筑物中，各种类型的闸和船闸已在第七章、第九章中做了介绍；隧洞的有关问题已编入第五章；水电站等专门建筑物、量水建筑物、桥梁等由专门课题讲述。本篇只介绍渠道系统上的交叉建筑物和落差建筑物。

第十章　渡　　槽

渡槽是输送渠道水流跨河渠、道路、山冲、谷口等的架空交叉建筑物，如图 10－1 所示。

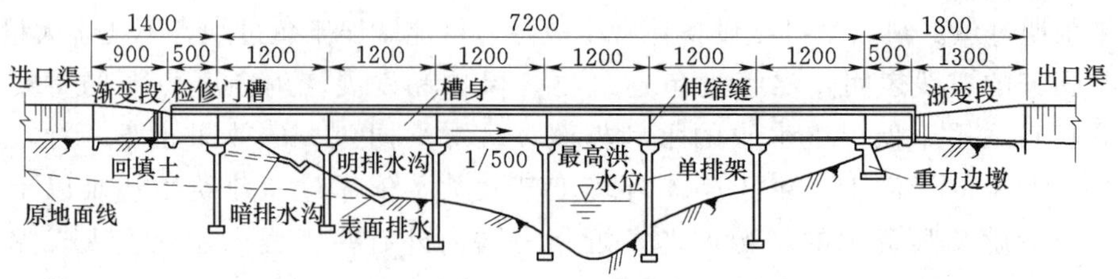

图 10－1　输水渡槽（单位：cm）

人类应用渡槽已有2700多年的历史，早在公元前700余年亚美尼亚人就用石块砌造渡槽。水泥发明以后，高强度、抗渗漏的钢筋混凝土渡槽便应运而生，目前我国广东东江深圳供水改造工程中兴建的3座（旗岭、樟洋、金湖）渡槽，总长3.93km，设计流量为$90m^3/s$，纵坡1/1000，槽身内径7.0m，槽高5.4m，最薄处壁厚30cm，设计标号C40，成为世界同类型现浇预应力混凝土U形薄壳渡槽中规模最大的。混凝土渡槽的形式也不断演变，从单一的梁式、拱式（板拱、肋拱、双曲拱、箱形拱、桁架拱、折线拱）、斜拉式、悬吊式，发展到组合式（拱梁和斜撑梁组合式等）。渡槽断面也造型各异，有矩形、箱形和U形等多种形式。另外，大型现浇钢筋混凝土渡槽采用先进的大桥施工技术，可摆脱地面条件的限制，具有施工简便、工效高、免吊装、施工质量好的特点。我国翁沟渡槽和南水北调中线孤柏嘴穿黄渡槽，就采用了现浇混凝土施工方案。采用2300t的移动式造桥机在支墩上逐段移动，对每跨渡槽进行自动立模、钢筋绑扎、浇筑、张拉等工序的施工。

第一节 渡槽的组成及类型

渡槽是由槽身及其支承结构、基础、进口建筑物和出口建筑物四大部分组成的。槽身置于支承结构上，槽身重及槽中水重等荷载通过支承结构传给基础，再传至地基。槽身及支承结构的类型各式各样，所用材料又有不同，组合不同，施工方法也各异，因而分类方式很多。

按施工方法分，有现浇整体式、预制装配式及预应力渡槽等。

按所用材料分，有木渡槽、砖石渡槽、无筋及少筋混凝土渡槽、钢筋混凝土渡槽以及钢丝网水泥渡槽等（本章主要讨论砌石、混凝土及钢筋混凝土渡槽）。

按槽身断面型式分，有U形槽、矩形槽、梯形槽、抛物线或椭圆线槽和圆形管等。

按支承结构型式分，有梁式、拱式、桁架拱式、悬吊式、斜拉式等。此外，尚有三铰片拱式（或片拱式）、马鞍式、拱管式等过水结构与承重结构相结合的特殊拱形渡槽。

简言之，渡槽是“过水的桥”，所以渡槽的类型与桥梁的类型类似。渡槽的类型，一般是指输水槽身及其支承结构的类型。按支承结构型式的分类，能反映渡槽的结构特点、受力状态、荷载传递方式和结构计算方法的区别，是渡槽设计的主要分类依据。

与桥梁相比，渡槽一般不通车则以恒载为主，不承受桥梁那样复杂的活载，所以在结构设计方面要简单得多。但由于过水的渗漏会对结构造成破坏，所以渡槽对适应变形的防渗和止水的构造要求却很高。

第二节 梁式渡槽的槽身及支承结构

一、槽身纵向支承型式与跨度

如图10-1所示，梁式渡槽的槽身是直接搁置于槽墩或槽架上的，既起输水作用又起纵向梁作用，在铅直荷载作用下槽身像梁一样受力产生弯曲变形，所以多用钢筋混凝土或钢丝网水泥制造。为适应温度变化及地基不均匀沉陷等原因引起的槽身变形，必须设置横

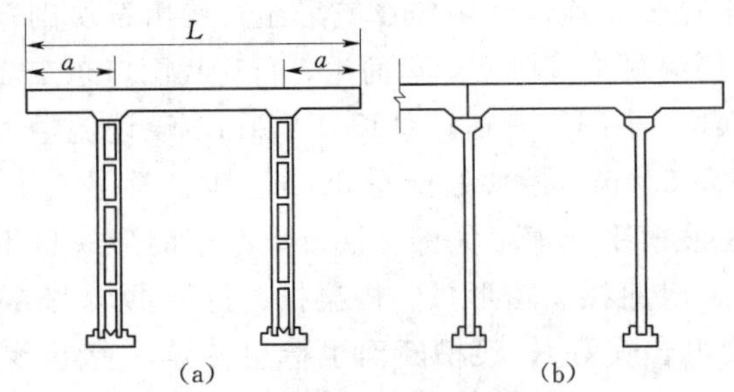

图 10-2 梁式渡槽纵剖面布置图
(a) 双悬臂梁式；(b) 单悬臂梁式

向变形缝，将槽身分为独立工作的若干节，并将槽身与进出口建筑物分开。变形缝之间的每一节槽身沿纵向一般是两处支承，支承点只产生竖向反力。按支承点在槽身上的位置不同，可分为简支梁式（图 10-1）、双悬臂梁式［图 10-2（a）］和单悬臂梁式［图 10-2（b）］3 种形式。前两种是常用形式，单悬臂梁式一般只在双悬臂梁式向简支架式过渡或与进出口建筑物连接时采用。

简支梁式槽身施工吊装方便，接缝止水构造简单，但槽底全部受拉，跨中弯矩较大。

双悬臂梁式槽身又分等跨双悬臂和等弯矩双悬臂两种形式：设每节槽身的总长度为 L，悬臂长度为 a，则等跨双悬臂 $a=0.25L$；等弯矩双悬臂 $a=0.207L$。在均匀荷载作用下，等跨双悬臂的跨中弯矩为零，但支座负弯矩较大；等弯矩双悬臂的跨中正弯矩数值等于支座负弯矩数值，且比等跨双悬臂的支座负弯矩数值为小，但由于在上、下层均需配置纵向受拉筋及构造筋，所以总配筋量可能比等跨双悬臂梁式要多，且墩架的间距不等，故采用较少。

单悬臂梁式槽身的悬臂长度不能过大，以保证槽身在另一端支座上有一定的压力。

梁式渡槽的关键尺寸是跨度。当槽高（即槽底距地面的高度）不大或地基较差时，宜采用小跨度，以节省相对较大的槽身和基础的投资；在槽高较大、地基较好或基础施工困难情况时，可选用较大的跨度，以节省相对较大的支承结构和基础的投资。根据经验和统计，简支梁式渡槽的常用跨度是 8～15m，经济跨度大约为槽高的 0.8～1.2 倍。双悬臂梁式渡槽由于悬臂的作用，跨度可达简支梁式的 2 倍左右，每节槽身的长度可达 30～40m。但长度大，重量大，施工吊装难度大。另外，其变形缝不在支座上，在跨中变位大，接缝止水构造要求较高。

梁式渡槽的槽身多采用钢筋混凝土结构。为了节约钢材和水泥用量，改善结构的力学性能，减小截面面积，减轻自重，加大槽跨，可采用预应力钢筋混凝土及预应力钢丝网水泥结构，但是施工时需要一套张拉设备，第一次投资费用较多，对施工质量要求高。

二、槽身横断面形式和尺寸

梁式槽身最常用的横断面型式是矩形和 U 形。

（一）槽身横断面造型

由于梁式槽身像纵向梁一样受力，所以槽身横断面造型主要取决于槽内水深 H（满槽）与水面宽 B 之比（简称深宽比），应优化设计选择合适的深宽比 H/B 值。从过水能力看，若按水力最佳断面的条件来选择深宽比，则矩形断面 $H/B=0.5$ 为水力最佳断面。但梁式槽身的深宽比选得大些有利于加大槽身的纵向刚度，因此一般均采用深宽比大于 0.5 的窄深式断面，对结构有利。所以，对于矩形槽一般取 $H/B=0.6\sim0.8$；对于 U 形槽一般取 $H/B=0.7\sim0.8$；对于跨度较大的小流量槽身可取 $H/B\geqslant1\sim$

2，对槽身纵向受力很有利；对于大流量或有通航要求的加宽矩形槽则不受上述经验数据的限制。

（二）槽身的构造

1. 钢筋混凝土矩形槽身的构造（图 10-3）

适于各种流量。中小流量槽身多设拉杆，见图 10-3（a），拉杆间距为 1～2 m。有通航要求时不设拉杆，侧墙变厚度以增加刚度，见图 10-3（b），顶厚不小于 8cm，底厚常大于 15cm；或沿槽长每隔一定距离加一道肋而成为加肋矩形槽，见图 10-3（c）。大流量有通航要求的矩形槽多做成宽浅式的，为使结构合理，槽底可做成多纵梁结构，见图 10-3（d），纵梁间距一般为 3～5m。有的矩形槽采用箱式结构，见图 10-3（e），深宽比常用 0.6～0.8 或更大些，顶板可兼做交通桥面，箱中应按无压流设计，顶板与水面之间留 0.2～0.6m 的净空，这种形式用于中小流量双悬臂梁式槽身更经济。

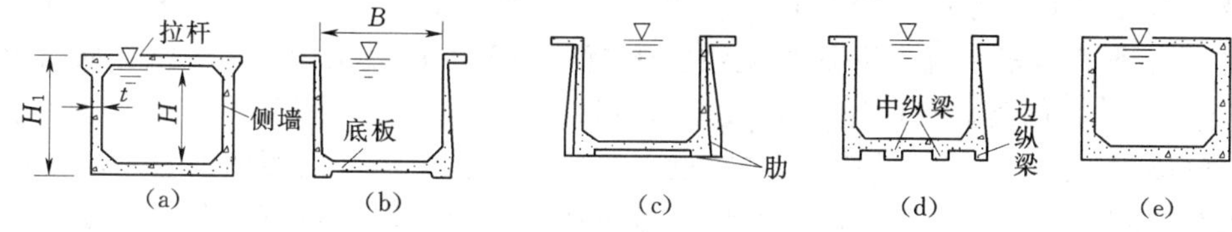

图 10-3　矩形槽身横断面形式图

侧墙底缘可与底板底面齐平或稍低，以减小底板的拉应力；侧墙与底板连接处的内角常做成 30°～60°的补角，斜长 20～30cm，以减少转角处的应力集中；槽顶人行道，可在拉杆上直接铺板，也可在侧墙顶的一侧或两侧做外伸悬臂板而成，人行道宽一般为 0.7～1.0m，板厚为 6～10cm。

矩形槽身的侧墙通常都作为纵梁考虑，但其薄而高，所以设计时除考虑强度外，还应考虑侧向稳定。一般以侧墙厚度 t 与侧墙高度 H_1 的比值 t/H_1（厚高比）作为衡量指标，对于设拉杆的矩形槽，其经验数据为 $t/H_1=1/12\sim1/16$，常用厚度 $t=10\sim20$cm。

2. U 形槽身的构造（图 10-4）

横断面为半圆加直段的钢筋混凝土或钢丝网水泥结构，比矩形槽水力条件好，纵向刚度大，重量轻，省材料。槽顶一般设拉杆，厚高比 $t/H_1=1/10\sim1/15$，常用厚度 $t=5\sim10$cm。槽壁顶端常加大以增加刚度；支座处设端肋，以放置在支座上并设置止水装置。对于槽身跨宽比大于 4 的梁式槽身，槽底弧形段常加厚以便于布置纵向受力筋，并增加槽壳的纵向刚度，以利于满足底部抗裂要求。对于设拉杆的钢筋混凝土 U 形槽，在拟定断面尺寸时，可参考下列经验数据（图 10-4）：

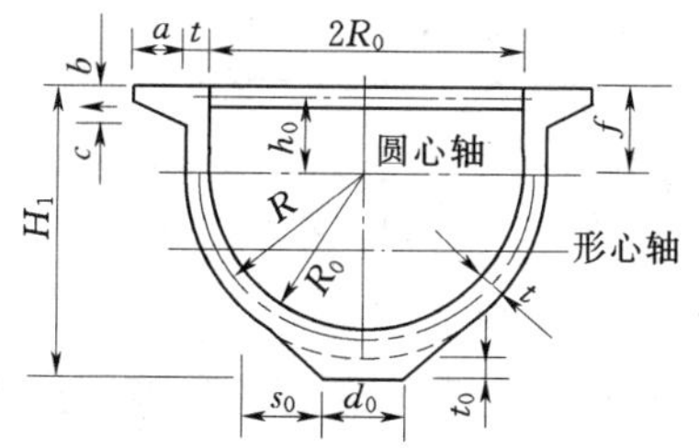

图 10-4　U 形槽断面尺寸图

$$t=(1/10\sim1/15)R_0\text{；}h_0=(0.4\sim0.5)R_0\text{；}a=(1.5\sim2.5)t$$

$$b=(1\sim2)t\text{；}c=(1\sim2)t\text{；}d_0=(0.5\sim0.6)R_0\text{；}s_0=(1\sim2)t$$

图 10-4 中 s_0 是从 d_0 两端分别向槽壳外缘作切线的水平投影长度。拟定的断面尺寸，

必须满足纵横向受力要求。

钢丝网水泥U形槽壳厚一般2～4cm，省钢材，弹性好，抗拉强度大，重量轻，吊装方便，预制简单，造价低，但抗冻性能差，不耐久，施工工艺要求较高，如果制作质量不高，容易出现钢丝网锈蚀，表层剥落，槽身漏水，甚至垮落。

三、槽墩和槽架

梁式渡槽的支承结构，有重力式槽墩、钢筋混凝土槽架、混合式墩架和桩柱式槽架等型式。

（一）重力式槽墩

根据墩身结构型式的不同，又分为实体墩和空心墩两种型式，墩身下一般都采用扩大基础（又称刚性基础）。

1. 重力式实体墩（图10-5）

墩帽顺渡槽水流方向的宽度略大于槽身支承面所需要的尺寸，一般不小于0.8～1.0m；墩帽垂直渡槽水流方向的长度约等于槽身的宽度；墩帽用C10～C20混凝土，厚度不小于0.3m；四周比墩顶外伸5～10cm；墩帽顶面根据支承槽身的需要设置支座钢板或油毛毡垫座（图10-5）。墩帽内应布设钢筋网，大、中跨度的渡槽的整个墩帽都要求布设构造钢筋（图10-6），以防止墩帽及墩身产生裂缝。墩身可用石料、混凝土等材料建造，为适应墩体强度和地基承载力的要求，墩身四侧常以20∶1～40∶1的坡比向下放大。重力式实体墩的墩体强度和稳定易满足要求，但用材多，自重大，适用于盛产石料地区，而不宜用于槽高较大和地基承载力较低的情况。

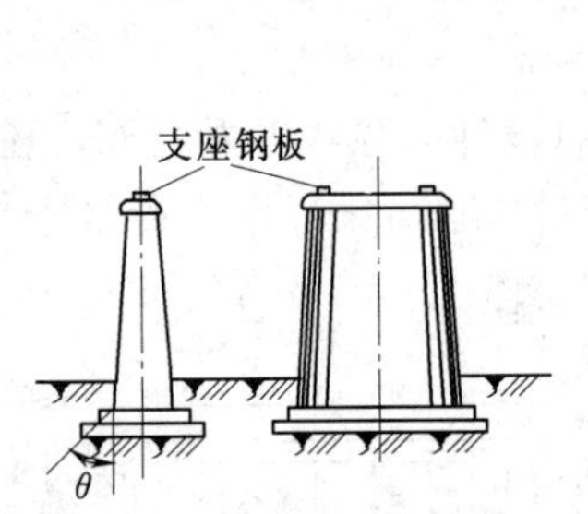

图10-5 重力式实体墩

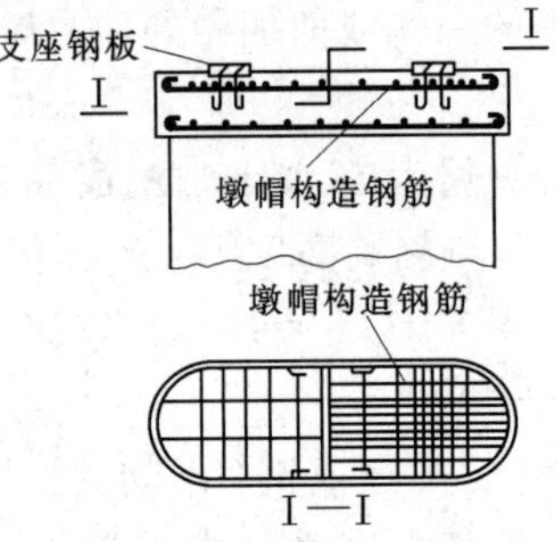

图10-6 墩帽构造图

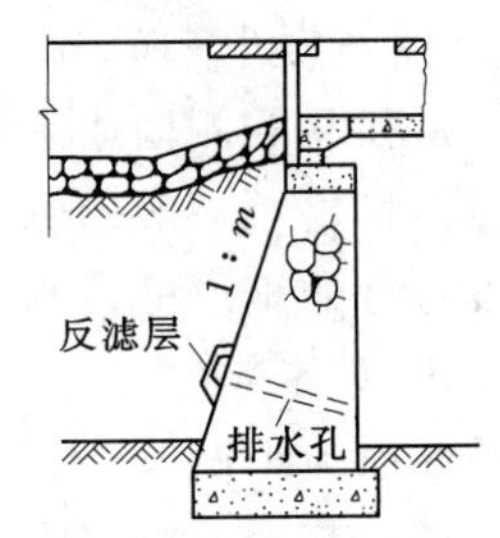

图10-7 实体重力式边槽墩

2. 重力式实体台

梁式渡槽的边槽墩常采用挡土墙式实体重力墩（图10-7），又称槽台。除承受槽身传来的铅直荷载外，还承受背面的填土压力，高度一般不超过5～6m，背面坡的坡度系数一般为m=0.25～0.50，顶部也要设置墩帽。墩身下部设排水孔及反滤层，出口高出地面10～30cm。

3. 混凝土空心墩（图10-8）

壁厚约20cm，墩高较大时由强度验算确定。此种型式可以大量节约材料，自重小且刚度大，可以采用混凝土预制块砌筑，也可采用混凝土现浇，在槽高比较大的渡槽中已广泛采用。其外形轮廓尺寸和墩帽构造与实体墩基本相同，水平截面有圆矩形、双工字形和矩形三种型式（图10-9）。

空心墩的下部可用混凝土现浇，上部用预制块砌筑。砌筑缝都必须用水泥砂浆填实，上下层竖缝必须错开，沿墩高每隔 2.5～4m 设置两根钢筋混凝土横梁（图 10－9），以加强空心墩的整体性和便于分层安设吊装预制块的设备。为了适应施工等需要，在墩身下部和墩帽中央可设置进人（料）孔（图 10－8）。

高度较大的重力式槽墩，可采用先进的预制再现浇或现浇混凝土滑模施工方法，可以节约木材，加快施工速度并有利于保证工程质量。

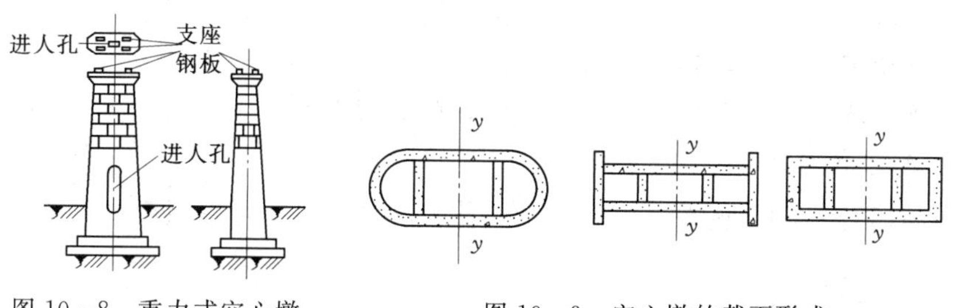

图 10－8　重力式空心墩　　　　图 10－9　空心墩的截面形式

（二）钢筋混凝土槽架

有单排架、双排架和 A 字形架等几种型式（图 10－10）。单排架的适应高度一般在 15m 以内；双排架是空间结构，在较大的竖向及平向荷载作用下，其强度、稳定及地基应力较单排架容易满足，适应高度一般为 15～25m；A 字形架是由两片互相平行的铅直平面 A 字形架组成的，对于槽宽较大的渡槽，应将 A 字面平行渡槽水流方向放置，以满足稳定和加大基础面积，减小基底压应力。对于小流量的高渡槽，为了满足满槽水时槽架自身的稳定和空槽时在横向风荷作用下渡槽抗倾稳定的要求，应将 A 字面垂直渡槽水流方向放置。A 字形槽架适应高度大，但施工较复杂。

1. 单排架

单排架是由两根肢柱与等距离布置的横梁组成的单跨多层钢架结构（图 10－11）。肢柱中心距取决于槽身的宽度，一般应使槽身传来的铅直荷重的作用线与肢柱中心线重合，以使肢柱为中心受压。肢柱断面尺寸：长边（顺槽向）$b_1=(1/20\sim1/30)H$（H 为排架柱高度），常采用 $b_1=0.4\sim0.7$m；短边（横槽向）$h_1=(1/1.5\sim1/2)b_1$，常采用 $h_1=0.3\sim0.5$m。

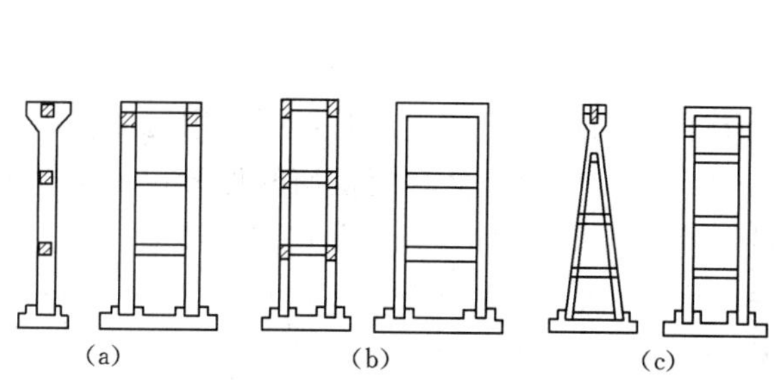

图 10－10　槽架型式

（a）单排架；（b）双排架；（c）A 字形架

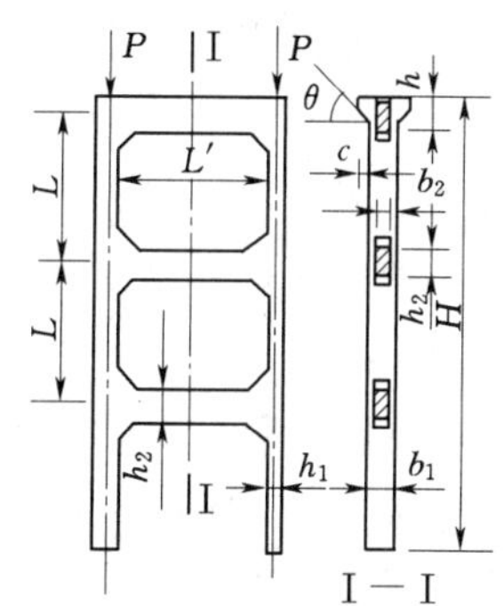

图 10－11　单排架构造尺寸

对于跨度较小的中、小流量渡槽，此经验尺寸偏大，也有大型渡槽的排架超过上述尺寸的。合理拟定单排架（包括单A字架）尺寸的有效方法是：根据已知柱顶荷载并考虑纵向弯曲影响，再根据横向风力等水平荷载，粗估肢柱及横梁的弯矩，并选定混凝土标号，进而估算肢柱及横梁的截面尺寸。一般地讲，考虑纵向弯曲影响的排架柱轴心受压要求是控制条件，因此，肢柱截面长边 b_1 与短边 h_1 的比值 b_1/h_1 不宜小于2；特别是渡槽流量较小而高度较大的A字架，b_1/h_1 值可取3～4或再大些。

为支承槽身，排架顶部外伸短悬臂梁式牛腿的悬臂长度 $C=b_1/2$，高度 $h \geqslant b_1$，倾角 $\theta=30°\sim40°$。横梁间距一般取 $L=2.5\sim4$m，梁高 $h=(1/6\sim1/8)L$，梁宽 $b_2=(1/1.5\sim1/2)h_1$。横梁与肢柱连接处常设补角（又称承托），以改善交角处的应力集中状态。

2. 双排架和A字架

双排架和A字架都是由单排架构成的，前者的构造尺寸可参照后者来拟定。

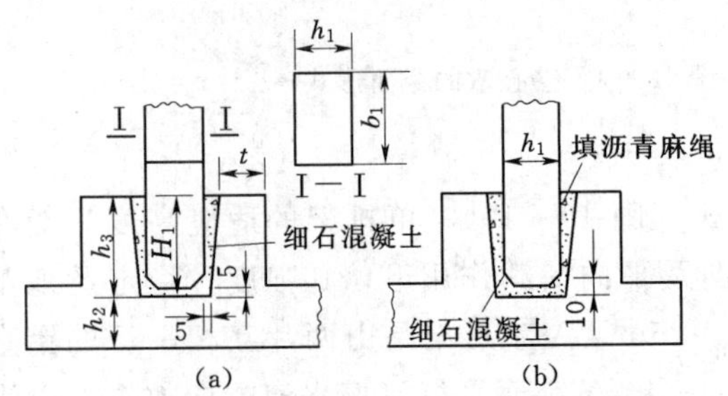

图10-12　排架与基础的连接（单位：cm）
(a) 固接端；(b) 铰接端

3. 槽架与基础的连接

可采用固接或铰接的形式。按固接考虑的情况有：排架竖向钢筋直接伸入基础内现场浇筑；肢柱就位于处理好的基础杯口内（凿毛和清洗），浇灌C20细石混凝土并捣实，见图10-12（a）。对于铰接端，只在柱底填5cm厚的C20细石混凝土，肢柱就位后四周再填5cm厚的C20细石混凝土，上部再填沥青麻丝。对于预制装配式排架，无论固接或铰接，肢柱插入杯口的深度 H_1 应满足以下要求：①$H_1 \geqslant b_1$；②$H_1 \geqslant 20d$（d 为肢柱纵向受力筋直径）；③$H_1 \geqslant 0.05H$，杯深 $h_3=H_1+0.05m$ 或 $h_3=H_1$，杯壁厚度 $t \geqslant 15\sim30$m（大者取大值）。

（三）混合式墩架及桩柱式槽架

1. 混合式墩架

上部是排架，下部是重力墩。用于因槽高较大而加大排架肢柱截面尺寸来满足稳定要求却不经济时。重力墩上的排架高度由肢柱的稳定（纵向弯曲）计算确定。重力墩上采用双排架，则可加大排架高度。位于河道中的槽架，最高洪水位以下常做成重力墩而成为混合式墩架。

2. 桩柱式槽架（图10-13）

桩柱式槽架是桩式基础向上延伸而成的。当地基条件很差时，可采用这种型式。图示为双柱式，按柱径在全部长度上是否变化，又分为等截面和变截面两种形式。等截面式适用于槽架高不超过6m，跨度5～15m的渡槽。当槽高大于6m，两柱间应设横系梁，以增加整体性与刚度。变截面式适用于槽架高10m以上、跨度15～20m渡槽。柱的中距不小于4倍的柱径，柱顶钢筋扩大成喇叭形锚固于盖梁内，盖梁做成双悬臂式，其上搁置槽身。

学了以上内容，应该意识到，有关梁桥、板桥的设计、施工等方面的成功经验是非常值得借鉴的。

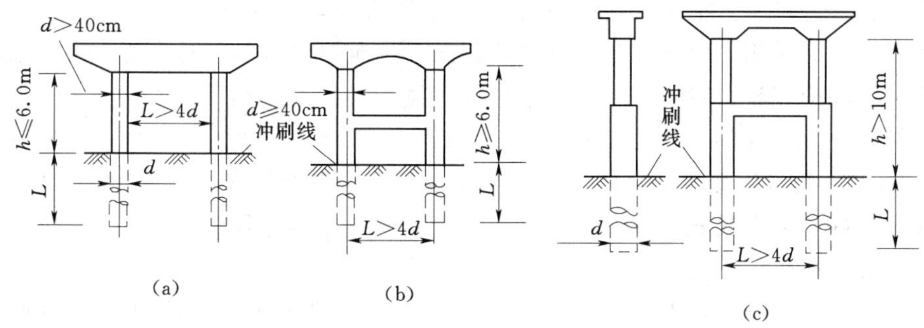

图 10-13　桩柱式槽架

(a) 等截面；(b) 等截面有横梁；(c) 变截面有横梁

第三节　拱式渡槽的槽身及支承结构

拱是一种轴线为曲折线，在铅直荷载作用下还对支座产生水平推力的结构。拱式渡槽的支承结构由墩台、主拱圈及拱上结构三部分组成。与梁式渡槽支承结构的明显不同之处，是在槽身与墩台之间增设了主拱圈和拱上结构。拱上结构将槽身等上部荷载传给主拱圈，主拱圈将拱上铅直荷载转变为轴向压力传给墩台。拱圈内弯矩较小，能充分发挥材料的抗压性能优势，故跨度较大，可达百米以上。

下面按拱上结构及槽身、主拱圈、槽墩和槽台的顺序，分别予以介绍。

一、拱上结构及槽身

拱式渡槽的拱上结构型式有实腹式和空腹式两类。空腹式拱上结构中，有横墙腹拱式和排架式等型式。

（一）实腹式拱上结构及槽身

实腹式拱上结构常用于中小跨度，其上的槽身多采用矩形断面，其下的主拱圈一般都采用板拱（图 10-14）。槽身仅在拱上结构及主拱圈变形时纵向受力，但拱跨一般都不大，此种槽身变形应力作用常不显著，所以，实腹拱式渡槽的各组成部分均可采用砖、石和混凝土等圬工材料建造。实腹式拱上结构按构造的不同，可分砌背式和填背式。

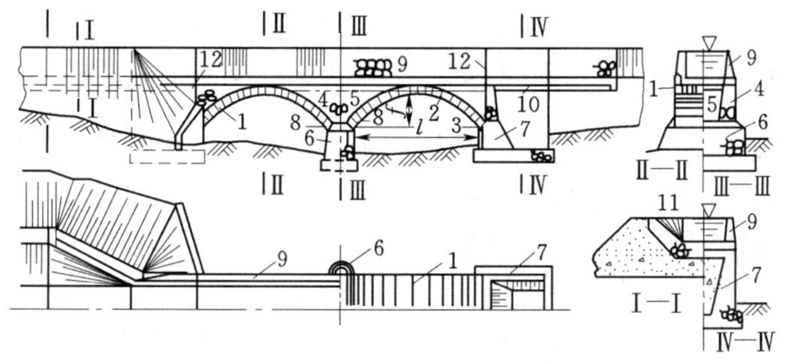

图 10-14　实腹式石拱渡槽

1—拱圈；2—拱顶；3—拱脚；4—边墙；5—拱上填料；6—槽墩；7—槽台；8—排水管；9—槽身；10—垫层；11—渐变段；12—变形缝

主拱圈上面为拱背，槽身与主拱圈之间用浆砌石或埋石混凝土筑成实体，称为砌背式，在槽宽不大时采用。填背式是在拱背两侧向上砌筑挡土边墙，两边墙与拱背之间填砂石料或土料，在槽宽较大时可减轻拱上结构的重量。

拱上结构之上为槽身的底板和侧墙。浆砌石侧墙，顶厚不小于 0.3m，向下以 1∶0.3～1∶0.4 的坡度变厚，具体尺寸由侧墙稳定计算决定。槽身底板的作用主要是防渗和防冲，最好用沥青混凝土等材料铺筑，以适应变形并避免裂缝和漏水，必要时可在底板面层内布置横向受拉钢筋。

为减小糙率和防止漏水对主拱圈产生侵蚀作用，浆砌石砌筑的槽身内侧迎水面可抹 1～2cm 厚的水泥砂浆或浇 5～10cm 厚的混凝土。填背式拱上结构，还应在拱背及边墙的内坡用水泥砂浆或石灰三合土等铺筑防水层，还要将槽身渗水沿防水层顶面引至埋设于拱圈低处的排水管或槽台背水面的排水暗沟排出。排水管、排水暗沟应设在靠近拱脚的最低处，排水设施进口处应设置 2～3 层用砂砾料组成的反滤层。

为适应主拱圈和拱上结构的变形以及温变产生的槽身纵向伸缩，应在槽墩顶上设拱上结构及槽身的变形缝。如跨度较大时，可在拱顶处再设一道变形缝。槽身缝内设止水。下部边墙缝，对于填背式拱上结构，可在内侧铺设反滤层，将渗水由缝排出；也可填塞止水材料而将渗水从排水管排出。

（二）横墙腹拱式拱上结构及槽身

当拱跨较大时将拱上结构筑成空腹式的，可减少拱上结构的重量及材料用量。将拱圈上的拱上结构做成若干个城门洞形的腹孔，便成为横墙腹拱式结构（图 10－15）。

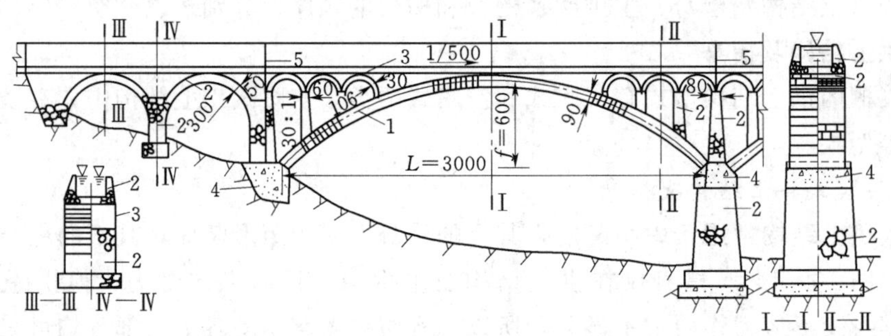

图 10－15　空腹式石拱渡槽（单位：cm）

1—M10 水泥砂浆砌条石；2—M10 水泥砂浆砌块石；3—M7.5 水泥砂浆砌块石；4—C30 混凝土；5—变形缝

注：除槽身迎水面用 C20 水泥砂浆抹面外，其他浆砌石的外露部分均用 C20 水泥砂浆勾缝。

腹孔顶部为腹拱，腹拱背上的腹腔常筑成实体，在上面的槽身多采用矩形断面，与实腹式上的槽身相同。腹拱支承于横墙顶部，横墙支承于主拱圈上。主拱圈常采用板拱或双曲拱。为了再减少主拱圈的荷载，还可采用立柱加顶横梁代替横墙来支承腹拱。各部分均可采用圬工材料建造，跨度及流量较大时，则可根据各部分的受力条件采用不同的适宜材料。腹孔的布置取决于主拱圈的受力情况，腹孔数目在半个拱跨内常为 3～5 个，从拱脚布置到主跨的 1/3 左右，剩余约 1/3 跨的拱顶段仍筑成实腹的。腹拱的跨度一般不大于主拱跨度的 1/8～1/15，此值随主拱跨度的增大而减小，常用 2～5m。腹拱常做成等厚的圆弧线板拱或半圆板拱，浆砌石材料的拱厚不宜小于 30cm；混凝土材料的不宜小于 15cm。

跨径较大的腹拱也可采用混凝土双曲拱。横墙的厚度约等于腹拱厚度的两倍。对于无筋或少筋混凝土渡槽，腹拱上面可取消实腹段再做小腹拱，使整个拱上结构都成为空腹式的，其上的槽身底板则采用混凝土微弯板装配；或者用小跨度的梁式腹孔结构，其上的槽身直接代替了腹拱，起纵向梁作用；当跨度很小也可采用无筋或少筋混凝土建造。靠近墩台的那个腹孔的腹拱宜做成双铰拱或三铰拱（图 10-16），拱铰采用平铰或弧形铰或其他型式的假铰。

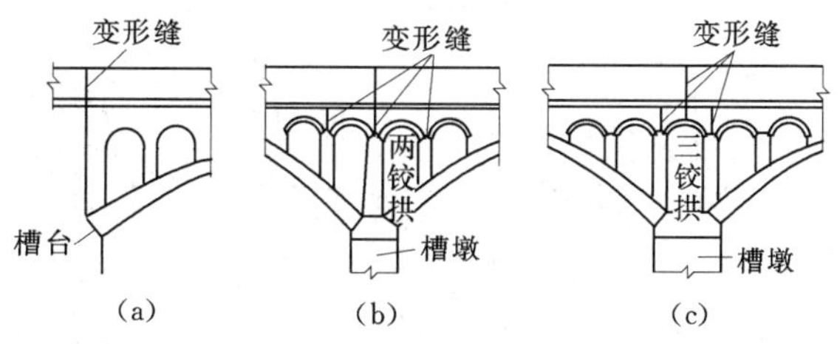

图 10-16　空腹式拱上结构分缝图

(a) 无铰腹拱；(b) 双铰腹拱；(c) 三铰腹拱

空腹拱式渡槽的变形缝，通常在槽墩和槽台上方用贯通的横缝将拱上结构及槽身与墩台分开，见图 10-16 (a)；也可在靠近槽墩的腹拱铰缝上方设置变形缝，见图 10-16 (b)、(c)。另外，空腹段与实腹段交接处的边墙易产生裂缝，也宜设置变形缝，以免不规则的开裂。为避免由于主拱圈变形而引起的拱顶 1/3 跨长段的底部拉应力，并适应因温变而产生的胀缩，槽身除在墩台上方设缝外，还应根据拱跨大小，在拱顶和三分点或者拱顶和 1/4 拱跨处设变形缝，将一跨的槽身分成四段，变形缝宽 3～5cm，缝中设止水。

（三）排架式拱上结构及槽身

如图 10-17 所示拱式渡槽，拱上结构是排架式的，槽身搁置于排架顶上，排架固结于主拱圈上，主拱圈多采用肋拱。排架与拱肋的连接，常采用杯口式连接或预留插筋、型钢及钢板等连接（图 10-18）。

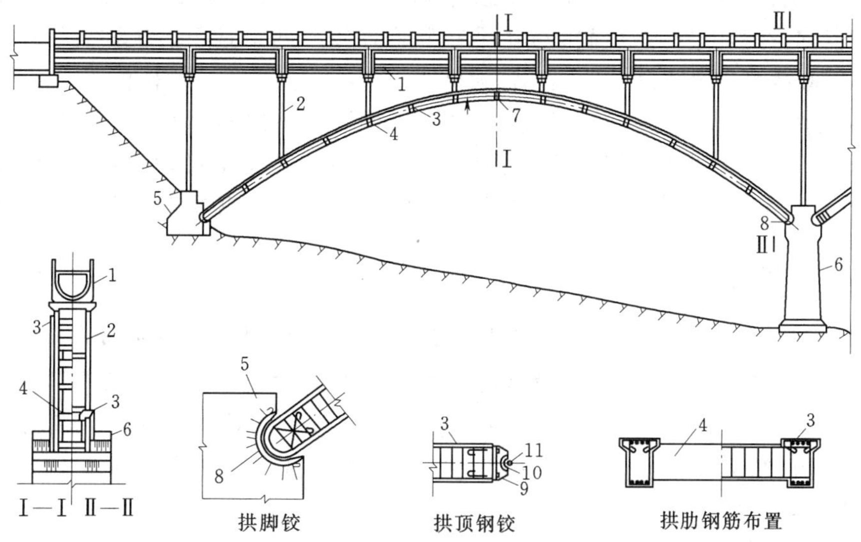

图 10-17　肋拱渡槽（单位：cm）

1—C30 钢筋混凝土 U 形槽身；2—C30 钢筋混凝土排架；3—C30 钢筋混凝土肋拱；4—C30 钢筋混凝土横系梁；5—C20 混凝土埋 15%块石拱座；6—C20 混凝土埋盖 15%；7—拱顶钢铰；8—拱脚铰；9—顶铰座；10—顶铰套；11—顶铰轴

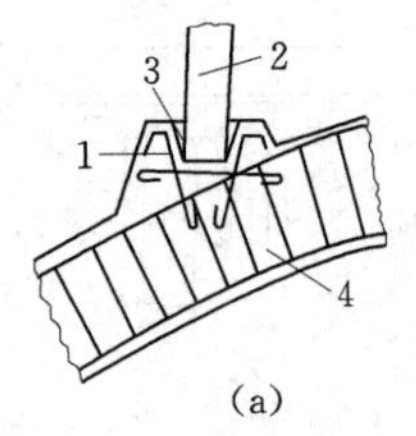

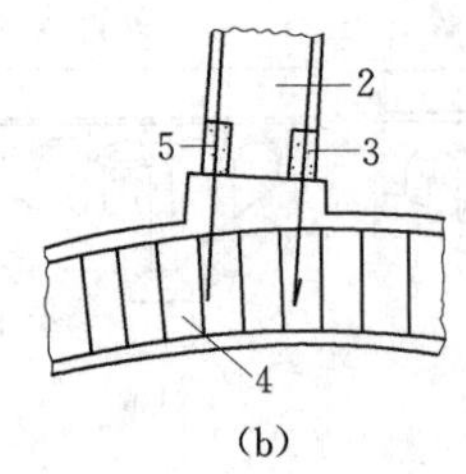

图 10-18　排架与主拱的连接

(a) 杯口式连接；(b) 预留插筋连接

1—杯口；2—排架立柱；3—二期混凝土；4—拱肋；5—钢筋焊接接头

排架对称布置于主拱圈上，间距小，可减小槽身跨度，传给主拱圈的荷载也比较均匀，可以改善槽身和主拱圈的受力条件，但排架工程量增大。一般当主拱跨度较小时，排架间距为 1.5～3.0m；拱跨较大时采用 3～6m 或拱肋宽度的 15 倍左右。

搁置于排架上的槽身，也起纵向梁作用。为了适应主拱圈的变形和温变产生的胀缩，用变形缝将一个拱跨上的槽身分为若干节，每一节支承于两个排架上。纵向支承形式可以是简支式或等跨双悬臂式。所以，槽身虽起纵向梁作用，但因跨度小，故可采用少筋或无筋混凝土建造，横断面型式可以采用 U 形，也可采用矩形。

空腹式拱上结构的型式是多种多样的，可以配合主拱圈和槽身，建成不同型式和跨度的空腹拱渡槽。各个部分则根据自身的结构型式和受力条件，采用合适的材料建造，做到安全、经济、合理而又美观。

二、主拱圈结构

（一）主拱圈及拱式渡槽的基本尺寸和特点

1. 基本尺寸

如图 10-14、图 10-15 及图 10-17 所示，主拱圈的跨径中央处称为拱顶；两端与墩台连接处称为拱脚；各径向截面重心的连线称为拱轴线；两拱脚截面重心的水平距离 l 称为计算跨度（简称跨度）；拱顶截面重心到拱脚截面重心的铅直距离 f 称为计算矢高（简称矢高）；拱圈两侧边缘之间的距离 b 称为拱宽；矢高 f 与跨度 l 的比值 f/l 称为矢跨比；拱宽 b 与跨度 l 的比值 b/l 称为宽跨比；拱脚截面重心的高程称为拱脚高程。跨度 l，矢高 f，拱宽 b，再加上拱脚高程，便是主拱圈及拱式渡槽的基本尺寸。对于一定型式的拱式渡槽，这些基本尺寸一经选定，则整个渡槽的布置、荷载以及主拱圈的应力及稳定性等，便基本定局。

2. 力学结构特点

主拱圈的受力特性是：①在支座约束下将拱上承受的荷载转变为轴向压力为主，而弯矩较小。因此可用抗拉强度小而抗压强度高的圬工材料建造，这是拱式渡槽区别于梁式渡槽的最主要的力学特点。②拱脚的约束条件和拱脚变位对拱圈的内力及稳定性的影响很大，这是拱结构的超静定结构特点。③主拱圈在铅直荷载作用下将对支座产生很大的水平推力，如果支座承担不了而产生过大变位或破坏时，主拱圈便迅速破坏，这是其推力拱特点。④对于多跨拱，当某一跨的荷载变化或结构变形时，相邻跨也要受到影响，产生拱圈内的应力重分布，这是拱式渡槽的连拱特点。以上都是拱式渡槽的结构特点。基于上述特点，对于跨度较大的拱式渡槽，一般要求建在岩石地基上，以承受边跨拱脚的强大水平推力，并能防止因基础产生不均匀沉陷造成过大的拱脚变位而引起的结构内力变化；地基条件较差时，可考虑设置拱铰以适应拱脚的小变位或采用适应软基的桩基础和沉井基础以限制拱铰的变位。对于多跨拱式渡槽，每一拱墩两侧的拱跨布置应当相同，以使墩两侧拱脚的水平推力互相平衡，跨数很多时，应设置加强墩（图 10－38）。

主拱圈在铅直荷载等的作用下将产生强大的轴向压力而迫使拱圈变形，当铅直荷载达到一定数值时，拱圈便会纵向失稳而迅速破坏。如果拱宽 b 相对于矢高 f 较小，在横向荷载作用下拱式渡槽结构容易横向失稳。拱圈在拱轴平面内迅速变形而失稳叫纵向失稳；拱圈翘离拱轴平面迅速变形而失稳称为横向失稳。主拱圈的稳定性与拱圈结构的刚度和整体性有关，也与拱圈荷载的分布形式有关：拱圈设铰数目越多，则刚度和整体性越低，故稳定性越低；对于横向，板拱的刚度和整体性最高，双曲拱次之，肋拱最低；拱圈铅直荷载的分布对称、均匀（一般两侧稍大于中部），则拱圈的稳定性最高；如果拱圈铅直荷载分布的集中且不对称，则拱圈的稳定性很低。这是拱式渡槽的稳定性特点。因此，拱跨结构的布置应满足荷载分布对称，比较均匀且两侧稍大于中部的要求，以提高拱圈的稳定性。

（二）主拱圈的拱轴线型及其选择

主拱圈的拱轴线可以是悬链线、抛物线、圆弧线和折线等。

1. 悬链线

因为主拱圈的弯矩随荷载压力线与拱轴线之间的偏离值大小不同而不同。偏离值越小则弯矩越小，拱圈截面上的应力分布越均匀，所以，合理的拱轴线应与荷载压力线重合。对于大多数拱式渡槽，运用期主拱圈的主要荷载是拱圈自重、拱上结构重、槽身重和槽中水重，总荷载为非均匀分布，两端比中部大，其荷载压力线是悬链线。如以此曲线作为拱轴线，当不计弹性压缩、剪切变形和曲率等影响时，拱圈各截面只有轴向压力而无弯矩和剪力，因此采用悬链线做拱轴线是经济合理的。所以跨度较大的实腹式和横墙腹拱式拱上结构下的主拱圈，宜采用悬链线做拱轴线。

2. 抛物线

均匀分布的铅直荷载的荷载压力线是一条二次抛物线。跨度较大的排架式拱上结构下的主拱圈的铅直荷载接近于均匀分布，常采用二次抛物线做拱轴线。

3. 圆弧线

对于小跨度拱式渡槽的主拱圈，因强度问题一般不大，为了施工方便，多采用中心角在 120°～130°之间的圆弧拱。也有采用半圆拱的，但半圆拱从四分之一拱跨处到拱脚段的外缘，将产生较大的拉应力，为避免这段拱圈拉裂，可采用如图 10－19 所示的墩台（如图 10－22 所示的五角石更好），使实际拱脚设在与水平面成 25°～30°的径向截面处，即相当于中心角为 120°～130°。采用如图 10－22 所示的五角石更好。

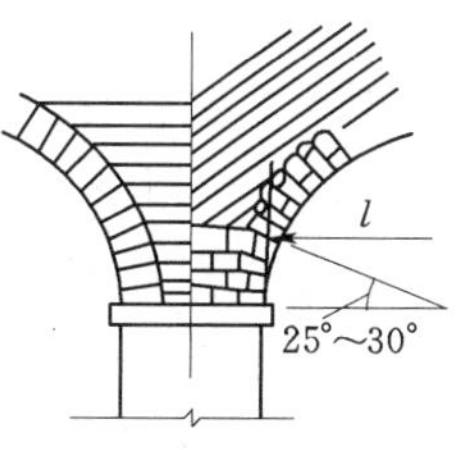

图 10－19 带有肩出拱座的拱墩

（三）主拱圈基本尺寸的选定

拱式渡槽的基本尺寸取决主拱圈的基本尺寸，其中最主要的是主拱圈的跨度 l。可根据拱跨的大小将拱式渡槽分为：小跨度（15m 以下）、中跨度（20～50m）和大跨度（大于 60m）。主拱圈基本尺寸的选定，是拱式渡槽设计的关键。选择时，应根据地形、地质、槽高、过流量、建筑材料及施工等具体条件，结合拱式渡槽的结构特点和稳定特点，反复研究，进行比较，确定最佳方案。下面仅就选择的一般原则和方法进行介绍。

1. 跨度 l 的选定

对于槽高不大的拱式渡槽，一般选用小跨度（$l<15$m）。跨越深谷、槽高很大或基础施工很困难，可采用大跨度（$l>60$m）。在一般情况下，如无特殊要求，则以采用 $l=20\sim50$m 的中等跨度较为经济合理。

2. 拱宽 b 和宽跨比 b/l 的选定

拱宽 b 常与槽身结构的总宽度相等。同时考虑主拱圈的横向稳定性，一般要求宽跨比 b/l 值大于1/20。对于大跨度的小流量拱式渡槽，b/l 值会较小，但也不宜小于1/30。为此，可以两方面解决：①槽身横断面采用较小的深宽比，以适当加大槽宽，进而加大 b 和 b/l 值；②采用变宽度拱圈（图10-20），不仅在拱顶段采用比槽宽大的拱宽，而且从拱顶附近向拱脚逐渐加大拱宽，以取得较大的 b/l 值。虽然宽跨比是主拱圈横向稳定性的重要影响因素，但不是唯一影响因素，还有拱圈的整体性等影响着主拱圈的横向稳定性。所以，上述宽跨比的经验只供拟定尺寸时参考。

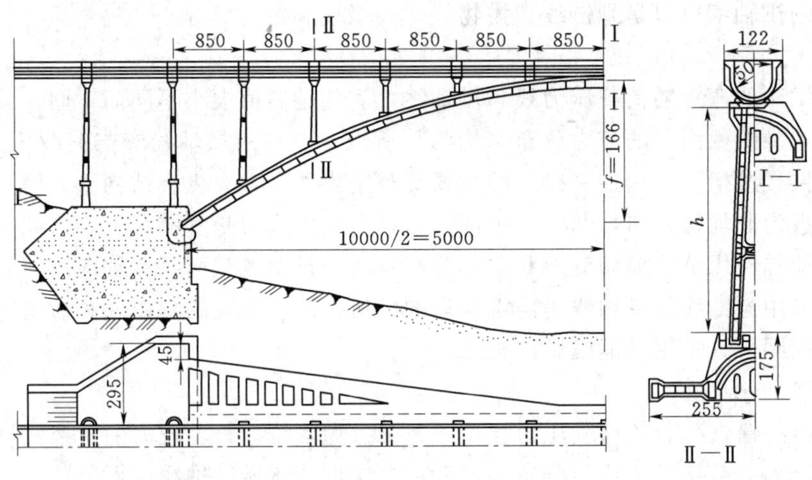

图10-20　变宽度双曲拱渡槽（单位：cm）

3. 拱脚高程、矢高 f 和矢跨比 f/l 的选定

主拱圈的拱顶常与槽身底面相接触（图10-14、图10-15），或仅留一小段距离（图10-17），所以拱脚高程一经选定，矢高 f 也就基本决定了。对于槽高不大的拱式渡槽，拱脚高程一般选在槽下最高洪水位附近，所以矢高 f 的选择余地不大。这时，应调整跨度 l，以便得到比较合适的矢跨比 f/l。对于槽高较大的拱式渡槽，拱脚高程和矢高 f 可以在较大范围内选定，选择时可从两方面考虑：①应将边拱脚的拱座置于较好的地基上；②应与跨度 l 的选定相结合，以便获得比较合适的矢跨比 f/l。

矢跨比 f/l 又称拱度，反映拱的隆起程度。当 $f/l\leqslant1/5$ 时称为坦拱；$f/l>1/5$ 时则称为陡拱。从拱圈的力学性能来看，矢跨比 f/l 减小，拱脚水平推力迅速增大，对墩台受力不利，尤其在地基条件较差时会导致拱脚产生较大变位，从而使拱圈产生很大的附加应力（对无铰拱和两铰拱）；并且，矢跨比越小，拱圈的弹性压缩、混凝土收缩、温度变化以及基础不均匀沉陷等，对拱圈产生的附加应力也越大，而使拱圈受力恶化。从拱圈的变形来看，拱顶处的挠度将随 f/l 的减小而加大，跨度越大越明显。从拱圈的稳定性来看，过坦纵向不稳，过陡横向不稳。从施工方面来看，拱越坦越便于施工，且拱上结构的工程量越省。另外，对于槽高较大的拱式渡槽，f/l 可适当取得大些，以加大矢高，降低拱脚高程，这样，对于大跨度的单跨拱可以减小跨度；对于多跨拱则可使墩高不至于太大，整个渡槽的外形比较协调，受力条件也好。根据实践经验，板拱渡槽常采用的矢跨比为1/5～1/8，肋拱渡槽常采用1/3～1/6，双曲拱渡槽则多用1/5～1/8。

对于多跨拱式渡槽，各跨的 f、l 和 f/l 应采用相同的数值，以使中墩两侧的拱脚水平推力平衡，改善拱墩的受力条件，并使基底压应力分布比较均匀。但由于槽身底面过水而具有一定的纵坡 i，所以在每个跨度为 l 的跨段上，槽身下降了一个高度 il。因此，拱脚高程的选定，便有三种可供选择的方式：①图10－21（a）是各跨的拱脚均置于相同高程上，相邻跨拱上结构的高度均有差值 il，拱圈受力条件好，但施工较麻烦；②图10－21（b）是每跨的两个拱脚置于相同高程上，每个墩顶两侧的拱脚均有一个高差 il，施工较方便，但对槽墩受力及地基应力分布不利；③图10－21（c）为每个墩顶两侧的拱脚高程相同，各跨的两个拱脚均有一个高差 il，比前两种方式的施工都更方便，但因拱圈的两拱脚有高差 il，而成为不对称拱，对拱圈和槽墩的受力产生不利影响，但 i 值一般都很小，所以这种影响并不显著。

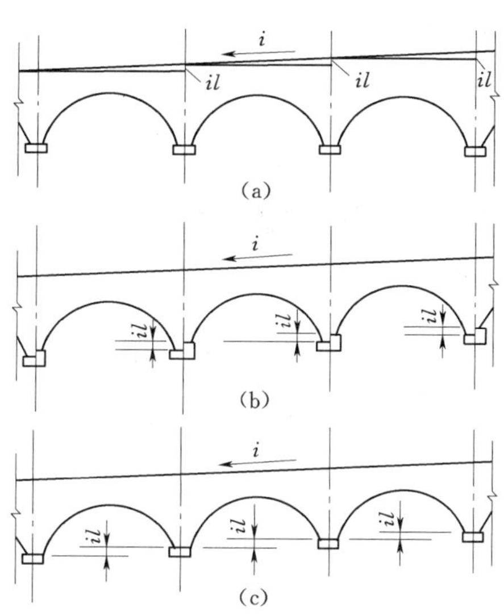

图10－21　多跨拱式渡槽拱脚高程的布置方式

（a）各跨拱脚高程相同；（b）每跨拱脚高程相同；（c）每个墩顶处拱脚高程相同

跨越河槽与滩地的拱式渡槽，河槽部分为行洪需要常采用较大的跨度，滩地处槽高较小，可采用较小跨度，在不同跨度相接处的槽墩成为不对称墩。为使不对称墩的墩体及其基础有较好的受力条件，跨度大的一侧宜采用轻型的拱跨结构，并采用较大的矢高和矢跨比，以减小拱脚水平推力及其对基础底面的力臂；跨度小的一侧，则采用较重的拱跨结构和较小的矢跨比，并适当降低拱脚高程，以便加大拱脚水平推力。但为保持对基底面有较大的力臂，应尽量缩小与大跨侧水平推力的差距和两拱脚的高程差，并使大小跨水平推力对基底面所产生的力矩接近于平衡，从而减少槽墩及其基础的工程量，见图10－37。

（四）主拱圈的结构型式和构造

常用的结构型式，按拱圈径向截面的形式分，有板拱、肋拱和双曲拱。

1. 板拱

径向截面形式有实体式和空箱式两类。实体式板拱多用于块体砌筑的渡槽（图10－14、图10－15）。实体式板拱在径向截面的整个宽度内砌筑成整体的矩形截面，除采用砌石外，也可采用混凝土现浇或预制块砌筑；小型渡槽还可用砖砌筑。如图 10－22 所示，块体砌筑时，沿径向应布置成通缝，而纵向缝互相错开，以便均匀地承受轴向压力；分层砌筑的较厚拱圈，各层间的切向缝应互相错开，错距不小于 10cm，以保证拱圈的整体性；对于厚度较大的变截面拱，可以用料石砌筑内圈，而用块石砌筑外圈，以便从拱顶到拱脚逐渐加大拱厚；拱圈与墩台、横墙等的接合处采用特制的五角石砌筑，使倾斜的传力面变为水平和铅直向，以便传递拱脚的压力或使横墙比较可靠地支承于拱圈上，见图 10－22。

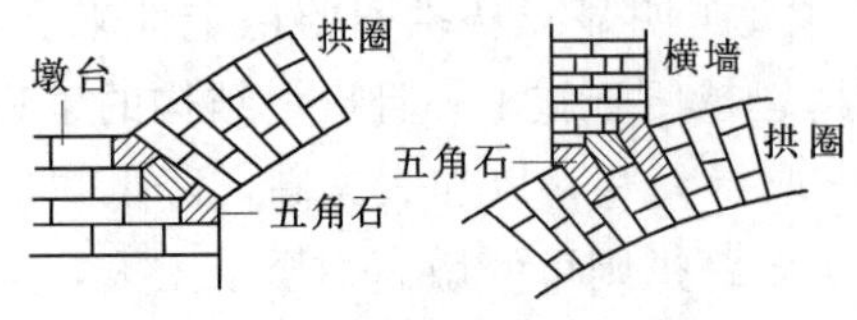

图 10－22　砌石拱圈与墩台及横墙的连接

板拱的拱顶厚度可参照已建类似工程或参考表 10－1 所列数据拟定。对于混凝土板拱，表列数值可减小 10%～20%。表中数值，当拱圈较平坦时采用较大值。拱圈净跨大于 20m 时，宜采用变截面拱，拱脚厚度可采用 1.2～1.5 倍拱顶厚度。

表 10－1　　砌石拱渡槽主拱圈拱顶厚度　　单位：m

拱圈净跨	6.0	8.0	10.0	15.0	20.0	30.0	40.0	50.0	60.0
拱顶厚度	0.3	0.30～0.35	0.35～0.40	0.40～0.45	0.45～0.55	0.55～0.65	0.70～0.80	0.90～0.95	1.00～1.10

对于大跨度拱圈，可采用钢筋混凝土空心板拱或箱式板拱。空心板拱的挖空面积一般占全截面的 40%～60%，箱式板拱占 50%～70%。这种结构可在纵向分成两段、三段或四段预制，在横向由工字形、倒 T 形及倒 Π 形等截面形式的构件拼接而成。纵向采用钢筋、型钢或钢板连接，横向采用钢筋或螺栓拼接。施工时将分段构件吊装就位后，处理好连接的接头，然后再现浇二期钢筋混凝土构件，如顶盖、横隔板等，使拱圈成为一个整体。横隔板设在横墙或排架与主拱圈的交接处以及分段接头处等位置，间距不宜大于 10m，以保证拱圈结构的整体性和横向抗弯与抗扭刚度。如图 10－23 所示钢筋混凝土箱式板拱，拱跨 110.926m，箱宽 4.20m，高 1.70m，由三片预制的倒 Π 形拱箱和带有 50cm 方形孔洞的横隔板，加顶面微弯盖板拼装而成，并用钢筋与螺栓焊接、现浇二期钢筋混凝土等措施来保证结构的整体性。箱式板拱重量轻，便于分块预制吊装，整体性和纵横刚度大，是大跨度拱圈的合理结构型式之一。

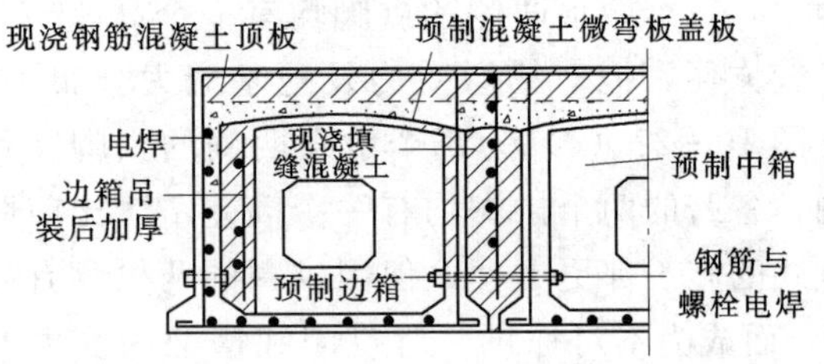

图 10－23　钢筋混凝土箱式板拱

对于中小型无筋或少筋混凝土拱圈，可采用箱形拼装拱，其构件横断面有如图 10－24 所示型式。施工时在拱架上拼装，砂浆灌缝而成为整体，拱端做成实心的拱铰。这种型式的拱圈水泥用量少并节省钢材，施工速度快，但结构的整体性较差。

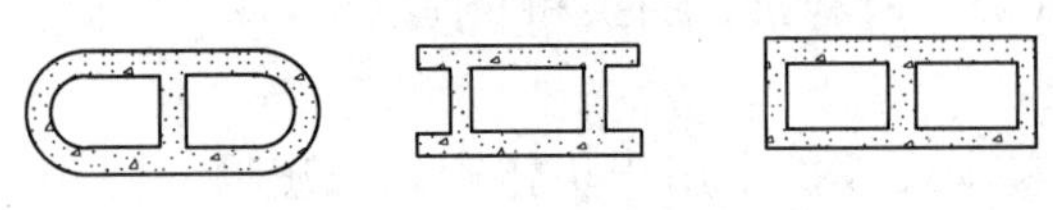
图 10－24　箱形拼装拱构件型式

2. 肋拱

如图 10－17 所示渡槽的主拱圈是肋拱结构。槽宽不大时可采用两根拱肋。拱肋之间等间距设置刚度较大的横系梁，以加强拱圈的整体性。肋拱式拱圈一般为钢筋混凝土结构，小跨度的也可采用无筋或少筋混凝土结构。钢筋混凝土拱肋的混凝土标号不宜低于C20。无铰拱肋的纵向受力筋应伸入墩帽内，锚入深度应不少于拱脚厚度的 1.5 倍，以保证固接状态。横系梁的钢筋应深入拱肋内并与拱肋纵向受力筋连接，横系梁与拱肋连接处加做承托。拱肋横断面通常采用矩形，厚宽比约为 1.5～2.5，厚度一般不小于 20cm。初拟尺寸时，拱顶厚度可取为拱跨的 1/40～1/60（小跨度取小值）。大跨度的拱肋可采用 T 形、L 形、工字形或空箱形断面，以便减轻重量而又提高抗弯能力。

3. 双曲拱

如图 10－25 所示，双曲拱是由拱肋、拱波和横向连系构件组成的纵横两个方向均呈拱形的结构。中小跨度的双曲拱圈可用砌砖、砌石、无筋或少筋混凝土建造，钢筋混凝土双曲拱圈可用于很大的跨度。混凝土和钢筋混凝土双曲拱，采用无支架（预制装配）施工比有支架（现浇）施工节约木材，施工进度快。双曲拱的整体性和横向刚度低于板拱，易产生纵向裂缝，但因其在纵横两个方向上均呈拱形，故比同样数量的材料做成的实心板拱具有更大的承载力，比肋拱省钢材。

拱肋是双曲拱的重要组成部分，采用无支架施工，分段预制吊装拼接后，即作为其余部分施工的支架。故要求具有足够的强度和稳定性，肋内钢筋截面积不小于肋截面积的0.25％，钢筋直径不小于 10mm。为了加强拱肋与拱波的连接，边拱肋常采用 L 形，中拱肋常采用凸形和口形，大跨度的还可采用工字形，矩形拱肋仅在小跨度采用。为使拱波与拱肋更好地连接，可在拱肋顶面设齿槽，并在拱肋上配置锚固钢筋（图 10－26），以加强双曲拱的整体性。

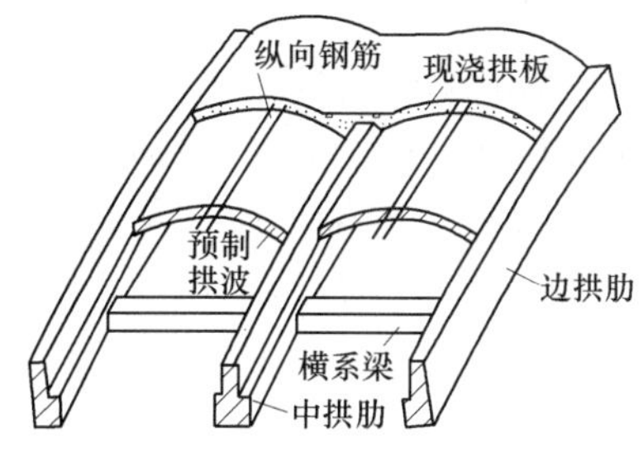

图 10－25　双曲拱结构

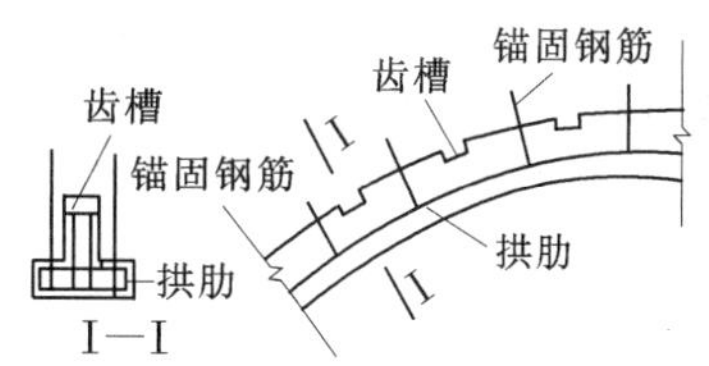

图 10－26　拱肋的齿槽和锚固钢筋

拱波一般为预制和现浇两层（图 10－25），预制拱波的混凝土强度等级常与拱肋相同，不低于 C20，现浇拱波可略低。预制拱波横断面为长方形，一般厚 6～8cm，每块宽 20～30cm，一侧顶角宜做成削角的斜面（图 10－27），以便填实砌缝，并与现浇拱波更好地结合。预制拱波中还可预埋钢筋，与现浇拱波中的钢筋连接，提高双曲拱的整体性。现浇拱波的厚度不小于预制拱波的厚度，顶部可配置两根 ϕ12～16 的纵向钢筋（图10－25），以提高拱圈上缘的抗拉能力。对于大跨度钢筋混凝土双曲拱，应根据计算配置纵向受力钢筋和必要的构造筋。

拱波有单波和多波，拱波轴线通常采用圆弧线，为减少拱肋与拱波的接缝，以采用单波或少波（二波、三波）拱圈的整体性好。现浇拱波表面可采用圆弧面或折线面，为加强整体性，两波面相交处的波谷宜适当填平（图 10-28）。拱波净跨常用 $l'_0=(1.4\sim1.5)$m，矢跨比多采用 1/3～1/5。拱圈径向截面的厚度 d，当拱肋中距不大于 2.0m 时，可按下式计算：

$$d=\left(\frac{l_0}{100}+35\right)K \quad (\text{cm}) \tag{10-1}$$

式中　l_0——主拱圈的净跨度，cm；

K——荷载系数，一般采用 1.2～1.3 左右。

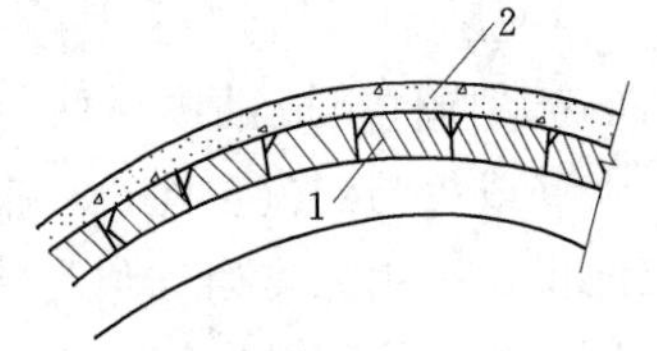

图 10-27　预制削角拱波

1—预制拱肋及拱波；2—现浇混凝土拱波

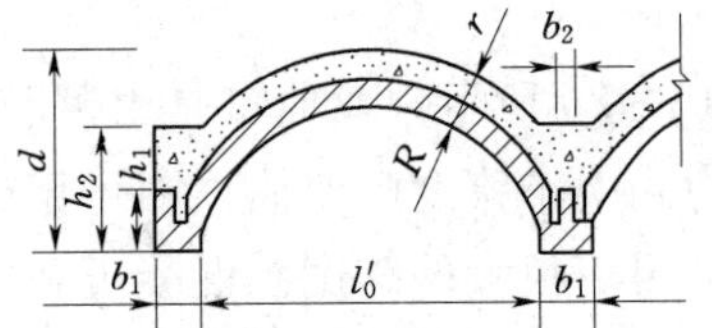

图 10-28　双曲拱断面尺寸图

根据规范要求，有支架施工时的拱肋高度 h_1 可取 $(0.3\sim0.5)d$；无支架施工的 h_1 不宜小于 $(0.009\sim0.012)l_0$；肋底宽度 b_1 不宜小于 $(0.6\sim1.0)h_1$；凸字形肋顶宽度 b_2 可取 $(0.5\sim0.6)b_1$；波谷填平层顶面到肋底的距离 h_2 一般为 $(0.6\sim0.7)d$；拱波厚度可取 $(l_0/800)+8$cm。

上述双曲拱预制拱波，沿主拱圈纵向每块的宽度仅 20～30cm，砌缝多，整体性差。可将拱肋及两侧的各半个拱波预制成整体的飞鸟型单元（图 10-29），吊装就位后焊接好预留连接筋，然后再浇二期混凝土拱波，以提高拱圈整体性。

双曲拱的横向连系构件有横系梁（图 10-30）和横隔板（图 10-31）两种，其作用是加强双向拱的横向整体性和稳定性。横系梁间距为 3～5m，横隔板间距一般不超过 10m。通常在拱顶、四分之一拱跨、拱上结构的横墙、立柱或排架下面以及分段拼装拱肋的接头处，采用刚性较大的横隔板，其他位置则采用横系梁。横隔板的厚度一般在 20cm

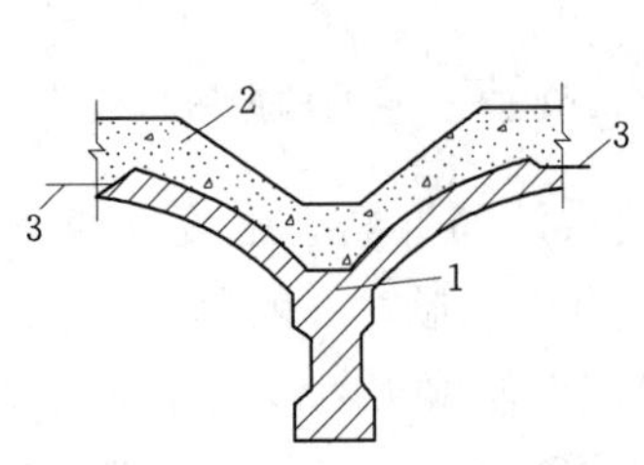

图 10-29　飞鸟型双曲拱单元

1—预制拱肋及拱波；2—现浇混凝土拱波；3—预留连接钢筋

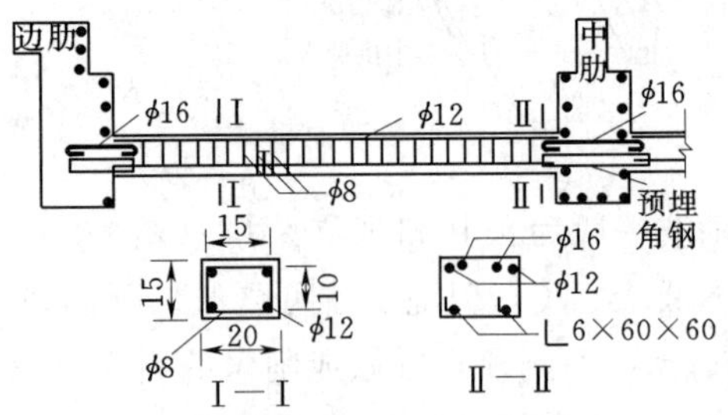

图 10-30　横系梁钢筋图

左右。目前横向连系构件均按构造决定尺寸并配筋，一般配 4～6 根直径为 10～16mm 的钢筋，并尽量与拱肋主筋相连接（图 10－30、图 10－31）。

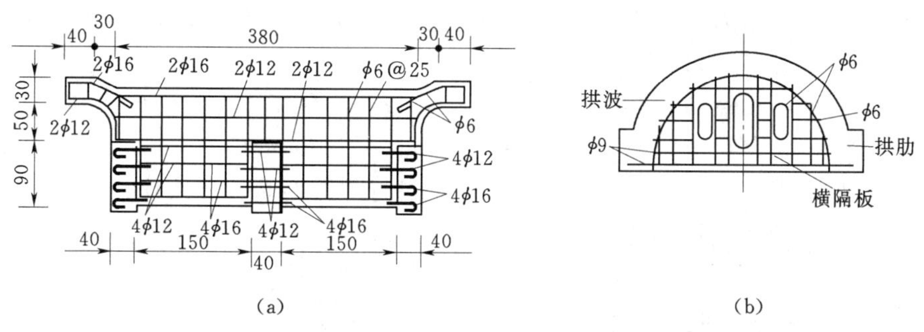

图 10－31 横隔板钢筋图

(a) 矩形横隔板；(b) 圆弧形横隔板

4. 折线拱

对于空腹拱式渡槽，由于主拱圈所承受的是集中荷载，故荷载压力线是折线，采用符合荷载压力线的折线形拱轴线是合理的，其折点即为竖向集中荷载的作用位置。对于只有两个折点的对称折线拱（图 10－32），在对称竖向节点荷载作用下，当不计弹性压缩等的影响时，不论竖向节点荷载 P 的大小如何，拱内只有轴向压力，而无弯矩，其压力线始终与拱轴线重合。因此，采用对称三段式折线形肋拱做渡槽的支承结构是比较理想的。拱肋的数目根据槽宽选定，可以采用双肋，也可采用多肋，并用横系梁将各拱肋连接成整体。拱肋可以设计成无铰或双铰，其上的槽身，可以采用三节简支梁式或两节单悬臂梁式结构，支承于拱肋折点上，使槽身等荷载成为拱肋的节点荷载。由于这种折线拱的梁式槽身只有三段，梁式槽身的跨度就决定了拱的跨度，设计时应通过方案比较选定。

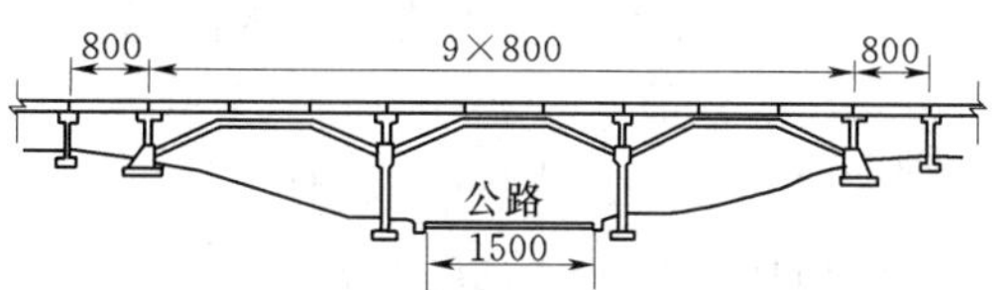

图 10－32 折线拱式渡槽（单位：cm）

如图 10－32 所示为湖南省长沙市郊的候照渡槽，设计流量 0.4m^3/s，全长 136m，中部三跨采用折线拱，跨度为 3×8＝24m，拱高 3.5m，两肢与水平线的夹角 $\alpha=23.6°$，拱肋横截面为 20cm×40cm。水平投影长度相等的三段折线型拱，其布置尺寸和拱肋横截面尺寸 $b_1 \times h_1$，根据候照渡槽的设计经验，可按如下方法进行估算和选定。

首先根据设计流量和纵坡，选定槽身结构型式、横断面尺寸和跨度（即支点间距），以确定折线拱的节点荷载和拱的跨度。然后再按下面两式试算拱肋的截面面积 $b_1 h_1$：

$$N = (P + 0.5g_a)/\sin\alpha \tag{10-2}$$

$$b_1 h_1 \leqslant KN/\varphi R_a \tag{10-3}$$

式中 N——折线拱斜肢柱的轴向力；

P——槽身传给折线拱的节点荷载；

g_a——1m长度的拱自重；

α——折线拱两肢与水平线的夹角，α取得大些可以减小肢柱轴力N和拱脚水平推力，但增大了拱矢高度和肢长，一般可取$\alpha=26°$，或拱的矢跨比取为1/6左右；

b_1、h_1——拱肋截面宽度和高度（横槽向），h_1/b_1值不宜过大，一般可取2～3；水平杆的截面可较两肢为小，为简便也可采用相同截面；

φ——钢筋混凝土柱纵向稳定折减系数，可近似按两端铰接取值；

R_a——钢筋混凝土轴心抗压强度；

K——安全系数。

R_a及K按有关规范取定。按以上方法和步骤可选定折线拱的布置尺寸，每个数值的决定，特别是拱的跨度和肢柱水平倾角φ值，应优选确定。

折线拱不仅受力条件好，而且构造简单，施工方便，并且不需在槽身与拱圈之间再设支承结构，因而用于中等跨度渡槽是比较经济合理的。另外，折线拱的计算方法与一般曲线拱相同，但计算工作比曲线拱大大简化，不易出错，可以加快设计进度。

（五）拱铰的作用和构造

拱式渡槽的主拱圈可以设有不同的铰数，如无铰、双铰和三铰。但其稳定性随设铰数目的增加而降低。无铰拱的稳定性最好，一般都采用无铰拱。两铰拱和三铰拱多用于特殊情况。主拱圈设铰后，可以减小甚至消除拱脚变位等因素对拱圈内力的影响。两铰拱的内力，不受支座沉陷与转角变位的影响。三铰拱属静定结构，在温度变化，混凝土收缩和支座变位等影响下，均不产生附加应力。

拱铰按使用情况可分为临时铰和永久铰。临时铰是施工时设置的使拱圈为静定结构，以消除混凝土初期收缩、拱支架变形和墩台在荷载作用下产生的初期变位等的影响，竣工后，则将它封死而成为无铰拱。永久铰是拱圈的工作铰，用于两铰或三铰拱上，可设置于主拱圈，也可以用于拱上结构的腹拱拱圈。当应用于腹拱式渡槽时，构造可简单些。

无铰拱必须确保主拱圈与墩台间有可靠的连接，主拱圈的主筋应伸入支座一定距离（图10-33），伸入长度须符合：对于矩形截面拱，为拱脚截面径向厚度d_k的1.5倍；对于T形、箱形等非矩形截面拱，应不小于0.5倍的d_k。

拱铰按结构型式分，有弧形铰、钢铰和钢筋混凝土铰等数种。弧形铰（图10-34）

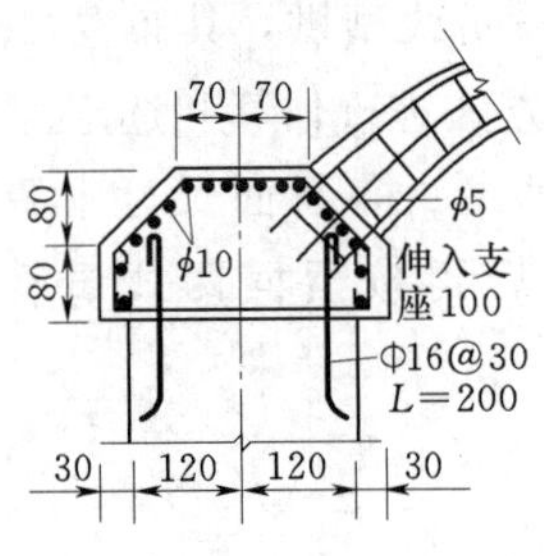

图10-33　无铰拱主拱圈与墩台的连接（单位：cm）

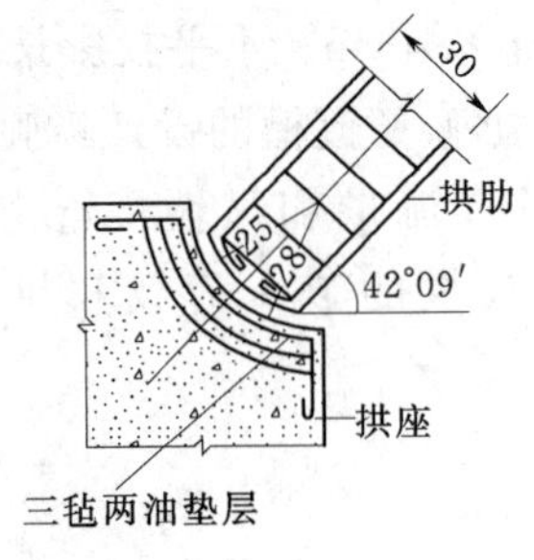

图10-34　弧形铰（单位：cm）

是由两个相切的、不同半径的圆弧面构成的。凸面的圆弧半径可取为 0.5～1.0 倍的 d_k，凹面的圆弧半径要大些，约为凸面半径的 1.2～1.5 倍。主拱圈的跨度较大、轴向压力也很大时，可在接触面上镶护钢板，铰周围的部分采用高强度混凝土，并设置钢筋网的钢筋混凝土铰来加强混凝土的局部承压能力。弧形铰转动时，支承点的位置会产生较大的变化而偏离拱轴线，使拱圈内产生附加弯矩，坦拱中这种现象尤为严重。因此，弧形铰一般用于跨度不太大，拱度不太坦的主拱拱脚铰或腹拱铰。跨度较大的有铰拱渡槽拱顶铰，常采用设有圆柱形销轴的钢铰（图 10－35），销轴直径按受挤压的强度要求决定。当拱跨较小时，拱顶铰也可采用设有钢筋混凝土轴的简易铰（图 10－36）。

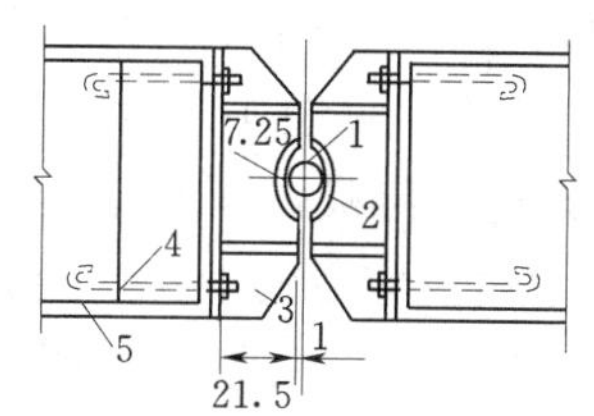

图 10－35 钢铰（单位：cm）
1—钢铰轴；2—轴套；3—焊接钢板铰座；4—预埋螺栓；5—拱肋

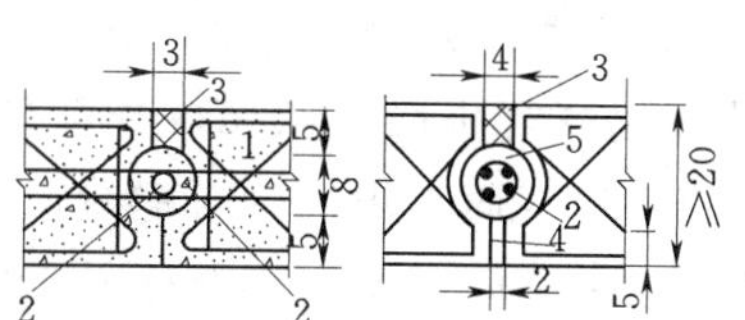

图 10－36 钢筋混凝土铰（单位：cm）
1—C35 水泥砂浆填料；2—ϕ10 钢筋；3—沥青油麻填料；4—三毡两油填缝；5—C50 细石混凝土

三、槽墩和槽台

拱式渡槽的槽墩，主要承受拱脚传来的竖向力、水平推力和力矩（拱脚设铰时力矩为零）。按受力条件分为双向推力墩和单向推力墩。

（一）双向推力墩

1. 对称墩

多跨连拱渡槽的中间墩的两侧的结构布置是对称的，故运用时墩顶两侧的受力是平衡的，称为对称墩。其受力条件与梁式渡槽的槽墩相似，型式和构造也基本相同。可采用重力式实体墩或空心墩，也可采用柱墩式或桁架式结构。混凝土对称墩的墩顶宽度约为拱跨度的 1/15～1/25；砌石对称墩的墩顶宽度约为拱跨度的 1/10～1/20；拱跨大，取小值，但墩顶宽度不小于 0.8m。墩帽常用 C20～C25 混凝土建造，并要布置构造筋并在拱脚接合处设置 1～2 层直径 9～12mm、间距 10cm 左右的钢筋网，以加强混凝土的局部承压能力，重要的无铰拱墩，还应按设计要求预埋锚固钢筋。墩高较小、拱跨及流量较大时，采用柱墩式对称墩，柱的根数根据拱宽和竖向荷载大小而定。墩高、拱跨和流量较小时，可采用桁架式对称墩，在拱跨结构施工时，可采取加设临时水平拉杆等措施，保证施工安全。

2. 不对称墩

大小拱跨交接处的槽墩是不对称墩，虽然可以调整两侧拱跨结构的布置，但仍难做到墩两侧的拱脚水平推力相等。小跨度侧的拱脚水平推力小，因而拱脚高程应较高；但大跨度侧的拱脚水平推力对基础底面的力矩，仍常大于小跨度侧对基础底面的力矩，如图 10－37 所示。为减小

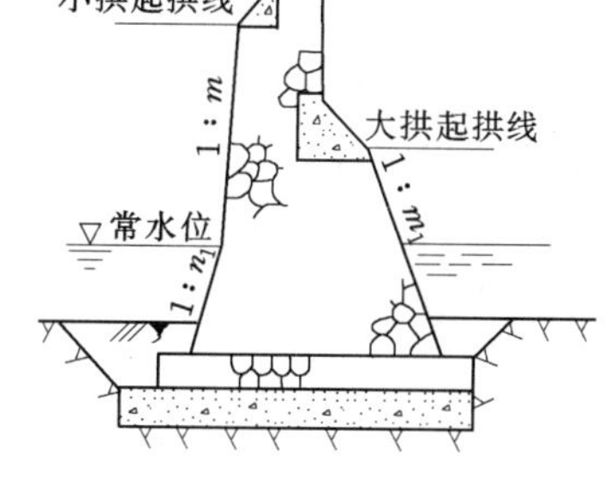

图 10－37 不对称墩

合力的偏心距，可将不对称墩的小跨度侧的边坡放缓，变坡点的位置，选在低于大拱跨一侧的拱脚高程并使墩体受力条件较好的位置；位于河槽中的变坡点，为了美观多设在常水位以下。

（二）单向推力墩

为使多跨连拱渡槽某一跨的偶然破坏局限在一定的区间内，不造成整个工程的破坏，可每隔一定的跨数，设置一个能够承受任一侧的单向拱脚水平推力、竖向力和力矩的加强墩。加强墩的工程量较大，造价高，其设置间隔应根据工程的重要性选定，渡槽级别高的，每隔3～5个槽墩设一个加强墩；小型的可以间隔10余跨才设一个。位置选定时，应尽量利用有利的地形、地质条件，尽量选高度小的槽墩做加强墩，以减小工程量和降低造价。目前，常用的加强墩有重力式、柱墩式和桁架式等结构型式，见图10－38。图10－38（a）中为重力式加强墩，依靠自身重量及一侧拱脚传来的竖向荷载，来维持单向水平推力作用下的稳定。通常用浆砌石建造，其体积较大，墩身弯曲拉应力较小，越接近中心部位应力越小，故中间部位可用低标号浆砌石建造。图10－38（b）是柱墩式加强墩，可用浆砌石或混凝土做成实体结构，也可用钢筋混凝土做成空心结构。当实体墩身混凝土抗拉强度不满足要求时，可在墩侧局部配筋；当空心墩身不满足稳定要求时，可空腹内填砂石料。图10－38（c）为桁架式加强墩，是在一般柱墩上加斜撑、水平拉杆和基础板所构成。正常情况下不考虑斜撑作用，所以柱墩构造与普通墩的相同；单侧受力时则由柱墩和另一侧的斜撑、水平拉杆及基础板所组成的桁架承受。这种加强墩的圬工材料用量较少，但钢筋用量多，施工技术要求较高。

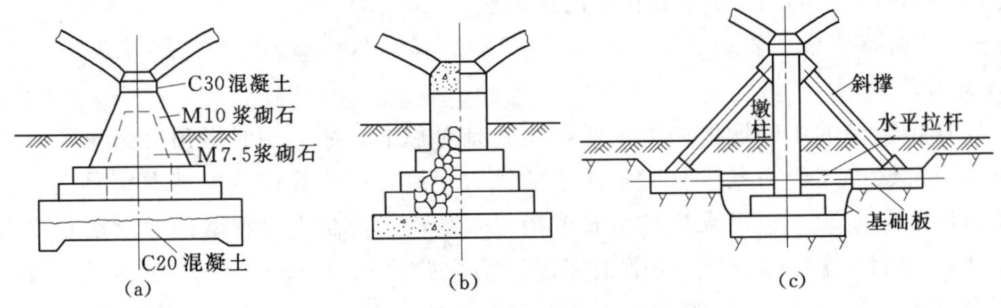

图10－38 加强墩的结构型式

（a）重力式加强墩；（b）柱墩式加强墩；（c）桁架式加强墩

如图10－15所示渡槽边跨主拱圈的边拱墩，只承受单侧拱圈传来的荷载，拱脚位置接近地面，高度很小，称为拱座，也是单向推力墩。这种拱座比较省料，工程布置时应尽量采用。因拱座单向受力，应建造成块体结构，其轮廓形式和尺寸应保证拱座自身有足够的刚度和稳定性，不产生拉应力，并使底面压力接近均匀分布。

（三）槽台

拱式渡槽的槽台位于整个渡槽的两端，用来支承拱圈，并把槽身与填方渠道连接起来。所以，它又是渡槽进出口建筑物的组成部分。槽台既支承拱圈和槽身而承受水平推力、竖向力和力矩，又与填方渠道连接而承受台后填土压力。所以槽台的布置形式和尺寸，不仅应保证槽台结构的稳定性，还应使荷载压力线尽量靠近槽台各水平截面的重心，以使各水平截面和基础底面所承受的压力接近于均匀分布。常用的型式有重力式槽台、U形槽台、箱形槽台、组合式槽台和轻型槽台等。

1. 实体重力式槽台

如图 10-39 所示，实体重力式槽台是整体式结构，多用浆砌石或贫混凝土建造，适用于拱跨在 20m 以内的渡槽。为使荷载压力线接近各水平截面的重心，槽台的基本形状多采用梯形断面，顶宽约为拱圈厚度的 3 倍，拱脚处做成斜面，台前直立，台背为 1∶0.3～1∶0.4 的斜面，底宽一般为台高的 0.8～1.0 倍，前、后趾外伸长度约 30～40cm，基底面一般做成水平的，也可以做成前倾角不大的斜面或抗滑齿墙，以增加抗滑稳定性。为降低台背地下水压力，通常设置一排槽台排水孔，孔径 4～5cm，进口设反滤层，出口离地面 30cm 左右。拱宽和槽跨较小的渡槽多采用这种形式的槽台。

2. U 形槽台

如图 10-40 所示，U 形槽台由前墙、侧墙和基础板三部分组成。前墙顶部支承槽身，中下部的台帽支承拱圈。除台帽用混凝土外，其余部分一般用 M7.5 或 M10 水泥砂浆砌石建造。前墙有直立式和前倾式两种，前倾式的倾度可达 5∶1，能消减拱脚水平推力所产生的部分力矩，故比直立式合理。前墙任一水平截面的宽度，不宜小于该截面至墙顶高度的 0.4 倍（对于片石砌体）或不小于 0.35 倍（对混凝土、块石或料石砌体）。如前墙后填料为透水性良好的砂性土或砂砾，则可分别减为 0.35 或 0.3 倍。侧墙的长度（顺槽向）主要取决于护砌后的岸坡陡缓，应使侧墙顶伸入岸坡内不少于 50cm。前墙和侧墙的顶宽，对于片石砌体不小于 50cm；对于块石、料石砌体或混凝土的不小于 40cm。对按以上经验尺寸拟定的前墙和侧墙，可按 U 形结构整体验算任一水平截面的强度，来决定最后的布置尺寸。基础板常用 C15 片石混凝土建筑，长度可略小于侧墙顶长，平面形状可用 U 形，也可采用矩形。需扩大基底面积时，可按刚性基础的做法，将基础板做成台阶形，最底一层常用混凝土。U 形槽台结构简单，基底承压面积大，应力较小，但用料较多，侧墙间的填土易积水，在寒冷地区则会因冻胀影响造成侧墙开裂。因此，台中填料应采用透水性大的砂石料，并设置槽台排水。

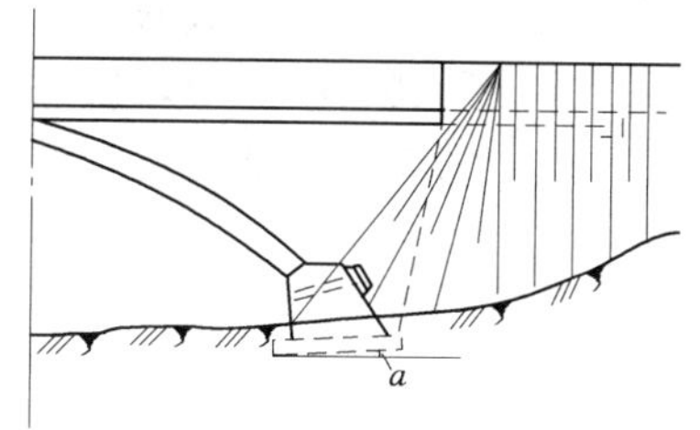

图 10-39　实体重力式槽台

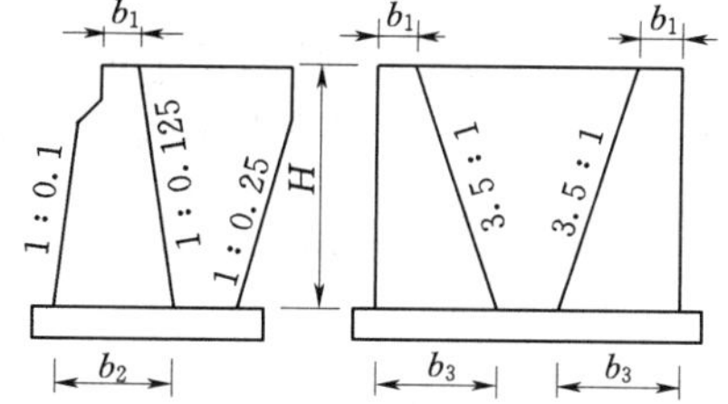

图 10-40　U 形槽台布置图

注：$b_1 \geqslant (40 \sim 50)$cm；$b_2 \geqslant 0.4H$；$b_3 \geqslant (0.3 \sim 0.4)H$

3. 箱形槽台

如图 10-41 所示，箱形槽台有空腹 L 式和齿槛式，均为槽台内部设空腹，故自重小。适用于软土地基，水位变化小，河岸冲刷轻微的情况。

（1）空腹 L 式由前墙、台背、撑墙、台座、腹拱以及底板等部分组成。台背和底板

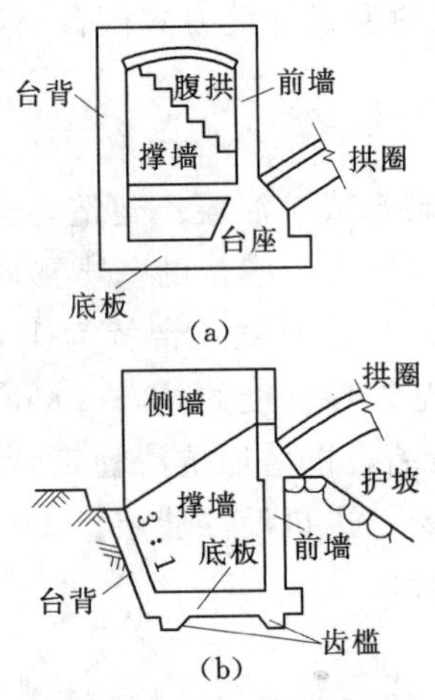

图 10-41　箱形槽台
(a) 空腹 L 式；(b) 齿槛式

应有足够的面积和强度，以充分发挥土的抗力和摩阻力作用。台座和台背间设撑墙构成空腹，并增加台座和台背的刚度和传递拱脚荷载。撑墙间距以便于传递拱脚荷载为宜，前墙和撑墙的厚度，一般不小于 50cm，台背厚度约 60～70cm；或按计算决定。

(2) 齿槛式槽台底板设齿槛，以增加槽台的抗滑能力，齿槛的宽度和深度不宜小于 50cm。底板上面设置撑墙，以增加前墙和台背的刚度并传递拱脚荷载。为提高槽台抵抗拱脚水平推力的能力，常将台背做成斜挡板式，并与原状基土紧贴。

箱形槽台的撑墙用混凝土浇筑或块石砌筑，底板用片石混凝土浇筑，一般不需要配筋。槽台较高时，上部做成空腹式，以节省材料用量并减轻自重。为减少底板和外壁的拉应力，可箱内填土。

4. 组合式槽台

如图 10-42 所示，组合式槽台由台身和后座两部分组合而成，适用于软土覆盖层较深的地基。台身及其基础主要承担拱脚及槽身传来的铅直力，采用桩基或沉井基础；拱的水平推力则由后座基底摩阻力及台后上压力来平衡；也可考虑前台承受部分水平力的作用。如前台埋深大于 5m，则可考虑前台在土中的固着作用；如前台高出地面，则可以按高桩承台考虑。台身与后座之间必须紧密贴合，并设置沉降隔离缝，以适应两者的不均匀沉降。后座基底宜低于拱脚下缘高程。为防止后座向后倾斜而导致槽台变形，影响拱跨的正常工作，常采用砂垫层或砾石垫层来提高后座基土的承载能力。

5. 轻型槽台

轻型槽台一般用于 20m 左右的小型拱式渡槽。常用型式是一字式和前倾式（图 10-43）。槽台尺寸较小，部分依靠台后填土的土抗力维持槽台的稳定，因此，台后填土应按规定分层夯实，并切实做好防护措施，防止水流的冲刷和侵蚀。一字式槽台的翼墙与台身可以分开砌筑，但砌筑成一体可使二者共同受力，能减少翼墙用料，增加稳定性。前倾式槽台的前倾台身可以抵消部分由拱的水平推力所产生的力矩，因而可以减小台身体积。台

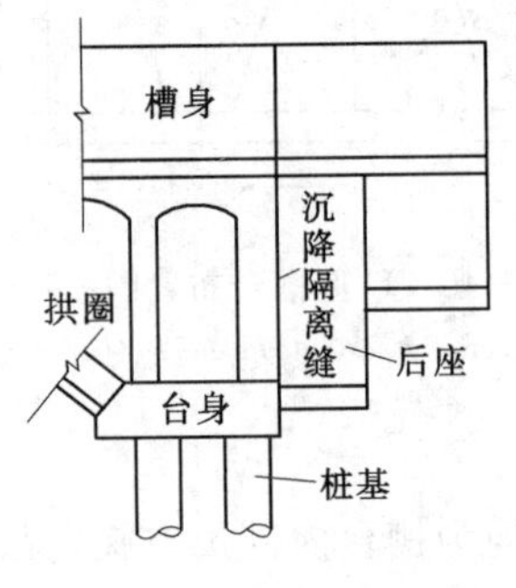

图 10-42　组合式槽台

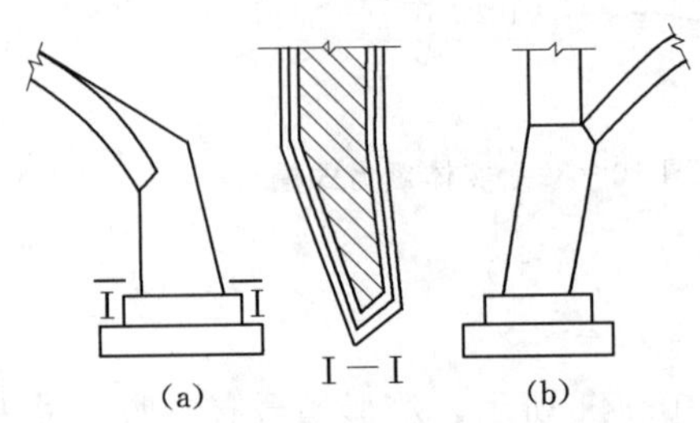

图 10-43　轻型槽台
(a) 一字式；(b) 前倾式

身前倾度以台身在自重作用下能维持施工过程中的稳定为原则，目前已采用的前倾度可达5∶1。

第四节 桁架拱式渡槽的槽身及支承结构

一、桁架拱结构及其特点

桁架拱是用横向联系将数榀桁架拱片联结而成的整体结构。桁架拱片是由上、下弦杆和腹杆联结而成的平面拱形桁架，将桁架的下弦杆（或上弦杆）做成拱形，之间用若干腹杆的杆端联结成几何不变体系。外荷载作用于节点上，各杆只产生轴向力。在铅直荷载作用下，支承点产生竖直反力和水平反力，其整体作用与拱相同，具有桁架和拱的特点（图10-44）。

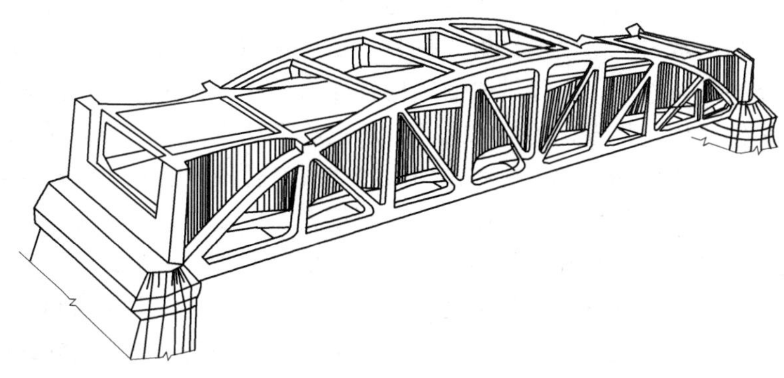

图10-44 下承式桁架拱及槽身布置图

桁架拱结构一般用钢筋混凝土建造，拱形弦杆一般为受压杆，受拉腹杆可采用预应力钢筋混凝土制作。杆截面尺寸一般都较小，但整个结构的刚性大自重小，可减小拱脚的水平推力，对墩台变位的适应性也较好。

桁架拱式渡槽的桁架拱是墩台与槽身之间的支承结构，相当于拱式渡槽的主拱圈和拱上结构。由于它是以杆系结构代替实体主拱圈和拱上结构，所以比一般拱式渡槽轻巧，造型美观，整体性和稳定性比较强，承载性能良好，对地基的要求较低，施工装配化程度高，广泛应用于缺乏圬工材料的软土地区。

二、桁架拱渡槽的类型及造型

桁架拱渡槽，按其结构特征和槽身在桁架拱上的位置的不同，可分为上承式、下承式、中承式和复拱式4种型式（图10-45）。图示四种型式中的腹杆，若既有竖杆也有斜杆的称为斜杆式桁架拱；如果只设竖杆不设斜杆，则称为竖杆式桁架拱。

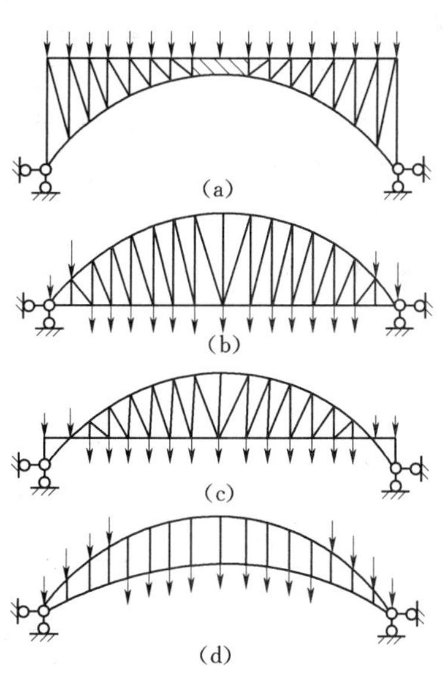

图10-45 桁架拱结构示意图
(a) 上承式；(b) 下承式；
(c) 中承式；(d) 复拱式

上承式桁架拱的拱脚低，可减小槽墩的高度，对温度变化及拱脚变位的适应性较好，能用于较大跨度；槽身位于顶部，流量及槽宽较大时，可采用三榀以上桁架拱片组合共同承载，各片之间易于设置各种形式的横向联系构件，整个结构具有足够的稳定性。

下承式桁架拱的墩台最高，拱片工程量也较大，一般只能在槽身两侧各设一根桁架拱片，设置横向联系构件受限制，且下弦杆单独承受很大拉力，目前只在中小跨度的小流量渡槽中采用，但最适应软土地基。中承式桁架拱与下承式的类似，但结构更复杂一些，故较少采用。复拱式桁架拱的上下弦杆都是拱形，在正常竖向荷载条件下工作时均受压，整个结构拱的性能突出。竖杆复拱式的各杆弯矩也较小，但也是只能在槽身两侧各设一榀桁架拱片，故流量和跨度也受到一定限制。

因结构特点不同，以上四种型式各有不同的优缺点，选型时应根据渡槽工程的具体条件进行选择：①除上承式外，其他几种型式的拱脚位置均较高，槽墩高度均较大，故适用于槽高较小的宽浅沟谷、河道；当槽下有交通要求时，能提供较宽的净空；对宣泄河道洪水也比较有利；②上承式可采用多榀桁架拱片，适于流量和槽宽较大、荷载较大的情况；③在基本荷载相同的条件下，以复拱式的结构特性为最好，杆端弯矩、拉应力和跨中挠度最小，混凝土和钢筋用量最省；④上承式、中承式和下承式桁架拱的腹杆采用斜杆时，杆端弯矩比竖杆式小，特别是考虑风荷载作用时斜杆式最合理。竖杆式腹杆少，重量轻，外型整齐美观，钢筋用量比斜杆式少，但杆端弯矩较大，以受弯为主，易开裂。初步分析表明：当外荷载总量比拟定的竖杆式桁架拱自重大 3 倍以上时，采用斜杆才有必要并比较经济；⑤在支座水平位移影响下产生的结构内力，以中承式最小，上承式和复拱式次之，下承式最大；⑥采用预制吊装法施工时，上承式桁架拱片可分为 2～3 段吊装拼接，因此跨度可做得大些；其他三种型式不宜采用分段吊装，在自重较大时也只能采取分片吊装拼接，因此跨度受限，一般不宜超过 30m。

三、桁架拱片间的横向联系和槽身结构

（一）桁架拱片间的横向联系

为了构成桁架拱整体结构，保证桁架拱片的横向稳定，桁架拱片间须设置横向联系构件。最简单的形式是在拱片的节点位置设置横系梁；对于上承式桁架拱，还能在拱顶实体段与腹杆部分的交接处设实体横系板，在拱脚处设空心横系板和剪刀撑等（图 10－46）。各种型式的横向联系构件，均须用预埋锚筋与拱片牢固连接。

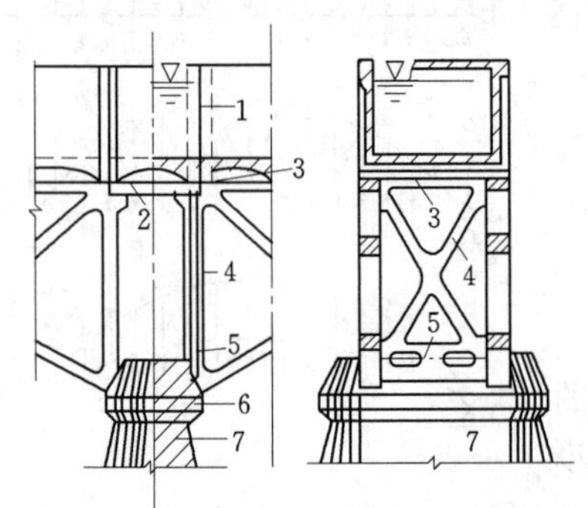

图 10－46　上承式桁架拱渡槽的构造

1—变形缝；2—吊梁；3—横系梁；4—剪刀撑；5—空心横系板；6—墩帽；7—槽墩

（二）槽身结构

适用于桁架拱式渡槽的槽身结构型式较多，一般是按照桁架节间间距，采用预制的素混凝土或钢丝网混凝土微弯拱板作为底板和侧板，组装成矩形断面槽身。也可采用预制的矩形、U 形等整体的槽身结构型式。

上承式桁架拱渡槽的槽身，位于桁架拱顶部，一般是在水平上弦杆的节点处设置预制钢筋混凝土开口肋型框架。开口处设拉杆而成为封闭框架，

再将底拱板和拱板式平板支承在框架的底梁和肋柱上并填平。最后安装顶部纵杆联成连续纵梁，并装设槽顶人行道板及栏杆等。肋型框架的底梁可结合桁架拱的上部横系梁设置，见图 10-46。

下（中）承式和复拱式桁架拱渡槽槽身，也是由底拱板和侧拱板或平板构成，如图 10-44 所示。底拱板以桁架拱片的横系梁为支承，其上搁置以竖杆为支座的侧拱板，就位后用现浇混凝土填平底拱板顶面，并做好与侧拱板的接头（做抹角）而成为内矩形断面的槽身。槽身变形缝及止水，设在拱脚或槽墩上方的槽身上。槽身微弯拱板常采用 6cm 左右的二次抛物线形等厚板，矢跨比多为 1/10。

四、桁架拱结构与墩台的联结

桁架拱与墩台的联结，一般以拱形弦杆与墩台相连，根据构造的不同，在理论上可分为无铰和有铰两种形式。无论是无铰还是有铰，墩帽或台帽都需用混凝土浇筑，并布置必要的构造筋；对于无铰墩台，还须预埋与拱形弦杆主筋能牢固联结的锚固钢筋（图 10-33），矩形弦杆的锚入深度不小于拱脚截面高度的 1.5 倍。但常用的是将桁架拱与墩台有铰联结，按一次超静定的双铰桁架拱计算。有铰连接常采用插入式、平面铰和弧形铰三种型式。上承式桁架拱渡槽在中小跨度时，多采用插入式。插入式是在墩（台）帽上预留槽孔，将下弦杆端头插入其中，插入深度一般不小于 10cm，四周缝隙用砂浆填实。下承式、中承式和复拱式桁架拱的拱脚，多采用平面铰与墩台连接，墩（台）帽上做出与拱肋轴线垂直的斜坡面槽孔，孔内涂沥青或垫油毛毡，将拱脚端置于其上。渡槽跨度较大时，宜采用弧形铰（图 10-34）。

第五节　斜拉渡槽的槽身及支承结构

斜拉渡槽与斜拉桥一样，主跨跨越能力大（已达 440.5m），支承结构及其基础的数量非常少，适应地基条件的能力较强。施工多采用预制装配，结构合理，造型美观，适用于各种流量，是跨越深、宽河谷的一种优良的新型输水交叉建筑物。

一、斜拉渡槽的组成及特点

斜拉渡槽的结构如图 10-47 所示，由槽墩、塔架、斜拉索（简称拉索）组成的支承结构和主梁（即槽身）组成。主梁支承在许多拉索上，拉索固定在塔架上，塔架将荷载传给槽墩，再传至基础，是悬挂式的支承结构。

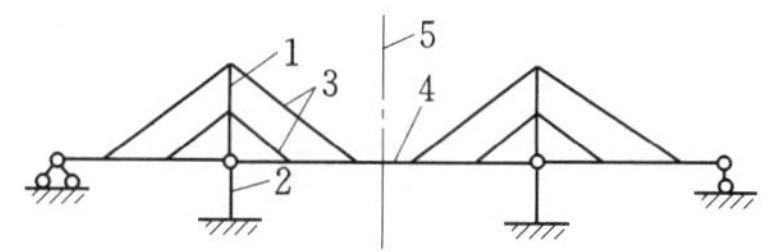

图 10-47　斜拉渡槽纵向布置示意图
1—塔架；2—槽墩；3—斜拉索；4—主梁；5—中线

塔架之间的跨径（称主跨）可以很大，而槽身上的拉索间距却可以较小（密索时，索距 6～8m）。槽身受力为小跨径的弹性支承连续梁，槽身纵向应力并不由于主跨很大而增大应力。同时，适当的斜拉索水平分力对槽身的纵向是十分有利的压应力，施工时将拉索内力调整后，再将槽身在主跨跨中合拢，能使跨中槽身基本不产生自重拉应力。整个槽身主要承受轴向压力与弯矩，对槽身纵向配筋和抗裂有利。

拉索是弹性支承（索的刚度是有限的），可以变换拉索截面积来改变支承刚度和对拉索施加预拉力，使梁、塔各主要部位的内力和位移达到比较理想的程度。渡槽的自重、水重等基本上属于均布荷载，故应尽量将整体对称布置，使塔架两侧对应的拉索水平分力相等，使塔身不受或少受弯矩作用，以保证塔身纵向稳定，同时减轻徐变应力的影响。

斜拉渡槽的塔架、槽墩是受压为主的构件，主梁（槽身）为偏心受压构件，高强度的钢拉索为受拉构件，从而能充分发挥各自的抗力优势，使所用材料数量少，经济效益大。因此，斜拉渡槽是各种混凝土渡槽中主跨度可以最大，最能有效利用材料特性的合理结构。世界上第一座钢筋混凝土斜拉渡槽，是西班牙的坦佩尔渡槽，建于1925年，主跨长60.3m。1967年以后，又修建了南非、阿根廷的斜拉渡槽。我国1983年修建了广西梧州的洞口、德梗两座斜拉渡槽，1984—1987年吉林省修建了7座斜拉渡槽，1988年修建了黑龙江东宁县三岔口灌区三支二干斜拉渡槽，6年里就兴建了10座斜拉渡槽。

二、斜拉渡槽支承结构的型式

斜拉渡槽的支承结构由槽墩、塔架和斜拉索组成。槽墩可以是实体重力式，也可以是空心重力式或框架结构，下接基础，与一般梁式渡槽槽墩形式大体相同。

（一）斜拉索的布置型式

斜拉索的纵向布置方式有下列几种基本型式。

1. 辐射形

辐射形见图10-48（a）。所有拉索都引向塔架顶部。拉索对主梁（槽身）的夹角最大，有利于承受主梁竖向荷载，拉索用钢量最少。但塔顶处的拉索支承或鞍座集中拥挤，传来相当大的竖向力，细部设计复杂，而且对塔架纵向稳定不利。

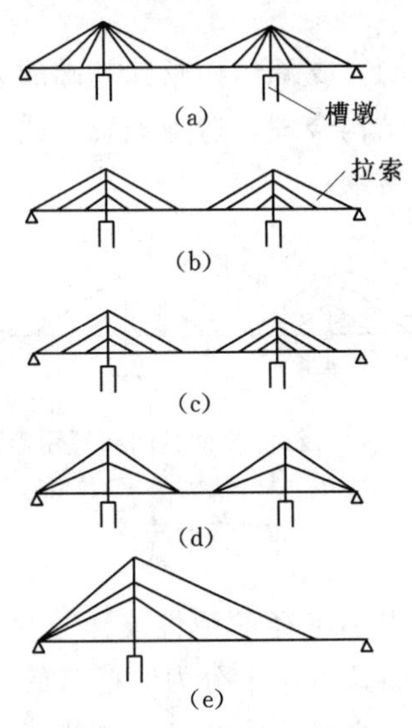

图10-48　拉索布置型式

（a）辐射形；（b）扇形；（c）竖琴形；（d）星形；（e）组合形

2. 竖琴形

竖琴形见图10-48（c）。各拉索连于塔架的不同高度处，并互相平行。拉索与主梁的夹角较小，承受主梁竖向荷载不如辐射形有利，拉索用钢量稍多。优点是：在塔架上的锚固点分散，应力不太集中，塔架的纵向稳定有利，细部设计简单些；各拉索长度相差较大，索的自振频率也相差大，对抗震和抗风稳定性比较有利。这种拉索体系造型美观，日本采用最多。

3. 扇形

扇形见图10-48（b）。是介于辐射形和竖琴形之间的中间型式。可以认为它具有上述两种型式的优点。在我国现有斜拉桥拉索体系中采用最多，其次为竖琴形。

4. 星形

星形见图10-48（d）。是一种从美观上引人注目的斜拉索布置，但其主梁上的拉索锚固点过于集中，对减少主渠跨径与弯矩不利。适用于风景区的跨度不大的斜拉桥或渡槽。

5. 组合形

组合形见图 10-48（e）。当边跨跨径小于中跨（主跨）跨径的 1/3 时，可以采用边跨一侧为星形、中跨一侧为竖琴形或扇形的组合型式。也可以采用辐射形而塔架两边拉索不相等、不对称的组合形。

根据地形、地质情况，塔架两边的斜拉索可以对称，也可以不对称；可以是双塔，单塔或多塔。斜拉索的布置型式与数量，不但与静力和动力的力学性能有关，而且也对施工架设方法、经济性和美观性等有重大影响，为此，应对这些因素进行综合分析才能决定。

（二）塔架的型式

塔架（又称索塔）的型式可分为单面索塔和双面索塔两大类。

1. 单面索塔

如图 10-49 所示，单面索塔有独柱塔、A 形塔、倒 Y 形塔，可以利用槽身顶板中央的锚固块来固定斜拉索。由于是单面索塔，特别是独柱塔，能减少斜拉索及塔架工程费用。但对槽身横向来说受力不利，且 A 形塔和倒 Y 形塔由于塔底伸出槽身断面以外，需要将墩顶加宽，同时塔架斜杆施工复杂，使工程费用增大。所以，适用于中、小流量的渡槽或输水管道。

2. 双面索塔

双面索塔可分为平行双面索塔和交叉双面索塔两种。

如图 10-50 所示，平行双面索塔有平行门形塔、倾斜门形塔与组合门形框架塔等型式。当平行门形塔无顶横梁时变为双柱形塔；多横梁时变为框架形塔。平行双面塔的共同特点是，斜拉索布置在纵向两个竖直平面内。图 10-50（a）的布置形式可以是塔、梁、墩固结；也可以是塔、梁固结，简支于槽墩上。图 10-50（b）所示为塔、墩固结，主梁简支于槽墩的联结形式。图 10-50（c）为塔墩固结、主梁悬挂的形式。

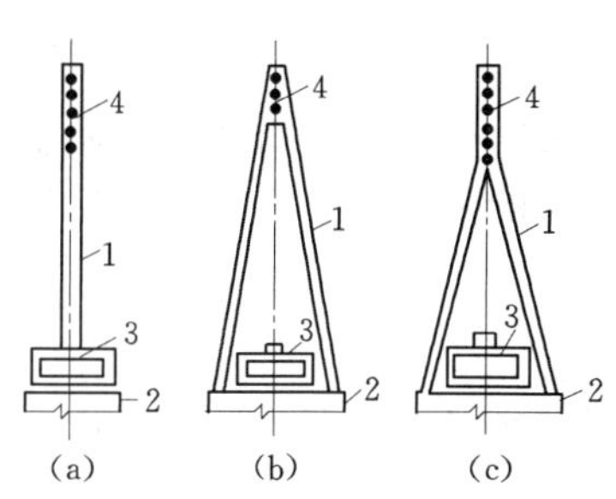

图 10-49 单面索塔

（a）独立塔；（b）A 形塔；（c）倒 Y 形塔

1—塔架；2—槽墩；3—槽身；4—锚固点

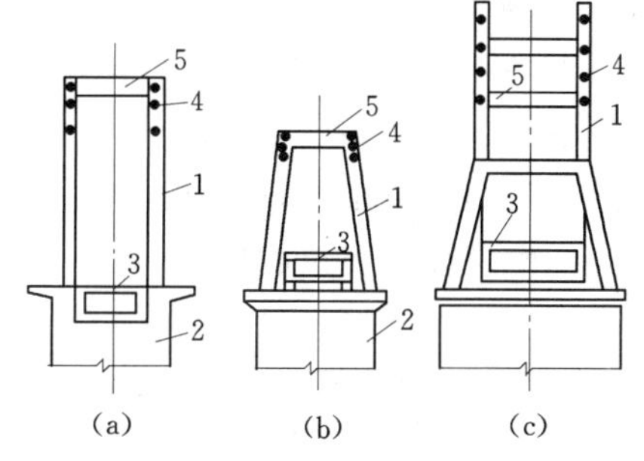

图 10-50 平行双面索塔

（a）平行门形塔；（b）倾斜门形塔；（c）组合门形框架塔

1—塔架；2—槽墩；3—槽身；4—锚固点；5—横梁

交叉双面索塔的空间体系布置，如图 10-51 所示，特点是斜拉索布置在纵向两个倾斜交叉平面内。塔架的形式如图 10-52 所示，分 A 形塔与倒 Y 形塔两种，在塔的顶部有两列靠近的锚固点。由于拉索为三度空间力系，所以锚固点受两向的水平拉力和竖向拉力，构造较复杂。交叉双面索塔多用于自重轻、索塔顶部锚固斜拉索容易的钢制斜拉结构，对预应力混凝土斜拉结构仅在小荷载时采用，其适用于斜拉索呈辐射形且根数不多的情况。从以上看出，索塔的型式与槽身宽度、斜拉索的布置方式以及索塔、主梁及槽墩之间的联结方式都有密切关系，为此，必须在充分考虑这些关系的基础上，合理作出选择。

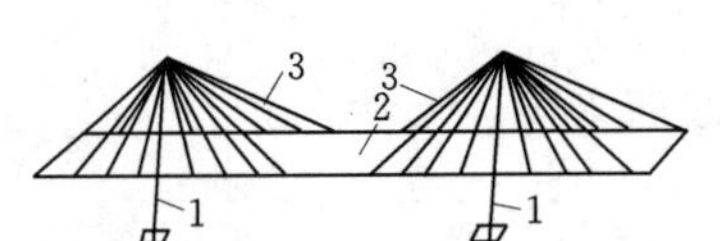

图 10-51 交叉双面索塔空间体系布置

1—塔架；2—主梁；3—斜拉索

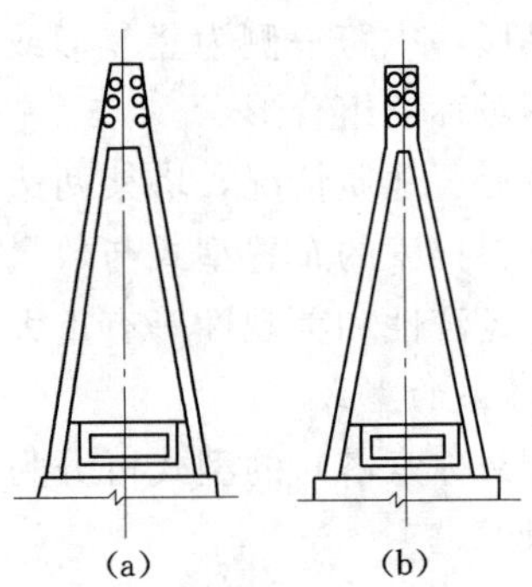

图 10-52 交叉双面索塔

(a) A 形塔；(b) 倒 Y 形塔

三、斜拉渡槽槽身的断面型式

斜拉渡槽槽身的横断面型式，有以下几种。

(一) 矩形箱槽身

如图 10-53 所示，矩形箱槽身有单箱双面索、开口单箱双面索等。矩形箱槽身整体刚度较大，纵向挠度较小，槽身预制施工比较简单。对于中、小流量箱宽不大时，可以采用封闭式的单箱双面索或双箱单面索。对大中流量箱宽较大时，两侧留足人行道后，中间顶板可以去掉，而采用每隔 1～2m 一根横杆的开口箱，见图 10-53 (b)。矩形箱槽身的迎风面与背风面都是竖直的平面，对风的阻力大，大跨径的抗风稳定性不利，横向受力条件也不够理想。

(二) 梯形箱槽身

如图 10-54 所示，梯形箱槽身有单箱双面索、开口单箱双面索、双箱单面索等。前者适用于中、小流量，后者适用于大、中流量。这种槽身断面型式预制施工较简单，但横向受力条件不利。由于迎风面和背风面都是倾斜的，对风的阻力较小，抗风稳定性好，可以用于大、中跨径的斜拉渡槽。

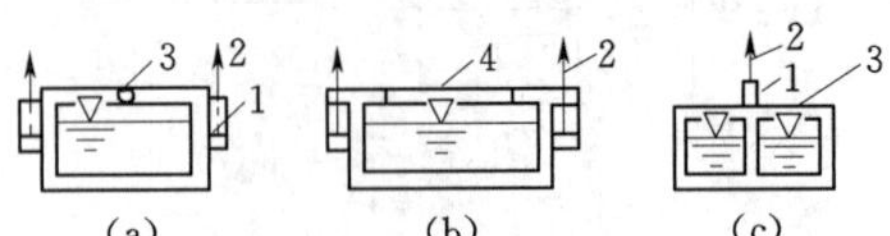

图 10-53 矩形箱槽身

(a) 单箱双面索；(b) 开口单箱双面索；

(c) 双箱单面索

1—锚块；2—斜拉索；3—通气孔；4—横杆

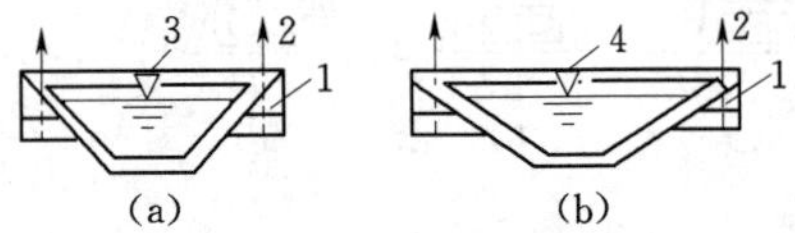

图 10-54 梯形箱槽身

(a) 单箱双面索；(b) 开口单箱双面索

1—锚块；2—斜拉索；3—通气孔；4—横杆

(三) U 形箱槽身

如图 10-55 所示，U 形箱槽身分为单箱双面索与开口单箱双面索，前者适用于中、小流量，后者适用于大、中流量。这种断面形式预制施工较复杂，但横向受力条件比较有利。由于大部分的迎风面为圆弧面，对风的阻力减小，抗风稳定性较为有利。也可用于大、中跨度的斜拉渡槽。

（四）圆管形槽身

如图 10－56 所示，圆管形槽身分为单管单面索与单管双面索。由于管身全部为圆弧面，横向受力条件与抗风稳定性都是最有利的，但施工较复杂。这种槽身可以用钢筋混凝土或预应力混凝土作材料，对小管径的也可以用钢板做成钢管。水流流态可以是有压的，也可以是无压的。它适用于中、小流量的大、中跨径的斜拉渡槽。

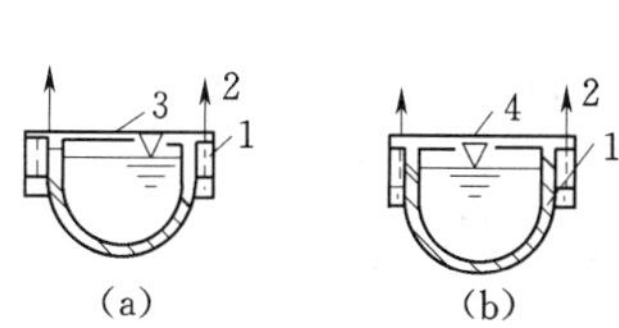

图 10－55　U 形箱槽身

（a）单箱双面索；（b）开口单箱双面索

1—锚块；2—斜拉索；3—通气孔；4—横杆

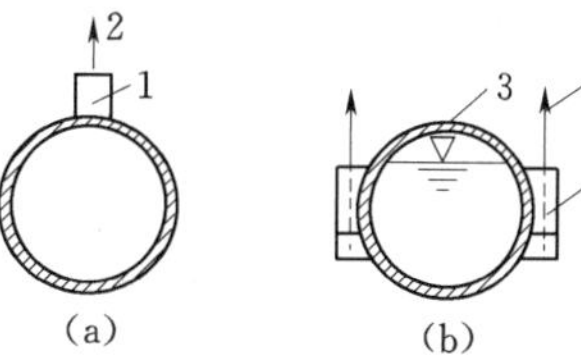

图 10－56　圆管形槽身

（a）单管单面索；（b）单管双面索

1—锚块；2—斜拉索；3—通气孔

以上各种断面型式，对于抗拉性能低的材料，封闭式的结构应考虑过流水面以上有足够的超高，即箱顶部有较大的净空（压力流的除外），并在顶板上开有通气孔，避免由于挠度或水波的影响，在管内产生不稳定流，甚至造成负压现象；对于开口的结构，自身通气条件良好，能形成稳定的明流，但超高应考虑挠度的影响。

槽身断面深宽比的考虑，从受力观点看，窄深一些对纵向受力有利，纵向挠度也小些，而对横向受力及抗风稳定性不利；宽浅些则相反。应根据斜拉渡槽主跨径、斜拉索的间距、过流量的大小、塔架、主梁及槽墩的连接方式作综合考虑来决定。根据国内外斜拉桥的试验资料表明，主梁高宜偏小取用，这样有利于提高主梁空气动力稳定性。

斜拉索下端的锚头一般锚固在主梁的锚块（又称牛腿）内。为了锚块不阻水，锚块不能布置在过水断面内，而应设置在箱壁外侧或将锚头直接锚固在两侧槽壁底部。对于单面索也可以锚固在槽身顶板中部。布置锚头时尽量使斜拉索合力的纵向分量与主梁的形心轴重合，以避免由于轴向力的偏离而产生附加的弯矩。即使不完全重合，也应利用此附加弯矩，在配筋时应考虑其影响。

（五）柔性壳槽

将柔性膜片在水重作用下形成的过水断面形状称为柔性断面。按照柔性断面设计成的壳槽称为柔性壳槽。在槽内水重作用下，采取合适的柔性膜片与边构件的连接方式，则槽壳只受拉力，而不受弯矩作用。可使用的柔性材料有橡胶、塑料、织物、薄钢板等。吉林省已建的 7 座斜拉渡槽，设计流量为 0.15～3.2m^3/s，槽壳采用的材料有 2～3mm 厚的钢板、0.5mm 厚的镀锌板、2mm 厚的高压聚乙烯软板、D1400 土工膜。此类壳槽重量轻（一般为槽内水重的 5.8%～9.8%，为总设计荷载的 3.4%～6.4%），结构轻巧，能充分发挥槽壳材料的抗拉性能，工作性能良好，抗冻性强，吊装方便，施工进度快，基础工程量小，拆装方便，造价及运行费都很低，是与斜拉渡槽配套的良好槽身型式。宜发展工厂定型生产，可进一步提高斜拉渡槽的经济效益。

柔性断面的几何形状由水深 h 和悬吊角 ϕ 决定，不宜用数学解析式表达。为工程实用，吉林省水利科学研究所采用图解解析法应用计算机制成表格，列出不同水深时的不同悬吊角的断面形状坐标值，可作设计的参考。

由山东农业大学颜宏亮设计，于1996年建成的一座斜撑双悬臂橡胶布渡槽，采取合适的柔性膜片与边构件的连接方式及支承结构，采用单层橡胶布，过流量为1.5m^3/s，运用良好。另外还结合工程实际，采用薄膜理论并采取相应的结构和构造措施，提出了胶布双曲扁壳新型闸门的具体分析与设计方法，在工程应用中不但能消除柔性膜片的角点影响，而且保证了柔性膜片的无弯矩状态（见《山东农业大学学报》2004年第3期和第4期）。其中的理论和方法都可以借鉴到柔性壳槽的设计中。

第六节　渡槽的基础

渡槽的基础按埋置深度可分为浅基础和深基础。埋深小于5m的为浅基础，大于5m的为深基础。基础型式的选用与上部荷载、地质及水文条件等因素有关，还要与槽墩（台）的结构型式相宜。

一、浅基础

渡槽的浅基础常采用刚性基础或柔性基础。

（一）刚性基础

这种基础常用浆砌石、混凝土建造。这些材料的抗弯能力小，而抗压能力很高，多作为承载力较高的地基上重力墩的基础。常用扩大基础和独脚无筋基础。

1. 扩大基础（图10-57）

为满足地基承载力的要求，基础四边以台阶形向下扩大。台阶的高度 h 与所用材料有关，一般0.5～0.7m为一级，每级的悬臂长度 C 应与级高 h 保持一定的比例，而用刚性角 θ 来控制，$\tan\theta = C/h$。用M5以下水泥砂浆砌筑的块石砌体的 $\theta < 30°$；M5以上砂浆砌筑的 $\theta < 35°$；混凝土浇筑的 $\theta < 40°$；如满足这一规定，一般可不做抗弯和抗剪验算。台阶的级数，以扩大后的基底面积满足地基承载力的要求定。

2. 独脚无筋基础（图10-58）

通常用素混凝土建造，特点是将基础底面做成向四面倾斜的棱体，倾角一般在20°～30°左右，利用作用在此斜面上的地基反力所产生的压力，来减小基础悬臂段的弯矩作用，改善基础的受力状况。基础的水平投影长度和宽度由基底压应力验算决定；杯口底部的厚度，应满足抗剪或抗冲切的强度要求。

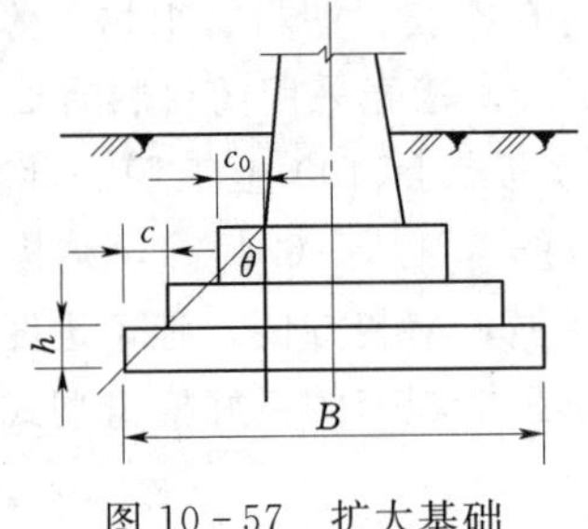

图10-57　扩大基础

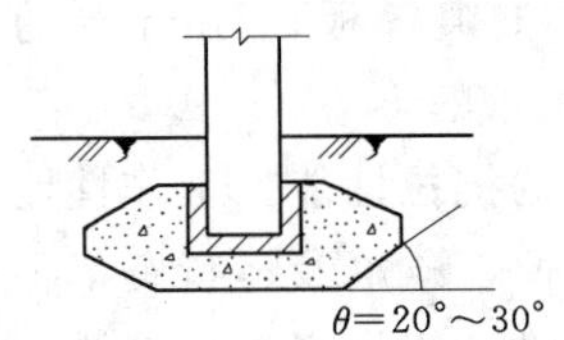

图10-58　独脚无筋基础

(二) 柔性基础

当地基承载能力低时可采用整体板式钢筋混凝土基础(图10-59)。由于基础设计时需考虑弯曲变形，故又称柔性基础。它能在较小的埋置深度下获得较大的基底面积，适应不均匀沉陷的能力强，工程量小，但需用一定数量的钢材。槽架式支承结构下一般采用这种基础。

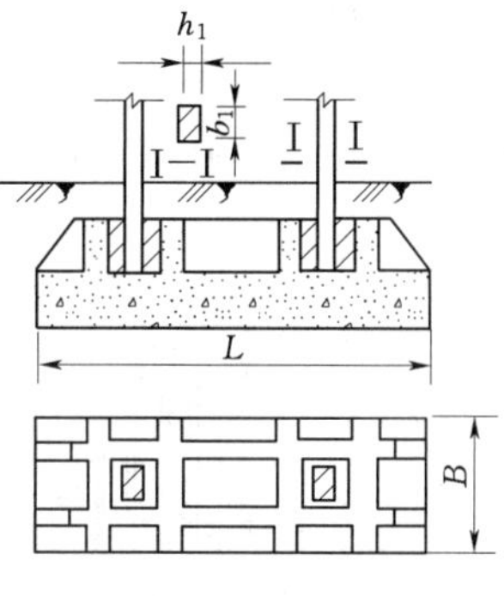

图10-59　整体板式基础

柔性基础板的底面积应满足地基承载力的要求。基础板的最小厚度应满足抗冲切强度要求。横槽向的长度L和顺槽向的宽度B，可按下列经验公式拟定为

$$B \geqslant 3b_1 \quad (10-4)$$

$$L \geqslant S + 5h_1 \quad (10-5)$$

式中　S——两肢柱间的净距；

b_1、h_1——肢柱横截面长边(顺槽向)及短边(横槽向)的边长。

(三) 空箱式槽台

在承载力较差的软土地基上，可采用空箱式槽台(图10-60)，能够扩大基础底面积，利用基础埋深提高承载力并减轻自重。

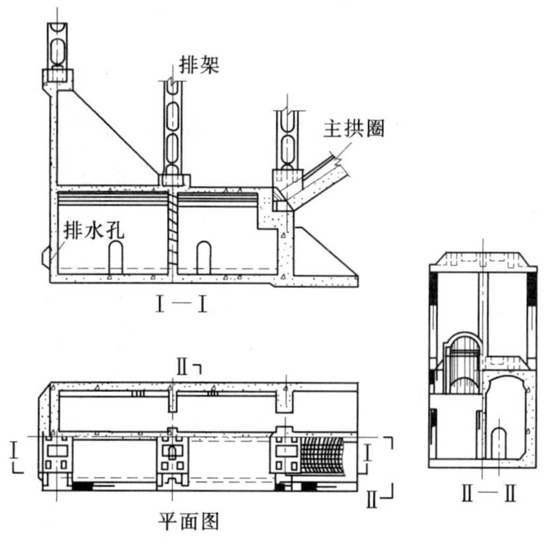

图10-60　空箱式槽台

二、深基础

渡槽的深基础常采用桩基础或沉井基础。

(一) 桩基础

对于采用浅基础而沉陷量过大或有不均匀沉陷时，或基础处冲刷深度可能较大且不易精确估计时，可采用桩基础。桩基础按其作用，可分为摩擦桩和柱桩(图10-61)。桩基础按施工方法可分为打入桩(包括射水和振动下沉)、钻孔桩、挖孔桩及管柱等。

1. 打(压)入桩

可用木桩、钢筋混凝土实心方桩、钢筋混凝土管桩、钢桩等。适用于砂类土、黏性土、有承压水的粉土、细砂以及砂卵石类土等，对于淤泥、软土地基也可以采用。打入桩以钢筋混凝土桩应用较广泛，截面尺寸大的桩多采用钢筋混凝土管桩和预应力钢筋混凝土管桩。

2. 钻孔桩

钻孔桩是利用钻井工具打孔，在孔内放置钢筋并浇灌混凝土而成的桩。施工设备简单，造价低，比预制钢筋混凝土桩省钢筋；当持力层顶面起伏不平时，桩长便于掌握；水下施工方便，适用于各类土层。

钻孔桩顶部与排架或墩(台)组合，常用于大中型渡槽的支承结构。当槽身宽度为

3～4m、跨径为15～20m时，可采用双桩柱排架（图10－62）；当槽身宽度大于5～6 m，可采用三桩柱（或多桩柱）的排架；重力式墩台的钻孔桩，一般为多桩柱或桩群的布置。钻孔桩的直径常采用80～150cm。摩擦桩的中距，不得小于成孔直径的2.5倍；支承或嵌固在基岩中的钻孔桩中距不得小于成孔直径的2倍。

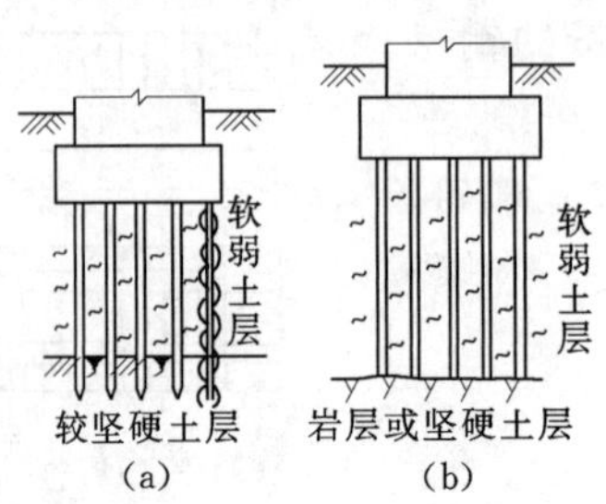

图10－61　摩擦桩和柱桩

(a) 摩擦桩；(b) 柱桩

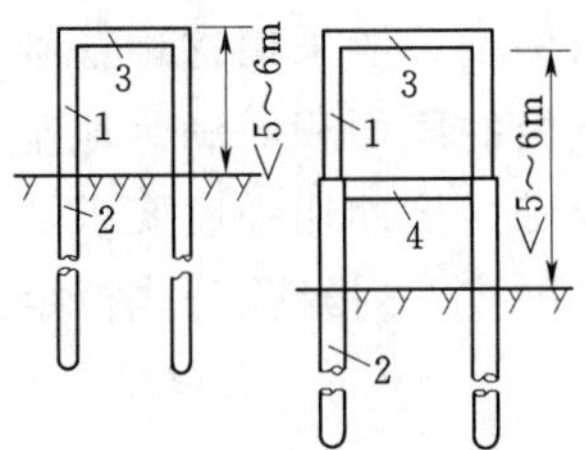

图10－62　双桩柱排架

1—柱；2—钻孔桩；3—盖梁；4—横系梁

3. 挖孔桩

采用人工开挖的方法成孔再浇筑混凝土而成的桩。施工不受设备、地形等条件的限制，适用于无地下水或少地下水的地层和地形条件，及不便于机械施工和入土深度不大的情况。挖孔桩的直径，一般不小于120cm。当河床覆盖层内有巨大漂石、树根等难于清除的障碍物或持力岩层表面倾斜较大时，不宜采用。

4. 管柱

管柱基础为预制空心桩柱压入地基，适用于深水、有潮汐影响、无覆盖层或覆盖层很厚以及岩面起伏不平的河床。管柱直径不宜小于150cm。管柱间中距一般为管柱外径的2.5～3.0倍。当管柱入土深度大于25m时，宜采用预应力钢筋混凝土管柱。

（二）沉井基础

沉井是一个具有一定断面形状的，用混凝土或钢筋混凝土预制成的井筒。施工时在井筒中挖土，井筒靠自重下沉，边挖边沉，边分节加高井筒。下沉至设计标高时，检验地基符合要求后，用混凝土封闭井底，井顶作承台（盖板）并修筑槽墩（架）等支承结构。沉井基础的适用条件与桩基础相似，但直径较大。当河床覆盖层内有巨大漂石、树根等难于清除的障碍物或持力岩层表面倾斜较大时，不宜采用。

沉井横剖面的形状有圆形、矩形、圆矩形等（图10－63）；纵剖面的形状有柱形、锥形、阶梯形等（图10－64）。

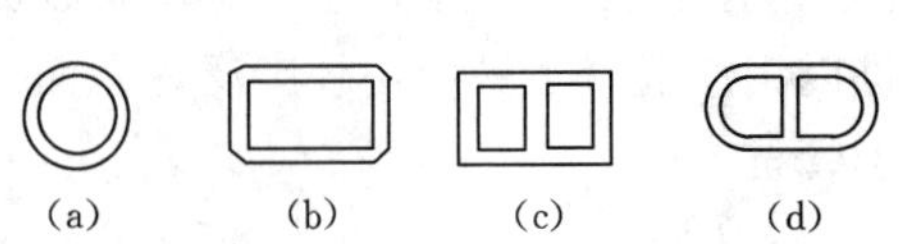

图10－63　沉井横剖面

(a) 圆形；(b)、(c) 矩形；(d) 圆矩形

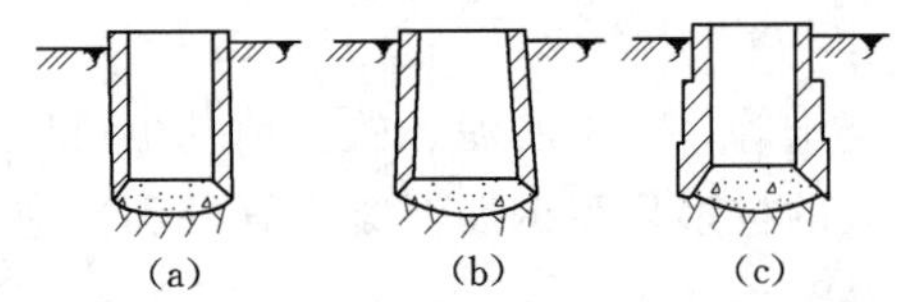

图10－64　沉井纵剖面

(a) 柱形；(b) 锥形；(c) 阶梯形

三、基础的埋置深度

任何基础的底面都应设在地基承载力满足要求的土层中。地基承载能力由持力层的情

况所决定，又随基础受力面积与埋置深度的加大而增加。为了节省工程量和材料用量，在满足地基承载力和沉陷要求的前提下，应尽量浅埋以节省基础工程量。但埋置深度还要满足以下基本要求。

1. 稳定要求

一般基础底面埋在地面以下不小于 0.5m，基底面下的持力层厚度不小于 1m。坡地上的基础，基底面应全部置于稳定坡线之下，并清除不稳定的坡土和岩石，确保稳定。

2. 耕作要求

耕作地内的基础，基顶面以上至少要留 0.5～0.8m 的覆土层以便耕作。

3. 抗冻要求

冰冻地区的基础底面应埋置于冰冻层以下的深度不小于 0.3m，以免因冰冻降低地基承载力造成的破坏。对于存在冻拔影响的严寒地区，基础顶面在冰冻层以下的深度应通过抗冻拔验算来确定。

4. 抗冲要求

位于河道中受水流冲刷的基础，其底面应埋入最大冲刷线之下，以免基底受到淘刷而危及工程的安全。最大冲刷线是各个槽墩处最大冲刷深度位置的连线。槽墩位置的最大冲刷深度包括一般冲刷深度和局部冲刷深度两部分（图 10－65），《公路工程水文勘测设计规范》（JTG C30）增加了河道自然演变深度。先根据设计标准确定河道的洪水位、流量和流速，再根据具体地质情况计算一般冲刷深度和局部冲刷深度。根据计算结果，可绘出一般冲刷线和局部冲刷线，进而确定出河道建槽处的最大冲刷线。

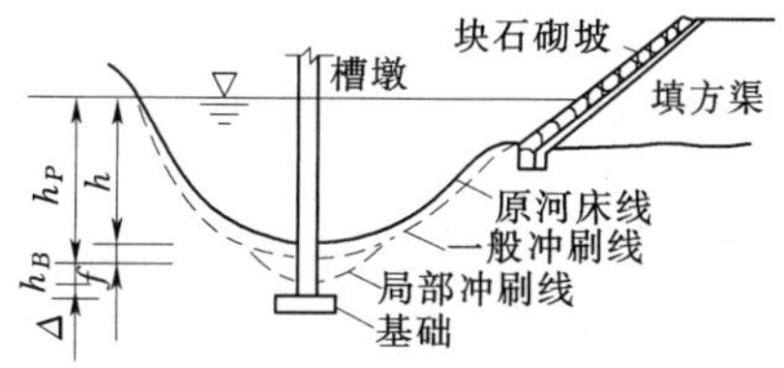

图 10－65 槽址河道冲刷示意图

冲刷深度计算的公式很多，还可参阅《公路工程水文勘测设计规范》（JTG C30）。

第七节 渡槽的细部构造

一、渡槽与两岸的连接

重点在防止渗透及变形。最好将渡槽进、出口槽身的底部深入挖方渠段，深入的长度宜为 2.5～3.5 倍的渠道水深，最好在进口首端及出口末端修筑截水墙，以延长渗径，使得槽下防渗长度达到渠道水深的 4 倍以上，来满足抗渗稳定。当渡槽进、出口必须与填方渠道连接时，要待填方体预沉后再进行连接段槽身和渐变段槽身的施工。为加强防渗，渠槽底部可设 0.5～1.0m 厚的黏性填土夯实防渗层，并满足槽下防渗长度的要求（参考水闸的）。

按连接段槽身的支承形式可分为刚性连接和柔性连接（图 10－66）。柔性连接的工程量较省，但槽端的接缝止水要能适应槽下基土的沉陷要求。

二、渡槽的伸缩缝及止水

梁式渡槽的伸缩缝，设在各节槽身之间的接头处。跨径在 25m 以内的拱式渡槽，接头及伸缩缝设在各跨槽墩（台）顶部，其型式如图 10－66 所示。大跨径的拱渡槽，砌石

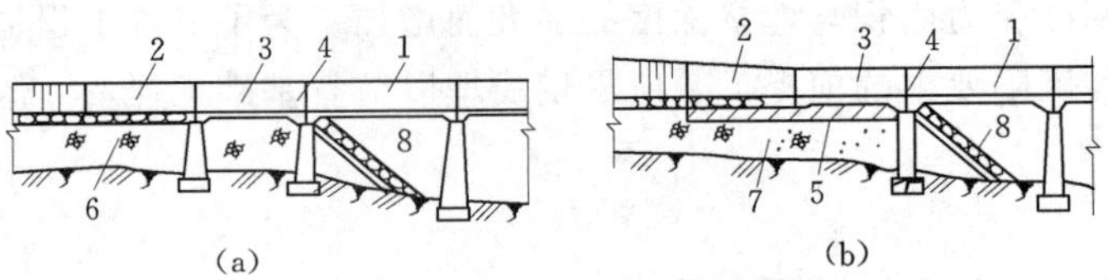

图 10-66　渡槽与两岸的连接

(a) 刚性连接；(b) 柔性连接

1—槽身；2—渐变段；3—连接段；4—伸缩缝；5—黏土铺盖；6—黏性土回填；7—砂性土回填；8—砌石护坡

槽身的伸缩缝间距一般为 20～25m；若拱上采用多跨连续梁式槽身，缝距一般不宜超过 25m；拱上的其他梁式槽身，仍按在各段槽身之间设伸缩缝的原则处理。

梁式槽身伸缩缝（或变形缝）止水的主要型式见图 10-67。

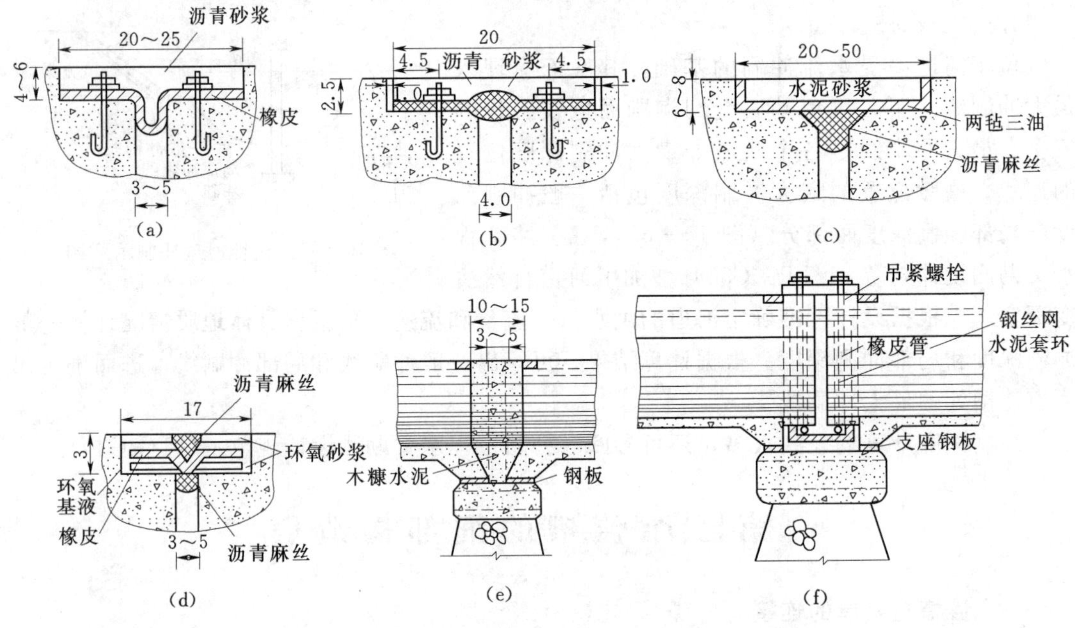

图 10-67　槽身接缝止水构造图（单位：cm）

(a) 橡皮压板式止水；(b) 塑料止水带压板式止水；(c) 沥青填料式止水；(d) 粘合式止水；(e) 木糠水泥填塞式止水；(f) 套环填料式止水

1. 橡皮压板式

先将螺栓（直径为 9～12mm，间距为 20cm 左右）预埋于槽身内，再将 6～12mm 厚的橡皮带用扁钢（厚 4～8mm、宽 6cm 左右）并通过螺栓将其紧压在接缝处。凹槽内填沥青砂浆或 1：2 水泥砂浆，可对止水起辅助作用并减轻橡皮的老化和破坏。这种止水如能保证施工质量则止水性能良好，但螺栓易锈蚀且损坏后更换困难。

2. 塑料止水带压板式

用聚氯乙烯止水带代替橡皮止水带，止水性能同橡皮压板式，比橡皮耐老化，价格低一半左右。

3. 沥青填料式

造价低、维修方便，但适应变形的性能和止水效果不理想，运用1～2年就要更换。

4. 粘合式

用环氧树脂将橡皮（或白铁皮与橡皮）粘贴在接缝处，施工方便，止水效果较好，但损坏后更换不方便。

5. 木糠水泥填塞式

用木糠和水泥加适量的水拌成填料，塞入接缝即可。构造简单，造价低，适应变形的能力低，南方小型渡槽采用较多，止水效果不理想。

6. 套环填料式

适于U形槽身，是在接缝两侧的槽端小悬臂外壁上，套一钢筋混凝土或钢丝网水泥套环，以之压紧外壁与套环之间的橡皮管或沥青麻丝、石棉纤维水泥等止水填料。

7. PT型防渗胶泥

过去常用的伸缩缝填料有沥青砂浆、沥青麻丝、沥青油毡等，极易老化，适应变形的能力又不理想。30多年来山东省许多工程采用颜宏亮等人1984年研制成功的PT型防渗胶泥，具有较高的黏结强度、抗拉强度和常温、低温延伸率以及耐热性，适用于各种建筑物的接缝止水。特别对于渡槽的接缝止水，具有施工简便，造价较低，维修方便，寿命较长的优点。施工时，将胶泥加热到120～130℃成为稠浆，灌于任何形式的接缝中均可；也可切成条嵌粘于预热好的接缝凹槽中即可。在－25～＋70℃气温条件下均能适应，止水效果较好。

三、梁式槽身的支座（图10－68）

1. 简易垫层支座

对于跨径小于10m的，为简单起见，可不设专门的支座装置，而直接在墩顶铺几层油毛毡或石棉做成简易垫层支座，要求其压实后的厚度不小于10mm。这种简易垫层的变形性能差、寿命短，还可能拉裂墩帽和端肋。所以要在墩帽和端肋内增设钢筋并边缘削角。

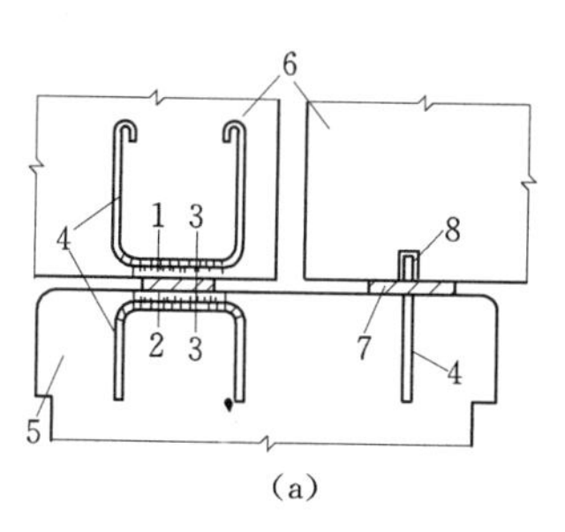

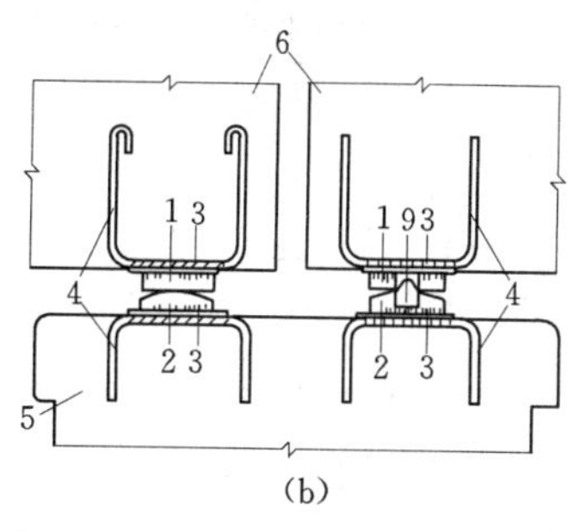

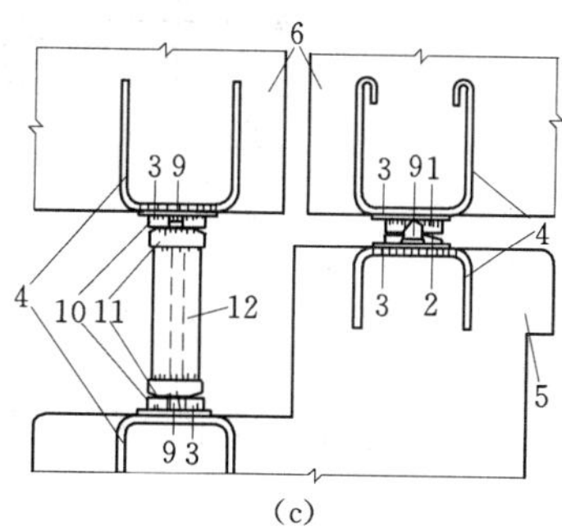

图10－68　渡槽支座的型式

(a) 平面钢板支座；(b) 切线钢板支座；(c) 摆柱支座

1—上座板；2—下座板；3—垫板；4—锚栓；5—墩台帽；6—渡槽；7—钢板；8—套管（钢管）；9—齿板；10—平面钢板；11—弧形钢板；12—摆柱

2. 平面钢板支座

支座的上、下座板，采用25～30mm的钢板制作，其活动端上、下座板的接触面，须光滑并涂以石墨粉，以减小摩阻力和防锈。一般用于跨径 20m 以下的槽身支座。

3. 切线式支座

支座的上座板底面为平面，下座板顶面为弧面，用 40～50mm 钢板精制加工而成。

4. 摆柱式支座

支座的固定端仍采用切线式支座，活动端为摆柱支座。摆柱可用钢筋混凝土或工字钢作柱身，柱顶、底部配以弧形钢板。此适用于大型渡槽，但抗震性能较差。

5. 橡胶支座

橡胶支座与其他金属性支座相比，具有构造简单、加工方便、省钢材、造价低、结构高度小、安装方便等许多优点。近些年来在桥梁工程中已广泛应用，也可以用在渡槽上。橡胶支座大体上可分两类，即板式橡胶支座和盆式橡胶支座。

上述支座的设计与计算，详见《桥梁工程》。

多跨的两支点槽身，每节槽身一般按“定”“动”支座相间来设置固定支座与活动支座，使槽身所受的伸缩变形影响均匀分配给各个支承结构。但边跨槽身的固定支座，宜布置在岸墩上。

四、渡槽进出口渐变段的型式与长度

渡槽进出口渐变段，应保证进出口水面衔接良好，水流平顺，水头损失小，下游渠道不发生冲刷，较常用型式为直线扭面式（图 10-69）。对大型渡槽，其进出口渐变段应通过水工模型试验确定。

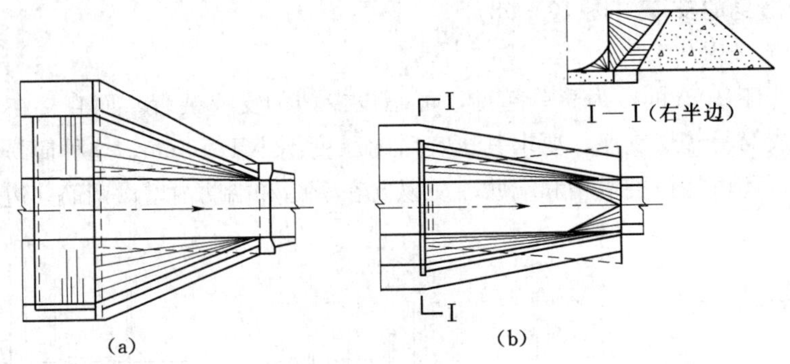

图 10-69　渡槽进出口渐变段

(a) 矩形槽的渐变段；(b) U 形槽的渐变段

一般的渡槽进出口渐变段的长度，可采用以下经验公式确定：

$$L=C(B_1-B_2) \tag{10-6}$$

式中　L——进口或出口渐变段长度，m；

B_1——渠道水面宽度，m；

B_2——渡槽水面宽度，m；

C——系数，m，进口取 1.5～2.0，出口取 2.5～3.0。

五、槽沿的超高

槽沿的超高与其断面尺寸和型式有关，对无通航要求的渡槽，一般可按下列经验公式确定：

矩形断面槽身　　$\delta=h/12+5$

U形断面槽身　　$\delta=D/10$

式中　δ——超高，即通过加大流量时，水面距拉杆底面或槽顶（无拉杆时）的距离，cm；

h——槽内水深，cm；

D——U形槽身的内直径，cm。

对于有通航要求的渡槽，超高应根据航运要求确定。

第八节　渡槽的总体布置与设计步骤

渡槽的总体布置（也称工程布置）工作，指的是根据渠系的规划布置及查勘资料，通过分析、比较和水力计算等工作，选定总体布置方案。其成果是渡槽工程的平面、纵剖面和若干个横剖面布置图。

一、渡槽设计的基本资料

基本资料是渡槽设计的依据和基础，主要包括以下几个方面的内容。

1. 灌区规划要求

在灌区规划阶段，渠道的纵横断面及建筑物的位置已基本确定，可据此得到渡槽上下游渠道的各级流量和相应水位、断面尺寸、渠底高程以及预留的渠道水流通过渡槽的允许水头损失值等。

2. 设计标准

关于渡槽级别的划分，目前尚无专门的规范规定。设计时可根据其所属工程等别及其在工程中的作用和重要性确定。对于跨越铁路、重要公路以及墩架很高或跨度很大的渡槽，应采用较高的级别。对于跨越河道、山溪的渡槽，应根据其级别、地区的经验，并参考有关规定选择洪水标准计算决定相应的槽址洪水位、流量及流速等。

凡能直接应用于渡槽设计的规范，如《水工混凝土结构设计规范》（SL 191）等的规定必须遵守。间接采用的计算方法和有关依据，可参考类似建筑物的有关规范，如《公路桥涵设计通用规范》（JTJ 021）等的规定。

3. 地形资料

应有1/200～1/2000的地形图。测绘范围应满足渡槽轴线的修正和施工场地布置需要，在渡槽进出口及有关附属建筑物布置范围外，至少应有50m的富裕。对小型渡槽，也可只测绘渡槽轴线的纵剖面及若干横剖面图。跨越河道的渡槽，应加测槽址河床纵、横断面图。

4. 地质资料

通过挖探及钻探等方法，探明地基岩土的性质、厚度、有无软弱层及不良地质隐患，观察河道及沟谷两岸是否稳定，并绘制沿渡槽轴线的地质剖面图；通过必要的土工试验，测定基础处岩土的物理力学指标，确定地基承载力等。

5. 水文气象等资料

调查槽址区的最大风力等级及风向，最大风速及其发生频率；多年平均气温，月平均气温，冬夏季最高、最低气温，最大温差以及冰冻情况等。渡槽跨越河流时，应收集河流的水文资料及飘浮物情况等。

6. 建筑材料

砂料、石料、混凝土骨料的储量、质量、位置与开采、运输条件，以及木材、水泥、钢材的供应情况等。

7. 交通要求

槽下为通航河道或铁路、公路时，应了解船只、车辆所要求的净宽、净空高度；槽上有行人及交通要求时，要了解荷载情况及今后发展要求等。

8. 施工条件

施工设备、施工技术力量、水电供应条件以及对外交通条件等。

9. 运用管理要求

如运用中可能出现的问题以及对整个渠系的影响等。

以上各项资料并非每一渡槽设计全需具备。每项资料调查、收集的深度和广度，随工程规模的大小、重要性以及设计阶段的不同逐步深入。

二、渡槽轴线及槽身起止点位置的选择

渠系规划布置时，已从全局考虑布置了渡槽的位置。对于长度不大的渡槽，槽身中心线和起止点位置一般无多大的选择余地。但对于地形、地质等条件复杂，长度大的大中型渡槽，其规划布置的槽址位置可在数十米乃至数百米范围内变化，需进一步进行总体布置方案比较选定；同时，整个渡槽的水头损失值也需在总体布置方案选定之后才能最后确定，并确定相应的上下游渠底高程。

渡槽轴线及槽身起止点位置选择的基本要求是：渠线及渡槽长度较短，地质条件较好，工程量最省；槽身起止点尽可能座在挖方渠道上；进出口水流顺畅，运用管理方便；满足所选的槽跨结构和进出口建筑物的结构布置要求等。但这些要求之间常存在着错综复杂的矛盾，特别是进出口座在挖方渠道上与槽身最短的要求不易同时实现，须通过方案比较确定。具体选择时，可从以下几方面考虑：

（1）槽址应尽量选在地质良好、地形有利和便于施工的地方，以利于缩短槽身长度、降低槽墩（架）的高度，而减少渡槽工程量。

（2）跨越河流的渡槽，槽址应位于河床稳定、顺直的河段，避免位于河流转弯处的凹岸及基础冲刷严重处。渡槽轴线应尽量与河道水流方向正交，两岸建筑物不能过分束窄河床，加重冲刷。对于通航河道，槽下尚应满足通航流速及净空要求。

（3）渡槽进出口渠道与槽身的连接，在平面布置上应争取成一直线，不可急转弯，以保证良好的进流及输水条件。

（4）渡槽进口段或进口上游的渠道上，要有适宜建造节制闸和泄水闸的位置，以满足事故和检修停水或上游分水的要求。

（5）尽量少占耕地，少拆迁房屋，并有宽敞的施工场地。预制装配的渡槽，还要考虑吊装的地形及场地要求。

三、渡槽的型式选择、分跨和纵剖面布置

渡槽的型式选择，是选定包括各个跨段的槽身、支承结构及基础和槽台在内的进出口建筑物的结构型式与材料。分跨是选定槽墩（或槽架）及其基础的中心线位置与跨长。纵剖面布置则是拟定进出口建筑物、槽身及支承结构和基础的布置尺寸和构造，并相应定出若干横剖面布置图，必要时还需绘制平面布置图，以便决定开挖和填筑方量。关于渡槽各组成部分的型式、构造和基本尺寸的选定等问题，已在前面作了详细介绍，下面仅就进行型式选择、分跨和纵剖面布置时应注意和考虑的有关问题，作系统补充。

1. 考虑渡槽的总体条件

对于长度不大的中小型渡槽，一般只采用一种类型的单跨或等跨度的布置方案。地形、地质等条件复杂且总长度大的大、中型渡槽，可根据槽身距地面的高度变化和地质条件，选用 1～2 种类型和 2～3 种跨度，但变化不能过多，以免增加施工上的麻烦。并应考虑不同类型和不同跨度相接处的桥墩受力状况，尽量减少不对称墩的工程量。同时要注意基础位置的地质条件，尽量利用较好的地基，避开较差的地基。

2. 考虑渡槽的外界条件

（1）地形地质条件。地形平坦，槽高不大时，宜选用梁式渡槽，施工与吊装均方便；当槽高较大时，为增大跨度，减少支承结构及基础的数量，可采用梁型桁架或桁架拱式渡槽。对于窄深的山谷地形，若两岸地质条件较好，具有足够的强度和稳定性时，宜建大跨度拱式渡槽，一跨跨越而过。若地形地质条件复杂时，既要分析研究如何采用不同的结构型式来适应，又要采取使不利的外界条件向有利方面转化的工程措施。例如，跨河渡槽，河道水深流急，河槽部分槽高大，水下施工困难，而河滩部分槽高小，可在河槽部分采用大跨度的结构型式，河滩部分采用中小跨度的结构型式，但两部分的结构型式要相宜。又如，当地基承载力低时，可采用轻型结构来适应，并加大基础的底面积或采用深基础。也可采取地基处理措施来适应上部结构传来的荷载。

（2）建筑材料情况。应本着就地取材和因材设计的原则来选择渡槽的型式。例如当地有质量符合要求，开采和运输方便且数量足够的石料时，应优先考虑建砌石拱渡槽。如当地缺乏石料，而钢筋供应又困难时，则可采用少筋或无筋混凝土结构。即使钢筋、水泥都能满足需要，而骨料供应又困难时，也应本着降低造价的原则，综合考虑其他条件，采用经济合理的结构型式，比如柔性壳槽及支承结构。

（3）施工条件。一定型式和一定规模的渡槽结构，要求相应的施工技术和施工设备。因此，选择渡槽的型式和布置尺寸时，应考虑技术可行并尽可能利用原有的技术力量和施工设备或便于改造、制造的简易设备。同一渠系有几个条件相近的渡槽时，应尽量采用同种结构型式和尺寸，以便使用同一套施工设备，并便于设计和施工定型化。另外，还应考虑水、电供应条件、施工场地和交通运输条件，使设计方案的实现建立在可能而又可靠的基础上。

3. 考虑渡槽的内部条件

渡槽的布置方案是否合理，不仅关系到工程的安全运用，也关系到建设工期和造价，所以说，渡槽的型式选择、分跨和纵剖面布置是渡槽设计的关键。渡槽各跨段和各组成部分，一方面发挥各自的作用，同时又相互配合共同完成整体任务。某个部分的结构型式改变，必然引起其他部分的相应变化。所以在设计时应从全局出发，注意相互联系的研究，并使之与外部条件相适应，选定最经济、合理的方案。

四、渡槽的水力设计（要尽量利用水能爬坡，减少水头损失）

渡槽水力设计的任务，是在渡槽的过水流量 Q 和槽身及支承结构型式基本选定的前提下，在渠系规划时初拟合理的比降，考虑最不利的水头损失情况，为渡槽预留可能的允许水头损失值 [ΔZ]。在具体设计时：①拟定合理的槽身比降及过水断面尺寸；②通过水头损失及水面衔接的计算，确定渡槽进出口高程与衔接形式。

1. 槽身纵向比降 i 的拟定

坡度陡，流速快，所需过水断面小，可以降低渡槽造价，所以要尽可能选取较陡的渡槽比降（即 i 值较大的）。但要同时考虑槽身材料的抗冲刷能力等，还要控制槽内流速。一般经验：常用 $i=1/500\sim1/2000$；中、小型 $i=1/300\sim1/1500$；有通航要求的 $i=1/3000\sim1/10000$。控制槽内流速 v：混凝土衬砌的 $v<5\sim8\text{m/s}$；砌块石衬砌的 $v=2.5\sim5\text{m/s}$；对于有通航要求的渡槽，考虑船只安全，槽内平均流速不宜超过 1.6m/s。

2. 渡槽过水能力计算

应判断过流流态，采用相应的水力学公式进行计算。

（1）当渡槽长度 $L>10h$ 时（h 为槽内水深），渡槽过水流量可按明渠均匀流公式计算：

$$Q=AC\sqrt{Ri} \tag{10-7}$$

式中　Q——渡槽的过水流量，m^3/s；

A——渡槽过水断面面积，m^2；

C——谢才系数，常用满宁公式 $C=\frac{1}{n}R^{1/6}$；

n——过水断面糙率，混凝土衬砌的 $n=0.013\sim0.015$；砌块石衬砌的 $n\geqslant0.017$；

R——过水断面的水力半径，m；

i——槽身纵向比降。

（2）当渡槽长度 $L<10h$ 时，渡槽过水流量可按淹没宽顶堰计算。

1）槽身为矩形断面时的计算公式为

$$Q=\varepsilon\sigma_n mB\sqrt{2g}\,H_0^{3/2} \tag{10-8}$$

式中　ε——收缩系数，常取为 0.9～0.95；

σ_n——淹没系数，见表 10-2，表中 h_s 为下游水位超出堰顶的水深；

m——流量系数，一般取为 0.36～0.385；

H_0——渡槽进口水头，m，$H_0=h+\frac{\alpha v^2}{2g}$；

B——槽宽，m；

g——重力加速度。

表 10-2　　**σ_n 值（有侧收缩）**

$\frac{h_s}{H_0}$	0.98	0.97	0.96	0.95	0.94	0.93	0.92	0.91	0.90	0.89
σ_m	0.50	0.59	0.66	0.735	0.775	0.825	0.85	0.875	0.90	0.925
$\frac{h_s}{H_0}$	0.88	0.87	0.86	0.85	0.84	0.83	0.82	0.81	0.80	
σ_m	0.945	0.96	0.97	0.98	0.985	0.99	0.995	0.997	1.00	

2）槽身为U形或梯形断面时的计算公式为

$$Q=\varepsilon\varphi A\sqrt{2gz_o} \tag{10-9}$$

式中 φ——流速系数，常取为0.90～0.95；

z_o——渡槽进口水头损失，m；

A——槽身过水断面面积，m^2。

渡槽过水能力，应以加大流量进行验算。如水头不足或为了缩小槽宽，允许进口水位有适量的壅高，其值可取为（1%～3%）h。

3. 过水水头损失与水面衔接计算

槽内水流现象见图10-70，可分三段研究：

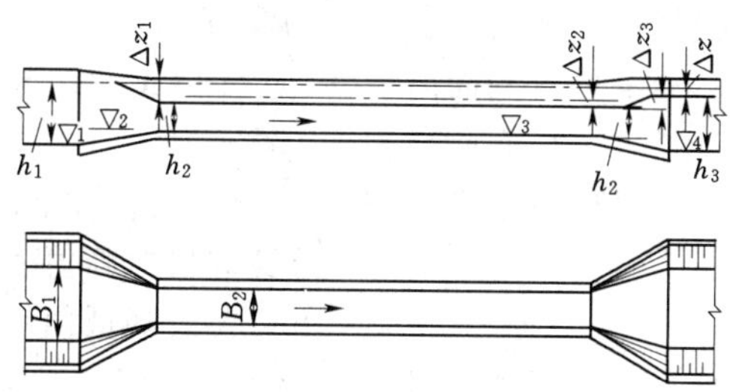

图10-70 渡槽水力计算简图

（1）进口段水面降落。水流经过进口段时，随着过水断面的减小，流速逐渐加大，水流的位能一部分转化为动能；另一部分消耗于因水流收缩而产生的水头损失，因此形成进口段水面降落Δz_1，可按能量方程求得

$$\Delta z_1=(1+\zeta)\left(\frac{v_2^2-v_1^2}{2g}\right) \tag{10-10}$$

式中 Δz_1——进口段水面降落，m；

ζ——水头损失系数，见表10-3；

v_1、v_2——上游渠道和槽内平均流速，m/s。

表10-3 **ζ 值**

渐变段型式	长扭曲面	八字斜墙	圆弧直墙	急变型式
ζ	0.10	0.20	0.20	0.40

（2）槽身段沿程降落。水流经过底坡为i，长度为L的槽身，槽中基本保持均匀明流，水面坡等于槽底坡，沿程水头损失

$$\Delta z_2=iL \tag{10-11}$$

（3）出口段水面回升。水流经过出口段时，随着过水断面的扩大，流速逐渐减小，水流的动能一部分消耗于因水流扩散而产生的水头损失，另一部分转化为位能，因此形成出口段水面回升Δz_3。出口段水面回升Δz_3与进口段水面降落Δz_1有关，一般取$\Delta z_3\approx\Delta z_1/3$。当下游渠道流速与槽内流速之比在1/5～4/5的范围内时，Δz_3值可按表10-4的数值采用。也可采用能量方程求得，但出口局部损失系数不易准确确定。

表 10-4　　Δz_3 与 Δz_1 关系

Δz_1/m	0.05	0.10	0.15	0.20	0.25
Δz_3/m	0	0.03	0.05	0.07	0.09

（4）通过渡槽的总水面降落。

$$\Delta z = \Delta z_1 + \Delta z_2 - \Delta z_3 \tag{10-12}$$

Δz 应等于或小于渠系规划中预留的允许水头损失值［Δz］。

（5）渡槽进出口高程的确定。为使渡槽与上下游渠道的水面平顺衔接，水头损失得以合理利用，既不影响过流能力，又减少渠道冲淤，可将槽身进口底部适当抬高，出口渠底适当降低，来确定各部位的高程：

槽身进口底面高程　$$\Delta_2 = \Delta_1 + h_1 - \Delta z_1 - h_2 \tag{10-13}$$

槽身出口底面高程　$$\Delta_3 = \Delta_2 - \Delta z_2 \tag{10-14}$$

槽身出口渠底高程　$$\Delta_4 = \Delta_3 + h_2 + \Delta z_3 - h_3 \tag{10-15}$$

槽身进口抬高值 $= \Delta_2 - \Delta_1 = h_1 - \Delta z_1 - h_2$

出口渠底降低值 $= \Delta_3 - \Delta_4 = h_3 - \Delta z_3 - h_2$

式中　Δ_1——槽身进口上游渠底高程；

其余符号意义见图 10-70。

五、渡槽的荷载及其组合

（一）荷载种类

计算荷载一般划分为基本荷载和特殊荷载。

1. 基本荷载

（1）恒载，包括结构自重、固定设备重、土重及土压力。

（2）槽内水重及水压力。

（3）作用于墩台的河床流水压力、静水压力。

（4）通行的人群、车辆荷载。

（5）风荷载。

2. 特殊荷载

（1）地震力。

（2）漂浮物或车辆对墩台的撞击力。

（3）温度变化、混凝土收缩引起的力。

（4）施工、运输、安装时的静、动荷载及外力等。

（二）荷载组合

荷载组合就是建筑物在不同运用情况下对可能同时承受的各项荷载分别进行的组合。一般分为基本组合和特殊组合。荷载组合是为了分析建筑物在建造中和建成后的可能最不利情况，将各项荷载按可能出现的几率进行合理的作用叠加，并用不同的安全指标进行校核，以达到既安全又不浪费的目的。应针对所计算的脱离体的具体条件（施工、运用或检修等）和计算目的（稳定或强度验算等），并根据荷载的性质和特点及其影响程度，综合考虑做出比较符合实际情况的确定（可能最不利的计算情况）。

1. 基本组合

由实际可能作用的基本荷载（即经常作用着的荷载）所组合。

2. 特殊组合

由基本荷载和一种或几种特殊荷载所组合。

（三）荷载计算

对于中、小型渡槽一般不考虑地震力。自重、水压力及土压力等可用以前学过的方法计算，车辆荷载参照《公路桥涵设计通用规范》（JTJ 021）等有关规定。下面只介绍其余各项荷载的计算方法。

1. 风力

作用在渡槽上的风力是由迎风面的压力和背风面的吸力所组成。它可分为垂直槽轴方向的横向风力和顺槽轴方向的纵向风力。

（1）横向风力。为横向风压乘以迎风面积。横向风压是每平方米迎风面积上所受横向风力的大小，它与设计风速、地形、地理条件、风压高度，风速频率和风载体形有关。其值按下式计算，即

$$W=K_1K_2K_3K_4W_0 \tag{10-16}$$

式中　W_0——基本风压值，Pa；当有可靠风速记录时，按 $W_0=V^2/1.6$ 计算；若无风速记录时，可参照《全国基本风压分布图》，并通过实地调查核实后采用；

V——设计风速，m/s，按平坦空旷地面，离地面 20m 高处统计得到的百年一遇的 10min 平均最大风速确定；

K_1——设计风速频率换算系数，对于特殊渡槽及重要渠道上的大、中型渡槽采用 1.0；其他渡槽采用 0.85；

K_2——风载体型系数，与建筑物体型，尺度等有关，槽墩见表 10-5，其他构件为 1.33；

K_3——风压高度变化系数，按表 10-6 采用；

K_4——地形、地理条件系数，按表 10-7 采用。按上法求得的风压是作用在单位迎风面积的。风力的着力点假定在迎风面积的形心上。

表 10-5　槽墩风载体型系数 K_2

截面形状		长宽比值	体型系数 K_2
	圆形截面	$l/b=1.0$	0.8
	与风向平行的正方形截面	$l/b=1.0$	1.4
	短边迎风的矩形截面	$l/b\leqslant1.5$	1.4
		$l/b>1.5$	0.9
	长边迎风的矩形截面	$l/b\leqslant1.5$	1.4
		$l/b>1.5$	1.3
	短边迎风的圆端形截面	$l/b\geqslant1.5$	0.3
	长边迎风的圆端形截面	$l/b\leqslant1.5$	0.8
		$l/b>1.5$	1.1

表 10-6 风压高度变化系数K_3

离地面或常水位高度/m	风压高度变化系数 K_3	附 注
≤20	1.00	表列高度变化系数只适用于空旷平坦地面
30	1.13	
40	1.22	
50	1.30	
60	1.37	
70	1.42	
80	1.47	
90	1.52	
100	1.56	

表 10-7 地形、地理条件系数 K_4

地形、地理条件	地形、地理条件系数 K_4
一般地区	1.00
山间盆地、谷地	0.75～0.85
峡谷口、山口	1.20～1.40
位于避风地点或城市市区内	0.80
沿海海面及海岛	1.30～1.50

(2) 纵向风力。因受上部结构和墩台、进出口建筑物的阻挡，较横向风力为小，常按折减后的横向风压乘以迎风面积来计算。例如，槽墩上的纵向风力，可按横向风压的70%乘以桥墩迎风面积计算。

2. 流水压力

作用于河流水中槽墩单位阻水面积上的流水压力可按下式计算，即

$$p=KA\frac{\gamma v^2}{2g} \tag{10-17}$$

式中 γ——水的重度，$10kN/m^3$；

v——河流的设计平均流速，m/s；

g——重力加速度，取 $9.81m/s^2$；

A——槽墩（架）阻水面积，m^2，通常算至一般冲刷线处；

K——槽墩（架）形状系数，与阻水面形状有关，可按表 10-8 选用。流水压力合力的着力点，假定在设计水位线以下 1/3 水深处。

表 10-8 槽墩形状系数 K

桥 墩 形 状	K
方形桥墩	1.5
矩形桥墩（长边与水流平行）	1.3
圆形桥墩	0.8
尖端形桥墩	0.7
圆端形桥墩	0.6

3．船只或漂浮物的撞击力

（1）通航河流中的槽墩（架）可能受到的船只撞击力，如无实际资料时，可按表10－9采用。

表10－9　船只撞击力

内河航道等级	船只撞击力/kN	
	顺桥轴方向，通航桥跨一侧	横桥轴方向，桥墩上游端
一	700	900
二	550	750
三	400	550
四	300	400
五	200	300
六	90～120	110～160

注　1．船只撞击力假定作用在墩台计算通航水位线上的宽度或长度的中点。
2．当设有与墩台分开的防撞击的防护结构时，可不计船只撞击力。
3．四、五、六级航道内的钢筋混凝土桩墩，顺桥向撞击力按表中所列数据的50%考虑。

（2）有漂浮物的河流中的槽墩（架）可能受到的漂浮物撞击力，可按下式估算：

$$p=\frac{Gv}{gT} \tag{10-18}$$

式中　G——漂浮物重力，kN，应根据河流中漂浮物情况，按实际调查确定；

v——水流速度，m/s；

T——撞击时间，s，应根据实际资料估计；在无实际资料时，一般用1s；

g——重力加速度。

船只撞击力和漂浮物撞击力不能同时叠加。

4．温变影响力

渡槽各部件受温度变化影响产生的变化值，或由此而引起的超静定结构中的影响力，应根据槽址地区的气温条件、结构物使用的材料和施工条件等因素计算确定。各种结构的线膨胀系数见表10－10。温变幅度可根据下式确定为

$$\Delta t=\begin{cases}T_1-T_3,\text{温度上升}\\T_3-T_2,\text{温度下降}\end{cases} \tag{10-19}$$

式中　T_1——当地最高月平均气温，℃；

T_2——当地最低月平均气温，℃；

T_3——结构合拢时的气温，℃，一般选在低于年平均气温时封拱为宜。

表10－10　线膨胀系数

结构种类	线膨胀系数 a（以摄氏度计）
钢结构	0.000012
混凝土或钢筋混凝土及预应力混凝土结构	0.000010
混凝土预制块砌体	0.000009
石砌体	0.000008
砖砌体	0.000007

注　1．对于联合梁结构中的钢材，线膨胀系数可采用0.000010。
2．对于拱桥，除三铰拱和跨径不大于25m、矢跨比大于或等于1/5的砖、石、混凝土预制块砌体的拱桥可不计温度影响力外，其他均应考虑温度变化的影响力。

5. 收缩与徐变影响力（对于现浇混凝土拱圈）

（1）由于混凝土收缩而引起的超静定结构内的附加应力，可以当作温度下降来考虑。对于三铰拱和跨径不大于25m、矢跨比大于或等于1/5的砖、石、混凝土预制块砌体的拱圈可不考虑。

（2）徐变对拱圈等超静定结构内的附加应力的影响是有利的，计算拱圈的温度和收缩影响时，可根据实验资料考虑这种影响。

6. 其他荷载

（1）当槽顶设有人行便道时，可根据情况考虑2～3kN/m^2 的人群荷载。

（2）施工荷载。结构物在制造、运输和安装等施工阶段，应考虑可能出现的施工荷载，如结构重力、脚手架、材料机具、上人荷载等。构件在吊装时，其构件重力应乘以动力系数1.10（手动）或1.30（机动）。应视具体情况增减。

六、渡槽及其地基的稳定性验算

选定了各个部分的型式和布置尺寸后，应验算渡槽及其地基的稳定性。如不满足要求，应修改布置方案和采取工程措施，保证工程的安全和正常运用。

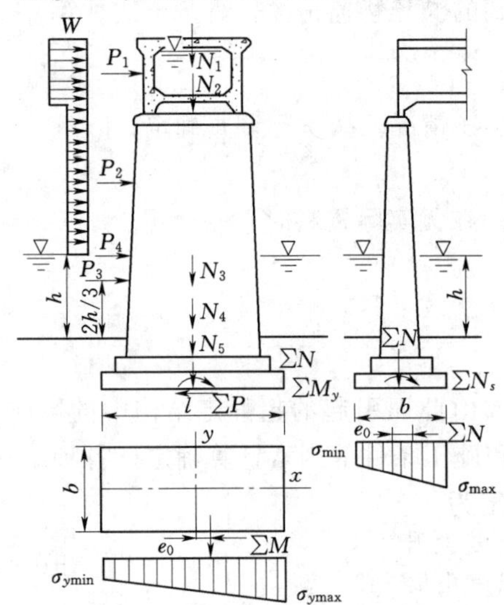

图10-71　渡槽及其地基稳定计算图

N_1—槽内水重；N_2—槽身自重；N_3—槽墩自重；N_4—基础自重；N_5—基础底面上土重；P_1—槽身横向风荷载；P_2—槽墩横向风荷载；P_3—槽墩水平动水压力；P_4—飘浮物撞击力

1. 槽身的整体稳定性验算

位于大风地区的渡槽，轻型壳体槽身有被风力掀落的可能。如图10-71所示，槽中无水时，槽身竖向荷载仅有自重 N_2，槽身横向风荷载为 P_1。设支承面的摩擦系数为 f、绕背风面支点转动的倾覆力矩为 M_{p1}、抗倾覆力矩为 M_{N2}，则抗滑稳定安全系数 $K_1=fN_2/P_1$，抗倾覆稳定安全系数 $K_2=M_{N2}/M_{p1}$。允许的抗滑稳定安全系数和抗倾覆稳定安全系数，目前尚无明确规定，可参照表10-12，酌情选用。

2. 渡槽的抗滑稳定性验算

位于河槽中的槽墩（架）及其基础，当水深及流速较大且地基抗滑能力较小时，在水平荷载 $\sum P$ 的作用下，可能沿基础底面产生水平滑动。对于图10-71所示条件，抗滑稳定安全系数 K_c 按下式计算：

$$K_c=f\sum N/\sum P \tag{10-20}$$

式中　f——基础底面与地基之间的摩擦系数，缺少实测资料时，对于圬工基础可参考表10-11采用；

$\sum N$——所有铅直力的总和；

$\sum P$——所有水平力的总和；

K_c——抗滑稳定安全系数，其允许值可参照表10-12，根据具体情况选用。

表 10-11　　　　**摩擦系数 f 值表**

土的分类、名称		f
黏性土	软塑	0.25
	硬塑	0.30
	半坚硬	0.30～0.40
亚黏土、轻亚黏土		0.30～0.40
砂类土		0.40
碎、卵石类土		0.50
软质岩石		0.30～0.50
硬质岩石		0.60～0.70

表 10-12　　　　**抗倾覆和抗滑动稳定安全系数表**

荷载情况	稳定类别	稳定安全系数
主要组合	抗倾覆	1.5
	抗滑动	1.3
附加组合	抗倾覆、抗滑动	1.3
施工荷载，拱桥承受单向恒载推力	抗倾覆、抗滑动	1.2

计算时应注意：①槽中无水时$\sum N$较小，对抗滑稳定不利；槽墩重N_3的水下部分、基础重N_4及基础顶面上土重N_5须按浮容重计算；②河道高水位时不仅减小了有效铅直荷载$\sum N$，而且因水深及流速均较大，故流水压力P_3大，也是抗滑稳定的不利情况；同时洪水时起大风的可能性大，但起大风时又遇漂浮物撞击的可能性不大，因此，应取横向风荷载为P_1+P_2或漂浮物撞击力P_4中的较大者，组合于$\sum P$之中。

3. 渡槽的抗倾覆稳定性验算

对于图10-71所示情况，基础底面的抗倾覆稳定的不利条件与基础底面的抗滑稳定的不利条件是一致的。所以，抗倾覆稳定性验算的计算条件及荷载组合与抗滑稳定性验算的计算条件及荷载组合相同。抗倾覆稳定安全系数按下式计算为

$$K_c=\frac{l_a\sum N}{\sum M_y}=\frac{l_a}{e_o} \tag{10-21}$$

式中　l_a——承受最大压应力的基底面边缘到基底面重心轴的距离；

$\sum N$——基底面承受的铅直力总和；

$\sum M_y$——所有铅直力及水平力对基底面重心轴（$y—y$）的力矩总和；

e_o——荷载合力在基底面上的作用点到基底面重心轴（$y—y$）的距离。

抗倾覆稳定安全系数的允许值，可参照表10-12酌情选用。

4. 基底压应力验算

验算设计的基础宽度及埋置深度与荷载作用所产生的基底压应力，能否与地基的承载能力相适应。如果基底压应力σ超过地基的允许承载力$[\sigma]$，则渡槽就可能失稳破坏；反之则可能发挥地基的承载能力不够，增加不必要的工程量。

假定基底压应力呈直线变化，当不考虑地基的嵌固作用时，由偏心受压公式可得基底边缘应力为（图 10－71），即

横槽向
$$\left.\begin{aligned}\sigma_{\max}&=\frac{\sum N}{A}+\frac{\sum M_y}{W_{ya}}\\ \sigma_{\min}&=\frac{\sum N}{A}-\frac{\sum M_y}{W_{yi}}\end{aligned}\right\}\tag{10-22}$$

顺槽向
$$\left.\begin{aligned}\sigma_{\max}&=\frac{\sum N}{A}+\frac{\sum M_x}{W_{xa}}\\ \sigma_{\min}&=\frac{\sum N}{A}-\frac{\sum M_x}{W_{xi}}\end{aligned}\right\}\tag{10-23}$$

式中　A——基础底面积；

W_{ya}、W_{xa}——相应于最大应力 $\sigma_{\max}$ 基底边缘的截面抵抗矩（$W_{ya}=I_y/l_a$，$W_{xa}=I_x/b_a$；I_x、I_y 为基底面对重心轴 $y—y$、$x—x$ 的截面惯性矩）；

W_{yi}、W_{xi}——相应于最小应力 $\sigma_{\min}$ 基底边缘的截面抵抗矩（$W_{yi}=I_y/l_i$，$W_{xi}=I_x/b_i$）。

基底面的核心半径 ρ 按下式计算：

横槽向
$$\left.\begin{aligned}\rho&=\frac{W_{yi}}{A}=\frac{I}{Al_i}\\ \rho&=\frac{W_{xi}}{A}=\frac{I_x}{Ab_i}\end{aligned}\right\}\tag{10-24}$$

式（10－24）～式（10－26）对于任何对称和不对称的基底面均适用。对于矩形基底面（图 10－71），因

$$l_a=l_i=l/2；\ b_a=b_i=b/2；\ I_y=bl^3/12；\ I_x=lb^3/12；\ A=bl；$$
$$W_{ya}=W_{yi}W_y=bl^2/6 \text{ 以及 } W_{xa}=W_{xi}=W_x=lb^2/6$$

故前述三个公式可简化为

横槽向
$$\frac{\sigma_{\max}}{\sigma_{\min}}=\frac{\sum N}{bl}\pm\frac{6\sum M_y}{bl^2}$$
顺槽向
$$\frac{\sigma_{\max}}{\sigma_{\min}}=\frac{\sum N}{bl}\pm\frac{6\sum M_x}{lb^2}\tag{10-25}$$

横槽向
$$\rho=\frac{l}{6}$$
顺槽向
$$\rho=\frac{b}{6}\tag{10-26}$$

基底的合力偏心距 e_o 按下式计算：

横槽向
$$e_o=\frac{\sum M_y}{\sum N}$$
顺槽向
$$e_o=\frac{\sum M_x}{\sum N}\tag{10-27}$$

如果基底的合力偏心距 e_o 等于基底面的核心半径 ρ，则基底最小边缘应力 $\sigma_{\min}$ 等于零；当 $e_o>\rho$ 时，则 $\sigma_{\min}$ 为负值，即为拉应力。

为了保证渡槽工程的安全和正常运用，基底压应力及其分布需满足：①$\sigma_{\max}\leqslant[\sigma]$；

②基底合力偏心距 e_o 应满足表 10－13 的限制范围。

表 10－13　基础底面合力偏心距的限制范围

荷载情况	地质条件	合力偏心距
基本组合	非岩石地基	槽墩（架）$e_o \leqslant 0.1\rho \sim 0.33\rho$
		槽台 $e_o \leqslant 0.75\rho$
特殊组合	非岩石地基	$e_o \leqslant \rho$
	石质较差的岩石地基	$e_o \leqslant 1.2\rho$
	坚密岩石地基	$e_o \leqslant 1.5\rho$

注　1. 对于非岩石地基上的拱式渡槽墩台基础，在基本组合负载情况下，基底面的合力作用点应尽量保持在基底中线附近。

2. 建筑在岩石地基（较好的）上的单向推力墩，当满足强度 σ_{max} 小于 $[\sigma]$ 和稳定（抗倾覆）要求时，合力偏心距不受限制。

渡槽浅基础的基底压应力验算，按横槽向和顺槽向分别计算而不叠加，并分别考虑各自的不利条件。横槽向验算时，槽中通过设计流量或满槽水、河道水位最低加横向风压力是 σ_{max} 验算的不利条件；槽中无水、河道水位最高加横向风压力或漂浮物撞击力是验算 e_o 的不利条件，也是抗倾覆稳定验算的不利条件。对于顺槽向，梁式渡槽一般只验算施工情况，如一跨槽身已就位而邻跨未吊装（图 10－71 右图）、吊装设备置于已就位槽身上进行邻跨槽身吊装等情况；拱式渡槽或桁架拱式渡槽，验算不对称墩、单向推力墩和槽台以及相邻跨施工荷载不平衡的中拱墩等情况的基底压应力和抗倾覆稳定性。

浅基础下有软土层时，应验算软土层顶面的承载力；若下卧层为沉降量较大的厚层软黏土时，须计算沉降量。计算方法可参考公路桥涵设计相关书籍。

七、槽身的结构计算

（一）整体式槽身的结构计算

整体式槽身结构的受力，纵向为梁，横向为刚架，是一个双向受力结构。目前国内采用的结构计算方法有两种：①梁理论计算法，认为可以将槽身的横向与纵向的变形（应力）分开考虑，结构内力可分别按纵向和横向的平面问题分析计算，又称刚性梁法；②空间理论计算法，与梁理论的刚性梁法相反，认为槽身为空间薄壁体系，为一壳体，纵向和横向的应力和变形是相互联系的，又称壳体理论计算法。再按具体计算方法不同，又分为有限元法、折板法、有限条法等。

两种计算方法的对比计算结果表明，刚性梁法的计算与实测有一定误差，同时又受槽身形式和跨宽比的影响。跨宽比 l/B 是槽身跨长 l 与槽身宽度 B 的比值。跨宽比不同，槽身纵横向应力和变形之间的互相影响程度也不同。跨宽比 $l/B>3\sim4$ 为长壳，$3\sim4>l/B>0.5\sim1$ 为中长壳，$l/B<0.5\sim1$ 为短壳。对于长壳，上述两种计算方法的计算结果较为接近；对于中长壳，则刚性梁法的计算结果与原型实测值的误差较大，而壳体理论法的计算结果比较符合实际。因此，应以壳体理论法作为槽身结构计算的方法。但由于目前仅简支 U 形槽身的壳体理论计算公式比较成熟，故对于矩形槽身和双悬臂等跨度大的梁式槽身，仍采用刚性梁法计算结构内力，能保证结构安全，但并不一定经济。

（二）砌筑式拱上结构及槽身计算

拱上结构为实腹式以及横墙（或立柱加顶横梁）腹拱式的拱式渡槽，槽身、拱上结构和主拱圈三者之间是具有一定的整体作用的。拱上结构将因主拱圈的变形而产生应力，槽身随之也产生应力。从概念上讲，槽身、拱上结构和主拱圈的应力，可以根据三者之间的变形协调来求解。但是，因为结构型式和构造复杂，特别是三者之间的传力关系常是不明确的，因此，欲考虑三者之间的整体作用来求解它们的应力是十分困难的。所以，工程设计中，计算拱上结构时不考虑主拱圈的变形影响，而是采取分缝、设腹拱铰和局部采用柔性结构（如槽身底板）等构造措施，来适应拱上结构和主拱圈的变形，这样，拱上结构和槽身的结构计算就简单了。

对于实腹式拱上结构及槽身，当不考虑主拱圈及拱上结构的变形影响时，只需在槽墩顶部垂直槽轴方向取单宽米，进行横向计算，验算槽身侧墙和拱上结构的边墙的强度和稳定性。对槽身侧墙按悬臂梁计算。如果侧墙与底板之间是分缝的，还需验算侧墙的抗倾覆和抗滑稳定性，如不满足要求，可采用底板埋筋或有利于稳定的侧墙断面型式。当槽顶设置拉杆且底板做成柔性结构并配有拉筋时，采用钢筋混凝土材料的侧墙，按铰接于底板和拉杆考虑，进行计算并配竖向受力筋，水平向配构造筋。

对填背式拱上结构的边墙，按挡土墙计算。边墙顶承受槽身侧墙传来的铅直荷载；槽身底板重和槽中水重换算为附加土厚度，与边墙后填料厚度加在一起为作用在边墙内的填土厚度，来计算边墙的填土压力。边墙应满足强度和稳定要求，如不满足，可采用有利于稳定的边墙断面型式或在槽身底板内配置横向拉筋，利用底板对边墙顶的摩擦力，提高边墙的稳定性。

实腹拱渡槽的底板宜做成柔性结构，其下的填料必须填筑密实。这样，可不进行内力计算和强度验算，只布置构造钢筋即可。

横墙腹拱式渡槽，腹拱以上部分的结构计算与实腹式的基本相同。腹拱的计算，可以参照拱圈的圆弧拱计算。其横墙的计算则与拱墩的计算基本相同。

八、主拱圈结构计算

主拱圈的结构计算包括拱圈的几何性质计算、内力计算和强度及稳定性验算。拱圈的几何性质计算主要是确定其拱轴系数和合理拱轴线方程。圆弧拱在各种荷载作用下的内力，有已制好的图表直接查得，可参考有关设计手册和书籍；悬链线（包括二次抛物线）拱的内力计算（包括无铰拱、两铰拱、三铰拱的）已在力学课程中讲述。

九、槽墩及槽台结构计算

槽墩及槽台结构计算的任务，是通过强度与稳定性验算，确定墩台结构的布置尺寸、构造和基底面的设置高程。在总体布置阶段，选定了墩台结构的型式、布置尺寸和基底面的设置高程。其地基的稳定性验算已在第八节中讲述了。这里主要介绍墩台结构强度验算方面的有关问题。

（一）重力式槽墩的强度验算

对于重力式槽墩，通常只验算水平截面上的正应力和剪应力。

1. 验算截面

一般只验算墩身与墩帽的结合面和墩身与基础的结合面的两个水平面。对连接大小拱跨的不对称墩，应分别验算小跨拱脚下缘、大跨拱脚上缘及下缘、墩身与基础的结合面以及墩身的变坡处等水平截面。对于各验算截面，应分别按纵、横两个方面进行验算。

2. 验算条件

（1）纵向验算条件。

1）墩身正应力。对于对称的重力式槽墩，运用时期为轴心受压，可选槽身通过设计流量或满槽水情况作为设计条件，再加人群荷载等作为校核条件；施工时期两侧施工进度不同时为偏心受压。对于不对称墩，运用时期与施工时期均为偏心受压，运用时期以主拱圈承受最大竖向荷载并考虑温升作用作为验算条件；施工时期的验算条件与对称墩的基本相同。

2）墩身剪应力。可只验算小跨的拱脚下缘和大跨拱脚下缘两个水平截面，前者的截面剪力为小跨拱脚水平推力，后者的截面剪力为大小跨拱脚水平推力的差值；对于加强墩，可只验算任一侧拱跨结构已崩塌时的情况，另一侧按空槽加温升考虑。

（2）横向验算条件。一般应考虑满槽水加横向荷载与空槽加横向荷载两种情况。前者的截面压应力最大；后者对弯曲拉应力、合力偏心距和截面剪应力验算是不利情况。

（二）槽台结构计算

拱式渡槽的槽台，是拱式结构与进出口填方渠道连接时采用的连接建筑物。如图 10－72 所示，槽台面部承受进出口连接段的重量（g 为单位面积上的外荷载换算成的填土厚度）；槽台前墙的中下部承受主拱拱脚传来的水平推力 H_a、铅直力 V_a 和力矩 M_a（拱脚设铰时 $M_a=0$）；对于横墙腹拱式拱跨结构，槽台前墙上部还要承受腹拱传来的拱脚水平推力和铅直力；台背承受填土重量 W 和水平向上的侧压力 E；对于埋入式槽台，台前常有较高的填土斜坡，这时还要承受斜坡土的主动土压力。

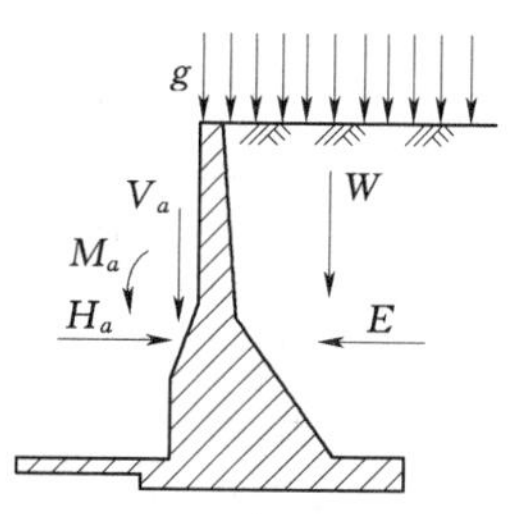

图 10－72　槽台的荷载

台背承受的水平向土的侧压力 E，应根据槽台的结构型式、不同时期的工作条件以及地基条件等选用主动土压力、被动土压力、静止土压力或静止土压力加弹性土抗力。各种侧土压力的计算，见《土力学》中的有关内容。

槽台结构的强度和稳定验算方法与槽墩相同，但是槽台的工作特点是台前承受的拱脚传来的荷载主要由台后填土侧压力平衡，并维持槽台的稳定，两者互相影响又相互依存。因此，只有选择合适的设计计算方法，确定台后填土压力的性质和数值，才能比较确切的得出槽台强度和稳定性验算的荷载。

十、渡槽的设计步骤

总结前面所讲的内容，渡槽设计基本上按以下步骤进行：

（1）通过调查、勘测，试验等收集所需各种基本资料，根据渡槽的任务和地形地质等条件确定渡槽的级别和设计标准。资料收集的深度和广度，一方面取决于工程规模的大小和重要性，另一方面应随着设计工作的逐步深入而加以必要的补充。

（2）选择槽址及槽身起止点位置。根据地形、地质等条件初步做出渡槽的结构选型及其纵剖面布置方案。

（3）进行各方案的水力设计。包括拟定合理的槽身比降及过水断面型式和尺寸，通过水头损失及水面衔接的计算，确定渡槽进出口高程与衔接形式。

(4) 做出若干个总体布置方案。包括选定各组成部分的结构型式和材料、分跨，拟定各组成部分的布置尺寸和高程，将成果绘在纵剖面布置草图上，并绘制若干必要的横剖面图；需要时还应绘制平面布置图，以决定挖填工程量。布置草图中应注明高程、基础中心线的桩号、进出口渠底高程和渠道水位、河道的最低和最高水位、槽下交通道路或航道的位置与要求的净宽和净空高度以及地质条件等。对于跨度较大、槽高较大、地质条件较差的大中型渡槽，应验算拟订方案的渡槽及其地基的稳定性，论证方案的可行性和安全度。

(5) 优化设计。对各方案进行技术经济比较，确定最优的总体布置方案。

(6) 进行最优方案的结构计算和构造设计，绘制设计图。

(7) 计算各项工程量和各种材料用量，进而提出施工组织设计和工程概预算。

第十一章　倒虹吸管及涵洞

第一节　倒　虹　吸　管

一、概述

倒虹吸管是设置在渠道与河流、山沟、谷地、道路相交处的立交有压输水建筑物（连通管）。它与渡槽相比较，具有造价低、施工方便的优点，但水头损失大，运行管理不如渡槽方便。

在难以修建渡槽，采用高填方或绕线渠道方案又有困难时，经过经济技术比较，倒虹吸管往往是常被采用的方案。当渠道与道路或河流平面交叉，渠道水位与路面高程或河水位相接近时，不便采用渡槽或其他交叉建筑物时，通常也采用倒虹吸管。

即使在自流水头不珍贵的情况下，采用倒虹吸管也要特别注意水流衔接问题。

倒虹吸管断面通常为圆形，具有水力条件和受力条件好，造价低等优点。但在流量大，水头小的平原地区渠系上，还有穿过道路的倒虹吸管，也常采用施工方便的矩形断面。

二、倒虹吸管的布置及构造

（一）倒虹吸管的管路布置

倒虹吸管一般由进口、管身和出口组成。管路布置应根据地形、地质、施工、水流条件，以及所通过的道路交通、河道洪水等具体情况综合分析，力求与河流、谷地、道路正交，以缩短管长。同时应选择较缓的地形，以保证管身稳定和便于施工。一般情况下，应避免将进口、出口修建在高填方上，不得已时，应采取加固和防渗排水措施，防止沉陷、渗漏引发的垮塌。为减少施工开挖量，管身一般按地形坡度布置。如河谷地形变化复杂时，应尽量避免转弯过多，以减小水头损失和减少施工难度。在地质上应避开滑坡、崩塌等不稳定地段。

根据管路埋设情况及压力水头大小，倒虹吸管的布置有下列几种型式。

1. 竖井式

竖井式见图 11-1，多用于压力水头较小（$H<3\sim5$m），穿越道路的情况。进出口一般用砖石或混凝土砌筑成竖井，竖井断面为矩形或圆形，其尺寸稍大于管身，底部设 0.5m 深的集沙坑，以沉积泥沙和便于清淤及检修管路时排水用。管身断面一般为矩形、圆形或其他形式。这种型式构造简单、管路短，施工比较容易。但水流条件差，一般用于较小的倒虹吸管。

2. 斜管式

斜管式见图 11-2，多用于压力水头较小穿越渠道、河流的情况。斜管式倒虹吸管构造简单，施工方便，水流条件好，实际工程中采用较多。

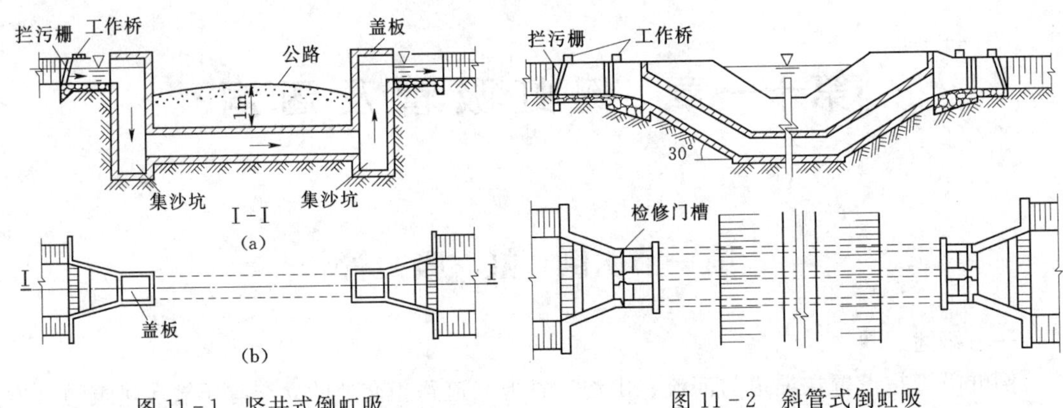

图 11－1　竖井式倒虹吸　　　　图 11－2　斜管式倒虹吸

3. 曲线型

曲线型见图 11－3，当岸坡较缓（土坡 $m \geqslant 1.5 \sim 2.0$，岩石 $m \geqslant 1.0$），为减少开挖工程量，管道随地面敷设成曲线型。管身常为圆形的混凝土管、钢筋混凝土管，可现浇也可预制安装，能承受较大的压力水头。管身一般设置管座（参见涵管），压力水头较小或地基很坚实时，也可直接敷设在地基上。在管道转折处应设置镇墩，并将管接头包在镇墩内。为了防止温度引起的不利影响，减小温度应力，管身一般埋于地下，为减小工程量，埋置不宜过深。应注意，有不少已建的倒虹吸管工程因温度影响或土基不均匀沉陷，造成管身裂缝，有的渗漏严重，危及工程安全。

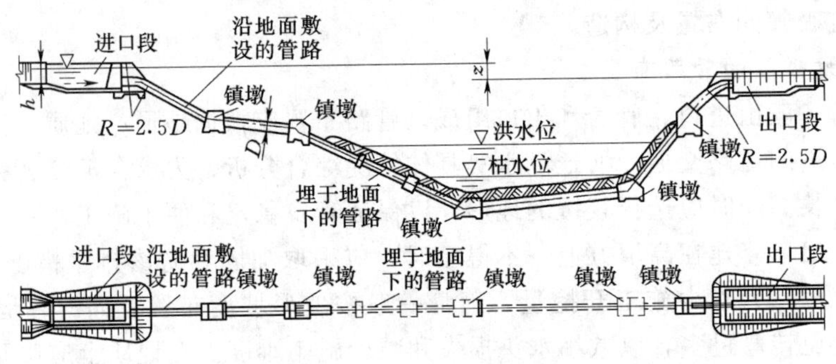

图 11－3　曲线式倒虹吸管

4. 桥式倒虹吸管

桥式倒虹吸管见图 11－4，当渠道通过较深的复式断面河道或窄深河谷时，为减小施工困难，降低管道承受的最大压力水头，减小水头损失和缩短管道长度，可在深槽部位建桥，管道敷设在桥面上或支承在桥墩等支承结构上。桥下应有足够的净空高度，以满足泄洪和通航要求。在桥头、山坡等管道转弯处应设置镇墩，并在墩上设置放水孔（可兼作进人孔），以便于检修。

（二）倒虹吸管进出口布置

1. 进口段的形式和布置

进口段包括进水口、拦污栅、闸门、启闭台、进口渐变段及沉沙池等。进口段的结构

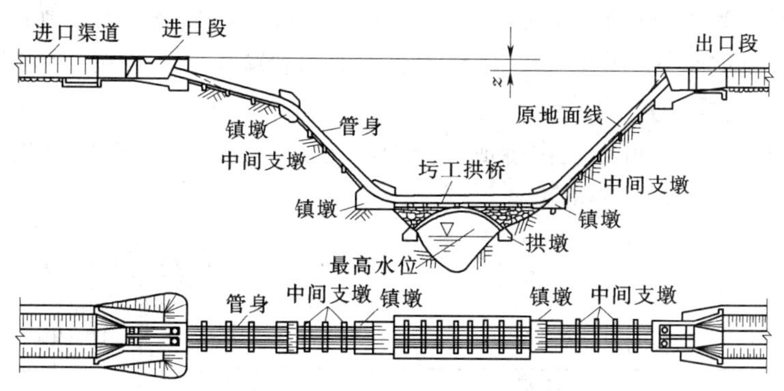

图 11-4　桥式倒虹吸管

型式，应保证通过不同流量时管道进口处于淹没状态，以防止水流在进口段发生跌落，产生水跃引起管身振动。同时应具有较好的水力条件，运行可靠，满足稳定、防渗、防冲、防淤等要求。

(1) 进水口。进口段应修建在基础较好，渗透性较小的地基上。如地基较差，渗透性大时，应作好防渗处理，通常作 30～50cm 厚的浆砌石或 15～20cm 的混凝土铺盖，其长度约为渠道水深的 3～5 倍。挡水墙可用混凝土浇筑，也可用圬工材料砌筑，都应与管身妥善衔接，防止渗漏。

进水口的型式应满足通过不同流量时，渠道水位与管道入口处水位的良好衔接。进口轮廓应使水流平顺，以减小水头损失。

对于岸坡较陡、管径较大的钢筋混凝土管，进水口段常用圆弧曲线在上下、左右方向逐渐扩大成喇叭形与挡水墙相接（图 11-5）。进水口段与管身常用圆弧弯管连接，其曲线半径一般采用 2.5～4.0 倍管的内径。

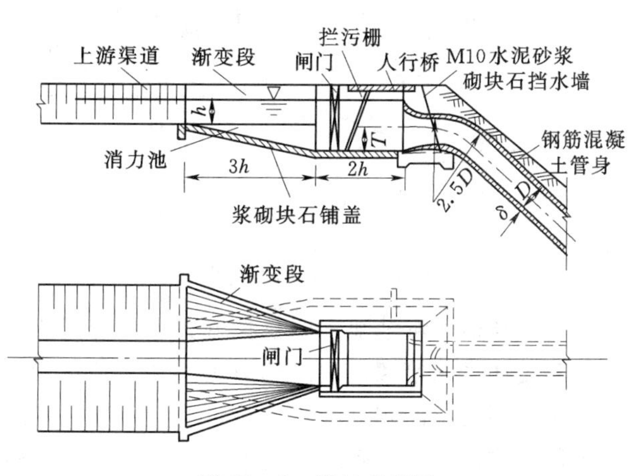

图 11-5　进口布置图

当岸坡较平缓时，可不设置竖曲线连接，将管身直接伸入挡水墙 0.5～1.0m 并与喇叭口连接。对于小型倒虹吸管，为了施工方便，一般将管身直接插入挡水墙内，如图 11-4 所示。

(2) 闸门。单管倒虹吸管进口一般不设置固定启闭设备及闸门，通常是在侧墙上设闸槽，在事故检修、清淤时，临时安装叠梁闸门。

对于双管或多管倒虹吸管，则在进出口应分别设置专用平板闸门，在个别管道事故检修时不致全部停运。小流量时，可一管或部分管路过水，以防止进口水位跌落，同时可增加管内流速，防止管道淤积。

(3) 拦污栅。为了防止漂浮物或人畜落入渠内被吸入倒虹吸管，在闸门前常设置拦污栅。拦污栅的布置应有一定的坡度，以增加过水面积和减小水头损失，常用坡度为1/3～1/5。栅条用扁钢作成，其间距为10～25cm。

为了清污或启闭闸门可设工作桥或启闭台（图11-6），启闭台面高出闸墩顶的高度为闸门高加1.0～1.5m，以能够更换。

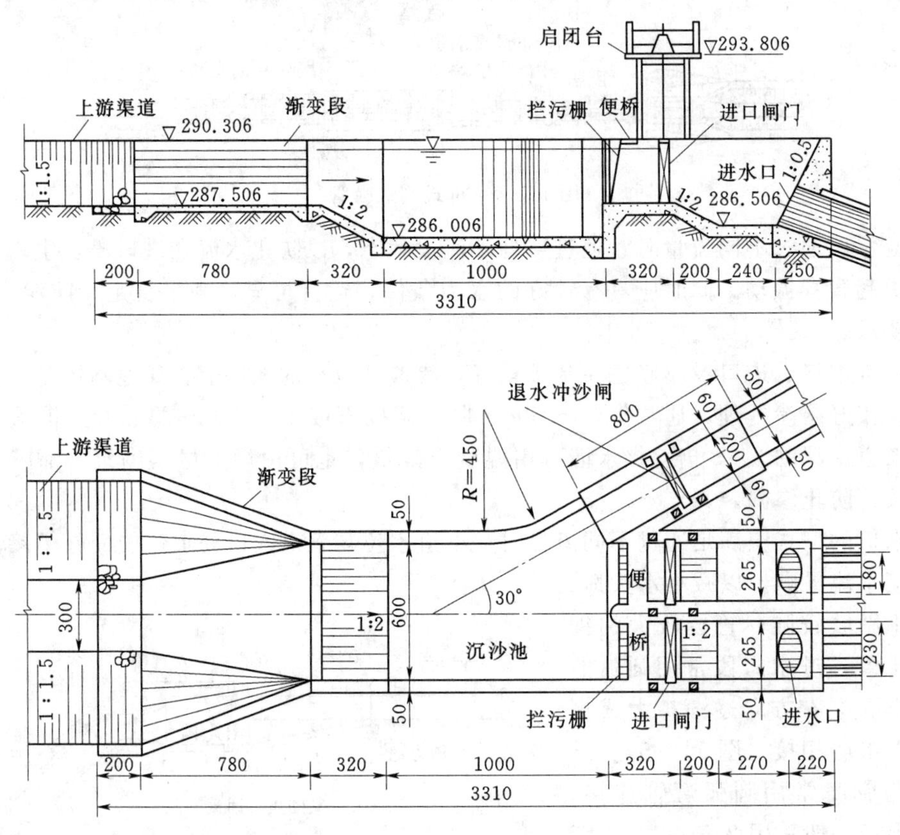

图11-6　沉沙池及冲沙闸布置图（单位：高程，m；尺寸，cm）

(4) 沉沙池。沉沙池主要是拦截渠道水流携带的大粒径沙石，以防进入倒虹吸管内引起管壁磨损和淤积堵塞。在悬移质为主的平原区渠道，也可以不设沉沙池。

对有输沙要求的倒虹吸管，设计时应使管内流速不小于挟沙流速，来保证输沙和防止管道淤积，按两管或多管设计有利。在山丘区的绕山渠道，山坡的泥沙入渠现象严重，沉沙池应适当加深。

沉沙池尺寸可按以下经验数据确定：

池长　$L \geqslant (4 \sim 5)h$　(11-1)

宽度　$B \geqslant 1.5b$　(11-2)

沉沙池低于渠道底深度　$T \geqslant 0.5D + \delta + 20$　(cm)　(11-3)

式中　h、b——渠道水深与底宽，m；

D、δ——管内径与管壁厚度，cm。

(5) 渐变段。倒虹吸管进口前一般设置渐变段与渠道平顺连接，以减少水头损失。渐变段有扭曲面、八字墙等型式（图 11－7），其底宽可以是变化的或不变的。渐变段的长度一般采用 3～5 倍渠道的设计水深。对于渐变段附近的渠道应适当护砌。

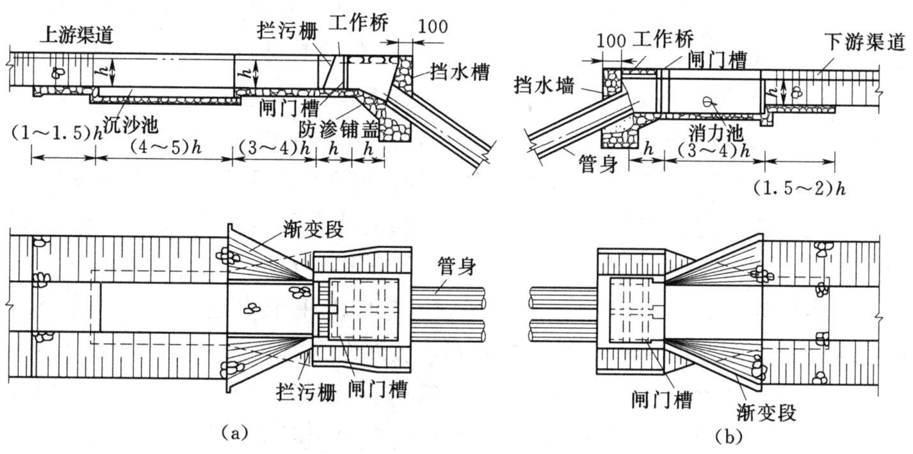

图 11－7　双管倒虹吸进出口布置图（单位：cm）

（6）退水闸。大型或较为重要的倒虹吸管进口前应设置退水闸（图 11－6），当倒虹吸管发生事故时，关闭倒虹吸管前闸门，把渠水从退水闸泄出。

2. 出口段的形式和布置

出口段包括出水口、闸门、消力池、渐变段等。其布置型式与进口段大致相同（图 11－7）。为运用管理方便，在双管或多管倒虹吸管出口也要分别设置闸门或预留检修门槽。

为使出口与下游渠道平顺连接，出口渐变段长度常采用 4～6 倍的渠道设计水深。同时渐变段下游的渠道尚应护砌 3～5m，以防止对下游渠道的冲刷。

渐变段的底部常设有消力池，池长一般为渠道设计水深的 5～6 倍。消力池深度可按下式估算：

$$T \geqslant 0.5D + \delta + 30 \quad (\text{cm})$$

式中　D——管内径，cm；

　　δ——管壁厚度，cm。

倒虹吸管出口水流流速一般较小（约 2m/s），消力池的作用主要是消能并调整出口水流的流速分布，使水流比较均匀而平稳地进入下游渠道，减轻冲刷。对双管或多管布置的倒虹吸管作用尤为明显。

（三）管身及镇墩的型式和构造

1. 管身

倒虹吸管断面通常为圆形，它具有水力条件和受力条件好、施工方便等优点，所以得到了广泛的采用。在流量大、水头小的渠系上或穿越道路的倒虹吸管，有时也采用矩形断面。

倒虹吸管的材料，应根据压力水头及流量大小，按就地取材、施工安装方便、经久耐用等原则，综合分析进行选择。材料有木材、砖石、陶瓷、混凝土、钢筋混凝土、铸铁及钢材等。木管易干缩漏水，耐久性差，因此较少采用。当水头较低、管径较小时，可采用陶瓷管。矩形断面倒虹吸管，则可用砖石砌筑。混凝土管适用于水头较低、流量小的情况，一般用于4～6m水头，有的可达10余米水头，但管身裂缝，接缝渗漏，老化退化严重现象突出。钢筋混凝土管适用于较高水头，一般水头30m左右，也可达50～60m；管径通常不大于3m，采用旋辊法工艺生产的质量较高。在高水头倒虹吸管工程中，也常采用预应力钢筋混凝土管，它具有较高的弹性，不透水性和抗裂性，能充分发挥材料的性能，采用高速离心法工艺生产的质量较高，承受水头可达212m（管径1.25m），管径可达2m（水头140m）。预应力钢筋混凝土管与金属管相比，在钢材用量上可省80%～90%。另外还有自应力钢筋混凝土管和钢丝网水泥管，它们多用于中低水头、小管径的小型工程。钢丝网水泥管因刚度低、承受外荷能力差、抗渗性和耐久性差、钢丝网易锈蚀、特别是施工制作要求高等原因，多用于小型工程。就运行情况看，有的仅10年已程度不同的老化。铸铁管及钢管耗用金属材料较多，造价高，多用于高水头管段，还有逐步被预应力钢筋混凝土管取代的趋势。

倒虹吸管的埋置方式，管身与地基的连接形式等，与土坝坝下埋管大致相同。在较好的土基上修建的小型倒虹吸管，可不设连续座垫，而采用中间支墩形式，支墩间距视地基、管径大小等情况，一般采用2～8m。

为防止温度、冰冻、耕作等不利因素影响和河水冲刷，管顶应埋设在耕作层、冰冻层以下；穿越河道时，管顶应布置在最大冲刷线以下0.5m；穿越公路时，为改善管身受力条件，管项应埋置在路面以下1m左右。

为了防止因不均匀沉陷及温度降低，管身产生过大的纵向应力，发生横向裂缝，应分段设置永久性伸缩和沉陷缝，缝内设止水。缝的间距应根据地基、管材、施工、气温等条件确定。现浇钢筋混凝土管缝的间距，在土基上一般为15～20m；在岩基上一般为10～15m。还要采取如管身与岩基之间设置油毛毡垫层等措施，以减小岩基对管身收缩的约束作用，如果管身采用分段间隔浇筑时，缝间距可增大至30m。

伸缩沉陷缝的型式有平接、套接、企口接以及预制管的承插式接头等（图11-8）。缝宽一般1～2cm。缝中填沥青麻绒、沥青麻绳、柏油杉板或胶泥等。

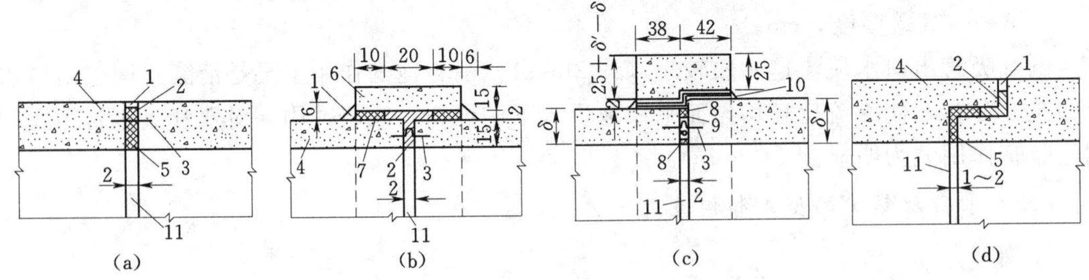

图11-8　管身伸缩缝形式（单位：cm）

(a) 平接；(b) 管壁等厚套接；(c) 管壁变厚套接；(d) 企口接

1—M10水泥砂浆封口；2—沥青麻绒；3—金属止水片；4—管壁；5—沥青麻绳；6—套管；7—石棉水泥；8—柏油杉板；9—柏油石棉线；10—外层油毛毡，内层柏油麻袋；11—伸缩缝现浇管一般采用平接或套接，缝间止水用金属止水片。近几年，随着高分子合成材料的发展，用塑料止水带代替止水金属片；用环氧砂浆粘橡皮已很普遍。30 多年来山东省许多工程采用颜宏亮等人 1984 年研制成功的 PT 型防渗胶泥，具有较高的黏结强度、抗拉强度和常温、低温延伸率以及耐热性，能广泛用于各种建筑物的接缝止水，具有施工简便，造价较低，维修方便，寿命较长的优点。施工时，将胶泥加热到 120～130℃成为稠浆，灌于任何形式的接缝中均可；也可切成条，嵌粘于预热好的接缝凹槽中即可。在－25～＋70℃气温条件下均能适应，止水效果较好。

预制钢筋混凝土管及预应力钢筋混凝土管，管节接头处即为伸缩沉陷缝。管节长度可达 5～8m。接头型式为平口式和承插式。承插式接头安装方便，专用橡胶圈密封性好，具有较大的柔性，目前大多采用这种型式（图 11－9）。

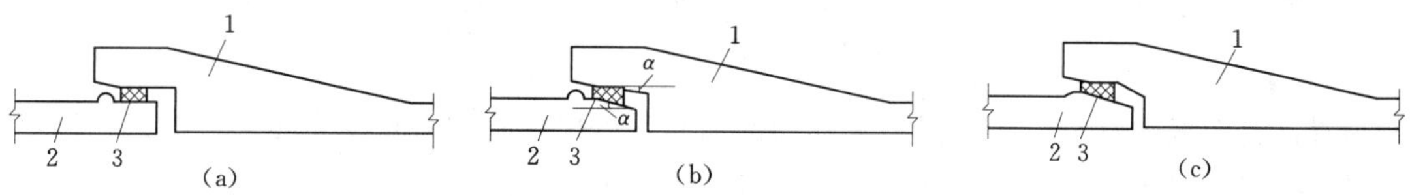

图 11－9　钢筋混凝土管承插式接头

(a) 平直型；(b) 双楔型；(c) “63” 型

1—承口；2—插口；3—橡胶圈

为了清除管内淤积泥沙，放空管内积水，便于检修，常在管段上设置冲沙放水孔。冲沙孔的底部高程一般与河道枯水位齐平（图 11－10），也可将冲沙放水孔设在倒虹吸管最低的镇墩中（图 11－11），为便于阀门的操作和管理可设置竖井，竖井口高程应高于河道最高洪水位。

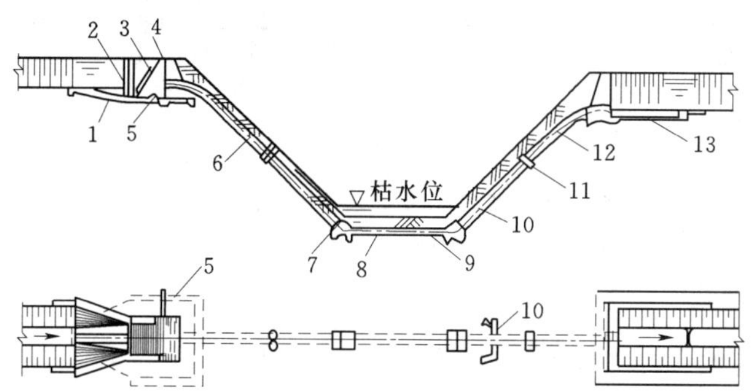

图 11－10　倒虹吸管冲沙放水孔布置图

1—进口；2—闸门；3—拦污栅；4—盖板；5—泄水孔；6—进水管；7—镇墩；8—水平段；9—埋入深度 0.5～1.0m；10—冲沙放水孔；11—伸缩缝；12—出水管；13—消力池

对于桥式倒虹吸管，放水孔设在管道最低部位，引出支管接以高压阀门，可将积水经阀门排入河道。

冲沙放水时应设法保证排水出路通畅，并防止水流对周围的冲刷破坏。

倒虹吸管较长，为便于检修，常在镇墩上设进人孔（图 11－12）。通常进人孔可与放水孔结合布置。进人孔孔径不小于 70cm，钢管进人孔可适当减小，以使检修人员进出方

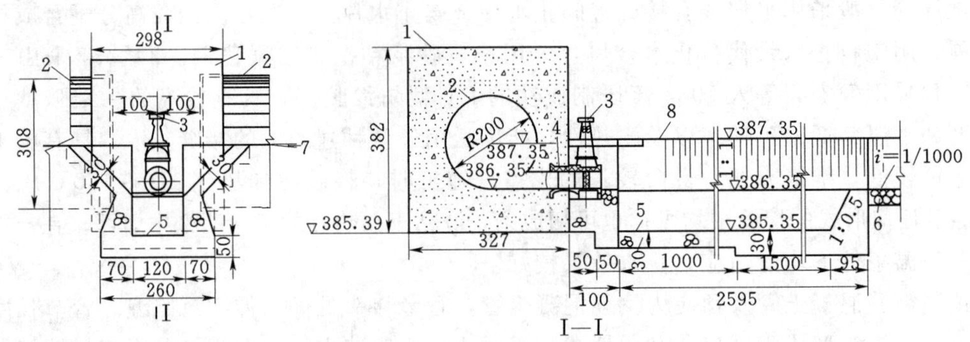

图 11-11　设在镇墩内的冲沙放水孔（单位：高程，m；尺寸，cm）

1—镇墩；2—管壁；3—高压阀门；4—预埋钢管；5—消力池底板；6—干砌石护底；7—两管轴线夹角 1°45′；8—原地面

便为宜。若布置在管身上时，需将管身局部加厚，以保证其刚度及受力要求。进人孔设封盖以防漏水，封盖应有足够的强度和刚度（图 11-12）。

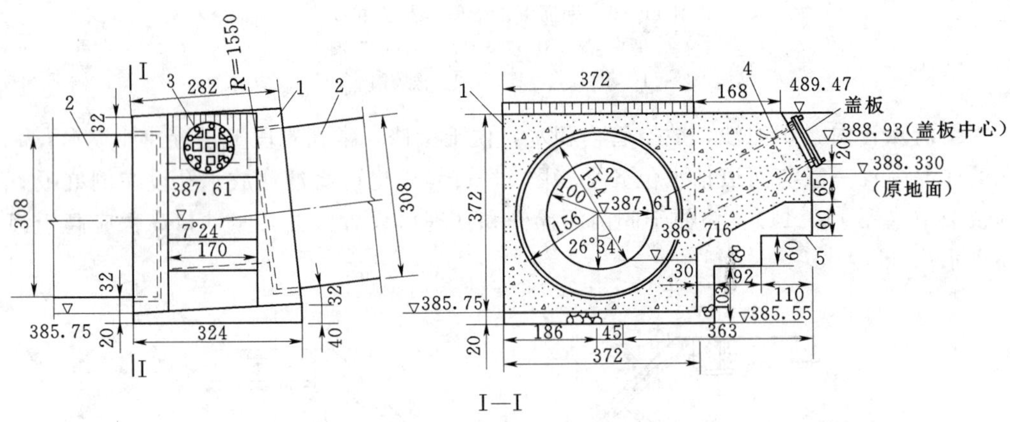

图 11-12　设在镇墩内的进人孔（单位：高程，m；尺寸，cm）

1—镇墩；2—管壁；3—铸铁盖板；4—预埋钢管；5—水泥砂浆砌块石

2. 镇墩

在倒虹吸管的变坡和转弯处都应设置镇墩，其主要作用是固定和连接管道。所以镇墩的设计要点是，根据管道的布置特点保证管道的固定和连接，并适应管道的变形且不漏水。

镇墩的材料主要为砌石、混凝土或钢筋混凝土。砌石镇墩多用于小型倒虹吸工程。在岩基上的镇墩，可加锚杆与基岩连接，以增加稳定性。

镇墩承受自重、管身传来的荷载、管内水流的作用、填土压力等。为了保持稳定，镇墩一般是重力式的。在斜坡管段若坡度陡、长度大，为防止管身沿斜坡下滑，也应在斜坡段中设置镇墩，其设置个数视地形及地质情况确定。

镇墩与管道的连接形式有两种：刚性连接和柔性连接（图 11-13）。刚性连接是把管端浇筑或砌筑在镇墩内。该形式施工简单，但适应变形的能力差，不均匀沉陷或管道伸缩变形都可能使管身产生裂缝。在斜管坡度大，且地基承载力足够的情况下，不均匀沉陷或管道伸缩变形都小，固定住管道上升为主要矛盾，采用刚性连接合适。柔性连接是用伸缩缝将管身与镇墩分开，缝内设止水，既允许变形又不能漏水。柔性连接施工比较复杂，但适应不均匀沉陷管道伸缩变形的性能好，常用于斜坡较缓的土基上。所以，斜坡段上的中间镇墩，与上部管道多为刚性连接，与下部管道多为柔性连接，既解决主要矛盾（稳妥固定能防止大的变形），又兼顾次要矛盾（柔性连接来适应小的变形）。

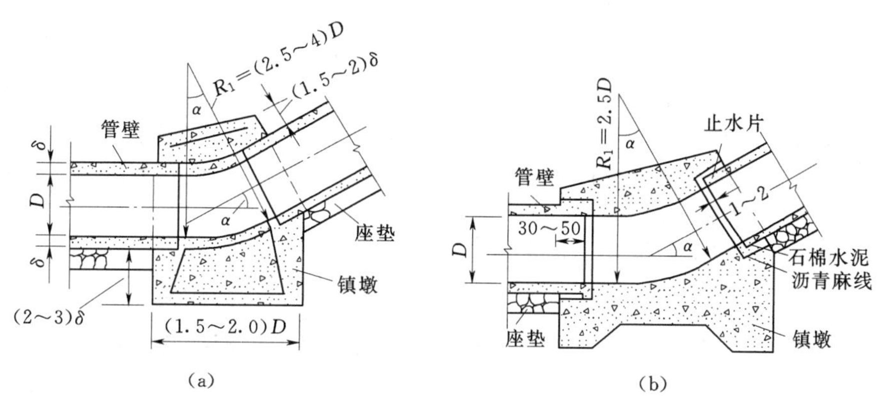

图 11－13　镇墩与管端的连接

(a) 刚性连接；(b) 柔性连接

镇墩的轮廓尺寸，应根据镇墩在荷载作用下自身的稳定、强度、地基应力及构造上的需要确定。初拟尺寸时可参考下列经验数据：镇墩的长度约为管内径的 1.5～2.0 倍；底部最小厚度为管壁厚度 δ 的 2～3 倍；镇墩顶部及侧墙最小厚度为管壁厚度的 1.5～2.0 倍，管身与镇墩的连接长度为 30～50cm。为减小水头损失，前后管在镇墩内用圆弧形弯管段连接，圆弧形外半径 R_1 一般为管内径 D 的 2.5～4.0 倍，弯段圆心角 α 与前后管段的中心线夹角相等。砌石镇墩在砌筑时，可在管道周围包一层混凝土，其尺寸应同时考虑施工、构造要求。

三、倒虹吸管的水力设计

倒虹吸管水力设计的任务，是在过水流量 Q 和倒虹吸管的布置基本拟定的前提下，在渠系规划时初拟倒虹吸管的断面尺寸，考虑最不利的水头损失情况，预留可能的允许水头损失值 $[\Delta Z]$；在具体设计时：

(1) 根据需要通过的流量和允许的水头损失值，拟定过水断面尺寸。倒虹吸管内的水流为压力流，其流量计算公式为

$$Q=\mu\omega\sqrt{2gz} \tag{11-4}$$

式中　Q——通过倒虹吸管的流量，m^3/s；

ω——倒虹吸管的过水断面积，m^2；

z——倒虹吸管的上下游水位差，m；

μ——流量系数。

μ 值可按下式计算：

$$\mu=\frac{1}{\sqrt{\zeta_0+\sum\zeta+\frac{\lambda L}{D}}} \tag{11-5}$$

式中　ζ_0——出口局部损失系数；

$\sum\zeta$——局部损失系数总和，包括拦污栅（ζ_1）、闸门槽（ζ_2）、进口（ζ_3）、弯道（ζ_4）、渐变段（ζ_5）等损失系数，各局部损失系数可根据工程布置实际情况，查阅《水力学》有关数据给出；

$\frac{\lambda L}{D}$——沿程摩阻损失系数，$\lambda=\frac{8g}{C^2}$，其中 L 为管长，m，D 为管径，m，C 为谢才系数。

(2) 根据需要通过的流量及拟定适宜的管内流速，核算水头损失值。管内流速应根据技术经济比较和管内不淤要求选定。当通过设计流量时，管内流速通常为 1.5～3.0m/s；最大流速一般按允许水头损失值控制，在允许水头损失值的范围内应选择较大的流速，以减小管径。

(3) 根据核算的水头损失值和初步拟定的管身断面尺寸，核算能否通过规定的流量。

(4) 当倒虹吸管的过水断面尺寸和下游渠底高程确定后，核算小流量时管内流速是否满足管不淤条件要求，即应不小于管内挟沙流速。若计算出的管身断面较大或通过小流量时管内流速过小，可考虑双管或多管布置。这样，当通过小流量时，关闭部分管道，以保证管内为不淤流速，方便运行管理。

(5) 核算通过加大流量时的进口壅水高度，是否超过挡水墙顶和上游堤顶及有无一定的超高。根据设计流量确定管身断面尺寸及下游渠底高程后，尚应验算管道通过小流量时进口的水面衔接情况。若小流量时上下游渠道水位差值 z_1 大于按通过小流量时计算出的水头损失值 z_2 时，进口水面将会产生跌落而在管道内产生水跃衔接，从而引起脉动掺气、振动等，影响管道的正常运行，严重时会导致管身破坏。

为了避免在管内产生水跃衔接，可根据倒虹吸管总水头的大小，采用不同的进口结构型式，如图 11－5 所示。

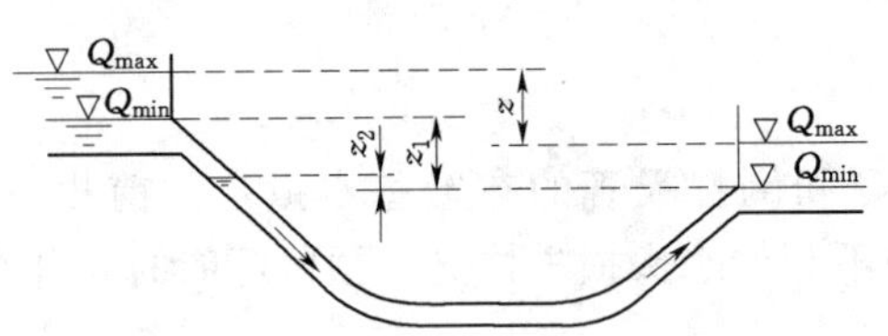

图 11－14　倒虹吸管水力计算图

当 z_1-z_2 差值较大时（图 11－14），可适当降低进口高程，在进口前设置消力池，池中的水跃应为进口处水面所淹没，见图 11－15(a)。

当 z_1-z_2 差值不大时，可降低进口高程，在进口设斜坡段［图 11－15 (b)］或曲线段(图 11－16)。

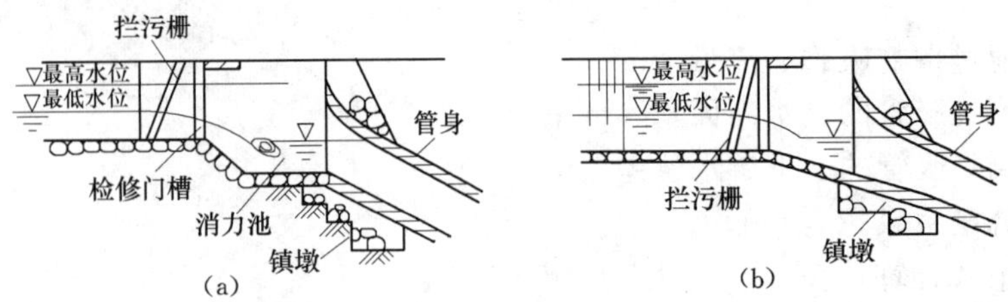

图 11－15　倒虹吸管进口水面衔接

当 z_1-z_2 很大时，在进口设消力池又不便于布置或不经济时，可考虑在出口设置闸门，以抬高进口水位使倒虹吸管进口淹没，消除管内水跃现象。但设置闸门应加强运行管理。

当渠道通过加大流量，水位差 Z 值小于倒虹吸管通过加大流量时所需要的水位差值时，应通过计算，适当加高进水口挡水墙及上游渠道堤顶的高度，并应有一定的超高来满足。

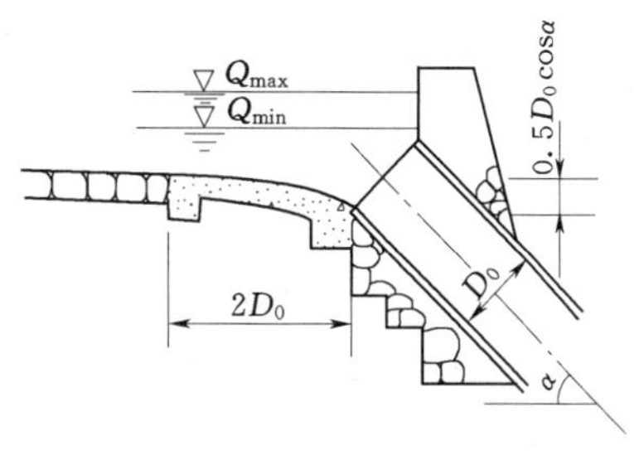

图 11-16 进口底部曲线图

四、倒虹吸管管身的结构计算

倒虹吸管结构一般由进出口建筑物、管身及镇墩等部分组成。进出口建筑物是一般的挡土墙、梁、板、柱结构，其设计计算可参考有关规范和书籍。镇墩设计计算可参考水电站、抽水站教材等有关书籍和资料。此处只介绍管身结构设计。

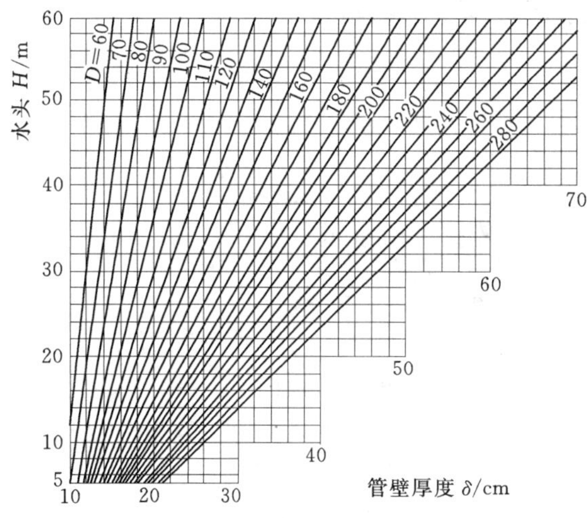

图 11-17 钢筋混凝土倒虹吸管管壁厚度选择曲线

（一）管壁厚度的拟定

管身结构设计步骤，一般是根据管径及压力水头大小，初步拟定管壁厚度，确定各项荷载，然后进行横向及纵向内力计算，校核管壁厚度并进行配筋计算和抗裂验算。

初拟管壁厚度，可参照隧洞与涵管一章有关涵管管身结构计算部分，也可参照图 11-17。

（二）荷载计算

作用于倒虹吸管管身的荷载主要有：管身自重、填土压力、地基反力、内水压力和外水压力、地面外荷载及温度变化等。管身自重、填土压力、地基反力及内水压力的计算与涵管基本相同。内水压力也可近似地按管身进出口处的水面连线计算。外水压力可按管身所在河道位置、泄洪时洪水位计算。其余荷载的计算方法如下。

1. 地面静荷载

埋设在路基中的倒虹吸管，应考虑地面路基、路轨等静荷载的作用。当静荷载为均匀分布时，其强度 q 可用等量的填土高度 h(m) 表示，见图 11-18。其换算高度为

$$h=q/\gamma_s \tag{11-6}$$

式中 γ_s——填土重度。

2. 地面活荷载

当管道穿过路下时，会受到汽车、拖拉机等地面活荷载的作用。计算时可将该荷载分为静力作用和动力作用两部分。

(1) 静力作用。

1) 按车辆的轮压按 30°压力扩散角传到管身（图 11-19）情况：

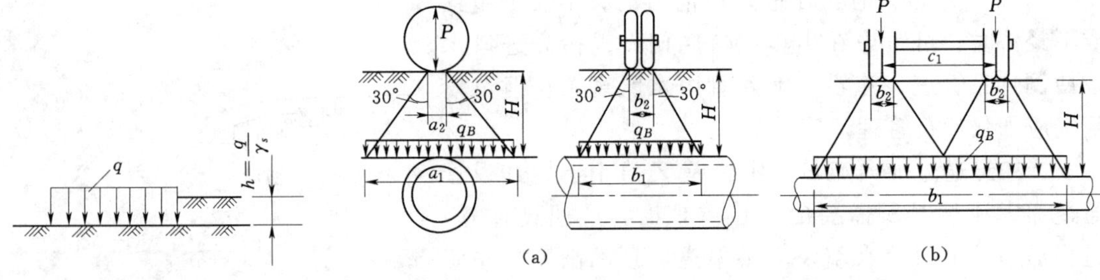

图 11-18　地面均布荷载换算高度

图 11-19　汽车轮压在土中的分布

(a) $H<\frac{c_1-b_2}{2\tan30°}$；(b) $H\geqslant\frac{c_1-b_2}{2\tan30°}$

当覆盖土深度 $H<\frac{c_1-b_2}{2\tan30°}$时，见图 11-19（a），轮压传到管顶的压力强度为

$$q_B=\frac{P}{(a_2+2H\tan30°)(b_2+2H\tan30°)} \tag{11-7}$$

当覆土深度 $H\geqslant\frac{c_1-b_2}{2\tan30°}$时，见图 11-19（b），同一轴上两轮的压力分布线将相交。则轮压传至管顶的压力强度为

$$q_B=\frac{P}{(a_2+2H\tan30°)\left(b_2+\frac{c_1-b_2}{2}+H\tan30°\right)} \tag{11-8}$$

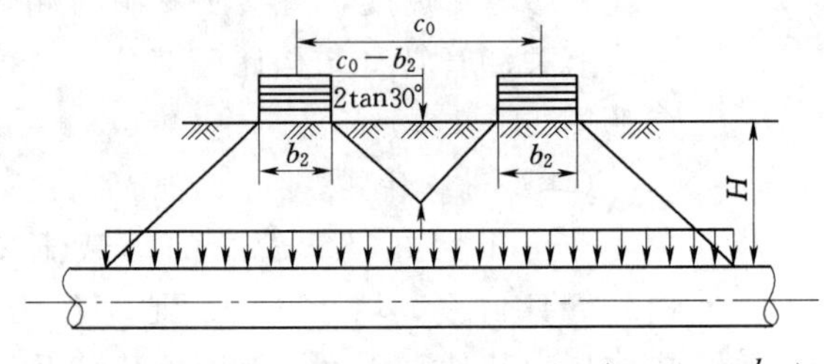

图 11-20　履带式拖拉机压力分布图$\left(H>\frac{c_0-b_2}{2\tan30°}\right)$

式中　P——轮压；

a_2——汽车轮胎在行车方向的着地长度，m；

b_2——汽车轮胎着地宽度，m；

H——管顶覆土厚度，m。

2）对于履带拖拉机，由于履带较长，可只考虑拖拉机横轴方向的压力分布（图 11-20）。

轮压传至管顶的压力强度计算如下。

当 $H>\frac{c_0-b_2}{2\tan30°}$时：

$$q_B=\frac{q}{\frac{c_0}{2}+\frac{b_2}{2}+H\tan30°} \tag{11-9}$$

当 $H\leqslant\frac{c_0-b_2}{2\tan30°}$时：

$$q_B=\frac{q}{b_2+2H\tan30°} \tag{11-10}$$

式中　c_0——两履带中心的距离，m；

b_2——履带宽度，m；

q——履带单位长度上的压力。

各级汽车及履带拖拉机的平面尺寸及主要指标，可参照有关公路规范的图表数据。

（2）动力作用。①当管顶填土厚度大于1m时，可不考虑动力作用。②当管顶埋土深度$H<1.0$m时，应考虑活荷载对管道的动力作用。设计计算时是将静力作用乘以冲击系数μ，按表11-1确定。

表11-1　　冲击系数μ值

覆土深度/m	≤0.4	0.5	0.6	0.7	0.8	0.9	1.0
μ	1.30	1.25	1.20	1.15	1.10	1.05	1.00

（3）活荷载静力和动力作用总力。设管身的外径为D_1，则活荷载作用于管顶单位长度的总压力为：

不计动力作用时

$$P_B=q_BD_1 \tag{11-11}$$

考虑动力作用时

$$P_B=\mu q_BD_1 \tag{11-12}$$

3. 温度差值Δt

温度变化将使管身产生温度应力，温度应力与温度差值Δt有关。温度差值应根据管道敷设方法、当地水温、地温及气温变化情况合理地选定。

对填土下的埋管，采用水温与气温的差值$\Delta t=\pm2\sim3$℃；露天管远大于此值。

对于现浇管，应考虑施工浇筑温度与运行期管身的最低温度：若设管身浇筑（合缝）时的温度为t_0，运行期管身最低温度为t_1，则管身的均匀温降为$\Delta t=t_0-t_1$，t_0及t_1应根据当地具体条件选定。同时还应考虑因混凝土凝固收缩而引起的纵向拉力，一般混凝土凝固收缩相当于管身温降15℃左右。

（三）荷载组合

荷载组合应根据倒虹吸管的工程布置及运用期间可能出现的最不利情况，进行全面考虑，一般采用如下不利组合：

（1）埋于河底的倒虹吸管，管内正常输水，河道处于枯水位或断流时的荷载组合为：管身自重、土压力、内水压力、外水压力、管内外温差及地基反力等。

（2）埋于河底的倒虹吸管，管内无水，河道处于洪水时期的荷载组合为：管身自重、土压力、外水压力及管内外温差等。

（3）外露式、桥式倒虹吸管或埋于填土中的倒虹吸管，在竣工试水验收时的荷载组合为：管身自重、管内外水压力及管内外温差等。

此外，设计中尚应考虑预制管身在运输、施工中的荷载，可根据具体情况进行组合。

为使工程经济、技术合理，对管道较长、水头较大的倒虹吸管，应按不同的水头分段计算荷载，以确定各段的管壁厚度与配筋量。通常对50m以下水头的管段，按10m一级分别计算；对于50m以上水头的管段，按5m一级分别计算。管身分段计算时应统筹考虑伸缩缝的位置。

中小型倒虹吸管，如斜管段不长且内力压力及荷载的变化范围不大时，计算时可不分段，取受力最大的低段的计算断面进行结构计算。

（四）管身结构计算

1. 管身横向结构计算

管身横向在各种荷载单独作用下的内力（弯矩 M 及轴向力 N），可用隧洞与涵管一章所给出的图表，根据倒虹吸管的安管方式等具体情况，直接查出。然后根据荷载组合情况组合叠加以求得截面总内力。计算时，弯矩以内壁受拉为正，轴力以受压为正。

2. 管身纵向结构计算

管身的纵向结构计算比较复杂，对于一般中小型倒虹吸管往往不作纵向结构计算。只在工程布置中予以认真分析，采取一些必要的工程措施，如设置伸缩沉陷缝和柔性接头；对地基进行处理以提高承载力；适当选择施工季节并在刚性座垫与管身之间涂柏油或铺油毛毡以减小纵向应力等。

对一些大中型倒虹吸工程进行纵向计算往往是必要的。现就有关工程中采用过的纵向应力计算方法介绍如下。

(1) 管身纵向拉力计算。管身由于温降、混凝土收缩以及内水压力等引起纵向收缩，受到回填土与管座等的约束时，管壁将产生纵向拉力。

1）温降引起的拉力。管身由于温降将产生收缩，当摩擦力很大，管身不能自由收缩时，产生的最大纵向拉力按下式计算：

$$N_t = A\sigma_t = (2\pi\gamma_c\delta)a_t E_h \Delta t \tag{11-13}$$

式中　A——管壁截面积；

σ_t——温度应力；

a_t——混凝土线膨胀系数，$a_t = 1\times10^{-5}$；

γ_c——管道平均半径；

δ——管壁厚度；

E_h——混凝土的弹性模量；

Δt——管身沿环向均匀温差，即浇筑时的管身温度 t_0 与运用期管身最低温度 t_1 之差值，即 $\Delta t = t_0 - t_1$。

对于现浇混凝土管，应考虑由混凝土收缩引起的拉力。通常按混凝土收缩相当于温降15℃左右计算。

2）内水压力产生的拉力。在内水压力作用下，管身膨胀引起纵向缩短而产生纵向拉力，其值可按下式计算：

$$N = A\sigma = 2\pi\gamma_c\mu p_o\gamma_B \tag{11-14}$$

式中　N——均匀内水压力引起的纵向拉力；

σ——均匀内水压力引起的纵向拉应力；

p_o——均匀内水压力强度；

γ_c、γ_B——管道的平均半径和内半径；

μ——管壁材料的柏松系数。

3）管外壁四周的摩擦力。当回填土及管垫座约束管身纵向自由变形时，管外壁与填土及垫座间将产生摩擦力。管道任一横截面由摩擦力所产生的纵向拉力，等于从管端到该截面的累计摩擦力，其最大值 T_{max} 发生在管道中部的横截面上（图 11－21）。

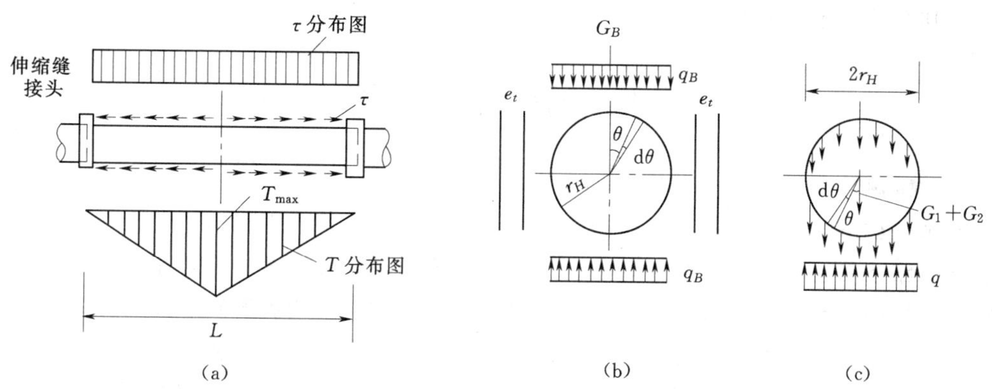

图 11－21　管壁摩擦力分布及计算图

当无刚性座垫时，其最大累计摩擦力可按下式计算：

$$T_{max}=\frac{1}{8}\eta\pi fL\left[2\left(1+\frac{e_t}{q_B}\right)G_B+G_1+G_2\right] \tag{11-15}$$

式中　η——不均匀荷载系数，可取 $\eta=1.5\sim2.0$；

f——填土与管壁摩擦系数；

L——管段长度；

e_t——均匀侧向土压力强度；

q_B——均匀铅直上压力强度；

G_B——每米管道上的铅直土压力；

G_1——管身自重；

G_2——管内水重。

当有刚性座垫（$2a_\phi=180°$）时，设管壁与座垫间设置油毛毡时的摩擦系数为 f_0，则最大累计摩擦力可按下式计算：

$$T_{max}=\frac{1}{8}\eta\pi L\left[f\left(1+\frac{e_t}{q_B}\right)G_B+f_0(G_B+G_1+G_2)\right] \tag{11-16}$$

在以上的计算中，如果摩擦力小于温降拉力及内水压力产生的拉力总和时，则按最大摩擦力计算管壁拉力。反之则按温降拉力及内水压力产生的拉力总和计算管壁拉力。

（2）管道纵向弯矩计算。管道在自重、土压力、管内水重及地基不均匀沉陷的作用下将产生纵向挠曲，其结构计算可将管道沿纵向视作一个环形截面的弹性地基梁进行计算。

对于中小型倒虹吸工程，可采用下式估算：

$$M=CWL^2 \tag{11-17}$$

式中　M——纵向弯矩；

C——挠曲系数，其值与地基土质有关，砂性土取 $C=1/100$；高压缩性黏性土取 $C=1/50$；中等土质可取中间值；

W——管道单位长度的荷重，$W=G_1+G_2+G_B+G_n$；

G_n——管顶水平线至管腹间回填上重；

L——柔性接头间距离（或计算管段长）；

其余符号意义见前式。

第二节 涵 洞

一、概述

涵洞是渠道与溪沟谷地、道路相交叉时，为了宣泄溪谷来水或输送渠水，在填方渠道或交通道路下修建的交叉建筑物。涵洞一般不设置闸门，其跨度往往较小。当涵洞进口设置挡水和控制流量的闸门时，应称为涵洞式水闸（简称涵闸或涵管）。

涵洞在布置上其方向应与原溪谷方向一致，以使进出口水流顺畅，避免上淤下冲。洞轴线力求与渠、路正交，以缩短洞身长度。洞底高程等于或接近原溪沟底高程。纵坡可等于或稍陡于天然沟道底坡。

涵洞建筑材料主要为砖石、混凝土、钢筋混凝土。在四川、新疆等地区采用干砌卵石拱涵已有悠久历史，积累了丰富经验。

二、涵洞的工作特点和类型

（一）工作特点和分类

涵洞由于承担的任务、水流状态及结构型式等的不同，有不同的工作特点和类型。

（1）按水流状态的不同，涵洞可能是有压的、无压的或半有压的。①有压涵洞的水流充满整个洞身，从进口到出口处都是有压的；②无压涵洞的水流从进口到出口都保持有自由水面；③半有压涵洞的进口洞顶为水流封闭，但洞内的水流具有自由表面。

（2）按承担任务的不同，有输水涵、排水涵、交通涵。

1）设在填方渠道或道路下面，用以输送渠水的涵洞称输水涵洞。为了减小水头损失，上下游水位差一般不大，其流速在2m/s左右，所以常设计成无压的，其水流状态与无压隧洞或渡槽相似。一般不考虑防渗、排水和出口消能问题。

2）用以宣泄溪谷来水的涵洞称排水涵洞。可以设计成无压的、有压的或半有压的。在宣泄洪水时，由于流量的变化，可能出现明流和满流交替的水流状态而产生强烈震动，危及工程安全。又由于上下游水位差较大，出口流速较大，设计时应考虑消能防冲，加强安全保护措施。排水涵洞在宣泄小河溪谷的洪水时期一般较短，其防渗排水不是主要问题，设计时视具体情况予以考虑。

3）设置在填方渠道下用于交通的涵洞称交通涵。要特别注意渗漏水的影响。

（二）涵洞的型式

涵洞由进口、洞身和出口组成，其顶部往往有填土。涵洞的型式一般是指洞身的型式，根据用途、工作特点及结构型式和建筑材料等常分为圆形、箱形、盖板式和拱形等几种。

1. 圆形管涵

水力条件和受力条件较好，能承受较大的填土压力和内水压力。多用混凝土或钢筋混凝土建造，是涵洞常采用的型式。其优点是构造简单，工程量小，施工方便。当泄量大时可采用双管或多管。

四铰管涵是一种新型管涵结构，它是将圆形管涵的管顶、管腹和管底用铰（缝）分开，采用钢筋混凝土或混凝土预制构件装配而成。适用于明流涵洞。由于设计计算中考虑和利用了填土的被动抗力，改善了受力条件，因而可节省钢材、水泥，降低工程造价。通常管径为 1.0～1.5m，壁厚为 12～16cm。

2. 箱形涵洞（图 11-22）

为四边封闭的钢筋混凝土整体结构。其特点是对地基不均匀沉陷适应性好，可调节高宽比来满足过流量要求。小跨径箱涵一般作成单孔，当跨径大于 3m，可作成双孔或多孔。当荷载较大时，常设置补角以改善受力条件。单孔箱涵壁厚一般为其总宽的 1/8～1/12，双孔箱涵顶板厚度一般为其总宽的 1/9～1/10，侧墙厚度一般为其高度的 1/12～1/13，内隔墙厚度可稍薄。箱涵适用于洞顶填土厚、跨径较大和地基较差的无压或低压涵洞，可直接敷设在砂石地基或砌石、混凝土垫层上。小跨度箱涵可分段预制，现场安装成整体。

3. 盖板式涵洞（图 11-23）

断面为矩形，由边墙、底板和盖板组成。侧墙及底板常用浆砌石或混凝土建造，设计时可将盖板和底板视为侧墙的铰支撑，并计入填土的土抗力，能节省工程量。底板视地基条件，可作成分离式或整体式的。盖板多为预制钢筋混凝土板，厚度为跨径的 1/5～1/12。盖板顶面以 2%的坡度向两侧倾斜，以利排水。适用于洞顶填土薄、跨径较小和地基较好的无压或低压涵洞。

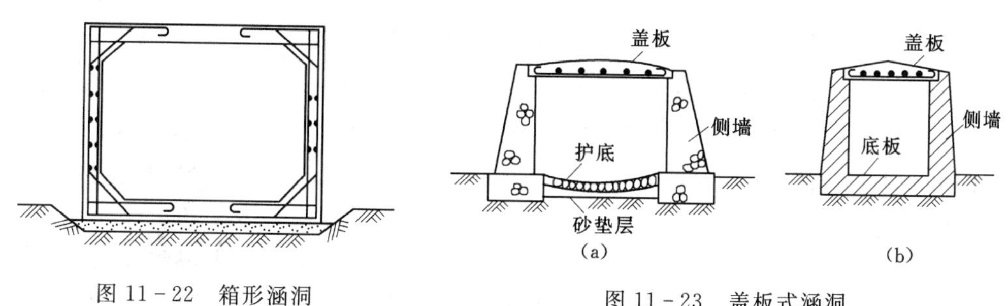

图 11-22 箱形涵洞

图 11-23 盖板式涵洞

(a) 分离式底板；(b) 整体式底板

4. 拱形涵洞（图 11-24）

由拱圈、侧墙及底板组成。在两侧填土能保证拱结构稳定的前提下，能发挥拱结构抗压强度高的优势，多用于填土较厚、跨度较大、泄流量较大的明流涵洞。

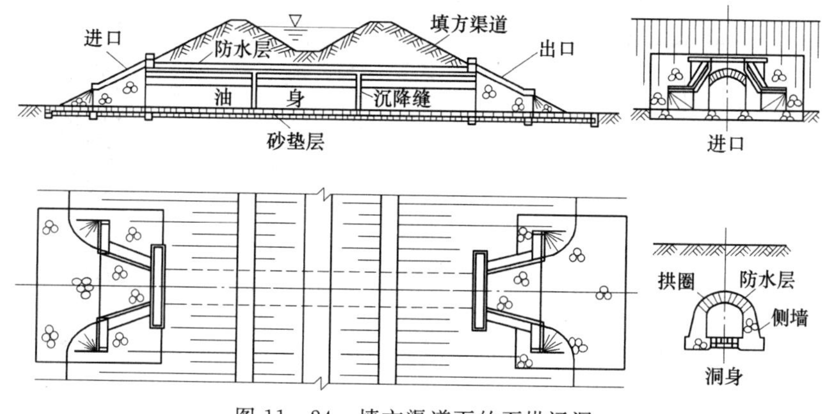

图 11-24 填方渠道下的石拱涵洞

(1) 拱圈。按拱的形状拱形涵洞可分为半圆拱和平拱等。半圆拱的矢跨比 $f/L=1/2$，平拱的矢跨比 $f/L=1/3\sim1/8$。半圆拱的水平推力较小，但拱圈受力条件较差，自拱脚至 1/4 跨径处常出现较大的拉应力，往往需要较厚的截面尺寸。

拱圈可做成等厚度或变厚度的。混凝土的拱厚不小于 20cm，砌石的拱厚不小于 30cm。在填方不高时，可按下列经验公式初步拟定拱圈厚度：

砖拱
$$t_0=1.82\sqrt{R_0+\frac{L}{2}}+8 \tag{11-18}$$

石拱及混凝土拱
$$t_0=1.82\sqrt{R_0+\frac{L}{2}}+8 \tag{11-19}$$

拱脚厚度
$$t_s=(1.5\sim2.0)t_0$$

式中　t_0——圆弧拱拱顶厚度，cm；

R_0——圆弧拱半径，cm；

L——圆弧拱跨径，cm；

t_s——拱脚厚度，cm。

为了防止拱脚出现裂缝，可砌筑护拱。其各部尺寸可按下列经验公式初步拟定：

$$a=0.2r+0.1f+60 \quad (\text{cm}) \tag{11-20}$$

$$b=a+0.1h\geqslant\frac{2}{3}h \quad (\text{cm}) \tag{11-21}$$

式中符号及各部尺寸详见图 11-25 所示。

(2) 侧墙。为拱圈的拱座，过去多采用重力式。有山东等省根据轻台圬工拱桥的经验，在拱座的计算中，考虑到拱顶的推力及底板的支承作用，计入了填土的土抗力，使拱座的尺寸减小，节省了工程量。

(3) 底板。拱形涵洞的底板，可根据地基条件和跨度的大小，做成整体式或分离式。为了改善整体式底板的受力条件，可采用反拱形式的底板（见图 11-26）。中小型拱形涵洞一般建筑物级别较低，为计算简便和节省工程量，可将反拱底板按三铰拱计算。

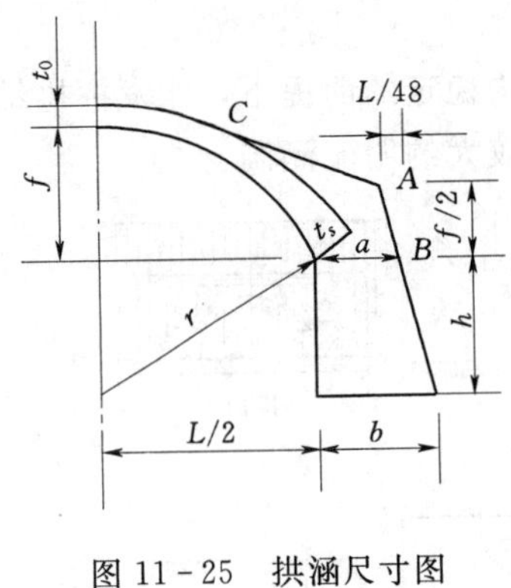

图 11-25　拱涵尺寸图

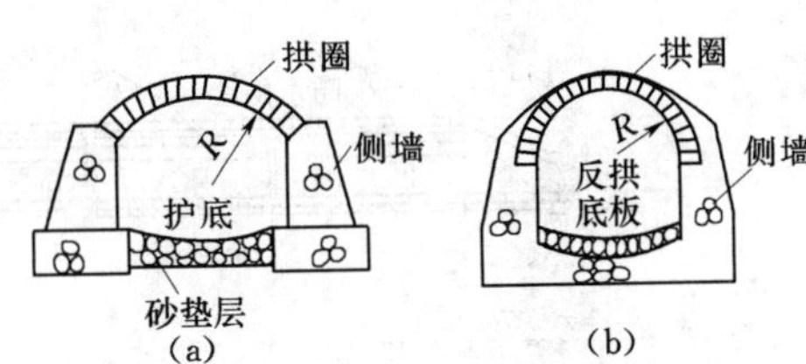

图 11-26　拱形涵洞

(a) 平拱；(b) 半圆拱

还有四川、新疆等地区采用干砌卵石拱涵（图 11-27）有着悠久的历史，运用情况良好。

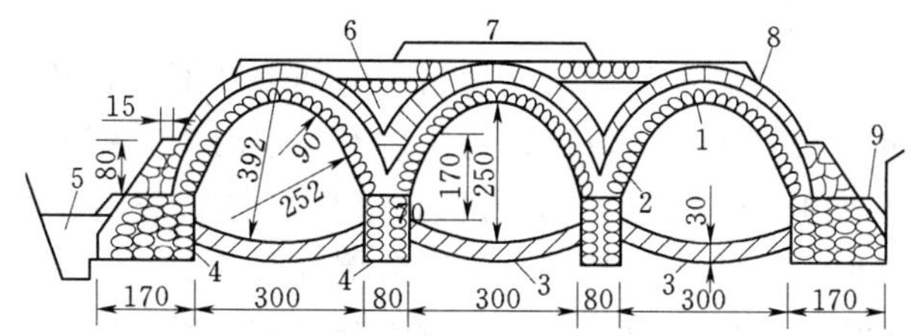

图 11－27　卵石拱涵洞（单位：cm）

1—干砌卵石拱；2—灰浆填缝及水泥石灰砂浆勾缝；3—混凝土砌卵石、水泥砂浆填缝及抹面；4—混凝土砌卵石；5—回填黄土；6—干砌卵石；7—石灰三合土砌卵石；8—四合土砌护拱；9—反滤层

三、涵洞的构造

（一）进出口

涵洞的进出口是用来连接洞身和填方土坡的建筑物，一要保证稳定；二要顺利过流。进出口建筑物型式，应使水流平顺地进入和流出洞身以减小水头损失，同时应防止水流对洞口附近的冲刷。常见的进出口型式有以下几种（图 11－28）：

（1）圆锥护坡式，见图 11－28（a）。进出口设圆锥形护坡与堤外连接。其构造简单，省材料，但水力条件较差。一般用于中小型涵洞或出口处。

（2）八字斜降墙式，见图 11－28（b）。在平面上呈“八”字形，结构简单，扩散角一般为 20°～40°，水力条件较好。

（3）反翼墙走廊式，见图 11－8（c）。涵洞进口两侧翼墙高度不变以形成廊道，水面在该段跌落后进入洞身，可降低洞身高度，但工程量较大。

（4）外伸八字墙式，见图 11－28（d）。因八字墙伸出填土边坡外，其作用与反翼墙式相似。有时可改成扭曲面翼墙，水力条件更好，但扭曲面翼墙施工较麻烦。

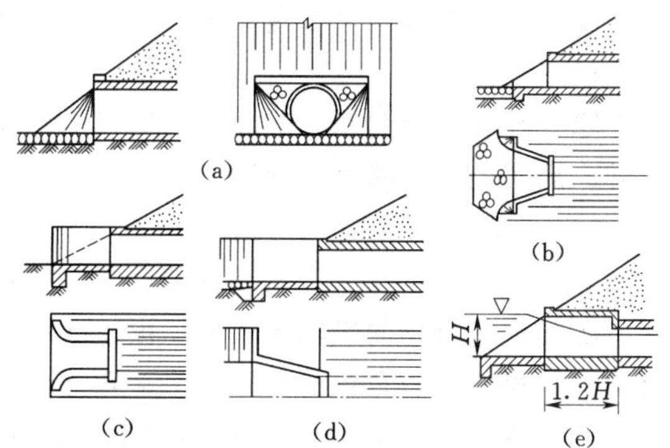

图 11－28　涵洞的进出口型式

（a）圆锥护坡式；（b）八字斜降墙式；（c）反翼墙走廊式；（d）外伸八字墙式；（e）进口抬高式

（5）进口抬高式，见图 11－28（e）。在 1.2 倍洞高的长度范围内抬高进口，以保证进口水流不封住洞顶，改善进流条件。水面在该段内降落，从而降低其后明流涵洞高度，构造简单，常被采用。

另外尚有喇叭口式、流线型式，以及各地因地制宜常用的一些形式，此处不一一叙述。

关于进、出口胸墙的高度，应分别按上、下游设计水位确定，通常顶部挡土墙高度为 0.5～1.0m。

进出口一定范围内的渠道，沟床应护砌以防冲刷，护砌长度一般为 3～5m。当出口流速过大时，应采取消能防冲措施。

（二）涵洞洞身

为了适应地基的不均匀沉陷和温度变化而引起的伸缩变形，软基上的涵洞应分段设置沉陷缝。对于预制管涵，按管节长度设缝；对于砌石、混凝土、钢筋混凝土涵洞，其设缝间距不大于10m，且不小于2～3倍洞高。通常在进出口与洞身连接处，以及外荷载变化较大处设置沉陷缝。缝间应设止水，其构造可参考倒虹吸管。

明流涵洞水面以上应有足够的净空高度，对于管涵和拱涵，净空高度应大于或等于洞高的1/4倍；对于箱涵，应大于或等于洞高的1/6倍。

涵洞顶部填土厚度应不小于1.0m，对于衬砌渠道下的涵洞顶部填土厚度应不小于0.5m，以使洞身有较好的工作条件。

为了防止涵洞顶部及两侧渗漏，可在洞外填筑一层防渗黏土，厚度为0.5～1.0m。有压涵洞应在洞身外设置截水环。

（三）涵洞基础

土基上的管涵基础常采用砌石或混凝土管座（图5-34），其包角为90°～135°。在压缩性小或经压实的土层上，仅需做素土或三合土夯实；小管径的管涵可直接敷设在弧形土基上，或置于碎石三合土垫层上。软弱地基上，可用碎石垫层。

岩基上的管涵基础可参考坝下埋管的有关内容（图5-35）。拱涵及箱涵在岩基上仅需将基面平整。

在寒冷地区，涵洞基底应埋于冻层以下0.3～0.5m。

四、涵洞的布置和水力计算

1. 涵洞的布置

任务是选定建筑物的型式和各部尺寸。布置时应考虑地形、地质、水文、水力条件及对上下游其他建筑物的影响等因素。由于涵洞的工作条件往往比较复杂，设计时应综合各因素影响，以使涵洞布置在技术经济上合理。

涵洞的水流方向，应尽量与洞顶渠道或道路正交，排水涵洞则应与原水道方向一致。洞底高程可等于或接近原水道底部高程。纵坡可等于或稍大于原水道底坡，一般可采用1%～3%。若纵坡过陡，为使洞身稳定可设置齿状基础或在出口设镇墩（图11-29）。

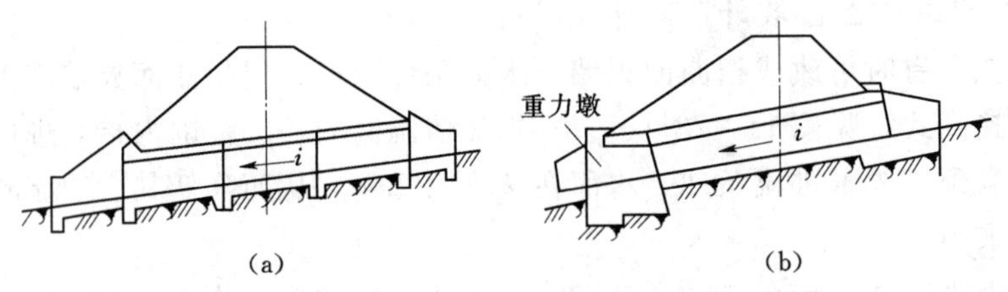

图11-29　斜坡上的涵洞布置图

(a) 带有齿状基础；(b) 出口设重力墩

涵洞的线路应选在地基均匀、承载能力较大的地段，以避免沿洞身方向由于不均匀沉陷而使洞身断裂。一般在淤泥及沼泽地带不宜修建涵洞，当必须通过软弱地带时，应进行地基处理。

2. 涵洞水力计算

任务是确定涵洞孔径和下游连接段的型式和尺寸。由于水流状态比较复杂，计算时应先判别涵洞的水流流态，然后进行水力计算。

涵洞的水流流态有无压流、压力流和半压力流。对于圆形、拱形涵洞，当洞前水深 $H\leqslant 1.1a$（a 为洞高）时；对于矩形涵洞，当 $H\leqslant 1.2a$ 时；均为无压流；当涵洞全部长度都充满水流时为压力流；进口段为满流，洞内有明流时为半压力流。

输水涵洞一般都设计成无压的。当洞身较长时可按明渠均匀流计算通过设计流量时所需的尺寸，并校核通过加大流量时，洞内是否有足够的净空高度。当洞身不长时（小于渠道设计水深 10 倍），洞内不能形成均匀流，可根据拟定的洞身断面尺寸和纵坡，按非均匀流计算洞内水面线和进口段水面降落值，由此确定洞身和进出口连接段的高度，并校核通过加大流量时，洞内是否有足够的净空高度。

排水涵洞可以设计成无压的、半有压的或有压的。无压涵洞要求的断面尺寸较大，但进口的水面壅高较小。有压涵洞的洞身断面尺寸较小，但水头有时较大，因而进口水面壅高较大。半有压涵洞则处于两者之间。所以在布置时，应考虑上游来水面积大小，洪水持续时间的长短以及水面涨落的快慢等情况，同时还应考虑上游水面壅高对进口的影响，以及原水道及两岸情况。①当上游来水面积较大，洪水持续时间较长且涨落缓慢，允许的上游水面壅高值较小时，可按无压涵洞设计；②当上游来水面积较小，洪水涨落迅速且上游水面空高影响不大时，可按半有压流设计。按半有压流设计时应保证洞内为无压明流。③当按有压流设计时，应使进口水流平顺，洞身纵坡宜尽量小些，以通过设计流量时的上游允许壅高水位，计算决定洞身断面尺寸。断面尺寸宜小不宜大，以保证洞内为有压流，避免洞内产生明流满流交替状态。

涵洞水流流态的判别、过水能力计算的方法及有关公式，详见水力学及有关书籍。

五、涵洞的结构计算

作用在涵洞上的荷载有：洞身自重、洞内水压力、洞外水压力、填土压力（铅直土压力和水平土压力）、其他荷载（如道路下涵洞的车辆等活荷载）。其中填土压力是涵洞的主要荷载，其大小除与填土高度和土壤性质有关外，还与施工方法、洞身刚度等有关。有关荷载的具体计算方法，可参考倒虹吸管和土坝坝下涵管的有关内容。

涵洞的进出口结构计算与其型式及构造有关，一般按挡土墙设计计算。

涵洞洞身的结构计算，应与其结构型式及工作条件、构造等相对应。圆形管涵、箱形涵洞、盖板式涵洞及拱涵等的受力分析，计算简图及内力计算等的具体计算方法，可参考本教材中土坝坝下涵管和倒虹吸管或参考文献的有关内容。

第十二章 跌水和陡坡

当渠道输水、分水、泄水或退水遇到陡峻的地形时，为避免落差集中或坡度较陡会发生冲刷破坏而兴建的落差建筑物。有跌水、陡坡、跌井、悬臂式跌水等。

第一节 跌 水

跌水是使水流经由跌水缺口流出，呈自由抛射状态跌落于消力塘，解决集中落差防止冲刷破坏的渠系建筑物。一般有单级跌水和多级跌水的形式。跌水通常由进口、跌水墙、消力塘和出口组成。

一、单级跌水（图 12-1）

单级跌水的落差一般为 3～5m。下面分述各组成部分及其作用和构造。

1. 进口

进口的主要作用是保证上游渠道水深的均匀一致，由连接段和跌水缺口组成。

连接段是跌水缺口与上游渠道相连的收缩段或扩散段，常采用八字墙或扭曲面的型式。连接段的合理长度 L_e 与渠道底宽 B 与水深 h 的比值 B/h 有关。根据工程经验，当 $B/h<2$ 时，连接段长度 $L_e=2.5h$；$B/h=2.1\sim2.5$ 时，$L_e=3h$；$B/h>3.5$ 时，L_e 应根据情况适当延长。连接段底部边线与渠道中心线的夹角不宜大于 45°。连接段通常采用片石或混凝土衬砌，以防止渠水的冲刷，同时可增长渗径，以减小下游的消力塘底板的渗透压力。

跌水缺口的形式，常采用横断面为梯形的、矩形的和底部加台堰的等形式，见图 12-2。矩形缺口，只有当渠道流量变化很小或须设闸门时才采用；台堰式缺口，适用于清水

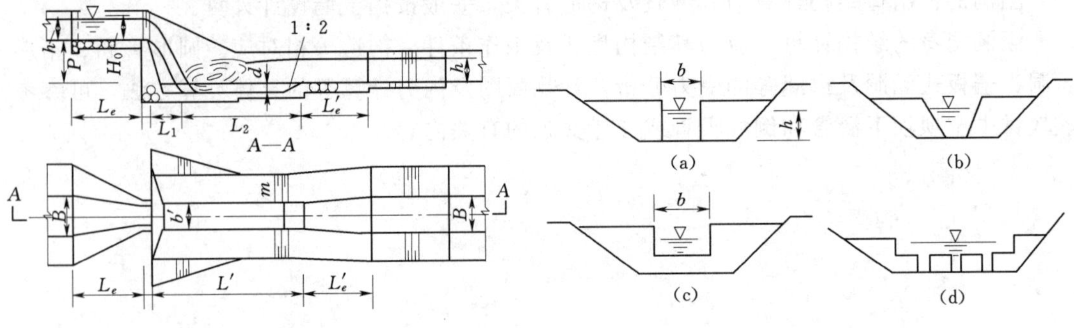

图 12-1 单级跌水

L_e—进口连接段；L'_e—出口连接段

图 12-2 跌水缺口的形式

(a) 矩形缺口；(b) 梯形缺口；(c) 台堰式缺口；(d) 有小缺口的台堰式缺口

渠道；当渠道流量变化较大和较频繁时，多采用梯形缺口，它可保持上游渠道的水面比降而不至于产生较大的壅水和降水，其单宽流量也比矩形缺口的要小。

2. 跌水墙

有直墙和斜墙两种形式。跌水墙多按重力式挡土墙设计，若考虑消力塘侧墙和护坡对跌水墙的支撑作用，也有按梁板计算的。

3. 消力塘

横断面形式一般为矩形、梯形和折线形（即渠底高程以下为矩形，渠底高程以上为梯形），如图 12-3 所示。

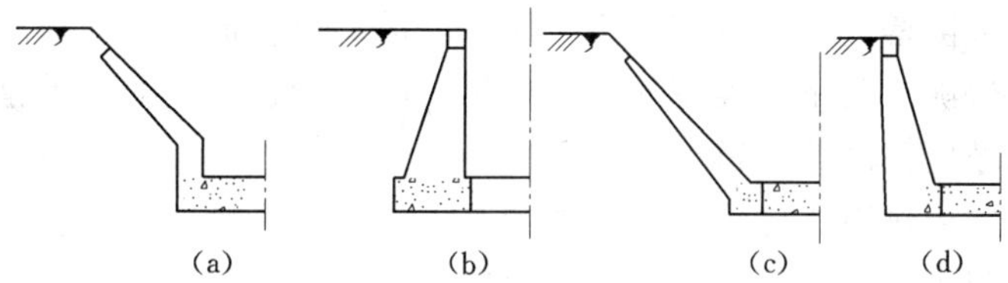

图 12-3　消力塘的横断面形式

（a）折线形；（b）矩形；（c）梯形；（d）陡梯形

消力塘的尺寸要判断流态由水力计算决定。在一般情况下其底板衬砌厚度为 0.4～0.8m。

4. 出口

包括连接段和整流段（类似水闸的海漫）。消力塘末端最好用 1：2 或 1：3 的仰坡与下游渠底相连。整流段断面应与渠道断面一致，可用干砌石、浆砌块石或混凝土衬护。整流段长度一般不应小于 3 倍的下游渠道水深。单级跌水的水力计算，有跌水缺口的过流量计算，以确定缺口的尺寸；还有消力塘的水力计算，在于确定消力塘的宽度、长度和深度。水力计算的方法可参阅水力计算手册和参考文献。

二、多级跌水（图 12-4）

当集中落差大于 5m，修建单级跌水不经济时（比如跌水墙断面尺寸及消力塘的尺寸过大），可考虑修建多级跌水。

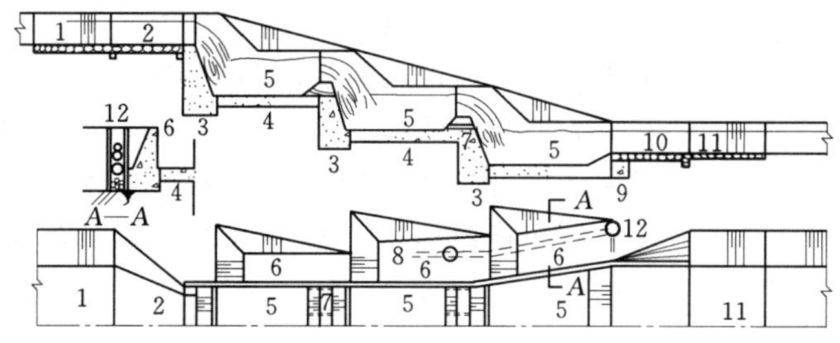

图 12-4　多级式跌水

1—防渗铺盖；2—进口连接段；3—跌水墙；4—跌水护底；5—消力塘；6—侧墙；7—排水孔；8—排水管；9—反滤体；10—出口连接段；11—出口整流段；12—集水井

多级跌水由多个连续的或分散的单级跌水组成，多级跌水分级的方法一般有两种：一种是按水面落差相等分级；另一种是使各级的台阶跌差相等分级。根据经验，当第二共轭水深 h_2 与收缩水深 h_1 的比值 $h_2/h_1=5\sim6$ 时，每级的高度以 3～5m 为宜。其水力计算与单级跌水的相同。

多级跌水有设消力槛和不设消力槛两种形式。不设消力槛的消能不完善，易产生冲刷现象，采用的很少。

第二节　陡　　坡

陡坡是利用正坡陡槽连接上下游渠道，使水流沿陡坡急流状态冲入消力塘，利用淹没水跃消能解决坡度较陡时与下游渠道的水流衔接，防止冲刷破坏的渠系建筑物。陡坡的底坡度大于临界水力坡度。灌溉渠道上常采用的陡坡形式有：等底宽陡坡、变底宽陡坡及菱形陡坡等。陡坡通常由进口、陡槽、消力塘和出口组成。其进口型式及其水力计算与跌水相同，陡槽段要专门进行水力计算（原理同河岸溢洪道）。

一、等底宽陡坡

1. 陡槽比降

应根据修建陡坡处的地形、土质、落差及流量的大小而定。当流量大，土质差，落差大时，陡槽比降应缓一些；当流量较小，土质好，落差小时，则可陡一些。陡槽比降通常取 1∶2.5～1∶5.0。

陡槽比降的确定，还要考虑基土的抗滑稳定，即应满足下列关系式：

$$\tan\delta\leqslant\tan\varphi \tag{12-1}$$

式中　δ——陡槽底板的底面与水平面的夹角，(°)；

φ——基土的内摩擦角，(°)。

2. 陡槽及消力塘构造

陡槽的横断面有矩形或梯形的，梯形断面的边坡坡度通常应陡于 1∶1。较长的陡坡，应沿槽身长度每隔 5～20m 设一接缝（图 12-5），以适应温度变化引起的结构变形，防止裂缝。并在接缝处做齿坎增加抗滑能力，设止水以减少接缝渗漏。

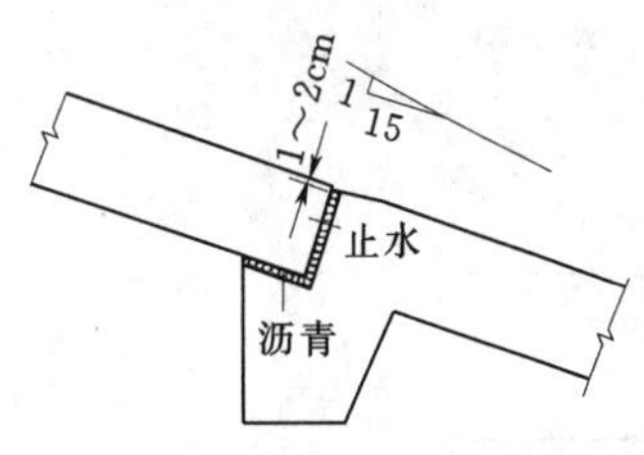

图 12-5　陡槽底板接缝构造

对于软弱地基（如湿陷性黄土），可采用夯实或掺灰土夯实等办法进行地基处理；有条件时，最好进行强夯地基加固，以提高地基的强度和抗渗性，减少沉陷及其影响。

大型陡坡的槽底板厚度，应通过抗滑稳定计算来确定。具体计算可参照第四章河岸溢洪道中有关的内容。一般陡坡的槽底板厚度，常根据已成工程的经验选取。混凝土或钢筋混凝土衬砌的厚度为 20～50cm，浆砌块石的厚度为 30～60cm。

陡槽边墙的高度 H，在落差较小时，可取为进水缺口处边墙高度和消力塘边墙高度的连线；当落差较大时，应按计算的最大水面线加一定的安全超高确定；当槽内水流流速大于 10m/s 时，应考虑水深的掺气影响，计算公式为

$$H=h_a+\Delta h \tag{12-2}$$

式中　h_a——掺气影响的槽内水深，计算方法可参阅第四章河岸溢洪道中的有关内容；

Δh——安全超高值，一般取为0.5m。

陡坡通常用消力塘形成淹没水跃来消能。陡坡消力塘的平面形式，一般常用的有等底宽和底宽扩散两种。其横断面有梯形、矩形及折线形（图12-3）。从水流状态和消能效果来看，矩形断面较其他两种形式好，但造价较高。

陡坡消力塘的底板衬砌厚度t，可按下列经验公式进行估算：

$$t=Kv_1\sqrt{h_1} \tag{12-3}$$

式中　K——系数$K=0.03+0.17\times\sin\delta$，$\delta$为陡坡末端坡面与水平面的夹角，(°)；

v_1、h_1——陡坡末端流速和水深，m。

在一般土基上，用浆砌块石衬砌，其最小厚度为40cm；用混凝土衬砌，其厚度也不宜小于30cm；消力塘底板的前半部宜厚些，后半部可以薄些，以节省工程量。

3. 陡槽的人工加糙

在槽底设置人工加糙，可促使水流扩散，增加水深，降低流速和改善下游的消能状况。但人工加糙会引起底板和边墙震动，一般只在水流能量不太大的情况下应用。

通常的加糙形式有双人字形槛、交错式矩形糙条、单人字形槛、棋布形方墩等，如图12-6所示。当陡槽比降为1∶2～1∶3、落差较大时，在陡槽上加设交错式矩形糙条，比用其他的形式下游的消能效果好；当陡槽比降为1∶1.5～2∶2.5、落差较小、陡槽水平扩散角$\theta=9°\sim20°$时，采用单人字形槛可使陡槽水流迅速扩散，下游消能效果良好；当陡槽比降为1∶4～1∶5、落差为3～5m，陡槽水平扩散角很小或为零时，采用双人字形槛，效果较好。

二、变底宽陡坡

陡槽底宽变化可改变其单宽流量和水深。陡槽底宽变化的陡坡有底宽扩散和底宽缩窄两种。若受地质及其他条件限制，消力塘不宜深扩，而下游水深又较小，消能不利时，可将陡槽底宽扩散（图12-7），使单宽流量变小，以满足消能抗冲要求。若要增加陡槽内的水深，或为了使陡槽水深保持一定、使陡槽末端水深与下游渠道的水深相等，减少土石方开挖量和衬砌量，则可考虑将陡槽的底宽缩窄。底宽变化可以沿陡槽全长均匀变化，也可局部段变化。常见的情况是陡槽始端处缩窄，末端处扩散。

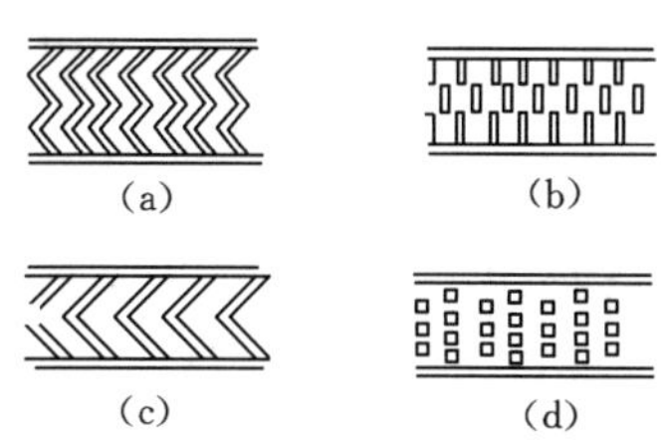

图12-6　人工糙面的形式

(a) 双人字形梯；(b) 交错式矩形糙条；(c) 单人字形槛；(d) 棋布形方墩

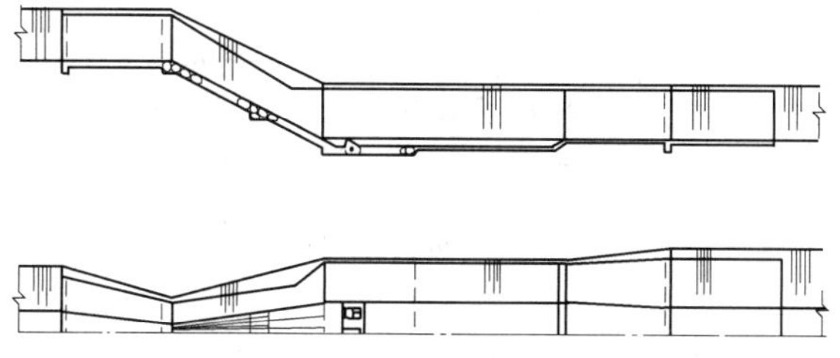

图12-7　底宽扩散的陡坡

但是，陡槽内的流速一般较高，在考虑采用底宽收缩或扩散时，应避免产生冲击波或其他使流态恶化的因素，一般采取限制底宽变化率的方法。当底宽缩窄时，其收缩角不宜大于15°；当底宽扩散时，扩散角应小于5°～7°。

三、菱形陡坡

菱形陡坡的陡槽上部扩散，下部收缩，在平面上呈菱形（图12-8），消能效果较好，但工程量较大，适用于落差为2.5～5m的情况。

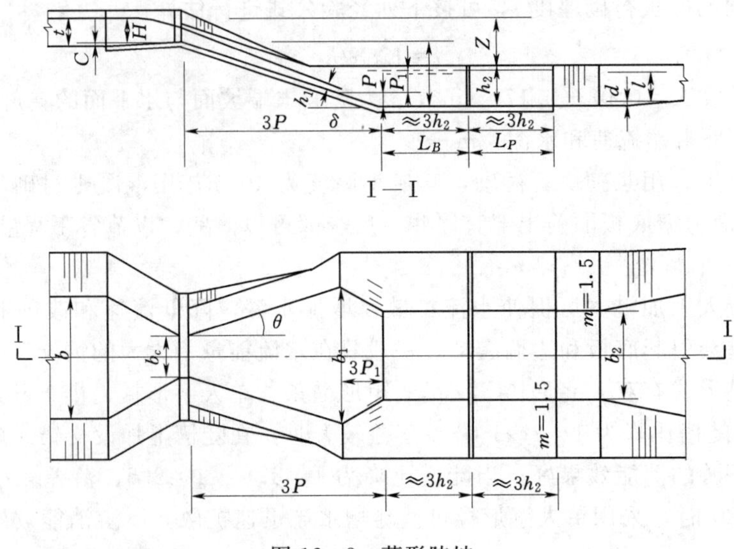

图12-8　菱形陡坡

跃前断面的底宽 b_1 按下式计算：

$$b_1=(0.75\sim0.85)(b_2+2mh_2) \tag{12-4}$$

当陡槽扩散角 θ 不超过20°时，跃前 b_1 处的收缩水深 h_1 可以维持均匀，此角度按下式计算：

$$\theta=\arctan\frac{b_1-b_c}{6(P-P_1)} \tag{12-5}$$

消力塘长度，按下式计算：

$$L_B=4.65h_2-3P_1 \tag{12-6}$$

上列三公式中的各符号见图12-8。

第三节　其他型式的陡坡和跌水

一、压力管式陡坡

压力管式陡坡（图12-9）由进口、压力管、半压力式消力塘和出口组成。其特点是陡槽部分用倾斜的压力管所代替，斜管上面覆盖土石。在我国南方的一些退、泄水渠道上常采用，其落差宜小于5m。

1. 进口

进口由连接段及进水口组成。由于落差一定时，不同的进口形式对流量系数的影响很小，所以进口连接段的形式除常采用直立八字墙或扭曲坡面外，也可采用直墙突然收缩的进口形式。连接段的长度一般取渠道设计水深的 3 倍（图 12-10）。

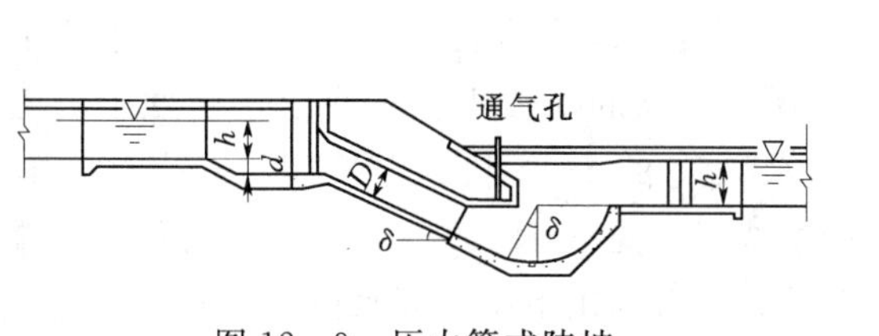

图 12-9 压力管式陡坡

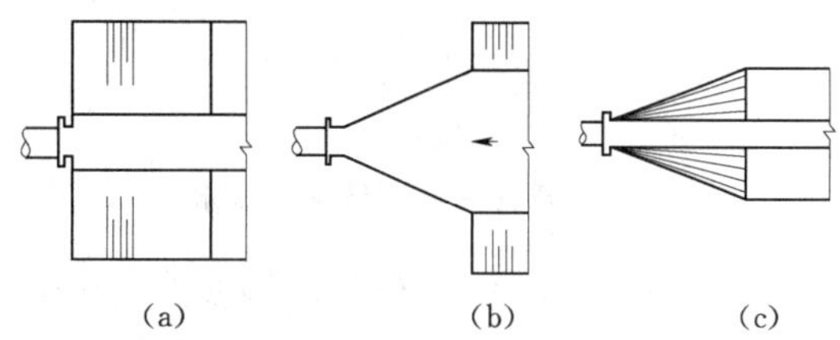

图 12-10 压力管式陡坡进口平面形式

(a) 直墙突然收缩；(b) 直立八字墙；(c) 扭曲坡面

2. 压力管

压力管进口应淹没在渠道水位以下一定深度，出口应置于下游渠底高程以下，通常管内壁的顶部与下游渠底高程齐平，使压力管进出口总是淹没的，以保证管内为稳定的有压流。按淹没流水力计算公式确定管径尺寸。

为了施工方便，压力管的坡度不宜大于 1：2。当流量较大时，可采用方形断面的现浇钢筋混凝土结构。

3. 消力塘

如图 12-11 所示的是压力管坡度为 1：2 的消力塘的尺寸布置图。管式陡坡的消力塘属半压力式，由压力管出口处的压力盖板及弧线形的消力塘底板等部分组成。为了消除盖板下面可能产生的真空现象，需要在盖板的中部设若干个通气孔。消力塘底的前段为直线，后段采用阿基米得螺旋线，以使消力塘的断面逐渐扩大。

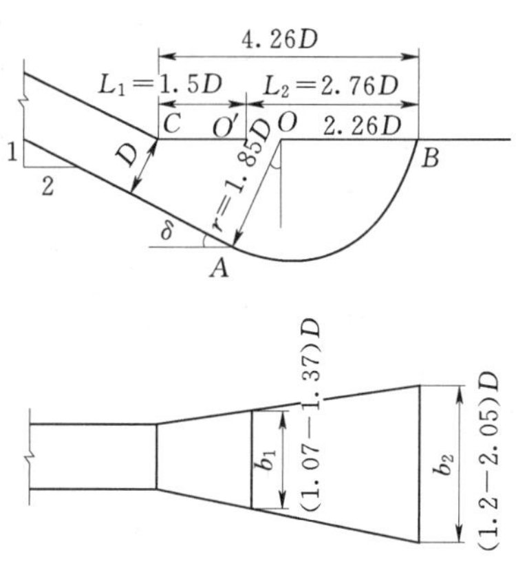

图 12-11 半压力式消力塘

实践证明，当消力塘出口的断面积与压力管断面积的比值为 4～6 时，可获得良好的消能效果。对于规模较大的压力管式陡坡工程，应通过水工模型试验加以验证和修改。

4. 出口

出口包括连接段和整流段，其尺寸拟定及构造与前述陡坡、跌水的出口相同。

二、悬臂式跌水

如图 12-12 所示，悬臂（挑流）式跌水一般由进口、陡槽、悬臂挑流鼻坎、支承结构及基础组成。通常在下游的抗冲能力较强时选用。

1. 构造

悬臂式跌水的进口与一般的陡坡进口相同。陡槽的横断面宜采用矩形，其底坡和横断面尺寸应按材料的抗冲流速来确定。

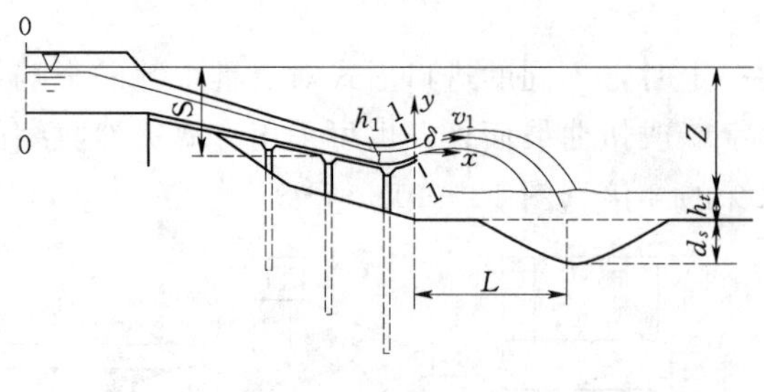

图 12-12　悬臂式跌水

挑流鼻坎的设计，应使挑射出的水流不危及基础的安全，并达到最佳的消能效果。常用的鼻坎型式有连续式、矩形差动式和梯形差动式（图 12-13）。梯形差动式可减少下游冲刷坑的深度，有利于消除鼻坎负压，较其他形式好。为了使水流平顺，鼻坎的反弧半径不宜小于鼻坎上收缩水深 h_1 的 5～6 倍，以采用 $(8\sim12)h_1$ 较好。鼻坎挑射角 $\delta=25°$较好。梯形差动式挑坎的最优尺寸见表 12-1。挑流鼻坎高程的设置应满足挑流对挑射能量和起挑处水舌下的补气要求，一般高出下游最高水位 1～2m。

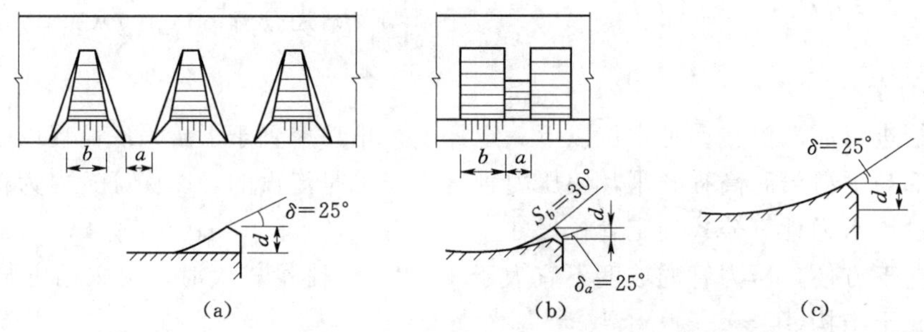

图 12-13　挑流鼻坎的形式

（a）梯形差动式；（b）矩形差动式；（c）连续式

表 12-1　　梯形差动式挑坎的最优尺寸

挑射角		齿坎高度/齿坎前水深	齿槽宽度/齿坎宽度	齿坎宽度/齿坎前水深	齿坎的水平扩散角	齿坎边坡
δ_1	δ_2	d/h_1	a/b	b/h_1	θ	m
0	25°	1.0	0.75	2.5～2.7	25°	0.5

支承结构及基础常采用以钢筋混凝土管柱或桩为基础的桩柱式结构。基础埋置深度既要满足承载力要求，又要满足下游冲刷坑内水流翻滚淘刷影响下的稳定要求。

2. 水力计算

悬臂式跌水的水力计算，包括挑射距离的估算和冲刷坑深度的估算。具体计算方法，可参阅《水力计算手册》、本书重力坝章节中。

《水利技术标准汇编卷目》

《水利技术标准汇编》卷一 综合卷（上、下册）

《水利技术标准汇编》卷二 水文卷

综合技术　水文情报预报

水文测验（上、下册）

水文仪器设备

《水利技术标准汇编》卷三 水资源水环境卷

综合技术

分析方法

《水利技术标准汇编》卷四 水利水电卷

综合技术

规划

勘测综合技术

勘测勘察方法

勘测试验方法

综合设计（上、下册）

普通建筑物设计

管理设计　机电设计

水电站设计　施工设计

施工（上、中、下册）

质量

管理

材料　试验

仪器

设备

金属结构　机械

《水利技术标准汇编》卷五 防洪抗旱卷

《水利技术标准汇编》卷六 供水节水卷

《水利技术标准汇编》卷七 灌溉排水卷

综合技术

节水灌溉

节水设备与材料

农用泵

《水利技术标准汇编》卷八 水土保持卷

《水利技术标准汇编》卷九　农村水电与电气化卷

规划设计

施工

设备及运行管理

《水利技术标准汇编》卷十　综合利用卷

弹性地基梁弯矩系数表（郭氏表）

均布荷载（$t\leqslant 50$）

1. 换算公式：$M=\overline{M}ql^2$。
2. 计算截面离梁中心的距离 ξl。

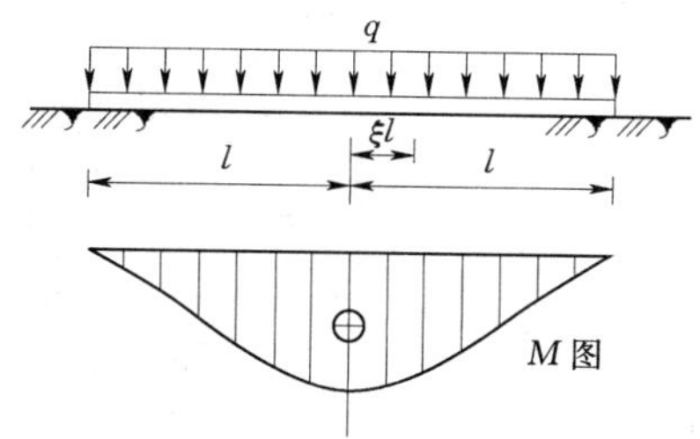

表Ⅱ-1 $\overline{M}$ 值（均布荷载）

t \ ξ	0.0	0.1	0.2	0.3	0.4	0.5	0.6	0.7	0.8	0.9	1.0
0	0.137	0.135	0.129	0.120	0.108	0.093	0.075	0.055	0.034	0.014	0
1	0.103	0.101	0.097	0.089	0.079	0.066	0.052	0.036	0.020	0.006	0
2	0.096	0.095	0.091	0.084	0.074	0.063	0.049	0.034	0.019	0.006	0
3	0.090	0.089	0.085	0.079	0.070	0.059	0.046	0.032	0.018	0.006	0
5	0.080	0.079	0.076	0.070	0.063	0.053	0.042	0.029	0.016	0.005	0
7	0.072	0.071	0.068	0.063	0.057	0.048	0.038	0.027	0.015	0.005	0
10	0.063	0.062	0.059	0.055	0.050	0.042	0.034	0.024	0.013	0.004	0
15	0.051	0.050	0.049	0.046	0.041	0.036	0.028	0.020	0.011	0.004	0
20	0.043	0.043	0.041	0.039	0.035	0.031	0.025	0.018	0.010	0.003	0
30	0.033	0.033	0.032	0.030	0.028	0.024	0.020	0.015	0.009	0.003	0
50	0.022	0.021	0.021	0.020	0.019	0.017	0.014	0.011	0.007	0.002	0

集　中　荷　载　($t\leqslant 10$)

1. 换算公式：$M=\overline{M}Pl$。
2. 计算截面离梁中心的距离为$\pm\xi l$（梁左半为负号，右半为正号）。
3. 集中力 P 作用点离梁中心的距离为$\pm\alpha l$（力在梁左半为负号，在梁右半为正号）。

表Ⅱ-2　　$t=0$ 时 $\overline{M}$ 值（集中荷载）

α \ ξ	−1.0	−0.9	−0.8	−0.7	−0.6	−0.5	−0.4	−0.3	−0.2	−0.1	0.0	0.1	0.2	0.3	0.4	0.5	0.6	0.7	0.8	0.9	1.0	
0.0	0	0.01	0.03	0.05	0.08	0.11	0.14	0.18	0.22	0.27	0.32	0.27	0.22	0.18	0.14	0.11	0.08	0.05	0.03	0.01	0	0.0
0.1	0	0.01	0.02	0.04	0.06	0.09	0.12	0.15	0.19	0.23	0.27	0.31	0.26	0.21	0.17	0.13	0.09	0.06	0.03	0.01	0	−0.1
0.2	0	0.01	0.02	0.03	0.05	0.07	0.09	0.12	0.15	0.18	0.22	0.26	0.30	0.24	0.19	0.15	0.11	0.07	0.04	0.01	0	−0.2
0.3	0	0.00	0.01	0.02	0.03	0.05	0.07	0.09	0.11	0.14	0.17	0.20	0.24	0.28	0.22	0.17	0.12	0.08	0.04	0.01	0	−0.3
0.4	0	0.00	0.01	0.01	0.02	0.03	0.04	0.06	0.07	0.09	0.12	0.14	0.17	0.21	0.24	0.19	0.13	0.09	0.05	0.02	0	−0.4
0.5	0	0.00	0.00	0.00	0.01	0.01	0.02	0.03	0.04	0.05	0.07	0.09	0.11	0.14	0.17	0.21	0.15	0.10	0.05	0.02	0	−0.5
0.6	0	0.00	0.00	−0.01	−0.01	−0.01	−0.01	−0.01	0.00	0.01	0.02	0.03	0.05	0.07	0.09	0.13	0.16	0.11	0.06	0.02	0	−0.6
0.7	0	0.00	−0.01	−0.02	−0.02	−0.03	−0.03	−0.04	−0.04	−0.04	−0.03	−0.02	−0.01	0.00	0.02	0.05	0.08	0.12	0.06	0.02	0	−0.7
0.8	0	−0.01	−0.01	−0.02	−0.04	−0.05	−0.06	−0.07	−0.07	−0.08	−0.08	−0.08	−0.08	−0.07	−0.05	−0.03	−0.01	−0.02	0.07	0.02	0	−0.8
0.9	0	−0.01	−0.02	−0.03	−0.05	−0.07	−0.08	−0.10	−0.11	−0.12	−0.13	−0.14	−0.14	−0.14	−0.13	−0.11	−0.09	−0.06	−0.03	0.03	0	−0.9
1.0	0	−0.01	−0.02	−0.04	−0.06	−0.09	−0.11	−0.13	−0.15	−0.17	−0.18	−0.19	−0.20	−0.20	−0.20	−0.20	−0.18	−0.16	−0.12	−0.07	0	−1.0
	1.0	0.9	0.8	0.7	0.6	0.5	0.4	0.3	0.2	0.1	0.0	−0.1	−0.2	−0.3	−0.4	−0.5	−0.6	−0.7	−0.8	−0.9	−1.0	ξ / α

表Ⅱ-3

$t=1$ 时 $\overline{M}$ 值（集中荷载）

ξ / α	−1.0	−0.9	−0.8	−0.7	−0.6	−0.5	−0.4	−0.3	−0.2	−0.1	0.0	0.1	0.2	0.3	0.4	0.5	0.6	0.7	0.8	0.9	1.0	
0.0	0	0.01	0.02	0.04	0.06	0.09	0.12	0.16	0.20	0.24	0.29	0.24	0.20	0.16	0.12	0.09	0.06	0.04	0.02	0.01	0	0.0
0.1	0	0.00	0.01	0.03	0.05	0.07	0.10	0.13	0.16	0.20	0.24	0.29	0.23	0.19	0.15	0.11	0.07	0.04	0.02	0.01	0	−0.1
0.2	0	0.00	0.01	0.02	0.04	0.05	0.08	0.10	0.13	0.16	0.19	0.23	0.27	0.22	0.17	0.12	0.09	0.05	0.03	0.01	0	−0.2
0.3	0	0.00	0.01	0.01	0.02	0.04	0.05	0.07	0.09	0.11	0.14	0.17	0.21	0.25	0.19	0.14	0.10	0.06	0.03	0.01	0	−0.3
0.4	0	0.00	0.00	0.01	0.01	0.02	0.03	0.04	0.06	0.07	0.10	0.12	0.15	0.18	0.22	0.16	0.11	0.07	0.03	0.01	0	−0.4
0.5	0	0.00	0.00	0.00	0.00	0.00	0.01	0.01	0.02	0.03	0.05	0.07	0.09	0.12	0.15	0.18	0.13	0.08	0.04	0.01	0	−0.5
0.6	0	0.00	−0.01	−0.01	−0.02	−0.01	−0.01	−0.01	−0.01	0.00	0.00	0.01	0.03	0.05	0.07	0.11	0.14	0.09	0.04	0.01	0	−0.6
0.7	0	0.00	−0.01	−0.01	−0.02	−0.03	−0.03	−0.04	−0.04	−0.04	−0.04	−0.04	−0.03	−0.02	0.00	0.03	0.06	0.10	0.05	0.01	0	−0.7
0.8	0	0.00	−0.01	−0.02	−0.03	−0.04	−0.06	−0.07	−0.08	−0.08	−0.09	−0.09	−0.09	−0.08	−0.07	−0.05	−0.03	0.01	0.05	0.02	0	−0.8
0.9	0	0.00	−0.01	−0.03	−0.04	−0.06	−0.08	−0.09	−0.11	−0.12	−0.13	−0.14	−0.15	−0.15	−0.14	−0.13	−0.11	−0.08	−0.04	0.02	0	−0.9
1.0	0	0.00	−0.02	−0.03	−0.05	−0.08	−0.10	−0.12	−0.14	−0.16	−0.18	−0.20	−0.21	−0.21	−0.21	−0.21	−0.20	−0.17	−0.14	−0.08	0	−1.0
	1.0	0.9	0.8	0.7	0.6	0.5	0.4	0.3	0.2	0.1	0	−0.1	−0.2	−0.3	−0.4	−0.5	−0.6	−0.7	−0.8	−0.9	−1.0	α / ξ

表Ⅱ-4

$t=2$ 时 $\overline{M}$ 值（集中荷载）

ξ / α	−1.0	−0.9	−0.8	−0.7	−0.6	−0.5	−0.4	−0.3	−0.2	−0.1	0.0	0.1	0.2	0.3	0.4	0.5	0.6	0.7	0.8	0.9	1.0	
0.0	0	0.00	0.02	0.03	0.06	0.08	0.11	0.15	0.18	0.23	0.28	0.23	0.18	0.15	0.11	0.08	0.06	0.03	0.02	0.00	0	0.0
0.1	0	0.00	0.01	0.03	0.04	0.06	0.09	0.12	0.15	0.19	0.23	0.27	0.22	0.18	0.14	0.10	0.07	0.04	0.02	0.00	0	−0.1
0.2	0	0.00	0.01	0.02	0.03	0.05	0.07	0.09	0.11	0.14	0.18	0.22	0.26	0.21	0.16	0.12	0.08	0.05	0.02	0.01	0	−0.2
0.3	0	0.00	0.00	0.01	0.02	0.03	0.04	0.06	0.08	0.10	0.13	0.16	0.20	0.24	0.19	0.14	0.09	0.06	0.03	0.01	0	−0.3
0.4	0	0.00	0.00	0.00	0.01	0.02	0.02	0.04	0.05	0.07	0.09	0.11	0.14	0.18	0.21	0.16	0.11	0.07	0.03	0.01	0	−0.4
0.5	0	0.00	0.00	0.01	0.00	0.00	0.00	0.01	0.02	0.03	0.04	0.06	0.08	0.11	0.14	0.18	0.12	0.08	0.04	0.01	0	−0.5
0.6	0	0.00	0.00	−0.01	−0.01	−0.01	−0.01	−0.01	−0.01	−0.01	0.00	0.01	0.03	0.05	0.07	0.10	0.14	0.09	0.04	0.01	0	−0.6
0.7	0	0.00	−0.01	−0.01	−0.02	−0.03	−0.03	−0.04	−0.04	−0.04	−0.04	−0.04	−0.03	−0.01	0.00	0.03	0.06	0.10	0.05	0.01	0	−0.7
0.8	0	0.00	−0.01	−0.02	−0.03	−0.04	−0.05	−0.06	−0.07	−0.08	−0.08	−0.08	−0.08	−0.08	−0.07	−0.05	−0.02	−0.02	0.06	0.02	0	−0.8
0.9	0	0.00	−0.01	−0.03	−0.04	−0.06	−0.07	−0.09	−0.10	−0.11	−0.12	−0.13	−0.14	−0.14	−0.13	−0.12	−0.11	−0.08	−0.04	0.02	0	−0.9
1.0	0	0.00	−0.02	−0.03	−0.05	−0.07	−0.09	−0.11	−0.13	−0.15	−0.17	−0.18	−0.19	−0.20	−0.20	−0.20	−0.19	−0.17	−0.13	−0.08	0	−1.0
	1.0	0.9	0.8	0.7	0.6	0.5	0.4	0.3	0.2	0.1	0.0	−0.1	−0.2	−0.3	−0.4	−0.5	−0.6	−0.7	−0.8	−0.9	−1.0	α / ξ

表Ⅱ-5

$t=3$ 时 $\overline{M}$ 值（集中荷载）

ξ / α	−1.0	−0.9	−0.8	−0.7	−0.6	−0.5	−0.4	−0.3	−0.2	−0.1	0.0	0.1	0.2	0.3	0.4	0.5	0.6	0.7	0.8	0.9	1.0	
0	0	0.01	0.02	0.03	0.05	0.08	0.11	0.14	0.18	0.22	0.27	0.22	0.18	0.14	0.11	0.08	0.05	0.03	0.02	0.00	0	0.0
0.1	0	0.00	0.01	0.02	0.04	0.06	0.08	0.11	0.14	0.18	0.22	0.26	0.21	0.17	0.13	0.09	0.06	0.04	0.02	0.00	0	−0.1
0.2	0	0.00	0.01	0.01	0.02	0.04	0.06	0.08	0.10	0.13	0.17	0.20	0.25	0.20	0.15	0.11	0.07	0.04	0.02	0.01	0	−0.2
0.3	0	0.00	0.00	0.01	0.02	0.03	0.04	0.05	0.07	0.10	0.12	0.15	0.19	0.23	0.18	0.13	0.09	0.05	0.03	0.01	0	−0.3
0.4	0	0.00	0.00	0.00	0.01	0.01	0.02	0.03	0.04	0.06	0.08	0.11	0.14	0.17	0.21	0.15	0.11	0.07	0.03	0.01	0	−0.4
0.5	0	0.00	0.00	0.00	0.00	0.00	0.00	0.01	0.02	0.03	0.04	0.06	0.08	0.11	0.14	0.18	0.12	0.08	0.04	0.01	9	−0.5
0.6	0	0.00	0.00	−0.01	−0.01	−0.01	−0.01	−0.01	−0.01	−0.01	0.00	0.01	0.03	0.05	0.07	0.10	0.14	0.09	0.04	0.01	0	−0.6
0.7	0	0.00	−0.01	−0.01	−0.02	−0.03	−0.03	−0.04	−0.04	−0.04	−0.04	−0.03	−0.03	−0.01	0.00	0.03	0.06	0.10	0.05	0.01	0	−0.7
0.8	0	0.00	−0.01	−0.02	−0.03	−0.04	−0.05	−0.06	−0.07	−0.07	−0.08	−0.08	−0.08	−0.07	−0.06	−0.05	−0.02	0.01	0.05	0.02	0	−0.8
0.9	0	0.00	−0.01	−0.02	−0.04	−0.05	−0.07	−0.08	−0.09	−0.11	−0.12	−0.12	−0.13	−0.13	−0.13	−0.12	−0.10	−0.08	−0.04	0.02	0	−0.9
1.0	0	0.00	−0.01	−0.03	−0.05	−0.06	−0.08	−0.10	−0.12	−0.14	−0.16	−0.17	−0.18	−0.19	−0.19	−0.19	−0.18	−0.16	−0.13	−0.08	0	−1.0
	1.0	0.9	0.8	0.7	0.6	0.5	0.4	0.3	0.2	0.1	0.0	−0.1	−0.2	−0.3	−0.4	−0.5	−0.6	−0.7	−0.8	−0.9	−1.0	α / ξ

表Ⅱ-6

$t=5$ 时 $\overline{M}$ 值（集中荷载）

ξ / α	−1.0	−0.9	−0.8	−0.7	−0.6	−0.5	−0.4	−0.3	−0.2	−0.1	0.0	0.1	0.2	0.3	0.4	0.5	0.6	0.7	0.8	0.9	1.0	
0.0	0	0.00	0.01	0.03	0.05	0.07	0.09	0.12	0.16	0.20	0.25	0.20	0.16	0.12	0.09	0.07	0.05	0.03	0.01	0.00	0	0.0
0.1	0	0.00	0.01	0.02	0.03	0.05	0.07	0.09	0.12	0.16	0.20	0.24	0.19	0.15	0.11	0.08	0.05	0.03	0.02	0.00	0	−0.1
0.2	0	0.00	0.00	0.01	0.02	0.03	0.05	0.06	0.09	0.12	0.15	0.19	0.23	0.18	0.13	0.10	0.06	0.04	0.02	0.00	0	−0.2
0.3	0	0.00	0.00	0.00	0.01	0.02	0.03	0.04	0.06	0.08	0.11	0.14	0.17	0.22	0.16	0.12	0.08	0.05	0.02	0.01	0	−0.3
0.4	0	0.00	0.00	0.00	0.00	0.01	0.01	0.02	0.04	0.05	0.07	0.10	0.12	0.16	0.20	0.15	0.10	0.06	0.03	0.01	0	−0.4
0.5	0	0.00	0.00	0.00	0.00	0.00	0.00	0.00	0.01	0.02	0.03	0.05	0.07	0.10	0.13	0.17	0.12	0.07	0.04	0.01	0	−0.5
0.6	0	0.00	0.00	−0.01	−0.01	−0.01	−0.02	−0.02	−0.01	−0.01	0.00	0.01	0.02	0.04	0.07	0.10	0.14	0.08	0.04	0.01	0	−0.6
0.7	0	0.00	−0.01	−0.01	−0.02	−0.02	−0.03	−0.03	−0.04	−0.04	−0.04	−0.03	−0.02	−0.01	0.00	0.03	0.06	0.10	0.05	0.01	0	−0.7
0.8	0	0.00	−0.01	−0.02	−0.02	−0.03	−0.04	−0.05	−0.06	−0.07	−0.07	−0.07	−0.07	−0.07	−0.06	−0.04	−0.02	0.01	0.06	0.02	0	−0.8
0.9	0	0.00	−0.01	−0.02	−0.03	−0.04	−0.06	−0.07	−0.08	−0.09	−0.10	−0.11	−0.12	−0.12	−0.12	−0.11	−0.10	−0.07	−0.04	−0.02	0	−0.9
1.0	0	0.00	−0.01	−0.02	−0.04	−0.05	−0.07	−0.08	−0.10	−0.12	−0.14	−0.15	−0.16	−0.17	−0.18	−0.18	−0.17	−0.16	−0.13	−0.08	0	−1.0
	1.0	0.9	0.8	0.7	0.6	0.5	0.4	0.3	0.2	0.1	0.0	−0.1	−0.2	−0.3	−0.4	−0.5	−0.6	−0.7	−0.8	−0.9	−1.0	α / ξ

表Ⅱ-7

$t=7$ 时 $\overline{M}$ 值（集中荷载）

ξ / α	−1.0	−0.9	−0.8	−0.7	−0.6	−0.5	−0.4	−0.3	−0.2	−0.1	0.0	0.1	0.2	0.3	0.4	0.5	0.6	0.7	0.8	0.9	1.0	
0.0	0	0.00	0.01	0.03	0.04	0.06	0.08	0.11	0.15	0.19	0.23	0.19	0.15	0.11	0.08	0.06	0.04	0.03	0.01	0.00	0	0.0
0.1	0	0.00	0.01	0.02	0.03	0.04	0.06	0.08	0.11	0.14	0.18	0.23	0.18	0.14	0.10	0.07	0.05	0.03	0.01	0.00	0	−0.1
0.2	0	0.00	0.00	0.01	0.01	0.02	0.04	0.05	0.07	0.10	0.13	0.17	0.21	0.17	0.12	0.09	0.06	0.03	0.01	0.00	0	−0.2
0.3	0	0.00	0.00	0.00	0.00	0.01	0.02	0.03	0.05	0.07	0.09	0.13	0.16	0.20	0.15	0.11	0.07	0.04	0.02	0.00	0	−0.3
0.4	0	0.00	0.00	0.00	0.00	0.00	0.01	0.02	0.03	0.04	0.06	0.09	0.12	0.15	0.19	0.14	0.10	0.06	0.03	0.01	0	−0.4
0.5	0	0.00	0.00	0.00	0.00	0.00	0.00	0.00	0.01	0.02	0.03	0.05	0.07	0.09	0.13	0.17	0.11	0.07	0.03	0.01	0	−0.5
0.6	0	0.00	0.00	−0.01	−0.01	−0.01	−0.02	−0.02	−0.01	−0.01	0.00	0.01	0.02	0.04	0.06	0.10	0.13	0.08	0.04	0.01	0	−0.6
0.7	0	0.00	−0.01	−0.01	−0.02	−0.02	−0.03	−0.03	−0.03	−0.04	−0.03	−0.03	−0.02	−0.01	0.00	0.03	0.06	0.10	0.05	0.01	0	−0.7
0.8	0	0.00	−0.01	−0.01	−0.02	−0.03	−0.04	−0.05	−0.05	−0.06	−0.06	−0.07	−0.06	−0.06	−0.05	−0.04	−0.02	0.01	0.06	0.02	0	−0.8
0.9	0	0.00	−0.01	−0.02	−0.03	−0.04	−0.05	−0.06	−0.07	−0.08	−0.09	−0.10	−0.11	−0.11	−0.11	−0.10	−0.09	−0.07	−0.03	0.02	0	−0.9
1.0	0	0.00	−0.01	−0.02	−0.03	−0.05	−0.06	−0.07	−0.09	−0.11	−0.12	−0.13	−0.15	−0.16	−0.17	−0.17	−0.16	−0.15	−0.12	−0.08	0	−1.0
	1.0	0.9	0.8	0.7	0.6	0.5	0.4	0.3	0.2	0.1	0.0	−0.1	−0.2	−0.3	−0.4	−0.5	−0.6	−0.7	−0.8	−0.9	−1.0	α / ξ

表Ⅱ-8

$t=10$ 时 $\overline{M}$ 值（集中荷载）

ξ / α	−1.0	−0.9	−0.8	−0.7	−0.6	−0.5	−0.4	−0.3	−0.2	−0.1	0.0	0.1	0.2	0.3	0.4	0.5	0.6	0.7	0.8	0.9	1.0	
0.0	0	0.00	0.01	0.02	0.03	0.05	0.07	0.10	0.13	0.17	0.22	0.17	0.13	0.10	0.07	0.05	0.03	0.02	0.01	0.00	0	0.0
0.1	0	0.00	0.01	0.01	0.02	0.03	0.05	0.07	0.09	0.13	0.16	0.21	0.16	0.12	0.09	0.06	0.04	0.02	0.01	0.00	0	−0.1
0.2	0	0.00	0.00	0.00	0.00	0.01	0.02	0.04	0.06	0.08	0.11	0.15	0.20	0.15	0.11	0.07	0.04	0.02	0.01	0.00	0	−0.2
0.3	0	0.00	0.00	0.00	0.00	0.00	0.01	0.02	0.04	0.06	0.08	0.11	0.15	0.19	0.14	0.10	0.06	0.04	0.02	0.00	0	−0.3
0.4	0	0.00	0.00	0.00	0.00	0.00	0.00	0.01	0.02	0.03	0.05	0.08	0.10	0.14	0.18	0.13	0.09	0.05	0.03	0.00	0	−0.4
0.5	0	0.00	0.00	−0.01	0.00	0.00	0.00	0.00	0.00	0.01	0.02	0.04	0.06	0.09	0.12	0.16	0.11	0.07	0.03	0.01	0	−0.5
0.6	0	0.00	0.00	−0.01	−0.01	−0.01	−0.01	−0.02	−0.01	−0.01	−0.01	0.00	0.02	0.04	0.07	0.09	0.13	0.08	0.04	0.01	0	−0.6
0.7	0	0.00	−0.01	−0.01	−0.02	−0.02	−0.03	−0.03	−0.03	−0.03	−0.03	−0.03	−0.02	−0.01	0.00	0.03	0.06	0.10	0.05	0.01	0	−0.7
0.8	0	0.00	−0.01	−0.01	−0.02	−0.03	−0.03	−0.04	−0.05	−0.05	−0.06	−0.06	−0.06	−0.05	−0.05	−0.03	−0.01	0.02	0.06	0.02	0	−0.8
0.9	0	0.00	−0.01	−0.01	−0.02	−0.03	−0.04	−0.05	−0.06	−0.07	−0.08	−0.09	−0.09	−0.10	−0.10	−0.09	−0.08	−0.06	−0.03	0.02	0	−0.9
1.0	0	0.00	−0.01	−0.02	−0.03	−0.04	−0.05	−0.06	−0.07	−0.09	−0.10	−0.12	−0.13	−0.14	−0.15	−0.15	−0.15	−0.14	−0.12	−0.08	0	−1.0
	1.0	0.9	0.8	0.7	0.6	0.5	0.4	0.3	0.2	0.1	0.0	−0.1	−0.2	−0.3	−0.4	−0.5	−0.6	−0.7	−0.8	−0.9	−1.0	α / ξ

集中力矩（$t\leqslant 10$）

1. 计算公式：$M=\pm\overline{M}m$。
2. 力矩 m 以顺时针转为正，反时针为负。
3. 当集中力矩 m 作用在梁右半部，上式用正号，在梁左半部时用负号。
4. 表中带 * 号的 $\overline{M}$ 值代表荷载作用点下内侧截面的弯矩系数；对于荷载作用点下外侧截面的弯矩系数等于 $\overline{M}^{*}+1$。

表Ⅱ-9　　$t=0$ 时 $\overline{M}$ 值（集中力矩）

ξ	−1.0	−0.9	−0.8	−0.7	−0.6	−0.5	−0.4	−0.3	−0.2	−0.1	0.0	0.1	0.2	0.3	0.4	0.5	0.6	0.7	0.8	0.9	1.0
$\overline{M}$	0	−0.02	−0.05	−0.09	−0.14	−0.20	−0.25	−0.31	−0.37	−0.44	−0.50	−0.56	−0.63	−0.69	−0.75	−0.80	−0.86	−0.91	−0.95	−0.98	−1.00

表Ⅱ-10　　$t=1$ 时 $\overline{M}$ 值（集中力矩）

α \ ξ	−1.0	−0.9	−0.8	−0.7	−0.6	−0.5	−0.4	−0.3	−0.2	−0.1	0.0	0.1	0.2	0.3	0.4	0.5	0.6	0.7	0.8	0.9	1.0	
0.0	0	−0.01	−0.04	−0.08	−0.14	−0.18	−0.24	−0.30	−0.36	−0.43	−0.50*	0.43	0.36	0.30	0.24	0.18	0.14	0.08	0.04	0.01	0	0.0
0.1	0	−0.01	−0.04	−0.08	−0.13	−0.19	−0.25	−0.31	−0.37	−0.44	−0.51	−0.57*	0.36	0.29	0.23	0.17	0.12	0.07	0.03	0.01	0	−0.1
0.2	0	−0.01	−0.04	−0.08	−0.12	−0.18	−0.23	−0.29	−0.36	−0.42	−0.49	−0.58	−0.62*	0.31	0.25	0.19	0.13	0.08	0.04	0.01	0	−0.2
0.3	0	−0.01	−0.03	−0.07	−0.11	−0.16	−0.22	−0.28	−0.33	−0.40	−0.48	−0.53	−0.61	−0.67*	0.27	0.20	0.16	0.09	0.05	0.01	0	−0.3
0.4	0	−0.01	−0.03	−0.07	−0.11	−0.16	−0.22	−0.27	−0.34	−0.40	−0.46	−0.53	−0.60	−0.67	−0.73*	0.20	0.16	0.09	0.05	0.01	0	−0.4
0.5	0	−0.01	−0.03	−0.07	−0.11	−0.16	−0.21	−0.27	−0.33	−0.40	−0.46	−0.53	−0.60	−0.66	−0.73	−0.80*	0.14	0.09	0.05	0.01	0	−0.5
0.6	0	−0.01	−0.03	−0.07	−0.11	−0.16	−0.22	−0.27	−0.34	−0.40	−0.46	−0.53	−0.60	−0.66	−0.73	−0.79	−0.86*	0.09	0.04	0.01	0	−0.6
0.7	0	−0.01	−0.03	−0.07	−0.11	−0.16	−0.21	−0.27	−0.33	−0.39	−0.46	−0.52	−0.59	−0.66	−0.72	−0.79	−0.85	−0.90*	0.05	0.01	0	−0.7
0.8	0	−0.01	−0.03	−0.07	−0.11	−0.16	−0.21	−0.27	−0.33	−0.39	−0.46	−0.52	−0.59	−0.66	−0.72	−0.79	−0.85	−0.90	−0.95*	0.01	0	−0.8
0.9	0	−0.01	−0.03	−0.07	−0.11	−0.16	−0.21	−0.27	−0.33	−0.39	−0.46	−0.52	−0.59	−0.66	−0.72	−0.79	−0.85	−0.90	−0.95	−0.99*	0	−0.9
1.0	0	−0.01	−0.03	−0.07	−0.11	−0.16	−0.21	−0.27	−0.33	−0.39	−0.46	−0.52	−0.59	−0.66	−0.72	−0.79	−0.85	−0.90	−0.95	−0.99	−1*	−1.0
	1.0	0.9	0.8	0.7	0.6	0.5	0.4	0.3	0.2	0.1	0.0	−0.1	−0.2	−0.3	−0.4	−0.5	−0.6	−0.7	−0.8	−0.9	−1.0	ξ \ α

表Ⅱ-11

$t=2$ 时 $\overline{M}$ 值（集中力矩）

α \ ξ	−1.0	−0.9	−0.8	−0.7	−0.6	−0.5	−0.4	−0.3	−0.2	−0.1	0.0	0.1	0.2	0.3	0.4	0.5	0.6	0.7	0.8	0.9	1.0	
0.0	0	−0.01	−0.04	−0.07	−0.12	−0.17	−0.23	−0.29	−0.36	−0.43	−0.50*	0.43	0.36	0.29	0.23	0.17	0.12	0.07	0.04	0.01	0	0.0
0.1	0	−0.02	−0.05	−0.09	−0.14	−0.19	−0.25	−0.31	−0.38	−0.44	−0.51	−0.58*	0.35	0.28	0.22	0.16	0.11	0.06	0.02	0.00	0	−0.1
0.2	0	−0.01	−0.04	−0.08	−0.12	−0.17	−0.23	−0.28	−0.35	−0.41	−0.48	−0.55	−0.62*	0.32	0.25	0.19	0.13	0.08	0.04	0.01	0	−0.2
0.3	0	−0.01	−0.03	−0.06	−0.10	−0.14	−0.20	−0.25	−0.31	−0.37	−0.44	−0.51	−0.57	−0.64*	0.29	0.22	0.16	0.11	0.06	0.01	0	−0.3
0.4	0	−0.01	−0.02	−0.06	−0.10	−0.14	−0.19	−0.25	−0.31	−0.37	−0.43	−0.50	−0.57	−0.64	−0.71*	0.02	0.16	0.10	0.05	0.01	0	−0.4
0.5	0	−0.01	−0.03	−0.06	−0.10	−0.14	−0.19	−0.25	−0.30	−0.37	−0.43	−0.50	−0.57	−0.64	−0.71	−0.78*	0.16	0.10	0.05	0.01	0	−0.5
0.6	0	−0.01	−0.03	−0.06	−0.10	−0.14	−0.20	−0.25	−0.31	−0.37	−0.43	−0.50	−0.57	−0.64	−0.71	−0.78	−0.84*	0.10	0.05	0.01	0	−0.6
0.7	0	−0.01	−0.03	−0.06	−0.10	−0.14	−0.19	−0.24	−0.30	−0.36	−0.42	−0.49	−0.55	−0.62	−0.69	−0.76	−0.83	−0.89*	0.06	0.02	0	−0.7
0.8	0	−0.01	−0.03	−0.06	−0.10	−0.14	−0.19	−0.24	−0.30	−0.36	−0.42	−0.48	−0.55	−0.62	−0.69	−0.76	−0.82	−0.89	−0.94*	0.02	0	−0.8
0.9	0	−0.01	−0.03	−0.06	−0.10	−0.14	−0.19	−0.24	−0.30	−0.36	−0.42	−0.48	−0.55	−0.62	−0.69	−0.76	−0.82	−0.89	−0.94	−0.98*	0	−0.9
1.0	0	−0.01	−0.03	−0.06	−0.10	−0.14	−0.19	−0.24	−0.30	−0.36	−0.42	−0.48	−0.55	−0.62	−0.69	−0.76	−0.82	−0.89	−0.94	−0.98	−1*	−1.0
	1.0	0.9	0.8	0.7	0.6	0.5	0.4	0.3	0.2	0.1	0.0	−0.1	−0.2	−0.3	−0.4	−0.5	−0.6	−0.7	−0.8	−0.9	−1.0	ξ / α

表Ⅱ-12

$t=3$ 时 $\overline{M}$ 值（集中力矩）

α \ ξ	−1.0	−0.9	−0.8	−0.7	−0.6	−0.5	−0.4	−0.3	−0.2	−0.1	0.0	0.1	0.2	0.3	0.4	0.5	0.6	0.7	0.8	0.9	1.0	
0.0	0	−0.01	−0.03	−0.07	−0.12	−0.17	−0.23	−0.29	−0.36	−0.43	−0.50*	0.43	0.36	0.29	0.23	0.17	0.12	0.07	0.03	0.01	0	0.0
0.1	0	−0.01	−0.05	−0.10	−0.14	−0.20	−0.25	−0.31	−0.38	−0.45	−0.52	−0.59*	0.34	0.27	0.21	0.15	0.09	0.05	0.02	0.01	0	−0.1
0.2	0	−0.01	−0.04	−0.08	−0.12	−0.17	−0.22	−0.28	−0.34	−0.40	−0.52	−0.54	−0.61*	0.32	0.25	0.19	0.13	0.08	0.04	0.01	0	−0.2
0.3	0	−0.01	−0.02	−0.05	−0.09	−0.13	−0.18	−0.23	−0.29	−0.35	−0.41	−0.48	−0.55	−0.62*	0.31	0.24	0.18	0.12	0.06	0.02	0	−0.3
0.4	0	−0.01	−0.02	−0.05	−0.09	−0.13	−0.17	−0.23	−0.28	−0.34	−0.41	−0.47	−0.54	−0.62	−0.69*	0.24	0.17	0.11	0.06	0.02	0	−0.4
0.5	0	−0.01	−0.02	−0.05	−0.09	−0.13	−0.17	−0.23	−0.28	−0.34	−0.40	−0.47	−0.54	−0.61	−0.69	−0.76*	0.17	0.11	0.06	0.02	0	−0.5
0.6	0	−0.01	−0.03	−0.06	−0.09	−0.13	−0.17	−0.22	−0.28	−0.34	−0.41	−0.47	−0.54	−0.61	−0.68	−0.76	−0.83*	0.11	0.05	0.01	0	−0.6
0.7	0	−0.01	−0.03	−0.05	−0.09	−0.13	−0.17	−0.22	−0.27	−0.33	−0.39	−0.45	−0.52	−0.59	−0.66	−0.74	−0.81	−0.88*	0.06	0.02	0	−0.7
0.8	0	−0.01	−0.03	−0.05	−0.09	−0.12	−0.17	−0.22	−0.27	−0.32	−0.39	−0.45	−0.52	−0.59	−0.66	−0.73	−0.80	−0.87	−0.93*	0.02	0	−0.8
0.9	0	−0.01	−0.03	−0.05	−0.09	−0.12	−0.17	−0.22	−0.27	−0.32	−0.39	−0.45	−0.52	−0.59	−0.66	−0.73	−0.80	−0.87	−0.93	−0.98*	0	−0.9
1.0	0	−0.01	−0.03	−0.05	−0.09	−0.12	−0.17	−0.22	−0.27	−0.32	−0.39	−0.45	−0.52	−0.59	−0.66	−0.73	−0.80	−0.87	−0.93	−0.98	−1*	−1.0
	1.0	0.9	0.8	0.7	0.6	0.5	0.4	0.3	0.2	0.1	0.0	−0.1	−0.2	−0.3	−0.4	−0.5	−0.6	−0.7	−0.8	−0.9	−1.0	ξ / α

表Ⅱ-13　　$t=5$ 时 $\overline{M}$ 值（集中力矩）

ξ / α	−1.0	−0.9	−0.8	−0.7	−0.6	−0.5	−0.4	−0.3	−0.2	−0.1	0.0	0.1	0.2	0.3	0.4	0.5	0.6	0.7	0.8	0.9	1.0	
0.0	0	−0.01	−0.03	−0.06	−0.11	−0.16	−0.22	−0.28	−0.35	−0.42	−0.50*	0.42	0.35	0.28	0.22	0.16	0.11	0.06	0.03	0.01	0	0.0
0.1	0	−0.02	−0.06	−0.11	−0.15	−0.20	−0.26	−0.32	−0.38	−0.45	−0.52	−0.60*	0.33	0.26	0.19	0.13	0.07	0.03	0.00	−0.01	0	−0.1
0.2	0	−0.01	−0.04	−0.08	−0.11	−0.16	−0.21	−0.26	−0.32	−0.38	−0.45	−0.52	−0.60*	0.33	0.26	0.19	0.13	0.08	0.04	0.01	0	−0.2
0.3	0	0.00	−0.01	−0.04	−0.06	−0.10	−0.15	−0.19	−0.25	−0.31	−0.37	−0.44	−0.51	−0.59*	0.34	0.27	0.20	0.13	0.08	0.03	0	−0.3
0.4	0	0.00	−0.01	−0.03	−0.06	−0.10	−0.14	−0.19	−0.24	−0.30	−0.36	−0.43	−0.50	−0.58	−0.66*	0.27	0.19	0.13	0.07	0.02	0	−0.4
0.5	0	0.00	−0.01	−0.03	−0.08	−0.10	−0.14	−0.18	−0.23	−0.29	−0.35	−0.42	−0.49	−0.57	−0.65	−0.73*	0.19	0.12	0.06	0.02	0	−0.5
0.6	0	−0.01	−0.02	−0.05	−0.07	−0.11	−0.15	−0.19	−0.24	−0.30	−0.36	−0.42	−0.49	−0.57	−0.65	−0.73	−0.81*	0.12	0.07	0.01	0	−0.6
0.7	0	0.00	−0.02	−0.04	−0.07	−0.10	−0.14	−0.18	−0.23	−0.28	−0.34	−0.40	−0.47	−0.54	−0.62	−0.70	−0.78	−0.86*	0.07	0.02	0	−0.7
0.8	0	0.00	−0.02	−0.04	−0.07	−0.10	−0.13	−0.17	−0.22	−0.27	−0.33	−0.39	−0.46	−0.53	−0.61	−0.69	−0.77	−0.85	−0.92*	0.02	0	−0.8
0.9	0	0.00	−0.02	−0.04	−0.07	−0.10	−0.13	−0.17	−0.22	−0.27	−0.33	−0.39	−0.46	−0.53	−0.61	−0.69	−0.77	−0.85	−0.92	−0.98*	0	−0.9
1.0	0	0.00	−0.02	−0.04	−0.07	−0.10	−0.13	−0.17	−0.22	−0.27	−0.33	−0.39	−0.46	−0.53	−0.61	−0.69	−0.77	−0.85	−0.92	−0.98	−1*	−1.0
	1.0	0.9	0.8	0.7	0.6	0.5	0.4	0.3	0.2	0.1	0.0	−0.1	−0.2	−0.3	−0.4	−0.5	−0.6	−0.7	−0.8	−0.9	−1.0	α / ξ

表Ⅱ-14　　$t=7$ 时 $\overline{M}$ 值（集中力矩）

ξ / α	−1.0	−0.9	−0.8	−0.7	−0.6	−0.5	−0.4	−0.3	−0.2	−0.1	0.0	0.1	0.2	0.3	0.4	0.5	0.6	0.7	0.8	0.9	1.0	
0.0	0	−0.01	−0.02	−0.06	−0.10	−0.15	−0.21	−0.27	−0.35	−0.42	−0.50*	0.42	0.35	0.27	0.21	0.15	0.10	0.06	0.02	0.01	0	0.0
0.1	0	−0.03	−0.07	−0.12	−0.16	−0.21	−0.26	−0.32	−0.39	−0.46	−0.53	−0.61*	0.31	0.24	0.17	0.11	0.05	0.01	−0.01	−0.01	0	−0.1
0.2	0	−0.01	−0.06	−0.08	−0.11	−0.15	−0.20	−0.25	−0.31	−0.37	−0.44	−0.51	−0.59*	0.33	0.26	0.19	0.13	0.08	0.04	0.01	0	−0.2
0.3	0	0.00	0.00	−0.02	−0.05	−0.08	−0.12	−0.16	−0.22	−0.27	−0.34	−0.40	−0.48	−0.56*	0.37	0.29	0.22	0.15	0.09	0.03	0	−0.3
0.4	0	0.00	0.00	−0.02	−0.05	−0.08	−0.12	−0.16	−0.21	−0.26	−0.32	−0.39	−0.47	−0.55	−0.63*	0.29	0.21	0.14	0.08	0.03	0	−0.4
0.5	0	0.00	0.00	−0.01	−0.04	−0.07	−0.10	−0.15	−0.20	−0.25	−0.31	−0.38	−0.46	−0.54	−0.62	−0.71*	0.20	0.13	0.06	0.02	0	−0.5
0.6	0	−0.01	−0.02	−0.04	−0.04	−0.09	−0.13	−0.17	−0.21	−0.26	−0.32	−0.39	−0.46	−0.54	−0.62	−0.70	−0.81*	0.13	0.06	0.02	0	−0.6
0.7	0	0.00	−0.01	−0.03	−0.05	−0.08	−0.11	−0.15	−0.19	−0.24	−0.29	−0.36	−0.42	−0.50	−0.59	−0.66	−0.75	−0.84*	0.08	0.02	0	−0.7
0.8	0	0.00	−0.01	−0.03	−0.05	−0.08	−0.11	−0.14	−0.18	−0.23	−0.29	−0.35	−0.41	−0.49	−0.57	−0.65	−0.74	−0.83	−0.91*	0.03	0	−0.8
0.9	0	0.00	−0.01	−0.03	−0.05	−0.08	−0.11	−0.14	−0.18	−0.23	−0.29	−0.35	−0.41	−0.49	−0.57	−0.65	−0.74	−0.83	−0.91	−0.97*	0	−0.9
1.0	0	0.00	−0.01	−0.03	−0.05	−0.08	−0.11	−0.14	−0.18	−0.23	−0.29	−0.35	−0.41	−0.49	−0.57	−0.65	−0.74	−0.83	−0.91	−0.97	−1*	−1.0
	1.0	0.9	0.8	0.7	0.6	0.5	0.4	0.3	0.2	0.1	0.0	−0.1	−0.2	−0.3	−0.4	−0.5	−0.6	−0.7	−0.8	−0.9	−1.0	α / ξ

表Ⅱ-15

$t=10$ 时 $\overline{M}$ 值（集中力矩）

ξ / α	−1.0	−0.9	−0.8	−0.7	−0.6	−0.5	−0.4	−0.3	−0.2	−0.1	0.0	0.1	0.2	0.3	0.4	0.5	0.6	0.7	0.8	0.9	1.0	
0.0	0	0.00	−0.02	−0.05	−0.09	−0.14	−0.20	−0.26	−0.34	−0.42	−0.50*	0.42	0.34	0.26	0.20	0.14	0.09	0.05	0.02	0.00	0	0.0
0.1	0	−0.04	−0.09	−0.13	−0.17	−0.22	−0.27	−0.32	−0.39	−0.46	−0.54	−0.62*	0.29	0.22	0.14	0.08	0.03	−0.02	−0.03	−0.02	0	−0.1
0.2	0	−0.02	−0.05		−0.11	−0.15	−0.19	−0.24	−0.29	−0.35	−0.42	−0.50	−0.58*	0.34	0.26	0.19	0.13	0.07	0.03	0.00	0	−0.2
0.3	0	−0.01	0.01	0.00	−0.02	−0.05	−0.09	−0.13	−0.18	−0.23	−0.29	−0.36	−0.44	−0.52*	0.40	0.32	0.25	0.18	0.11	0.04	0	−0.3
0.4	0	0.01	0.01	0.00	−0.02	−0.05	−0.08	−0.12	−0.17	−0.22	−0.28	−0.35	−0.42	−0.51	−0.59*	0.32	0.24	0.16	0.09	0.03	0	−0.4
0.5	0	0.01	0.01	0.00	−0.02	−0.04	−0.07	−0.11	−0.16	−0.21	−0.27	−0.34	−0.41	−0.50	−0.59	−0.68*	0.23	0.14	0.07	0.02	0	−0.5
0.6	0	−0.01	−0.02	−0.03	−0.05	−0.07	−0.10	−0.13	−0.18	−0.22	−0.28	−0.34	−0.41	−0.49	−0.58	−0.68	−0.77*	0.14	0.06	0.02	0	−0.6
0.7	0	0.00	−0.01	−0.02	−0.04	−0.06	−0.08	−0.11	−0.15	−0.19	−0.24	−0.30	−0.37	−0.45	−0.53	−0.62	−0.72	−0.81*	0.09	0.03	0	−0.7
0.8	0	0.00	−0.01	−0.02	−0.03	−0.05	−0.07	−0.10	−0.14	−0.18	−0.23	−0.29	−0.36	−0.43	−0.52	−0.61	−0.70	−0.80	−0.89*	0.03	0	−0.8
0.9	0	0.00	−0.01	−0.02	−0.03	−0.05	−0.07	−0.11	−0.14	−0.18	−0.23	−0.29	−0.36	−0.43	−0.52	−0.61	−0.70	−0.80	−0.89	−0.97*	0	−0.9
1.0	0	0.00	−0.01	−0.02	−0.03	−0.05	−0.08	−0.11	−0.14	−0.19	−0.24	−0.29	−0.36	−0.44	−0.52	−0.61	−0.70	−0.80	−0.89	−0.97	−1*	−1.0
	1.0	0.9	0.8	0.7	0.6	0.5	0.4	0.3	0.2	0.1	0.0	−0.1	−0.2	−0.3	−0.4	−0.5	−0.6	−0.7	−0.8	−0.9	−1.0	α / ξ

弹性地基梁在边荷载作用下的弯矩系数表

1. 换算公式：$M=0.01\overline{M}P'l$。
2. 计算截面离梁中心的距离为$\pm\xi l$（梁左半为负号，右半为正号）。
3. 集中力P'作用点离梁中心距离为$\pm\alpha l$（力在左边为负，力在右边为正）。

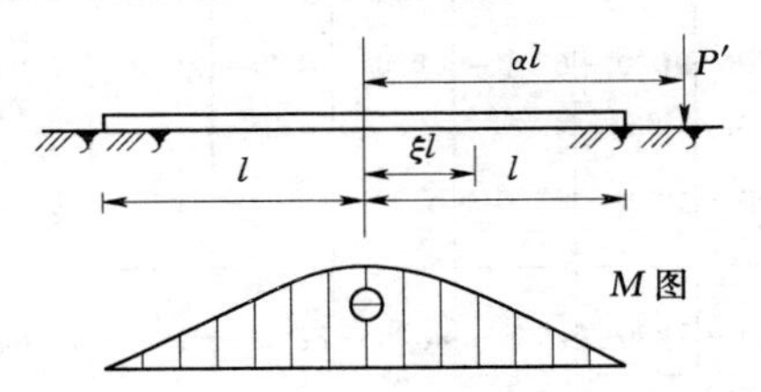

表Ⅲ-1　　$t=0$时$\overline{M}$值（边荷载）

α \ ξ	−1.0	−0.9	−0.8	−0.7	−0.6	−0.5	−0.4	−0.3	−0.2	−0.1	0.0	0.1	0.2	0.3	0.4	0.5	0.6	0.7	0.8	0.9	1.0	
1.05	0	−0.3	−1.4	−1.8	−2.6	−3.1	−4.4	−5.2	−6.0	−6.5	−7.0	−7.2	−7.3	−7.1	−6.6	−5.9	−4.9	−3.6	−2.1	−0.7	0	−1.05
1.15	0	−0.2	−0.7	−1.3	−2.0	−2.7	−3.3	−3.9	−4.5	−4.9	−5.2	−5.4	−5.4	−5.2	−4.8	−4.2	−3.5	−2.5	−1.4	−0.5	0	−1.15
1.25	0	−0.2	−0.6	−1.0	−1.6	−2.1	−2.6	−3.1	−3.5	−3.8	−4.1	−4.2	−4.2	−4.0	−3.7	−3.2	−2.6	−1.9	−1.1	−0.4	0	−1.25
1.35	0	−0.1	−0.5	−0.9	−1.3	−1.8	−2.2	−2.6	−2.9	−3.1	−3.3	−3.4	−3.4	−3.2	−3.0	−2.6	−2.1	−1.5	0.8	−0.3	0	−1.35
1.45	0	−0.1	−0.4	−0.7	−1.1	−1.5	−1.8	−2.2	−2.2	−2.6	−2.8	−2.8	−2.8	−2.7	−2.4	−2.1	−1.7	−1.2	−0.7	−0.2	0	−1.45
1.55	0	−0.1	−0.3	−0.6	−0.9	−1.3	−1.6	−1.8	−2.1	−2.2	−2.3	−2.4	−2.3	−2.2	−2.0	−1.7	−1.4	−1.0	−0.5	−0.2	0	−1.55
1.65	0	−0.1	−0.3	−0.5	−0.8	−1.1	−1.3	−1.6	−1.8	−1.9	−2.0	−2.0	−2.0	−1.9	−1.7	−1.5	−1.2	−0.8	−0.5	−0.2	0	−1.65
1.75	0	−0.1	−0.2	−0.5	−0.7	−1.0	−1.2	−1.4	−1.6	−1.7	−1.8	−1.8	−1.7	−1.7	−1.5	−1.3	−1.0	−0.7	−0.4	−0.1	0	−1.75
1.85	0	−0.1	−0.2	−0.4	−0.6	−0.8	−1.1	−1.2	−1.4	−1.5	−1.5	−1.6	−1.5	−1.4	−1.3	−1.1	−0.9	−0.6	−0.3	−0.1	0	−1.85
1.95	0	−0.1	−0.2	−0.4	−0.6	−0.8	−0.9	−1.1	−1.2	−1.3	−1.4	−1.4	−1.4	−1.3	−1.1	−1.0	−0.8	−0.5	−0.3	−0.1	0	−1.95
2.10	0	−0.1	−0.2	−0.3	−0.5	−0.6	−0.8	−0.9	−1.0	−1.1	−1.2	−1.2	−1.1	−1.1	−1.0	−0.8	−0.6	−0.5	−0.3	−0.1	0	−2.10
2.30	0	−0.1	−0.2	−0.3	−0.4	−0.5	−0.7	−0.8	−0.9	−0.9	−1.0	−1.0	−0.9	−0.9	−0.8	−0.4	−0.5	−0.4	−0.2	−0.1	0	−2.30
2.50	0	0.0	−0.1	−0.2	−0.3	−0.5	−0.6	−0.6	−0.7	−0.8	−0.8	−0.8	−0.8	−0.7	−0.6	−0.6	−0.4	−0.3	−0.2	−0.1	0	−2.50
2.70	0	0.0	−0.1	−0.2	−0.3	−0.4	−0.5	−0.6	−0.6	−0.7	−0.7	−0.7	−0.7	−0.6	−0.6	−0.5	−0.4	−0.3	−0.1	0.0	0	−2.70
2.90	0	0.0	−0.1	−0.2	−0.3	−0.3	−0.4	−0.5	−0.5	−0.6	−0.6	−0.6	−0.6	−0.5	−0.5	−0.4	−0.3	−0.2	−0.1	0.0	0	−2.90
	1.0	0.9	0.8	0.7	0.6	0.5	0.4	0.3	0.2	0.1	0.0	−0.1	−0.2	−0.3	−0.4	−0.5	−0.6	−0.7	−0.8	−0.9	−1.0	ξ / α

表Ⅲ-2　　$t=1$ 时 $\overline{M}$ 值（边荷载）

ξ / α	-1.0	-0.9	-0.8	-0.7	-0.6	-0.5	-0.4	-0.3	-0.2	-0.1	0.0	0.1	0.2	0.3	0.4	0.5	0.6	0.7	0.8	0.9	1.0	
1.05	0	-0.3	-0.8	-1.6	-2.4	-3.2	-4.0	-4.8	-5.5	-6.0	-6.4	-6.7	-6.8	-6.6	-6.2	-5.5	-4.6	-3.4	-2.0	-0.7	0	-1.05
1.15	0	-0.2	-0.6	-1.2	-1.8	-2.5	-3.1	-3.6	-4.1	-4.6	-4.8	-5.0	-5.0	-4.9	-4.6	-4.0	-3.3	-2.4	-1.4	-0.5	0	-1.15
1.25	0	-0.2	-0.5	-1.0	-1.5	-2.0	-2.4	-2.9	-3.3	-3.6	-3.8	-3.9	-3.9	-3.8	-3.0	-3.1	-3.0	-1.8	-1.0	-0.4	0	-1.25
1.35	0	-0.1	-0.4	-0.8	-1.2	-1.6	-2.0	-2.4	-2.7	-2.9	-3.1	-3.2	-3.1	-3.0	-2.8	-2.4	-2.0	-1.4	0.8	-0.3	0	-1.35
1.45	0	-0.1	-0.4	-0.7	-1.0	-1.4	-1.7	-2.0	-2.2	-2.4	-2.6	-2.6	-2.6	-2.5	-2.3	-2.0	-1.6	-1.2	-0.7	-0.2	0	-1.45
1.55	0	-0.1	-0.3	-0.6	-0.9	-1.2	-1.4	-1.7	-1.9	-2.1	-2.2	-2.2	-2.2	-2.1	-1.9	-1.7	-1.3	-1.0	-0.5	-0.2	0	-1.55
1.65	0	-0.1	-0.3	-0.5	-0.8	-1.0	-1.3	-1.5	-1.7	-1.8	-1.9	-1.9	-1.9	-1.8	-1.6	-1.4	-1.1	-0.8	-0.5	-0.1	0	-1.65
1.75	0	-0.1	-0.2	-0.4	-0.7	-0.9	-1.1	-1.3	-1.4	-1.6	-1.6	-1.7	-1.6	-1.6	-1.4	-1.2	-1.0	-0.7	-0.4	-0.1	0	-1.75
1.85	0	-0.1	-0.2	-0.4	-0.6	-0.6	-1.0	-1.1	-1.3	-1.4	-1.4	-1.5	-1.4	-1.4	-1.2	-1.1	-0.8	-0.6	-0.3	-0.1	0	-1.85
1.95	0	-0.1	-0.2	-0.4	-0.5	-0.7	-0.9	-1.0	-1.1	-1.2	-1.3	-1.3	-1.2	-1.2	-1.1	-0.9	-0.7	-0.5	-0.3	-0.1	0	-1.95
2.10	0	-0.1	-0.2	-0.3	-0.5	-0.6	-0.7	-0.9	-1.0	-1.0	-1.1	-1.1	-1.1	-1.0	-0.9	-0.8	-0.6	-0.4	-0.2	-0.1	0	-2.10
2.30	0	-0.1	-0.1	-0.3	-0.4	-0.5	-0.6	-0.7	-0.8	-0.9	-0.9	-0.9	-0.9	-0.8	-0.7	-0.6	-0.5	-0.3	-0.2	-0.1	0	-2.30
2.50	0	0.0	-0.1	-0.2	-0.3	-0.4	-0.5	-0.6	-0.7	-0.7	-0.7	-0.7	-0.7	-0.7	-0.6	-0.5	-0.4	-0.3	-0.2	-0.0	0	-2.50
2.70	0	0.0	-0.1	-0.2	-0.3	-0.4	-0.4	-0.5	-0.6	-0.6	-0.6	-0.6	-0.6	-0.6	-0.5	-0.5	-0.4	-0.2	-0.1	0.0	0	-2.70
2.90	0	0.0	-0.1	-0.2	-0.2	-0.3	-0.3	-0.4	-0.5	-0.5	-0.5	-0.5	-0.5	-0.5	-0.4	-0.4	-0.3	-0.2	-0.1	0.0	0	-2.90
	1.0	0.9	0.8	0.7	0.6	0.5	0.4	0.3	0.2	0.1	0.0	-0.1	-0.2	-0.3	-0.4	-0.5	-0.6	-0.7	-0.8	-0.9	-1.0	α / ξ

表Ⅲ-3　　$t=2$ 时 $\overline{M}$ 值（边荷载）

α \ ξ	−1.0	−0.9	−0.8	−0.7	−0.6	−0.5	−0.4	−0.3	−0.2	−0.1	0.0	0.1	0.2	0.3	0.4	0.5	0.6	0.7	0.8	0.9	1.0	
1.05	0	−0.2	−0.8	−1.5	−2.2	−3.0	−3.7	−4.4	−5.1	−5.6	−6.0	−6.3	−6.3	−6.2	−5.9	−5.2	−4.4	−3.3	−2.0	−0.7	0	−1.05
1.15	0	−0.2	−0.6	−1.1	−1.7	−2.3	−2.9	−3.4	−3.8	−4.2	−4.5	−4.7	−4.7	−4.6	−4.3	−3.8	−3.1	−2.3	−1.4	−0.5	0	−1.15
1.25	0	−0.1	−0.5	−0.9	−1.4	−1.8	−2.3	−2.7	−3.0	−3.3	−3.5	−3.7	−3.7	−3.5	−3.3	−2.9	−2.4	−1.7	−1.0	−0.3	0	−1.25
1.35	0	−0.1	−0.4	−0.7	−1.1	−1.5	−1.8	−2.2	−2.5	−2.7	−2.8	−3.0	−3.0	−2.8	−2.6	−2.3	−1.9	−1.3	0.8	−0.3	0	−1.35
1.45	0	−0.1	−0.3	−0.6	−1.0	−1.3	−1.6	−1.8	−2.1	−2.3	−2.4	−2.5	−2.4	−2.3	−2.1	−1.8	−1.5	−1.1	−0.6	−0.2	0	−1.45
1.55	0	−0.1	−0.3	−0.5	−0.8	−1.1	−1.3	−1.6	−1.8	−1.9	−2.0	−2.1	−2.0	−1.9	−1.8	−1.6	−1.2	−0.9	−0.5	−0.2	0	−1.55
1.65	0	−0.1	−0.3	−0.4	−0.7	−1.0	−1.2	−1.4	−1.5	−1.7	−1.8	−1.8	−1.7	−1.7	−1.5	−1.3	−1.1	−0.8	−0.4	−0.2	0	−1.65
1.75	0	−0.1	−0.2	−0.4	−0.6	−0.8	−1.0	−1.2	−1.3	−1.5	−1.5	−1.6	−1.5	−1.5	−1.3	−1.1	−0.9	−0.6	−0.4	−0.1	0	−1.75
1.85	0	−0.1	−0.2	−0.4	−0.6	−0.7	−0.9	−1.1	−1.2	−1.3	−1.4	−1.4	−1.4	−1.3	−1.2	−1.0	−0.8	−0.5	−0.3	−0.1	0	−1.85
1.95	0	0.0	−0.1	−0.3	−0.5	−0.6	−0.8	−0.9	−1.0	−1.1	−1.2	−1.2	−1.2	−1.1	−1.0	−0.8	−0.7	−0.5	−0.2	−0.1	0	−1.95
2.10	0	0.0	−0.1	−0.3	−0.4	−0.6	−0.7	−0.8	−0.9	−1.0	−1.0	−1.0	−1.0	−0.9	−0.8	−0.7	−0.6	−0.4	−0.2	−0.1	0	−2.10
2.30	0	0.0	−0.1	−0.2	−0.4	−0.5	−0.6	−0.6	−0.7	−0.8	−0.8	−0.8	−0.8	−0.8	−0.7	−0.6	−0.5	−0.3	−0.2	−0.1	0	−2.30
2.50	0	0.0	−0.1	−0.2	−0.3	−0.4	−0.5	−0.6	−0.6	−0.7	−0.7	−0.7	−0.7	−0.6	−0.6	−0.5	−0.4	−0.3	−0.1	−0.1	0	−2.50
2.70	0	0.0	−0.1	−0.2	−0.3	−0.3	−0.4	−0.5	−0.5	−0.6	−0.6	−0.6	−0.6	−0.5	−0.5	−0.4	−0.3	−0.2	−0.1	0.0	0	−2.70
2.90	0	0.0	−0.1	−0.1	−0.2	−0.3	−0.4	−0.4	−0.5	−0.5	−0.5	−0.5	−0.5	−0.5	−0.4	−0.3	−0.3	−0.2	−0.1	0.0	0	−2.90
	1.0	0.9	0.8	0.7	0.6	0.5	0.4	0.3	0.2	0.1	0.0	−0.1	−0.2	−0.3	−0.4	−0.5	−0.6	−0.7	−0.8	−0.9	−1.0	ξ \ α

表Ⅲ-4 $t=3$ 时 $\overline{M}$ 值（边荷载）

α \ ξ	−1.0	−0.9	−0.8	−0.7	−0.6	−0.5	−0.4	−0.3	−0.2	−0.1	0.0	0.1	0.2	0.3	0.4	0.5	0.6	0.7	0.8	0.9	1.0	
1.05	0	−0.2	−0.7	−1.5	−2.0	−2.8	−3.5	−4.1	−4.9	−5.2	−5.6	−5.9	−6.0	−5.9	−5.6	−5.0	−4.2	−3.1	−1.9	−0.7	0	−1.05
1.15	0	−0.2	−0.5	−1.0	−1.6	−2.1	−2.7	−3.1	−3.6	−4.0	−4.2	−4.4	−4.4	−4.3	−4.1	−3.6	−3.0	−2.2	−1.3	−0.5	0	−1.15
1.25	0	−0.1	−0.4	−0.8	−1.3	−1.7	−2.1	−2.5	−2.9	−3.1	−3.3	−3.4	−3.5	−3.4	−3.1	−2.8	−2.3	−1.7	−1.0	−0.3	0	−1.25
1.35	0	−0.1	−0.4	−0.7	−1.0	−1.4	−1.7	−2.0	−2.3	−2.5	−2.7	−2.8	−2.8	−2.7	−2.5	−2.2	−1.8	−1.3	0.7	−0.2	0	−1.35
1.45	0	−0.1	−0.3	−0.6	−0.9	−1.2	−1.5	−1.7	−1.9	−2.1	−2.2	−2.3	−2.6	−2.2	−2.0	−1.8	−1.4	−1.0	−0.6	−0.2	0	−1.45
1.55	0	−0.1	−0.3	−0.5	−0.8	−0.9	−1.3	−1.5	−1.7	−1.8	−1.9	−2.0	−1.9	−1.9	−1.7	−1.4	−1.2	−0.8	−0.5	−0.2	0	−1.55
1.65	0	−0.1	−0.2	−0.4	−0.7	−0.9	−1.1	−1.3	−1.4	−1.6	−1.7	−1.7	−1.7	−1.6	−1.5	−1.3	−1.0	−0.7	−0.4	−0.1	0	−1.65
1.75	0	−0.1	−0.2	−0.4	−0.6	−0.8	−1.0	−1.1	−1.3	−1.4	−1.6	−1.5	−1.4	−1.4	−1.3	−1.1	−0.9	−0.6	−0.4	−0.1	0	−1.75
1.85	0	−0.1	−0.2	−0.4	−0.5	−0.7	−0.8	−1.0	−1.1	−1.2	−1.4	−1.3	−1.3	−1.2	−1.1	−0.9	−0.8	−0.5	−0.3	−0.1	0	−1.85
1.95	0	−0.1	−0.2	−0.3	−0.5	−0.6	−0.8	−0.9	−1.0	−1.1	−1.3	−1.1	−1.1	−1.1	−1.0	−0.8	−0.7	−0.5	−0.3	−0.1	0	−1.95
2.10	0	−0.1	−0.2	−0.3	−0.4	−0.5	−0.6	−0.8	−0.9	−0.9	−1.1	−1.0	−0.9	−0.9	−0.8	−0.7	−0.5	−0.4	−0.2	−0.1	0	−2.10
2.30	0	0.0	−0.1	−0.2	−0.3	−0.4	−0.5	−0.6	−0.7	−0.8	−1.0	−0.8	−0.8	−0.7	−0.7	−0.6	−0.4	−0.3	−0.2	−0.1	0	−2.30
2.50	0	0.0	−0.1	−0.2	−0.3	−0.4	−0.5	−0.5	−0.6	−0.6	−0.7	−0.7	−0.6	−0.6	−0.5	−0.5	−0.4	−0.3	−0.1	−0.1	0	−2.50
2.70	0	0.0	−0.1	−0.2	−0.2	−0.3	−0.4	−0.5	−0.5	−0.5	−0.6	−0.6	−0.5	−0.5	−0.4	−0.4	−0.3	−0.2	−0.1	0.0	0	−2.70
2.90	0	0.0	−0.1	−0.1	−0.2	−0.3	−0.3	−0.4	−0.4	−0.5	−0.5	−0.5	−0.5	−0.4	−0.4	−0.3	−0.3	−0.2	−0.1	0.0	0	−2.90
	1.0	0.9	0.8	0.7	0.6	0.5	0.4	0.3	0.2	0.1	0.0	−0.1	−0.2	−0.3	−0.4	−0.5	−0.6	−0.7	−0.8	−0.9	−1.0	ξ \ α

表Ⅲ-5 $t=5$ 时 $\overline{M}$ 值（边荷载）

ξ \ α	−1.0	−0.9	−0.8	−0.7	−0.6	−0.5	−0.4	−0.3	−0.2	−0.1	0.0	0.1	0.2	0.3	0.4	0.5	0.6	0.7	0.8	0.9	1.0	
1.05	0	−0.2	−0.6	−1.2	−1.8	−2.4	−3.0	−3.6	−4.1	−4.6	−5.0	−5.2	−5.4	−5.3	−5.1	−4.6	−3.9	−2.9	−1.8	−0.6	0	−1.05
1.15	0	−0.1	−0.5	−0.9	−1.4	−1.9	−2.3	−2.8	−3.2	−3.5	−3.8	−3.9	−4.0	−3.9	−3.7	−3.3	−2.3	−2.1	−1.2	−0.4	0	−1.15
1.25	0	−0.1	−0.3	−0.7	−1.1	−1.5	−1.8	−2.2	−2.5	−2.7	−2.9	−3.1	−3.1	−3.0	−2.8	−2.5	−2.1	−1.5	−0.9	−0.3	0	−1.25
1.35	0	−0.1	−0.3	−0.6	−0.9	−1.2	−1.5	−1.8	−2.1	−2.3	−2.4	−2.5	−2.5	−2.4	−2.3	−2.0	−1.6	−1.2	0.7	−0.2	0	−1.35
1.45	0	−0.1	−0.3	−0.5	−0.8	−1.0	−1.3	−1.5	−1.7	−1.9	−2.0	−2.1	−2.1	−2.0	−1.8	−1.6	−1.3	−1.0	−0.5	−0.2	0	−1.45
1.55	0	−0.1	−0.2	−0.4	−0.7	−0.9	−1.1	−1.3	−1.5	−1.6	−1.7	−1.7	−1.7	−1.7	−1.5	−1.4	−1.1	−0.8	−0.4	−0.1	0	−1.55
1.65	0	−0.1	−0.2	−0.4	−0.6	−0.8	−1.0	−1.1	−1.3	−1.4	−1.5	−1.5	−1.5	−1.4	−1.3	−1.2	−0.9	−0.7	−0.4	−0.1	0	−1.65
1.75	0	−0.1	−0.2	−0.3	−0.5	−0.7	−0.9	−1.0	−1.1	−1.2	−1.3	−1.3	−1.3	−1.2	−1.1	−1.0	−0.8	−0.6	−0.3	−0.1	0	−1.75
1.85	0	−0.1	−0.2	−0.3	−0.4	−0.6	−0.8	−0.9	−1.0	−1.1	−1.1	−1.2	−1.1	−1.1	−1.0	−0.9	−0.7	−0.5	−0.3	−0.1	0	−1.85
1.95	0	0.0	−0.1	−0.3	−0.4	−0.5	−0.7	−0.8	−0.9	−0.9	−1.0	−1.0	−1.0	−0.9	−0.8	−0.7	−0.6	−0.4	−0.2	−0.1	0	−1.95
2.10	0	0.0	−0.1	−0.2	−0.3	−0.5	−0.6	−0.7	−0.8	−0.8	−0.3	−0.9	−0.8	−0.8	−0.7	−0.6	−0.5	−0.4	−0.2	−0.1	0	−2.10
2.30	0	0.0	−0.1	−0.2	−0.3	−0.4	−0.5	−0.6	−0.6	−0.7	−0.7	−0.7	−0.7	−0.7	−0.6	−0.5	−0.4	−0.3	−0.2	−0.1	0	−2.30
2.50	0	0.0	−0.1	−0.2	−0.3	−0.3	−0.4	−0.5	−0.5	−0.6	−0.6	−0.6	−0.6	−0.5	−0.5	−0.4	−0.3	−0.2	−0.2	0.0	0	−2.50
2.70	0	0.0	−0.1	−0.1	−0.2	−0.3	−0.3	−0.4	−0.4	−0.5	−0.5	−0.5	−0.5	−0.5	−0.4	−0.4	−0.3	−0.2	−0.1	0.0	0	−2.70
2.90	0	0.0	−0.1	−0.1	−0.2	−0.2	−0.3	−0.3	−0.4	−0.4	−0.4	−0.4	−0.4	−0.4	−0.3	−0.3	−0.3	−0.2	−0.1	0.0	0	−2.90
	1.0	0.9	0.8	0.7	0.6	0.5	0.4	0.3	0.2	0.1	0.0	−0.1	−0.2	−0.3	−0.4	−0.5	−0.6	−0.7	−0.8	−0.9	−1.0	α \ ξ

表Ⅲ-6 $t=7$ 时 $\overline{M}$ 值（边荷载）

α \ ξ	−1.0	−0.9	−0.8	−0.7	−0.6	−0.5	−0.4	−0.3	−0.2	−0.1	0.0	0.1	0.2	0.3	0.4	0.5	0.6	0.7	0.8	0.9	1.0	
1.05	0	−0.2	−0.6	−1.0	−1.6	−2.1	−2.7	−3.2	−3.7	−4.1	−4.5	−4.7	−4.9	−4.9	−4.7	−4.3	−3.6	−2.8	−1.7	−0.6	0	−1.05
1.15	0	−0.1	−0.4	−0.8	−1.2	−1.6	−2.1	−2.5	−2.8	−3.1	−3.4	−3.5	−3.6	−3.6	−3.4	−3.1	−2.6	−1.9	−1.2	−0.4	0	−1.15
1.25	0	−0.1	−0.3	−0.7	−1.0	−1.3	−1.6	−2.0	−2.2	−2.5	−2.7	−2.8	−2.8	−2.6	−2.7	−2.3	−1.9	−1.4	−0.8	−0.3	0	−1.25
1.35	0	−0.1	−0.3	−0.6	−0.8	−1.1	−1.4	−1.6	−1.8	−2.0	−2.2	−2.3	−2.3	−2.2	−2.1	−1.8	−1.5	−1.1	−0.6	−0.2	0	−1.35
1.45	0	−0.1	−0.2	−0.5	−0.7	−0.9	−1.2	−1.4	−1.6	−1.7	−1.8	−1.9	−1.9	−1.8	−2.0	−1.5	−1.2	−0.9	−0.5	−0.2	0	−1.45
1.55	0	−0.1	−0.2	−0.4	−0.6	−0.8	−1.0	−1.2	−1.3	−1.4	−1.5	−1.6	−1.6	−1.5	−1.4	−1.3	−1.0	−0.7	−0.4	−0.2	0	−1.55
1.65	0	−0.1	−0.2	−0.4	−0.5	−0.7	−0.9	−1.0	−1.1	−1.2	−1.3	−1.4	−1.4	−1.3	−1.2	−1.0	−0.9	−0.6	−0.4	−0.1	0	−1.65
1.75	0	−0.1	−0.2	−0.3	−0.5	−0.6	−0.8	−0.9	−1.0	−1.1	−1.1	−1.2	−1.2	−1.1	−1.0	−0.9	−0.7	−0.5	−0.3	−0.1	0	−1.75
1.85	0	−0.1	−0.1	−0.3	−0.4	−0.5	−0.7	−0.8	−0.9	−0.9	−1.0	−1.0	−1.0	−1.0	−0.9	−0.8	−0.6	−0.5	−0.3	−0.1	0	−1.85
1.95	0	0.0	−0.1	−0.2	−0.4	−0.5	−0.6	−0.7	−0.8	−0.9	−0.9	−0.9	−0.9	−0.9	−0.8	−0.7	−0.6	−0.4	−0.2	−0.1	0	−1.95
2.10	0	0.0	−0.1	−0.2	−0.3	−0.4	−0.5	−0.6	−0.7	−0.7	−0.8	−0.8	−0.8	−0.7	−0.7	−0.6	−0.5	−0.3	−0.2	−0.1	0	−2.10
2.30	0	0.0	−0.1	−0.2	−0.3	−0.3	−0.4	−0.5	−0.6	−0.6	−0.6	−0.6	−0.6	−0.6	−0.5	−0.5	−0.4	−0.3	−0.1	−0.1	0	−2.30
2.50	0	0.0	−0.1	−0.2	−0.2	−0.3	−0.4	−0.4	−0.5	−0.5	−0.5	−0.5	−0.5	−0.5	−0.4	−0.4	−0.3	−0.2	−0.1	0.0	0	−2.50
2.70	0	0.0	−0.1	−0.1	−0.2	−0.3	−0.3	−0.4	−0.4	−0.4	−0.4	−0.5	−0.4	−0.4	−0.4	−0.3	−0.3	−0.2	−0.1	0.0	0	−2.70
2.90	0	0.0	−0.1	−0.1	−0.2	−0.2	−0.3	−0.3	−0.4	−0.4	−0.4	−0.4	−0.4	−0.4	−0.3	−0.3	−0.2	−0.2	−0.1	0.0	0	−2.90
	1.0	0.9	0.8	0.7	0.6	0.5	0.4	0.3	0.2	0.1	0.0	−0.1	−0.2	−0.3	−0.4	−0.5	−0.6	−0.7	−0.8	−0.9	−1.0	ξ \ α

表Ⅲ-7

$t=10$ 时 $\overline{M}$ 值（边荷载）

α \ ξ	−1.0	−0.9	−0.8	−0.7	−0.6	−0.5	−0.4	−0.3	−0.2	−0.1	0.0	0.1	0.2	0.3	0.4	0.5	0.6	0.7	0.8	0.9	1.0	
1.05	0	−0.2	−0.5	−0.9	−1.3	−1.8	−2.3	−2.7	−3.1	−3.5	−3.9	−4.1	−4.3	−4.3	−4.2	−3.9	−3.3	−2.6	−1.6	−0.6	0	−1.05
1.15	0	−0.1	−0.4	−0.7	−1.0	−1.4	−1.7	−2.1	−2.4	−2.7	−2.9	−3.1	−3.2	−3.2	−3.1	−2.8	−2.4	−1.8	−1.1	−0.4	0	−1.15
1.25	0	−0.1	−0.3	−0.5	−0.8	−1.1	−1.4	−1.7	−1.9	−2.1	−2.6	−2.4	−2.5	−2.4	−2.3	−2.1	−1.8	−1.3	−0.8	−0.3	0	−1.25
1.35	0	−0.1	−0.2	−0.5	−0.6	−0.9	−1.2	−1.4	−1.6	−1.7	−1.9	−2.0	−2.0	−2.0	−1.9	−1.7	−1.4	−1.0	−0.6	−0.2	0	−1.35
1.45	0	−0.1	−0.2	−0.3	−0.6	−0.8	−1.0	−1.1	−1.3	−1.4	−1.5	−1.6	−1.6	−1.6	−1.5	−1.3	−1.1	−0.8	−0.5	−0.2	0	−1.45
1.55	0	−0.1	−0.2	−0.3	−0.5	−0.7	−0.8	−1.0	−1.1	−1.2	−1.3	−1.4	−1.4	−1.3	−1.3	−1.1	−0.9	−0.7	−0.4	−0.1	0	−1.55
1.65	0	−0.1	−0.2	−0.3	−0.4	−0.6	−0.7	−0.9	−1.0	−1.1	−1.4	−1.2	−1.2	−1.2	−1.1	−0.9	−0.8	−0.6	−0.3	−0.1	0	−1.65
1.75	0	0.0	−0.2	−0.3	−0.4	−0.5	−0.6	−0.8	−0.9	−0.9	−1.0	−1.0	−1.0	−1.0	−0.9	−0.8	−0.7	−0.5	−0.3	−0.1	0	−1.75
1.85	0	0.0	−0.1	−0.2	−0.4	−0.5	−0.6	−0.7	−0.8	−0.8	−0.9	−0.9	−0.9	−0.9	−0.8	−0.7	−0.6	−0.4	−0.2	−0.1	0	−1.85
1.95	0	0.0	−0.1	−0.2	−0.3	−0.4	−0.5	−0.6	−0.7	−0.7	−0.8	−0.8	−0.8	−0.8	−0.7	−0.6	−0.5	−0.4	−0.2	−0.1	0	−1.95
2.10	0	0.0	−0.1	−0.2	−0.3	−0.4	−0.4	−0.5	−0.6	−0.6	−0.7	−0.7	−0.7	−0.6	−0.6	−0.5	−0.4	−0.3	−0.2	−0.1	0	−2.10
2.30	0	0.0	−0.1	−0.2	−0.2	−0.3	−0.4	−0.4	−0.5	−0.5	−0.5	−0.6	−0.6	−0.5	−0.5	−0.4	−0.3	−0.2	−0.1	−0.1	0	−2.30
2.50	0	0.0	−0.1	−0.1	−0.2	−0.3	−0.3	−0.4	−0.4	−0.4	−0.5	−0.5	−0.5	−0.4	−0.4	−0.3	−0.3	−0.2	−0.1	0.0	0	−2.50
2.70	0	0.0	−0.1	−0.1	−0.2	−0.2	−0.3	−0.3	−0.3	−0.4	−0.4	−0.4	−0.4	−0.4	−0.3	−0.3	−0.2	−0.2	−0.1	0.0	0	−2.70
2.90	0	0.0	−0.1	−0.1	−0.1	−0.2	−0.2	−0.3	−0.3	−0.3	−0.3	−0.3	−0.3	−0.3	−0.3	−0.3	−0.2	−0.1	−0.1	0.0	0	−2.90
	1.0	0.9	0.8	0.7	0.6	0.5	0.4	0.3	0.2	0.1	0.0	−0.1	−0.2	−0.3	−0.4	−0.5	−0.6	−0.7	−0.8	−0.9	−1.0	ξ \ α

水闸作业示例

本作业对水工建筑物设计工作非常重要。系采取由学生进行例题校核并写出学习体会（最好能够横向联系到相关课程，体会分析问题、解决问题的理念，参见附录Ⅴ　水闸作业体会）的方式进行。

【例 1】 某水闸地下轮廓布置及尺寸如图Ⅳ-1所示。混凝土铺盖长10m，底板顺水流方向长10.50m，板桩入土深度为4.4m。闸前设计洪水位为104.75m，闸底板堰顶高程为100.00m。闸基土质在高程100.00～90.50m之间为砂壤土，渗透系数$K_{砂}=2.4\times10^{-4}$ cm/s，可视为透水层，90.50m以下为黏壤土不透水层。试用渗径系数法验算其防渗长度，并用直线比例法计算闸底板底面所受的渗透压力。

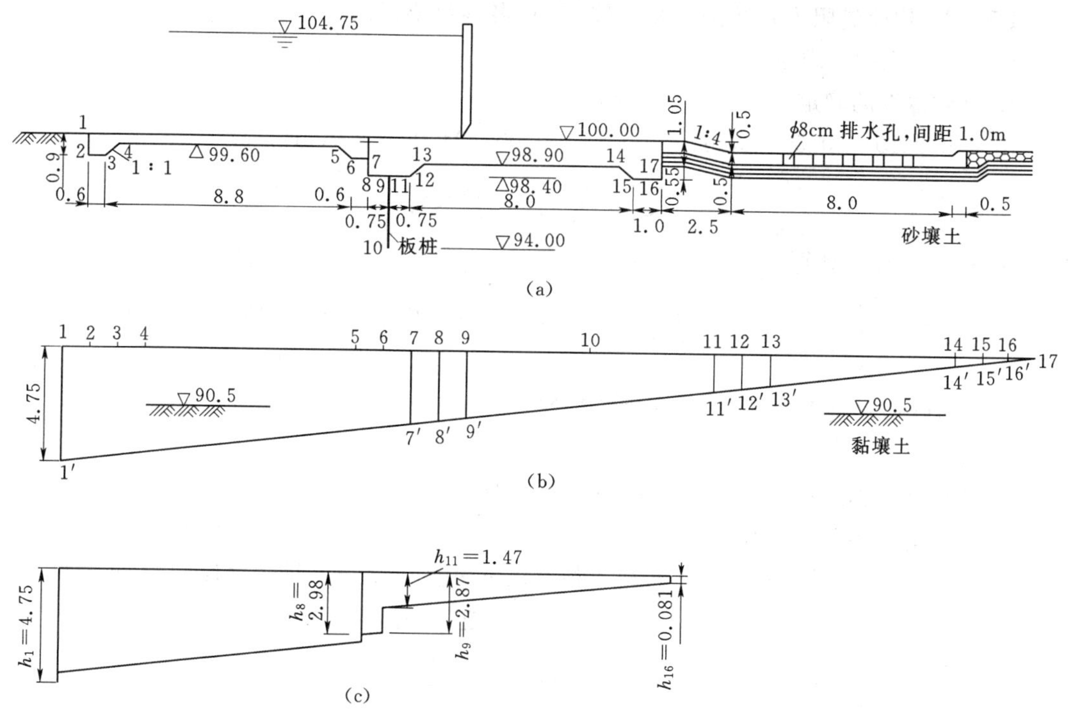

图Ⅳ-1　地下轮廓布置图及渗压水头分布图（单位：m）

解：（一）验算地下轮廓不透水部分的总长度（即防渗长度）

上游设计洪水位为104.75m，关门挡水，下游水位按100.00m考虑，排水设施工作正常。根据教材表7-2，可知砂壤土的渗径系数$C=5.0$，作用水头为

$$\Delta H=104.75-100.00=4.75(\mathrm{m})$$

故最小防渗长度为

$$L=C\Delta H=5.0\times4.75=23.75(\mathrm{m})$$

地下轮廓不透水部分的实际长度为

$$L_{实}=0.9+0.6+0.5\times1.414+7.8+0.5\times1.414+0.6+0.7+1.5+2\times4.4$$
$$+0.5\times1.414+7.0+0.5\times1.414+1.0+0.55=32.29(\mathrm{m})>L=23.75(\mathrm{m})$$

（二）采用直线比例法进行渗透压力计算

（1）将地下轮廓不透水部分的总长度展开，并按一定的比例画成一条线，将各角隅点1、2、3、…、17依次按实际间距标于线上。

（2）在此直线的起点作长度为作用水头4.75m的垂线1—1′，并用直线连接垂线的顶点1′与水平线的终点17。1′—17即为渗流平均坡降线。

（3）在各点作水平线的垂线与平均坡降线相交，即得各点的渗透压力水头值。准确的渗压水头值可用式（7-29）计算求得。

（4）将1、2、3、…、17各点的渗压水头值垂直地画在地下轮廓不透水部分的水平投影上，用直线连接各水头线的顶点，即可求出铺盖和底板的渗压水头分布图［图Ⅳ-1（c）］。

【例2】 用改进阻力系数法计算［例1］中各渗流要素。

解：（一）阻力系数的计算

1. 有效深度的确定。

由于$L_0=10+10.5=20.5(\mathrm{m})$，$S_0=100.00-94.00=6.0(\mathrm{m})$，故

$$\frac{L_0}{S_0}=\frac{20.5}{6.0}=3.42<5$$

按式（7-19）计算T_e：

$$T_e=\frac{5L_0}{1.6\dfrac{L_0}{S_0}+2}=\frac{5\times20.5}{1.6\times3.42+2}=13.72(\mathrm{m})>T=100.00-90.5=9.5(\mathrm{m})$$

故按实际透水层深度$T=9.5\mathrm{m}$进行计算。

2. 简化地下轮廓。

将地下轮廓划分成十个段，如图Ⅳ-2（a）所示。

3. 计算阻力系数［图Ⅳ-2（b）］

（1）进口段。将齿墙简化为短板桩，板桩入土深度为0.5m，铺盖厚度为0.4m，故$S=0.5+0.4=0.9$（m），$T=9.5\mathrm{m}$。按表7-3计算进口段阻力系数ξ_{01}为

$$\xi_{01}=1.5\left(\frac{S}{T}\right)^{3/2}+0.44=1.5\times\left(\frac{0.9}{9.5}\right)^{3/2}+0.44=0.48$$

（2）齿墙水平段。$S_1=S_2=0$，$L=0.6\mathrm{m}$，$T=8.6\mathrm{m}$，按表7-3计算齿墙水平段阻力系数ξ_{x1}为

$$\xi_{x1}=\frac{L-0.7(S_1+S_2)}{T}=\frac{0.6}{8.6}=0.07$$

（3）齿墙垂直段。$S=0.5\mathrm{m}$，$T=9.1\mathrm{m}$。按表7-3计算齿墙垂直段的阻力系数ξ_{y1}为

$$\xi_{y1}=\frac{2}{\pi}\ln\cot\frac{\pi}{4}\left(1-\frac{S}{T}\right)=\frac{2}{\pi}\ln\cot\frac{\pi}{4}\times\left(1-\frac{0.5}{9.1}\right)=0.06$$

（4）铺盖水平段。$S_1=0.5\mathrm{m}$，$S_2=5.6\mathrm{m}$，$L=10.75\mathrm{m}$，按表7-3计算铺盖水平段阻力系数ξ_{x2}为

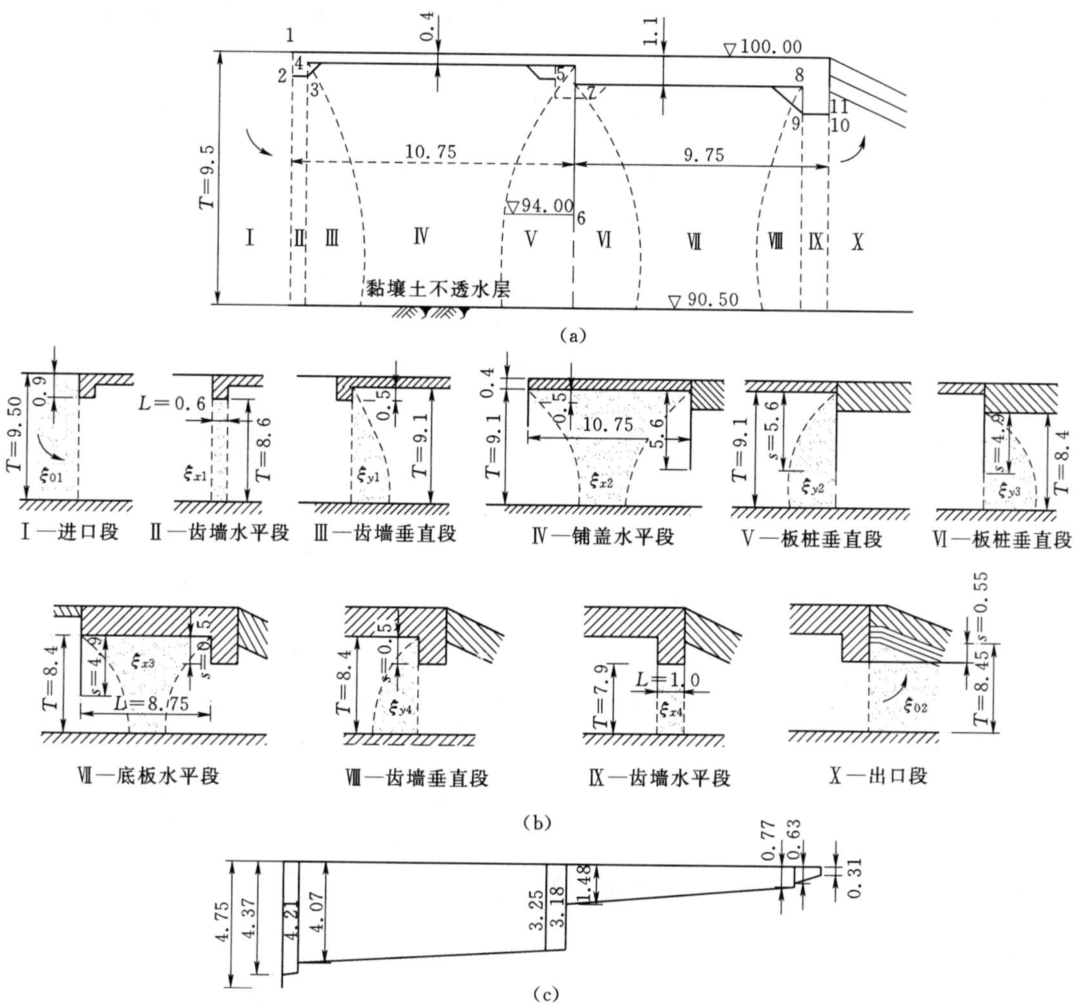

图Ⅳ-2 改进阻力系数法计算图（单位：m）

(a) 渗流场分段图；(b) 阻力系数计算图；(c) 渗压水头分布图

$$\xi_{x2}=\frac{L-0.7(S_1+S_2)}{T}=\frac{10.75-0.7\times(0.5+5.6)}{9.1}=0.71$$

（5）板桩垂直段。$S=5.6\text{m}$，$T=9.1\text{m}$，根据表7-3，板桩垂直段阻力系数 ξ_{y2} 为

$$\xi_{y2}=\frac{2}{\pi}\ln\cot\frac{\pi}{4}\times\left(1-\frac{5.6}{9.1}\right)=0.74$$

（6）板桩垂直段。$S=4.9\text{m}$，$T=8.4\text{m}$，根据表7-3，板桩垂直段阻力系数 ξ_{y3} 为

$$\xi_{y3}=\frac{2}{\pi}\ln\cot\frac{\pi}{4}\times\left(1-\frac{4.9}{8.4}\right)=0.69$$

（7）底板水平段。$S_1=4.9\text{m}$，$S_2=0.5\text{m}$，$L=8.75\text{m}$，$T=8.4\text{m}$，故底板水平段阻力系数 ξ_{x3} 为

$$\xi_{x3}=\frac{8.75-0.7\times(4.9+0.5)}{8.4}=0.59$$

（8）齿墙垂直段。$S=0.5\text{m}$，$T=8.4\text{m}$，根据表 7－3，则齿墙垂直段的阻力系数 ξ_{y4} 为

$$\xi_{y4}=\frac{2}{\pi}\ln\cot\frac{\pi}{4}\times\left(1-\frac{0.5}{8.4}\right)=0.06$$

（9）齿墙水平段。$S_1=S_2=0$，$L=1.0\text{m}$，$T=7.9\text{m}$，按表 7－3 计算齿墙水平段阻力系数 ξ_{x4} 为

$$\xi_{x4}=\frac{1.0}{7.9}=0.13$$

（10）出口段。出口段中 $S=0.55\text{m}$，$T=8.45\text{m}$，按表 7－3 计算其阻力系数 ξ_{02} 为

$$\xi_{02}=1.5\times\left(\frac{0.55}{8.45}\right)^{3/2}+0.44=0.46$$

（二）渗透压力计算

1. 求各分段的渗压水头损失值根据式（7－18），$h_i=\frac{\xi_i}{\sum\xi_i}\Delta H$，其中 $\Delta H=4.75\text{m}$，且

$$\sum_{i=1}^{7}\xi_i=0.48+0.07+0.06+0.71+0.74+0.69+0.59+0.06+0.13+0.46=3.99$$

（1）进口段。

$$h_1=\frac{\xi_1}{\sum\xi}\Delta H=\frac{4.75}{3.99}\times0.48=1.19\times0.48=0.57(\text{m})$$

（2）齿墙水平段。

$$h_2=1.19\times0.07=0.08(\text{m})$$

（3）齿墙垂直段。

$$h_3=1.19\times0.06=0.07(\text{m})$$

（4）铺盖水平段。

$$h_4=1.19\times0.71=0.85(\text{m})$$

（5）板桩垂直段。

$$h_5=1.19\times0.74=0.88(\text{m})$$

（6）板桩垂直段。

$$h_6=1.19\times0.69=0.82(\text{m})$$

（7）底板水平段。

$$h_7=1.19\times0.59=0.70(\text{m})$$

（8）齿墙垂直段。

$$h_8=1.19\times0.06=0.07(\text{m})$$

（9）齿墙水平段。

$$h_9=1.19\times0.13=0.16(\text{m})$$

（10）出口段。

$$h_{10}=1.19\times0.46=0.55(\text{m})$$

2. 进出口水头损失值的修正

（1）进口处按式（7－20）计算修正系数 β_1' 为

$$\beta_1'=1.21-\frac{1}{\left[12\left(\frac{T'}{T}\right)^2+2\right]\left(\frac{S}{T}+0.059\right)}$$

$$=1.21-\frac{1}{\left[12\times\left(\frac{8.6}{9.5}\right)^2+2\right]\times\left(\frac{0.9}{9.5}+0.059\right)}=0.66$$

$\beta_1'=0.66<1.0$，应予修正。进口段水头损失应修正为

$$h_1'=\beta_1'h_1=0.66\times0.57=0.38(\text{m})$$

进口段水头损失减小值 Δh_1 为

$$\Delta h_1=0.57-0.38=0.19(\text{m})>h_2+h_3=0.15(\text{m})$$

故应按式（7-25）、式（7-26）修正各段的水头损失值为

$$h_2'=2h_2=2\times0.08=0.16(\text{m})$$

$$h_3'=2h_3=2\times0.07=0.14(\text{m})$$

$$h_4'=h_4+\Delta h_1-(h_2+h_3)=0.85+0.19-(0.08+0.07)=0.89(\text{m})$$

（2）出口处按式（7-20）计算修正系数 β_2' 为

$$\beta_2'=1.21-\frac{1}{\left[12\times\left(\frac{7.9}{8.45}\right)^2+2\right]\times\left(\frac{0.55}{8.45}+0.059\right)}=0.56<1$$

出口段水头损失应修正为

$$h_{10}'=\beta_2'h_{10}=0.56\times0.55=0.31(\text{m})$$

$$\Delta h_{10}=0.55-0.31=0.24(\text{m})>h_8+h_9=0.23(\text{m})$$

故应按式（7-25）、式（7-26）修正各段的水头损失值为

$$h_9'=2h_9=2\times0.16=0.32(\text{m})$$

$$h_8'=2h_8=2\times0.07=0.14(\text{m})$$

$$h_7'=h_7+\Delta h_{10}-(h_9+h_8)=0.70+0.24-(0.16+0.07)=0.71(\text{m})$$

验算：

$$\Delta H=\sum h_i'=0.38+0.16+0.14+0.89+0.88+0.82+0.71+0.14+0.32+0.31=4.75(\text{m})$$

计算无误。

3. 计算各角隅点的渗压水头

由上游进口段开始，逐次向下游从作用水头值 $\Delta H=4.75\text{m}$ 相继减去各分段水头损失值（也可由下游出口段从零开始向上游逐段累加各分段水头损失值），即可求得各角隅点的渗压水头值。

$$H_1=4.75\text{m}$$

$$H_2=4.75-0.38=4.37(\text{m})$$

$$H_3=4.37-0.16=4.21(\text{m})$$

$$H_4=4.21-0.14=4.07(\text{m})$$

$$H_5=4.07-0.89=3.18(\text{m})$$

$$H_6=3.18-0.88=2.30(\text{m})$$

$$H_7=2.30-0.82=1.48(\text{m})$$

$$H_8=1.48-0.71=0.77(\text{m})$$
$$H_9=0.77-0.14=0.63(\text{m})$$
$$H_{10}=0.63-0.32=0.31(\text{m})$$
$$H_{11}=0.31-0.31=0$$

4. 绘制渗压水头分布图

根据以上算得的渗压水头值，并认为沿水平段的水头损失呈线性变化，即可绘出如图Ⅳ-2（c）所示的渗压水头分布图。图Ⅳ-2（c）中进口处渗压水头修正范围应按式（7-21）计算。

$$L_x'=\frac{\Delta h_1}{\Delta H}T\sum\xi=\frac{0.19}{4.75}\times 8.6\times 3.99=1.37(\text{m})$$

（三）求闸底板水平段渗透坡降和渗流出口处坡降即出逸坡降

（1）渗流出口平均坡降按式（7-27）计算为

$$J_0=\frac{h_0'}{S'}=\frac{0.31}{0.55}=0.56$$

（2）底板水平段平均渗透坡降为

$$J_x=\frac{h_7'}{L}=\frac{0.71}{8.75}=0.081$$

【例3】 某渠首进水闸为3级水工建筑物，闸孔总净宽为20.0m，共分5孔，每孔宽度为4.0m。全闸用四个中墩分隔闸孔，墩厚1.0m，半圆形墩头。底板在两侧边孔和中孔的跨中位置用沉降伸缩缝分开。除边墩底板外，中间底板在垂直水流方向、相邻两沉降伸缩缝之间的长度为2×4.0+2×1.0=10(m)（缝宽0.02m包括在内）。缝内设止水铜片，并铺设沥青油毛毡片（三毡二油）。底板混凝土标号为C15。采用小型平面滚轮钢闸门。胸墙布置在闸门的上游侧，胸墙面板厚0.2m，设有顶、底梁。工作桥宽2.6m，由两块m型板组成。检修便桥宽1.5m，由两块钢筋混凝土平板组成。公路桥宽5.0m，钢筋混凝土板厚0.25m。各种桥的两侧均设有1.10m高的钢筋混凝土栏杆，栏杆重力按1.2～1.5kN/m估算。其他尺寸详见图Ⅳ-3。水闸边墙采用重力式挡土墙结构，墙身用M100水泥砂浆砌块石砌筑而成。墙后填土为粉砂土，$\varphi=26°$，$c=0$；湿土重度$\gamma=18\text{kN/m}^3$，浮土重度$\gamma'=10\text{kN/m}^3$。墙后地下水位高102.40m。设计洪水位情况下的风速$v_{10}=20\text{m/s}$，吹程$D_F=1.0\text{km}$。其他条件同［例1］。试用弹性地基梁法计算［例1］的底板的内力。

解： 取两道沉降缝之间的一段闸室作为计算单元，即$L=2l=10\text{m}$。为节省篇幅，本例仅按设计洪水位一种情况计算，并略去边墙的荷载和力矩的详细计算过程。

（一）闸底板下地基反力的计算

首先计算闸底板垂直水流方向的地基反力。采用偏心受压公式［式（7-37）］，即

$$p_{\substack{\max\\ \min}}=\frac{\sum G}{A}\pm\frac{\sum M}{W}$$

式中　$\sum M$——全部荷载对底板底面垂直流向的形心轴的力矩之和。

设计洪水位情况的基底压力值计算如表Ⅳ-1所示。

$$e=\frac{10.5}{2}-\frac{31647.65}{5951.1}=5.25-5.32=-0.07(\text{m})(\text{偏下游})$$

表Ⅳ-1　**设计洪水位情况作用荷载和力矩计算表（对上游端 C 点取矩）**

荷载名称		计算式	垂直力/kN		水平力/kN		力臂/m	力矩/(kN·m)		备注
			↓	↑	→	←		↻	↺	
闸室结构自重	底板		3197.3				5.18	16556		
	闸墩		3096.0				5.19	16053		
	胸墙		155.6				2.88	449		
	公路桥		372.5				7.50	2794		
	工作桥		176.0				3.50	616		
	检修便桥		90.5				1.25	113		
	钢闸门		67.5				3.50	236		
	启闭机		25.0				3.50	87.5		
上游水压力及浪压力	P_1	0.5×(0.66+2.5)×2.5×10×10			395		4.4	1738		(1) 各重力计算式从略。 (2) 浪压力近似地按深水波计算
		2.5×(2.25+0.3)×10×10			637.5		2.08	1326		
		0.5×2.55²×10×10			325.1		1.65	536.4		
	P_2	P_2=10×3.55×0.8×10			284		0.40	113.6		
	P_3	P_3=0.5×10×0.8²×10			32		0.27	8.53		
下游水压力	P_4	P_4=0.5×10×1.05²×10				55.1	0.40		22.04	
	P_5	P_5=10×1.05×0.05×10				5.25	0.025		0.13	
	P_6	P_6=10×(0.86/0.55)×0.05×0.5×0.05×10				0.20	0.017		0.003	
浮托力	G_{u1}	G_{u1}=10×10.5×1.1+0.5×(1.5+2.0)×0.5×10.0+10×0.5×(1.0+1.5)×0.5×10.0		1305			5.18		6759.90	
渗透压力	G_{u21}	G_{u21}=10×3.215×0.75×10		241.1			0.375		90.41	
	G_{u22}	$G_{u22}=10\times(1.48-0.31)\times\frac{1}{2}\times9.75\times10$		570.4			4.0		2281.6	
	G_{u23}	G_{u23}=10×0.31×9.75×10		302.3			5.625		1700.4	
水重	W		1189.5				1.576	1875.1		
合计			8369.9	2418.8	1673.6	60.55		42502.13	10854.48	
			5951.1(↓)		1613.05(→)			31647.65(↻)		

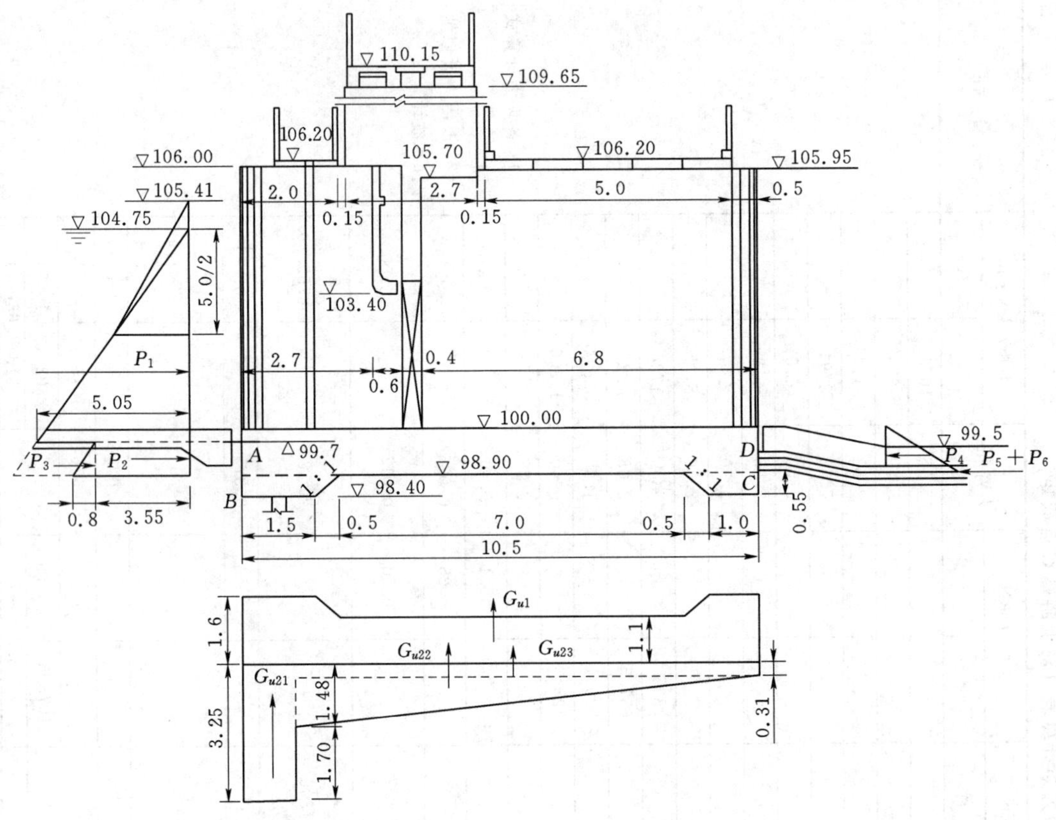

图Ⅳ-3 闸室底板底面基底压力计算图（单位：m）

$$p_{\substack{\max\\\min}}=\frac{5951.1}{10.5\times10}\times\left(1\pm\frac{6\times0.07}{10.5}\right)=56.68\times(1\pm0.04)=\begin{matrix}58.94\\54.41\end{matrix}(\mathrm{kN/m^2})\begin{matrix}（下游端）\\（上游端）\end{matrix}$$

（二）不平衡剪力的计算

以胸墙与闸门之间的连接线为界（闸门的侧边止水布置在偏上游侧），将闸室分为上、下游段，各自承担其分段内的上部结构重力和其他荷载。计算不平衡剪力见表Ⅳ-2。

表Ⅳ-2　　设计洪水位情况不平衡剪力计算表　　单位：kN

荷载名称		上游段	下游段	小计
结构重力	闸墩	988.08	2107.92	3096.0
	底板	1103.725	2093.525	3197.3
	胸墙	155.6		155.6
	公路桥		372.5	372.5
	工作桥	88.0	88.0	176.0
	检修便桥	90.5		90.5
	钢闸门		67.5	67.5
	启闭机	12.5	12.5	25.0
	合计	2438.4	4742.0	7180.4

续表

荷载名称	上游段	下游段	小计
水压力	1189.5		1189.5
扬压力	−450.5	−854.5	−1305.0
	−579.5	−534.3	−1113.8
地基反力	−1819.1	−4132.0	−5951.1
不平衡力	778.8（↓）	−778.8（↑）	0
不平衡剪力	−778.8（↑）	778.8（↓）	0

（三）不平衡剪力分配值的计算

先求截面形心轴至截面底边的垂直距离［图7-37（a）］：

$$\overline{y}=\frac{1.0\times6.0\times4.1+1.1\times5.0\times0.55}{1.0\times6.0+1.1\times5.0}=2.40(\text{m})$$

用积分法直接分配不平衡剪力，根据式（7-39）得

$$J=\frac{1}{3}\times10\times2.4^3-\frac{1}{3}\times8.0\times(2.4-1.1)^3+\frac{1}{3}\times1\times2.0\times(6.0-1.3)^3=109.44(\text{m}^4)$$

$$\begin{aligned}\Delta Q_{底}&=\frac{\Delta Q}{2J}L\left(\frac{2}{3}e^3-e^2f+\frac{1}{3}f^3\right)\\&=\frac{\Delta Q}{2\times109.44}\times10.0\times\left(\frac{2}{3}\times2.4^3-2.4^2\times1.3+\frac{1}{3}\times1.3^3\right)\\&=0.11\Delta Q\end{aligned}$$

$$\Delta Q_{墩}=\Delta Q-0.11\Delta Q=0.89\Delta Q$$

（四）板条上荷载的计算（图Ⅳ-4）

1. 上游段

（1）均布荷载。

$$q=\frac{1103.7}{3.3\times10}+\frac{1189.5}{3.3\times8.0}-\frac{450.5+579.5}{3.3\times10}-\frac{778.8\times0.11}{3.3\times10}=44.69(\text{kN/m})(\downarrow)$$

（2）闸墩处集中荷载。闸墩处集中荷载由闸墩及其上部结构重力扣除均布荷载中多算的水的重力以及不平衡剪力分配值得到。即

$$P=\frac{988.1+155.6+88.0+90.5+12.5}{3.3\times2}-\frac{1189.5}{3.3\times8.0}\times1.0-\frac{778.8\times0.89}{3.3\times2}=52.15(\text{kN})(\downarrow)$$

2. 下游段

（1）均布荷载。

$$q=\frac{2093.5-854.5-534.3}{7.2\times10}+\frac{778.8\times0.11}{7.2\times10}=10.98(\text{kN/m})\ (\downarrow)$$

（2）闸墩处集中荷载。

$$P=\frac{2107.9+372.5+88.0+12.5}{7.2\times2}+\frac{778.8\times0.89}{7.2\times2}=227.36(\text{kN})\ (\downarrow)$$

将以上求得的板条上荷载绘于图Ⅳ-4（b）中。

（五）边荷载计算

岸墙按重力式挡土墙方案计算其底面基底压力（详细计算过程略），墙后基坑开挖线

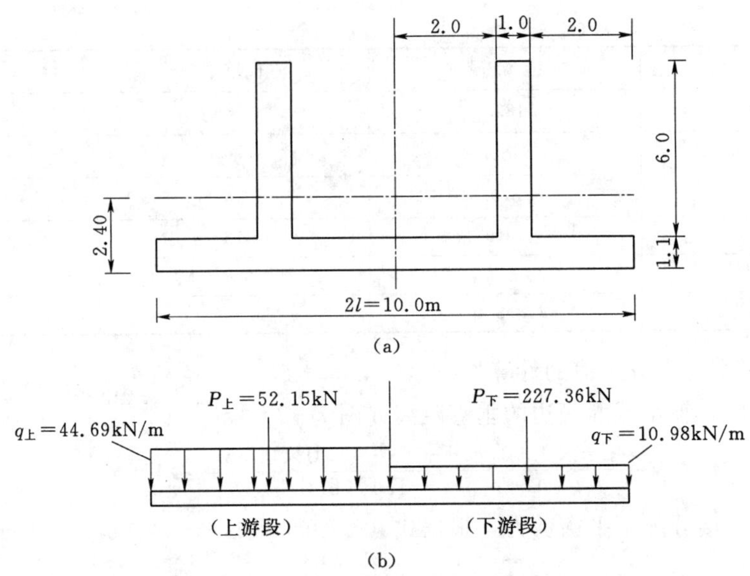

图Ⅳ-4 设计洪水位情况板条上荷载计算图（单位：m）

(a) 板条尺寸简图；(b) 设计洪水位情况板条上荷载

如图Ⅳ-5所示。边荷载计算如下。

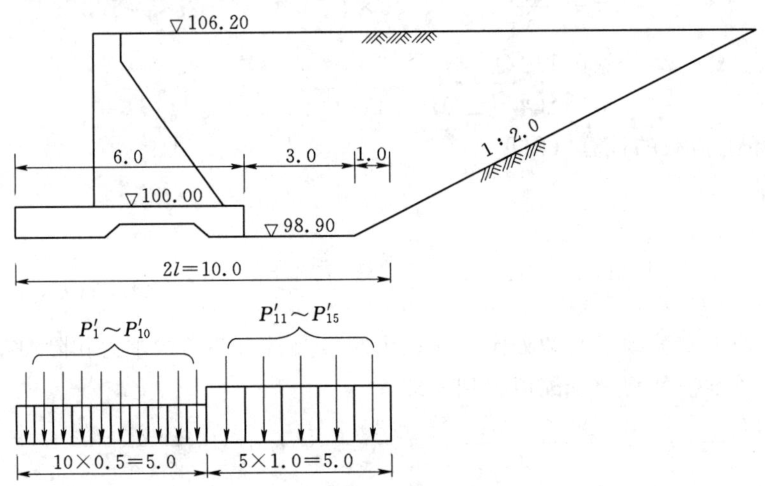

图Ⅳ-5 基坑开挖线及边墙侧边荷载计算示意图（单位：m）

1. 边墙侧

(1) 上游段。重力式挡土边墙的荷载、力矩及基底压力的详细计算过程略，直接利用其计算结果计算边墙平均基底压力：

$$p_{上}=\frac{95.7+79.24}{2}=87.5(\text{kN/m}^2)$$

如图Ⅳ-5所示，将大部分基底压力转化为10个集中荷载，$P_1 \sim P_{10}$的荷载作用宽度各为$0.1l=0.5\text{m}$，故$P'_1 \sim P'_{10}=87.5\times0.5\times1.0=43.8(\text{kN})$。另一小部分与墙后填土重力一起组合成5个集中荷载。

墙后填土重为 3.8×18+3.5×10=103.4(kN/m²)，$P_{11}\sim P_{15}$ 的荷载作用宽度各为 $0.2l=1.0$m，故 $P'_{11}\sim P'_{15}=103.4\times1.0\times1.0=103.4$(kN)。

(2) 下游段。边墙平均基底压力为

$$p_{下}=\frac{91.5+75.03}{2}=83.3(\text{kN/m}^2)$$

$$P'_1\sim P'_{10}=83.3\times0.5\times1.0=41.7(\text{kN})$$

$$P'_{11}\sim P'_{15}=103.4(\text{kN})$$

2. 相邻闸段侧

根据本例题的计算成果，闸室基底压力为 $p_{max}=58.94$kN/m² (下游端)；$p_{min}=54.41$kN/m² (上游端)，故

(1) 上游段。相邻闸段的平均基底压力为

$$\bar{p}=\frac{54.41+\left(\frac{58.94-54.41}{10.5}\times3.3+54.41\right)}{2}=55.12(\text{kN/m}^2)$$

按上述方法将之转换为 15 个集中边荷载 (图Ⅳ-6)，其中 10 个为

$$P''_1\sim P''_{10}=55.12\times0.5\times1.0=27.56(\text{kN})$$

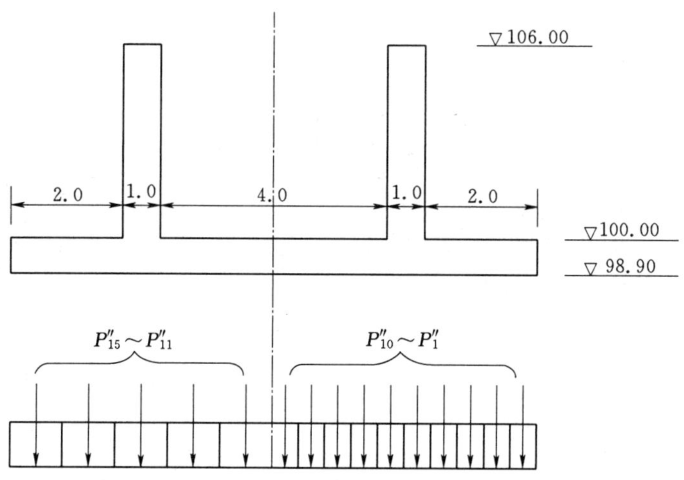

图Ⅳ-6 相邻闸段侧边荷载计算示意图 (单位：m)

另外 5 个集中边荷载为

$$P''_{11}\sim P''_{15}=55.12\times1.0\times1.0=55.12(\text{kN})$$

(2) 下游段。相邻闸段的平均基底压力为

$$p=\frac{58.94+(54.41+1.42)}{2}=57.39(\text{kN/m}^2)$$

换算成集中边荷载后：

$$P''_1\sim P''_{10}=57.39\times0.5\times1.0=28.70(\text{kN})$$

另外 5 个集中边荷载为

$$P''_{11}\sim P''_{15}=57.39\times1.0\times1.0=57.39(\text{kN})$$

表Ⅳ-3

闸底板弯矩计算表

段别	ξ	弯矩系数 $\overline{M}$						板带上荷载产生的弯矩值 M/(kN·m)			边荷载产生的弯矩 M_B/(kN·m)				弯矩总和/(kN·m)	备注
		板带上荷载		边荷载												
		均布荷载 q	集中荷载 P (a=±0.5)	P'		P''		$q_上$=44.69 $q_下$=10.98	$P_上$=52.15 $P_下$=227.36	Σ	上游段：$P'_1=P'_2=\cdots=P'_{10}$=43.8 下游段：$P'_1=\cdots=P'_{10}$=41.7	上游段：$P''_1=\cdots=P''_{10}$=27.56 下游段：$P''_1=\cdots=P''_{10}$=28.70	上游段：$P'_{11}=\cdots=P'_{15}$=103.4 下游段：$P'_{11}=\cdots=P'_{15}$=103.4	上游段：$P''_{11}=\cdots=P''_{15}$=55.12 下游段：$P''_{11}=\cdots=P''_{15}$=57.39	$M+0.5M_B$	
		(1)	(2)	(3)	(3)′	(4)	(4)′	(5)=(1)×ql^2	(6)=(2)×Pl	(7)=(5)+(6)	(8)=(3)×0.01$P'l$	(9)=(4)×0.01$P''l$	(10)=(3)′×0.01$P'l$	(11)=(4)′×0.01$P''l$	(12)=(7)+0.5×[(8)+(9)+(10)+(11)]	
上游段	0.0	0.137	0.14	−31.4	−4.3	−31.4	−4.3	153.06	36.51	189.57	−68.77	−43.27	−22.23	−11.85	116.51	1. $P'_1\cdots P'_{10}$是计算闸段右边的边荷载，$P''_1\cdots P''_{10}$是左边的边荷载。 2.(3)项括弧内数值系P_{11}～P_{15}的弯矩系数
	0.1	0.135	0.14	−32.2	−4.3	−29.5	−4.1	150.83	36.51	187.33	−70.52	−40.65	−22.23	−11.30	114.98	
	0.2	0.129	0.15	−32.0	−4.1	−27.2	−3.7	144.13	39.11	183.24	−70.08	−37.48	−21.20	−10.20	113.76	
	0.3	0.120	0.17	−30.7	−3.8	−24.1	−3.4	134.07	44.33	178.40	−67.23	−33.21	−19.65	−9.37	113.67	
	0.4	0.108	0.19	−28.1	−3.5	−20.4	−3.0	120.66	49.54	170.21	−61.54	−28.11	−18.10	−8.27	112.20	
	0.5	0.093	0.22	−24.6	−3.0	−16.2	−2.3	103.90	57.37	161.27	−53.87	−22.32	−15.51	−6.34	112.25	
	0.6	0.075	0.16	−20.1	−2.2	−12.2	−1.8	83.79	41.72	125.51	−44.02	−16.81	−11.37	−4.96	86.93	
	0.7	0.055	0.10	−14.3	−1.7	−8.1	−1.2	61.45	26.08	87.52	−31.32	−11.16	−8.79	−3.31	60.24	
	0.8	0.034	0.05	−8.1	−0.9	−4.8	−0.7	37.99	13.04	51.02	−17.74	−6.61	−4.65	−1.93	35.56	
	0.9	0.014	0.02	−2.8	−0.3	−1.4	−0.2	15.64	5.22	20.86	−6.13	−1.93	−1.55	−0.55	15.77	
	1.0	0	0	0	0	0	0	0	0	0	0	0	0	0	0	

续表

段别	ξ	弯矩系数 $\overline{M}$						板带上荷载产生的弯矩值 $M/(kN \cdot m)$			边荷载产生的弯矩 $M_B/(kN \cdot m)$				弯矩总和 /(kN·m)	备注
		板带上荷载		边荷载												
		均布荷载 q	集中荷载 P ($a=\pm0.5$)	P'		P''		$q_{上}=44.69$ $q_{下}=10.98$	$P_{上}=52.15$ $P_{下}=227.36$	Σ	上游段：$P'_1=P'_2=\cdots=P'_{10}=43.8$ 下游段：$P'_1=\cdots=P'_{10}=41.7$	上游段：$P''_1=\cdots=P''_{10}=27.56$ 下游段：$P''_1=\cdots=P''_{10}=28.70$	上游段：$P'_{11}=\cdots=P'_{15}=103.4$ 下游段：$P'_{11}=\cdots=P'_{15}=103.4$	上游段：$P''_{11}=\cdots=P''_{15}=55.12$ 下游段：$P''_{11}=\cdots=P''_{15}=57.39$	$M+0.5M_B$	
		(1)	(2)	(3)	(3)′	(4)	(4)′	(5)=(1)×ql^2	(6)=(2)×Pl	(7)=(5)+(6)	(8)=(3)×$0.01P'l$	(9)=(4)×$0.01P''l$	(10)=(3)′×$0.01P'l$	(11)=(4)′×$0.01P''l$	(12)=(7)+0.5×[(8)+(9)+(10)+(11)]	
下游段	0.0	0.137	0.14	−31.4	−4.3	−31.4	−4.3	37.61	159.15	196.76	−65.47	−45.06	−22.23	−12.34	124.21	1. $P'_1\cdots P'_{10}$是计算闸段右边的边荷载，$P''_1\cdots P''_{10}$是左边的边荷载。2.（3）项括弧内数值系$P_{11}\sim P_{15}$的弯矩系数
	0.1	0.135	0.14	−32.2	−4.3	−29.5	−4.1	37.06	159.15	196.21	−67.14	−42.33	−22.23	−11.77	124.48	
	0.2	0.129	0.15	−32.0	−4.1	−27.2	−3.7	35.41	170.52	205.93	−66.72	−39.03	−21.20	−10.62	137.15	
	0.3	0.120	0.17	−30.7	−3.8	−24.1	−3.4	32.94	193.26	226.20	−64.01	−34.58	−19.65	−9.76	162.20	
	0.4	0.108	0.19	−28.1	−3.5	−20.4	−3.0	29.65	215.99	245.64	−58.59	−29.27	−18.10	−8.61	188.35	
	0.5	0.093	0.22	−24.6	−3.0	−16.2	−2.3	25.53	250.10	275.62	−51.29	−23.25	−15.51	−6.60	227.30	
	0.6	0.075	0.16	−20.1	−2.2	−12.2	−1.8	20.59	181.89	202.48	−41.91	−17.51	−11.37	−5.17	164.50	
	0.7	0.055	0.10	−14.3	−1.7	−8.1	−1.2	15.10	113.68	128.78	−29.82	−11.62	−8.79	−3.44	101.94	
	0.8	0.034	0.05	−8.1	−0.9	−4.8	−0.7	9.33	56.84	66.17	−16.89	−6.89	−4.65	−2.01	50.95	
	0.9	0.014	0.02	−2.8	−0.3	−1.4	−0.2	3.84	22.74	26.58	−5.84	−2.01	−1.55	−0.57	21.59	
	1.0	0	0	0	0	0	0	0	0	0	0	0	0	0	0	

（六）弯矩计算

先按式（7-42）计算梁的柔性指数。查表7-11得砂壤土的变形模量 $E_0=5000\text{kN/m}^2$，查表7-12得C15混凝土的弹性模量 $E_h=2.20\times10^7\text{kN/m}^2$，故

$$t=10\times\frac{5000}{2.2\times10^7}\times\left(\frac{5.0}{1.1}\right)^3=0.2<1.0$$

按绝对刚性梁查郭氏表及边荷载表，荷载参见图Ⅳ-4、图Ⅳ-5及图Ⅳ-6。

根据板条上荷载与边荷载的数值，查附录Ⅱ及Ⅲ，得各有关断面的弯矩系数 $\overline{M}$，并计算各个时期的弯矩值。查表计算的成果汇列于表Ⅳ-3。

在施工安排上，一般按照先重后轻的原则，边墙的施工在前，并回填部分填土，但中间两个闸段多采用交错浇筑上升的方法，难以绝对划分建成的先后。故边荷载的考虑应从实际情况出发，既要保证安全，又不致使内力过大。根据计算，本工程的边荷载都是使计算闸段的正弯矩有所减少的，考虑到砂壤土接近于砂类土，故表Ⅳ-3中的第（12）项弯矩总和是按板条上荷载产生的弯矩值与边荷载所引起的弯矩值的50%之和计算的。

将表Ⅳ-3中的弯矩总和数值绘于图Ⅳ-7中。配筋计算及裂缝校核略。

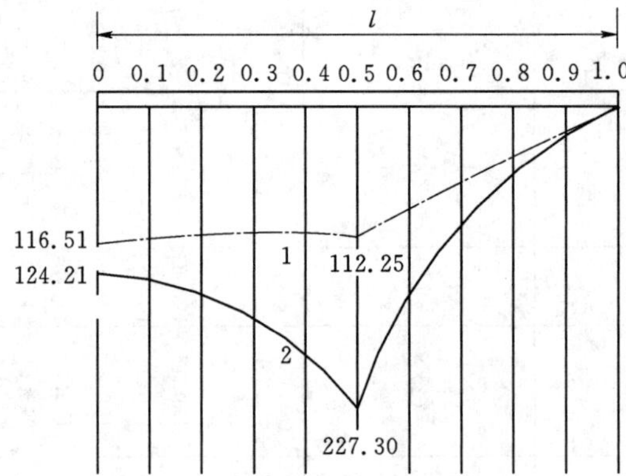

图Ⅳ-7 底板弯矩图（单位：kN·m）

1—上游段；2—下游段

附录Ⅴ

水闸作业体会

一、结合第七章第五节水闸的防渗、排水设计

(一) 要点

1. 水闸的防渗长度及地下轮廓的布置

从不透水的铺盖、板桩及底板起至透水边缘点（如护坦上的排水孔），闸基渗流的第一根流线，称为地下轮廓线，其长度即为水闸的防渗长度。

水闸防渗长度初步拟定后，即可依地基情况并参照条件相近的已建工程的实践经验进行水闸地下轮廓的布置。总的布置原则是防渗与导渗（即排水）相结合，即在上游侧采用水平防渗（如铺盖）或垂直防渗（如齿墙、板桩、混凝土防渗墙、灌浆帷幕、土工膜垂直防渗结构等），延长渗径以减小作用在底板上的渗透压力，降低闸基平均渗透坡降，这叫防渗；在下游侧设置排水反滤设施（如面层排水、排水孔、减压井）与下游连通，使渗透水流尽快排出，防止在渗流出口附近发生渗透变形，这叫导渗。

不同土质的地基，其地下轮廓线的布置有很大的差异。

2. 渗流计算

在初步拟定地下轮廓布置后，即可进行渗流计算，从而求得渗流区域内的渗透压力、渗透坡降、渗透流速及渗流量等各项渗流要素。

《水闸设计规范》(SL 265) 建议：①推荐采用改进阻力系数法和流网法作为基本方法；②对于复杂土质地基上重要的水闸应采用数值计算法求解；③对于闸基防渗布置比较简单，地基又不复杂的中、小型工程，也可考虑采用直线展开法或加权直线法；④直线比例法精度较差，不宜采用。

流网法边界条件：地下轮廓线上游和下游地基表面是两条边界等势线；地下轮廓线和不透水的地基表面是两条边界流线。对深透水地基，采用半径等于1～1.5倍地下轮廓水平投影总长的半圆形作为最后一根流线。

改进阻力系数法从板桩与底板或铺盖相交处和桩尖画等势线，将整个渗流区域分成几个典型流段。依次求解各个典型流段的阻力系数，即可算出任一流段的水头损失。将各段的水头损失由出口向上游依次叠加，即可求得各段分界线处的渗透压力以及其他渗流要素。

直线比例法包括勃莱法和莱因法两种。勃莱法认为沿地下轮廓各点的渗透坡降相同，即水头损失呈直线变化。莱因法与勃莱法的不同之处是将水平渗径（包括倾角小于和等于45°的渗径）乘以1/3，再与垂直渗径（倾角大于45°的渗径）相加，即得折算后的防渗长度。

加权直线法仅对地下轮廓上下游两端的铅直渗径进行加权处理，即把两端的铅直渗径乘以加权系数即得水平渗径，加权系数 n 为水平渗径与铅直渗径的比值。

3. 防渗及排水设施

防渗设施是指构成地下轮廓的铺盖、板桩及齿墙，而排水设施则是指铺设在护坦、浆

砌石海漫底部或闸底板下游段起导渗作用的砂砾石层。排水常与反滤层结合使用。

铺盖布置在闸室上游一侧，主要用来延长渗径，应具有相对的不透水性；为适应地基变形，也要有一定的柔性。铺盖常用黏土、黏壤土或沥青混凝土做成，有时也用钢筋混凝土、土工膜作为铺盖材料。

板桩一般设在闸室底板高水位一侧或设在铺盖起端。板桩长度视地基透水层的厚度而定。当透水层较薄时，可用板桩截断，并插入不透水层至少1.0m；若不透水层埋藏很深，则板桩深度一般采用0.8～1.0倍的上下游最大水位差。用作板桩的材料有木材、钢筋混凝土和钢材3种。

齿墙有浅齿墙和深齿墙两种。浅齿墙常设在闸室底板上下游两端及铺盖起始处。底板两端的浅齿墙均用混凝土或钢筋混凝土做成，深度一般为0.5～1.5m。这种齿墙既能延长渗径，又能增加闸室抗滑稳定性。

此外，垂直防渗设施如就地浇筑混凝土防渗墙、灌注式水泥砂浆帷幕、高压旋喷法构筑防渗墙以及土工膜垂直防渗等方法已成功地用于水闸建设。

为了减小渗透压力，增加闸室的抗滑稳定性，需要在闸室下游侧设置排水设施，如排水孔、减压井、反滤层和垫层等。排水设施要有良好的透水性，并与下游畅通；同时能够有效地防止地基土产生渗透变形。

（二）重点及难点

改进阻力系数法、不同土质地基的地下轮廓线的布置。

（三）本书第七章第五节内容与第七章其他节的联系

通过防渗、排水设计，确定水闸的地下轮廓线布置及渗流区域的各项渗流要素，为后续闸室稳定分析和结构计算等提供可靠依据。

（四）本节内容与其他建筑物有关章节的对比

1. 水闸渗流与土坝渗流对比

（1）联系（相通点）。闸基渗流及土坝渗流一般作为平面问题考虑，假定地基及土坝坝体材料均匀、各向同性，渗水不可压缩，则二者均符合达西定律。

在稳定渗流状态下，渗流运动均可用拉普拉斯（Laplace）方程式表示。

（2）区别（不同点）。

1）闸基渗流为有压渗流；土坝渗流为无压渗流，浸润线为自由表面。

2）渗流路径不同：水闸是在闸基及边墩和翼墙的背水一侧产生渗流；土坝是在坝体和坝基产生渗流，并在两岸产生绕渗。

2. 水闸渗流计算的改进阻力系数法与土坝渗流计算的水力学法对比

（1）联系（相通点）。

1）计算任务相同：即求解渗流区域内的渗透压力、渗透坡降、渗透流速及渗流量等各项渗流要素。

2）计算依据相同：达西定律和渗流连续方程。

（2）区别（不同点）。二者的原理不同。改进阻力系数法是一种以流体力学解为基础的近似方法。对于比较复杂的地下轮廓，可从板桩与底板或铺盖相交处和桩尖画等势线，将整个渗流区域分成进口段、内部垂直段、内部水平段和出口段等典型流段。分别确定各段的阻力系数后，即可算出任一流段的水头损失。将各段的水头损失由出口向上游依次叠加，即可求得各段分界线处的渗透压力以及其他渗流要素。土坝渗流的水力学法是假定土坝的渗流区内渗流满足达西定律及渗流连续方程，假定任一铅直过水断面内各点的渗流坡降均相等，得到浸润线方程，据此绘出坝体的浸润线，并推算任意组合下的坝体单宽流量。

3. 水闸渗流计算的流网法与土坝渗流计算的流网法对比

（1）联系（相通点）。

1）任务相同：即求解渗流区域内的渗透压力、渗透坡降、渗透流速及渗流量等各项渗流要素。

2）依据相同：对稳定渗流，渗流运动均可用拉普拉斯（Laplace）方程式表示。

（2）区别（不同点）。流网边界条件不同。闸基渗流计算以地下轮廓线上游和下游地基表面作为两条边界等势线；地下轮廓线和不透水的地基表面是两条边界流线。对深透水地基，采用半径等于1～1.5倍地下轮廓水平投影总长的半圆形作为最后一根流线；土坝渗流的边界条件是浸润线和不透水地基表面或透水地基中相对不透水层表面是两条边界流线，上、下游水下坝坡线是两条边界等势线。

4. 水闸的垂直防渗设施与砂砾石地基处理措施对比

二者的联系（相通点）如下：混凝土防渗墙、灌注式水泥砂浆帷幕、高压旋喷法构筑防渗墙以及土工膜垂直防渗等既可以应用于砂砾石地基的防渗处理，也可以应用于水闸的垂直防渗设施。

二、结合教材第七章第六节闸室的稳定分析和地基处理

（一）要点

1. 可能最不利情况

水闸竣工时，地基所受的压力最大，沉降也较大。过大的沉降，特别是不均匀沉降，会使闸室倾斜，影响水闸的正常运行。当地基承受的荷载过大，超过其容许承载力时，将使地基整体发生破坏。

水闸在运用期间，受水平推力的作用，有可能沿地基面或深层滑动。因此，必须分别验算水闸在刚建成、运行、检修以及施工期等不同工作情况下的稳定性。

2. 水闸承受的荷载

水闸承受的荷载主要有自重、水重、水平水压力、扬压力、浪压力、泥沙压力、土压力及地震力等。

3. 表层抗滑稳定验算

闸室稳定计算应选取相邻沉降缝之间的闸室段作为计算单元，对于未分缝的小型水闸，可取整个闸室（包括边墩）作为验算单元。

在水闸运用期，如果抗滑力（主要指底板与地基接触面上的摩擦力和凝聚力）大于滑动力，闸室就能保持稳定；反之，就会产生滑动。当闸室受双向水平力作用时，应验算其在合力方向的抗滑稳定性。对于土基上采用钻孔灌注桩基础的水闸，若验算沿闸室底板底面的抗滑稳定性，应计入桩体材料的抗剪断能力。

当闸室沿基底面的抗滑稳定安全系数小于容许值时，可采取以下抗滑措施。

（1）增加铺盖长度，或在不影响抗渗稳定的前提下，将排水设施向水闸底板靠近，以减小作用在底板上的渗透压力。

（2）利用上游钢筋混凝土铺盖作为阻滑板，但闸室本身的抗滑稳定安全系数仍应大于1.0。

（3）将闸门位置移向低水位一侧，或将水闸底板向高水位一侧加长，以便多利用一部分水重。

（4）增加闸室底板的齿墙深度。

（5）适当增大闸室结构尺寸。

（6）增设钢筋混凝土抗滑桩或预应力锚固结构。

4. 基底应力

对于结构布置及受力情况对称的闸孔，如多孔水闸的中间孔或左右对称的单闸孔，顺水流向地基压应力假定按直线分布，即假定底板为绝对刚性，则基底压力按偏心受压公式计算。对于结构布置及受力情况不对称的闸孔，如边墩挡土的边闸孔，或二孔一联的底板的闸段中一孔检修时，应按双向偏心受压公式计算闸室基底应力。在各种计算情况下，要求闸室平均基底应力不大于地基的容许承载力，基底应力的最大值与最小值之比η不大于规定的允许值。

5. 闸室沉降

土基上建闸，往往容易产生较大的沉降和沉降差，可能引起闸室倾斜、裂缝、止水破坏，甚至使建筑物顶部高程不足，影响建筑物的正常运行。为此，施工时应根据预计沉降量S将原设计高程增加S值。此外，还可以采取下列几种措施：①使用轻型结构，加大底板长度，以减小基底应力；②调整闸室布置，尽量使基底应力均匀分布，最大值与最小值之比不超过规定的允许值；③减小相邻建筑物之间的重量差，安排重量大的建筑物先行施工，使它提前沉降；④进行地基处理，以提高地基承载力。

6. 地基处理

水闸常用的地基处理方法有以下几种。

（1）换土垫层。换土垫层适用于软弱黏性土，包括淤泥质土。当软土层位于基面附近，且厚度较薄时，可全部挖除；如软土层较厚不宜全部挖除，可采用换土垫层法处理，将基础下的表层软土挖除，换以紧密的垫层材料，并分层夯实或振密，使水闸建在新换的地基上。

换土垫层材料以采用黏粒含量为10%～20%的壤土最为适宜；含砾黏土也是较好的垫层材料；级配良好的中砂和粗砂，易于振动密实，用作垫层材料，也是适宜的；此外，也可以推广使用土工合成材料加筋垫层。

（2）桩基础。当闸室结构重量较大，软土层较厚而地基承载力又不够时，可考虑采用桩基础。桩基础有支承桩和摩擦桩两种形式。水闸工程一般采用摩擦桩，用以保证闸室防渗安全。如果采用支承桩，当桩尖以上的地基土压缩时，底板与地基土的接触面上有可能“脱空”，从而引起地下渗流的接触冲刷而危及闸室安全。

（3）沉井基础。沉井基础与桩基础同属深基础。沉井可作为闸墩或岸墙的基础，用以解决地基承载力不足和沉降或沉降差过大；也可与防冲加固结合考虑，在闸室下或消力池末端设置较浅的沉井，以减少其后防冲设施的工程量。沉井可采用钢筋混凝土，少筋混凝土或浆砌石建造。当地基内存在承压水层且影响地基抗渗稳定性时，不宜采用沉井基础。

(4) 振冲砂石桩。振冲砂石桩对砂土或砂壤土地基尤为适用，常呈梅花形或正方形布置。

(5) 强夯法。强夯法适用于松软的、透水性好的碎石土或砂土地基。在透水性差的黏性土地基上，如设置砂井，也可收到较好的效果。

常用的地基处理方法除上述的以外，还有预压加固、爆炸法、高速旋喷法及深层搅拌法等。

(二) 重点

水闸荷载计算、闸室抗滑稳定分析和基底应力验算。

(三) 难点

双向偏心受压公式计算闸室基底应力。

(四) 本书第七章第六节内容与第七章其他节的联系

闸室抗滑稳定分析和基底应力计算是对之前初拟的孔口尺寸和闸室布置进行验算，检验闸室是否满足抗滑稳定要求，是否会沿地基表层发生滑动；闸室平均基底应力是否在地基容许承载力范围之内；闸室基底应力分布是否均匀，是否会在闸室两端产生过大的不均匀沉降，进而影响闸室的正常使用等。如果现有的闸室尺寸和布置不能同时满足闸室的抗滑稳定要求、容许的地基承载力要求及较小的不均匀沉降要求，则需要修改孔口尺寸和闸室布置，重新进行消能防冲设计、防渗排水设计、闸室稳定分析和基底应力验算，直至满足要求为止。

(五) 本书第七章第六节内容与其他建筑物有关章节的对比

1. 闸室抗滑稳定分析与重力坝抗滑稳定分析对比

(1) 联系（相通点）。计算公式结构相同：即以抗滑力与滑动力的比值来表示抗滑稳定安全系数。

(2) 区别（不同点）。计算公式中对应系数的含义不同，因而安全系数的容许值亦不同，对比如下。

土基上水闸沿闸室基底面的抗滑稳定安全系数，按下列两式之一进行计算。对于黏性土地基上的大型水闸，宜用第二个公式计算。

$$K_c=\frac{f\sum G}{\sum H}\geqslant[K_c]$$

$$K_c=\frac{\tan\varphi_0\sum G+C_0A}{\sum H}\geqslant[K_c]$$

式中 $[K_c]$——土基上抗滑稳定安全系数的允许值，见表 7-8；

$\sum H$——作用在闸室上的水平荷载的总和，kN；

$\sum G$——作用在闸室上的竖向荷载之和（包括扬压力在内），kN；

f——闸室基底面与地基之间的摩擦系数，0.20～0.55；

φ_0——闸室基础底面与土质地基之间的摩擦角，(°)；

C_0——闸室基础底面与土质地基之间的黏结力，kPa；

A——闸室基底面的面积，m^2。

重力坝沿坝基面的抗滑稳定安全系数，按下列两式分别进行计算。

当按抗剪强度计算时：

$$K=\frac{f(\sum W-U)}{\sum P} \quad \text{或} \quad K=\frac{f\sum W}{\sum P}$$

式中　$\sum W$——接触面以上的总铅直力（扬压力除外），kN；

$\sum P$——接触面以上的总水平力，kN；

U——作用于接触面上的扬压力，kN；

f——混凝土与基岩接触面间的摩擦系数，常取0.5～0.8。

用抗剪强度公式设计时，各种荷载组合情况下的安全系数见表1-10。

当考虑抗剪断强度时：

$$K'=\frac{f'(\sum W-U)+C'A}{\sum P}$$

式中　f'——抗剪断摩擦系数，MPa，0.7～1.5；

C'——抗剪断凝聚力，MPa，$C'=0.3\sim1.5$MPa。

安全系数K'不分级别，基本荷载组合时，采用3.0；特殊荷载组合（1），采用2.5；特殊荷载组合（2），不小于2.3。

2. 提高闸室抗滑稳定性的措施与提高重力坝抗滑稳定性的措施对比

（1）联系（相通点）。基本措施相同：都是通过增加抗滑力或者减小滑动力以提高整体的抗滑稳定安全系数，如：通过改变结构型式或增大结构尺寸从而增加自重或利用其上水重；改变排水设施位置或形式以减小作用于结构物底部的渗透压力；上游设钢筋混凝土阻滑板，以利用其上水重，增加抗滑稳定性等。

（2）区别（不同点）。特有措施不同：重力坝建于岩基上，可在下游设压重混凝土或利用下游深基抗力墩增加阻滑作用；或者通过预加应力，改变合力作用方向，从而提高抗滑稳定性。水闸则可以通过增设钢筋混凝土抗滑桩或预应力锚固结构提高其抗滑稳定性。

3. 闸室基底应力计算与重力坝边缘应力计算的对比

（1）联系（相通点）。

1）基本假定相同：闸室基底应力和重力坝水平断面上的垂直应力均假定呈直线分布。

2）计算公式相同：均采用材料力学的偏心受压公式计算。

（2）区别（不同点）。适用范围不同：偏心受压公式只适用于结构布置及受力情况对称的闸孔，如多孔水闸的中间孔或左右对称的单闸孔。对于结构布置及受力情况不对称的闸孔，如多孔闸的边闸孔或左右不对称的单闸孔，应按双向偏心受压公式计算闸室基底应力。而重力坝边缘应力的计算均采用偏心受压公式。

三、结合教材第七章第七节闸室结构计算

（一）要点

1. 底板的结构计算

（1）弹性地基梁法。弹性地基梁法在大中型水闸设计中应用甚广。该法认为梁和地基都是弹性体，梁在外荷作用下发生弯曲变形，地基受压而沉降，根据变形协调条件和静力平衡条件，确定地基反力和梁的内力，同时还计及底板范围以外的荷载对梁的影响。假定顺水流流向地基反力呈直线变化，垂直水流方向曲线型即弹性分布。在垂直水流流向截取单宽板条及墩条作为脱离体（地基梁），按弹性地基梁计算地基反力和底板内力。

（2）倒置梁法。倒置梁法是将垂直水流方向截取的单位宽度板条，视为倒置于闸墩上的连续梁，即把闸墩当作底板的支座。同样，假定顺水流流向地基反力呈直线变化，垂直水流流向均匀变化。按连续梁计算底板内力并配筋。

倒置梁法计算简便，但是：①没有考虑底板与地基间的变形相容条件；②假设底板在横向的地基反力为均匀分布与实际情况不符；③闸墩处的支座反力与实际的铅直荷载也不相等。因而，倒置梁法计算误差较大，仅在小型水闸中使用。

（3）反力直线分布法（荷载组合法、截面法）。反力直线分布法仍假定地基反力在顺水流方向按梯形分布，垂直水流方向按矩形分布。在垂直水流方向截取单位宽度的板条作为脱离体，但不把闸墩当作底板的支座，而认为闸墩是作用在底板上的荷载，按截面法进行内力计算。

反力直线分布法计算很简单，可在大中型水闸设计中使用，在小型水闸设计中，能替代倒置梁法，且保持较好的精度。

2. 闸墩的结构计算

平面闸门闸墩应力包括纵向（顺水流方向）应力和横向（垂直水流方向）应力。各个高程处的闸墩应力都不相同，最危险的断面是闸墩与底板的接合面，因此，应以此接合面作为计算截面，并把闸墩视为固接于底板的悬臂梁，近似地用偏心受压公式计算应力。

（二）重点及难点

利用弹性地基梁法进行底板的结构计算。

（三）本书第七章第七节内容与本章其他节的联系

本书第七章第七节内容是在水闸的孔口尺寸和闸室布置经过消能防冲、防渗排水、闸室稳定分析和基底应力验算，均满足要求的前提下，对水闸闸室的底板、胸墙、闸墩、工作桥及交通桥等各个部件分别进行结构计算，计算其内力并配筋。

（四）本书第七章第七节内容与其他建筑物有关章节的对比

1. 闸墩应力计算与重力坝边缘应力计算对比

（1）联系（相通点）。

1）基本假定相同：均采用悬臂梁假定。闸墩结构计算时把闸墩视为固接于底板的悬臂梁，重力坝应力分析时取单宽坝体作为固支在地基上的悬臂梁。

2）应力计算公式相同：均采用偏心受压公式计算应力。

（2）区别（不同点）。应力计算目的不同：重力坝应力计算是为了检验大坝在施工期和运用期是否满足强度要求，闸墩应力计算是为了对闸墩进行配筋。

2. 底板纵向地基反力计算与重力坝边缘应力计算对比

（1）联系（相通点）。

1）基本假定相同：底板纵向地基反力及重力坝水平断面上的垂直应力均假定呈直线分布。

2）计算公式相同：闸底纵向地基反力计算以及重力坝边缘应力计算均采用偏心受压公式。

（2）区别（不同点）。底板纵向地基反力是外力；重力坝边缘应力是内力。

水工建筑物专业词汇汉英对照表

A

安全系数　safety factor，safety coefficient
安全超高（出水净高）　freeboard
岸墩　abutment pier，land pier，shore pier
岸坡　bank slope
岸坡稳定　bank stability
岸塔式进水口　bank-tower intake
暗管排水　subsurface pipe drainage

B

坝　dam
坝长　length of dam
坝底　dam base
坝顶　dam crest，dam top，crest
坝顶长度　crest length
坝顶防浪墙　wave wall
坝顶高程　crest elevation
坝顶宽度　crest width，top width
坝顶溢流（表孔溢流）　crest overflowing
坝段　monolith
坝高　dam hight
坝基　dam foundation
坝肩　dam abutment，abutment
坝脚　dam toe，base of dam
坝壳　dam shell
坝面　dam face
坝内廊道系统　gallery system
坝内式厂房　power-house within the dam
坝内排水　internal drainage
坝坡　dam slope
坝坡排水　dam-slope drainage
坝身孔口泄流　flow discharge through dam orifice
坝身排水管　drainage conduit in dam
坝体　dam body，embankment
坝下涵管　pipe under embankment
坝型　type of dam
坝型选择　choice of dam type
坝址　dam site，location of dam
坝址选择　site selection
坝趾　dam toe
坝踵　dam heel
坝轴线　dam axis
板桩　sheet pile
板拱渡槽　plate arch aqueduct
板桩式挡土墙　sheet-pile retaining wall
薄拱坝　thin arch dam
鼻坎　bucket lip
边墩　abutment pier
边荷载　side load
表面裂缝　surface crack
表面排水　surface drainage
冰压力　ice pressure
波长　wave length
波峰　wave peak
波高　wave height
波谷　wave trough，wave bottom，wave hollow
波浪爬高　wave run-up，swash height
不衬砌隧洞　unlined tunnel
不均匀沉降　differential settlement，non-uniform settlement，unequal subsidence
不透水层　impervious layer，water-tight layer

C

裁弯取直　cut-off，bend improvement
参数　parameter
草皮护坡　sod revetment，grassed slope
侧槽　side channel
侧槽式溢洪道　side channel spillway
侧堰　side weir
刺墙　key-wall
差动式挑坎　slotted flip bucket
掺气　aeration，air entrainment
常水位　normal water level，ordinary water level
超高　freeboard，cant，superelevation
超载系数　overload factor
车辆荷载　vehicle load
沉降　settlement，fallout
沉降缝　settlement joint
沉井　open caisson，sunk shaft，well sinking

沉井基础　open caisson foundation
沉沙池　silting basin，sand basin，sedimentation basin
沉沙条渠（沉沙区）　sedimentation channel
衬砌　lining，liner
承包　contract
承载力　bearing capacity
齿槽　cutoff trench
齿墙　cutoff wall，key wall
冲击荷载　impact load
冲砂廊道　flush gallery，scour gallery
冲砂闸　flushing sluice，scouring sluice
重复荷载　repeated load（cyclic load）
重现期　recurrence interval
抽水蓄能　pumped storage
抽水蓄能电站　pumped-storage power station，pumped-storage hydroplant
出口　outlet，exit
出口反弧段　outlet bucket，lower lip
初步设计　preliminary design
初凝　initial set，initial condensation，pre-hardening
初始应力　initial stress
船闸　navigation lock，lock
船闸输水系统　conveyance system of lock
吹程　fetch length，fetch
纯拱法　independent arch method
次要建筑物　secondary structure
错缝　staggered joint，alternate joint

D

大体积混凝土　mass concrete
大头坝　massive-head dam，massive-buttress dam
单宽流量　discharge per unit width，unit discharge
单曲拱坝　single-curvature arch dam
挡潮堤　tidal barrier
挡潮闸　tidal barrage，tide gate，tidal sluice
挡水建筑物　water retaining structure，barrage
挡水面板　water retaining deck
挡土墙　earth-retaining wall，retaining wall
导航建筑物（导航架）　guide structure，approach trestle
导流　river diversion
导流堤　diversion dike，training levee
导流堤取水　intake with diversion dike
导流进水口　diversion intake
导沙槽　sand-guide channel
导沙坎（拦沙坎，挡沙坎）　sand-guide sill
倒虹吸管　inverted siphon
倒虹吸涵洞　inverted siphon culvert
等高线　contour line，contour
堤　dike，levee，embankment
堤坝加高　dam heightening，levee raising
堤坝加宽　levee widening
堤坝培厚　levee widening
堤顶　levee crest，levee crown
堤顶高程　crest elevation of levee
堤基　levee foundation，embankment foundation
堤脚　levee toe
底板　base plate，bed plate，floor slab
底板高程　floor elevation，invert elevation
底栏栅式取水　bottom-grating intake
地基　foundation
地基处理　foundation treatment
地下轮廓线　underground configuration
地下渗漏　underground，leakage，underseepage
地形　topography
地震动水压力　earthquake hydrodynamic pressure
地震惯性力　earthquake inertia force
地震荷载　earthquake load，seismic load
地质条件　geological condition
第二主应力　second principal stress，intermediate principal stress
第一主应力　first principal stress，major principal stress
垫层　cushion，cushion layer，supporting layer，subbase course
电梯井　elevator hoistway，elevator shaft
电站　power station，power plant
跌水　hydraulic drop，drop，free overfall，head fall
跌水池　plunge pool，plunge
跌水陡槽　drop chute
跌水段　drop-down section
跌水进口　drop inlet
跌水井　drop well
跌水竖井　drop shaft

丁坝　groyne，groin，spur dike
冻胀力　frost heave pressure
陡槽　chute，steep channel
陡槽式溢洪道　chute spillway
陡坡　steep gradient，steep slope，scarp escarpment
渡槽　aqueduct flume
断面　cross section，profile
堆石坝　rockfill dam
堆石棱体排水　rockfill prism drain
对称轴　symmetry axis
对数螺线形拱坝　logarithmic spiral arch dam
墩　pier
多级船闸　multi-stage lock（flight locks）
多首制取水　multi-head water intake
多线船闸　multi-line lock（multiple lock）

F

发电　generation of electricity
筏道　raft chute（log chute）
法向应力　normal stress
发丝状裂缝　hair crack，capillary crack
翻板坝　shutter dam
翻板闸门　shutter gate，flap gate
反滤层　reversed filter，filter，inverted filter
反作用　reaction，counter action
防沙设施　sediment-controlling works
防冲槽　anti-scour trench
防冲墙　anti-scour wall
防浪墙　wave wall，breast wall，parapet wall
防漏　leak resistance，leakproof，antidrip
防渗　seepage control，seepage prevention，anti-seepage
防渗板桩　sheet pile
防渗材料　impervious material，impermeable material
防渗铺盖　impervious blanket
防渗帷幕　impervious curtain
防渗心墙　impervious core
防渗体　seepage prevention body
防淤帘　silting prevention curtain
放水建筑物　water release works
放水口　discharge outlet，outlet
非常洪水位　abnormal flood level，exceptional water level
非常溢洪道　emergency spillway
非溢流坝　non-overflow dam
非溢流段　non-overflow section
非运行期　inoperative period
分布荷载　distributed load
分层取水式进水口　multi-level inlet
分层式取水　two-storeyed intake
分洪工程　flood diversion project，flood diversion works
分洪闸　flood diversion sluice
分沙比　diversion ratio of sediment
分水堤（鱼嘴工程）　divide dike
分水工程　diversion works
分水岭　drainage divide，watershed divide，divide
分区材料坝　zoned material dam
风化层　weathered layer，weathering zone，weathering layer
缝　joint，crack，slot
扶壁式挡土墙（扶垛式挡土墙）　counterfort retaining wall
浮容重　buoyant unit weight，submerged unit weight
浮托力　buoyancy pressure
腐殖质　humus，sapropel
附属建筑物　appurtenant structure，ancillary structure
复式断面　compound cross-section，double profile
副坝　auxiliary dam，secondary dam，subsidiary dam
腹拱坝　arch-abdomen dam

G

干砌护坡　dry pitching
干砌块石　dry rubble
干砌石　stone pitching
干缩　drying shrinkage
干缩裂缝　shrinkage crack，desiccation fissure
钢板衬砌　steel lining，plate-steel liner
钢筋混凝土坝　reinforced concrete dam
钢筋混凝土板　reinforced concrete slab
钢筋混凝土管　reinforced concrete pipe

钢筋混凝土面板堆石坝　reinforced concrete facing rockfill dam
钢筋混凝土桩　reinforced concrete pile
钢丝网填石丁坝　stonemesh groynes
钢围堰　steel cofferdam
刚性管　rigid pipe
刚性心墙土石坝　rigid core earth-rock dam
港口　harbour entrance，port，seaport
高程　elevation
高速水流　high-velocity flow，ultra-rapid flow
格栅　bar screen，grid
工作桥　service bridge，operating bridge
供水　water supply
供水隧洞　water supply tunnel
拱坝　arch dam
拱坝坝肩稳定　stability of arch dam abutment
拱坝底缝　base joint of arch dam
拱坝厚高比　thickness to hight ratio of arch dam
拱坝重力墩　abutment block of arch dam
拱坝周边缝　peripheral joint of arch dam
拱坝座垫　support cushion
拱端　arch abutment
拱冠　arch crown
拱冠悬臂梁　crown cantilever
拱内圈（拱腹线）　intrados of arch
拱圈　arch ring
拱式渡槽　arched aqueduct
拱外圈（拱背线）　extrados of arch
拱形重力坝　arched gravity dam
拱中心角　central angle of arch
拱轴线　centerline of arch
拱座　arch abutment，abutment pads
共轭水深　conjugate depth
沟埋式管　trenched pipeline
固端拱　fixed arch
固结灌浆　consolidation grouting
管涌　piping
灌溉隧洞　irrigation tunnel
灌浆廊道　grouting gallery
灌注桩　filling pile
贯穿裂缝　through crack，penetration crack
光弹法　photoelastic method
过木机　log conveyer
过木建筑物　log pass structure
过水面积　discharge section，discharge area，flow area，wetted area
过水能力　discharge capacity
过水土石坝　overflow earth-rock fill dam
过水围堰　overflow cofferdam，overtopped cofferdam
过鱼建筑物　fish pass structure

H

海漫　riprap
涵洞　culvert，conduit
涵洞出水口　culvert outlet
涵洞过水能力　culvert capacity
涵洞进水口　culvert inlet
涵管　culvert pipe，culvert
涵管座垫　culvert support
桁架拱式渡槽　trussed arch aqueduct
河岸　bank，river bank，riverside
河岸式溢洪道　river-bank spillway
河床式水电站　power station in river channel
河道整治建筑物　river training structures
河口　estuary，river mouth，river outlet
荷载　load
荷载组合　load combination
横断面　cross section，transverse section，transverse profile
横缝　transverse joint
衡重式挡土墙　shelf retaining wall
虹吸管　siphon pipe，syphon tube
虹吸管渐变段　siphon transition
虹吸涵洞　siphon culvert
虹吸式渡槽　siphon-type flume
虹吸式取水　siphon intake
虹吸式水闸　siphon lock
虹吸式溢洪道　siphon spillway
洪峰　flood peak，flood crest
洪峰流量　peak flow，peak discharge，peak flood
洪量　flood volume
弧形闸门　radial gate，sector gate
护岸　shore protection，bank revetment，bank protection
护岸工程　bank-protection works，shore-protection works
护底　river bottom protection

护坡　slope protection，revetment
护坦　apron
护坦板　apron slab
戽斗式消力池　bucket basin
滑动　sliding，slip，slide
滑弧法　slip-circle method
滑模施工　slip-form construction
滑坡　landslide，land slip
滑雪道式溢洪道　ski jump spillway
换土垫层　cushion of replaced soil
回填灌浆　backfill grouting
混凝土　concrete
混凝土板　concrete slab
混凝土防渗墙　concrete impervious wall
混凝土塞　concrete plug

J

基本荷载　basic load (usual load)
基本荷载组合　basic load combination
基岩　bed rock，foundation rock，base rock
集水井　collector well，collecting well，sump
集水廊道　infiltration gallery
技术设计　technical design
加筋土　reinforced earth
加筋土挡土墙　reinforced earth retaining wall
加权净水头　weighted net head
加权平均　weighted average
坚固完整岩石　sound rock
监测设备　monitoring equipment
间断冲洗式沉沙池（定期冲洗式沉沙池）　intermittent flushing sedimentation basin
检查井　inspection well，inspection pit
减压井　relief well
剪切变形模量　modulus of shear deformation
剪切弹性模量　modulus of elasticity in shear
渐变段　transition
建筑物自重　structure weight
键槽　key (groove)，key-way
浆砌石　grouted rubble
浆砌石重力坝　masonry gravity dam
交叉建筑物　crossing structure
交角　intersection angle
校核洪水位　unusual flood level
接触灌浆　contact grouting
接缝　joint，juncture，seam
接缝灌浆　joint grouting
接缝止水　joint seal
节理　joint
节水船闸　thrift lock
节制闸　regulation sluice，controlling gate，regulating sluice
结构　structure
截流　river closure，cutoff
截面法　section method
截渗环　cut-off collar
截水槽　cutoff trench
截水墙　cutoff wall
进口　intake，inlet
进（引）水渠　entrance channel
进水塔　intake tower
进水闸　water intake sluice，inlet sluice
浸润面　wetted area
浸润线　saturation line
经验系数　empirical coefficient
井　well
井式溢洪道　shaft spillway
径流　runoff
净空　clearance，interspace
净跨　clear span
净宽　clear width
净水头　net head
静水位　hydrostatic level，standing water level
静水压强　hydrostatic pressure intensity
均质坝　homogeneous dam

K

喀斯特处理（岩溶处理）　karst treatment
开敞式水闸　open-type sluice
开敞式溢洪道　open channel spillway
开裂　cracking
开挖　excavation
槛　sill
抗冻性　frost resistance
抗滑安全系数　safety factor against sliding
抗滑稳定性　sliding stability，stability against sliding
抗滑桩　anti-sliding pile，anti-skid pile
抗剪强度　shear strength

抗渗性　impermeability
抗震设计　earthquake-resistant design，aseismic design
可靠性　reliability，dependability
可能最大洪水　probable maximum flood
可行性报告　feasibility report
空腹重力坝（腹拱坝）　hollow gravity dam
空化　cavitation
空蚀　cavitation，erosion
空箱式挡土墙　chamber retaining wall
孔口出流　orifice outflow
孔隙水压力　pore water pressure
靠船建筑物　berthing structure
控制段　control section
控制渗流　seepage control
宽顶堰　broad-crested weir
宽缝重力坝　slotted gravity dam
宽高比　ratio of rise to span
宽尾墩消能　flaring pier energy dissipation
扩大式基础　spread foundation

L

喇叭口　bell mouth，flare opening
拦河闸　barrage
拦沙坝　check dam，debris dam，sediment control dam
拦污栅　trash rack，trash screen
廊道　gallery
浪高　wave height
浪压力　wave pressure
力臂　force arm
力矩　force moment
力作用点　point of force application
肋拱渡槽　ribbed arch aqueduct
棱体排水　prism drainage
立交建筑物　flyover crossing structure
沥青　asphalt，bitumen，pitch
沥青混凝土　bituminous concrete，asphaltic concrete
沥青混凝土面板土石坝　asphaltic concrete facing earth-rock dam
沥青混凝土心墙土石坝　asphaltic concrete core earth-rock dam
利用岩面线　utilizable rock contour
连拱坝　multiple-arch dam
连拱式挡土墙　multiple arch retaining wall
连续冲洗式沉沙池　continuous flushing sedimentation basin
连续式挑坎　continuous flip bucket
梁式渡槽　beam-type aqueduct
裂缝　crack，fissure，chink，rift
临时建筑物　temporary structure
临时性横缝　temporary transverse joint
流量　discharge，flow rate
流速　flow velocity
流态　flow pattern，flow regime
流土　blowout，mass flow
流网　flow net
乱石护坡　riprap，riprap protection of slope
落差建筑物　drop structure

M

埋深　depth of laying，depth of burying，embedded depth
脉动荷载　pulsating load，fluctuating load
漫水桥　submersible bridge
毛石　rubble stone，rough ashlar
锚筋　anchor rod，anchor bar
锚索　anchorage cable，anchor line
明流　free flow，flow in open air
明渠　open channel，free-flow channel，uncovered canal
摩擦角　friction angle
摩擦力　force of friction
摩擦系数　coefficient of friction，friction factor
磨损　abrasion，swear
模型试验法　model test
末端加固　end reinforce
目标函数　objective function

N

耐久性　durability，endurance
内摩擦角　internal friction angle
黏土斜墙土石坝　sloping core earth-rock dam
黏土心墙土石坝　clay core earth-rock dam
碾压混凝土坝　roller compacted concrete dam (RCCD)
碾压土石坝　rolled earth-rock fill dam
黏聚力　adhesive force，adhesion

凝聚力　cohesion
扭矩　torque moment，torsional moment
扭曲挑坎　skew bucket
扭转　torsion
农田水利建筑物　agricultural water conservancy structure

P

排水　drainage
排水暗管　sough drainage
排水孔幕　drainage curtain
排水廊道　drainage gallery
排水盲沟　blind drainage
排水设备　drainage facility
排水闸　drainage sluice，drainage gate
漂木道（泄木槽）　log chute（logway）
平板坝　flat slab buttress dam，deck dam，flat slab dam
平板门　plain gate
平交建筑物　level crossing structure
平面布置　plane layout
平压管　equalizing pipe
铺盖　blanket

Q

启门力　lifting power
砌石护坡　stone pitching
铅丝石笼　stone mesh
潜坝　submerged dike
戗台（马道）　berm
强度　strength
强夯法　dynamic compaction method
切向力　tangential force
倾覆力矩　overturning moment
渠系建筑物　canal structure
渠下涵　culvert under canal
取水建筑物　water intake structure
取水枢纽（引水枢纽）　water intake works
曲率半径　radius curvature

R

人工加糙　artificial roughening
人工弯道式取水　intake with artificial bend
人字闸门　miter gate
容重　unit weight，bulk density
溶蚀　corrosion
柔性管　flexible pipe
柔性止水　flexible seal
褥垫排水　horizontal blanket drainage
软基　soft foundation
软基处理　treatment of soft foundation
瑞典滑弧法　Swedish slip circle method
弱水跃　weak jump

S

三圆心拱坝　three-centered arch dam
埽工　fascine works
砂桩　sand pile
上游　upstream
设计变量　design variable
设计洪水位　design flood level
伸缩缝　expansion joint
深式进水口　deep water intake
渗径系数法　weighted-creep distance method
渗流　filtration，influent，seepage flow
渗流速度　seepage velocity
渗流损失　seepage loss
渗漏　infiltration，influent seepage，leakage
渗漏损失　infiltration loss，seepage loss，loss by percolation
渗透　seepage，permeability，permeation，percolation
渗透变形　seepage deformation
渗透流量　seepage discharge
渗透梯度　seepage gradient
渗透系数　permeability coefficient
渗透压力　seepage pressure
升船机　ship lift，ship elevator，barge lift
施工导流　construction diversion
施工缝（临时缝）　construction joint，temporary joint
施工机械　construction machinery
施工进度表　construction schedule
施工设备　construction equipment
施工图　construction drawing
施工详图　construction details
施工支洞　adit
实体坝　solid dike
实体重力坝　solid gravity dam

实用断面　practical section
事故闸门　emergency gate
试载法　trial-load method
收缩缝（温度缝）　contraction joint, temperature joint
枢纽布置　layout of hydro project
输水建筑物　water conveyance structure
输水隧洞　water conveyance tunnel
竖井　shaft well, shaft
竖井排水　drainage well
竖井式进水口　shaft intake
双曲拱坝　double-curvature arch dam
双曲拱渡槽　double curvature arch aqueduct
水泵　hydraulic pump, water pump
水电站　hydropower station, hydroelectric station, water power station
水工建筑物　hydraulic structure
水工隧洞　hydraulic tunnel
水荷载　water load
水库库容　reservoir capacity, reservoir storage
水库面积　reservoir area
水库有效库容　effective storage of reservoir, active storage of reservoir, live storage of reservoir
水库有效蓄水量　reservoir live storage
水力冲填坝　hydraulic fill dam
水力冲洗式沉沙池　hydraulic flushing sedimentation basin
水利工程　hydro project, hydraulic engineering, water engineering, water project
水利枢纽　hydro project, hydraulic complex, hydrocomplex
水平防渗铺盖　horizontal impervious blanket
水平缝　horizontal joint
水位骤降　sudden downfall
水压力　hydraulic pressure
水闸　sluice, water gate, lock
水中倒土坝　dam built by dumping soil into water
水坠坝　sluicing-siltation dam
顺坝　longitudinal dike (training dike)
死库容　dead storage
隧洞　tunnel
隧洞衬砌　tunnel lining
隧洞渐变段　tunnel transition section
隧洞排水　tunnel drainage
锁坝　closure dike

T

塔式进水口　tower intake
弹性地基梁　beam on elastic foundation
弹性抗力　elastic resistance, elastic reaction
弹性模量　elastic modulus
套闸（双埝船闸）　double dike lock
特殊荷载　special load (unusual load)
特殊荷载组合　special load combination
梯级　cascade
梯级跌水　cascading flow, flow cascade, cascades ladder
填埋式管（上埋式管）　buried pipeline
条分法　slice method
调压井　surge shaft, surge tank
挑坎　flip bucket
挑坎高度　bucket height
挑流鼻坎　trajectory bucket, flip bucket, deflector bucket
贴坡排水（表层排水）　slope face drainage
通航建筑物　navigation structure
通气孔（通气管）　air hole, air vent
投标　bidding
透水坝　permeable dike
土坝　earth dam
土石坝　earth-rock dam
驼峰堰　camel's hump weir
椭圆形拱坝　elliptical arch dam

W

挖方　excavation
外形布置　layout of configuration
围岩压力　surrounding rock pressure
围堰　cofferdam
尾槛（消力槛）　baffle sill
尾水位　tailwater level
帷幕灌浆　curtain grouting
温度荷载　temperature load
温度应力　temperature stress
稳定　stability
稳定分析　stability analysis
稳定渗流　steady seepage
稳定水跃　steady jump

无坝取水　undamed intake
无压隧洞　free-flow tunnel
雾化　atomization
卧管式进水口　inclined pipe inlet

X

下游　downstream
橡胶坝　rubber dam
消力池　stilling basin
消力墩　baffle pier
消力戽　deflector bucket，flip bucket
消力坎　baffle sill，energy dissipating sill
消能　energy dissipation
消能工　energy dissipator
消力墩　baffle block，baffle pier
消力戽　energy dissipating bucket
斜缝　inclined joint
斜拉渡槽　cable-stayed aqueduct
斜坡式护坦　sloping apron
斜坡式进水口　inclined intake
斜墙土坝　sloping core earth dam
泄洪　flood discharging
泄洪建筑物　water release structure
泄洪隧洞　spillway tunnel
泄水表孔　crest overflowing orifice
泄水底孔（深孔）　bottom discharge orifice
泄水能力　discharge capacity
泄水隧洞　discharge tunnel
泄水闸（退水闸）　release sluice，escape sluice
泄水中孔　mid-discharge orifice
心墙　core wall
新鲜岩石　fresh rock
胸墙　breast wall，parapet wall
胸墙式水闸　sluice with breast wall
悬臂梁　cantilever beam
悬臂式挡土墙　cantilever retaining wall
雪荷载　snow load

Y

压缩性　compressibility
岩基处理　treatment of rock foundation
堰顶高程　crest elevation
堰顶水深　crest depth
扬压力　uplift pressure
一首制取水　single-head water intake
逸出点　escape point
溢洪道　spillway
溢流坝　overflow dam
溢流拱坝　overflow arch dam
溢流前缘总宽度　total length of overflow front
溢流土石坝　overflow earth-rock dam
溢流重力坝　overflow gravity dam
翼墙　wing wall
引航道　approach channel
引渠式取水　intake with approach channel
引水比（分水比）　diversion ratio
引水角（分水角）　angle of off-take
应力分布　stress distribution
应力分析　stress analysis
永久缝　permanent joint
永久建筑物　permanent structure
永久性横缝　permanent transverse joint
优化设计　optimization design
有坝取水　barrage intake
有限元法　finite element method
有压隧洞　pressure tunnel
鱼道　fish way
鱼梯（多级鱼道）　fish ladder
鱼闸　fish lock
淤沙压力　silt pressure
预压加固　preloading consolidation
预应力钢筋混凝土管　prestressed reinforced concrete pipe
预应力锚固　prestressed anchorage
预应力重力坝　prestressed gravity dam
预制桩　pile foundation
约束条件　restraint condition

Z

闸底板　sluice board
闸墩　pier
闸槛　ground sill
闸室　sluice chamber，gate bay
闸首　lock head
窄缝式挑坎　slit- type bucket
振冲桩　vibroflotation pile
振荡水跃　oscillating jump
振动　vibration
正常溢洪道（主溢洪道）　main spillway，service

spillway
整治建筑物　river training structure
支洞　drift
支墩坝　buttress dam
置换法　displacement method
止水　waterstop，joint seal
止水片　waterstop strip，sealing strip
止水塞（阻水塞）　filler block，waterstop block
中墩　intermediate pier
中心角　central angle
重力坝　gravity dam
重力拱坝　gravity arch dam
重力式挡土墙　gravity retaining wall
周边缝　peripheral joint
主坝　main dam
桩　pile，stake
桩基础　pile foundation
自溃坝　fuse-plug spillway
自重　dead load，dead weight
纵断面　longitudinal profile
纵缝　longitudinal joint
纵坡　longitudinal slope

参 考 文 献

[1] 刘家麟，颜宏亮，等．水工建筑物［M］．北京：水利电力出版社，1991.

[2] 陈德亮，王长德．水工建筑物［M］．4版．北京：中国水利水电出版社，2005.

[3] 陈德亮．水工建筑物［M］．3版．北京：中国水利水电出版社，1995.

[4] 祁庆合．水工建筑物［M］．3版．北京：中国水利水电出版社，1996.

[5] 冯国栋．土力学［M］．北京：水利电力出版社，1986.

[6] 钱家欢．土力学［M］．南京：河海大学出版社，1988.

[7] 华东水利学院．水工设计手册·第四卷．土石坝［M］．北京：水利电力出版社，1984.

[8] 任德林．水工建筑物［M］．南京：河海大学出版社，1990.

[9] 武汉水利电力学院．水工建筑物［M］．北京：水利电力出版社，1984.

[10] 李锡龄．新疆引水渠首［M］．乌鲁木齐：新疆人民出版社，1993.

[11] 宋祖诏，等．取水工程［M］．北京：中国水利水电出版社，2002.

[12] 李锡波．水工建筑物习题与课程设计［M］．北京：中国水利水电出版社，1998.

[13] 张光斗，王光纶．专门水工建筑物［M］．上海：上海科学技术出版社，1999.

[14] 王作高．船闸设计［M］．北京：水利电力出版社，1992.

[15] 董士镛．通航建筑物［M］．北京：中国水利水电出版社，1998.

[16] 林益才．水工建筑物［M］．北京：中国水利水电出版社，1997.

[17] 陈胜宏．水工建筑物［M］．北京：中国水利水电出版社，2004.

[18] 华东水利学院．水工设计手册．第八卷　灌区建筑物［M］．北京：水利电力出版社，1984.

[19] 颜宏亮．水工建筑物［M］．北京：中国水利水电出版社，2012.